STATUTE BOOK

대기환경보전법 | 소음 · 진동관리법 | 물환경보전법 | 악취방지법
잔류성유기오염물질 관리법 | 토양환경보전법 | 폐기물관리법

최신판

환경오염시설의
통합관리에 관한 법률

김병진 지음

예문사

우리는 인공지능(AI)을 중심으로 한 4차 산업의 첨단과학시대를 살아감과 동시에 환경 · 안전 · 건강에 관한 문제도 최우선으로 해결해야 할 과제로 인식하는 공존의 시대에 생활하고 있다. 그중에 환경문제가 얼마나 중요한지를 극명하게 나타내는 사례를 두 가지만 소개해 보겠다.

첫째, 세계보건기구(WHO) 2004년도 보고서에 "102개의 주요 질환 중 85개가 환경적 위험 인자 노출과 관련이 있으며, 환경적 원인은 질환으로 인한 건강 손실의 24%에 영향을 미치며, 질환으로 인한 사망률의 23%에 영향을 미친다."(국가건강정보포털 의학정보 참조)라고 보고되었다.

둘째, 우리 귀에 익숙한 용어가 된 산성비, 공기오염에 의한 감염성 · 알레르기 · 천식 · 호흡기 및 심장 순환기 질환 증가, 오존층 파괴, 자외선 노출에 의한 피부암 발생, 유해화학 물질안전관리 문제와 가습기 살균제 사건, 토양 및 수질오염에 의한 청색증 · 빈혈 등 조혈기계 질환 · 피부질환 · 신경계독성 · 신장독성 · 암 발생, 환경호르몬의 영향으로 인한 생식기 · 신경계 · 면역계 장애, 식품오염 등에서 환경문제의 중요성을 잘 알 수 있다.

환경오염물질은 우리가 먹고 입고 거주하며 아름답게 살기 위해 생필품을 생산하는 과정에서 배출될 수밖에 없는 것이다. 생필품 생산을 위해 환경오염물질을 무작정 배출하는 것을 허용할 수도 없고 그렇다고 생필품 생산을 중단할 수도 없다. 그래서 국가에서 이 두 가지를 충족시킬 합리적이고 효율적인 정책을 제도화한 법률이 바로 "환경오염시설의 통합관리에 관한 법률"이다. 이 법률의 제1조에는 '사업장에서 발생하는 오염물질 등을 효과적으로 줄이기 위하여 배출시설 등을 통합 관리하고, 최적의 환경관리기법을 각 사업장의 여건에 맞게 적용할 수 있는 체계를 구축함으로써 환경기술의 발전을 촉진하고 국민의 건강과 환경을 보호하는 것을 목적으로 한다.'라고 규정하고 있다.

필자는 31년간 안전보건 분야의 법령스터디 · 강의, 사업수행 등을 통해 얻은 지식, 수많은 사업장 방문과 집필경험을 토대로 기술과학 중심의 환경특별법인 환경오염시설의 통합관리에 관한 법률을 법학적 관점에서 어떻게 효과적이고 정확하게 이해하는가가 매우 중요하다고 인식하여 미력하지만 본서를 집필하기로 결심하였다.

이 책의 구성

❖ 제1편 – 환경오염시설의 통합관리에 관한 법률의 이론 및 해석방법

환경오염시설의 통합관리에 관한 법률도 법학의 한 분야이므로 최소한의 이론적 지식으로 무장하면 법조문을 이해하고 적용하는 데 수월한바, 법령체계, 기본적 이론 및 법해석방법을 사례와 함께 정리(국회 법제실의 2015년도 법제실무책자를 활용)하였다.

❖ 제2편 – 환경오염시설의 통합관리에 관한 법

최신 환경오염시설의 통합관리에 관한 법률, 동법 시행령, 동법 시행규칙의 모든 조문을 제도별로 연관성 있게 볼 수 있도록 횡으로 편성하였고, 아울러 관련 별표 및 별지 양식을 첨부하였을 뿐만 아니라 고시까지 빠짐없이 수록하였다.

❖ 제3편 – 환경오염시설의 통합관리에 관한 법령과 관계된 타 법

환경오염물질 및 배출시설 등을 규제하는 대표적인 법령인 대기환경보전법령, 소음·진동관리법령, 물환경보전법령, 악취방지법령, 잔류성유기오염물질관리법령, 토양환경보전법령, 폐기물관리법령을 함께 볼 수 있도록 환경 관련 7대 법령을 수록하였다.

환경오염시설의 통합관리에 관한 법률이 최근에 시행되어 독자들에게 신속하고 통합적인 정보를 제공하겠다는 마음이 앞서다 보니 미진한 부분이 있을 것이다. 앞으로 선배·동학·독자들의 기탄없는 비판과 지도편달을 적극적으로 수용하여 점차 보완해 나갈 것을 약속드리며, 출간을 위해 많은 도움을 준 예문사와 여러모로 협조해 주신 분들께 감사의 뜻을 전한다.

대한민국의 모든 기업이 성장하고 쾌적한 환경에서 살아갈 우리를 꿈꾸며

승학산 기슭에서, 저자

차례

환경오염시설의 통합관리에 관한 법률의 이론 및 해석방법

Part
01

제1장 환경오염시설의 통합관리에 관한 법률 체계

많은 사람들이 법·시행령·시행규칙·고시·예규·훈령 등의 체계를 혼용하여 고시나 예규, 훈령 등을 법이라고 잘못 이해하고 있다. 이렇게 혼용하여 법령을 이해함으로 인해 준수의무를 이행하였다 할지라도 상위법 위반에 해당되어 처벌받는 경우가 생기게 된다. 이러한 현상은 법령의 제·개정권자, 법령의 성질 또는 효력을 알지 못해서 발생한 것이다. 때문에 무엇보다 환경오염시설 통합관리 법령의 입체적·다각적 이해를 통하여 환경오염시설 관련 제도 파악의 올바른 기틀을 확립하는 것이 환경오염시설 관계 법령 이해의 첫걸음이라 할 수 있다.

1) 법령체계의 의의

어떤 제도가 그 사회 구성원에게 영향을 미쳐 행정집행(작용)을 이행하기 위하여 행정부처(가장 좁은 의미의 개념으로서 행정, 행정행위의 주체)가 집행하는 행정작용, 즉 산업통상자원행정, 소방 등 안전행정, 교육행정, 환경행정, 보건복지행정, 고용노동행정 등의 근간이 되는 제도는 일반적으로 1개 법률과 1개 시행령 및 1개 시행규칙 그리고 하부규정인 여러 개의 고시·예규·훈령 등으로 구성되어 운영하고 있다. 여기서 일반적으로 형성되어 운영되는 제도의 열거순서를 계층(체계)적으로 파악하여 이해하는 것이 법령체계의 의의가 된다.

> – 「…법」과 「…법률」
> 법률의 제명을 「…법」과 「…법률」로 구분하는 방법은, 앞서 직접 연결되는 표현이 명사인지 아니면 "…에 관한" 인지에 따라 구분된다.
>
> – 「○○+법」
> 「…법」에 앞선 표현이 명사인 경우에는 「○○법」으로 제명이 결정된다.(예시 : 대기환경보전법, 소음진동관리법)
>
> – 「○○에 관한 법률」
> 이상에서 살펴본 바와 같이 「…법」의 제명이 명명되지 아니한 것은 「…에 관한 법률」의 형태로 제명이 규정된다.(예시 : 환경오염시설의 통합관리에 관한 법률, 119구조·구급에 관한 법률)

2) 환경오염시설 통합관리 법령의 체계

(1) 개요

환경오염시설 통합관리 법령은 법률, 시행령, 시행규칙으로 구성되어 있다.

(2) 법

제1조부터 제47조까지의 조문과 부칙으로 구성되어 있다.

(3) 시행령

법에서 위임된 사항, 즉 제도시행 대상, 범위, 종류 등을 설정한 것으로서 제1조부터 제
37조까지의 조문과 부칙으로 구성되어 있다.

(4) 시행규칙

법 및 시행령에서 위임된 사항을 설정한 것이다. 환경오염시설 통합관리에 관한 법규에
대한 일반사항을 규정한 시행규칙은 제1조부터 제36조까지의 조문으로 구성되어 있다.

3) 환경오염시설 통합관리 관계법의 구성

행정법은 공통의 구성 체계를 가지고 있으므로, 이러한 구성 체계에 따라 복잡한 법률을 보면
좀 더 쉽게 접근할 수 있을 것이다. 법률을 크게 본칙과 부칙으로 나눌 수 있고, 본칙은 다시
총칙, 실칙, 보칙, 벌칙으로 나눌 수 있는데 이를 환경오염시설의 통합관리에 관한 법률에
적용하면 다음과 같다.

(1) 본칙과 부칙의 구분

법률은 본칙(本則)과 부칙(附則)으로 구성된다. 본칙은 법률의 본체가 되는 부분이고, 부
칙은 본칙에 부수하여 법률의 시행일, 적용관계, 기존의 법률관계와 새로운 법률 간의
연계 및 조정관계, 새로운 법률과 모순·저촉되는 기존법률의 개폐(改廢) 등을 정하는
부분이다. 그 표시에 있어서 본칙부분에 대하여는 본칙이라는 표시를 하지 아니하나, 부
칙 부분은 맨 앞에 '부칙'이라고 표시한다. 부칙과 구별되어야 할 것으로 보칙(補則)이 있
다. 보칙은 본칙 중에서 보충적 규정을 정하는 부분으로서 장이나 절의 표제로 규정된다.
(예시 : 환경오염시설의 통합관리에 관한 법률 제5장(보칙))
① 본칙
　　㉠ 총칙 : 법률 전체의 원칙적, 기본적, 총괄적 사항을 기재
　　㉡ 실칙 : 법 목적 실현을 위한 규정으로 일반적인 사항에서 특수한 사항으로, 주된
　　　　사항에서 주변 사항으로 전개
　　㉢ 보칙 : 법령 내 전반에 걸쳐 적용될 수 있는 사항이지만, 법령 전체에서 차지하는
　　　　비중과 중요성 등의 측면에서 총칙에 두기에는 부적합한 절차적·기술적·보완
　　　　적 내용을 규정짓는 부분
　　㉣ 벌칙 : 법령 내에서 정한 행정의무 위반 행위에 대하여 부과하는 처벌을 규정짓
　　　　는 부분

② 부칙 : 본칙에 규정된 사항을 언제, 어떻게 시행할 것인지를 정함

　　㉠ 시행일 : 공포된 날로부터, 일정한 유예기간 경과 후, 특정일, 다른 법령의 시행일에 등 일부규정의 시행일을 별도 규정

　　㉡ 유효기간 : 유효기간이 경과하면 자동으로 효력을 발휘(한시법)

　　㉢ 적용례 : 새로운 제도가 적용되는 시점을 명확히 할 때 사용됨 (예시 : 세금관련 규정 개정 시)

　　㉣ 경과조치 : 종전 규정에 의한 법적 지위를 일정기간, 일정조건하에 새로운 제도와 다른 내용을 적용시킴

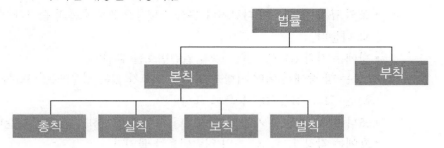

(2) 법의 편성

법의 편성은 간단, 명료하여야 하고 내용과 분량에 따라 장, 절, 조, 항, 호, 목으로 구분한다.

> ※ 법의 틀은 어떻게 짜여져 있나
> - 장은 제○장으로 표현하고 읽는 것도 같다.
> - 절은 제○절로 표현하고 읽는 것도 같다.
> - 조는 제○조로 표현하고 해당 조문의 keyword나 함축된 내용을 표기한다.
> - 항은 "①"로 표기하고 제1항으로 읽는다.
> - 호는 "1."로 표기하고 제1호로 읽는다.
> - 목은 "가."로 표현하고 가목으로 읽는다.
> - 별도 표를 통해 규정짓는 내용은 별표 또는 표로 표현한다.

① 장 · 절

　　㉠ 본칙의 조문 수가 많고(통상 조문 수가 30조 이상) 이를 그 성질에 따라 몇 개의 군(群)으로 나누는 것이 법문의 이해에 편리할 경우, 이를 몇 개의 「장(章)」으로 구분할 수 있다.

　　㉡ 「장」은 「절(節)」·「관(款)」의 순서로 세분할 수 있다. 특히 조문 수가 많은 경우에는 「장」 위에 「편(編)」을 둘 수 있다. 장·절 등을 둘 경우에는 그 장·절 등의 내용을 대표할 수 있는 장·절 등의 제목을 붙인다. 다만, 절은 이들이 속하는 장이 바뀔 때마다 제1절부터 시작한다.

② 조(條)·항(項)·호(號)·목(目)

　　㉠ 법률의 본칙은 「조」로 이루어지는 것이 통례이며, 「조」에는 제목을 붙인다. 다만, 폐지법률의 경우와 같이 법률이 아주 간단하여 「조」로 구분할 필요가 없는 경우에는 「조」로 구분하지 아니할 수 있다.

　　　• 내용은 조로 나누며, 장·절과 상관없이 제1조부터 시작하는 일련번호를 붙인다.

　　　• 조에는 규정의 내용을 간단, 명료하게 표현하는 표제를 붙이며 괄호 안에 적는다.

　　㉡ 하나의 조를 세분하여 규정할 필요가 있는 경우에는 조를 「항」으로 구분한다. 「항」의 표시는 "①", "②" 등으로 아라비아 숫자에 동그란 테를 둘러 표시한다.

　　　• 조의 규정 중 내용이 다르거나 유사한 내용으로서 흐름의 순서가 있으면 항으로 나눈다.

　　　• 항에는 각각 ①, ②, ③, … 의 일련번호를 붙인다.

　　㉢ 조 또는 항 중에서 어떤 사항을 열거할 필요가 있는 경우에는 「호」를 사용하고, 「호」는 "1.", "2.", "3." 등으로 표시한다.

　　　• 조나 항의 내용 중 사물의 명칭이나 사항을 열거하려면 호로 나눈다.

　　　• 호에는 각각 1, 2, 3, …의 일련번호를 붙인다.

　　㉣ 호를 다시 세분할 필요가 있는 경우에는 「목」으로 나누고, 「목」은 "가.", "나.", "다." 등으로 표시한다. 「목」을 다시 세분할 필요가 있는 경우에는 "1)", "2)" 등으로 표시한다.

※ 가지번호

－ 조 사이에 새로운 조를 신설하는 경우 각 조를 순차적으로 내려서 조 번호를 변경할 수 있으나, 다른 법률에서 그 조를 인용하고 있는 경우에는 그 법률도 개정해야 하는 문제가 생긴다. 이러한 불편을 없애기 위하여 가지번호를 사용한다. 조와 호에는 가지번호를 붙일 수 있으나, 항과 목에는 붙이지 아니한다.

－ 가지번호를 붙이는 방법은 조의 경우 "제30조의2", "제38조의3", "제49조의2" 등으로 하고, 호의 경우 "1의2.", "1의3."(이를 읽을 때는 제1호의2, 제1호의3으로 읽는다.) 등으로 한다. 즉, 가지번호는 1부터 사용하지 아니하고 2부터 사용하는 점에 유의하여야 한다.

－ 가지번호는 법률을 일부 개정할 때 사용하고 전부 개정하는 때에는 사용하지 아니한다. 한편, 가지번호는 장·절 등에도 사용할 수 있다.

※ 부칙의 경우

－ 부칙(附則)은 1개일 경우에는 조·항으로 구분하지 아니하고 2개 이상일 경우에는 조로 구분한다. 또한, 각 조를 세분할 때에는 항으로 세분한다. 부칙을 조로 구분할 때에는 제목을 붙인다.

③ 전단(前段)·후단(後段), 본문(本文)·단서(但書)

조 또는 항의 내용에 상응하는 구분을 할 필요가 있는 경우나 항을 새로이 둘 필요가 없을 때에는 법 문장을 몇 개로 구분할 수 있는데, 나누는 경우라도 가급적 3개 이상으로 나누지 않는다. 뒷문장이 앞문장을 보충 설명할 때에는 앞문장을 "전단", 뒷문장을 "후단"이라고 하고, 뒷문장은 일반적으로 "이 경우"로 시작한다. 뒷문장이 앞문장의 예외를 규정할 때에는 앞문장을 "본문", 뒷문장을 "단서"라고 하고, 뒷문장은 일반적으로 "다만,"으로 시작한다. 단서가 끝나면 해당 조, 항, 호는 종결되는 것으로 본다.

④ 기타 법률 조문의 특징

㉠ 법률 조문의 제목 표시

법률의 조문에는 내용을 쉽게 알 수 있도록 간결하게 요약하여 제○조 바로 다음에 괄호를 하여 제목을 표시하고, 한 조문 내 여러 가지 사항을 규정하여 그 내용을 요약하기가 곤란한 경우에는 "(○○ 등)"이라고 표시한다.

㉡ 해당 법률을 인용하는 경우의 인용 표시

법률 중에서 그 법률의 다른 조항을 인용할 경우에는 "이 법"이라고 하지 아니하고, "제○조제○항", "제○조제○호", "제○조제○항부터 제○항까지" 등과 같이 인용되는 조항만을 표시한다. 만약, 법률 조항의 전부가 아닌 부분만을 인용하는 경우에는 전단·후단, 본문·단서를 구분하여 인용하여야 한다.

㉢ "제○조에 따른 ~"과 "제○조의 ~"의 차이

다른 규정을 인용하는 경우 "제○조에 따른 ~"과 "제○조의 ~"로 두 가지를 구분하여 사용하는데, 전자는 인용되는 제○조에 어떤 사항이 확정적으로 규정되어 있지 아니한 경우에 사용하고, 후자의 경우는 인용되는 제○조에 어떤 사항이 확정적으로 규정되어 있는 경우에 사용한다. 예컨대, 법 제○조에서 허가 취소와 관련된 전반적인 내용을 담고 있을 때에는 "제○조에 따른 허가의 취소를 하고자 하는 경우" 등으로 인용하고, 법 제○조에 명시된 특정명사("참고인")는 "제○조의 참고인"으로 인용한다.

㉣ 각 호 중 일부를 인용하는 방식

법률 조문에 각 호(예컨대 제1호부터 제5호까지)가 열거되어 있고 다른 부분에서 각 호 중 일부(예컨대 제1호부터 제3호까지)를 인용하는 경우에는, 인용하고자 하는 내용만을 표기하여 "제1호부터 제3호까지의 어느 하나에"로 표현하고, "제1호부터 제3호까지 각 호의 어느 하나에"로 표현하지 아니한다.

(3) 법령 작성 원칙

① 문체

문체는 구어체(…로 한다)로 한다.

② 표현

㉠ 가로쓰기를 원칙으로 하며, 쉽고 간결하게 표현하여야 한다.

㉡ 완전한 문장으로 표현하고, 줄임말 또는 그 밖의 약칭을 사용하여서는 아니된다.

③ 문자

한글 사용을 원칙으로 하되, 전문어·관용어 및 외래어를 사용하고자 하는 경우 한글을 기재한 다음 괄호 안에 원어나 한자를 함께 기재한다.

④ 숫자

사용하는 숫자는 아라비아 숫자를 사용함을 원칙으로 한다.

⑤ 주어와 술어

㉠ 조문의 주어는 정확하게 표시하여야 한다.

㉡ 조문의 술어 표현은 정확하게 하여야 하며, 당사자의 행위에 관한 표현은 다음 각 호의 어느 하나에 해당하도록 표시하여야 한다.

1. … 한다.(일반적으로 행위를 설명하는 경우)
2. … 하여야 한다.(이행의무를 부과하는 경우)
3. … 할 수 있다.(한다, 아니한다 어느 쪽이라도 가능한 경우)
4. … 하여서는 아니된다.(금지하는 경우)
5. … 할 수 없다.(아니하도록 주의하는 경우)
6. … 으로 본다.(반대의 증거를 제출하지 않으면 효력이 발생하는 경우)

⑥ 추가

㉠ 기존 내규의 조문 사이에 새로운 조문을 추가하려면 "제○조의2"로 표시한다.

㉡ 새로운 항·호를 추가하려면 기존의 항·호의 번호 변경을 가능하면 피하여야 한다. 다만, 흐름의 순서상 기존의 항·호 사이에 새로운 항·호를 추가하려면 해당 구분의 일련번호를 변경할 수 있다.

⑦ 인용

다른 법규를 인용하려면 다음 각 호에 따라 인용내규의 소재근거를 명시하여야 한다.

㉠ 다른 내규의 조항을 인용하려면 인용내규의 명칭과 조항번호를 명시한다. 외규를 인용할 경우에도 이와 같다.

ⓛ 같은 내규 내에서 다른 조문을 인용하려면 그 내규 명칭은 생략하고 조문번호만 명시한다.

ⓒ 같은 조문 내에서 항을 인용하려면 인용 항의 번호만 명시하며, 같은 항 내에서 호를 인용하려면 인용되는 호의 번호만 명시한다.

ⓔ 복수의 조, 항 또는 호를 인용하려는 경우 "제○호부터 제○호까지를 따른다." 의 형식으로 표기한다. 다만, 연결되는 3개 이상의 조, 항 또는 호를 인용하고자 하는 경우 "제○조부터 제○조까지", "제○항 부터 제○항 까지", "제○호 부터 제○호까지"로 명시한다.

⑧ 삭제

기존 법령의 일부(조, 항 및 호를 포함한다.)를 삭제하려면 해당 법령의 일련번호만 남기고 괄호 없이 "삭제"라고 표시한다.

⑨ 개폐연월일의 표시

법규의 일부를 개폐하면 개폐된 장, 절, 조, 항, 호의 끝에 개폐연월일과 개정, 신설, 삭제 등의 자구를 괄호 안에 적어야 한다.

제2장 환경오염시설의 통합관리에 관한 법령의 이해

환경오염시설 통합관리에 관한 법령의 이해를 수평적·단편적으로 파악한 앞의 내용은 관련 제도의 틀 또는 형식을 이해하는 데 기본이 된다고 볼 수 있으나, 관련 제도의 실질적 내용과 법 규범 준수의 필요성 및 우선순위 파악을 위한 접근에는 미치지 못하므로 관계법령체계의 입체적·다각적 이해가 필수적이다. 따라서 우리는 관계법령의 제·개정권자와 절차적 측면 및 법령계층 간의 효력적인 측면을 이해하여야 한다.

1) 제·개정권자와 절차적 측면

제·개정권자 및 제·개정절차를 살펴보면, 법은 국회의원 또는 환경부장관이 발의하여 국민의 대표기관인 국회의 의결을 거쳐야 제·개정 될 수 있으므로 국회가 제·개정권자가 되며 그 절차는 하위 어떠한 규정보다 까다롭다고 볼 수 있고, 시행령은 환경부장관이 발의하여 관련부처의 장·차관의 사전협의 완료 후 국무회의 심의를 거쳐야 제·개정 될 수 있으므로 대통령이 제·개정권자가 되며 그 절차는 법 다음으로 까다롭다고 할 수 있다. 그리고 규칙은 환경부장관이 발의하여 법제처의 심의를 완료한 후 제·개정 될 수 있으므로 환경부장관이 제 · 개정권자가 되며, 그 절차는 시행령 다음으로 까다롭다. 다만, 다음에 설명하는 고시 · 예규 등과의 차이점은 법제처 심의대상이 된다는 것을 유의하여야 한다. 고시 · 예규 등은 환경부장관이 발의하여 환경부 법무담당관의 심의를 통하여 제 · 개정 될 수 있으므로 환경부장관이 제 · 개정권자가 되며, 그 절차는 가장 쉽다고 본다.

2) 법령계층 간의 효력(성질) 측면

환경오염시설의 통합관리에 관한 법령계층 간의 효력 또는 성질을 살펴보면, 제 · 개정절차가 까다로운 순서에 따라 준수의무가 강한 성질 또는 효력을 가지고 있다. 법은 법률이라 하며 위반 시 징역 · 벌금 등을 가할 수 있는 형법에 따른 처벌의 대상이고, 시행령 · 규칙 · 고시 · 예규 등은 행정명령으로 구분된다. 법에 따른 명령은 법률에 준하는 성질로 구분하여 위반 시 형사처벌 대상으로 정하고, 행정명령은 경제적 제재, 즉 세금혜택 취소, 감독강화, 융자대상 및 지원대상 제외 등으로 그 준수를 강제하고 있다. 다만, 오늘날 행정명령이 규제하고 있는 사안이 불특정 다수인 또는 국민경제에 광범위한 파장을 일으키는 것 및 인명에 손실을 가져오는 것에 대해서는 법에 따른 명령으로 보고 형법에 따른 처벌의 근거로 채택하는 경향이 있다.

제3장 환경오염시설의 통합관리에 관한 법령 등의 해석방법

1) 법령해석의 일반적 방법

법령의 해석이라 함은 일반적이며 추상적인 법 규정을 구체적인 사실에 적응할 수 있도록 그 의미와 내용을 객관적으로 명확하게 하는 것을 말한다. 법령해석의 주된 대상은 주로 성문법이다. 관습법도 필요에 따라 해석을 하는 경우가 있지만 관습법은 사회생활 속에서 구체적인 모습으로 존재하기 때문에 그렇게 곤란한 문제는 아니다. 따라서, 법령해석의 문제는 주로 성문법 해석의 문제로 귀착된다.

2) 법령해석의 방법

법령해석의 방법은 크게 3가지로 분류되는데, 유권해석, 학리해석 그리고 목적론적 해석으로 분류된다.

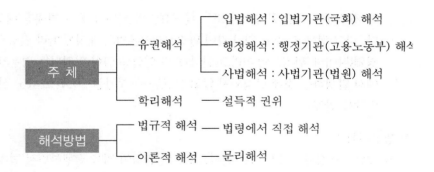

3) 법령해석 방법 및 사례

법령해석 방법에는 유권해석, 학리해석 그리고 목적론적 해석이 있다.

(1) 유권해석

국가기관이 확정하는 해석으로 이 해석은 구속력을 갖기 때문에 강제해석 또는 공권해석
이라고도 한다. 유권해석은 입법해석, 사법해석, 행정해석으로 세분화된다.

① 입법해석

    ㉠ 개념 : 입법 그 자체가 내리는 해석으로 동일 법령 또는 그 부속법령에 해석법규
    를 두는 경우가 있으며, 입법해석은 법으로서의 구속력을 갖는다.

    ㉡ 사례 : 환경오염시설 통합관리에 관한 법률 제2조(정의)

        이 법에서 사용하는 용어의 뜻은 다음과 같다.

        1. "오염물질 등"이란 환경오염의 원인이 되는 것으로서 다음 각 목의 물질 등을
            말한다.

            가. 「대기환경보전법」 제2조제1호의 대기오염물

            나. 「대기환경보전법」 제2조제10호의 휘발성유기화합물

            다. 「대기환경보전법」 제43조제1항에 따른 비산먼지

② 사법해석

    ㉠ 개념 : 법원(특히 대법원)이 내리는 해석으로 주로 판결의 형식으로 나타나므로
    재판해석이라고도 한다. 영미법계에서는 선례 구속의 원칙이 적용되어 사법해
    석은 법적 구속력을 갖고 판례법을 형성한다.

    ㉡ 사례 : 환경오염의 피해에 대한 책임에 관하여 구 환경정책기본법(2011. 7. 21.
    법률 제10893호로 전부 개정되기 전의 것) 제31조 제1항은 "사업장 등에서 발생
    되는 환경오염 또는 환경훼손으로 인하여 피해가 발생한 때에는 당해 사업자는
    그 피해를 배상하여야 한다."라고 정하고, 2011. 7. 21. 법률 제10893호로 개정
    된 환경정책기본법 제44조 제1항은 "환경오염 또는 환경훼손으로 피해가 발생

한 경우에는 해당 환경오염 또는 환경훼손의 원인자가 그 피해를 배상하여야 한다."라고 정하고 있다. 위와 같이 환경정책기본법의 개정에 따라 환경오염 또는 환경훼손(이하 '환경오염'이라고 한다)으로 인한 책임이 인정되는 경우가 사업장 등에서 발생하는 것에 한정되지 않고 모든……(대법원 2017. 2. 15. 선고 2015다23321 판결)

③ 행정해석

    ㉠ 개념 : 행정관청이 내리는 해석으로 행정관청이 법을 집행하면서 법의 의의를 밝히거나, 하급관청의 질의에 대한 상급관청의 회답 또는 지령 그리고 질의 없이 내리는 훈령 등에 의해 이루어진다. 하급관청은 행정법상 상급관청의 법해석에 구속되기 때문에 이에 반하는 법해석을 할 수 없다.

    ㉡ 사례 : 〈질의〉 일련의 공사 또는 작업으로 인하여 폐기물을 5톤 이상 배출하는 사업장은 사업장폐기물로 규정하고 있는데, A작업 등으로 폐기물이 4톤 배출되었고, B작업 등으로 폐기물이 2톤 배출되어 전체 합하여 6톤을 처리하고자 할 때 A작업과 B작업의 성격이 서로 다르고 배출되는 폐기물의 종류도 서로 다를 경우에도 사업장폐기물에 해당되는지?

    〈회시〉 두 가지 작업의 성격이 서로 다르고 배출되는 폐기물의 종류가 다르다 하더라도 작업의 수행자가 동일인으로 작업기간이 중복이 된다면 일련의 작업으로 보아 두 가지 작업에서 발생되는 폐기물의 합계가 5톤 이상이라면 사업장폐기물에 해당된다.

(2) 학리해석

학문적 이치, 즉 학설에 따른 해석을 말한다. 보통 법의 해석이라고 하면 이 해석을 말하며 국가권력의 뒷받침이 없으므로 구속력은 없으나 순수한 학문적인 입장에서 내리는 해석으로 설득력도 크고 유권해석에 영향력을 미친다. 이는 다시 문리해석과 논리해석으로 분류된다.

① 문리해석

문리해석은 법문의 자구된 의미를 기초로 하여 문법적 원리에 따라 해석하는 방법으로, 기초적ㆍ1단계적 방법으로 지나치게 자구에만 얽매이다 보니 법의 진의를 파악하지 못하는 경우가 발생한다.

② 논리해석

논리해석은 일정한 논리체계에 입각하여 해석하는 것으로 5가지로 세분화된다.

㉠ 확장해석
- 개념 : 확장해석(확대해석)은 법령의 용어를 보통의 뜻보다는 넓게 해석하는 방법
- 사례 : 차마통행금지에서 우도 포함,

㉡ 축소해석
- 개념 : 법령의 용어를 보통의 뜻보다 좁게 해석하는 방법
- 사례 : 차마통행금지에서 자전차는 제외

㉢ 반대해석
- 개념 : 법문의 규정과 반대의 법적 판단을 추론하는 해석 방법
- 사례 : 차마통행금지에서 사람은 가능

㉣ 물론해석
- 개념 : 법문규정의 입법취지상 당연히 이의가 있을 수 없는 해석방법
- 사례 : 차마통행금지에서 탱크나 코끼리도 통행금지

㉤ 보정해석
- 개념 : 법문의 자구가 잘못되었거나, 표현이 부정확하다고 인정되는 경우, 그 자구를 보정(수정)하거나 변경하는 해석방법으로 법적 안정성을 해친다는 비판이 있지만 명백히 잘못되었거나, 사회적 타당성에 합치되는 경우에만 인정하여야 할 것이다.

(3) 목적론적 해석

문리해석이나 논리해석으로도 그 의미가 명백하지 않는 경우, 법문의 입법취지나 기타 목적에 맞는 법령해석 방법을 말한다.

① 연역적 해석법 또는 역사적 해석법
- ㉠ 개념 : (법성립의 연혁) 법안의 이유서, 입법자의 견해, 의사록 등 자료에 근거하여 법문의 의미를 보충하거나 그 용어의 유래를 참조하여 하는 해석방법을 말한다.
- ㉡ 사례 : 일반적으로 법령을 제·개정할 때, 입법취지나 발제의 사유 등을 문서로 기록하는데, 이들 내용이 법령을 운영할 경우에 해석의 근간으로 사용될 수 있도록 하는 사례를 많이 볼 수 있다.

② 유추해석

㉠ 개념 : 어떤 특정한 사항에 관하여 명문의 규정이 없는 경우, 이와 가장 유사한 사항을 규정한 법규를 적용하는 해석방법을 말한다.

> ※ 준용과의 차이
> - 준용은 법의 입법기술상의 편의를 위해 유추적용을 명문으로 인정하는 경우를 말하는 것으로 준용은 명문의 규정이 있는 경우에 인정될 수 있는 입법기술상의 한 방법임에 반하여, 유추해석은 명문의 규정이 없는 경우에 그와 가장 유사한 사항을 법규로 적용하는 법해석의 한 방법이다.
> - 예시 : 제4조(측정망설치계획의 결정 등)
>   ① 환경부장관은 제3조제1항에 따른 측정망의 위치와 구역 등을 구체적으로 밝힌 측정망설치계획을 결정하여 환경부령으로 정하는 바에 따라 고시하고 그 도면을 누구든지 열람할 수 있게 하여야 한다. 이를 변경한 경우에도 또한 같다.
>   ② 제3조제2항에 따라 시·도지사가 측정망을 설치하는 경우에는 제1항을 준용한다.

4) 법의 내용 중 용어, 조사 및 문장부호 등의 이해

(1) 제정, 개정(일부개정), 전부(전면)개정

① 의미

모든 동식물이 태어나서 변화되어 소멸하는 과정을 거치는 것과 같이 일반적으로 법령도 제정이 되어 일부 또는 전부가 개정되어 폐지되는 과정을 거치게 된다. 제정은 말 그대로 최초로 만들어지는 것이고, 일부개정은 기존의 법 질서를 존중하면서 추가적인 장치를 만드는 것이고 전부개정은 기존의 법질서를 완전히 무시하고 새롭게 탄생시킨다는 의미이다. 폐지는 해당법령의 존재가치가 없는 경우에 소멸시키는 것이다. 일반적으로 법이 한번 제정되면 시대변화와 국민의 요구에 따라 수차례 개정되는 과정을 거친다.

② 사례

내용의 개정에 대한 사항은 신구대조표에 따라 확인하면 되고, 형식적인 것으로 확인할 수 있는 방법으로 제정이나 전부(전면)개정의 경우는 조문번호가 일련번호에 맞추어서 표현한다.

(2) 법령의 공포, 시행, 적용

① 의미

㉠ 공포 : 성립된 법령을 일반인에게 주지시킬 목적으로 해당 법령을 공시하는 행위로 국무회의 의결을 거쳐 관보 등에 게재한다.

ⓛ 시행 : 법령 규정의 효력이 현실적으로 발동하여 작용하는 것을 말한다.

ⓒ 적용 : 법령의 규정이 개별적, 구체적으로 특정한 사람, 지역, 사항에 대해 현실
적으로 발동하여 작용하는 것을 말한다.

(3) 용어의 정의

① 의미

법령에서 쓰이는 특정한 의의, 사용법을 확정하여 명확하게 해두어 법령을 알기 쉽
게 하고 또한 해석상의 의문을 최소화시키기 위함

※ 사회통념상 여러 가지로 해석될 여지가 있는 경우에 사용

② 사례

환경오염시설의 통합관리에 관한 법률 제2조(정의)

이 법에서 사용하는 용어의 뜻은 다음과 같다.

1. "오염물질 등"이란 환경오염의 원인이 되는 것으로서 다음 각 목의 물질 등을 말
한다.

　가. 「대기환경보전법」 제2조제1호의 대기오염물질

　나. 「대기환경보전법」 제2조제10호의 휘발성유기화합물

　다. 「대기환경보전법」 제43조제1항에 따른 비산먼지

(4) 조사의 사용기준

조사는 한글 맞춤법에 맞게 쓰도록 한다. 다만, 법령에서 자주 쓰이는 일부 조사는 다음의
사용 기준을 지킬 필요가 있다.

① "또는"과 "및"

"또는"은 2개 이상의 사항을 나열할 때 사용하는 선택적 접속사로 "~나, 이나, 거
나"로 사용할 수 있다. "및"은 2개 이상의 사항을 함께 필요로 하는 경우에 사용하는
병합적 접속사로 "와, 과"를 사용할 수 있다. 두 용어로 연결된 용어들은 앞말의 수
식을 받는데, 마지막으로 연결되는 사항 앞에만 "및" 또는 "또는"을 쓰고 그 앞에서
는 중간점이나 쉼표를 쓴다.

"~나, 이나, 거나" 또는 "와, 과"를 사용할 수 있는 경우로는 두 개의 사항만을 단순
히 나열한 경우, "또는"이나 "및"을 사용하면 해석이 달라질 수 있는 경우, "~나, 이
나, 거나" 또는 "와, 과"를 사용하는 것이 더 자연스럽고 이해하기 쉬운 경우이다.
한편, "및"을 사용하여 용어를 연결하는 경우 연결된 용어가 모두 앞말의 수식을 받
게 되므로 "및" 뒤에 오는 용어가 앞말의 수식을 받지 않아야 할 경우에는 이를 주의
하여 사용할 필요가 있다.

② "~내지", "~부터 ~까지의 규정", "~부터 ~까지"

"~내지"는 "~부터 ~까지의 규정"으로 순화하되, 열거된 인용조문 중간에 위치하거나 문맥상 자연스러운 표현을 위하여 필요한 경우 "~부터 ~까지"만으로 표현한다.

③ "~에게", "~에", "~로 하여금"

앞말이 사물일 때는 "에"를 쓰고, 앞말이 사람·동물일 때는 "에게"를 쓴다. 기관, 단체 같은 무정명사에는 "~에게"를 쓰지 않고 "~에"를 써야 한다. "~로 하여금"은 가급적 "에게" 등으로 고쳐 쓴다. 그러나 사역(使役)의 의미를 살릴 필요가 있을 때에는 "~로 하여금"으로 바꾼다.

(5) 의미 해석 시 주의가 필요한 단어

① "및"과 "부터"

㉠ 의미

- 및 : 단순 병합적 접속
- 부터 : 병합적 접속의 단계가 복잡하여 2개 이상을 연결

㉡ 사례

- 환경오염시설의 통합관리에 관한 법률 제3조(국가의 책무)

  ① 국가는 제6조제1항에 따른 통합관리사업장의 배출시설 등 및 방지시설을 체계적으로 관리하고 그로 인한 환경오염을 예방하기 위하여 필요한 시책을 수립·시행하여야 한다.

- 환경오염시설의 통합관리에 관한 법률 제8조(허가배출기준)

  ② 환경부장관은 제1항에 따라 허가배출기준을 설정하는 경우에는 다음 각 호의 사항을 고려하여야 한다.

     4. 제1호부터 제3호까지에서 규정한 사항 외에 환경부령으로 정하는 환경의 질 목표 수준

② "이상"과 "초과", "이하"와 "미만"

㉠ 의미

이상과 이하는 기준치를 포함하지만, 초과와 미만은 기준치를 포함하지 않는다.

㉡ 사례

1만원 이상이라 하면 1만원과 1만원보다 많은 액수를 포함하고, 1만원 이하라고 하면 1만원과 1만원보다 적은 액수를 포함하여 나타낸다. 이에 대하여 기준이 되는 수량을 포함하지 않고 많다거나 적다는 것을 나타내려고 할 경우에는 전자에 대하여는 "1만원 초과"라고 후자에 대하여는 "1만원 미만"이라고 한다.

③ "이전"과 "전", "이후"와 "후"

　㉠ 의미

　　이전과 이후는 기준일을 포함하지만, 전과 후는 기준일을 포함하지 않는다.

　㉡ 사례

　　• "10월 1일 이전"이라면 10월 1일을 포함하지만, "10월 1일 전"이라면 10월 1일은 포함하지 않고 9월 30일 이전의 시간적 길이를 표시한다.

　　• "10월 1일 이후"라면 10월 1일을 포함하지만, "10월 1일 후"라면 10월 1일을 포함하지 않고 10월 2일 다음의 시간적 길이를 표시한다. 그리고 "…날로부터"라 함은 "후"와 같이, "…날부터 기산하여"라는 것은 "이후"와 같이 해석한다.

④ "가운뎃점(·)"과 "쉼표(,)"

　㉠ 의미

　　가운뎃점은 열거하고자 하는 내용이 동등 또는 유사한 성격일 경우에 사용하고, 쉼표는 열거하고자 하는 내용이 동일한 품사이나 다른 것일 경우에 사용한다.

　㉡ 사례

　　환경오염시설의 통합관리에 관한 법률 제4조(다른 법률과의 관계)

　　이 법은 제6조에 따른 통합관리사업장의 배출시설 등 및 방지시설에 대한 허가 및 관리 등에 관하여 「대기환경보전법」, 「소음·진동 관리법」, 「물환경보전법」, 「악취방지법」, 「잔류성유기오염물질 관리법」, 「토양환경보전법」, 「폐기물관리법」에 우선하여 적용한다.

⑤ "…하여서는 아니 된다"와 "…할 수 없다"

　㉠ 의미

　　• …하여서는 아니 된다 : 금지표시로 거래행위 자체는 인정

　　• …할 수 없다 : 법률상의 능력 내지 권리가 없는 것으로 법률상 하자로 불인정

　㉡ 사례

　　• 환경오염시설의 통합관리에 관한 법률 제8조(허가배출기준)

　　　③ 제6조에 따른 허가 또는 변경허가를 받거나 변경신고를 한 자(이하 "사업자"라 한다)는 배출시설 등을 설치·운영할 때 허가배출기준을 초과하여 오염물질 등을 배출해서는 아니 된다. 이 경우 허가배출기준의 초과 여부의 판정기준은 오염물질 등의 배출농도 및 배출농도를 측정하는 방식 등을 고려하여 환경부령으로 정하는 바에 따른다.

　　• 환경오염시설의 통합관리에 관한 법률 제7조(허가기준 등)

　　　⑥ 제5항에도 불구하고 환경부장관은 다음 각 호의 지역에 대하여는 다른 법령에 따라 배출시설 등의 설치가 제한되는 경우에는 제6조에 따른 허가 또는 변경허가를 할 수 없다.

⑥ "추정한다"와 "간주한다(본다)"

　㉠ 의미

　　• 추정한다 : 어떤 사안에 관하여 당사자 간에 정함이 없는 경우에 법령이 일단 일정한 사실 상태에 있는 것으로 판단하여 그렇게 취급한다는 것
　　• 간주한다 : 법이 공익 또는 기타의 이유로 일정한 사실의 존재 또는 부존재를 법정책으로 확정해 버리는 것

　㉡ 사례

　　• 민법 제30조(동시사망)
　　　2人 이상이 동일한 위난으로 사망한 경우에는 동시에 사망한 것으로 추정한다.
　　• 의료법 제79조(한지 의료인)
　　　① 이 법이 시행되기 전의 규정에 따라 면허를 받은 한지 의사, 한지 치과의사 및 한의사는 허가받은 지역에서 의료업무에 종사하는 경우 의료인으로 본다.

⑦ "다만"과 "이 경우"

　㉠ 의미

　　• 법 조항이 두 문장 이상일 때 자주 쓰이는 용어인데, 법률의 다른 규정에서 이 부분들을 인용하는 경우에는 "다만"으로 시작되는 부분은 "단서"로, "이 경우"로 시작되는 부분은 "후단"으로 지칭한다.
　　• "이 경우"는 주된 문장의 뒤에 주된 문장의 취지를 설명하거나 이것과 밀접한 관계를 가진 내용의 사항을 계속하여 규정하는 경우에 사용된다.
　　• "다만"은 주된 문장의 뒤에 계속하여 새로운 문장을 시작하고 주된 문장의 의미에 제외적 또는 예외적 의미로서의 부가적 조건을 규정하는 경우에 사용된다. 내용이 제외적 또는 예외적 의미를 갖지 아니하고 단순한 주의규정 또는 설명적 규정인 경우에는 "다만"을 사용하지 아니한다.

　㉡ 사례

　　• 환경오염시설의 통합관리에 관한 법률 제13조(오염도 측정)
　　　② 환경부장관은 제1항에 따라 오염물질 등을 측정하려는 경우에는 환경부령으로 정하는 검사기관에 이를 요청하여야 한다. 다만, 현장에서 측정할 수 있는 오염물질 등으로서 환경부령으로 정하는 경우에는 그러하지 아니하다.
　　• 환경오염시설의 통합관리에 관한 법률 제9조(허가조건 및 허가배출기준의 변경)
　　　① 환경부장관은 제6조에 따른 허가 또는 변경허가 후 같은 조 제3항에 따른 허가조건 또는 허가배출기준을 5년마다 검토하여 이를 변경할 필요가 있다고 인정되는 경우로서 대통령령으로 정하는 경우에는 사업자의 의견을 들어 허가조건 또는 허가배출기준을 변경할 수 있다. 이 경우 허가배출기준의 변경은 제24조제4항에 따른 최대배출기준이 변경된 경우에만 할 수 있다.

⑧ "지체없이", "신속하게", "즉시"

　　㉠ 의미

　　　• "즉시"는 시간적 즉시성이 보다 강한 것이다. 이에 대하여 "지체 없이"는 역시 시간적 즉시성이 강하게 요구되지만 정당한 또는 합리적인 이유에 기한 지체는 허용되는 것으로 해석되고, 사정이 허락하는 한 가장 신속하게 하여야 한다는 것을 뜻한다.

　　　• "지체 없이", "즉시"는 이를 어길 경우 의무위반이 되고, "신속하게"는 훈시적 성격이 강하다.

　　㉡ 사례

　　　• 환경오염시설의 통합관리에 관한 법률 시행령 제18조(측정기기 부착 등)

　　　　⑤ 사업자는 제1항에 따른 측정기기를 부착하였을 때에는 지체 없이 그 사실을 환경부장관에게 알려야 한다. 이 경우 환경부장관은 부착된 측정기기가 「환경분야 시험ㆍ검사 등에 관한 법률」 제6조에 따른 환경오염공정시험기준에 따라 적합하게 설치되었는지를 확인하여야 한다.

　　　• 의료법 제18조(처방전 작성과 교부)

　　　　④ 제1항에 따라 처방전을 발행한 의사 또는 치과의사(처방전을 발행한 한의사를 포함한다)는 처방전에 따라 의약품을 조제하는 약사 또는 한약사가 「약사법」 제26조제2항에 따라 문의한 때 즉시 이에 응하여야 한다. 다만, 다음 각 호의 어느 하나에 해당하는 사유로 약사 또는 한약사의 문의에 응할 수 없는 경우 사유가 종료된 때 즉시 이에 응하여야 한다.

　　　• 검역법 제3조(책무)

　　　　② 국가는 검역감염병이 국내외로 번지는 것에 신속하게 대처하기 위한 대응방안을 수립하여야 한다.

⑨ "적용한다", "준용한다", "예에 의한다"

　　㉠ 의미

　　　• "적용한다"의 법문은 적용되는 조항이 조금도 수정됨이 없이 그대로 적용되는 경우에 사용하고, "준용한다"의 법문은 준용되는 조항이 그 성질에 따라 융통성 있게 적용되는 경우에 사용된다.

　　　• "예에 의한다"는 법률에 근거한 제도나 법령규정을 다른 동종의 것에 포괄적으로 준용할 경우에 사용한다는 점에서, 특정한 조항이나 사항만을 적용하는 경우에 사용되는 "준용한다"와 구별된다. 부득이한 경우를 제외하고는 "예에 의한다"라는 표현을 사용하지 않는 것이 좋으며 여러 조문을 인용할 경우에는 오해의 소지를 없애기 위해 그 조문을 열거하는 것이 바람직하다.

ⓛ 사례

- 환경오염시설의 통합관리에 관한 법률 제6조(통합허가)

  ⑤ 제1항에 따른 대통령령으로 정하는 업종에 속하는 사업장으로서 통합관리사업장이 아닌 사업장에서 배출시설 등(제10조제1항 각 호의 구분에 따른 허가 또는 승인을 받거나 신고를 하여야 하는 배출시설 등만 해당한다)을 설치·운영하려고 하거나 설치·운영 중인 자는 제1항에 따른 허가를 신청할 수 있다. 이 경우 해당 사업장은 통합관리사업장으로 보아 이 법의 해당 규정을 적용한다.

- 환경오염시설의 통합관리에 관한 법률 제15조(배출부과금의 부과·징수)

  ④ 환경부장관은 배출부과금을 내야 할 자가 납부기한까지 내지 아니하는 경우에는 가산금을 징수한다. 이 경우 가산금에 관하여는 「국세징수법」 제21조를 준용한다.

⑩ "협의", "승인", "동의"

㉠ 의미

- 협의 : 여러 사람이 모여 서로 의논(議論)하는 것을 의미하고 주로 대등자 간에 쓰인다.

- 승인 : 타인의 행위에 대하여 긍정적 의사를 표시하는 것으로서 하위자가 상위자의 의사를 구하는 경우에 사용한다.

- 동의 : 타인의 행위에 대하여 인허(認許) 내지 긍인(肯認)하는 의사표시로서 대등자 간의 경우뿐만 아니라 하위자로부터 상위자의 경우 및 상위자가 하위자에게 동의를 하여 준다는 취지로도 쓰인다.

ⓛ 사례

- 환경오염시설의 통합관리에 관한 법률 제5조(사전협의)

  ① 제6조에 따른 허가 또는 변경허가를 신청하려는 자는 다음 각 호의 사항에 대하여 환경부장관에게 미리 사전협의를 신청할 수 있다.

- 환경오염시설의 통합관리에 관한 법률 제19조(측정기기 부착 등)

  ① 사업자는 배출시설 등에서 나오는 오염물질 등의 배출수준 또는 배출시설 등 및 방지시설에 사용되는 용수 및 전력 등의 사용량 등을 확인하기 위하여 수질자동측정기기, 굴뚝 자동측정기기, 적산전력계, 적산유량계 등 대통령령으로 정하는 기기(이하 "측정기기"라 한다)를 부착하여야 한다. 다만, 환경부장관 또는 특별시장·광역시장·특별자치시장·도지사·특별자치도지사(이하 "시·도지사"라 한다)는 배출시설 등에서 나오는 제2조 제1호가목에 따른 대기오염물질이 허가배출기준에 적합한지를 확인하기 위

하여 측정기기를 부착하여야 하는 경우 사업자(「중소기업기본법」 제2조에 따른 중소기업인 경우만 해당한다)의 동의를 받아 측정기기를 부착하는 등의 조치를 할 수 있다.

- 환경오염시설의 통합관리에 관한 법률 제6조(통합허가)

① 환경에 미치는 영향이 큰 업종으로서 대통령령으로 정하는 업종에 속하는 사업장 중 다음 각 호의 어느 하나에 해당하는 사업장(이하 "통합관리사업장"이라 한다)에서 배출시설 등(제10조제1항 각 호의 구분에 따른 허가 또는 승인을 받거나 신고를 하여야 하는 배출시설 등만 해당한다)을 설치·운영하려는 자는 환경부장관의 허가를 받아야 한다. 이 경우 대통령령으로 정하는 업종은 제24조제2항에 따른 최적가용기법 기준서의 준비 상황 등을 고려하여 2021년 12월 31일까지 단계적으로 정할 수 있다.

⑪ "기일", "기한", "기간"

㉠ 의미

- 기일 : 어떤 행위가 행하여지거나 어떤 사실이 생기게 될 일정한 시점 또는 시기(변론기일, 공판기일 등)를 말한다.
- 기한 : 어떤 법률의 효력이 언제부터 발생한다든가 언제까지 효력을 가진다고 하는 것과 같이 법률효과의 발생 또는 소멸을 일정한 일시의 도달에 매이게 하는 경우에 쓴다.
- 기간 : 언제부터 언제까지라고 하는 것과 같이 시간적 간격의 길이를 표시하는 용어이다.

※ 실무상으로는 "기간"과 "기한"의 개념이 이론상의 개념과 다르게 사용되는 경우가 많다. 허가기간, 면허기간 같이 어떠한 행위가 행하여지거나 사실이 발생하는 시점과 종점이 정하여져 있는 경우를 "기간"으로, 납부기한, 제출기한과 같이 종점만이 정하여져 있는 경우를 "기한"으로 사용하고 있으며, 그 기간이나 기한을 확대하는 경우에도 이를 구별하여 "기간"은 연장으로, "기한"은 연기로 많이 사용되고 있다.

㉡ 사례

- 의료법 시행규칙 제57조(해산신고)

③ 의료법인은 정관에서 정하는 바에 따라 그 해산에 관하여 시·도지사의 허가를 받아야 하는 경우에는 해산예정기일, 해산의원인 및 청산인이 될 자의 성명 및 주소를 적은 법인해산 허가신청서에 다음 각 호의 서류를 첨부하여 시·도지사에게 제출하여야 한다.

- 환경오염시설의 통합관리에 관한 법률 제15조(배출부과금의 부과·징수)

④ 환경부장관은 배출부과금을 내야 할 자가 납부기한까지 내지 아니하는 경우에는 가산금을 징수한다. 이 경우 가산금에 관하여는 「국세징수법」 제21조를 준용한다.

• 환경오염시설의 통합관리에 관한 법률 제5조(사전협의)

③ 제2항에 따라 사전협의 결과를 통지받은 신청인은 그 결과를 반영하여 제6조에 따른 허가 또는 변경허가를 받으려는 경우에는 환경부령으로 정하는 기간 이내에 허가 또는 변경허가를 신청하여야 한다.

⑫ "경우"와 "때"

"경우"는 가정적 조건을 표현할 때 사용하고, "때"는 시점 또는 시간이 문제로 된 경우에 사용한다. "한 때"와 "하는 때"는 시제에 관한 논란이 있으므로 "할 때", "하였을 때" 등으로 가급적 고쳐 쓴다. 다만, 행위의 시점이 중요한 의미를 가질 때에는 그대로 쓴다.

⑬ "각각"과 "각"

"각각"과 "각"은 둘 이상을 각기 지칭할 때 사용하는 용어이나, "각각"은 동사를 수식하고, "각"은 명사를 수식하는 용어이다.

⑭ "각 호"와 "각 호의 어느 하나"

각 호에 규정된 요건에 해당되는 경우를 표현하는 법문 중 "다음 각 호에 해당하는 경우"는 각 호의 모든 요건을 갖추어야 할 경우에 사용되는 데 비하여, "다음 각 호의 어느 하나에 해당하는 경우"의 법문은 각 호 중 어느 하나의 요건만을 갖추면 되는 경우에 사용한다.

⑮ "과(科)한다", "처(處)한다", "과(課)한다", "부과한다."

"과(科)한다"나 "처(處)한다"는 형벌을 일정한 경우 어떤 사람에 대하여 부담시키는 것을 추상적으로 표현할 때 사용하고, "과(課)한다"나 "부과한다"는 국가나 지방자치단체가 국민 또는 주민에 대하여 공권력으로 조세·금전 기타 부역이나 현품, 과태료 등을 부담시킬 때 사용한다.

⑯ "과료"와 "과태료"

"과료"는 「형법」에서 정하는 형벌의 일종이고 "과태료"는 행정법상의 의무위반 행위가 직접 행정목적을 침해하는 데 이르지 못하고 간접적으로 행정목적의 달성에 장애를 미칠 위험성이 있는 경우에 과하는 행정질서벌이다. 유사한 용어인과징금 등과 구별하여야 한다.

환경오염시설의 통합관리에 관한 법률

Part 02

제1장 환경오염시설의 통합관리에 관한 법률

환경오염시설의 통합관리에 관한 법률	환경오염시설의 통합관리에 관한 법률 시행령	환경오염시설의 통합관리에 관한 법률 시행규칙
제38조(벌칙) ·········· 78		
제39조(벌칙) ·········· 79		
제40조(벌칙) ·········· 79		
제41조(벌칙) ·········· 80		
제42조(벌칙) ·········· 80		
제43조(벌칙) ·········· 81		
제44조(벌칙) ·········· 81		
제45조(벌칙) ·········· 81		
제46조(양벌규정) ········· 81		
제47조(과태료) ·········· 82	제37조(과태료의 부과기준) ·········· 82	

제2장 위임 법령 3단 비교표(법률-시행령-시행규칙)

환경오염시설의 통합관리에 관한 법률	환경오염시설의 통합관리에 관한 법률 시행령	환경오염시설의 통합관리에 관한 법률 시행규칙
제1장 총칙	**제1장 총칙**	**제1장 총칙**
제1조(목적) 이 법은 사업장에서 발생하는 오염물질 등을 효과적으로 줄이기 위하여 배출시설 등을 통합 관리하고, 최적의 환경관리기법을 각 사업장의 여건에 맞게 적용할 수 있는 체계를 구축함으로써 환경기술의 발전을 촉진하고 국민의 건강과 환경을 보호하는 것을 목적으로 한다.	**제1조(목적)** 이 영은 「환경오염시설의 통합관리에 관한 법률」에서 위임된 사항과 그 시행에 필요한 사항을 규정함을 목적으로 한다.	**제1조(목적)** 이 규칙은 「환경오염시설의 통합관리에 관한 법률」 및 같은 법 시행령에서 위임된 사항과 그 시행에 필요한 사항을 규정함을 목적으로 한다.
제2조(정의) 이 법에서 사용하는 용어의 뜻은 다음과 같다. <개정 2017. 1. 17.> 1. "오염물질등"이란 환경오염의 원인이 되는 것으로서 다음 각 목의 물질 등을 말한다. 가. 「대기환경보전법」 제2조제1호의 대기오염물질 나. 「대기환경보전법」 제2조제10호의 휘발성유기화합물 다. 「대기환경보전법」 제43조제1항에 따른 비산먼지 라. 「소음·진동관리법」 제2조제1호 및 제2호의 소음(騷音) 및 진동(振動) 마. 「물환경보전법」 제2조제7호의 수질오염물질 바. 「악취방지법」 제2조제1호의 악취 사. 「잔류성유기오염물질 관리법」 제2조제1호의 잔류성유기오염물질 아. 「토양환경보전법」 제2조제2호의 토양오염물질 자. 「폐기물관리법」 제2조제1호의 폐기물		**제2조(배출시설등 및 방지시설)** ① 「환경오염시설의 통합관리에 관한 법률」(이하 "법"이라 한다) 제2조제2호가목에 따른 폐기물처리시설의 종류는 별표 1과 같다. ② 법 제2조제3호에 따른 방지시설의 종류는 별표 2와 같다.

환경오염시설의 통합관리에 관한 법률	환경오염시설의 통합관리에 관한 법률 시행령	환경오염시설의 통합관리에 관한 법률 시행규칙
2. "배출시설등"이란 오염물질등을 배출하는 시설물, 기계 또는 기구 등으로서 다음 각 목의 것을 말한다. 가. 「대기환경보전법」 제2조제10호의 휘발성유기화합물을 배출하는 시설 나. 「대기환경보전법」 제2조제11호의 대기오염물질배출시설 다. 「대기환경보전법」 제38조의2제1항의 대기오염물질을 비산배출하는 배출시설 라. 「대기환경보전법」 제43조제1항에 따른 비산먼지를 발생시키는 사업 마. 「소음·진동관리법」 제2조제3호의 소음·진동배출시설 바. 「물환경보전법」 제2조의 비점오염원(非點汚染源) 사. 「물환경보전법」 제2조제10호의 폐수배출시설 아. 「악취방지법」 제2조제3호의 악취배출시설 자. 「잔류성유기오염물질 관리법」 제2조의 배출시설 차. 「토양환경보전법」 제2조제4호의 특정토양오염관리대상시설 카. 「폐기물관리법」 제2조제8호의 폐기물처리시설 중 환경부령으로 정하는 시설 3. "방지시설"이란 배출시설등으로부터 나오는 오염물질등을 없애거나 줄이는 시설로서 환경부령으로 정하는 시설을 말한다.		
제3조(국가의 책무) ① 국가는 제6조제1항에 따른 통합관리사업장의 배출시설등 및 방지시설을 체계적으로		

환경오염시설의 통합관리에 관한 법률	환경오염시설의 통합관리에 관한 법률 시행령	환경오염시설의 통합관리에 관한 법률 시행규칙
으로 관리하고 그로 인한 환경오염을 예방하기 위하여 필요한 시책을 수립·시행하여야 한다. ② 국가는 제24조제1항에 따른 최적가용기법 개발을 촉진하고 이를 산업 활동에 쉽게 적용할 수 있도록 필요한 여건을 조성하여야 한다. 제4조(다른 법률과의 관계) 이 법은 제6조에 따른 통합관리사업장의 배출시설등 및 방지시설에 대한 허가 및 관리 등에 관하여 「대기환경보전법」, 「소음·진동관리법」, 「물환경보전법」, 「악취방지법」, 「잔류성유기오염물질 관리법」, 「토양환경보전법」, 「폐기물관리법」에 우선하여 적용한다. 〈개정 2017. 1. 17.〉 제2장 통합관리사업장의 배출시설등에 대한 허가 등 제5조(사전협의) ① 제6조에 따른 허가 또는 변경허가를 신청하려는 자는 다음 각 호의 사항에 대하여 환경부장관에게 미리 사전협의를 신청할 수 있다. 1. 배출시설등 및 방지시설의 설치 계획에 관한 사항 2. 제8조제1항 전단에 따른 허가배출기준의 설정에 관한 사항 3. 그 밖에 환경부령으로 정하는 사항 ② 환경부장관은 제1항에 따른 신청 내용이 제조제1항 각 호의 허가기준을 충족하는지를 검토한 후 그 결과를 환경부령으로 정하는 바에 따라 신청인에게 통지하여야 한다. ③ 제2항에 따라 사전협의 결과를 통지받은 신청인은 그 결과를 반영하여 제6조에 따른 허가 또는 변경		제3조(사전협의) ① 법 제5조제1항제3호에서 "환경부령으로 정하는 사항"이란 다음 각 호의 사항을 말한다. 1. 법 제6조제4항제1호에 따른 사용 중 배출시설등 및 방지시설의 운영 계획에 관한 사항 2. 법 제6조제4항제2호에 따른 배출영향분석에 관한 사항 ② 법 제5조제1항에 따라 사전협의를 신청하려는 자는 별지 제1호서식의 사전협의 신청서에 사전협의를 신청하는 사항에 관한 계획서 1부를 첨부하여 환경부장관에게 제출하여야 한다. ③ 환경부장관은 제2항에 따른 사전협의의 신청 내용이 법 제7조제1항 각 호의 허가기준을 충족하는

환경오염시설의 통합관리에 관한 법률	환경오염시설의 통합관리에 관한 법률 시행령	환경오염시설의 통합관리에 관한 법률 시행규칙
허가를 받으려는 경우에는 환경부령으로 정하는 기간 이내에 허가 또는 변경허가를 신청하여야 한다. ④ 제1항부터 제3항까지에서 규정한 사항 외에 사전협의의 신청 절차 및 방법 등에 관하여 필요한 사항은 환경부령으로 정한다.		가를 검토하였을 때에는 별지 제2호서식의 결과서를 신청인(이하 이 조에서 "신청인"이라 한다)에게 통지하여야 한다. ④ 법 제5조제3항에서 "환경부령으로 정하는 기간"이란 사전협의 결과를 통지받은 날부터 1년을 말한다. ⑤ 환경부장관은 법 제5조제3항에 따른 사전협의의 결과 반영을 위한 조치에 상당한 기간이 소요되는 등 부득이한 사유로 제3항에 따른 허가 또는 변경허가를 받은 자가 제4항에 따른 허가 또는 변경허가 기간 이내에 허가 또는 변경허가를 신청할 수 없다고 인정하는 경우에는 1년 이내의 범위에서 그 신청 기간을 1회 연장할 수 있다.
제6조(통합허가) ① 환경에 미치는 영향이 큰 업종으로서 대통령령으로 정하는 업종의 영향을 숙련는 사업장(이하 각 다음 각 호의 어느 하나에 해당하는 사업장(이하 "통합관리사업장"이라 한다)에서 배출시설등(제10조제1항 각 호의 구분에 따른 허가 또는 승인을 받거나 신고를 하여야 하는 배출시설등에 해당한다)을 설치·운영하려는 자는 환경부장관의 허가를 받아야 한다. 이 경우 대통령령으로 정하는 업종은 제24조제2항에 따른 대통령령이 정하는 기준에의 준비 상황 등을 고려하여 2021년 12월 31일까지 단계적으로 정할 수 있다. <개정 2017. 1. 17.> 1. 제2조제1호가목에 따른 대기오염물질을 중 환경부령으로 정하는 대기오염물질이 연간 20톤 이상 발생하는 사업장 2. 「물환경보전법」 제2조제4호의 폐수를 일일 700세제곱미터 이상 배출하는 사업장	제2조(통합허가) ① 「환경오염시설의 통합관리에 관한 법률」(이하 "법"이라 한다) 제6조제1항에 따라 배출시설등을 설치·운영하기 위하여 환경부장관의 허가를 받아야 하는 업종 및 그 적용시기는 별표 1과 같다. ② 법 제6조제2항 본문에서 "대통령령으로 정하는 중요한 사항을 변경하려는 경우"란 별표 2에 따른 경우를 말한다. ③ 법 제6조제2항 단서에서 "대통령령으로 정하는 경우" 또는 "대통령령으로 정하는 사항을 변경하려는 경우"란 각각 별표 3에 따른 경우를 말한다. ④ 법 제6조제6항에서 "대통령령으로 정하는 사항"이란 배출시설등에서 배출되는 오염물질등이 주변 환경에 미치는 영향을 환경부령으로 정하는 바에 따라 조사·분석한 배출영향분석 결과를 말한다.	제6조(통합허가의 신청 등) ① 법 제6조제1항에 따른 허가를 신청하려는 자는 별지 제3호서식의 배출시설등 설치·운영 허가 신청서에 별지 제4호서식에 따른 통합환경관리계획서(이하 "통합환경관리계획서"라 한다) 1부를 첨부하여 환경부장관에게 제출하여야 한다. ② 법 제6조제2항 본문에 따른 변경허가를 신청하려는 자는 다음 각 호의 구분에 따른 기간 이내에 별지 제3호서식의 배출시설등 변경허가 신청서에 변경하려는 사항을 반영한 통합환경관리계획서 1부를 첨부하여 환경부장관에게 제출하여야 한다. 1. 영 별표 2 제2호·제3호가목 또는 제3호에 해당하는 경우: 배출시설등의 신설, 증설, 교체, 변경포 는 연료·원료·부원료·제조공정 등의 변경 전 2. 영 별표 2 제2호나목 또는 다목에 해당하는 경우: 변경허가 사유가 발생한 날부터 30일 이내

환경오염시설의 통합관리에 관한 법률	환경오염시설의 통합관리에 관한 법률 시행령	환경오염시설의 통합관리에 관한 법률 시행규칙
② 제1항에 따라 허가를 받은 자가 허가받은 사항 중 대통령령으로 정하는 중요한 사항을 변경하려는 경우에는 변경허가를 받아야 한다. 다만, 변경허가사항 외의 사항 중 대통령령으로 정하는 사항을 변경하려는 경우 또는 대통령령으로 정하는 사항을 변경한 경우에는 변경신고를 하여야 한다. ③ 환경부장관은 제1항에 따른 허가 또는 제2항에 따른 변경허가를 하는 경우에는 사람의 건강이나 주변 환경에 미치는 영향을 최소화하기 위하여 필요한 조건(이하 "허가조건"이라 한다)을 붙일 수 있다. ④ 제1항에 따른 허가 또는 제2항에 따른 변경허가를 신청하거나 변경신고를 하려는 자는 환경부령으로 정하는 바에 따라 다음 각 호의 사항(변경허가의 경우에는 다음 각 호의 어느 하나의 사항 중 변경된 사항만 해당하며, 변경신고의 경우에는 제3호, 제4호 또는 제6호의 사항 중 변경된 사항만 해당한다)을 포함한 통합환경관리계획서를 첨부하여 환경부장관에게 제출하여야 한다. 1. 배출시설등 및 방지시설의 설치 및 운영 계획 2. 배출시설등에서 배출되는 오염물질등이 주변 환경에 미치는 영향을 환경부령으로 정하는 바에 따라 조사·분석한 배출영향분석 결과 3. 사후 모니터링 및 유지관리 계획 4. 환경오염사고 사전예방 및 사후조치 대책 5. 제5조제3항에 따른 사전협의 결과의 반영 내용 (제5조제3항에 따라 사전협의 결과를 통지받은 신청인이 그 결과를 반영하여 허가 또는 변경허		3. 영 별표 2 제4호가목·나목 또는 라목에 해당하는 경우 : 변경허가 사유가 발생한 날부터 3개월 이내 4. 영 별표 2 제4호다목에 해당하는 경우 : 변경허가 사유가 발생한 날부터 6개월 이내 ③ 법 제6조제2항 단서에 따른 변경신고를 하려는 자는 다음 각 호의 구분에 따른 기간 이내에 별지 제4호서식의 배출시설등 변경신고서에 변경하려는 사항을 반영한 통합환경관리계획서 1부를 첨부하여 환경부장관에게 제출하여야 한다. 1. 영 별표 3 제1호에 해당하는 경우 : 변경신고 사유에 해당하는 사항이 변경이 전 2. 영 별표 3 제2호가목·다목·마목 또는 바목에 해당하는 경우 : 변경신고 사유가 발생한 날로부터 3개월 이내 3. 영 별표 3 제3호나목 또는 다목에 해당하는 경우 : 변경신고 사유가 발생한 날로부터 30일 이내 4. 영 별표 3 제4호나목에 해당하는 경우 : 변경신고 사유가 발생한 날로부터 다음 달까지 ④ 제6조제4항 및 제2호에 따른 배출영향분석의 방법은 별표 4와 같다. ⑤ 법 제6조제4항 및 제6호에서 "환경부령으로 정하는 사항"이란 다음 각 호의 구분에 따른 사용을 말한다. 1. 사용상 일반현황 2. 배출구별 허가배출기준안 3. 연료 및 원료 등 사용물질 4. 최적가용기법 적용 내역 5. 법 제10조제1항 각 호의 구분에 따른 허가·변경허가 또는 변경승인을 신청하거나 신고·변경신고를 할 때 제출하여야 하는 서류

환경오염시설의 통합관리에 관한 법률	환경오염시설의 통합관리에 관한 법률 시행령	환경오염시설의 통합관리에 관한 법률 시행규칙
가를 신청하는 경우에만 해당한다) 6. 제3조부터 제5조까지지역에서 규정한 사항 외에 환경부령으로 정하는 사항 ⑤ 제1항에 따른 배출영향으로 정하는 영향에 숙하는 사업장으로서 통합관리사업장이 아닌 사업장에서 배출시설등(제10조제3항 각 호의 구분에 따른 허가 또는 승인을 받거나 신고를 하여야 하는 배출시설등에 해당한다)을 설치·운영하려고 하거나 이를 신청할 수 있다. 이 경우인 자는 제1항에 따른 허가를 신청함으로 보아 이 법의 해당 규정을 적용한다. ⑥ 제5항에 따라 제3항에 따른 허가를 신청하는 자에 대하여는 제4항에 따른 통합환경관리계획서에 포함되어야 할 사항 중 대통령령으로 정하는 사항을 제외할 수 있다. 제7조(허가기준 등) ① 환경부장관은 제6조에 따른 허가 또는 변경허가를 하는 경우에는 다음 각 호의 허가기준을 충족하는지를 검토하여야 한다. 1. 배출시설등에서 배출되는 오염물질등을 제8조제1항 전단에 따른 허가배출기준 이하로 처리할 것 2. 사람의 건강이나 주변 환경에 중대한 영향을 미치지 아니하도록 배출시설등을 설치·운영할 것 3. 환경오염사고의 발생으로 오염물질등이 사업장 주변 지역으로 유출 또는 누출될 경우 사람이의 건강이나 주변 환경에 미칠 수 있는 영향을 방지하기 위한 환경오염사고 사전예방 및 사후조치 대책을 적정하게 수립할 것	제3조(배출시설 설치제한 지역의 허가기준) 법 제7조제5항제2호에서 "대통령령으로 정하는 시설의 설치 및 유지·관리 기준"이란 별표 4에 따른 기준을 말한다.	제4조(통합허가의 대상) ① 법 제5조제1항제1호에서 "환경부령으로 정하는 대기오염물질"이란 먼지, 질소산화물 및 황산화물을 말한다. ② 제1항에 따른 대기오염물질의 발생량을 산정하는 방법은 「대기환경보전법 시행규칙」 제42조제1항 및 제43조에 따른다. ③ 법 제5조제1항제2호에 따른 폐수배출량을 산정하는 방법은 「물환경보전법 시행령」 별표 13 비고 제2호에 따른다. 〈개정 2018. 1. 17.〉 제5조(검토 결과의 통지 등) ① 환경부장관은 법 제6조제1항에 따라 같은 항 각 호의 허가기준을 충족하는지를 검토한 경우에는 같은 조 제3항에 따라 법 제6조제4항에 따른 제출을 받은 날부터 35일(법 제5조제1항에 따라 사전협의를 거친 경우와 영 별표 2 제2호부터 제5호까지의 사유에 해당하여 변경허가를 신청한 경우에는 25일) 이내에 별지 제5호서식의 배

환경오염시설의 통합관리에 관한 법률	환경오염시설의 통합관리에 관한 법률 시행령	환경오염시설의 통합관리에 관한 법률 시행규칙
② 환경부장관은 제1항에 따른 검토 결과 제6조제4항에 따라 제출받은 서류를 수정·보완할 필요가 있는 경우에는 환경부령으로 정하는 바에 따라 그 제출자에게 해당 서류의 수정·보완을 요청할 수 있다. ③ 환경부장관은 제1항에 따른 검토 결과를 환경부령으로 정하는 바에 따라 제6조제4항에 따라 제출한 자에게 통지하여야 한다. 이 경우 의견이 있는 제출자는 30일 이내에 환경부장관에게 이견을 제출할 수 있다. ④ 환경부장관은 제3항 후단에 따라 이견을 제출받은 날부터 10일 이내에 그 이견에 대한 검토결과를 제출자에게 통지하여야 한다. 다만, 부득이한 사유로 기간 이내에 통지하지 못할 경우에는 1회에 한정하여 10일 이내의 범위에서 연장할 수 있다. ⑤ 환경부장관은 「대기환경보전법」 제23조제6항 또는 「물환경보전법」 제33조제5항에 따라 배출시설 설치제한 지역 외의 통합관리사업장에 설치하는 배출시설등에 대하여는 제1항에 따른 허가기준 외에 다음 각 호의 요건을 모두 충족하는지를 검토하여야 한다. 〈개정 2017. 1. 17.〉 1. 환경수준의 유지 및 개선을 위한 환경관리 목표 수준을 달성할 수 있도록 환경부령으로 정하는 바에 따라 제8조제1항 전단에 따른 허가배출기준을 엄격하게 설정하여 적용할 것 2. 오염물질등의 외부유출을 차단할 수 있도록 대통령령으로 정하는 시설의 설치 및 유지·관리 기준 등을 준수함으로써 주민의 건강·재산을 보호		출시설등 설치·운영허가(변경허가) 검토 결과서(이하 이 조에서 "검토 결과서"라 한다)를 같은 항에 따라 제출을 한 자(이하 "제출자"라 한다)에게 통지하여야 한다. ② 환경부장관은 법 제7조제2항에 따라 제출받은 서류의 수정·보완을 요청하는 경우에는 다음 각 호의 사항을 제출자에게 통지하여야 한다. 1. 제출받은 서류 중 수정·보완이 필요한 사항 2. 수정·보완한 서류를 제출하여야 하는 기간 ③ 법 제7조제3항 후단에 따라 이견을 제출하려는 자는 별지 제6호서식의 의견서를 환경부장관에게 제출하여야 한다. ④ 환경부장관은 제3항에 따라 이견서를 받은 경우에는 법 제7조제4항에 따라 이견에 대한 검토 결과를 제출자에게 통지하여야 한다. ⑤ 환경부장관은 법 제7조제1항 또는 제4항에 따른 검토 결과 법 제6조에 따른 허가 또는 제4항에 따른 변경허가를 하는 경우에는 제1항 또는 제4항에 따른 검토 결과서에 법 제6조제3항에 따른 허가조건(허가조건을 붙이는 경우만 해당한다) 및 법 제8조제1항 전단에 따른 허가배출기준(이하 "허가배출기준"이라 한다)등을 포함한 배출시설등 설치·운영허가 명세서를 첨부하여 제출자에게 제출하여야 한다. ⑥ 환경부장관은 제1항 또는 제4항에 따라 검토 결과서를 통지한 날부터 30일 이내에 그 결과서 사본 1부를 관할 특별시장·광역시장·특별자치시장·도지사·특별자치도지사(이하 "시·도지사"라 한

환경오염시설의 통합관리에 관한 법률	환경오염시설의 통합관리에 관한 법률 시행령	환경오염시설의 통합관리에 관한 법률 시행규칙
함수 있다고 인정될 것 ⑥ 제5항에도 불구하고 환경부장관은 다음 각 호의 지역에 대하여는 다른 법령에 따라 배출시설등의 설치가 제한되는 경우에는 제6조에 따른 허가 또는 변경허가를 할 수 없다. 1. 「수도법」 제7조제1항에 따라 지정된 상수원보호구역 2. 「수도법」 제7조의2제1항에 따라 공장의 설립이 제한되는 지역 3. 「환경정책기본법」 제38조에 따른 특별대책지역 4. 제1호부터 제3호까지에서 규정한 지역 외에 관계 중앙행정기관의 장과 협의하여 환경부장관이 고시하는 지역		다)에게 통지하여야 한다. 제8조(허가배출기준의 설정 등) ① 법 제7조제5항제1호에 따라 허가배출기준을 엄격하게 설정하는 방법은 별표 5와 같다. ② 법 제8조제1항에 따른 허가배출기준의 설정 방법은 별표 6과 같다. ③ 법 제8조제2항제4호에 따른 환경의 질 목표 수준은 별표 7과 같다. ④ 법 제8조제3항 후단에 따른 허가배출기준의 초과 여부의 판정기준은 별표 8과 같다.
제8조(허가배출기준) ① 환경부장관은 제6조에 따른 허가 또는 변경허가를 하는 경우에는 제24조제4항에 따른 최대배출기준 이하로 허가배출기준을 설정하여야 한다. 이 경우 허가배출기준의 설정 방법 및 절차는 환경부령으로 정한다. ② 환경부장관은 제1항에 따라 허가배출기준을 설정하는 경우에는 다음 각 호의 사항을 고려하여야 한다. 1. 「환경정책기본법」 제12조제1항에 따른 환경기준(같은 조 제3항에 따른 지역환경기준을 포함한다) 2. 「환경정책기본법」 제18조 및 제19조에 따른 시·도환경계획 및 시·군·구 환경계획에 반영된 환경의 질(質) 목표 3. 배출시설등을 설치·변경하려는 지역의 기준 대		제8조(허가배출기준의 설정 등) ① 법 제7조제5항제1호에 따라 허가배출기준을 엄격하게 설정하는 방법은 별표 5와 같다. ② 법 제8조제1항에 따른 허가배출기준의 설정 방법은 별표 6과 같다. ③ 법 제8조제2항제4호에 따른 환경의 질 목표 수준은 별표 7과 같다. ④ 법 제8조제3항 후단에 따른 허가배출기준의 초과 여부의 판정기준은 별표 8과 같다.

환경오염시설의 통합관리에 관한 법률	환경오염시설의 통합관리에 관한 법률 시행령	환경오염시설의 통합관리에 관한 법률 시행규칙
기질·수질의 오염상태 및 이용 현황 4. 제1호부터 제3호까지에서 규정한 사항 외에 환경부령으로 정하는 실무료 수준 ③ 제6조에 따른 허가 또는 변경허가를 받거나 변경신고를 한 자(이하 "사업자"라 한다)는 배출시설등을 설치·운영할 때 허가배출기준을 초과하여 오염물질등을 배출해서는 아니 된다. 이 경우 허가배출기준의 준수 여부의 판정기준은 오염물질등의 배출농도 및 배출농도를 측정하는 방식 등을 고려하여 환경부령으로 정하는 바에 따른다. **제9조(허가기준 및 허가배출기준의 변경)** ① 환경부장관은 제6조에 따른 허가 또는 변경허가가 후 같은 조 제3항에 따른 허가조건 또는 허가배출기준을 5년마다 검토하여 이를 변경할 필요가 있다고 인정되는 경우로서 대통령령으로 정하는 경우에는 사업자의 의견을 들어 허가조건 또는 허가배출기준을 변경할 수 있다. 이 경우 허가배출기준의 변경은 제24조제1항에 따른 최대배출기준이 변경된 경우에만 할 수 있다. ② 환경부장관은 사업자가 오염물질등의 배출수준을 지속적으로 허가배출기준보다 현저하게 낮게 유지하는 등 대통령령으로 정하는 경우에 해당할 때에는 제1항 전단에 따른 허가조건이나 허가배출기준의 검토 주기를 3년의 범위에서 연장할 수 있다. ③ 제1항 및 제2항에 따른 허가조건 및 허가배출기준의 변경에 따른 허가조건 및 허가배출기준의 변경절차, 검토 주기 및 방법 등에 관하여 필요한 사항은 환경부령으로 정한다.	**제4조(허가기준 및 허가배출기준의 변경)** ① 법 제9조제1항 전단에서 "대통령령으로 정하는 경우"란 다음 각 호의 어느 하나에 해당하는 경우를 말한다. 〈개정 2018. 1. 16.〉 1. 법 제24조제4항에 따른 최대배출기준(이하 "최대배출기준"이라 한다)이 변경된 경우 2. 사업장 및 그 주변의 토지 이용 변화, 폐수가 방류되는 「물환경보전법」 제2조제9호의 공공수역 또는 「공유수면 관리 및 매립에 관한 법률」 제2조제1호에 따른 공유수면(이하 "공유수역"이라 한다)의 특성 변화, 사업장 주변의 오염상태 악화 등 사업장 주변의 환경적 변화에 따라 관리·감독의 강화가 필요한 경우 3. 법 제6조제1항에 따른 통합관리사업장의 배출시설, 방지시설 또는 제조공정 등의 변경(법 제6조제2항 본문에 따라 변경허가를 받은 경우는 제외한다)에 따라 효율적인 환경관리를 위하여 해당 시설 및 공정의 운영·관리조건 등의 변경이 필요한 경우	

환경오염시설의 통합관리에 관한 법률	환경오염시설의 통합관리에 관한 법률 시행령	환경오염시설의 통합관리에 관한 법률 시행규칙
	4. 그 밖에 배출시설등 및 방지시설의 비정상적인 작동이나 환경오염사고 등으로 인하여 사업장 외부 사람의 건강이나 주변 환경에 중대한 영향이 우려되어 관리·감독의 강화가 필요한 경우 ② 법 제9조제2항에서 "오염물질등의 배출수준을 지속적으로 허가배출기준보다 현저하게 낮게 유지하는 등 대통령령으로 정하는 경우"란 다음 각 호의 요건을 모두 충족하는 경우를 말한다. 1. 오염물질등의 배출수준을 지속적으로 허가배출기준보다 현저하게 낮게 유지하고 유해한 오염물질등을 적절하게 취급·관리할 것 2. 배출시설등 및 방지시설의 특성에 따라 환경부장관이 정하여 고시하는 적절한 환경관리기법을 적용할 것 3. 허가조건 및 시설 운영·관리 기준 등 관련 법령을 준수할 것 4. 오염물질등의 배출 상황 등을 적절하게 측정하고 모니터링할 것	제9조(허가조건 및 허가배출기준의 변경절차 등) ① 환경부장관은 법 제9조제1항에 따른 검토 결과에 따라 법 제6조제3항에 따른 허가조건(이하 "허가조건"이라 한다) 또는 허가배출기준을 변경하는 경우에는 미리 그 변경계획을 해당 사업자(법 제6조에 따른 허가 또는 변경허가를 받거나 변경신고를 한 자를 말한다. 이하 같다)에게 통지하여야 한다. ② 제1항에 따른 변경계획을 통지받은 사업자는 그

환경오염시설의 통합관리에 관한 법률	환경오염시설의 통합관리에 관한 법률 시행령	환경오염시설의 통합관리에 관한 법률 시행규칙
		변경계획에 의견이 있는 경우에는 해당 변경계획을 통지받은 날부터 30일 이내에 별지 제6호서식의 의견서를 환경부장관에게 제출할 수 있다. ③ 환경부장관은 제2항에 따라 의견서를 받은 날부터 10일 이내에 그 의견에 대한 검토 결과를 제출자에게 통지하여야 한다. 다만, 부득이한 사유로 기간 이내에 통지하지 못할 경우에는 1회에 한정하여 10일 이내의 범위에서 연장할 수 있다. ④ 환경부장관은 법 제9조제1항에 따라 허가조건 또는 허가배출기준을 변경하는 경우에는 1년 이내의 범위에서 변경된 허가조건 또는 허가배출기준을 이행하기 위한 준비기간을 정하여야 한다. 다만, 배출시설등 및 방지시설의 개선 등에 상당한 시간이 소요되는 등 부득이한 사유가 있는 경우에는 2년 이내의 범위에서 그 준비기간을 연장할 수 있다. ⑤ 환경부장관은 법 제9조제1항에 따라 허가조건 또는 허가배출기준을 변경하는 경우에는 변경된 허가조건 또는 허가배출기준을 해당 사업자에게 통지하여야 한다. ⑥ 법 제9조제2항에 따라 허가배출기준의 검토주기를 연장하는 경우 구체적인 검토주기 설정방법은 별표 9와 같다.
제10조(통합허가에 따른 법률 적용상의 특례) ① 제6조에 따른 허가 또는 변경허가를 받거나 변경신고를 한 경우에는 그 허가, 변경허가 또는 변경신고가 다음 각 호의 구분에 따른 허가·변경허가 또는 승인·변경승인을 받거나 신고·변경신고를 한 것으로 보아		

환경오염시설의 통합관리에 관한 법률	환경오염시설의 통합관리에 관한 법률 시행령	환경오염시설의 통합관리에 관한 법률 시행규칙
다음 각 호의 법률을 적용한다. 이 경우 해당 허가·변경허가, 승인·변경승인 또는 신고·변경신고에 따른 특별시장·광역시장·특별자치시장·도지사·특별자치도지사 등의 권한은 환경부장관의 권한으로 보아 해당 법률을 적용한다. 〈개정 2017. 1. 17.〉 1. 「대기환경보전법」 제23조제1항·제2항에 따른 대기오염물질배출시설의 설치 허가·신고와 변경허가·변경신고, 같은 법 제38조의2제1항·제2항에 따른 비산배출시설의 설치·운영 신고와 변경신고, 같은 법 제43조제1항에 따른 비산먼지 발생사업의 신고·변경신고 및 같은 법 제44조제1항·제2항에 따른 휘발성유기화합물배출시설의 설치 신고와 변경신고: 「대기환경보전법」 2. 「소음·진동관리법」 제8조제1항·제2항에 따른 소음·진동배출시설의 설치 신고·허가 및 변경 신고: 「소음·진동관리법」 3. 「물환경보전법」 제33조제1항부터 제3항까지의 규정에 따른 폐수배출시설의 설치 허가·신고와 변경허가·변경신고 및 같은 법 제53조제1항에 따른 비점오염원의 설치 신고·변경신고: 「물환경보전법」 4. 「악취방지법」 제8조제1항 및 제8조의2제2항에 따른 악취배출시설의 신고·변경신고: 「악취방지법」 5. 「토양환경보전법」 제12조제1항에 따른 특정토양오염관리대상시설의 신고·변경신고: 「토양환경보전법」		

환경오염시설의 통합관리에 관한 법률	환경오염시설의 통합관리에 관한 법률 시행령	환경오염시설의 통합관리에 관한 법률 시행규칙
6. 「폐기물관리법」 제29조제2항·제3항에 따른 폐기물처리시설의 설치 승인·신고 및 변경승인·변경신고: 「폐기물관리법」 ② 제1항·전단에 따라 같은 항 각 호의 법률을 적용하는 경우 해당 법령에서 "배출허용기준"을 인용하고 있는 경우에는 "허가배출기준"을 인용한 것으로 보아 해당 법률을 적용한다.		
제11조(권리·의무의 승계) ① 사업자가 사망하거나 배출시설등 및 방지시설을 양도한 때 또는 사업자인 법인이 합병한 때에는 그 상속인·양수인 또는 합병 후 존속하는 법인이나 합병에 따라 설립되는 법인은 허가·변경허가 또는 변경신고에 따른 종전 사업자의 권리·의무를 승계한다. ② 다음 각 호의 어느 하나에 해당하는 절차에 따라 사업자의 배출시설등과 방지시설을 인수한 자는 허가·변경허가 또는 변경신고에 따른 종전 사업자의 권리·의무를 승계한다. 〈개정 2016. 12. 27.〉 1. 「민사집행법」에 따른 경매 2. 「채무자 회생 및 파산에 관한 법률」에 따른 환가(換價) 3. 「국세징수법」, 「관세법」 또는 「지방세징수법」에 따른 압류재산의 매각 4. 그 밖에 제1호부터 제3호까지의 절차에 준하는 절차 ③ 배출시설등이나 방지시설을 임대차하는 경우 임차인은 제14조부터 제21조까지, 제22조(허가의 취소는 제외한다), 제23조, 제25조, 제27조, 제30조부		

환경오염시설의 통합관리에 관한 법률	환경오염시설의 통합관리에 관한 법률 시행령	환경오염시설의 통합관리에 관한 법률 시행규칙
터 제33조까지의 규정을 적용할 때에는 사업자로 본다. ④사업자가 배출시설등 및 방지시설을 양도하거나 사망한 때 또는 법인을 합병한 때에는 종전의 사업자에 대하여 제12조제4항, 제14조, 제15조, 제20조 제3항·제4항, 제21조제3항, 제22조 및 제23조에 따른 행정처분의 효과는 그 처분기간이 끝난 날부터 1년간 양수인·상속인 또는 합병 후 신설되거나 존속하는 법인에 승계되며, 행정처분이 절차가 진행 중인 때에는 양수인·상속인 또는 합병 후 신설되거나 존속하는 법인에 대하여 행정처분의 절차를 계속 진행할 수 있다. **제3장 통합관리사업장의 배출시설등에 대한 관리 등** 제12조(가동개시 신고 및 수리) ①사업자는 배출시설등 및 방지시설의 전부 또는 일부의 설치 또는 변경(변경신고를 하고 변경을 하는 경우는 대통령령으로 정하는 경우에 해당한다)을 완료하고 해당 시설을 가동하려는 경우에는 환경부령으로 정하는 바에 따라 환경부장관에게 가동개시 신고를 하여야 한다. 이 경우 배출시설등 중 「폐기물관리법」 제30조제1항에 따른 검사를 받아야 하는 폐기물처리시설의 경우에는 가동개시 신고를 할 때 검사결과서를 함께 제출하여야 한다. ②환경부장관은 제1항 전단에 따른 신고를 접수한 날부터 환경부령으로 정하는 기간 이내에 현장에 확인을 실시하여 배출시설등 및 방지시설이 제6조에	제5조(가동개시 신고 및 수리) ①법 제12조제1항 전단에서 "대통령령으로 정하는 경우"란 다음 각 호의 어느 하나에 해당하는 경우를 말한다. 1. 별표 3 제1호가목3)에 해당하는 경우 중 배출시설의 규모가 100분의 20 이상 증가하는 경우 2. 별표 3 제1호가목7)에 해당하는 경우 3. 별표 3 제1호가목14)에 해당하는 경우 4. 별표 3 제1호나목5)에 해당하는 경우 중 수집오염방지시설의 폐수처리방법을 변경하는 경우 5. 별표 3 제1호나목8)에 해당하는 경우 중 방지시설의 설치의무가 면제된 배출시설등에 방지시설을 새로 설치하는 경우 ②법 제12조제3항에서 "발전소의 집소산화물을 감소	

환경오염시설의 통합관리에 관한 법률	환경오염시설의 통합관리에 관한 법률 시행령	환경오염시설의 통합관리에 관한 법률 시행규칙
따른 허가 또는 변경허가나 변경신고된 사항에 적합하게 설치 또는 변경된 경우에는 환경부령으로 정하는 바에 따라 그 신고를 수리하여야 한다. ③제2항에 따라 신고가 수리된 배출시설등 및 방지시설 중에서 발진소의 질소산화물 감소 시설, 수질오염방지시설 등 대통령령으로 정하는 시설에 대하여는 환경부령으로 정하는 시운전기간 동안 제14조, 제15조, 제41조제1호 및 제47조제6항·제1호를 적용하지 아니한다. ④환경부장관은 제2항에 따른 현장 확인 결과 배출시설등 및 방지시설이 제6조에 따른 허가 또는 변경허가나 변경신고된 사항에 적합하게 설치 또는 변경되지 아니한 경우에는 환경부령으로 정하는 기간 이내에 개선을 명할 수 있다.	시설, 수질오염방지시설 등 대통령령으로 정하는 시설"이란 다음 각 호의 어느 하나에 해당하는 시설을 말한다. 〈개정 2018. 1. 16.〉 1. 다음 각 목의 어느 하나에 해당하는 대기오염방지시설 및 그 방지시설을 설치한 대기오염물질배출시설 　가. 황산화물 감소 시설 　나. 질소산화물 감소 시설 2. 수질오염방지시설 및 그 방지시설을 설치한 법 제2조제2호사목의 폐수배출시설(「물환경보전법」 제33조제1항 단서에 따른 폐수무방류배출시설은 제외한다) 3. 소음·진동방지시설 및 그 방지시설을 설치한 소음·진동배출시설 4. 「대기환경보전법 시행령」 제16조제3호에 따른 배출시설	제10조(가동개시 신고 등) ①사업자는 법 제12조제1항 전단에 따라 가동개시 신고를 하려는 경우에는 별지 제7호서식의 배출시설등 및 방지시설 가동개시 신고서를 환경부장관에게 제출하여야 한다. ②법 제12조제2항에서 "환경부령으로 정하는 기간"이란 15일(영 제5조제1항 각 호의 어느 하나에 해당하여 변경신고를 하고 변경을 하는 경우에는 10일)을 말한다. ③환경부장관은 법 제12조제2항에 따라 신고를 수리한 때에는 별지 제8호서식의 가동개시 신고필증을 그 신고를 한 자에게 발급하여야 한다.

환경오염시설의 통합관리에 관한 법률	환경오염시설의 통합관리에 관한 법률 시행령	환경오염시설의 통합관리에 관한 법률 시행규칙
		④ 법 제12조제3항에서 "환경부령으로 정하는 시운전 기간"이란 다음 각 호의 구분에 따른 기간을 말한다. 1. 영 제5조제2항제1호·제3호·제4호의 시설: 가동개시일부터 30일까지 2. 영 제5조제2항제2호의 시설 가. 수질오염방지시설의 경우: 폐수처리방법이 생물화학적 처리방법인 경우: 가동개시일부터 50일까지. 다만, 가동개시일이 11월 1일부터 다음 해 1월 31일까지에 해당하는 경우에는 가동개시일부터 70일까지 나. 수질오염방지시설의 폐수처리방법이 물리적 또는 화학적 처리방법인 경우: 가동개시일부터 30일까지 ⑤ 법 제12조제4항에서 "환경부령으로 정하는 기간"이란 6개월을 말한다. 다만, 배출시설등 및 방지시설의 개선 등에 상당한 시간이 소요되는 등 부득이한 사유가 있는 경우에는 1년의 범위에서 그 기간을 1회 연장할 수 있다.
제13조(오염도 측정) ① 환경부장관은 제12조제3항에 따른 시운전 대상시설에 대하여는 시운전기간이 종료한 날부터 환경부령으로 정하는 기간 이내에 배출시설등 및 방지시설의 가동상태를 점검하고 배출되는 오염물질등을 측정하여 다음 각 호의 사항을 확인하여야 한다. 1. 해당 배출시설등에서 허가배출기준 이하로 오염물질등이 배출되는지 여부 2. 해당 배출시설등에서 제6조에 따른 허가 또는 변		제11조(오염도 측정 기간 및 검사기관 등) ① 법 제13조제1항에서 "환경부령으로 정하는 기간"이란 30일을 말한다. ② 법 제13조제2항에서 "환경부령으로 정하는 검사기관"이란 다음 각 호의 기관을 말한다. 〈개정 2018. 1. 17.〉 1. 국립환경과학원 2. 유역환경청, 지방환경청 또는 수도권대기환경청 3. 「한국환경공단법」에 따른 한국환경공단

환경오염시설의 통합관리에 관한 법률	환경오염시설의 통합관리에 관한 법률 시행령	환경오염시설의 통합관리에 관한 법률 시행규칙
정하거나 변경신고된 사항 외의 오염물질등이 배출되는지 여부 ② 환경부장관은 제1항에 따라 오염물질등을 측정하려는 경우에는 환경부령으로 정하는 검사기관에 이를 요청하여야 한다. 다만, 현장에서 측정할 수 있는 오염물질등으로서 환경부령으로 정하는 경우에는 그러하지 아니하다.		4. 법 제29조제1항에 따른 환경전문심사원 5. 「물환경보전법 시행규칙」 제47조제2항제5호 또는 제6조의 기관 6. 「악취방지법」 제18조제1항에 따라 환경부장관이 악취검사기관으로 지정하는 기관 ③ 환경부장관은 법 제13조제2항 단서에 따라 다음 각 호의 어느 하나에 해당하는 오염물질등을 제2항 각 호의 검사기관에 측정을 요청하지 아니하고 현장에서 오염물질등을 측정할 수 있다. 1. 매연 2. 일산화탄소 3. 굴뚝 자동측정기기로 측정 가능한 대기오염물질 4. 황산화물 5. 질소산화물 6. 염화수소 7. 수소이온농도 8. 수질자동측정기기로 측정 가능한 수질오염물질 9. 소음 10. 진동
제14조(개선명령 등) ① 환경부장관은 배출시설등에서 배출되는 오염물질등이 제8조제3항을 위반하여 허가배출기준을 초과한다고 인정되는 경우에는 대통령령으로 정하는 바에 따라 기간을 정하여 사업자(「물환경보전법」 제35조제4항 및 「대기환경보전법」 제29조제1항에 따른 공동방지시설을 설치·운영하는 자를 포함한다)에게 그 오염물질등이 허가배출기준 이하로 배출되도록 필요한 조치 등 개	제6조(개선기간) ① 환경부장관은 법 제14조제1항에 따라 개선명령을 하는 경우에는 개선에 필요한 조치 및 시설 설치기간 등을 고려하여 1년의 범위에서 개선기간을 정하여야 한다. ② 환경부장관은 천재지변이나 그 밖의 부득이한 사유로 제1항에 따른 개선기간에 그 개선명령을 이행할 수 없다고 인정되는 경우에는 사업자의 신청에 따라 1년의 범위에서 개선기간을 연장할 수 있다.	

환경오염시설의 통합관리에 관한 법률	환경오염시설의 통합관리에 관한 법률 시행령	환경오염시설의 통합관리에 관한 법률 시행규칙
선을 명할 수 있다. 〈개정 2017. 1. 17.〉 ② 환경부장관은 제1항에 따른 개선명령을 받은 자가 개선명령을 이행하지 아니하거나 기간 이내에 이행은 하였으나 측정 결과 허가배출기준을 계속 초과하는 경우에는 해당 배출시설등의 전부 또는 일부에 대하여 환경부령으로 정하는 바에 따라 6개월 이내의 조업정지 또는 사용중지를 명할 수 있다. 제15조(배출부과금의 부과·징수) ① 환경부장관은 오염물질등으로 인한 환경오염을 방지하거나 줄이기 위하여 다음 각 호의 어느 하나에 해당하는 자에게 배출부과금을 부과·징수한다. 〈개정 2017. 1. 17.〉 1. 제2조제1호가목에 따른 대기오염물질 또는 제2조제1호마목에 따른 수질오염물질을 배출하는 사업자(「물환경보전법」 제35조제4항에 따른 공동방지시설을 설치·운영하는 자를 포함한다) 2. 제6조에 따른 허가 또는 변경허가를 받지 아니하거나 변경신고를 하지 아니하고 제2조제2호나목에 따른 대기오염물질배출시설 또는 제2조제2호마목에 따른 대기오염물질배출시설을 설치·변경한 자 ② 배출부과금은 다음 각 호의 구분에 따라 부과하되, 그 산정방법과 산정기준 등에 관하여 필요한 사항은 대통령령으로 정한다. 〈개정 2017. 1. 17.〉 1. 기본배출부과금 가. 제2조제1호가목에 따른 대기오염물질을 배출하는 경우: 허가배출기준(허가배출기준이 설	제9조(기본배출부과금의 산정) ① 법 제15조제2항제1호에 따른 기본배출부과금(이하 "기본배출부과금"이라 한다)은 같은 호 각 목의 구분에 따른 오염물질등의 배출량(이하 "기준이내 배출량"이라 한다)과 배출농도를 기준으로 다음의 계산식에 따라 산정한다. 이 경우 연도별 부과금산정지수, 사업장별 부과계수, 지역별 부과계수, 농도별 부과계수 및 오염물질등 1킬로그램당 부과금액의 산정기준은 별표 5와 같다. 기본배출부과금 = 기준이내 배출량 × 연도별 부과금산정지수 × 사업장별 부과계수 × 지역별 부과계수 × 농도별 부과계수 × 오염물질등 1킬로그램당 부과금액 ② 환경부장관은 기준 이내 배출량을 확인하기 위하여 필요한 경우에는 해당 사업자에게 기본배출부과금의 부과기간 동안 실제 배출한 기준이내 배출량(이하 "확정배출량"이라 한다)에 관한 자료를 제출하게 할 수 있다. ③ 제2항에 따라 자료제출을 요구받은 사업자는 환경부령으로 정하는 바에 따라 해당 자료를 제출	제25조(행정처분의 세부기준) 법 제14조제2항, 제20조제4항, 제21조제3항 및 제22조제3항에 따른 행정처분의 세부기준은 별표 14와 같다. 제14조(확정배출량 산정을 위한 자료의 작성·제출 등) ① 사업자는 영 제9조제2항에 따라 요구받은 자료를 제출할 때에는 별지 제3호서식의 확정배출량 명세서에 다음 각 호의 서류를 첨부하여 환경부장관에게 제출하여야 한다. 〈개정 2018. 1. 17.〉 1. 법 제31조제1항에 따라 오염물질등을 측정한 기록 사본 1부 2. 조업일지 등 조업일수를 확인할 수 있는 서류 사본 1부 3. 황산화물부과금 대상 시설의 경우 연료(황함유량이 적용되는 배출계수를 이용하는 경우에만 제출하며, 해당 부과기간 동안의 분석성적표만 제출한다) 4. 연료사용량 또는 생산일지 등 배출계수별 단위사용량을 확인할 수 있는 서류 1부(대기오염물질의 확정배출량 산정을 위하여 배출계수를 이용하는 경우에만 제출한다) 5. 「물환경보전법」 제35조제4항에 따른 공동방지시설에 폐수를 유입하는 사업자별 수집오염물질 배출량에 관한 서류 1부(공동방지시설을 설치·운영하고 있는 사업자의 경우만 제출한다)

환경오염시설의 통합관리에 관한 법률	환경오염시설의 통합관리에 관한 법률 시행령	환경오염시설의 통합관리에 관한 법률 시행규칙
정되지 아니한 경우에는 제24조제4항에 따른 최대배출기준을 말한다. 이하 이 조에서 같다) 이하로 배출되는 대기오염물질의 배출량 및 배출농도 등에 따라 부과 나. 제2조제1호마목에 따른 수질오염물질을 배출하는 경우: 허가배출기준 이하로 배출되나 「물환경보전법」 제12조제3항에 따른 방류수 수질기준을 초과하여 배출되는 수질오염물질의 배출량 및 배출농도 등에 따라 부과 2. 초과배출부과금: 허가배출기준을 초과하여 배출되는 제2조제1호마목에 따른 수질오염물질 또는 제2조제1호마목에 따른 대기오염물질과 배출농도 등에 따라 부과 ③ 환경부장관은 제1항에 따라 배출부과금을 부과하는 경우에는 다음 각 호의 사항을 고려하여야 한다. 1. 허가배출기준 초과 여부 2. 배출허용기준으로 정하는 오염물질등의 종류 3. 오염물질등의 배출기간 4. 오염물질등의 배출량 5. 제31조제1항에 따른 자가측정(自家測定) 여부 6. 그 밖에 대기 및 수질 환경의 오염 또는 개선과 관련되는 사항으로서 환경부령으로 정하는 사항 ④ 환경부장관은 배출부과금을 부과할 자가 납부 기한까지 내지 아니하는 경우에는 가산금을 징수한다. 이 경우 가산금에 관하여는 「국세징수법」 제21조를 준용한다. ⑤ 배출부과금과 제4항에 따른 가산금은 「환경정책	에 따른 부과기준일부터 30일 이내에 제출하여야 한다. 다만, 제18조제1항제1호나목의 굴뚝 자동측정기기 또는 같은 항 제2호나목의 수질자동측정기기(이하 "자동측정기기"라 한다)를 부착한 사업장 또는 법 제28조제1항에 따른 통합환경허가시스템(이하 "통합환경허가시스템"이라 한다)에 자기측정 결과, 배출시설등 및 방지시설의 운영·관리 등에 관한 사항을 기록·보존하여 환경부장관이 전산으로 확정배출량을 확인할 수 있는 경우에는 확정배출량에 관한 자료를 제출하지 아니할 수 있다. ④ 확정배출량의 산정방법은 별표 6과 같다. ⑤ 환경부장관은 사업자가 제2항에 따라 자료를 제출하지 아니하거나 제출한 내용이 실제와 다른 경우 또는 거짓으로 작성되었다고 인정되는 경우에는 별표 7에서 정하는 방법에 따라 기준이내 배출량을 조정할 수 있다. ⑥ 「대기환경보전법」 제29조제1항 또는 「물환경보전법」 제35조제4항에 따른 공동방지시설(이하 "공동방지시설"이라 한다)에 오염물질등을 유입하여 처리하는 사업자의 기본배출부과금은 시설자별로 산정한다. 다만, 사업자별로 산정이 곤란한 경우에는 공동방지시설에서 배출되는 오염물질등의 총배출량 및 배출농도를 기준으로 산정된 금액에 사업자간 미리 정한 사업자별 부담비율을 곱하여 산정한다. 〈개정 2018. 1. 16.〉 제10조(초과배출부과금의 산정) ① 법 제15조제2항	6. 확정배출량이 영 별표 7 제1호다목 또는 제2호가목에 따라 산정한 배출량보다 100분의 20 이상 적은 경우에는 이를 증명할 수 있는 서류 1부 ② 영 별표 6 제1호가목1)에서 "환경부령으로 정하는 대기오염물질 배출계수"란 「대기환경보전법 시행규칙」 별표 10 제1호에 따른 대기오염물질 배출계수를 말한다. 〈개정 2019. 5. 24.〉

환경오염시설의 통합관리에 관한 법률	환경오염시설의 통합관리에 관한 법률 시행령	환경오염시설의 통합관리에 관한 법률 시행규칙
기본법에 따른 환경개선특별회계의 세입으로 한다. ⑥ 환경부장관은 배출부과금이나 제4항에 따른 가산금을 내야 할 자가 납부기한까지 내지 아니하면 국세 체납처분의 예에 따라 징수한다.	제2조에 따른 조과배출부과금(이하 "조과배출부과금"이라 한다)은 허가배출기준을 조과하여 배출하는 오염물질등의 배출량(이하 "기준초과 배출량"이라 한다)과 배출농도를 기준으로 다음의 계산식에 따라 산정한다. 이 경우 기준초과 배출량, 연도별 부과금산정지수, 위반횟수별 부과계수, 지역별 부과계수, 허가배출기준 초과율별 부과계수, 오염물질등 1킬로그램당 부과금액 및 정액부과금의 산정기준은 별표 8과 같다. 조과배출부과금 = (기준초과 배출량×연도별 부과금산정지수×위반횟수별 부과계수×지역별 부과계수×허가배출기준 초과율별 부과계수×오염물질등 1킬로그램당 부과금액) + 정액부과금 ② 공동방지시설에 오염물질등을 유입하여 처리하는 사업자의 조과배출부과금은 사업자별로 산정한다. 다만, 사업자별로 산정이 곤란한 경우에는 공동방지시설에서 배출되는 오염물질등의 총배출량 및 배출농도를 기준으로 산정된 금액에 사업자 간 미리 정한 사업자별 부담비율을 곱하여 산정한다. 제11조(배출부과금 부과대상 오염물질등) 법 제15조제3항제2호에서 "대통령령으로 정하는 오염물질등"이란 별표 9에 따른 오염물질등을 말한다.	제15조(배출부과금 부과 시의 고려사항) 법 제15조제3항제6호에서 "대기 및 수질 환경의 오염 또는 개선과 관련되는 사항으로서 환경부령으로 정하는 사항"이란 다음 각 호의 사항을 말한다. 〈개정 2018. 1. 17.〉

환경오염시설의 통합관리에 관한 법률	환경오염시설의 통합관리에 관한 법률 시행령	환경오염시설의 통합관리에 관한 법률 시행규칙
		1. 최대배출기준 이하에서 배출하는 농도의 수준 2. 「물환경보전법」 제2조제3항에 따른 방류수 수질기준 초과 여부
제16조(배출부과금의 감면) 제15조제1항에도 불구하고 다음 각 호의 어느 하나에 해당하는 자에게는 대통령령으로 정하는 바에 따라 배출부과금을 감면할 수 있다. 다만, 제6조에 따른 사업자에 대한 배출부과금의 감면은 해당 배출에 따라 부담하게 되는 배출부과금의 금액 이내로 한다. 〈개정 2019. 4. 2.〉 1. 「대기환경보전법」 제35조의2제1항 각 호의 해당하는 자 2. 「대기환경보전법」 제35조의2제2항·제1호에 해당하는 자 3. 「물환경보전법」 제12조제3항에 따른 방류수 수질기준 이하로 수질오염물질을 배출하는 사업자 4. 대통령령으로 정하는 양 이하의 수질오염물질을 배출하는 사업자 5. 「대기관리권역의 대기환경개선에 관한 특별법」 제17조제4항에 따른 총량관리사업자 6. 다른 법률에 따라 대기오염물질 또는 수질오염물질의 처리비용을 부담하는 사업자	**제13조(배출부과금의 감면)** ① 법 제16조에 따른 배출부과금의 감면대상별 감면비율은 별표 11과 같다. ② 법 제16조에 따른 배출부과금의 감면 절차 등에 관하여 필요한 사항은 환경부령으로 정한다.	**제16조(배출부과금의 감면절차 등)** ① 법 제16조에 따라 배출부과금의 감면을 받으려는 자는 해당 배출부과금의 부과기간이 끝나는 날의 다음 달 말일까지 별지 제14호서식의 배출부과금 감면 대상 명세서에 다음 각 호의 구분에 따른 서류를 첨부하여 환경부장관에게 제출하여야 한다. 1. 영 별표 11 제1호가목 또는 나목에 해당하는 경우 　가. 연료구매계약서(같은 사업장에서 부수적으로 발생되는 연료를 직접 사용하는 경우에는 이를 증명할 수 있는 서류로 대신한다) 사본 1부 　나. 연료사용대상 시설 및 시설용량에 관한 설명서 1부 　다. 해당 부과기간의 연료사용량을 확인할 수 있는 서류 1부 2. 영 별표 11 제1호다목에 해당하는 경우: 최적방지시설 증명자료 1부 3. 영 별표 11 제2호마목에 해당하는 경우 　가. 폐수의 발생·처리·재이용의 공정도 1부 　나. 재이용되는 물의 양 명세서 1부 　다. 폐수를 재이용한 사실에 대한 증명자료 1부 ② 환경부장관은 제1항에 따른 자료를 제출받은 경우에는 사실 여부를 확인하고 배출부과금의 감면 여부를 통지하여야 한다.

환경오염시설의 통합관리에 관한 법률	환경오염시설의 통합관리에 관한 법률 시행령	환경오염시설의 통합관리에 관한 법률 시행규칙
제17조(배출부과금의 조정 등) ① 환경부장관은 배출부과금을 부과한 후 오염물질등의 배출상태가 처음에 측정할 때와 달라졌다고 인정하여 다시 측정한 결과 오염물질등의 배출량이 처음에 측정한 배출량과 다른 경우 등 대통령령으로 정하는 사유가 발생한 경우에는 이를 다시 산정·조정하여 그 차액을 부과하거나 환급하여야 한다. ② 제1항에 따른 산정·조정 방법 및 환급 절차 등에 관하여 필요한 사항은 대통령령으로 정한다.	제15조(배출부과금의 조정 및 환급 등) ① 법 제17조제1항에서 "오염물질등의 배출량이 처음에 측정한 배출량과 다른 경우 등 대통령령으로 정하는 사유가 발생한 경우"란 다음 각 호의 어느 하나에 해당하는 경우를 말한다. 1. 초과배출부과금의 부과 후 오염물질등의 배출상태가 처음에 측정할 때와 달라졌다고 인정하여 다시 측정한 결과, 오염물질등의 배출량이 처음에 측정한 배출량과 다른 경우 2. 사업자가 과실로 화경배출배출량을 잘못 산정하여 제출하였거나 환경부장관이 제9조제5항에 따라 조정한 배출량이 잘못 조정된 경우 ② 제1항제1호에 따라 배출부과금을 조정하는 경우에는 다시 측정한 날 이후의 기간에 대하여 다시 산정한 배출량을 기초로 하여 조정한다. ③ 제1항제2호에 따라 배출부과금을 조정하는 경우에는 법 제6조에 따른 허가 또는 변경허가를 신청하거나 변경신고를 할 때에 제출한 서류, 법 제30조제1항에 따른 오염물질등의 측정 결과, 법 제31조제1항에 따른 자가측정 결과, 법 제32조에 따른 기록·보존 내용 및 법 제33조제1항에 따른 연간 보고서 등을 기초로 하여 조정한다. ④ 환경부장관은 법 제17조제1항에 따라 차액을 부과하거나 환급할 때에는 금액과 그 밖에 필요한 사항을 적은 서면으로 알려야 한다. 제16조(배출부과금에 대한 조정신청) ① 제14조제1항에 따라 배출부과금 납부통지서를 받은 사업자는	

환경오염시설의 통합관리에 관한 법률	환경오염시설의 통합관리에 관한 법률 시행령	환경오염시설의 통합관리에 관한 법률 시행규칙
	제15조제1항과 각 호의 어느 하나에 해당하는 경우에는 환경부장관에게 배출부과금의 조정을 신청할 수 있다. ② 제1항에 따른 조정신청은 배출부과금 납부통지서를 받은 날부터 60일 이내에 하여야 한다. ③ 환경부장관은 제1항에 따른 조정신청을 받으면 30일 이내에 그 처리 결과를 신청인에게 알려야 한다. ④ 제1항에 따른 조정신청은 배출부과금의 납부기한에 영향을 미치지 아니한다.	
제18조(배출부과금의 징수유예 · 분할납부 및 징수절차) ① 환경부장관은 배출부과금의 납부의무자가 다음 각 호의 어느 하나에 해당하는 사유로 납부기한 전에 배출부과금을 납부할 수 없다고 인정되면 그 금액을 유예하거나 그 금액을 분할하여 납부하게 할 수 있다. 1. 천재지변이나 그 밖의 재해로 사업자의 재산에 중대한 손실이 발생한 경우 2. 사업에 손실을 입어 경영상 심각한 위기에 처하게 될 경우 3. 그 밖에 제1호 또는 제2호에 준하는 사유로 징수유예나 분할납부가 불가피하다고 인정되는 경우 ② 환경부장관은 배출부과금의 납부의무자의 자본금 또는 출자총액(개인사업자인 경우에는 자산총액을 말한다)을 2배 이상 초과하는 경우로서 제1항 각 호에 따른 사유로 징수유예기간 이내에 분할납부로 징수유예금액을 징수할 수 없다고 인정되면 징수유예기간을 연장하거나 분할납부의 횟수를 늘려 배출부과금을 내도록 할 수 있다.	제17조(배출부과금의 징수유예 등) ① 법 제18조제1항에 따라 배출부과금의 징수유예를 받거나 분할납부를 하려는 자는 환경부령으로 정하는 배출부과금 징수유예신청서 또는 배출부과금 분할납부신청서를 환경부장관에게 제출하여야 한다. ② 법 제18조제1항에 따른 징수유예 및 분할납부는 다음 각 호의 구분에 따른다. 1. 기본배출부과금의 징수유예의 경우: 유예한 날의 다음 날부터 다음 부과기간의 개시일 전날까지로 하며, 분할납부 횟수는 4회 이하로 한다. 2. 초과배출부과금의 징수유예의 경우: 유예한 날의 다음 날부터 2년 이내의 기간으로 하며, 분할납부 횟수는 12회 이하로 한다. ③ 법 제18조제2항에 따른 징수유예의 연장은 유예한 날의 다음 날부터 3년 이내로 하며, 분할납부의 횟수는 18회 이하로 한다. ④ 배출부과금의 분할납부 기한 및 금액과 그 밖에 배출부과금의 분할납부 · 징수에 필요한 사항은 환경부	제17조(배출부과금 납부통지서 등) ① 환경부장관은 영 제14조제1항에 따라 배출부과금의 납부를 통지할 때에는 별지 제15호서식의 배출부과금 납입고지서에 별지 제16호서식의 배출부과금 산정명세서를 첨부하여야 한다. ② 환경부장관은 배출부과금을 환급할 때에는 별지 제17호서식의 배출부과금 과하거나 환급부과금 조정부과 · 환급 통지서를 해당 사업자에게 통지하여야 한다. ③ 사업자는 영 제16조제1항에 따라 배출부과금의 조정을 신청할 때에는 별지 제18호서식의 배출부과금 조정신청서를 제출하여야 한다. ④ 법 제18조제1항에 따라 배출부과금의 징수유예를 받거나 분할납부를 하려는 자는 별지 제19호서식에 따른 배출부과금 징수유예 및 분할납부신청서에 다음 각 호의 서류를 첨부하여 환경부장관에게 제출하여야 한다. 1. 배출부과금 납부통지서 1부

환경오염시설의 통합관리에 관한 법률	환경오염시설의 통합관리에 관한 별률 시행령	환경오염시설의 통합관리에 관한 별률 시행규칙
③ 환경부장관은 제1항 또는 제2항에 따른 징수유예를 하는 경우에는 유예금액에 상당하는 담보를 제공하도록 요구할 수 있다. 이 경우 환경부장관은 담보의 보전(保全)에 필요한 조치를 하여야 한다. ④ 환경부장관은 징수유예를 유예받은 납부의무자가 다음 각 호의 어느 하나에 해당하면 징수유예를 취소하고 징수유예에도 배출부과금을 징수할 수 있다. 1. 징수유예에도 배출부과금을 납부기한까지 아니한 경우 2. 담보의 변경이나 그 밖에 담보의 보전에 필요한 환경부장관의 명령에 따르지 아니한 경우 3. 재산상황이나 그 밖의 사정의 변화로 징수유예가 필요 없다고 인정되는 경우 ⑤ 배출부과금의 징수유예 또는 분할납부의 방법과 징수유예기간 연장 등에 필요한 사항은 대통령령으로 정한다.	장관이 정한다.	2. 징수유예 사유를 증명할 수 있는 서류 1부 3. 담보제공에 필요한 서류 1부
제19조(측정기기 부착 등) ① 사업자는 배출시설등에서 나오는 오염물질등이 배출허용기준 또는 배출시설등 및 방지시설에 사용되는 용수 및 전력 등의 사용량 등을 확인하기 위하여 수질자동측정기기, 굴뚝자동측정기기, 적산전력계, 적산유량계 등 대통령령으로 정하는 기기(이하 "측정기기"라 한다)를 부착하여야 한다. 다만, 환경부장관 또는 특별시장·광역시장·특별자치시장·도지사·특별자치도지사(이하 "시·도지사"라 한다)는 배출시설등에서 나오는 제2조제1호가목에 따른 대기오염물질이 허가배출기준에 적합한지를 확인하기 위하여 측정기기	제18조(측정기기 부착 등) ① 법 제19조제1항에서 "수질자동측정기기, 굴뚝자동측정기기, 적산전력계, 적산유량계 등 대통령령으로 정하는 기기"란 다음 각 호의 구분에 따른 기기를 말한다. 1. 대기오염물질을 측정하는 기기 가. 적산전력계(積算電力計) 나. 굴뚝 자동측정기기(유량계, 유속계, 온도측정기 및 자료수집기를 포함한다. 이하 같다) 2. 수질오염물질을 측정하는 기기 가. 적산전력계 나. 용수 측정용 및 폐수 측정용 적산유량계(積算	제18조(측정기기의 부착 등의) 사업자는 영 제18조제3항에 따라 별지 제20호서식의 측정기기 부착 등의 확인 신청서에 「중소기업기본법」 제2조에 따른 중소기업임을 증명하는 서류 1부를 첨부하여 환경부장관 또는 시·도지사에게 제출하여야 한다.

환경오염시설의 통합관리에 관한 법률	환경오염시설의 통합관리에 관한 법률 시행령	환경오염시설의 통합관리에 관한 법률 시행규칙
기를 부착하여야 하는 경우 사업자(「중소기업기본법」 제2조에 따른 중소기업인 경우만 해당한다)의 동의를 받아 측정기기를 부착하는 등의 조치를 할 수 있다. ② 제1항에 따라 부착하여야 하는 측정기기의 부착 대상·방법·시기 등 부착에 필요한 사항과 측정의 대상·항목·방법 등 측정에 필요한 사항은 대통령령으로 정한다. **제20조(측정기기의 운영·관리 등)** ① 제19조제1항에 따라 측정기기를 부착한 사업자는 다음 각 호의	流量計) 다. 수질자동측정기기(자동시료채취기, 자료수집기 등 부대시설을 포함한다. 이하 같다) ② 제1항 각 호의 기기(이하 "측정기기"라 한다)별 부착 대상·방법·시기 및 측정 대상·항목·방법은 별표 12와 같다. ③ 사업자는 법 제19조제1항 단서에 따라 측정기기 외 부착하는 경우에는 환경부령으로 정하는 서류를 환경부장관 또는 특별시장·광역시장·특별자치시장·도지사·특별자치도지사(이하 "시·도지사"라 한다)에게 제출하여야 한다. ④ 시·도지사 또는 사업자는 법 제19조제1항에 따라 측정기기를 부착할 때에 부착방법 등에 대하여 「한국환경공단법」에 따른 한국환경공단(이하 "한국환경공단"이라 한다)에 지원을 요청할 수 있다. ⑤ 사업자는 제1항에 따른 측정기기를 부착하였을 때에는 지체 없이 그 사실을 환경부장관에게 알려야 한다. 이 경우 환경부장관은 부착된 측정기기가 「환경분야 시험·검사 등에 관한 법률」 제6조에 따른 환경오염공정시험기준에 따라 적합하게 설치되었는지를 확인하여야 한다. ⑥ 제5항에 따른 확인 절차와 방법에 관하여는 「대기환경보전법 시행령」 제19조제2항 및 「물환경보전법 시행령」 제35조제5항에 따른다. 〈개정 2018. 1. 16.〉 **제19조(측정기기에 대한 조치명령)** ① 환경부장관은 법 제20조제3항에 따라 조치명령을 하는 경우에는	

환경오염시설의 통합관리에 관한 법률	환경오염시설의 통합관리에 관한 법률 시행령	환경오염시설의 통합관리에 관한 법률 시행규칙
행위를 해서는 아니 된다. 1. 고의로 측정기기를 작동하지 아니하거나 정상적인 측정이 이루어지지 아니하도록 하는 행위 2. 부식, 마모, 고장 또는 훼손되어 정상적으로 작동하지 아니하는 측정기기(제19조제1항 단서에 따라 환경부장관 또는 시·도지사가 부착·운영하는 측정기기도 제외한다)를 정당한 사유 없이 방치하는 행위 3. 고의로 측정기기를 훼손하는 행위 4. 측정기기를 조작하여 측정 결과를 빼뜨리거나 거짓으로 측정 결과를 작성하는 행위 ② 환경부장관, 시·도지사 및 사업자는 측정기기를 부착한 경우 그 측정기기로 측정한 결과의 신뢰도와 정확도를 지속적으로 유지할 수 있도록 환경부령으로 정하는 기준에 따라 측정기기를 운영·관리하여야 한다. ③ 환경부장관은 제2항에 따른 기준을 준수하지 아니하는 사업자에 대하여는 대통령령으로 정하는 바에 따라 기간을 정하여 측정기기가 기준에 맞게 운영·관리되도록 필요한 조치를 명할 것을 명할 수 있다. ④ 환경부장관은 제3항에 따른 조치명령을 이행하지 아니한 자에게 해당 배출시설등의 전부 또는 일부에 대하여 환경부령으로 정하는 바에 따라 6개월 이내의 조업정지를 명할 수 있다. ⑤ 환경부장관은 측정기기와 연결하여 그 측정 결과를 전산처리할 수 있는 전산망을 운영할 수 있으며, 시·도지사 또는 사업자가 측정기기를 정상적	6개월의 범위에서 조치기간을 정하여야 한다. ② 환경부장관은 천재지변이나 그 밖의 부득이한 사유로 제1항에 따른 기간 이내에 그 조치명령을 이행할 수 없다고 인정되는 경우에는 사업자의 신청에 따라 6개월의 범위에서 조치기간을 1회 연장할 수 있다. ③ 법 제20조제3항에 따른 조치 명령(전산전달체계의 운영·관리 기준 위반으로 인한 조치명령은 제외한다)을 받은 사업자의 명령 이행을 위한 체화서의 각성·제출·보완, 이행보고서의 작성·제출 등에 관하여는 제7조를 준용한다. 이 경우 "개선명령"은 "조치명령"으로, "개선계획서"는 "개선제획서"는 "조치계획서"로, "개선 대상 사유"로, "개선기간"은 "조치기간"으로, "개선이행보고서"는 "조치이행보고서"로, "개선 결과"는 "조치 결과"로 본다.	제19조(측정기기의 운영·관리기준) 법 제20조제2항에 따른 측정기기의 운영·관리기준은 별표 10과 같다. 제25조(행정처분의 세부기준) 법 제14조제2항, 제20조제4항, 제21조제3항 및 제22조제4항에 따른 행정처분의 세부기준은 별표 14와 같다.

환경오염시설의 통합관리에 관한 법률	환경오염시설의 통합관리에 관한 법률 시행령	환경오염시설의 통합관리에 관한 법률 시행규칙
으로 유지·관리할 수 있도록 기술지원을 할 수 있다. ⑥ 환경부장관 또는 시·도지사가 측정기기를 부착하거나 운영·관리하는 데 드는 비용은 환경부장관이 부착 및 운영·관리하는 경우에는 국가가, 시·도지사가 부착 및 운영·관리하는 경우에는 해당 특별시·광역시·특별자치시·도·특별자치도가 부담한다.		
제21조(배출시설등 및 방지시설의 운영·관리 등) ① 제23조제2호에 따른 대기오염물질배출시설 또는 같은 조 3호에 따른 폐수배출시설과 그에 딸린 방지시설을 운영하는 사업자(「물환경보전법」 제35조제4항 및 「대기환경보전법」 제29조제1항에 따른 공동방지시설을 설치·운영하는 자를 포함한다)는 다음 각 호의 구분에 따른 행위를 해서는 아니 된다. 〈개정 2017. 1. 17.〉 1. 대기오염물질배출시설을 운영하는 경우 가. 대기오염물질배출시설을 가동할 때에 방지시설을 가동하지 아니하거나 오염도를 낮추기 위하여 대기오염물질배출시설에서 나오는 대기오염물질에 공기를 섞어 배출하는 행위. 다만, 화재나 폭발 등의 사고를 예방할 필요가 있어 환경부장관이 인정하는 경우는 제외한다. 나. 방지시설을 거치지 아니하고 대기오염물질을 배출할 수 있는 공기 조절장치나 가지 배출관 등을 설치하는 행위. 다만, 화재나 폭발		**제22조(수질오염물질의 희석처리 인정)** ① 환경부장관이 법 제21조제1항제2호가목 단서에서 "환경부령으로 정하는 바에 따라 희석하여야만 수질오염물질의 처리가 가능하다고 인정할 수 있는 경우"란 다음 각 호의 어느 하나에 해당하는 경우를 말한다. 1. 폐수의 염분이나 유기물의 농도가 높아 원래의 상태로는 생물화학적 처리가 어려운 경우 2. 폭발의 위험 등이 있어 원래의 상태로는 화학적 처리가 어려운 경우 ② 사업자는 제1항 각 호의 어느 하나에 해당하여 희석을 통하여 수질오염물질을 처리하려면 제6조에 따라 허가 또는 변경허가를 신청하거나 변경신고를 할 때 다음 각 호의 자료를 첨부하여 환경부장관에게 제출하여야 한다. 1. 처리하려는 폐수의 농도 및 특성 2. 희석처리의 불가피성 3. 희석배율 및 희석량 ③ 환경부장관은 제2항 각 호의 자료를 검토한 결과 희석을 통한 수질오염물질의 처리가 타당한 것으로 인정되는 경우에는 제7조제5항에 따른 배출시설등

환경오염시설의 통합관리에 관한 법률	환경오염시설의 통합관리에 관한 법률 시행령	환경오염시설의 통합관리에 관한 법률 시행규칙
등의 사고를 예방할 필요가 있어 환경부장관이 인정하는 경우는 제외한다. 다. 부식이나 마모로 인하여 대기오염물질이 새나가는 대기오염물질배출시설이나 방지시설을 정당한 사유 없이 방치하는 행위 다. 방지시설에 딸린 기계 또는 기구류의 고장이나 훼손을 정당한 사유 없이 방치하는 행위 2. 폐수배출시설과 그에 딸린 방지시설을 운영하는 경우 가. 폐수배출시설에서 배출되는 수질오염물질을 방지시설에 유입하지 아니하고 배출하거나 방지시설에 유입하지 아니하고 배출할 수 있는 시설을 설치하는 행위 나. 방지시설에 유입되는 수질오염물질을 최종 방류구를 거치지 아니하고 배출하거나 최종 방류구를 거치지 아니하고 배출할 수 있는 시설을 설치하는 행위 다. 폐수배출시설에서 배출되는 수질오염물질이 공정(工程) 중 배출되지 아니하는 물 또는 공정 중 배출되는 오염되지 아니한 물을 섞어 처리하거나 허가배출기준을 초과하는 수질오염물질이 방지시설의 최종 방류구를 통과하기 전에 오염도를 낮추기 위하여 물을 섞어 배출하는 행위. 다만, 환경부장관이 환경부령으로 정하는 바에 따라 희석하여야만 수질오염물질을 처리할 수 있다고 인정하는 경우와 그 밖에 환경부령으로 정하는 경우는 제외		설치·운영하거나 명세서에 희석대상 폐수의 폐수배출 출시설, 발생량, 희석량 및 희석배율 등을 반영하여야 한다. **제23조(배출시설등의 설치·관리 기준 등)** 법 제21조 제2항 각 호에 따른 배출시설등 및 방지시설의 설치·관리 및 조치기준과 오염물질등의 측정·조사 기준은 각각 별표 12 및 별표 13과 같다. **제25조(행정처분의 세부기준)** 법 제14조제2항, 제20조제4항, 제21조제3항 및 제22조제4항에 따른 행정처분의 세부기준은 별표 14와 같다.

환경오염시설의 통합관리에 관한 법률	환경오염시설의 통합관리에 관한 법률 시행령	환경오염시설의 통합관리에 관한 법률 시행규칙
한다. 3. 그 밖에 대기오염물질배출시설 또는 폐수배출시설과 그에 딸린 방지시설을 정당한 사유 없이 정상적으로 가동하지 아니함으로써 허가배출기준을 초과하여 오염물질등을 배출하는 행위 ② 사업자는 배출시설등에서 배출되는 오염물질등을 총체적으로 줄이기 위하여 환경부령으로 정하는 다음 각 호의 기준을 준수하여야 한다. 1. 배출시설등 및 방지시설의 설치·관리 조치기준 가. 오염물질등의 배출을 억제 또는 저감하기 위하여 배출시설등의 설치 시 준수되어야 하는 사항 나. 배출시설등에서 굴뚝 등 배출구를 거치지 아니하고 환경으로 직접 배출되는 오염물질등의 억제 및 저감에 관한 사항 다. 가목 및 나목에 따라 오염물질등의 배출을 저감하는 경우 저감효율을 유지하기 위한 적정 관리 및 조치에 관한 사항 2. 오염물질등의 측정·조사기준 가. 배출시설등에서 굴뚝 등 배출구를 거치지 아니하고 환경으로 직접 배출되는 오염물질등의 측정에 관한 사항 나. 오염물질등의 배출이 배출시설등의 주변지역에 미치는 영향에 대한 조사 범위 및 방법 등에 관한 사항 ③ 환경부장관은 사업자가 제2항 각 호에 따른 기준을 준수하지 아니하는 경우에는 이를 준수하도록		

환경오염시설의 통합관리에 관한 법률	환경오염시설의 통합관리에 관한 법률 시행령	환경오염시설의 통합관리에 관한 법률 시행규칙
필요한 조치를 명할 수 있다. 이 경우 사업자가 해당 명령을 이행하지 아니하는 경우에는 제6조에 따른 허가 또는 변경허가의 전부 또는 일부를 취소하거나 해당 배출시설등의 전부 또는 일부에 대하여 환경부령으로 정하는 바에 따라 6개월 이내의 조업정지·사용중지를 명할 수 있다.		
제22조(허가의 취소 등) ① 환경부장관은 사업자 또는 배출시설등을 설치·운영하는 자(제2조의 경우에만 해당한다)가 다음 각 호의 어느 하나에 해당하는 경우에는 제6조에 따른 허가 또는 배출시설등의 전부 또는 일부를 취소하거나 배출시설등의 전부 또는 일부에 대하여 폐쇄 또는 6개월 이내의 조업정지·사용중지를 명할 수 있다. 다만, 제1호의 경우에는 허가 또는 변경허가를 취소하여야 한다. 1. 거짓이나 그 밖의 부정한 방법으로 제6조에 따른 허가 또는 변경허가를 받았거나 변경신고를 한 경우 2. 제6조제1항에 따른 허가를 받지 아니하고 배출시설등을 설치하거나 운영한 경우 3. 제6조에 따른 허가 또는 변경허가를 받은 후 특별한 사유 없이 5년 이내에 배출시설등을 설치하지 아니하거나 해당 시설의 멸실 또는 폐업이 확인된 경우 4. 제6조제2항에 따른 변경허가를 받지 아니한 경우 5. 제6조제3항에 따른 허가조건을 준수하지 아니한 경우 6. 제12조제1항에 따른 가동개시 신고를 하지 아니		제25조(행정처분의 세부기준) 법 제14조제2항, 제20조제4항, 제21조제3항 및 제22조제3항에 따른 행정처분의 세부기준은 별표 14와 같다.

환경오염시설의 통합관리에 관한 법률	환경오염시설의 통합관리에 관한 법률 시행령	환경오염시설의 통합관리에 관한 법률 시행규칙
하고 배출시설등을 가동한 경우 7. 제14조제2항에 따른 조업정지 또는 사용중지 명령을 이행하지 아니한 경우 8. 제19조제1항에 따른 측정기기를 부착하지 아니한 경우 9. 제20조제1항 각 호의 어느 하나에 해당하는 행위를 한 경우 10. 제20조제4항에 따른 조업정지 명령을 이행하지 아니한 경우 11. 제21조제1항 각 호의 어느 하나에 해당하는 행위를 한 경우 12. 제21조제3항에 따른 조업정지 또는 사용중지 명령을 이행하지 아니한 경우 13. 사업자가 사업을 하지 아니하기 위하여 해당 배출시설등을 철거한 경우 14. 조업정지 기간 중에 조업을 한 경우 ② 환경부장관은 사업자가 다음 각 호의 어느 하나에 해당하는 경우에는 해당 배출시설등의 전부 또는 일부에 대하여 6개월 이내의 조업정지 또는 사용중지를 명할 수 있다. 1. 제6조제2항에 따른 변경신고를 하지 아니한 경우 2. 제31조제1항을 위반하여 오염물질등을 측정하지 아니하거나 측정 방법을 위반하여 측정한 경우 3. 제31조제1항을 위반하여 측정 결과를 거짓으로 기록하거나 기록을 보존하지 아니한 경우 4. 제32조 각 호의 어느 하나에 해당하는 사항을 거짓으로 기록하거나 기록·보존하지 아니한 경우		

환경오염시설의 통합관리에 관한 법률	환경오염시설의 통합관리에 관한 법률 시행령	환경오염시설의 통합관리에 관한 법률 시행규칙
③ 환경부장관은 제1항에 따른 허가·변경허가의 취소 또는 배출시설등의 폐쇄명령, 제21조제3항의 후단에 따른 허가·변경허가의 취소 처분을 하려면 청문을 하여야 한다. ④ 제1항 및 제2항에 따른 행정처분의 기준에 관한 사항은 위반횟수, 사람의 건강이나 환경에 미치는 영향의 정도 등을 고려하여 환경부령으로 정한다.		
제23조(과징금) ① 환경부장관은 제14조제2항, 제20조제4항, 제21조제3항 후단 또는 제22조제1항 및 제2항에 따라 조업정지 또는 사용중지(제14조제2항에 따라 제2조제1호에 따른 신규설치가 요염물질의 허가배출기준을 계속 초과하여 사용중지처분을 받은 경우에 한정한다)를 명하여야 하는 경우로서 조업정지 또는 사용중지가 주민의 생활, 대외적 신용용 및 고용·물가 등 국민경제, 그 밖에 공익에 현저한 지장을 줄 우려가 있는 경우에는 그 조업정지 또는 사용중지처분을 갈음하여 3억원 이하의 과징금을 부과할 수 있다. 다만, 다음 각 호의 어느 하나에 해당하는 경우에는 조업정지처분을 갈음하여 과징금을 부과할 수 없다. 1. 제14조제2항에 따라 조업정지를 받은 경우(제2조제1호가목에 따른 대기오염물질 또는 같은 조 마목에 따른 수질오염물질의 허가배출기준을 초과한 경우만 해당한다) 2. 제21조제1항 각 호의 어느 하나에 해당하는 행위로 인하여 30일 이상의 조업정지처분 대상이 되는 경우	**제23조(과징금 부과 등)** 법 제23조제1항에 따른 과징금의 부과기준은 별표 13과 같다.	

환경오염시설의 통합관리에 관한 법률	환경오염시설의 통합관리에 관한 법률 시행령	환경오염시설의 통합관리에 관한 법률 시행규칙
② 제1항에 따라 과징금을 부과하는 위반행위의 종류와 위반 정도 등에 따른 과징금의 금액 등에 관하여 필요한 사항은 대통령령으로 정한다. ③ 제1항에 따라 부과·징수한 과징금은 「환경정책기본법」에 따른 환경개선특별회계의 세입으로 한다. ④ 환경부장관은 제1항에 따른 과징금을 내야 할 자가 납부기한까지 내지 아니하면 국세 체납처분의 예에 따라 징수한다.		
제4장 최적가용기법		
제24조(최적가용기법) ① 환경부장관은 다음 각 호의 사항을 고려하여 배출되어 배출시설등 및 방지시설의 설계, 설치, 운영 및 관리에 관한 환경관리기법으로서 오염물질등의 배출을 가장 효과적으로 줄일 수 있고 기술적·경제적으로 적용 가능한 관리기법으로 구성된 기법(이하 "최적가용기법"이라 한다)을 마련하여야 한다. 1. 사업장에서의 적용 가능성 2. 오염물질등의 발생량 및 배출량 저감 효과 3. 환경관리기법의 적용·운영에 따른 소요 비용 4. 폐기물의 감량 또는 재활용 촉진 여부 5. 에너지 사용의 효율성 6. 오염물질등의 원천적 감소를 통한 사전 예방적 오염관리 가능 여부 7. 제1호부터 제6호까지에서 규정한 사항 외의 환경 부령으로 정하는 사항 ② 환경부장관은 사업장에서 최적가용기법의 운용이	제24조(최적가용기법 기준서의 수정·보완 주기 등) 법 제24조제2항 후단에 따른 최적가용기법 기준서의 수정·보완 주기는 5년으로 한다. 다만, 환경부장관은 업종별 시설의 교체 주기 등을 고려하여 필요하다고 인정하는 경우에는 2년의 범위에서 「환경정책기본법」 제58조제1항에 따른 중앙환경정책위원회의 심의를 거쳐 수정·보완 주기를 연장할 수 있다.	제26조(최적가용기법 마련 시 고려사항 등) ① 법 제24조제1항제7호에서 "환경부령으로 정하는 사항"이란 다음 각 호와 같다. 1. 지독성 물질 등 유해성이 낮은 물질의 사용 여부 2. 환경오염사고의 예방 및 피해의 최소화 여부 3. 환경관리기법의 적용 및 운영에 소요되는 시간 ② 법 제24조제4항에 따른 최적배출기준은 별표 15와 같다.

환경오염시설의 통합관리에 관한 법률	환경오염시설의 통합관리에 관한 법률 시행령	환경오염시설의 통합관리에 관한 법률 시행규칙
하게 적용될 수 있도록 다음 각 호의 사항이 포함된 최적가용기법 기준서를 마련하여 보급하여야 한다. 이 경우 환경부장관은 과학기술의 발전 수준을 고려하여 최적가용기법 기준서를 대통령령으로 정하는 바에 따라 주기적으로 검토하고 필요한 경우 수정·보완할 수 있다. 1. 산업의 특성 등 업종별 일반 현황 2. 주요 오염물질등의 발생 및 배출 현황 3. 제3항에 따라 마련된 최적가용기법 4. 제3항에 따라 마련된 최적가용기법 외에 새로운 개별적 환경관리기법에 관한 사항 5. 최적가용기법을 배출시설등 및 방지시설에 적용할 경우 배출될 수 있는 오염물질등의 배출농도의 범위 6. 제1호부터 제5호까지에서 규정된 사항 외에 환경부장관이 필요하다고 인정하는 사항 ③ 제1항 및 제2항에 따른 최적가용기법과 최적가용기법 기준서를 마련하는 경우에는 「환경정책기본법」 제58조제1항에 따른 중앙환경정책위원회의 심의를 거쳐야 한다. ④ 최적가용기법을 배출시설등에 적용할 경우 오염물질등이 배출될 수 있는 최대배출기준은 관계 중앙행정기관의 장과 협의를 거쳐 환경부령으로 정한다. ⑤ 환경부장관은 제1항 및 제3항에 따른 최적가용기법과 최적가용기법 기준서를 실무적으로 지원하기 위하여 환경부령으로 정하는 바에 따라		제27조(기술작업반) ① 법 제24조제5항에 따른 기술작업반(이하 "기술작업반"이라 한다)은 영 별표 1 각 호에 따른 업종별로 각각 30명 이내의 반원으로 구성한다. ② 기술작업반은 환경 분야의 학자와 경험이 풍부한 사람으로서 다음 각 호의 어느 하나에 해당하는 사람 중에서 국립환경과학원장이나 신임통상장의 부장관의 의견을 들은 후 임명하거나 위촉한다. 이 경우 한 사람이 둘 이상의 업종별 기술작업반으로 임명되거나 위촉될 수 있다. 1. 환경 분야 전문가 2. 해당 업종에 종사하는 자 및 관련 시설·공정 전문가 3. 「기술사법」 제2조에 따른 기술사 4. 「환경기술 및 환경산업 지원법」 제2조제3에 따른 환경산업에 종사하는 자 및 같은 법 제16조제4에 따른 환경전문심의회사에 소속된 자 5. 배출시설등의 통합관리 관련 분야 공무원 및 「공공기관의 운영에 관한 법률」에 따른 공공기관의 임직원 ③ 기술작업반원의 임기는 3년으로 한다. 제28조(최적가용기법 적용사업장에 대한 지원) ① 환경부장관은 「중소기업기본법」 제2조에 따른 중소기업인 사업자가 최적가용기법을 적용하려는 경우에는 법 제24조제6항에 따라 해당 기업에 예산의 범위에서 최적가용기법 적용에 필요한 자금을 융자하거나 통합환경관리계획서의 작성 및 사후 관리를

환경오염시설의 통합관리에 관한 법률	환경오염시설의 통합관리에 관한 법률 시행령	환경오염시설의 통합관리에 관한 법률 시행규칙
업종별로 기술작업표준을 구성·운영할 수 있다. 이 경우 기술작업표준의 구성에 관하여는 신품통상지원부장관의 의견을 들어야 한다. ⑥ 환경부장관은 최적가용기법을 적용하거나 최적가용기법보다 효율이 우수하다고 인정되는 환경관리기법을 적용하는 사업자에 대하여 해당 사업자의 경제적 규모, 작용하려는 환경관리기법의 수준 등을 고려하여 환경부령으로 정하는 재정적·기술적 지원을 할 수 있다.		위한 기술지원을 할 수 있다. ② 환경부장관은 제1항에 따른 자금 융자 등의 조건, 방법, 융자의 규모 등에 관하여는 사전에 공고하여야 한다. ③ 사업자는 최적가용기법의 적용 여부, 작용방법 등에 관하여 법 제29조에 따라 지정된 전문기관(이하 "환경전문심사원"이라 한다)에 기술지원을 요청할 수 있다.
제25조(실태조사) ① 환경부장관은 최적가용기법 마련을 위한 기술 현황 등을 파악하기 위하여 대통령령으로 정하는 바에 따라 실태조사를 할 수 있다. ② 환경부장관은 제1항에 따른 실태조사를 하는 경우에는 사업자에게 필요한 자료를 제출하도록 요청하거나 관계 공무원(제24조제5항에 따른 기술인력 반원으로 임명되거나 위촉된 자를 포함한다)으로 하여금 해당 사업장에 출입하여 조사할 수 있도록 요청할 수 있다. 다만, 사업자가 영업기밀 보호 등을 위하여 사업장 출입을 제한하도록 요청하는 기술인력 반원은 제외한다. ③ 제2항에 따라 자료 제출 또는 해당 사업장에 대한 현장조사를 요청받은 자는 특별한 사유가 없으면 이에 협조하여야 한다. ④ 환경부장관은 제1항에 따른 실태조사와 관련하여 관계 중앙행정기관의 장, 지방자치단체의 장, 「공공기관의 운영에 관한 법률」 제4조에 따른 공공기관의 장에게 필요한 자료의 제출 등을 요청할 수 있다.	제25조(실태조사) ① 환경부장관은 법 제25조제1항에 따라 다음 각 호의 사항에 대하여 실태조사를 할 수 있다. 다만, 개별 사업장에 대하여 실태조사를 하는 경우에는 제4호의 사항은 제외한다. 1. 투입물질 및 오염배출 현황 2. 배출시설등과 방지시설의 운영 및 관리 현황 3. 사용하고 있는 오염물질 등 저감 기법의 현황 4. 오염물질 등 저감에 대한 기술개발 5. 그 밖에 환경부장관이 최적가용기법 마련 및 기준의 개발을 위해 필요하다고 인정하는 사항 ② 환경부장관은 법 제25조제2항에 따른 자료 제출 또는 현장조사를 요청할 때에는 문서로 하여야 한다. 이 경우 현장조사를 요청할 때에는 해당 사업자에게 미리 조사하려는 날부터 15일 이전에 문서로 해당 사업자에게 보내야 하며, 현장조사 후 그 설과를 해당 사업자에게 통지하여야 한다.	

환경오염시설의 통합관리에 관한 법률	환경오염시설의 통합관리에 관한 법률 시행령	환경오염시설의 통합관리에 관한 법률 시행규칙
제26조(기술개발의 지원) ① 환경부장관은 최적가용기법의 개발·보급을 위하여 관련된 기술의 연구·개발을 추진하는 등 필요한 시책을 강구하여야 한다. ② 환경부장관은 제1항에 따른 기술의 연구·개발을 위하여 대통령령으로 정하는 자에게 필요한 자금의 전부 또는 일부를 지원할 수 있다. **제5장 보칙** **제27조(정보 공개)** ① 환경부장관은 다음 각 호의 정보를 환경부령으로 정하는 바에 따라 공개하여야 한다. 1. 제5조제1항에 따른 사전협의 신청 내용에 대하여 제29조에 따라 지정된 환경전문심사원이 검토한 내용 2. 제5조제2항에 따른 사전협의 검토 결과 3. 제6조에 따른 허가 또는 변경허가의 신청 및 결정	**제26조(기술개발 지원의 대상)** 법 제26조제2항에서 "대통령령으로 정하는 자"란 다음 각 호의 기관·단체 또는 사업자를 말한다. 1. 국공립 연구기관 2. 「과학기술분야 정부출연연구기관 등의 설립·운영 및 육성에 관한 법률」에 따라 설립된 과학기술분야 정부출연연구기관 3. 「고등교육법」에 따른 대학·산업대학·전문대학·기술대학 및 그 부설연구기관 4. 한국환경공단 5. 「한국환경산업기술원법」에 따른 한국환경산업기술원 6. 「기초연구진흥 및 기술개발지원에 관한 법률」 제14조의2제1항에 따른 기업부설연구소 중 환경분야 연구인 연구소를 확보하고 있는 기업부설연구소 7. 「환경기술 및 환경산업 지원법」 제2조제3호에 따른 환경기술 및 환경산업을 경영하는 사업자 **제27조(통합환경관리정보공개심의위원회의 구성·운영)** ① 법 제27조제3항에 따른 통합환경관리정보공개심의위원회(이하 "위원회"라 한다)는 위원장 1명을 포함하여 11명 이내의 위원으로 구성한다. ② 위원회의 위원장은 공무원이 아닌 위원 중에서 환경부장관이 위촉하는 사람이 되고, 위원회의 위원은 다음 각 호의 어느 하나에 해당하는 사람 중에서 성별을 고려하여 환경부장관이 임명하거나 위촉	

환경오염시설의 통합관리에 관한 법률	환경오염시설의 통합관리에 관한 법률 시행령	환경오염시설의 통합관리에 관한 법률 시행규칙
예 관한 정보 4. 제33조에 따른 연간 보고서 5. 제1호부터 제4호까지에서 규정한 사항 외에 환경부령으로 정하는 정보 ② 환경부장관은 제1항에도 불구하고 다음 각 호의 어느 하나에 해당하는 경우에는 같은 항 각 호의 정보를 공개하지 않을 수 있다. 1. 공개할 경우 국가안전보장·질서유지 또는 공공복리에 현저한 지장을 초래할 것으로 인정되는 경우 2. 기업의 영업비밀과 관련되어 일부 정보를 공개하지 아니할 필요가 있다고 인정되는 경우 ③ 제1항 및 제2항에 따라 정보의 공개 여부를 심의하기 위하여 통합환경관리정보공개심의위원회를 둔다. ④ 환경부장관은 통합환경관리정보공개심의위원회의 심의를 거친 정보의 공개대상자에게 사전에 통지하여 소명의 기회를 부여하여야 한다. 이 경우 공개대상자는 대통령령으로 정하는 바에 따라 정보의 보호를 요청할 수 있다. ⑤ 제1항에 따른 공개는 제28조제1항에 따른 통합환경허가시스템 또는 환경부장관이 인정하는 인터넷 홈페이지에 게시하는 방법으로 한다. ⑥ 제1항부터 제5항까지의 규정에 따른 정보공개의 방법·절차 및 통합환경관리정보공개심의위원회의 구성·운영 등에 관하여 필요한 사항은 대통령령으로 정한다.	하는 자가 된다. 1. 「환경정책기본법」 제58조제1항에 따른 중앙환경정책위원회의 위원 1명 이상 2. 배출시설등의 통합관리 등과 관련한 하사과 경험이 풍부한 전문가 1명 이상 3. 산업통상자원부의 배출시설등의 통합관리 관련 분야 소속 공무원 중 산업통상자원부장관이 지명하는 사람 1명 4. 환경부의 배출시설등의 통합관리 관련 분야 소속 공무원 1명 이상 ③ 위원회의 위원장과 공무원이 아닌 위원의 임기는 3년으로 하며, 한 차례만 연임할 수 있다. 제28조(위원의 해임 및 해촉) 환경부장관은 위원이 다음 각 호의 어느 하나에 해당하는 경우에는 해당 위원을 해임 또는 해촉(解囑)할 수 있다. 1. 심신장애로 인하여 직무를 수행할 수 없게 된 경우 2. 직무와 관련된 비위사실이 있는 경우 3. 직무태만, 품위손상이나 그 밖의 사유로 위원으로 적합하지 아니하다고 인정되는 경우 4. 제29조제1항 각 호의 어느 하나에 해당함에도 불구하고 회피하지 아니한 경우 제29조(위원의 제척·기피·회피) ① 위원회의 위원이 다음 각 호의 어느 하나에 해당하는 경우에는 위원회의 심의·의결에서 제척된다. 1. 위원 또는 그 배우자나 배우자였던 사람이 해당 안건의 당사자(당사자가 법인·단체 등인 경우	

환경오염시설의 통합관리에 관한 법률	환경오염시설의 통합관리에 관한 법률 시행령	환경오염시설의 통합관리에 관한 법률 시행규칙
	에는 그 임원을 포함한다. 이하 이 호 및 제2호에서 같다)가 되거나 그 안건의 당사자와 공동권리자 또는 공동의무자인 경우 2. 위원이 해당 안건의 당사자와 친족이거나 친족이었던 경우 3. 위원이 해당 안건의 당사자인 법인·단체 등의 임원 또는 직원으로 재직하고 있거나 최근 3년 내에 재직하였던 경우 4. 위원이나 위원이 속한 법인·단체 등이 해당 안건의 당사자의 대리인이거나 대리인이었던 경우 5. 위원이 해당 안건에 대하여 자문, 연구, 용역(하도급을 포함한다. 이하 이 항에서 같다), 감정(鑑定) 또는 조사를 한 경우 6. 위원이 임원 또는 직원으로 재직하고 있거나 최근 3년 내에 재직하였던 법인·단체 등이 해당 안건에 대하여 자문, 연구, 용역, 감정 또는 조사를 한 경우 ② 당사자는 위원에게 공정한 심의·의결을 기대하기 어려운 사정이 있는 경우에는 위원회에 기피 신청을 할 수 있고, 위원회는 의결로 기피 여부를 결정한다. 이 경우 기피 신청의 대상인 위원은 그 의결에 참여할 수 없다. ③ 위원이 제1항 각 호에 따른 제척 사유에 해당하는 경우에는 스스로 해당 안건의 심의·의결에서 회피(回避)하여야 한다. **제30조(위원장의 직무)** ① 위원장은 위원회를 대표하고, 위원회의 업무를 총괄한다.	

환경오염시설의 통합관리에 관한 법률	환경오염시설의 통합관리에 관한 법률 시행령	환경오염시설의 통합관리에 관한 법률 시행규칙
	② 위원장이 부득이한 사유로 직무를 수행할 수 없을 때에는 위원장이 미리 지명한 위원이 그 직무를 대행한다. 제31조(위원회의 운영) ① 위원장은 위원회의 회의를 소집하고, 그 의장이 된다. ② 위원회의 회의는 재적위원 과반수의 출석으로 개의(開議)하고, 출석위원 과반수의 찬성으로 의결한다. ③ 제1항 및 제2항에서 규정한 사항 외에 위원회의 운영에 필요한 사항은 환경부장관이 정한다. 제32조(정보 공개의 방법·절차 등) ① 환경부장관은 법 제27조제3항에 따른 위원회의 심의·의결을 이하여 각 조의 정보를 공개하기로 결정한 해당 정보의 공개대상자에게 서면으로 정보의 공개계획을 통지하여야 한다. ② 위원회는 제1항에 따른 심의·의결을 이하여 필요한 경우에는 미리 해당 정보의 공개대상자에게 해당 정보의 공개 여부에 관한 의견을 제출받을 수 있다. ③ 제1항에 따른 통지를 받은 공개대상자는 공개 결정에 이의가 있는 경우에는 그 통지를 받은 날부터 30일 이내에 소명서를 환경부장관에게 제출하여야 한다. ④ 환경부장관은 제3항에 따른 소명서에 해당 정보의 비공개 요청이 있는 경우에는 소명서를 받은 날부터 3개월 이내에 해당 정보의 전부 또는 일부의 공개부에 대하여 위원회의 심의에 부쳐야 한다.	제29조(정보 공개 등) ① 환경부장관은 법 제27조제1항에 따라 공개하기로 결정한 정보에 대해서는 영 제32조제1항에 따라 정보공개 계획을 통보한 날부터 30일이 지난 후 통합환경허가시스템 또는 환경부의 인터넷 홈페이지에 게시하여야 한다. 다만, 영 제32조제3항에 따른 소명서를 제출받고 같은 조 제5항에 따라 공개하기로 결정한 정보에 대해서는 그 처리 결과를 통지한 날부터 30일이 지난 후에 게시하여야 한다. ② 법 제27조제1항제5호에서 "환경부령으로 정하는 정보"란 법 제9조제1항에 따른 허가조건 또는 허가기준의 변경 결과에 관한 정보를 말한다.

환경오염시설의 통합관리에 관한 법률	환경오염시설의 통합관리에 관한 법률 시행령	환경오염시설의 통합관리에 관한 법률 시행규칙
	⑤ 환경부장관은 제4항에 따라 정보의 전부 또는 일부의 공개 여부를 결정하면 지체 없이 제3항에 따른 소명서 제출자에게 그 결과를 통지하여야 한다. ⑥ 제1항부터 제5항까지에서 구정한 사항 외에 위반회의 정보 공개 방법·절차 등에 관하여 필요한 사항은 환경부령으로 정한다.	
제28조(통합환경허가시스템 구축) ① 환경부장관은 제6조에 따른 허가 또는 변경허가의 신청 등 대통령령으로 정하는 업무를 전자적으로 처리할 수 있도록 하기 위하여 통합환경허가시스템을 구축·운영할 수 있다. ② 제1항에 따른 통합환경허가시스템의 구축·운영 등에 필요한 사항은 대통령령으로 정한다.	제33조(통합환경허가시스템 구축 등) ① 법 제28조제1항에서 "제6조에 따른 허가 또는 변경허가의 신청 등 대통령령으로 정하는 업무"란 다음 각 호의 업무를 말한다. 1. 법 제5조제1항에 따른 사전협의 신청 및 사전협의 결과 통지에 관한 업무 2. 법 제6조에 따른 허가·변경허가의 신청과 허가변경 신고에 관한 업무 3. 법 제7조에 따른 허가기준 충족 여부 검토 결과의 통지 등에 관한 업무 4. 법 제9조에 따른 허가조건 또는 허가배출기준 변경에 관한 업무 5. 법 제12조에 따른 가동개시 신고 및 수리에 관한 업무 6. 법 제17조제1항에 따른 배출부과금의 조정 내용의 통지에 관한 업무 7. 법 제24조에 따른 최적가용기법과 최적가용기법 기준서 마련에 관한 업무 8. 법 제25조에 따른 실태조사를 위한 자료제출에 관한 업무 9. 법 제27조제1항에 따른 정보 공개에 관한 업무	

환경오염시설의 통합관리에 관한 법률	환경오염시설의 통합관리에 관한 법률 시행령	환경오염시설의 통합관리에 관한 법률 시행규칙
	10. 법 제31조제1항에 따른 자가측정 결과의 기록 · 보존에 관한 업무	
	11. 법 제32조에 따른 기록 · 보존에 관한 업무	
	12. 법 제33조제1항에 따른 연간 보고서의 작성 · 제출에 관한 업무	
	13. 제17조(제19조 및 제22조에서 준용하는 경우를 포함한다)에 따른 개선계획서, 개선이행보고서, 조치계획서 및 조치이행보고서와 제18조(제20조에서 준용하는 경우를 포함한다)에 따른 자체 개선계획서 및 자체 개선이행보고서의 제출 등에 관한 업무	
	14. 제8조제3항에 따른 확정배출총량에 관한 자료 제출에 관한 업무	
	15. 제17조제1항에 따른 배출부과금 징수유예신청서 또는 배출부과금관련납부신청서의 제출에 관한 업무	
	16. 그 밖에 통합환경허가시스템을 활용하여 효율적인 업무 수행이 가능한 업무	
	② 환경부장관은 자료의 입력 및 검색 방법 등 통합환경허가시스템의 이용 방법을 통합환경허가시스템에 게시하여야 한다.	
	③ 환경부장관은 통합환경허가시스템의 효율적인 운영 및 사업장 자료의 공동 활용을 위하여 화학물질안전원, 한국환경공단, 그 밖에 「공공기관의 운영에 관한 법률」 제4조에 따른 공공기관(이하 "공공기관"이라 한다)과 협의체를 구성 · 운영할 수 있다.	
	④ 제3항에 따른 협의체에 참여하는 기관은 각각 운	

환경오염시설의 통합관리에 관한 법률	환경오염시설의 통합관리에 관한 법률 시행령	환경오염시설의 통합관리에 관한 법률 시행규칙
	영 시스템에서 보유하고 있는 정보를 상호 간에 제공·공유하여 사업장 관련 정보보가 체계적이고 종합적으로 수집·분석·관리 및 활용될 수 있도록 협력하여야 한다.	
제29조(환경전문심사원의 운영 등) ① 환경부장관은 대통령령으로 정하는 바에 따라 다음 각 호의 업무를 전문적으로 심사하기 위한 전문기관(이하 "환경전문심사원"이라 한다)을 지정·운영할 수 있다. 1. 제5조제2항에 따른 사전협의 신청 내용에 대한 검토 2. 제6조제4항 각 호 외의 부분에 따른 통합환경관리계획서에 대한 검토 3. 제12조제2항에 따른 현황 확인 4. 배출시설등의 효율적인 운영·관리 등을 위한 기술지원 5. 제1호부터 제4호까지에서 규정한 사항 외에 환경부령으로 정하는 업무 ② 환경전문심사원이 수행하여야 하는 구체적인 업무의 범위와 환경전문심사원의 지정·운영 등에 필요한 사항은 대통령령으로 정한다. ③ 환경부장관은 환경전문심사원의 운영 등에 필요한 경비를 예산의 범위에서 지원할 수 있다.	**제34조(환경전문심사원의 지정 등)** ① 환경부장관은 법 제29조제1항에 따른 전문기관(이하 "환경전문심사원"이라 한다)을 지정하는 경우에는 다음 각 호의 요건을 모두 갖춘 공공기관 중에서 지정하여야 한다. 1. 배출시설등 및 방지시설의 효율적인 통합적인 환경관리를 위한 전문성 및 공공성을 갖추었을 것 2. 배출시설등의 허가·관리에 관한 업무를 공정하게 수행할 수 있을 것 3. 법 제24조제1항에 따른 최적가용기법에 관한 지식·기술을 갖추었을 것 4. 법 제29조제1항 각 호의 따른 업무의 수행에 적합한 전담 인력 및 전문 장비를 갖추었을 것 ② 환경부장관은 환경전문심사원이 업무를 수행하도록 하기 위하여 기술료도 결과의 작성 등, 검토 인력의 전문성 및 전문 장비의 보유 여부 등을 주기적으로 확인·감독하여야 한다. ③ 제1항과 제2항에서 규정한 사항 외에 환경전문심사원의 지정·운영 등에 필요한 사항은 환경부장관이 정하여 고시한다.	**제30조(환경전문심사원의 업무)** 법 제29조제1항제5호에서 "환경부령으로 정하는 업무"란 다음 각 호의 업무를 말한다.

환경오염시설의 통합관리에 관한 법률	환경오염시설의 통합관리에 관한 법률 시행령	환경오염시설의 통합관리에 관한 법률 시행규칙
		1. 법 제9조제1항에 따른 허가조건 및 허가배출기준의 검토·변경을 위한 기술지원 2. 법 제13조제1항에 따른 오염물질등의 측정을 위한 기술지원 3. 법 제30조제1항에 따른 보고 및 검사를 위한 기술지원 4. 자가측정을 위한 기술지원 5. 법 제32조에 따른 기록·보존을 위한 기술지원 6. 법 제33조제1항에 따른 연간 보고서의 작성 및 검토를 위한 기술지원 7. 그 밖에 배출시설등 및 방지시설의 효율적인 관리 등을 위하여 환경전문심사원에서 수행하는 것이 필요하다고 환경부장관이 인정하는 업무
제30조(보고와 검사 등) ① 환경부장관은 환경부령으로 정하는 바에 따라 사업자 또는 제35조제2항에 따라 환경부장관으로부터 업무를 위탁받은 자에게 필요한 보고나 자료의 제출을 명하거나 관계 공무원(제35조제2항에 따라 환경부장관의 직무를 위탁받은 관계 전문기관의 직원을 포함한다)으로 하여금 다음 각 호의 사항을 점검하기 위하여 오염물질 등을 측정하게 하거나 관계 서류·시설 및 장비 등을 검사하게 할 수 있다. 1. 제6조에 따른 허가 또는 변경허가를 받거나 변경신고한 사항의 이행 여부 2. 허가배출기준 및 제6조제3항에 따른 허가조건의 적정성 여부 3. 측정기기의 부착 및 정상적인 운영 여부 4. 제21조에 따른 배출시설등 및 방지시설의 운영·		제31조(출입·검사 등) ① 환경부장관은 법 제30조제1항에 따라 관계 공무원(법 제35조제2항에 따라 환경부장관의 업무를 위탁받은 관계 전문기관의 직원을 포함한다. 이하 이 조에서 같다)으로 하여금 다음 각 호의 서류·시설 및 장비 등을 정기적으로 출입·검사(이하 "정기검사"라 한다)하거나 수시로 출입·검사(이하 "수시검사"라 한다)하게 할 수 있다. ② 정기검사의 주기는 1년 이상3년 이하의 범위에서 다음 각 호의 사항을 고려하여 환경부장관이 정한다. 1. 영 제4조제2항 각 호의 요건에 대한 준수 여부 2. 배출시설등이 설치된 지역의 여건 ③ 수시검사는 다음 각 호의 어느 하나에 해당하는 사유가 발생한 경우에 실시한다. 1. 오염물질등의 배출로 환경오염사고 또는 환경오염피해가 발생하였거나 발생할 우려가 높다고 인

환경오염시설의 통합관리에 관한 법률	환경오염시설의 통합관리에 관한 법률 시행령	환경오염시설의 통합관리에 관한 법률 시행규칙
관리 등에 관한 사항의 준수 여부 5. 제31조에 따른 측정 및 기록·보존에 관한 사항의 준수 여부 6. 제32조에 따른 기록·보존에 관한 사항의 준수 여부 ② 제1항에 따라 출입하거나 검사를 하는 공무원은 그 권한을 표시하는 증표를 지니고 이를 관계인에게 내보여야 한다. ③ 환경부장관은 제1항에 따라 오염물질등을 측정하려는 경우에는 환경부령으로 정하는 검사기관에 이를 요청하여야 한다. 다만, 현장에서 측정할 수 있는 오염물질등으로서 환경부령으로 정하는 경우에는 그러하지 아니하다. ④ 제1항에 따른 오염물질등의 측정에 관련된 시료·장비 등의 출입·검사에 필요한 주기와 방법 등에 관하여는 환경부령으로 정한다.		정되는 경우 2. 법 제19조제1항에 따른 측정기기의 측정자료에 오류가 발생하거나 지역오염도가 심화되는 등 점검이 필요하다고 인정되는 객관적인 사실이 있는 경우 3. 자가측정 결과의 기록이 1개월 또는 2회 이상 지연·누락된 경우 4. 배출부과금의 부과 또는 오염물질등의 배출원 및 배출량을 조사하는 경우 5. 다른 행정기관의 정당한 요청이 있거나 오염피해에 관한 민원이 발생하는 경우 6. 법 제6조에 따른 허가·변경허가를 하거나 변경신고를 수리하기 위하여 필요하다고 인정되는 경우 ④ 법 제30조제1항에 따른 출입·검사를 하는 공무원은 미리 출입·검사의 목적 및 일시, 검사의 내용 등을 해당 사업자에게 알려주어야 한다. 다만, 환경오염사고가 발생하였거나 발생할 우려가 높은 경우 등 긴급한 검사가 필요하거나 사전에 알리면 증거인멸 등으로 검사의 목적을 달성할 수 없다고 인정되는 경우에는 그러하지 아니하다. ⑤ 환경부장관은 제1항에 따른 출입·검사를 할 때에는 관계 행정기관과 함동으로 출입·검사할 수 있다. ⑥ 법 제30조제3항 본문에서 "환경부령으로 정하는 검사기관"이란 제11조제2항 각 호의 기관을 말한다. ⑦ 법 제30조제3항 단서에 따라 현장에서 측정할 수 있는 오염물질등은 제11조제3항 각 호에 따른 오염물질등을 말한다.

환경오염시설의 통합관리에 관한 법률	환경오염시설의 통합관리에 관한 법률 시행령	환경오염시설의 통합관리에 관한 법률 시행규칙
제31조(자기측정) ① 사업자는 배출시설등 및 방지시설을 적정하게 운영하기 위하여 오염물질등을 자가측정하거나 「환경분야 시험·검사 등에 관한 법률」제16조에 따른 측정대행업자에게 측정하게 하고 그 결과를 환경부령으로 정하는 바에 따라 기록·보존하여야 한다. ② 제1항에 따른 측정의 대상, 항목, 방법 및 그 밖에 측정에 필요한 사항은 환경부령으로 정한다.		**제32조(자기측정의 대상 및 항목 등)** ① 사업자는 법 제31조제1항에 따라 배출시설등에 연결된 배출구별로 다음 각 호의 오염물질등을 측정하여야 한다. 〈개정 2018. 1. 17.〉 1. 법 제8조제1항에 따른 허가배출기준이 설정된 대기오염물질 및 수질오염물질 2. 법 제6조제3항에 따른 허가조건에 따라 주기적으로 오염도를 측정하는 오염물질등 ② 제1항에도 불구하고 다음 각 호의 오염물질등은 자가측정의 항목에서 제외한다. 1. 자동측정기를 부착하고 영 제21조에 따른 관제센터(이하 "관제센터"라 한다)에 자동으로 측정된 자료를 전송하는 사업장에서 자동으로 측정하는 오염물질등. 이 경우 먼지를 자동측정하여 전송하는 경우에는 매연도 자동으로 측정하여 전송하는 것으로 본다. 2. 「대기환경보전법」제26조제1항 단서 및 「물환경보전법」제35조제1항 단서에 따라 방지시설의 설치가 면제된 배출시설에서 배출되는 대기오염물질 및 수질오염물질 3. 연소조절에 의한 방지기술 중 질소산화물을 기준 이하로 배출된다고 환경부장관이 인정하는 배출시설에서 배출되는 질소산화물 4. 「수질 및 수생태계 보전에 관한 법률」제2조제17호에 따른 공공폐수처리시설(이하 "폐수종말처리시설"이라 한다) 또는 「하수도법」제2조제9호의 공공하수처리시설(이하 "공공하수처리시설"

환경오염시설의 통합관리에 관한 법률	환경오염시설의 통합관리에 관한 법률 시행령	환경오염시설의 통합관리에 관한 법률 시행규칙
		이라 한다)에 배수설비를 통하여 폐수를 유입하는 경우 그 폐수에 포함된 수질오염물질 중 해당 처리시설에서 적정하게 처리할 수 있는 오염물질
		③ 자가측정은 「환경분야 시험·검사 등에 관한 법률」 제6조제1항에 따른 환경오염공정시험기준에 따른다. 다만, 환경부장관이 측정이 가능하다고 인정하여 하기고시한 환경오염공정시험방법을 명시한 경우에는 환경오염공정시험기준에서 정한 방법 외의 방법으로 측정할 수 있다.
		④ 자가측정은 다음 각 호의 사항을 고려하여 별표 16에 따른 오염물질별 최소 측정횟수 이상 측정하여야 한다. 1. 측정대상 오염물질등의 유해성 여부 2. 측정대상 오염물질등의 배출농도 수준 3. 법 제6조제4항·제3호에 따른 사후 모니터링 계획 4. 그 밖에 오염물질등의 배출 특성 및 해당 오염물질등이 주변 환경에 미치는 영향
		⑤ 환경부장관은 제3항 및 제4항에 따라 정한 측정 방법 및 측정횟수를 제2조제5항에 따른 배출시설등 설치·운영허가 명시서에 명시하여야 한다.
		제33조(자가측정 결과의 기록·보존) ① 사업자는 법 제31조제1항에 따른 측정 결과를 통합환경허가 시스템에 입력하여야 한다. ② 제1항에 따른 측정 결과의 입력 방법 등은 국립환경과학원장이 정하여 고시한다. ③ 사업자는 자가측정을 한 때에 사용한 시료채취 기록부 및 역과지를 그 측정한 날부터 6개월간 보존

환경오염시설의 통합관리에 관한 법률	환경오염시설의 통합관리에 관한 법률 시행령	환경오염시설의 통합관리에 관한 법률 시행규칙
제32조(기록·보존) 사업자는 다음 각 호의 사항을 환경부령으로 정하는 바에 따라 기록·보존하여야 한다. 1. 배출시설등 및 방지시설의 운영·관리 등에 관한 사항 2. 제6조제3항에 따른 허가조건의 이행에 관한 사항		하여야 한다. **제34조(기록·보존의 방법 등)** ① 사업자는 법 제32조에 따른 기록·보존을 할 때에는 배출시설등 및 방지시설의 가동시간, 연료·원료 및 용수 사용량, 주요 약품 등의 구입·소비량, 그 밖에 법 제32조 각 호의 사항을 확인하기 위하여 필요한 자료를 주기적으로 통합환경허가시스템에 입력하여야 한다. ② 제1항에 따른 기록·보존 대상자료의 범위 및 입력방법·주기, 입력한 자료의 보존 등에 관한 사항은 국립환경과학원장이 정하여 고시한다.
제33조(연간 보고서) ① 사업자는 배출시설등 및 방지시설의 운영·관리에 관한 연간 보고서를 작성하여 환경부장관에게 제출하여야 한다. ② 제1항에 따른 연간 보고서의 작성 및 제출 방법, 제출시기 등은 환경부령으로 정한다.		**제35조(연간 보고서 작성 및 제출)** ① 사업자는 법 제33조제1항에 따라 매년 4월 말까지 지난 연도의 배출시설등 및 방지시설의 운영·관리에 관한 연간 보고서를 작성한 후 통합환경허가시스템을 통하여 제출하여야 한다. ② 제1항에 따른 연간 보고서에는 다음 각 호의 사항이 포함되어야 한다. 1. 허가조건 및 허가배출기준의 이행에 관한 사항 2. 법 제6조제4항제1호에 따른 배출시설등 및 방지시설의 설치 및 운영에 관한 사항 3. 법 제6조제4항제3호에 따른 사후 모니터링 및 유지관리에 관한 사항 4. 환경오염사고 예방 및 사후조치 등에 관한 사항
제34조(수수료) 다음 각 호의 어느 하나에 해당하는 자는 환경부령으로 정하는 수수료를 내야 한다. 1. 제6조에 따른 허가 또는 변경허가를 받으려는 자		**제36조(수수료)** ① 법 제34조에 따른 수수료는 별표 17과 같다. ② 제1항에 따른 수수료는 수입인지 또는 정보통신

환경오염시설의 통합관리에 관한 법률	환경오염시설의 통합관리에 관한 법률 시행령	환경오염시설의 통합관리에 관한 법률 시행규칙
2. 제12조제1항에 따른 가동개시 신고를 하려는 자		마을 이용한 전자화폐·전자결제 등의 방법으로 납부할 수 있다.
제35조(권한의 위임 및 위탁) ① 이 법에 따른 환경부장관의 권한은 대통령령으로 정하는 바에 따라 그 일부를 시·도지사 또는 소속기관의 장에게 위임할 수 있다. ② 환경부장관은 다음 각 호의 업무를 대통령령으로 정하는 바에 따라 「한국환경공단법」에 따른 한국환경공단 등 관계 전문기관에 위탁할 수 있다. 1. 제19조제1항 단서에 따른 측정기기의 부착 2. 제20조제2항에 따른 측정기기의 운영·관리 3. 제20조제3항에 따른 전산망의 운영 및 기술지원 4. 제24조제5항 전단에 따른 기술작업반의 구성·운영 5. 제29조제1항 각 호의 업무	제35조(권한의 위임) 환경부장관은 법 제35조제1항에 따라 다음 각 호의 권한을 국립환경과학원장에게 위임한다. 1. 법 제8조제2항제3호에 따른 기준 대기질·수질의 오염상태 및 수질 이용 현황에 대한 조사·연구 2. 법 제8조제2항제4호에 따른 환경의 질 목표 수준의 설정을 위한 조사·연구 3. 법 제24조제1항에 따른 최적가용기법의 마련 4. 법 제24조제2항에 따른 최적가용기법 기준서의 마련·보급 및 주기적인 검토·수정·보완 5. 법 제24조제4항에 따른 최대배출기준을 마련하기 위한 조사·연구 6. 법 제24조제5항에 따른 업종별 기술작업반의 구성·운영 7. 법 제25조제1항에 따른 실태조사 8. 통합환경허가시스템의 구축·운영	
	제36조(업무의 위탁) 환경부장관은 법 제35조제2항에 따라 다음 각 호의 업무를 한국환경공단에 위탁한다. 1. 법 제19조제1항 단서에 따른 측정기기의 부착 2. 법 제20조제2항에 따른 측정기기의 운영·관리 3. 법 제20조제5항에 따른 전산망의 운영 및 기술지원 4. 제18조제5항 후단에 따른 측정기기 설치의 적합 여부의 확인	

환경오염시설의 통합관리에 관한 법률	환경오염시설의 통합관리에 관한 법률 시행령	환경오염시설의 통합관리에 관한 법률 시행규칙
	5. 제20조제3항에 따라 제출하는 개선사유서의 접수	
제36조(벌칙 적용에서 공무원 의제) 제24조제5항에 따른 기술요원반의 반원 및 제35조제2항에 따라 위탁받은 업무를 하는 관계 전문기관의 임직원은 「행법」 제129조부터 제132조까지의 규정을 적용할 때에는 공무원으로 본다.		
제37조(규제의 재검토) 환경부장관은 다음 각 호의 구분에 따른 기준일을 기준으로 매 2년마다(매 2년이 되는 해의 기준일과 같은 날 전까지를 말한다) 폐지, 완화 또는 등의 타당성을 검토하여야 한다. 1. 제6조에 따른 허가 또는 변경허가: 2017년 1월 1일 2. 제8조에 따른 허가배출기준: 2017년 1월 1일 3. 제25조에 따른 실태조사: 2017년 1월 1일 4. 제30조에 따른 보고와 검사: 2017년 1월 1일 5. 제47조에 따른 과태료: 2017년 1월 1일		
제6장 벌칙		
제38조(벌칙) 다음 각 호의 어느 하나에 해당하는 자는 7년 이하의 징역 또는 1억원 이하의 벌금에 처한다. 1. 제6조에 따른 허가 또는 허가를 받지 아니하거나 거짓이나 그 밖의 부정한 방법으로 허가 또는 변경허가를 받아 배출시설등(제2조제2호나목의 대기오염물질배출시설 또는 같은 호 사목의 폐수배출시설에 한정한다)을 설치 또는 변경하거나 그 배출시설등을 이용하여 조업한 자 2. 제14조제2항에 따른 조업정지 또는 사용중지 명		

환경오염시설의 통합관리에 관한 법률	환경오염시설의 통합관리에 관한 법률 시행령	환경오염시설의 통합관리에 관한 법률 시행규칙
령을 이행하지 아니한 자 3. 제21조제1항제1호가목 또는 같은 항 제3호에 해당하는 행위를 한 자 4. 제22조제1항 또는 제2항에 따른 배출시설등의 폐쇄, 조업정지 또는 사용중지 명령을 이행하지 아니한 자		
제39조(벌칙) 다음 각 호의 어느 하나에 해당하는 자는 5년 이하의 징역 또는 5천만원 이하의 벌금에 처한다. 1. 제12조제1항 전단에 따른 가동개시 신고를 하지 아니하고 배출시설등을 가동한 자 2. 제19조제1항 본문에 따른 측정기기를 부착하지 아니한 자 3. 제20조제1항제1호, 제3호 또는 제4호에 해당하는 행위를 한 자 4. 제21조제1항제1호나목 또는 같은 항 제2호 각 목의 어느 하나에 해당하는 행위를 한 자		
제40조(벌칙) 다음 각 호의 어느 하나에 해당하는 자는 3년 이하의 징역 또는 3천만원 이하의 벌금에 처한다. 1. 제6조에 따른 허가 또는 변경허가를 받지 아니하거나 거짓으로 허가 또는 변경허가를 받아 배출시설등(제2조제2호가목의 폐기물처리시설에 한정한다)을 설치 또는 변경하거나 그 배출시설등을 이용하여 조업한 자 2. 제14조제1항 및 제2항에 따른 개선명령 또는 사		

환경오염시설의 통합관리에 관한 법률	환경오염시설의 통합관리에 관한 법률 시행령	환경오염시설의 통합관리에 관한 법률 시행규칙
용중지 명령을 이행하지 아니한 자(제2조제1호 사목에 따른 신규 성유기오염물질에 대한 허가배 출기준을 초과한 경우만 해당한다) 3. 제14조제2항에 따른 조업정지명령을 이행하지 아니한 자(제2조제1호바목에 따른 악취에 대한 허가배출기준을 초과한 경우만 해당한다) 4. 제21조제3항 후단에 따른 조업정지 또는 사용중지 명령을 이행하지 아니한 자		
제41조(별칙) 다음 각 호의 어느 하나에 해당하는 자는 2년 이하의 징역 또는 2천만원 이하의 벌금에 처한다. 1. 제3조제1항에 따라 설정된 허가배출기준을 초과하여 제2조제1호서목에 따른 신류성유기오염물질을 배출한 자 2. 제21조제2항제1호에 따른 배출시설등 및 방지시설의 설치·관리 기준 및 조치 기준을 위반한 자(제47조제6항제3호의 경우는 제외한다)		
제42조(별칙) 다음 각 호의 어느 하나에 해당하는 자는 1년 이하의 징역 또는 1천만원 이하의 벌금에 처한다. 1. 제6조에 따른 허가 또는 변경허가를 받지 아니하거나 거짓으로 허가 또는 변경허가를 받아 배출시설등을 설치 또는 변경하거나 그 배출시설등을 이용하여 조업한 자 2. 제14조제2항에 따른 조업정지 명령을 이행하지 아니한 자(제2조제1호라목에 따른 소음·진동에 대한 허가배출기준을 초과한 경우만 해당한다)		

환경오염시설의 통합관리에 관한 법률	환경오염시설의 통합관리에 관한 법률 시행령	환경오염시설의 통합관리에 관한 법률 시행규칙
3. 제20조제4항에 따른 조업정지명령을 이행하지 아니한 자		
제43조(벌칙) 다음 각 호의 어느 하나에 해당하는 자는 5백만원 이하의 벌금에 처한다. 1. 제20조제3항에 따른 조치명령을 이행하지 아니한 자 2. 제30조제1항에 따른 관계 공무원의 출입·검사를 거부·방해 또는 기피한 자		
제44조(벌칙) 제14조제1항에 따른 개선명령을 이행하지 아니한 자(제2조제1호부터 제4호까지에 대한 허가배출기준을 초과한 경우만 해당한다)는 3백만원 이하의 벌금에 처한다.		
제45조(벌칙) 제19조제1항 본문에 따른 측정기기를 부착하지 아니한 자(제2조제1호부터 제4호에 따른 수입오염물질이 허가배출기준에 적합한지를 확인하기 위한 적산전력계 또는 적산유량계를 부착하지 아니한 자만 해당한다)는 1백만원 이하의 벌금에 처한다.		
제46조(양벌규정) 법인의 대표자나 법인 또는 개인의 대리인, 사용인, 그 밖의 종업원이 그 법인 또는 개인의 업무에 관하여 제38조부터 제45조까지의 어느 하나에 해당하는 위반행위를 하면 그 행위자를 벌하는 외에 그 법인 또는 개인에게도 해당 조문의 벌금을 과(科)한다. 다만, 법인 또는 개인이 그 위반행위를 방지하기 위하여 해당 업무에 관하여 상당한 주의와 감독을 게을리하지 아니한 경우에는 그러하지 아니하다.		

환경오염시설의 통합관리에 관한 법률	환경오염시설의 통합관리에 관한 법률 시행령	환경오염시설의 통합관리에 관한 법률 시행규칙
제47조(과태료) ① 다음 각 호의 어느 하나에 해당하는 자에게는 1천5백만원 이하의 과태료를 부과한다. 1. 제6조제3항에 따른 허가조건을 위반한 자 2. 제21조제2항·제2호에 따른 오염물질등의 측정·조사 기준을 위반한 자 ② 제6조제2항 단서에 따른 변경신고를 하지 아니한 자에게는 1천만원 이하의 과태료를 부과한다. ③ 다음 각 호의 어느 하나에 해당하는 자에게는 7백만원 이하의 과태료를 부과한다. 1. 제30조제1항에 따른 보고나 자료의 제출을 하지 아니하거나 거짓으로 한 자 2. 제32조 각 호에 따른 사항을 기록·보존하지 아니하거나 거짓으로 기록한 자 ④ 다음 각 호의 어느 하나에 해당하는 자에게는 5백만원 이하의 과태료를 부과한다. 1. 제20조제1항·제2호에 해당하는 행위를 한 자 2. 제20조제2항에 따른 측정기기의 운영·관리 기준을 준수하지 아니한 자 3. 제31조제1항을 위반하여 오염물질등을 측정하지 아니한 자 또는 측정 결과를 기록·보존하지 아니하거나 거짓으로 기록·보존한 자 5. 제33조제1항에 따른 연간 보고서를 제출하지 아니하거나 거짓으로 작성하여 제출한 자에게는 3백만원 이하의 과태료를 부과한다. ⑥ 다음 각 호의 어느 하나에 해당하는 자에게는 2백만원 이하의 과태료를 부과한다. 1. 제8조제1항에 따라 설정된 허가배출기준을 초과	**제37조(과태료의 부과기준)** 법 제47조제1항부터 제6항까지의 규정에 따른 과태료의 부과기준은 별표 14와 같다.	

환경오염시설의 통합관리에 관한 법률	환경오염시설의 통합관리에 관한 법률 시행령	환경오염시설의 통합관리에 관한 법률 시행규칙
하여 제2조제1호라목에 따른 소음 또는 진동을 배출한 자 2. 제21조제1항제1호다목 또는 라목에 따른 행위를 한 자 3. 제21조제2항제1호에 따른 배출시설등 및 방지시설의 설치·관리 기준 및 조치 기준을 위반하여 시멘트·석탄·토사·사료·곡물 및 고철의 분체상(粉體狀) 물질을 운송한 자 ⑦ 제1항부터 제6항까지의 규정에 따른 과태료는 대통령령으로 정하는 바에 따라 환경부장관이 부과·징수한다.		

제3장 환경오염시설의 통합관리에 관한 법률 시행령 별표

■ [별표 1] 〈개정 2019. 5. 21.〉

통합관리 대상 업종 및 적용 시기(제2조제1항 관련)

통합관리 대상 업종	적용 시기
1. 전기업(351) 중 다음 각 목의 업종 　가. 화력 발전업(35113) 　나. 기타 발전업(35119)	2017년 1월 1일
2. 증기, 냉온수 및 공기조절 공급업(353)	2017년 1월 1일
3. 폐기물 처리업(382) 중 다음 각 목의 업종. 다만, 폐기물 처리업에만 속하는 사업장으로서 「폐기물관리법 시행령」 별표 3 제2호가목에 따른 매립시설이 설치된 사업장은 제외한다. 　가. 지정외 폐기물 처리업(3821) 　나. 지정 폐기물 처리업(3822)	2017년 1월 1일
4. 기초화학물질 제조업(201) 중 석유화학계 기초화학물질 제조업(20111)	2018년 1월 1일
5. 합성고무 및 플라스틱 물질 제조업(202) 중 다음 각 목의 업종 　가. 합성고무 제조업(20201) 　나. 합성수지 및 기타 플라스틱 물질 제조업(20202)	2018년 1월 1일
6. 1차 철강 제조업(241)	2018년 1월 1일
7. 1차 비철금속 제조업(242)	2018년 1월 1일
8. 석유 정제품 제조업(192)	2019년 1월 1일
9. 기초화학물질 제조업(201) 중 다음 각 목의 업종 　가. 기타 기초 무기 화학물질 제조업(20129) 　나. 무기안료용 금속 산화물 및 관련 제품 제조업(20131)	2019년 1월 1일
10. 기초화학물질 제조업(201) 중 다음 각 목의 업종 　가. 석탄화학계 화합물 및 기타 기초 유기 화학물질 제조업(20119) 　나. 염료, 조제 무기 안료, 유연제 및 기타 착색제 제조업(20132)	2019년 1월 1일
11. 기타 화학제품 제조업(204) 중 다음 각 목의 업종 　가. 일반용 도료 및 관련제품 제조업(20411) 　나. 요업용 도포제 및 관련제품 제조업(20412) 　다. 계면활성제 제조업(20421) 　라. 치약, 비누 및 기타 세제 제조업(20422) 　마. 화장품 제조업(20423)	2019년 1월 1일

통합관리 대상 업종	적용 시기
바. 가공 및 정제염 제조업(20492) 사. 접착제 및 젤라틴 제조업(20493) 아. 화약 및 불꽃제품 제조업(20494) 자. 바이오 연료 및 혼합물 제조업(20495) 차. 그 외 기타 분류 안된 화학제품 제조업(20499)	
12. 비료, 농약 및 살균, 살충제 제조업(203) 중 다음 각 목의 업종 가. 비료 및 질소 화합물 제조업(2031) 나. 살균ㆍ살충제 및 농약 제조업(2032)	2019년 1월 1일
13. 펄프, 종이 및 판지 제조업(171) 중 다음 각 목의 업종 가. 펄프 제조업(1711) 나. 신문용지 제조업(17121) 다. 인쇄용 및 필기용 원지 제조업(17122) 라. 크라프트지 및 상자용 판지 제조업(17123) 마. 위생용 원지 제조업(17125) 바. 기타 종이 및 판지 제조업(17129)	2020년 1월 1일
14. 기타 종이 및 판지 제품 제조업(179)	2020년 1월 1일
15. 전자부품 제조업(262) 중 다음 각 목의 업종 가. 표시장치 제조업(2621) 나. 인쇄회로기판용 적층판 제조업(26221) 다. 경성 인쇄회로기판 제조업(26222) 라. 연성 및 기타 인쇄회로기판 제조업(26223) 마. 전자축전기 제조업(26291) 바. 전자감지장치 제조업(26295) 사. 그 외 기타 전자부품 제조업(26299)	2020년 1월 1일
16. 도축, 육류 가공 및 저장 처리업(101)	2021년 1월 1일
17. 알코올음료 제조업(111)	2021년 1월 1일
18. 섬유제품 염색, 정리 및 마무리 가공업(134)	2021년 1월 1일
19. 플라스틱제품 제조업(222)	2021년 1월 1일
20. 반도체 제조업(261)	2021년 1월 1일
21. 자동차 부품 제조업(303)	2021년 1월 1일

비고

1. 위 표에서 사용하는 업종 구분은 「통계법」 제22조에 따라 통계청장이 고시하는 한국표준산업분류에 따르며, 괄호 안의 숫자는 한국표준산업분류에 따른 분류번호를 말한다.
2. 지방자치단체에서 설치하거나 위탁하여 운영하는 폐기물 소각시설의 경우에는 위 표의 제3호에 따른

업종에 해당하는 것으로 본다.

3. 두 개 이상의 업종을 영위하는 사업장으로서 그 업종 중 어느 하나가 통합관리 대상 업종에 해당하는 경우에는 그 통합관리 대상 업종을 해당 사업장의 업종으로 보아 법을 적용한다.

4. 두 개 이상의 통합관리 대상 업종을 영위하는 사업장의 경우에는 그 업종의 적용 시기 중 가장 늦은 시기를 해당 사업장에 대한 적용 시기로 한다.

5. 위 표의 제1호부터 제3호까지 어느 하나에 해당하는 사업장 중 「산업입지 및 개발에 관한 법률」 제2조제8호에 따른 산업단지에 있는 사업장들이 공동으로 사용하는 전기 또는 증기를 공급하거나 그 사업장들로부터 배출되는 폐기물을 공동으로 처리하기 위한 배출시설등을 설치한 사업장으로서, 생산된 재화나 서비스의 대부분을 산업단지에 있는 사업장들에 제공하는 경우에는 환경부장관이 그 재화나 서비스를 제공받는 사업장들의 업종 및 적용 시기를 고려하여 해당 사업장의 적용 시기를 달리 정할 수 있다.

6. 해당 업종의 적용 시기가 도래하기 전에 자발적으로 통합허가를 신청하는 사업장에 대해서는 그 신청 시기를 해당 사업장에 대한 적용 시기로 한다.

■ [별표 2] 〈개정 2018. 1. 16.〉

변경허가의 대상(제2조제2항 관련)

1. 오염물질등의 발생량 또는 배출량이 다음 각 목의 어느 하나에 해당하게 되는 경우
   가. 법 제6조제1항제1호에 따른 사업장으로서 연간 대기오염물질 발생량이 같은 항에 따른 허가 또는 같은 조 제2항 본문에 따른 변경허가(이 목에 따른 사유로 변경허가를 받은 경우만 해당한다)를 받은 당시보다 다음의 구분에 따른 양 이상(「대기환경보전법」 제23조제6항에 따른 배출시설 설치제한 지역에 위치한 사업장의 경우에는 다음의 구분에 따른 양의 2분의 1 이상) 증가하는 경우
      1) 연간 대기오염물질 발생량이 1,000톤 미만인 사업장 : 연간 대기오염물질 발생량의 100분의 30. 다만, 증가하는 양이 20톤 미만인 경우는 제외한다.
      2) 연간 대기오염물질 발생량이 1,000톤 이상 6,000톤 미만인 사업장 : 연간 대기오염물질 발생량의 100분의 20에 100톤을 더한 양
      3) 연간 대기오염물질 발생량이 6,000톤 이상 13,000톤 미만인 사업장 : 연간 대기오염물질 발생량의 100분의 10에 700톤을 더한 양
      4) 연간 대기오염물질 발생량이 13,000톤 이상인 사업장 : 2,000톤
   나. 법 제6조제1항제2호에 따른 사업장으로서 일일 폐수 배출량이 같은 항에 따른 허가 또는 같은 조 제2항 본문에 따른 변경허가(이 목에 따른 사유로 변경허가를 받은 경우만 해당한다)를 받은 당시보다 100분의 30 이상 또는 700세제곱미터 이상(「물환경보전법」 제33조제5항에 따른 배출시설 설치제한 지역에 위치한 사업장의 경우에는 100분의 15 이상 또는 200세제곱미터 이상) 증가하는 경우

2. 허가배출기준이 설정된 오염물질등 외에 새로운 오염물질등이 발생하는 경우로서 다음 각 목의 어느 하나에 해당하는 경우. 다만, 제1호에 해당하는 경우는 제외한다.
   가. 배출시설등을 신설(사업장에서 설치·운영 중인 배출시설등과 다른 종류의 배출시설등을 설치하는 것을 말한다. 이하 같다), 증설(사업장에서 설치·운영 중인 배출시설등과 같은 종류의 배출시설등을 추가로 설치하거나 그 규모를 늘리는 것을 말한다. 이하 같다), 교체 또는 변경하거나 연료·원료·부원료·제조공정 등을 변경하려는 경우로서 그 신설, 증설, 교체 또는 변경으로 인하여 허가배출기준이 설정된 오염물질등 외에 새로운 대기오염물질 또는 수질오염물질이 환경부령으로 정하는 농도기준을 초과하여 발생하는 경우
   나. 허가 또는 변경허가 당시 예측하지 못하였던 오염물질등이 환경부령으로 정하는 농도기준을 초과하여 발생하는 경우로서 허가조건을 새로 설정하여 배출구에서 주기적으로 오염도를 측정하는 것이 필요한 경우
   다. 나목에 따른 측정 결과가 환경부령으로 정하는 농도기준을 초과하는 경우

3. 배출시설등의 신설 또는 추가 설치에 따라 허가배출기준 또는 허가조건의 변경이 필요한 경우로서 다음 각 목의 어느 하나에 해당하는 경우. 다만, 제1호 또는 제2호에 해당하는 경우는 제외한다.

　가. 「대기환경보전법」 제44조제1항 각 호의 어느 하나에 해당하는 지역에 위치한 사업장에서 법 제2조제2호가목의 휘발성유기화합물을 배출하는 시설(이하 "휘발성유기화합물배출시설"이라 한다)을 신설하는 경우

　나. 법 제2조제2호나목의 대기오염물질배출시설(이하 "대기오염물질배출시설"이라 한다)과 그 시설에 연결된 배출구를 신설하거나 추가로 설치하는 경우

　다. 법 제2조제2호다목의 대기오염물질을 비산배출하는 배출시설(이하 "비산배출시설"이라 한다)을 신설하는 경우

　라. 법 제2조제2호라목의 비산먼지를 발생시키는 사업(이하 "비산먼지발생사업"이라 한다)을 신규로 실시하는 경우

　마. 법 제2조제2호마목의 소음·진동배출시설(이하 "소음·진동배출시설"이라 한다)을 신설하는 경우

　바. 법 제2조제2호사목의 폐수배출시설(이하 "폐수배출시설"이라 한다)을 신설하거나 「물환경보전법」 제33조제5항에 따른 배출시설 설치제한 지역에 위치한 사업장에서 폐수배출시설을 추가로 설치하는 경우

　사. 「물환경보전법」 제53조제1항 각 호의 어느 하나에 해당하게 되는 경우

　아. 「악취방지법」 제6조제1항에 따른 악취관리지역에 위치한 사업장에서 법 제2조제2호아목의 악취배출시설(이하 "악취배출시설"이라 한다)을 신설하거나 법 제2조제1호바목의 악취 중 허가배출기준이 설정된 것 외에 새로운 악취를 배출하는 악취배출시설을 추가로 설치하는 경우

　자. 법 제2조제2호차목의 특정토양오염관리대상시설(이하 "특정토양오염관리대상시설"이라 한다)을 신설하는 경우

　차. 법 제2조제2호카목의 폐기물처리시설(「폐기물관리법」 제29조제2항 각 호에 따른 폐기물처리시설은 제외한다)을 신설 또는 추가 설치하거나 그 폐기물처리시설에 대하여 「폐기물관리법」 제29조제3항에 따른 중요사항을 변경(환경부령으로 정하는 중요사항을 변경하는 경우는 제외한다)하는 경우

4. 제1호부터 제3호까지의 사항 외에 다음 각 목의 어느 하나에 해당하는 경우

　가. 「대기환경보전법」 제44조제1항 각 호의 어느 하나에 해당하는 지역으로서 해당 지역이 지정·고시될 때(같은 항 제2호의 대기환경규제지역의 경우에는 같은 법 제19조제2항에 따른 실천계획이 고시될 때를 말한다)에 그 지역에 위치한 사업장에서 휘발성유기화합물배출시설을 운영하고 있는 경우

　나. 「대기환경보전법」 제2조제10호에 따라 휘발성유기화합물이 추가로 고시된 경우로서 같은 법 제44조제1항 각 호의 어느 하나에 해당하는 지역에 위치한 사업장에서 그 추가된 휘발성유기화합물시설을 운영하고 있는 경우

다. 「악취방지법」 제6조제1항에 따라 악취관리지역을 지정·고시할 당시 그 지역에 위치한 사업장
　　에서 악취배출시설을 운영하고 있는 경우 또는 악취관리지역 외의 지역에 위치한 사업장에서 같
　　은 법 제8조의2제1항에 따라 추가로 지정·고시된 악취배출시설을 운영하고 있는 경우

라. 그 밖에 배출시설등 및 방지시설의 운영조건이 변경되는 경우

■ [별표 3] 〈개정 2018. 1. 16.〉

변경신고의 대상(제2조제3항 관련)

1. 법 제6조제2항 단서에 따라 사전에 변경신고를 하여야 하는 경우는 다음 각 목과 같다.

　가. 배출시설등을 증설, 교체, 폐쇄 또는 변경하는 경우로서 다음의 어느 하나에 해당하는 경우

　　1) 휘발성유기화합물배출시설을 증설함으로써 해당 시설 규모의 합계 또는 누계가 허가 또는 변경허가를 받거나 변경신고를 한 당시보다 100분의 50 이상 증가하게 되는 경우

　　2) 휘발성유기화합물배출시설을 폐쇄하는 경우

　　3) 같은 배출구에 연결된 대기오염물질배출시설을 증설, 교체 또는 폐쇄하는 경우. 다만, 배출시설의 규모[같은 배출구에 연결되어 있는 같은 종류의 배출시설(방지시설의 설치를 면제받은 배출시설의 경우에는 면제받은 배출시설 중 같은 종류의 배출시설을 말한다)의 규모의 합계 또는 누계를 말한다]가 허가 또는 변경허가를 받거나 변경신고를 한 당시보다 100분의 10 미만으로 변경되는 경우로서 증설 또는 교체로 인하여 다른 법령에 따른 설치의 제한을 받지 않고, 증설, 교체 또는 폐쇄에 따라 변경되는 대기오염물질의 양이 방지시설의 처리용량 범위 내인 경우에는 그렇지 않다.

　　4) 비산배출시설을 증설, 교체 또는 폐쇄함으로써 배출시설의 규모(동일한 시설·관리 기준이 적용되는 시설의 규모의 합계 또는 누계를 말하며, 규모를 산정할 수 없는 시설의 경우에는 개수의 합계 또는 누계를 말한다)가 허가 또는 변경허가를 받거나 변경신고를 한 당시보다 100분의 10 이상 변경되는 경우

　　5) 비산먼지발생사업의 규모를 늘리거나 그 종류를 추가하는 경우

　　6) 비산먼지 배출공정을 변경하는 경우

　　7) 소음·진동배출시설을 증설함으로써 해당 시설 규모의 합계 또는 누계가 허가 또는 변경허가를 받거나 변경신고를 한 당시보다 100분의 50 이상 증가하게 되는 경우

　　8) 소음·진동배출시설의 전부를 폐쇄하는 경우

　　9) 법 제2조제2호바목의 비점오염원(이하 "비점오염원"이라 한다)에 의한 오염을 유발하는 사업으로서 총사업장 부지면적이 허가 또는 변경허가를 받거나 변경신고를 한 당시보다 100분의 15 이상 증가하게 되는 경우

　　10) 비점오염원의 전부 또는 일부를 폐쇄하는 경우

　　11) 폐수배출시설을 추가로 설치하거나 그 일부를 폐쇄하는 경우

　　12) 폐수 배출량이 증가하거나 감소하여 「물환경보전법 시행령」 별표 13에 따른 사업장 종류가 변경되는 경우

　　13) 악취배출시설을 폐쇄하는 경우 또는 환경부령으로 정하는 악취배출시설의 공정을 추가하거나 폐쇄하는 경우

　　14) 법 제2조제2호카목의 폐기물처리시설(「폐기물관리법」 제29조제2항제2호에 따른 폐기물처리

시설만 해당한다)을 신설 또는 추가 설치하거나 해당 폐기물처리시설에 대하여 「폐기물관리법」 제29조제3항에 따른 중요사항을 변경(환경부령으로 정하는 중요사항을 변경하는 경우는 제외한다)하는 경우

나. 방지시설을 증설, 교체, 폐쇄 또는 변경하는 경우로서 다음의 어느 하나에 해당하는 경우

  1) 「대기환경보전법」 제44조제3항에 따른 휘발성유기화합물의 배출을 억제하거나 방지하는 시설을 변경하는 경우

  2) 「대기환경보전법」 제2조제12호의 대기오염방지시설을 증설, 교체하거나 폐쇄하는 경우

  3) 법 제6조제4항제1호에 따른 계획 중 비산배출시설의 운영계획을 변경하는 경우

  4) 「대기환경보전법」 제43조제1항에 따른 비산먼지 발생을 억제하기 위한 시설 또는 조치사항을 변경하는 경우

  5) 「물환경보전법」 제2조제12호의 수질오염방지시설의 일부를 폐쇄하거나 수질오염방지시설의 폐수처리방법 및 처리공정을 변경하는 경우

  6) 「물환경보전법」 제2조제13호의 비점오염저감시설의 종류, 위치, 용량을 변경하거나 전부 또는 일부를 폐쇄하는 경우

  7) 「악취방지법」 제8조제2항에 따른 악취방지시설을 변경(사용하는 원료의 변경으로 인한 경우를 포함한다)하거나 법 제6조제4항제1호에 따른 계획 중 악취방지시설의 운영계획을 변경하는 경우

  8) 다른 법률에 따라 방지시설의 설치의무가 면제되거나 유예된 배출시설등에 방지시설을 새로 설치하는 경우

다. 배출시설등에 사용하는 원료ㆍ연료 등을 변경하거나 배출시설등의 운영 조건 등을 변경하는 경우로서 다음의 어느 하나에 해당하는 경우

  1) 대기오염물질배출시설의 연료나 원료를 변경하려는 경우. 다만, 해당 배출시설에서 새로운 오염물질등을 배출하지 않고 배출량이 증가되지 않는 원료로 변경하는 경우 또는 종전의 연료보다 황함유량이 낮은 연료로 변경하는 경우는 제외한다.

  2) 일일 조업시간을 변경하는 경우

  3) 법 제6조제4항제1호에 따른 계획 중 비산배출시설의 설치 및 운영계획을 변경하는 경우

2. 법 제6조제2항 단서에 따라 사후에 변경신고를 하여야 하는 경우는 다음 각 목과 같다.

가. 「물환경보전법 시행령」 제33조제2호에 따라 폐수를 전량 위탁처리하는 경우로서 폐수를 위탁받는 자를 변경한 경우

나. 특정토양오염관리대상시설을 증설함으로써 해당 시설 규모의 합계 또는 누계가 허가 또는 변경허가를 받거나 변경신고를 한 당시보다 100분의 30 이상 증가한 경우

다. 특정토양오염관리대상시설을 교체하거나 토양오염방지시설을 변경한 경우 또는 특정토양오염관리대상시설에 저장하는 오염물질을 변경한 경우

라. 사업장의 명칭이나 대표자를 변경한 경우

마. 배출시설등이나 방지시설을 임대한 경우

바. 하나 이상의 배출시설등을 전부 폐쇄하거나 사용을 종료한 경우

사. 제1호 각 목의 어느 하나에 해당하는 사항이 반복적으로 변경되는 경우로서 허가조건에 그 반복
　　적인 변경사항에 따른 준수사항을 명시한 경우

■ [별표 4] 〈개정 2018. 1. 16.〉

배출시설 설치제한 지역의 배출시설등의 설치 및 유지 · 관리기준(제3조 관련)

1. 「물환경보전법」 제33조제5항에 따른 배출시설 설치제한 지역에서 같은 법 시행령 제31조제1항제
   1호에 따른 기준 이상으로 같은 법 제2조제8호의 특정수질유해물질(이하 "특정수질유해물질"이라
   한다)을 배출하는 폐수배출시설은 다음 각 목의 기준을 준수하여야 한다.
   가. 환경오염사고 등 비상상황이 발생하였을 때 사고로 유출되는 오수 · 폐수가 공공수역으로 직접
   유입되는 것을 차단할 수 있도록 적절한 비상저류시설(非常貯留施設)을 설치 · 운영할 것
   나. 제18조제1항제2호의 수질오염물질 관련 측정기기를 부착하여 배출시설에서 배출되는 수질오염
   물질을 적절하게 측정하고 그 측정자료를 「물환경보전법 시행령」 제37조제1항에 따른 수질원격
   감시체계 관제센터에 전송할 것
   다. 「화학물질관리법」 제2조제7호의 유해화학물질 중 사업장에서 배출되거나 배출 가능성이 확인
   된 물질로서 환경부장관이 배출기준을 고시한 물질에 대해서는 배출기준을 준수하고 주기적으
   로 측정할 것
   라. 특정수질유해물질이 허가배출기준을 초과하거나 다목에 따른 물질이 환경부장관이 정하여 고시
   하는 배출기준을 초과한 경우에는 즉시 비상저류시설로 유입시키고 위탁처리 등의 방법으로 적
   절하게 처리할 것

2. 제1호에도 불구하고 다음 각 목의 어느 하나에 해당하는 배출시설에 대해서는 제1호에 따른 기준
   을 적용하지 않는다.
   가. 구리 및 그 화합물, 디클로로메탄, 1, 1 - 디클로로에틸렌 외의 특정수질유해물질을 배출하지 않
   는 경우로서 「물환경보전법」 제2조제11호의 폐수무방류배출시설을 설치 · 운영하는 사업장의
   배출시설
   나. 「물환경보전법」 제33조제5항에 따른 배출시설 설치제한 지역 또는 「환경정책기본법」 제38조에
   따른 특별대책지역으로 지정되기 전에 해당 지역에서 「물환경보전법」 제33조제1항에 따라 폐수
   배출시설의 설치허가를 받거나 신고한 시설로서 배출시설 설치제한 지역 또는 특별대책지역이
   지정된 이후에는 다음의 기준을 모두 준수하는 시설
    1) 배출시설을 증설하지 않을 것
    2) 새로운 특정수질유해물질을 배출하지 않을 것
   다. 「물환경보전법」 제33조제1항에 따라 폐수배출시설의 설치허가를 받거나 신고한 이후 관계 법령
   의 개정으로 특정수질유해물질이 새로 지정됨에 따라 제1호에 따른 배출시설에 해당하게 된 경
   우로서 특정수질유해물질이 지정된 이후에는 나목1) 및 2)의 기준을 모두 준수하는 시설
   라. 지방자치단체에서 설치하거나 위탁하여 운영하는 폐기물 소각시설로서 다음의 기준을 모두 준
   수하는 시설

　1) 발생된 폐수를「물환경보전법」제2조제17호에 따른 공공폐수처리시설(이하 "공공폐수처리시설"이라 한다) 또는「하수도법」제2조제9호의 공공하수처리시설(이하 "공공하수처리시설"이라 한다)로 전량 유입·처리하거나 해당 사업장의 처리시설로 유입·처리할 것

　2) 제1호가목에 따른 비상저류시설을 설치·운영할 것

마. 배출시설에서 발생되는 특정수질유해물질을 전량 위탁처리하는 시설로서 환경부장관이 정하여 고시하는 시설

바. 제1호가목에 따른 비상저류시설을 설치·운영하는 사업장의 배출시설로서 환경부장관이 정하여 고시하는 시설

사. 「산업입지 및 개발에 관한 법률」제6조에 따른 국가산업단지 또는「자유무역지역의 지정 및 운영에 관한 법률」제4조에 따른 자유무역지역으로서 환경부장관이 정하여 고시하는 지역에 설치하는 시설

■ [별표 5] 〈개정 2019. 5. 21.〉

기본배출부과금 산정을 위한 연도별 부과금산정지수 등의 산정기준
(제9조제1항 후단 관련)

1. 대기오염물질을 배출하는 경우

  가. 연도별 부과금산정지수 :「대기환경보전법 시행령」제28조제3항에서 정하는 방법에 따른다.

  나. 사업장별 부과계수 : 1.0으로 한다.

  다. 지역별 부과계수

I 지역	II 지역	III 지역
1.5	0.5	1.0

  비고

    1. I 지역 :「국토의 계획 및 이용에 관한 법률」제36조에 따른 주거지역 · 상업지역, 같은 법 제37조에 따른 취락지구 및 「택지개발촉진법」제3조에 따른 택지개발예정지구

    2. II 지역 :「국토의 계획 및 이용에 관한 법률」제36조에 따른 공업지역, 같은 법 제37조에 따른 개발진흥지구(관광 · 휴양개발진흥지구는 제외한다), 같은 법 제40조에 따른 수산자원보호구역,「산업입지 및 개발에 관한 법률」제2조제8호가목 및 나목에 따른 국가산업단지 및 일반산업단지,「전원개발촉진법」제5조 및 제11조에 따른 전원개발사업구역 및 전원개발사업예정구역

    3. III 지역 :「국토의 계획 및 이용에 관한 법률」제36조에 따른 녹지지역 · 관리지역 · 농림지역 및 자연환경보전지역, 같은 법 제37조 및 같은 법 시행령 제31조에 따른 관광 · 휴양개발진흥지구

  라. 농도별 부과계수

    1) 법 제19조제1항 본문에 따른 굴뚝 자동측정기기에서 제21조제1호에 따른 관제센터로 자동으로 전송된 측정자료 또는 법 제31조에 따른 자가측정(이하 "자가측정"이라 한다) 결과가 없는 시설

      가) 연료를 연소하여 황산화물을 배출하는 시설

구분	연료의 황 함유량(%)		
	0.5% 미만	0.5% 초과 1.0% 이하	1.0% 초과
농도별 부과계수	0.2	0.4	1.0

      나) 가) 외의 황산화물을 배출하는 시설, 먼지를 배출하는 시설 및 질소산화물을 배출하는 시설의 농도별 부과계수 : 0.15

2) 1) 외의 시설

　가) 질소산화물에 대한 농도별 부과계수

　　(1) 2020년 12월 31일까지

구분	최대배출기준의 백분율			
	70% 미만	70% 이상 80% 미만	80% 이상 90% 미만	90% 이상 100% 미만
농도별 부과계수	0	0.65	0.8	0.95

　　(2) 2021년 1월 1일부터 2021년 12월 31일까지

구분	최대배출기준의 백분율					
	50% 미만	50% 이상 60% 미만	60% 이상 70% 미만	70% 이상 80% 미만	80% 이상 90% 미만	90% 이상 100% 미만
농도별 부과계수	0	0.35	0.5	0.65	0.8	0.95

　　(3) 2022년 1월 1일 이후

구분	최대배출기준의 백분율							
	30% 미만	30% 이상 40% 미만	40% 이상 50% 미만	50% 이상 60% 미만	60% 이상 70% 미만	70% 이상 80% 미만	80% 이상 90% 미만	90% 이상 100% 미만
농도별 부과계수	0	0.15	0.25	0.35	0.5	0.65	0.8	0.95

　나) 질소산화물 외의 기본배출부과금 부과대상 오염물질에 대한 농도별 부과계수

구분	최대배출기준의 백분율							
	30% 미만	30% 이상 40% 미만	40% 이상 50% 미만	50% 이상 60% 미만	60% 이상 70% 미만	70% 이상 80% 미만	80% 이상 90% 미만	90% 이상 100% 미만
농도별 부과계수	0	0.15	0.25	0.35	0.5	0.65	0.8	0.95

비고

1. 최대배출기준의 백분율(%) $= \dfrac{배출농도}{최대배출기준농도} \times 100$

2. "배출농도"란 별표 6 제1호가목2)가)에 따른 일일평균 배출량의 산정근거가 되는 것을 말한다.

마. 오염물질등 1킬로그램당 부과금액 : 별표 8 제1호라목에 따른 오염물질등 1kg당 부과금액을 말한다.

2. 수질오염물질을 배출하는 경우

가. 연도별 부과금산정지수 : 「물환경보전법 시행령」 제41조제3항에서 정하는 방법에 따른다.

나. 사업장별 부과계수

사업장 규모	제1종사업장 (단위 : ㎥/일)					제2종 사업장	제3종 사업장	제4종 사업장
	10,000 이상	8,000 이상 10,000 미만	6,000 이상 8,000 미만	4,000 이상 6,000 미만	2,000 이상 4,000 미만			
부과 계수	1.8	1.7	1.6	1.5	1.4	1.3	1.2	1.1

비고 : 사업장의 규모별 구분은 「물환경보전법 시행령」 별표 13에서 정하는 방법에 따른다.

다. 지역별 부과계수

청정지역 및 가 지역	나 지역 및 특례지역
1.5	1

비고

1. 청정지역, 가 지역, 나 지역 및 특례지역의 구분은 다음과 같다.

　가. 청정지역 : 「환경정책기본법 시행령」 별표 제3호에 따른 수질 및 수생태계 환경기준(이하 "수질 및 수생태계 환경기준"이라 한다) 매우 좋음(Ⅰa) 등급 정도의 수질을 보전하여야 한다고 인정되는 수역의 수질에 영향을 미치는 지역으로서 환경부장관이 정하여 고시하는 지역

　나. 가 지역 : 수질 및 수생태계 환경기준 좋음(Ⅰb), 약간 좋음(Ⅱ) 등급 정도의 수질을 보전하여야 한다고 인정되는 수역의 수질에 영향을 미치는 지역으로서 환경부장관이 정하여 고시하는 지역

　다. 나 지역 : 수질 및 수생태계 환경기준 보통(Ⅲ), 약간 나쁨(Ⅳ), 나쁨(Ⅴ) 등급 정도의 수질을 보전하여야 한다고 인정되는 수역의 수질에 영향을 미치는 지역으로서 환경부장관이 정하여 고시하는 지역

　라. 특례지역 : 「물환경보전법」 제49조제3항에 따라 환경부장관이 공공폐수처리구역으로 지정하는 지역 및 「산업입지 및 개발에 관한 법률」 제8조에 따라 특별자치도지사 또는 시장·군수·구청장이 지정하는 농공단지

2. 「자연공원법」 제2조제1호의 자연공원의 공원구역 및 「수도법」 제7조에 따라 지정·공고된 상수원보호구역은 청정지역으로 본다.

3. 정상가동 중인 공공하수처리시설에 배수설비를 연결하여 처리하고 있는 폐수배출시설에 대해서는 나 지역의 지역별 부과계수를 적용한다.

라. 농도별 부과계수

구분	방류수수질기준초과율				
	10% 미만	10% 이상 20% 미만	20% 이상 30% 미만	30% 이상 40% 미만	40% 이상 50% 미만
농도별 부과계수	1	1.2	1.4	1.6	1.8

구분	방류수수질기준초과율				
	50% 이상 60% 미만	60% 이상 70% 미만	70% 이상 80% 미만	80% 이상 90% 미만	90% 이상 100% 까지
농도별 부과계수	2.0	2.2	2.4	2.6	2.8

비고

1. 방류수수질기준초과율(%) $= \dfrac{\text{배출농도} - \text{방류수수질기준}}{\text{최대배출기준농도} - \text{방류수수질기준}} \times 100$

2. "방류수수질기준"이란 「물환경보전법」 제12조제3항에 따른 방류수 수질기준을 말한다.

3. 분모의 값이 방류수수질기준보다 작은 경우에는 방류수수질기준을 분모의 값으로 한다.

4. 제1호의 최대배출기준은 공공하수처리시설의 하수처리구역에 있는 배출시설에 대하여 「물환경보전법」 제32조제8항에 따른 별도 배출허용기준을 적용하는 경우에도 그 기준을 적용하지 않고, 공공하수처리시설에 폐수를 유입하지 않는 동일 시설의 최대배출기준을 적용한다.

마. 오염물질등 1킬로그램당 부과금액 : 별표 8 제2호라목에 따른 오염물질등 1kg당 부과금액을 말한다.

■ [별표 6] 〈개정 2019. 5. 21.〉

확정배출량의 산정방법(제9조제4항 관련)

1. 대기오염물질을 배출하는 경우

　가. 자동측정기기로 측정·전송하지 않는 대기오염물질

　　1) 자가측정 결과가 없는 시설의 경우: 확정배출량은 환경부령으로 정하는 대기오염물질 배출계수에 해당 부과기간에 사용한 배출계수별 단위량(연료사용량, 원료투입량 또는 제품생산량 등을 말한다)을 곱하여 산정한 양을 킬로그램 단위로 표시한 양으로 한다.

　　2) 자가측정 결과가 있는 시설의 경우

　　　가) 자가측정 결과에 따른 일일평균 배출량에 부과기간 중의 실제 조업일수를 곱하여 산정한다. 이 경우 일일평균 배출량의 산정방법은 다음과 같다.

　　　　(1) 해당 부과기간에 법 제30조에 따른 검사를 받지 않은 경우

$$\frac{자가측정된\ 각각의\ 일일\ 배출량의\ 합계}{자가측정\ 횟수}$$

　　　　(2) 해당 부과기간에 법 제30조에 따른 검사를 받은 결과, 허가배출기준 이내인 경우

$$\frac{(1)에\ 따른\ 일일평균\ 배출량 + 검사결과에\ 따른\ 오염물질\ 배출량의\ 합계}{1 + 검사\ 횟수}$$

　　　나) 해당 부과기간에 법 제30조에 따른 검사를 받은 결과, 1회 이상 허가배출기준을 초과한 경우에는 가)(2)에 따라 산정한 배출량에 다음의 계산식에 따른 추가배출량을 더하여 산정한다.

$$추가배출량 = (허가배출기준농도 - 일일평균\ 배출농도) \times 초과배출기간 \times 검사\ 결과에\ 따른\ 측정가스유량$$

　　비고

　　1. 확정배출량과 일일평균 배출량은 킬로그램 단위로 표시한 양으로 한다.

　　2. 사업자는 해당 부과기간에 제7조제4항(제19조제3항 및 제22조제3항에 따라 준용되는 경우를 포함한다)에 따른 오염물질 측정 결과를 통지받은 경우에는 해당 시설에 대한 오염물질 배출량을 통지받은 것으로 보아 확정배출량을 산정할 때 그 결과를 반영하여야 한다.

　　3. 가목2)가)(1)에 따른 일일 배출량은 해당 부과기간에 배출시설에 연결된 배출구별로 정해진 자가측정 횟수에 따라 측정된 자가측정 농도에 측정 당시의 배출가스의 유량(이하 "측정가스유량"이라 한다)에 따라 계산한 날의 배출가스 총량(이하 "일일가스유량"이라 한다)을 곱하여 산정한다. 이 경우 측정가스유량 및 일일가스유량은 별표 8 제1호가목

　　　　　　1)다) 방법에 따라 산정한다.

　　　4. 가목2)나)에 따른 일일평균 배출농도는 부과기간에 측정된 자가측정 농도를 합산하여 이를 자가측정 횟수로 나눈 값에 검사 결과에 따른 오염물질 배출농도를 합산한 후, 이를 검사 횟수에 1을 더한 값으로 나누어 산정한다. 다만, 검사 결과 허가배출기준을 초과한 경우에는 이를 오염물질 배출농도 및 검사횟수의 산정에서 제외한다.

　　　5. 가목2)나)에 따른 초과배출기간은 별표 8 제1호가목1)가)에 따른 배출기간을 준용하되, 초과배출기간의 종료일이 확정배출량에 관한 자료 제출기간의 종료일 이후인 경우에는 해당 자료 제출일까지의 기간을 초과배출기간으로 한다.

　나. 자동측정기기로 측정·전송하는 대기오염물질

　　　자동측정기기로 측정·전송된 배출농도의 30분 평균치(「대기환경보전법 시행령」 제21조제2항제1호 후단에 따른 30분 평균치를 말한다)에 해당 30분 동안의 배출가스유량을 곱하여 배출량을 산정하고, 별표 10 제1호에 따른 부과기간 동안 이를 합산하여 산정한다.

2. 수질오염물질을 배출하는 경우

　가. 자동측정기기로 측정·전송하지 않는 수질오염물질

　　1) 자가측정 결과에 따른 일일평균 기준 이내 배출량에 부과기간 중의 실제 조업일수를 곱하여 산정한 양을 킬로그램 단위로 표시한 양으로 한다.

　　2) 1)에 따른 일일평균 기준이내 배출량의 산정방법은 다음과 같다.

　　　　일일평균 기준 이내 배출량＝일일평균 배출량－(방류수수질기준×일일평균 폐수유량)

　　3) 2)에 따른 일일평균 배출량의 산정방법에 관하여는 제1호가목2)가) 후단을 준용한다. 이 경우 일일 배출량은 측정 당시의 배출농도에 그 날의 폐수총량(이하 "일일폐수유량"이라 한다)을 곱하여 산정하며, 일일폐수유량의 산정에 관하여는 별표 8 제2호가목1)다)를 준용한다.

　　4) 2)에 따른 일일평균 폐수유량의 산정에 관하여는 제1호가목2)가) 후단을 준용한다. 이 경우 "일일평균 배출량"은 "일일평균 폐수유량"으로, "일일 배출량"은 "일일폐수유량"으로 본다.

　나. 자동측정기기로 측정·전송하는 수질오염물질

　　　자동측정기기로 측정·전송된 배출농도의 3시간 평균치(「물환경보전법 시행령」 제41조제5항제1호에 따른 3시간 평균치를 말한다)가 방류수 수질기준을 초과한 경우 그 초과한 3시간의 방류수 수질기준 초과농도(방류수 수질기준을 초과한 3시간 평균치에서 방류수 수질기준농도를 뺀 값을 말한다)에 해당 3시간의 평균 배출폐수유량을 곱하여 배출량을 산정하고, 별표 10 제1호에 따른 부과기간 동안 이를 합산하여 산정한다.

■ [별표 7] 〈개정 2019. 5. 21.〉

기준 이내 배출량의 조정 방법(제9조제5항 관련)

1. 대기오염물질을 배출하는 경우
   가. 사업자가 확정배출량에 관한 자료를 제출하지 않은 경우 : 해당 사업자가 다음의 조건에 모두 해당하는 상태에서 오염물질을 배출한 것으로 추정한 배출량을 기준이내 배출량으로 한다.
      1) 부과기간에 배출시설별 오염물질의 허가배출기준 농도로 배출했을 것
      2) 배출시설 또는 방지시설의 최대시설용량으로 가동했을 것
      3) 1일 24시간 조업했을 것
   나. 자료심사 및 현지조사 결과, 사업자가 제출한 확정배출량의 내용(사용연료 등에 관한 내용을 포함한다)이 실제와 다른 경우 : 자료심사와 현지조사 결과를 근거로 산정한 배출량을 기준이내 배출량으로 한다.
   다. 사업자가 제출한 확정배출량에 관한 자료가 명백히 거짓으로 판명된 경우: 가목에 따라 추정한 배출량의 100분의 120에 해당하는 배출량을 기준이내 배출량으로 한다.

2. 수질오염물질을 배출하는 경우
   가. 사업자가 확정배출량에 관한 자료를 제출하지 않은 경우 : 법 제30조에 따른 검사 당시의 배출농도와 일일폐수유량으로 배출한 것으로 보고 다음의 기준에 따라 산정한 검사배출량의 100분의 120에 해당하는 배출량을 기준이내 배출량으로 한다.
      1) 법 제30조에 따른 검사 당시의 배출농도와 일일폐수유량을 곱하여 일일검사배출량을 산정한다.
      2) 1)에 따라 산정한 일일검사배출량을 합산한 값을 검사횟수로 나누어 일일평균 검사배출량을 산정한다.
      3) 2)에 따라 산정한 일일평균 검사배출량에서 방류수 수질기준 이하의 배출량을 뺀 나머지 양에 조업일수를 곱하여 검사배출량을 산정한다.
   나. 사업자가 제출한 확정배출량이 가목에 따른 검사배출량보다 100분의 20 이상 적은 경우 : 검사배출량의 100분의 120에 해당하는 배출량을 기준이내 배출량으로 한다.

■ [별표 8] 〈개정 2019. 5. 21.〉

초과배출부과금 산정을 위한 기준초과 배출량 등의 산정기준
(제10조제1항 후단 관련)

1. 대기오염물질을 배출하는 경우
 가. 기준초과 배출량
  1) 자동측정기기로 측정·전송하지 않는 대기오염물질
   가) 다음의 구분에 따른 배출기간 중에 허가배출기준을 초과하여 조업함으로써 배출되는 오염물질의 양으로 하되, 일일 기준초과 배출량에 배출기간의 일수(日數)를 곱하여 산정한다. 이 경우 배출기간의 일수를 계산하는 방법은 「민법」을 따르되, 첫 날을 산입한다.
    (1) 제8조제1항에 따른 자체 개선계획서를 제출하고 개선하는 경우: 개선계획서에 허가배출기준 초과일부터 개선 완료일까지의 기간
    (2) (1) 외의 경우: 오염물질이 배출되기 시작한 날(배출되기 시작한 날을 알 수 없는 경우에는 허가배출기준 초과 여부의 검사를 위한 오염물질 채취일)부터 법 제14조 및 제22조에 따른 개선명령, 조업정지·사용중지명령, 폐쇄명령의 이행완료일 또는 허가취소일까지의 기간
  나) 가)에 따른 일일 기준초과 배출량은 법 제14조 및 제22조에 따른 개선명령, 조업정지·사용중지명령, 폐쇄명령 또는 허가취소의 원인이 되는 오염물질 채취일(제8조제1항에 따라 자체 개선계획서를 제출하고 개선하는 경우에는 같은 조 제2항에 따른 오염물질의 채취일을 말한다) 당시 오염물질의 허가배출기준 초과농도에 일일가스유량을 곱하여 산정한 양을 킬로그램 단위로 표시한 양으로 하며, 오염물질에 따른 구체적인 산정방법은 다음과 같다.

구분	오염물질	산정방법
일반 오염 물질	황산화물	일일가스유량 × 허가배출기준 초과농도 × 10^{-6} × 64 ÷ 22.4
	먼지	일일가스유량 × 허가배출기준 초과농도 × 10^{-6}
	암모니아	일일가스유량 × 허가배출기준 초과농도 × 10^{-6} × 17 ÷ 22.4
	황화수소	일일가스유량 × 허가배출기준 초과농도 × 10^{-6} × 34 ÷ 22.4
	이황화탄소	일일가스유량 × 허가배출기준 초과농도 × 10^{-6} × 76 ÷ 22.4
특정 대기 유해 물질	불소화물	일일가스유량 × 허가배출기준 초과농도 × 10^{-6} × 19 ÷ 22.4
	염화수소	일일가스유량 × 허가배출기준 초과농도 × 10^{-6} × 36.5 ÷ 22.4
	시안화수소	일일가스유량 × 허가배출기준 초과농도 × 10^{-6} × 27 ÷ 22.4

비고
1. 허가배출기준 초과농도＝배출농도－허가배출기준 농도
2. "특정대기유해물질"이란 「대기환경보전법」 제2조제9호의 특정대기유해물질을 말한다.
3. 특정대기유해물질의 일일 기준초과 배출량은 소수점 이하 넷째 자리까지 계산하며, 그 밖

의 대기오염물질은 소수점 이하 첫째 자리까지 계산한다.

4. 먼지의 배출농도 단위는 세제곱미터당 밀리그램(mg/Sm³)으로 하고, 그 밖의 오염물질의 배출농도 단위는 피피엠(ppm)으로 한다.

다) 일일가스유량의 산정방법은 다음과 같다. 이 경우 측정가스유량은 「환경분야 시험·검사 등에 관한 법률」 제6조제1항제1호에 해당하는 분야에 대한 환경오염공정시험기준에 따라 산정한다.

$$일일가스유량 = 측정가스유량 \times 일일조업시간$$

비고

1. 측정가스유량의 단위는 시간당 세제곱미터(m³/h)로 한다.

2. 일일조업시간은 배출량을 측정하기 전 최근 조업한 30일 동안의 배출시설 조업시간 평균치를 시간으로 표시한다.

2) 자동측정기기로 측정·전송하는 대기오염물질

가) 자동측정기기로 측정·전송된 자료의 30분 평균치가 허가배출기준을 초과한 경우 그 초과한 30분 동안의 허가배출기준 초과농도(허가배출기준을 초과한 30분 평균치에서 허가배출기준농도를 뺀 값을 말한다)에 해당 30분 동안의 배출가스유량을 곱하여 초과배출량을 산정하고, 별표 10 제2호가목에 따른 부과기간 동안 이를 합산하여 산정한다.

나) 기본배출부과금 부과대상 대기오염물질에 대한 초과배출량을 산정하는 경우로서 허가배출기준을 초과한 날 이전 3개월간 평균 배출농도가 허가배출기준의 30퍼센트 미만인 경우에는 가)에 따라 산정한 초과배출량에서 다음의 초과배출량 공제분을 공제한다.

$$초과배출량 공제분 = (허가배출기준농도 - 3개월간 평균 배출농도) \times 3개월간 평균 배출가스유량$$

비고

1. 3개월간 평균 배출농도는 허가배출기준을 초과한 날 이전 정상 가동된 3개월 동안의 30분 평균치를 산술평균한 값으로 한다.

2. 3개월간 평균 배출가스유량은 허가배출기준을 초과한 날 이전 정상 가동된 3개월간 매 30분 동안의 배출가스유량을 산술평균한 값으로 한다.

3. 초과배출량 공제분이 초과배출량을 초과하는 경우에는 초과배출량을 초과배출량 공제분으로 한다.

나. 연도별 부과금산정지수 : 「대기환경보전법 시행령」 제26조제1항에서 정하는 방법에 따른다.

다. 위반횟수별 부과계수

1) 자동측정기기로 측정·전송하지 않는 대기오염물질

가) 다음의 구분에 따른 비율을 곱한 것으로 한다.

(1) 위반이 없는 경우 : 100분의 100

(2) 처음 위반한 경우 : 100분의 105

(3) 2차 이상 위반한 경우 : 위반 직전의 부과계수에 100분의 105를 곱한 값

나) 위반횟수는 허가배출기준을 초과하여 초과배출부과금 부과대상 오염물질을 배출함으로써 법 제14조 및 제22조에 따른 개선명령, 조업정지·사용중지명령, 폐쇄명령 또는 허가취소를 받은 횟수로 하며, 사업장의 배출구별로 위반행위를 한 날(위반행위를 한 날을 알 수 없는 경우에는 개선명령, 조업정지·사용중지명령, 폐쇄명령 또는 허가취소의 원인이 되는 오염물질 채취일을 말한다. 이하 이 표에서 같다) 이전의 최근 2년을 단위로 산정한다.

2) 자동측정기기로 측정·전송하는 대기오염물질

자동측정기기로 측정·전송된 자료의 30분 평균치가 허가배출기준을 초과하는 횟수를 위반횟수로 하되, 30분 평균치가 24시간 이내에 2회 이상 허가배출기준을 초과하는 경우에는 위반횟수를 1회로 보며, 제20조제1항에 따른 자체 개선계획서를 제출하고 허가배출기준을 초과하는 경우에는 개선기간 중의 위반횟수를 1회로 본다. 이 경우 위반횟수는 각 배출구마다 오염물질별로 3개월을 단위로 산정한다.

라. 지역별 부과계수, 허가배출기준 초과율별 부과계수, 오염물질등 1킬로그램당 부과금액

(금액단위 : 원)

구 분	오염물질등 1킬로그램당 부과금액	허가배출기준 초과율별 부과계수								지역별 부과계수		
		20% 미만	20% 이상 40% 미만	40% 이상 80% 미만	80% 이상 100% 미만	100% 이상 200% 미만	200% 이상 300% 미만	300% 이상 400% 미만	400% 이상	I 지역	II 지역	III 지역
황산화물	500	1.2	1.56	1.92	2.28	3.0	4.2	4.8	5.4	2	1	1.5
먼지	770	1.2	1.56	1.92	2.28	3.0	4.2	4.8	5.4	2	1	1.5
암모니아	1,400	1.2	1.56	1.92	2.28	3.0	4.2	4.8	5.4	2	1	1.5
황화수소	6,000	1.2	1.56	1.92	2.28	3.0	4.2	4.8	5.4	2	1	1.5
이황화탄소	1,600	1.2	1.56	1.92	2.28	3.0	4.2	4.8	5.4	2	1	1.5
불소화물	2,300	1.2	1.56	1.92	2.28	3.0	4.2	4.8	5.4	2	1	1.5
염화수소	7,400	1.2	1.56	1.92	2.28	3.0	4.2	4.8	5.4	2	1	1.5
시안화수소	7,300	1.2	1.56	1.92	2.28	3.0	4.2	4.8	5.4	2	1	1.5

비고

1. 허가배출기준 초과율(%) = $\dfrac{배출농도 - 허가배출기준농도}{허가배출기준 농도} \times 100$

2. Ⅰ지역 :「국토의 계획 및 이용에 관한 법률」제36조에 따른 주거지역·상업지역, 같은 법 제37조에 따른 취락지구 및「택지개발촉진법」제3조에 따른 택지개발예정지구

3. Ⅱ지역 :「국토의 계획 및 이용에 관한 법률」제36조에 따른 공업지역, 같은 법 제37조에 따른 개발진흥지구(관광·휴양개발진흥지구는 제외한다), 같은 법 제40조에 따른 수산자원보호구역,「산업입지 및 개발에 관한 법률」제2조제8호가목 및 나목에 따른 국가산업단지 및 일반산업단지,「전원개발촉진법」제5조 및 제11조에 따른 전원개발사업구역 및 전원개발사업 예정구역

4. Ⅲ지역 :「국토의 계획 및 이용에 관한 법률」제36조에 따른 녹지지역·관리지역·농림지역 및 자연환경보전지역, 같은 법 제37조 및 같은 법 시행령 제31조에 따른 관광·휴양개발진흥지구

마. 정액부과금: 0원

2. 수질오염물질을 배출하는 경우

가. 기준초과 배출량

1) 자동측정기기로 측정·전송하지 않는 수질오염물질

가) 다음의 구분에 따른 배출기간 중에 허가배출기준을 초과하여 조업함으로써 배출되는 오염물질의 양으로 하되, 일일 기준초과 배출량에 배출기간의 일수를 곱하여 산정한다. 이 경우 배출기간의 일수를 계산하는 방법은「민법」을 따르되, 첫 날을 산입한다.

(1) 제8조제1항에 따른 자체 개선계획서를 제출하고 개선하는 경우 : 개선계획서에 명시된 허가배출기준 초과일부터 개선완료일까지의 기간

(2) (1) 외의 경우 : 오염물질이 배출되기 시작한 날(배출되기 시작한 날을 알 수 없는 경우에는 허가배출기준 초과 여부의 검사를 위한 오염물질 채취일)부터 법 제14조 및 제22조에 따른 개선명령, 조업정지·사용중지명령, 폐쇄명령의 이행완료일 또는 허가취소일이나 법 제21조제1항제2호 각 목의 어느 하나에 해당하는 행위를 중단한 날까지의 기간

나) 가)에 따른 일일 기준초과 배출량은 법 제14조 및 제22조에 따른 개선명령, 조업정지·사용중지명령, 폐쇄명령 또는 허가취소의 원인이 되는 오염물질 채취일(제8조제1항에 따라 자체 개선계획서를 제출하고 개선하는 경우에는 같은 조 제2항에 따른 오염물질의 채취일을 말한다) 당시 오염물질의 허가배출기준 초과농도에 일일폐수유량을 곱하여 산정한 양을 킬로그램 단위로 표시한 양으로 하며, 구체적인 산정방법은 다음과 같다.

$$일일\ 기준초과\ 배출량 = 일일폐수유량 \times 허가배출기준\ 초과농도 \times 10^{-6}$$

비고

1. 허가배출기준 초과농도 = 배출농도 - 허가배출기준 농도

2. 특정수질유해물질의 일일 기준초과 배출량은 소수점 이하 넷째 자리까지 계산하며, 그 밖의 수질오염물질은 소수점 이하 첫째 자리까지 계산한다.

3. 배출농도의 단위는 리터당 밀리그램(mg/L)으로 한다.

다) 일일폐수유량의 산정방법은 다음과 같다.

$$일일폐수유량 = 측정폐수유량 \times 일일조업시간$$

비고

1. "측정폐수유량"이란 배출농도를 측정한 당시의 폐수유량을 말하며, 단위는 분당 리터 (L/min)로 한다.

2. 측정폐수유량은 「환경분야 시험 · 검사 등에 관한 법률」 제6조에 따른 환경오염공정시험 기준에 따라 산정한다. 다만, 산정이 불가능하거나 실제유량과 현저한 차이가 있다고 인 정되는 경우에는 다음 각 목의 방법에 따라 산정한다.

   가. 법 제19조제1항에 따른 적산유량계로 측정하여 산정한다.

   나. 가목에 따른 방법이 적합하지 않은 경우에는 방지시설 운영일지상의 시료 채취일 직 전 최근 조업한 30일간의 평균 폐수의 유량으로 산정한다.

   다. 가목 및 나목의 방법이 모두 적합하지 않은 경우에는 해당 사업장의 물 사용량(수돗 물 · 공업용수 · 지하수 · 하천수 또는 해수 등 그 사업장에서 사용하는 모든 물을 포 함한다)에서 생활용수량, 제품함유량, 그 밖에 폐수로 발생되지 아니하는 물의 양을 빼는 방법으로 산정한다.

3. 일일조업시간은 배출량을 측정하기 전 최근 조업한 30일 동안의 배출시설 조업시간 평균 치로서 분으로 표시한다.

2) 자동측정기기로 측정 · 전송하는 수질오염물질

자동측정기기로 측정 · 전송된 자료의 3시간 평균치가 허가배출기준을 초과한 경우 그 초과한 3 시간의 허가배출기준 초과농도(허가배출기준을 초과한 3시간 평균치에서 허가배출기준농도를 뺀 값을 말한다)에 해당 3시간의 평균 배출유량을 곱하여 산정한다.

나. 연도별 부과금산정지수: 「물환경보전법 시행령」 제49조제1항에서 정하는 방법에 따른다.

다. 위반횟수별 부과계수

1) 사업장의 종류별 구분에 따른 위반횟수별 부과계수1. 처음 위반한 경우

종류	위반횟수별 부과계수			
제1종 사업장	1. 처음 위반한 경우			
	사업장 규모	2,000㎥/일 이상 4,000㎥/일 미만	4,000㎥/일 이상 7,000㎥/일 미만	7,000㎥/일 이상 10,000㎥/일 미만	10,000㎥/일 이상
	부과계수	1.5	1.6	1.7	1.8
	2. 그 다음 위반부터는 그 위반 직전의 부과계수에 1.5를 곱한 것으로 한다.			
제2종 사업장	1. 처음 위반한 경우 : 1.4			
	2. 그 다음 위반부터는 그 위반 직전의 부과계수에 1.4를 곱한 것으로 한다.			
제3종 사업장	1. 처음 위반한 경우 : 1.3			
	2. 그 다음 위반부터는 그 위반 직전의 부과계수에 1.3을 곱한 것으로 한다.			

종류	위반횟수별 부과계수
제4종 사업장	1. 처음 위반한 경우 : 1.2 2. 그 다음 위반부터는 그 위반 직전의 부과계수에 1.2를 곱한 것으로 한다.
제5종 사업장	1. 처음 위반한 경우 : 1.1 2. 그 다음 위반부터는 그 위반 직전의 부과계수에 1.1을 곱한 것으로 한다.

비고 : 사업장의 규모별 구분은 「물환경보전법 시행령」 별표 13에서 정하는 방법에 따른다.

2) 위반횟수 적용의 일반 기준

가) 위반횟수는 허가배출기준을 초과하여 초과배출부과금 부과대상 오염물질을 배출함으로써 법 제14조 및 제22조에 따른 개선명령, 조업정지·사용중지명령, 폐쇄명령 또는 허가취소를 받은 횟수로 하며, 그 부과금 부과의 원인이 되는 위반행위를 한 날을 기준으로 최근 2년간의 위반행위를 한 횟수로 한다.

나) 둘 이상의 위반행위로 하나의 행정처분을 받은 경우에는 하나의 위반행위로 보되, 그 위반일 은 가장 최근에 위반한 날을 기준으로 한다.

다) 제8조제1항에 따라 자체 개선계획서를 제출하고 개선하는 경우에는 위반횟수별 부과계수를 적용하지 않는다.

라. 지역별 부과계수, 허가배출기준 초과율별 부과계수, 오염물질등 1킬로그램당 부과금액

(금액단위 : 원)

구 분	오염물질등 1킬로그램당 부과금액	허가배출기준 초과율별 부과계수								지역별 부과계수		
		20% 미만	20% 이상 40% 미만	40% 이상 80% 미만	80% 이상 100% 미만	100% 이상 200% 미만	200% 이상 300% 미만	300% 이상 400% 미만	400% 이상	청정지역 및 가지역	나지역	특례지역
유기물질	250	3.0	4.0	4.5	5.0	5.5	6.0	6.5	7.0	2	1.5	1
부유물질	250	3.0	4.0	4.5	5.0	5.5	6.0	6.5	7.0	2	1.5	1
총 질소	500	3.0	4.0	4.5	5.0	5.5	6.0	6.5	7.0	2	1.5	1
총 인	500	3.0	4.0	4.5	5.0	5.5	6.0	6.5	7.0	2	1.5	1
크롬 및 그 화합물	75,000	3.0	4.0	4.5	5.0	5.5	6.0	6.5	7.0	2	1.5	1
망간 및 그 화합물	30,000	3.0	4.0	4.5	5.0	5.5	6.0	6.5	7.0	2	1.5	1
아연 및 그 화합물	30,000	3.0	4.0	4.5	5.0	5.5	6.0	6.5	7.0	2	1.5	1
페놀류	150,000	3.0	4.0	4.5	5.0	5.5	6.0	6.5	7.0	2	1.5	1

구 분	오염물질등 1킬로 그램당 부과금액	허가배출기준 초과율별 부과계수								지역별 부과계수		
		20% 미만	20% 이상 40% 미만	40% 이상 80% 미만	80% 이상 100% 미만	100% 이상 200% 미만	200% 이상 300% 미만	300% 이상 400% 미만	400% 이상	청정 지역 및 가 지역	나 지역	특례 지역
시안화합물	150,000	3.0	4.0	4.5	5.0	5.5	6.0	6.5	7.0	2	1.5	1
구리 및 그 화합물	50,000	3.0	4.0	4.5	5.0	5.5	6.0	6.5	7.0	2	1.5	1
카드뮴 및 그 화합물	500,000	3.0	4.0	4.5	5.0	5.5	6.0	6.5	7.0	2	1.5	1
수은 및 그 화합물	1,250,000	3.0	4.0	4.5	5.0	5.5	6.0	6.5	7.0	2	1.5	1
유기인 화합물	150,000	3.0	4.0	4.5	5.0	5.5	6.0	6.5	7.0	2	1.5	1
비소 및 그 화합물	100,000	3.0	4.0	4.5	5.0	5.5	6.0	6.5	7.0	2	1.5	1
납 및 그 화합물	150,000	3.0	4.0	4.5	5.0	5.5	6.0	6.5	7.0	2	1.5	1
6가크롬 화합물	300,000	3.0	4.0	4.5	5.0	5.5	6.0	6.5	7.0	2	1.5	1
폴리염화 비페닐	1,250,000	3.0	4.0	4.5	5.0	5.5	6.0	6.5	7.0	2	1.5	1
트리 클로로 에틸렌	300,000	3.0	4.0	4.5	5.0	5.5	6.0	6.5	7.0	2	1.5	1
테트라 클로로 에틸렌	300,000	3.0	4.0	4.5	5.0	5.5	6.0	6.5	7.0	2	1.5	1

비고

1. 허가배출기준 초과율(%) = $\dfrac{배출농도 - 허가배출기준\ 농도}{허가배출기준\ 농도} \times 100$

2. 유기물질의 오염측정 단위는 생물화학적 산소요구량과 화학적 산소요구량을 말하며, 그중 높은 수치의 배출농도를 산정기준으로 한다.

3. 법 제21조제1항제2호다목 단서에 따라 수질오염물질을 희석하여 배출하는 경우 허가배출기준 초과율별 부과계수의 산정 시 허가배출기준 초과율의 적용은 희석수(稀釋水)를 제외한 폐수의 배출농도를 기준으로 한다.

4. 제8조제1항에 따른 자체 개선계획서를 제출하고 개선하는 경우에는 허가배출기준 초과율별 부과계수를 적용하지 않는다.

마. 정액부과금

  1) 정액부과금은「물환경보전법 시행령」별표 13에 따른 사업장 규모별 구분에 따라 다음과 같이 부과한다.

    가) 제1종사업장 : 400만원

    나) 제2종사업장 : 300만원

    다) 제3종사업장 : 200만원

    라) 제4종사업장 : 100만원

    마) 제5종사업장 : 50만원

  2) 1)에도 불구하고 제8조제1항에 따른 자체 개선계획서를 제출하고 개선하는 사업자에게 초과배출부과금을 부과하는 경우에는 정액부과금을 적용하지 않는다.

■ [별표 9] 〈개정 2019. 5. 21.〉

배출부과금의 부과대상 오염물질등(제11조 관련)

1. 기본배출부과금의 부과대상 오염물질등
  가. 대기오염물질
    1) 황산화물
    2) 먼지
  나. 수질오염물질
    1) 유기물질
    2) 부유물질

2. 초과배출부과금의 부과 대상 오염물질등
  가. 대기오염물질
    1) 황산화물
    2) 암모니아
    3) 황화수소
    4) 이황화탄소
    5) 먼지
    6) 불소화물
    7) 염화수소
    8) 염소
    9) 시안화수소
  나. 수질오염물질
    1) 유기물질
    2) 부유물질
    3) 카드뮴 및 그 화합물
    4) 시안화합물
    5) 유기인화합물
    6) 납 및 그 화합물
    7) 6가크롬화합물
    8) 비소 및 그 화합물
    9) 수은 및 그 화합물
    10) 폴리염화비페닐(polychlorinated biphenyl)
    11) 구리 및 그 화합물

12) 크롬 및 그 화합물
13) 페놀류
14) 트리클로로에틸렌
15) 테트라클로로에틸렌
16) 망간 및 그 화합물
17) 아연 및 그 화합물
18) 총 질소
19) 총 인

■ [별표 10]

배출부과금의 부과기준일 및 부과기간(제12조 관련)

1. 기본배출부과금의 부과기준일 및 부과기간

반기별	부과기준일	부과기간
상반기	매년 6월 30일	1월 1일부터 6월 30일까지
하반기	매년 12월 31일	7월 1일부터 12월 31일까지

비고 : 부과기간 중에 배출시설 설치허가를 받거나 신고를 한 사업자의 부과기간은 최초 가동일부터 그 부과기간의 종료일까지로 한다.

2. 초과배출부과금의 부과기준일 및 부과기간

가. 자동측정기기로 측정·전송하는 오염물질등의 경우: 제1호에 따른 기본배출부과금의 부과기준일 및 부과기간을 준용한다.

나. 자동측정기기로 측정·전송하지 않는 오염물질등의 경우

1) 부과기준일 : 다음의 어느 하나에 해당하는 날

가) 법 제14조에 따른 개선명령의 이행 완료를 확인한 날

나) 법 제22조에 따른 폐쇄명령, 조업정지·사용중지명령의 이행 완료를 확인한 날

다) 법 제22조에 따른 허가 또는 변경허가를 취소한 날

라) 제8조에 따라 자체 개선의 완료를 확인한 날

2) 부과기간

가) 대기오염물질을 배출하는 경우 : 별표 8 제1호가목1)가)에 따른 배출기간

나) 수질오염물질을 배출하는 경우 : 별표 8 제2호가목1)가)에 따른 배출기간

■ [별표 11] 〈개정 2019. 5. 21.〉

배출부과금의 감면 대상 및 비율(제13조제1항 관련)

1. 대기오염물질을 배출하는 경우

감면 대상	감면 내용(감면 비율)
가. 다음의 어느 하나에 해당하는 배출시설을 운영하는 사업자	
1) 다음의 구분에 따른 연료를 사용하는 배출시설로서 허가배출기준을 준수할 수 있는 시설. 이 경우 고체연료의 황함유량은 연소기기에 투입되는 여러 고체연료의 황함유량을 평균한 것으로 한다. 가) 발전시설 : 황함유량이 0.3퍼센트 이하인 액체연료 및 고체연료 나) 발전시설 외의 배출시설(설비용량이 100메가와트 미만인 열병합발전시설을 포함한다) : 황함유량이 0.5퍼센트 이하인 액체연료 또는 황함유량이 0.45퍼센트 미만인 고체연료	황산화물에 대한 배출부과금 면제
2) 공정 내에서 부수적으로 생성되는 가스 중 황함유량이 0.05퍼센트 이하인 가스를 연료로 사용하는 배출시설로서 허가배출기준을 준수할 수 있는 시설	황산화물에 대한 배출부과금 면제
3) 1) 및 2)의 연료를 섞어서 연소시키는 배출시설로서 허가배출기준을 준수할 수 있는 시설	황산화물에 대한 배출부과금 면제
4) 1) 또는 2)의 연료와 1) 또는 2) 외의 연료를 섞어서 연소시키는 배출시설로서 허가배출기준을 준수할 수 있는 시설	1) 또는 2)의 연료사용량에 해당하는 황산화물에 대한 배출부과금 감면
나. 액화천연가스나 액화석유가스를 연료로 사용하는 배출시설을 운영하는 사업자	먼지와 황산화물에 대한 배출부과금 면제
다. 「대기환경보전법 시행령」 제32조제3항에 따른 최적의 방지시설을 설치한 사업자	배출부과금 면제
라. 「대기환경보전법 시행령」 제32조제4항에 따른 군사시설을 운영하는 자	배출부과금 면제

감면 대상	감면 내용(감면 비율)
마. 「대기환경보전법 시행령」 제32조제5항에 따른 배출시설을 운영하는 사업자	기본배출부과금 면제
바. 「수도권 대기환경개선에 관한 특별법」 제16조 제3항에 따른 총량관리사업자로서 같은 조 제1항에 따라 황산화물 또는 먼지에 대한 배출허용총량을 할당받은 사업자	배출허용총량을 할당받은 황산화물 또는 먼지의 배출부과금 면제

2. 수질오염물질을 배출하는 경우

감면 대상	감면 내용(감면 비율)
가. 방류수 수질기준 이하로 배출하는 사업자(폐수 무방류배출시설을 운영하는 사업자는 제외한다)	배출부과금 면제
나. 「물환경보전법 시행령」 별표 13에 따른 제5종 사업장의 사업자	기본배출부과금 면제
다. 공공폐수처리시설 또는 공공하수처리시설에 폐수를 유입하는 사업자	기본배출부과금 면제
라. 해당 부과기간의 시작일 전 6개월 이상 방류수 수질기준을 초과하는 수질오염물질을 배출하지 않은 사업자	방류수 수질기준을 초과하지 않고 수질오염물질을 배출한 기간별로 다음의 구분에 따른 감면율을 적용하여 해당 부과기간에 부과되는 기본배출부과금 감면 −6개월 이상 1년 미만: 100분의 20 −1년 이상 2년 미만: 100분의 30 −2년 이상 3년 미만: 100분의 40 −3년 이상: 100분의 50
마. 최종방류구에 방류하기 전에 배출시설에서 배출하는 폐수를 재이용하는 사업자	다음의 구분에 따른 폐수 재이용률별 감면율을 적용하여 해당 부과기간에 부과되는 기본배출부과금 감면 −재이용률이 10퍼센트 이상 30퍼센트 미만 : 100분의 20 −재이용률이 30퍼센트 이상 60퍼센트 미만 : 100분의 50 −재이용률이 60퍼센트 이상 90퍼센트 미만 : 100분의 80 −재이용률이 90퍼센트 이상 : 100분의 90
바. 다른 법률에 따라 수질오염물질의 처리비용을 부담하는 사업자	해당 법률에 따라 부담한 처리비용 금액 이내에서 배출부과금 감면

■ [별표 12] 〈개정 2018. 1. 16.〉

측정기기별 부착 대상 · 방법 · 시기 및 측정 대상 · 항목 · 방법(제18조제2항 관련)

1. 대기오염물질 관련 측정기기
  가. 적산전력계
    1) 부착대상
    법 제2조제2호나목의 대기오염물질배출시설에 「대기환경보전법」 제26조에 따라 설치하는 방지시설. 다만, 다음의 방지시설은 제외한다.
      가) 굴뚝 자동측정기기를 부착한 배출구와 연결된 방지시설
      나) 방지시설과 배출시설이 같은 전원설비를 사용하는 등 적산전력계를 부착하지 않아도 가동상태를 확인할 수 있는 방지시설
      다) 원료나 제품을 회수하는 기능을 하여 항상 가동하여야 하는 방지시설
    2) 부착 방법
      가) 적산전력계는 방지시설의 운영에 드는 모든 전력을 적산할 수 있도록 부착하여야 한다. 다만, 방지시설에 부대되는 기계나 기구류 등 부대시설에 사용되는 전압이나 전력의 인출지점이 달라 모든 부대시설에 적산전력계를 부착하기 곤란한 경우에는 주요 부대시설(송풍기와 펌프를 말한다)에만 부착할 수 있다.
      나) 방지시설 외의 시설에서 사용하는 전력은 함께 적산되지 않도록 별도로 구분하여 부착한다. 다만, 배출시설등의 전력사용량이 대기오염방지시설의 전력사용량의 2배를 초과하지 않는 경우에는 별도로 구분하지 않고 부착할 수 있다.
    3) 부착 시기 : 법 제12조제1항에 따른 가동개시 신고 전까지
  나. 굴뚝 자동측정기기
    1) 부착대상
    굴뚝 자동측정기기의 부착대상 사업장은 법 제6조제1항제1호에 따른 대기오염물질 발생량이 연간 10톤 이상인 사업장으로 하며, 부착대상 배출시설 및 측정항목은 「대기환경보전법 시행령」 별표 3 제1호에서 정한 부착대상 배출시설 및 측정항목에 따른다.
    2) 굴뚝 자동측정기기의 부착 면제
    굴뚝 자동측정기기 부착대상 배출시설이 다음의 어느 하나에 해당하는 경우에는 굴뚝 자동측정기기의 부착을 면제한다. 다만, 부착 면제 사유가 소멸된 경우에는 해당 면제 사유가 소멸된 날부터 6개월 이내에 굴뚝 자동측정기기를 부착하고, 「대기환경보전법 시행령」 제19조제1항에 따른 굴뚝 원격감시체계 관제센터에 측정 결과를 정상적으로 전송하여야 한다.
      가) 「대기환경보전법」 제26조제1항 단서에 따라 방지시설의 설치를 면제받은 경우(굴뚝 자동측정기기의 측정항목에 대한 방지시설의 설치를 면제받은 경우만 해당한다)
      나) 연소가스 또는 화염이 원료 또는 제품과 직접 접촉하지 않는 시설로서 「대기환경보전법 시행

　　　령」 제43조에 따른 청정연료를 사용하는 경우(발전시설은 제외한다)

다) 액체연료만을 사용하는 연소시설로서 황산화물을 제거하는 방지시설이 없는 경우(발전시설
　　은 제외하며, 황산화물 측정기기의 부착만 면제한다)

라) 보일러로서 사용연료를 6개월 이내에 청정연료로 변경할 계획이 있는 경우

마) 연간 가동일 수가 30일 미만인 배출시설인 경우

바) 연간 가동일 수가 30일 미만인 방지시설인 경우

사) 부착대상시설이 된 날부터 6개월 이내에 배출시설을 폐쇄할 계획이 있는 경우

3) 부착 시기 및 부착 유예

가) 굴뚝 자동측정기기는 법 제12조제1항에 따른 가동개시 신고일까지 부착하여야 한다. 다만,
　　같은 사업장에서 새로 굴뚝 자동측정기기를 부착하여야 하는 배출구가 10개 이상인 경우에
　　는 가동개시일부터 6개월 이내에 모두 부착하여야 한다.

나) 가)에도 불구하고 「대기환경보전법 시행령」 별표 1에 따른 4종 사업장 또는 5종 사업장을 같
　　은 표에 따른 1종 사업장, 2종 사업장 또는 3종 사업장으로 변경(이하 "사업장 종규모 변경"
　　이라 한다)하려는 경우에는 변경허가를 받거나 변경신고를 한 날(이하 "종규모 변경일"이라
　　한다)부터 9개월 이내에 굴뚝 자동측정기기를 부착하여야 한다.

다) 가)와 나)에도 불구하고 「대기환경보전법 시행령」 별표 8 제2호에 따른 배출시설은 다음의
　　구분에 따라 굴뚝 자동측정기기의 부착을 유예한다.

(1) 기존 배출시설이 사업장 종규모 변경으로 새로 굴뚝 자동측정기기 부착대상시설이 된 경우
　　로서 종규모 변경일 이전 1년 동안 매월 1회 이상 오염물질 배출량을 측정한 결과 오염물질
　　이 배출허용기준의 30퍼센트(이하 "기본부과기준"이라 한다) 미만으로 항상 배출되는 경
　　우에는 오염물질이 기본부과기준 이상으로 배출될 때까지 부착을 유예한다. 다만, 부착 유
　　예를 인정받은 후 기본부과기준 이상으로 배출되는 경우에는 그 기본부과기준 이상으로 배
　　출되는 날부터 6개월 이내에 굴뚝 자동측정기기를 부착하여야 한다.

(2) 신규 시설은 오염물질이 기본부과기준 이상으로 배출될 때까지 굴뚝 자동측정기기의 부착
　　을 유예한다. 다만, 기본부과기준 이상으로 배출되는 경우에는 그 기본부과기준 이상으로
　　배출되는 날부터 6개월(가동개시일부터 6개월 이내에 기본부과기준 이상으로 배출되는 경
　　우에는 가동개시 후 1년) 이내에 굴뚝 자동측정기기를 부착하여야 한다.

2. 수질오염물질 관련 측정기기

가. 적산전력계 및 적산유량계

1) 부착대상

「물환경보전법 시행령」 별표 7에 따른다.

2) 부착 방법

가) 적산전력계는 방지시설의 운영에 드는 모든 전력을 적산할 수 있도록 부착하되, 방지시설 외
　　의 시설에서 사용하는 전력은 함께 적산되지 않도록 별도로 구분하여 부착하여야 한다.

나) 상수도 · 공업용수 · 지하수 · 하천수 등을 사용하는 경우에는 각각 용수 적산유량계를 부착하여야 한다. 다만, 관계 법령에 따라 사용 유량을 측정할 수 있는 계기를 설치한 경우에는 용수 적산유량계를 설치한 것으로 본다.

다) 폐수를 1차 처리한 후 공동방지시설, 공공폐수처리시설 또는 공공하수처리시설 등으로 유입시켜 폐수를 2차 처리하는 경우에는 사업장별로 1차 처리수 방류구에 각각 하수 · 폐수 적산유량계를 부착하여야 한다.

라) 나목에 따라 수질자동측정기기 및 부대시설을 부착하여야 하는 사업장은 하수 · 폐수 적산유량계로 측정되는 자동측정자료가 「환경분야 시험 · 검사 등에 관한 법률」 제6조에 따른 환경오염공정시험기준에서 정하는 바에 따라 「물환경보전법 시행령」 제37조제2항에 따른 수질원격감시체계 관제센터에 전송될 수 있도록 부착하여야 한다.

3) 부착 시기 : 법 제12조제1항에 따른 가동개시 신고 전까지

나. 수질자동측정기기

1) 측정 대상 및 항목

「물환경보전법 시행령」 별표 7에 따른다.

2) 부착 방법

가) 수질자동측정기기의 자동측정자료를 「환경분야 시험 · 검사 등에 관한 법률」 제6조에 따른 환경공정시험기준에서 정하는 바에 따라 「물환경보전법 시행령」 제37조제2항에 따른 수질원격감시체계 관제센터에 전송될 수 있도록 부착하여야 한다.

나) 지역적 여건이나 폐수의 특성이 달라 방지시설을 2개 이상 설치하여 가동하는 사업장은 시설별로 수질자동측정기기를 부착하여야 한다. 다만, 다음의 경우에는 시설별로 부착하지 않을 수 있다.

(1) 처리용량이 200㎥/일 미만인 개별 처리시설은 그 시설에 수질자동측정기기를 부착하지 않을 수 있다.

(2) 같은 성상(性狀)의 폐수를 2개 이상의 처리시설(변경허가나 변경승인을 받아 공사 중인 시설을 포함한다)에서 처리하는 경우로서 하나의 최종 방류구에 처리수를 방류하는 경우에는 수질자동측정기기를 처리시설별로 부착하지 않을 수 있다.

다) 가)와 나)에 따른 수질자동측정기기는 「환경분야 시험 · 검사 등에 관한 법률」 제9조에 따른 형식승인을 받은 측정기기(같은 법 제9조의2에 따른 예비형식승인을 받은 측정기기를 포함한다)여야 한다.

3) 부착 시기 : 법 제12조제1항에 따른 가동개시 신고를 한 후 2개월 이내. 다만, 폐수배출량이 증가하여 측정기기 부착대상 사업장이 된 경우에는 법 제6조제2항에 따른 변경허가 또는 변경신고일부터 9개월 이내에 수질자동측정기기를 부착하여야 한다.

■ [별표 13] 〈개정 2019. 7. 2.〉

과징금의 부과기준(제23조 관련)

1. 조업정지를 명하여야 하는 경우
   가. 악취의 허가배출기준을 초과한 경우

   > 과징금 금액＝조업정지일 수×1일당 부과금액(100만원)

   비고
   1. 위 계산식에 따라 산정한 금액이 1억원을 초과하는 경우에는 1억원을 과징금 금액으로 한다.
   2. 조업정지일 수는 법 제14조제2항 및 제22조제1항·제2항·제4항에 따른 행정처분의 기준에 따르며, 조업정지 1개월은 30일을 기준으로 한다.

   나. 그 밖의 허가배출기준 등을 준수하지 않은 경우

   > 과징금 금액＝조업정지일 수×1일당 부과금액(300만원)×사업장 규모별 부과계수

   비고
   1. 조업정지일 수는 법 제14조제2항, 제20조제4항, 제21조제3항 후단 및 제22조제1항·제2항·제4항에 따른 행정처분의 기준에 따르며, 조업정지 1개월은 30일을 기준으로 한다.
   2. 사업장 규모별 부과계수는 「대기환경보전법 시행령」 별표 1 및 「물환경보전법 시행령」 별표 13에 따른 사업장의 규모별 구분에 따라 다음 표와 같다.

종 류	부과계수
제1종사업장	2.0
제2종사업장	1.5
제3종사업장	1.0
제4종사업장	0.7
제5종사업장	0.4

2. 사용중지를 명하여야 하는 경우

   > 과징금 금액＝사용중지일 수×1일당 부과금액(500만원)×사업장 규모별 부과계수

   비고
   1. 사용중지일 수는 법 제14조제2항, 제21조제3항 후단 및 제22조제4항에 따른 행정처분의 기준에 따르며, 사용중지 1개월은 30일을 기준으로 한다.
   2. 사업장 규모별 부과계수는 다음 표와 같다.

구분		부과계수
배기가스로 배출되는 다이옥신 허가배출기준을 준수하지 못한 경우	가. 다이옥신 발생량의 합계가 연간 25g-TEQ(독성 등가치) 이상인 배출시설(소각시설은 제외한다) 및 시간당 처리능력이 2톤 이상인 소각시설	2.0
	나. 다이옥신 발생량의 합계가 연간 4g-TEQ 이상 25g-TEQ 미만인 배출시설(소각시설 제외한다) 및 시간당 처리능력이 200킬로그램 이상 2톤 미만인 소각시설	1.0
	다. 다이옥신 발생량의 합계가 연간 4g-TEQ 미만인 배출시설(소각시설을 제외한다) 및 시간당 처리능력이 25킬로그램 이상 200킬로그램 미만인 소각시설	0.5
폐수로 배출되는 다이옥신 허가배출기준을 준수하지 못한 경우		0.5

3. 과징금의 가중 또는 감경 기준

환경부장관은 과징금 부과 대상자의 위반행위의 종류, 사업규모, 위반횟수 등을 고려하여 제1호 및 제2호에 따라 산정된 금액의 2분의 1 범위에서 그 금액을 늘리거나 줄일 수 있다. 이 경우 과징금 금액의 총액은 3억원을 초과할 수 없다.

■ [별표 14]

과태료의 부과기준(제37조 관련)

1. 일반기준

가. 위반행위의 횟수에 따른 과태료의 부과기준은 최근 1년간 같은 위반행위로 과태료 부과처분을 받은 경우에 적용한다. 이 경우 기간의 계산은 위반행위에 대하여 과태료 부과처분을 받은 날과 그 처분 후 다시 같은 위반행위를 하여 적발된 날을 기준으로 한다.

나. 가목에 따라 가중된 부과처분을 하는 경우 가중처분의 적용 차수는 그 위반행위 전 부과처분 차수(가목에 따른 기간 내에 과태료 부과처분이 둘 이상 있었던 경우에는 높은 차수를 말한다)의 다음 차수로 한다.

다. 부과권자는 다음의 어느 하나에 해당하는 경우에는 제2호의 개별기준에 따른 과태료 금액의 2분의 1 범위에서 그 금액을 줄일 수 있다. 다만, 과태료를 체납하고 있는 위반행위자의 경우에는 그 금액을 줄일 수 없다.

  1) 위반행위자가 「질서위반행위규제법 시행령」 제2조의2제1항 각 호의 어느 하나에 해당하는 경우
  2) 위반행위가 사소한 부주의나 오류로 인한 것으로 인정되는 경우
  3) 위반행위자가 법 위반상태를 시정하거나 해소하기 위하여 노력하였다고 인정되는 경우
  4) 그 밖에 위반행위의 동기와 결과, 위반 정도 등을 고려하여 과태료 금액을 줄일 필요가 있다고 인정되는 경우

라. 부과권자는 다음의 어느 하나에 해당하는 경우에는 제2호의 개별기준에 따른 과태료 금액의 2분의 1 범위에서 그 금액을 늘릴 수 있다. 다만, 법 제47조에 따른 과태료 금액의 상한을 넘을 수 없다.

  1) 위반의 내용 및 정도가 중대하여 이로 인한 피해가 크다고 인정되는 경우
  2) 법 위반상태의 기간이 6개월 이상인 경우
  3) 그 밖에 위반행위의 동기와 결과, 위반 정도 등을 고려하여 과태료 금액을 늘릴 필요가 있다고 인정되는 경우

2. 개별기준

위 반 행 위	근거 법조문	과태료 금액		
		1차 위반	2차 위반	3차 이상 위반
가. 법 제6조제2항 단서에 따른 변경신고를 하지 않은 경우	법 제47조 제2항			
1) 별표 3 제1호가목 또는 나목에 따른 변경신고를 하지 않은 경우				
가) 법 제7조제5항에 따른 배출시		100	300	500

위 반 행 위	근거 법조문	과태료 금액		
		1차 위반	2차 위반	3차 이상 위반
설 설치제한지역 밖에 있는 사업장의 경우				
나) 법 제7조제5항에 따른 배출시설 설치제한지역 안에 있는 사업장의 경우		300	650	1,000
2) 별표 3 제1호다목에 따른 변경신고를 하지 않은 경우		100	150	200
3) 별표 3 제2호에 따른 변경신고를 하지 않은 경우		100	100	100
나. 법 제6조제3항에 따른 허가조건을 준수하지 않은 경우	법 제47조 제1항제1호			
1) 법 제7조제5항에 따른 배출시설 설치제한지역 밖에 있는 사업장의 경우		300	600	900
2) 법 제7조제5항에 따른 배출시설 설치제한지역 안에 있는 사업장의 경우		500	1,000	1,500
다. 법 제8조제1항에 따라 설정된 허가배출기준을 초과하여 법 제2조 제1호라목에 따른 소음 또는 진동을 배출한 경우	법 제47조 제6항제1호	100	150	200
라. 법 제20조제1항제2호에 해당하는 행위를 한 경우	법 제47조 제4항제1호			
1) 부착한 측정기기를 일부 방치하는 행위		200	200	200
2) 부착한 측정기기를 모두 방치하는 행위		400	400	500
마. 법 제20조제2항에 따른 측정기기의 운영·관리 기준을 준수하지 않은 경우	법 제47조 제4항제2호	300	400	500
바. 법 제21조제1항제1호다목 또는 라목에 따른 행위를 한 경우	법 제47조 제6항제2호	200	200	200

위 반 행 위	근거 법조문	과태료 금액		
		1차 위반	2차 위반	3차 이상 위반
사. 법 제21조제2항제1호에 따른 배출시설등 및 방지시설의 설치 · 관리 및 조치 기준을 위반하여 시멘트 · 석탄 · 토사 · 사료 · 곡물 및 고철의 분체상(粉體狀) 물질을 운송한 경우	법 제47조 제6항제3호	120	160	200
아. 법 제21조제2항제2호에 따른 오염물질등의 측정 · 조사 기준을 위반한 경우	법 제47조 제1항제2호			
1) 법 제7조제5항에 따른 배출시설 설치제한지역 밖에 있는 사업장의 경우		500	700	1,000
2) 법 제7조제5항에 따른 배출시설 설치제한지역 안에 있는 사업장의 경우		1,000	1,400	1,500
자. 법 제30조제1항에 따른 보고나 자료의 제출을 하지 않거나 거짓으로 한 경우	법 제47조 제3항제1호	300	500	700
차. 법 제31조제1항을 위반하여 오염물질등을 측정하지 않은 경우 또는 측정 결과를 기록 · 보존하지 않거나 거짓으로 기록 · 보존한 경우	법 제47조 제4항제3호	200	300	500
카. 법 제32조 각 호에 따른 사항을 기록 · 보존하지 않거나 거짓으로 기록한 경우	법 제47조 제3항제2호			
1) 배출시설등 및 방지시설의 운영 · 관리 등에 관한 사항의 경우		300	500	700
2) 법 제6조제3항에 따른 허가조건의 이행에 관한 사항의 경우		100	200	300
타. 법 제33조제1항에 따른 연간 보고서를 제출하지 않거나 거짓으로 작성하여 제출한 경우	법 제47조 제5항	100	200	300

제4장 환경오염시설의 통합관리에 관한 법률 시행규칙 별표

[별표 1] 〈개정 2018. 3. 30.〉

폐기물처리시설의 종류(제2조제1항 관련)

1. 중간처분시설
  가. 소각시설
    1) 일반 소각시설
    2) 고온 소각시설
    3) 열 분해시설(가스화시설을 포함한다)
    4) 고온 용융시설
    5) 열처리 조합시설[1)에서 4)까지의 시설 중 둘 이상의 시설이 조합된 시설]
  나. 기계적 처분시설
    1) 압축시설(동력 10마력 이상인 시설로 한정한다)
    2) 파쇄 · 분쇄시설(동력 20마력 이상인 시설로 한정한다)
    3) 절단시설(동력 10마력 이상인 시설로 한정한다)
    4) 용융시설(동력 10마력 이상인 시설로 한정한다)
    5) 증발 · 농축시설
    6) 정제시설(분리 · 증류 · 추출 · 여과 등의 시설을 이용하여 폐기물을 처분하는 단위시설을 포함한다)
    7) 유수 분리시설
    8) 탈수 · 건조시설
    9) 멸균분쇄시설
  다. 화학적 처분시설
    1) 고형화 · 고화 · 안정화시설
    2) 반응시설(중화 · 산화 · 환원 · 중합 · 축합 · 치환 등의 화학반응을 이용하여 폐기물을 처분하는 단위시설을 포함한다)
    3) 응집 · 침전시설
  라. 생물학적 처분시설
    1) 소멸화시설(1일 처분능력 100킬로그램 이상인 시설로 한정한다)
    2) 호기성 · 혐기성 분해시설
  마. 그 밖에 환경부장관이 폐기물을 안전하게 중간처분할 수 있다고 인정하여 고시하는 시설

2. 최종 처분시설

가. 매립시설

1) 차단형 매립시설

2) 관리형 매립시설(침출수 처리시설, 가스 소각·발전·연료화 시설 등 부대시설을 포함한다)

나. 그 밖에 환경부장관이 폐기물을 안전하게 최종처분할 수 있다고 인정하여 고시하는 시설

3. 재활용시설

가. 기계적 재활용시설

1) 압축·압출·성형·주조시설(동력 10마력 이상인 시설로 한정한다)

2) 파쇄·분쇄·탈피시설(동력 20마력 이상인 시설로 한정한다)

3) 절단시설(동력 10마력 이상인 시설로 한정한다)

4) 용융·용해시설(동력 10마력 이상인 시설로 한정한다)

5) 연료화시설

6) 증발·농축시설

7) 정제시설(분리·증류·추출·여과 등의 시설을 이용하여 폐기물을 재활용하는 단위시설을 포함한다)

8) 유수 분리시설

9) 탈수·건조시설

10) 세척시설(철도용 폐목재 받침목을 재활용하는 경우로 한정한다)

나. 화학적 재활용시설

1) 고형화·고화시설

2) 반응시설(중화·산화·환원·중합·축합·치환 등의 화학반응을 이용하여 폐기물을 재활용하는 단위시설을 포함한다)

3) 응집·침전시설

다. 생물학적 재활용시설

1) 1일 재활용능력이 100킬로그램 이상인 다음의 시설

가) 부숙(腐熟)시설. 다만, 1일 재활용능력이 100킬로그램 이상 200킬로그램 미만인 음식물류 폐기물 부숙시설은 2015년 7월 1일부터 2017년 6월 30일까지 및 2018년 4월 1일부터 2019년 6월 30일까지 제외한다.

나) 사료화시설(건조에 의한 사료화 시설을 포함한다)

다) 퇴비화시설(건조에 의한 퇴비화 시설, 지렁이분변토 생산시설 및 생석회 처리시설을 포함한다)

라) 동애등에분변토 생산시설

마) 부숙토(腐熟土) 생산시설

2) 호기성·혐기성 분해시설

3) 버섯재배시설

라. 시멘트 소성로

마. 용해로(폐기물에서 비철금속을 추출하는 경우로 한정한다)

바. 소성(시멘트 소성로는 제외한다) · 탄화 시설

사. 골재가공시설

아. 의약품 제조시설

자. 소각열회수시설(시간당 재활용능력이 200킬로그램 이상인 시설로서 법 제13조의2제1항제5호에 따라 에너지를 회수하기 위하여 설치하는 시설만 해당한다)

차. 그 밖에 환경부장관이 폐기물을 안전하게 재활용할 수 있다고 인정하여 고시하는 시설

[별표 2]

방지시설의 종류(제2조제2항 관련)

1. 「대기환경보전법」 제2조제12호에 따른 대기오염방지시설
2. 「대기환경보전법」 제38조의2에 따른 배출시설에서 발생하는 대기오염물질을 줄이기 위한 시설
3. 「대기환경보전법」 제43조제2항에 따른 비산먼지 발생을 억제하기 위한 시설
4. 「대기환경보전법」 제44조제3항에 따른 휘발성유기화합물 배출·억제방지시설
5. 「소음·진동관리법」 제2조제4호에 따른 소음·진동방지시설
6. 「수질 및 수생태계 보전에 관한 법률」 제2조제12호에 따른 수질오염방지시설
7. 「수질 및 수생태계 보전에 관한 법률」 제2조제13호에 따른 비점오염저감시설
8. 「악취방지법」 제8조제2항에 따른 악취방지시설
9. 「토양환경보전법」 제12조제3항에 따른 토양오염방지시설

[별표 3]

변경허가 대상 신규 오염물질등의 농도기준(제5조제1항 관련)

1. 영 별표 2 제2호가목 및 다목에 따른 농도기준은 다음과 같다.
   가. 대기오염물질
   1) 「대기환경보전법」 제2조제9호의 특정대기유해물질(이하 "특정대기유해물질"이라 한다)

물질명	농도기준
염소 및 염화수소	0.4ppm
불소화물	0.05ppm
시안화수소	0.05ppm
염화비닐	0.1ppm
페놀 및 그 화합물	0.2ppm
벤젠	0.1ppm
사염화탄소	0.1ppm
클로로포름	0.1ppm
포름알데히드	0.08ppm
아세트알데히드	0.01ppm
1,3-부타디엔	0.03ppm
에틸렌옥사이드	0.05ppm
디클로로메탄	0.5ppm
트리클로로에틸렌	0.3ppm
히드라진	0.45ppm
카드뮴 및 그 화합물	$0.01mg/m^3$
납 및 그 화합물	$0.05mg/m^3$
크롬 및 그 화합물	$0.1mg/m^3$
비소 및 그 화합물	0.003ppm
수은 및 그 화합물	$0.0005mg/m^3$
니켈 및 그 화합물	$0.01mg/m^3$
베릴륨 및 그 화합물	$0.05mg/m^3$
폴리염화비페닐	$1pg/m^3$
다이옥신	$0.001ng-TEQ/m^3$

물질명	농도기준
다환방향족 탄화수소류	$10ng/m^3$
이황화메틸	0.1ppb
총 휘발성유기화합물 (아닐린, 스틸렌, 테트라클로로에틸렌, 1,2-디클로로에탄, 에틸벤젠, 아크릴로니트릴)	$0.4mg/m^3$
그 밖의 특정대기유해물질	0.00

2) 특정대기유해물질 외의 대기오염물질

「환경분야 시험·검사 등에 관한 법률」 제6조제1항에 따른 환경오염공정시험기준에서 정하는
바에 따라 오염물질을 정량화할 수 있는 최소한의 농도(이하 "정량한계값"이라 한다)

나. 수질오염물질

1) 「수질 및 수생태계 보전에 관한 법률」 제2조제8호의 특정수질유해물질(이하 "특정수질유해물
질"이라 한다)

물질명	농도기준(mg/L)
구리와 그 화합물	0.1
납과 그 화합물	0.01
비소와 그 화합물	0.01
수은과 그 화합물	0.001
시안화합물	0.01
유기인 화합물	0.0005
6가크롬 화합물	0.05
카드뮴과 그 화합물	0.005
테트라클로로에틸렌	0.01
트리클로로에틸렌	0.03
폴리클로리네이티드바이페닐	0.0005
셀레늄과 그 화합물	0.01
벤젠	0.01
사염화탄소	0.002
디클로로메탄	0.02
1,1-디클로로에틸렌	0.03
1,2-디클로로에탄	0.03

물질명	농도기준(mg/L)
클로로포름	0.08
1,4-다이옥산	0.05
디에틸헥실프탈레이트(DEHP)	0.008
염화비닐	0.005
아크릴로니트릴	0.005
브로모포름	0.03
페놀	0.1
펜타클로로페놀	0.001
그 밖의 특정수질유해물질	정량한계값

2) 특정수질유해물질 외의 수질오염물질 : 정량한계값

2. 영 별표 2 제2호나목에 따른 농도기준은 「환경분야 시험·검사 등에 관한 법률」 제6조제1항에 따른 환경오염공정시험기준에서 정하는 바에 따라 오염물질을 검출할 수 있는 최소한의 농도로 한다.

[별표 4] 〈개정 2017. 1. 19.〉

배출영향분석의 방법(제6조제4항 관련)

1. 일반사항
   가. 배출영향분석을 할 때에는 대상 배출시설등의 설치 · 운영 등으로 인하여 환경 및 인체에 미치는
      영향을 현재 및 해당 사업이 시행되지 아니하였을 경우의 미래 환경에 비추어 과학적인 방법으로
      예측 · 평가하되, 결과는 체계적이고 종합적인 방법으로 표현하여야 한다.
   나. 배출영향분석에 필요한 정보를 측정 · 조사 · 분석할 때에는 측정 · 조사 · 분석의 일시 및 지점,
      방법 등을 배출영향분석의 결과와 함께 제시하여야 한다.

2. 배출영향분석에 필요한 정보
   가. 대상지역 정보
    1) 배출영향분석의 대상지역은 배출시설등의 설치 · 운영 및 오염물질등의 배출에 영향을 받는 사
       업장 주변 지역을 말한다.
    2) 대기오염물질을 배출하는 경우 대상지역의 범위는 사업장의 부지 경계로부터 20km 이내의 지
       역을 포함하는 직사각형의 영역으로 하되, 다음의 사항을 고려하여 설정한다. 이 경우 대상지역
       정보에는 대상지역의 표고 및 기울기 등 지형의 특성이 포함되어야 한다.
      가) 오염물질의 배출이 해당 지역의 대기에 가장 큰 영향을 미칠 것으로 예측되는 지점
      나) 오염물질이 배출된 후 배출시설 주변에서 해당 오염물질의 농도가 가장 높게 나타날 것으로
         예측되는 지점
      다) 배출시설 주변의 오염현황을 산정하기 위하여 「대기환경보전법」 제3조에 따른 측정망(이하
         "대기질 측정망"이라 한다)이 설치된 지점
    3) 수질오염물질을 배출하는 경우 대상지역의 범위는 배출시설에서 배출되는 폐수가 직접 방류되
       는 하천 또는 호소(이하 "방류하천 등"이라 한다)로 하되, 다음의 사항을 고려하여 설정한다. 다
       만, 배출되는 하천이 건천(乾川)인 경우 등 그 유량값을 산정할 수 없어 배출영향분석이 곤란한
       경우에는 해당 하천이 합류되는 하천을 대상지역으로 설정할 수 있다.
      가) 최종 방류구에서 방류하천 등으로 합류되는 지점
      나) 오염물질이 방류하천 등과 완전히 혼합되는 지점
      다) 방류하천등의 오염현황을 산정하기 위하여 「수질 및 수생태계 보전에 관한 법률」 제9조에 따
         른 측정망(이하 "수질 측정망"이라 한다)이 설치된 지점
   나. 기상 정보
    1) 기상 정보는 가목1)에 따른 대상지역(이하 "대상지역"이라 한다)에서의 풍향, 풍속, 기온 등 기
       상요소의 현황을 말한다.
    2) 기상 정보는 다음의 어느 하나에 해당하는 자료 중 대상지역의 기상 상황을 대표할 수 있는 지점

에서 측정·조사·분석된 자료를 활용하여 산정한다. 다만, 해당 지점에 대한 자료가 없는 경우에는 주변 지점의 자료로부터 환경부장관이 정하는 방법에 따라 추정된 자료를 활용할 수 있다.

가) 환경부장관이 「기상관측표준화법」 제8조에 따른 기상관측망(이하 "기상관측망"이라 한다)에서 측정된 최근 1년간의 자료를 활용하여 마련한 표준 기상자료

나) 제출자가 직접 측정·분석한 자료

다) 그 밖에 국가 또는 「공공기관의 운영에 관한 법률」 제4조에 따른 공공기관(이하 "공공기관"이라 한다)에서 제공하는 측정·조사·분석 자료 중 환경부장관이 기상 정보를 산정하기 위하여 활용할 수 있다고 인정하는 자료

다. 하천유량 정보

1) 하천유량은 다음의 어느 하나에 해당하는 하천유량 자료 중 배출지점과 인접한 상류지점에서 측정·조사·분석한 저수기 유량(1년간의 일일유량 중 275일은 이 유량보다 적지 않은 유량을 말한다. 이하 이 표에서 같다) 자료를 활용하여 산정한다. 다만, 해당 지점에 대한 자료가 없는 경우에는 주변 지점의 자료로부터 환경부장관이 정하는 방법에 따라 추정된 자료를 활용할 수 있다.

가) 환경부장관이 「수질 및 수생태계 보전에 관한 법률」 제22조제2항에 따른 소권역별로 수질측정망 또는 「하천법」 제2조제7호에 따른 수문조사시설에서 측정된 최근 10년간의 자료를 활용하여 마련한 표준 하천유량 정보

나) 제출자가 직접 측정·분석한 자료

다) 그 밖에 국가 또는 공공기관에서 제공하는 측정·조사·분석 자료 중 환경부장관이 하천유량 정보를 산정하기 위하여 활용할 수 있다고 인정하는 자료

라. 오염물질등의 배출 정보

1) 오염물질등의 배출 정보는 오염물질등을 배출하는 배출구별로 산정된 다음의 구분에 따른 정보를 말한다.

가) 대기오염물질을 배출하는 경우

(1) 굴뚝의 위치 및 높이

(2) 배출구의 형상 및 면적

(3) 배출가스의 속도, 유량 및 온도

(4) 오염물질의 배출 농도 및 배출량

나) 수질오염물질을 배출하는 경우

(1) 배출지점의 위치

(2) 오염물질의 배출 방식

(3) 폐수배출량

(4) 오염물질의 배출 농도 및 배출량

2) 배출 정보를 산정할 때에는 해당 배출구에서 배출되는 모든 오염물질등에 대한 정보를 산정하여야 한다. 다만, 법 제6조에 따른 허가 또는 변경허가를 받기 전에 설치·운영 중인 대기오염물질배출시설의 배출구로서 황산화물, 질소산화물 또는 먼지 항목의 연간 배출량이 1톤 이하이거

나 세 항목의 연간 배출량의 합이 2톤 이하인 경우에는 해당 오염물질등에 대한 배출 정보를 산정하지 않는다.

3. 배출영향의 분석
 가. 기존 오염도의 산정
  1) 기존 오염도는 분석 대상 배출시설등을 설치·운영하기 전의 대상지역에서의 대기질·수질의 오염농도를 말한다.
  2) 기존 오염도는 다음의 어느 하나에 해당하는 자료 중 대상지역의 오염현황을 대표할 수 있는 지점에서 측정·조사·분석된 자료를 활용하여 산정한다. 다만, 해당 지점에 대한 오염도 자료가 없는 경우에는 주변 지점의 자료로부터 환경부장관이 정하는 방법에 따라 추정된 자료를 활용할 수 있다.
   가) 환경부장관이 대기질 측정망 또는 수질 측정망에서 측정된 최근 3년간의 자료(먼지의 경우에는 PM-10 항목을 측정한 자료를 말한다)를 활용하여 마련한 표준 기존 오염도 자료
   나) 제출자가 직접 측정·분석한 자료
   다) 그 밖에 국가 또는 공공기관에서 제공하는 측정·조사·분석자료 중 환경부장관이 기존 오염도를 산정하기 위하여 활용할 수 있다고 인정하는 자료
  3) 2)가)부터 다)까지의 자료를 활용하여 기존 오염도를 산정할 때 대기질 측정망 또는 수질 측정망에서 측정하지 아니하는 오염물질의 기존 오염도는 다음의 구분에 따른 값으로 한다.
   가) 대기오염물질 : 0.0
   나) 수질오염물질 : 정량한계값의 2분의 1
 나. 추가 오염도의 산정
  1) 추가 오염도는 분석 대상 배출시설등의 설치·운영으로 인하여 배출되는 오염물질등이 대기에 확산되거나 방류하천등에 완전히 혼합되었을 때 그 대기 또는 방류하천등에서의 오염농도의 증가량을 말한다.
  2) 대기오염물질의 추가 오염도를 산정할 때에는 대기에서의 농도 증가량의 연간 평균치, 24시간 평균치, 8시간 평균치 및 1시간 평균치 중 「환경정책기본법 시행령」 별표에 따른 환경기준 또는 이 규칙 별표 7에 따른 환경의 질 목표수준이 설정되어 있는 평균치를 각각 산정하되, 다음의 사항을 고려하여 산정하여야 한다.
   가) 제2호가목2)에 따른 대상지역 정보
   나) 제2호나목에 따른 기상 정보
   다) 제2호라목1)가)에 따른 오염물질 배출 정보
  3) 수질오염물질의 추가 오염도를 산정할 때에는 방류하천등에서의 농도 증가량의 연간 평균치를 산정하되, 다음의 사항을 고려하여 산정하여야 한다.
   가) 제2호가목3)에 따른 대상지역 정보
   나) 제2호다목에 따른 하천유량 정보(오염물질을 호소에 배출하는 경우에는 오염물질이 최초로

호소에 배출된 시점부터 호소에 완전히 혼합된 시점까지 농도가 감소하는 비율을 말한다)

다) 제2호라목1)나)에 따른 오염물질 배출 정보

라) 가목에 따른 기존 오염도

4) 사업장이 다음의 어느 하나에 해당하는 경우에는 해당 가)부터 마)까지의 오염물질에 대한 추가 오염도를 산정하지 아니한다.

가) 공공폐수처리시설 또는 공공하수처리시설에 배수설비를 통하여 폐수를 유입하는 경우: 그 폐수에 포함된 수질오염물질 중 해당 처리시설에서 적절하게 처리할 수 있는 오염물질

나) 「수질 및 수생태계 보전에 관한 법률」 제33조제1항 단서 및 같은 조 제2항에 따른 폐수무방류배출시설을 설치한 경우 : 그 폐수무방류배출시설의 수질오염물질

다) 폐수를 재이용하거나 위탁처리하는 등의 경우로서 방류하천등으로 폐수를 배출하지 아니하는 경우 : 그 폐수에 포함된 수질오염물질

라) 수질오염물질을 해양에 배출하는 경우 : 그 수질오염물질

마) 그 밖에 환경부장관이 정하여 고시하는 방법에 따라 추가 오염도를 추정한 결과 환경에 미치는 영향이 경미하여 추가 오염도 산정이 불필요하다고 인정되는 경우 : 해당 오염물질등

다. 총 오염도의 산정

1) 총 오염도는 분석 대상 배출시설등의 설치·운영으로 인하여 배출되는 오염물질등이 대기에 확산되거나 방류하천등에 완전히 혼합되었을 때 기존 오염도와 추가 오염도를 고려하여 산정한 총 오염농도를 말한다.

2) 대기오염물질의 총 오염도를 산정할 때에는 대기에서 예측되는 농도의 연간 평균치, 24시간 평균치, 8시간 평균치 및 1시간 평균치 중 「환경정책기본법 시행령」 별표에 따른 환경기준 또는 이 규칙 별표 7에 따른 환경의 질 목표수준이 설정되어 있는 평균값을 각각 산정하여야 한다.

3) 수질오염물질의 총 오염도를 산정할 때에는 방류하천 등에서 예측되는 농도의 연간 평균치를 산정하여야 한다.

4. 제1호부터 제3호까지에서 정한 사항 외에 배출영향분석 및 결과서의 작성 등에 관한 세부적인 절차 및 방법 등에 관하여는 환경부장관이 정하여 고시한다.

[별표 5]

엄격한 허가배출기준의 설정 방법(제8조제1항 관련)

1. 「대기환경보전법」제23조제6항에 따른 배출시설 설치제한 지역의 경우
   「대기환경보전법 시행령」제12조 각 호의 어느 하나에 해당하는 사업장에서 배출하는 대기오염물질의 허가배출기준은 별표 6 제1호에 따라 설정하되, 「대기환경보전법」제16조제5항에 따른 특별배출허용기준 이하로 설정한다.

2. 「수질 및 수생태계 보전에 관한 법률」제33조제5항에 따른 배출시설 설치제한 지역의 경우
   가. 영 별표 4 제2호라목 또는 바목에 따른 시설에서 배출되는 특정수질유해물질의 허가배출기준은 「수질 및 수생태계 보전에 관한 법률」제32조제5항에 따른 특별대책지역 배출허용기준 이하로 설정한다.
   나. 영 별표 4 제2호가목, 나목, 다목, 마목 또는 사목에 따른 시설에서 배출되는 특정수질유해물질의 허가배출기준은 별표 6 제3호에 따라 설정한다.
   다. 가목 및 나목 외의 시설에서 배출되는 특정수질유해물질의 허가배출기준은 별표 6 제3호나목1)가)에 따른 청정지역의 허가배출기준 설정방법을 따르되, 별표 3 제1호나목에 따른 농도기준 이하로 설정한다.

[별표 6] 〈개정 2017. 1. 19.〉

허가배출기준의 설정 방법(제8조제2항 관련)

1. 대기오염물질
　가. 대기오염물질의 허가배출기준은 배출시설이 연결된 배출구별로 설정한다.
　나. 제6조제5항제2호에 따른 배출구별 허가배출기준안(이하 "허가배출기준안"이라 한다)이 별표 15에 따른 최대배출기준 이하의 범위에서 다음의 어느 하나에 해당하는 기준을 만족하는 경우 그 기준안을 허가배출기준으로 설정한다.
　　1) 허가배출기준안의 농도 수준으로 오염물질을 배출하였을 때 별표 4 제3호나목2)에 따른 추가 오염도의 연간 평균치가 「환경정책기본법 시행령」 별표에 따른 환경기준 중 연간 평균치(해당 오염물질의 연간 평균치가 없는 경우에는 이 규칙 별표 7에 따른 장기 환경의 질 목표 수준을 말하며, 이하 "장기 환경기준"이라 한다)의 100분의 3 이하인 경우
　　2) 허가배출기준안의 농도 수준으로 오염물질을 배출하였을 때 다음의 기준을 모두 만족하는 경우
　　가) 별표 4 제3호나목2)에 따른 추가 오염도의 24시간 평균치, 8시간 평균치 및 1시간 평균치가 「환경정책기본법 시행령」 별표에 따른 환경기준 중 24시간 평균치, 8시간 평균치 및 1시간 평균치(해당 오염물질의 24시간 평균치, 8시간 평균치 및 1시간 평균치가 없는 경우에는 이 규칙 별표 7에 따른 단기 환경의 질 목표 수준을 말하며, 이하 "단기 환경기준"이라 한다)에서 장기 환경기준을 뺀 값 이하이거나 별표 4 제3호다목2)에 따른 총 오염도의 24시간 평균치, 8시간 평균치 및 1시간 평균치가 단기 환경기준 이하일 것
　　나) 별표 4 제3호다목2)에 따른 총 오염도의 연간 평균치가 장기 환경기준 이하일 것
　　3) 업종별 환경관리기법의 전반적인 기술수준, 경제성 및 오염배출 농도의 비정상적인 일시적 급증현상 등을 고려할 때 허가배출기준안이 나목1)·2)의 기준을 충족할 수 없다고 인정되는 경우로서 환경부장관이 관계 중앙행정기관의 장과 협의를 거쳐 정하여 고시하는 농도기준을 충족하는 경우
　다. 사업장 관할 지방자치단체의 장이 관할 지역 대기질 수준의 유지 또는 개선을 위하여 환경부장관에게 요청하고, 환경부장관이 그 필요성을 인정하는 경우에는 나목에도 불구하고 허가배출기준안이 법 제8조제2항제1호에 따른 지역환경기준 또는 같은 항 제2호에 따른 환경의 질 목표를 충족하는 경우 그 기준안을 허가배출기준으로 설정한다. 다만, 해당 기준 또는 목표를 충족할 수 없다고 인정되는 경우에는 나목3)의 기준을 적용한다.
　라. 나목 또는 다목에도 불구하고 다음의 어느 하나에 해당하는 오염물질의 경우에는 별표 15에 따른 최대배출기준을 허가배출기준으로 설정한다.
　　1)「수도권 대기환경개선에 관한 특별법」 제16조제3항에 따른 총량관리사업자가 설치·운영하려고 하거나 설치·운영중인 사업장으로서 같은 조 제1항에 따라 배출허용총량이 할당된 오염물질
　　2) 별표 4 제3호나목4)에 따라 추가 오염도를 산정하지 아니하는 대기오염물질

마. 「환경영향평가법」에 따른 전략환경영향평가 대상사업, 환경영향평가 대상사업 또는 소규모 환경영향평가 대상사업으로서 환경영향평가 협의(변경협의 및 재협의를 포함한다)를 할 때에 허가배출기준의 설정 등에 관한 의견이 제시된 경우에는 해당 의견을 반영하여 허가배출기준을 설정하여야 한다.

2. 소음 및 진동

가. 소음 및 진동의 허가배출기준은 사업장별로 설정한다.

나. 사업장별 허가배출기준은 별표 15에 따른 최대배출기준 이하의 범위에서 「소음 · 진동관리법 시행규칙」 제8조제1항에 따른 공장소음 · 진동 배출허용기준에 따른다.

다. 나목에도 불구하고 「소음 · 진동관리법 시행규칙」 제8조제2항에 따라 관할 지방자치단체의 장이 정한 배출허용기준이 적용되는 사업장의 경우에는 그 배출허용기준을 허가배출기준으로 한다.

3. 수질오염물질

가. 수질오염물질의 허가배출기준은 배출시설이 연결된 배출구별로 설정한다. 다만, 다음의 어느 하나에 해당하는 경우에는 허가배출기준을 설정하지 아니한다.

1) 「수질 및 수생태계 보전에 관한 법률」 제33조제1항 단서 및 같은 조 제2항에 따라 설치되는 폐수무방류배출시설인 경우

2) 폐수를 재이용하거나 위탁처리하는 등의 경우로서 「수질 및 수생태계 보전에 관한 법률」 제2조제9호의 공공수역으로 폐수를 방류하지 아니하는 경우

나. 허가배출기준안이 별표 15에 따른 최대배출기준 이하의 범위에서 다음의 어느 하나에 해당하는 기준을 만족하는 경우 그 기준안을 허가배출기준으로 설정한다.

1) 「수질 및 수생태계 보전에 관한 법률 시행규칙」 별표 13 제1호가목1)에 따른 청정지역

가) 허가배출기준안의 농도 수준으로 오염물질을 배출하였을 때 다음의 기준을 모두 만족하는 경우

(1) 별표 4 제3호나목3)에 따른 추가 오염도가 「환경정책기본법 시행령」 별표에 따른 환경기준(해당 오염물질의 환경기준이 없는 경우에는 이 규칙 별표 7에 따른 환경의 질 목표 수준을 말하며, 이하 "환경기준"이라 한다)의 100분의 4 이하이고, 별표 4 제3호가목에 따른 기존 오염도의 100분의 10 이하일 것

(2) 별표 4 제3호다목3)에 따른 총 오염도가 환경기준 이하일 것

나) 업종별 환경관리기법의 전반적인 기술수준, 경제성 및 오염배출 농도의 비정상적인 일시적 급증현상 등을 고려할 때 허가배출기준안이 나목1)가)의 기준을 충족할 수 없다고 인정되는 경우로서 환경부장관이 관계 중앙행정기관의 장과 협의를 거쳐 정하여 고시하는 농도기준을 충족하는 경우

2) 1) 외의 지역

가) 허가배출기준안의 농도 수준으로 오염물질을 배출하였을 때 별표 4 제3호나목3)에 따른 추가 오염도가 환경기준의 100분의 4 이하인 경우

　　나) 허가배출기준안의 농도 수준으로 오염물질을 배출하였을 때 다음을 모두 만족하는 경우

　　　(1) 별표 4 제3호나목3)에 따른 추가 오염도가 환경기준의 100분의 10 이하일 것

　　　(2) 별표 4 제3호다목3)에 따른 총 오염도가 환경기준 이하일 것

　　다) 업종별 환경관리기법의 전반적인 기술수준, 경제성 및 오염배출 농도의 비정상적인 일시적 급증현상 등을 고려할 때 허가배출기준안이 나목2)가)·나)의 기준을 충족할 수 없다고 인정되는 경우로서 환경부장관이 관계 중앙행정기관의 장과 협의를 거쳐 정하여 고시하는 농도기준을 충족하는 경우

다. 사업장 관할 지방자치단체의 장이 관할 지역 수질 수준의 유지 또는 개선을 위하여 환경부장관에게 요청하고, 환경부장관이 그 필요성을 인정하는 경우에는 나목에도 불구하고 허가배출기준안이 법 제8조제2항제1호에 따른 지역환경기준 또는 같은 항 제2호에 따른 환경의 질 목표를 충족하는 경우 그 기준안을 허가배출기준으로 설정한다. 다만, 해당 기준 또는 목표를 충족할 수 없다고 인정되는 경우에는 나목1)나) 또는 나목2)다)의 기준을 적용한다.

라. 나목 또는 다목에도 불구하고 다음의 어느 하나에 해당하는 오염물질의 경우에는 별표 15에 따른 최대배출기준을 허가배출기준으로 설정한다.

　1) 공공폐수처리시설 또는 공공하수처리시설에 배수설비를 통하여 폐수를 유입하는 경우로서, 그 폐수에 포함된 수질오염물질 중 해당 처리시설에서 적절하게 처리할 수 있는 오염물질

　2) 별표 4 제3호나목4)에 따라 추가 오염도를 산정하지 아니하는 수질오염물질

마. 「환경영향평가법」에 따른 전략환경영향평가 대상사업, 환경영향평가 대상사업 또는 소규모 환경영향평가 대상사업으로서 환경영향평가 협의(변경협의 및 재협의를 포함한다)를 할 때에 허가배출기준의 설정 등에 관한 의견이 제시된 경우에는 해당 의견을 반영하여 허가배출기준을 설정하여야 한다.

4. 악취

가. 악취의 허가배출기준은 사업장별로 설정한다.

나. 사업장별 허가배출기준은 별표 15에 따른 최대배출기준 이하의 범위에서 「악취방지법 시행규칙」 제8조제1항에 따른 악취의 배출허용기준에 따른다.

다. 나목에도 불구하고 「악취방지법」 제7조제2항에 따라 관할 지방자치단체의 장이 정한 엄격한 배출허용기준이 적용되는 사업장의 경우에는 그 엄격한 배출허용기준을 허가배출기준으로 한다.

5. 잔류성유기오염물질

잔류성유기오염물질의 허가배출기준은 배출시설이 연결된 배출구별로 설정하되, 별표 15에 따른 해당 오염물질의 최대배출기준을 허가배출기준으로 한다.

[별표 7]

환경의 질 목표 수준(제8조제3항 관련)

1. 대기오염물질

항 목	단 기	장 기
아연 및 그 화합물	1시간 평균치 $1,000\mu g/m^3$ 이하	연간 평균치 $50\mu g/m^3$ 이하
암모니아	1시간 평균치 $2,500\mu g/m^3$ 이하	연간 평균치 $180\mu g/m^3$ 이하
이황화탄소	1시간 평균치 $100\mu g/m^3$ 이하	연간 평균치 $64\mu g/m^3$ 이하
크롬 및 그 화합물	1시간 평균치 $150\mu g/m^3$ 이하	연간 평균치 $5\mu g/m^3$ 이하
수은 및 그 화합물	1시간 평균치 $7.5\mu g/m^3$ 이하	연간 평균치 $0.25\mu g/m^3$ 이하
구리 및 그 화합물	1시간 평균치 $200\mu g/m^3$ 이하	연간 평균치 $10\mu g/m^3$ 이하
염화비닐	1시간 평균치 $1,851\mu g/m^3$ 이하	연간 평균치 $159\mu g/m^3$ 이하
황화수소	24시간 평균치 $150\mu g/m^3$ 이하	연간 평균치 $140\mu g/m^3$ 이하
다이클로로메탄	24시간 평균치 $3,000\mu g/m^3$ 이하	연간 평균치 $700\mu g/m^3$ 이하
먼지	24시간 평균치 $300\mu g/m^3$ 이하	연간 평균치 $150\mu g/m^3$ 이하
트라이클로로에틸렌	24시간 평균치 $1,000\mu g/m^3$ 이하	–
비소 및 그 화합물	–	연간 평균치 $12ng/m^3$ 이하
니켈 및 그 화합물	–	연간 평균치 $20ng/m^3$ 이하
카드뮴 및 그 화합물	–	연간 평균치 $5ng/m^3$ 이하

비고 : 1시간 평균치는 999천분위수(千分位數)의 값이 그 기준을 초과해서는 안 되고, 8시간 및 24시간 평균치는 99백분위수의 값이 그 기준을 초과해서는 안 된다.

2. 수질오염물질

항 목	환경의 질 목표 수준(mg/L)
구리(Cu ; Copper)	0.1 이하
니켈(Ni ; Nickel)	0.02 이하
용해성망간(Mn ; Manganese)	1 이하
바륨(Ba ; Barium)	0.1 이하
셀레늄(Se ; Selenium)	0.04 이하
아연(Zn ; Zinc)	0.1 이하

항 목	환경의 질 목표 수준(mg/L)
용해성철(Fe ; Iron)	1 이하
크롬(Cr ; Chromium)	0.05 이하
플루오르(불소)(F ; Fluoride)	1.5 이하
페놀류	0.1 이하
트라이클로로에틸렌(TCE ; Trichloroethylene)	0.06 이하
1,1-다이클로로에틸렌(1,1-Dichloroethylene)	0.03 이하
염화비닐(Vinyl Chloride or Chloroethylene)	0.01 이하
아크릴로나이트릴(Acrylonitrile)	0.01 이하
브로모폼(Bromoform)	0.03 이하
나프탈렌(Naphthalene)	0.05 이하
에피클로로하이드린(Epichlorohydrin)	0.03 이하
톨루엔(Toluene)	0.7 이하
자일렌(Xylene)	0.5 이하
페놀(Phenol)	0.01 이하
펜타클로로페놀(Pentachlorophenol)	0.001 이하
총질소(T-N)	매우 좋음(Ia) : 2 이하 좋음(Ib) : 3 이하 약간 좋음(II) : 4 이하 보통(III) : 5 이하 약간 나쁨(IV) : 8 이하 나쁨(V) : 10 이하 매우 나쁨(VI) : 10 초과

비고 : 총질소의 환경의 질 목표 수준에서 등급을 구분하는 기준은 다음과 같다.

1. 매우 좋음(Ia) : 용존산소(溶存酸素)가 풍부하고 오염물질이 없는 청정상태의 생태계로 여과ㆍ살균 등 간단한 정수처리 후 생활용수로 사용할 수 있음

2. 좋음(Ib) : 용존산소가 많은 편이고 오염물질이 거의 없는 청정상태에 근접한 생태계로 여과ㆍ침전ㆍ살균 등 일반적인 정수처리 후 생활용수로 사용할 수 있음

3. 약간 좋음(II) : 약간의 오염물질은 있으나 용존산소가 많은 상태의 다소 좋은 생태계로 여과ㆍ침전ㆍ살균 등 일반적인 정수처리 후 생활용수 또는 수영용수로 사용할 수 있음

4. 보통(III) : 보통의 오염물질로 인하여 용존산소가 소모되는 일반 생태계로 여과, 침전, 활성탄 투입, 살균 등 고도의 정수처리 후 생활용수로 이용하거나 일반적 정수처리 후 공업용수로 사용할 수 있음

5. 약간 나쁨(Ⅳ) : 상당량의 오염물질로 인하여 용존산소가 소모되는 생태계로 농업용수로 사용하거나 여과, 침전, 활성탄 투입, 살균 등 고도의 정수처리 후 공업용수로 사용할 수 있음

6. 나쁨(Ⅴ) : 다량의 오염물질로 인하여 용존산소가 소모되는 생태계로 산책 등 국민의 일상생활에 불쾌감을 주지 않으며, 활성탄 투입, 역삼투압 공법 등 특수한 정수처리 후 공업용수로 사용할 수 있음

7. 매우 나쁨(Ⅵ) : 용존산소가 거의 없는 오염된 물로 물고기가 살기 어려움

[별표 8]

허가배출기준의 초과 여부의 판정기준(제8조제4항 관련)

1. 오염물질등의 측정방법

가. 대기오염물질

1) 대기오염물질의 측정은 「환경분야 시험·검사 등에 관한 법률」 제6조제1항제1호의 분야에 대한 환경오염공정시험기준을 따른다.

2) 1)에도 불구하고 대기오염물질의 측정을 위하여 시료를 채취하는 경우에는 다음의 기준을 따라야 한다.

가) 먼지 및 중금속은 시료 채취량을 $1m^3$ 이상으로 하거나, 시료채취 전·후의 여과지 무게차를 5mg 이상으로 한다.

나) 휘발성유기화합물은 측정할 때 3개의 시료를 채취하여 각 시료의 분석결과를 평균한다.

나. 소음 및 진동

소음 및 진동의 측정은 「환경분야 시험·검사 등에 관한 법률」 제6조제1항제2호의 분야에 대한 환경오염공정시험기준을 따른다.

다. 수질오염물질

1) 수질오염물질의 측정은 「환경분야 시험·검사 등에 관한 법률」 제6조제1항제5호의 분야에 대한 환경오염공정시험기준을 따른다.

2) 1)에도 불구하고 수질오염물질의 측정을 위하여 채수(採水)를 하는 경우에는 서로 다른 날에 각각 30분 이상의 간격으로 2회 이상 채수하여 혼합·분석한 결과를 평균한다. 이 경우 처음 채수한 날부터 30일 이내에 두 번째 채수를 하여야 한다.

라. 악취

1) 악취의 측정은 복합악취를 측정하는 것을 원칙으로 한다. 다만, 사업자의 악취물질 배출 여부를 확인할 필요가 있는 경우에는 지정악취물질을 측정할 수 있다.

2) 복합악취는 「환경분야 시험·검사 등에 관한 법률」 제6조제1항제4호의 분야에 대한 환경오염공정시험기준 중 공기희석관능법(空氣稀釋官能法)을 적용하여 측정하고, 지정악취물질은 같은 기준 중 기기분석법(機器分析法)을 적용하여 측정한다.

3) 복합악취의 시료는 다음과 같이 구분하여 채취한다.

가) 사업장에 지면으로부터 높이 5m 이상의 일정한 악취배출구와 다른 악취발생원이 섞여 있는 경우에는 부지경계선 및 해당 악취 배출구에서 각각 채취한다.

나) 사업장에 지면으로부터 높이 5m 이상의 일정한 악취배출구 외에 다른 악취발생원이 없는 경우에는 해당 악취 배출구에서 채취한다.

다) 그 밖의 경우에는 부지경계선에서 채취한다.

　　4) 지정악취물질의 시료는 부지경계선에서 채취한다.

　마. 잔류성유기오염물질

　　1) 잔류성유기오염물질의 측정은 「환경분야 시험·검사 등에 관한 법률」 제6조제1항제10호의 분야에 대한 환경오염공정시험기준을 따른다.

　　2) 폐수로 배출되는 잔류성유기오염물질 중 「잔류성유기오염물질관리법 시행령」 별표 1 제11호에 따른 다이옥신의 측정은 배출된 다이옥신이 방지시설에서 처리된 후 최종 방류구에서 부지경계선 외부로 배출되는 지점까지의 구간에서 측정한다.

2. 허가배출기준의 초과 여부 판정

　가. 대기오염물질

　　1) 자동측정기기로 측정·전송하는 경우

　　　「대기환경보전법 시행규칙」 별표 8 제3호가목 및 라목에 따른 특례를 준용한다. 이 경우 "배출허용기준"은 "허가배출기준"으로 본다.

　　2) 자동측정기기로 측정·전송하지 않는 경우

　　　가) 제1호가목에 따라 측정한 결과가 허가배출기준을 초과하는지 여부를 판정한다.

　　　나) 별표 9 제2호가목 또는 나목에 해당하는 사업자가 다음의 기준을 모두 만족하는 경우에는 제1호가목에 따라 측정한 결과가 허가배출기준의 2배를 초과하지 아니하면 가)에도 불구하고 허가배출기준을 초과하지 않는 것으로 본다. 다만, 초과 여부를 확인한 날부터 30일 이내에 다시 측정한 결과가 허가배출기준을 초과하지 않아야 한다.

　　　　(1) 최근 1년간 법 제30조에 따라 오염물질등을 측정한 결과가 허가배출기준을 초과하지 않은 경우

　　　　(2) 최근 1년간 자가측정의 결과가 허가배출기준을 초과하지 않은 경우

　나. 소음 및 진동

　　제1호나목에 따라 측정한 결과가 허가배출기준을 초과하는지 여부를 판정한다.

　다. 수질오염물질

　　1) 자동측정기기[영 제18조제5항 후단에 따라 측정기기가 적합하게 설치되었는지를 확인한 날부터 6개월이 지난 자동측정기기로 한정한다. 이하 2)에서 같다]로 측정·전송하는 경우

　　　정상적으로 측정한 3시간 평균치(「수질 및 수생태계 보전에 관한 법률 시행령」 제41조제5항제1호에 따른 3시간 평균치를 말한다)가 연속 3회 이상 또는 1주 10회 이상 허가배출기준을 초과하는지 여부를 판정한다.

　　2) 자동측정기기로 측정·전송하지 않는 경우

　　　가) 제1호다목에 따라 측정한 결과가 허가배출기준을 초과하는지 여부를 판정한다.

　　　나) 별표 9 제2호가목 또는 나목에 해당하는 사업자가 다음의 기준을 모두 만족하는 경우에는 제1호다목에 따라 측정한 결과가 허가배출기준의 2배를 초과하지 아니하면 가)에도 불구하고 허가배출기준을 초과하지 않는 것으로 본다. 다만, 초과 여부를 확인한 날부터 30일 이내에

다시 측정한 결과가 허가배출기준을 초과하지 않아야 한다.

  (1) 최근 1년간 법 제30조에 따라 오염물질등을 측정한 결과가 허가배출기준을 초과하지 않은 경우

  (2) 최근 1년간 자가측정의 결과가 허가배출기준을 초과하지 않은 경우

라. 악취

제1호라목에 따라 복합악취 또는 지정악취물질 중 어느 하나를 측정한 결과가 허가배출기준을 초과하는지 여부를 판정한다.

마. 잔류성유기오염물질

제1호마목에 따라 측정한 결과가 허가배출기준을 초과하는지 여부를 판정한다.

[별표 9]

허가조건 및 허가배출기준 검토주기의 설정방법(제9조제6항 관련)

1. 사업장의 환경관리 수준 평가

환경부장관은 법 제9조제2항에 따라 허가조건 및 허가배출기준의 검토주기를 연장하는 경우에는 다음 각 목의 구분에 따른 평가 요소를 보통, 양호, 우수의 3단계로 평가하여야 한다.

구 분	평가 요소
가. 영 제4조제2항제1호	○ 허가배출기준 대비 오염물질등 배출 농도의 수준 ○ 사업장에서 배출되는 특정대기유해물질 및 특정수질유해물질의 종류 및 배출량 ○ 「폐기물관리법」 제2조제4호의 지정폐기물 등 유해한 오염물질등의 취급 · 관리 수준
나. 영 제4조제2항제2호	○ 사업장에 적용된 전체 환경관리기법 중 영 제4조제2항제2호에 따른 적절한 환경관리기법을 적용한 비율
다. 영 제4조제2항제3호	○ 최근 5년간 법령 위반 건수 및 중대성 ○ 최근 5년간 환경오염사고 건수 및 피해의 심각성 ○ 법령 위반 및 환경오염사고 사후조치 및 재발방지 대책의 적절성
라. 영 제4조제2항제4호	○ 환경으로 직접 배출되는 오염물질등에 대한 측정 여부 및 적절성 ○ 법 제30조에 따른 검사 당시의 측정값과 자가측정에 따른 측정값의 일치 여부 ○ 배출시설등 및 방지시설의 운영 상황 등에 대한 모니터링 여부 및 적절성 ○ 측정 및 모니터링 결과의 기록 · 보존의 적절성

2. 검토주기의 연장

환경부장관은 제1호에 따른 평가결과에 따라 다음 각 목의 구분에 따른 기간만큼 허가조건 및 허가배출기준의 검토주기를 연장한다.

가. 제1호 각 목에 대한 평가 결과가 모두 우수인 경우 : 3년

나. 제1호 각 목에 대한 평가 결과가 모두 양호 이상이면서 2개 이상이 우수인 경우 : 2년

다. 제1호 각 목에 대한 평가 결과가 모두 양호 이상인 경우 : 1년

3. 제1호 각 목의 구분에 따른 평가 요소의 구체적인 평가기준 및 절차 등에 관하여는 환경부장관이 정하여 고시한다.

[별표 10]

측정기기의 운영 · 관리기준(제19조 관련)

1. 적산전력계의 운영 · 관리기준

가. 「계량에 관한 법률」제14조에 따른 형식승인 및 같은 법 제23조에 따른 검정을 받은 적산전력계를 부착하여야 한다.

나. 적산전력계를 임의로 조작을 할 수 없도록 봉인을 하여야 한다.

2. 자동측정기기의 운영 · 관리기준

가. 환경부장관, 시 · 도지사 및 사업자는 자동측정기기의 구조, 성능 및 측정 · 분석 · 평가 등의 방법이 「환경분야 시험 · 검사 등에 관한 법률」제6조제1항에 따른 환경오염공정시험기준에 맞도록 유지하여야 한다.

나. 환경부장관, 시 · 도지사 및 사업자는 「환경분야 시험 · 검사 등에 관한 법률」제9조제1항에 따른 형식승인(같은 법 제9조의2에 따른 예비형식승인을 받은 측정기기를 포함한다. 이하 같다)을 받은 자동측정기기를 설치하고, 같은 법 제11조에 따른 정도검사를 받아야 하며, 정도검사 결과를 관제센터가 알 수 있도록 조치하여야 한다. 다만, 「환경분야 시험 · 검사 등에 관한 법률」제6조제1항제1호 및 제5호에 따른 환경오염공정시험기준에 맞는 자료수집기 및 중간자료수집기의 경우 형식승인 또는 정도검사를 받은 것으로 본다.

다. 환경부장관, 시 · 도지사 및 사업자는 자동측정기기에 의한 측정자료를 관제센터에 실시간으로 전송하여야 한다.

라. 환경부장관, 시 · 도지사 및 사업자는 측정기기를 새로 설치하거나 교체할 때마다 측정기기의 현황을 작성하여 관제센터에 전송하고 3년 동안 보관하여야 한다.

마. 환경부장관, 시 · 도지사 및 사업자는 굴뚝배출가스 온도측정기를 새로 설치하거나 교체하는 경우에는 「국가표준기본법」에 따른 교정을 받아야 하며, 그 기록을 3년 이상 보관하여야 한다. 다만, 「대기환경보전법 시행령」별표 3 제1호의 비고 제3호에 따른 온도측정기 중 최종연소실출구 온도를 측정하는 온도측정기의 경우에는 KS규격품을 사용하여 교정을 대신할 수 있다.

바. 환경부장관, 시 · 도지사 및 사업자는 측정기기를 점검 · 교정할 때마다 점검 · 관리사항을 작성하여 관제센터에 전송하고 3년 동안 보관하여야 한다.

[별표 11]

개선사유서의 제출 대상 및 시기(제21조제4항 관련)

1. 측정기기를 교정하는 경우
   가. 제출시기 : 교정 전
   나. 개선사유 : 표준용액을 이용한 검ㆍ교정 및 검량선 확인 등 측정기기 성능확인 및 교정

2. 측정기기를 청소하는 경우
   가. 제출시기 : 청소 전
   나. 개선사유 : 시료채취조 청소, 센서류의 전극 세척, 튜브 등 소모품 교체

3. 제1호 및 제2호 외의 경미한 사항이 발생하는 경우
   가. 정도검사
     1) 제출시기 : 검사 전
     2) 개선사유 : 「환경분야 시험ㆍ검사 등에 관한 법률」 제11조에 따른 정도검사 수검
   나. 설비점검
     1) 제출시기 : 점검 전
     2) 개선사유 : 전기설비 안전점검, 수전설비 보완공사 등 사전 계획된 설비점검
   다. 비정상 상태정보 발생
     1) 제출시기 : 사유 발생 후 8시간 이내
     2) 개선사유
       가) 통신불량 : 측정기기의 전원 단절, 통신회선 불량 등 점검
       나) 작동불량 : 시료ㆍ시약의 미공급, 주요부품 고장 등 점검

[별표 12] 〈개정 2018. 12. 31.〉

배출시설등 및 방지시설의 설치 · 관리 및 조치기준(제23조 관련)

1. 공통기준

가. 배출시설등의 설치 시 준수되어야 하는 사항

1) 배출시설등 및 방지시설을 설치할 때에는 사용 연료 · 원료 및 배출되는 오염물질등의 특성, 설치되는 지역의 환경여건, 유지 · 관리의 용이성, 안정성 등을 종합적으로 고려하여 가장 적합한 시설을 설치하여야 한다.

2) 방지시설의 용량은 배출시설등에서 나오는 오염물질등을 적절하게 처리할 수 있도록 오염물질 등의 발생량 이상으로 설계하여 설치하여야 한다.

3) 대기오염방지시설의 후드(Hood)는 배출시설에서 발생하는 오염물질을 최대한 흡입할 수 있는 구조로 설치하여야 한다.

4) 소음 · 진동배출시설을 설치할 때에는 주거지역 및 「소음 · 진동 관리법 시행규칙」 별표5 제6호 나목에 따른 정온시설 등으로부터 소음 · 진동의 발생원을 최대한 분리하는 설계 방식을 채택하여야 한다.

5) 용수 사용을 최소화하도록 사업장을 설계하고, 공정 최적화를 통하여 폐수발생을 최소화하거나 재이용수 사용을 최대화하여야 한다.

6) 용수를 다량으로 사용하는 배출시설등을 신설하거나 추가로 설치하는 경우에는 「물의 재이용 촉진에 관한 법률」에서 정하는 바에 따라 용수를 재이용하는 설비를 갖추어야 한다.

7) 폐수처리시설의 바닥은 지반침하로 인한 폐수의 누출 · 유출을 방지할 수 있는 철근콘크리트 등으로 설치하여야 한다.

8) 생산 설비 또는 야적지로부터 누출된 액상 화학물질, 고형물 등이 배수로로 유입되는 것을 방지하기 위하여 방지턱 또는 차단기를 설치하여야 한다.

9) 사업장에 「폐기물관리법」 제29조제2항에 따른 설치 승인 · 신고 대상 폐기물처리시설을 설치하거나 운영 중인 경우에는 같은 법 시행규칙 제35조에 따른 폐기물처리시설의 설치기준을 준수하여야 한다.

10) 「자원의 절약과 재활용 촉진에 관한 법률」 시행규칙 제1조의2제1호에 따른 고형(固形)연료제품(이하 "고형연료제품"이라 한다)을 사용하는 시설을 신설하거나 추가로 설치하는 경우에는 연료의 자동 투입장치를 설치하고 이를 통하여 연료를 공급하여야 하며, 「폐기물관리법 시행규칙」 제35조에 따른 폐기물처리시설의 설치기준을 충족하도록 시설을 설치하고 관리하여야 한다.

나. 환경으로 직접 배출되는 오염물질등의 억제 및 저감에 관한 사항

1) 부식의 우려가 있는 설비 및 부품에 대해서는 부식을 방지하는 자재를 사용하고 주기적으로 부식 여부를 점검하여야 한다.

2) 「대기환경보전법」 제38조의2제1항에 따른 신고 대상 비산배출시설을 설치하거나 운영 중인 경

우에는 같은 조 제3항에 따른 시설관리기준을 준수하여야 한다.

3) 「대기환경보전법」 제43조제1항에 따른 신고 대상 비산먼지 발생사업을 실시하는 경우에는 같은 법 시행규칙 제58조제4항에 따른 시설의 설치 및 필요한 조치에 관한 기준을 준수하여야 한다.

4) 「대기환경보전법」 제44조제1항 또는 제45조제1항에 따른 신고 대상 휘발성유기화합물배출시설을 설치하거나 운영 중인 경우에는 같은 조에 따른 휘발성유기화합물의 배출억제 · 방지시설의 설치 및 검사 · 측정결과의 기록 · 보존에 관한 기준 등을 준수하여야 한다.

5) 「물환경보전법」 제53조제1항에 따른 비점오염원의 설치신고 대상에 해당하는 경우에는 같은 법 제53조제4항에 따른 사항을 준수하여야 한다.

6) 유기용제 등 휘발성이 높은 악취 유발물질은 밀폐하여 취급 · 보관하여야 한다.

7) 「악취방지법」 제8조제1항 또는 제8조의2제2항에 따른 신고 대상 악취배출시설을 설치하거나 운영 중인 경우에는 같은 법 제8조제4항 또는 제8조의2제3항에 따른 악취방지에 필요한 조치를 하여야 한다.

8) 사업장에 「토양환경보전법」 제2조제4호의 특정토양오염관리대상시설을 설치하거나 운영 중인 경우에는 같은 법 시행령 제7조 및 같은 법 시행규칙 제10조의3에 따른 기준을 준수하여야 한다.

9) 공정 내에서 발생하는 폐기물은 최대한 재활용하고, 처리 방법이 다른 폐기물은 별도로 분리하여 보관하여야 한다. 다만, 폐기물의 발생 당시 두 종류 이상의 폐기물이 혼합되어 발생된 경우에는 함께 보관할 수 있다.

다. 저감효율을 유지하기 위한 적정 관리 및 조치에 관한 사항

1) 오염물질등의 함량이 적은 연료 및 원료를 사용하여야 하며, 연소 과정에서 오염물질등의 발생을 줄이고 연소 효율 및 에너지 효율을 개선할 수 있는 방안을 적용하여야 한다.

2) 연료 및 원료를 반입 또는 보관하는 과정에서 악취, 먼지, 침출수 등이 외부로 유출되지 않도록 관리하여야 한다.

3) 연소실의 공기 공급량을 조절할 수 있도록 장치를 설치하고, 연료의 충분한 연소가 가능하도록 운전하여야 한다.

4) 고형연료제품을 사용하는 시설을 설치 · 운영하는 경우에는 반입 · 보관되는 연료의 성분 및 함량을 주기적으로 측정하여 기록 · 보존하고, 공급처가 다른 연료를 보관하는 경우에는 서로 섞이지 않도록 구분하며, 화재감지 장치 및 소화설비 등 발화에 대비한 설비를 설치하여야 한다.

5) 공정별로 배출되는 폐수가 집수되어 폐수처리시설로 유입되는 경우에는 공정별로 집수된 폐수의 성상(性狀)을 주기적으로 측정하고 관리하여야 한다.

6) 폐수는 처리방법별 또는 성상별로 분리 보관하여 폐수처리시설로 유입 처리하거나 「물환경보전법」 제62조제1항에 따라 폐수처리업 등록을 한 자(이하 "폐수처리업자"라 한다)에게 위탁처리하여야 한다. 다만, 별도의 처리 없이 재이용이 가능한 경우에는 그렇지 않다.

7) 흡착제, 여과재 등 방지시설의 효율에 영향을 미치는 소모품은 방지시설의 적정효율을 유지할 수 있도록 오염도 측정 결과 등을 반영하여 교체주기를 명시하고 교체 주기 이내에 교체하여야 하며, 교체 내용을 기록 · 보존하여야 한다.

8) 질소산화물 방지시설은 암모니아 슬립현상(반응하지 않고 배출되는 현상)을 최소화하도록 정기적으로 유지 · 보수 또는 점검을 실시하여야 한다.

9) 대기오염방지시설의 밸브, 배관, 패킹 등에서 오염물질이 누출 · 유출되지 않도록 관리하여야 한다.

10) 대기오염방지시설의 온도, 압력, 유속, 송풍량(급 · 배기량) 등 운전의 주요 매개변수를 확인 · 관리하여야 한다.

11) 연소 개선을 통하여 질소산화물을 저감하는 방식을 적용한 대기오염물질배출시설의 경우에는 그 연소 조건을 기록하고, 그 조건이 유지되도록 관리하여야 한다.

12) 안정적으로 공정이 운영될 수 있도록 공정 제어 시스템을 적용하고 지속적으로 모니터링하여야 한다.

13) 사업장에 「폐기물관리법」 제29조제2항에 따른 설치 승인 · 신고 대상 폐기물처리시설을 설치 · 운영 중인 경우에는 같은 법 시행규칙 제42조에 따른 기준을 준수하여야 한다.

14) 환경 관련 시설의 관리를 담당하는 부서 및 담당자를 지정하고, 주요 배출시설 및 방지시설에 대해서는 유지 · 보수 계획을 수립하여 예방 점검 및 유지 · 보수를 실시하여야 한다.

15) 오염물질등의 발생을 억제하거나 배출을 방지하는 경우에는 해당 오염물질등이 대기오염물질이나 수질오염물질, 폐기물 등 다른 형태의 오염물질등으로 전이되는 현상을 고려하여 최적화된 방법으로 처리하여야 한다.

16) 배출시설등을 가동하는 기간 동안 지하수 및 토양의 오염을 방지하기 위한 계획을 수립하고, 사업종료 등으로 배출시설등을 폐쇄하거나 가동을 중단하는 경우에 대비하여 지하수 및 토양을 시설 설치 전의 상태로 복원(배출시설등의 설치 · 운영으로 지하수 또는 토양이 오염될 우려가 있는 경우로 한정한다)하기 위한 계획을 수립하여야 한다.

17) 고형연료제품을 사용하는 시설을 설치 · 운영하는 경우에는 주기적으로 배출구에서 휘발성유기화합물과 특정대기유해물질의 배출 여부를 확인하여야 한다.

2. 영 별표 1 제1호 · 제2호에 따른 업종에서 설치 · 운영하는 배출시설등 및 방지시설

가. 배출시설등의 설치 시 준수되어야 하는 사항

1) 가스터빈, 송풍기, 증기터빈, 팬 등 소음이 많이 발생하는 설비는 흡음기, 방음설비 또는 차음설비를 설치하거나 해당 설비를 밀폐하는 등의 조치를 취하여야 한다.

2) 터빈, 발전기, 펌프, 압축기, 전동기, 팬 등 회전기계로부터 발생하는 진동을 억제하기 위하여 회전기계의 기초(Anchoring)에 나선형 강재 스프링, 고무성분 등 진동방지설비를 설치하고 해당 기초의 손상 여부를 주기적으로 확인하여야 한다.

3) 세척수에 유분(油分)이 포함되어 있는 경우에는 폐수처리시설에 유수분리조(油水分離曹)를 설치하여야 한다.

4) 액체연료 이송배관은 누출을 신속하게 탐지할 수 있고 차량 및 그 밖의 장비로 인하여 손상되지 않도록 지상의 안전하고 개방된 공간에 설치하여야 한다. 다만, 불가피하게 이송배관을 매설하

는 경우에는 그 경로를 도면으로 작성하여 보관하고 굴착 주의를 표시하여야 한다.

5) 지정악취물질은 밀폐된 저장시설에 보관하여야 하며, 해당 악취물질을 배출하는 악취배출시설에는 악취방지시설을 설치하여야 한다.

6) 액체연료 저장시설의 바닥은 콘크리트 기초와 같은 불투수성(不透水性) 구조로 설치하여야 한다.

나. 환경으로 직접 배출되는 오염물질등의 억제 및 저감에 관한 사항

1) 고체연료를 하역할 때에는 비산먼지가 발생하지 않도록 충분히 낮은 위치에서 하역하여야 한다.

2) 고체연료를 선박에서 컨베이어 벨트 등의 운반장치로 하역하는 경우에는 그 운반장치를 밀폐형으로 설치하여야 한다.

3) 2차 연료로 사용되는 바이오매스(Biomass)는 집진설비가 설치된 밀폐형 사일로에 저장하여야 한다.

4) 이탄(泥炭)은 운송과정에서의 자연발화를 방지하고 비산먼지의 발생을 억제하기 위하여 함수율(含水率)을 최소 40%로 유지하여야 한다.

5) 비산먼지를 유발할 수 있는 연소잔재물, 소석회(消石灰) 등의 저장시설 투입구는 최대한 밀폐하고 집진시설을 설치하여야 하며, 밀폐된 컨베이어나 차량으로 이송하여야 한다.

6) 휘발성유기화합물에 해당하는 액체연료나 기체연료를 사용하는 시설은 해당 연료가 누출 · 유출되지 않도록 관리하여야 한다.

7) 휘발성유기화합물에 해당하는 액체연료는 밀폐된 저장시설에 보관하여야 한다.

8) 소음 · 진동으로 인하여 주변 지역에서 민원이 발생하는 경우에는 주기적으로 부지 경계지점에서 소음 · 진동을 측정하고, 그 결과를 환경부장관에게 제출하여야 한다.

9) 고체연료를 야적하는 경우에는 빗물에 노출되지 않도록 표면 덮개를 설치하고 빗물은 집수하여 침전 처리한 후 배출하여야 한다.

10) 2차 연료로 사용되는 슬러지를 운송하는 경우에는 밀폐되거나 덮개가 달린 컨테이너로 수송하고 밀폐된 건물 내에서 하역하여야 하며, 흡착시설을 설치한 폐쇄형 사일로나 음압 저장시설에 저장하여야 한다.

11) 슬러지 등을 2차 연료로 사용하는 공정에서 배출되는 비산재와 바닥재는 유출되거나 먼지나 악취가 발생하지 않도록 취급 및 이송하여야 한다.

12) 액체연료 저장시설과 이송배관은 누출 여부를 확인하기 위하여 정기적으로 점검을 실시하여야 한다.

다. 저감효율을 유지하기 위한 적정 관리 및 조치에 관한 사항

1) 첨가제와 반응제는 서로 반응이 일어나지 않도록 별도의 장소에 분리하여 보관하여야 한다.

2) 각종 세척수, 유출수, 헹굼수 등은 유분, 중금속, 염분 등의 포함 여부를 주기적으로 확인하여야 한다.

3. 영 별표 1 제3호에 따른 업종에서 설치 · 운영하는 배출시설등 및 방지시설

가. 배출시설등의 설치 시 준수되어야 하는 사항

1) 공기압축기, 증기터빈 발전기 등 소음이 많이 발생하는 설비는 방음설비 내부에 설치하거나 흡음설비, 방음설비 또는 차음설비를 설치하고 출입구의 닫힘 상태를 유지하는 등 소음의 외부 유출을 최소화하여야 한다.

2) 소음이 많이 발생하는 설비는 주변지역에 미치는 영향이 적은 방향으로 배치하여야 한다.

3) 악취가 발생할 수 있는 폐기물의 보관ㆍ처리시설에 출입 및 개폐가 빈번히 발생하는 경우에는 악취가 외부로 빠져나가지 않도록 조치하여야 한다.

4) 폐기물 보관시설에서 발생하는 악취를 포함한 공기는 연소실 공기 공급원으로 활용하는 등 악취를 방지할 수 있는 방안을 강구하여야 한다.

5) 폐기물 소각시설을 신설하거나 추가로 설치하는 경우에는 폐기물 보관시설에서 발생하는 가스를 공기 공급 장치를 통해 연소실로 공급하는 시설을 설치하여야 한다.

나. 환경으로 직접 배출되는 오염물질등의 억제 및 저감에 관한 사항

1) 비산먼지가 발생할 수 있는 폐기물을 수집ㆍ운반할 때에는 덮개를 설치하거나 컨테이너 형태의 차량을 사용하여야 한다.

2) 소음ㆍ진동으로 인하여 주변 지역에서 민원이 발생하는 경우에는 주기적으로 부지 경계지점에서 소음ㆍ진동을 측정하고, 그 결과를 환경부장관에게 제출하여야 한다.

3) 증기 트랩에서 증기가 배출될 때 수격 작용 등으로 인한 소음ㆍ진동이 최소화되도록 관리하여야 한다.

4) 폐기물 소각시설에 반입되는 폐기물을 가급적 사전에 해체하여 파쇄물의 크기를 줄여야 하며, 파쇄기가 설치된 경우에는 파쇄기 전단 날의 마모상태를 확인하여 적절한 시기에 교체하여야 한다.

5) 폐기물의 장기간 보관에 따른 악취 발생 등을 억제하기 위하여 보관시설 규모 이상의 폐기물을 반입하여서는 안된다.

6) 폐기물 소각로는 가급적 연속적으로 운전하여야 한다.

7) 폐기물의 지하시설 보관을 억제하고 폐기물을 이동할 때 배관 사용을 최소화하여야 한다.

8) 누출이나 누수로 토양오염이 발생할 수 있는 폐기물은 콘크리트 기초와 같은 불투수성 시설이나 내부 배수시설이 설치된 시설에서 보관하여야 한다.

9) 지하저장 용기의 누출 가능성을 정기적으로 모니터링하기 위하여 용기의 수위를 수시로 점검하여야 한다.

10) 다이옥신류의 배출을 저감하기 위하여 「폐기물관리법 시행규칙」 별표 9에 따라 소각로 출구 배출가스가 최적 온도 범위를 벗어나지 않도록 관리하여야 한다.

다. 저감효율을 유지하기 위한 적정 관리 및 조치에 관한 사항

1) 폐기물을 보관할 때에는 안전성을 확보하고 처리의 효율성을 높이기 위하여 폐기물의 처리방법에 따라 분리하여 저장하여야 한다.

2) 소각 대상 폐기물의 바닥재 시료를 정기적으로 채취ㆍ분석하여 「폐기물관리법 시행규칙」 별표 9에 따른 강열감량 등의 특성을 분석하여야 한다.

3) 지정폐기물을 보관하는 용기에는 라벨을 부착하고, 반입 폐기물의 유해성 정보를 확인하여야 한다.

4) 폐기물 소각시설을 신설하거나 추가로 설치하는 경우에는 폐기물 보관시설 내에서 폐기물이 자연발화하는 현상 등에 대비하여 화재감지 및 소화설비 등 소방 설비시스템을 설치하여야 한다.

4. 영 별표 1 제4호 · 제5호에 따른 업종에서 설치 · 운영하는 배출시설등 및 방지시설

가. 배출시설등의 설치 시 준수되어야 하는 사항

1) 밸브, 커넥터, 플랜지 등 원료 또는 제품의 누출 위험이 있는 설비 및 부품은 효과적인 유지 · 관리를 하며 접근이 용이한 곳에 위치하도록 하여야 한다.

2) 로(furnace) 내에 침적된 코크스 등 불순물을 제거할 때 발생하는 비산먼지를 억제할 수 있도록 공정을 설계하고 적절한 방지시설을 설치하여야 한다.

3) 중금속, 유독성 유기화합물 및 염화 유기화합물 등 생물 분해가 불가능한 유기화합물이 함유된 폐수로서 전처리 과정을 거치더라도 별표 6 제3호에 따른 허가배출기준을 초과할 우려가 있는 폐수는 별도로 분리하여 처리 또는 재활용하여야 한다.

나. 환경으로 직접 배출되는 오염물질등의 억제 및 저감에 관한 사항

1) 유지 · 보수의 과정에서 오염물질 등이 대기로 직접 방출되지 않도록 조치하여야 한다.

2) 에틸렌을 제조하는 공정의 경우에는 열교환기의 냉각수에 벤젠, 큐멘, 에틸벤젠, 헥산, 나프탈렌, 스틸렌, 톨루엔, 자일렌(o-, m-, p- 포함) 및 1,3-부타디엔 등이 누출되지 않도록 관리하여야 한다.

다. 저감효율을 유지하기 위한 적정 관리 및 조치에 관한 사항

1) 배출되는 탄화수소 또는 폐기물을 연료화하는 등 에너지 효율 개선방안을 마련하여 적용하여야 한다.

2) 공정 내에서 반응하지 않은 원료나 부반응에 의하여 발생한 화학물질은 최대한 회수 · 재활용하는 등 원료 소비를 절감하고 오염물질등을 줄이기 위한 방안을 마련하여 적용하여야 한다.

3) 유증기의 손실을 최소화하고 유증기 회수설비가 갖추어진 경우에는 배기구 등을 통해 빠져나온 유증기를 최대한 회수하여야 한다.

4) 공정 폐기물과 잔류물의 성분을 주기적으로 모니터링하여 기록 · 보존하여야 한다.

5) 냉각시스템에는 무독성 또는 저독성의 냉각수 첨가제를 사용하여야 하며, 간접냉각 시스템을 최대한 적용하여야 한다.

5. 영 별표 1 제6호에 따른 업종에서 설치 · 운영하는 배출시설등 및 방지시설

가. 배출시설등의 설치시 준수되어야 하는 사항

1) 제강공정 및 주조공정 등 먼지가 발생하는 공정에서는 먼지의 발생을 최소화하도록 관리하여야 한다.

2) 탈지단계에서는 탈지용액 정화 및 재사용을 통한 탈지 순환을 실시하여 수질오염물질 배출을 줄

여야 한다.

나. 저감효율을 유지하기 위한 적정 관리 및 조치에 관한 사항

1) 고철을 사용할 때에는 이물질의 투입을 최소화하도록 관리하여야 한다.

2) 코크스로에서 발생하는 폐수 또는 탄화수소 함량이 큰 폐수 등 유기물이 포함된 폐수는 냉각수로 재사용하지 않는다.

3) 사용된 폐산은 적절하게 처리하거나 재순환하여야 한다.

4) 공정 과정에서 추출된 부생가스는 최대한 활용하여 1차 에너지 소비를 줄여야 한다.

6. 영 별표 1 제7호에 따라 설치·운영되는 배출시설등

가. 배출시설등의 설치시 준수되어야 하는 사항

1) 생산되는 제품별로 공정의 특성과 오염물질등의 배출 특성을 고려하여 가장 적합한 방지시설을 설치하여야 한다.

2) 용융과정에서 솔트 슬래그 또는 솔트 케이크 등의 배출을 최소화할 수 있도록 시설·공정을 관리하여야 한다.

나. 환경으로 직접 배출되는 오염물질등의 억제 및 저감에 관한 사항

1) 사업장과 교통로에 침적된 먼지를 제거하고, 먼지의 재비산을 방지하기 위하여 물청소를 하거나 살수차 및 진공청소차 등을 활용하여야 한다.

다. 저감효율을 유지하기 위한 적정 관리 및 조치에 관한 사항

1) 스크랩 또는 절삭분 등 제조 과정에서 발생한 잔재물을 원료로 이용하는 경우에는 원료에 이물질이 포함되었는지 여부를 확인하고 적절히 관리하여야 한다.

7. 영 별표 1 제8호에 따른 업종에서 설치·운영하는 배출시설등 및 방지시설

가. 배출시설등의 설치 시 준수되어야 하는 사항

1) 상압증류(常壓蒸溜)공정, 감압증류(減壓蒸溜)공정, 고도화공정에서 발생하는 황 성분을 제거하기 위하여 산성가스처리 설비, 황 회수 설비 또는 폐가스처리 설비 등의 황 성분 회수·처리 설비를 설치·운영해야 한다.

2) 저장용량이 20m³ 이상인 유류저장시설은 저장용량의 110퍼센트 이상의 내부용적을 가진 방류벽과 저장용량의 90퍼센트 이상 주입 시 넘침을 방지할 수 있는 자동공급차단 장치 또는 수위 경보장치 등의 장치를 설치하고, 누유 여부의 모니터링 시설 및 누유 시 경보가 작동할 수 있는 설비를 설치·운영해야 한다.

3) 플레어스택(flare stack)은 비상운전 상황에 대비하여 환경·안전에 영향이 없도록 설계해야 하며 운전 중 플레어가 안정적으로 유지될 수 있도록 적정하게 운영해야 한다.

4) 코크스 및 촉매 배출 공정은 비산먼지의 배출을 방지할 수 있도록 설비를 설계해야 하고, 설비 및 배출구에는 이중 차단설비 등을 설치하여 비산먼지 등의 오염물질이 주변 환경으로 직접 배출되지 않도록 해야 한다.

5) 제조시설 또는 저장시설에서 환경 및 안전사고로 인한 수계로의 오염물질 유출, 누출을 방지하기 위하여 각 빗물관에 차단시설 또는 비상저류(貯留)시설을 설치하고, 차단된 오염물질을 처리하기 위한 유수분리 기능이 있는 시설을 설치·운영해야 한다.

6) 토양오염물질 및 특정수질유해물질이 발생하는 공정을 설치하려는 경우에는 대규모 정전 등 예상하지 못한 비상운전상황을 대비하여 충분한 용량의 비상저류시설을 설치·운영해야 한다.

7) 중금속, 유독성 유기화합물 및 염화 유기화합물 등 생물분해가 어려운 유기화합물이 함유된 폐수로서 전처리 과정을 거치더라도 별표 6 제3호에 따른 허가배출기준을 초과할 우려가 있는 폐수는 별도로 분리하여 처리 또는 재활용해야 한다.

나. 환경으로 직접 배출되는 오염물질등의 억제 및 저감에 관한 사항

1) 염소 성분, 황 성분 등 설비를 부식시키고 연소 후 대기오염을 발생시키는 성분을 사전에 환경부장관에게 허가받지 않고 플래어스택으로 유입처리해서는 안 된다.

2) 설비의 유지·보수를 하는 경우에는 해당 설비의 오염물질이 주변 환경으로 직접 배출되거나 누출되지 않도록 관리해야 한다.

3) 내부부상형탱크 또는 외부부상형탱크를 설치하여 운영하는 경우에는 오염물질의 비산배출이 발생하지 않도록 허가 조건에 따라 주기적으로 밀폐장치 등을 점검하고 그 내용을 기록해야 한다.

다. 저감효율을 유지하기 위한 적정 관리 및 조치에 관한 사항

1) 공정에서 발생되는 탄화수소류 및 폐기물은 회수하여 연료화하는 등의 재활용 방안을 마련하고, 공정에서 발생하는 탄화수소류 또는 폐기물을 자체 연료로 사용하려는 경우에는 「폐기물관리법」 또는 「대기환경보전법」 등 관련 법령에 따른 인허가를 받은 후 사용해야 한다.

2) 공정 내에서 반응하지 않은 원료나 부반응에 의해 발생한 화학물질은 최대한 회수하여 재활용하는 등 원료 소비를 절감하고 오염물질 등을 줄이기 위한 방안을 마련하여 적용해야 한다.

3) 상압증류설비 및 감압증류설비 등의 탈황(脫黃)설비는 부식 방지 재료를 사용해야 하며, 산성 원유 등 부식성 원료를 사용하는 경우에는 부식방지제 등 부식을 제어할 수 있는 부식방지기법을 적용해야 한다.

4) 간접 냉각수에는 「화학물질관리법」 제2조제7호의 유해화학물질이 포함되어서는 안 된다.

8. 영 별표 1 제9호에 따른 업종에서 설치·운영하는 배출시설등 및 방지시설

가. 배출시설등의 설치 시 준수되어야 하는 사항

1) 부식성 물질을 취급하는 설비는 부식을 방지할 수 있는 재질로 설치하여 오염물질 누출을 방지해야 한다.

2) 과산화수소 제조공정의 경우에는 공정 운영 중(가동 시작 및 가동 정지를 포함한다)에 발생된 배기가스 중 탄화수소류가 대기 중으로 직접 배출되지 않도록 회수 또는 처리할 수 있는 설비를 갖추어야 한다.

3) 과산화수소 제조공정에서 포름알데히드, 에틸렌 또는 메탄올을 사용하는 경우에는 해당 물질

을 처리할 수 있는 대기오염방지설비를 설치하고 오염물질의 처리를 위한 설비별 최적운영조건을 도출하여 관리해야 한다.

4) 클로로알칼리 제조공정에서 발생하는 염소 및 염화수소의 비산배출을 방지하기 위해 밀폐된 관로 및 설비를 설치·관리해야 한다.

5) 중금속, 유독성 유기화합물 및 염화 유기화합물 등 생물 분해가 어려운 물질이 함유된 폐수로서 전처리 과정을 거치더라도 별표 6 제3호에 따른 허가배출기준을 초과할 우려가 있는 폐수는 별도로 분리하여 처리하거나 재활용해야 한다.

6) 비점오염저감시설(非點汚染低減施設)의 경우 해당 지역의 강우량을 누적유출고로 환산하여 처리 대상 면적에 대해 최소 5밀리미터 이상의 강우량을 처리할 수 있는 용량으로 설계해야 한다.

나. 환경으로 직접 배출되는 오염물질등의 억제 및 저감에 관한 사항

1) 설비의 유지·보수를 하는 경우에는 해당 설비의 오염물질이 주변 환경으로 직접 배출되거나 누출되지 않도록 관리해야 한다.

2) 광석 및 분체상(粉體狀) 원부재료 사용으로 비산먼지의 발생 우려가 있는 경우 하역, 운송, 이동, 보관 및 저장 과정에서 먼지가 비산되지 않는 구조로 설비를 설계·운영해야 한다.

3) 비점오염저감시설의 경우 침전부 및 여과부의 침전물, 여과된 물질 등을 허가조건에 따라 주기적으로 제거하고, 저감시설의 기능이 정상적으로 유지될 수 있도록 정기적으로 점검하여 그 운영·관리사항을 월 1회 기록하여 강우 전·후의 시설물 점검 기록과 함께 2년 이상 보존해야 한다.

4) 보오크사이트를 원료로 수산화알루미늄 제조시 발생하는 공정오니(汚泥)는 침출수 및 먼지날림 등이 발생하지 않도록 적정 처리 및 관리해야 한다.

다. 저감효율을 유지하기 위한 적정 관리 및 조치에 관한 사항

1) 공정폐기물과 부산물의 성분을 허가조건에 따라 주기적으로 모니터링하여 관련사항을 기록·보존해야 한다.

2) 공정 내에서 반응하지 않은 원료나 부반응에 의하여 발생한 화학물질은 최대한 회수·재활용하는 등 원료 소비를 절감하고 오염물질 등을 줄이기 위한 방안을 마련하여 적용해야 한다.

3) 중금속 함량이 높은 원재료 또는 부재료를 사용하는 경우 공정 내에서 중금속 회수율을 높여 폐수 및 폐기물에 배출되는 중금속 함량을 최소화해야 한다.

4) 연속식으로 운영되는 발열반응 공정 또는 폐열 발생공정의 경우에는 스팀 생산, 열교환 등의 효과적인 열회수 방법을 이용하여 사업장 내의 연료 사용량을 저감해야 한다.

9. 영 별표 1 제10호 및 제11호에 따른 업종에서 설치·운영하는 배출시설등 및 방지시설

가. 배출시설등의 설치 시 준수되어야 하는 사항

1) 원료 투입공정에서 발생하는 분진 및 탄화수소류 등의 오염물질 발생량 이상으로 방지시설의 용량을 설계하여 설치·운영해야 한다.

2) 액상물질(공업용수 등 오염물질을 포함하지 않은 것은 제외한다)을 이송하는 배관은 누출을

신속하게 탐지할 수 있어야 하며, 차량 및 그 밖의 장비로 인하여 손상되지 않도록 지상의 안전하고 개방된 공간에 설치하고 이를 허가조건에 따라 주기적으로 점검하고 관리해야 한다. 다만, 불가피하게 이송배관을 매설하는 경우에는 그 경로를 도면으로 작성·보관하고 굴착주의 표시를 해야 한다.

3) 젤라틴 제조공정의 원료로 사용되는 돈피와 우피의 취급으로 인하여 악취가 발생하는 공정은 밀폐시스템을 적용하거나 음압(陰壓)으로 관리하는 등의 악취저감 조치를 취해야 한다.

4) 유기용제 등 액상 화학물질의 누출·유출이 일어날 수 있는 시설의 경우 화학물질의 누출·유출을 방지하기 위한 방지턱, 방류벽 또는 바닥면 포장 등을 설치해야 한다.

5) 사업자는 다음의 각 공정에서 굴뚝 등 배출구 외에 직접 배출되거나 누출되는 유해물질을 방지하기 위하여 회수시설 또는 적정한 처리시설을 갖추어야 한다.

가) 가소제 제조공정 : 알코올류(옥탄올, 2-에틸헥산올)

나) 산화방지제 제조공정 : 메탄올 및 이소부틸렌

다) 계면활성제 제조공정 및 접착제 제조공정 : 알킬페놀류

6) 중금속, 유독성 유기화합물 및 염화 유기화합물 등 생물 분해가 어려운 물질이 함유된 폐수로서 전처리 과정을 거치더라도 별표 6 제3호에 따른 허가배출기준을 초과할 우려가 있는 폐수는 별도로 분리하여 처리하거나 재활용해야 한다.

나. 환경으로 직접 배출되는 오염물질등의 억제 및 저감에 관한 사항

1) 원료투입 과정에서의 오염물질 발생을 저감하기 위하여 배출시설의 개폐를 최소화해야 하며, 설비 세척 시에는 고압세척, 스팀세척 등의 세척효율이 높은 방법을 적용하여 오염물질 배출을 최소화해야 한다.

2) 악취를 유발하는 물질은 상시 밀폐된 상태로 보관해야 하며, 악취물질을 배출하는 시설에는 악취방지시설을 설치하거나 악취가스를 연소시설의 연소공기로 활용하는 등 악취 배출 저감 방안을 적용해야 한다.

3) 액체원료 저장시설과 이송배관의 누출여부를 확인하기 위하여 용기의 수위 및 누출여부 등을 허가조건에 따라 주기적으로 점검해야 한다.

다. 저감효율을 유지하기 위한 적정 관리 및 조치에 관한 사항

1) 간접 냉각시스템을 최대한 적용해야 하며, 간접냉각수에는 「화학물질관리법」 제2조제7호의 유해화학물질이 포함되어서는 안 된다.

2) 공정 내에서 반응하지 않은 원료나 부반응에 의하여 발생한 화학물질은 최대한 회수·재활용하는 등 원료소비를 줄이고 오염물질의 배출을 저감해야 한다.

3) 지정폐기물을 보관하는 용기에는 라벨을 부착하고, 발생한 폐기물의 유해성 정보를 표시하고 관리해야 한다.

10. 영 별표 1 제12호에 따른 업종에서 설치·운영하는 배출시설등 및 방지시설

가. 배출시설등의 설치 시 준수되어야 하는 사항

1) 인광석과 황산의 반응시설은 최대한 밀폐해야 하며, 반응 과정에서 발생되는 대기오염물질을 모두 처리할 수 있도록 방지시설을 설치해야 한다.

2) 희질산 제조공정에서 발생하는 질소산화물은 별도의 탈질(脫窒)설비를 설치하고 오염물질의 처리를 위한 설비별 최적운영조건을 도출하여 운영해야 한다.

3) 질산 등의 유·무기산 저장시설(황산 저장시설은 제외한다)에서 대기 중으로 오염물질이 직접 배출되지 않도록 방지시설을 설치·운영해야 한다.

4) 폐석고 매립시설에서 발생하는 침출수는 외부로 배출되지 않도록 차수시설을 설치하여 관리 해야 하며, 공정 내에서 재이용하거나 침출수 처리시설 등에서 처리한 후 방류해야 한다.

5) 폐석고 매립시설에서 발생하는 침출수 등 불소 성분이 다량 함유되어 생물학적 처리가 어려운 폐수는 별도의 계통으로 처리해야 한다.

나. 환경으로 직접 배출되는 오염물질등의 억제 및 저감에 관한 사항

1) 인광석은 밀폐된 저장시설에 보관하고 집진시설을 설치해야 하며, 밀폐된 컨베이어나 차량으로 이송해야 한다.

2) 유기질비료 제조공정에서 악취를 유발하는 동식물성 잔재물은 밀폐하여 취급·보관해야 한다.

3) 비료 제조공정에서 환경으로 배출되는 원료성분이 포함된 입자상물질은 최대한 포집하여 재이용해야 한다.

4) 설비 유지·보수가 필요한 경우 해당 설비에 존재하는 오염물질을 완전히 처리하여 해당 설비에서 오염물질이 환경으로 직접 배출되지 않도록 관리해야 하며, 유지·보수 과정에서 발생한 폐가스 및 폐수는 방지시설에서 처리한 후 배출해야 한다.

다. 저감효율을 유지하기 위한 적정 관리 및 조치에 관한 사항

1) 비료 제조공정에서 발생하는 폐수는 조립수 또는 폐가스세정시설의 세정수 등의 적절한 용도로 최대한 재이용해야 한다.

2) 공정 내에서 반응하지 않은 원료나 부반응에 의하여 발생한 화학물질은 최대한 회수·재활용하는 등 원료 소비를 절감하고 오염물질 등을 줄이기 위한 방안을 마련하여 적용해야 한다.

3) 배출시설 또는 방지시설에서 사용되는 촉매는 그 성능을 지속적으로 관리하여 촉매의 활성 저하로 인한 오염물질의 배출을 방지해야 한다.

4) 황산 제조공정에서 흡수시설의 황산화물 배출 농도를 지속적으로 모니터링하여 흡수시설의 효율 저하로 인한 오염물질 배출을 방지해야 한다.

5) 연속식으로 운영되는 발열반응 공정 또는 폐열 발생공정의 경우에는 스팀 생산, 열교환 등의 효과적인 열회수 방법을 이용하여 사업장 내의 연료 사용량을 저감해야 한다.

6) 인광석의 종류 및 원산지 등이 변경된 경우에는 해당 원료의 성분 및 함량을 분석하여 기록·보존해야 한다.

[별표 13] 〈개정 2018. 12. 31.〉

오염물질등의 측정 · 조사 기준(제23조 관련)

1. 영 별표 1 제1호 · 제2호에 따른 업종에서 설치 · 운영하는 배출시설등 및 방지시설
   가. 환경으로 직접 배출되는 오염물질등의 측정에 관한 사항
   1) 고체연료를 사용하는 경우에는 사업장 부지 경계선에서 법 제2조제1호다목에 따른 비산
   2) 고체연료의 원산지가 변경되는 경우에는 연료의 성분 분석서를 확보하고 연료의 성분을 분석하여야 한다.
   3) 고체연료 저장소에 모인 빗물이 외부로 배출되는 경우 중금속, pH, 용존산소를 주기적으로 분석하여야 한다. 다만, 모인 빗물이 폐수처리시설로 유입되는 경우는 제외한다.
   4) 사업장에 「잔류성유기오염물질 관리법」 제2조제2호에 따른 배출시설을 설치 · 운영하는 경우에는 같은 법 제19조제1항에 따라 잔류성유기오염물질을 측정하고 기록 · 보존하여야 한다.
   5) 사업장에 「폐기물관리법」 제29조제2항에 따른 설치 승인 · 신고 대상 폐기물매립시설을 설치 · 운영 중인 경우에는 같은 법 제31조제2항에 따른 측정결과를 환경부장관에게 제출하여야 한다.
   나. 주변 영향조사에 관한 사항
   사업장에 「잔류성유기오염물질 관리법」 제2조제2호에 따른 배출시설을 설치 · 운영하는 경우에는 같은 법 제19조제2항에 따라 주변지역에 미치는 영향을 조사하고 그 결과를 환경부장관에게 제출하여야 한다.
2. 영 별표 1 제4호 · 제5호에 따른 업종에서 설치 · 운영하는 배출시설등 및 방지시설
   가. 환경으로 직접 배출되는 오염물질등의 측정에 관한 사항
   1) 염화비닐 단량체를 포함한 염소계 유기화합물을 제조하는 공정에서 에틸렌, 염화비닐 단량체, 디클로로에탄, 염소 또는 염산을 원료 또는 부원료로 사용하는 경우에는 해당 물질의 누출 여부를 주기적으로 확인하여야 한다.
   2) 톨루엔 디이소시아네이트를 제조하는 공정의 경우에는 건물 및 사업장 내부에서 유독물질이 검출되는지 여부를 주기적으로 확인하여야 한다.
   3) 사업장에 「잔류성유기오염물질 관리법」 제2조제2호에 따른 배출시설을 설치 · 운영하는 경우에는 같은 법 제19조제1항에 따라 잔류성유기오염물질을 측정하고 기록 · 보존하여야 한다.
   4) 사업장에 「폐기물관리법」 제29조제2항에 따른 설치 승인 · 신고 대상 폐기물매립시설을 설치 · 운영 중인 경우에는 같은 법 제31조제2항에 따라 측정한 결과를 환경부장관에게 제출하여야 한다.
   나. 주변 영향조사에 관한 사항
   사업장에 「잔류성유기오염물질 관리법」 제2조제2호에 따른 배출시설을 설치 · 운영하는 경우에는 같은 법 제19조제2항에 따라 주변지역에 미치는 영향을 조사하고 그 결과를 환경부장관에게 제출

하여야 한다.

3. 영 별표 1 제3호 · 제6호에 따른 업종에서 설치·운영하는 배출시설등 및 방지시설

가. 환경으로 직접 배출되는 오염물질등의 측정에 관한 사항

1) 사업장에 「잔류성유기오염물질 관리법」 제2조제2호에 따른 배출시설을 설치 · 운영하는 경우에는 같은 법 제19조제1항에 따라 잔류성유기오염물질을 측정하고 기록 · 보존하여야 한다.

2) 사업장에 「폐기물관리법」 제29조제2항에 따른 설치 승인 · 신고 대상 폐기물매립시설을 설치 · 운영 중인 경우에는 같은 법 제31조제2항에 따른 측정결과를 환경부장관에게 제출하여야 한다.

나. 주변 영향조사에 관한 사항

사업장에 「잔류성유기오염물질 관리법」 제2조제2호에 따른 배출시설을 설치 · 운영하는 경우에는 같은 법 제19조제2항에 따라 주변지역에 미치는 영향을 조사하고 그 결과를 환경부장관에게 제출하여야 한다.

4. 영 별표 1 제8호에 따른 업종에서 설치 · 운영하는 배출시설등 및 방지시설

가. 환경으로 직접 배출되는 오염물질등의 측정에 관한 사항

1) 사업장에 「폐기물관리법」 제29조제2항에 따른 설치 승인 또는 신고 대상 폐기물매립시설을 설치 · 운영 중인 경우에는 같은 법 제31조제2항에 따라 측정결과를 환경부장관에게 제출해야 한다.

2) 사업장에 「대기환경보전법」 제38조의2제1항에 따른 비산배출시설을 설치 · 운영 중인 경우에는 같은 조 제3항 및 제5항에 따라 오염배출농도를 측정하고 측정결과를 환경부장관에게 제출해야 한다.

3) 사업장에 「대기환경보전법」 제44조제1항에 따른 휘발성유기화합물을 배출하는 시설을 설치 · 운영 중인 경우에는 같은 조 제8항에 따라 측정결과를 환경부장관에게 제출해야 한다.

4) 코크 제조설비 및 유동상 접촉분해설비(Fluidic Catalytic Craking) 등 비산먼지가 발생하는 시설을 운영 중인 경우에는 사업장 부지의 경계선상에서 비산먼지의 농도를 분기마다 1회 이상 주기적으로 측정하고 기록해야 한다.

나. 주변 영향조사에 관한 사항

사업장에 「폐기물관리법」 제31조제3항에 따른 주변 지역 영향 조사 대상 폐기물처리시설을 설치 · 운영 중인 경우에는 주변 지역에 미치는 영향을 3년마다 조사하고 그 결과를 환경부장관에게 제출해야 한다.

5. 영 별표 1 제9호에 따른 업종에서 설치 · 운영하는 배출시설등 및 방지시설

가. 환경으로 직접 배출되는 오염물질등의 측정에 관한 사항

1) 사업장에 「폐기물관리법」 제29조제2항에 따른 설치 승인 또는 신고 대상 폐기물매립시설을 설치 · 운영 중인 경우에는 같은 법 제31조제2항에 따라 측정결과를 환경부장관에게 제출해야 한다.

2) 클로로알칼리, 무기안료 및 실리콘 제조시설은 염소 또는 염화수소의 누출 여부를 허가조건에

따라 주기적으로 확인해야 한다.

나. 주변 영향조사에 관한 사항

사업장에 「폐기물관리법」 제31조제3항에 따른 주변 지역 영향 조사 대상 폐기물처리시설을 설치·운영 중인 경우에는 주변 지역에 미치는 영향을 3년마다 조사하고 그 결과를 환경부장관에게 제출해야 한다.

6. 영 별표 1 제10호·제11호에 따른 업종에서 설치·운영하는 배출시설등 및 방지시설

가. 환경으로 직접 배출되는 오염물질등의 측정에 관한 사항

1) 사업장에 「폐기물관리법」 제29조제2항에 따른 설치 승인 또는 신고 대상 폐기물매립시설을 설치·운영 중인 경우에는 같은 법 제31조제2항에 따라 측정결과를 환경부장관에게 제출해야 한다.

2) 사업장에 「대기환경보전법」 제38조의2제1항에 따른 비산배출시설을 설치·운영 중인 경우에는 같은 조 제3항 및 제5항에 따라 오염배출농도를 측정하고 측정결과를 환경부장관에게 제출해야 한다.

3) 사업장에 「대기환경보전법」 제44조제1항에 따른 휘발성유기화합물을 배출하는 시설을 설치·운영 중인 경우에는 같은 조 제8항에 따른 측정결과를 환경부장관에게 제출해야 한다.

4) 사업장에 「잔류성유기오염물질 관리법」 제2조제2호의 배출시설을 설치·운영하는 경우에는 같은 법 제19조제1항에 따라 해당 배출시설에서 배출되는 잔류성유기오염물질을 측정하고 측정결과를 환경부장관에게 제출해야 한다.

5) 플라스틱 및 고무 첨가제 제조시설은 염화비닐의 누출 여부를 허가조건에 따라 주기적으로 확인해야 한다.

6) 계면활성제 및 접착제 제조시설은 알킬페놀류의 누출 여부를 허가조건에 따라 주기적으로 확인해야 한다.

나. 주변 영향조사에 관한 사항

사업장에 「폐기물관리법」 제31조제3항에 따른 주변 지역 영향 조사 대상 폐기물처리시설을 설치·운영 중인 경우에는 주변 지역에 미치는 영향을 3년마다 조사하고 그 결과를 환경부장관에게 제출해야 한다.

7. 영 별표 1 제12호에 따른 업종에서 설치·운영하는 배출시설등 및 방지시설

가. 환경으로 직접 배출되는 오염물질등의 측정에 관한 사항

1) 폐석고 매립시설은 침출수에서 유독물질이 검출되는지 여부를 허가조건에 따라 주기적으로 확인해야 한다.

2) 사업장에 「폐기물관리법」 제29조제2항에 따른 설치 승인 또는 신고 대상 폐기물매립시설을 설치·운영 중인 경우에는 같은 법 제31조제2항에 따라 측정결과를 환경부장관에게 제출해야 한다.

나. 주변 영향조사에 관한 사항

1) 사업장에 「폐기물관리법」 제31조제3항에 따른 주변 지역 영향 조사 대상 폐기물처리시설을

설치 · 운영 중인 경우에는 주변 지역에 미치는 영향을 3년마다 조사하고 그 결과를 환경부장관에게 제출해야 한다.

2) 인산 제조공정을 운영하는 경우에는 불소가 주변지역 토양에 미치는 영향을 허가조건에 따라 주기적으로 조사하고 그 결과를 환경부장관에게 제출해야 한다.

[별표 14]

행정처분 기준(제25조 관련)

1. 일반기준

가. 위반행위가 두 가지 이상인 경우에는 각 위반사항에 따라 각각 처분하여야 한다. 다만, 제2호 각 목의 처분기준이 모두 조업정지인 경우에는 처분기간이 긴 처분기준에 따르되, 각 처분기준을 합산한 기간을 넘지 아니하는 범위에서 무거운 처분기준의 2분의 1의 범위에서 가중할 수 있다.

나. 위반행위의 횟수에 따른 행정처분기준은 최근 2년간[제2호가목8)나) 중 매연의 경우, 제2호가목 중 법 제2조제2호가목ㆍ라목 또는 바목의 시설의 경우 및 제2호나목의 경우에는 최근 1년간] 같은 위반행위로 행정처분을 받은 경우에 적용한다. 이 경우 기간의 계산은 위반행위에 대하여 행정처분을 받은 날과 그 처분 후 다시 같은 위반행위를 하여 적발된 날을 기준으로 하며, 법 제2조 제2호나목의 대기오염물질배출시설 및 그에 딸린 방지시설에 대한 위반횟수는 배출구별로 산정한다.

다. 나목에 따라 가중된 부과처분을 하는 경우 가중처분의 적용 차수는 그 위반행위 전 부과처분 차수(나목에 따른 기간 내에 행정처분이 둘 이상 있었던 경우에는 높은 차수를 말한다)의 다음 차수로 한다.

라. 제2호나목에서 대기오염물질을 측정하는 기기의 설치ㆍ운영 등에 관한 위반횟수와 수질오염물질을 측정하는 기기의 설치ㆍ운영 등에 관한 위반횟수는 서로 합산하지 아니한다.

마. 처분권자는 다음의 어느 하나에 해당하는 경우에는 제2호에 따른 조업정지 기간의 2분의 1의 범위에서 행정처분 기간을 줄일 수 있다.

1) 위반의 정도가 경미하고 이로 인한 주변지역의 환경오염이 발생하지 아니하였거나 미미하여 사람의 건강에 영향을 미치지 아니한 경우

2) 고의성이 없이 불가피하게 위반행위를 한 경우로서 신속히 적절한 사후조치를 취한 경우

3) 위반행위에 대하여 행정처분을 하는 것이 지역주민의 건강과 생활환경에 심각한 피해를 줄 우려가 있는 경우

4) 공익을 위하여 특별히 행정처분 기간을 줄일 필요가 있는 경우

바. 이 기준에 명시되지 아니한 사항으로 처분의 대상이 되는 사항이 있을 때에는 이 기준 중 가장 유사한 사항에 따라 처분한다.

2. 개별기준

가. 배출시설 및 방지시설등과 관련된 행정처분기준

위 반 행 위	근거 법령	행정처분기준			
		1차	2차	3차	4차
1) 거짓이나 그 밖의 부정한 방법으로 법 제6조에 따른 허가 또는 변경허가를 받았거나 변경신고를 한 경우	법 제22조 제1항 제1호	허가취소			
2) 법 제6조제1항에 따른 허가를 받지 아니하고 배출시설등을 설치하거나 운영한 경우	법 제22조 제1항 제2호				
가) 해당 배출시설등의 설치 또는 운영이 가능한 지역에 설치하거나 운영한 경우		사용중지			
나) 법 제7조제6항 또는 다른 법률에 따라 해당 배출시설등의 설치 또는 운영이 금지 또는 제한되는 지역에 설치하거나 운영한 경우		폐쇄명령			
3) 법 제6조에 따른 허가 또는 변경허가를 받은 후 특별한 사유 없이 5년 이내에 배출시설등을 설치하지 아니하거나 해당 시설의 멸실 또는 폐업이 확인된 경우	법 제22조 제1항 제3호	허가취소			
4) 법 제6조제2항에 따른 변경허가를 받지 아니하고 배출시설등을 설치하거나 운영한 경우	법 제22조 제1항 제4호				
가) 해당 배출시설등의 설치 또는 운영이 가능한 지역에 설치하거나 운영한 경우		사용중지			
나) 법 제7조제6항 또는 다른 법률에 따라 해당 배출시설등의 설치 또는 운영이 금지 또는 제한되는 지역에 설치하거나 운영한 경우		폐쇄명령			

위 반 행 위	근거 법령	행정처분기준			
		1차	2차	3차	4차
5) 법 제6조제2항에 따른 변경신고를 하지 아니한 경우	법 제22조 제2항 제1호				
가) 변경신고를 하지 않은 사항이 배출시설등의 설치·운영에 관한 사항인 경우		사용중지			
나) 가) 외의 경우		경고	조업정지 5일	조업정지 10일	조업정지 30일
6) 법 제6조제3항에 따른 허가조건을 준수하지 아니한 경우	법 제22조 제1항 제5호				
가) 법 제7조제5항에 따른 배출시설 설치제한지역 밖에 있는 사업장의 경우		경고	조업정지 10일	조업정지 1개월	조업정지 3개월
나) 법 제7조제5항에 따른 배출시설 설치제한지역 안에 있는 사업장의 경우		경고	조업정지 1개월	조업정지 3개월	허가취소
7) 법 제12조제1항에 따른 가동개시 신고를 하지 아니하고 배출시설등을 가동한 경우	법 제22조 제1항 제6호	조업정지	허가취소		
8) 법 제14조제1항에 따른 개선명령을 받은 자가 개선명령을 이행하지 아니하거나 기간 내에 이행은 하였으나 측정 결과 허가배출기준을 계속 초과하는 경우	법 제14조 제2항				
가) 소음·진동 또는 잔류성유기오염물질의 허가배출기준을 초과하여 개선명령을 받은 경우		사용중지	사용중지	사용중지	사용중지
나) 가) 외의 경우		경고	조업정지 10일	조업정지 20일	조업정지

위 반 행 위	근거 법령	행정처분기준			
		1차	2차	3차	4차
9) 법 제14조제2항에 따른 조업정지 또는 사용중지명령을 받은 자가 이를 이행하지 아니한 경우	법 제22조 제1항 제7호				
가) 잔류성유기오염물질의 허가배출 기준을 초과하여 조업정지 또는 사용중지명령을 받은 경우		허가취소			
나) 가) 외의 경우		조업정지 또는 사용중지	허가취소		
10) 법 제21조제1항 각 호의 어느 하나에 해당하는 행위를 한 경우	법 제22조 제1항 제11호				
가) 대기오염물질배출시설과 그에 딸린 방지시설을 운영하는 경우					
(1) 대기오염물질배출시설을 가동할 때에 방지시설을 가동하지 아니하거나 오염도를 낮추기 위하여 대기오염물질배출시설에서 나오는 대기오염물질에 공기를 섞어 배출하는 행위		조업정지 10일	조업정지 30일	허가취소	
(2) 방지시설을 거치지 아니하고 대기오염물질을 배출할 수 있는 공기 조절장치나 가지 배출관 등을 설치하는 행위		조업정지 10일	조업정지 30일	허가취소	
(3) 부식이나 마모로 인하여 대기오염물질이 새나가는 대기오염물질배출시설이나 방지시설을 정당한 사유 없이 방치하는 행위		경고	조업정지 10일	조업정지 30일	허가취소
(4) 방지시설에 딸린 기계 또는 기구류(예비용을 포함한다)의 고장이나 훼손을 정당한 사유 없이 방치하는 행위		경고	조업정지 10일	조업정지 20일	조업정지 30일

위 반 행 위	근거 법령	행정처분기준			
		1차	2차	3차	4차
나) 폐수배출시설과 그에 딸린 방지시설을 운영하는 경우					
(1) 폐수배출시설에서 배출되는 수질오염물질을 방지시설에 유입하지 아니하고 배출한 경우		조업정지 10일	조업정지 3개월	허가취소	
(2) 폐수배출시설에서 배출되는 수질오염물질을 방지시설에 유입하지 아니하고 배출할 수 있는 시설을 설치한 경우		조업정지 10일	조업정지 30일	허가취소	
(3) 방지시설에 유입되는 수질오염물질을 최종 방류구를 거치지 아니하고 배출하거나 최종 방류구를 거치지 아니하고 배출할 수 있는 시설을 설치한 경우		조업정지 10일	조업정지 30일	허가취소	
(4) 법 제21조제1항제2호다목 단서에 따른 인정을 받지 아니하고 수질오염물질을 희석하여 배출한 경우		조업정지 10일	조업정지 30일	허가취소	
(5) 법 제21조제1항제2호다목 단서에 따른 인정을 받은 희석배출을 지키지 아니한 경우		경고	조업정지 10일	조업정지 20일	조업정지 30일
다) 그 밖에 대기오염물질배출시설 또는 폐수배출시설과 그에 딸린 방지시설을 정당한 사유 없이 정상적으로 가동하지 아니함으로써 허가배출기준을 초과하여 오염물질등을 배출한 경우		조업정지 10일	조업정지 30일	허가취소	
11) 법 제21조제3항에 따른 필요한 조치명령을 이행하지 아니한 경우	법 제21조 제3항 후단				
가) 배출시설등 및 방지시설의 설치·관리 및 조치 기준을 위반하여 조치명령을 받은 경우		조업정지	허가취소		

위 반 행 위	근거 법령	행정처분기준			
		1차	2차	3차	4차
나) 오염물질등의 측정·조사 기준을 위반하여 조치명령을 받은 경우		사용중지	허가취소		
12) 법 제21조제3항에 따른 조업정지 또는 사용중지명령을 이행하지 아니한 경우	법 제22조 제1항 제12호	조업정지 또는 사용중지	허가취소		
13) 사업자가 사업을 하지 아니하기 위하여 해당 배출시설등을 철거한 경우	법 제22조 제1항 제13호	허가취소			
14) 법 제31조제1항을 위반하여 오염 물질등을 측정하지 아니하거나 측정 방법을 위반하여 측정한 경우	법 제22조 제2항 제2호	경고	조업정지 5일	조업정지 5일	조업정지 10일
15) 법 제31조제1항을 위반하여 측정 결과를 거짓으로 기록하거나 기록·보존하지 아니한 경우	법 제22조 제2항 제3호	경고	조업정지 5일	조업정지 5일	조업정지 10일
16) 법 제32조 각 호의 어느 하나에 해당하는 사항을 거짓으로 기록하거나 기록·보존하지 아니한 경우	법 제22조 제2항 제4호				
가) 기록·보존하여야 하는 사항이 배출시설등 및 방지시설의 운영에 관한 사항인 경우		경고	조업정지 5일	조업정지 10일	조업정지 20일
나) 기록·보존하여야 하는 사항이 법 제6조제3항에 따른 허가조건의 이행에 관한 사항인 경우		경고	경고	조업정지 5일	조업정지 10일

비고

1. 조업정지(사용중지를 포함한다. 이하 이 호에서 같다) 기간은 조업정지처분에 명시된 조업정지일부터 다음 각 목의 구분에 따른 날까지의 기간으로 한다.

 가. 위 표의 2)가), 4)가), 5)가) 및 7)의 경우 : 해당 시설의 가동개시 신고를 수리한 날(가동개시 신고 대상이 아닌 경우에는 변경신고를 수리한 날)

나. 위 표의 8)의 경우 : 해당 시설의 개선을 완료한 날

다. 위 표의 11)의 경우 : 해당 시설의 개선을 완료한 날 또는 설치기준에 맞는 저감시설이나 방지시설의 설치를 완료한 날

2. 위 표의 9)나) 및 12)의 조업정지 일수는 조업정지 또는 사용중지명령 기간 중 조업한 일수의 4배로 한다.

3. 수질오염물질에 대한 허가배출기준을 초과하여 위 표의 8)나)의 처분기준에 따른 처분을 하여야 하는 경우로서 허가배출기준 초과율이 50퍼센트(특정수질유해물질인 경우에는 30퍼센트) 미만인 경우에는 해당 처분기준보다 1단계 낮은 차수의 기준(해당 위반이 최초 또는 5회차 이상인 경우는 제외한다)을 적용하고, 허가배출기준 초과율이 200퍼센트 이상 600퍼센트 미만(특정수질유해물질인 경우에는 100퍼센트 이상 300퍼센트 미만)인 경우에는 해당 처분기준보다 1단계 높은 차수의 기준을 적용하며, 허가배출기준 초과율이 600퍼센트 이상(특정수질유해물질인 경우에는 300퍼센트 이상)인 경우에는 해당 처분기준보다 2단계 높은 기준을 적용한다.

4. 비고 제3호에도 불구하고 「수질 및 수생태계 보전에 관한 법률 시행규칙」 별표 2 제41호에 따른 생태독성물질의 허가배출기준을 초과하여 위 표의 8)나)의 처분기준을 적용할 때에 위반횟수가 2회차 이상인 경우에는 1단계 낮은 차수의 기준을 적용한다.

5. 최근 1년간 「수질 및 수생태계 보전에 관한 법률」 제12조제3항에 따른 방류수 수질기준을 초과하지 아니한 사업자에 대하여는 폐수배출시설과 그에 딸린 방지시설과 관련하여 위 표의 5) 또는 16)의 위반사항에 해당하여 처분기준을 적용할 때에 1단계 낮은 차수의 기준을 적용한다(해당 위반이 최초 또는 5회차 이상인 경우는 제외한다).

나. 자동측정기기 등의 부착·운영 등과 관련된 행정처분기준

위 반 행 위	근거 법령	행정처분기준			
		1차	2차	3차	4차
1) 법 제19조제1항에 따른 측정기기를 부착하지 않은 경우	법 제22조 제1항 제8호				
가) 적산전력계 미부착		경 고	경 고	경 고	조업정지 5일
나) 사업장 안의 일부 자동측정기기 미부착		경 고	경 고	조업정지 10일	조업정지 30일
다) 사업장 안의 모든 자동측정기기 미부착		경 고	조업정지 10일	조업정지 30일	허가취소

위 반 행 위	근거 법령	행정처분기준			
		1차	2차	3차	4차
2) 법 제20조제1항 각 호의 어느 하나에 해당하는 행위를 한 경우	법 제22조 제1항 제9호				
가) 법 제20조제1항제1호에 따른 행위를 한 경우		경 고	조업정지 5일	조업정지 10일	조업정지 30일
나) 법 제20조제1항제2호에 따른 행위를 한 경우		경 고	경 고	조업정지 10일	조업정지 30일
다) 법 제20조제1항제3호에 따른 행위를 한 경우		조업정지 30일	조업정지 90일	허가취소	
라) 법 제20조제1항제4호에 따른 행위를 한 경우					
(1) 측정기기 등의 측정범위 등에 관한 프로그램을 조작한 경우		조업정지 10일	조업정지 30일	허가취소	
(2) 측정기기 또는 전송기의 입·출력 전류의 세기를 임의로 조작한 경우		조업정지 5일	조업정지 10일	허가취소	
(3) 굴뚝 자동측정기기 교정가스 또는 교정액의 표준값을 거짓으로 입력하거나 부적절한 교정가스 또는 교정액을 사용한 경우		경고	경고	조업정지 5일	조업정지 10일
(4) 수질자동측정기기 표준액의 표준값을 거짓으로 입력하거나 사용한 경우		경고	경고	조업정지 5일	조업정지 10일
3) 법 제20조제3항에 따른 조치명령을 위반한 경우	법 제20조 제4항	조업정지 5일	조업정지 10일	조업정지 20일	조업정지 30일
4) 법 제20조제4항에 따른 조업정지명령을 위반한 경우	법 제22조 제1항 제10호	허가취소			

[별표 15] 〈개정 2018. 12. 31.〉

최대배출기준(제26조제2항 관련)

1. 대기오염물질

가. 대기오염물질의 최대배출기준은 영 별표 1에 따른 업종별로 다음과 같이 정한다.

1) 영 별표 1 제1호·제2호에 따른 업종

오염물질	배출시설	최대배출기준 (표준산소농도)
먼지 (mg/Sm³)	가) 전기 생산시설 (1) 고체연료 사용시설(증기터빈) 　(가) 설비용량 100MW 이상 　　① 2001년 6월 30일 이전에 설치한 시설	18(6)
	② 2001년 7월 1일 이후 2014년 12월 31일 이전에 설치한 시설	15(6)
	(나) 설비용량 100MW 미만(2001년 6월 30일 이전에 설치한 시설)	33(6)
	(2) 설비용량 100MW 미만인 액체연료 사용시설 (2001년 6월 30일 이전에 설치한 시설)	21(4)
황산화물 (ppm)	가) 전기 생산시설 (1) 설비용량 100MW 이상인 고체연료 사용시설 (증기터빈) 　(가) 1996년 6월 30일 이전에 설치한 시설	100(6)
	(나) 1996년 7월 1일 이후 2014년 12월 31일 이전에 설치한 시설	80(6)
질소산화물 (ppm)	가) 전기 생산시설 (1) 고체연료 사용시설(증기터빈) 　(가) 1996년 6월 30일 이전에 설치한 시설	140(6)
	(나) 2014년 12월 31일 이전에 설치한 시설	70(6)
	(2) 기체연료 사용시설 　(가) 발전용 내연기관(2001년 6월 30일 이전에 설치한 가스터빈)	80(15)
	(나) 그 밖의 발전시설(2001년 7월 1일 이후 2014년 12월 31일 이전에 설치한 시설)	43(4)

2) 영 별표 1 제3호에 따른 업종

오염물질	배출시설	최대배출기준 (표준산소농도)
먼지 (mg/Sm³)	가) 생활 폐	
	(1) 소각용량이 시간당 2톤 이상인 시설(2014년 12월 31일 이전에 설치한 시설)	20(12)
	(2) 소각용량이 시간당 200킬로그램 이상 2톤 미만인 시설(2014년 12월 31일 이전에 설치한 시설)	30(12)
	나) 사업장 일반 폐기물 소각시설	
	(1) 소각용량이 시간당 2톤 이상인 시설(2014년 12월 31일 이전에 설치한 시설)	20(12)
	(2) 소각용량이 시간당 200킬로그램 이상 2톤 미만인 시설(2014년 12월 31일 이전에 설치한 시설)	30(12)
	다) 지정 폐기물 소각시설	
	(1) 소각용량이 시간당 2톤 이상인 시설(2014년 12월 31일 이전에 설치한 시설)	20(12)
	(2) 소각용량이 시간당 200킬로그램 이상 2톤 미만인 시설(2014년 12월 31일 이전에 설치한 시설)	20(12)
	라) 소각용량이 시간당 200킬로그램 이상인 의료 폐기물 소각시설(2014년 12월 31일 이전에 설치한 시설)	20(12)
황산화물 (ppm)	가) 소각용량이 시간당 2톤 이상인 생활 폐기물 소각시설	30(12)
	나) 소각용량이 시간당 2톤 이상인 사업장 일반 폐기물 소각시설	30(12)
	다) 지정 폐기물 소각시설	
	(1) 소각용량이 시간당 2톤 이상인 시설	30(12)
	(2) 소각용량이 시간당 200킬로그램 이상 2톤 미만인 시설	30(12)

오염물질	배출시설	최대배출기준 (표준산소농도)
질소산화물 (ppm)	가) 생활 폐기물 소각시설	
	(1) 소각용량이 시간당 2톤 이상인 시설	70(12)
	(2) 소각용량이 시간당 2톤 미만인 시설	90(12)
	나) 사업장 일반 폐기물 소각시설	
	(1) 소각용량이 시간당 2톤 이상인 시설	70(12)
	(2) 소각용량이 시간당 2톤 미만인 시설	90(12)
	다) 소각용량이 시간당 2톤 이상인 지정 폐기물 소각시설	70(12)
	라) 소각용량이 시간당 200킬로그램 이상인 의료 폐기물 소각시설	70(12)
일산화탄소 (ppm)	가) 생활 폐기물 소각시설	
	(1) 소각용량이 시간당 2톤 이상인 시설	50(12)
	(2) 소각용량이 시간당 2톤 미만인 시설	200(12)
	나) 사업장 일반 폐기물 소각시설	
	(1) 소각용량이 시간당 2톤 이상인 시설	50(12)
	(2) 소각용량이 시간당 2톤 미만인 시설	200(12)
	다) 지정 폐기물 소각시설	
	(1) 소각용량이 시간당 2톤 이상인 시설	50(12)
	(2) 소각용량이 시간당 2톤 미만인 시설	200(12)
	라) 소각용량이 시간당 200킬로그램 이상인 의료 폐기물 소각시설	50(12)
염화수소 (ppm)	가) 생활 폐기물 소각시설	
	(1) 소각용량이 시간당 2톤 이상인 시설	15(12)
	(2) 소각용량이 시간당 2톤 미만인 시설	20(12)
	나) 사업장 일반 폐기물 소각시설	
	(1) 소각용량이 시간당 2톤 이상인 시설	15(12)
	(2) 소각용량이 시간당 2톤 미만인 시설	20(12)
	다) 지정 폐기물 소각시설	
	(1) 소각용량이 시간당 2톤 이상인 시설	15(12)
	(2) 소각용량이 시간당 2톤 미만인 시설	20(12)
	라) 소각용량이 시간당 200킬로그램 이상인 의료 폐기물 소각시설	15(12)

3) 영 별표 1 제4호·제5호에 따른 업종

오염물질	배출시설	최대배출기준 (표준산소농도)
먼지 (mg/Sm³)	가) 방향족탄화수소 제조공정의 가열시설	30(4)
	나) 무수말레인산 또는 무수프탈산의 제조공정의 폐가스 소각처리시설(소각용량이 시간당 200 킬로그램 이상 2톤 미만으로서 2014년 12월 31일 이전에 설치한 시설)	30(12)
황산화물(ppm)	가) 방향족탄화수소 제조공정의 가열시설	328(4)
질소산화물 (ppm)	가) 방향족탄화수소 제조공정의 가열시설 　(1) 액체연료 사용시설로서 증발량이 시간당 50 톤 미만인 시설	135(4)
	(2) 기체연료 사용시설로서 증발량이 시간당 50 톤 미만인 시설	150(4)
	나) 에틸렌디클로라이드 또는 염화비닐 모노머 제조공정의 폐가스 소각처리시설(소각용량이 시간당 2톤 이상인 시설)	70(12)
	다) 아크로니트릴 제조공정의 폐가스 소각처리시설(소각용량이 시간당 2톤 이상인 시설)	70(12)
	라) 고순도테레프탈산 제조공정의 가열시설(기체연료 사용시설로서 증발량이 시간당 50톤 이상이며 2001년 6월 30일 이전에 설치한 시설)	121(4)
	마) 옥탄올 또는 부탄올 제조공정의 폐가스 소각처리시설(소각용량이 시간당 2톤 미만인 시설)	90(12)
일산화탄소 (ppm)	가) 에틸렌디클로라이드 또는 염화비닐 모노머 제조공정의 폐가스 소각처리시설(소각용량이 시간당 2 톤 이상인 시설)	50(12)
	나) 아크로니트릴 제조공정의 폐가스 소각처리시설(소각용량이 시간당 2톤 이상인 시설)	50(12)
	다) 무수말레인산 또는 무수프탈산 제조공정의 폐가스 소각처리시설(소각용량이 시간당 2톤 이상인 시설)	48(12)
	라) 메틸메타크릴레이트 제조공정의 폐가스 소각처리시설(소각용량이 시간당 2톤 이상인 시설)	45(12)
	마) 부타디엔 고무, 아크릴로니트릴 부타디엔 고무, 스티렌 부타디엔 라텍스 또는 스티렌 부타디엔 고무 제조공정의 폐가스 소각처리시설(소각용량이 시간당 2톤 미만인 시설)	200(12)

4) 영 별표 1 제6호에 따른 업종

오염물질	배출시설	최대배출기준 (표준산소농도)
먼지 (mg/Sm³)	가) 제선공정	
	(1) 소결로(2014년 12월 31일 이전에 설치한 시설)	26(15)
	(2) 소결광 후처리시설(2014년 12월 31일 이전에 설치한 시설)	25
	(3) 코크스 제조시설 중 인출 및 냉각시설	20
	나) 제강공정	
	(1) 전로 및 정련로	
	(가) 2007년 1월 31일 이전에 설치한 시설	40
	(나) 2007년 2월 1일 이후 2014년 12월 31일 이전에 설치한 시설	15
	(2) 전기로(1999년 1월 1일 이후 2014년 12월 31일 이전에 설치한 시설)	10
	다) 금속표면처리공정의 연마시설	40
	라) 산재생시설	44
황산화물(ppm)	가) 제선공정의 소결로(2007년 1월 31일 이전에 설치한 시설)	193(15)
질소산화물 (ppm)	가) 제선공정의 소결로(2007년 1월 31일 이전에 설치한 시설)	200(15)
	나) 압연공정의 가열로(2007년 1월 31일 이전에 설치한 시설)	200(11)
	다) 금속표면처리공정의 산·알칼리 처리시설	200
염화수소(ppm)	가) 금속표면처리공정의 산·알칼리 처리시설	3
불소화합물 (ppm)	가) 제강공정의 전기로	3
	나) 금속표면처리공정의 산·알칼리 처리시설	3
암모니아(ppm)	가) 금속표면처리공정의 산·알칼리 처리시설	35

5) 영 별표 1 제7호에 따른 업종

오염물질	배출시설	최대배출기준 (표준산소농도)
먼지 (mg/Sm³)	가) 구리 제조공정	
	(1) 제련 및 정련을 위한 용융·용해시설(2015년 1월 1일 이후에 설치한 시설)	7
	(2) 가공 및 합금을 위한 전기로(1999년 1월 1일 이후 2014년 12월 31일 이전에 설치한 시설)	7
	나) 납 제조공정의 제련 및 정련을 위한용융·용해시설(2007년 2월 1일 이후 2014년 12월 31일 이전에 설치한 시설)	19
	다) 귀금속 및 희소금속 제조공정	
	(1) 정련을 위한 용융·용해시설(2015년 1월 1일 이후에 설치한 시설)	9
	(2) 정련을 위한 전기로(1999년 1월 1일 이후 2014년 12월 31일 이전에 설치한 시설)	9
	라) 알루미늄 제조공정	
	(1) 제련 및 정련을 위한 용융·용해시설(2007년 2월 1일 이후 2014년 12월 31일 이전에 설치한 시설)	13
	(2) 가공 및 합금을 위한 용융·용해시설(2007년 1월 31일 이전에 설치한 시설)	24
	마) 아연 제조공정의 제련 및 정련을 위한 전기로(1999년 1월 1일 이후 2014년 12월 31일 이전에 설치한 시설)	5
황산화물(ppm)	가) 납 제조공정의 전처리를 위한 배소로(2007년 1월 31일 이전에 설치한 시설)	180
질소산화물 (ppm)	가) 납 제조공정의 전처리를 위한 배소로(2007년 1월 31일 이전에 설치한 시설)	96
	나) 기타 비철금속 제조공정의 전처리를 위한 배소로(2007년 1월 31일 이전에 설치한 시설)	103

6) 영 별표 1 제8호에 따른 업종

오염물질	배출시설	최대배출기준 (표준산소농도)
먼지 (mg/Sm³)	가) 석유정제품 제조공정 가열시설 및 촉매재생시설	19(4)
	나) 석유정제품 제조공정 황 회수시설	19(4)
	다) 중질유 분해공정 일산화탄소 소각보일러	28(12)
황산화물(ppm)	가) 석유정제품 제조공정 가열시설 및 촉매재생시설	134(4)
	나) 석유정제품 제조공정 폐황산 재생시설	202(8)
	다) 석유정제품 제조공정 황 회수시설(2014년 12월 31일 이전에 설치한 시설만 해당한다)	180(4)
	라) 중질유 분해공정 일산화탄소 소각보일러 건식 황산 회수시설(2014년 12월 31일 이전에 설치한 시설만 해당한다)	265(12)
질소산화물 (ppm)	가) 석유정제품 제조공정 가열시설(증발량이 시간당 50톤 미만인 시설만 해당한다)	148(4)
	나) 중질유 분해공정 일산화탄소 소각보일러	141(12)
황화수소 (ppm)	가) 석유정제품 가열시설	3
	나) 석유정제품 황 회수시설	3
일산화탄소 (ppm)	가) 중질유분해공정 일산화탄소 소각보일러	130(12)
	나) 폐수소각보일러(소각용량이 시간당 2톤 미만인 시설)	115(12)
암모니아(ppm)	석유정제품 제조공정 가열시설	46
벤젠(ppm)	폐수소각시설	7

7) 영 별표 1 제9호에 따른 업종

오염물질	배출시설	최대배출기준 (표준산소농도)
염화수소 (ppm)	클로로알칼리 제조공정 염산제조시설(염산 및 염화수소 회수공정을 포함한다) 및 저장시설	5
질소산화물 (ppm)	가) 이산화티타늄 제조공정 소성시설	150
	나) 실리카 제조공정 건조시설	193
	다) 수산화알루미늄 제조공정 소성시설	145

8) 영 별표 1 제12호에 따른 업종

오염물질	배출시설	최대배출기준 (표준산소농도)
황산화물(ppm)	황산 제조시설	218(8)
질소산화물 (ppm)	가) 화학비료 제조시설	168
	나) 희질산 제조시설	195
암모니아(ppm)	질산암모늄(초안) 제조시설	12
불소화합물(ppm)	인산 제조시설	3

비고

1. 최대배출기준 난의 표준산소농도는 배출가스 중 산소의 비율을 말한다.

2. 폐가스소각시설 중 직접연소에 의한 시설은 표준산소농도를 적용하지 아니한다. 다만, 실측 산소농도가 12% 미만인 직접연소에 의한 시설은 표준산소농도를 적용한다.

3. 가목1)부터 8)까지의 어느 하나에 해당하지 않는 오염물질 또는 배출시설의 경우에는 「대기환경보전법 시행규칙」 별표 8 제2호에 따른 배출허용기준을 최대배출기준으로 한다.

4. 가목1)부터 8)까지에서 황산화물, 질소산화물, 불소화합물의 최대배출기준은 각각 이산화황(SO_2), 이산화질소(NO_2), 불소이온(F)의 농도를 측정하여 황산화물, 질소산화물, 불소화합물의 농도로 환산한 값에 대한 기준을 말한다.

5. 가목4) 및 5)의 배출시설란 중 "전기로"란 전기아크로 및 전기유도로를 말한다.

6. 가목5)의 배출시설란 중 "용융·용해시설"이란 용선로, 용광로, 용선 예비처리시설, 전로, 정련로, 제선로, 용융로, 용해로, 도가니로 및 전해로를 말한다.

7. 가목5)의 배출시설란 중 "귀금속"이란 금, 은 및 백금족(백금, 팔라듐, 로듐, 루테늄, 이리듐, 오스뮴)을 말하고, "희소금속"이란 인듐, 갈륨, 셀레늄, 텔루륨, 레늄, 비스무스, 안티몬 및 텅스텐을 말하며, "기타 비철금속"이란 니켈, 코발트 및 마그네슘을 말한다.

나. 가목에도 불구하고 다음의 구분에 해당하는 오염물질의 경우에는 해당 1)부터 4)까지의 구분에 따른 기준을 최대배출기준으로 한다.

1) 「대기환경보전법 시행규칙」 별표 8 제2호가목의 비고 제4호 또는 제5호에 따른 예외인정 허용기준을 적용하는 배출시설에서 배출되는 황산화물(SO_2) 또는 질소산화물(NO_2) : 비고 해당 각 호의 구분에 따른 예외인정 허용기준

2) 「대기환경보전법 시행규칙」 별표 8 제2호나목의 비고 제4호부터 제6호까지에 따른 별도의 배출허용기준을 적용하는 배출시설에서 배출되는 먼지 : 비고 해당 각 호의 구분에 따른 별도의 배출허용기준

3) 사업장에서 배출되는 연간 10톤 이상 배출되는 단일한 특정대기유해물질 : 「대기환경보전법 시행규칙」 별표 8 제2호가목2) 또는 별표 8 제2호나목2)에 따른 배출허용기준

4) 「수도권 대기환경개선에 관한 특별법」 제16조제3항에 따른 총량관리사업자가 설치·운영하려

고 하거나 설치 · 운영중인 사업장에서 배출되는 대기오염물질로서 같은 조 제1항에 따라 배출허용총량이 할당된 오염물질 : 같은 법 제17조제2항에 따른 배출허용기준

2. 소음 · 진동

가. 소음의 최대배출기준은 70dB(A) 이하로 한다. 다만,「소음 · 진동관리법 시행규칙」별표 5 제1호의 비고 제5호에 해당하는 경우에는 최대 +15dB까지 보정한 값을 최대배출기준으로 한다.

나. 진동의 최대배출기준은 75dB(V) 이하로 한다. 다만,「소음 · 진동관리법 시행규칙」별표 5 제2호의 비고 제4호에 해당하는 경우에는 최대 +10dB까지 보정한 값을 최대배출기준으로 한다.

3. 수질오염물질

가. 수질오염물질의 최대배출기준은 영 별표 1에 따른 업종별로 다음과 같이 정한다.

1) 영 별표 1 제1호 · 제2호에 따른 업종

항목	최대배출기준(mg/L)
화학적산소요구량	40 이하
부유물질량	30 이하
총질소	60 이하
총인	2 이하

비고 : 위 표에서 최대배출기준을 규정하지 아니한 수질오염물질 항목의 경우에는「물환경보전법 시행규칙」별표 13 제2호가목에 따른 배출허용기준 중 1일 폐수량 2천 세제곱미터 미만이면서 가지역에 해당하는 기준 및 같은 호 나목에 따른 배출허용기준 중 가지역에 해당하는 기준을 최대배출기준으로 한다.

2) 영 별표 1 제6호에 따른 업종

항목	최대배출기준(mg/L)
화학적산소요구량	50 이하
부유물질량	40 이하
총질소	50 이하
총인	6 이하

비고 : 위 표에서 최대배출기준을 정하지 않은 수질오염물질 항목의 경우에는「물환경보전법 시행규칙」별표 13 제2호가목에 따른 배출허용기준 중 1일 폐수량 2천 세제곱미터 미만이면서 가지역에 해당하는 기준 및 같은 호 나목에 따른 배출허용기준 중 가지역에 해당하는 기준을 최대배출기준으로 한다.

　　3) 그 밖의 업종

　　「물환경보전법 시행규칙」 별표 13 제2호가목에 따른 배출허용기준 중 1일 폐수량 2천 세제곱미터 미만이면서 가지역에 해당하는 기준 및 같은 호 나목에 따른 배출허용기준 중 가지역에 해당하는 기준을 최대배출기준으로 한다.

　나. 가목에도 불구하고 다음의 구분에 해당하는 오염물질의 경우에는 해당 1)부터 3)까지의 구분에 따른 기준을 최대배출기준으로 한다.

　　1) 공공폐수처리시설 또는 공공하수처리시설에 배수설비를 통하여 폐수를 유입하는 경우로서, 그 폐수에 포함된 수질오염물질 중 해당 처리시설에서 적정하게 처리할 수 있는 수질오염물질 : 「물환경보전법」 제32조제8항에 따른 별도 배출허용기준이 있는 경우에는 그 기준

　　2) 「물환경보전법 시행규칙」 별표 13 제1호가목4)에 따른 특례지역의 배출시설에서 폐수를 공공폐수처리시설에 유입하지 아니하고 직접 방류하는 경우, 그 폐수에 포함된 수질오염물질 중 생물화학적산소요구량 및 화학적산소요구량, 부유물질량 : 같은 표 제2호가목에 따른 배출허용기준 중 1일 폐수량 2천 세제곱미터 미만이면서 특례지역에 해당하는 기준

　　3) 「하수도법」 제2조제15호에 따른 하수처리구역에서 같은 법 제28조에 따라 공공하수도관리청의 허가를 받아 폐수를 공공하수도에 유입시키지 아니하고 공공수역으로 배출하거나 「하수도법」 제27조제1항을 위반하여 배수설비를 설치하지 아니하고 폐수를 공공수역으로 배출하는 경우, 그 폐수에 포함된 수질오염물질 : 「하수도법」 제7조제1항에 따른 공공하수처리시설의 방류수수질기준

4. 악취

　악취의 최대배출기준은 「악취방지법 시행규칙」 제8조제1항에 따른 악취의 배출허용기준 중 공업지역에 적용되는 기준을 따른다.

5. 잔류성유기오염물질

　잔류성유기오염물질의 최대배출기준은 「잔류성유기오염물질 관리법 시행규칙」 제7조에 따른 잔류성유기오염물질의 배출허용기준을 따른다.

[별표 16]

오염물질별 최소 자가측정 횟수(제32조제4항 관련)

1. 대기오염물질

구 분	측정횟수
먼지·황산화물 및 질소산화물의 연간 발생량 합계가 80톤 이상인 배출구	분기 1회
먼지·황산화물 및 질소산화물의 연간 발생량 합계가 20톤 이상 80톤 미만인 배출구	분기 1회
먼지·황산화물 및 질소산화물의 연간 발생량 합계가 10톤 이상 20톤 미만인 배출구	반기 1회
먼지·황산화물 및 질소산화물의 연간 발생량 합계가 2톤 이상 10톤 미만인 배출구	매년 1회
먼지·황산화물 및 질소산화물의 연간 발생량 합계가 2톤 미만인 배출구	매년 1회

2. 수질오염물질

구 분	측정횟수
1일 폐수배출량이 $2,000m^3$ 이상인 배출구	분기 1회
1일 폐수배출량이 $700m^3$ 이상, $2,000m^3$ 미만인 배출구	분기 1회
1일 폐수배출량이 $200m^3$ 이상, $700m^3$ 미만인 배출구	반기 1회
1일 폐수배출량이 $50m^3$ 이상, $200m^3$ 미만인 배출구	매년 1회
1일 폐수배출량이 $50m^3$ 미만인 배출구	매년 1회

[별표 17]

수수료(제36조 관련)

종 별	수수료
1. 법 제6조제1항에 따른 허가	40,000원
2. 법 제6조제2항에 따른 변경허가	15,000원
3. 법 제12조제1항에 따른 가동개시 신고	5,000원

제5장 환경오염시설의 통합관리에 관한 법률 시행규칙 별지

[별지 제1호서식]   통합환경허가시스템(http://ieps.nier.go.kr)에서도 신청할 수 있습니다.

사전협의 신청서

※ 뒤쪽의 작성방법을 읽고 작성하시기 바라며, [ ]에는 해당되는 곳에 ∨표를 합니다.   (앞쪽)

접수번호	접수일시		처리일	35일

신청형식	[ ] 허가 전 사전협의 [ ] 변경허가 전 사전협의			

① 신청인	상호(사업장 명칭)	사업자등록번호
	성명(대표자)	생년월일
	전화번호	이메일 주소
	주소(사업장 소재지)	

② 생산제품 현황	업종(한국산업표준분류에 의한 5자리 기재)
	생산품명
	주 원료명

③ 입지 등 현황	공장 소재지		
	용도지역	입지제한지역 해당내역	
	「환경영향평가법」에 따른 전략환경영향평가, 환경영향평가, 또는 소규모 환경영향평가 대상 여부 [ ] 해당 [ ] 해당 없음		
	「폐기물관리법」에 따른 환경성조사서 작성 대상 여부 [ ] 해당 [ ] 해당 없음		
	「수도권 대기환경개선을 위한 특별법」에 따른 대기관리권역 해당 여부 [ ] 해당 [ ] 해당 없음		
	공사 착공예정일	설치예정 기간(공사예정 기간)	
	규모	사업장 부지 면적(㎡) 제조시설 면적(㎡) 부대시설 면적(㎡)	
	[ ] 수도권 대기오염물질총량관리 대상 : 먼지 [ ]톤/년, SOx [ ]톤/년, NOx [ ]톤/년		
	[ ] 중수도 설치대상 [ ] 관리대상기기 관리대상		

④ 배출시설 등	[ ] 대기오염물질배출시설, 오염물질발생량 : [ ]톤/년	[ ] 폐수배출시설, 폐수배출량 : [ ]㎥/일
	[ ] 휘발성유기화합물 배출시설	[ ] 비산배출시설
	[ ] 비산먼지 발생사업	[ ] 소음ㆍ진동배출시설
	[ ] 비점오염원	[ ] 악취배출시설
	[ ] 잔류성유기오염물질 배출시설	[ ] 특정토양오염관리대상시설
	[ ] 폐기물처리시설	

⑤ 배출 오염물질등(배출 항목) 및 방지시설					
공정	배출시설등	용량 및 규격 (HP·kW·m³)	조업시간	오염물질등 (전체매체)	배출량 (단위)	방지 및 억제시설

⑥ 최적가용기법 적용 여부	[ ] 적용	[ ] 미적용

⑦ 신청내용 : [ ] 배출시설등 및 방지시설 설치ㆍ운영 계획에 관한 사항 [ ] 배출영향분석 결과에 관한 사항
　　　　　　[ ] 허가배출기준의 설정에 관한 사항

⑧ 변경사항	변경사유	변경 전	변경 후

「환경오염시설의 통합관리에 관한 법률」 제5조제1항 및 같은 법 시행규칙 제3조제2항에 따라 사전협의를 신청합니다.

년   월   일

신청인   (서명 또는 인)

환경부장관 귀하

210mm×297mm[백상지(80g/㎡) 또는 중질지(80g/㎡)]

(뒤쪽)

첨부서류	신청내용에 관한 계획서 1부	

작성 요령

1. 신청인이 법인인 경우에는 ① 대표자의 성명란에 성명 대신 직함을 적어도 됩니다.
2. ② 업종은 「산업집적활성화 및 공장설립에 관한 법률」 제13조제1항에 따라 공장설립 승인 시 등록된 모든 업종에 대하여 업종명 및 해당되는 업종코드 5자리(세세분류)를 적기 바랍니다.
3. ③ 공장 소재지가 입지제한지역에 해당될 경우 '입지제한지역 해당내역'란에 자세한 내용을 적어주시고, 환경영향평가 협의기준 설정 여부, 대기관리권역 해당 여부, 「수도권 대기환경개선에 관한 특별법」에 따른 총량관리대상 해당 여부, 「물의 재이용 촉진 및 지원에 관한 법률」에 따른 중수도 설치 대상 여부, 「잔류성유기오염물질 관리법」에 따른 관리대상기기 소유 여부에 ∨표시하여 주시기 바랍니다.
4. ④ 사업장에 설치될 배출시설등의 해당내역에 ∨표시하여 주시기 바랍니다.
5. ⑤ 공정별 배출시설등, 오염물질등, 방지시설 현황을 기재하여 주시고, 상세내역 및 관련 근거자료는 별도로 첨부하여 제출하여야 합니다.
6. ⑥ 최적가용기법 기준서(BREF)의 최적가용기법(BAT) 및 최적가용기법 결론(BAT Conclusion) 적용 여부를 표시하고 상세내용은 허가신청 시 통합환경관리계획서에 표기하여 주시기 바랍니다.
7. ⑦ 사전협의 신청내용에 해당하는 내역에 ∨표시하여 주시기 바랍니다.
8. ⑧ 변경사유에는 변경허가의 해당 근거조항 및 내용을 적으시기 바랍니다.

처리절차

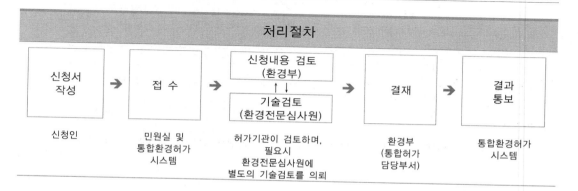

[별지 제2호서식]

결정번호 제   호

사전협의 결과서

「환경오염시설의 통합관리에 관한 법률」제5조 제2항 및 같은 법 시행규칙 제3조제3항에 따라 아래와 같이 협의가 되었음을 통지합니다.

신청인	성명		생년월일(사업자 또는 법인등록번호)
	전화번호		
	주소		

결정 내용			
신청내용에 대한 종합의견			
배출시설등 및 방지시설의 설치 및 운영 계획			
허가배출기준의 설정			
배출영향분석 결과			
그 밖의 의견			

년   월   일

환경부장관   직인

※ 유의사항
- 「환경오염시설의 통합관리에 관한 법률 시행규칙」제3조제4항에 따라 사전협의 결정을 통지받은 날부터 1년 이내에 통합허가를 신청하여야 합니다. 다만, 사전협의 결과를 반영하기 위하여 상당한 기간이 소요되는 등 부득이한 사유로 1년 이내에 통합허가·변경허가를 신청할 수 없다고 인정되는 경우에는 1년 이내의 범위에서 신청 기간을 연장할 수 있습니다.

210㎜×297㎜[백상지(80g/㎡)]

[별지 제3호서식]　　　　　　　　통합환경허가시스템(http://ieps.nier.go.kr)에서도 신청할 수 있습니다.

배출시설등 설치 · 운영허가 신청서

※ 뒤쪽의 작성방법을 읽고 작성하시기 바라며, [　]에는 해당되는 곳에 ∨표를 합니다.　　　　　(앞쪽)

접수번호	접수일시	처리일	35일(법 제5조제1항에 따라 사전협의를 거친 경우에는 25일)

① 신청인	상호(사업장 명칭)		사업자등록번호
	성명(대표자)		생년월일
	전화번호		이메일 주소
	주소(사업장 소재지)		

② 생산 제품 현황	업종(한국산업표준분류에 의한 5자리 기재)
	생산품명
	주 원료명

③ 입지 등 현황	공장 소재지	
	용도지역	입지제한지역 해당내역
	「환경영향평가법」에 따른 전략환경영향평가, 환경영향평가, 또는 소규모 환경영향평가 대상 여부 　　　　　　[　] 해당　　[　] 해당 없음	
	「폐기물관리법」에 따른 환경성조사서 작성 대상 여부　　　　　[　] 해당　　[　] 해당 없음	
	「수도권 대기환경개선을 위한 특별법」에 따른 대기관리권역 해당 여부　[　] 해당　　[　] 해당 없음	
	공사 착공예정일	설치예정 기간(공사예정 기간)

	규모	사업장 부지 면적(㎡)	제조시설 면적(㎡)	부대시설 면적(㎡)

[　] 수도권 대기오염물질총량관리 대상 : 먼지 [　]톤/년, SOx [　]톤/년, NOx [　]톤/년	
[　] 중수도 설치대상	[　] 관리대상기기 관리대상

④ 배출 시설 등	[　] 대기오염물질배출시설, 오염물질발생량 : [　]톤/년	[　] 폐수배출시설, 폐수배출량 : [　]m³/일
	[　] 휘발성유기화합물 배출시설	[　] 비산배출시설
	[　] 비산먼지 발생사업	[　] 소음 · 진동배출시설
	[　] 비점오염원	[　] 악취배출시설
	[　] 잔류성유기오염물질 배출시설	[　] 특정토양오염관리대상시설
	[　] 폐기물처리시설	

⑤ 배출 오염물질등(배출 항목) 및 방지시설						
공정	배출시설등	용량 및 규격 (HP · kW · ㎥)	조업시간	오염물질등 (전체매체)	배출량 (단위)	방지 및 억제시설

⑥ 최적가용기법 적용 여부	[　] 적용	[　] 미적용

「환경오염시설의 통합관리에 관한 법률」 제6조제1항 및 같은 법 시행규칙 제6조제1항에 따라 배출시설등의 설치 · 운영허가를 신청합니다.

년　　월　　일

신청인　　　　　　　　　　(서명 또는 인)

환경부장관 귀하

210mm×297mm[백상지(80g/㎡) 또는 중질지(80g/㎡)]

(뒤쪽)

첨부서류	통합환경관리계획서 1부	수수료 법 제6조제1항에 따른 허가: 40,000원

작성요령

1. 신청인이 법인인 경우에는 ① 대표자의 성명란에 성명 대신 직함을 적어도 됩니다.

2. ② 업종은 「산업집적활성화 및 공장설립에 관한 법률」 제13조제1항에 따라 공장설립 승인 시 등록된 모든 업종에 대하여 업종명 및 해당되는 업종코드 5자리(세세분류)를 적기 바랍니다.

3. ③ 공장 소재지가 입지제한지역에 해당될 경우 '입지제한지역 해당내역'란에 자세한 내용을 적어주시고, 환경영향평가 협의기준 설정 여부, 대기관리권역 해당 여부, 「수도권 대기환경개선에 관한 특별법」에 따른 총량관리대상 해당 여부, 「물의 재이용 촉진 및 지원에 관한 법률」에 따른 중수도 설치 대상 여부, 「잔류성유기오염물질 관리법」에 따른 관리대상기기 소유 여부에 ∨표시하여 주시기 바랍니다.

4. ④ 사업장에 설치될 배출시설등의 해당내역에 ∨표시하여 주시기 바랍니다.

5. ⑤ 공정별 배출시설등, 오염물질등, 방지시설 현황을 기재하여 주시고, 상세내역 및 관련 근거자료는 별도로 첨부하여 제출하여야 합니다.

6. ⑥ 최적가용기법 기준서(BREF)의 최적가용기법(BAT) 및 최적가용기법 결론(BAT Conclusion) 적용 여부를 표시하고 상세내용은 허가신청 시 통합환경관리계획서에 표기하여 주시기 바랍니다.

처리절차

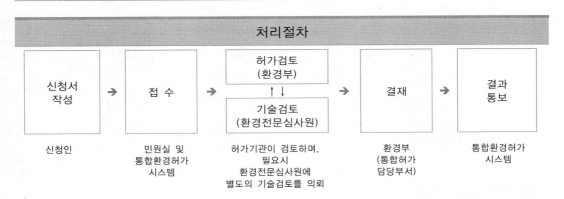

[별지 제4호서식]

통합환경허가시스템(http://ieps.nier.go.kr)에서도 신청할 수 있습니다.

배출시설등   [ ]변경허가 신청서
[ ]변경신고서

※ 뒤쪽의 작성방법을 읽고 작성하시기 바라며, [ ]에는 해당되는 곳에 ∨표를 합니다.   (앞쪽)

접수번호	접수일시	처리일	35일(법 제5조제1항에 따라 사전협의를 거친 경우와 영 별표 2 제2호부터 제4호까지의 사유에 해당하는 경우에는 25일), 변경신고의 경우에는 15일

신청형식	[ ] 변경허가	[ ] 변경신고

① 신청인	상호(사업장 명칭)		사업자등록번호
	성명(대표자)		생년월일
	전화번호		이메일 주소
	주소(사업장 소재지)		

② 생산 제품 현황	업종(한국산업표준분류에 의한 5자리 기재)
	생산품명
	주 원료명

③ 입지 등 현황

공장 소재지	
용도지역	입지제한지역 해당내역

「환경영향평가법」에 따른 전략환경영향평가, 환경영향평가, 또는 소규모 환경영향평가 대상 여부   [ ] 해당   [ ] 해당 없음

「폐기물관리법」에 따른 환경성조사서 작성 대상 여부   [ ] 해당   [ ] 해당 없음

「수도권 대기환경개선을 위한 특별법」에 따른 대기관리권역 해당여부   [ ] 해당   [ ] 해당 없음

공사 착공예정일		설치예정 기간(공사예정 기간)	
규모	사업장 부지 면적(㎡)	제조시설 면적(㎡)	부대시설 면적(㎡)

[ ] 수도권 대기오염물질총량관리 대상 : 먼지 [   ]톤/년, SOx [   ]톤/년, NOx [   ]톤/년

[ ] 중수도 설치대상   [ ] 관리대상기기 관리대상

④ 배출시설 등

[ ] 대기오염물질배출시설, 오염물질발생량:[ ]톤/년	[ ] 폐수배출시설, 폐수배출량:[ ]㎥/일
[ ] 휘발성유기화합물 배출시설	[ ] 비산배출시설
[ ] 비산먼지 발생사업	[ ] 소음·진동배출시설
[ ] 비점오염원	[ ] 악취배출시설
[ ] 잔류성유기오염물질 배출시설	[ ] 특정토양오염관리대상시설
[ ] 폐기물처리시설	

⑤ 배출 오염물질등(배출 항목) 및 방지시설

공정	배출시설등	용량 및 규격 (HP·kW·㎥)	조업시간	오염물질등 (전체매체)	배출량 (단위)	방지 및 억제시설

⑥ 최적가용기법 적용 여부   [ ] 적용   [ ] 미적용

⑦ 신청(신고) 내용 : [ ] 배출시설등 및 방지시설 설치·운영 계획에 관한 사항   [ ] 출영향분석 결과에 관한 사항
               [ ] 허가배출기준의 설정에 관한 사항   [ ] 사후환경관리계획에 관한 사항
               [ ] 환경오염사고 사전예방 및 사후조치 대책에 관한 사항

⑧ 변경 사항	변경사유	변경 전	변경 후

「환경오염시설의 통합관리에 관한 법률」 제6조제2항 및 같은 법 시행규칙 ([ ]제6조제2항에 따라 변경허가를 신청, [ ]제6조제3항에 따라 변경신고를) 합니다.

년   월   일

신청인

(서명 또는 인)

환경부장관 귀하

210mm×297mm[백상지(80g/㎡) 또는 중질지(80g/㎡)]

첨부서류	변경하는 사항을 반영한 통합환경관리계획서 1부	수수료 법 제6조제2항에 따른 변경허가: 15,000원

작성요령

1. 신청인이 법인인 경우에는 ① 대표자의 성명란에 성명 대신 직함을 적어도 됩니다.
2. ② 업종은「산업집적활성화 및 공장설립에 관한 법률」제13조제1항에 따라 공장설립 승인 시 등록된 모든 업종에 대하여 업종명 및 해당되는 업종코드 5자리(세세분류)를 적기 바랍니다.
3. ③ 공장 소재지가 입지제한지역에 해당될 경우 '입지제한지역 해당내역'란에 자세한 내용을 적어주시고, 환경영향평가 협의기준 설정 여부, 대기관리권역 해당 여부, 「수도권 대기환경개선에 관한 특별법」에 따른 총량관리대상 해당 여부, 「물의 재이용 촉진 및 지원에 관한 법률」에 따른 중수도 설치 대상 여부, 「잔류성유기오염물질 관리법」에 따른 관리대상기기 소유 여부에 ∨표시하여 주시기 바랍니다.
4. ④ 사업장에 설치될 배출시설등의 해당내역에 ∨표시하여 주시기 바랍니다.
5. ⑤ 공정별 배출시설등, 오염물질등, 방지시설 현황을 기재하여 주시고, 상세내역 및 관련 근거자료는 별도로 첨부하여 제출하여야 합니다.
6. ⑥ 최적가용기법 기준서(BREF)의 최적가용기법(BAT) 및 최적가용기법 결론(BAT Conclusion) 적용 여부를 표시하고 상세내용은 허가신청 시 통합환경관리계획서에 표기하여 주시기 바랍니다.
7. ⑦ 변경허가 또는 변경신고 신청내용에 해당하는 내역에 ∨표시하여 주시기 바랍니다.
8. ⑧ 변경사유에는 변경허가 또는 변경신고의 해당 근거조항 및 내용을 적으시기 바랍니다.

처리절차

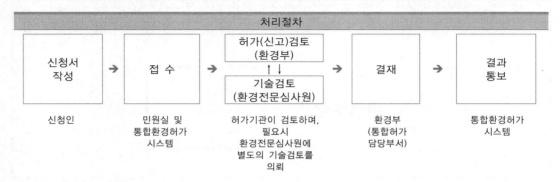

신청서 작성	→	접 수	→	허가(신고)검토 (환경부) ↑ ↓ 기술검토 (환경전문심사원)	→	결재	→	결과 통보
신청인		민원실 및 통합환경허가 시스템		허가기관이 검토하며, 필요시 환경전문심사원에 별도의 기술검토를 의뢰		환경부 (통합허가 담당부서)		통합환경허가 시스템

[별지 제5호서식]

(앞쪽)

결정번호 제 호		
배출시설등 [ ]설치 · 운영허가 [ ]변경허가 검토 결과서		

[ ]「환경오염시설의 통합관리에 관한 법률」 제7조제3항 및 같은 법 시행규칙 제7조제1항,

[ ]「환경오염시설의 통합관리에 관한 법률」 제7조제4항 및 같은 법 시행규칙 제7조제4항에
따라 아래와 같이 검토 결과를 통지합니다.

상 호 (사업장명칭)		신청서 접수번호	
성 명 (대표자)		사업자등록번호	
사업장 소재지		전화번호	
업 종			

검 토 결 과	
● 검토 대상	(기재란이 부족한 경우 별지 사용 가능)
● 검토 결과	(기재란이 부족한 경우 별지 사용 가능)

※ 첨부서류 : 배출시설등 설치 · 운영허가 명세서(허가 또는 변경허가를 하는 경우에만 첨부합니다)

년 월 일

환경부장관 직인

210㎜×297㎜[백상지(80g/㎡)]

[별지 제6호서식] 통합환경허가시스템(http://ieps.nier.go.kr)에서도 제출할 수 있습니다.

의견서

※ [ ]에는 해당되는 곳에 ∨표를 합니다.

신청인	성명		생년월일(사업자 또는 법인등록번호)	
	전화번호			
	주소			

대상문서 (결과서)	생산일자		문서번호(결정번호)	
	생산기관			
	제목			

제출 사항

신청인 의견	(기재란이 부족한 경우 별지 사용 가능)
	(신청사유를 증명하는 상세 설명자료 목록) 1. 2. 3.

[ ] 「환경오염시설의 통합관리에 관한 법률」 제7조제3항 후단 및 같은 법 시행규칙 제7조제3항,

[ ] 「환경오염시설의 통합관리에 관한 법률」 제9조제1항 전단 및 같은 법 시행규칙 제9조제2항에

따라 위와 같이 의견을 제출합니다.

년   월   일

신청인   (서명 또는 인)

환경부장관 귀하

첨부서류	신청인 의견란에 기재된 사항에 대한 증명자료(필요한 경우에만 첨부합니다)	수수료 없음

유의사항

• 허가기관의 검토결과를 통지받은 날부터 30일 이내에 의견을 제출하여야 합니다.

210mm×297mm[백상지(80g/㎡) 또는 중질지(80g/㎡)]

[별지 제7호서식]   통합환경허가시스템(http://ieps.nier.go.kr)에서도 신고할 수 있습니다.

배출시설등 및 방지시설 가동개시 신고서

※ 색상이 어두운 난은 신고인이 작성하지 아니하며, [ ]에는 해당되는 곳에 ∨표를 합니다.

접수번호	접수일시	처리일	처리기간	15일(영 제5조제1항 각 호의 어느 하나에 해당하여 변경신고를 하고 변경을 하는 경우에는 10일)

결정번호 제   호

신고인	상호(사업장 명칭)		사업자등록번호
	성명(대표자)		생년월일
	전화번호		이메일 주소
	주소(사업장 소재지)		
	업종		주 생산품

신고 해당내역	사업장 종류	대기 종, 수질 종
	해당 배출시설등([ ]휘발성유기화합물배출시설, [ ]대기오염물질배출시설, [ ]비산배출시설, [ ]비산먼지 발생 사업, [ ]소음·진동배출시설, [ ]비점오염원, [ ]폐수배출시설, [ ]악취배출시설, [ ]잔류성유기오염물질배출시설, [ ]특정토양오염관리대상시설, [ ]폐기물처리시설)	
	허가단계([ ]허가(최초), [ ]허가(변경), [ ]변경신고)	신고사유

가동개시	가동개시 예정일					년 월 일	
	배출시설등			방지시설		시운전	
	배출시설등명	시설용량	1일평균 가동시간	방지시설명	용량	대상 여부	시운전기간

측정기기 부착완료 ([ ] 대기, [ ] 수질)	측정기기 부착완료일				년 월 일	
	확인 및 통합시험 가능일(예정일)				년 월 일	
	부착 내역	배출구 번호	측정항목	측정기기 모델명	측정방법	제조사	내역

「환경오염시설의 통합관리에 관한 법률」제12조제1항 전단 및 같은 법 시행규칙 제10조제1항에 따라 배출시설등 및 방지시설 가동개시 신고서를 제출합니다.

년   월   일

신고인   (서명 또는 인)

환경부장관 귀하

첨부서류	검토 결과서 원본	수수료 5,000원

처리절차

신고서 작성 → 접 수 → 검 토 → 현장확인 → 결 재 → 통 보

신고인 / 민원실 및 통합환경허가 시스템 / 환경부장관(통합허가 담당부서) / 통합환경허가 시스템

210mm×297mm[백상지(80g/㎡) 또는 중질지(80g/㎡)]

[별지 제8호서식]

제　　　호				

가동개시 신고필증

신고인	상호(사업장 명칭)		사업자등록번호	
	성명(대표자)			
	주소(사업장)		(전화번호:　　　　　)	

신고 내용

대상시설	가동개시일

「환경오염시설의 통합관리에 관한 법률」 제12조제2항 및 같은 법 시행규칙 제10조제3항에 따라 배출시설 등 및 방지시설 가동개시 신고에 대하여 수리합니다.

년　　월　　일

환경부장관　　　　　직인

210mm×297mm[백상지(80g/㎡)]

[별지 제9호서식]　　　　　　　　　통합환경허가시스템(http://ieps.nier.go.kr)에서도 제출할 수 있습니다.

<table>
<tr><td colspan="2">[ ]배출시설등
[ ]방지시설
[ ]측정기기</td><td colspan="2">[ ]개선계획서
[ ]조치계획서</td></tr>
</table>

※ 색상이 어두운 난은 제출인이 작성하지 아니하며, [ ]에는 해당되는 곳에 ∨표를 합니다.

접수번호	접수일시	처리일	처리기간	7일

결정번호 제　　　호	[ ] 개선명령, [ ] 조치명령

제출인	상호(사업장 명칭)		사업자등록번호	
	성명(대표자)		생년월일	
	전화번호		이메일 주소	
	주소(사업장 소재지)			
	업종		주 생산품	

개선 사유					
개선 기간					
개선의 내용 및 개선방법					
부적정 운영 기간 및 제한의 내용	시설명 및 측정기기명	(시설번호)	규격	수량	기간
오염물질등의 예상 배출농도 (측정기기가 정상가동된 3개월간의 평균배출농도)	(시설번호)				
	항목				
	농도				
폐수 위탁 처리	위탁처리방법	위탁업체명		위탁처리량	
					㎥/일
예상 평균 배출량	(가스)　　　㎥/hr, (폐수)　　　㎥/일		일일가동 예상시간		

[ ] 「환경오염시설의 통합관리에 관한 법률」 제14조제1항 및 같은 법 시행규칙 제12조제1항,
[ ] 「환경오염시설의 통합관리에 관한 법률」 제20조제3항 및 같은 법 시행규칙 제20조제1항,
[ ] 「환경오염시설의 통합관리에 관한 법률」 제21조제3항 및 같은 법 시행규칙 제24조제1항에 따라 개선계획서 또는 조치계획서를 제출합니다.

　　　　　　　　　　　　　　　　　　　　　　　　　　　　　　　년　　　　월　　　　일

　　　　　　　　　　　　　　　　　　　제출인　　　　　　　　　(서명 또는 인)

환경부장관 귀하

첨부서류	1. 배출시설등 및 방지시설 개선계획서 　가. 배출시설등 또는 방지시설 자체의 결함인 경우 　　1) 배출시설등 또는 방지시설의 개선명세서 및 설계도 각 1부 　　2) 개선기간 중 배출시설등의 가동을 중단하거나 제한하여 오염물질등의 농도나 배출량이 변경되는 경우 이를 　　　증명할 수 있는 서류 1부 　　3) 개선기간 중 공법 등의 개선으로 오염물질등의 농도나 배출량이 변경되는 경우 이를 증명할 수 있는 서류 1부 　나. 배출시설등 또는 방지시설 운영상의 문제인 경우 : 오염물질등의 발생량 및 방지시설의 처리능력 명세서 1부 2. 측정기기 조치계획서 　가. 자동측정기기의 부적정한 운영·관리의 내용, 원인 및 조치명세서 1부 　나. 자동측정기기의 운영·관리 진단계획서 1부 　다. 자가측정 계획서 1부 3. 배출시설등 및 방지시설 조치계획서: 개선명세서 및 설계도 각 1부	수수료 없음

처리절차

계획서 작성	→	접 수	→	검 토	→	현지확인	→	결 재	→	통 보
제출인		민원실 및 통합환경허가 시스템				환경부 (통합허가 담당부서)				통합환경허가 시스템

210mm×297mm[백상지(80g/㎡) 또는 중질지(80g/㎡)]

[별지 제10호서식]　　　　　　통합환경허가시스템(http://ieps.nier.go.kr)에서도 제출할 수 있습니다.

[ ]배출시설등　[ ]개선이행보고서
[ ]방지시설　　[ ]조치이행보고서
[ ]측정기기

※ 색상이 어두운 난은 보고인이 작성하지 아니하며, [　]에는 해당되는 곳에 ∨표를 합니다.

접수번호	접수일시	처리일	처리기간	4일 (검사기간 제외)

결정번호　제　　　호

보 고 인	상호(사업장 명칭)		사업자등록번호
	성명(대표자)		생년월일
	전화번호		이메일 주소
	주소(사업장 소재지)		
	업종		주 생산품

배출시설등, 방지시설 또는 측정기기명	
배출시설등, 방지시설 또는 측정기기의 위치	
개선(조치) 사항	
개선(조치) 이행일	

[ ] 「환경오염시설의 통합관리에 관한 법률」 제14조제1항 및 같은 법 시행규칙 제12조제3항,
[ ] 「환경오염시설의 통합관리에 관한 법률」 제20조제3항 및 같은 법 시행규칙 제20조제2항,
[ ] 「환경오염시설의 통합관리에 관한 법률」 제21조제3항 및 같은 법 시행규칙 제24조제2항에
따라 개선(조치)명령을 이행하였음을 보고합니다.

　　　　　　　　　　　　　　　　　　　　　　　　년　　　　　월　　　　　일

　　　　　　　　　　　보고인　　　　　　　　　　　　　　（서명 또는 인）

환경부장관　귀하

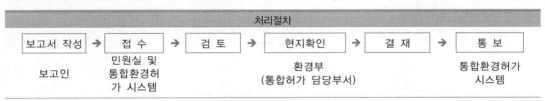

210mm×297mm[백상지(80g/㎡) 또는 중질지(80g/㎡)]

[별지 제11호서식]　　　　　　　　통합환경허가시스템(http://ieps.nier.go.kr)에서도 제출할 수 있습니다.

[ ]배출시설등
[ ]방지시설　　자체 개선계획서
[ ]측정기기

※ 색상이 어두운 난은 제출인이 작성하지 아니하며, [ ]에는 해당되는 곳에 ∨표를 합니다.

접수번호		접수일시		처리일		처리기간	7일

결정번호 제　　　호

제출인	상호(사업장 명칭)			사업자등록번호			
	성명(대표자)			생년월일			
	전화번호			이메일 주소			
	주소(사무실)						
	업종			주 생산품			

부적정 운영(예정)일							
개선완료(예정)일							
개선내용 및 부적정 운영내용	시설명 및 측정기기명	(시설번호)	규 격	수 량	[ ] 결함내용 [ ] 고 　장		
오염물질등의 예상 배출농도 (측정기기가 정상가동된 3개월간의 평균배출농도)	(시설번호)						
	항 목						
	농 도						
폐수위탁처리	위탁처리방법		위탁업체명		위탁처리량 　　　　　　　　m³/일		
예상 평균 배출량	(가스)　　　　m³/hr, (폐수)　　　　m³/일			일일가동 예상시간			

[ ] 「환경오염시설의 통합관리에 관한 법률 시행령」 제8조제1항 및 같은 법 시행규칙 제13조제1항,
[ ] 「환경오염시설의 통합관리에 관한 법률 시행령」 제20조제1항 및 같은 법 시행규칙 제21조제1항에 따라 자체 개선계획서를 제출합니다.

　　　　　　　　　　　　　　　　　　　　　　　　　　　년　　　　　월　　　　　일

　　　　　　　　　　　　　　제출인　　　　　　　　　　　(서명 또는 인)

환경부장관 귀하

첨부서류	1. 배출시설등 및 방지시설 자체 개선계획서 　가. 배출시설등 또는 방지시설 자체의 결함인 경우 　　1) 배출시설등 또는 방지시설의 개선명세서 및 설계도 각 1부 　　2) 개선기간 중 배출시설등의 가동을 중단하거나 제한하여 오염물질등의 농도나 배출량이 변경되는 경우 이 　　　를 증명할 수 있는 서류 1부 　　3) 개선기간 중 공법 등의 개선으로 오염물질등의 농도나 배출량이 변경되는 경우 이를 증명할 수 있는 서류 1부 　나. 배출시설등 또는 방지시설 운영상의 문제인 경우 : 오염물질등의 발생량 및 방지시설의 처리능력 명세서 1부 2. 측정기기 자체 조치계획서 　가. 자동측정기기의 부적정한 운영ㆍ관리의 내용, 원인 및 조치명세서 1부 　나. 자동측정기기의 운영ㆍ관리 진단계획서 1부 　다. 자가측정 계획서 1부	수수료 없음

처리절차					
계획서 작성 제출인	→	접 수 민원실 및 통합환경허가 시스템	→	검 토	→

현지확인 (필요시) 환경부 (통합허가 담당부서)	→	결 재	→	통 보 통합환경허가 시스템

210mm×297mm[백상지(80g/㎡) 또는 중질지(80g/㎡)]

[별지 제12호서식]   통합환경허가시스템(http://ieps.nier.go.kr)에서도 제출할 수 있습니다.

[　]배출시설등
[　]방지시설　　자체 개선이행보고서
[　]측정기기

※ 색상이 어두운 난은 보고인이 작성하지 아니하며, [　]에는 해당되는 곳에 ∨표를 합니다.

접수번호	접수일시	처리일	처리기간	7일 (검사기간 제외)

결정번호 제　　　호

보고인	상호(사업장 명칭)	사업자등록번호
	성명(대표자)	생년월일
	전화번호	이메일 주소
	주소(사무실)	
	업종	주 생산품

부적정 운영 시작일				
개선완료일				
부적정 운영 개선내용	측정기기(부품명) 및 시설명(시설번호)	규 격	수 량	개선내용

[　] 「환경오염시설의 통합관리에 관한 법률 시행령」 제8조제1항 및 같은 법 시행규칙 제13조제3항,
[　] 「환경오염시설의 통합관리에 관한 법률 시행령」 제20조제1항 및 같은 법 시행규칙 제21조제3항에
따라 자체 개선을 완료하였기에 보고합니다.

년　　　　월　　　　일

보고인

(서명 또는 인)

환경부장관 귀하

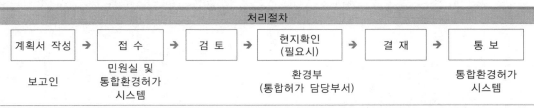

처리절차					
계획서 작성	접 수	검 토	현지확인 (필요시)	결 재	통 보
보고인	민원실 및 통합환경허가 시스템		환경부 (통합허가 담당부서)		통합환경허가 시스템

210mm×297mm[백상지(80g/㎡) 또는 중질지(80g/㎡)]

[별지 제13호서식] 통합환경허가시스템(http://ieps.nier.go.kr)에서도 제출할 수 있습니다

(총 4쪽 중 제1쪽)

확정배출량 명세서

제 출 인	① 상호(사업장 명칭)		② 종별	(대기)
				(수질)
	③ 성명(대표자)		④ 생년월일	
	⑤ 주소			(전화번호:)
	⑥ 사업장소재지			(전화번호:)

1. 배출계수를 이용하는 황산화물의 확정배출량

⑦ 배출구번호	⑧ 주요배출시설명	⑨ 사용연료명	⑩ 사용연료량(톤, ㎘/반기)	⑪ 배출계수	⑫ 황함유량(%)	⑬ 확정배출량(kg/반기)

⑭ 연료종류별 사용량 합계(톤, ㎘/반기)

⑮ 확정배출량 합계(kg/반기)

2. 제1호 외의 황산화물과 먼지의 확정배출량

		⑯-1 배출구번호	⑯-2 측정일자	⑯-3 측정농도(ppm)	⑯-4 일일가스유량(S㎥/일)	⑯-5 일일배출량(kg/일)	⑯-6 일일평균 배출량(kg/일)	⑯-7 조정된 일일평균배출량	⑯-8 조업일수	⑯-9 확정배출량 또는 ⑯-7×⑯-8 (kg/반기)
황산화물	⑯ 자가측정 등에 의한 확정배출량							⑯-6×⑯-8 또는 ⑯-7×⑯-8		
		⑰-1 배출구번호	⑰-2 측정일자	⑰-3 측정농도(ppm)	⑰-4 일일가스유량(S㎥/일)	⑰-5 일일배출량(kg/일)				
대기 오 염 물 질	⑰ 검사결과에 의한 배출량									

⑱ 확정배출량 합계(kg/반기)

210㎜×297㎜[백상지(80g/㎡)]

대기오염물질

⑲ 자가측정 등에 의한 확정 배출량

란	⑲-1 배출구 번호	⑲-2 측정 일자	⑲-3 측정농도 (mg/Sm³)	⑲-4 일일가스유량 (Sm³/일)	⑲-5 일일 배출량 (kg/일)	⑲-6 일일평균 배출량 (kg/일)	⑲-7 조정된 일일평균 배출량	⑲-8 조업일수	⑲-9 확정배출량 ⑲-6×(⑲-8 또는 ⑲-7×⑲-8)

⑳ 검사결과에 의한 배출량

지	⑳-1 배출구 번호	⑳-2 측정 일자	⑳-3 측정농도 (mg/Sm³)	⑳-4 일일가스유량 (Sm³/일)	⑳-5 일일 배출량 (kg/일)	㉑ 확정배출량 합계 (kg/반기)

수질오염물질

㉒ 수질오염물질의 측정 결과에 따른 일일평균 배출량 산정

구 분		월 일	월 일	월 일	월 일	월 일	월 일	월 일	월 일	월 일	월 일	월 일	월 일	월 일	월 일	월 일	월 일	합계	평균
배출농도 (㎎/L)	생물화학적 산소요구량																		
	화학적 산소요구량																		
	부유물질																		
일일폐수유량(m³)																			
일일 배출량 (kg)	생물화학적 산소요구량																		
	화학적 산소요구량																		
	부유물질																		

(총 4쪽 중 제3쪽)

㉓ 오염도검사기관의 검사결과에 따른 일일평균 배출량 조정산정

구분		검사결과에 따른 산출			수질오염물질의 측정에 따른 산출	합계	평균	일일평균 발류수 수질기준 이하 배출량	일일평균 기준 이내 배출량
		월 일	월 일	월 일					
수질오염물질	배출농도 (mg/L)	생물화학적 산소요구량							
		화학적 산소요구량							
		부유물질							
	일일폐수유량(㎥)								
	일일 배출량 (kg)	생물화학적 산소요구량							
		화학적 산소요구량							
		부유물질							

㉔ 확정배출량산정

구분	일일평균 기준 이내 배출량(kg)	부과기간 중의 총조업일수	확정배출량(kg)
유기물질			
부유물질			

「환경오염시설의 통합관리에 관한 법률 시행령」 제9조제3항 및 같은 법 시행규칙 제14조제1항에 따라 ( )년도 ( )반기의 확정배출량을 제출합니다.

년 월 일

제출인 (서명 또는 인)

환경부장관 귀하

※ 구비서류

1. 별 제31조제1항에 따라 오염물질등을 측정한 기록 사본 1부
2. 조업일지 등 조업일수를 확인할 수 있는 서류 사본 1부
3. 황 함유분석표 사본 1부(황 함유량이 적용되는 배출계수를 이용하는 경우에만 제출하며, 해당 부과기간 동안의 분석표만 제출합니다)
4. 연료사용량 또는 생산일지 등 배출계수별 단위사용량을 확인할 수 있는 서류 사본 1부(대기오염물질의 확정배출량 산정을 위하여 배출계수를 이용하는 경우에만 제출합니다)
5. 「수질 및 수생태계 보전에 관한 법률」 제35조제4항에 따른 공동방지시설에 관한 서류 1부(공동방지시설을 설치·운영하고 있는 사업자의 경우만 제출합니다)
6. 확정배출량이 영 별표 7 제1호다목 또는 제2호가목1)부터 3)까지에 따라 산정한 배출량보다 100분의 20 이상 적은 경우에는 이를 증명할 수 있는 서류 1부

(종4쪽 중 제4쪽)

※ 작성요령

○ 공통

1. ①란부터 ⑥란까지는 각 항별로 정해진 내용을 적습니다.

○ 대기오염물질

1. ⑦란은 배출구번호를 순서대로 적습니다.
2. ⑧란은 ⑦란의 배출구 번호에 적힌 배출구와 관련이 있는 배출시설명을 적습니다.
3. ⑨란은 ⑧란의 배출시설에서 사용하는 연료명을 적습니다(석탄, 유연탄, 무연탄, BC유, B-A유 등).
4. ⑩란은 ⑦란의 배출구에서 연료의 사용량이 많을 예측하는 연료 이를 산정하고 이를 적습니다.
5. ⑪란은 ⑨란의 연료에 해당하는 배출계수를 환경부장관이 별도 고시합니다.
6. ⑫란은 ⑩란의 항목의 항이 양을 연료별로 각각 적습니다.
7. ⑬란은 사용연료량, 배출계수 등을 곱하여 확정배출량을 배출구별로 산정하고 이를 적습니다.
8. ⑭란은 ⑯란을 참고하여 사용하는 연료 종류별 사용 합계를 적습니다.
9. ⑮란은 각 배출구 배출량을 합하여 사업장 전체의 확정배출량을 적습니다.
10. ⑯란과 ⑲-1란은 배출구 번호를 순서대로 적습니다.
11. ⑯-1란과 ⑲-2란은 배출구의 자기측정의 결과를 일지별로 각각 적습니다.
12. ⑯-3란은 지가측정 당시의 측정농도를 측정일자별로 각각 적습니다.
13. ⑯-4란은 지가측정 당시의 일일가스유량을 계산하여 적습니다. 이 경우 일일가스유량은 지가측정농도 측정시에 측정한 측정가스유량을 근거로 산정하여야 하며, 일일가스유량은 시간당 측정가스유량과 측정 당시를 기준으로 최근 조업한 30일간의 평균조업시간의 평균조업시간을 곱하여 산정합니다.
14. ⑯-5란는 ⑯-5란은 지가측정 당시의 일일 배출량을 계산하여 적습니다. 이 경우 일일 배출량은 다음의 산정식에 따라 산정합니다.

    황산화물 일일배출량(⑲-5) = 측정농도(⑯-3) × 일일가스유량(⑯-4) × 10⁻⁶
    먼지 일일배출량(⑲-5) = 측정농도(⑯-3) × 일일가스유량(⑯-4) × 10⁻⁶

15. ⑯-6란과 ⑲-6란은 측정일자별로 각각 구분하여 일일배출량별로 적습니다. 예를 들어, 1번 배출구에 3회에 걸쳐 지가측정을 한 황산화물의 일일배출량(⑯-5)이 각각 30kg, 27kg, 33kg이라면 황산화물의 일일평균 배출량은 (30+27+33)÷3 = 30kg이 됩니다.
16. ⑯-7란과 ⑲-7란은 ⑯란 또는 측정 사항이 있는 경우로서 ⑯-1란 또는 ⑯-1란의 배출구번호가 서로 같은 경우이만 적습니다. 이 경우 그 산정방식은 ⑯-6란의 일일평균 배출량(⑯-5)과 ⑲-5란 일일 배출량을 더한 후 이를 나누어 산출합니다.
    - 1번 배출구의 일일평균 배출량이 30kg이면서 ⑲-5의 일일 배출량에 의한 1번 배출구의 일일 배출량이 40kg과 50kg으로 2번이 있다면 조정된 일일평균 배출량은 (30+40+50)÷3 = 40kg이 됩니다.
    - 만약, 1번 배출구의 일일평균 배출량이 ⑯-5의 검사결과에 의한 일일 배출량과 같습니다.
17. ⑯-8란과 ⑲-8란은 조정일수를 적습니다. 그 산정방식은 다음과 같습니다.

    가. ⑯-7에 기재사항이 있는 경우 : 황산화물 확정배출량(⑯-9) = 조정된 일일평균 배출량(⑯-7) × 조정일수(⑯-8)
    나. ⑯-7에 기재사항이 없는 경우 : 황산화물 확정배출량(⑯-9) = 조정된 일일평균 배출량(⑯-6) × 조정일수(⑯-8)
    다. ⑲-7에 기재사항이 있는 경우 : 먼지 확정배출량(⑲-9) = 조정된 일일평균 배출량(⑲-7) × 조정일수(⑲-8)
    라. ⑲-7에 기재사항이 없는 경우 : 먼지 확정배출량(⑲-9) = 조정된 일일평균 배출량(⑲-6) × 조정일수(⑲-8)
18. ⑯-9란과 ⑲-9란은 각 배출구별로 확정배출량을 적습니다.
19. ⑱란과 ㉑란은 각 배출구별로 산정된 확정배출량을 합하여 사업장 전체의 확정배출량을 합계로 적습니다.

○ 수질오염물질

1. 수질오염물질의 측정횟수 또는 오염도검사기관의 검사횟수가 기재하는 건수보다 많을 경우에는 건수를 늘려 작성하거나 별지로 작성합니다.
2. 수질오염물질 배출량은 소수점 첫째 자리까지 계산합니다.
3. ㉒의 "배출농도" 및 "일일폐수유량"은 폐수배출시설 운영일지 등을 기준으로 하여 기재합니다.
4. ㉒의 일일배출량은 측정값에 따른 "배출농도"에 ㉒의 "일일폐수유량"을 곱하여 산정합니다.
5. ㉓의 수질오염물질의 측정에 따른 배출농도와 일일폐수유량은 ㉒의 "평균값"란에 적습니다.
6. ㉓의 검사결과에 따른 배출농도는 검사기관에서 통보받은 각각의 수치와 "수질오염물질" 통보농도에 따른 수치를 곱하여 산출합니다.
7. ㉓의 "평균값"은 "검사성적기준" 이하 배출농도 각각의 수치와 "수질오염물질" 통보농도를 곱하여 "평균값"란의 일일평균을 곱하여 산출합니다.
8. ㉔의 일일평균 배출 수질농도기준 이하 배출농도 각각 수질기준 이하 "일일평균 보수 수질기준 나머지를 빼 낸다는 것으로 합니다.
9. ㉔의 일일평균 배출량은 "평균값"란의 "수질오염물질 배출농도"에서 "일일평균 보수 수질기준 이하이 그 배출농도"이 큰 값을 적습니다.
10. ㉕의 "우기물질"란에는 생물화학적 산소요구량과 화학적 산소요구량 중 ㉒의 "일일평균 기준이내 배출량이 큰 것"을 적습니다.

통합환경허가시스템(http://ieps.nier.go.kr)에서도 제출할 수 있습니다.

배출부과금 감면 대상 명세서

※ 색상이 어두운 난은 제출인이 작성하지 아니하며, [ ]에는 해당되는 곳에 ∨표를 합니다.

접수번호	접수일시	처리일	처리기간	10일(검사기간 제외)

결정번호 제   호

제출인	상호(사업장 명칭)		사업자등록번호	
	성명(대표자)		생년월일	
	전화번호		이메일 주소	
	주소(사무실)			
	업종		주 생산품	

1. 대기오염물질을 배출하는 경우

가. 영 별표 11 제1호가목 또는 나목에 해당하는 경우

신고명세	연료·원료 사용량	대기오염물질의 종류(먼지, SO₂, NO₂)	연간 대기오염물질 발생량	산정명세

나. 그 밖의 경우

신고명세	대상 시설명				신청사유
	배출시설명	시설용량	방지시설명	시설용량	

2. 수질오염물질을 배출하는 경우

신고명세	대상 시설명				신청사유
	배출시설명	시설용량	방지시설명	시설용량	

「환경오염시설의 통합관리에 관한 법률」 제16조 및 같은 법 시행규칙 제16조제1항에 따라 배출부과금 감면 대상 명세서를 제출합니다.

년   월   일

제출인   (서명 또는 인)

환경부장관 귀하

첨부서류	1. 영 별표 11 제1호가목 또는 나목에 해당하는 경우 가. 연료구매계약서 사본 1부(같은 사업장에서 부수적으로 생성되는 연료를 직접 사용하는 경우에는 이를 증명할 수 있는 서류로 대신합니다) 나. 연료사용대상 시설 및 시설용량에 관한 설명서 1부 다. 해당 부과기간의 연료사용량을 확인할 수 있는 서류 1부 2. 영 별표 11 제1호다목에 해당하는 경우: 최적방지시설 증명자료 1부 3. 영 별표 11 제2호마목에 해당하는 경우 가. 폐수의 발생·처리·재이용의 공정도 1부 나. 재이용되는 물의 양 명세서 1부 다. 폐수를 재이용한 사실에 대한 증명자료 1부	수수료 없음

처리절차

명세서 작성	→	접 수	→	검 토	→	결재	→	통보
제출인		민원실 및 통합환경허가 시스템		환경부 (통합허가 담당부서)				통합환경허가 시스템

210mm×297mm[백상지(80g/㎡) 또는 중질지(80g/㎡)]

[별지 제15호서식]

배출부과금 납입고지서

부과내역

● 납입고지서 및 영수증(납부자용)

납부번호

납부자		실명번호	
주 소			

세 목	납기 내	납기 후
	년 월 일	
	원	
	원	

위 금액을 한국은행 국고(수납) 대리점인 은행 또는 우체국, 신용협동조합, 새마을금고, 상호저축은행에 납부하시기 바랍니다.

위 금액을 정히 영수합니다.

* 납기 후 수납 불가

담당자 :

년   월   일   환경부 (인)

년   월   일   (수납인)

산출근거

- -

안내말씀

◆ 은행이나 우체국, 신용협동조합, 새마을금고, 상호저축은행을 방문하거나 인터넷 뱅킹의 방법으로 납부하실 수 있습니다.

◆ 인터넷 납부는 은행 인터넷뱅킹 및 금융결제원(www.giro.or.kr)에서 납부할 수 있습니다.

● 납입고지서 및 영수증(수납기관용)

납부번호

회계연도 :   회계 :   수산발전기금   소관 : 환경부
납부자 :   설명번호 :

금융기관	징수관 계좌	세목 ( )	납기 내	납기 후
			년 월 일	
			원	
	합계 금액		원	

위 금액을 수납하여 주시기 바랍니다.

* 납기 후 수납 불가

담당자 :

년   월   일   환경부   (인)

년   월   일   (수납인)

210mm×297mm[백상지(80g/㎡)]

[별지 제16호서식]

배출부과금 산정명세서

1. 일반현황

   ○ 업체명:

   ○ 소재지:

   ○ 대표자:

2. 초과배출부과금 산정명세

구분	오염물질명	배출농도 (mg/Sm³, ppm.도, mg/L)	허가배출기준 농도 (mg/Sm³, ppm.도, mg/L)	초과농도 (mg/Sm³, ppm.도, mg/L)	일일가스·폐수유량 (m³/시간·일, L/일)	종류	지역 구분	부과기간 (시간 또는 일)	배출부과금 부과에 따른 위반횟수
대기오염물질									
수질오염물질									

○ 시료채취일 :   ○ 개선완료일 :   (개선기간 중 휴무일 :   일)

가. 오염물질등 1kg(1천㎥)당 부과금액   원(A)

나. 기준초과 배출량   kg(B)

다. 허가배출기준 초과율별 부과계수 : 초과농도 / 허가배출기준농도 × 100 = (   )%   (C)

라. 지역별 부과계수   (D)

마. 연도별 부과금 산정지수   (E)

바. 위반횟수별 부과계수   (F)

사. 정액부과금(수질만 해당)   원(G)

아. 초과부과금(A)×(B)×(C)×(D)×(E)×(F)+(G)   원

   ○ 가산금 : 초과부과금 × 3/100   원

   ○ 납기 후 부과금 : 초과부과금 + 가산금   원

210㎜×297㎜[백상지(80g/㎡)]

3. 기본배출부과금 산정명세

구분	오염 물질명	평균배출농도 (mg/Sm³, ppm.도, mg/L)	일일평균 기준 이내 배출량, 총연료사용량 (kg)	지역구분	조업 일수	종류
대기 오염물질						
수질 오염물질						

○ 부과기간 :   ~   (일) (기간 중 미조업일수 :   일)

가. 오염물질등 1kg당 부과금액   원(A)

나. 기준이내 배출량

○ 총연료사용량 × 황산화물 배출계수   kg(B)

○ 일일평균 배출량 × 조업일수   kg(B)

(기준이내 추가배출량을 합산한다)

다. 농도별 부과계수

○ 영 별표 5 제1호라목1)에 해당하는 시설   (C)

○ 영 별표 5 제1호라목2)에 해당하는 시설   (C)
   * 최대배출기준의 백분율 = (배출농도/최대배출기준농도) × 100

○ 영 별표 5 제2호에 해당하는 시설   (C)
   * 방류수수질기준초과율 = (배출농도 − 방류수수질기준) / (최대배출기준 − 방류수수질기준) × 100

라. 지역별 부과계수   (D)

마. 연도별 부과금 산정지수   (E)

바. 사업장별 부과계수   (F)

사. 기본배출부과금 = (A)×(B)×(C)×(D)×(E)×(F)   원

○ 가산금 : 기본배출부과금 × 3/100   원

○ 납기 후 부과금 : 기본배출부과금 + 가산금   원

※ 배출구가 둘 이상인 경우에는 배출구별로 작성하여 합산하되, 이 경우에는 행정기관에 기록하여 갖추어 두고 사업자의 요청 시 열람하도록 합니다.

작성일자 :   년   월   일
작 성 자 :   (서명 또는 인)

[별지 제17호서식]

행 정 기 관 명

수신
(경유)
제목 배출부과금 (조정부과/환급) 통지서

「환경오염시설의 통합관리에 관한 법률」 제17조제1항 및 같은 법 시행규칙 제17조제2항에 따라 배출부과금을 (조정부과/환급)함을 알려드립니다.

구분	계	부과금	미 수 부과금	조정부과금/환급금	(조정부과/환급) 결정일자	(수급/환급) 은행 및 계좌번호	기타
대기							
수질							

(조정부과/환급) 사유:
납부통지서 코드번호:

끝.

환 경 부 장 관 　　직인

기안자 (직위/직급) 서명　　　　검토자 (직위/직급)서명　　　　　결재권자 (직위/직급)서명
협조자
시행　　　　　처리과명−연도별일련번호(시행일)　　　접수　　　　　처리과명−연도별일련번호(접수일)
우　　　　　도로명주소　　　　　　　　　　　/ 홈페이지 주소
전화번호( )　　　　　　팩스번호( )　　　　　/ 공무원의 전자우편주소　　　　/ 공개구분

210㎜×297㎜[백상지(80g/㎡)]

[별지 제18호서식]　　　　　　　통합환경허가시스템(http://ieps.nier.go.kr)에서도 제출할 수 있습니다.

배출부과금 조정신청서

※ 색상이 어두운 난은 신청인이 작성하지 아니합니다.

| 접수번호 | | 접수일시 | | 처리일 | | 처리기간 | 10일 |

신청인	상호(사업장명칭)			
	성명(대표자)		생년월일	
	사업장 소재지		(전화번호 : 　　　　)	

최초 부과내용	납부통지서 수령일	납부통지서 코드번호
	부과일시	부과금액
	납부기한	환급금수령 계좌번호

조정 신청사유	(신청사유를 증명하는 상세 설명자료를 별도로 첨부할 수 있습니다)

「환경오염시설의 통합관리에 관한 법률 시행령」 제16조제1항 및 같은 법 시행규칙 제17조제3항에 따라 배출부과금의 조정을 신청합니다.

　　　　　　　　　　　　　　　　　　　　　　　년　　　　월　　　　일

　　　　　　　　　　　신청인　　　　　　　　　　　(서명 또는 인)

환경부장관 귀하

처리절차

신청서 작성	→	접 수	→	검 토	→	사실조사 (필요시)	→	결 재	→	통 보
신청인		민원실 및 통합환경허가 시스템		환경부(통합허가 담당부서)						통합환경허가 시스템

210mm×297mm[백상지(80g/㎡) 또는 중질지(80g/㎡)]

[별지 제19호서식]　　　　　　　　　통합환경허가시스템(http://ieps.nier.go.kr)에서도 제출할 수 있습니다.

배출부과금　[ ]징수유예　신청서
　　　　　　　　　　　[ ]분할납부

※ 색상이 어두운 난은 신청인이 작성하지 아니합니다.

접수번호	접수일시	처리일	처리기간　5일

납부의무자	상호(사업장명칭)	
	성명(대표자)	생년월일
	사업장 소재지	(전화번호 :　　　　　　)

징수유예 신청사항	징수유예 신청사유		
	부과일자	부과기간	부과금액
	유예신청금액		

분할납부 신청사항	분납일자	분납금액	분납일자	분납금액	분납일자	분납금액
	1차		5차		9차	
	2차		6차		10차	
	3차		7차		11차	
	4차		8차		12차	

「환경오염시설의 통합관리에 관한 법률 시행령」 제17조 및 같은 법 시행규칙 제17조제4항에 따라 배출부과금의 (징수유예/분할납부)를 신청합니다.

　　　　　　　　　　　　　　　　　　　　　　　　년　　　　월　　　　일

　　　　　　　　　　　　신청인　　　　　　　　　　　(서명 또는 인)

환경부장관 귀하

첨부서류	1. 배출부과금 납부통지서 1부 2. 징수유예 사유를 증명할 수 있는 서류 1부 3. 담보제공에 필요한 서류 1부	수수료 없음

처리절차

신청서 작성	→	접 수	→	조사·확인 (필요시)	→	결 재	→	통 보
신청인		민원실 및 통합환경허가 시스템		환경부 (통합허가 담당부서)				통합환경허가 시스템

210mm×297mm[백상지(80g/㎡) 또는 중질지(80g/㎡)]

[별지 제20호서식]　　　　　통합환경허가시스템(http://ieps.nier.go.kr)에서도 제출할 수 있습니다.

측정기기 부착 동의서

※ 색상이 어두운 난은 신청인이 작성하지 아니합니다.

접수번호		접수일시	처리일	처리기간	15일

제출인	상호(사업장명칭)			
	성명(대표자)		생년월일	
	주소		(전화번호 :)	

사업장	사업장소재지			
	업 종		종 별	
	주 생산품			

부착 · 운영대상 측정기기 :　　　　　　　측정기기 부착 · 운영 예정일　　　. . .

측정기기 부착 대상시설	배출구 번호		배출시설명 (용량)	( )
	방지시설명 (용량)	( )		
	측정항목			
	연간 연료 또는 원료 사용량			

「환경오염시설의 통합관리에 관한 법률 시행령」 제18조제3항 및 같은 법 시행규칙 제18조에 따라 자동측정기기의 부착 · 운영에 대한 동의서를 제출합니다.

　　　　　　　　　　　　　　　　　　　　　　　　년　　　　월　　　　일

　　　　　　　　제출인　　　　　　　　　　　　　(서명 또는 인)

환경부장관
시 · 도지사　귀하

첨부서류	「중소기업기본법」 제2조에 따른 중소기업임을 증명하는 서류 1부	수수료 없음

처리절차

동의서 작성	→	접 수	→	검 토	→	결 재	→	통 보
제출인		민원실 및 통합 환경허가시스템		환경부, 시 · 도 (통합허가 담당부서)				통합환경허가 시스템

210mm×297mm[백상지(80g/㎡) 또는 중질지(80g/㎡)]

207

[별지 제21호서식] 통합환경허가시스템(http://ieps.nier.go.kr)에서도 제출할 수 있습니다.

개선사유서

사업자	사업장명				
	대 표 자				
	사업장소재지		(전화번호:)		
발생시간	시작 시간: 20 년 월 일 시 분 종료 시간: 20 년 월 일 시 분				
개선사유	측정기	전송장비	시설	기타	
세부내역	(개선사유를 증명하는 상세 설명자료를 별도로 첨부할 수 있습니다)				
조치내역	조치 기간	시작: 20 년 월 일 시 분 종료: 20 년 월 일 시 분			
	내역				
접수/ 반송	접수/반송	사유(확인 내역)		확인자	
	[ ]접수 [ ]반송			서명	

「환경오염시설의 통합관리에 관한 법률 시행령」 제20조제3항 및 같은 법 시행규칙 제21조제5항에 따라 개선사유서를 제출합니다.

년 월 일

제출인 (서명 또는 인)

환경부장관 귀하

수수료 없음

210mm×297mm[백상지(80g/㎡) 또는 중질지(80g/㎡)]

제6장 환경오염시설의 통합관리에 관한 법률 관련 고시

1. 사업장의 환경관리 수준 평가방법에 관한 고시

[시행 2017. 1. 23.] [환경부고시 제2017-16호, 2017. 1. 23., 제정]

제1장 총칙

제1조(목적) 이 규정은 「환경오염시설의 통합관리에 관한 법률」(이하 "법"이라 한다) 제9조제2 항, 「환경오염시설의 통합관리에 관한 법률 시행령」(이하 "영"이라 한다) 제4조제2항 및 「환경 오염시설의 통합관리에 관한 법률 시행규칙」(이하 "규칙"이라 한다) 제9조제6항의 규정에 따라 사업장의 환경관리 수준을 평가하기 위한 구체적인 평가기준 및 절차 등을 정하는 것을 목적으 로 한다.

제2조(정의) 이 규정에서 사용하는 용어의 정의는 다음과 같다.

1. "통합관리사업장"이란 법 제6조에 따른 허가 또는 변경허가를 받거나 변경신고를 한 사업장 을 말한다.
2. "환경관리 수준 평가"란 영 제4조제2항 각 호의 요건을 충족하는지 여부를 평가하는 것을 말 한다.

제2장 평가기준 및 절차 등

제3조(평가시기) ① 환경부장관은 법 제6조제2항에 따른 변경허가를 하거나 법 제9조제1항에 따 라 허가조건 등을 검토한 날로부터 3개월 이내에 통합관리사업장에 대한 환경관리 수준 평가를 실시하여야 한다.

② 법 제6조제2항에 따른 변경허가를 하는 경우로서 제1항에 따른 평가를 실시한 후 3년이 경 과하지 않은 경우에는 환경관리 수준 평가를 생략할 수 있다. 이 경우 해당 통합관리사업장 의 환경관리 수준 평가 결과는 제1항에 따른 평가 결과가 유지되는 것으로 본다.

③ 제1항에 따른 평가를 실시한 후 2년이 경과한 경우로서 해당 통합관리사업장을 운영하는 자 (이하 "사업자"라 한다)가 희망하여 신청하는 경우에는 사업장을 재평가하여 제1항에 따른 평가 결과를 변경할 수 있다.

④ 영 별표 1에 따른 업종별 적용시기 이전에 법 제10조제1항 각 호의 법률에 따라 허가 또는 승 인을 받았거나 신고를 한 사업장(이하 "기존 사업장"이라 한다)이 법 제9조제2항에 따른 검 토주기의 연장을 위하여 환경관리 수준 평가를 받기를 희망하는 경우에는 법 제6조제1항에

따른 통합허가를 받을 때에 환경관리 수준 평가를 받을 수 있다.

제4조(평가 요소 및 기준) ① 환경부장관은 영 제4조제2항 각 호의 요건(이하 "평가 분야"라 한다)에 대하여 규칙 별표 9 제1호에 따른 평가 요소(이하 "평가 요소"라 한다)를 평가하여 평가 분야별 등급을 결정하여야 한다.

② 평가 분야별 평가 요소에 대한 구체적인 평가기준은 별표 1과 같다.

③ 제3조제4항에 따라 기존 사업장의 환경관리 수준 평가를 하는 경우에는 규칙 별표 9 제1호 라목의 평가 분야에 대하여 법 제10조제1항 각 호의 법령에 따른 준수 현황을 고려하여 제2항에 따른 평가기준을 달리 적용할 수 있다.

④ 영 제4조제2항제2호에서 "적절한 환경관리기법"이란 환경부와 국립환경과학원이 발간하는 최적가용기법 기준서의 "최적가용기법 적용 시 고려사항"에 수록된 BAT(Best Available Techniques Economically Achievable) 및 그 밖에 환경적으로 우수하다고 환경부장관이 인정하는 기법을 말한다.

제5조(평가단의 구성) ① 환경부장관은 환경관리 수준 평가를 하는 경우에는 환경관리 수준 평가단(이하 "평가단"이라고 한다)을 구성하여야 한다.

② 평가단은 단장 1명을 포함하여 6명 이상 10명 이내의 위원으로 구성한다.

③ 평가단의 단장은 공무원인 위원 중에서 환경부장관이 위촉하는 사람이 되고, 평가단의 위원은 다음 각 호의 어느 하나에 해당하는 사람 중에서 환경부장관이 임명하거나 위촉하는 자가 된다.

1. 대기, 수질, 소음·진동, 악취, 생활환경, 폐기물, 유해물질 등의 관련 분야 전문가
2. 환경부의 통합관리 관련 분야 소속 공무원
3. 법 제29조에 따른 환경전문심사원 소속 전문가

④ 환경부장관은 평가에 참여한 평가단의 위원에 대하여는 예산의 범위 내에서 수당과 여비를 지급할 수 있다.

제6조(평가방법 및 절차) ① 법 제6조에 따른 허가(제3조제4항에 따라 기존 사업장이 희망하여 환경관리 수준 평가를 받으려는 경우만 해당한다) 또는 변경허가를 받으려는 자는 허가·변경허가를 신청할 때에 다음 각 호의 내용을 포함하는 평가 자료를 작성하여 제출하여야 한다. 다만, 법 제19조에 따른 굴뚝 자동측정기기 또는 수질자동측정기기를 부착한 사업장 또는 법 제28조제1항에 따른 통합환경허가시스템에 자가측정 결과, 배출시설등 및 방지시설의 운영·관리 등에 관한 사항을 기록·보존한 사업장으로서 환경부장관이 전산으로 각 호의 내용을 확인할 수 있는 경우에는 해당 자료를 제출하지 아니할 수 있다.

1. 오염물질 배출수준 개선노력 및 유해한 오염물질 등 취급·관리 현황
2. 적절한 환경관리기법 적용 현황 및 개선사항
3. 측정·모니터링과 주변 영향조사 현황 및 결과 등

② 환경부장관은 법 제9조제1항에 따라 허가조건 등을 검토할 때에 환경관리 수준 평가를 하려

는 경우에는 검토일로부터 최소 3개월 전에 해당 통합관리사업장에 환경관리 수준 평가 대상임을 통보하여야 한다. 이 경우 통보를 받은 통합관리사업장은 통보일로부터 2개월 이내에 제1항에 따른 평가 자료를 작성하여 제출하여야 한다.

③ 환경부장관은 제1항 또는 제2항 후단에 따른 평가 자료가 접수되면 법령위반, 환경오염 사고 및 피해, 오염물질 배출량 및 배출수준, 자가측정 결과 등에 대하여 관할 지자체, 유역환경청 또는 지방환경청(이하 "환경청"이라 한다), 국립환경과학원 및 법 제29조의 환경전문심사원에 의견조회를 하여야 한다.

④ 환경부장관은 의견조회 결과 등을 종합하여 평가 자료의 적합성을 사전 검토한 후, 제출일로부터 2개월 이내에 보완 여부 및 평가일정 등을 통합관리사업장에게 통보하여야 한다.

⑤ 환경부장관은 통합관리사업장의 대기와 수질의 자가측정 신뢰도를 평가하기 위하여 환경관리 수준 평가 전에 대기오염물질 및 수질오염물질에 대한 채취·검사 등을 실시할 수 있다.

⑥ 환경부장관은 제5조에 따라 평가단을 구성하여 현지실사 및 별표 1의 평가분야에 대한 평가를 실시한다. 이 경우 위원별로 별표 2의 환경관리 수준 평가서를 작성한다.

제3장 사후관리 등

제7조(평가결과) ① 환경부장관은 평가결과에 따른 허가조건 등의 검토주기를 규칙 제7조제5항에 따른 배출시설등 설치·운영허가 명세서에 기재하여 배부하여야 하며, 명세서가 이미 발부된 경우에는 별도의 공문을 시행하여 해당 사업자에게 통보하여야 한다.

② 제1항에 따른 평가결과를 통보받은 사업자는 희망하는 경우 평가요소별로 평가결과를 열람할 수 있다.

제8조(검토주기 연장 철회) ① 환경부장관은 사업자가 다음 각 호의 어느 하나에 해당하는 처분을 받아 확정되거나 해당 법률을 위반하여 벌금 또는 금고 이상의 형을 선고받은 경우에는 허가조건 등의 검토주기 연장을 철회할 수 있다. 다만, 제2호부터 제5호까지에 따른 조치명령 혹은 개선명령을 처분 받았으나, 주변 환경을 오염시키지 아니한 경우로서 환경부장관이 인정하는 경우에는 그렇지 않다.

1. 규칙 별표 14 제2호에 따른 조업정지·사용중지명령, 폐쇄명령 또는 허가취소, 법 제23조에 따른 과징금부과처분

2. 「폐기물관리법」 제27조 또는 제48조에 따른 허가취소처분·영업정지명령 또는 조치명령

3. 「화학물질관리법」 제25조, 제34조의2, 제35조 또는 제36조에 따른 개선명령, 허가취소처분, 영업정지명령 또는 과징금부과처분

4. 「토양환경보전법」 제14조제1항·제3항 및 제15조제3항에 따른 조치명령 또는 사용중지명령

5. 「환경영향평가법」 제40조제1항부터 제3항까지에 따른 조치명령 또는 공사중지명령

② 환경부장관은 제1항에 따라 허가조건 등의 검토주기 연장을 철회하려는 경우에는 철회 내용 및 사유, 허가조건 등의 검토 계획 등을 사업자에게 통지하여야 한다.

③ 제2항에 따른 통보를 받은 사업자는 30일 이내에 환경부장관에게 의견을 제출할 수 있다.

제9조(기업비밀보장) ① 평가단의 평가위원은 환경관리 수준 평가와 관련하여 취득한 자료와 평가과정에서 알게 된 대상 사업장의 비밀보장을 위하여 노력하여야 한다.

② 환경부장관은 평가 종결 후 대상 사업장이 기업비밀보호를 위하여 제6조제2항에 따라 제출된 평가자료의 반환을 요구하는 경우에는 보관용 각 1부를 제외하고 나머지는 대상 사업장에 반환하여야 한다.

③ 환경부장관은 평가단의 평가위원에게 비밀보장 서약서를 징구할 수 있으며 제공한 자료를 모두 회수하여야 한다.

2. 환경전문심사원의 지정 및 운영에 관한 고시

[시행 2017. 1. 23.] [환경부고시 제2017-18호, 2017. 1. 23., 제정]

제1장 총칙

제1조(목적) 이 고시는 「환경오염시설의 통합관리에 관한 법률」 제29조 및 같은 법 시행령 제34조에 따라 통합허가 검토 등에 관한 업무를 수행하는 환경전문심사원의 지정 및 운영 등에 관하여 필요한 사항을 정함을 목적으로 한다.

제2장 환경전문심사원의 지정 · 운영 등

제2조(환경전문심사원 지정) 「환경오염시설의 통합관리에 관한 법률」(이하 "법"이라 한다) 제29조 및 같은 법 시행령(이하 "영"이라 한다) 제34조에 따른 환경전문심사원은 「한국환경공단법」에 따른 한국환경공단으로 한다.

제3조(환경전문심사원의 운영) ① 제2조에 따라 지정을 받은 환경전문심사원의 장(이하 "환경전문심사원장"이라 한다)은 법 제29조제1항 각 호에 따른 환경전문심사원의 업무를 수행하기 위한 전담조직을 구성하여야 한다.

② 환경전문심사원장은 공정한 업무수행을 위해 환경전문심사원의 업무에 대한 내부 업무규정을 마련하고, 이에 따라 객관적으로 업무를 처리하여야 한다.

③ 환경전문심사원장은 법 제29조제1항 각 호의 업무를 심사할 때에 관련분야의 경험이 풍부한 외부전문가의 자문을 받을 수 있다.

④ 환경전문심사원장은 환경전문심사원의 구성원이 법 제29조제1항 각 호의 업무를 전문적으로 심사하도록 하기 위하여 전문교육 계획을 매년 수립하여 시행하여야 한다.

⑤ 제3항에 따른 자문위원, 외부전문가 등에 대하여는 예산의 범위 안에서 수당, 여비 및 그 밖에 필요한 경비를 지급할 수 있다.

⑥ 환경전문심사원장은 내부 업무규정의 변경 등 중요한 변경사항이 발생한 경우에는 환경부장관에게 30일 이내에 변경 사유 및 변경 내용을 보고하여야 한다.

제3장 환경전문심사원 관리 · 감독 등

제4조(관리 · 감독) ① 환경부장관은 영 제34조제2항에 따라 환경전문심사원이 공정하고 전문적인 업무를 수행할 수 있도록 다음 각 호의 사항을 주기적으로 관리 · 감독하여야 한다.

1. 검토 인력의 전문성
2. 전문 장비의 보유 여부 및 유지 · 관리의 적절성
3. 기술검토 결과의 적절성
4. 그 밖에 공정하고 전문적인 업무 수행을 위해 관리 · 감독이 필요하다고 환경부장관이 인정하는 사항

② 환경부장관은 제1항에 따른 관리 · 감독을 위하여 필요하다고 인정되는 경우에는 환경전문심사원에게 업무 수행상황 등에 관한 자료의 제출을 요구하거나 장부 또는 서류 등을 확인할 수 있다.

③ 환경부장관은 제2항에 따른 확인결과에 따라 시정이 필요하다고 인정되는 경우에는 환경전문심사원장에게 필요한 조치를 요구할 수 있다.

3. 통합관리사업장의 배출 및 방지시설 운영·관리와 허가조건 이행에 대한 전산 기록·보존에 관한 고시

[시행 2017. 9. 18.] [국립환경과학원고시 제2017-44호, 2017. 9. 18., 제정]

제1조(목적) 이 고시는 「환경오염시설의 통합관리에 관한 법률」(이하 "법"이라 한다) 제31조 및 같은 법 시행규칙(이하 "규칙"이라 한다) 제33조에 따른 자가측정 결과, 법 제32조 및 규칙 제34조에 따른 배출시설등 및 방지시설의 운영·관리 등에 관한 사항과 허가조건의 이행에 관한 사항을 기록·보존하는 구체적인 방법과 전산시스템 입력방법 등을 규정함을 목적으로 한다.

제2조(전산입력의 담당자 등) ① 법 제6조에 따라 허가 또는 변경허가를 받거나 변경신고를 한 자 (이하 "사업자"라 한다)는 법 제31조 및 제32조에 따라 자가측정 결과, 배출시설등 및 방지시설의 운영·관리 등에 관한 사항과 허가조건의 이행에 관한 사항을 법 제28조에 따른 통합환경허가시스템(http://ieps.nier.go.kr)에 입력하여야 한다.

② 사업자는 제1항에 따라 자가측정 결과 등을 입력하는 때에는 전산입력의 담당자 및 전산 입력장치(데스크톱, 노트북 등의 전산장비를 포함한다)를 지정하고 통합환경허가시스템 관리자에게 사전에 알려야 하며, 담당자 및 전산 입력장치가 변경된 경우에는 즉시 알려야 한다. 이 경우 전산입력의 담당자는 배출시설등 및 방지시설의 운영·관리에 종사하는 자로 지정하여야 한다.

③ 제1항에 따른 자가측정 결과 등을 통합환경허가시스템에 입력하는 구체적인 방법에 관하여는 국립환경과학원장이 통합환경허가시스템을 통하여 게시하는 사업장 사용자 매뉴얼을 따른다.

제3조(전산입력 항목, 방법 및 주기) ① 법 제31조 및 제32조에 따른 자가측정 결과 등의 전산입력 항목 및 입력기간은 별표와 같다. 다만, 전산입력 항목 중 법 제19조에 따른 굴뚝 자동측정기기 및 수질자동측정기기(이하 "자동측정기기"라 한다)를 부착하여 「환경오염시설의 통합관리에 관한 법률 시행령」 제21조에 따른 관제센터에 전송하는 항목은 제외하며, 대기배출원관리시스템 입력항목의 경우는 동 시스템(SEMS, http://sodac.nier.go.kr)을 활용할 수 있다.

② 제1항에도 불구하고 환경부장관이 측정이 가능하다고 인정하여 허가조건에 그 측정방법을 명시한 경우에는 전산입력 항목 및 입력기간 등을 달리 정할 수 있다.

환경오염시설의
통합관리에 관한 법령과
관계된 타 법

Part
03

제1장 대기환경보전법

대기환경보전법	대기환경보전법 시행령	대기환경보전법 시행규칙
제1장 총칙	**제1장 총칙**	**제1장 총칙**
제1조(목적) 이 법은 대기오염으로 인한 국민건강이나 환경에 관한 위해(危害)를 예방하고 대기환경을 적정하고 지속가능하게 관리·보전하여 모든 국민이 건강하고 쾌적한 환경에서 생활할 수 있게 하는 것을 목적으로 한다.	**제1조(목적)** 이 영은 「대기환경보전법」에서 위임된 사항과 그 시행에 필요한 사항을 규정함을 목적으로 한다.	**제1조(목적)** 이 규칙은 「대기환경보전법」 및 같은 법 시행령에서 위임된 사항과 그 시행에 필요한 사항을 규정함을 목적으로 한다.
제2조(정의) 이 법에서 사용하는 용어의 뜻은 다음과 같다. 〈개정 2019. 1. 15.〉 1. "대기오염물질"이란 대기 중에 존재하는 물질 중 제7조에 따른 심사·평가 결과 대기오염의 원인으로 인정된 가스·입자상물질로서 환경부령으로 정하는 것을 말한다. 1의2. "유해성대기감시물질"이란 대기오염물질 중 제7조에 따른 심사·평가 결과 사람의 건강이나 동식물의 생육(生育)에 위해를 끼칠 수 있어 지속적인 측정이나 감시·관찰 등이 필요하다고 인정된 물질로서 환경부령으로 정하는 것을 말한다. 2. "기후·생태계 변화유발물질"이란 지구 온난화 등으로 생태계의 변화를 가져올 수 있는 기체상물질(氣體狀物質)로서 온실가스와 환경부령으로 정하는 것을 말한다. 3. "온실가스"란 적외선 복사열을 흡수하거나 다시		**제2조(대기오염물질)** 「대기환경보전법」(이하 "법"이라 한다) 제2조제1호에 따른 대기오염물질은 별표 1과 같다. **제2조의2(유해성대기감시물질)** 법 제2조제1호의2에 따른 유해성대기감시물질은 별표 1의2와 같다. [본조신설 2017. 1. 26.] **제3조(기후·생태계 변화유발물질)** 법 제2조제3호에서 "환경부령으로 정하는 것"이란 염화불화탄소와 수소염화불화탄소를 말한다. 〈개정 2013. 5. 24.〉 [제목개정 2013. 5. 24.] **제4조(특정대기유해물질)** 법 제2조제9호에 따른 특정대기유해물질은 별표 2와 같다. **제5조(대기오염물질배출시설)** 법 제2조제11호에 따른 대기오염물질배출시설(이하 "배출시설"이라 한다)은 별표 3과 같다.

대기환경보전법	대기환경보전법 시행령	대기환경보전법 시행규칙
방출하여 온실효과를 유발하는 대기 중의 가스상 태 물질로서 이산화탄소, 메탄, 아산화질소, 수소 불화탄소, 과불화탄소, 육불화황을 말한다. 4. "가스"란 물질이 연소·합성·분해될 때에 발생 하거나 물리적 성질로 인하여 발생하는 기체상 물질을 말한다. 5. "입자상물질(粒子狀物質)"이란 물질이 파쇄·선 별·퇴적·이적(移積)될 때, 그 밖에 기계적으로 처리되거나 연소·합성·분해될 때에 발생하는 고체상(固體狀) 또는 액체상(液體狀)의 미세한 물질을 말한다. 6. "먼지"란 대기 중에 떠다니거나 흩날려 내려오는 입자상물질을 말한다. 7. "매연"이란 연소할 때에 생기는 유리(遊離) 탄소 가 주가 되는 미세한 입자상물질을 말한다. 8. "검댕"이란 연소할 때에 생기는 유리(遊離) 탄소 가 응결하여 입자의 지름이 1미크론 이상이 되는 입자상물질을 말한다. 9. "특정대기유해물질"이란 유해성대기감시물질 중 제7조에 따른 심사·평가 결과 저농도에서도 장기 적인 섭취나 노출에 의하여 사람의 건강이나 동식 물의 생육에 직접 또는 간접으로 위해를 끼칠 수 있어 대기 배출에 대한 관리가 필요하다고 인정된 물질로서 환경부령으로 정하는 것을 말한다. 10. "휘발성유기화합물"이란 탄화수소류 중 석유화 학제품, 유기용제, 그 밖의 물질로서 환경부장관 이 관계 중앙행정기관의 장과 협의하여 고시하 는 것을 말한다.		제6조(대기오염방지시설) 법 제2조제12호에 따른 대 기오염방지시설(이하 "방지시설"이라 한다)은 별표 4와 같다. 제7조(자동차 등의 종류) 법 제2조제13호에 따른 자 동차, 같은 조 제13호의2 각목에 따라 환경부령으로 정하는 건설기계 및 같은 호 나목에 따라 환경부령 으로 정하는 농림용으로 사용되는 기계(이하 "농업 기계"라 한다)는 별표 5와 같다. [전문개정 2012. 10. 26.] 제8조의2(촉매제) 법 제2조제15호의2에 따른 촉매제 는 경유를 연료로 사용하는 자동차에서 배출되는 질소산화물을 저감하기 위하여 사용되는 화학물질 을 말한다. [본조신설 2009. 7. 14.] 제9조(배출가스저감장치의 저감효율) 법 제2조제17 호에서 "환경부령으로 정하는 저감효율"이란 「수도 권 대기환경개선에 관한 특별법 시행령」 별표 8 제1호에 따른 배출가스저감장치의 저감효율을 말 한다. <개정 2016. 6. 2.> 제10조(저공해엔진의 배출허용기준) 법 제2조제18 호에서 "환경부령으로 정하는 배출허용기준"이란 다음 각 호와 같다. 1. 제작차의 경우: 「수도권 대기환경개선에 관한 특별법 시행규칙」 별표 1에 따른 저공해자동차의 제작차배출허용기준

대기환경보전법	대기환경보전법 시행령	대기환경보전법 시행규칙
11. "대기오염물질배출시설"이란 대기오염물질을 대기에 배출하는 시설물, 기계, 기구, 그 밖의 물체로서 환경부령으로 정하는 것을 말한다. 12. "대기오염방지시설"이란 대기오염물질배출시설로부터 나오는 대기오염물질을 연소조절에 의한 방법 등으로 없애거나 줄이는 시설로서 환경부령으로 정하는 것을 말한다. 13. "자동차"란 다음 각 목의 어느 하나에 해당하는 것을 말한다. 가. 「자동차관리법」 제2조제1호에 규정된 자동차 중 환경부령으로 정하는 것 나. 「건설기계관리법」 제2조제1항제1호에 따른 건설기계 중 주행특성이 가목에 따른 것과 유사한 것으로서 환경부령으로 정하는 것 13의2. "원동기"란 다음 각 목의 어느 하나에 해당하는 것을 말한다. 가. 「건설기계관리법」 제2조제1항제1호에 따른 건설기계 외의 건설기계로서 환경부령으로 정하는 건설기계에 사용되는 동력을 발생시키는 장치 나. 농림용 또는 해상용으로 사용되는 기계로서 환경부령으로 정하는 기계에 사용되는 동력을 발생시키는 장치 다. 「철도산업발전기본법」 제3조제4호에 따른 철도차량 중 동력차에 사용되거나 사용되는 동력을 발생시키는 장치 14. "선박"이란 「해양환경관리법」 제2조제16호에 따른 선박을 말한다.		2. 운행차의 경우 : 「수도권 대기환경 개선에 관한 특별법 시행규칙」 별표 7 제2호에 따른 저공해엔진의 저감효율 제10조의2(공회전제한장치의 성능기준 등) 법 제2조제19호에 따른 공회전제한장치의 기준은 별표 6의2와 같다. 제10조의3(자동차의 적용범위) "환경부령으로 정하는 자동차"란 제124조의2에 따른 자동차 중 법 제76조의2에 따른 자동차 온실가스 배출허용기준이 적용되는 자동차로서 환경부장관이 정하여 고시한 자동차를 말한다. [본조신설 2014. 2. 6.] 제10조의4(장거리이동대기오염물질) 법 제2조제22호에 따른 장거리이동대기오염물질은 별표 6의3과 같다. [본조신설 2016. 6. 2.] 제10조의5(냄새) 법 제2조제23호에서 "환경부령으로 정하는 것"이란 다음 각 호의 물질을 말한다. 1. 염화불화탄소 2. 수소염화불화탄소 3. 「저탄소 녹색성장 기본법 시행령」 제2조 및 별표 1에 따른 수소불화탄소 4. 제2조 및 제3호의 물질을 혼합하여 만든 물질 [본조신설 2018. 11. 29.]

대기환경보전법	대기환경보전법 시행령	대기환경보전법 시행규칙
15. "첨가제"란 자동차의 성능을 향상시키거나 배출가스를 줄이기 위하여 자동차의 연료에 첨가하는 탄소와 수소만으로 구성된 물질을 제외한 화학물질로서 다음 각 목의 요건을 모두 충족하는 것을 말한다. 가. 자동차의 연료에 부피 기준(액체첨가제의 경우만 해당한다) 또는 무게 기준(고체첨가제의 경우만 해당한다)으로 1퍼센트 미만의 비율로 첨가하는 물질. 다만, 「석유 및 석유대체연료 사업법」 제2조제7호 및 제8호에 따른 석유정제업자 및 석유수출입업자가 자동차연료인 석유제품을 제조하거나 품질을 보정(補正)하는 과정에 첨가하는 물질의 경우에는 그 첨가비율의 제한을 받지 아니한다. 나. 「석유 및 석유대체연료 사업법」 제2조제10호에 따른 가짜석유제품 또는 같은 조 제11호에 따른 석유대체연료에 해당하지 아니하는 물질 15의2. "촉매제"란 배출가스를 줄이는 효과를 높이기 위하여 배출가스저감장치에 사용되는 화학물질로서 환경부령으로 정하는 것을 말한다. 16. "저공해자동차"란 「수도권 대기환경개선에 관한 특별법」 제2조제6호에 따른 자동차를 말한다. 17. "배출가스저감장치"란 자동차에서 배출되는 대기오염물질을 줄이기 위하여 자동차에 부착 또는 교체하는 장치로서 환경부령으로 정하는 저감효율에 적합한 장치를 말한다.		

대기환경보전법	대기환경보전법 시행령	대기환경보전법 시행규칙
18. "자동차엔진"이란 자동차에서 배출되는 대기오염물질을 줄이기 위한 엔진(엔진 개조에 사용하는 부품을 포함한다)으로서 환경부령으로 정하는 배출허용기준에 맞는 엔진을 말한다. 19. "공회전제한장치"란 자동차에서 배출되는 대기오염물질을 줄이고 연료를 절약하기 위하여 자동차에 부착하는 장치로서 환경부령으로 정하는 기준에 적합한 장치를 말한다. 20. "온실가스 배출량"이란 자동차에서 단위 주행거리당 배출되는 이산화탄소(CO₂) 배출량(g/km)을 말한다. 21. "온실가스 평균배출량"이란 자동차제작자가 판매한 자동차 중 환경부령으로 정하는 자동차의 온실가스 배출량의 합계를 해당 자동차 총 대수로 나누어 산출한 평균값(g/km)을 말한다. 22. "장거리이동대기오염물질"이란 황사, 먼지 등 발생 후 장거리 이동을 통하여 국가 간에 영향을 미치는 대기오염물질로서 환경부령으로 정하는 것을 말한다. 23. "냉매(冷媒)"란 기후ㆍ생태계 변화유발물질 중 열전달을 통한 냉난방, 냉동ㆍ냉장 등의 효과를 목적으로 사용되는 물질로서 환경부령으로 정하는 것을 말한다. **제3조(상시 측정 등)** ① 환경부장관은 전국적인 대기오염 및 기후ㆍ생태계 변화유발물질의 실태를 파악하기 위하여 환경부령으로 정하는 바에 따라 측정망을 설치하고 대기오염도 등을 상시 측정하여야		**제11조(측정망의 종류 및 측정결과보고 등)** ① 법 제3조제1항에 따라 수도권대기환경청장, 국립환경과학원장 또는 「한국환경공단법」에 따른 한국환경공단(이하 "한국환경공단"이라 한다)이 설치하는 대

대기환경보전법	대기환경보전법 시행령	대기환경보전법 시행규칙
한다. ② 특별시장·광역시장·특별자치시장·특별자치도지사·도지사 또는 특별자치도지사(이하 "시·도지사"라 한다)는 해당 관할구역 안의 대기오염 실태를 파악하기 위하여 환경부령으로 정하는 바에 따라 측정망을 설치하여 대기오염도를 상시 측정하고, 그 측정 결과를 환경부장관에게 보고하여야 한다. 〈개정 2012. 5. 23.〉 ③ 환경부장관은 대기오염도에 관한 정보에 국민이 쉽게 접근할 수 있도록 제1항 및 제2항에 따른 측정 결과를 전산처리할 수 있는 전산망을 구축·운영할 수 있다. 〈신설 2016. 1. 27.〉 [제목개정 2016. 1. 27.]		기오염 측정망의 종류는 다음 각 호와 같다. 〈개정 2019. 2. 13.〉 1. 대기오염물질의 지역배경농도를 측정하기 위한 교외대기측정망 2. 대기오염물질의 국가배경농도와 장거리이동 현황을 파악하기 위한 국가배경농도측정망 3. 도시지역 또는 산업단지 인근지역의 특정대기유해물질(중금속을 제외한다)의 오염도를 측정하기 위한 유해대기물질측정망 4. 도시지역의 휘발성유기화합물 등의 농도를 측정하기 위한 광화학대기오염물질측정망 5. 산성 대기오염물질의 건성 및 습성 침적량을 측정하기 위한 산성강하물측정망 6. 기후·생태계 변화유발물질의 농도를 측정하기 위한 지구대기측정망 7. 장거리이동대기오염물질의 성분을 집중 측정하기 위한 대기오염집중측정망 8. 초미세먼지(PM-2.5)의 성분 및 농도를 측정하기 위한 미세먼지성분측정망 ② 법 제3조제2항에 따라 특별시장·광역시장·특별자치시장·도지사 또는 특별자치도지사(이하 "시·도지사"라 한다)가 설치하는 대기오염 측정망의 종류는 다음 각 호와 같다. 〈개정 2013. 5. 24.〉 1. 도시지역의 대기오염물질 농도를 측정하기 위한 도시대기측정망 2. 도로변의 대기오염물질 농도를 측정하기 위한 도로변대기측정망

대기환경보전법	대기환경보전법 시행령	대기환경보전법 시행규칙
제3조의2(환경위성 관측망의 구축ㆍ운영 등) ① 환경부장관은 대기환경 및 기후ㆍ생태계 변화유발물질의 감시와 기후변화에 따른 환경영향을 파악하기 위하여 환경위성 관측망을 구축ㆍ운영하고, 관측된 정보를 수집ㆍ활용할 수 있다. ② 제1항에 따른 환경위성 관측망의 구축ㆍ운영 및 정보의 수집ㆍ활용에 필요한 사항은 대통령령으로 정한다. [본조신설 2016. 1. 27.]	**제11조의2(환경위성 관측망의 구축ㆍ운영 등)** ① 환경부장관은 「대기환경보전법」(이하 "법"이라 한다) 제3조의2에 따른 환경위성 관측망(이하 "환경위성 관측망"이라 한다)의 효율적인 구축ㆍ운영 및 정보의 수집ㆍ활용을 위하여 다음 각 호의 업무를 수행할 수 있다. 1. 대기환경 및 기후ㆍ생태계 변화유발물질의 감시와 기후변화에 따른 환경영향을 파악하기 위한 환경위성의 개발 2. 환경위성 지상국의 구축ㆍ운영 3. 환경위성 관측자료의 수집ㆍ생산, 분석 및 배포 4. 환경위성 관측 자료의 정확도 향상도 향상을 위한 자료 검증 및 개선사업 5. 환경위성 관측망의 구축ㆍ운영 및 정보의 수집ㆍ활용을 위한 연구개발 6. 환경위성 관측망의 구축ㆍ운영 및 정보의 수집ㆍ활용을 위한 관련 기관 또는 단체와의 협력 7. 그 밖에 환경위성 관측망의 효율적인 구축ㆍ운영 및 정보의 수집ㆍ활용을 위하여 필요한 사항	3. 대기 중의 중금속 농도를 측정하기 위한 대기 중 금속측정망 4. 삭제 〈2011. 8. 19.〉 ③시ㆍ도지사는 법 제3조제2항을 통하여 상시측정한 대기오염도를 측정망을 통하여 국립환경과학원장에게 전송하고, 연도별로 이를 취합ㆍ분석ㆍ평가하여 그 결과를 다음 해 1월 말까지 국립환경과학원장에게 제출하여야 한다.

대기환경보전법	대기환경보전법 시행령	대기환경보전법 시행규칙
	②환경부장관은 제1항에 따른 업무를 수행하기 위하여 필요한 경우에는 관계 기관의 장에게 관련 자료의 제공을 요청할 수 있다. 〈2016. 7. 26.〉 [본조신설 2016. 7. 26.] [종전 제1조의2는 제1조의3으로 이동 〈2016. 7. 26.〉]	제12조(측정망설치계획의 고시) ①유역환경청장, 지방환경청장, 수도권대기환경청장 및 도지사는 법 제4조에 따라 다음 각 호의 사항이 포함된 측정망설치계획을 결정하고 최초로 측정소를 설치하는 날부터 3개월 이전에 고시하여야 한다. 1. 측정망 설치시기 2. 측정망 배치도 3. 측정소를 설치할 토지 또는 건축물의 위치 및 면적 ②시·도지사가 제1항에 따른 측정망설치계획을 결정·고시하는 경우에는 그 설치위치 등에 관하여 미리 유역환경청장, 지방환경청장 또는 수도권대기환경청장과 협의하여야 한다.
제4조(측정망설치계획의 결정 등) ①환경부장관은 제3조제1항에 따른 측정망의 위치와 구역 등을 구체적으로 밝힌 측정망설치계획을 결정하여 환경부령으로 정하는 바에 따라 고시하고 그 도면을 누구든지 열람할 수 있게 하여야 한다. 이를 변경한 경우에도 또한 같다. ②제3조제2항에 따라 시·도지사가 측정망을 설치하는 경우에도 제1항을 준용한다. ③국가는 제2항에 따라 시·도지사가 결정·고시한 측정망설치계획이 목표기간에 달성될 수 있도록 필요한 재정적·기술적 지원을 할 수 있다. 제5조(토지 등의 수용 및 사용) ①환경부장관 또는 시·도지사는 제4조에 따라 고시된 측정망설치계획에 따라 측정망 설치에 필요한 토지·건축물 또는 그 토지에 정착된 물건을 수용하거나 사용할 수 있다. ②제1항에 따른 수용 또는 사용의 절차·손실보상 등에 관하여는 「공익사업을 위한 토지 등의 취득 및 보상에 관한 법률」에서 정하는 바에 따른다.		

대기환경보전법	대기환경보전법 시행령	대기환경보전법 시행규칙

제6조(다른 법률과의 관계) ① 환경부장관 또는 시·도지사가 제4조에 따라 측정망설치계획을 결정·고시한 경우에는 「도로법」 제61조에 따른 도로점용의 허가를 받은 것으로 본다. 〈개정 2014. 1. 14.〉

② 환경부장관 또는 시·도지사는 제4조에 따른 측정망설치계획에 제1항의 도로점용 허가사항이 포함되어 있으면 그 결정·고시 전에 해당 도로 관리기관의 장과 협의하여야 한다.

제7조(대기오염물질에 대한 심사·평가) ① 환경부장관은 대기 중에 존재하는 물질의 위해성을 다음 각 호의 기준에 따라 심사·평가할 수 있다.

1. 독성
2. 생태계에 미치는 영향
3. 배출량
4. 「환경정책기본법」 제12조에 따른 환경기준에 대비한 오염도

② 제1항에 따른 심사·평가의 구체적인 방법과 절차는 환경부령으로 정한다.

[본조신설 2012. 5. 23.]

제7조의2(대기오염도 예측·발표) ① 환경부장관은 대기오염이 국민의 건강·재산이나 동식물의 생육 및 산업활동에 미치는 영향을 최소화하기 위하여 대기예측모형 등을 활용하여 대기오염도를 예측하고 그 결과를 발표하여야 한다.

② 제1항에 따라 환경부장관이 대기오염도 예측결과를 발표할 때에는 방송사, 신문사, 통신사 등 보도 | | **제12조의2(대기오염물질 심사·평가의 방법과 절차)** 환경부장관은 법 제7조제2항에 따라 매년 기준에 지정된 대기오염물질 중 일부와 신규로 지정하려는 물질의 위해성을 제12조의3에 따른 대기오염물질 심사·평가위원회(이하 "심사·평가위원회"라 한다)의 심의를 거쳐 심사·평가한다.

[본조신설 2013. 5. 24.] |

| | | **제11조의3(대기오염도 예측·발표 대상 등)** ① 법 제7조의2제3항에 따른 대기오염도 예측·발표의 대상 지역은 다음 각 호의 사항을 고려하여 환경부장관이 정하여 고시한다. 〈개정 2016. 7. 26.〉

1. 대기오염의 정도
2. 인구
3. 지형 및 기상 특성 |

대기환경보전법	대기환경보전법 시행령	대기환경보전법 시행규칙
관련 기관을 이용하거나 그 밖에 일반인에게 알릴 수 있는 적절한 방법으로 하여야 한다. ③ 제1항에 따른 대기오염도 예측·발표의 대상지역, 대상 오염물질, 예측·발표의 기준 및 내용 등 대기오염도의 예측·발표에 필요한 사항은 대통령령으로 정한다. [본조신설 2013. 7. 16.] 제7조의3(국가 대기질통합관리센터의 지정·위임 등) ① 환경부장관은 제7조의2에 따라 대기오염도를 과학적으로 예측·발표하고 대기질 통합관리 및 대기환경개선 정책을 체계적으로 추진하기 위하여 국가 대기질통합관리센터(이하 이 조에서 "통합관리센터"라 한다)를 운영할 수 있으며, 국가 대기질 통합관리 연구기관 등 대통령령으로 정하는 전문기관을 통합관리센터로 지정·위임할 수 있다. ② 통합관리센터는 다음 각 호의 업무를 수행한다.	② 법 제7조의2제1항에 따른 대기오염도 예측·발표의 대상 오염물질은 「환경정책기본법」 제12조에 따라 환경기준이 설정된 오염물질 중 호의 오염물질로 한다. 〈개정 2019. 2. 8.〉 1. 미세먼지(PM-10) 2. 초미세먼지(PM-2.5) 3. 오존(O_3) ③ 법 제7조의2제3항에 따른 대기오염도 예측·발표의 대상 오염물질별 오염의 정도 및 오염물질이 인체에 위해정도 등을 고려하여 환경부장관이 정하여 고시한다. ④ 환경부장관은 대기오염도 예측·발표를 위하여 관계 기관의 장에게 필요한 자료의 제출을 요청할 수 있다. 이 경우 관계 기관의 장은 특별한 사유가 없으면 이에 따라야 한다. [본조신설 2014. 2. 5.] [제1조의2에서 이동, 종전 제1조의3은 제1조의4로 이동 〈2016. 7. 26.〉] 제1조의4(국가 대기질통합관리센터의 지정 대상기관) 법 제7조의3제1항에서 "국가 대기질 통합관리 연구기관 등 대통령령으로 정하는 전문기관"이란 다음 각 호의 기관으로서 대기환경 분야에 전문성이 있는 기관을 말한다. 1. 국공립 연구기관 2. 「정부출연연구기관 등의 설립·운영 및 육성에 관한 법률」에 따라 설립된 정부출연연구기관 [본조신설 2014. 2. 5.]	

대기환경보전법	대기환경보전법 시행령	대기환경보전법 시행규칙
1. 대기오염예보 및 대기 중 유해물질 정보의 제공 2. 대기오염 관련 자료의 수집 및 분석 · 평가 3. 대기환경개선을 위한 정책 수립의 지원 4. 그 밖에 대기질 통합관리를 위하여 대통령령으로 정하는 업무 ③ 환경부장관은 제1항에 따라 지정된 통합관리센터에 대하여 예산의 범위에서 사업을 수행하는 데에 필요한 비용을 지원하여야 한다. ④ 환경부장관은 통합관리센터가 다음 각 호의 어느 하나에 해당하는 경우에는 지정을 취소하거나 6개월 이내의 범위에서 기간을 정하여 업무의 전부 또는 일부를 정지할 수 있다. 다만, 제1호에 해당하는 경우에는 지정을 취소하여야 한다. 1. 거짓이나 그 밖의 부정한 방법으로 지정을 받은 경우 2. 지정받은 사항을 위반하여 업무를 행한 경우 3. 제5항에 따른 지정기준에 적합하지 아니하게 된 경우 4. 그 밖에 제1항부터 제3항까지에 준하는 경우로서 환경부령으로 정하는 경우 ⑤ 통합관리센터의 지정 및 지정 취소의 기준, 기간, 절차 등에 필요한 사항은 대통령령으로 정한다. [본조신설 2013. 7. 16.]	[제1조의3에서 이동, 종전 제1조의4는 제1조의5로 이동] <2016. 7. 26.> 제1조의5(통합관리센터의 지정기준) 법 제7조의3제1항에 따른 국가 대기질 통합관리센터(이하 "통합관리센터"라 한다)의 지정기준은 별표 1과 같다. [본조신설 2016. 3. 29.] [제1조의4에서 이동, 종전 제1조의5는 제1조의6으로 이동] <2016. 7. 26.> 제1조의6(통합관리센터의 지정 절차) ① 환경부장관은 법 제7조의3제3항에 따라 통합관리센터를 지정하려는 경우에는 미리 지정계획, 일정 및 지정기준 등을 10일 이상 관보 또는 환경부의 인터넷 홈페이지에 공고하여야 한다. ② 법 제7조의3제1항에 따라 통합관리센터로 지정받으려는 전문기관은 환경부령으로 정하는 지정신청서(전자문서로 된 신청서를 포함한다)에 다음 각 호의 서류(전자문서로 된 서류를 포함한다)를 첨부하여 환경부장관에게 제출하여야 한다. 1. 대기오염예보 절차 등이 포함된 예보업무 추진계획서 2. 대기오염 관련 자료를 활용한 조사연구 실적을 증명하는 서류 3. 시설 · 장비 및 기술인력을 증명하는 서류 ③ 환경부장관은 법 제7조의3제1항에 따라 통합관리센터를 지정한 경우에는 해당 기관에 환경부령으로 정하는 지정서를 발급하고, 그 사실을 환경부의	제12조의4(국가 대기질통합관리센터의 지정 절차) ① 이하 "영"이라 한다) 제1조의6제2항에 따른 지정신청서는 별지 제1호서식에 따른다. <개정 2016. 7. 27.> ② 제1항에 따른 지정신청서를 제출받은 환경부장관은 「전자정부법」 제36조제1항에 따른 행정정보의 공동이용을 통하여 신청인의 법인 등기사항증명서(법인인 경우만 해당한다) 또는 사업자등록증을 확인하여야 한다. 다만, 신청인이 법인 등기사항증명서 또는 사업자등록증의 확인에 동의하지 아니하는 경우에는 해당 서류의 사본을 첨부하게 하여야 한다. ③ 영 제1조의6제3항에 따른 지정서는 별지 제1호의2서식에 따른다. <개정 2016. 3. 29.> [본조신설 2016. 3. 29.]

대기환경보전법	대기환경보전법 시행령	대기환경보전법 시행규칙
	인터넷 홈페이지에 게시하여야 한다. [본조신설 2016. 3. 29.] [제1조의5에서 이동, 종전 제1조의6은 제1조의7로 이동 <2016. 7. 26.>]	
	제1조의7(통합관리센터의 지정 취소 기준 등) 통합관리센터의 지정 취소 및 업무정지의 세부기준은 별표 1의2와 같다. [본조신설 2016. 3. 29.] [제1조의6에서 이동 <2016. 7. 26.>]	
제8조(대기오염에 대한 경보) ① 시·도지사는 대기오염도가 「환경정책기본법」 제12조에 따른 대기에 대한 환경기준(이하 "환경기준"이라 한다)을 초과하여 주민의 건강·재산이나 동식물의 생육에 심각한 위해를 끼칠 우려가 있다고 인정되면 그 지역에 대기오염경보를 발령할 수 있다. 대기오염경보의 발령 사유가 없어진 경우 시·도지사는 대기오염경보를 즉시 해제하여야 한다. <개정 2011. 7. 21.> ② 시·도지사는 대기오염경보가 발령된 지역의 대기오염을 긴급하게 줄일 필요가 있다고 인정하면 기간을 정하여 그 지역에서 자동차의 운행을 제한하거나 사업장의 조업 단축을 명하거나, 그 밖에 필요한 조치를 할 수 있다. ③ 제2항에 따라 자동차의 운행 제한이나 사업장의 조업 단축 등을 명령받은 자는 정당한 사유가 없으면 따라야 한다. ④ 대기오염경보의 대상 지역, 대상 오염물질, 발령	제2조(대기오염경보의 대상 지역 등) ① 법 제8조제4항에 따른 대기오염경보의 대상 오염물질의 대상 지역은 특별시·광역시·특별자치시·도·특별자치도 또는 특별자치도지사(이하 "시·도지사"라 한다)가 필요하다고 인정하여 지정하는 지역으로 한다. <개정 2016. 7. 26.> ② 법 제8조제4항에 따른 대기오염경보의 대상 오염물질은 「환경정책기본법」 제12조에 따라 그 환경기준이 설정된 오염물질 중 다음 각 호의 오염물질로 한다. <개정 2019. 2. 8.> 1. 미세먼지(PM-10) 2. 초미세먼지(PM-2.5) 3. 오존(O_3) ③ 법 제8조제4항에 따른 대기오염경보 단계는 대기오염경보 대상 오염물질의 농도에 따라 다음 각 호와 같이 구분하되, 대기오염경보 단계별 오염물질의 농도기준은 환경부령으로 정한다. <개정	제14조(대기오염경보 단계별 대기오염물질의 농도기준) 영 제2조제3항에 따른 대기오염경보 단계별 대기오염물질의 농도기준은 별표 7과 같다.

대기환경보전법	대기환경보전법 시행령	대기환경보전법 시행규칙
기준, 경보 단계 및 경보 단계별 조치 등에 필요한 사항은 대통령령으로 정한다.	2019. 2. 8.〉 1. 미세먼지(PM-10) : 주의보, 경보 2. 초미세먼지(PM-2.5) : 주의보, 경보 3. 오존(O₃) : 주의보, 경보, 중대경보 ④ 법 제8조제4항에 따른 경보 단계별 조치에는 다음 각 호의 구분에 따른 사항이 포함되도록 하여야 한다. 다만, 지역의 대기오염 발생 특성 등을 고려하여 특별시·광역시·특별자치시·도·특별자치도의 조례로 경보 단계별 조치사항을 일부 조정할 수 있다. 〈개정 2014. 2. 5.〉 1. 주의보 발령 : 주민의 실외활동 및 자동차 사용의 자제 요청 등 2. 경보 발령 : 주민의 실외활동 제한 요청, 자동차 사용의 제한 및 사업장의 연료사용량 감축 권고 등 3. 중대경보 발령 : 주민의 실외활동 금지 요청, 자동차의 통행금지 및 사업장의 조업시간 단축명령 등	
제9조(기후·생태계 변화유발물질 배출 억제) ① 정부는 기후·생태계 변화유발물질의 배출을 줄이기 위하여 국가 간에 환경정보와 기술을 교류하는 등 국제적인 노력에 적극 참여하여야 한다. ② 환경부장관은 기후·생태계 변화유발물질의 배출을 줄이기 위하여 다음 각 호의 사업을 추진하여야 한다. 1. 기후·생태계 변화유발물질 배출저감을 위한 연구 및 변화유발물질의 회수·재사용·대체물질 개발에 관한 사업 2. 기후·생태계 변화유발물질 배출에 관한 조사 및		

대기환경보전법	대기환경보전법 시행령	대기환경보전법 시행규칙
관련 통계의 구축에 관한 사업 3. 기후·생태계 변화유발물질 배출저감 및 탄소시 장 활용에 관한 사업 4. 기후변화 관련 대국민 인식확산 및 실천지원에 관한 사업 5. 기후변화 관련 전문인력 육성 및 지원에 관한 사업 6. 그 밖에 대통령령으로 정하는 사업 ③ 환경부장관은 기후·생태계 변화유발물질의 배 출을 줄이기 위하여 환경부령으로 정하는 바에 따 라 제1항 각 호의 사업의 일부를 전문기관에 위탁하 여 추진할 수 있으며, 필요한 재정적·기술적 지원 을 할 수 있다. [전문개정 2012. 5. 23.] **제9조의2(국가 기후변화 적응센터 지정 및 평가 등)** ① 환경부장관은 「저탄소 녹색성장 기본법」 제48 조제4항에 따른 국가 기후변화 적응대책의 수립· 시행을 위하여 국가 기후변화 적응센터를 지정할 수 있다. 〈개정 2015. 1. 20.〉 ② 국가 기후변화 적응센터는 국가 기후변화 적응 대책 추진을 위한 조사·연구 등 기후변화 적응 관 련 사업으로서 대통령령으로 정하는 사업을 수행한 다. 〈신설 2015. 1. 20.〉 ③ 환경부장관은 국가 기후변화 적응센터에 대하여 수행실적 등을 평가할 수 있다. 〈신설 2015. 1. 20.〉 ④ 환경부장관은 국가 기후변화 적응센터에 대하여 예산의 범위에서 대통령령으로 정하는 사업을 수행 하는 데 필요한 비용의 전부 또는 일부를 지원할 수	**제2조의2(국가 기후변화 적응센터의 지정·운영)** ① 환경부장관은 법 제9조의2에 따라 다음 각 호의 기관 또는 단체를 국가 기후변화 적응센터로 지정 하여 운영하게 할 수 있다. 이 경우 지정기간은 3년 으로 한다. 1. 국공립 연구기관 2. 「정부출연연구기관 등의 설립·운영 및 육성에 관한 법률」에 따라 설립된 정부출연연구기관 3. 「한국환경공단법」에 따른 한국환경공단(이하 "한국환경공단"이라 한다) 4. 기후변화에 대응하는 적응기술의 개발을 위하여 환경부장관의 허가를 받아 설립된 법인 5. 그 밖에 환경부령으로 정하는 기관 또는 단체 ② 법 제9조의2제2항 및 제4항에서 "대통령령으로 정	

대기환경보전법	대기환경보전법 시행령	대기환경보전법 시행규칙
있다. <신설 2015. 1. 20.> ⑤ 제3항부터 제3항까지의 규정에 따른 국가기후변화 적응센터의 지정·사업 및 평가 등에 필요한 사항은 대통령령으로 정한다. <개정 2015. 1. 20.> [본조신설 2012. 5. 23.] [제목개정 2015. 1. 20.]	하는 사업"이란 각각 다음 각 호의 사업을 말한다. <개정 2015. 7. 20.> 1. 국가기후변화 적응대책 추진을 위한 조사·연구 2. 기후변화 적응대책 지원 및 협력을 위한 사업 3. 기후변화 적응 관련 교육·홍보사업 4. 기후변화 적응을 위한 국제교류 5. 제1호부터 제4호까지의 사업과 관련하여 국가, 지방자치단체 또는 「공공기관의 운영에 관한 법률」 제4조에 따라 지정된 공공기관으로부터 위탁받은 사업 6. 그 밖에 환경부장관이 인정하는 기후변화 적응 관련 사업 ③ 삭제 <2015. 7. 20.> ④ 삭제 <2015. 7. 20.> [본조신설 2013. 1. 31.] 제2조의3(국가기후변화 적응센터의 평가) ① 환경부장관은 법 제3조의2제3항에 따라 평가를 하는 경우 다음 각 호의 구분에 따른다. <개정 2015. 7. 20.> 1. 정기평가: 매년 국가기후변화 적응센터의 전년도 사업실적 등을 평가 2. 종합평가: 3년마다 국가기후변화 적응센터의 운영 전반을 평가 ② 환경부장관은 제1항에 따라 국가기후변화 적응센터를 평가하기 위하여 필요하다고 인정하는 경우에는 관계 전문가로 구성된 국가기후변화 적응센터 평가단(이하 "평가단"이라 한다)을 구성·운영할 수 있다.	제14조의2(국가기후변화 적응센터 등의 평가기준 및 시기의 통보 등) ① 영 제2조의3제1항제3호의 정기평가의 평가 항목은 다음 각 호와 같다. 1. 사업비 집행의 적정성 2. 영 제2조의2제2항 각 호에 따른 사업의 추진 성과 및 실적 3. 국가기후변화 적응센터 운영의 활성화 정도 4. 그 밖에 전년도 사업실적 등을 평가하기 위하여 환경부장관이 정하여 고시한 사항 ② 영 제2조의3제1항제3호의 종합평가의 평가 항목은 다음 각 호와 같다. 1. 과거 3년간의 사업추진 성과 및 실적

대기환경보전법	대기환경보전법 시행령	대기환경보전법 시행규칙
	③ 평가단의 구성·운영에 필요한 사항은 환경부령으로 정한다. ④ 환경부장관은 제1항에 따른 평가를 하려는 경우에는 환경부령으로 정하는 바에 따라 평가의 기준, 시기 등을 미리 국가 기후변화 적응센터에 알려야 한다. ⑤ 환경부장관은 법 제9조의2제4항에 따른 지원이나 제1항에 따른 평가 등을 위하여 필요한 경우에는 국가 기후변화 적응센터에 관련 자료의 제출을 요청할 수 있다. 〈신설 2015. 7. 20.〉 ⑥ 환경부장관은 제1항에 따른 평가 결과 사업실적이 현저히 부진한 경우에는 법 제9조의2제4항에 따른 지원을 중단하거나 지원금액을 줄일 수 있다. 〈개정 2015. 7. 20.〉 [본조신설 2013. 1. 31.]	2. 기후변화 적응을 위한 기반조성 및 활성화 등에 대한 기여도 3. 그 밖에 국가 기후변화 적응센터의 운영 전반에 대한 평가를 위하여 환경부장관이 정하여 고시한 사항 ③ 환경부장관은 영 제3조의3제4항에 따라 평가에 평가 예정일부터 3개월 전까지 제1항 및 제2항에 따른 정기 평가 및 종합평가의 평가항목별 평가기준과 평가일시 등을 정하여 법 제9조의2에 따른 국가 기후변화 적응센터(이하 "국가 기후변화 적응센터"라 한다)에 알려 주어야 한다. [본조신설 2013. 5. 24.] **제14조의3(국가 기후변화 적응센터 평가단의 구성 및 운영)** ① 영 제2조의3제2항에 따른 국가 기후변화 적응센터(이하 "평가단"이라 한다)은 평가 예정일부터 2개월 전에 단장 1명을 포함하여 10명 이내의 단원으로 구성한다. ② 단장은 환경부 기후대기정책관이 되고, 단원은 기후변화 영향평가 및 적응대책에 관한 학식과 경험이 풍부한 사람 중에서 환경부장관이 위촉한다. ③ 단원으로 위촉되어 평가에 참여한 사람에게는 예산의 범위에서 수당을 지급할 수 있다. 〈개정 2018. 11. 29.〉 ④ 그 밖에 평가단의 구성·운영에 필요한 사항은 환경부장관이 정한다. 〈개정 2013. 5. 24.〉 [본조신설 2013. 5. 24.]

대기환경보전법	대기환경보전법 시행령	대기환경보전법 시행규칙
제9조의3 삭제 〈2017. 11. 28.〉		
제9조의4 삭제 〈2017. 11. 28.〉		
제10조(대기순환 장애의 방지) 관계 중앙행정기관의 장, 지방자치단체의 장 및 사업자는 각종 개발계획을 수립·이행할 때에는 계획지역 및 주변 지역의 지형, 풍향, 건축물의 배치·간격 및 바람의 통로 등을 고려하여 대기오염물질이 순환에 장애가 발생하지 아니하도록 하여야 한다.		
제11조(대기환경개선 종합계획의 수립 등) ① 환경부장관은 대기오염물질과 온실가스를 줄여 대기환경을 개선하기 위하여 대기환경개선 종합계획(이하 "종합계획"이라 한다)을 10년마다 수립하여 시행하여야 한다. ② 종합계획에는 다음 각 호의 사항이 포함되어야 한다. 〈개정 2012. 5. 23.〉 1. 대기오염물질의 배출현황 및 전망 2. 대기 중 온실가스의 농도 변화 현황 및 전망 3. 대기오염물질을 줄이기 위한 목표 설정과 이의 달성을 위한 분야별·단계별 대책 3의2. 대기오염이 국민 건강에 미치는 위해정도와 이를 개선하기 위한 위해수준의 설정에 관한 사항 3의3. 유해성대기감시물질의 측정 및 감시·관찰에 관한 사항 3의4. 특정대기유해물질을 줄이기 위한 목표 설정 및 달성을 위한 분야별·단계별 대책 4. 환경분야 온실가스 배출을 줄이기 위한 목표 설		

대기환경보전법	대기환경보전법 시행령	대기환경보전법 시행규칙
정과 이의 달성을 위한 분야별·단계별 대책 5. 기후변화로 인한 영향평가와 적응대책에 관한 사항 6. 대기오염물질과 온실가스를 연계한 통합대기환경 관리체계의 구축 7. 그 밖에 대기변화 관련 국제적 조화와 협력에 관한 사항 8. 기후변화 관련 대기환경을 개선하기 위하여 필요한 사항 ③ 환경부장관은 종합계획을 수립하는 경우에는 미리 관계 중앙행정기관의 장과 협의하고 국무회의 등을 통하여 의견을 수렴하여야 한다. 〈개정 2012. 2. 1.〉 ④ 환경부장관은 종합계획의 변경이 수립된 날부터 5년이 지나거나 종합계획의 변경이 필요하다고 인정되면 그 타당성을 검토하여 변경할 수 있다. 이 경우 미리 관계 중앙행정기관의 장과 협의하여야 한다. 제12조 삭제 〈2010. 1. 13.〉 **제13조(장거리이동대기오염물질피해방지 종합대책의 수립 등)** ① 환경부장관은 장거리이동대기오염물질피해방지를 위하여 5년마다 관계 중앙행정기관의 장과 협의하고 시·도지사의 의견을 들은 후 제14조에 따른 장거리이동대기오염물질피해방지대책위원회의 심의를 거쳐 장거리이동대기오염물질피해방지 종합대책(이하 "종합대책"이라 한다)을 수립하여야 한다. 종합대책 중 대통령령으로 정하는 중요 사항을 변경하려는 경우에도 또한 같다. 〈개정 2015. 12. 1.〉 ② 종합대책에는 다음 각 호의 사항이 포함되어야 한다. 〈개정 2015. 12. 1.〉	**제13조(장거리이동대기오염물질피해방지 종합대책의 수립 등)** ① 법 제13조제1항 후단에서 "대통령령으로 정하는 중요 사항"이란 다음 각 호의 사항을 말한다. 〈개정 2016. 5. 31.〉 1. 장거리이동대기오염물질피해를 방지하기 위한 국내 대책 2. 장거리이동대기오염물질의 발생을 줄이기 위한 국제 협력 ② 관계 중앙행정기관의 장과 시·도지사는 법 제13조제4항에 따라 다음 각 호의 사항을 매년 12월 31일까지 환경부장관에게 제출하여야 한다. 이 경우 시·도지사는 추진대책을 수립할 경우에는 공청회	

대기환경보전법	대기환경보전법 시행령	대기환경보전법 시행규칙
1. 장거리이동대기오염물질 발생 현황 및 전망 2. 종합대책 추진실적 및 그 평가 3. 장거리이동대기오염물질피해 방지를 위한 국내 대책 4. 장거리이동대기오염물질 발생 감소를 위한 국제협력 5. 그 밖에 장거리이동대기오염물질피해 방지를 위하여 필요한 사항 ③ 환경부장관은 종합대책을 수립한 경우에는 이를 관계 중앙행정기관의 장 및 시·도지사에게 통보하여야 한다. ④ 관계 중앙행정기관의 장 및 시·도지사는 대통령령으로 정하는 바에 따라 매년 소관별 추진대책을 수립·시행하여야 한다. 이 경우 관계 중앙행정기관의 장 및 시·도지사는 그 추진계획과 추진실적을 환경부장관에게 제출하여야 한다. [제목개정 2015. 12. 1.]	등을 개최하여 관계 전문가, 지역 주민 등의 의견을 들을 수 있다. 〈개정 2016. 5. 31.〉 1. 장거리이동대기오염물질피해를 방지하기 위한 소관별 추진 실적과 그 평가 2. 장거리이동대기오염물질피해를 방지하기 위한 다음 연도 소관별 추진 대책 [제목개정 2016. 5. 31.]	
제14조(장거리이동대기오염물질대책위원회) ① 장거리이동대기오염물질피해 방지를 위하여 장거리이동대기오염물질피해 방지에 관한 다음 각 호의 사항을 심의·조정하기 위하여 환경부에 장거리이동대기오염물질대책위원회(이하 "위원회"라 한다)를 둔다. 〈개정 2015. 12. 1.〉 1. 종합대책의 수립과 변경에 관한 사항 2. 장거리이동대기오염물질피해 방지와 관련된 분야별 정책에 관한 사항 3. 종합대책 추진상황과 민관 협력방안에 관한 사항 4. 그 밖에 장거리이동대기오염물질피해 방지를 위하여 위원장이 필요하다고 인정하는 사항	제4조(장거리이동대기오염물질대책위원회의 위원 등) ① 법 제14조제3항제1호에서 "대통령령으로 정하는 중앙행정기관의 공무원"이란 기획재정부, 교육부, 외교부, 행정안전부, 문화체육관광부, 산업통상자원부, 보건복지부, 환경부, 국토교통부, 해양수산부, 국무조정실, 식품의약품안전처, 기상청, 농촌진흥청, 산림청 소속 고위공무원단에 속하는 공무원 중에서 해당 기관의 장이 추천하는 공무원 각 1명을 말한다. 〈개정 2017. 7. 26.〉 ② 법 제14조제3항제2호에서 "대통령령으로 정하는 사람"이란 대기환경 분야, 기상 분야, 예방의학 분야, 예	

대기환경보전법	대기환경보전법 시행령	대기환경보전법 시행규칙
② 위원회는 위원장 1명을 포함한 25명 이내의 위원으로 성별을 고려하여 구성한다. 〈개정 2017. 11. 28.〉 ③ 위원회의 위원장은 환경부차관이 되고, 위원은 다음 각 호의 자로서 환경부장관이 위촉하거나 임명하는 자로 한다. 〈개정 2012. 5. 23.〉 1. 대통령령으로 정하는 중앙행정기관의 공무원 2. 대통령령으로 정하는 분야의 학식과 경험이 풍부한 전문가 ④ 위원회의 효율적인 운영과 안건의 원활한 심의를 지원하기 위하여 위원회에 실무위원회를 둔다. ⑤ 종합대책 및 제13조제4항에 따른 추진대책의 수립·시행에 필요한 조사·연구를 위하여 위원회에 장거리이동대기오염물질집중연구단을 둔다. 〈개정 2015. 12. 1.〉 ⑥ 위원회와 실무위원회의 구성 및 운영 등에 관하여 필요한 사항은 대통령령으로 정한다. 〈개정 2015. 12. 1.〉 [제목개정 2015. 12. 1.]	방어한 분야, 보건 분야, 화학사고 분야, 해양 분야, 국제협력 분야 및 언론 분야를 말한다. 〈개정 2016. 5. 31.〉 ③ 공무원이 아닌 위원의 임기는 2년으로 한다. 〈개정 2016. 5. 31.〉 ④ 환경부장관은 법 제14조제3항에 따른 위원이 다음 각 호의 어느 하나에 해당하는 경우에는 해당 위원을 해임 또는 해촉(解囑)할 수 있다. 〈신설 2016. 5. 31.〉 1. 심신장애로 인하여 직무를 수행할 수 없게 된 경우 2. 직무와 관련된 비위사실이 있는 경우 3. 직무태만, 품위손상이나 그 밖의 사유로 인하여 위원으로 적합하지 아니하다고 인정되는 경우 4. 위원 스스로 직무를 수행하는 것이 곤란하다고 의사를 밝히는 경우 [제목개정 2016. 5. 31.] 제5조(위원회의 운영 등) ① 장거리이동대기오염물질대책위원회(이하 "위원회"라 한다)의 회의는 연 1회 개최한다. 다만, 위원회의 위원장(이하 "위원장"이라 한다)이 필요하다고 인정하는 경우에는 임시회의를 소집할 수 있다. 〈개정 2016. 5. 31.〉 ② 위원회의 회의는 재적위원 과반수의 출석으로 개의(開議)하고, 출석위원 과반수의 찬성으로 의결한다. ③ 위원장은 위원회의 업무를 총괄하고 위원회의 의장이 된다. ④ 위원장이 부득이한 사유로 그 직무를 수행할 수	

대기환경보전법	대기환경보전법 시행령	대기환경보전법 시행규칙
	없는 경우에는 위원장이 미리 지명하는 위원이 그 직무를 대행한다. ⑤ 위원회의 사무를 처리하기 위하여 위원회에 간사 1명을 두며, 간사는 환경부 소속 공무원 중 위원장이 지명한 자가 된다. 제6조(실무위원회의 구성) ① 법 제14조제4항에 따른 실무위원회는 실무위원회의 위원장(이하 "실무위원회"이라 한다) 1명을 포함한 25명 이내의 위원으로 구성한다. ② 실무위원장은 장거리이동대기오염물질대책 관련 환경부 소속 고위공무원단에 속하는 공무원 중에서 위원장이 지명하는 사람이 되며, 실무위원은 다음 각 호의 사람이 된다. 〈개정 2017. 7. 26.〉 1. 기획재정부, 교육부, 외교부, 행정안전부, 문화체육관광부, 산업통상자원부, 보건복지부, 환경부, 국토교통부, 해양수산부, 국무조정실, 식품의약품안전처, 기상청, 농촌진흥청, 산림청의 4급 이상 공무원 중 해당 기관의 장이 지명하는 각 1명 2. 국립환경과학원에 소속된 공무원 중에서 환경부장관이 지명하는 1명 3. 대기환경 정책에 관한 지식과 경험이 풍부한 자 중에서 환경부장관이 위촉하는 자 ③ 공무원이 아닌 위원의 임기는 2년으로 한다. 〈개정 2016. 5. 31.〉 ④ 실무위원회의 사무를 처리하기 위하여 실무위원회에 간사 1명을 두며, 간사는 환경부소속 공무원 중에서 실무위원장이 지명한 자가 된다.	

대기환경보전법	대기환경보전법 시행령	대기환경보전법 시행규칙
	제6조의2(실무위원회 위원의 지명철회 및 해촉) ① 제6조제2항제1호 또는 제2호에 따라 실무위원을 지명한 자는 해당 위원이 다음 각 호의 어느 하나에 해당하는 경우에는 그 지명을 철회할 수 있다. 1. 심신장애로 인하여 직무를 수행할 수 없게 된 경우 2. 직무와 관련된 비위사실이 있는 경우 3. 직무태만, 품위손상이나 그 밖의 사유로 인하여 위원으로 적합하지 아니하다고 인정되는 경우 4. 위원 스스로 직무를 수행하는 것이 곤란하다고 의사를 밝히는 경우 ② 환경부장관은 제6조제2항제3호에 따른 위원이 제1항 각 호의 어느 하나에 해당하는 경우에는 해당 위원을 해촉할 수 있다. [본조신설 2016. 5. 31.]	
	제7조(실무위원회의 운영 등) ① 실무위원회의 회의는 연 1회 개최한다. 다만, 실무위원장이 필요하다고 인정하는 경우에는 임시회를 소집할 수 있다. ② 실무위원회의 회의는 재적위원 과반수의 출석으로 개의하고, 출석위원 과반수의 찬성으로 의결한다.	
	제7조의2(장거리이동대기오염물질연구단의 구성) ① 법 제14조제5항에 따른 장거리이동대기오염물질연구단(이하 "장거리이동대기오염물질연구단"이라 한다)은 단장(이하 "연구단장"이라 한다) 1명을 포함한 25명 이내의 연구단원으로 구성한다. 〈개정 2016. 5. 31.〉 ② 연구단장은 장거리이동대기오염물질 피해 방지	

대기환경보전법	대기환경보전법 시행령	대기환경보전법 시행규칙
	에 관한 지식과 경험이 풍부한 사람 중에서 위원장이 지명하는 사람으로 하고, 장거리이동대기오염물질연구단의 연구단원(이하 "연구단원"이라 한다)은 다음 각 호의 사람이 된다. 〈개정 2016. 5. 31.〉 1. 위원회의 위원이 소속된 중앙행정기관에서 각각 추천하는 장거리이동대기오염물질 관련 업무담당자 또는 전문가 1명 2. 장거리이동대기오염물질피해 방지에 관한 지식과 경험이 풍부한 사람 중에서 연구단장이 위촉하는 사람 [본조신설 2013. 1. 31.] [제목개정 2016. 5. 31.] **제8조(관계 기관 공무원 등의 의견 청취 등)** 위원장, 실무위원장 및 연구단장은 다음 각 호의 구분에 따라 관계 기관의 공무원 또는 전문가 등을 회의에 출석시켜 발언하게 할 수 있다. 1. 위원장 및 실무위원장 : 위원회 및 실무위원회 위원이 요청한 경우 또는 심의할 필요가 있는 경우 2. 연구단장 : 연구단장이 조사·연구를 위하여 필요하거나, 연구단원이 요청한 경우 [전문개정 2013. 1. 31.] **제9조(수당 및 여비)** 다음 각 호의 경우에는 예산의 범위에서 수당과 여비를 지급할 수 있다. 다만, 공무원이 소관 업무와 직접 관련되어 출석한 경우에는 그러하지 아니하다. 〈개정 2016. 5. 31.〉 1. 위원회 및 실무위원회의 위원, 관계 공무원 또는	

대기환경보전법	대기환경보전법 시행령	대기환경보전법 시행규칙
	관계 전문가 위원회 또는 실무위원회에 참석한 경우 2. 연구단원, 관계 공무원 또는 관계 전문가가 장거리이동대기오염물질연구단에 참석한 경우 [전문개정 2013. 1. 31.] **제10조(운영 세칙)** 이 영에서 규정한 것 외에는 위원회, 실무위원회 및 장거리이동대기오염물질연구단의 운영에 필요한 사항은 위원회의 의결을 거쳐 위원장이 정한다. 〈개정 2016. 5. 31.〉 [제목개정 2013. 1. 31.]	
제15조(장거리이동대기오염물질피해 방지 등을 위한 국제협력) 정부는 장거리이동대기오염물질로 인한 피해 방지를 위하여 다음 각 호의 사항을 관련 국가와 협력하여 추진하도록 노력하여야 한다. 〈개정 2015. 12. 1.〉 1. 국제회의·학술회의 등 각종 행사의 개최·지원 및 참가 2. 관련 국가간 또는 국제기구와의 기술·인력 교류 및 협력 3. 장거리이동대기오염물질 연구의 지원 및 연구결과의 보급 4. 국제사회에서의 장거리이동대기오염물질에 대한 교육·홍보활동 5. 장거리이동대기오염물질로 인한 피해 방지를 위한 재원의 조성 6. 동북아 대기오염감시체계 구축 및 환경협력보전		

대기환경보전법	대기환경보전법 시행령	대기환경보전법 시행규칙
사업 7. 그 밖에 국제협력을 위하여 필요한 사항 [제목개정 2015. 12. 1.] **제2장 사업장 등의 대기오염물질 배출 규제** **제16조(배출허용기준)** ① 대기오염물질배출시설(이하 "배출시설"이라 한다)에서 나오는 대기오염물질(이하 "오염물질"이라 한다)의 배출허용기준은 환경부령으로 정한다. ② 환경부장관이 제1항에 따른 배출허용기준을 정하는 경우에는 관계 중앙행정기관의 장과 협의하여야 한다. 〈개정 2012. 2. 1.〉 ③ 특별시 · 광역시 · 특별자치시 · 도(그 관할구역 중 인구 50만 이상 시는 제외한다. 이하 이 조, 제18조부터 제21조까지, 제44조 및 제45조에서 같다) · 특별자치도(이하 "시 · 도"라 한다) 또는 특별시 · 광역시 및 특별자치시를 제외한 인구 50만 이상 시(이하 "대도시"라 한다)는 「환경정책기본법」 제12조제3항에 따른 지역 환경기준의 유지가 곤란하다고 인정되거나 제18조에 따른 대기환경규제지역의 대기질에 대한 개선을 위하여 필요하다고 인정되면 그 시 · 도 또는 대도시의 조례로 제1항에 따른 배출허용기준보다 강화된 배출허용기준(기준 항목의 추가 및 기준의 적용 시기를 포함한다)을 정할 수 있다. 〈개정 2012. 5. 23.〉 ④ 시 · 도지사 또는 대도시 시장은 제3항에 따른 배출허용기준이 설정 · 변경된 경우에는 지체 없이 환		**제15조(배출허용기준)** 법 제16조제1항에 따른 대기오염물질의 배출허용기준은 별표 8과 같다.

제1장 대기환경보전법

241

대기환경보전법	대기환경보전법 시행령	대기환경보전법 시행규칙
정부관계에게 보고하고 이에 관계자가 알 수 있도록 필요한 조치를 하여야 한다. 〈개정 2012. 5. 23.〉 ⑤ 환경부장관은 「환경정책기본법」 제38조에 따른 특별대책지역(이하 "특별대책지역"이라 한다)의 대기오염 방지를 위하여 필요하다고 인정하면 그 지역에 설치되된 배출시설에 대하여 제1항의 기준보다 엄격한 배출허용기준을 정할 수 있으며, 그 지역에 새로 설치되는 배출시설에 대하여 특별배출허용기준을 정할 수 있다. 〈개정 2011. 7. 21.〉 ⑥ 제3항에 따라 조례에 따른 배출허용기준이 적용되는 시·도 또는 대도시에 그 기준이 적용되었거나 아니하는 지역이 있으면 그 지역에 설치되었거나 설치되는 배출시설에도 조례에 따른 배출허용기준을 적용한다. 〈개정 2012. 5. 23.〉 제17조(대기오염물질의 배출원 및 배출량 조사) ① 환경부장관은 종합계획, 「환경정책기본법」 제17조에 따른 환경보전중기종합계획과 「수도권 대기환경개선에 관한 특별법」 제8조에 따른 수도권 대기환경관리기본계획을 합리적으로 수립·시행하기 위하여 전국의 대기오염물질 배출원(排出源) 및 배출량을 조사하여야 한다. 〈개정 2011. 7. 21.〉 ② 시·도지사 및 지방환경관서의 장은 환경부령으로 정하는 바에 따라 관할 구역의 배출시설 등 대기오염물질의 배출원 및 배출량을 조사하여야 한다. ③ 환경부장관 또는 시·도지사는 제1항이나 제2항에 따른 대기오염물질의 배출원 및 배출량 조사를 위하여 대기 관계 기관의 장에게 필요한 자료의 제출이		제16조(배출시설별 배출원과 배출량 조사) ① 시·도지사, 유역환경청장, 지방환경청장 및 수도권대기환경청장은 법 제17조제2항에 따른 배출시설별 배출원과 배출량을 조사하고, 그 결과를 다음 해 3월 말까지 환경부장관에게 보고하여야 한다. ② 법 제17조제4항에 따른 배출원의 조사방법, 배출량 조사방법과 산정방법(이하 "배출량 등 조사·산정방법"이라 한다)은 다음 각 호와 같다. 1. 영 제17조제1항에 따른 굴뚝 자동측정기기(이하 "굴뚝 자동측정기기"라 한다)가 설치되된 배출시설의 경우 : 영 제17조제1항에 따른 굴뚝 자동측정기기의 측정방법 2. 굴뚝 자동측정기기가 설치되지 아니한 배출시설

대기환경보전법	대기환경보전법 시행령	대기환경보전법 시행규칙
나 지원을 요청할 수 있다. 이 경우 요청을 받은 관계 기관의 장은 특별한 사유가 없으면 따라야 한다. ④ 제1항과 제2항에 따른 대기오염물질의 배출연과 배출량의 조사방법, 조사절차, 배출량의 산정방법 등에 필요한 사항은 환경부령으로 정한다. 제18조(대기환경규제지역의 지정) ① 환경부장관은 환경기준을 초과하였거나 초과할 우려가 있는 지역으로서 대기질의 개선이 필요하다고 인정되는 지역을 대기환경규제지역으로 지정·고시할 수 있다. ② 환경부장관은 제1항에 따라 대기환경규제지역을 지정·고시할 때에 지형과 기상조건 등으로 보아 인접한 지역으로부터 발생한 대기오염물질의 유입이 환경기준의 초과에 상당한 영향을 미치는 것으로 인정되면 그 대기오염물질이 발생한 지역을 관할하는 시·도지사 또는 대도시 시장에게 의견을 들어 그 지역을 대기환경규제지역의 범위에 포함시킬 수 있다. 〈개정 2012. 5. 23.〉 ③ 제1항의 대기환경규제지역의 지정에 필요한 한 세부적인 기준 및 절차 등에 관하여 필요한 사항은 환경부령으로 정한다. 제19조(실천계획의 수립·시행 및 평가) ① 대기환경규제지역을 관할하는 시·도지사 또는 대도시 시장은 그 지역이 대기환경규제지역으로 지정·고시된 후 2년 이내에 그 지역의 환경기준을 달성·유지하기 위한 계획(이하 "실천계획"이라 한다)을 환경		이 경우 : 법 제39조제1항에 따른 자가측정에 따른 방법 3. 배출시설 외의 오염원의 경우 : 단위당 대기오염물질 배출량을 산출하는 배출계수에 따른 방법 ③ 제1항 및 제2항 외에 배출량 조사·산정방법에 관하여 필요한 사항은 환경부장관이 정하여 고시한다. 제17조(대기환경규제지역의 지정) ① 법 제18조제3항에 따른 대기환경규제지역의 지정대상지역은 다음 각 호와 같다. 〈개정 2017. 1. 26.〉 1. 법 제3조에 따른 상시측정 결과 대기오염도가 「환경정책기본법」 제12조에 따라 설정된 환경기준(이하 "환경기준"이라 한다)을 초과한 지역 2. 법 제3조에 따른 상시측정을 하지 아니하는 지역 중 법 제17조에 따라 조사된 대기오염물질배출량을 기초로 산정한 대기오염도가 환경기준의 80퍼센트 이상인 지역 ② 제1항에 따른 대기환경규제지역의 지정에 필요한 세부적인 기준 및 절차 등은 환경부장관이 정하여 고시한다. 제18조(실천계획의 수립 등) ① 대기환경규제지역을 관할하는 시·도지사 또는 특별시·광역시 및 특별자치시를 제외한 인구 50만 이상 시(이하 "대도시"라 한다) 시장은 법 제19조제1항에 따라 다음 각 호의 사항이 포함된 실천계획을 수립하여 환경부장관

대기환경보전법	대기환경보전법 시행령	대기환경보전법 시행규칙
부령으로 정하는 내용과 절차에 따라 수립하고, 환경부장관의 승인을 받아 시행하여야 한다. 이를 변경하는 경우에도 또한 같다. 〈개정 2012. 5. 23.〉 ② 환경부장관은 제1항에 따라 실천계획을 승인하려면 미리 관계 중앙행정기관의 장과 협의하여야 하며, 실천계획을 승인하면 고시하여야 한다. ③ 시·도지사 또는 대도시 시장은 환경부령으로 정하는 바에 따라 실천계획의 추진실적서를 작성하여 환경부장관에게 제출하여야 한다. 〈개정 2012. 5. 23.〉 ④ 환경부장관은 제3항에 따라 제출받은 추진실적을 환경부령으로 정하는 바에 따라 정기적으로 평가하고, 시·도지사 또는 대도시 시장에게 그 결과를 실천계획의 수립·시행에 반영하도록 하여야 한다. 〈개정 2012. 5. 23.〉 ⑤ 환경부장관은 제4항에 따른 평가를 효율적으로 하기 위하여 필요한 조사·분석 등을 전문기관에 의뢰할 수 있다.		의 승인을 받아 시행하여야 한다. 다만, 「수도권 대기환경개선에 관한 특별법」 제3조에 따라 시행계획을 승인받은 시·도의 경우에는 실천계획을 수립하여 환경부장관의 승인을 받은 것으로 본다. 〈개정 2015. 12. 31.〉 1. 일반 환경 현황 2. 법 제17조제1항 및 제2항에 따른 조사 결과 및 대기오염예측모형을 이용하여 예측한 대기오염도 3. 대기오염원별 대기오염물질 저감계획 및 계획의 시행을 위한 수단 4. 계획달성연도의 대기질 예측 결과 5. 대기보전을 위한 투자계획과 대기오염물질 저감 효과를 고려한 경제성 평가 6. 그 밖에 환경부장관이 정하는 사항 ② 시·도지사 또는 대도시 시장은 제1항에 따른 실천계획을 수립하는 경우에는 공청회 등을 개최하여 지역주민 등의 의견을 들어야 한다. 〈개정 2013. 5. 24.〉
		제19조(실천계획의 추진실적 제출) ① 제18조제1항에 따라 실천계획을 수립하여 환경부장관의 승인을 받은 시·도지사 또는 대도시 시장은 법 제19조제3항에 따라 실천계획에 대한 전년도 추진실적을 매년 3월 말까지 유역환경청장 또는 지방환경청장(이하 "지방환경관서의 장"이라 한다)에게 제출하여야 한다. 〈개정 2013. 5. 24.〉 ② 시·도지사 또는 대도시 시장은 제1항에 따른 추진실적을 제출하려면 그 내용에 대하여 미리 실

제1장 대기환경보전법

대기환경보전법	대기환경보전법 시행령	대기환경보전법 시행규칙
		명회 등을 개최하여 지역주민, 시민단체, 산업계 및 관계전문가의 의견을 들어야 한다. 〈개정 2013. 5. 24.〉
		제20조(실천계획의 평가) ① 지방환경관서의 장은 법 제19조제3항에 따라 주진실적을 제출받은 후 2개월 이내에 실천계획과 주진실적을 비교·평가한 후 그 결과를 시·도지사 또는 대도시 시장에게 통보하여야 한다. 〈개정 2013. 5. 24.〉 ② 제1항에 따른 주진실적 평가결과를 통보받은 시·도지사 또는 대도시 시장은 통보를 받은 날부터 2개월 이내에 제1항에 따른 평가결과와 제19조제2항에 따른 설명회 등에서 제시된 의견을 실천계획에 반영하여 지방환경관서의 장에게 의견을 제출하여야 한다. 〈개정 2013. 5. 24.〉
제20조(실천계획의 목표기간 내 달성을 위한 재정적 지원 등) ① 관계 중앙행정기관의 장은 실천계획이 목표기간 내에 달성될 수 있도록 필요한 재정적·기술적 지원을 할 수 있다. ② 환경부장관은 대기환경규제지역을 관할하는 시·도지사 또는 대도시 시장이 실천계획을 수립·시행하지 아니하면 국가나 지방자치단체에 지원하는 환경 관련 국고보조금을 줄이거나 국고보조금 지원을 중단하는 등의 조치를 취하거나 관계 중앙행정기관의 장에게 그 조치를 취할 것을 요청할 수 있다. 이 경우 요청을 받은 관계 중앙행정기관의 장은 특별한 사유가 없으면 이에 따라야 한다. 〈개정 2012. 5. 23.〉		

대기환경보전법	대기환경보전법 시행령	대기환경보전법 시행규칙
제21조(대기환경규제지역 지정의 해제) ① 대기환경규제지역을 관할하는 시·도지사 또는 대도시 시장은 그 지역이 대기환경규제지역으로 지정·고시된 후 환경부령으로 정하는 개선 목표와 조건을 달성하였으면 그 결과와 이를 유지하기 위한 계획(이하 "대기환경관리계획"이라 한다)을 첨부하여 환경부장관에게 대기환경규제지역의 지정을 해제하여 줄 것을 요청할 수 있다. 〈개정 2012. 5. 23.〉 ② 환경부장관은 제1항에 따라 시·도지사 또는 대도시 시장으로부터 대기환경규제지역의 지정 해제를 요청받으면 그 지역의 환경기준 달성 여부와 대기환경관리계획을 검토하여 대기환경규제지역의 지정을 해제할 수 있다. 이 경우 환경부장관은 그 내용을 고시하여야 한다. 〈개정 2012. 5. 23.〉 ③ 대기환경관리계획에 포함될 내용과 대기환경규제지역 지정의 해제에 필요한 사항 등에 관하여 필요한 사항은 환경부령으로 정한다.		**제21조(대기환경규제지역 지정의 해제요건 및 절차 등)** ① 법 제21조제1항에서 "환경부령으로 정하는 개선 목표와 조건"이란 다음 각 호의 구분에 따른 개선목표와 조건을 말한다. 1. 법 제3조에 따른 상시측정을 하는 지역 : 상시측정 최근 3년간의 대기오염도가 항시 환경기준의 80퍼센트 미만인 경우 2. 법 제3조에 따른 상시측정을 하지 아니하는 지역 : 법 제17조에 따라 설치된 대기오염물질 배출량을 기초로 산정한 최근 3년간의 대기오염도가 항시 환경기준의 80퍼센트 미만인 경우 ② 시·도지사 또는 대도시 시장은 법 제21조제1항에 따라 대기환경규제지역의 지정 해제를 요청하려면 미리 공청회 등을 개최하여 지역주민, 시민단체, 산업계 및 관계전문가의 의견을 들어야 한다. 〈개정 2013. 5. 24.〉 ③ 제1항 및 제2항 외에 대기환경규제지역 지정의 해제에 필요한 세부적인 기준과 절차 등은 환경부장관이 정하여 고시한다. **제22조(대기환경관리계획의 내용)** 법 제21조제1항에 따른 대기환경관리계획(이하 "대기환경관리계획"이라 한다)에는 다음 각 호의 사항이 포함되어야 한다. 1. 일반 환경 현황 2. 법 제17조제1항 및 제2항에 따른 조사 결과 3. 대기오염물질별 대기오염물질 저감계획 및 계획의 시행을 위한 수단

대기환경보전법	대기환경보전법 시행령	대기환경보전법 시행규칙
		4. 제2조에 따른 조사 결과와 제3조에 따른 저감계획을 반영한 향후 10년간의 대기오염도 예측결과 5. 대기오염도를 저감하기 위한 투자계획과 경제성 평가 결과 6. 그 밖에 환경부장관이 정하는 사항
제22조(총량규제) ① 환경부장관은 대기오염 상태가 환경기준을 초과하여 주민의 건강·재산이나 동식물의 생육에 심각한 위해를 끼칠 우려가 있다고 인정하는 구역 또는 특별대책지역 중 사업장이 밀집되어 있는 구역의 경우에는 그 구역의 사업장에서 배출되는 오염물질을 총량으로 규제할 수 있다. ② 제1항에 따른 총량규제의 항목과 방법, 그 밖에 필요한 사항은 환경부령으로 정한다.		**제24조(총량규제구역의 지정 등)** 환경부장관은 법 제22조에 따라 그 구역의 사업장에서 배출되는 대기오염물질을 총량으로 규제하려는 경우에는 다음 각 호의 사항을 고시하여야 한다. 1. 총량규제구역 2. 총량규제 대기오염물질 3. 대기오염물질의 저감계획 4. 그 밖에 총량규제구역의 대기관리를 위하여 필요한 사항
제23조(배출시설의 설치 허가 및 신고) ① 배출시설을 설치하려는 자는 대통령령으로 정하는 바에 따라 시·도지사의 허가를 받거나 시·도지사에게 신고하여야 한다. 〈개정 2012. 5. 23.〉 ② 제1항에 따라 허가를 받은 자가 허가받은 사항 중 대통령령으로 정하는 중요한 사항을 변경하려면 변경허가를 받아야 하고, 그 밖의 사항을 변경하려면 변경신고를 하여야 한다. ③ 제1항에 따라 신고를 한 자가 신고한 사항을 변경하려면 환경부령으로 정하는 바에 따라 변경신고를 하여야 한다. ④ 제1항부터 제3항까지의 규정에 따라 허가·변경	**제11조(배출시설의 설치 허가 및 신고 등)** ① 법 제23조제1항에 따라 설치허가를 받아야 하는 배출시설은 다음 각 호와 같다. 〈개정 2016. 3. 29.〉 1. 특정대기유해물질이 환경부령으로 정하는 기준 이상으로 발생되는 배출시설 2. 「환경정책기본법」 제38조에 따라 지정·고시된 특별대책지역(이하 "특별대책지역"이라 한다)에 설치하는 배출시설. 다만, 특정대기유해물질이 제1호에 따른 기준 이상으로 배출되지 아니하는 배출시설로서 별표 1의3에 따른 5종사업장에 설치하는 배출시설은 제외한다. ② 법 제23조제1항에 따라 제1항 각 호 외의 배출시	**제26조(배출시설의 변경허가)** 법 제23조제2항에 따라 변경허가를 받으려는 자는 별지 제4호서식의 배출시설 변경허가신청서에 영 제11조제3항 각 호의 서류를 첨부하여 시·도지사에게 제출하여야 한다. 〈개정 2013. 5. 24.〉 **제24조의2(설치허가 대상 특정대기유해물질 배출시설의 적용기준)** 영 제11조제1항제1호에서 "환경부령으로 정하는 기준"이란 별표 8의2에 따른 기준을 말한다. [본조신설 2015. 12. 10.]

대기환경보전법	대기환경보전법 시행령	대기환경보전법 시행규칙
허가를 받거나 신고·변경신고를 하려는 자가 제26조제1항 단서, 제28조 단서, 제41조제3항 단서, 제42조 단서에 해당하는 경우와 제29조에 따른 공동 방지시설을 설치하거나 변경하려는 경우에는 환경부령으로 정하는 서류를 제출하여야 한다.	설을 설치하려는 자는 배출시설 설치신고를 하여야 한다.	
⑤ 제1항과 제2항에 따른 허가 또는 변경허가의 기준은 다음 각 호와 같다.	③ 법 제23조제1항에 따라 배출시설 설치허가를 받거나 설치신고를 하려는 자는 배출시설 설치허가신청서 또는 배출시설 설치신고서에 다음 각 호의 서류를 첨부하여 시·도지사에게 제출하여야 한다. 〈개정 2015. 12. 10.〉	
1. 배출시설에서 배출되는 오염물질을 제16조나 제29조제3항에 따른 배출허용기준 이하로 처리할 수 있을 것	1. 원료(연료를 포함한다)의 사용량 및 제품 생산량과 오염물질 등의 배출량을 예측한 명세서	
2. 다른 법률에 따른 배출시설 설치제한에 관한 규정을 위반하지 아니할 것	2. 배출시설 및 방지시설의 설치명세서	
⑥ 시·도지사는 배출시설로부터 나오는 특정대기유해물질이나 특별대책지역의 배출시설로부터 나오는 대기오염물질로 인하여 환경기준의 유지가 곤란하거나 주민의 건강·재산, 동식물의 생육에 심각한 위해를 끼칠 우려가 있다고 인정되면 대통령령으로 정하는 바에 따라 특정대기유해물질을 배출하는 배출시설의 설치 또는 특별대책지역에의 배출시설 설치를 제한할 수 있다. 〈개정 2012. 5. 23.〉	3. 방지시설의 일반도(一般圖)	
	4. 방지시설의 연간 유지관리 계획서	
	5. 사용 연료의 성분 분석과 황산화물 배출농도 및 배출량 등을 예측한 명세서(법 제41조제3항 단서에 해당되는 배출시설의 경우에만 해당한다)	
	6. 배출시설 설치허가증(변경허가를 신청하는 경우에만 해당한다)	
	④ 법 제23조제2항에서 "대통령령으로 정하는 중요한 사항"이란 다음 각 호의 것을 말한다. 〈개정 2015. 12. 10.〉	
	1. 법 제23조제1항 받거나 제3항에 따라 설치허가 또는 변경신고를 한 배출시설 규모의 합계나 누계의 100분의 50 이상(제1항제1호에 따른 특정대기유해물질 배출시설의 경우에는 100분의 30 이상으로 한다. 이 경우 배출시설 규모의 합계나 누계는 배출구별로 산정한다.	
	2. 법 제23조제1항 또는 제2항에 따른 설치허가 또는 변경허가를 받은 배출시설의 용도추가	

대기환경보전법	대기환경보전법 시행령	대기환경보전법 시행규칙
	⑤ 법 제23조제2항에 따른 변경신고를 하여야 하는 경우와 변경신고의 절차 등에 관한 사항은 환경부령으로 정한다. ⑥ 시·도지사는 법 제23조제1항에 따라 배출시설 설치허가를 하거나 배출시설 설치신고를 수리한 경우에는 배출시설 설치허가증 또는 배출시설 설치신고증명서를 신청인에게 내주어야 한다. 다만, 법 제23조제2항에 따라 배출시설의 설치변경을 허가한 경우에는 이미 발급된 허가증의 변경사항란에 변경허가사항을 적는다. 〈개정 2015. 12. 10.〉 제12조(배출시설 설치의 제한) 법 제23조제6항에 따라 시·도지사가 배출시설의 설치를 제한할 수 있는 경우는 다음 각 호와 같다. 〈개정 2013. 1. 31.〉 1. 배출시설 설치 지점으로부터 반경 1킬로미터 안의 상주 인구가 2만 명 이상인 지역으로서 특정대기유해물질 중 한 가지 종류의 물질을 연간 10톤 이상 배출하거나 두 가지 이상의 물질을 연간 25톤 이상 배출하는 시설을 설치하는 경우 2. 대기오염물질(먼지·황산화물 및 질소산화물만 해당한다)의 발생량 합계가 연간 10톤 이상인 배출시설을 특별대책지역(법 제22조에 따라 총량규제구역으로 지정된 특별대책지역은 제외한다)에 설치하는 경우 [제목개정 2013. 1. 31.]	제27조(배출시설의 변경신고 등) ① 법 제23조제2항에 따라 변경신고를 하여야 하는 경우는 다음 각 호

대기환경보전법	대기환경보전법 시행령	대기환경보전법 시행규칙
		와 같다. 〈개정 2014. 2. 6.〉 1. 같은 배출구에 연결된 배출시설을 증설 또는 교체하거나 폐쇄하는 경우. 다만, 배출시설이 규모 [허가 또는 변경허가를 받은 배출시설과 같은 종류의 배출시설로서 같은 배출구에 연결되어 있는 배출시설(방지시설의 설치를 면제받은 배출시설의 경우에는 면제받은 배출시설)의 총 규모를 말한다]를 10퍼센트 미만으로 증설 또는 교체하거나 폐쇄하는 경우로서 다음 각 목의 모두에 해당하는 경우에는 그러하지 아니하다. 가. 배출시설의 증설·교체·폐쇄에 따라 변경되는 대기오염물질의 양이 방지시설의 처리용량 범위 내일 것 나. 배출시설의 증설·교체로 인하여 다른 법령에 따른 설치 제한을 받는 경우가 아닐 것 2. 배출시설에서 허가받은 오염물질 외의 새로운 대기오염물질이 배출되는 경우 3. 방지시설을 증설·교체하거나 폐쇄하는 경우 4. 사업장의 명칭이나 대표자를 변경하는 경우 5. 사용하는 연료나 연료를 변경하는 경우. 다만, 새로운 대기오염물질을 배출하지 아니하고 배출량이 증가되지 아니하는 원료로 변경하는 경우 또는 종전의 연료보다 황함유량이 낮은 연료로 변경하는 경우는 제외한다. 6. 배출시설 또는 방지시설을 임대하는 경우 7. 그 밖의 경우로서 배출시설 설치허가증에 적힌 허가사항 및 일일조업시간을 변경하는 경우

대기환경보전법	대기환경보전법 시행령	대기환경보전법 시행규칙
		② 제1항에 따라 변경신고를 하려는 자는 제1항제1호·제3호·제5호 또는 제7호에 해당되는 경우에는 변경 전에, 제1항제4호의 경우에는 그 사유가 발생한 날부터 2개월 이내에, 제1항제2호 또는 제6호의 경우에는 그 사유가 발생한 날(제1항제2호의 경우에는 배출시설에 사용하는 연료나 연료를 변경하지 아니한 경우로서 법 제39조에 따른 자가측정 시 새로운 대기오염물질이 배출되지 않았으나 법 제82조에 따른 검사 결과 새로운 대기오염물질이 배출된 경우에는 그 배출이 확인된 날)부터 30일 이내에 별지 제4호서식의 배출시설 변경신고서에 다음 각 호의 서류 중 변경내용을 증명하는 서류와 배출시설 설치허가증을 첨부하여 시·도지사에게 제출하여야 한다. 다만, 영 제21조에 따라 제1항제1호 또는 제3호에 해당하는 경우에는 개선계획서를 제출할 때 제출한 서류는 개선내용이 제1항제1호 또는 제3호에 해당하는 경우에는 개선계획서를 제출할 때 제출한 서류는 제출하지 아니할 수 있다. 〈개정 2016. 7. 1.〉 1. 공정도 2. 방지시설의 설치명세서와 그 도면 3. 그 밖에 변경내용을 증명하는 서류 ③ 법 제23조제3항에 따라 변경신고를 하려는 자는 신고사유가 제1호·제3호·제5호 또는 제7호에 해당되는 경우에는 변경 전에, 제3호·제5호의 경우에는 그 사유가 발생한 날부터 2개월 이내에, 제2호 또는 제6호의 경우에는 그 사유가 발생한 날(제2호의 경우에는 배출시설에 사용하는 연료나 연료를 변경하지 아니한 경우로서 법 제39조에 따른 자가측정 시 새로운 대

대기환경보전법	대기환경보전법 시행령	대기환경보전법 시행규칙
		기오염물질이 배출되지 않았으나 법 제82조에 따른 검사 결과 새로운 대기오염물질이 배출된 경우에는 그 배출이 확인된 날부터 30일 이내에 별지 제4호 서식의 배출시설 변경신고서에 배출시설 설치신고 증명서와 변경내용을 증명하는 서류를 첨부하여 시·도지사에게 제출하여야 한다. 다만, 영 제21조에 따라 제출한 개선계획서의 개선내용이 제1호·제3호 또는 제4호에 해당되는 경우에는 개선계획서를 제출할 때 제출하지 아니할 수 있다. 〈개정 2016. 7. 1.〉 1. 같은 배출구에 연결된 배출시설을 증설 또는 교체하거나 폐쇄하는 경우. 다만, 배출시설의 규모[신고 또는 변경신고를 한 배출시설과 같은 종류의 배출시설로서 같은 배출구에 연결되어 있는 배출시설(방지시설의 설치를 면제받은 배출시설의 경우에는 면제받은 배출시설)의 총 규모를 말한다]를 10퍼센트 미만으로 증설 또는 교체하거나 폐쇄하는 경우로서 다음 각 목이 모두에 해당하는 경우에는 그러하지 아니하다. 　가. 배출시설의 증설·교체·폐쇄에 따라 변경되는 대기오염물질의 양이 방지시설의 처리용량 범위 내일 것 　나. 배출시설의 증설·교체로 인하여 다른 법령에 따른 설치 제한을 받는 경우가 아닐 것 2. 배출시설에서 신고한 대기오염물질 외의 새로운 대기오염물질이 배출되는 경우 3. 방지시설을 증설·교체하거나 폐쇄하는 경우

대기환경보전법	대기환경보전법 시행령	대기환경보전법 시행규칙
		4. 사용하는 원료나 연료를 변경하는 경우. 다만, 새로운 대기오염물질을 배출하지 아니하고 배출량이 증가되지 아니하는 원료로 변경하는 경우 또는 종전의 연료보다 황함유량이 낮은 연료로 변경하는 경우는 제외한다.
		5. 사업장의 명칭이나 대표자를 변경하는 경우
		6. 배출시설 또는 방지시설을 임대하는 경우
		7. 그 밖의 경우로서 배출시설 설치신고증명서에 적힌 신고사항 및 일일조업시간을 변경하는 경우
		④ 시·도지사는 제2항 또는 제3항에 따라 변경신고를 수리한 경우에는 배출시설 설치허가증 또는 배출시설 설치신고증명서의 뒤쪽에 변경신고사항을 적는다.
		제28조(방지시설을 설치하지 아니하려는 경우의 제출서류) 법 제26조제1항 단서에 따라 방지시설을 설치하지 아니하려는 경우에는 법 제23조제4항에 따라 다음 각 호의 서류를 시·도지사에게 제출하여야 한다. 다만, 배출시설의 설치허가, 변경허가, 설치 신고 또는 변경신고 시 제출된 서류는 제출하지 아니한다.
		1. 해당 배출시설의 기능·공정·사용원료(부원료를 포함한다) 및 연료의 특성에 관한 설명자료
		2. 배출시설에서 배출되는 대기오염물질이 항상 법 제16조에 따른 배출허용기준(이하 "배출허용기준"이라 한다) 이하로 배출된다는 것을 증명하는 객관적인 문헌이나 그 밖의 시험분석자료

대기환경보전법	대기환경보전법 시행령	대기환경보전법 시행규칙
제24조(다른 법령에 따른 허가 등의 의제) ① 배출시설을 설치하려는 자가 제23조제1항부터 제3항까지의 규정에 따라 배출시설 설치의 허가 또는 변경허가를 받거나 신고 또는 변경신고를 한 경우에는 그 배출시설에 관련된 다음 각 호의 허가 또는 변경허가를 받거나 신고 또는 변경신고를 한 것으로 본다. 〈개정 2017. 1. 17.〉 1. 「물환경보전법」 제33조제1항부터 제3항까지의 구정에 따른 배출시설의 설치허가·변경허가·변경신고 2. 「소음·진동관리법」 제8조제1항이나 제2항에 따른 배출시설의 설치허가나 신고·변경신고 ② 「도지사는 제1항 각 호의 어느 하나에 해당하는 사항이 포함되어 있는 배출시설의 설치허가 또는 변경허가를 하려면 같은 항 각 호의 어느 하나에 해당하는 허가 또는 신고의 권한이 있는 관계 행정기관의 장과 협의하여야 한다. 〈개정 2012. 5. 23.〉 ③ 「소음·진동관리법」 제22조제1항에 따른 특정공사에 해당되는 비산(飛散)먼지를 발생시키는 사업을 하려는 자가 이 법 제43조제1항에 따른 비산먼지 발생사업의 신고 또는 변경신고를 한 경우에는 「소음·진동관리법」 제22조제1항 또는 같은 조 제2항에 따른 특정공사의 신고 또는 변경신고를 한 것으로 본다. 〈개정 2009. 6. 9.〉 ④ 삭제 〈2012. 5. 23.〉 ⑤ 제1항 및 제3항에 따라 허가 등의 의제를 받으려는 자는 허가·허가 또는 변경허가를 신청하거나 신고 또는 변		

대기환경보전법	대기환경보전법 시행령	대기환경보전법 시행규칙
정신고를 할 때에 해당 법률에서 정하는 관련 서류를 함께 제출하여야 한다. 〈신설 2012. 2. 1.〉 **제25조(사업의 분류)** ① 환경부장관은 배출시설의 효율적인 설치 및 관리를 위하여 그 배출시설에서 나오는 오염물질 발생량에 따라 사업장을 1종부터 5종까지로 분류하여야 한다. ② 제1항에 따른 사업장 분류기준은 대통령령으로 정한다.	**제13조(사업의 분류)** 법 제25조제2항에 따른 사업장 분류 기준은 별표 1의3과 같다. 〈개정 2016. 3. 29.〉	
제26조(방지시설의 설치 등) ① 제23조제1항부터 제3항까지의 규정에 따라 배출시설의 설치 또는 변경에 대한 허가·변경허가를 받은 자 또는 신고·변경신고를 한 자(이하 "사업자"라 한다)가 해당 배출시설을 설치하거나 변경할 때에는 그 배출시설로부터 나오는 오염물질이 제16조의 배출허용기준 이하로 나오게 하기 위하여 대기오염방지시설(이하 "방지시설"이라 한다)을 설치하여야 한다. 다만, 대통령령으로 정하는 기준에 해당하는 경우에는 설치하지 아니할 수 있다. ② 제1항에 따라 방지시설을 설치하지 아니하고 배출시설을 설치·운영하는 경우에는 다음 각 호의 어느 하나에 해당하는 방지시설을 설치하여야 한다. 1. 배출시설의 공정을 변경하거나 사용하는 원료나 연료 등을 변경하여 배출허용기준을 초과할 우려가 있는 경우 2. 그 밖에 배출허용기준의 준수 가능성을 고려하여 환경부령으로 정하는 경우	**제14조(방지시설의 설치면제기준)** 법 제26조제1항 단서에서 "대통령령으로 정하는 기준에 해당하는 경우"란 다음 각 호의 어느 하나에 해당하는 경우를 말한다. 1. 배출시설의 기능이나 공정에서 오염물질이 항상 법 제16조에 따른 배출허용기준 이하로 배출되는 경우 2. 그 밖에 방지시설의 설치 외의 방법으로 오염물질의 적정처리가 가능한 경우	**제29조(방지시설을 설치하여야 하는 경우)** 법 제26조제2항제2호에서 "환경부령으로 정하는 경우"란 다음 각 호의 어느 하나에 해당하는 사유로 배출허용기준을 초과할 우려가 있는 경우를 말한다. 1. 배출허용기준의 강화 2. 부대설비의 교체·개선 3. 배출시설의 설치허가·변경허가 또는 설치신고나 변경신고 이후 배출시설에서 새로운 대기오염물질의 배출

대기환경보전법	대기환경보전법 시행령	대기환경보전법 시행규칙
③ 환경부장관은 연소조절에 의한 시설 설치를 지원할 수 있으며, 업무의 효율적 추진을 위하여 연소조절에 의한 시설 설치 지원 업무를 관계 전문기관에 위탁할 수 있다. 〈신설 2012. 5. 23.〉		
제27조(권리와 의무의 승계 등) ① 사업자(제38조의2 제1항 또는 제2항에 따른 비산배출시설 설치 신고 또는 변경신고를 한 자를 포함한다. 이하 이 조에서 같다)가 배출시설을 양도하거나 사망한 경우 또는 사업자인 법인이 합병한 경우에는 그 양수인이나 상속인 또는 합병 후 존속하는 법인이나 합병에 따라 설립되는 법인은 허가·변경허가·신고 또는 변경신고에 따른 사업자의 권리·의무를 승계한다. 〈개정 2016. 1. 27.〉 ② 배출시설이나 방지시설을 임대하는 경우 임차인은 제31조부터 제35조까지, 제35조의2부터 제35조의4까지, 제36조(허가취소의 경우는 제외한다), 제38조의2, 제39조, 제40조 및 제82조제1항제1호·제1호의3을 적용할 때에는 사업자로 본다. 〈개정 2016. 1. 27.〉 ③ 다음 각 호의 어느 하나에 해당하는 절차에 따라 사업자의 배출시설 및 방지시설을 인수한 자는 허가·변경허가 또는 신고·변경신고 등에 따른 종전 사업자의 권리·의무를 승계한다. 이 경우 종전 사업자에 대한 허가·신고 등의 효력을 잃는다. 〈개정 2016. 12. 27.〉		

대기환경보전법	대기환경보전법 시행령	대기환경보전법 시행규칙
1. 「민사집행법」에 따른 경매 2. 「채무자 회생 및 파산에 관한 법률」에 따른 환가(換價) 3. 「국세징수법」・「관세법」 또는 「지방세징수법」에 따른 압류재산의 매각 4. 그 밖에 제1호부터 제3호까지의 어느 하나에 준하는 절차 제28조(방지시설의 설계와 시공) 방지시설의 설치나 변경은 「환경기술 및 환경산업 지원법」 제15조에 따른 환경전문공사업자가 설계・시공하여야 한다. 다만, 환경부령으로 정하는 방지시설을 설치하는 경우 및 환경부령으로 정하는 바에 따라 사업자 스스로 방지시설을 설계・시공하는 경우에는 그러하지 아니하다. 〈개정 2011. 4. 28.〉		제30조(방지시설업의 등록을 한 자 외의 자가 설계・시공할 수 있는 방지시설) 법 제28조 단서에서 "환경부령으로 정하는 방지시설을 설치하는 경우"란 방지시설의 공정을 변경하지 아니하는 경우로서 다음 각 호의 어느 하나에 해당하는 경우를 말한다. 〈개정 2014. 2. 6.〉 1. 방지시설에 딸린 기계나 기구류를 신설하거나 대체 또는 개선하는 경우 2. 허가를 받거나 신고한 시설의 용량이나 용적의 100분의 30을 넘지 아니하는 범위에서 증설하거나 대체 또는 개선하는 경우. 다만, 2회 이상 증설하거나 대체하여 증설하거나 대체 또는 개선한 부분이 최초로 허가를 받거나 신고한 시설의 용량이나 용적보다 100분의 30을 넘는 경우에는 방지시설업자가 설계・시공을 하여야 한다. 3. 연소조절에 의한 시설을 설치하는 경우 제31조(자가방지시설의 설계・시공) ① 사업자가 법 제28조 단서에 따라 스스로 방지시설을 설계・시공하려는 경우에는 법 제23조제4항에 따라 다음 각 호의 서류를 시・도지사에게 제출하여야 한다. 다만,

대기환경보전법	대기환경보전법 시행령	대기환경보전법 시행규칙
제29조(공동 방지시설의 설치 등) ① 산업단지나 그 밖에 사업장이 밀집된 지역의 사업자는 배출시설로부터 나오는 오염물질의 공동처리를 위하여 공동 방지시설을 설치할 수 있다. 이 경우 각 사업자는 사업장별로 그 오염물질에 대한 방지시설을 설치한 것으로 본다. ② 사업자는 공동 방지시설을 설치·운영할 때에는 그 시설의 운영기구를 설치하고 대표자를 두어야 한다. ③ 공동 방지시설의 배출허용기준은 제16조에 따른 배출허용기준과 다른 기준을 정할 수 있으며, 그 배출허용기준 및 공동 방지시설의 설치·운영에 필요한 사항은 환경부령으로 정한다.		배출시설의 설치허가·변경허가·설치신고 또는 변경신고 시 제출한 서류는 제출하지 아니할 수 있다. 1. 배출시설의 설치명세서 2. 공정도 3. 원료(연료를 포함한다)사용량, 제품생산량 및 대기오염물질 등의 배출량을 예측한 명세서 4. 방지시설의 설치명세서와 그 도면(법 제26조제1항 단서에 해당되는 경우에는 이를 증명할 수 있는 서류를 말한다) 5. 기술능력 현황을 적은 서류
		제33조(공동 방지시설의 배출허용기준 등) 법 제29조제3항에 따른 공동 방지시설의 배출허용기준은 별표 8과 같고, 자가측정의 대상·항목 및 방법은 별표 11과 같다.
제30조(배출시설 등의 가동개시 신고) ① 사업자는 배출시설이나 방지시설의 설치를 완료하거나 배출시설의 변경(변경신고를 하고 변경을 하는 경우에는 대통령령으로 정하는 규모 이상의 변경만 해당	**제15조(변경신고에 따른 가동개시신고의 대상규모 등)** 법 제30조제1항에서 "대통령령으로 정하는 규모 이상의 변경"이란 법 제23조제1항부터 제3항까지의 규정에 따라 설치허가 또는 변경허가를 받거나	

대기환경보전법	대기환경보전법 시행령	대기환경보전법 시행규칙
한다)을 완료하여 그 배출시설이나 방지시설을 가동하려면 환경부령으로 정하는 바에 따라 미리 시·도지사에게 가동개시 신고를 하여야 한다. 〈개정 2012. 5. 23.〉 ② 제1항에 따라 신고한 배출시설이나 방지시설 중에서 발전소의 집소신화물 감소 시설 등 대통령령으로 정하는 시설이 경우에는 환경부령으로 정하는 기간에는 제33조부터 제35조까지의 규정을 적용하지 아니한다.	나 설치신고 또는 변경신고를 한 배출구별 배출시설 규모의 합계보다 100분의 20 이상 증설(대기배출시설 증설에 따른 변경신고의 경우에는 증설이 누계를 말한다)하는 배출시설의 변경을 말한다. 〈개정 2015. 12. 10.〉 제16조(시운전을 할 수 있는 시설) 법 제30조제2항에서 "대통령령으로 정하는 시설"이란 다음 각 호의 배출시설을 말한다. 〈개정 2019. 7. 2.〉 1. 황산화물제거시설을 설치한 배출시설 2. 질소산화물제거시설을 설치한 배출시설 3. 그 밖에 방지시설을 설치하거나 보수한 후 상당한 기간 시운전이 필요하다고 환경부장관이 인정하여 고시하는 배출시설	제34조(배출시설의 가동개시 신고) ① 사업자가 법 제30조에 따라 가동개시 신고를 하려는 경우에는 별지 제5호서식의 배출시설 및 방지시설의가동개시 신고서에 배출시설 설치허가증 또는 배출시설 설치신고증명서를 첨부하여 시·도지사에게 제출(「전자정부법」 제2조제7호에 따른 정보통신망에 의한 제출을 포함한다)하여야 한다. ② 제1항에 따른 가동개시신고서를 제출한 후 신고한 가동개시일을 변경하려는 경우에는 별지 제6호서식의 배출(방지)시설 가동개시일 변경신고서를 시·도지사에게 제출(「전자정부법」 제2조제7호에 따른 정보통신망에 의한 제출을 포함한다)하여야 한다.

대기환경보전법	대기환경보전법 시행령	대기환경보전법 시행규칙
제31조(배출시설과 방지시설의 운영) ① 사업자(제29조제2항에 따른 공동 방지시설을 포함한다)는 배출시설과 방지시설을 운영할 때에는 다음 각 호의 행위를 하여서는 아니 된다. 〈개정 2015. 1. 20.〉 1. 배출시설을 가동할 때에 방지시설을 가동하지 아니하거나 오염도를 낮추기 위하여 배출시설에서 나오는 오염물질에 공기를 섞어 배출하는 행위. 다만, 화재나 폭발 등의 사고를 예방할 필요가 있어서 시·도지사가 인정하는 경우에는 그러하지 아니하다. 2. 방지시설을 거치지 아니하고 오염물질을 배출할 수 있는 공기 조절장치나 가지 배출관 등을 설치하는 행위. 다만, 화재나 폭발 등의 사고를 예방할 필요가 있어 시·도지사가 인정하는 경우에는 그러하지 아니하다.		③ 제1항에 따른 가동개시 신고 또는 제2항에 따른 가동개시일 변경신고가 신고서의 기재사항 및 첨부서류에 흠이 없고, 법령 등에 규정된 형식상의 요건을 충족하는 경우에는 신고서가 접수기관에 도달된 때에 신고 의무가 이행된 것으로 본다. 〈신설 2017. 1. 26.〉 **제35조(시운전 기간)** 법 제30조제2항에서 "환경부령으로 정하는 기간"이란 법 제34조에 따라 신고한 배출시설 및 방지시설의 가동개시일부터 30일까지의 기간을 말한다. **제36조(배출시설 및 방지시설의 운영기록 보존)** ① 영 별표 1의3에 따른 1종·2종·3종사업장을 설치·운영하는 사업자는 법 제31조제2항에 따라 배출시설 및 방지시설의 운영기간 중 다음 각 호의 사항을 국립환경과학원장이 정하여 고시하는 전산에 의한 방법으로 기록·보존하여야 한다. 다만, 굴뚝 자동측정기기를 부착하여 모든 배출구에 측정결과를 관제센터로 자동전송하는 사업장의 경우에는 이를 입증할 수 있는 자료의 자동전송으로 이를 갈음할 수 있다. 〈개정 2017. 12. 28.〉 1. 시설의 가동시간 2. 대기오염물질 배출량 3. 자가측정에 관한 사항 4. 시설관리 및 운영자 5. 그 밖에 시설운영에 관한 중요사항 ② 영 별표 1의3에 따른 4종·5종사업장을 설치·운

대기환경보전법	대기환경보전법 시행령	대기환경보전법 시행규칙
3. 부식(腐蝕)이나 마모(磨耗)로 인하여 오염물질이 새나가는 배출시설이나 방지시설을 정당한 사유 없이 방치하는 행위 4. 방지시설에 딸린 기계와 기구류의 고장이나 훼손을 정당한 사유 없이 방치하는 행위 5. 그 밖에 배출시설이나 방지시설을 정당한 사유 없이 정상적으로 가동하지 아니하여 배출허용기준을 초과한 오염물질을 배출하는 행위 ② 사업자는 조업을 할 때에는 환경부령으로 정하는 바에 따라 그 배출시설과 방지시설의 운영에 관한 상황을 사실대로 기록하여 보존하여야 한다. **제32조(측정기기의 부착 등)** ① 사업자는 배출시설에서 나오는 오염물질이 제16조와 제29조제3항에 따른 배출허용기준에 맞는지를 확인하기 위하여 측정기기를 부착하는 등의 조치를 하여 배출시설과 방지시설이 적정하게 운영되도록 하여야 한다. 다만, 사업자가 「중소기업기본법」 제2조에 따른 중소기업인 경우에는 환경부장관 또는 시·도지사가 시설의 동의를 받아 측정기기를 부착·운영하는 등의 조치를 할 수 있다. <개정 2012. 5. 23.> ② 제1항에 따른 조치의 유형과 기준 등에 관하여 필	**제17조(측정기기의 부착대상 사업장 및 종류 등)** ① 배출시설을 운영하는 사업자는 법 제32조제1항 및 제3항에 따라 오염물질배출량과 배출허용기준의 준수 여부 및 방지시설의 적정 가동 여부를 확인할 수 있는 다음 각 호의 측정기기를 부착하여야 한다. 1. 적산전력계(積算電力計) 2. 굴뚝 자동측정기기(유량·유속계(流量·流速計), 온도측정기 및 자료수집기를 포함한다. 이하 같다) ② 환경부장관 또는 시·도지사는 법 제32조제1항 단서에 따라 사업자가 「중소기업기본법」 제2조에	영하는 사업자는 별 제31조제2항에 따라 배출시설 및 방지시설의 운영기간 중 다음 각 호의 사항을 별지 제7호서식의 배출시설 및 방지시설의 운영기록부에 매일 기록하고 최종 기재한 날부터 1년간 보존하여야 한다. 다만, 사업자가 원하는 경우에는 제1항 각 호 외의 부분 본문에 따라 국립환경과학원장이 정하여 고시하는 전산에 의한 방법으로 기록·보존할 수 있다. <개정 2017. 12. 28.> 1. 시설의 가동시간 2. 대기오염물질 배출량 3. 자가측정에 관한 사항 4. 시설관리 및 운영자 5. 그 밖에 시설운영에 관한 중요사항 ③ 제2항에 따른 운영기록부는 테이프·디스켓 등 전산에 의한 방법으로 기록·보존할 수 있다. <개정 2010. 12. 31.> [전문개정 2009. 1. 14.] **제37조의2(측정기기 부착·운영 신청)** 영 제17조제2항에 따라 측정기기 부착·운영을 신청하려는 자는 별지 제12호의2서식의 측정기기 부착·운영 신청서에 배출시설 설치허가증 또는 신고증명서와 「중소기업기본법」 제2조에 따른 중소기업임을 증명하는 서류를 첨부하여 환경부장관 또는 시·도지사에게 제출하여야 한다. [본조신설 2013. 5. 24.]

대기환경보전법	대기환경보전법 시행령	대기환경보전법 시행규칙
요한 사항은 대통령령으로 정한다. ③ 사업자는 제1항에 따라 부착된 측정기기에 대하여 다음 각 호의 행위를 하여서는 아니 된다. 〈개정 2012. 5. 23.〉 1. 배출시설이 가동될 때에 측정기기를 고의로 작동하지 아니하거나 정상적인 측정이 이루어지지 아니하도록 하는 행위 2. 부식, 마모, 고장 또는 훼손되어 정상적으로 작동하지 아니하는 측정기기를 정당한 사유 없이 방치하는 행위(제1항 본문에 따라 설치한 측정기기로 한정한다) 3. 측정기기를 고의로 훼손하는 행위 4. 측정기기를 조작하여 측정결과를 빠뜨리거나 나가 짓으로 측정결과를 작성하는 행위 ④ 제1항에 따라 측정기기를 부착한 환경부장관, 시·도지사 및 사업자는 그 측정기기로 측정한 결과의 신뢰도와 정확도를 지속적으로 유지할 수 있도록 환경부령으로 정하는 측정기기의 운영·관리기준을 지켜야 한다. 〈개정 2012. 5. 23.〉 ⑤ 시·도지사는 제4항에 따른 측정기기의 운영·관리기준을 지키지 아니하는 사업자에게 대통령령으로 정하는 바에 따라 기간을 정하여 측정기기가 기준에 맞게 운영·관리되도록 필요한 조치를 취할 것을 명할 수 있다. 〈개정 2012. 5. 23.〉 ⑥ 시·도지사는 제5항에 따라 조치명령을 받은 자가 이를 이행하지 아니하면 해당 배출시설의 전부 또는 일부에 대하여 조업정지를 명할 수 있다. 〈개	따른 중소기업인 경우에는 사업자의 동의(환경부령으로 정하는 바에 따라 사업자의 신청을 받은 경우를 포함한다)를 받아 측정기기를 부착·운영하는 등의 조치를 할 수 있다. 〈신설 2013. 1. 31.〉 ③ 시·도지사 또는 사업자는 법 제32조제1항에 따라 측정기기를 부착하는 경우에 부착방법 등에 대하여 한국환경공단에 지원을 요청할 수 있다. 〈신설 2013. 1. 31.〉 ④ 제1항제3호에 따른 작선전례에의 부착대상 시설 및 부착방법은 별표 2와 같다. 〈개정 2013. 1. 31.〉 ⑤ 제1항제2호에 따라 굴뚝 자동측정기기를 부착하여야 하는 사업장은 별표 1의3에 따른 1종부터 3종까지의 사업장으로 하며, 굴뚝 자동측정기기의 부착대상 배출시설, 측정 항목, 부착 면제, 부착 시기 및 부착 유예(猶豫)는 별표 3과 같다. 〈개정 2016. 3. 29.〉 ⑥ 환경부장관 또는 시·도지사는 굴뚝 자동측정기기로 측정되어 법 제32조제7항에 따라 전산망으로 전송된 자료(이하 "자동측정자료"라 한다)를 배출허용기준의 준수 여부 확인이나 법 제35조에 따른 배출부과금의 산정에 필요한 자료로 활용할 수 있다. 다만, 굴뚝 자동측정기기나 전산망의 이상 등으로 비정상적인 자료가 전송된 경우에는 그러하지 아니하다. 〈개정 2013. 1. 31.〉	

대기환경보전법	대기환경보전법 시행령	대기환경보전법 시행규칙
정 2012. 5. 23.〉 ⑦ 환경부장관은 제1항에 따라 사업장에 부착된 측정기기와 연결하여 그 측정결과를 전산처리할 수 있는 전산망을 운영할 수 있으며, 시·도지사 또는 사업자가 측정기기를 정상적으로 유지·관리할 수 있도록 기술지원을 할 수 있다. 〈개정 2012. 5. 23.〉 ⑧ 환경부장관은 제7항에 따라 측정결과를 전산처리할 수 있는 전산망을 운영하는 경우 그 전산처리한 결과를 주기적으로 인터넷 홈페이지 등을 통하여 공개하여야 한다. 이 경우 공개방기 및 공개방법 등에 필요한 사항은 대통령령으로 정한다. 〈신설 2015. 1. 20.〉 ⑨ 제1항 단서에 따른 측정기기 부착·운영하는 등의 조치에 필요한 비용 및 제8항에 따른 측정기기 (환경부장관 또는 시·도지사가 부착·운영하는 측정기기로 한정한다)의 운영·관리에 필요한 비용은 환경부장관이 설치하는 경우에는 국가가, 시·도지사가 설치하는 경우에는 해당 시·도가 부담한다. 〈개정 2015. 1. 20.〉 ⑩ 제1항에 따라 측정기기를 부착한 자는 제32조의2제1항에 따라 측정기기 관리대행업의 등록을 한 자(이하 "측정기기 관리대행업자"라 한다)에게 측정기기의 관리 업무를 대행하게 할 수 있다. 〈신설 2016. 1. 27.〉 **제32조의2(측정기기 관리대행업의 등록)** ① 제32조제4항에 따라 측정기기로 측정한 결과의 신뢰도와 정확도를 지속적으로 유지할 수 있도록 측정기기를	**제18조(측정기기의 개선기간)** ① 시·도지사는 법 제32조제5항에 따라 조치명령을 하는 경우에는 6개월 이내의 개선기간을 정하여야 한다. 〈개정 2013. 1. 31.〉 ② 시·도지사는 제1항에 따라 조치명령을 받은 자가 천재지변이나 그 밖의 부득이한 사유로 제1항에 따른 기간 이내에 조치를 마칠 수 없는 경우 그가신 청하면 6개월의 범위에서 개선기간을 연장할 수 있다. 〈개정 2013. 1. 31.〉 **제19조의2(측정결과의 공개)** 환경부장관은 법 제32조제8항 전단에 따라 사업자명, 시설장 소재지 및 대기오염물질 연간 배출총량 등 전산처리한 결과를 매년 6월 30일까지 인터넷 홈페이지 및 법 제32조제7 항에 따른 전산망에 공개하여야 한다. [본조신설 2015. 7. 20.] **제19조의3(측정기기 관리대행업의 등록기준 등)** ① 법 제32조의2제1항 전단에 따라 측정기기를 관리하는 업무를 대행하는 영업의 등록을 하려는 자	**제37조(측정기기의 운영·관리기준)** 법 제32조제4 항에 따른 측정기기의 운영·관리기준은 별표 9와 같다.

대기환경보전법	대기환경보전법 시행령	대기환경보전법 시행규칙
관리하는 업무를 대행하는 영업(이하 "측정기기 관리대행업"이라 한다)을 하려는 자는 대통령령으로 정하는 시설·장비 및 기술인력 등의 기준을 갖추어 환경부장관에게 등록하여야 한다. 등록한 사항 중 대통령령으로 정하는 중요한 사항을 변경하려는 경우에도 또한 같다. ② 다음 각 호의 어느 하나에 해당하는 자는 측정기기 관리대행업의 등록을 할 수 없다. 1. 피성년후견인 또는 피한정후견인 2. 파산자로서 복권되지 아니한 자 3. 이 법을 위반하여 징역 이상의 실형을 선고받고 그 집행이 끝나거나(집행이 끝난 것으로 보는 경우를 포함한다) 집행을 받지 아니하기로 확정된 날부터 2년이 지나지 아니한 사람 4. 제32조의3에 따라 등록이 취소(제32조의2제2항제1호 또는 제3호에 해당하여 등록이 취소된 경우는 제외한다)된 날부터 2년이 지나지 아니한 자 5. 임원 중 제1호부터 제4호까지의 어느 하나에 해당하는 사람이 있는 법인 ③ 환경부장관은 측정기기 관리대행업자에 대하여 환경부령으로 정하는 등록증을 발급하여야 한다. ④ 측정기기 관리대행업자는 다른 자에게 자기의 명의를 사용하여 측정기기 관리 업무를 하게 하거나 등록증을 다른 자에게 대여하여서는 아니 된다. ⑤ 측정기기 관리대행업자는 측정기기로 측정한 결과의 신뢰도와 정확도를 지속적으로 유지할 수 있도록 환경부령으로 정하는 관리기준을 지켜야 한다.	가. 갖추어야 하는 시설·장비 및 기술인력의 기준은 별표 3의2와 같다. ② 법 제32조의2제1항 후단에서 "대통령령으로 정하는 중요 사항"이란 다음 각 호의 어느 하나에 해당하는 사항을 말한다. 1. 상호·명칭 또는 대표자의 성명 2. 사무실 또는 실험실 소재지 3. 별표 3의2에 따라 등록된 기술인력의 현황 [본조신설 2017. 1. 24.]	제37조의3(측정기기 관리대행업 등록의 신청) ① 법 제32조의2제1항 전단에 따라 측정기기 관리대행업을 등록하려는 자는 별지 제36조의3서식의 측정기기 관리대행업 등록 신청서(전자문서로 된 신청서를 포함한다)에 영 별표 3의2에 따른 시설·장비 및 기술인력의 보유현황과 이를 증명할 수 있는 서류 1부를 첨부하여 사무실 소재지를 관할하는 유역환경청장, 지방환경청장 또는 수도권대기환경청장에게 제출하여야 한다. ② 제1항에 따른 신청서를 제출받은 담당 공무원은 「전자정부법」 제36조제1항에 따른 행정정보의 공동이용을 통하여 기술인력의 국가기술자격증과 신청인이 법인인 경우에는 법인 등기사항 증명서를, 개인인 경우에는 사업자등록증을 확인하여야 한다. 다만, 신청인이 사업자등록증 또는 국가기술자격증의 확인에 동의하지 아니하는 경우에는 그 사본을 첨부하도록 하여야 한다. ③ 유역환경청장, 지방환경청장 또는 수도권대기

대기환경보전법	대기환경보전법 시행령	대기환경보전법 시행규칙
[본조신설 2016. 1. 27.]		환경청장은 법 제32조의2제1항·전단에 따른 측정기기 관리대행업자의 등록을 하면 같은 조 제3항에 따라 별지 제12호의4서식의 측정기기 관리대행업 등록증을 발급하여야 한다. ④ 제3항에 따라 측정기기 관리대행업의 등록을 한 자(이하 "측정기기 관리대행업자"라 한다)는 법 제32조의2제1항·후단에 따라 영 제19조의3제2항 각 호의 어느 하나에 해당하는 사항을 변경하려는 경우에는 별지 제12조의3서식의 측정기기 관리대행업 변경등록신청서에 측정기기 관리대행업 등록증과 변경내용을 증명할 수 있는 서류 1부를 첨부하여 사무실 소재지(사무실 소재지를 변경하는 경우에는 변경 후의 사무실 소재지)를 관할하는 유역환경청장, 지방환경청장 또는 수도권대기환경청에 제출하여야 한다. ⑤ 유역환경청장, 지방환경청장 또는 수도권대기환경청장은 법 제32조의2제1항·후단에 따라 측정기기 관리대행업자를 변경등록한 경우에는 제4항에 따라 제출받은 측정기기 관리대행업 등록증 뒷면에 변경 내용을 적은 후 신청인에게 돌려주어야 한다. [본조신설 2017. 1. 26.] 제37조의4(측정기기 관리대행업자의 관리기준) 법 제32조의2제5항에서 "환경부령으로 정하는 관리기준"이란 다음 각 호의 사항을 말한다. 1. 기술인력으로 등록된 사람으로 하여금 측정기기의 점검을 실시하도록 할 것 2. 관리업무를 대행하는 측정기기의 가동 상태를 점

대기환경보전법	대기환경보전법 시행령	대기환경보전법 시행규칙
		검하여 측정기기가 정상적으로 작동하지 아니하는 경우에는 측정기기 관리대행업무의 대행을 맡긴 자에게 즉시 통보할 것 3. 별지 제12호의5서식의 측정기기 관리대행업 실적보고서에 측정기기 관리대행 계약서 등 대행 실적을 증명할 수 있는 서류 1부를 첨부하여 매년 1월 31일까지 사무실 소재지를 관할하는 유역환경청장, 지방환경청장 또는 수도권대기환경청장에게 제출하고, 제출한 서류의 사본을 제출한 날부터 3년간 보관할 것 4. 등록의 취소, 업무정지 등 측정기기 관리업무의 대행을 지속하기 어려운 사유가 발생한 경우에는 측정기기 관리업무의 대행을 맡긴 자에게 즉시 통보할 것 [본조신설 2017. 1. 26.] 제37조의5(측정기기 관리대행업의 등록말소 신청 등) ① 측정기기 관리대행업 등록이 말소를 신청하려는 자는 별지 제12조의6서식의 측정기기 관리대행업 등록말소 신청서에 측정기기 관리대행업 등록증을 첨부하여 사무실 소재지를 관할하는 유역환경청장, 지방환경청장 또는 수도권대기환경청장에게 제출하여야 한다. ② 유역환경청장, 지방환경청장 또는 수도권대기환경청장은 법 제32조의3제1항에 따라 등록을 취소하거나 제1항에 따라 등록말소를 맡소한 경우에는 다음 각 호의 사항을 관보나 유역환경청, 지방환경청 또는 수도권대기환경청 인터넷 홈페이지에 공고하여야 하며
제32조의3(측정기기 관리대행업의 등록취소 등) ① 환경부장관은 측정기기 관리대행업자가 다음 각 호의 어느 하나에 해당하는 경우에는 등록을 취소하거나 6개월 이내의 기간을 정하여 영업의 전부 또는 일부의 정지를 명할 수 있다. 다만, 제1호, 제4호, 제5호 또는 제7호에 해당하는 경우에는 그 등록을 취소하여야 한다. 1. 거짓이나 그 밖의 부정한 방법으로 등록을 한 경우 2. 등록 후 2년 이내에 영업을 개시하지 아니하거나 계속하여 2년 이상 영업실적이 없는 경우 3. 제32조의2제1항에 따른 등록 기준에 미달하게 된 경우		

대기환경보전법	대기환경보전법 시행령	대기환경보전법 시행규칙
4. 제32조의2제2항에 따른 결격사유에 해당하는 경우. 다만, 제32조의2제2항제5호에 따른 결격사유에 해당하는 경우로서 그 사유가 발생한 날부터 2개월 이내에 그 사유를 해소한 경우에는 그러하지 아니하다. 5. 제32조의2제4항을 위반하여 다른 자에게 자기의 명의를 사용하여 측정기기 관리 업무를 하게 하거나 등록증을 다른 자에게 대여한 경우 6. 제32조의2제5항에 따른 관리기준을 위반한 경우 7. 영업정지 기간 중 측정기기 관리 업무를 대행한 경우 ② 제1항에 따른 행정처분의 세부기준은 환경부령으로 정한다. [본조신설 2016. 1. 27.]		야 한다. 1. 측정기기 관리대행업자의 상호, 대표자 성명 및 소재지 2. 등록번호 및 등록 연월일 3. 등록취소·말소 연월일 및 그 사유 [본조신설 2017. 1. 26.]
제33조(개선명령) 시·도지사는 제30조에 따른 신고를 한 후 조업 중인 배출시설에서 나오는 오염물질의 정도가 제16조나 제29조제3항에 따른 배출허용기준을 초과한다고 인정하면 대통령령으로 정하는 바에 따라 기간을 정하여 사업자(제29조제2항에 따른 공동 방지시설의 대표자를 포함한다)에게 그 오염물질의 정도가 배출허용기준 이하로 내려가도록 필요한 조치를 취할 것(이하 "개선명령"이라 한다)을 명할 수 있다. 〈개정 2012. 5. 23.〉	제20조(배출시설 및 방지시설의 개선기간) ① 시·도지사는 법 제33조에 따라 개선명령을 하는 경우에는 개선에 필요한 조치 및 시설 설치기간 등을 고려하여 1년 이내의 개선기간을 정하여야 한다. 〈개정 2013. 1. 31.〉 ② 법 제33조에 따라 개선명령을 받은 자는 천재지변이나 그 밖의 부득이한 사유로 제1항에 따른 기간 내에 명령받은 조치를 마칠 수 없는 경우에는 그 기간이 끝나기 전에 시·도지사에게 1년의 범위에서 개선기간의 연장을 신청할 수 있다. 〈개정 2013. 1. 31.〉	
제34조(조업정지명령 등) ① 시·도지사는 제33조에 따라 개선명령을 받은 자가 개선명령을 이행하지		제41조(조업시간의 제한 등) 시·도지사는 대기오염이 주민의 건강이나 환경에 급박한 피해를 준다고

대기환경보전법	대기환경보전법 시행령	대기환경보전법 시행규칙
아니하거나 기간 내에 이행을 하였으나 검사결과 제16조 또는 제29조제3항에 따른 배출허용기준을 계속 초과하면 해당 배출시설의 전부 또는 일부에 대하여 조업정지를 명할 수 있다. 〈개정 2012. 5. 23.〉 ② 시·도지사는 대기오염으로 주민의 건강상·환경상의 피해가 급박하다고 인정하면 환경부령으로 정하는 바에 따라 즉시 조업시간의 제한이나 조업정지, 그 밖에 필요한 조치를 명할 수 있다. 〈개정 2012. 5. 23.〉		인정하면 법 제34조제2항에 따라 대기오염물질 등의 배출로 예상되는 피해와 조업시간의 제한에 따라 사용연료의 대체, 조업시간의 변경, 조업의 일부 또는 전부의 정지를 명하되, 위해나 피해를 가장 크게 줄여 주는 배출시설부터 조치하여야 한다.
제35조(배출부과금의 부과·징수) ① 시·도지사는 대기오염물질로 인한 대기환경상의 피해를 방지하거나 줄이기 위하여 다음 각 호의 어느 하나에 해당하는 자에 대하여 배출부과금을 부과·징수한다. 〈개정 2012. 5. 24.〉 1. 대기오염물질을 배출하는 사업자(제29조에 따른 공동 방지시설을 설치·운영하는 자를 포함한다) 2. 제23조제1항부터 제3항까지의 규정에 따른 허가·변경허가를 받지 아니하거나 신고·변경신고를 하지 아니하고 배출시설을 설치 또는 변경한 자 ② 제1항에 따른 배출부과금은 다음 각 호와 같이 구분하여 부과한다. 〈개정 2015. 1. 20.〉 1. 기본부과금 : 대기오염물질을 배출하는 사업자가 배출허용기준 이하로 배출하는 대기오염물질의 배출량 및 배출농도 등에 따라 부과하는 금액 2. 초과부과금 : 배출허용기준을 초과하여 배출하는 경우 대기오염물질의 배출량과 배출농도 등	제28조(기본부과금 산정의 방법과 기준) ① 법 제35조제2항제1호에 따른 기본부과금은 배출허용기준 이하로 배출하는 오염물질(배출허용량(이하 "기준이내 배출량"이라 한다)에 오염물질 1킬로그램당 부과금액(이하 "기본부과금산정기준"이라 한다)에 연도별 부과계수와 지역별 부과계수 및 농도별 부과계수를 곱한 금액으로 한다. 〈개정 2013. 1. 31.〉 ② 제1항에 따른 기본부과금의 산정에 필요한 오염물질 1킬로그램당 부과금액에 관하여는 제24조제2항을 준용하며, 기본부과금의 지역별 부과계수는 별표 7과 같고, 기본부과금의 농도별 부과계수는 별표 8과 같다. ③ 제1항에 따른 연도별 부과계수산정지수는 최초의 부과연도를 1로 하고, 그다음 해부터는 매년 전년도 부과가상승률 등을 고려하여 환경부장관이 정하여 고시하는 가격변동계수를 곱한 것으로 한다.	

대기환경보전법	대기환경보전법 시행령	대기환경보전법 시행규칙
에 따라 부과하는 금액 ③ 시·도지사는 제1항에 따라 배출부과금을 부과할 때에는 다음 각 호의 사항을 고려하여야 한다. 〈개정 2012. 5. 23.〉 1. 배출허용기준 초과 여부 2. 배출되는 대기오염물질의 종류 3. 대기오염물질의 배출 기간 4. 대기오염물질의 배출량 5. 제39조에 따른 자가측정(自家測定)을 하였는지 여부 6. 그 밖에 대기환경의 오염 또는 개선과 관련되는 사항으로서 환경부령으로 정하는 사항 ④ 제1항 및 제2항에 따른 배출부과금의 산정방법과 산정기준 등 필요한 사항은 대통령령으로 정한다. 〈개정 2012. 2. 1.〉 ⑤ 시·도지사는 제1항에 따른 배출부과금을 내야 할 자가 납부기한까지 내지 아니하면 가산금을 징수한다. 〈개정 2012. 5. 23.〉 ⑥ 제5항에 따른 가산금에 관하여는 「지방세징수법」 제30조 및 제31조를 준용한다. 〈개정 2016. 12. 27.〉 ⑦ 제1항에 따른 배출부과금과 제5항에 따른 가산금은 「환경정책기본법」에 따른 환경개선특별회계(이하 "환경개선특별회계"라 한다)의 세입으로 한다. 〈개정 2011. 7. 21.〉 ⑧ 환경부장관은 시·도지사가 그 관할 구역의 배출부과금 및 가산금을 징수한 경우에는 징수한 배출부과금과 가산금 중 일부를 대통령령으로 정하는	제31조의2(징수비용의 교부) ① 환경부장관은 법 제35조제8항에 따라 다음 각 호의 구분에 따른 금액을 해당 시·도지사에게 징수비용으로 배주어야 한다. 〈개정 2014. 2. 5.〉 1. 시·도지사가 법 제35조에 따라 부과하였거나 법 제35조의3에 따라 조정하여 부과한 부과금 및 가산금 중 실제로 징수한 금액의 비율(이하 "징수비율"이라 한다)이 60퍼센트 미만인 경우 : 징수한 부과금 및 가산금의 100분의 7 2. 징수비율이 60퍼센트 이상 80퍼센트 미만인 경우 : 징수한 부과금 및 가산금의 100분의 10 3. 징수비율이 80퍼센트 이상인 경우 : 징수한 부과금 및 가산금의 100분의 13 ② 환경부장관은 「환경정책기본법」에 따른 환경개선특별회계에 납입된 부과금 및 가산금 중 제1항에 따른 징수비용을 매월 정산하여 그 다음 달까지 해당 시·도지사에게 지급하여야 한다. 〈개정 2014. 2. 5.〉 [제37조에서 이동 〈2013. 1. 31.〉]	

대기환경보전법	대기환경보전법 시행령	대기환경보전법 시행규칙
바에 따라 징수비용으로 내줄 수 있다. 〈개정 2012. 5. 23.〉 ⑨ 시·도지사는 배출부과금이나 가산금을 내야 할 자가 납부기한까지 내지 아니하면 「지방세외수입금의 징수 등에 관한 법률」에 따라 징수한다. 〈개정 2013. 8. 6.〉 [제목개정 2012. 2. 1.] 제35조의2(배출부과금의 감면 등) ① 제35조제1항에도 불구하고 다음 각 호의 어느 하나에 해당하는 자에게는 대통령령으로 정하는 바에 따라 제35조에 따른 배출부과금을 부과하지 아니한다. 1. 대통령령으로 정하는 연료를 사용하는 배출시설을 운영하는 사업자 2. 대통령령으로 정하는 최적(最適)의 방지시설을 설치한 사업자 3. 대통령령으로 정하는 바에 따라 환경부장관이 국방부장관과 협의하여 정하는 군사시설을 운영하는 자 ② 다음 각 호의 어느 하나에 해당하는 자에게는 대통령령으로 정하는 바에 따라 제35조에 따른 배출부과금을 감면할 수 있다. 다만, 제2호에 따른 사업자에 대한 배출부과금의 감면은 해당 별표에 따라 부담한 처리비용의 금액 이내로 한다. 1. 대통령령으로 정하는 배출시설을 운영하는 사업자 2. 다른 법률에 따라 대기오염물질의 처리비용을 부담하는 사업자 [본조신설 2012. 2. 1.]	제32조(부과금의 부과면제 등) ① 법 제35조의2제1항제1호에 따라 다음 각 호의 연료를 사용하여 배출시설을 운영하는 사업자에 대하여는 황산화물에 대한 부과금을 부과하지 아니한다. 다만, 제1호 또는 제2호의 연료와 제1호 또는 제2호 외의 연료를 섞어서 연소시키는 배출시설로서 황산화물 기준을 준수함을 연소시키는 시설에 대하여는 제1호 또는 제2호의 연료를 사용하는 시설에 해당하는 황산화물에 대한 부과금을 부과하지 아니한다. 〈개정 2013. 1. 31.〉 1. 발전시설의 경우에는 황함유량이 0.3퍼센트 이하인 액체연료 및 고체연료, 발전시설 외의 배출시설(설비용량이 100메가와트 미만인 열병합발전시설을 포함한다)의 경우에는 황함유량이 0.5퍼센트 이하인 액체연료 또는 황함유량이 0.45퍼센트 이하인 고체연료를 사용하는 배출시설로서 배출허용기준을 준수할 수 있는 시설. 이 경우 고체연료의 황함유량은 연소기기에 투입되는 여러 고체연료의 황함유량을 평균한 것으로 한다. 2. 공정상 발생되는 부생(附生)가스를 사용하는 배출시설로서 황함유량이 0.05퍼센트 이하인 부생가스를 사용하는 배출	제47조(배출부과금 부과면제절차 등) ① 영 제32조제1항 및 제2항에 따라 배출부과금 부과면제대상 연료를 사용하여 배출시설을 운영하는 사업자가 배출부과금의 부과를 면제받으려는 경우에는 별지 제15호서식의 배출부과금 부과면제대상 연료 사용명세서에 다음 각 호의 서류를 첨부하여 시·도지사에게 제출하여야 한다. 1. 연료구매계약서 사본(같은 사업장에서 발생되는 연료를 직접 사용하려는 경우에는 이를 증명할 수 있는 서류로 갈음한다) 2. 연료사용대상 시설 및 시설용량에 관한 설명서 3. 해당 부과기간의 연료사용량을 확인할 수 있는 서류 사본 ② 영 제32조제3항에 따른 배출부과금 부과면제대상 최적방지시설 설치·운영하는 경우에는 별지 제15호서식의 배출부과금 부과면제대상 최적방지시설 설치명세서에 최적방지시설임을 증명할 수 있는 자료를 첨부하여 시·도지사에게 제출하여야 한다. ③ 영 제32조제5항에 따른 배출부과금 감면대상에 배

대기환경보전법	대기환경보전법 시행령	대기환경보전법 시행규칙
	시설로서 배출허용기준을 준수할 수 있는 시설 3. 제1호 및 제2호의 연료를 섞어서 연소시키는 배출시설로서 배출허용기준을 준수할 수 있는 시설 ② 법 제35조의2제1항제1호에 따라 액화천연가스나 액화석유가스를 연료로 사용하는 배출시설을 운영하는 사업자에 대하여는 먼지와 황산화물에 대한 부과금을 부과하지 아니한다. 〈개정 2013. 1. 31.〉 ③ 법 제35조의2제1항제2호에서 "대통령령으로 정하는 최소의 방지시설"이란 배출허용기준을 준수할 수 있고 설계된 대기오염물질의 제거 효율을 유지할 수 있는 방지시설로서 환경부장관이 관계 중앙행정기관의 장과 협의하여 고시하는 시설을 말한다. 〈개정 2013. 1. 31.〉 ④ 국방부장관은 법 제35조의2제1항제3호에 따라 협의를 하려는 경우에는 부과금을 면제받으려는 군사시설의 용도와 면제 사유 등을 환경부장관에게 제출하여야 한다. 다만, 「군사기지 및 군사시설 보호법」제2조제2호에 따른 군사시설은 그러하지 아니하다. 〈개정 2013. 1. 31.〉 ⑤ 법 제35조의2제2항제1호에서 "대통령령으로 정하는 배출시설"이란 법 제32조제1항에 따른 측정기기부착사업장 중 「중소기업기본법」제2조에 따른 중소기업의 배출시설 및 별표 1의3의 구분에 따른 4종사업장과 5종사업장의 배출시설로서 배출허용기준을 준수하는 시설을 말한다. 〈개정 2016. 3. 29.〉 ⑥ 법 제35조의2에 따른 부과금의 면제 또는 감면의 절차 등에 필요한 사항은 환경부령으로 정한다.	출시설을 운영하는 사업자에게 이러는 배출부과금 중 영 제23조제1항에 따른 기본부과금을 면제한다. 〈개정 2013. 2. 1.〉 ④ 삭제 〈2010. 1. 6.〉 ⑤ 도지사는 제1항과 제2항에 따른 신고를 받은 경우에는 이를 확인하고, 배출부과금 면제여부 및 면제기간을 알려야 한다.

대기환경보전법	대기환경보전법 시행령	대기환경보전법 시행규칙
제35조의3(배출부과금의 조정 등) ① 시·도지사는 배출부과금 부과 후 오염물질 등의 배출상태가 처음에 측정한 결과와 달라졌다고 인정하여 다시 측정한 결과 오염물질 등의 배출량이 처음에 측정한 배출량과 다른 경우 등 대통령령으로 정하는 사유가 발생한 경우에는 이를 다시 산정·조정하여 그 차액을 부과하거나 환급하여야 한다. 〈개정 2012. 5. 23.〉 ② 제1항에 따른 산정·조정 방법 및 환급 절차 등 필요한 사항은 대통령령으로 정한다. [본조신설 2012. 2. 1.]	〈개정 2013. 1. 31.〉 **제34조(부과금의 조정)** ① 법 제35조의3제1항에서 "대통령령으로 정하는 사유"란 다음 각 호의 어느 하나에 해당하는 경우를 말한다. 〈개정 2013. 1. 31.〉 1. 제25조제1항에 따른 개선기간 만료일 또는 명령 이행 완료예정일까지 개선명령, 조업정지명령, 사용중지명령 또는 폐쇄명령을 이행하였거나 이행하지 아니하여 조과부과금 산정의 기초가 되는 오염물질 또는 배출물질의 배출기간이 달라진 경우 2. 조과부과금의 부과 후 오염물질 등의 배출상태가 처음에 측정할 때와 달라졌다고 인정하여 다시 측정한 결과, 오염물질 또는 배출물질의 배출량이 처음에 측정한 배출량과 다른 경우 3. 사업자가 과실로 확정배출량을 잘못 산정하여 제출하였거나 제30조에 따라 조정한 확정배출량이 잘못 조정된 경우 ② 제1항제1호에 따라 조과부과금을 조정하는 경우에는 환경부령으로 정하는 개선완료일이나 제22조제1항에 따른 명령 이행의 보고일을 오염물질 또는 배출물질의 배출기간으로 하여 조과부과금을 산정한다. ③ 제1항부터 제2호에 따라 조과부과금을 조정하는 경우에는 재조정일 이후의 기간에 다시 측정한 배출량만을 기초로 조과부과금을 산정한다. ④ 제1항부터제3호이 사유에 따른 조과부과금의 조정부과나 환급은 해당 배출시설 또는 방지시설에 대한 개선완료명령, 조업정지명령, 사용중지명령 또는 폐	**제49조(개선완료일)** 영 제34조제2항에서 "환경부령으로 정하는 개선완료일"이란 제39조제2항에 따른 개선완료 보고서를 제출한 날을 말한다.

대기환경보전법	대기환경보전법 시행령	대기환경보전법 시행규칙
	배출료명령의 이행 여부를 확인한 날부터 30일 이내에 하여야 한다. 〈개정 2013. 1. 31.〉	
	⑤ 제1항제3호에 따라 기본부과금을 조정하는 경우에는 법 제23조제1항부터 제3항까지의 규정에 따라 배출시설의 설치허가, 변경허가, 설치신고 또는 변경신고를 할 때에 제출한 자료, 법 제31조제2항에 따른 배출시설 및 방지시설의 운영기록부, 법 제39조제1항에 따른 자가측정기록부 및 법 제82조에 따른 검사의 결과 등을 기초로 하여 기본부과금을 산정한다. 〈개정 2015. 12. 10.〉	
	⑥ 시·도지사는 법 제35조의3제1항에 따라 차액을 부과 또는 환급할 때에는 금액, 일시, 장소, 그 밖에 필요한 사항을 적은 서면으로 알려야 한다. 〈개정 2013. 1. 31.〉	
제35조의4(배출부과금의 징수유예·분할납부 및 징수절차) ① 시·도지사는 배출부과금의 납부의무자가 다음 각 호의 어느 하나에 해당하는 사유로 납부기한 전에 배출부과금을 납부할 수 없다고 인정하면 징수를 유예하거나 그 금액을 분할하여 납부하게 할 수 있다. 〈개정 2012. 5. 23.〉 1. 천재지변이나 그 밖의 재해로 재산에 중대한 손실이 발생한 경우 2. 사업에 손실을 입어 경영상으로 심각한 위기에 처하게 된 경우 3. 그 밖에 제1호 또는 제2호에 준하는 사유로 징수유예나 분할납부가 불가피하다고 인정되는 경우 ② 배출부과금의 납부의무자의 자본금 또는 출자총	**제36조(부과금의 징수유예·분할납부 및 징수절차)** ① 법 제35조의4제1항 또는 제2항에 따라 부과금의 징수유예를 받거나 분할납부를 하려는 자는 부과금 징수유예신청서나 부과금 분할납부신청서를 시·도지사에게 제출하여야 한다. ② 법 제35조의4제1항에 따른 징수유예는 다음 각 호의 구분에 따른 징수유예기간과 그 기간 중의 분할납부의 횟수에 따른다. 1. 기본부과금: 유예한 날의 다음 날부터 다음 부과기간의 개시일 전일까지, 4회 이내 2. 초과부과금: 유예한 날의 다음 날부터 2년 이내, 12회 이내 ③ 법 제35조의4제2항에 따른 징수유예기간의 연장	

대기환경보전법	대기환경보전법 시행령	대기환경보전법 시행규칙
액(개인사업자인 경우에는 자산총액을 말한다)을 2배 이상 초과하는 경우로서 제3항 각 호에 따른 사유로 징수유예기간 내에도 징수할 수 없다고 인정되면 징수유예기간을 연장하거나 분할납부의 횟수를 늘려 배출부과금을 내도록 할 수 있다. ③ 시·도지사가 제1항 또는 제2항에 따른 징수유예를 하는 경우에는 유예금액에 상당하는 담보를 제공하도록 요구할 수 있다. 〈개정 2012. 5. 23.〉 ④ 시·도지사는 징수를 유예받은 납부의무자가 다음 각 호의 어느 하나에 해당하면 징수유예를 취소하고 징수유예에 따른 배출부과금을 징수할 수 있다. 〈개정 2012. 5. 23.〉 1. 징수유예된 부과금을 납부기한까지 내지 아니한 경우 2. 담보의 변경이나 그 밖에 담보의 보전(保全)에 필요한 시·도지사의 명령에 따르지 아니한 경우 3. 재산상황이나 그 밖의 사정의 변화로 징수유예가 필요없다고 인정되는 경우 ⑤ 제1항에 따른 배출부과금의 징수유예기간 또는 분할납부 방법, 제2항에 따른 징수유예기간 연장 등 필요한 사항은 대통령령으로 정한다. [본조신설 2012. 2. 1.] 제36조(허가의 취소 등) 시·도지사는 사업자가 다음 각 호의 어느 하나에 해당하는 경우에는 배출시설의 설치허가 또는 변경허가를 취소하거나 배출시설의 폐쇄를 명하거나 6개월 이내의 기간을 정하여 배출시설 조업정지를 명할 수 있다. 다만, 제1호, 제2	은 유예한 날의 다음 날부터 3년 이내로 하며, 분할납부의 횟수는 18회 이내로 한다. ④ 부과금의 분할납부 기한 및 금액과 그 밖에 부과금의 부과·징수에 필요한 사항은 시·도지사가 정한다. [전문개정 2013. 1. 31.]	

대기환경보전법	대기환경보전법 시행령	대기환경보전법 시행규칙
호·제10호·제11호 또는 제18호부터 제20호까지의 어느 하나에 해당하면 배출시설의 설치허가 또는 변경허가를 취소하거나 폐쇄를 명하여야 한다. 〈개정 2012. 5. 23.〉 1. 거짓이나 그 밖의 부정한 방법으로 허가·변경허가를 받은 경우 2. 거짓이나 그 밖의 부정한 방법으로 신고·변경신고를 한 경우 3. 제23조제2항 또는 제3항에 따른 변경허가를 받지 아니하거나 변경신고를 하지 아니한 경우 4. 제26조제1항 본문이나 제2항에 따른 방지시설을 설치하지 아니하고 배출시설을 설치·운영한 경우 5. 제30조제1항에 따른 가동개시 신고를 하지 아니하고 조업을 한 경우 6. 제31조제1항 각 호의 어느 하나에 해당하는 행위를 한 경우 7. 제31조제2항에 따른 배출시설 및 방지시설의 운영에 관한 상황을 거짓으로 기록하거나 기록을 보존하지 아니한 경우 8. 제32조제1항을 위반하여 측정기기를 부착하는 등 배출시설 및 방지시설의 적합한 운영에 필요한 조치를 하지 아니한 경우 9. 제32조제3항 각 호의 어느 하나에 해당하는 행위를 한 경우 10. 제32조제6항에 따른 조업정지명령을 이행하지 아니한 경우 11. 제34조에 따른 조업정지명령을 이행하지 아니		

대기환경보전법	대기환경보전법 시행령	대기환경보전법 시행규칙
한 경우 12. 제39조제1항을 위반하여 자가측정을 하지 아니하거나 측정방법을 위반하여 측정한 경우 13. 제39조제1항을 위반하여 자가측정결과를 거짓으로 기록하거나 기록을 보존하지 아니한 경우 14. 제40조제1항에 따라 환경기술인을 임명하지 아니하거나 자격기준에 못 미치는 환경기술인을 임명한 경우 15. 제40조제3항에 따른 감독을 하지 아니한 경우 16. 제41조제4항에 따른 연료의 공급·판매 또는 사용금지·제한이나 조치명령을 이행하지 아니한 경우 17. 제42조에 따른 연료의 제조·공급·판매 또는 사용금지·제한이나 조치명령을 이행하지 아니한 경우 18. 조업정지 기간 중에 조업을 한 경우 19. 제23조제1항에 따른 허가를 받거나 신고를 한 후 특별한 사유 없이 5년 이내에 배출시설 또는 방지시설을 설치하지 아니하거나 배출시설의 멸실 또는 폐업이 확인된 경우 20. 배출시설 설치·운영하던 사업자가 사업을 하지 아니하기 위하여 해당 시설을 철거한 경우 **제37조(과징금 처분)** ① 시·도지사는 다음 각 호의 어느 하나에 해당하는 배출시설을 설치·운영하는 사업자에 대하여 제36조에 따라 조업정지를 명하여야 하는 경우로서 그 조업정지가 주민의 생활, 대외적인 신용·고용·물가 등 국민경제, 그 밖에 공익	**제38조(과징금 부과대상)** 법 제37조제1항 각 호 외의 부분에서 "대통령령으로 정하는 경우"란 다음 각 호의 어느 하나에 해당하는 경우를 말한다. 1. 외국에 수출할 목적으로 신용장을 개설하고 제품을 생산하는 경우	

대기환경보전법	대기환경보전법 시행령	대기환경보전법 시행규칙
에 현저한 지장을 우려가 있다고 인정되는 경우 등 그 밖에 대통령령으로 정하는 경우에는 조업정지처분을 갈음하여 2억원 이하의 과징금을 부과할 수 있다. 〈개정 2012. 5. 23.〉 1. 「의료법」에 따른 의료기관의 배출시설 2. 사회복지시설 및 공동주택의 냉난방시설 3. 발전소의 발전 설비 4. 「집단에너지사업법」에 따른 집단에너지시설 5. 「초·중등교육법」 및 「고등교육법」에 따른 학교의 배출시설 6. 제조업의 배출시설 7. 그 밖에 대통령령으로 정하는 배출시설 ② 제1항에도 불구하고 다음 각 호의 어느 하나에 해당하는 경우에는 조업정지처분을 갈음하여 과징금을 부과할 수 없다. 〈신설 2012. 2. 1.〉 1. 제26조에 따라 방지시설(제29조에 따른 공동 방지시설을 포함한다)을 설치하여야 하는 자가 방지시설을 설치하지 아니하고 배출시설을 가동한 경우 2. 제31조제1항 각 호의 금지행위를 한 경우로서 30일 이상의 조업정지처분을 받아야 하는 경우 3. 제33조에 따른 개선명령을 이행하지 아니한 경우 ③ 제1항에 따른 과징금을 부과하는 위반행위의 종류·정도 등에 따른 과징금의 금액과 그 밖에 필요한 사항은 환경부령으로 정한다. 〈개정 2012. 2. 1.〉 ④ 시·도지사는 제1항에 따른 과징금을 내야 할 자가 납부기한까지 내지 아니하면 「지방세외수입금	2. 조업의 중지에 따라 배출시설에 투입된 원료·부원료 또는 제품 등이 화학반응을 일으키는 등의 사유로 폭발이나 화재사고가 발생될 우려가 있는 경우 3. 원료를 용융(鎔融)하거나 용해하여 제품을 생산하는 경우	제51조(과징금의 부과 등) 법 제37조제3항에 따른 과징금의 부과기준은 다음 각 호와 같다. 〈개정 2017. 12. 28.〉 1. 과징금은 제134조제1항의 행정처분기준에 따라 조업정지일수에 1일당 부과금액과 사업장 규모별 부과계수를 곱하여 산정할 것 2. 제1호에 따른 1일당 부과금액은 300만원으로 하고, 사업장 규모별 부과계수는 별표 1의2에 따른 1종사업장에 대하여는 2.0, 2종사업장에 대하여는 1.5, 3종사업장에 대하여는 1.0, 4종사업장에 대하여는 0.7, 5종사업장에 대하여는 0.4로 할 것 [전문개정 2013. 2. 1.]

대기환경보전법	대기환경보전법 시행령	대기환경보전법 시행규칙
의 징수 등에 관한 별률」에 따라 징수한다. 〈개정 2013. 8. 6.〉 ⑤ 제1항에 따라 징수한 과징금은 환경개선특별회계의 세입으로 한다. 〈개정 2012. 2. 1.〉 ⑥ 제1항에 따라 시·도지사가 과징금을 징수한 경우 그 징수비용의 교부에 관하여는 제35조제8항을 준용한다. 〈개정 2012. 5. 23.〉		
제38조(위법시설에 대한 폐쇄조치 등) 시·도지사는 제23조제1항부터 제3항까지의 규정에 따른 허가를 받지 아니하거나 신고를 하지 아니하고 배출시설을 설치하거나 사용하는 자에게는 그 배출시설의 사용중지를 명하여야 한다. 다만, 그 배출시설을 개선하거나 방지시설을 설치·개선하더라도 그 배출시설에서 배출되는 오염물질의 정도가 제16조에 따른 배출허용기준 이하로 내려갈 가능성이 없다고 인정되는 경우 또는 그 설치장소가 다른 법률에 따라 그 배출시설의 설치가 금지된 경우에는 그 배출시설의 폐쇄를 명하여야 한다. 〈개정 2012. 5. 23.〉	제38조의2(비산배출의 저감대상 업종) 법 제38조의2 제1항에서 "대통령령으로 정하는 업종"이란 별표 9의2에 따른 업종을 말한다. [전문개정 2015. 7. 20.]	
제38조의2(비산배출시설의 설치신고 등) ① 대통령령으로 정하는 업종에서 금속 등 환경부령으로 정하는 배출구 없이 대기 중에 대기오염물질을 직접 배출(이하 "비산배출"이라 한다)하는 공정 및 설비 등의 시설(이하 "비산배출시설"이라 한다)을 설치·운영하려는 자는 환경부령으로 정하는 바에 따라 환경부장관에게 신고하여야 한다. 〈개정 2016. 1. 27.〉		제51조의2(비산배출시설의 설치·운영신고 및 변경신고 등) ① 법 제38조의2제1항에 따라 비산배출하는 배출시설(이하 "비산배출시설"이라 한다)을 설치·

대기환경보전법	대기환경보전법 시행령	대기환경보전법 시행규칙
② 제1항에 따른 신고를 한 자는 신고한 사항 중 환경부령으로 정하는 사항을 변경하는 경우 변경신고를 하여야 한다. ③ 제1항에 따른 신고 또는 제2항에 따른 변경신고를 한 자는 환경부령으로 정하는 시설관리기준을 지켜야 한다. 〈개정 2016. 1. 27.〉 ④ 제1항에 따른 신고 또는 제2항에 따른 변경신고를 한 자는 제3항에 따른 시설관리기준의 준수 여부 확인을 위하여 국립환경과학원 또는 「한국환경공단법」에 따른 한국환경공단 등으로부터 정기점검을 받아야 한다. 〈개정 2016. 1. 27.〉 ⑤ 제4항에 따른 정기점검의 내용·주기·방법 및 실시기관 등은 환경부령으로 정한다. ⑥ 환경부장관은 제3항에 따른 시설관리기준을 위반하는 자에게 비산배출되는 대기오염물질을 줄이기 위한 시설의 개선 등 필요한 조치를 명할 수 있다. ⑦ 환경부장관은 제1항에 따른 신고 또는 제2항에 따른 변경신고를 한 자 중 「중소기업기본법」 제2조제1항에 따른 중소기업에 해당하는 자에 대하여 예산의 범위에서 제4항에 따른 정기점검에 필요한 비용의 전부 또는 일부를 지원할 수 있다. 〈개정 2016. 1. 27.〉 [전문개정 2015. 1. 20.] [제목개정 2016. 1. 27.]		운영하려는 자는 별지 제20호의2서식의 비산배출시설 설치·운영 신고서에 다음 각 호의 서류를 첨부하여 유역환경청장, 지방환경청장 또는 수도권대기환경청장에게 제출하여야 한다. 〈개정 2017. 1. 26.〉 1. 제품생산 공정도 및 비산배출시설 설치명세서 2. 비산배출시설별 관리대상물질 명세서 3. 비산배출시설 관리계획서 4. 별표 10의2 제1호가목3)에 따른 시설관리기준 적용 제외 시설의 목록 ② 제1항에 따른 신고를 받은 유역환경청장, 지방환경청장 또는 수도권대기환경청장은 별지 제20조의3서식의 비산배출시설 설치·운영 신고증명서를 신고인에게 발급하여야 한다. 〈개정 2017. 1. 26.〉 ③ 법 제38조의2제2항에서 "환경부령으로 정하는 사항"이란 다음 각 호의 경우를 말한다. 〈개정 2017. 1. 26.〉 1. 사업장의 명칭 또는 대표자를 변경하는 경우 2. 설치·운영 신고를 한 비산배출시설의 설치 규모(별표 10의2 제3호에 따른 배출시설별 분류가 동일한 비산배출시설의 시설 용량의 합계 또는 시설 개수의 누계를 말한다)를 10퍼센트 이상 변경하는 경우 3. 비산배출시설 관리계획을 변경하는 경우 4. 오기(誤記), 누락 또는 그 밖에 이에 준하는 사유로서 그 변경 사유가 분명한 경우 5. 비산배출시설을 임대하는 경우 ④ 법 제38조의2제2항에 따른 변경신고를 하려는

대기환경보전법	대기환경보전법 시행령	대기환경보전법 시행규칙

대기환경보전법 시행규칙

자는 신고 사유가 제3항제1호 또는 제5호에 해당하는 경우에는 그 사유가 발생한 날부터 30일 이내에, 같은 항 제2호 또는 제3호에 해당하는 경우에는 변경 전에, 같은 항 제4호에 해당하는 경우에는 별표 10의2 제1호다목1)에 따라 최초 점검보고서를 제출하기 전까지 별지 제20조의4서식의 비산배출시설 설치·운영 변경신고서에 변경내용을 증명하는 서류와 비산배출시설 설치·운영 중명서를 첨부하여 유역환경청장, 지방환경청장 또는 수도권대기환경청장에게 제출하여야 한다. 〈개정 2017. 1. 26.〉

⑤ 유역환경청장, 지방환경청장 또는 수도권대기환경청장은 제4항에 따른 변경신고를 받은 경우에는 비산배출시설 설치·운영 신고증명서에 변경신고사항을 적어 신고인에게 발급하여야 한다. 〈개정 2017. 1. 26.〉

[본조신설 2015. 7. 21.]

[종전 제51조의2는 제51조의3으로 이동 〈2015. 7. 21.〉]

제51조의3(비산배출저감을 위한 시설관리기준)

① 법 제38조의2제1항에서 "환경부령으로 정하는 배출구"란 영 제17조제1항제2호의 굴뚝 자동측정기기를 부착한 굴뚝을 말한다. 〈개정 2015. 7. 21.〉

② 법 제38조의2제3항에 따른 시설관리기준은 별표 10의2와 같다. 〈개정 2015. 7. 21.〉

③ 법 제38조의2제5항에 따른 정기점검의 내용, 주기 및 방법은 별표 10의3과 같다. 〈개정 2015. 7. 21.〉

④ 정기점검에 드는 비용은 정기점검 대상 사업장

대기환경보전법	대기환경보전법 시행령	대기환경보전법 시행규칙
		이 종류·규모 등을 고려하여 환경부장관이 정하여 고시한다. <개정 2015. 7. 21.> ⑤ 법 제38조의2제1항 또는 제2항에 따른 신고 또는 변경신고를 한 자는 같은 조 제4항에 따른 정기점검 결과에 따라 개선조치가 필요하다고 인정되는 경우에는 개선계획을 수립하여 유역환경청장, 지방환경청장 또는 수도권대기환경청장에게 제출하고 해당 시설을 개선하여야 한다. <개정 2017. 1. 26.> [본조신설 2013. 5. 24.] [제51조의2에서 이동 <2015. 7. 21.>]
제39조(자가측정) ① 사업자가 그 배출시설을 운영할 때에는 나오는 오염물질을 자가측정하거나 「환경분야 시험·검사 등에 관한 법률」 제16조에 따른 측정대행업자에게 측정하게 하여 그 결과를 시·도지사, 환경부령으로 정하는 바에 따라 보존하여야 한다. ② 측정의 대상, 항목, 방법, 그 밖의 측정에 필요한 사항은 환경부령으로 정한다.		제52조(자가측정의 대상 및 방법 등) ① 법 제39조제1항에 따라 사업자가 기록하고 보존하여야 하는 자가측정에 관한 기록은 영 별표 1의3에 따른 배출시설 1종·2종·3종사업장의 경우에는 제36조제1항에 따른 전산에 의한 방법에 따르고, 4종·5종사업장의 경우에는 별지 제7호서식 또는 제36조제2항 단서에 따른 전산에 의한 방법에 따른다. <개정 2017. 12. 28.> ② 제1항에 따른 자가측정 시 사용한 여과지 및 시료채취기록지의 보존기간은 「환경분야 시험·검사 등에 관한 법률」 제6조제1항제1호에 따른 환경오염 공정시험기준에 따라 측정한 날부터 6개월로 한다. <개정 2011. 8. 19.> ③ 법 제39조제2항에 따른 자가측정의 대상·항목 및 방법은 별표 11과 같다.
제40조(환경기술인) ① 사업자는 배출시설과 방지시설의 정상적인 운영·관리를 위하여 환경기술인을 임명	제39조(환경기술인을 두어야 할 사업장의 자격기준 및 임명기간) ① 법 제40조제1항에 따라 사업자가 환경기술인을 임명	

대기환경보전법	대기환경보전법 시행령	대기환경보전법 시행규칙
임명하여야 한다. 〈개정 2012. 2. 1.〉 ② 환경기술인은 그 배출시설과 방지시설에 종사하는 자가 이 법 또는 이 법에 따른 명령을 위반하지 아니하도록 지도·감독하고, 배출시설 및 방지시설이 정상적으로 운영되도록 관리하는 등 환경부령으로 정하는 준수사항을 지켜야 한다. ③ 사업자는 환경기술인이 제2항에 따른 준수사항을 철저히 지키도록 감독하여야 한다. ④ 사업자 및 배출시설과 방지시설에 종사하는 자는 배출시설과 방지시설의 정상적인 운영·관리를 위한 환경기술인의 업무를 방해하여서는 아니 되며, 그로부터 업무수행에 필요한 요청을 받은 경우 정당한 사유가 없으면 이에 응하여야 한다. ⑤ 제1항에 따라 환경기술인을 두어야 할 사업장의 범위, 환경기술인의 자격기준, 임명(바꾸어 임명하는 것을 포함한다) 기간은 대통령령으로 정한다.	임명하여야 한다. 하려는 경우에는 다음 각 호의 구분에 따른 기간에 임명하여야 한다. 〈개정 2013. 1. 31.〉 1. 최초로 배출시설을 설치한 경우에는 가동개시 신고를 할 때 2. 환경기술인을 바꾸어 임명하는 경우에는 그 사유가 발생한 날부터 5일 이내. 다만, 환경기사 1급 또는 2급 이상의 자격이 있는 자를 임명하여야 하는 사업장으로서 5일 이내에 채용할 수 없는 부득이한 사정이 있는 경우에는 30일의 범위에서 별표 10에 따른 4종·5종사업장의 기준에 준하여 환경기술인을 임명할 수 있다. ② 법 제40조제1항에 따라 사업장별로 두어야 하는 환경기술인의 자격기준은 별표 10과 같다.	제54조(환경기술인의 준수사항 및 관리사항) ① 법 제40조제2항에 따른 환경기술인의 준수사항은 다음 각 호와 같다. 〈개정 2012. 6. 15.〉 1. 배출시설 및 방지시설을 정상가동하여 대기오염물질 등의 배출이 배출허용기준에 맞도록 할 것 2. 제36조에 따른 배출시설 및 방지시설의 운영기록을 사실에 기초하여 작성할 것 3. 자가측정은 정확히 할 것(법 제39조에 따라 자가측정을 대행하는 경우에도 포함한다) 4. 자가측정한 결과를 사실대로 기록할 것(법 제39조에 따라 자가측정을 대행하는 경우에도 포함한다) 5. 자가측정 시에 사용한 여과지는 「환경분야 시험·검사 등에 관한 법률」 제6조제1항제1호에

대기환경보전법	대기환경보전법 시행령	대기환경보전법 시행규칙
		따른 환경오염공정시험기준에 따라 기록한 시료 채취기록지와 함께 날짜별로 보관·관리할 것 (법 제39조에 따라 자가측정을 대행한 경우에도 포함한다)
		6. 환경기술인은 사업장에 상근할 것. 다만, 「기업활동 규제완화에 관한 특별조치법」 제37조에 따라 환경기술인을 공동으로 임명한 경우 그 환경기술인은 해당 사업장에 번갈아 근무하여야 한다.
		② 법 제40조제3항에 따른 환경기술인의 관리사항은 다음 각 호와 같다.
		1. 배출시설 및 방지시설의 관리 및 개선에 관한 사항
		2. 배출시설 및 방지시설의 운영에 관한 기록부의 기록·보존에 관한 사항
		3. 자가측정 및 자가측정한 결과의 기록·보존에 관한 사항
		4. 그 밖에 환경오염 방지를 위하여 시·도지사가 지시하는 사항

제3장 생활환경상의 대기오염물질 배출 규제

대기환경보전법	대기환경보전법 시행령	대기환경보전법 시행규칙
제41조(연료용 유류 및 그 밖의 연료의 황함유기준) ① 환경부장관은 연료용 유류 및 그 밖의 연료에 대하여 관계 중앙행정기관의 장과 협의하여 그 종류별로 항의 황함유 허용기준(이하 "황함유기준"이라 한다)을 정할 수 있다. ② 환경부장관은 제1항에 따라 황함유기준이 정하여진 연료는 대통령령으로 정하는 바에 따라 그 공급지역과 사용시설의 범위를 정하고 관계 중앙행정	제40조(저황유의 사용) ① 법 제41조제1항에 따른 황함유기준(이하 "황함유기준"이라 한다)이 정하여진 연료용 유류(이하 "저황유"라 한다)의 공급지역과 사용시설의 범위 등에 관한 기준은 별표 10의2와 같다. <개정 2008. 12. 31.> ② 법 제41조제4항에 따라 시·도지사는 별표 10의2에 따른 기준에 부적합한 유류를 공급하거나 판매하는 자에게는 유류의 공급금지 또는 판매금지와 그	

대기환경보전법	대기환경보전법 시행령	대기환경보전법 시행규칙
기관의 장에게 지역별 또는 사용시설별로 필요한 연료의 공급을 요청할 수 있다. ③ 제2항에 따른 공급지역 또는 사용시설에 연료를 공급·판매하거나 같은 지역 또는 시설에서 연료를 사용하려는 자는 황함유기준을 초과하는 연료를 공급·판매하거나 사용하여서는 아니 된다. 다만, 황함유기준을 초과하는 연료를 사용하는 배출시설에 환경부령으로 정하는 바에 따라 제23조에 따른 배출시설 설치의 허가 또는 변경허가를 받거나 신고 또는 변경신고를 한 경우에는 황함유기준을 초과하는 연료를 사용하거나 판매할 수 있다. ④ 시·도지사는 제2항에 따른 공급지역이나 사용시설에 황함유기준을 초과하는 연료를 공급·판매·사용하거나 사용하는 자(제3항 단서에 해당하는 경우는 제외한다)에 대하여 대통령령으로 정하는 바에 따라 그 연료의 공급·판매 또는 사용을 금지 또는 제한하거나 필요한 조치를 명할 수 있다. 〈개정 2012. 5. 23.〉	유류의 황수처리를 명하여야 하며, 유류를 사용하는 자에게는 사용금지를 명하여야 한다. 〈개정 2013. 1. 31.〉 ③ 제2항에 따라 해당 유류의 황수처리명령 또는 사용금지명령을 받은 자는 명령을 받은 날부터 5일 이내에 다음 각 호의 사항을 구체적으로 밝힌 이행완료 보고서를 시·도지사에게 제출하여야 한다. 〈개정 2013. 1. 31.〉 1. 해당 유류의 공급기간 또는 사용기간과 공급량 또는 사용량 2. 해당 유류의 황수처리량, 황수처리방법 및 황수처리기간 3. 저황유의 공급 또는 사용을 증명할 수 있는 자료 등에 관한 사항 ④ 삭제 〈2013. 1. 31.〉	제55조(저황유 외 연료사용 시 제출서류) 법 제41조 제3항 단서에 해당하는 경우에 법 제23조제4항에 따라 시·도지사에게 제출하여야 하는 서류는 다음 각 호와 같다. 다만, 배출시설이 설치되거나, 변경하여 설치신고 또는 변경신고 시 제출하여야 하는 서류와 동일한 서류는 제외한다. 1. 사용연료량 및 성분분석서 2. 연료사용시설 및 방지시설의 설치명세서 3. 저황유 외의 연료를 사용할 때의 황산화물 배출농도 및 배출량 등을 예측한 명세서
제42조(연료의 제조와 사용 등의 규제) 환경부장관 또는 시·도지사는 연료의 사용으로 인한 대기오염	제42조(고체연료의 사용금지 등) ① 환경부장관 또는 시·도지사는 법 제42조에 따라 연료의 사용으로 인	제56조(고체연료 사용승인) ① 고체연료 사용의 승인을 받으려는 자는 영 제42조제3항에 따라 별지 제22

대기환경보전법	대기환경보전법 시행령	대기환경보전법 시행규칙
을 방지하기 위하여 특히 필요하다고 인정하면 관계중앙행정기관의 장과 협의하여 대통령령으로 정하는 바에 따라 그 연료를 제조·판매하거나 사용하는 것을 금지 또는 제한하거나 필요한 조치를 명할 수 있다. 다만, 대통령령으로 정하는 바에 따라 환경부장관 또는 시·도지사의 승인을 받아 그 연료를 사용하는 자에 대하여는 그러하지 아니하다.	한 대기오염을 방지하기 위하여 별표 11의2에 해당하는 지역에 대하여 다음 각 호의 고체연료의 사용을 제한할 수 있다. 다만, 제3조의 경우에는 해당 지역 중 그 사용을 특히 금지할 필요가 있는 경우에만 제한할 수 있다. <개정 2019. 7. 2.> 1. 석탄류 2. 코크스(다공질 고체 탄소 연료) 3. 땔나무와 숯 4. 그 밖에 환경부장관이 정하는 폐합성수지 등 가연성 폐기물 또는 이를 가공처리한 연료 ② 환경부장관 또는 시·도지사는 제1항에 따른 지역에 있는 사업자에게 고체연료의 사용금지를 명하여야 한다. 다만, 다음 각 호의 어느 하나에 해당하는 시설을 갖춘 사업자의 경우에는 그러하지 아니하다. 1. 제조공정상 연료 용해과정에서 광물성 고체연료 가사용되어야 하는 주물공장·제철공장 등의 용해로 등의 시설 2. 연소과정에서 발생하는 오염물질이 제품 제조공정 중에 흡수·중화 등의 방법으로 제거되어 오염물질이 현저하게 감소되는 시멘트·석회석 등의 소성로(燒成爐) 등의 시설 3. 「폐기물관리법」 제2조에 따른 폐기물처리시설 (폐기물을 에너지를 이용하는 시설을 포함한다) 4. 제1항에 따른 고체연료를 사용하더라도 해당 시설에서 배출되는 오염물질이 배출허용기준 이하로 배출되는 시설로서 환경부장관 또는 시·도지사가 인정하는 시설	호서식의 고체연료사용승인신청서에 다음 각 호의 서류를 첨부하여 시·도지사에게 제출(「정보통신망 이용촉진 및 정보보호 등에 관한 법률」 제2조제1항제1호에 따른 정보통신망을 이용한 제출을 포함한다)하여야 한다. <개정 2014. 2. 6.> 1. 굴뚝 자동측정기기 설치계획서 2. 별표 12에 따른 고체연료 사용시설의 설치기준에 맞는 시설 설치계획서 3. 해당 시설에서 배출되는 대기오염물질이 배출허용기준 이하로 배출된다는 것을 증명할 수 있는 객관적인 문헌이나 시험분석자료 ② 법 제42조 단서에 해당하는 경우에 별 제23조제4항에 따라 제출하는 서류는 제1항과 각 호와 같다. 다만, 배출시설의 설치허가, 변경허가, 설치신고 또는 변경신고 시 제출하여야 하는 서류와 동일한 서류는 제외한다. ③ 시·도지사는 법 제42조 단서에 따른 승인을 한 경우에는 별지 제23호서식의 고체연료 사용승인서를 신청인에게 발급하여야 한다.

대기환경보전법	대기환경보전법 시행령	대기환경보전법 시행규칙
	③ 제2항·제4호에 따른 시설의 소유자 또는 점유자가 고체연료를 사용하려면 환경부령으로 정하는 바에 따라 고체연료 고체연료 사용승인신청서를 환경부장관 또는 시·도지사에게 제출하여야 한다.	
	제43조(청정연료의 사용) ① 법 제42조에 따라 환경부장관 또는 시·도지사는 제40조 및 제42조에 따른 연료사용에 관한 제한조치에도 불구하고 별표 11의3에 따른 지역 또는 시설에 대하여는 오염물질이 거의 배출되지 아니하는 액화천연가스 및 액화석유가스 등 고체연료(이하 "청정연료"라 한다) 외의 연료에 대한 사용금지를 명할 수 있다. 〈개정 2008. 12. 31.〉 ② 환경부장관 또는 시·도지사는 「석유 및 석유대체연료 사업법」에 따른 석유정제업자 또는 석유판매업자에게 청정연료의 사용대상 시설에 대한 연료용으로의 공급 또는 판매의 금지를 명하여야 한다. ③ 환경부장관은 연료사용량이 지나치게 많거나 청정연료의 수요 및 공급에 미치는 영향이 크거나 크다고 인정되는 발전소, 집단에너지 공급시설 및 일정 규모 이하의 열 공급시설 등에 대하여는 별표 11의3에 따라 청정연료 외의 연료를 사용하게 할 수 있다. 〈개정 2008. 12. 31.〉	
제43조(비산먼지의 규제) ① 비산배출되는 먼지(이하 "비산먼지"라 한다)를 발생시키는 사업으로서 대통령령으로 정하는 사업을 하려는 자는 환경부령으로 정하는 바에 따라 특별자치시장·특별자치도지사	제44조(비산먼지 발생사업) 법 제43조제1항 전단에서 "대통령령으로 정하는 사업"이란 다음 각 호의 사업을 환경부령으로 정하는 사업을 말한다. 〈개정 2015. 7. 20.〉	제57조(비산먼지 발생사업) 영 제44조에서 "환경부령으로 정하는 사업"이란 별표 13의 사업을 말한다.

대기환경보전법	대기환경보전법 시행령	대기환경보전법 시행규칙
사·시장·군수·구청장에게 신고하고 비산먼지의 발생을 억제하기 위한 시설을 설치하거나 필요한 조치를 하여야 한다. 이를 변경하려는 때에도 또한 같다. 〈개정 2013. 7. 16.〉 ② 특별자치시장·특별자치도지사·시장·군수·구청장은 제1항에 따른 비산먼지의 발생을 억제하기 위한 시설의 설치 또는 필요한 조치를 하지 아니하거나 그 시설이나 조치가 적합하지 아니하다고 인정하는 경우에는 그 사업을 하는 자에게 필요한 시설의 설치나 조치의 이행 또는 개선을 명할 수 있다. 〈개정 2013. 7. 16.〉 ③ 특별자치시장·특별자치도지사·시장·군수·구청장은 제2항에 따른 명령을 이행하지 아니하는 자에게는 그 사업을 중지시키거나 시설 등의 사용 중지 또는 제한하도록 명할 수 있다. 〈개정 2013. 7. 16.〉 [제목개정 2012. 5. 23.]	1. 시멘트·석회·플라스터 및 시멘트 관련 제품의 제조업 및 가공업 2. 비금속물질의 채취업, 제조업 및 가공업 3. 제1차 금속 제조업 4. 비료 및 사료제품의 제조업 5. 건설업(지반 조성공사, 건축물 축조 및 토목공사, 조경공사로 한정한다) 6. 시멘트·석탄·토사·사료·곡물 및 고철의 운송업 7. 운송장비 제조업 8. 저탄시설(貯炭施設)의 설치가 필요한 사업 9. 고철·곡물·사료·목재 및 광석의 하역업 또는 보관업 10. 금속제품의 제조업 및 가공업 11. 폐기물 매립시설 설치·운영 사업	제58조(비산먼지 발생사업의 신고 등) ① 법 제43조제1항에 따라 비산먼지 발생사업(시멘트·석탄·토사·사료·곡물·고철의 운송업은 제외한다)을 하려는 자(영 제44조제5호에 따른 건설업을 도급에 의하여 시행하는 경우에는 발주자로부터 최초로 공사를 도급받은 자를 말한다)는 별지 제24호서식의 비산먼지 발생사업 신고서를 사업 시행 전(건설공사의 경우에는 착공 전)에 특별자치시장·특별자치도지사·시장·군수·구청장(자치구의 구청장을 말하며, 이하 "시장·군수·구청장"이라 한다)에게 제출하여야 하며, 신고한 사항을 변경하려는 경우에는 별지 제24호서식의 비산먼지 발생사업 변경신고서를 변경 전(제2항제1호의 경우에는 이를 변

대기환경보전법	대기환경보전법 시행령	대기환경보전법 시행규칙
		경한 날부터 30일 이내, 같은 항 제5호의 경우에는 제8항에 따라 발급받은 비산먼지 발생사업 등 신고 증명서에 기재된 설치기간 또는 공사기간의 종료일까지)에 시장·군수·구청장에게 제출하여야 한다. 다만, 신고대상 사업이 「건축법」 제16조에 따른 착공신고대상인 경우에는 그 공사의 착공 전에 별지 제24호서식의 비산먼지 발생사업 신고서 또는 비산먼지 발생사업 변경신고서와 「폐기물관리법 시행규칙」 제18조제2항에 따른 사업장폐기물배출자 신고서를 함께 제출할 수 있다. 〈개정 2017. 12. 28.〉
		② 법 제43조제1항 단서에 따라 변경신고를 하여야 하는 경우는 다음 각 호와 같다.
		1. 사업장의 명칭 또는 대표자를 변경하는 경우
		2. 비산먼지 배출공정을 변경하는 경우
		3. 사업의 규모를 늘리거나 그 종류를 추가하는 경우
		4. 비산먼지 발생억제시설 또는 조치사항을 변경하는 경우
		5. 공사기간을 연장하는 경우(건설공사의 경우에만 해당한다)
		③ 제1항에 따른 신고를 할 때에 공사지역이 둘 이상의 특별자치시·특별자치도·시·군·구(자치구를 말하며, 이하 "시·군·구"라 한다)에 걸쳐 있는 건설공사이면 그 공사지역의 면적 또는 길이가 가장 많이 포함되는 지역을 관할하는 시장·군수·구청장에게 신고를 하여야 한다. 이 경우 신고를 받은 시장·군수·구청장은 다른 공사지역을 관할하는 시장·군수·구청장에게 신고내용을 알려야 한다.

대기환경보전법	대기환경보전법 시행령	대기환경보전법 시행규칙
		〈개정 2013. 5. 24.〉 ④ 법 제43조제1항에 따른 비산먼지의 발생을 억제하기 위한 시설의 설치 및 필요한 조치에 관한 기준은 별표 14와 같다. ⑤ 시장·군수·구청장은 다음 각 호의 비산먼지 발생사업자로서 별표 14의 기준을 준수하여도 주민의 건강·재산이나 동식물의 생육에 상당한 위해를 가져올 우려가 있다고 인정하는 사업자에게는 제4항에도 불구하고 별표 15의 기준을 전부 또는 일부 적용할 수 있다. 〈개정 2013. 5. 24.〉 1. 시멘트 제조업자 2. 콘크리트제품 제조업자 3. 석탄제품 제조업자 4. 건축물 축조공사자 5. 토목공사자 ⑥ 시장·군수·구청장은 법 제43조제1항에 따라 비산먼지의 발생을 억제하기 위한 시설을 설치하거나 필요한 조치를 할 때에 사업자가 설치기술이나 공법 또는 다른 법령의 시설 설치 제한규정 등으로 인하여 제4항의 기준을 준수하는 것이 특히 곤란하다고 인정되는 경우에는 신청에 따라 그 기준에 맞는 다른 시설의 설치 및 조치를 하게 할 수 있다. 〈개정 2013. 5. 24.〉 ⑦ 제6항에 따른 신청을 하려는 사업자는 별지 제25호서식의 비산먼지 시설기준 변경신청서에 제4항의 기준에 맞는 다른 시설의 설치 및 조치의 내용에 관한 서류를 첨부하여 시장·군수·구청장에게 제

대기환경보전법	대기환경보전법 시행령	대기환경보전법 시행규칙
제44조(휘발성유기화합물의 규제) ① 다음 각 호의 어느 하나에 해당하는 지역에서 휘발성유기화합물을 배출하는 시설로서 대통령령으로 정하는 시설을 설치하려는 자는 환경부령으로 정하는 바에 따라 시·도지사 또는 대도시 시장에게 신고하여야 한다. 〈개정 2015. 1. 20.〉 1. 특별대책지역 2. 제18조제1항에 따른 대기환경규제지역(제19조제2항에 따라 설치제한이 고시된 경우만 해당하며, 이하 "대기환경규제지역"이라 한다) 3. 제1호 및 제2호의 지역 외에 휘발성유기화합물 배출로 인한 대기오염을 개선할 필요가 있다고 인정되는 지역으로 환경부장관이 관계 중앙행정기관의 장과 협의하여 지정·고시하는 지역(이하 "휘발성유기화합물 배출규제 추가지역"이라 한다) ② 제1항에 따라 신고를 한 자가 신고한 사항 중 환경부령으로 정하는 사항을 변경하려면 변경신고를 하여야 한다. ③ 제1항에 따른 시설을 설치하려는 자는 휘발성유기화합물의 배출을 억제하거나 방지하는 시설을 설치하는 등 휘발성유기화합물의 배출로 인한 대기환경상의 피해가 없도록 조치하여야 한다.	**제45조(휘발성유기화합물의 규제 등)** ① 법 제44조제1항 각 호 외의 부분에서 "대통령령으로 정하는 시설"이란 다음 각 호의 시설(법 제44조제1항제3조에 따른 휘발성유기화합물 배출규제 추가지역의 경우에는 제2호에 따른 저유소의 출하시설 및 제3호의 시설만 해당한다)을 말한다. 다만, 제38조의2에서 정하는 업종에서 사용하는 시설의 경우는 제외한다. 〈개정 2015. 7. 20.〉 1. 석유정제를 위한 제조시설, 저장시설 및 출하시설(出荷施設)과 석유화학제품 제조업의 제조시설, 저장시설 및 출하시설 2. 저유소의 저장시설 및 출하시설 3. 주유소의 저장시설 및 주유시설 4. 세탁시설 5. 그 밖에 휘발성유기화합물을 배출하는 시설로서 환경부장관이 관계 중앙행정기관의 장과 협의하여 고시하는 시설 ② 제1항 각 호의 휘발성유기화합물 배출시설의 규모는 환경부장관이 관계 중앙행정기관의 장과 협의하여 고시한다. ③ 법 제45조제4항에서 "대통령령으로 정하는 사유"란 다음 각 호의 어느 하나에 해당하는 사유를 말한다. 〈개정 2013. 1. 31.〉 1. 국내에서 화보할 수 없는 특수한 기술이 필요한	출하여야 한다. 〈개정 2013. 5. 24.〉 ⑧ 제1항에 따른 신고를 받은 시장·군수·구청장은 별지 제26호서식의 신고증명서를 신고인에게 발급하여야 한다. 〈개정 2013. 5. 24.〉

대기환경보전법	대기환경보전법 시행령	대기환경보전법 시행규칙
④ 제3항에 따른 휘발성유기화합물의 배출을 억제·방지하기 위한 시설의 설치 기준 등에 필요한 사항은 환경부령으로 정한다. ⑤ 시·도 또는 대도시는 그 시·도 또는 대도시의 조례로 제4항에 따른 기준보다 강화된 기준을 정할 수 있다. 〈개정 2012. 5. 23.〉 ⑥ 제5항에 따라 강화된 기준이 적용되는 시·도 또는 대도시에 제1항에 따라 시·도지사 또는 대도시 시장에게 설치신고를 하였거나 설치를 하려는 시설이 있으면 그 시설의 휘발성유기화합물 배출·방지시설에 대하여도 제5항에 따라 강화된 기준을 적용한다. 〈개정 2012. 5. 23.〉 ⑦ 시·도지사 또는 대도시 시장은 제3항을 위반하는 제3항을 위반하는 자에게 휘발성유기화합물을 배출하는 시설 또는 그 자에게 휘발성유기화합물을 배출하는 시설의 억제·방지를 위한 시설의 개선 등 필요한 조치를 명할 수 있다. 〈개정 2012. 5. 23.〉 ⑧ 제1항에 따라 신고를 한 자는 휘발성유기화합물의 배출을 억제하기 위하여 환경부령으로 정하는 바에 따라 휘발성유기화합물을 배출하는 시설에 대하여 휘발성유기화합물 배출시설의 배출 여부 및 농도를 검사·측정하고, 그 결과를 기록·보존하여야 한다. 〈신설 2012. 5. 23.〉 ⑨ 제1항부터 제3항에 따른 휘발성유기화합물 배출규제 추가지역의 지정에 필요한 세부적인 기준 및 절차 등에 관한 사항은 환경부령으로 정한다. 〈신설 2015. 1. 20.〉	경우 2. 천재지변이나 그 밖에 특별시장·광역시장·특별자치시장·도지사(그 관할구역 중 인구 50만 이상의 시는 제외한다)·특별자치도지사 또는 특별시·광역시 및 특별자치시를 제외한 인구 50만 이상의 시장이 부득이하다고 인정하는 경우	제59조(휘발성유기화합물 배출규제 추가지역의 지정기준) ① 법 제44조제1항제3호에 따른 휘발성유기화합물 배출규제 추가지역의 지정에 필요한 세부적인 기준은 다음 각 호와 같다. 1. 인구 50만 이상 도시 중 법 제3조에 따른 상시 측정 결과 오존 오염도(이하 "오존 오염도"라 한다)가 환경기준을 초과하는 지역 2. 그 밖에 오존 오염도가 환경기준을 초과하고 휘발성유기화합물 배출량의 관리가 필요하다고 환경부장관이 인정하는 지역 ② 제1항에서 규정한 사항 외에 지정 기준 및 절차에 관한 사항은 환경부장관이 정하여 고시한다. [본조신설 2015. 7. 21.] [종전 제59조는 제59조의2로 이동 〈2015. 7. 21.〉] 제59조의2(휘발성유기화합물 배출시설의 신고 등) ① 법 제44조제1항에 따라 휘발성유기화합물을 배출하는 시설을 설치하려는 자는 별지 제27호서식의 휘발성유기화합물 배출시설 설치신고서에 휘발성유기화합물 배출시설 설치명세서와 배출 억제·방지시설 설치명세서를 첨부하여 시설 설치일 10일

대기환경보전법	대기환경보전법 시행령	대기환경보전법 시행규칙
		전까지 시 · 도지사 또는 대도시 시장에게 제출하여야 한다. 다만, 휘발성유기화합물을 배출하는 시설이 영 제11조에 따른 설치허가 또는 설치신고의 대상이 되는 배출시설에 해당되는 경우에는 제25조에 따른 배출시설 설치허가신청서 또는 배출시설 설치 신고서의 제출로 갈음할 수 있다. 〈개정 2013. 5. 24.〉
		② 제1항에 따른 신고를 받은 시 · 도지사 또는 대도시 시장은 별지 제28호서식의 신고증명서를 신고인에게 발급하여야 한다. 〈개정 2013. 5. 24.〉 [제59조에서 이동]
		제60조(휘발성유기화합물 배출시설의 변경신고) ① 법 제44조제2항에 따라 변경신고를 하여야 하는 경우는 다음 각 호와 같다.
		1. 사업장의 명칭 또는 대표자를 변경하는 경우
		2. 설치신고를 한 배출시설 규모의 합계 또는 누계보다 100분의 50 이상 증설하는 경우
		3. 휘발성유기화합물의 배출 억제 · 방지시설을 변경하는 경우
		4. 휘발성유기화합물 배출시설을 폐쇄하는 경우
		5. 휘발성유기화합물 배출시설 또는 배출 억제 · 방지시설을 임대하는 경우
		② 제1항에 따라 변경신고를 하려는 자는 신고 사유가 제1항제1호 또는 제5호에 해당하는 경우에는 그 사유가 발생한 날부터 30일 이내에, 같은 항 제2호부터 제4호까지에 해당하는 경우에는 변경 전에 별지 제29호서식의 휘발성유기화합물 배출시설 변경신

대기환경보전법	대기환경보전법 시행령	대기환경보전법 시행규칙
		고시에 변경내용을 증명하는 서류와 휘발성유기화합물배출시설 설치증명서를 첨부하여야 한다. 도지사 또는 대도시 시장에게 제출하여야 한다. 다만, 제59조의2제1항 단서에 따라 휘발성유기화합물 배출시설 설치신고서의 제출을 제25조에 따른 배출시설 설치허가신청서 또는 배출시설 설치신고서의 제출로 갈음한 경우에는 제26조에 따른 배출시설 변경허가신청서 또는 제27조조에 따른 배출시설 변경신고서의 제출로 갈음할 수 있다. 〈개정 2015. 7. 21.〉 ③ 시·도지사 또는 대도시 시장은 휘발성유기화합물배출시설의 변경신고를 접수한 경우에는 휘발성유기화합물배출시설 설치신고 증명서의 뒤쪽에 변경신고사항을 적어 발급하여야 한다. 〈개정 2013. 5. 24.〉 **제61조(휘발성유기화합물 배출 억제·방지시설 설치의 기준 등)** 법 제44조제4항 및 제8항에 따른 휘발성유기화합물의 배출 억제·방지시설의 설치 및 검사·측정결과의 기록·보존에 관한 기준 등은 별표 16과 같다. 〈개정 2013. 5. 24.〉 **제61조의3(도료의 휘발성유기화합물함유기준 초과 시 조치명령 등)** 법 제45조의2제2항 및 제3항에 따른 이행완료보고서는 별지 제29조의2서식에 따른다. [본조신설 2015. 7. 21.] [종전 제61조의3은 제61조의4로 이동 〈2015. 7. 21.〉]
	제45조의2(도료의 휘발성유기화합물함유기준 초과 시 조치명령 등) ① 환경부장관은 법 제44조의2제2항 또는 제3항에 따라 조치명령을 하는 경우에는 조치명령의 내용 및 10일 이내의 이행기간 등을 적은 서면으로 하여야 한다. ② 법 제44조의2제3항에 따른 조치명령을 받은 자는 그 이행기간 이내에 다음 각 호의 사항을 구체적으로 밝힌 이행완료보고서를 환경부령으로 정하는	
제44조의2(도료의 휘발성유기화합물함유기준 등) ① 도료(塗料)에 대한 휘발성유기화합물의 함유기준(이하 "휘발성유기화합물함유기준"이라 한다)은 환경부령으로 정한다. 이 경우 환경부장관은 관계 중앙행정기관의 장과 협의하여야 한다. ② 다음 각 호의 어느 하나에 해당하는 자는 휘발성유기화합물함유기준을 초과하는 도료를 공급하거나 판매하여서는 아니 된다. 〈개정 2015. 1. 20.〉		

대기환경보전법	대기환경보전법 시행령	대기환경보전법 시행규칙
1. 도료를 제조하거나 수입하여 공급하거나 판매하는 자 2. 제1호 외에 도료를 공급하거나 판매하는 자 ③ 환경부장관은 제2항제1호에 해당하는 자가 휘발성유기화합물함유기준을 초과하는 도료를 공급하거나 판매하는 경우에는 대통령령으로 정하는 바에 따라 그 도료의 공급·판매 중지 또는 회수 등 필요한 조치를 명할 수 있다. 〈신설 2015. 1. 20.〉 ④ 환경부장관은 제2항제2호에 해당하는 자가 휘발성유기화합물함유기준을 초과하는 도료를 공급하거나 판매하는 경우에는 대통령령으로 정하는 바에 따라 그 도료의 공급·판매 중지를 명할 수 있다. 〈신설 2015. 1. 20.〉 [본조신설 2012. 5. 23.] [제목개정 2015. 1. 20.]	바에 따라 환경부장관에게 제출하여야 한다. 1. 해당 도료의 공급·판매 기간과 공급량 또는 판매량 2. 해당 도료의 회수처리량, 회수처리 방법 및 기간 3. 그 밖에 공급·판매 중지 또는 회수 사실을 증명할 수 있는 자료에 관한 사항 ③ 법 제44조의2제4항에 따른 조치명령을 받은 자는 그 조치명령을 받은 각 호의 사항을 구체적으로 밝힌 이행보고서를 조치명령 기간이 끝난 날부터 이행기간 이내에 다음 각 호의 사항을 환경부령으로 정하는 바에 따라 환경부장관에게 제출하여야 한다. 1. 해당 도료의 공급·판매 기간과 공급량 또는 판매량 2. 해당 도료의 보유량 및 공급·판매 중지 사실을 증명할 수 있는 자료에 관한 사항 [본조신설 2015. 7. 20.]	제61조의2(환경친화형도료의 기준) 법 제44조의2 제1항에 따른 도료(塗料)에 대한 휘발성유기화합물의 함유기준은 별표 16의2와 같다. [본조신설 2013. 5. 24.]
제44조의3(다른 법률에 따른 변경신고의 의제) ① 제44조제2항에 따른 변경신고를 한 경우에는 그 배출시설에 관련된 다음 각 호의 변경신고를 한 것으로 본다. 다만, 변경신고의 사항이 사업장의 명칭 또는 대표자가 변경되는 경우로 한정한다. 〈개정 2017. 1. 17.〉 1. 「토양환경보전법」 제12조제1항 후단에 따른 특정토양오염관리대상시설의 변경신고 2. 「물환경보전법」 제33조제2항 단서 및 같은 조 제		

대기환경보전법	대기환경보전법 시행령	대기환경보전법 시행규칙
3항에 따른 배출시설의 변경신고 ② 제1항에 따른 변경신고의 의제를 받고자 하는 자는 변경신고의 신청을 하는 때에 해당 법률이 정하는 관련 서류를 함께 제출하여야 한다. ③ 제1항에 따라 변경신고를 접수하는 행정기관의 장은 변경신고를 처리한 때에는 지체 없이 제1항 각 호의 변경신고 소관 행정기관의 장에게 그 내용을 통보하여야 한다. ④ 제1항에 따라 변경신고를 한 것으로 보는 경우에는 관계 법률에 따라 부과되는 수수료를 면제한다. [본조신설 2015. 12. 1.] **제45조(기존 휘발성유기화합물 배출시설에 대한 규제)** ① 특별대책지역, 대기환경규제지역 또는 휘발성유기화합물 배출규제 추가지역으로 지정·고시 (대기환경규제지역의 경우에는 제19조제2항에 따른 실천계획의 고시를 말한다. 이하 이 항에서 같다) 될 당시 그 지역에서 휘발성유기화합물을 배출하는 시설을 운영하고 있는 자는 특별대책지역, 대기환경규제지역 또는 휘발성유기화합물 배출규제 추가지역으로 지정·고시된 날부터 3개월 이내에 제45조제1항에 따른 신고를 하여야 하며, 특별대책지역, 대기환경규제지역 또는 휘발성유기화합물 배출규제 추가지역으로 지정·고시된 날부터 2년 이내에 제45조제3항에 따른 조치를 하여야 한다. 〈개정 2016. 1. 27.〉 ② 휘발성유기화합물이 추가로 고시된 경우 특별대책지역, 대기환경규제지역 또는 휘발성유기화합물	**제45조(휘발성유기화합물의 규제 등)** ① 법 제44조제1항 각 호 외의 부분에서 "대통령령으로 정하는 시설"이란 다음 각 호의 시설(법 제44조제1항제3조에 따른 휘발성유기화합물 배출규제 추가지역의 경우에는 제2조에 따른 저유소의 출하시설 및 제3조의 시설만 해당한다)을 말한다. 다만, 제38조의2에서 정하는 업종에서 사용되는 시설인 경우는 제외한다. 〈개정 2015. 7. 20.〉 1. 석유정제를 위한 제조시설, 저장시설 및 출하(出荷)시설과 석유화학제품 제조업의 제조시설, 저장시설 및 출하시설 2. 저유소의 저장시설 및 출하시설 3. 주유소의 저장시설 및 주유시설 4. 세탁시설 5. 그 밖에 휘발성유기화합물을 배출하는 시설로서 환경부장관이 관계 중앙행정기관의 장과 협의하여	

대기환경보전법	대기환경보전법 시행령	대기환경보전법 시행규칙
배출규제 추가지역에서 그 추가된 휘발성유기화합물을 배출하는 시설을 운영하고 있는 자는 그 물질이 추가로 고시된 날부터 3개월 이내에 제44조제1항에 따른 신고를 하여야 하며, 그 물질이 추가로 고시된 날부터 2년 이내에 제44조제3항에 따른 조치를 하여야 한다. 〈개정 2016. 1. 27.〉 ③ 제1항이나 제2항에 따라 신고를 한 자가 신고한 사항을 변경하려면 제44조제2항에 따른 변경신고를 하여야 한다. ④ 제1항과 제2항에도 불구하고 제44조제3항에 따른 조치에 특수한 기술이 필요한 경우 등 대통령령으로 정하는 사유에 해당하는 경우에는 시·도지사 또는 대도시 시장의 승인을 받아 그 조치기간을 연장할 수 있다. 〈개정 2012. 5. 23.〉 ⑤ 제1항, 제2항 또는 제3항에 따른 기간에 이들 각 항에 규정된 조치를 하지 아니한 경우에는 제44조 제7항을 준용한다. **제45조의2(권리와 의무의 승계 등)** ① 제44조제1항 및 제2항에 따라 신고 또는 변경신고를 한 자(이하 이 조에서 "설치자"라 한다)가 제44조제1항 및 제3항에 따른 휘발성유기화합물을 배출하는 시설 및 휘발성유기화합물의 배출을 억제하거나 방지하는 시설을 양도하는 경우 또는 설치자가 사망하거나 설치자인 법인이 합병한 경우에는 그 양수인이나 상속인 또는 합병 후 존속하는 법인이나 합병에 따라 설립되는 법인이 신고 또는 변경신고에 따른 설치자의 권리·의무를 승계한다.	여 고시하는 시설 ② 제1항 각 호에 따른 시설의 규모는 환경부장관이 관계 중앙행정기관의 장과 협의하여 고시한다. ③ 법 제45조제4항에서 "대통령령으로 정하는 사유"란 다음 각 호의 어느 하나에 해당하는 사유를 말한다. 〈개정 2013. 1. 31.〉 1. 국내에서 확보할 수 없는 특수한 기술이 필요한 경우 2. 천재지변이나 그 밖에 특별시장·광역시장·특별자치시장·도지사(그 관할구역 중 인구 50만 이상의 시는 제외한다)·특별자치도지사 또는 인구 50만 이상의 시장·광역시 및 특별자치시를 제외한 특별시·광역시의 시장 또는 인구 50만 이상의 시장이 부득이하다고 인정하는 경우	

대기환경보전법	대기환경보전법 시행령	대기환경보전법 시행규칙
② 제44조제1항 및 제3항에 따른 휘발성유기화합물을 배출하는 시설 및 휘발성유기화합물의 배출을 억제하거나 방지하는 시설을 임대차하는 경우 임차인은 제44조, 제45조 및 제82조제1항제5호를 적용할 때에는 설치자로 본다. [본조신설 2012. 5. 23.] **제45조의3(휘발성유기화합물 배출 억제·방지시설 검사)** ① 제44조제3항 및 제45조제1항에 따른 휘발성유기화합물의 배출을 억제하거나 방지하는 시설의 제작자(수입판매자를 포함한다)와 설치자는 환경부령으로 정하는 검사기관으로부터 검사를 받아야 한다. 제45조제2항 및 제45조제3항에 따른 변경신고를 한 경우로서 환경부령으로 정하는 경우에도 포함한다. ② 환경부장관은 휘발성유기화합물의 배출을 억제·방지하는 시설의 검사·방지하기 위하여 제1항에 따른 검사기관의 검사업무에 필요한 지원을 할 수 있다. ③ 제1항에 따른 검사대상시설, 검사방법 및 검사기준, 그 밖에 검사업무에 필요한 사항은 환경부령으로 정한다. [본조신설 2013. 7. 16.]		**제61조의4(휘발성유기화합물 배출 억제·방지시설의 검사 등)** ① 법 제45조의3제1항에서 "환경부령으로 정하는 검사기관"이란 다음 각 호의 어느 하나에 해당하는 기관을 말한다. 1. 한국환경공단 2. 법 제45조의3제1항에 따른 검사를 실시할 능력이 있다고 환경부장관이 정하여 고시하는 기관 ② 법 제45조의3제1항에 따른 검사는 휘발성유기화합물의 배출 억제·방지시설의 회수 효율 및 누설 여부 등을 검사하고, 검사방법은 전수(全數) 또는 표본조사의 방법으로 한다. ③ 법 제45조의3제3항에 따른 검사대상시설은 주유소의 저장시설 및 주유시설에 설치하는 휘발성유기화합물의 배출 억제·방지시설로 한다. ④ 법 제45조의3제3항에 따른 검사기준은 다음 각 호와 같다. 1. 별표 16 제3호에 따른 주유소의 휘발성유기화합물 배출 억제·방지시설 설치에 관한 기준을 준수할 것 2. 그 밖에 휘발성유기화합물의 배출을 억제·방지하기 위하여 환경부장관이 정하여 고시한 기준을

대기환경보전법	대기환경보전법 시행령	대기환경보전법 시행규칙
		준수할 것 ⑤ 제1항에 따른 검사기관의 장은 분기별 검사실적을 별지 제29조의3서식에 작성하여 매 분기 마지막 날을 기준으로 다음 달 20일까지 환경부장관에게 제출하여야 하고, 별지 제29조의3서식에 따른 검사실적 보고서의 부본(副本) 및 그 밖에 검사와 관련된 서류를 작성일부터 5년간 보관하여야 한다. 〈개정 2015. 7. 21.〉 ⑥ 그 밖에 검사업무에 필요한 세부적인 사항은 환경부장관이 정하여 고시한다. [본조신설 2014. 2. 6.] [제61조의2에서 이동 〈2015. 7. 21.〉]
제4장 자동차·선박 등의 배출가스 규제 **제46조(제작차의 배출허용기준 등)** ① 자동차(원동기를 포함한다. 이하 이 조, 제47조부터 제50조까지, 제50조의2, 제50조의3, 제51조부터 제56조까지, 제82조제1항제2호, 제89조제6호·제7호 및 제91조제4호에서 같다)를 제작(수입을 포함한다. 이하 같다)하려는 자(이하 "자동차제작자"라 한다)는 그 자동차(이하 "제작차"라 한다)에서 나오는 오염물질(대통령령으로 정하는 오염물질만 해당한다. 이하 "배출가스"라 한다)이 환경부령으로 정하는 허용기준(이하 "제작차배출허용기준"이라 한다)에 맞도록 제작하여야 한다. 〈개정 2012. 2. 1.〉 ② 환경부장관이 제1항의 환경부령을 정하는 경우 관계 중앙행정기관의 장과 협의하여야 한다.	**제46조(배출가스의 종류)** 법 제46조제1항에서 "대통령령으로 정하는 오염물질"이란 다음 각 호의 구분에 따른 물질을 말한다. 1. 휘발유, 알코올 또는 가스를 사용하는 자동차 가. 일산화탄소 나. 탄화수소 다. 질소산화물 라. 알데히드 2. 경유를 사용하는 자동차 가. 일산화탄소 나. 탄화수소 다. 질소산화물 라. 매연	

대기환경보전법	대기환경보전법 시행령	대기환경보전법 시행규칙
③ 자동차제작자는 제작차에서 나오는 배출가스가 환경부령으로 정하는 기간(이하 "배출가스보증기간"이라 한다) 동안 제작차배출허용기준에 맞게 성능을 유지하도록 제작하여야 한다. 〈개정 2012. 2. 1.〉 ④ 자동차제작자는 제48조제1항에 따라 인증받은 내용과 다르게 배출가스 관련 부품의 설계를 고의로 바꾸거나 조작하는 행위를 하여서는 아니 된다. 〈신설 2016. 1. 27.〉	마. 입자상물질(粒子狀物質)	제62조(제작차 배출허용기준) 법 제46조 및 영 제46조에 따라 자동차(원동기를 포함한다. 이하 이 조, 제63조부터 제67조까지, 제67조의2, 제67조의3, 제68조부터 제70조까지, 제70조의2, 제71조, 제71조의2, 제71조의3, 제72조부터 제77조까지에서 같다)를 제작(수입을 포함한다. 이하 같다)하려는 자(이하 "자동차제작자"라 한다)가 그 제작하는 배출가스 종류별 제작차배출허용기준은 별표 17과 같다. [전문개정 2012. 10. 26.] 제63조(배출가스보증기간) 법 제46조제3항에 따른 배출가스보증기간(이하 "보증기간"이라 한다)은 별표 18과 같다.
제46조의2(제작차배출허용기준 관련 연구·개발 등에 대한 지원) ① 환경부장관은 제작차배출허용기준 및 제작차배출허용기준의 검사방법에 대한 연구·개발이 필요한 경우에는 다음 각 호의 어느 하나에 해당하는 자에게 연구·개발을 하게 할 수 있다. 이 경우 예산의 범위에서 연구·개발에 필요한 비용을 지원할 수 있다. 1. 제48조제1항에 따른 인증업무를 제87조에 따라 위임·위탁받은 자 2. 제48조의2제1항에 따라 인증시험대행기관으로 지정된 자 ② 환경부장관은 제작차배출허용기준이 국제기준		

대기환경보전법	대기환경보전법 시행령	대기환경보전법 시행규칙
에 맞도록 하기 위하여 국제기준을 조사·분석하고, 제작차배출허용기준과 관련하여 환경부령으로 정하는 기관·단체의 국제협력 활동을 지원할 수 있다. [본조신설 2013. 7. 16.] **제47조(기술개발 등에 대한 지원)** ① 국가는 자동차로 인한 대기오염을 줄이기 위하여 다음 각 호의 어느 하나에 해당하는 시설 등의 기술개발 또는 제작에 필요한 재정적·기술적 지원을 할 수 있다. 1. 자공해자동차 및 그 자동차에 연료를 공급하기 위한 시설 중 환경부장관이 정하는 시설 2. 배출가스저감장치 3. 저공해엔진 ② 환경부장관은 환경개선특별회계에서 제1항에 따른 기술개발이나 제작에 필요한 비용의 일부를 지원할 수 있다. **제48조(제작차에 대한 인증)** ① 자동차제작자가 자동차를 제작하려면 미리 환경부장관으로부터 그 자동차의 배출가스가 배출가스보증기간에 제작차배출허용기준에 맞게 유지될 수 있다는 인증을 받아야 한다. 다만, 환경부장관은 대통령령으로 정하는 자동차에는 인증을 면제하거나 생략할 수 있다. ② 자동차제작자가 제1항에 따라 인증을 받은 자동차의 인증 내용 중 환경부령으로 정하는 중요한 사항을 변경하려면 환경부령으로 정하는 바에 따라 변경인증을 받아야 한다. <개정 2008. 12. 31.> ③ 제1항 또는 제2항에 따라 인증·변경인증을 받	**제47조(인증의 면제·생략 자동차)** ① 법 제48조제1항 단서에 따라 인증을 면제할 수 있는 자동차는 다음 각 호와 같다. <개정 2013. 3. 23.> 1. 군용 및 경찰업무용 등 국가의 특수한 공용 목적으로 사용하기 위한 자동차와 소방용 자동차 2. 주한 외국공관 또는 외교관이나 그 밖에 이에 준하는 대우를 받는 자가 공용 목적으로 사용하기 위한 자동차로서 외교부장관의 확인을 받은 자동차 3. 주한 외국군대의 구성원이 공용 목적으로 사용하기 위한 자동차 4. 수출용 자동차와, 박람하거나 그 밖에 이에 준하는	

대기환경보전법	대기환경보전법 시행령	대기환경보전법 시행규칙
은 자동차제작자는 환경부령으로 정하는 바에 따라 인증·변경인증을 받은 자동차에 인증·변경인증의 표시를 하여야 한다. 〈신설 2017. 11. 28.〉 ④ 제1항부터 제3항까지의 규정에 따른 인증신청, 인증에 필요한 시험의 방법·절차, 시험수수료, 인증방법, 인증의 면제, 생략 및 인증 표시방법에 관하여 필요한 사항은 환경부령으로 정한다. 〈개정 2017. 11. 28.〉	행사에 참가하는 자가 전시의 목적으로 일시 반입하는 자동차 5. 여행자 등이 다시 반출할 것을 조건으로 일시 반입하는 자동차 6. 자동차제작자 및 자동차 관련 연구기관 등이 자동차의 개발 또는 전시 등 주행 외의 목적으로 사용하기 위하여 수입하는 자동차 7. 삭제 〈2008. 12. 31.〉 8. 외국인 또는 외국에서 1년 이상 거주한 내국인이 주거(住居)를 옮기기 위하여 이주물품으로 반입하는 1대의 자동차 ② 법 제48조제3항에 따라 인증을 생략할 수 있는 자동차는 다음 각 호와 같다. 〈개정 2008. 2. 29.〉 1. 국가대표 선수용 자동차 또는 훈련용 자동차로서 문화체육관광부장관의 확인을 받은 자동차 2. 외국에서 국내의 공공기관 또는 비영리단체에 무상으로 기증한 자동차 3. 외교관 또는 주한 외국군인의 가족이 사용하기 위하여 반입하는 자동차 4. 항공기 지상 조업용 자동차 5. 법 제48조제1항에 따른 인증을 받지 아니한 자가 그 인증을 받은 자동차의 원동기를 구입하여 제작하는 자동차 6. 국제협약 등에 따라 인증을 생략할 수 있는 자동차 7. 그 밖에 환경부장관이 인증을 생략할 필요가 있다고 인정하는 자동차	

대기환경보전법	대기환경보전법 시행령	대기환경보전법 시행규칙

제64조(인증의 신청) ① 법 제48조제1항에 따라 인증을 받으려는 자는 별지 제30호서식의 인증신청서에 다음 각 호의 서류를 첨부하여 환경부장관(수입자동차인 경우에는 국립환경과학원장을 말한다)에게 제출하여야 한다.

1. 자동차 원동기의 배출가스 감지ㆍ저감장치 등의 구성에 관한 서류

2. 자동차의 연료효율에 관련되는 장치 등의 구성에 관한 서류

3. 인증에 필요한 세부계획에 관한 서류

4. 자동차배출가스 시험결과 보고에 관한 서류

5. 자동차배출가스 보증에 관한 제작자의 확인서나 제작자와 수입자 간의 계약서

6. 제작자배출허용기준에 관한 사항

7. 배출가스 자기진단장치의 구성에 관한 서류(환경부장관이 정하여 고시하는 자동차에만 첨부한다)

② 법 제48조제1항 단서에 따라 인증을 생략받으려는 자는 별지 제30호서식의 인증생략신청서에 다음 각 호의 서류를 첨부하여 한국환경공단에 제출하여야 한다. 〈개정 2010. 12. 31.〉

1. 인증기의 인증에 관한 제작자의 확인서나 자동차배출가스 보증에 관한 제작자와 수입자 간의 계약서(영 제47조제2항제6호에 해당하는 경우에만 첨부한다)

2. 인증의 생략대상 자동차임을 확인할 수 있는 관계 서류

③ 외국의 제작자가 아닌 자로부터 자동차를 수입

대기환경보전법	대기환경보전법 시행령	대기환경보전법 시행규칙
		하는 자동차수입자는 제1항제5호 및 제2항제1호의 서류를 갖음하여 환경부장관이 고시하는 서류를 제출할 수 있다. ④ 법 제48조제1항에 따라 인증을 받으려는 자가 갖추어야 할 서류의 작성방법이나 그 밖에 필요한 사항은 환경부장관이 정하여 고시한다. **제65조(인증의 방법 등)** ① 환경부장관이나 국립환경과학원장은 법 제48조제1항 또는 제2항에 따른 인증 또는 변경인증을 하는 경우에는 다음 각 호의 사항을 검토하여야 한다. 이 경우 구체적인 인증의 방법은 환경부장관이 정하여 고시한다. 1. 배출가스 관련부품의 구조·성능·내구성 등에 관한 기술적 타당성 2. 제작차 배출허용기준에 적합한지에 관한 인증시험의 결과 3. 출력·적재중량·동력전달장치·운행여건 등 자동차의 특성으로 인한 배출가스가 환경에 미치는 영향 ② 제1항제2호에 따른 인증시험은 다음 각 호의 시험으로 한다. 1. 제작차 배출허용기준에 적합한지를 확인하는 배출가스시험 2. 보증기간 동안 배출가스의 변화정도를 검사하는 내구성시험. 다만, 환경부장관이 정하는 열화계수를 적용하여 실시하는 시험 또는 환경부장관이 정하는 배출가스 관련부품의 강제열화 방식을 할 용한 시험으로 갈음할 수 있다.

대기환경보전법	대기환경보전법 시행령	대기환경보전법 시행규칙
		3. 배출가스 자기진단장치의 정상작동 여부를 확인하는 시험(환경부장관이 정하여 고시하는 자동차만 해당한다) ③ 제2항에 따른 인증시험은 자동차제작자(수입의 경우 외국의 제작자 또는 수입자를 포함한다. 이하 같다)가 자체 인력 및 장비를 갖추어 환경부장관이 고시하는 인증시험의 방법 및 절차에 따라 실시한다. 다만, 환경부장관이 고시하는 경우에는 한국환경공단 또는 환경부장관이 지정하는 시험기관(이하 이 조에서 "시험기관"이라 한다)이 인증시험을 실시하거나 입회하여 실시한다. 〈개정 2010. 12. 31.〉 ④ 제3항에 따라 인증시험을 실시한 자동차제작자 또는 시험기관은 그 시험의 결과를 환경부장관(수입 자동차의 경우에는 국립환경과학원장을 말한다)에게 보고하여야 한다. ⑤ 시험기관에 인증시험을 신청한 인증신청자는 인증시험의 수수료를 부담하여야 한다. 다만, 시험기관의 장비에 인증신청자가 직접 인증시험을 실시하는 경우에는 인증시험의 수수료 중에서 시험장비의 사용에 드는 비용은 부담하지 아니하되, 종장에 드는 경비를 부담하여야 한다. 〈개정 2009. 1. 14.〉 ⑥ 제3항 단서에 따라 한국환경공단이 실시하는 인증시험의 수수료는 환경부장관의 승인을 받아 한국환경공단이 정한다. 〈개정 2013. 2. 1.〉 ⑦ 한국환경공단은 제6항에 따라 수수료를 정하려는 경우에는 미리 한국환경공단의 인터넷 홈페이지에 20일(긴급한 사유가 있는 경우에는 10일)로 한다)

대기환경보전법	대기환경보전법 시행령	대기환경보전법 시행규칙
		동안 그 내용을 게시하고 이해관계인의 의견을 들어야 한다. 〈신설 2015. 7. 21.〉 ⑧ 한국환경공단은 제6항에 따른 수수료를 정한 경우에는 그 내용과 산정내역을 한국환경공단의 인터넷 홈페이지를 통하여 공개하여야 한다. 〈신설 2015. 7. 21.〉 **제67조(인증의 변경신청)** ① 법 제48조제2항에서 "환경부령으로 정하는 중요한 사항"이란 다음 각 호의 어느 하나를 말한다. 〈신설 2009. 7. 14.〉 1. 배기량 2. 엔진타이밍, 점화타이밍 및 분사타이밍 3. 차대동력계 시험차량에의 동력전달장치의 변속비·감속비, 공차 중량(10퍼센트 이상 증가하는 경우만 해당한다) 4. 촉매장치의 성분, 함량, 부착 위치 및 용량 5. 증발가스 관련 연료배그의 재질 및 제어장치 6. 최대출력 또는 최대출력 시 회전수 7. 흡배기밸브 또는 포트의 위치 8. 환경부장관이 고시하는 배출가스 관련 부품 ② 법 제48조제2항에 따라 인증받은 내용을 변경하려는 자는 별지 제34호서식의 변경인증신청서에 다음 각 호의 서류 중 관계서류를 첨부하여 환경부장관(수입자동차인 경우에는 국립환경과학원장을 말한다)에게 제출하여야 한다. 〈개정 2009. 7. 14.〉 1. 동일 차종임을 증명할 수 있는 서류 2. 자동차 제원(諸元)명세서 3. 변경하려는 인증내용에 대한 설명서

대기환경보전법	대기환경보전법 시행령	대기환경보전법 시행규칙
		4. 인증내용 변경 전후의 배출가스 변화에 대한 검토서 ③ 제1항 각 호에 따른 사항 외의 사항을 변경하는 경우와 제1항에 따른 사항을 변경하여도 배출가스의 양이 증가하지 아니하는 경우에는 제2항에도 불구하고 해당 변경내용을 환경부장관(수입자동차인 경우에는 국립환경과학원장)에게 보고하여야 한다. 이 경우 법 제48조제2항에 따른 변경인증을 받은 것으로 본다. 〈개정 2009. 7. 14.〉 ④ 자동차제작자는 제작차배출허용기준이 변경되는 경우에 제작 중인 자동차에 대하여 변경되는 제작차배출허용기준의 적용일 30일 전까지 제8항에 따라 변경인증을 신청하여야 한다. 다만, 제작 중인 자동차가 변경되는 제작차배출허용기준 이내인 경우에는 그러하지 아니하다. 〈개정 2009. 7. 14.〉 제67조의2(인증의 표시와 표시방법) ① 법 제48조제3항에 따라 인증·변경인증을 받은 자동차제작자가 표시해야 하는 인증·변경인증의 표시는 별표 18의2와 같다. ② 제1항에 따른 표시는 해당 자동차의 원동기를 정비할 때에 잘 볼 수 있도록 원동기실 안쪽 부에 표지판을 이용하여 표시하고 견고하게 고정될 수 있도록 고정해야 한다. 다만, 이륜자동차와 대형·초대형 승용·화물자동차의 경우에는 원동기에 부착할 수 있다. [본조신설 2018. 11. 29.] [종전 제67조의2는 제67조의3으로 이동 〈2018. 11. 29.〉]

대기환경보전법	대기환경보전법 시행령	대기환경보전법 시행규칙
제48조의2(인증시험업무의 대행) ① 환경부장관은 제48조에 따른 인증에 필요한 시험(이하 "인증시험"이라 한다)업무를 효율적으로 수행하기 위하여 필요한 경우에는 전문기관을 지정하여 인증시험업무를 대행하게 할 수 있다. ② 제1항에 따라 지정된 전문기관(이하 "인증시험대행기관"이라 한다) 및 인증시험업무에 종사하는 자는 다음 각 호의 행위를 하여서는 아니 된다. 〈개정 2017. 11. 28.〉 1. 다른 사람에게 자신의 명의로 인증시험업무를 하게 하는 행위 2. 거짓이나 그 밖의 부정한 방법으로 인증시험을 하는 행위 3. 인증시험과 관련하여 환경부령으로 정하는 준수사항을 위반하는 행위 4. 제48조제4항에 따른 인증시험의 방법과 절차를 위반하여 인증시험을 하는 행위 ③ 인증시험대행기관의 지정기준, 지정절차, 그 밖에 인증업무에 필요한 사항은 환경부령으로 정한다. [본조신설 2008. 12. 31.]		**제67조의3(인증시험대행기관의 지정)** ① 법 제48조의2에 따른 인증시험대행기관으로 지정받으려는 자는 별표 18의3에 따른 시설장비 및 기술인력을 갖추고 별지 제34조의2서식의 지정신청서에 다음 각 호의 서류를 첨부하여 환경부장관에게 제출하여야 한다. 이 경우 담당 공무원은 「전자정부법」 제36조제1항에 따른 행정정보의 공동이용을 통하여 법인 등기사항증명서 또는 사업자등록증을 확인하여야 하며, 신청인이 사업자등록증의 확인에 동의하지 아니하는 경우에는 이를 첨부하도록 하여야 한다. 〈개정 2018. 11. 29.〉 1. 검사시설의 평면도 및 구조 개요 2. 시설장비 명세 3. 정관(법인인 경우에만 해당한다) 4. 검사업무에 관한 내부 규정 5. 인증시험업무 대행에 관한 사업계획서 및 해당 연도의 수지예산서 ② 환경부장관은 인증시험대행기관의 지정신청을 받으면 신청기관의 업무수행의 적정성, 연간 인증시험검사의 수요 및 신청기관의 검사능력 등을 고려하여 지정 여부를 결정하고, 인증시험대행기관으로 지정한 경우에는 별지 제34조의3서식의 배출가스 인증시험대행기관 지정서를 발급하여야 한다. [본조신설 2009. 7. 14.] [제67조의2에서 이동, 종전 제67조의3은 제67조의4로 이동 〈2018. 11. 29.〉]

대기환경보전법	대기환경보전법 시행령	대기환경보전법 시행규칙
		제67조의4(인증시험대행기관의 운영 및 관리) ① 인증시험대행기관은 시설장비 및 기술인력에 변경이 있으면 변경된 날부터 15일 이내에 그 내용을 환경부장관에게 신고하여야 한다. ② 인증시험대행기관은 별지 제34조의4서식에 따른 인증시험대장을 작성·비치하여야 하며, 매 반기 종료일부터 30일 이내에 별지 제34조의5서식에 따른 검사실적 보고서를 환경부장관에게 제출하여야 한다. 〈개정 2016. 12. 30.〉 ③ 인증시험대행기관은 다음 각 호의 사항을 준수하여야 한다. 1. 시험결과의 원본자료와 일치하도록 인증시험대장을 작성할 것 2. 시험결과의 원본자료와 인증시험대장을 3년 동안 보관할 것 3. 검사업무에 관한 내부 규정을 준수할 것 ④ 환경부장관은 인증시험대행기관에 대하여 매 반기마다 시험결과의 원본자료, 인증시험대장, 시설장비 및 기술인력의 관리상태를 확인하여야 한다. [본조신설 2009. 7. 14.] [제67조의3에서 이동 〈2018. 11. 29.〉]
제48조의3(인증시험대행기관의 지정 취소 등) 환경부장관은 인증시험대행기관이 다음 각 호의 어느 하나에 해당하는 경우에는 그 지정을 취소하거나 6개월 이내의 기간을 정하여 업무의 전부 또는 일부의 정지를 명할 수 있다. 다만, 제1호에 해당하는 경우에는 그 지정을 취소하여야 한다.		

대기환경보전법	대기환경보전법 시행령	대기환경보전법 시행규칙
1. 거짓이나 그 밖의 부정한 방법으로 지정을 받은 경우 2. 제48조의2제2항 각 호의 금지행위를 한 경우 3. 제48조의2제3항에 따른 지정기준을 충족하지 못하게 된 경우 [본조신설 2008. 12. 31.] 제48조의4(과징금 처분) ① 환경부장관은 제48조의3에 따라 업무의 정지를 명하려는 경우로서 그 업무의 정지로 인하여 이용자 등에게 심한 불편을 주거나 그 밖에 공익에 현저한 지장을 줄 우려가 있다고 인정하는 경우에는 그 업무의 정지를 갈음하여 5천만원 이하의 과징금을 부과할 수 있다. ② 제1항에 따른 과징금을 부과하는 위반행위의 종류·정도 등에 따른 과징금의 금액과 그 밖에 필요한 사항은 대통령령으로 정한다. ③ 제1항에 따라 부과되는 과징금의 징수 및 용도에 대하여는 제37조제4항 및 제5항을 준용한다. [본조신설 2012. 5. 23.] 제49조(인증의 양도·양수 등) 자동차제작자가 그 사업을 양도하거나 사망한 경우 또는 법인인 자동차제작자가 합병한 경우에는 그 양수인이나 상속인 또는 합병 후 존속하는 법인이나 합병에 따라 설립되는 법인은 제48조에 따른 인증이나 변경인증에 따른 자동차제작자의 권리·의무를 승계한다. 제50조(제작차배출허용기준 검사 등) ① 환경부장관은 제48조에 따른 인증을 받아 제작한 자동차의 배출가스가 제작차배출허용기준에 맞는지를 확인하기 위하여 다음 각 호의 구분에 따른 검사를 실시하여야 한다.	제47조의2(과징금 부과기준) ① 법 제48조의4제2항에 따른 과징금의 부과기준은 다음 각 호와 같다. 1. 과징금은 법 제84조의 행정처분기준에 따라 업무정지일수에 1일당 부과금액을 곱하여 산정할 것 2. 제1호에 따른 1일당 부과금액은 20만원으로 한다. ② 법 제48조의2제2항 각 호의 위반행위 중 6개월 이상의 업무정지처분을 받아야 하는 위반행위는 과징금 부과처분 대상에서 제외한다. [본조신설 2013. 1. 31.]	제68조(제검사의 신청 등) 영 제48조제2항에 따라 제검사를 신청하려는 자는 별지 제35호서식의 제검사 신청서에 다음 각 호의 서류를 첨부하여 신청하여야 한다.

대기환경보전법	대기환경보전법 시행령	대기환경보전법 시행규칙
기 위하여 대통령령으로 정하는 바에 따라 검사를 받아야 한다. ② 환경부장관은 자동차제작자가 환경부령으로 정하는 인력과 장비를 갖추고 환경부장관이 정하는 검사의 방법 및 절차에 따라 검사를 실시한 경우에는 대통령령으로 정하는 바에 따라 제1항에 따른 검사를 생략할 수 있다. ③ 환경부장관은 자동차제작자가 제2항에 따른 검사를 적정하게 관리하는 지를 환경부령으로 정하는 기간마다 확인하여야 한다. 〈신설 2012. 2. 1.〉 ④ 환경부장관은 제1항에 따른 검사를 할 때에 특히 필요한 경우에는 환경부령으로 정하는 바에 따라 자동차제작자의 시험설비를 이용하거나 따로 지정하는 장소에서 검사할 수 있다. ⑤ 제1항 및 제4항과 제51조에 따른 검사에 드는 비용은 자동차제작자의 부담으로 한다. 〈개정 2012. 2. 1.〉 ⑥ 제1항에 따른 검사의 방법·절차 등 검사에 필요한 자세한 사항은 환경부장관이 정하여 고시한다. 〈개정 2012. 2. 1.〉 ⑦ 환경부장관은 제1항에 따른 검사 결과 불합격된 자동차의 제작자에게 그 자동차에 동일한 결함이 있다고 인정되는 것으로 환경부장관이 정하는 기간에 생산된 것으로 인정되는 같은 종류의 자동차에 대하여는 판매정지 또는 출고정지를 명할 수 있고, 이미 판매된 자동차에 대하여는 배출가스 관련 부품의 교체를 명할 수 있다.	1. 수시검사 : 제작 중인 자동차가 제작차배출허용기준에 맞는지를 수시로 확인하기 위하여 필요한 경우에 실시하는 검사 2. 정기검사 : 제작 중인 자동차가 제작차배출허용기준에 맞는지를 확인하기 위하여 자동차 종류별로 제작차 대수(臺數)를 고려하여 일정 기간마다 실시하는 검사 ② 제1항에 따른 검사 결과에 불복하는 자는 환경부령으로 정하는 바에 따라 재검사를 신청할 수 있다. 제49조(제작차배출허용기준 검사의 생략) 법 제50조제2항에 따라 생략할 수 있는 검사는 제48조제1항 제2호에 따른 정기검사로 한다. 제49조의2(자동차의 교체·환불·재매입 명령) ① 법 제50조제8항에 따라 자동차의 교체, 환불 또는 재매입(이하 이 조에서 "교체등"이라 한다) 명령은 다음 각 호의 기준에 따른다. 1. 교체 : 자동차제작자가 교체등 대상 자동차와 「자동차관리법」 제3조제3항에 따른 규모별 세부기준 및 유형별 세부기준이 동일하게 분류되는 자동차를 제작하고 있는 경우 2. 환불 : 자동차제작자가 제1호에 해당하지 아니하거나 자동차 소유자가 교체를 원하지 아니하는 경우. 다만, 「자동차관리법」 제5조에 따른 자동차등록원부(이하 이 조에서 "자동차등록원부"라 한다)에 기재된 교체등 대상 자동차의 최초등록	과학원장에 제출하여야 한다. 〈개정 2013. 5. 24.〉 1. 재검사신청의 사유서 2. 제작차배출허용기준 초과원인의 기술적 조사내용에 관한 서류 3. 개선계획 및 사후관리대책에 관한 서류

대기환경보전법	대기환경보전법 시행령	대기환경보전법 시행규칙
〈개정 2016. 12. 27.〉 ⑧ 제7항에도 불구하고 자동차제작자가 배출가스 관련 부품의 교체 명령을 이행하지 아니하거나 제1항에 따른 검사 결과 부적합 원인을 부품 교체로 시정할 수 없는 경우에는 환경부장관은 자동차제작자에게 대통령령으로 정하는 바에 따라 자동차의 교체, 환불 또는 재매입을 명할 수 있다. 〈신설 2016. 12. 27.〉	일부터 1년이 지나지 아니한 경우에만 할 수 있다. 3. 재매입 : 제조 및 제2조에 해당하지 아니하는 경우 ② 제1항·제2조에 따라 환불을 명하는 경우 그 환불금액은 교체등 대상 자동차의 공급가액에 부가가치세 및 취득세를 합하여 산정한 금액(이하 이 조에서 "기준금액"이라 한다)으로 한다. ③ 제1항·제3조에 따라 재매입을 명하는 경우 그 재매입금액은 다음의 계산식에 따른다. 이 경우 운행 개월수는 자동차등록원부에 기재된 교체등 대상자동차의 최초등록일부터 산정한다. 재매입금액 = 기준금액 − (교체등 대상 자동차의 운행 개월수/12) × (기준금액 × 0.1)] ④ 제3항에 따라 산정된 금액이 기준금액의 100분의 30에 미달하는 경우에는 기준금액의 100분의 30에 해당하는 금액을 재매입금액으로 한다. ⑤ 환경부장관은 제1항에 따라 자동차의 교체등을 명할 때 자동차제작자가 기준금액의 100분의 10 이하의 범위에서 교체등에 드는 비용을 자동차의 소유자에게 추가로 지급하도록 명할 수 있다. ⑥ 제1항에 따른 교체등 명령을 받은 자동차제작자는 명령을 받은 날부터 60일 이내에 교체등 대상자동차의 범위, 비용·예측, 자동차 소유자에 대한 통지 계획 등이 포함된 이행계획을 수립하여 환경부장관의 승인을 받아 시행하고, 그 결과를 환경부장관에게 보고하여야 한다. [본조신설 2017. 12. 26.]	

대기환경보전법	대기환경보전법 시행령	대기환경보전법 시행규칙
		제70조(자동차제작자의 검사·인력·장비 등) ① 자동차제작자가 법 제50조제2항에 따른 검사 또는 제65조제2항에 따른 인증시험을 실시하는 경우에 갖추어야 할 인력 및 장비는 별표 19와 같다. ② 자동차제작자가 제1항에 따른 인력 및 장비를 갖추어 검사 또는 인증시험을 실시하는 경우에는 인력 및 장비의 보유 현황 및 검사결과 등을 환경부장관이 정하는 바에 따라 보고하여야 한다.
		제70조의2(자동차제작자의 검사·장비 관리 등에 대한 확인) 환경부장관은 법 제50조제3항에 따라 자동차제작자가 법 제50조제2항에 따라 검사를 하기 위한 인력과 장비를 적정하게 관리하는지를 3년마다 확인하여야 한다. 다만, 다음 각 호의 어느 하나에 해당되는 경우로서 부득이하게 확인을 연기할 필요가 있다고 인정되는 경우에는 그 기간을 6개월 이내에서 연기할 수 있다. 1. 외국의 제작자로부터 자동차를 수입하는 경우 2. 자동차 수급에 지장이 발생할 우려가 있는 경우 3. 그 밖에 제1호 및 제2호와 유사한 사유로 환경부장관이 기간 연장이 필요하다고 인정하는 경우 [본조신설 2012. 10. 26.]
		제71조(자동차제작자의 설비 이용 등) 법 제50조제4항에 따라 자동차제작자의 설비를 이용하거나 다음 각 호의 지정하는 장소에서 검사할 수 있는 경우는 다음 각 호와 같다. 1. 국가검사장비의 미설치로 검사를 할 수 없는 경우

대기환경보전법	대기환경보전법 시행령	대기환경보전법 시행규칙
제50조의2(자동차의 평균 배출량 등) ① 자동차제작자는 제작하는 자동차에서 나오는 배출가스를 자종별로 평균한 값(이하 "평균 배출량"이라 한다)이 환경부령으로 정하는 기준(이하 "평균 배출허용기준"이라 한다)에 적합하도록 자동차를 제작하여야 한다. ② 제1항에 따라 평균 배출허용기준을 적용받는 자동차를 제작하는 자는 매년 2월 말일까지 환경부령으로 정하는 바에 따라 전년도의 평균 배출량 달성 실적을 작성하여 환경부장관에게 제출하여야 한다. ③ 제1항에 따른 평균 배출허용기준을 적용받는 자동차 및 자동차제작자의 범위, 평균 배출량의 산정 방법 등 필요한 사항은 환경부령으로 정한다. [본조신설 2012. 2. 1.] 제50조의3(평균 배출허용기준을 초과한 자동차제작자에 대한 상환명령 등) ① 자동차제작자는 해당 연도의 평균 배출량이 평균 배출허용기준 이내인 경우 그 차이를 그 다음 연도부터 정하는 연도까지의 차이 분에 대한 인정범위만큼을 다음 연도부터 환경부령으로 정하는 기간 동안에 이월하여 사용할 수 있다. ② 환경부장관은 해당 연도의 평균 배출량이 평균 배		2. 검사업무를 수행하는 과정에서 해당 사유로 도로 등에서 주행시험을 할 필요가 있는 경우 3. 검사업무를 능률적으로 수행하기 위하여 또는 부득이한 사유로 환경부장관이 필요하다고 인정하는 경우 [전문개정 2013. 5. 24.] 제71조의2(평균 배출허용기준 등) ① 법 제50조의2 제1항 및 제3항에 따른 평균 배출허용기준의 적용을 받는 자동차 및 자동차제작자의 범위와 평균 배출허용기준은 별표 19의2와 같다. ② 법 제50조의2제2항에 따른 자동차의 평균 배출량 달성 실적 제출은 별지 제35조의2서식에 따른다. ③ 제2항에 따라 평균 배출량 실적 보고서를 제출받은 환경부장관은 그 실적을 확인한 후 별지 제35조의3서식에 따른 자동차제작자에게 발급하여야 한다. ④ 법 제50조의2제2항에 따른 평균 배출량의 산정 방법 등은 별표 19의3과 같다. [본조신설 2012. 2. 3.] 제71조의3(평균 배출량의 차이분 및 초과분의 이월 및 상환 등) ① 법 제50조의3제1항에 따른 차이분은 발생 연도의 다음 해부터 5년간 그 전부를 이월하여 사용할 수 있으며, 그 이후로는 이월하여 사용할 수 없다. 〈개정 2014. 12. 30.〉 ② 환경부장관은 법 제50조의3제2항에 따라 자동차 제작자가 평균 배출허용기준을 초과한 경우에는 그

대기환경보전법	대기환경보전법 시행령	대기환경보전법 시행규칙

대기환경보전법

출하용기준을 초과한 자동차제작자에 대하여 그 초과분이 발생한 연도부터 환경부령으로 정하는 기간 내에 조과분을 상환할 것을 명할 수 있다.

③ 제2항에 따른 명령(이하 "상환명령"이라 한다)을 받은 자동차제작자는 같은 항에 따른 조과분을 상환하기 위한 계획(이하 "상환계획서"라 한다)를 작성하여 상환명령을 받은 날부터 2개월 이내에 환경부장관에게 제출하여야 한다.

④ 제1항부터 제3항까지에 따른 차이분 및 조과분의 산정 방법, 연도별 인정범위, 상환계획서에 포함되어야 할 사항 등 필요한 사항은 환경부령으로 정한다.

[본조신설 2012. 2. 1.]

제51조(결함확인검사 및 결함의 시정) ① 자동차제작자는 배출가스보증기간 내에 운행 중인 자동차에서 나오는 배출가스가 배출허용기준에 맞는지에 대하여 환경부장관의 검사(이하 "결함확인검사"라 한다)를 받아야 한다.

② 결함확인검사 대상 자동차의 선정기준, 검사방법, 검사절차, 검사기준, 판정방법, 검사수수료 등에 필요한 사항은 환경부령으로 정한다.

③ 환경부장관이 제2항의 환경부령을 정하는 경우에는 관계 중앙행정기관의 장과 협의하여야 하며, 매년 같은 항의 선정기준에 따라 결함확인검사를 받아야 할 대상 자동차를 결정·고시하여야 한다.

대기환경보전법 시행규칙

조과분을 다음 연도 말까지 상환하도록 명하여야 한다. 다만, 2016년부터 발생한 조과분은 그 다음 해부터 3년 이내에 상환할 수 있다. 〈개정 2014. 12. 30.〉

③ 법 제50조의3제3항에 따른 상환계획서에는 다음 각 호의 사항이 포함되어야 한다.

1. 자동차제작자의 평균 배출량 적용대상 자동차 인증 현황 및 향후 개발계획
2. 당해 연도 조과분 발생사유
3. 상환기간 내 자동차 별 판매계획

④ 환경부장관은 제3항에 따른 상환계획이 적정하지 아니하다고 판단될 때에는 상환계획서를 보완할 것을 요구할 수 있다.

⑤ 법 제50조의3제4항에 따른 차이분 및 조과분의 산정방법은 별표 19의3에 따른다.

[본조신설 2012. 2. 3.]

제72조(결함확인검사대상 자동차) ① 법 제51조제2항에 따른 결함확인검사의 대상이 되는 자동차는 보증기간이 정하여진 자동차로서 다음 각 호에 해당되는 자동차로 한다.

1. 자동차제작자가 정하는 사용안내서 및 정비안내서에 따르거나 그에 준하여 사용하고 정비한 자동차
2. 원동기의 대분해수리(무상보증수리를 포함한)를 받지 아니한 자동차
3. 무연휘발유만을 사용한 자동차(휘발유사용 자동차만 해당한다)
4. 최초로 구입한 자가 계속 사용하고 있는 자동차
5. 전용용으로 계속 사용하지 아니한 자동차

대기환경보전법	대기환경보전법 시행령	대기환경보전법 시행규칙
④환경부장관은 결함을 검사인증기준에서 검사 대상차가 제작차배출허용기준에 맞지 아니하다고 판정되고, 그 사유가 자동차제작자에게 있다고 인정되면 그 자동차에 대하여 결함을 시정하도록 명할 수 있다. 다만, 자동차제작자가 결함사실을 인정하고 스스로 그 결함을 시정하려는 경우에는 결함시정명령을 생략할 수 있다. ⑤제4항에 따른 결함시정명령을 받거나 스스로 자동차의 결함을 시정하려는 자동차제작자는 환경부령으로 정하는 바에 따라 그 자동차의 결함시정에 관한 계획을 수립하여 환경부장관의 승인을 받아 시행하고, 그 결과를 환경부장관에게 보고하여야 한다. ⑥환경부장관은 제5항에 따른 결함시정결과를 보고받아 검토한 결과 결함시정계획이 이행되지 아니한 경우, 그 사유가 결함시정명령을 받은 자 또는 스스로 결함을 시정하고자 한 자에게 인정하는 경우에는 기간을 정하여 다시 결함을 시정하도록 명하여야 한다.		6. 사용상의 부주의 및 현재제조면으로 인하여 배출가스 관련부품이 고장을 일으키기 아니한 자동차 7. 그 밖에 현저하게 비정상적인 방법으로 사용되지 아니한 자동차 ②국립환경과학원장은 법 제51조에 따른 결함확인 검사를 하려는 경우에는 제9항에 따른 자동차 중에 서 인증(변경인증을 포함한다)별 · 연식별로, 예비 검사인 경우 5대의 자동차를, 본검사인 경우 10대의 자동차를 선정하여야 한다. 〈개정 2013. 5. 24.〉 ③국립환경과학원장은 제2항에 따라 결함확인검 사용 자동차를 선정한 경우에는 배출가스관련장치 를 봉인하는 등 필요한 조치를 하여야 한다. 〈개정 2013. 5. 24.〉 ④국립환경과학원장은 결함확인검사대상 자동차 로 선정된 자동차가 제1항 각 호의 요건에 해당되지 아니하는 사실을 검사과정에서 알게 된 경우에는 해당 자동차를 결함확인검사대상에서 제외하고, 제 외된 대수만큼 결함확인검사대상 자동차를 다시 선 정하여야 한다. 〈개정 2013. 5. 24.〉 ⑤제2항에 따른 결함확인검사대상 자동차 선정방 법 · 절차 등에 관하여 그 밖에 필요한 사항은 환경 부장관이 정하여 고시한다. 제75조(결함시정명령 등) ①법 제51조제4항에 따른 결함시정명령은 별지 제36호서식에 따른다. ②자동차제작자가 법 제51조제5항에 따라 결함시정 계획의 승인을 받으려는 경우에는 결함시정명령 을 받거나 스스로 결함을 시정하려는 것을 통지한 날부터

대기환경보전법	대기환경보전법 시행령	대기환경보전법 시행규칙
		45일 이내에 별지 제37조서식의 결함시정계획서에 다음 각 호의 서류를 첨부하여 환경부장관에게 제출하여야 한다. 1. 결함시정대상 자동차의 판매 명세서 2. 결함발생원인 명세서 3. 결함발생자동차의 범위결정명세서 4. 결함개선대책 및 결함개선확인서 5. 결함시정에 드는 비용예측서 6. 결함시정대상 자동차 소유자에 대한 결함시정내용의 통지계획서
제52조(부품의 결함시정) ① 배출가스보증기간 내에 있는 자동차의 소유자 또는 운행자는 환경부장관이 산업통상자원부장관 및 국토교통부장관과 협의하여 환경부령으로 정하는 배출가스관련부품(이하 "부품"이라 한다)이 정상적인 성능을 유지하지 아니하는 경우에는 자동차제작자에게 그 결함을 시정할 것을 요구할 수 있다. 〈개정 2013. 3. 23.〉 ② 제1항에 따라 결함의 시정을 요구받은 자동차제작자는 지체 없이 그 요구사항을 검토하여 결함을 시정하여야 한다. 다만, 자동차제작자가 자신의 고의나 과실이 없음을 입증한 경우에는 그러하지 아니하다. ③ 환경부장관은 제2항 본문에 따라 부품의 결함을 시정하여야 하는 자동차제작자가 정당한 사유 없이 그 부품의 결함을 시정하지 아니한 경우에는 환경부령으로 정하는 기간 내에 결함을 시정을 명할 수 있다. 〈신설 2015. 12. 1.〉		**제76조(배출가스 관련부품)** 법 제52조제1항에 따른 배출가스관련부품은 별표 20과 같다. **제76조의2(부품의 결함시정명령 기간 등)** 환경부장관은 법 제52조제3항에 따라 자동차제작자에게 부품의 결함을 90일 이내에 시정하도록 명할 수 있다. 이 경우 자동차제작자는 결함시정 결과를 환경부장관에게 제출하여야 한다. [본조신설 2016. 6. 2.]

대기환경보전법	대기환경보전법 시행령	대기환경보전법 시행규칙
제53조(부품의 결함 보고 및 시정) ① 자동차제작자는 제52조제1항에 따른 부품의 결함 건수나 비율이 대통령령으로 정하는 요건에 해당하는 경우에는 대통령령으로 정하는 바에 따라 배출가스 보증기간 이내에 이루어진 부품의 결함 현황 및 결함원인 분석 현황을 환경부장관에게 보고하여야 한다. 다만, 제52조제1항에 따른 결함시정 요구가 있었던 부품과 동일한 조건하에 생산된 동종의 부품에 대하여 스스로 결함을 시정할 것을 환경부장관에게 사전에 통지한 경우에는 그러하지 아니하다. 〈개정 2017. 11. 28.〉 ② 자동차제작자는 제52조제1항에 따른 부품의 결함시정 요구 건수나 비율이 대통령령으로 정하는 요건에 해당하는 경우에는 매년 1월 31일까지 환경부령으로 정하는 바에 따라 배출가스보증기간 이내에 이루어진 부품의 결함시정 현황을 환경부장관에게 보고하여야 한다. 〈개정 2017. 11. 28.〉 ③ 환경부장관은 부품의 결함 건수 또는 결함 비율이 대통령령으로 정하는 요건에 해당하는 경우에는 해당 자동차제작자에게 환경부령으로 정하는 기간 이내에 그 부품의 결함을 시정하도록 명하여야 한다. 다만, 자동차제작자가 그 부품의 결함에도 불구하고 배출가스보증기간 동안 자동차가 제작차배출허용기준에 맞게 유지된다는 것을 입증한 경우에는 그러하지 아니하다. 〈개정 2017. 11. 28.〉 ④ 자동차제작자가 제1항 및 제3항 본문에 따라 결함을 시정하는 경우에는 제51조제5항을 준용	**제50조(부품의 결함시정 현황 및 결함원인 분석 현황의 보고)** ① 자동차제작자는 법 제53조제1항 본문에 따라 다음 각 호의 어느 하나에 해당하는 경우에는 그 분기가 끝난 후 30일 이내에 시행령제1항을 파악하여 해당 부품의 결함시정 현황인 분석 현황을 환경부장관에게 보고하여야 한다. 〈개정 2012. 5. 22.〉 1. 같은 연도에 판매된 같은 차종의 같은 부품에 대한 결함시정 요구 건수가 40건 이상인 경우 2. 같은 연도에 판매된 같은 차종의 같은 부품에 대한 결함시정 요구 건수의 판매 대수에 대한 비율(이하 "결함시정요구율"이라 한다)이 2퍼센트 이상인 경우 ② 자동차제작자는 법 제53조제1항 본문에 따라 다음 각 호의 어느 하나에 해당하는 경우에는 그 분기부터 매 분기가 끝난 후 90일 이내에 환경부장관에게 결함원인 분석 현황을 보고하여야 한다. 〈개정 2018. 11. 27.〉 1. 같은 연도에 판매된 같은 차종의 같은 부품에 대한 결함시정 요구 건수가 50건 이상인 경우 2. 결함시정요구율이 4퍼센트 이상인 경우 ③ 제1항 또는 제2항에 따른 보고기간간의 배출가스 관련 부품 보증기간이 끝나는 날이 속하는 분기가 자료로 한다. ④ 제1항 및 제2항에 따른 보고의 구체적 내용 등은 환경부령으로 정한다. [제목개정 2018. 11. 27.]	**제77조(결함시정 현황 및 부품결함 현황의 보고내용 등)** ① 자동차제작자는 영 제50조제1항에 따라 다음 각 호의 사항을 파악하여 부품의 결함을 보고하여야 한다. 〈개정 2018. 11. 29.〉 1. 영 제50조제1항제1호에 따른 결함시정 요구건수와 같은 항 제2호에 따른 결함시정 요구율 및 그 산정근거 2. 부품의 결함시정 내용 3. 결함을 시정한 부품이 부착된 자동차의 명세(자동차 명칭, 배출가스 인증번호, 사용연료) 및 판매명세 4. 결함을 시정한 부품의 명세(부품명칭 · 부품번호) ② 자동차제작자는 법 제53조제2항 및 영 제50조의2에 따라 결함시정 현황을 보고하여야 하는 경우에는 다음 각 호의 사항을 보고하여야 한다. 〈신설 2016. 6. 2.〉 1. 법 제52조제1항에 따른 부품의 결함시정 요구 건수, 요구 비율 및 산정 근거 2. 부품의 결함시정 내용 3. 결함을 시정한 부품이 부착된 자동차의 명세(자동차 명칭, 배출가스 인증번호, 사용연료) 및 판매명세 4. 결함을 시정한 부품의 명세(부품명칭 · 부품번호) ③ 자동차제작자는 영 제50조제2항에 따라 다음 각 호의 사항을 파악하여 결함원인 분석 현황을 보고하여야 한다. 〈개정 2018. 11. 29.〉 1. 영 제50조제1항에 따른 결함시정 요구건수

대기환경보전법	대기환경보전법 시행령	대기환경보전법 시행규칙
한다. 〈개정 2017. 11. 28.〉 ⑤ 삭제 〈2017. 11. 28.〉		와 같은 항 제2호에 따른 결함시정요구용 및 그 시정근거 2. 결함을 시정한 부품의 결함발생원인 3. 영 제51조제1항에 따른 부품의 결함시정명령 요건에 해당되는 경우에는 그 시정근거 ④ 영 제50조제3항에 따른 배출가스 관련부품 보증기간은 다음 각 호의 구분에 따른다. 〈개정 2017. 9. 28.〉 1. 대형 승용차·화물차, 초대형 승용차·화물차, 이륜자동차(50시시 이상만 해당한다)의 배출가스 관련부품 2. 전심기계 원동기, 농업기계 원동기의 배출가스 관련부품 : 1년 3. 제1호 및 제2호 외의 자동차의 배출가스 관련부품 가. 정화용촉매 및 전자제어장치 : 5년 나. 가목 외의 배출가스 관련부품 : 3년
	제50조의2(결함시정 현황 보고의 요건) 법 제53조제2항에 따라 자동차제작자가 매년 1월 말일까지 결함시정 현황을 환경부장관에게 보고하여야 하는 경우는 다음 각 호의 어느 하나에 해당하는 경우로 한다. 1. 같은 연도에 판매된 같은 차종의 같은 부품에 대한 결함시정 요구 건수가 40건 미만인 경우 2. 결함시정요구율이 2퍼센트 미만인 경우 [본조신설 2016. 5. 31.]	
	제51조(부품의 결함시정 명령의 요건) ① 환경부장관은 다음 각 호의 모두에 해당하는 경우에는 법 제	

대기환경보전법	대기환경보전법 시행령	대기환경보전법 시행규칙
	53조제3항 본문에 따라 그 부품의 결함을 시정하도록 명하여야 한다. 〈개정 2018. 11. 27.〉 1. 같은 연도에 판매된 같은 차종의 같은 부품에 대한 부품결함 건수(제작결함으로 부품을 조정하거나 교환한 건수를 말한다. 이하 이 항에서 같다)가 50건 이상인 경우 2. 같은 연도에 판매된 같은 차종의 같은 부품에 대한 부품결함 건수가 판매 대수의 4퍼센트 이상인 경우 ② 삭제 〈2018. 11. 27.〉 [제목개정 2018. 11. 27.]	제77조의2(부품의 결함 시정명령 기간) 법 제53조제3항에서 "환경부령으로 정하는 기간"이란 해당 분기가 끝난 후 15일 이내를 말한다. [전문개정 2018. 11. 29.]
제54조(자동차 배출가스 정보관리 전산망 설치 및 운영) 환경부장관은 자동차의 배출가스에 관한 자료의 수집·관리를 위하여 「자동차관리법」 제69조에 따른 전산정보처리조직과 연계한 전산망(이하 "자동차 배출가스 종합전산체계"라 한다)을 환경부령으로 정하는 바에 따라 설치·운영할 수 있다. 〈개정 2015. 1. 20.〉 [제목개정 2015. 1. 20.]		
제55조(인증의 취소) 환경부장관은 다음 각 호의 어느 하나에 해당하는 경우에는 인증을 취소할 수 있다. 다만, 제1호나 제2호에 해당하는 경우에는 그 인		

대기환경보전법	대기환경보전법 시행령	대기환경보전법 시행규칙
증을 취소하여야 한다. 〈개정 2012. 2. 1.〉 1. 거짓이나 그 밖의 부정한 방법으로 인증을 받은 경우 2. 제작차에 중대한 결함이 발생되어 개선하여도 제작차배출허용기준을 유지할 수 없는 경우 3. 제50조제7항에 따른 자동차의 판매 또는 출고 정지명령을 위반한 경우 4. 제51조제4항이나 제6항에 따른 결함시정명령을 이행하지 아니한 경우		
제56조(과징금 처분) ① 환경부장관은 자동차제작자가 다음 각 호의 어느 하나에 해당하는 경우에는 그 자동차제작자에 대하여 매출액에 100분의 5를 곱한 금액을 초과하지 아니하는 범위에서 과징금을 부과할 수 있다. 이 경우 과징금의 금액은 500억원을 초과할 수 없다. 〈개정 2016. 12. 27.〉 1. 제48조제1항을 위반하여 인증을 받지 아니하고 자동차를 제작하여 판매한 경우 2. 거짓이나 그 밖의 부정한 방법으로 제48조에 따른 인증 또는 변경인증을 받은 경우 3. 제48조제1항에 따라 인증받은 내용과 다르게 자동차를 제작하여 판매한 경우 ② 제1항에 따른 과징금은 위반행위의 종류, 배출가스의 증감 정도 등을 고려하여 대통령령으로 정하는 기준에 따라 부과한다. 〈개정 2016. 12. 27.〉 ③ 제1항에 따라 부과되는 과징금의 징수 및 용도에 관하여는 제37조제4항 및 제5항을 준용한다. 〈개정 2012. 2. 1.〉	제52조(과징금 산정 등) 법 제56조제2항에 따른 위반행위의 종류, 배출가스의 증감 정도 등에 따른 과징금의 부과기준은 별표 12와 같다. 〈개정 2017. 12. 26.〉	

대기환경보전법	대기환경보전법 시행령	대기환경보전법 시행규칙
제57조(운행차배출허용기준) 자동차(제2조제13호가목에 따른 자동차 중 이륜자동차를 포함한다. 다만, 전기이륜자동차 등 환경부령으로 정하는 이륜자동차는 그러하지 아니하다)의 소유자는 그 자동차에서 배출되는 배출가스가 환경부령으로 정하는 운행차배출가스허용기준(이하 "운행차배출허용기준"이라 한다)에 맞게 운행하거나 운행하게 하여야 한다. 〈개정 2012. 5. 23.〉		제78조(운행차배출허용기준) 법 제57조에 따른 배출가스 종류별 운행차배출허용기준은 별표 21과 같다. 〈개정 2013. 2. 1.〉 제78조의2(운행차 배출가스허용기준 및 배출가스 정기검사 제외 이륜자동차) 법 제57조에 따른 운행차배출가스허용기준 적용 대상에서 제외되는 이륜자동차 및 법 제62조제2항 단서에 따라 운행차배출가스 정기검사 대상에서 제외되는 이륜자동차는 다음 각 호의 어느 하나에 해당하는 것으로 한다. 〈개정 2018. 3. 2.〉 1. 전기이륜자동차 2. 「자동차관리법」 제48조에 따른 이륜자동차 사용 신고 대상에서 제외되는 이륜자동차 3. 배기량이 50시시 미만인 이륜자동차 4. 배기량이 50시시 이상 260시시 이하로서 2017년 12월 31일 이전에 제작된 이륜자동차 [본조신설 2013. 5. 24.]
제58조(저공해자동차의 운행 등) ① 시·도지사 또는 시장·군수는 관할 지역의 대기질 개선 또는 기후·생태계 변화유발물질 배출감소를 위하여 필요하다고 인정하면 그 지역에서 운행하는 자동차 중 차령과 대기오염물질 또는 기후·생태계 변화유발물질 배출정도 등에 관하여 환경부령으로 정하는 요건을 충족하는 자동차의 소유자에게 그 시·도 또는 시·군의 조례에 따라 그 자동차에 대하여 다음 각 호의 어느 하나에 해당하는 조치를 하도록 명령하거나		제79조(저공해 조치대상 자동차) 법 제58조제1항 각 호 외의 부분에서 "환경부령으로 정하는 요건을 충족하는 자동차"란 별표 18에 따른 배출가스보증기간이 지난 자동차 중 별표 17 제1호마목부터 사목까지 및 제2호마목부터 사목까지에 규정에 따른 제작차배출허용기준에 맞게 제작된 자동차를 제외한 자동차를 말한다. 〈개정 2013. 2. 1.〉 제79조의2(배출가스저감장치의 부착 등의 저공해 조치) ① 법 제58조제2항에 따라 부착·교체하거나 개

대기환경보전법	대기환경보전법 시행령	대기환경보전법 시행규칙
조기에 폐차할 것을 권고할 수 있다. 〈개정 2017. 11. 28.〉 1. 저공해자동차로의 전환 또는 개조 2. 배출가스저감장치의 부착 또는 교체 및 배출가스 관련 부품의 교체 3. 저공해엔진(혼소엔진을 포함한다)으로의 개조 또는 교체 ② 배출가스보증기간이 경과한 자동차의 소유자는 해당 자동차에서 배출되는 배출가스가 제57조에 따른 운행차배출허용기준에 적합하게 유지되도록 환경부령으로 정하는 바에 따라 배출가스저감장치를 부착 또는 교체하거나 저공해엔진으로 개조 또는 교체할 수 있다. 〈신설 2012. 2. 1.〉 ③ 국가나 지방자치단체는 저공해자동차의 보급, 배출가스저감장치의 부착 또는 교체와 저공해엔진으로의 개조 또는 교체를 촉진하기 위하여 다음 각 호의 어느 하나에 해당하는 자에 대하여 예산의 범위에서 필요한 자금을 보조하거나 융자할 수 있다. 〈개정 2016. 1. 27.〉 1. 저공해자동차를 구입하거나 저공해자동차로 개조하는 자 2. 저공해자동차에 연료를 공급하기 위한 시설 중 다음 각 목의 시설을 설치하는 자 가. 천연가스를 연료로 사용하는 자동차에 천연가스를 공급하기 위한 시설로서 환경부장관이 정하는 시설 나. 전기를 연료로 사용하는 자동차(이하 "전기자		조·교체하는 배출가스저감장치 및 저공해엔진의 종류는 환경부장관이 자동차의 배출허용기준 초과 정도, 그 자동차의 차종이나 차령 등을 고려하여 고시할 수 있다. ② 법 제58조제1항·제3항에 따라 배출가스저감장치를 부착·교체하거나 저공해엔진으로 개조·교체한 자(법 제58조제2항의 경우 같은 조 제3항에 해당하는 자만 해당한다)는 별지 제37조의2서식의 배출가스저감장치 부착·교체 증명서 또는 저공해엔진 개조·교체 증명서를 시·도지사 또는 시장·군수에게 제출하여야 한다. 〈개정 2018. 11. 29.〉 [본조신설 2013. 2. 1.] [종전 제79조의2는 제79조의3으로 이동 〈2013. 2. 1.〉] 제79조의3(배출가스저감장치 등의 관리) ① 법 제58조제4항에 따라 환경부장관이 의무운행 기간을 설정할 수 있는 범위는 2년으로 한다. 〈개정 2013. 5. 24.〉 ② 법 제58조제10항에 따른 지원금액의 회수기준은 별표 21의2와 같다. 〈개정 2017. 12. 28.〉 [본조신설 2008. 9. 19.] [제79조의2에서 이동, 종전 제79조의3은 제79조의4로 이동 〈2013. 2. 1.〉] 제79조의4(배출가스저감장치 등의 반납) ① 자동차의 소유자가 법 제58조제3항에 따라 정비를 지원받아 배출가스저감장치를 부착하거나 저공해엔진으로 개조한 자동차를 수출하거나 폐차하

대기환경보전법	대기환경보전법 시행령	대기환경보전법 시행규칙
동차"라 한다)에 전기를 충전하기 위한 시설 등서 환경부장관이 정하는 시설 다. 그 밖에 태양광, 수소연료 등 환경부장관이 정하는 저공해자동차 연료공급시설 3. 제1항 또는 제2항에 따라 자동차에 배출가스저감장치를 부착 또는 교체하거나 자동차의 엔진을 저공해엔진으로 개조 또는 교체하는 자 4. 제1항에 따라 자동차의 배출가스 관련 부품을 교체하는 자 5. 제1항에 따른 권고에 따라 자동차를 조기에 폐차하는 자 6. 그 밖에 배출가스가 매우 적게 배출되는 것으로서 환경부장관이 정하여 고시하는 자동차를 구입하는 자 ④ 환경부장관은 제3항제1호ㆍ제3호ㆍ제4호 및 제6호에 따라 경비를 지원받은 자동차의 소유자(당해 소유자로부터 소유권을 이전받은 자를 포함한다. 이하 이 조에서 "소유자"라 한다)에게 환경부령으로 정하는 기간의 범위에서 해당 자동차의 의무운행 기간을 설정할 수 있다. <개정 2013. 4. 5.> ⑤ 소유자는 해당 자동차의 폐차ㆍ수출 등을 위하여 자동차 등록을 말소하고자 하는 경우(전기자동차를 수출하기 위하여 자동차 등록을 말소하는 경우는 제외한다) 환경부령으로 정하는 바에 따라 다음 각 호의 장치 및 부품 등을 해당 지방자치단체의 장에게 반납하여야 한다. 이 경우 국가나 지방자치단체는 장치 및 부품 등의 반납에 드는 비용의 일		기 위하여 별 제58조제5항에 따라 배출가스저감장치 또는 저공해엔진을 반납하거나 같은 조 제6항에 따라 장치 또는 부품의 진존가치에 해당하는 금액을 금전으로 납부하려는 경우에는 별지 제37조의3서식의 배출가스저감장치(저공해엔진) 반납신청서에 제해 또는 제해, 도난의 사유를 증명할 수 있는 서류 1부(사고, 제해, 도난의 사유로 반납하거나 납부하는 경우만 해당한다)를 첨부하여 시ㆍ도지사에게 반납하거나 납부하여야 한다. 이 경우 담당 공무원은 「전자정부법」 제36조제1항에 따른 행정정보의 공동이용을 통하여 자동차등록증을 확인하여야 하며, 신청인이 확인에 동의하지 아니하는 경우에는 그 사본을 첨부하도록 하여야 한다. <개정 2017. 12. 28.> ② 제1항 전단에 따른 장치 또는 부품의 진존가치에 해당하는 금액은 구체적인 산정방법은 해당 장치 또는 부품에 함유된 귀금속의 종류, 함량 및 거래가격 등을 고려하여 환경부장관이 정하여 고시한다. <신설 2017. 12. 28.> ③ 자동차의 소유자가 별 제58조제3항에 따라 경비를 지원받은 전기자동차를 폐차하기 위하여 별 제58조제5항에 따라 전기자동차의 배터리를 반납하려는 경우에는 시ㆍ도지사에게 반납하여야 한다. <신설 2017. 12. 28.> ④ 제1항 또는 제2항에 따라 반납을 받은 시ㆍ도지사는 별지 제37조의4서식의 반납확인증명서를 발급하여야 하며, 「자동차관리법」 제13조에 따라 자

대기환경보전법	대기환경보전법 시행령	대기환경보전법 시행규칙
부를 예산의 범위에서 지원할 수 있다. 〈개정 2017. 11. 28.〉 1. 부착 또는 교체된 배출가스저감장치 2. 개조 또는 교체된 자동차엔진 3. 제3항에 따라 정비를 지원받은 자동차(제3항제1호·제4호 및 제6호에 따라 정비를 지원받은 천연가스자동차는 제외한다)로서 환경부령으로 정하는 자동차의 배터리, 그 밖의 장치·부품 ⑥ 제5항에도 불구하고 소유자는 같은 항 제1호 및 제2호의 장치 및 부품 등의 경우에는 환경부령으로 정하는 바에 따라 해당 장치 또는 부품이 진존가치에 해당하는 금액을 금전으로 납부할 수 있다. 〈신설 2016. 12. 27.〉 ⑦ 환경부장관 또는 지방자치단체의 장은 제5항에 따라 반납받은 배출가스저감장치 등을 재사용 또는 재활용하여야 한다. 〈개정 2016. 12. 27.〉 ⑧ 환경부장관 또는 지방자치단체의 장은 제5항에 따라 반납받은 배출가스저감장치 등이 재사용·재활용이 불가능하다고 환경부령으로 정한 사유에 해당하는 경우에는 매각하여야 한다. 〈개정 2016. 12. 27.〉 ⑨ 제6항에 따라 장수한 금액과 제8항에 따른 매각 대금은 「환경정책기본법」에 따른 환경개선특별회계의 세입으로 하고, 제3항에 따른 지원 및 지원받은 동차의 개발·연구사업에 필요한 경비 등 환경부령으로 정하는 경비에 충당할 수 있다. 〈신설 2016. 12. 27.〉 ⑩ 환경부장관 및 지방자치단체의 장은 소유자가		동차의 등록을 말소할 때에 반납확인증서에 적힌 자동차와 일치하는지를 확인하여야 한다. 〈개정 2017. 12. 28.〉 [본조신설 2008. 9. 19.] [제79조의3에서 이동, 종전 제79조의4는 제79조의5로 이동 〈2013. 2. 1.〉] 제79조의5(배출가스저감장치 등의 매각) 법 제58조제8항에서 "환경부령으로 정한 사유에 해당하는 경우"란 다음 각 호의 어느 하나에 해당하는 경우를 말한다. 〈개정 2017. 12. 28.〉 1. 배출가스저감장치 또는 저공해엔진의 저감효율이 제80조에 따른 배출가스저감장치 및 저공해엔진의 저감효율에 미달하는 경우 2. 육안검사 결과 배출가스저감장치 또는 저공해엔진이 훼손되어 내부 부품이 온전하지 못한 경우 3. 배출가스저감장치 또는 저공해엔진의 노후에 대한 재사용·재활용 신청이 없어 향후 재사용·재활용이 가능성이 없다고 환경부장관이 판단하는 경우 4. 전기자동차 배터리의 재사용 또는 재활용이 불가하다고 환경부장관이 판단하는 경우 [전문개정 2013. 5. 24.] 제79조의6(배출가스저감장치 등의 매각 시 매입의 사용) 법 제58조제9항에서 "환경부령으로 정하는 경비"란 다음 각 호의 어느 하나에 쓰이는 경비를 말한다. 〈개정 2017. 12. 28.〉 1. 보증기간이 경과된 배출가스저감장치 또는 저공

대기환경보전법	대기환경보전법 시행령	대기환경보전법 시행규칙
제4항에 따른 의무 운행 기간을 충족하지 못한 경우 환경부령으로 정하는 바에 따라 제3항에 따라 지원된 경비의 일부를 회수할 수 있다. 〈개정 2016. 12. 27.〉 ⑪ 특별시장·광역시장·특별자치시장·특별자치도지사·시장·군수는 저공해자동차 또는 제3항에 따라 배출가스저감장치를 부착하거나 저공해엔진으로 개조 또는 교체한 자동차에 대하여 외부에서 식별이 가능하도록 환경부령으로 정하는 바에 따라 표지(標識)를 부착하게 할 수 있다. 〈개정 2016. 12. 27.〉 ⑫ 환경부장관이나 특별시장·광역시장·특별자치시장·특별자치도지사·시장·군수는 제11항에 따른 표지를 부착한 자동차에 대하여 주차료 감면 등 필요한 지원을 할 수 있다. 〈개정 2016. 12. 27.〉 ⑬ 지방자치단체는 제3항제5호에 따른 경비지원에 필요한 절차를 제78조에 따라 설립된 한국자동차환경협회로 하여금 대행하도록 할 수 있다. 〈개정 2016. 12. 27.〉 ⑭ 제3항에 따라 경비지원에 필요한 절차를 대행하는 한국자동차환경협회는 「전기·전자제품 및 자동차의 자원순환에 관한 법률」 제25조제1항에 따라 폐자동차 재활용비율을 높이 등이 담당하는 자동차폐차잔업자에게 환경부장관이 정하는 바에 따라 제3항에 따라 경비를 지원하는 자의 자동차 폐차가 우선 배정되도록 하여야 한다. 〈개정 2017. 11. 28.〉 ⑮ 환경부장관은 저공해자동차 중 전기자동차의 충전에 관한 정보 정보를 관리하기 위하여 전기자동차 충전 정보관리 전산망을 환경부령으로 정하는 바에 따라 배출		해엔진의 클리닝, 무성점검, 튜닝 및 그 밖의 사후관리 2. 제사용·재활용하는 배출가스저감장치 또는 저공해엔진의 성능향상을 위한 선별 및 관리 3. 반납받은 배출가스저감장치 또는 저공해엔진의 회수·보관·매각 등 4. 운행차 저공해화 또는 저공해·저연비자동차 관련 기술개발 및 연구사업 5. 저공해자동차의 보급, 배출가스저감장치의 부착, 저공해엔진으로의 개조 및 조기폐차를 촉진하기 위한 홍보사업 [본조신설 2013. 5. 24.] [종전 제79조의6은 제79조의8로 이동 〈2013. 5. 24.〉] 제79조의7(저공해자동차 표지 등의 부착) ① 특별시장·광역시장·특별자치시장·특별자치도지사·시장·군수는 법 제58조제11항에 따라 다음 각 호의 구분에 따른 표지를 내주어야 한다. 〈개정 2017. 12. 28.〉 1. 저공해자동차를 구매하여 등록한 경우 : 저공해자동차 표지 2. 배출가스저감장치를 부착한 자가 배출가스저감장치 부착증명서를 제출한 경우 : 배출가스저감장치 부착 자동차 표지 3. 저공해엔진으로 개조·교체한 자가 저공해엔진 개조·교체증명서를 제출하는 경우 : 저공해엔진 개조·교체 자동차 표지 ② 제1항 각 호의 표지에는 저공해자동차 또는 배출

대기환경보전법	대기환경보전법 시행령	대기환경보전법 시행규칙
마다 설치·운영할 수 있다. 〈개정 2016. 12. 27.〉 ⑯ 환경부장관은 저공해자동차 중 전기자동차 보급을 활성화하기 위하여 제3항제2호나목에 따른 전기자동차 충전시설을 환경부령으로 정하는 바에 따라 설치·운영할 수 있다. 〈개정 2016. 12. 27.〉 ⑰ 환경부장관은 제3항에 따라 자금을 보조하거나 융자할 수 있는 지원 대상을 정하기 위하여 환경부령으로 정하는 바에 따라 전기자동차 성능 평가를 실시할 수 있다. 〈개정 2016. 12. 27.〉		가스거감장치 및 저공해엔진의 종류 등을 표시하여야 한다. ③ 제1항 각 호의 표지를 교부받으려는 자는 해당 표지를 자량 외부에서 잘 보일 수 있도록 부착하여야 한다. ④ 제1항 각 호의 표지의 규격, 구체적인 부착방법 등은 환경부장관이 정하여 고시한다. [본조신설 2013. 5. 24.] 제79조의8(전기자동차 충전시설의 설치·운영) ① 한국환경공단 또는 법 제78조에 따른 한국자동차환경협회(이하 "한국자동차환경협회"라 한다)는 법 제58조제16항에 따라 다음 각 호의 시설에 전기자동차 충전시설을 설치할 수 있다. 〈개정 2018. 12. 31.〉 1. 공공건물 및 공중이용시설 2. 「건축법 시행령」 별표 1 제2호에 따른 공동주택 3. 지방자치단체의 장이 설치한 「주차장법」 제2조제1호에 따른 주차장 4. 그 밖에 전기자동차의 보급을 촉진하기 위하여 충전시설을 설치할 필요가 있는 건물·시설 또는 그 부대시설 ② 한국환경공단 또는 한국자동차환경협회는 전기자동차 충전시설을 설치하기 위한 부지의 확보와 사용 등을 위하여 지방자치단체의 장, 「공공기관의 운영에 관한 법률」 제4조에 따른 공공기관의 장, 「지방공기업법」에 따른 지방공기업의 장에게 협조를 요청할 수 있다. 〈개정 2016. 7. 27.〉 [본조신설 2016. 7. 27.] [종전 제79조의8은 제79조의10으로 이동 〈2016. 7. 27.〉]

대기환경보전법	대기환경보전법 시행령	대기환경보전법 시행규칙
		제79조의9(전기자동차 성능 평가) ① 법 제58조제17항에 따라 전기자동차 성능 평가를 받으려는 자는 별지 제36조의2서식의 전기자동차 성능 평가 신청서(전자문서로 된 신고서를 포함한다)에 다음 각 호의 서류를 첨부하여 한국환경공단에 제출하여야 한다. 〈개정 2017. 12. 28.〉 1. 전기자동차의 구성에 관한 서류 1부 2. 전기자동차에 탑재된 배터리의 제작서 · 종류 · 용량 및 자체 시험결과가 포함된 서류 1부 3. 1회 충전 시 주행거리 시험 결과서(시험방법이 기재된 것을 말한다) 1부 4. 주요 전기장치의 제원에 관한 서류 1부 ② 법 제58조제17항에 따른 전기자동차의 성능 평가 항목은 다음 각 호와 같다. 〈개정 2017. 12. 28.〉 1. 1회 충전 시 주행거리 2. 충전에 걸리는 시간 3. 그 밖에 전기자동차의 성능 확인을 위하여 환경부장관이 정하여 고시하는 항목 ③ 그 밖에 전기자동차 성능 평가에 필요한 사항은 환경부장관이 정하여 고시한다. [본조신설 2016. 7. 27.]
제59조(공회전의 제한) ① 시 · 도지사는 자동차의 배출가스로 인한 대기오염 및 연료 손실을 줄이기 위하여 필요하다고 인정하면 그 시 · 도의 조례가 정하는 바에 따라 터미널, 차고지, 주차장 등의 장소에서 자동차의 원동기를 가동한 상태로 주차하거나 정차		**제79조의10(공회전 제한장치 부착명령 대상 자동차)** 법 제59조제2항에서 "대중교통용 자동차 등 환경부령으로 정하는 자동차"란 다음 각 호의 자동차를 말한다. 1. 「여객자동차 운수사업법 시행령」 제3조제1호가

대기환경보전법	대기환경보전법 시행령	대기환경보전법 시행규칙
하는 행위를 제한할 수 있다. <개정 2009. 5. 21.> ②시·도지사는 대중교통용 자동차 등 환경부령으로 정하는 자동차에 대하여 시·도 조례에 따라 공회전제한장치의 부착을 명령할 수 있다. <개정 2012. 5. 23.> ③국가나 지방자치단체는 제2항에 따른 부착 명령을 받은 자동차 소유자에 대하여는 예산의 범위에서 필요한 자금을 보조하거나 융자할 수 있다. <신설 2009. 5. 21.> 제60조(배출가스저감장치 및 공회전제한장치의 인증 등) ①배출가스저감장치, 저공해엔진 또는 공회전제한장치를 제조·공급 또는 판매하려는 자는 환경부장관으로부터 그 장치나 엔진이 보증기간 동안 환경부령으로 정하는 저감효율 또는 기준에 맞게 유지될 수 있다는 인증을 받아야 한다. 다만, 제작단계에서 배출가스저감장치, 저공해엔진 또는 공회전제한장치를 부착하여 제작차 인증을 받은 경우에는 인증을 받지 아니할 수 있다. <개정 2012. 5. 23.> ②제1항에 따라 인증을 받은 자가 인증받은 내용을 변경하려면 변경인증을 받아야 한다. ③「수도권 대기환경개선에 관한 특별법」제26조에 따라 인증을 받은 배출가스저감장치나 저공해엔진에 대하여는 제1항에 따른 인증을 면제한다. ④환경부장관은 제1호에 해당하면 인증을 취소하여야 한다. 다만, 제2호에 해당하는 경우에는 인증		묵에 따른 시내버스운송사업에 사용되는 자동차 2. 「여객자동차 운수사업법 시행령」 제3조제2호다목에 따른 일반택시운송사업(군단위를 사업구역으로 하는 운송사업은 제외한다)에 사용되는 자동차 3. 「화물자동차 운수사업법 시행령」 제3조에 따른 화물자동차운송사업에 사용되는 최대적재량이 1톤 이하인 밴형 화물자동차로서 택배용으로 사용되는 자동차 [본조신설 2010. 1. 6.] [제79조의8에서 이동 <2016. 7. 27.>] 제80조(배출가스저감장치 및 저공해엔진의 저감효율 등) 법 제60조제1항에 따른 배출가스저감장치 및 저공해엔진의 저감효율(이하 "기준저감효율"이라 한다)은 「수도권 대기환경개선에 관한 특별법 시행규칙」 별표 8과 같다. <개정 2013. 2. 1.> 제81조(배출가스저감장치의 인증 수수료) ①법 제60조제5항에 따른 수수료는 환경부장관이 인증기관의 장과 협의하여 고시한다. ②환경부장관은 제1항에 따라 수수료를 정하려는 경우에는 미리 환경부의 인터넷 홈페이지에 20일(긴급한 사유가 있는 경우에는 10일)간 그 내용을 게시하고 이해관계인의 의견을 들어야 한다. ③환경부장관은 제1항에 따라 수수료를 정하였을 때에는 그 내용과 산정내역을 환경부의 인터넷 홈페이지를 통하여 공개하여야 한다.

대기환경보전법	대기환경보전법 시행령	대기환경보전법 시행규칙
을 취소할 수 있다. 〈개정 2012. 5. 23.〉 1. 거짓이나 그 밖의 부정한 방법으로 인증을 받은 경우 2. 배출가스저감장치, 저공해엔진 또는 공회전제한장치에 결함이 생겨 이를 개선하여도 제1항에 따른 저감효율 또는 기준을 유지할 수 없는 경우 ⑤ 제1항과 제2항에 따른 인증 또는 변경인증을 받으려는 자는 환경부령으로 정하는 바에 따라 수수료를 내야 한다. ⑥ 제1항에 따른 인증의 신청·시험·기준 및 방법 등에 필요한 사항은 환경부령으로 정한다. [제목개정 2012. 5. 23.]		[전문개정 2011. 3. 31.] 제81조의2(공회전제한장치 성능인증의 신청·시험·기준 및 방법 등) ① 법 제60조제6항에 따라 공회전제한장치의 인증을 받으려는 자는 별지 제36호의3서식에 다음 각 호의 서류를 첨부하여 환경부장관에게 제출하여야 한다. 〈개정 2016. 7. 27.〉 1. 공회전제한장치의 구조·성능·내구성 등에 관한 설명서 2. 공회전제한장치 관련 자체 시험결과서 3. 장치의 내환경성 시험결과서 및 작동부품 사용여부 설명서 4. 장치의 판매 및 사후관리체계에 관한 설명서 5. 제품 보증에 관한 서류 ② 제1항에 따라 인증을 받은 자가 인증받은 내용을 변경하려는 경우에는 별지 제36호의3서식에 변경과 관련된 다음 각 호의 서류를 첨부하여 환경부장관에게 제출하여야 한다. 〈개정 2016. 7. 27.〉 1. 성능변경 시 변경하려는 인증내용과 관련된 제1항 각 호의 서류 2. 상호, 대표자, 주소 등 인증서에 명시된 내용 변경 시 변경내용을 증명할 수 있는 관련 서류 ③ 환경부장관은 제1항 또는 제2항에 따라 인증을 하거나 성능과 관련된 변경인증을 하려는 경우 3회 이상의 반복시험을 통해 별표 6의2의 공회전제한장치 성능기준을 만족하는지를 검토하여야 한다. ④ 제3항에 따른 인증시험은 환경부장관이 실시한다. ⑤ 환경부장관은 법 제60조제1항에 따라 인증을 받

대기환경보전법	대기환경보전법 시행령	대기환경보전법 시행규칙
		은 공회전제한장치에 대하여는 별지 제36조의4서식의 공회전제한장치 인증서를 내주어야 한다. 〈개정 2016. 7. 27.〉 [본조신설 2013. 5. 24.]
제60조의2(배출가스저감장치 등의 관리) ① 제58조 제1항 또는 제2항에 따른 조치를 한 자동차의 소유자는 그 조치를 한 날부터 2개월이 되는 날 전후 각각 15일 이내에 환경부령으로 정하는 바에 따라 자동차에 부착 또는 교체한 배출가스저감장치나 개조 또는 교체한 저공해엔진의 제60조제1항에 따른 저감효율에 맞게 유지되는지 성능유지 확인을 받아야 한다. 다만, 자동차 배출가스 종합전산체계를 통하여 배출가스저감장치 또는 저공해엔진의 성능이 유지되는지를 확인할 수 있는 경우에는 성능유지 확인을 받은 것으로 본다. 〈개정 2015. 1. 20.〉 ② 제1항에 따른 성능유지 확인의 방법, 확인기관 등 필요한 사항은 환경부령으로 정한다. ③ 제1항에 따라 성능을 유지할 수 있다는 확인을 받은 자동차는 제58조제1항 또는 제2항에 따른 조치를 한 날부터 3년간 제62조제1항에 따른 배출가스 정기검사 및 제63조제1항에 따른 배출가스 정밀검사를 받지 아니하여도 된다. ④ 제58조제1항 또는 제2항에 따른 조치를 한 자동차의 소유자는 배출가스저감장치 또는 저공해엔진의 성능을 유지하기 위하여 배출가스저감장치의 점검 등 환경부령으로 정하는 사항을 지켜야 한다. ⑤ 시·도지사는 자동차의 소유자가 제4항에 따른		제82조의2(배출가스저감장치 등의 성능유지 확인 및 확인기관) ① 법 제60조의2제2항에 따른 성능유지 확인의 방법 및 확인기관은 다음 각 호와 같다. 〈개정 2013. 3. 23.〉 1. 자동차에 부착 또는 교체한 배출가스저감장치 : 한국환경공단 또는 「교통안전공단법」에 따라 설립된 교통안전공단으로부터 배출가스저감장치의 주행으로 조건 및 운행지배출용량기준이 적정하게 유지되는지 여부 등 성능을 확인받을 것 2. 개조·교체한 저공해엔진 : 국토교통부장관이 「자동차관리법」 제43조에 따라 실시하는 구조변경검사에 합격할 것 ② 제1항에 따라 배출가스저감장치의 성능을 확인한 기관은 별지 제37호의2서식의 성능확인검사 결과표를 2부 작성하여 1부는 자동차 소유자에게 발급하고, 1부는 3년간 보관하여야 한다. 〈개정 2017. 12. 28.〉 ③ 제1항에 따라 배출가스저감장치의 성능을 확인한 기관은 그 결과를 지체 없이 관할 시·도지사에게 보고하여야 한다. 다만, 그 결과를 전산정보처리조직을 이용하여 기록한 경우에는 그러하지 아니하다. ④ 제3항부터 제3항까지에서 규정한 사항 외에 성능유지 확인검사의 방법 등에 관하여 필요한 사항

대기환경보전법	대기환경보전법 시행령	대기환경보전법 시행규칙
준수사항을 지키지 아니한 경우에는 배출가스저감장치의 점검 등 제4항에 따른 준수사항의 이행에 필요한 조치를 명할 수 있다. [본조신설 2012. 2. 1.]		은 환경부장관이 정하여 고시한다. [본조신설 2013. 2. 1.] 제82조의3(자동차 소유자의 관리의무) 법 제60조의2제4항에서 "환경부령으로 정하는 사항"이란 다음 각 호의 사항을 말한다. 1. 배출가스저감장치 및 그 관련 부품을 무단으로 제거하거나 변경하지 아니할 것 2. 배출가스저감장치를 점검할 것 3. 차량을 정비할 것 [본조신설 2013. 2. 1.]
제60조의3(배출가스저감장치 등의 저감효율 확인검사) ① 환경부장관은 자동차에 부착 또는 교체한 배출가스저감장치나 개조 또는 교체한 저공해엔진이 제60조제1항 본문에 따른 보증기간 동안 저감효율을 유지하는지 검사할 수 있다. ② 제1항에 따른 검사의 대상장치 또는 엔진의 선정기준, 검사의 방법·절차·기준, 판정방법 및 검사수수료 등에 관하여 필요한 사항은 환경부령으로 정한다. [본조신설 2012. 2. 1.]		제82조의4(저감효율 확인검사 대상의 선정기준 등) ① 법 제60조의3제1항에 따른 저감효율을 확인검사의 대상은 부착·교체 또는 개조·교체한 지 1년이 지난 배출가스저감장치 또는 저공해엔진으로 한다. ② 국립환경과학원장은 제1항에 따른 저감효율을 확인검사를 하려는 경우에는 같은 해에 같은 배출가스저감장치를 부착한 자동차 5대와 같은 저공해엔진으로 개조한 자동차 5대를 각각 검사대상으로 선정한다. ③ 국립환경과학원장은 제2항에 따라 저감효율을 확인검사 대상 자동차를 선정한 경우에는 해당 자동차에 부착된 배출가스저감장치를 봉인하여야 한다. [본조신설 2013. 2. 1.]
		제82조의5(저감효율 확인검사의 방법 및 절차) ① 법 제60조의3제1항에 따른 저감효율을 확인검사는 「수

대기환경보전법	대기환경보전법 시행령	대기환경보전법 시행규칙
		도권 대기환경개선에 관한 특별법 시행규칙 제35조제2항에 따른 인증시험방법 중 저감효율시험방법에 따라 실시한다. ② 국립환경과학원장은 제1항에 따라 저감효율을 확인검사를 마친 후 10일 이내에 그 결과를 환경부장관에게 보고하여야 한다. [본조신설 2013. 2. 1.] **제82조의6(저감율을 확인검사의 기준 및 판정방법 등)** ① 국립환경과학원장은 제82조의5에 따른 저감효율을 확인검사 결과 다음 각 호에 해당하는 배출가스저감장치 또는 저공해엔진에 대해서는 부적합한 것으로 판정하여야 한다. 1. 배출가스저감장치 : 기준저감효율에 미달하는 대수가 5대 중 2대를 초과하거나, 5대의 평균저감효율이 기준저감효율의 5분의 4 미만인 경우 2. 저공해엔진 : 다음 각 목의 어느 하나에 해당하는 경우 가. 항목별 배출가스를 측정한 결과 같은 항목에서 5대 중 3대 이상이 기준저감효율에 미달하는 경우 나. 항목별 배출가스를 측정한 결과 같은 항목에서 5대 중 2대 이상이 기준저감효율에 미달하고 해당 항목에서 5대의 평균가스 배출량이 기준저감효율에 미달하는 경우 ② 국립환경과학원장은 제1항에 따라 배출가스저감장치 또는 저공해엔진을 부적합한 것으로 판정한 경우에는 해당 배출가스저감장치 또는 저공해엔진

대기환경보전법	대기환경보전법 시행령	대기환경보전법 시행규칙
		을 제조·공급 또는 판매하는 자(이하 "제조자등"이다 한다)에게 검사결과를 지체없이 알려야 한다. 이 경우 제조자등은 검사결과를 통지받은 날부터 15일 이내에 해당 배출가스저감장치 또는 저공해엔진의 결함을 스스로 시정할 것인지 또는 제작을 신청할 것인지를 국립환경과학원장에게 서면으로 알려야 한다. ③ 제조자등이 제2항에 따라 스스로 결함을 시정하는 경우에는 그 사실을 안 날부터 15일 이내에 다음 각 호의 서류가 첨부된 결함시정 계획서를 국립환경과학원장에게 제출하여 승인을 받고, 그 이행 결과를 국립환경과학원장에게 보고하여야 한다. 1. 결함시정 대상 배출가스저감장치 또는 저공해엔진의 판매명세서 2. 결함발생 원인 및 개선대책 등 개선계획서 3. 결함시정에 드는 비용명세서 4. 결함시정 대상 배출가스저감장치 또는 저공해엔진의 소유자에 대한 결함시정 결과의 통지계획서 ④ 국립환경과학원장은 제조자등이 같은 배출가스저감장치 제작사를 신청하는 경우에는 같은 배출가스저감장치를 부착하거나 같은 저공해엔진으로 개조한 자동차 5대를 각각 추가로 선정하여 제82조의5에 따른 저감효율 확인검사 방법으로 제검사를 실시하여야 한다. 이 경우 제검사에 드는 비용은 제조자등이 부담한다. ⑤ 법 제60조의3제1항에 따른 저감효율 확인검사의 수수료는 환경부장관의 승인을 받아 국립환경과학

대기환경보전법	대기환경보전법 시행령	대기환경보전법 시행규칙
		원장이 정한다. ⑥ 국립환경과학원장은 제5항에 따라 수수료를 정하려는 경우에는 미리 국립환경과학원의 인터넷 홈페이지에 25일(긴급한 사유가 있는 경우에는 10일로 한다) 동안 그 내용을 게시하고 이해관계인의 의견을 들어야 한다. <개정 2016. 12. 30.> ⑦ 국립환경과학원장은 제5항에 따른 수수료를 정한 경우에는 그 내용과 산정내역을 국립환경과학원의 인터넷 홈페이지를 통하여 공개하여야 한다. <신설 2015. 7. 21.> [본조신설 2013. 2. 1.]
제61조(운행차의 수시 점검) ① 환경부장관, 특별시장·광역시장·특별자치시장·특별자치도지사·시장·군수·구청장은 자동차에서 배출되는 배출가스가 제57조에 따른 운행차배출허용기준에 맞는지 확인하기 위하여 도로나 주차장 등에서 자동차의 배출가스 배출상태를 수시로 점검하여야 한다. <개정 2013. 7. 16.> ② 자동차 운행자는 제1항에 따른 점검에 협조하여야 하며 이에 응하지 아니하거나 기피 또는 방해하여서는 아니 된다. ③ 제1항에 따른 점검 방법 등에 필요한 사항은 환경부령으로 정한다.		제83조(운행차의 수시점검방법 등) ① 법 제61조제1항에 따라 환경부장관, 특별시장·광역시장·특별자치시장·특별자치도지사 또는 시장·군수·구청장은 점검대상 자동차를 선정한 후 배출가스를 점검하여야 한다. 다만, 현월한 자동차소통과 승객의 편의 등을 위하여 필요한 경우에는 운행 중인 상태에서 원격측정기 또는 비디오카메라를 사용하여 점검할 수 있다. <개정 2017. 1. 26.> ② 제1항에 따른 배출가스 측정방법 등에 관하여 필요한 사항은 환경부장관이 정하여 고시한다. 제84조(운행차 수시점검의 면제) 환경부장관, 특별시장·광역시장·특별자치시장·특별자치도지사 또는 시장·군수·구청장은 다음 각 호의 어느 하나에 해당하는 자동차에 대하여는 법 제61조제1항에 따른 운행차의 수시 점검을 면제할 수 있다.

대기환경보전법	대기환경보전법 시행령	대기환경보전법 시행규칙
제62조(운행차의 배출가스 정기검사) ① 자동차「자동차관리법」 제3조에 제5조에 따른 이륜자동차(이하 "이륜자동차"라 한다)는 제외한다. 이하 이 항에서 같다)의 소유자는 「자동차관리법」 제43조제1항제2호와 「건설기계관리법」 제13조제1항제2호에 따라 일정 기간마다 그 자동차에서 나오는 배출가스가 운행차배출허용기준에 맞는지를 검사하는 운행차 배출가스 정기검사를 받아야 한다. 다만, 저공해자동차 중 환경부령으로 정하는 자동차와 제63조에 따른 정밀검사 대상 자동차의 경우에는 해당 연도의 배출가스 정기검사 대상에서 제외한다. <개정 2013. 7. 16.> ② 이륜자동차의 소유자는 이륜자동차에 대하여 환경부장관이 일정 기간마다 그 이륜자동차에서 나오는 배출가스가 운행차배출허용기준에 맞는지를 검사하는 이륜자동차정기검사(이하 "이륜자동차정기검사"라 한다)를 받아야 한다. 다만, 전기이륜자동차 등 환경부령으로 정하는 이륜자동차의 경우에는 이륜자동차정기검사 대상에서 제외한다. <신설 2013. 7. 16.>		<개정 2017. 1. 26.> 1. 환경부장관이 정하는 자공해자동차 2. 삭제 <2013. 2. 1.> 3. 「도로교통법」 제2조제22호 및 같은 법 시행령 제2조에 따른 긴급자동차 4. 군용 및 경호업무 등 국가의 특수한 공용 목적으로 사용되는 자동차 제78조의2(운행차 배출가스허용기준 및 배출가스 정기검사 제외 이륜자동차) 법 제57조에 따라 운행자 배출가스허용기준 적용 대상에서 제외되는 이륜자동차 및 법 제62조제2항 단서에 따라 운행차 배출가스 정기검사 대상에서 제외되는 이륜자동차는 다음 각 호의 어느 하나에 해당하는 것으로 한다. <개정 2018. 3. 2.> 1. 전기이륜자동차 2. 「자동차관리법」 제48조에 따른 이륜자동차 사용신고 대상에서 제외되는 이륜자동차 3. 배기량이 50시시 미만인 이륜자동차 4. 배기량이 50시시 이상 260시시 이하로서 2017년 12월 31일 이전에 제작된 이륜자동차 [본조신설 2013. 5. 24.] 제86조(운행차의 배출가스 정기검사 신청) 법 제62조제1항에 따른 운행차의 배출가스 정기검사를 받으려는 자는 「자동차관리법 시행규칙」 제73조에 따른 정기검사를 신청할 때에 운행차 배출가스 정기검사를 신청한다.

대기환경보전법	대기환경보전법 시행령	대기환경보전법 시행규칙
③ 환경부장관은 이륜자동차의 소유자가 천재지변이나 그 밖의 부득이한 사유로 이륜자동차정기검사를 받을 수 없다고 인정하는 경우에는 환경부령으로 정하는 바에 따라 그 검사 기간을 연장하거나 이륜자동차정기검사를 유예(猶豫)할 수 있다. 〈신설 2013. 7. 16.〉 ④ 환경부장관은 이륜자동차정기검사를 받지 아니한 이륜자동차 소유자에게 환경부령으로 정하는 바에 따라 이륜자동차정기검사를 받도록 명할 수 있다. 〈신설 2013. 7. 16.〉 ⑤ 제2항에 따라 이륜자동차정기검사를 받으려는 자는 제62조의2제1항에 따른 이륜자동차정기검사 업무 대행기관 및 제62조의3에 따라 지정정비사업자가 정하는 수수료를 내야 한다. 〈신설 2013. 7. 16.〉 ⑥ 제1항에 따른 배출가스 정기검사(이하 "정기검사"라 한다)의 방법, 검사항목, 검사기관의 검사능력, 검사의 대상 및 검사 주기 등에 관하여 필요한 사항은 자동차의 종류에 따라 각각 환경부령으로 정한다. 〈개정 2013. 7. 16.〉 ⑦ 환경부장관이 제6항에 따라 환경부령을 정하는 경우에는 국토교통부장관과 협의하여야 한다. 다만, 이륜자동차정기검사에 관한 사항을 정하는 경우에는 그러하지 아니하다. 〈개정 2013. 7. 16.〉 ⑧ 환경부장관은 제1항에 따른 배출가스 정기검사의 결과에 관한 자료를 국토교통부장관에게 요청할 수 있다. 이 경우 국토교통부장관은 특별한 사유가 없으면 이에 응하여야 한다. 〈개정 2013. 7. 16.〉		를 신청하여야 한다. 〈개정 2014. 2. 6.〉 [제목개정 2014. 2. 6.] 제86조의2(이륜자동차정기검사의 신청) ① 법 제62조제2항에 따른 이륜자동차정기검사를 받고자 하는 자는 다음 각 호의 서류를 법 제62조의2제1항에 따른 이륜자동차정기검사 업무 대행 전문기관(이하 "이륜자동차정기검사대행자"라 한다) 또는 법 제62조의3에 따라 지정된 지정정비사업자(이하 "지정정비사업자"라 한다)에게 제출하고 해당 이륜자동차를 제시하여야 한다. 다만, 이륜자동차정기검사 대행자 또는 지정정비사업자가 전산망을 통하여 보험 등의 가입 여부를 확인할 수 있는 경우에는 제2조의 보험 등의 가입증명서를 제출한 것으로 본다. 1. 「자동차관리법 시행규칙」 제99조제2항에 따른 이륜자동차사용신고필증(이하 "이륜자동차사용신고필증"이라 한다) 또는 별지 제38호서식의 이륜자동차정기검사 결과표 2. 「자동차손해배상 보장법」 제5조에 따른 보험 등의 가입증명서 ② 이륜자동차정기검사를 받기 위한 신청기간은 이륜자동차정기검사의 유효기간(제87조제4항에 따른 이륜자동차정기검사의 유효기간을 말한다. 이하 "검사유효기간"이라 한다) 만료일(제86조의5에 따라 검사 유효기간을 연장하거나 검사를 유예한 경우에는 그 검사 유효기간을 말한다) 전후 각각 31일 이내로 하며, 이 신청기간 내에 이륜자동차정기검사를 신청하여 이륜자동차정기검사에서 적합판정을 받은

대기환경보전법	대기환경보전법 시행령	대기환경보전법 시행규칙
		경우에는 검사유효기간 만료일에 이륜자동차정기검사를 받은 것으로 본다. 다만, 「자동차관리법」 제48조제2항에 따라 사용폐지 신고가 된 이륜자동차가 이륜자동차정기검사의 신청기간이 경과한 후 다시 사용신고가 된 경우(이 사용신고가 된 경우(이 경우 다시 사용신고가 된 날을 검사유효기간 만료일로 본다)의 이륜자동차 정기검사의 신청기간은 다시 사용신고가 된 날부터 62일 이내로 한다. [본조신설 2014. 2. 6.] [시행일 : 2016. 7. 17.] 제86조의2의 개정규정 중 정정비사업자 관련 부분 제86조의5(검사유효기간의 연장 등) ① 시·도지사는 법 제62조제3항에 따라 검사유효기간을 연장하거나 검사를 유예하고자 할 때에는 다음 각 호의 구분에 따른다. 1. 이륜자동차정기검사대행자가 천재지변 또는 부득이한 사유로 제86조의3제5항에 따른 출장검사를 실시하지 못할 경우 : 이륜자동차정기검사대행자의 요청에 따라 필요하다고 인정되는 기간 동안 해당 이륜자동차의 검사유효기간을 연장할 것 2. 이륜자동차의 도난·사고 발생 또는 동절기(매년 12월 1일부터 다음 연도 2월 말까지) 등 부득이한 사유가 인정되는 경우 : 이륜자동차의 소유자의 신청에 따라 필요하다고 인정되는 기간 동안 해당 이륜자동차의 검사유효기간을 연장하거나 그 정기검사를 유예할 것 3. 전시·사변 또는 이에 준하는 비상사태로 인하여

대기환경보전법	대기환경보전법 시행령	대기환경보전법 시행규칙
		관할지역 안에서 이륜자동차정기검사 업무를 수행할 수 없다고 판단되는 경우 : 그 정기검사를 유예할 것. 이 경우 유예대상 지역 및 이륜자동차, 유예기간 등을 공고하여야 한다. ② 제1항제2호에 따라 검사유효기간의 연장 또는 정기검사의 유예를 받으려는 자는 별지 제40호서식의 이륜자동차정기검사유효기간연장(유예)신청서에 이륜자동차사용신고필증과 그 사유를 증명하는 서류를 첨부하여 시·도지사에게 제출하여야 한다. ③ 시·도지사는 제2항에 따라 이륜자동차정기검사 유효기간연장(유예)신청을 받은 경우 그 사유를 검토하여 타당하다고 인정되는 때에는 검사유효기간을 연장하거나 그 정기검사를 유예하고 자동차정기검사 전산정보처리조직에 기록하여야 한다. [본조신설 2014. 2. 6.] 제86조의7(이륜자동차정기검사의 신청기간이 지난 이륜자동차에 대한 검사명령) ① 시·도지사는 신고된 이륜자동차 중 제86조의2제2항에 따른 정기검사기간이 끝난 후 30일이 지난 날까지 이륜자동차정기검사를 받지 아니한 이륜자동차의 소유자에게 지체 없이 이륜자동차정기검사를 받도록 명하여야 한다. 이 경우 9일 이상의 이행 기간을 주어야 한다. ② 제1항에 따른 이륜자동차정기검사의 명령은 별지 제41호서식에 따른 이륜자동차정기검사 명령서에 따른다. [본조신설 2014. 2. 6.]

대기환경보전법	대기환경보전법 시행령	대기환경보전법 시행규칙
		제87조(운행차의 배출가스 정기검사 방법 등) ① 법 제62조제6항에 따른 운행차 배출가스 정기검사 및 이륜자동차정기검사의 대상항목, 방법 및 기준은 별표 22와 같다. 〈개정 2014. 2. 6.〉 ② 법 제62조제6항에 따른 검사기관(같은 조 제1항에 따른 운행차 배출가스 정기검사기관으로 한정한다)는 「자동차관리법」제44조제1항에 따라 지정된 검사대행자 또는 「자동차관리법」제45조제1항에 따라 지정된 지정정비사업자 중 별표 23에서 정한 검사장비 및 기술능력을 갖춘 자(이하 "운행차정기검사대행자"라 한다)로 한다. 〈개정 2014. 2. 6.〉 ③ 운행차정기검사대행자가 제1항에 따라 검사를 한 경우에는 그 결과를 기록하여야 한다. ④ 법 제62조제6항에 따른 이륜자동차정기검사의 대상, 주기 및 유효기간은 별표 23의2와 같다. 〈신설 2014. 2. 6.〉 [제목개정 2014. 2. 6.]
제62조의2(이륜자동차정기검사 업무의 대행) ① 환경부장관은 이륜자동차정기검사 업무를 효율적으로 수행하기 위하여 필요한 경우에는 대통령령으로 정하는 전문기관에 이륜자동차정기검사 업무를 대행하게 할 수 있다. ② 제1항에 따른 이륜자동차정기검사 업무 대행기관이 갖추어야 할 시설·장비 및 기술인력 등에 관하여 필요한 사항은 환경부령으로 정한다. [본조신설 2013. 7. 16.]	**제53조(이륜자동차정기검사 전문기관)** 법 제62조의2제1항에서 "대통령령으로 정하는 전문기관"이란 「한국교통안전공단법」에 따른 한국교통안전공단을 말한다. 〈개정 2019. 2. 8.〉 [본조신설 2014. 2. 5.]	**제89조(이륜자동차정기검사 업무 대행기관 등의 시설기준)** 법 제62조의2제2항 및 법 제62조의3제3항에 따른 이륜자동차정기검사대행자 및 지정정비사업자가 갖추어야 할 시설·장비·기술인력 및 기타

대기환경보전법	대기환경보전법 시행령	대기환경보전법 시행규칙

제62조의3(지정정비사업자의 지정 등) ① 환경부장 관은 이륜자동차정기검사를 효율적으로 하기 위하여 필요하다고 인정하면 자동차정비업자 중 일정한 시설과 기술인력을 확보한 자를 지정정비사업자로 지정하여 정기검사 업무(그 결과의 통지와 그 밖의 다를 수행하게 할 수 있다.

② 제1항에 따른 지정정비사업자(이하 "지정정비 사업자"라 한다)로 지정받으려는 자동차정비업자 는 환경부령으로 정하는 시설 및 기술인력기준을 갖추어 환경부장관에게 지정을 신청하여야 한다.

③ 지정정비업자의 시설, 기술인력기준, 지정 절차 및 검사업무의 범위 등에 관하여 필요한 사항은 환경부령으로 정한다.

[본조신설 2013. 7. 16.]

		필요한 설비의 기준은 별표 24와 같다. [본조신설 2014. 2. 6.] [시행일 : 2016. 7. 17.] 제89조의 개정규정 중 지정정 비사업자 관련 부분
		제89조(이륜자동차정기검사 업무 대행기관 등의 시설기준) 법 제62조의2제2항 및 법 제62조의3제3항에 따른 이륜자동차정기검사기관 및 지정정비사업자가 갖추어야 할 시설 · 장비 · 기술인력 및 기타 필요한 설비의 기준은 별표 24와 같다. [본조신설 2014. 2. 6.] [시행일 : 2016. 7. 17.] 제89조의 개정규정 중 지정정 비사업자 관련 부분
		제90조(지정정비사업자의 지정신청 등) ① 법 제62조 의3제2항에 따라 지정정비사업자로 지정을 받으려는 자동차정비업자는 별지 제42조서식의 이륜자동차 지정정비사업자 지정신청서에 다음 각 호의 서류를 첨부하여 관할 시 · 도지사에게 제출하여야 한다. 1. 자동차관리사업 등록증 사본 2. 제89조에 따른 시설 · 장비 · 기술인력 등의 확보를 증명하는 서류(설비 및 기기일람표와 그 배치도, 장비의 정도검사(精度檢査)증명서를 포함한다) 3. 이륜자동차정기검사 업무규정(업무시행 절차 등 검사업무 수행에 필요한 사항을 포함하여야 한다) 4. 설비 및 기기일람표와 그 배치도 ② 제1항에 따른 지정 신청을 받은 시 · 도지사는

대기환경보전법	대기환경보전법 시행령	대기환경보전법 시행규칙
		「전자정부법」 제36조제1항에 따른 행정정보의 공동이용을 통하여 법인등기사항증명서(법인인 경우만 해당한다) 및 사업자등록증을 확인하여야 한다. 다만, 신청인이 사업자등록증의 확인에 동의하지 아니하면 해당 서류를 첨부하도록 하여야 한다. ③ 제1항에 따른 지정 신청을 받은 시·도지사는 신청서류 검토 및 현지 확인을 한 후 제89조에 따라 시설 기준 등에 적합하다고 인정될 때에는 검사업무 개시일을 정하여 별지 제43호서식의 이륜자동차지정 정비사업자 지정서를 신청인에게 발급하고, 관련 사항을 자동차검사 전산정보처리조직에 입력하여야 한다. [본조신설 2014. 2. 6.] [시행일 : 2016. 7. 17.] 제90조의 개정규정 중 지정정 비사업자 관련 부분
제62조의4(지정의 취소 등) ① 환경부장관은 이륜자동차정기검사대행자 또는 지정정비사업자가 다음 각 호의 어느 하나에 해당하는 경우에는 그 지정을 취소하거나 6개월 이내의 기간을 정하여 그 업무의 전부 또는 일부의 정지를 명할 수 있다. 다만, 제1호에 해당하는 경우에는 그 지정을 취소하여야 한다. 1. 거짓이나 그 밖의 부정한 방법으로 지정을 받은 경우 2. 업무와 관련하여 부정한 금품을 수수하거나 그 밖의 부정한 행위를 한 경우 3. 자산상태의 불량 등의 사유로 그 업무를 계속하는 것이 적합하지 아니하다고 인정될 경우		제91조(지정취소 등) ① 법 제62조의4제2항에 따른 이륜자동차정기검사대행자 및 지정정비사업자에 대한 처분의 세부 기준은 별표 36과 같다. ② 환경부장관 또는 시·도지사는 이륜자동차정기 검사대행자 또는 지정정비사업자의 위반행위 사실을 알았을 때에는 특별한 사유가 없으면 그 사실을 안 날부터 10일 이내에 이에 따른 처분을 하되, 그 처분으로 인하여 이륜자동차정기검사를 받아야 하는 자에게 불편을 주는 경우에는 처분일부터 일정한 기간이 지난 후에 그 처분의 효력이 발생하도록 하여야 한다. ③ 제2항에 따른 처분도 별지 제44호서식에 따라서…

대기환경보전법	대기환경보전법 시행령	대기환경보전법 시행규칙
4. 검사를 실시하지 아니하고 거짓으로 자동차검사 표를 작성하거나 검사 결과와 다르게 자동차검사 표를 작성한 경우 5. 그 밖에 이륜자동차정기검사와 관련된 제62조의 3에 따른 기준 및 절차를 위반하는 사항으로서 환경부령으로 정하는 경우 ② 제1항에 따른 처분의 세부 기준과 절차, 그 밖에 필요한 사항은 환경부령으로 정한다. [본조신설 2013. 7. 16.] [시행일 : 2016. 7. 17.] 제62조의4(이륜자동차정기검 사 지정정비사업자에 대하여만 적용한다)		면으로 하여야 한다. ④ 환경부장관 또는 시·도지사는 제2항에 따라 지 분을 하였을 때에는 이륜자동차정기검사대행자 또 는 지정정비사업자에게 별지 제45호서식의 처분대 장에 그 처분사항을 기록하고 3년 이상 보존하여야 한다. [본조신설 2014. 2. 6.] [시행일 : 2016. 7. 17.] 제91조의 개정규정 중 지정정 비사업자 관련 부분
제63조(운행차의 배출가스 정밀검사) ① 다음 각 호 의 지역 중 어느 하나에 해당하는 지역에 등록(「자 동차관리법」제5조와 「건설기계관리법」제3조에 따른 등록을 말한다)된 자동차의 소유자는 관할 시·도지사가 그 시·도의 조례로 정하는 바에 따라 실시하는 운행차 배출가스 정밀검사(이하 "정밀검 사"라 한다)를 받아야 한다. 1. 제18조제1항에 따라 지정·고시된 대기환경규제 지역 2. 인구 50만 명 이상의 도시지역 중 대통령령으로 정하는 지역 ② 제1항에도 불구하고 다음 각 호의 어느 하나에 해 당하는 자동차는 정밀검사를 면제한다. 1. 자동차관리법 중 환경부령으로 정하는 자동차 2. 「수도권 대기환경개선에 관한 특별법」 제25조제 2항에 따라 검사를 받은 특정경유자동차	제54조(운행차 배출가스 정밀검사의 시행지역) 법 제 63조제1항제2호에서 "대통령령으로 정하는 지역"이 란 다음 각 호의 지역을 말한다. 〈개정 2013. 1. 31.〉 1. 광주광역시, 대전광역시, 울산광역시 2. 용인시, 전주시, 창원시, 천안시, 청주시 및 포항시	제84조의2(운행차의 배출가스 정기검사 또는 정밀검 사의 면제 대상 자동차) 법 제62조제1항 단서 및 제63조제1항에서 정기검사 대상에서 제외되는 자 동차 및 법 제63조제3항에 따라 정밀검 사가 면제되는 자동차는 「수도권 대기환경 개선에 관한 특별법 시행령 제3조제1호에 따른 제 1종 자동차로 한다. 〈개정 2014. 2. 6.〉 [본조신설 2013. 2. 1.] 제96조(정밀검사대상자동차 등) 법 제63조제5항에 따른 정밀검사 대상자동차 및 정밀검사 유효기간은

대기환경보전법	대기환경보전법 시행령	대기환경보전법 시행규칙
3. 「수도권 대기환경개선에 관한 특별법」 제25조제4항에 따른 조치를 한 날부터 3년 이내인 특정경유자동차 ③ 정밀검사에 관하여는 「자동차관리법」 제43조의2에 따른다. ④ 정밀검사 결과(판능 및 기능검사는 제외한다) 2회 이상 부적합 판정을 받은 자동차의 소유자는 제68조제1항에 따라 등록한 전문정비사업자에게 정비·점검을 받은 후 전문정비사업자가 발급한 정비·점검 결과표를 「자동차관리법」 제44조의2 또는 제45조의2에 따라 지정을 받은 종합검사대행자 또는 종합검사지정정비사업자에게 제출하고 재검사를 받아야 한다. 〈개정 2015. 1. 20.〉 ⑤ 정밀검사의 기준 및 방법, 검사항목 등 필요한 사항은 환경부령으로 정한다. ⑥ 제1항 각 호에 따른 지역을 관할하는 시·도지사는 자동차 소유자가 「자동차관리법」 제8조·제11조·제12조에 따라 신규·변경·이전 등록을 신청하는 경우에는 정밀검사 대상임을 알 수 있도록 자동차등록증 등에 검사주기 등을 기재하여야 한다. [전문개정 2012. 2. 1.]		별표 25와 같다. 〈개정 2013. 2. 1.〉 제97조(정밀검사의 검사방법 등) 법 제63조제5항에 따른 정밀검사의 방법·기준 및 검사대상 항목은 별표 26과 같다. 〈개정 2013. 2. 1.〉
제64조 삭제 〈2012. 2. 1.〉		
제65조 삭제 〈2012. 2. 1.〉		
제66조 삭제 〈2012. 2. 1.〉		
제67조 삭제 〈2012. 2. 1.〉		

대기환경보전법	대기환경보전법 시행령	대기환경보전법 시행규칙
제68조(배출가스 전문정비사업의 등록 등) ① 자동차의 배출가스 관련 부품 등의 정비·점검 및 확인검사 업무를 하려는 자는 「자동차관리법」 제53조에 따라 자동차관리사업의 등록을 한 후 대통령령으로 정하는 기준에 맞는 시설·장비 및 기술인력을 갖추어 특별시장·광역시장·특별자치시장·특별자치도지사·시장·군수·구청장에게 배출가스 전문정비사업의 등록을 하여야 한다. 등록한 사항 중 대통령령으로 정하는 중요한 사항을 변경하려는 경우에도 또한 같다. 〈개정 2013. 7. 16.〉 ② 제1항에 따라 배출가스 전문정비사업의 등록을 한 자(이하 "전문정비사업자"라 한다)가 이 법에 따른 자동차 정비·점검 및 확인검사를 한 경우에는 자동차 소유자에게 정비·점검 및 확인검사 결과표를 발급하고 그 내용을 제54조에 따른 자동차 배출가스 종합전산체계에 입력하여야 한다. 〈개정 2015. 1. 20.〉 ③ 전문정비사업자는 등록된 기술인력에게 환경부령으로 정하는 바에 따라 환경부장관이 실시하는 교육을 받도록 하여야 한다. 이 경우 환경부장관은 관련 전문기관에 교육의 실시를 위탁할 수 있다. ④ 전문정비사업자와 정비업무에 종사하는 기술인력은 다음 각 호의 어느 하나에 해당하는 행위를 하여서는 아니 된다. 1. 거짓이나 그 밖의 부정한 방법으로 정비·점검 및 확인검사 결과표를 발급하거나 전산 입력을 하는 행위 2. 다른 자에게 등록증을 대여하거나 다른 자에게 자신의 명의로 정비·점검 및 확인검사 업무를	**제56조(전문정비사업의 등록기준)** 법 제68조제1항에 따른 배출가스 전문정비사업(이하 "전문정비사업"이라 한다)을 등록하려는 자가 갖추어야 하는 시설·장비 및 기술인력은 별표 13과 같다. [본조신설 2013. 1. 31.] **제57조(전문정비사업의 등록사항 변경)** 법 제68조제1항 후단에서 "대통령령으로 정하는 중요한 사항"이란 다음 각 호의 사항을 말한다. 1. 대표자명 2. 기술인력 3. 상호 4. 사업장 소재지 5. 정비·점검 및 확인검사 항목 [본조신설 2013. 1. 31.]	**제103조(전문정비사업자의 등록절차 등)** ① 법 제68조제1항에 따라 배출가스 전문정비사업자(이하 "전문정비사업자"라 한다)로 등록 또는 변경등록하려는 자는 별지 제47호의2서식의 배출가스 전문정비사업 등록신청서 또는 제47호의2서식의 배출가스 전문정비사업 변경등록신청서에 다음 각 호의 서류를 첨부하여 시장·군수·구청장에게 제출(정보통신망에 의한 제출을 포함한다)하여야 한다. 〈개정 2017. 1. 26.〉 1. 자동차관리사업 등록증 사본 2. 시설·장비 및 기술인력의 보유현황과 이를 증명할 수 있는 서류 1부

대기환경보전법	대기환경보전법 시행령	대기환경보전법 시행규칙
하게 하는 행위 3. 등록된 기술인력 외의 사람에게 정비·점검 및 확인검사를 하게 하는 행위 4. 그 밖에 정비·점검 및 확인검사 업무에 관하여 환경부령으로 정하는 준수사항을 위반하는 행위 ⑤ 제1항에 따른 전문정비사업자의 등록 기준 및 절차 등 필요한 사항은 환경부령으로 정한다. [전문개정 2012. 2. 1.]		② 제1항에 따른 신청서를 제출받은 시장·군수·구청장은 「전자정부법」 제36조제1항에 따른 행정정보의 공동이용을 통하여 법인 등기사항증명서(법인인 경우만 해당한다) 및 사업자등록증을 확인하여야 한다. 다만, 신청인이 사업자등록증의 확인에 동의하지 아니하면 해당 서류를 첨부하도록 하여야 한다. 〈신설 2013. 2. 1.〉 ③ 제1항에 따라 등록 또는 변경등록 신청을 받은 시장·군수·구청장은 신청서류를 검토하고 현지확인을 하여야 하며, 법 제68조제1항에 따른 시설·장비 및 기술능력을 갖추었다고 인정되면 별지 제48호서식의 배출가스 전문정비사업자 등록증을 신청인에게 발급(변경등록의 경우는 배출가스 전문정비사업자 등록증에 변경사항을 기록하여 발급)하여야 한다. 〈개정 2013. 2. 1.〉 ④ 시장·군수·구청장은 전문정비사업자의 등록 또는 변경등록을 하거나 법 제69조에 따라 등록을 취소한 경우에는 등록번호, 업소명, 소재지, 대표자 및 검사 항목을 해당 지방자치단체의 공보에 공고하여야 한다. 〈신설 2013. 2. 1.〉 [제목개정 2013. 2. 1.] 제104조의2(전문정비 기술인력의 교육) ① 전문정비사업자는 법 제68조제3항에 따라 등록된 배출가스 전문정비 기술인력(이하 "전문정비 기술인력"이라 한다)에게 전문정비 기술인력 교육을 위탁받은 기관(이하 "전문정비 교육기관"이라 한다)이 실시하는 다음 각 호의 구분에 따

대기환경보전법	대기환경보전법 시행령	대기환경보전법 시행규칙

는 교육을 받도록 하여야 한다. 〈개정 2017. 1. 26.〉

1. 신규교육 : 전문정비 기술인력으로 채용된 날부터 4개월 이내에 1회(정비·점검 분야의 기술인력 및 정밀검사 지역에서의 확인검사 분야 기술인력만 해당한다)

2. 정기교육 : 신규교육을 받은 연도를 기준으로 3년마다 1회(정비·점검 분야의 기술인력만 해당한다)

② 제1항에도 불구하고 전문정비 기술인력으로 근무하던 사람이 퇴직 후 1년 6개월 이내에 전문정비 기술인력으로 다시 채용된 경우 또는 전문정비 기술인력으로 채용되기 전 1년 6개월 이내에 전문정비 기술인력에 관한 교육을 받은 경우에는 제1항제1호의 신규교육을 받은 것으로 본다.

③ 전문정비사업자는 전문정비 기술인력이 제1항에 따라 교육을 받은 경우에는 교육을 이수한 날부터 14일 이내에 교육 이수 현황을 관할 특별자치시장·특별자치도지사·시장·군수·구청장에게 보고하거나 별 제54조에 따른 자동차 배출가스 종합전산체계(이하 "자동차 배출가스 종합전산체계"라 한다)에 입력하여야 한다. 〈신설 2017. 1. 26.〉

④ 전문정비 교육기관은 전문정비 교육에 필요한 시설·장비 등을 확보한 대학의 신청 또는 동의를 받아 환경부장관이 지정한다. 〈개정 2017. 1. 26.〉

⑤ 제4항에 따라 지정된 전문정비 교육기관은 교육기관별 교육계획을 총괄·수립하고 전문정비 교육의 전문성을 높이기 위하여 법인인 전문정비 교육

대기환경보전법	대기환경보전법 시행령	대기환경보전법 시행규칙
		기관 협의회를 구성·운영할 수 있다. 〈개정 2017. 1. 26.〉 ⑥ 제1항부터 제5항까지에서 규정한 사항 외에 전문정비 교육기관의 지정절차, 전문정비 교육기관이 갖추어야 할 시설·장비, 교육내용, 교육주기와 이수 현황의 보고, 그 밖에 기술인력의 교육에 필요한 사항은 환경부장관이 정하여 고시한다. 〈개정 2017. 1. 26.〉 [본조신설 2013. 2. 1.] [종전 제104조의2는 제104조의3으로 이동 〈2013. 2. 1.〉] 제104조의3(전문정비사업자의 준수사항) 법 제68조제4항제4호에서 "환경부령으로 정하는 준수사항"이란 별표 30의2에서 정하는 사항을 말한다. 〈개정 2013. 2. 1.〉 [본조신설 2008. 4. 17.] [제목개정 2013. 2. 1.] [제104조의2에서 이동 〈2013. 2. 1.〉] 제134조(행정처분기준) ① 법 제84조에 따른 행정처분기준은 별표 36과 같다. ② 환경부장관, 시·도지사 또는 국립환경과학원장은 위반사항의 내용으로 볼 때 그 위반 정도가 경미하거나 그 밖에 특별한 사유가 있다고 인정되는 경우에는 별표 36에 따른 조업정지·업무정지 또는 사용정지 기간의 2분의 1의 범위에서 행정처분을 경감할 수 있다.
제69조(등록의 취소 등) ① 특별자치시장·특별자치도지사·시장·군수·구청장은 전문정비사업자가 다음 각 호의 어느 하나에 해당하면 6개월 이내의 기간을 정하여 업무의 전부 또는 일부의 정지를 명하거나 그 등록을 취소할 수 있다. 다만, 제3호·제2호·제5호 및 제6호에 해당하는 경우에는 등록을 취소하여야 한다. 〈개정 2013. 7. 16.〉 1. 거짓이나 그 밖의 부정한 방법으로 등록을 한 경우 2. 제69조의2에 따른 결격 사유에 해당하게 된 경우.		

대기환경보전법	대기환경보전법 시행령	대기환경보전법 시행규칙
다만, 제69조의2제5호에 따른 결격 사유에 해당하는 경우로서 그 사유가 발생한 날부터 2개월 이내에 그 사유를 해소한 경우에는 그러하지 아니하다. 3. 고의 또는 중대한 과실로 정비ㆍ점검 및 확인검사 업무를 부실하게 한 경우 4. 「자동차관리법」 제66조에 따라 자동차관리사업의 등록이 취소된 경우 5. 업무정지기간에 정비ㆍ점검 및 확인검사 업무를 한 경우 6. 제68조제1항에 따른 등록기준을 충족하지 못하게 된 경우 7. 제68조제1항 후단에 따른 변경등록을 하지 아니한 경우 8. 제68조제4항에 따른 금지행위를 한 경우 ② 제1항에 따른 행정처분의 세부기준은 환경부령으로 정한다. [전문개정 2012. 2. 1.] **제69조의2(결격 사유)** 다음 각 호의 어느 하나에 해당하는 자는 전문정비사업의 등록을 할 수 없다. 〈개정 2015. 1. 20.〉 1. 피성년후견인 또는 피한정후견인 2. 파산선고를 받고 복권되지 아니한 자 3. 이 법을 위반하여 징역 이상의 실형을 선고받고 그 집행이 끝나거나(집행이 끝난 것으로 보는 경우를 포함한다) 집행을 받지 아니하기로 확정된 날부터 2년이 지나지 아니한 자 4. 제69조에 따라 등록이 취소된 후 2년이 지나지 아		

대기환경보전법	대기환경보전법 시행령	대기환경보전법 시행규칙
나한 자 5. 임원 중 제1호부터 제4호까지의 어느 하나에 해당하는 사람이 있는 법인 [본조신설 2012. 2. 1.] 제70조(운행차의 개선명령) ① 환경부장관, 특별시장·광역시장·특별자치시장·특별자치도지사·시장·군수·구청장은 제61조에 따른 운행차에 대한 점검 결과 그 배출가스가 운행차배출허용기준을 초과하는 경우에는 환경부령으로 정하는 바에 따라 자동차 소유자에게 개선을 명할 수 있다. 〈개정 2013. 7. 16.〉 ② 제1항에 따라 개선명령을 받은 자는 환경부령으로 정하는 기간 이내에 전문정비사업자에게 정비·점검 및 확인검사를 받아야 한다. 〈개정 2012. 2. 1.〉 ③ 제2항에도 불구하고 배출가스 보증기간 이내인 자동차로서 자동차 소유자의 고의 또는 과실이 없는 경우(고의 또는 과실 여부는 자동차제작자가 입증하여야 한다)에는 자동차제작자가 비용을 부담하여 정비·점검 및 확인검사를 하여야 한다. 다만, 자동차제작자가 직접 확인검사를 할 수 없는 경우에는 전문정비사업자, 「자동차관리법」 제44조의2에 따른 종합검사대행자 또는 같은 법 제45조의2에 따른 지정정비사업자(이하 이 조에서 "전문정비사업자등"이라 한다)에게 확인검사를 위탁할 수 있다. 〈개정 2012. 2. 1.〉 ④ 제3항 및 제3항에 따라 정비·점검 및 확인검사를 받은 자동차는 환경부령으로 정하는 기간 동안		제106조(운행차의 개선명령) ① 법 제70조제1항에 따른 개선명령은 별지 제49호서식에 따른다. ② 법 제70조제1항에 따라 개선명령을 받은 자는 개선명령일부터 15일 이내에 전문정비사업자 또는 자동차제작자에게 별지 제49호서식의 개선명령서를 제출하고 정비·점검 및 확인검사를 받아야 한다. 〈개정 2017. 1. 26.〉 ③ 법 제70조제4항에서 "환경부령으로 정하는 기간"이란 정비·점검 및 확인검사를 받은 날부터 3개월로 한다. 이 경우 세부적인 검사의 면제 기준은 환경부장관이 정하여 고시한다. 〈신설 2013. 2. 1.〉 ④ 제2항에 따라 정비·점검 및 확인검사를 한 전문정비사업자 또는 자동차제작자는 법 제70조제5항에 따라 별지 제48호의2서식의 정비·점검 및 확인검사 결과표를 3부 작성하여 1부는 자동차소유자에게 발급하고, 1부는 개선결과를 확인한 날부터 10일 이내에 관할 특별시장·광역시장·군수·구청장에게 제출하여야 하며, 1부는 1년간 보관하여야 한다. 다만, 법 제68조제2항에 따라 정비·점검 및 확인검사 결과를 자동차 배출가스 종합전산체계에 입력한 경우에는 관할 특별시장·광역시장·특별자치시장·특별자치도지사 또는 시장·군수·구청장에

대기환경보전법	대기환경보전법 시행령	대기환경보전법 시행규칙
정기검사와 정밀검사를 받지 아니하여도 된다. 〈신설 2012. 2. 1.〉 ⑤ 전문정비사업자등이나 자동차제작자가 제2항 및 제3항에 따라 정비·점검 및 확인검사를 한 경우에는 자동차 소유자에게 점검 및 확인검사 결과를 발급하고 환경부령으로 정하는 바에 따라 특별시장·광역시장·특별자치시장·특별자치도지사·시장·군수·구청장에게 점검 및 확인검사 결과를 보고하여야 한다. 〈개정 2013. 7. 16.〉		개 제출한 것으로 본다. 〈개정 2017. 1. 26.〉
제70조의2(자동차의 운행정지) ① 환경부장관, 특별시장·광역시장·특별자치시장·특별자치도지사·시장·군수·구청장은 제70조제1항에 따른 개선명령을 받은 자동차 소유자가 같은 조 제2항에 따라 확인검사를 환경부령으로 정하는 기간 이내에 받지 아니하는 경우에는 10일 이내의 기간을 정하여 해당 자동차의 운행정지를 명할 수 있다. 〈개정 2013. 7. 16.〉 ② 제1항에 따른 운행정지처분의 세부기준은 환경부령으로 정한다. [본조신설 2012. 2. 1.]		제106조(운행차의 개선명령) ① 법 제70조제1항에 따른 개선명령은 별지 제49호서식에 따른다. ② 법 제70조제1항에 따라 개선명령을 받은 자는 개선명령일부터 15일 이내에 전문정비사업자 또는 자동차제작자에게 별지 제49호서식의 개선명령서를 제출하고 정비·점검 및 확인검사를 받아야 한다. 〈개정 2017. 1. 26.〉 ③ 법 제70조제4항에서 "환경부령으로 정하는 기간"이란 정비·점검 및 확인검사를 받은 날부터 3개월로 한다. 이 경우 세부적인 검사의 기준은 환경부장관이 정하여 고시한다. 〈신설 2013. 2. 1.〉 ④ 제2항에 따라 정비·점검 및 확인검사를 한 전문정비사업자 또는 자동차제작자는 법 제70조제5항에 따라 별지 제48호의2서식의 정비·점검 및 확인검사 결과표를 3부 작성하여 1부는 자동차소유자에게 발급하고, 1부는 개선결과를 확인한 날부터 10일 이내에 관할 특별시장·광역시장·특별자치시장·특별자치도지사 또는 시장·군수·구청장에게

대기환경보전법	대기환경보전법 시행령	대기환경보전법 시행규칙
		게 제출하여야 하며, 1부는 1년간 보관하여야 한다. 다만, 법 제68조제2항에 따라 정비ㆍ점검 및 확인검사 점과를 자동차 배출가스 종합전산체계에 입력한 경우에는 관할 특별시장ㆍ광역시장ㆍ특별자치시장ㆍ특별자치도지사 또는 시장ㆍ군수ㆍ구청장에게 제출한 것으로 본다. 〈개정 2017. 1. 26.〉
		제107조(자동차의 운행정지명령) ① 특별시장ㆍ광역시장ㆍ특별자치시장ㆍ특별자치도지사 또는 시장ㆍ군수ㆍ구청장은 법 제70조의2제1항에 따라 자동차의 운행정지를 명하려는 경우에는 해당 자동차 소유자에게 별지 제49호서식의 자동차 운행정지명령서를 발급하고, 자동차의 전면유리 우측상단에 별표 31의 운행정지표지를 붙여야 한다. 〈개정 2017. 1. 26.〉 ② 제1항에 따라 부착된 운행정지표지는 법 제70조의2제1항에 따른 운행정지기간 내에는 부착위치를 변경하거나 훼손하여서는 아니 된다. 〈개정 2013. 2. 1.〉 [제목개정 2013. 2. 1.]
제71조 삭제 〈2012. 2. 1.〉		
제72조 삭제 〈2012. 2. 1.〉		
제73조 삭제 〈2012. 2. 1.〉		
제74조(자동차연료ㆍ첨가제 또는 촉매제의 검사 등) ① 자동차연료ㆍ첨가제 또는 촉매제를 제조(수입을 포함한다. 이하 이 조, 제75조, 제82조제1항제11		제115조(자동차연료ㆍ첨가제 또는 촉매제의 제조기준 등) 법 제74조제1항에 따른 자동차연료ㆍ첨가제 또는 촉매제의 제조기준은 별표 33과 같다. 〈개정

대기환경보전법	대기환경보전법 시행령	대기환경보전법 시행규칙
호, 제89조제9호·제13호, 제91조제10호 및 제94조제4항제14호에서 같다)하려는 자는 환경부령으로 정하는 제조기준(이하 "제조기준"이라 한다)에 맞도록 제조하여야 한다. 〈개정 2013. 7. 16.〉 ② 자동차연료·첨가제 또는 촉매제를 제조하려는 자는 제조기준에 맞는지에 대하여 미리 환경부장관으로부터 검사를 받아야 한다. 〈신설 2008. 12. 31.〉 ③ 환경부장관은 자동차연료·첨가제 또는 촉매제의 품질을 유지하기 위하여 필요한 경우에는 시중에 유통·판매되는 자동차연료·첨가제 또는 촉매제가 제조기준에 적합한지 여부를 검사할 수 있다. 〈신설 2012. 5. 23.〉 ④ 누구든지 다음 각 호의 어느 하나에 해당하는 것을 자동차연료·첨가제 또는 촉매제로 공급·판매하거나 사용하여서는 아니 된다. 다만, 학교나 연구기관 등 환경부령으로 정하는 자가 시험·연구 목적으로 제조·공급하거나 사용하는 경우에는 그러하지 아니하다. 〈개정 2013. 7. 16.〉 1. 제2항에 따른 검사 결과 제1항을 위반하여 제조기준에 맞지 아니한 것으로 판정된 자동차연료·첨가제 또는 촉매제 2. 제2항을 위반하여 검사를 받지 아니하거나 검사받은 내용과 다르게 제조된 자동차연료·첨가제 또는 촉매제 ⑤ 환경부장관은 자동차연료·첨가제 또는 촉매제로 환경상의 위해가 발생하거나 인체에 매우 유해한 물질이 배출된다고 인정하면 환경부령으로 정하		2009. 7. 14.〉 [제목개정 2009. 7. 14.] 제116조(자동차연료·첨가제 또는 촉매제 제조기준의 적용 예외) 법 제74조제4항 단서에서 "환경부령으로 정하는 자"란 다음 각 호의 자를 말한다. 〈개정 2016. 6. 2.〉 1. 「고등교육법」에 따른 대학·산업대학·전문대학 및 기술대학과 그 부설연구기관 2. 특정연구기관육성법 제2조에 따른 연구기관 3. 「특정연구기관육성법」 제2조에 따른 기업부설연구소 4. 「기술개발촉진법」 제7조에 따른 기업부설연구소 5. 「신에너지연구조합 육성법」에 따른 신기술연구조합 6. 「환경기술개발 및 지원에 관한 법률」 제10조에 따른 환경기술개발센터 [제목개정 2009. 7. 14.] 제117조(자동차연료·첨가제 또는 촉매제의 규제) 국립환경과학원장은 법 제74조제5항에 따라 자동차연료·첨가제 또는 촉매제로 환경상의 위해가 발생하거나 인체에 매우 유해한 물질이 배출된다고 인정되면 해당 자동차연료·첨가제 또는 촉매제의 사용 제한, 다른 연료의 대체 또는 제작자동차의 단위연료량에 대한 목표주행거리의 설정 등 필요한 조치를 할 수 있다. 〈개정 2016. 6. 2.〉 [제목개정 2009. 7. 14.]

대기환경보전법	대기환경보전법 시행령	대기환경보전법 시행규칙
는 바에 따라 그 제조·판매 또는 사용을 규제할 수 있다. 〈개정 2012. 5. 23.〉 ⑥ 첨가제 또는 촉매제를 제조하려는 자는 환경부령으로 정하는 바에 따라 첨가제 또는 촉매제가 제2항에 따른 검사를 받고 제조기준에 맞는 제품임을 표시하여야 한다. ⑦ 제2항에 따른 검사를 받으려는 자는 환경부령으로 정하는 수수료를 내야 한다. 〈개정 2012. 5. 23.〉 ⑧ 제2항 및 제3항에 따른 검사의 방법 및 절차는 환경부령으로 정한다. 〈개정 2012. 5. 23.〉 [제목개정 2008. 12. 31.]		제119조(첨가제 및 촉매제의 제조기준 적합 제품 표시방법) 법 제74조제6항에 따라 첨가제 또는 촉매제 제조기준에 맞는 제품임을 표시하는 방법은 별표 34와 같다. 〈개정 2016. 6. 2.〉 [제목개정 2009. 7. 14.] 제120조(자동차연료·첨가제 또는 촉매제 검사수수료) ① 법 제74조제7항에 따른 검사수수료는 국립환경과학원장이 정하여 고시한다. 〈개정 2016. 6. 2.〉 ② 국립환경과학원장은 제1항에 따라 수수료를 정하려는 경우에는 미리 국립환경과학원의 인터넷 홈페이지에 20일(긴급한 사유가 있는 경우에는 10일)간 그 내용을 게시하고 이해관계인의 의견을 들어야 한다. ③ 국립환경과학원장은 제1항에 따른 수수료를 정하였을 때에는 그 내용과 산정내역을 국립환경과학원의 인터넷 홈페이지를 통하여 공개하여야 한다. [전문개정 2011. 3. 31.] 제120조의2(자동차연료·첨가제 또는 촉매제의 검사방법 등) ① 법 제74조제1항에 따라 자동차연료·첨가제 또는 촉매제가 제조기준에 맞는지에 관한 검사의 방법은 「환경분야 시험·검사 등에 관한 법률」에 따르되, 그 제조기준 중 대기오염물질에 해당되지 아니하거나 대기오염에 영향을 주는 항목이 아닌 기준은 다음 각 호에 따른다. 1. 「산업표준화법」제12조에 따른 한국산업표준 2. 그 밖에 환경부장관이 정하여 고시하는 시험방법

대기환경보전법	대기환경보전법 시행령	대기환경보전법 시행규칙
		② 제1항에 따른 자동차연료·첨가제 또는 촉매제의 종류별 검사시기 등에 관한 사항은 국립환경과학원장이 정하여 고시한다. [본조신설 2009. 7. 14.]
		제120조의3(자동차연료·첨가제 또는 촉매제의 검사절차) ① 법 제74조제2항에 따라 자동차연료·첨가제 또는 촉매제의 검사를 받으려는 자는 별지 제53호서식의 자동차연료·첨가제 또는 촉매제 검사 신청서에 다음 각 호의 자료 및 서류를 첨부하여 국립환경과학원장 또는 법 제74조의2제1항에 따라 지정된 검사기관에 제출하여야 한다.
		1. 검사용 시료
		2. 검사 시료의 화학물질 조성 비율을 확인할 수 있는 성분분석서
		3. 촉매 첨가비율을 확인할 수 있는 자료(첨가제에만 해당한다)
		4. 제품의 공정도(촉매제에만 해당한다)
		② 제1항에 따라 신청인이 신청서를 국립환경과학원장에게 제출하는 경우 담당 공무원은 「전자정부법」 제36조제1항에 따른 행정정보의 공동이용을 통하여 사업자등록증 또는 주민등록초본을 확인하여야 하며, 신청인이 확인에 동의하지 아니하는 경우에는 사업자등록증 사본(「부가가치세법」 제8조에 따른 사업자등록을 하지 아니한 경우에는 주민등록증 사본)을 첨부하게 하여야 한다. 다만, 신청인이 신청서를 법 제74조의2제1항에 따라 지정된 검사기관에 제출하는 경우에는 사업자등록증 사본(「부가

대기환경보전법		

대기환경보전법	대기환경보전법 시행령	대기환경보전법 시행규칙
		가치세법」제8조에 따른 사업자등록을 하지 아니한 경우에는 주민등록증 사본)을 첨부하여야 한다. 〈개정 2017. 12. 28.〉 ③ 국립환경과학원장 또는 법 제74조의2제1항에 따른 검사기관은 검사결과 자동차연료·첨가제 또는 촉매제가 법 제74조제1항에 따른 기준에 맞게 제조되었다고 인정되면 별지 제54호서식, 별지 제55호서식 또는 별지 제55호의2서식의 자동차연료 검사합격증, 첨가제 검사합격증 또는 촉매제 검사합격증을 발급하여야 한다. [본조신설 2009. 7. 14.]
제74조의2(검사업무의 대행) ① 환경부장관은 제74조에 따른 검사업무를 효율적으로 수행하기 위하여 필요한 경우에는 전문기관을 지정하여 검사업무를 대행하게 할 수 있다. ② 제1항에 따라 지정된 기관(이하 "검사대행기관"이라 한다) 및 검사업무에 종사하는 자는 다음 각 호의 행위를 하여서는 아니 된다. 〈개정 2012. 5. 23.〉 1. 다른 사람에게 자신의 명의로 검사업무를 하게 하는 행위 2. 거짓이나 그 밖의 부정한 방법으로 검사업무를 하는 행위 3. 검사업무와 관련하여 환경부령으로 정하는 준수 사항을 위반하는 행위 4. 제74조제8항에 따른 검사의 방법 및 절차를 위반하여 검사업무를 하는 행위 ③ 검사대행기관의 지정기준, 지정절차, 그 밖에 검		제120조의2(자동차연료·첨가제 또는 촉매제의 검사방법 등) ① 법 제74조제1항에 따른 자동차연료·첨가제 또는 촉매제가 제조기준에 맞는지에 관한 검사의 방법은 「환경분야 시험·검사 등에 관한 법률에 따르되, 그 세부기준 중 대기오염물질에 해당되지 아니하거나 대기오염에 영향을 주는 항목이 기준은 다음 각 호에 따른다. 1. 「산업표준화법」 제12조에 따른 한국산업표준 2. 그 밖에 환경부장관이 정하여 고시하는 시험방법 ② 제1항에 따른 자동차연료·첨가제 또는 촉매제의 종류별 검사시기 등에 관한 사항은 국립환경과학원장이 정하여 고시한다. [본조신설 2009. 7. 14.] 제120조의3(자동차연료·첨가제 또는 촉매제의 검사절차) ① 법 제74조제2항에 따라 자동차연료·첨

대기환경보전법	대기환경보전법 시행령	대기환경보전법 시행규칙
사업무에 필요한 사항은 환경부령으로 정한다. [본조신설 2008. 12. 31.]		가계 또는 축매제의 검사를 받으려는 자는 별지 제53조서식의 자동차연료·첨가제 또는 축매제 검사신청서에 다음 각 호의 시료 및 서류를 첨부하여 국립환경과학원장 또는 법 제74조의2제1항에 따라 지정된 검사기관에 제출하여야 한다. 1. 검사용 시료 2. 검사 시료의 화학물질 조성 비율을 확인할 수 있는 성분분석서 3. 최대 첨가비율을 확인할 수 있는 자료(첨가제에만 해당한다) 4. 제품의 구정도(축매제에만 해당한다) ② 제1항에 따라 신청이 신청서를 국립환경과학원장에게 제출하는 경우 담당 공무원은 「전자정부법」 제36조제1항에 따른 행정정보의 공동이용을 통하여 사업자등록증 또는 주민등록초본을 확인하여야 하며, 신청인이 확인에 동의하지 아니하는 경우에는 사업자등록증 사본(부가가치세법」 제8조에 따른 사업자등록증을 하지 아니한 경우에는 주민등록증 사본)을 첨부하게 하여야 한다. 다만, 신청인이 신청서를 법 제74조의2제1항에 따라 지정된 검사기관에 제출하는 경우에는 사업자등록증 사본(부가가치세법」 제8조에 따른 사업자등록증을 하지 아니한 경우에는 주민등록증 사본)을 첨부하여야 한다. 〈개정 2017. 12. 28.〉 ③ 국립환경과학원장 또는 법 제74조의2제1항에 따른 검사기관은 검사결과 자동차연료·첨가제 또는 축매제가 법 제74조제1항에 따른 기준에 맞게 제조

대기환경보전법	대기환경보전법 시행령	대기환경보전법 시행규칙
		된 것으로 인정되면 별지 제54호서식, 별지 제55호서식 또는 별지 제55호의2서식의 자동차연료 검사합격증, 첨가제 검사합격증 또는 축매제 검사합격증을 발급하여야 한다. [본조신설 2009. 7. 14.] **제121조(자동차연료 · 첨가제 또는 축매제 검사기관의 지정기준)** ① 법 제74조의2제2항에 따라 자동차연료 · 첨가제 또는 축매제 검사기관으로 지정받으려는 자가 갖추어야 할 기술능력 및 검사장비는 별표 34의2와 같다. ② 자동차연료 검사기관과 첨가제 검사기관을 함께 지정받으려는 경우에는 해당 기술능력과 검사장비를 중복하여 갖추지 아니할 수 있다. [전문개정 2009. 7. 14.] **제121조의2(자동차연료 또는 첨가제 검사기관의 구분)** ① 법 제74조의2제1항에 따른 자동차연료 검사기관은 검사대상 연료의 종류에 따라 다음과 같이 구분한다. 〈개정 2012. 1. 25.〉 1. 휘발유 · 경유 검사기관 2. 엘피지(LPG) 검사기관 3. 바이오디젤(BD100) 검사기관 4. 천연가스(CNG) · 바이오가스 검사기관 ② 법 제74조의2제1항에 따른 첨가제 검사기관은 검사대상 첨가제의 종류에 따라 다음과 같이 구분한다. 1. 휘발유용 · 경유용 첨가제 검사기관

대기환경보전법	대기환경보전법 시행령	대기환경보전법 시행규칙
		2. 엘피지(LPG)용 첨가제 검사기관 [본조신설 2009. 7. 14.] 제122조(자동차연료·첨가제 또는 촉매제 검사기관 지정신청서 및 지정서) ① 법 제74조의2제1항에 따른 자동차연료·첨가제 또는 촉매제 검사기관으로 지정을 받으려는 자는 별지 제56호서식의 자동차연료·첨가제 또는 촉매제 검사기관 지정신청서에 다음 각 호의 서류를 첨부하여 국립환경과학원장에게 제출하여야 한다. 이 경우 담당 공무원은 「전자정부법」 제36조제1항에 따른 행정정보의 공동이용을 통하여 법인 등기사항증명서(신청인이 법인인 경우만 해당한다) 또는 사업자등록증을 확인하여야 하며, 신청인이 사업자등록증의 확인에 동의하지 아니하는 경우에는 그 사본을 첨부하게 하여야 한다. 〈개정 2017. 12. 28.〉 1. 정관(법인인 경우만 해당한다) 2. 검사기관의 기술능력 및 검사장비에 관한 증명서류 3. 검사시설의 현황 및 장비의 배치도 4. 검사업무 실시에 관한 내부 규정 ② 국립환경과학원장은 제1항에 따른 지정신청이 제121조제1항의 지정기준에 맞으면 별지 제57호서식의 자동차연료 검사기관 지정서를 신청인에게 발급하여야 한다. 〈개정 2009. 7. 14.〉 [제목개정 2017. 12. 28.]
제74조의3(검사대행기관의 지정 취소 등) 환경부장관은 검사대행기관이 다음 각 호의 어느 하나에 해당하는 경우에는 그 지정을 취소하거나 6개월 이내		

대기환경보전법	대기환경보전법 시행령	대기환경보전법 시행규칙
이 기간을 정하여 업무의 전부 또는 일부의 정지를 명할 수 있다. 다만, 제1호에 해당하는 경우에는 그 지정을 취소하여야 한다. 1. 거짓이나 그 밖의 부정한 방법으로 지정을 받은 경우 2. 제74조의2제2항 각 호의 금지행위를 한 경우 3. 제74조의2제3항에 따른 지정기준을 충족하지 못하게 된 경우 [본조신설 2008. 12. 31.] **제75조(자동차연료·첨가제 또는 촉매제의 제조·공급·판매 중지 및 회수)** ① 환경부장관은 제74조제4항에 따라 공급·판매 또는 사용이 금지되는 자동차연료·첨가제 또는 촉매제를 제조한 자에 대하여는 제조의 중지 및 유통·판매 중인 제품의 회수를 명할 수 있다. 〈개정 2013. 7. 16.〉 ② 환경부장관은 제74조제4항에 따라 공급·판매 또는 사용이 금지되는 자동차연료·첨가제 또는 촉매제를 공급하거나 판매한 자에 대하여는 공급이나 판매의 중지를 명할 수 있다. 〈개정 2013. 7. 16.〉 [제목개정 2013. 7. 16.] **제75조의2(친환경연료의 사용 권고)** ① 환경부장관 또는 시·도지사는 대기환경을 개선하기 위하여 필요하다고 인정하는 경우에는 친환경연료를 자동차 연료로 사용할 것을 권고할 수 있다. ② 제1항에 따른 친환경연료의 종류, 품질기준, 사용량 및 사용시역 등 필요한 사항은 산업통상자		

대기환경보전법	대기환경보전법 시행령	대기환경보전법 시행규칙
환부장관과 협의하여 환경부령으로 정한다. 〈개정 2013. 3. 23.〉 [본조신설 2012. 2. 1.] 제76조(선박의 배출허용기준 등) ① 선박 소유자는 「해양환경관리법」 제43조제1항에 따른 선박의 디젤기관에서 배출되는 대기오염물질 중 대통령령으로 정하는 대기오염물질을 배출할 때 환경부령으로 정하는 허용기준에 맞게 하여야 한다. 〈개정 2007. 1. 19.〉 ② 환경부장관은 제1항에 따른 허용기준을 정할 때에는 미리 관계 중앙행정기관의 장과 협의하여야 한다. ③ 환경부장관은 필요하다고 인정하면 제1항에 따른 허용기준의 준수에 관하여 해양수산부장관에게 「해양환경관리법」 제49조 내지 제52조에 따른 검사를 요청할 수 있다. 〈개정 2013. 3. 23.〉 제5장 자동차 온실가스 배출 관리 〈신설 2013. 4. 5.〉 제76조의2(자동차 온실가스 배출허용기준) 자동차 제작자는 「저탄소 녹색성장 기본법」 제47조제2항에 따라 자동차 온실가스 배출허용기준을 택하여 준수하기로 한 경우 환경부령으로 정하는 자동차에 대한 온실가스 평균배출량이 환경부장관이 정하는 허용기준(이하 "온실가스 배출허용기준"이라 한다)에 적합하도록 자동차를 제작·판매하여야 한다. [본조신설 2013. 4. 5.]	제60조(선박 대기오염물질의 종류) 법 제76조제1항에서 "대통령령으로 정하는 대기오염물질"이란 질소산화물을 말한다.	제124조(선박의 배출허용기준) 법 제76조에 따른 선박의 배출허용기준은 별표 35와 같다. 제124조의2(자동차 온실가스 배출허용기준 적용대상) 법 제76조의2에서 "환경부령으로 정하는 자동차"란 국내에서 제작되거나 국외에서 수입되어 국내에 판매 중인 자동차 중 「자동차관리법 시행규칙」 별표 1에 따른 승용자동차·승합자동차로서 승차인원이 15인승 이하이고 총 중량이 3.5톤 미만인 자동차와 화물자동차로서 총 중량이 3.5톤 미만인 자동차를 말한다. 다만, 다음 각 호의 자동차는 제외한다. 〈개정 2017. 12. 28.〉

대기환경보전법	대기환경보전법 시행령	대기환경보전법 시행규칙
		1. 환자의 치료 및 수송 등 의료목적으로 제작된 자동차 2. 군용(軍用)자동차 3. 방송·통신 등의 목적으로 제작된 자동차 4. 2012년 1월 1일 이후 제작되지 아니하는 자동차 5. 「자동차관리법 시행규칙」 별표 1 제2호에 따른 특수형 승합자동차 및 특수용도형 화물자동차 [본조신설 2014. 2. 6.]
제76조의3(자동차 온실가스 배출량의 보고) ① 자동차제작자는 제76조의2에 따른 환경부령으로 정하는 자동차를 판매하고자 하는 경우 환경부장관이 지정하는 시험기관에서 해당 자동차의 온실가스 배출량을 측정하고 그 측정결과를 환경부장관에게 보고하여야 한다. 다만, 환경부령으로 정하는 장비 및 인력을 보유한 자동차제작자의 경우에는 자체적으로 온실가스 배출량을 측정하여 그 측정결과를 보고할 수 있다. ② 환경부장관은 제1항에 따라 자동차제작자가 보고한 측정결과에 보완이 필요한 경우 30일 이내에 자동차제작자에게 측정결과의 수정 또는 보완을 요청할 수 있다. 이 경우 자동차제작자는 정당한 사유가 없으면 이에 따라야 한다. ③ 환경부장관은 자동차제작자가 제1항에 따라 보고한 측정결과에 적합하게 자동차를 제작하였는지를 확인하기 위하여 같은 항에 따라 측정결과를 보고한 자동차에 대하여 환경부령으로 정하는 바에 따라 1년 이내에 사후검사를 실시할 수 있다. 이 경		제124조의3(자동차 온실가스 배출량 측정시험 및 보고) ① 법 제76조의3제1항 단서에서 "환경부령으로 정하는 장비 및 인력"이란 별표 19에 따른 장비 및 인력을 말한다. ② 자동차제작자는 법 제76조의3제1항에 따라 별지 제62호서식의 자동차 온실가스 배출량 측정시험 결과를 작성하여 환경부장관에게 보고하여야 한다. ③ 법 제76조의3제3항 전단에 따른 사후검사를 하는 경우 복합 온실가스 배출량을 기준으로 하되, 허용오차범위는 +5%로 한다. 〈신설 2015. 7. 21.〉 ④ 제3항에서 규정한 사항 외에 대상 자동차 선정 방법 및 선정 대수 등 사후검사에 필요한 사항은 환경부장관이 정하여 고시한다. 〈신설 2015. 7. 21.〉 [본조신설 2014. 2. 6.]

대기환경보전법	대기환경보전법 시행령	대기환경보전법 시행규칙
우 측정결과에 대한 사후검사 결과의 허용 오차범위는 환경부령으로 정한다. [본조신설 2013. 4. 5.]		
제76조의4(자동차 온실가스 배출량의 표시) ① 자동차제작자는 온실가스를 실제 배출하는 자동차의 사용·소비가 촉진될 수 있도록 제76조의3에 따라 환경부장관에게 보고한 자동차 온실가스 배출량을 해당 자동차에 표시하여야 한다. ② 제1항에 따른 온실가스 배출량의 표시방법과 그 밖에 필요한 사항은 환경부령으로 정한다. [본조신설 2013. 4. 5.]		제124조의4(자동차 온실가스 배출량의 표시방법 등) 법 제76조의4제2항에 따른 자동차 온실가스 배출량 표시는 소비자가 쉽게 알아볼 수 있도록 자동차의 전면·후면 또는 측면 유리 비경면의 잘 보이는 위치에 명확한 방법으로 표시하여야 한다. 이 경우 표시의 크기 및 모양 등은 환경부장관이 정하여 고시한다. [본조신설 2014. 2. 6.]
제76조의5(자동차 온실가스 배출허용기준 및 평균에너지소비효율기준의 적용·관리 등) ① 자동차제작자는 해당 연도의 온실가스 평균배출량 또는 평균에너지소비효율이 온실가스 배출허용기준 또는 평균에너지소비효율기준(「저탄소 녹색성장 기본법」 제47조제2항에 따라 신업통상자원부장관이 정하는 평균에너지소비효율기준을 말한다. 이하 같다.) 준수 여부 확인에 필요한 판매실적 등 환경부장관이 정하는 자료를 환경부장관에게 제출하여야 한다. ② 자동차제작자는 해당 연도의 온실가스 평균배출량 또는 평균에너지소비효율이 온실가스 배출허용기준 또는 평균에너지소비효율기준 이내인 경우 그 차이분을 다음 연도부터 환경부령으로 정하는 기간 동안 이월하여 사용하거나 자동차제작자 간에 거래할 수 있으며, 해당 연도별 온실가스 평균배출량 또는 평균에너지소비효율이 온실가스 배출허용기준		제124조의5(자동차 온실가스 배출량의 상환 및 이월 등) 법 제76조의5제2항에서 "환경부령으로 정하는 기간"이란 각각 3년을 말한다. [본조신설 2014. 2. 6.]

대기환경보전법	대기환경보전법 시행령	대기환경보전법 시행규칙
또는 평균에너지소비효율을 초과한 경우에는 그 초과분을 다음 연도부터 환경부령으로 정하는 기간 내에 상환할 수 있다. ③ 제1항 및 제2항에 따른 자료의 작성방법·제출시기, 차이분·초과분의 산정방법, 상환·거래 방법, 그 밖에 필요한 사항은 환경부장관이 정하여 고시한다. [본조신설 2013. 4. 5.] 제76조의6(과징금 처분) ① 환경부장관은 온실가스 배출허용기준을 준수하지 못한 자동차제작자에게 초과분에 따라 대통령령으로 정하는 매출액에 100분의 1을 곱한 금액을 초과하지 아니하는 범위에서 과징금을 부과·징수할 수 있다. 다만, 제76조의5제2항에 따라 자동차제작자가 그 초과분을 상환하는 경우에는 그러하지 아니하다. ② 제1항에 따른 과징금의 산정방법·금액, 징수시기, 그 밖에 필요한 사항은 대통령령으로 정한다. 이 경우 과징금의 금액은 평균에너지소비효율기준을 준수하지 못하는 과징금 금액과 동일한 수준이 되도록 정한다. ③ 환경부장관은 제1항에 따른 과징금을 내야 할 자가 납부기한까지 내지 아니하면 국세 체납처분의 예에 따라 징수한다. ④ 제1항에 따라 징수한 과징금은 「환경정책기본법」에 따른 환경개선특별회계의 세입으로 한다. [본조신설 2013. 4. 5.]	제60조의2(매출액 범위) 법 제76조의6제1항 본문에서 "대통령령으로 정하는 매출액"이란 법 제2조제21호에 따른 자동차의 온실가스 배출허용기준을 준수하지 못한 연도의 매출액을 말한다. [본조신설 2014. 2. 5.] 제60조의3(과징금 산정방법 등) ① 법 제76조의6제1항에 따른 과징금의 산정방법 등은 별표 14와 같다. ② 환경부장관은 법 제76조의6제1항에 따른 과징금을 부과할 때에는 법 제76조의5제2항에 따라 매 환경부령으로 정하는 기간이 끝나는 연도의 다음 연도에 과징금의 부과사유와 그 과징금의 금액을 분명하게 적은 서면으로 알려야 한다. ③ 제2항에 따라 통지를 받은 자동차제작자는 그 통지를 받은 해 9월 30일까지 환경부장관이 정하는 수납기관에 해당 과징금을 내야 한다. 다만, 천재지변이나 그 밖의 부득이한 사유로 그 기간까지 과징금을 낼 수 없는 경우에는 그 사유가 없어진 날부터 30일 이내에 내야 한다.	제124조의5(자동차 온실가스 배출량의 상환 및 이월 등) 법 제76조의5제2항에서 "환경부령으로 정하는 기간"이란 각각 3년을 말한다. [본조신설 2014. 2. 6.]

대기환경보전법	대기환경보전법 시행령	대기환경보전법 시행규칙
	④ 제3항에 따라 과징금을 받은 수납기관은 과징금을 낸 자에게 영수증을 발급하여야 한다. ⑤ 제1항부터 제4항까지에서 규정한 사항 외에 과징금의 부과에 필요한 세부사항은 환경부장관이 정하여 고시한다. [본조신설 2014. 2. 5.]	

제76조의8(저탄소차협력금의 부과) ① 환경부장관은 저탄소차를 구매하는 자에 대한 재정적 지원에 필요한 재원을 확보하기 위하여 온실가스 배출량이 많은 자동차를 구매하는 자에게 부담금(이하 "저탄소차협력금"이라 한다)을 부과·징수할 수 있다.

② 제1항에 따른 자동차는 국내에서 제작되거나 수입되어 국내에 판매되는 「자동차관리법」 제3조에 따른 승용자동차 및 승합자동차(승차인원 10인승 이하의 자동차에 한정한다) 중 제76조의2에 따른 자동차 온실가스 배출허용기준을 고려하여 환경부령으로 정한다.

③ 저탄소차협력금의 산정기준 및 부과·징수 절차 등에 필요한 사항은 관계 중앙행정기관의 장과 협의하여 환경부령으로 정한다.

④ 제1항에 따라 징수한 저탄소차협력금은 「환경정책기본법」에 따른 환경개선특별회계의 세입으로 한다.

⑤ 환경부장관은 저탄소차협력금의 징수업무를 자동차제작자 등에게 위탁할 수 있다. 이 경우 관계 중앙행정기관의 장과 협의하여 환경부령으로 정하는 바에 따라 징수된 저탄소차협력금의 일부를 징수비

대기환경보전법	대기환경보전법 시행령	대기환경보전법 시행규칙
용으로 교부할 수 있다. [본조신설 2013. 4. 5.] **제5장의2 냉매의 관리 <신설 2017. 11. 28.>** **제76조의9(냉매의 관리기준 등)** ① 환경부장관은 건축물의 냉난방용, 식품의 냉동·냉장용, 그 밖의 산업용으로 냉매를 사용하는 기기(이하 "냉매사용기기"라 한다)로부터 배출되는 냉매를 줄이기 위하여 다음 각 호의 사항에 관한 관리기준(이하 "냉매관리기준"이라 한다)을 마련하여야 한다. 이 경우 환경부장관은 관계 중앙행정기관의 장과 협의하여야 한다. 1. 냉매사용기기의 유지 및 보수 2. 냉매의 회수 및 처리 ② 환경부장관은 냉매의 관리를 위하여 필요한 경우 관계 중앙행정기관의 장에게 관련 자료를 요청할 수 있다. 이 경우 요청을 받은 기관의 장은 특별한 사유가 없으면 이에 협조하여야 한다. ③ 냉매사용기기의 범위와 냉매관리기준은 환경부령으로 정한다. [본조신설 2017. 11. 28.] **제76조의10(냉매사용기기의 관리 등)** ① 냉매사용기기의 소유자·점유자 또는 관리자(이하 "소유자등"이라 한다)는 냉매관리기준을 준수하여 냉매사용기기를 유지·보수하거나 냉매를 회수·처리하여야 한다. ② 냉매사용기기의 소유자등은 냉매사용기기의 유지·보수 및 냉매의 회수·처리 내용을 환경부령으		**제124조의6(냉매사용기기의 범위)** 법 제76조의9제3항에 따른 냉매사용기기의 범위는 별표 35의2와 같다. [본조신설 2018. 11. 29.] **제124조의7(냉매관리기준)** 법 제76조의9제3항에 따른 냉매관리기준은 별표 35의3과 같다. [본조신설 2018. 11. 29.] **제124조의8(냉매관리기록부의 기록·보존 등)** ① 냉매사용기기의 소유자·점유자 또는 관리자(이하 "소유자등"이라 한다)는 법 제76조의10제2항에 따라 냉매사용기기의 보수 및 냉매 현황을 별지 제63호서식의 냉매관리기록부에 기록하고 3년간 보존해야 한다. 다만, 냉매사용기기의 유지·보수 및 냉매의 회수·처리 현황을 법 제76조의15에서 정한 냉

대기환경보전법	대기환경보전법 시행령	대기환경보전법 시행규칙
로 정하는 바에 따라 기록·보존하고, 그 내용을 환경부장관에게 제출하여야 한다. ③ 냉매사용기기의 소유자등은 제76조의11제1항에 따라 냉매회수업을 등록한 자(이하 "냉매회수업자"라 한다)에게 냉매의 회수를 대행하게 할 수 있다. [본조신설 2017. 11. 28.]		매정보관리전산망(이하 "냉매정보관리전산망"이라 한다)에 입력하는 경우에는 그렇지 않다. ② 소유자등은 제1항 본문에 따라 작성한 냉매관리기록부의 사본에 제1항에 따라 다음 각 호의 서류를 첨부하여 다음 해 2월 말까지 환경부장관에게 제출해야 한다. 이 경우 제1항 단서에 따라 냉매사용기기의 유지·보수 및 회수·처리 현황을 냉매정보관리전산망에 입력한 경우에는 입력한 날에 제출한 것으로 본다. 1. 냉매사용기기 매매·임대·폐기현황을 증명할 수 있는 서류 2. 냉매회수를 위한 영 별표 14의2제1호의 시설·장비의 매매 또는 임대현황을 증명할 수 있는 서류 3. 냉매 회수·처리현황을 증명할 수 있는 서류 4. 냉매 구매현황을 증명할 수 있는 서류 ③ 제1항 및 제2항에도 불구하고 소유자등은 냉매사용기기를 신규 설치, 교체 또는 폐기하는 등의 변경사항이 없는 경우로서 냉매의 회수·처리현황이 없는 경우에는 냉매관리기록부를 기록·제출하지 않는다. [본조신설 2018. 11. 29.]
제76조의11(냉매회수업의 등록) ① 냉매를 회수하는 냉매회수업(이하 "냉매회수업"이라 한다)을 하려는 영업(이하 "냉매회수업"이라 한다)을 하려는 자는 대통령령으로 정하는 시설·장비 및 기술인력의 기준을 갖추어 환경부장관에게 등록하여야 한다. ② 냉매회수업자는 등록사항 중 대통령령으로 정하	**제60조의4(냉매회수업의 등록기준)** ① 법 제76조의11제1항에 따라 냉매회수업을 등록하려는 자가 갖추어야 하는 시설·장비 및 기술인력 기준은 별표 14의2와 같다. ② 법 제76조의11제2항에서 "대통령령으로 정하는 중요한 사항"이란 다음 각 호의 사항을 말한다. 1. 상호	

대기환경보전법	대기환경보전법 시행령	대기환경보전법 시행규칙
는 중요한 사항을 변경하려는 경우에는 변경등록을 하여야 한다. ③ 환경부장관은 냉매회수업의 등록을 한 경우에는 환경부령으로 정하는 바에 따라 등록대장에 그 내용을 기록하고, 등록증을 발급하여야 한다. ④ 제1항 및 제2항에 따른 등록 및 변경등록의 절차와 제3항에 따른 등록증의 발급 등에 필요한 사항은 환경부령으로 정한다. ⑤ 다음 각 호의 어느 하나에 해당하는 자는 냉매회수업의 등록을 할 수 없다. 1. 피성년후견인 또는 피한정후견인 2. 파산선고를 받고 복권되지 아니한 사람 3. 이 법을 위반하여 징역 이상의 실형을 선고받고 그 집행이 끝나거나(집행이 끝난 것으로 보는 경우를 포함한다) 집행을 받지 아니하기로 확정된 날부터 2년이 지나지 아니한 사람 4. 제76조의13에 따라 등록이 취소(제1호 또는 제2호에 해당하여 등록이 취소된 경우는 제외한다)된 후 2년이 지나지 아니한 자 5. 임원 중 제1호부터 제4호까지의 어느 하나에 해당하는 사람이 있는 법인 [본조신설 2017. 11. 28.]	2. 대표자명(개인사업자인 경우에는 성명) 3. 사업장 소재지 4. 기술인력 [본조신설 2018. 11. 27.]	제124조의9(냉매의 재사용) 법 제76조의11제1항에서 "환경부령으로 정하는 재사용"이란 다음 각 호의 어느 하나에 해당하는 경우를 말한다. 1. 냉매사용기기를 유지·보수하기 위하여 회수한 냉매를 해당 냉매사용기기에 다시 주입하는 경우 2. 냉매사용기기에서 회수한 냉매를 냉매사용사업장 내의 다른 냉매사용기기에 주입하는 경우 [본조신설 2018. 11. 29.] 제124조의10(냉매회수업의 등록 등) ① 법 제76조의11제1항에 따라 냉매회수업을 등록하려는 자는 별지 제64호서식의 냉매회수업 등록 신청서(전자문서로 된 신청서를 포함한다)에 영 별표 14의2에 따른 시설·장비 및 기술인력의 보유현황과 이를 증명할 수 있는 서류(전자문서를 포함한다)를 첨부하여 한국환경공단에 제출해야 한다. ② 제1항에 따른 신청서를 제출받은 한국환경공단은 「전자정부법」 제36조제1항에 따른 행정정보의 공동이용을 통하여 다음 각 호의 서류를 확인해야 한다. 다만, 신청인이 해당 서류의 확인에 동의하지 않는 경우에는 해당 서류의 사본을 첨부하도록 해야 한다. 1. 법인 등기사항증명서(신청인이 법인인 경우만 해당한다)

대기환경보전법	대기환경보전법 시행령	대기환경보전법 시행규칙
		2. 사업자등록증(신청인이 개인인 경우만 해당한다) ③ 한국환경공단은 제1항에 따른 냉매회수업 등록 신청을 받은 경우에는 영 별표 14의2에 따른 시설·장비 및 기술인력의 기준을 갖추고 있는지 여부를 확인하고, 적합한 경우에는 별지 제65조서식의 냉매회수업 등록증을 신청인에게 발급해야 한다. ④ 법 제76조의11제1항에 따른 냉매회수업자(이하 "냉매회수업자"라 한다)는 영 제60조의4제2항 각 호의 어느 하나에 해당하는 사항을 변경하려는 경우에는 별지 제64조서식의 냉매회수업 변경등록 신청서에 냉매회수업 등록증과 변경하려는 내용을 증명할 수 있는 서류 1부를 첨부하여 한국환경공단에 제출해야 한다. ⑤ 한국환경공단은 법 제76조의11제3항에 따라 냉매회수업자의 등록을 한 경우에는 그 내용을 별지 제66조서식의 냉매회수업 등록대장에 기록해야 한다. ⑥ 제3항에 따라 발급받은 등록증을 잃어버렸거나 냉매회수업 등록증을 재발급받으려는 경우에는 별지 제67조서식의 냉매회수업 등록증 재발급 신청서를 한국환경공단에 제출해야 한다. 이 경우 헐어 못 쓰게 되어 재발급받으려면 해당 등록증을 첨부해야 한다. [본조신설 2018. 11. 29.]
제76조의12(냉매회수업자의 준수사항 등) ① 냉매회수업자는 다른 자에게 자기의 명의를 사용하여 냉매수업을 하게 하거나 등록증을 다른 자에게 대여하여서는 아니 된다. ② 냉매회수업자는 냉매관리기준을 준수하여 냉매		제124조의11(냉매회수결과표의 기록·보존 등) ① 냉매회수업자는 법 제76조의12제2항에 따라 냉매를 회수한 경우에는 별지 제68조서식의 냉매회수결과표에 그 내용을 기록하고 3년간 보존해야 한다. 다만, 냉매회수결과표를 냉매정보관리전산망에 입력

대기환경보전법	대기환경보전법 시행령	대기환경보전법 시행규칙
를 회수하여야 하며, 그 내용을 환경부령으로 정하는 바에 따라 기록·보존하고 환경부장관에게 제출하여야 한다. ③ 냉매회수업자는 등록된 기술인력으로 하여금 환경부령으로 정하는 바에 따라 환경부장관이 실시하는 냉매 회수에 관한 교육을 받게 하여야 한다. ④ 환경부장관은 환경부령으로 정하는 바에 따라 제3항에 따른 교육에 드는 경비를 교육대상자를 고용한 자로부터 징수할 수 있다. ⑤ 환경부장관은 제3항에 따른 교육을 환경부령으로 정하는 전문기관에 위탁할 수 있다. [본조신설 2017. 11. 28.]		한 경우에는 그렇지 않다. ② 냉매회수업자는 제3항에 따른 냉매회수결과표의 사본을 소유자등에게 발급해야 한다. ③ 냉매회수업자는 제3항에 따른 냉매회수결과표의 사본을 다음 각 호의 구분에 따른 기간까지 환경부장관에게 제출해야 한다. 다만, 냉매회수결과를 냉매정보관리전산망에 입력한 경우에는 그렇지 않다. 1. 1월 1일부터 6월 30일까지의 냉매회수결과 : 7월 15일까지 2. 7월 1일부터 12월 31일까지의 냉매회수결과 : 다음 해 1월 15일까지 [본조신설 2018. 11. 29.]
		제124조의12(냉매회수 기술인력에 대한 교육) ① 법 제76조의12제3항에 따라 등록된 기술인력이 받아야 할 교육은 다음 각 호의 구분에 따른다. 1. 신규교육 : 냉매회수 기술인력으로 등록된 날부터 4개월 이내에 1회. 다만, 다음 각 목의 경우에는 신규교육을 면제한다. 가. 냉매회수 기술인력으로 근무하던 사람이 퇴직한 날부터 1년 6개월 이내에 냉매회수 기술인력으로 다시 등록된 경우 나. 냉매회수 기술인력으로 등록된 날 전 1년 6개월 이내에 환경부장관이 시행하는 냉매회수 전문가 양성교육을 수료한 경우 2. 보수교육 : 제1호에 따른 신규교육을 수료한 날(제1호 단서에 따라 신규교육이 면제된 경우에는 다음 각 목의 구분에 따른 날)을 기준으로 3년마다 1회

대기환경보전법	대기환경보전법 시행령	대기환경보전법 시행규칙
		가. 제1호가목의 경우 : 냉매회수 기술인력으로 다시 등록된 날 나. 제1호나목의 경우 : 환경부장관이 시행하는 냉매회수 전문가 양성교육을 수료한 날 ② 법 제76조의12제4항에 따라 교육대상자를 고용한 자로부터 징수하는 교육경비는 다음 각 호의 사항을 고려하여 환경부장관이 정하여 고시한다. 1. 강사수당 2. 교육교재 편찬 비용 3. 냉매회수 실습에 소요되는 비용 4. 그 밖에 교육 관련 사무용품 구입비 등 필요한 경비 ③ 법 제76조의12제5항에서 "환경부령으로 정하는 전문기관"이란 다음 각 호의 요건을 모두 갖춘 기관으로서 환경부장관이 지정한 기관을 말한다. 1. 비영리법인으로서 정관의 사업내용에 냉매 관련 업무가 포함되어 있을 것 2. 환경부장관이 고시하는 교육과정, 인력 및 시설·장비 요건을 갖추고 있을 것 3. 최근 3년 이내에 냉매회수 교육 관련 사업을 운영한 실적이 있을 것 ④ 제1항에 따른 교육, 제2항에 따른 교육경비, 제3항에 따른 전문기관의 지정 등에 필요한 사항은 환경부장관이 정하여 고시한다. [본조신설 2018. 11. 29.]
제76조의13(냉매회수업 등록의 취소 등) ① 환경부장관은 냉매회수업자가 다음 각 호의 어느 하나에 해당하는 경우에는 등록을 취소하거나 6개월 이내의 기간을 정하여 영업의 전부 또는 일부의 정지를		제124조의13(냉매회수업자에 대한 행정처분기준) 법 제76조의13제1항에 따른 행정처분기준은 별표 36과 같다. [본조신설 2018. 11. 29.]

대기환경보전법	대기환경보전법 시행령	대기환경보전법 시행규칙

대기환경보전법	대기환경보전법 시행령	대기환경보전법 시행규칙
할 수 있다. 다만, 제1호부터 제3호까지 또는 제5호에 해당하는 경우에는 등록을 취소하여야 한다. 1. 거짓이나 그 밖의 부정한 방법으로 등록을 한 경우 2. 등록을 한 날부터 2년 이내에 영업을 개시하지 아니하거나 정당한 사유 없이 계속하여 2년 이상 휴업을 한 경우 3. 영업정지 기간 중에 냉매회수업을 한 경우 4. 제76조의11제1항에 따른 등록기준을 충족하지 못하게 된 경우 5. 제76조의11제5항에 따른 결격사유에 해당하는 경우. 다만, 법인의 경우 2개월 이내에 결격사유가 있는 임원을 교체하여 임명한 경우는 제외한다. 6. 제76조의12제1항을 위반하여 다른 자에게 자기의 명의를 사용하여 냉매회수업을 하게 하거나 등록증을 다른 자에게 대여한 경우 7. 고의 또는 중대한 과실로 회수한 냉매를 대기로 방출한 경우 ② 제1항에 따른 행정처분의 세부 기준 및 그 밖에 필요한 사항은 환경부령으로 정한다. [본조신설 2017. 11. 28.] **제76조의14(냉매 판매량 신고)** 냉매를 제조 또는 수입하는 자는 환경부령으로 정하는 바에 따라 냉매의 종류, 양, 판매처 등을 환경부장관에게 신고하여야 한다. 다만, 다른 법령에 따라 판매 현황 등이 파악되는 경우로서 환경부령으로 정하는 경우에는 그러하지 아니하다. [본조신설 2017. 11. 28.]		**제124조의14(냉매판매량의 신고 등)** ① 법 제76조의14 본문에 따라 냉매를 제조 또는 수입하는 자는 매 반기가 끝난 후 15일 이내에 별지 제69호서식의 냉매 판매량 신고서에 다음 각 호의 서류를 첨부하여 한국환경공단에 제출하거나 냉매정보관리전산망에 입력하여야 한다. 1. 냉매의 제조 또는 수입 실적을 확인할 수 있는 서

대기환경보전법	대기환경보전법 시행령	대기환경보전법 시행규칙
		류 1부 2. 냉매의 종류별·용도별·판매처별 판매량을 확인할 수 있는 서류 1부 ② 법 제76조의14 단서에서 "환경부령으로 정하는 경우"란 제조 또는 수입하는 냉매가 「오존층 보호를 위한 특정물질의 제조규제 등에 관한 법률」 제2조제1호에 따른 특정물질에 해당하여 같은 법 시행령 제18조제1항에 따라 특정물질의 제조·판매·수입 실적 등을 산업통상자원부장관에게 보고하는 경우를 말한다. ③ 환경부장관과 산업통상자원부장관은 제1항에 따른 냉매판매량의 신고 및 제2항에 따른 보고 등의 업무를 효율적으로 수행하기 위하여 신고 및 보고의 방법 및 절차를 공동으로 정하여 고시할 수 있다. [본조신설 2018. 11. 29.]
제76조의15(냉매정보관리전산망 설치 및 운영) 환경부장관은 냉매의 판매·회수 및 처리 과정의 효율적인 관리를 위하여 환경부령으로 정하는 바에 따라 냉매정보관리전산망을 설치·운영할 수 있다. [본조신설 2017. 11. 28.]		제124조의8(냉매관리기록부의 보존 등) ① 냉매사용기기의 소유자·점유자 또는 관리자(이하 "소유자등"이라 한다)는 법 제76조의10제2항에 따라 냉매사용기기의 유지·보수 및 회수·처리 현황을 별지 제63호서식의 냉매관리기록부에 기록하고 3년간 보존해야 한다. 다만, 냉매사용기기의 유지·보수 및 회수·처리 현황을 법 제76조의15에서 정한 냉매정보관리전산망(이하 "냉매정보관리전산망"이라 한다)에 입력하는 경우에는 그렇지 않다. ② 소유자등은 제1항 본문에 따라 작성한 냉매관리기록부의 사본에 다음 각 호의 서류를 첨부하여 다

대기환경보전법	대기환경보전법 시행령	대기환경보전법 시행규칙
		음 해 2월 말까지 환경부장관에게 제출해야 한다. 이 경우 제1항 단서에 따라 냉매사용기기의 유지·보수 및 회수·처리 현황을 냉매정보관리전산망에 입력한 경우에는 입력한 날에 제출한 것으로 본다. 1. 냉매사용기기 매매·임대·폐기 현황을 증명할 수 있는 서류 2. 냉매회수를 위한 영 별표 14의2 제1호의 시설·장비의 매매 또는 임대 현황을 증명할 수 있는 서류 3. 냉매 회수·처리 현황을 증명할 수 있는 서류 4. 냉매 구매 현황을 증명할 수 있는 서류 ③ 제1항 및 제2항에도 불구하고 소유자 등은 냉매사용기기를 신규 설치, 교체 또는 폐기하는 등의 변경사항이 없는 경우로서 냉매의 회수·처리 현황이 없는 경우에는 냉매관리기록부를 기록·제출하지 않는다. [본조신설 2018. 11. 29.]
제6장 보칙 〈개정 2013. 4. 5.〉 **제77조(환경기술인 등의 교육)** ①환경기술인을 고용한 자는 환경부령으로 정하는 바에 따라 해당하는 자에게 환경부장관 또는 시·도지사가 실시하는 교육을 받게 하여야 한다. ② 환경부장관 또는 시·도지사는 환경부령으로 정하는 바에 따라 제1항에 따른 교육에 드는 경비를 교육대상자를 고용한 자로부터 징수할 수 있다. ③ 환경부장관 또는 시·도지사는 제1항에 따른 교육을 관계 전문기관에 위탁할 수 있다.		**제125조(환경기술인의 교육)** ① 법 제77조에 따라 한 경기술인은 다음 각 호의 구분에 따라 「환경정책기본법」 제38조에 따른 환경보전협회, 환경부장관 또는 시·도지사가 교육을 실시할 능력이 있다고 인정하여 위탁하는 기관(이하 "교육기관"이라 한다)에서 실시하는 교육을 받아야 한다. 다만, 교육 대상이 된 사람이 그 교육을 받아야 하는 기한의 마지막 날이전 3년 이내에 동일한 교육을 받았을 경우에는 해당 교육을 받은 것으로 본다. 〈개정 2016. 12. 30.〉

대기환경보전법	대기환경보전법 시행령	대기환경보전법 시행규칙
		1. 신규교육 : 환경기술인으로 임명된 날부터 1년 이내에 1회 2. 보수교육 : 신규교육을 받은 날을 기준으로 3년마다 1회 ② 제1항에 따른 교육기간은 4일 이내로 한다. 다만, 정보통신매체를 이용하여 원격교육을 하는 경우에는 환경부장관이 인정하는 기간으로 한다. 〈개정 2009. 1. 14.〉 ③ 법 제77조제2항에 따라 교육대상자를 고용한 자로부터 징수하는 교육경비는 교육내용 및 교육기간 등을 고려하여 교육기관의 장이 정한다.
제77조의2(친환경운전문화 확산 등) ① 환경부장관은 오염물질(온실가스를 포함한다)의 배출을 줄이고 에너지를 절약할 수 있는 운전방법(이하 "친환경운전"이라 한다)이 널리 확산·정착될 수 있도록 다음 각 호의 시책을 추진하여야 한다. 1. 친환경운전 관련 교육·홍보 프로그램 개발 및 보급 2. 친환경운전 관련 교육 과정 개설 및 운영 3. 친환경운전 관련 전문인력의 육성 및 지원 4. 친환경운전을 체험할 수 있는 체험시설 설치·운영 5. 그 밖에 친환경운전문화 확산을 위하여 환경부령으로 정하는 시책 ② 환경부장관은 제1항에 따른 시책 추진을 위하여 민간환경단체 등이 교육·홍보 등 각종 활동을 할 경우 이를 지원할 수 있다. [본조신설 2009. 5. 21.]		제130조의2(친환경운전문화 확산을 위한 시책) 법 제77조의2제1항제3호에서 "친환경운전문화 확산을 위하여 환경부령으로 정하는 시책"이란 다음 각 호의 시책을 말한다. 1. 친환경운전문화 확산을 위한 포털 사이트 구축·운영 2. 친환경운전 안내장치의 보급 촉진 및 지원 3. 친환경운전 지도(전자지도를 포함한다)의 작성·보급 4. 친환경운전 실천 현황 측정 및 인센티브 지원 [본조신설 2010. 1. 6.]

대기환경보전법	대기환경보전법 시행령	대기환경보전법 시행규칙
제77조의3(자전거 이용 우수 기관 지원 등) ① 환경부장관은 온실가스 등 오염물질의 배출을 줄이고 쾌적한 대기환경을 유지하기 위하여 자전거 이용을 적극적으로 추진하는 기관을 자전거 이용 우수 기관으로 지정할 수 있다. ② 제1항에 따른 자전거 이용 우수 기관의 지정 기준 및 절차 등에 관한 사항은 환경부령으로 정한다. ③ 환경부장관은 제1항에 따른 자전거 이용 우수 기관이 다음 각 호의 어느 하나에 해당되는 경우에는 지정을 취소할 수 있다. 다만, 제1호에 해당하는 경우에는 지정을 취소하여야 한다. 1. 거짓이나 그 밖의 부정한 방법으로 지정을 받은 경우 2. 제2항에 따른 지정 기준에 적합하지 아니하게 된 경우 [본조신설 2012. 5. 23.] **제78조(한국자동차환경협회의 설립 등)** ① 자동차 배출가스로 인하여 인체 및 환경에 발생하는 위해를 줄이기 위하여 제80조의 업무를 수행하기 위한 한국자동차환경협회를 설립할 수 있다. 〈개정 2012. 2. 1.〉 ② 한국자동차환경협회는 법인으로 한다. 〈개정 2012. 2. 1.〉 ③ 한국자동차환경협회를 설립하기 위하여는 환경부장관에게 허가를 받아야 한다. 〈개정 2012. 2. 1.〉 ④ 한국자동차환경협회에 대하여 이 법에 특별한		

대기환경보전법	대기환경보전법 시행령	대기환경보전법 시행규칙
규정이 있는 것 외에는 「민법」 중 사단법인에 관한 규정을 준용한다. 〈개정 2012. 2. 1.〉 [제목개정 2012. 2. 1.] 제79조(회원) 다음 각 호의 어느 하나에 해당하는 자는 한국자동차환경협회의 회원이 될 수 있다. 1. 배출가스저감장치 제작자 2. 저공해엔진 제조·교체 등 배출가스저감사업 관련 사업자 3. 전문정비사업자 4. 배출가스저감장치 및 저공해엔진 등과 관련된 분야의 전문가 5. 「자동차관리법」 제44조의2에 따른 종합검사대행자 6. 「자동차관리법」 제45조의2에 따른 종합검사 지정정비사업자 7. 자동차 조기폐차 관련 사업자 [전문개정 2012. 2. 1.] 제80조(업무) 한국자동차환경협회는 정관으로 정하는 바에 따라 다음 각 호의 업무를 행한다. 〈개정 2012. 2. 1.〉 1. 운행차 저공해화 기술개발 및 배출가스저감장치의 보급 2. 자동차 배출가스 저감사업의 지원과 사후관리에 관한 사항 3. 운행차 배출가스 검사와 정비기술의 연구·개발 사업		

대기환경보전법	대기환경보전법 시행령	대기환경보전법 시행규칙
4. 환경부장관 또는 시·도지사로부터 위탁받은 업무 5. 그 밖에 자동차 배출가스를 줄이기 위하여 필요한 사항		
제80조의2(금속자동측정기기협회) ① 금속에서 배출되는 대기오염물질을 측정하는 측정기기(이하 이 조에서 "금속자동측정기기"라 한다)에 관한 기술 개발 및 관련 산업의 육성을 위한 다음 각 호의 사업을 수행하기 위하여 금속자동측정기기협회를 설립할 수 있다. 〈개정 2015. 1. 20.〉 1. 금속자동측정기기 관련 기술개발 및 보급 2. 금속자동측정기기 관련 교육 및 교육교재 개발·보급 3. 금속자동측정기기를 운영·관리하는 자에 대한 교육 및 기술지원 4. 환경부장관 또는 지방자치단체의 장이 위탁하는 사업 ② 금속자동측정기기협회는 법인으로 한다. ③ 금속자동측정기기협회를 설립하기 위하여는 환경부장관에게 허가를 받아야 한다. ④ 금속자동측정기기 및 그 부속품을 수입·제조·판매하는 자 등은 금속자동측정기기협회의 정관으로 정하는 바에 따라 금속자동측정기기협회의 회원이 될 수 있다. ⑤ 금속자동측정기기협회에 대하여 이 법에 특별한 규정이 있는 것을 제외하고는 「민법」 중 사단법인에 관한 규정을 준용한다. [본조신설 2012. 2. 1.]		

대기환경보전법	대기환경보전법 시행령	대기환경보전법 시행규칙
제81조(재정적·기술적 지원) ① 국가 또는 지방자치단체는 대기환경개선을 위하여 다음 각 호의 사업을 추진하는 지방자치단체나 사업자 등에게 필요한 재정적·기술적 지원을 할 수 있다. 〈개정 2016. 1. 27.〉 1. 제11조에 따른 종합계획의 수립 및 시행을 위하여 필요한 사업 2. 제32조제1항 및 제4항에 따른 측정기기 부착 및 운영·관리 3. 제16조제5항에 따른 특별대책지역에서의 엄격한 배출허용기준과 특별배출허용기준의 준수 확보에 필요한 사업 3의2. 제38조의2에 따라 대기오염물질의 비산배출을 줄이기 위한 사업 3의3. 휘발성유기화합물함유기준에 적합한 도료에 관한 연구와 기술개발 4. 제32조에 따른 측정기기의 부착 및 측정결과를 전산망에 전송하는 사업 5. 제63조에 따른 정밀검사 기술개발과 연구 6. 제75조의2에 따른 친환경연료의 보급 확대와 기반구축 등에 필요한 사업 7. 그 밖에 대기환경을 개선하기 위하여 환경부장관이 필요하다고 인정하는 사업 ② 국가는 황사피해 및 대기오염을 방지하기 위한 보호 및 감시활동, 피해방지사업, 그 밖에 황사피해, 대기오염 방지 및 대기환경개선과 관련된 외국 또는 대기환경개선과 관련된 외국 또는 국제기구 및 대기환경개선과 관련된 외국 또는 단체의 활동에 필요하여 필요한 재정적 지원을 할 수	**제61조(재정지원의 대상·절차 및 방법)** ① 법 제81조제3항에 따른 재정지원의 대상은 다음 각 호와 같다. 〈개정 2016. 5. 31.〉 1. 장거리이동대기오염물질 관련 연구사업 2. 장거리이동대기오염물질피해를 방지하기 위한 국내외 사업 ② 재정지원을 받으려는 법인이나 단체는 매년 12월 31일까지 소관 부처에 재정지원을 신청하여야 한다. ③ 제2항에 따라 신청을 받은 소관 부처는 관계 부처와 협의를 거친 후 위원회의 심의를 거쳐 재정지원 여부를 결정하여야 한다.	

대기환경보전법	대기환경보전법 시행령	대기환경보전법 시행규칙

있다. 〈개정 2012. 2. 1.〉

③ 제2항에 따른 제공지원의 대상·절차 및 방법 등의 구체적인 내용은 대통령령으로 정한다.

제82조(보고와 검사 등) ① 환경부장관, 시·도지사 및 시장·군수·구청장은 환경부령으로 정하는 경우에는 다음 각 호의 자에게 필요한 보고를 명하거나 자료를 제출하게 할 수 있으며, 관계 공무원(제87조제2항에 따라 환경부장관의 업무를 위탁받은 관계 전문기관의 직원을 포함한다)으로 하여금 해당 시설이나 사업장 등에 출입하여 제16조나 제46조제3항에 따른 배출허용기준의 준수 여부, 제32조에 따른 측정기기의 정상운영 여부(제87조제2항에 따라 환경부장관의 업무를 위탁받은 관계 전문기관의 직원이 경우에는 제32조제7항에 따른 사항만 해당한다), 제32조의2에 따른 측정기기 관리대행 업무의 적정 이행 여부, 제38조의2제3항에 따른 시설관리기준 준수 여부, 휘발성유기화합물 배출 여부, 제42조 본문에 따른 연료의 제조·판매·사용 금지 또는 제한 등의 조치 이행 여부, 제44조의2에 따른 휘발성유기화합물함유기준의 준수 여부, 제48조에 따른 인증시험, 제62조에 따른 검사업무, 제62조의2에 따른 인증시험업무의 대행, 제62조의2에 따른 검사업무, 제74조의3에 따른 자동차정기검사 업무의 대행, 제62조의3에 따른 검사, 제74조의2에 따른 기검사 업무, 제74조에 따른 검사, 제76조의5에 따른 검사업무의 대행의 적정이행 여부, 제76조의5에 따른 온실가스 배출허용기준 또는 평균온실가스소비효율기준의 준수 여부, 제76조의10제1항 또는 제76

제131조(출입·검사 등) ① 법 제82조제1항 각 호의 부분에서 "환경부령으로 정하는 경우"란 다음 각 호의 어느 하나에 해당하는 경우를 말한다. 〈개정 2014. 2. 6.〉

1. 대기오염물질의 적정 관리를 위하여 시·도지사 및 국립환경과학원장이 정하는 지도·점검계획에 따르는 경우
2. 대기오염물질의 배출로 환경오염의 피해가 발생하거나 발생할 우려가 있는 경우
3. 다른 기관이 정당한 요청이 있거나 민원이 제기된 경우
4. 법에 따른 허가·신고·등록 또는 승인 등의 업무를 적정하게 수행하기 위하여 반드시 필요한 경우
5. 법 제32조제5항, 법 제33조, 법 제43조제2항, 법 제44조제7항 또는 법 제51조제4항 및 제5항에 따른 개선명령 등의 이행 여부를 확인하려는 경우
6. 법 제16조, 법 제29조제3항, 법 제41조 또는 법 제46조에 따른 배출허용기준 등의 준수 여부를 확인하려는 경우
7. 법 제17조제1항에 따라 대기오염물질의 배출인 및 배출량을 조사하는 경우

7의2. 법 제38조의2에 따른 시설관리기준 준수에 대한 확인이 필요한 경우

7의3. 도료를 공급하거나 판매하는 자에 대하여 해

대기환경보전법	대기환경보전법 시행령	대기환경보전법 시행규칙
조의12제2항에 따른 냉매 회수·재활용 등에서 냉매관리기준 준수 여부를 확인하기 위하여 오염물질을 제거하거나 관계 서류, 시설, 장비 등을 검사하게 할 수 있다. 〈개정 2017. 11. 28.〉 1. 사업자 1의2. 삭제 〈2017. 11. 28.〉 1의3. 측정기기 관리대행업자 1의4. 제38조의2제1항에 따른 비산배출시설을 운영하는 자 2. 제41조제1항에 따라 황함유기준이 정하여진 유류를 공급·판매하거나 사용하는 자 3. 제42조에 따라 연료를 제조·판매하거나 사용하는 것을 금지 또는 제한당한 자 4. 제43조제1항에 따라 비산먼지 발생사업의 신고를 한 자 5. 제44조에 따라 휘발성유기화합물을 배출하는 시설을 설치하는 자 5의2. 제44조의2제2항에 따라 도료를 공급하거나 판매하는 자 6. 제46조에 따른 자동차제작자 7. 제48조의2제1항에 따라 인증시험대행기관으로 지정된 자 8. 제60조제1항에 따라 배출가스저감장치 또는 저공해엔진을 제조·공급 또는 판매하는 자 8의2. 제62조의2에 따라 이륜자동차정기검사 업무를 대행하는 자 8의3. 제62조의3에 따른 이륜자동차정기검사 지정		당 도료가 별 제44조의2에 따른 휘발성유기화합물함유기준에 적합한지를 확인하려는 경우 8. 법 제62조제6항에 따라 정기검사업무를 수행하는 자의 기술능력 및 시설·장비 등의 확인이 필요한 경우 9. 삭제 〈2013. 2. 1.〉 10. 법 제74조에 따른 자동차연료 또는 첨가제를 제조하거나 판매하는 자에 대한 제조기준 준수여부, 유류판매 현황, 거래내용 등의 확인이 필요한 경우 11. 법 제87조제2항에 따라 관계 전문기관에 위탁한 업무의 처리 상황 및 결과에 대한 확인이 필요한 경우 ② 법 제82조제1항에 따라 사업자, 비산먼지 발생사업을 한 자 또는 휘발성유기화합물을 배출하는 시설을 설치하는 자(이하 "사업자등"이라 한다)의 시설 또는 사업장 등에 대한 출입·검사를 하는 공무원은 출입·검사의 목적, 인적사항, 검사결과 등을 환경부장관이 정하는 서식에 적어 사업자 등에게 발급하여야 한다. ③ 환경부장관, 시·도지사, 유역환경청장, 지방환경청장, 수도권대기환경청장 또는 국립환경과학원장은 법 제82조제1항에 따라 사업자등에 대한 출입·검사를 할 때에는 검사의 대상 시설 또는 사업장 등이 다음 각 호의 어느 하나에 해당하는 구 사업장 등에는 검사의 대상 시설 또는 사업장 등과 같은 경우에는 통합하여 출입·검사를 하여야 한

대기환경보전법	대기환경보전법 시행령	대기환경보전법 시행규칙
정비사업자 9. 전문정비사업자 10. 제70조제3항에 따라 자동차제작자로부터 확인 검사를 위탁받은 자 11. 제74조에 따라 자동차연료·첨가제 또는 촉매 제를 제조·공급 또는 판매하는 자 12. 제74조의2에 따라 검사대행기관으로 지정된 자 12의2. 냉매사용기기의 소유자등 12의3. 냉매회수업자 13. 제87조제2항에 따라 환경부장관의 업무를 위탁 받은 자 ② 환경부장관, 시·도지사 또는 시장·군수·구청 장은 제1항에 따라 배출허용기준 초과 여부를 확인 하기 위하여 오염물질을 채취한 경우에는 환경부령 으로 정하는 검사기관에 오염도검사를 의뢰하여야 한다. 다만, 현장에서 배출허용기준 초과 여부를 판 정할 수 있는 경우로서 환경부령으로 정하는 경우 에는 그러하지 아니하다. <개정 2012. 5. 23.> ③ 제1항에 따라 출입과 검사를 행하는 공무원은 그 권한을 표시하는 증표를 지니고 이를 관계인에게 내보여야 한다. ④ 시·도지사는 매년 배출시설 관리현황을 작성하 여 환경부장관에게 제출하여야 한다. <신설 2015. 1. 20.> ⑤ 제4항에 따른 배출시설 관리현황의 작성·제출 에 필요한 사항은 환경부령으로 정한다. <신설 2015. 1. 20.>		다. 다만, 민원, 환경오염사고, 광역감시활동 또는 인력운영상 곤란하다고 인정되는 경우에는 그러하 지 아니하다. <개정 2018. 1. 17.> 1. 「소음·진동관리법」 제47조제1항 2. 「물환경보전법」 제68조제1항 3. 「하수도법」 제69조제1항 및 제2항 4. 「가축분뇨의 관리 및 이용에 관한 법률」 제41조 제1항 및 제2항 5. 「폐기물관리법」 제39조제1항 6. 「화학물질관리법」 제49조제1항 제132조(오염도검사기관) 법 제82조제2항 본문에서 "환경부령으로 정하는 검사기관"이란 제40조제2항 에 따른 검사기관을 말한다. 제133조(현장에서 배출허용기준 초과 여부를 판정할 수 있는 대기오염물질) 법 제82조제2항 단서에 따라 검사기관에 오염도검사를 의뢰하지 아니하고 현장 에서 배출허용기준 초과 여부를 판정할 수 있는 대 기오염물질의 종류는 다음 각 호와 같다. <개정 2014. 2. 6.> 1. 매연 2. 일산화탄소 3. 굴뚝 자동측정기기로 측정하고 있는 대기오염물질 4. 황산화물 5. 질소산화물 6. 암모니아

대기환경보전법	대기환경보전법 시행령	대기환경보전법 시행규칙
		제133조의2(배출시설 관리현황의 제출) ① 시·도지사는 법 제82조제4항에 따라 다음 각 호의 사항을 포함한 배출시설 관리현황을 매년 작성하여 다음 해 1월 31일(제10호의 자료의 경우 3월 31일)까지 한다)까지 환경부장관에게 제출하여야 한다.
		1. 법 제16조제3항에 따른 강화된 배출허용기준 설정에 관한 사항
		2. 법 제23조에 따른 배출시설의 설치 허가·변경허가 및 변경신고에 관한 사항
		3. 법 제26조제1항 및 영 제14조에 따른 방지시설 면제에 관한 사항
		4. 법 제29조에 따른 공동 방지시설 설치에 관한 사항
		5. 법 제30조제1항에 따른 가동개시 신고에 관한 사항
		6. 법 제35조에 따른 배출부과금 부과·징수에 관한 사항
		7. 법 제37조에 따른 과징금 처분에 관한 사항
		8. 법 제38조의2 및 제44조에 따른 배출시설 설치 신고·변경신고에 관한 사항
		9. 법 제43조에 따른 비산먼지 발생사업의 신고·변경신고에 관한 사항
		10. 법 제81조제1항에 따른 재정적·기술적 지원에 관한 사항
		11. 법 제82조에 따른 보고·검사(법 제82조제1항제1호, 제1호의2, 제4호 및 제5호에 해당하는 자에 대한 보고·검사만 해당한다)에 관한 사항
		12. 법 제84조에 따른 행정처분(법 제82조제1항제1

대기환경보전법	대기환경보전법 시행령	대기환경보전법 시행규칙
		호, 제3호의2, 제4호 및 제5호에 해당하는 자에 대한 행정자본만 해당한다)에 관한 사항 ② 제1항에 따른 배출시설 관리현황 제출에 관한 서식은 환경부장관이 정한다. [본조신설 2015. 7. 21.]
제83조(권계 기관의 협조) 환경부장관은 이 법의 목적을 달성하기 위하여 필요하다고 인정하면 다음 각 호에 해당하는 조치를 관계 중앙행정기관의 장, 시·도지사 또는 시장·군수·구청장에게 요청할 수 있다. 이 경우 요청받은 관계 중앙행정기관의 장, 시·도지사 또는 시장·군수·구청장은 특별한 사유가 없으면 이에 응하여야 한다. 〈개정 2013. 7. 16.〉 1. 난방기기의 개선 2. 자동차 엔진의 변경이나 대체 3. 자동차의 사령 제한 4. 자동차의 통행 제한 5. 황사피해 방지를 위한 조치 6. 정밀검사 업무와 이륜자동차정기검사 업무의 전산처리에 필요한 자동차의 등록, 검사, 규격, 성능 등에 관한 전산자료 7. 친환경운전문화를 확산하기 위한 시책 8. 제61조에 따른 운행차 수시 점검에 필요한 자동차 제원 등 등록정보에 관한 전산자료 9. 「자동차관리법」 제43조의2에 따른 종합검사 대상 자동차의 등록현황, 검사내역 등 종합검사업무 관련 전산자료 10. 제58조제1항 및 「수도권 대기환경개선에 관한	**제62조(권계 기관의 협조)** 법 제83조제12호에서 "대통령령으로 정하는 사항"이란 다음 각 호의 사항을 말한다. 〈개정 2014. 2. 5.〉 1. 판광시설 또는 산업시설 등의 설치로 훼손된 토지의 원상 복구 2. 차종별 연료사용 규제 3. 차종별 엔진출력 규제 4. 일정 구역에서 일정 용도로 사용하는 자동차의 등력원을 전기·태양광·수소 또는 천연가스 등으로 제한하는 사항	

대기환경보전법	대기환경보전법 시행령	대기환경보전법 시행규칙
특별법」 제25조제4항에 따른 배출가스저감장치의 부착, 저공해엔진으로의 개조 등 구조변경 검사에 관한 전산자료 11. 제68조제2항에 따른 전문정비사업자의 정비·점검 및 확인검사결과에 관한 전산자료 12. 그 밖에 대통령령으로 정하는 사항		제134조(행정처분기준) ① 법 제84조에 따른 행정처분기준은 별표 36과 같다. ② 환경부장관, 시·도지사 또는 국립환경과학원장은 위반사항의 내용으로 볼 때 그 위반 정도가 경미하거나 그 밖에 특별한 사유가 있다고 인정되는 경우에는 별표 36에 따른 조업정지·업무정지 또는 사용정지 기간의 2분의 1의 범위에서 행정처분을 경감할 수 있다.
제84조(행정처분의 기준) 이 법 또는 이 법에 따른 명령을 위반한 행위에 대한 행정처분의 기준은 환경부령으로 정한다.		
제85조(청문) 환경부장관, 시·도지사 또는 시장·군수·구청장은 다음 각 호의 어느 하나에 해당하는 처분을 하려면 청문을 하여야 한다. 〈개정 2017. 11. 28.〉 1. 제7조의3제4항에 따른 지정의 취소 1의2. 제32조의3제3항에 따른 등록의 취소 2. 제36조 또는 제38조에 따른 허가의 취소나 배출시설의 폐쇄명령 3. 제41조제4항에 따른 연료의 공급, 판매 또는 사용을 금지하는 명령 4. 제42조에 따른 연료의 제조, 판매 또는 사용을 금지하는 명령 4의2. 제48조의3에 따른 인증시험대행기관의 지정		

대기환경보전법	대기환경보전법 시행령	대기환경보전법 시행규칙
취소 및 업무정지명령 5. 제51조제4항이나 제6항에 따른 결함시정명령 6. 제55조에 따른 인증의 취소 6의2. 제62조의4에 따른 지정의 취소 7. 제69조에 따른 전문정비사업자에 대한 등록의 취소 8. 제74조의3에 따른 검사대행기관의 지정 취소 및 업무정지명령 8의2. 제76조의2제13제1항에 따른 등록의 취소 9. 제77조의3제3항에 따른 자전거 이용 우수 기관의 지정 취소 제86조(수수료) 다음 각 호의 어느 하나에 해당하는 자는 환경부령으로 정하는 수수료를 내야 한다. 1. 제23조에 따른 배출시설의 설치나 변경에 관한 허가·변경허가를 받거나 신고·변경신고를 하려는 자 2. 제48조에 따른 제작차 인증·변경인증·인증생략을 신청하는 자 [전문개정 2012. 2. 1.]		제135조(수수료) ① 법 제86조제3호에 따른 수수료는 다음 각 호와 같다. 〈개정 2013. 2. 1.〉 1. 법 제23조에 따른 배출시설의 설치허가 또는 설치신고 : 1만원(정보통신망을 이용하여 전자화폐·전자결제 등의 방법으로 수수료를 낼 때에는 9천원) 2. 법 제23조에 따른 배출시설의 변경허가 : 5천원(정보통신망을 이용하여 전자화폐·전자결제 등의 방법으로 수수료를 낼 때에는 4천원) ② 법 제86조제2호에 따른 수수료는 다음 각 호와 같다. 〈신설 2013. 2. 1.〉 1. 법 제48조제1항 본문에 따른 제작차의 인증 신청 가. 자동차제작자(이륜자동차제작자 및 개별자동차의 수입자는 제외한다) : 110만원 나. 이륜자동차제작자 : 20만원 다. 개별자동차의 수입자 : 1만5천원

대기환경보전법	대기환경보전법 시행령	대기환경보전법 시행규칙
제87조(권한의 위임과 위탁) ① 이 법에 따른 환경부장관의 권한은 대통령령으로 정하는 바에 따라 그 일부를 시·도지사, 시장·군수·구청장, 환경부소속 환경연구원의 장이나 지방환경관서의 장에게 위임할 수 있다. 〈개정 2013. 7. 16.〉 ② 환경부장관은 대통령령으로 정하는 바에 따라 이 법에 따른 업무의 일부를 관계 전문기관에 위탁할 수 있다.	**제63조(권한의 위임)** ① 환경부장관은 법 제87조제1항에 따라 다음 각 호의 권한을 시·도지사에게 위임한다. 〈개정 2014. 2. 5.〉 1. 법 제62조제3항에 따른 이륜자동차정기검사 기간 연장 및 유예 2. 법 제62조제4항에 따른 이륜자동차정기검사 수검명령 3. 법 제62조의3제1항에 따른 이륜자동차정기검사 업무 수행을 위한 지정정비사업자의 지정 4. 법 제62조의4제1항에 따른 이륜자동차정기검사 지정정비사업자에 대한 업무 정지명령 및 지정 취소 5. 법 제70조에 따른 개선명령 6. 법 제70조의2에 따른 운행정지명령 ② 환경부장관은 법 제87조제1항에 따라 다음 각 호의 권한을 유역환경청장, 지방환경청장 또는 수도권대기환경청장에게 위임한다. 다만, 제1호 및 제3	2. 법 제48조제1항 단서에 따른 제작차 인증생략 신청 : 5천원 3. 법 제48조제2항에 따른 제작차 변경인증 신청 　가. 자동차제작자(이륜자동차제작자는 제외한다) : 7만원 　나. 이륜자동차제작자 : 2만원 ③ 제1항 및 제2항에 따른 수수료는 허가 또는 인증 등을 신청할 때 수입증지를 내거나 정보통신망을 이용하여 전자화폐·전자결제 등의 방법으로 내야 한다. 〈개정 2013. 2. 1.〉

대기환경보전법	대기환경보전법 시행령	대기환경보전법 시행규칙
	호의 권한은 수도권대기환경청장에게 위임한다. 〈개정 2017. 1. 24.〉 1. 법 제3조제1항에 따른 측정망 설치 및 대기오염도의 상시 측정(수도권대기환경청의 관할구역에 대한 것만 해당한다) 2. 법 제4조제1항에 따른 측정망설치계획의 결정·변경·고시 및 열람 3. 법 제5조제1항에 따른 토지 등의 수용 또는 사용(제1호에 따라 위임된 업무와 관련된 것만 해당한다) 4. 법 제19조제3항부터 제5항까지의 규정에 따른 주진실상서의 접수·평가 및 전문기관에의 의뢰에 관한 권한 4의2. 법 제32조의2, 제32조의3 및 제85조제1호의2에 따른 측정기기 관리대행업의 등록, 변경등록, 등록취소, 영업정지명령 및 청문 4의3. 법 제38조의2제1항 및 제2항에 따른 비산배출 시설 설치·운영 신고 및 변경신고의 수리 4의4. 법 제38조의2제6항에 따른 조치명령 4의5. 법 제44조의2제3항에 따른 조치명령 또는 회수명령 4의6. 법 제44조의2제4항에 따른 공급·판매의 중지명령 4의7. 법 제74조제3항에 따른 자동차연료·첨가제 또는 촉매제에 대한 검사 5. 법 제74조제5항에 따른 자동차연료·첨가제 또는 촉매제의 제조·판매 또는 사용에 대한 규제 6. 법 제75조제1항에 따른 제조의 중지 및 제품의 회	

대기환경보전법	대기환경보전법 시행령	대기환경보전법 시행규칙
	수명령	
	6의2. 법 제75조제2항에 따른 공급·판매의 중지명령	
	6의3. 법 제82조제1항에 따른 보고명령, 자료 제출 요구 및 물출입·제저·검사에 관한 권한(법 제32조의2에 따른 측정기기 관리대행 업무의 적정이행 여부, 법 제38조의2제3항에 따른 시설관리기준 준수 여부, 법 제44조의2에 따른 휘발성유기화합물의 규제기준의 준수 여부의 확인 및 법 제74조에 따른 검사를 위하여 필요한 경우로 한정한다)	
	7. 삭제 〈2017. 1. 24.〉	
	③환경부장관은 법 제87조제1항에 따라 다음 각 호의 권한을 국립환경과학원장에게 위임한다. 〈개정 2018. 12. 31.〉	
	1. 법 제3조제1항에 따른 측정망 설치 및 대기오염도의 상시 측정(수도권대기환경청의 관할구역 외의 지역에서의 장거리이동대기오염물질에 대한 것만 해당한다)	
	2. 법 제5조제3항에 따른 토지 등의 수용 또는 사용(예제1호에 따라 위임된 업무와 관련된 것만 해당한다)	
	3. 법 제3조제2항에 따른 보고 서류의 접수	
	3의2. 법 제3조의2에 따른 환경위성 관측망의 구축·운영 및 정보의 수집·활용	
	3의3. 법 제7조의2에 따른 대기오염도 예측·발표	
	4. 법 제48조제1항·제2항, 제3조 및 제85조에 따른 인증, 변경인증, 인증의 취소 및 그 청문. 다만, 국내에서 제작되는 자동차에 대한 인증, 인증의 취소 및 그 청문은 제외한다.	

대기환경보전법	대기환경보전법 시행령	대기환경보전법 시행규칙
	5. 법 제50조제1항 및 제2항에 따른 검사 및 검사의 생략 6. 법 제51조에 따른 결함확인검사 및 그 검사에 필요한 자동차의 선정 7. 법 제53조제1항 및 제2항에 따른 보고 서류의 접수 7의2. 법 제60조의3제1항에 따른 부착 또는 교체한 배출가스저감장치나 개조 또는 교체한 저공해엔진에 대한 저감효율을 확인한 검사 8. 법 제74조제2항에 따른 검사 9. 법 제74조의2 및 제74조의3에 따른 검사대행기관의 지정 및 지정 취소 등에 관한 권한 제66조(업무의 위탁) ① 환경부장관은 법 제87조제2항에 따라 다음 각 호의 업무를 한국환경공단에 위탁한다. 〈개정 2018. 12. 31.〉 1. 법 제3조제1항에 따른 측정망 설치 및 대기오염도 상시 측정(수도권대기환경청장의 관할구역 외의 지역에서의 장거리이동대기오염물질 의 오염물질에 대한 것만 해당한다) 1의2. 법 제3조제3항에 따른 전산망의 구축·운영 2. 법 제5조제1항에 따른 토지 등의 수용 또는 사용(제1호에 따른 위탁 업무와 관련된 것만 해당한다) 2의2. 법 제9조제2항에 따른 기후·생태계 변화유발물질 배출 억제를 위한 사업 2의3. 삭제 〈2018. 11. 27.〉 2의4. 법 제26조제3항에 따라 설치를 지원하려는 연소조절에 의한 시설 및 설치된 시설에 대한 성능 확인 등의 업무 2의5. 법 제32조제1항 단서에 따른 측정기기의 부	제136조(보고) ① 시·도지사, 유역환경청장, 지방환경청장, 수도권대기환경청장 또는 국립환경과학원장은 영 제65조에 따라 별표 37에서 정한 위임업무 보고사항을 환경부장관에게 보고하여야 한다. 〈개정 2013. 5. 24.〉 ② 한국환경공단은 영 제66조제3항에 따라 별표 38에서 정한 위탁업무 보고사항을 환경부장관에게 보고하여야 한다. 〈신설 2010. 12. 31.〉

대기환경보전법	대기환경보전법 시행령	대기환경보전법 시행규칙
	좌·운영	
	3. 법 제32조제7항에 따른 전산망의 운영 및 시·도지사 또는 사업자에 대한 기술지원	
	4. 법 제48조제1항 단서에 따른 인증 생략	
	5. 삭제 〈2013. 1. 31.〉	
	6. 삭제 〈2013. 1. 31.〉	
	7. 삭제 〈2013. 1. 31.〉	
	8. 법 제54조에 따른 전산망의 운영 및 관리	
	8의2. 법 제58조제3항에 따른 저공해자동차 구매자(「수도권 대기환경개선에 관한 특별법」시행령 제3조제1호에 따른 전기자동차 및 같은 조 제2호에 따른 하이브리드자동차에 한정한다)에 대한 자금 보조를 위한 지원	
	8의3. 법 제58조제3항에 따른 전기자동차에 전기를 충전하기 위한 시설(이하 "전기자동차 충전시설"이라 한다)을 설치하는 자에 대한 자금 보조를 위한 지원	
	8의4. 법 제58조제11항에 따른 저공해자동차 등에 대한 표지 부착 현황관리	
	8의5. 법 제58조제15항에 따른 전기자동차 충전 정보관리 전산망의 설치·운영	
	8의6. 법 제58조제16항에 따른 전기자동차 충전시설의 설치	
	8의7. 법 제58조제17항에 따른 전기자동차 성능 평가	
	9. 법 제61조제1항에 따른 자동차의 배출가스 배출 상태 수시 점검	
	9의2. 법 제76조의10제1항 및 법 제76조의12제2항	

대기환경보전법	대기환경보전법 시행령	대기환경보전법 시행규칙
	에 따른 냉매관리기준 준수 여부 확인 9의3. 법 제76조의11제1항부터 제3항까지의 규정 에 따른 냉매회수업의 등록, 변경등록 및 등록증 발급 9의4. 법 제76조의11제1항에 따른 냉매회수업을 하 는 사업자가 법 제81조제1항제7호에 따라 환경 부장관이 인정하는 사업을 하는 경우에 해당 사 업에 대한 기술적 지원 9의5. 법 제76조의14에 따른 냉매판매량 신고의 접수 9의6. 법 제76조의15에 따른 냉매정보관리전산망 의 설치 및 운영 10. 법 제81조제1항제3호의2에 따른 사업을 추진하 는 사업자에 대한 기술적 지원 ② 환경부장관은 법 제87조제2항에 따라 법 제77조 에 따른 환경기술인의 교육에 관한 권한을 「환경정책 기본법」 제59조에 따른 환경보전협회에 위탁한다. 〈개정 2012. 7. 20.〉 ③ 환경부장관은 법 제87조제2항에 따라 다음 각 호 의 업무를 법 제78조에 따른 한국자동차환경협회에 위탁한다. 〈개정 2018. 12. 31.〉 1. 법 제58조제3항에 따른 저공해자동차에 연료를 공급하기 위한 시설(수소연료 공급시설에 한정 한다) 및 전기자동차 충전시설을 설치하는 자에 대한 자금 보조를 위한 지원 2. 법 제58조제16항에 따른 전기자동차 충전시설의 설치 · 운영 3. 법 제77조의2제1항제1호에 따른 친환경운전 관	

대기환경보전법	대기환경보전법 시행령	대기환경보전법 시행규칙
	련 교육·홍보 프로그램 개발 및 보급 ④ 한국환경공단, 환경보전협회 및 한국자동차환경협회의 장은 제1항부터 제3항의 규정에 따라 위탁받은 업무를 처리하면 환경부령으로 정하는 바에 따라 그 내용을 환경부장관에게 보고해야 한다. 〈개정 2018. 12. 31.〉 [제목개정 2018. 11. 27.]	
제88조(벌칙 적용 시 공무원 의제) 제87조제2항에 따라 위탁받은 업무에 종사하는 법인이나 단체의 임직원은 「형법」 제129조부터 제132조까지의 규정을 적용할 때에는 공무원으로 본다. [전문개정 2012. 2. 1.]		
제7장 벌칙 〈개정 2013. 4. 5.〉		
제89조(벌칙) 다음 각 호의 어느 하나에 해당하는 자는 7년 이하의 징역이나 1억원 이하의 벌금에 처한다. 〈개정 2016. 1. 27.〉 1. 제23조제1항이나 제2항에 따른 허가나 변경허가를 받지 아니하거나 거짓으로 허가나 변경허가를 받아 배출시설을 설치 또는 변경하거나 그 배출시설을 이용하여 조업한 자 2. 제26조제1항 본문이나 제2항에 따른 방지시설을 설치하지 아니하고 배출시설을 설치·운영한 자 3. 제31조제1항제1호나 제5호에 해당하는 행위를 한 자 4. 제34조제1항에 따른 조업정지명령을 위반하거나 같은 조 제2항에 따른 조치명령을 이행하지 아		

대기환경보전법	대기환경보전법 시행령	대기환경보전법 시행규칙
니한 자 5. 제36조에 따른 배출시설의 폐쇄나 조업정지에 관한 명령을 위반한 자 5의2. 제38조에 따른 사용중지명령 또는 폐쇄명령을 이행하지 아니한 자 6. 제46조를 위반하여 제작차배출허용기준에 맞지 아니하게 자동차를 제작한 자 6의2. 제46조제4항을 위반하여 자동차를 제작한 자 7. 제48조제1항을 위반하여 인증을 받지 아니하고 자동차를 제작한 자 7의2. 제50조의3에 따른 상환명령을 이행하지 아니하고 자동차를 제작한 자 7의3. 제55조제1호에 해당하는 행위를 한 자 8. 제60조를 위반하여 인증이나 변경인증을 받지 아니하고 배출가스저감장치, 저공해엔진 또는 공회전제한장치를 제조하거나 공급·판매한 자 9. 제74조제1항을 위반하여 자동차연료·첨가제 또는 촉매제를 제조기준에 맞지 아니하게 제조한 자 10. 제74조제2항을 위반하여 자동차연료·첨가제 또는 촉매제의 검사를 받지 아니한 자 11. 제74조제3항에 따른 자동차연료·첨가제 또는 촉매제의 검사를 거부·방해 또는 기피한 자 12. 제74조제4항 본문을 위반하여 자동차연료를 공급하거나 판매한 자 13. 제75조에 따른 제조의 중지, 제품의 회수 또는 공급·판매의 중지명령을 위반한 자		

대기환경보전법	대기환경보전법 시행령	대기환경보전법 시행규칙
제90조(벌칙) 다음 각 호의 어느 하나에 해당하는 자는 5년 이하의 징역이나 5천만원 이하의 벌금에 처한다. 〈개정 2017. 11. 28.〉 1. 제23조제1항에 따른 신고를 하지 아니하거나 거 짓으로 신고를 하고 배출시설을 설치 또는 변경 하거나 그 배출시설을 이용하여 조업한 자 2. 제31조제1항제2호에 해당하는 행위를 한 자 3. 제32조제1항 본문에 따른 측정기기의 부착 등의 조치를 하지 아니한 자 4. 제32조제3항제1호·제3호 또는 제4호에 해당하 는 행위를 한 자 4의2. 제38조의2제6항에 따른 시설개선 등의 조치 명령을 이행하지 아니한 자 5. 제41조제4항에 따른 연료사용 제한조치 등의 명 령을 위반한 자 6. 제44조제7항(제45조제5항에 따라 준용되는 경우 를 포함한다)에 따른 시설개선 등의 조치명령을 이행하지 아니한 자 6의2. 제50조제7항 및 제8항에 따른 부품 교체 또는 자동차의 교체·환불·재매입 명령을 이행하지 아니한 자 7. 제51조제4항 본문·제6항 또는 제53조제3항에 따른 결함시정명령을 위반한 자 8. 삭제 〈2017. 11. 28.〉 9. 삭제 〈2012. 2. 1.〉 10. 제68조제1항을 위반하여 전문정비사업자로 등 록하지 아니하고 정비·점검 또는 확인검사 업		

대기환경보전법	대기환경보전법 시행령	대기환경보전법 시행규칙
무를 한 자 11. 제74조제4항 본문을 위반하여 첨가제 또는 촉매제를 공급하거나 판매한 자		
제90조의2(벌칙) 제41조제3항 본문을 위반하여 황함유기준을 초과하는 연료를 공급·판매한 자는 3년 이하의 징역이나 3천만원 이하의 벌금에 처한다. [본조신설 2017. 11. 28.]		
제91조(벌칙) 다음 각 호의 어느 하나에 해당하는 자는 1년 이하의 징역이나 1천만원 이하의 벌금에 처한다. 〈개정 2017. 11. 28.〉 1. 제30조를 위반하여 신고를 하지 아니하고 조업한 자 2. 제32조제6항에 따른 조업정지명령을 위반한 자 2의2. 제32조의2제1항을 위반하여 측정기기 관리대행업의 등록 또는 변경등록을 하지 아니하고 측정기기 관리 업무를 대행한 자 2의3. 거짓이나 그 밖의 부정한 방법으로 제32조의2제1항에 따른 측정기기 관리대행업의 등록을 한 자 2의4. 제32조의2제4항을 위반하여 다른 자에게 자기의 명의를 사용하여 측정기기 관리 업무를 하게 하거나 등록증을 다른 자에게 대여한 자 2의5. 제41조제3항 본문을 위반하여 황함유기준을 초과하는 연료를 사용한 자 3. 제43조제3항에 따른 사용제한 등의 명령을 위반한 자 3의2. 제44조의2제2항제1호에 해당하는 자료서 간은 황을 위반하여 도료를 공급하거나 판매한 자		

대기환경보전법	대기환경보전법 시행령	대기환경보전법 시행규칙
3의3. 제44조의2제2항제2호에 해당하는 자로서 같은 항을 위반하여 도료를 공급하거나 판매한 자		
3의4. 제44조의2제3항에 따른 휘발성유기화합물함유기준을 초과하는 도료에 대한 공급·판매 중지 또는 회수 등의 조치명령을 위반한 자		
3의5. 제44조의2제4항에 따른 휘발성유기화합물함유기준을 초과하는 도료에 대한 공급·판매 중지명령을 위반한 자		
4. 제48조제2항에 따른 변경인증을 받지 아니하고 자동차를 제작한 자		
4의2. 제48조의2제2항제1호 또는 제2호에 따른 금지행위를 한 자		
5. 제68조제1항에 따른 변경등록을 하지 아니하고 등록사항을 변경한 자		
6. 삭제 〈2012. 2. 1.〉		
7. 제68조제4항제1호 또는 제2호에 따른 금지행위를 한 자		
8. 제69조에 따른 업무정지명령을 위반한 자		
9. 제74조제4항 본문을 위반하여 자동차연료를 사용한 자		
10. 제74조제5항에 따른 규제를 위반하여 자동차연료·첨가제 또는 촉매제를 제조하거나 판매한 자		
11. 제74조제6항을 위반하여 검사를 받은 제품음을 표시하지 아니하거나 거짓으로 표시한 자		
12. 제74조의2제2항제1호 또는 제2호에 따른 금지행위를 한 자		
12의2. 제76조의3제1항을 위반하여 자동차 온실가		

대기환경보전법	대기환경보전법 시행령	대기환경보전법 시행규칙
ㄴ. 배출량을 보고하지 아니하거나 거짓으로 보고한 자 12의3. 제76조의11제1항을 위반하여 배매회수업의 등록을 하지 아니하고 배매회수업을 한 자 12의4. 거짓이나 그 밖의 부정한 방법으로 제76조의11제1항에 따른 배매회수업의 등록을 한 자 12의5. 제76조의12제1항을 위반하여 다른 자에게 자기의 명의를 사용하여 배매회수업을 하게 하거나 등록증을 다른 자에게 대여한 자 13. 제82조에 따른 관계 공무원의 출입·검사를 거부·방해 또는 기피한 자 **제92조(벌칙)** 다음 각 호의 어느 하나에 해당하는 자는 300만원 이하의 벌금에 처한다. 〈개정 2015. 1. 20.〉 1. 제8조제3항에 따른 명령을 정당한 사유 없이 위반한 자 2. 제32조제5항에 따른 조치명령을 이행하지 아니한 자 3. 제38조의2제1항에 따른 신고를 하지 아니하고 시설을 설치·운영한 자 3의2. 제38조의2제4항에 따른 정기점검을 받지 아니한 자 4. 제42조에 따른 연료사용 제한조치 등의 명령을 위반한 자 4의2. 제43조제1항 전단에 따른 신고를 하지 아니한 자 5. 제43조제1항 전단 또는 후단을 위반하여 비산먼지의 발생을 억제하기 위한 시설을 설치하지 아니하거나 필요한 조치를 하지 아니한 자. 다만, 시		

대기환경보전법	대기환경보전법 시행령	대기환경보전법 시행규칙
멘트·석탄·토사·사료·곡물 및 고철의 분체상(粉體狀) 물질을 운송한 자는 제외한다. 6. 제43조제2항을 위반하여 비산먼지의 발생을 억제하기 위한 시설의 설치나 조치의 이행 또는 개선명령을 이행하지 아니한 자 7. 제44조제1항, 제45조제1항 또는 제2항에 따른 신고를 하지 아니하고 시설을 설치하거나 운영한 자 8. 제44조제3항에 따른 조치를 하지 아니한 자 9. 제50조의2제2항 및 제50조의3제3항에 따른 평균 배출량 달성실적 및 상환계획서를 거짓으로 작성한 자 10. 제60조제1항에 따라 인증받은 내용과 다르게 결함이 있는 배출가스저감장치 또는 저공해엔진을 제조·공급 또는 판매하는 자 11. 제62조제4항에 따른 이륜자동차정기검사 명령을 이행하지 아니한 자 12. 제70조의2에 따른 운행정지명령을 받고 이에 불응한 자 13. 「자동차관리법」 제66조에 따라 자동차관리사업의 등록이 취소되었음에도 정비·점검 및 확인검사 업무를 한 전문정비사업자 14. 제76조의5제1항을 위반하여 자료를 제출하지 아니하거나 거짓으로 자료를 제출한 자 **제93조(벌칙)** 제40조제4항에 따른 환경기술인의 업무를 방해하거나 환경기술인의 요청을 정당한 사유 없이 거부한 자는 200만원 이하의 벌금에 처한다.		

대기환경보전법	대기환경보전법 시행령	대기환경보전법 시행규칙
제94조(과태료) ① 다음 각 호의 어느 하나에 해당하는 자에게는 500만원 이하의 과태료를 부과한다. 〈개정 2017. 11. 28.〉 1. 제39조제1항을 위반하여 오염물질을 측정하지 아니한 자 또는 측정결과를 거짓으로 기록하거나 기록·보존하지 아니한 자 1의2. 제48조제3항을 위반하여 인증·변경인증의 표시를 하지 아니한 자 2. 제76조의4제1항을 위반하여 자동차에 온실가스 배출량을 표시하지 아니하거나 거짓으로 표시한 자 ② 다음 각 호의 어느 하나에 해당하는 자에게는 300만원 이하의 과태료를 부과한다. 〈개정 2017. 11. 28.〉 1. 제31조제2항을 위반하여 배출시설 등의 운영상황을 기록·보존하지 아니하거나 거짓으로 기록한 자 2. 제40조제1항을 위반하여 환경기술인을 임명하지 아니한 자 3. 제52조제3항에 따른 결함시정명령을 위반한 자 4. 제58조제1항에 따른 저공해자동차로의 전환 또는 개조 명령, 배출가스저감장치의 부착·교체 명령 또는 배출가스 관련 부품의 교체 명령, 저공해엔진(혼소엔진을 포함한다)으로의 개조 또는 교체 명령을 이행하지 아니한 자 ③ 다음 각 호의 어느 하나에 해당하는 자에게는 200만원 이하의 과태료를 부과한다. 〈개정 2017. 11. 28.〉	**제67조(과태료)** 법 제94조제1항부터 제6항까지의 규정에 따른 과태료의 부과기준은 별표 15와 같다. 〈개정 2014. 2. 5.〉 [전문개정 2008. 12. 31.]	

대기환경보전법	대기환경보전법 시행령	대기환경보전법 시행규칙
1. 제31조제1항제3호 또는 제5호에 따른 행위를 한 자		
2. 삭제 〈2015. 1. 20.〉		
3. 제32조제3항제2호에 따른 행위를 한 자		
4. 제32조제4항을 위반하여 운영·관리기준을 지키지 아니한 자		
4의2. 제32조의2제5항을 위반하여 관리기준을 지키지 아니한 자		
5. 제38조의2제2항에 따른 변경신고를 하지 아니한 자		
6. 제43조제1항에 따른 비산먼지의 발생 억제를 위한 시설의 설치 및 필요한 조치를 하지 아니하고 시멘트·석탄·토사 등 분체상 물질을 운송한 자		
7. 제44조제2항 또는 제45조제3항에 따른 휘발성유기화합물배출시설의 변경신고를 하지 아니한 자		
8. 제44조제8항을 위반하여 검사·측정 결과를 기록·보존하지 아니하거나 거짓으로 기록·보존한 자		
9. 제51조제5항(제53조제4항에 따라 준용되는 경우를 포함한다)에 따른 결함시정 결과보고를 하지 아니한 자		
10. 제53조제1항 본문에 따른 부품의 결함시정 현황 및 결함원인 분석 현황 또는 제53조제2항에 따른 결함시정 현황을 보고하지 아니한 자		
11. 제61조제2항을 위반하여 점검에 응하지 아니하거나 기피 또는 방해한 자		
12. 제68조제4항제3호 또는 제4호에 따른 행위를 한 자		
13. 제74조제4항제1호에 따른 제조기준에 맞지 아니하는 첨가제 또는 촉매제임을 알면서 사용한 자		

대기환경보전법	대기환경보전법 시행령	대기환경보전법 시행규칙
14. 제74조제4항제2호에 따른 검사를 받지 아니하거나 검사받은 내용과 다르게 제조된 첨가제 또는 촉매제임을 알면서 사용한 자 15. 제76조의11제2항에 따른 냉매회수업의 변경등록을 하지 아니하고 등록사항을 변경한 자 16. 제76조의12제2항을 위반하여 냉매관리기준을 준수하지 아니하거나 냉매의 회수 내용을 기록·보존 또는 제출하지 아니한 자 ④ 다음 각 호의 어느 하나에 해당하는 자에게는 100만원 이하의 과태료를 부과한다. 〈개정 2017. 11. 28.〉 1. 삭제 〈2017. 11. 28.〉 1의2. 제23조제2항이나 제3항에 따른 변경신고를 하지 아니한 자 2. 제40조제2항에 따른 환경기술인의 준수사항을 지키지 아니한 자 3. 제43조제1항 후단에 따른 변경신고를 하지 아니한 자 3의2. 제50조의2제2항에 따른 평균 배출량 달성 실적을 제출하지 아니한 자 3의3. 제50조의3제3항에 따른 상환계획서를 제출하지 아니한 자 4. 삭제 〈2012. 2. 1.〉 5. 제59조에 따른 자동차의 원동기 가동제한을 위반한 자동차의 운전자 6. 제63조제4항을 위반하여 정비·점검 및 확인검사를 받지 아니한 자		

대기환경보전법	대기환경보전법 시행령	대기환경보전법 시행규칙
6의2. 제68조제3항을 위반하여 등록된 기술인력이 교육을 받지 아니한 전문정비사업자 7. 제70조제5항을 위반하여 정비·점검 및 확인검사 결과표를 발급하지 아니하거나 정비·점검 및 확인검사 결과를 보고하지 아니한 자 7의2. 제76조의10제1항을 위반하여 냄새관리기준을 준수하지 아니하거나 같은 조 제2항을 위반하여 냄새사용기기의 유지·보수 및 냄새의 회수·처리 내용을 기록·보존 또는 제출하지 아니한 자 7의3. 제76조의12제3항을 위반하여 등록된 기술인력에게 교육을 받게 하지 아니한 자 8. 제77조를 위반하여 환경기술인 등의 교육을 받게 하지 아니한 자 9. 제82조제1항에 따른 보고를 하지 아니하거나 거짓으로 보고한 자 또는 자료를 제출하지 아니하거나 거짓으로 제출한 자 ⑤ 제62조제2항을 위반하여 이륜자동차정기검사를 받지 아니한 자에게는 50만원 이하의 과태료를 부과한다. 〈개정 2017. 11. 28.〉 ⑥ 제1항부터 제5항까지의 규정에 따른 과태료는 대통령령으로 정하는 바에 따라 환경부장관, 시·도지사 또는 시장·군수·구청장이 부과·징수한다. 〈개정 2017. 11. 28.〉		
제95조(양벌규정) 법인의 대표자나 법인 또는 개인의 대리인, 사용인, 그 밖의 종업원이 그 법인 또는 개인의 업무에 관하여 제89조, 제90조, 제90조의2, 제91		

대기환경보전법	대기환경보전법 시행령	대기환경보전법 시행규칙
조부터 제93조까지의 어느 하나에 해당하는 위반행위를 하면 그 행위자를 벌하는 외에 그 법인 또는 개인에게도 해당 조문의 벌금형을 과(科)한다. 다만, 법인 또는 개인이 그 위반행위를 방지하기 위하여 해당 업무에 관하여 상당한 주의와 감독을 게을리하지 아니한 경우에는 그러하지 아니하다. 〈개정 2012. 5. 23.〉 [전문개정 2008. 12. 31.]		

제2장 소음·진동관리법

소음·진동관리법	소음·진동관리법 시행령	소음·진동관리법 시행규칙
제1장 총칙	제1장 총칙	제1장 총칙
제1조(목적) 이 법은 공장·건설공사장·도로·철도 등으로부터 발생하는 소음·진동으로 인한 피해를 방지하고 소음·진동을 적정하게 관리하여 모든 국민이 조용하고 평온한 환경에서 생활할 수 있게 함을 목적으로 한다. 〈개정 2009. 6. 9.〉	**제1조(목적)(목적)** 이 영은 「소음·진동관리법」에서 위임된 사항과 그 시행에 필요한 사항을 구정함을 목적으로 한다. 〈개정 2010. 6. 28.〉	**제1조(목적)(목적)** 이 규칙은 「소음·진동관리법」 및 같은 법 시행령에서 위임된 사항과 그 시행에 필요한 사항을 규정함을 목적으로 한다. 〈개정 2010. 6. 30.〉
제2조(정의) 이 법에서 사용하는 용어의 뜻은 다음과 같다. 〈개정 2016. 1. 19.〉 1. "소음(騷音)"이란 기계·기구·시설, 그 밖의 물체의 사용 또는 공동주택(「주택법」 제2조제3호에 따른 공동주택을 말한다. 이하 같다) 등 환경부령으로 정하는 장소에서 사람의 활동으로 인하여 발생하는 강한 소리를 말한다. 2. "진동(振動)"이란 기계·기구·시설, 그 밖의 물체의 사용으로 인하여 발생하는 강한 흔들림을 말한다. 3. "소음·진동배출시설"이란 소음·진동을 발생시키는 공장의 기계·기구·시설, 그 밖의 물체로서 환경부령으로 정하는 것을 말한다. 4. "소음·진동방지시설"이란 소음·진동배출시설로부터 배출되는 소음·진동을 없애거나 줄이는 시설로서 환경부령으로 정하는 것을 말한다. 5. "방음시설(防音施設)"이란 소음·진동배출시설이 아닌 물체로부터 발생하는 소음을 없애거나 줄이는		**제2조(소음의 발생 장소)** 법 제2조제1호에서 "공동주택(「주택법」 제2조제2호에 따른 공동주택을 말한다. 이하 같다) 등 환경부령으로 정하는 장소"란 다음 각 호의 장소를 말한다. 1. 「주택법」 제2조제3호에 따른 공동주택 2. 다음 각 목의 사업장 가. 「음악산업진흥에 관한 법률」 제2조제13호에 따른 노래연습장업 나. 「체육시설의 설치·이용에 관한 법률」 제10조제1항제2호에 따른 신고 체육시설업 중 무도 학원업 및 무도장업, 제력단련장업, 무도학원업 및 무도장업 다. 「학원의 설립·운영 및 과외교습에 관한 법률」 제2조제1호 및 제2조에 따른 학원 및 교습소 중 음악교습을 위한 학원 및 교습소 라. 「식품위생법 시행령」 제21조제8호다목 및 라목에 따른 단란주점영업 및 유흥주점영업 마. 「다중이용업소 안전관리에 관한 특별법 시행규칙

소음·진동관리법	소음·진동관리법 시행령	소음·진동관리법 시행규칙
이는 시설로서 환경부령으로 정하는 것을 말한다. 6. "방진시설"이란 소음·진동배출시설이 아닌 물체로부터 발생하는 진동을 없애거나 줄이는 시설로서 환경부령으로 정하는 것을 말한다. 7. "공장"이란 「산업집적활성화 및 공장설립에 관한 법률」 제2조제1호의 공장을 말한다. 다만, 「도시계획법」 제12조제1항에 따라 결정된 공항시설 안의 항공기 정비공장은 제외한다. 8. "교통기관"이란 기차·자동차·전차·도로 및 철도 등을 말한다. 다만, 항공기와 선박은 제외한다. 9. "자동차"란 「자동차관리법」 제2조제1호에 따른 자동차와 「건설기계관리법」 제2조제1호에 따른 건설기계 중 환경부령으로 정하는 것을 말한다. 10. "소음발생건설기계"란 건설공사에 사용하는 기계 중 소음이 발생하는 기계로서 환경부령으로 정하는 것을 말한다. 11. "휴대용음향기기"란 휴대가 쉬운 소형 음향재생기기(음악재생기능이 있는 이동전화를 포함한다)로서 환경부령으로 정하는 것을 말한다. 제2조의2(국가와 지방자치단체의 책무) 국가와 지방자치단체는 국민의 쾌적하고 건강한 생활환경을 조		제2조제3호에 따른 폴리테입 [전문개정 2014. 2. 14.] 제2조의2(소음·진동배출시설) 「소음·진동관리법」(이하 "법"이라 한다) 제2조제3호에 따른 소음·진동배출시설(이하 "배출시설"이라 한다)은 별표 1과 같다. 〈개정 2010. 6. 30.〉 [제2조에서 이동 〈2010. 6. 30.〉] 제3조(소음·진동방지시설 등) 법 제2조제4호부터 제6호까지의 규정에 따른 소음·진동방지시설(이하 "방지시설"이라 한다), 방음시설 및 방진시설은 별표 2와 같다. 제4조(자동차의 종류) 법 제2조제9호에 따른 자동차의 종류는 별표 3과 같다. 제5조(소음발생건설기계의 종류) 법 제2조제10호에 따른 소음발생건설기계의 종류는 별표 4와 같다. 제5조의2(휴대용음향기기의 종류) 법 제2조제11호에 따른 휴대용음향기기의 종류는 다음 각 호와 같다. 1. 이어폰과 함께 제공되는 음악파일 재생용 휴대용기기(음성파일 변환기(MP3 Player) 및 휴대용 멀티미디어 재생장치(PMP)에 한정한다) 2. 이어폰과 함께 제공되고 음악파일 재생 기능이 있는 휴대전화기 [본조신설 2014. 1. 6.]

소음·진동관리법	소음·진동관리법 시행령	소음·진동관리법 시행규칙
성하기 위하여 소음·진동으로 인한 피해를 예방·관리할 수 있는 시책을 수립·추진하여야 한다. [본조신설 2013. 3. 22.] **제2조의3(종합계획의 수립 등)** ① 환경부장관은 소음·진동으로 인한 피해를 방지하고 소음·진동의 적정한 관리를 위하여 특별시장·광역시장·특별자치시장·도지사 또는 특별자치도지사(이하 "시·도지사"라 한다)의 의견을 들은 후 관계 중앙행정기관의 장과 협의를 거쳐 소음·진동관리종합계획(이하 "종합계획"이라 한다)을 5년마다 수립하여야 한다. ② 종합계획에는 다음 각 호의 사항이 포함되어야 한다. 1. 종합계획의 목표 및 기본방향 2. 소음·진동을 적정하게 관리하기 위한 방안 3. 지역별·연도별 소음·진동 저감대책 추진현황 4. 소음·진동 발생이 국민건강에 미치는 영향에 대한 조사·연구 5. 소음·진동 저감대책을 추진하기 위한 교육·홍보 계획 6. 종합계획 추진을 위한 재원의 조달 방안 7. 그 밖에 소음·진동을 저감시키기 위하여 필요한 사항 ③ 환경부장관은 종합계획의 변경이 필요하다고 인정하면 그 타당성을 검토하여 변경할 수 있다. 이 경우 미리 시·도지사의 의견을 듣고, 관계 중앙행정기관의 장과 협의하여야 한다. ④ 환경부장관은 종합계획을 수립하거나 변경한 경	**제2조의2(종합계획의 수립 등)** ① 환경부장관은 「소음·진동관리법」(이하 "법"이라 한다) 제2조의3제1항에 따른 소음·진동관리종합계획(이하 "종합계획"이라 한다)을 수립하기 위하여 필요한 경우에는 소음·진동과 관련한 제도의 운영현황, 정책방향 및 기술현황 등에 관한 자료를 관계 중앙행정기관의 장에게 요청할 수 있다. ② 관계 중앙행정기관의 장은 법 제2조의3제5항에 따른 연도별 시행계획(이하 "시행계획"이라 한다)을 매년 10월 31일까지 수립하고 그 내용을 특별시장·광역시장·특별자치시장·도지사 또는 특별자치도지사(이하 "시·도지사"라 한다)에게 통보하여야 한다. ③ 시·도지사는 종합계획 및 관계 중앙행정기관의 시행계획에 따라 매년 12월 31일까지 해당 특별시·광역시·특별자치시·도 또는 특별자치도(이하 "시·도"라 한다)의 시행계획을 수립하여야 한다. ④ 관계 중앙행정기관의 장과 시·도지사는 해당 기관의 소관사항에 관한 소음·진동 관리 방안 및 저감 대책이 구체적으로 제시되어야 하고, 시·도의 시행계획에는 해당 지역에 관한 소음·진동 관리 방안 및 저감대책이 구체적으로 제시되어야 한다. ⑤ 관계 중앙행정기관의 장 및 시·도지사는 시행계획을 수립에 필요한 경우에는 공청회 등을 개최하여	

소음·진동관리법	소음·진동관리법 시행령	소음·진동관리법 시행규칙
우에는 이를 관계 중앙행정기관의 장 및 시·도지사에게 통보하여야 한다. ⑤ 관계 중앙행정기관의 장은 종합계획에 따라 소관별로 연도별 시행계획(이하 "시행계획"이라 한다)을 수립·시행하고, 시·도지사는 종합계획 및 관계 중앙행정기관의 시행계획에 해당 특별시·광역시·특별자치시·도 또는 특별자치도의 시행계획을 수립·시행하여야 한다. ⑥ 관계 중앙행정기관의 장 및 시·도지사는 제5항에 따른 시행계획 및 지난해의 추진 실적을 대통령령으로 정하는 바에 따라 환경부장관에게 제출하여야 한다. ⑦ 종합계획 및 시행계획의 수립 등에 필요한 사항은 대통령령으로 정한다. [본조신설 2013. 3. 22.] 제3조(상시 측정) ① 환경부장관은 전국적인 소음·진동의 실태를 파악하기 위하여 측정망을 설치하고 상시(常時) 측정하여야 한다. ② 시·도지사는 해당 관할 구역의 소음·진동 실태를 파악하기 위하여 측정망을 설치하고 상시 측정하거나 측정하기 위하여 상시 측정한 자료를 환경부령으로 정하는 바에 따라 환경부장관에게 보고하여야 한다. 〈개정 2013. 3. 22.〉 ③ 제1항과 제2항에 따른 측정망을 설치하려면 관계 기관의 장과 미리 협의하여야 한다. 제4조(측정망 설치계획의 결정·고시) ① 환경부장관은 제3조제1항에 따른 측정망의 위치, 범위, 구역	관계 전문가나 지역 주민 등의 의견을 들을 수 있다. ⑥ 관계 중앙행정기관의 장 및 시·도지사는 법 제2조의3제6항에 따라 지난해의 추진 실적은 매년 2월 말일까지, 다음 해의 시행계획은 매년 12월 31일까지 환경부장관에게 제출하여야 한다. ⑦ 관계 중앙행정기관의 장 및 시·도지사는 제6항에 따라 다음 해의 시행계획을 환경부장관에게 제출한 경우에는 그 내용을 해당 기관의 홈페이지에 게시하는 등의 방법으로 공고하여야 한다. [본조신설 2013. 9. 9.]	제6조(상시 측정자료의 제출) 특별시장·광역시장·특별자치시장·도지사 또는 특별자치도지사(이하 "시·도지사"라 한다)는 법 제3조제2항에 따라 상시 측정한 소음·진동에 관한 자료를 매 분기별 다음 달 말일까지 환경부장관에게 제출하여야 한다. 〈개정 2014. 1. 6.〉 제7조(측정망설치계획의 고시) ① 법 제4조제1항에 따라 환경부장관 또는 시·도지사가 고시하는 측정망설

소음·진동관리법	소음·진동관리법 시행령	소음·진동관리법 시행규칙
등을 명시한 측정망 설치계획을 결정하여 환경부령으로 정하는 바에 따라 고시하고 그 도면을 누구든지 열람할 수 있게 하여야 한다. 이를 변경한 경우에도 또한 같다. ② 제3조제2항에 따라 시·도지사가 측정망을 설치하는 경우에는 제1항을 준용한다. ③ 국가는 제2항에 따라 시·도지사가 결정·고시한 측정망 설치계획의 목표 기간에 달성될 수 있도록 한 측정망 설치계획의 목표 기간에 필요한 재정적·기술적 지원을 할 수 있다. 제4조의2(소음지도의 작성) ① 환경부장관 또는 시·도지사는 교통기관 등으로부터 발생하는 소음을 적정하게 관리하기 위하여 필요한 경우에는 환경부령으로 정하는 바에 따라 일정 지역의 소음의 분포 등을 표시한 소음지도(騷音地圖)를 작성할 수 있다. ② 환경부장관 또는 시·도지사는 제1항에 따라 소음지도를 작성한 경우에는 인터넷 홈페이지 등을 통하여 이를 공개할 수 있다. ③ 환경부장관은 제1항에 따라 소음지도를 작성하는 시·도지사에 대하여는 소음지도 작성·운영에 필요한 기술적·재정적 지원 등을 할 수 있다. [본조신설 2009. 6. 9.]		지계획에는 다음 각 호의 사항이 포함되어야 한다. 1. 측정망의 설치시기 2. 측정망의 배치도 3. 측정소를 설치할 토지나 건축물의 위치 및 면적 ② 측정망설치계획의 고시는 최초로 측정소를 설치하게 되는 날의 3개월 이전에 하여야 한다. ③ 시·도지사가 제1항에 따른 측정망설치계획을 결정·고시하려는 경우에는 그 설치위치 등에 관하여 환경부장관의 의견을 들어야 한다. 〈개정 2010. 6. 30.〉 제7조의2(소음지도의 작성 등) ① 환경부장관 또는 시·도지사는 법 제4조의2에 따른 소음지도(이하 "소음지도"라 한다)를 작성하는 경우에는 다음 각 호의 사항이 포함된 소음지도 작성계획을 고시하여야 한다. 다만, 시·도지사가 소음지도 작성계획을 고시하려는 경우에는 미리 환경부장관과 협의하여야 한다. 1. 소음지도의 작성기간 2. 소음지도의 작성범위 3. 소음지도의 활용·계획 ② 제1항에 따른 소음지도의 작성계획을 고시한 날부터 소음지도의 작성기간의 시작일은 제1항에 따른 소음지도 작성계획의 고시 후 3개월이 경과한 날로 한다. ③ 시·도지사는 소음지도의 작성을 마친 때에는 법 제4조의2제2항에 따라 공개하기 전에 이를 환경부장관에게 제출하여야 한다. 이 경우 환경부장관은 작성된 소음지도에 대하여 의견을 제시할 수 있고,

소음·진동관리법	소음·진동관리법 시행령	소음·진동관리법 시행규칙
		시·도지사는 특별한 사유가 없는 한 그 의견을 소음지도에 반영하여야 한다. ④ 소음지도의 작성방법 등에 관한 구체적인 사항은 환경부장관이 정하여 고시한다. [본조신설 2010. 6. 30.]
제5조(다른 법률과의 관계) ① 환경부장관이나 시·도지사가 제4조에 따라 측정망 설치계획을 결정·고시하면 다음의 허가를 받은 것으로 본다. 〈개정 2017. 12. 12.〉 1. 「하천법」 제30조에 따른 하천공사 시행의 허가 및 같은 법 제33조에 따른 하천점용의 허가 2. 「도로법」 제61조에 따른 도로점용의 허가 3. 「공유수면 관리 및 매립에 관한 법률」 제8조에 따른 공유수면의 점용·사용 허가 ② 환경부장관이나 시·도지사는 제4조에 따른 측정망 설치계획에 제1항의 각 호에 해당하는 허가 사항이 포함되어 있으면 그 결정·고시 전에 해당 관계 기관의 장과 협의하여야 한다. 제6조 삭제 〈2009. 6. 9.〉 제2장 공장 소음·진동의 관리 〈개정 2009. 6. 9.〉 제7조(공장 소음·진동배출허용기준) ① 소음·진동 배출시설(이하 "배출시설"이라 한다)을 설치한 공장에서 나오는 소음·진동의 배출허용기준은 환경부령으로 정한다. ② 환경부장관은 제1항에 따른 환경부령을 정하려		제8조(공장 소음·진동의 배출허용기준) ① 법 제7조에 따른 공장소음·진동의 배출허용기준은 별표 5와 같다. ② 특별시장·광역시장·특별자치도지사 또는 시장·군수·구청장(자치구의 구청장을 말한다. 이하 같다)

소음·진동관리법	소음·진동관리법 시행령	소음·진동관리법 시행규칙
면 관계 중앙행정기관의 장과 협의하여야 한다.		이 별표 5 제2호 비고 제6호다목 및 같은 표 제2호 비고 제5호다목에 따라 배출허용기준을 정하는 경우에는 지체 없이 환경부장관에게 보고하고 이해관계자가 알 수 있도록 필요한 조치를 하여야 한다. 〈개정 2014. 1. 6.〉 [전문개정 2010. 6. 30.]
제8조(배출시설의 설치 신고 및 허가 등) ① 배출시설을 설치하려는 자는 대통령령으로 정하는 바에 따라 특별자치시장·특별자치도지사 또는 시장·군수·구청장(자치구의 구청장을 말한다. 이하 같다)에게 신고하여야 한다. 다만, 학교 또는 종합병원의 주변 등 대통령령으로 정하는 지역은 특별자치시장·특별자치도지사 또는 시장·군수·구청장의 허가를 받아야 한다. 〈개정 2013. 8. 13.〉 ② 제1항에 따른 신고를 한 자나 허가를 받은 자가 그 신고하거나 허가받은 사항 중 환경부령으로 정하는 중요한 사항을 변경하려면 특별자치시장·특별자치도지사 또는 시장·군수·구청장에게 변경신고를 하여야 한다. 〈개정 2013. 8. 13.〉 ③ 제1항에도 불구하고 신설되는 지역에 위치한 공장에 배출시설을 설치하려는 자의 경우에는 신고 또는 허가 대상에서 제외한다. 이 경우 신고 또는 허가 대상에서 제외되는 자는 제14조부터 제16조까지, 제17조(허가취소의 경우는 제외한다), 제47조제1항제1호를 적용할 때에 사업자로 본다.	제2조(배출시설의 설치허가 등) ① 법 제8조제1항에 따른 배출시설을 설치하거나 설치허가를 받으려는 자는 배출시설 설치허가신청서 또는 배출시설 설치신고서에 다음 각 호의 서류를 첨부하여 특별자치시장·특별자치도지사 또는 시장·군수·구청장(자치구의 구청장을 말한다. 이하 같다)에게 제출하여야 한다. 〈개정 2014. 2. 11.〉 1. 배출시설의 설치명세서 및 배치도(허가신청인 경우에만 제출한다) 2. 방지시설의 설치명세서와 그 도면(신고의 경우 도면은 제외한다) 3. 법 제2조 각 호의 어느 하나에 해당하여 방지시설의 설치의무를 면제받으려는 경우에는 제2호의 서류를 갈음하여 이를 인정할 수 있는 서류 ② 법 제8조제1항 단서에서 "학교 또는 종합병원의 주변 등 대통령령으로 정하는 지역"이란 다음 각 호의 어느 하나에 해당하는 지역을 말한다. 〈개정 2017. 9. 19.〉 1. 「의료법」제3조제2항제3호마목에 따른 종합병원의 부지 경계선으로부터 직선거리 50미터 이내의 지역	

소음·진동관리법	소음·진동관리법 시행령	소음·진동관리법 시행규칙
	2. 「도서관법」 제2조제4호에 따른 공공도서관의 부지 경계선으로부터 직선거리 50미터 이내의 지역 3. 「초·중등교육법」 제2조 및 「고등교육법」 제2조에 따른 학교의 부지 경계선으로부터 직선거리 50미터 이내의 지역 4. 「주택법」 제2조제3호에 따른 공동주택의 부지 경계선으로부터 직선거리 50미터 이내의 지역 5. 「국토의 계획 및 이용에 관한 법률」 제36조제1항제1호에 따른 주거지역 또는 같은 법 제51조제3항에 따른 제2종지구단위계획구역(주거형만을 말한다) 6. 「의료법」 제3조제2항제3호라목에 따른 요양병원 중 100개 이상의 병상을 갖춘 노인을 대상으로 하는 요양병원의 부지 경계선으로부터 직선거리 50미터 이내의 지역 7. 「영유아보육법」 제2조제3호에 따른 어린이집 중 입소규모 100명 이상인 어린이집의 부지경계선으로부터 직선거리 50미터 이내의 지역 ③ 특별자치시장·특별자치도지사 또는 시장·군수·구청장은 배출시설의 설치신고를 수리하거나 설치허가를 하면 신고증명서나 허가증을 신고인이나 허가신청인에게 발급하여야 한다. 〈개정 2014. 2. 11.〉 ④ 법 제8조제3항에 따라 배출시설이 설치신고 또는 설치허가 대상에서 제외되는 지역은 다음 각 호와 같다. 〈개정 2013. 9. 9.〉 1. 「산업입지 및 개발에 관한 법률」 제2조제8호에 따	

소음·진동관리법	소음·진동관리법 시행령	소음·진동관리법 시행규칙
	른 산업단지 2. 「국토의 계획 및 이용에 관한 법률 시행령」 제30조에 따라 지정된 전용공업지역 및 일반공업지역 3. 「자유무역지역의 지정 및 운영에 관한 법률」 제4조에 따라 지정된 자유무역지역 4. 제1호부터 제3호까지의 구역에 따라 지정된 지역과 유사한 지역으로서 도지사가 환경부장관의 승인을 받아 지정·고시한 지역	제10조(배출시설의 변경신고 등) ① 법 제8조제2항에 따라 변경신고를 하여야 할 경우는 별표 6과 같다. ② 제1항에 따른 변경신고를 하려는 자는 해당 시설의 변경 전(사업장의 명칭을 변경하거나 대표자를 변경하는 경우에는 이를 변경한 날부터 60일 이내)에 별지 제5호서식의 배출시설 변경신고서에 변경내용을 증명하는 서류와 배출시설 설치신고증명서 또는 배출시설 설치허가증을 첨부하여 특별자치시장·특별자치도지사 또는 시장·군수·구청장에게 제출하여야 한다. 〈개정 2016. 12. 30.〉
제9조(방지시설의 설치) 배출시설의 설치 또는 변경에 대한 신고를 하거나 허가를 받은 자(이하 "사업자"라 한다)가 그 배출시설을 설치하거나 변경하려면 그 공장으로부터 나오는 소음·진동을 제7조의 배출허용기준 이하로 배출되게 하기 위하여 소음·진동방지시설(이하 "방지시설"이라 한다)을 설치하여야 한다. 다만, 다음 각 호의 어느 하나에 해당하면 그러하지 아니하다. 〈개정 2013. 8. 13.〉		제11조(방지시설의 설치면제) ① 법 제9조제2호에서 "환경부령으로 정하는 경우"란 해당 공장의 부지 경계선으로부터 직선거리 200미터 이내에 다음 각 호의 시설 등이 없는 경우를 말한다. 〈개정 2014. 1. 6.〉 1. 주택(사람이 살지 아니하는 폐가는 제외한다)·상가·학교·병원·종교시설 2. 공장 또는 사업장 3. 「관광진흥법」 제2조에 따른 관광지 및 관광단지

소음·진동관리법	소음·진동관리법 시행령	소음·진동관리법 시행규칙
1. 특별자치시장·특별자치도지사 또는 시장·군수·구청장이 그 배출시설의 기능·공정(工程) 또는 공장의 부지여건상 소음·진동이 항상 배출허용기준 이하로 배출된다고 인정하는 경우 2. 소음·진동이 배출허용기준을 초과하여 배출되더라도 생활환경에 피해를 줄 우려가 없다고 환경부령으로 정하는 경우		4. 그 밖에 특별자치시장·특별자치도지사 또는 시장·군수·구청장이 정하여 고시하는 시설 또는 지역 ② 제1항 각 호에 해당되더라도 다음 각 호의 어느 하나에 해당될 경우에는 방지시설을 설치하여 소음·진동이 배출허용기준 이하로 배출되도록 하여야한다. 〈개정 2014. 1. 6.〉 1. 제1항 각 호의 시설이 새로 설치될 경우 2. 해당 공장에서 발생하는 소음·진동으로 인한 피해 분쟁이 발생할 경우 3. 그 밖에 특별자치시장·특별자치도지사 또는 시장·군수·구청장이 생활환경의 피해를 방지하기 위하여 필요하다고 인정하는 경우
제10조(권리와 의무의 승계 등) ① 사업자가 배출시설 및 방지시설을 양도하거나 사망한 경우 또는 법인이 합병한 경우에는 그 양수인·상속인 또는 합병 후 존속하는 법인이나 합병으로 설립되는 법인은 신고·허가 또는 변경신고에 따른 사업자의 권리·의무를 승계한다. ② 「민사집행법」에 따른 경매, 「채무자 회생 및 파산에 관한 법률」에 따른 환가나 「국세징수법」·「관세법」 또는 「지방세법」에 따른 압류재산의 매각, 그 밖에 이에 준하는 절차에 따라 사업자의 배출시설 및 방지시설을 인수한 자는 신고·허가 또는 변경신고에 따른 사업자의 권리·의무를 승계한다. 〈신설 2009. 6. 9.〉 ③ 배출시설과 방지시설을 임대차하면 임차인은 제		

소음·진동관리법	소음·진동관리법 시행령	소음·진동관리법 시행규칙
14조부터 제16조까지, 제17조(허가취소의 경우는 제외한다), 제19조 및 제47조제1항제1호를 적용할 때에 사업자로 본다. 〈개정 2009. 6. 9.〉		
제11조(방지시설의 설계와 시공) 방지시설의 설치 또는 변경은 사업자가 스스로가 설계·시공 하거나 「환경기술 및 환경산업 지원법」 제15조에 따른 환경전문공사업자에게 설계·시공(「환경기술 및 환경산업 지원법」 제15조제2항에 따른 환경전문공사업 사업자의 경우에는 설계만 해당한다)을 하도록 하여야 한다. 〈개정 2011. 4. 28.〉		
제12조(공동 방지시설의 설치 등) ① 자신산업센터의 사업자나 공장이 밀집된 지역의 사업자는 공장에서 공동(共同)으로 배출되는 소음·진동을 공동으로 방지하기 위하여 공동 방지시설을 설치할 수 있다. 이 경우 각 사업자는 공장별로 그 공장의 소음·진동에 대한 방지시설을 설치한 것으로 본다. 〈개정 2010. 4. 12.〉 ② 공동 방지시설의 배출허용기준은 제7조에 따른 배출허용기준과 다른 기준을 정할 수 있으며, 그 배출허용기준과 공동 방지시설의 설치·운영에 필요한 사항은 환경부령으로 정한다.		**제12조(공동방지시설의 배출허용기준)** 법 제12조제2항에 따른 공동방지시설의 배출허용기준에 관하여는 제8조를 준용한다.
제13조 삭제 〈2009. 6. 9.〉		
제14조(배출허용기준의 준수 의무) 사업자는 배출시설 또는 방지시설의 설치 또는 변경을 끝내고 배출시설을 가동(稼動)한 때에는 환경부령으로 정하는 기간 이내에 공장에서 배출되는 소음·진동이 제7		**제14조(배출시설의 설치확인 등)** ① 법 제14조에서 "환경부령으로 정하는 기간"이란 가동개시일부터 30일로 한다. 다만, 특별시장·광역시장·특별자치시도지사 또는 시장·군수·구청장은 연간 조업일수가 90

소음·진동관리법	소음·진동관리법 시행령	소음·진동관리법 시행규칙
조 또는 제12조제2항에 따른 소음·진동 배출허용기준(이하 "배출허용기준"이라 한다) 이하로 처리될 수 있도록 하여야 한다. 이 경우 환경부령으로 정하는 기간 동안에는 제15조, 제16조, 제17조제6호 및 제60조제2항·제2호를 적용하지 아니한다. [전문개정 2009. 6. 9.]		일 이내인 사업장으로서 가동개시일부터 30일 이내에 조업이 끝나 오염도검사가 불가능하다고 인정되는 사업장의 경우에는 기간을 단축할 수 있다. 〈개정 2014. 1. 6.〉 ② 특별자치시장·특별자치도지사 또는 시장·군수·구청장은 제1항에 따른 기간이 지난 후 배출허용기준에 맞는지를 확인하기 위하여 필요한 경우 배출시설 및 방지시설의 가동 상태를 점검할 수 있으며, 소음·진동검사를 하거나 다음 각 호의 어느 하나에 해당하는 검사기관으로 하여금 소음·진동검사를 하도록 지시하거나 검사를 의뢰할 수 있다. 〈개정 2014. 1. 6.〉 1. 국립환경과학원 2. 특별시·광역시·도·특별자치도의 보건환경연구원 3. 유역환경청 또는 지방환경청 4. 「환경관리공단법」에 따른 환경관리공단 ③ 제2항에 따라 특별자치시장·특별자치도지사 또는 시장·군수·구청장으로부터 사업장에 대한 소음·진동검사 지시 또는 검사 의뢰를 받은 검사기관은 제1항의 기간이 지난 날부터 20일 이내에 소음·진동검사를 실시하고, 그 결과를 특별자치시장·특별자치도지사 또는 시장·군수·구청장에게 통보하여야 한다. 〈개정 2014. 1. 6.〉 ④ 제3항에 따라 검사 결과를 통보받은 특별자치시장·특별자치도지사 또는 시장·군수·구청장은 소음·진동검사 결과가 배출허용기준을 초과하는

소음·진동관리법	소음·진동관리법 시행령	소음·진동관리법 시행규칙
		경우에는 법 제15조에 따른 개선명령을 하여야 한다. 〈개정 2014. 1. 6.〉
제15조(개선명령) 특별자치시장·특별자치도지사 또는 시장·군수·구청장은 조업 중인 공장에서 배출되는 소음·진동의 정도가 배출허용기준을 초과하면 환경부령으로 정하는 바에 따라 기간을 정하여 사업자에게 그 소음·진동의 정도가 배출허용기준 이하로 내려가는 데에 필요한 조치(이하 "개선명령"이라 한다)를 명할 수 있다. 〈개정 2013. 8. 13.〉		**제15조(개선기간)** ① 특별자치시장·특별자치도지사 또는 시장·군수·구청장은 법 제15조에 따라 개선명령을 하는 경우에는 개선에 필요한 조치, 기계·시설의 종류 등을 고려하여 1년의 범위에서 그 기간을 정하여야 한다. 〈개정 2014. 1. 6.〉 ② 특별자치시장·특별자치도지사 또는 시장·군수·구청장은 천재지변이나 그 밖의 부득이하다고 인정되는 사유로 제1항의 기간에 명령받은 조치를 끝내지 못한 자에 대하여는 신청에 의하여 6개월의 범위에서 그 기간을 연장할 수 있다. 〈개정 2014. 1. 6.〉
제16조(조업정지명령 등) ① 특별자치시장·특별자치도지사 또는 시장·군수·구청장은 개선명령을 받은 자가 이를 이행하지 아니하거나 기간 이내에 이행은 하였으나 배출허용기준을 계속 초과할 때에는 그 배출시설의 전부 또는 일부에 조업정지를 명할 수 있다. 이 경우 환경부령으로 정하는 시간대별 배출허용기준을 초과하는 공장에 대하여는 시간대별로 구분하여 조업정지를 명할 수 있다. 〈개정 2013. 8. 13.〉 ② 특별자치시장·특별자치도지사 또는 시장·군수·구청장은 소음·진동으로 건강상에 위해(危害)와 생활환경의 피해가 급박하다고 인정하면 환경부령으로 정하는 바에 따라 즉시 해당 배출시설에 대하여 조업시간의 제한·조업정지, 그 밖에 필요한 조치를 명할 수 있다. 〈개정 2013. 8. 13.〉		**제16조(조업기간의 제한 등)** 특별자치시장·특별자치도지사 또는 시장·군수·구청장은 법 제16조제2항에 따른 명령을 하려면 소음·진동의 배출로 인하여 예상되는 위해(危害)와 피해의 정도에 따라 조업시간의 제한이나 조업의 일부 또는 전부를 정지하는 방법으로 하되 가장 큰 위해와 피해를 끼치는 배출시설부터 조치하여야 한다. 〈개정 2014. 1. 6.〉

소음 · 진동관리법	소음 · 진동관리법 시행령	소음 · 진동관리법 시행규칙
제17조(허가의 취소 등) 특별자치시장 · 특별자치도 지사 또는 시장 · 군수 · 구청장은 사업자가 다음 각 호의 어느 하나에 해당하면 배출시설의 설치허가 취소(신고 대상 시설의 경우에는 배출시설의 폐쇄명령을 말한다)를 하거나 6개월 이내의 기간을 정하여 조업정지를 명할 수 있다. 다만, 제1호에 해당하는 경우에는 배출시설의 설치허가를 취소하거나 폐쇄를 명하여야 한다. 〈개정 2013. 8. 13.〉 1. 거짓이나 그 밖의 부정한 방법으로 허가를 받았거나 신고 또는 변경신고를 한 경우 2. 삭제 〈2009. 6. 9.〉 3. 제8조제2항에 따른 변경신고를 하지 아니한 경우 4. 제9조에 따른 방지시설을 설치하지 아니하고 배출시설을 가동한 경우 5. 삭제 〈2009. 6. 9.〉 6. 제14조를 위반하여 공장에서 배출되는 소음 · 진동을 배출허용기준 이하로 처리하지 아니한 경우 7. 제16조에 따른 조업정지명령 등을 위반한 경우 8. 제19조에 따른 환경기술인을 임명하지 아니한 경우 **제18조(위법시설에 대한 폐쇄조치 등)** 특별자치시장 · 특별자치도지사 또는 시장 · 군수 · 구청장은 제8조에 따른 신고를 하지 아니하거나 허가를 받지 아니하고 배출시설을 설치하거나 운영하는 자에게 그 배출시설의 사용중지를 명하여야 한다. 다만, 그 배출시설을 개선하거나 방지시설을 설치 · 개선하더라도 그 공장에서 나오는 소음 · 진동의 정도가 배출허용기준 이하로 내려갈 가능성이 없거나 다른 법		

소음·진동관리법	소음·진동관리법 시행령	소음·진동관리법 시행규칙
률에 따라 그 배출시설의 설치가 금지되는 장소이면 그 배출시설의 폐쇄를 명하여야 한다. 〈개정 2013. 8. 13.〉 제19조(환경기술인) ① 사업자는 배출시설과 방지시설을 정상적으로 운영·관리하기 위하여 환경기술인을 임명하여야 한다. 다만, 다른 법률에 따라 환경기술인의 업무를 담당하는 자가 지정된 경우에는 그리하지 아니하다. 〈개정 2009. 6. 9.〉 ② 환경기술인(제1항 단서에 따라 지정된 자를 포함한다. 이하 같다)은 그 배출시설과 방지시설에 종사하는 자가 이 법이나 이 법에 따른 명령을 위반하지 아니하도록 지도·감독하여야 하며, 배출시설과 방지시설이 정상적으로 가동되어 소음·진동이 정도의 배출허용기준에 적합하도록 관리하여야 한다. 〈개정 2009. 6. 9.〉 ③ 사업자는 환경기술인이 그 관리 사항을 철저히 이행하도록 하는 등 환경기술인의 관리사항을 감독하여야 한다. ④ 사업자는 배출시설과 방지시설의 정상적인 운영·관리를 위한 환경기술인의 업무를 방해하여서는 아니 되며, 그로부터 업무수행상 필요한 요청을 받으면 정당한 사유가 없는 한 그 요청을 따라야 한다. ⑤ 제1항에 따른 환경기술인을 두어야 할 사업장의 범위, 환경기술인의 자격 기준과 임명(바꾸어 임명하는 것을 포함한다)의 시기는 환경부령으로 정한다. 제20조(명령의 이행보고 및 확인) ① 사업자는 제15조, 제16조, 제17조 또는 제18조 본문에 따른 조치명		제18조(환경기술인의 자격기준 등) ① 법 제19조제5항에 따라 환경기술인을 두어야 할 사업장과 그 자격기준은 별표 7과 같다. ② 법 제19조제3항에 따른 환경기술인의 관리 사항은 다음 각 호와 같다. 〈개정 2014. 1. 6.〉 1. 배출시설과 방지시설의 관리에 관한 사항 2. 배출시설과 방지시설의 개선에 관한 사항 3. 그 밖에 소음·진동을 방지하기 위하여 특별자치시장·특별자치도지사 또는 시장·군수·구청장이 지시하는 사항 제19조(조치명령 등의 이행 보고) 법 제20조제1항에 따른 조치명령·개선명령·조업정지명령 또는 사

소음·진동관리법	소음·진동관리법 시행령	소음·진동관리법 시행규칙
령·개선명령·조업정지명령 또는 사용중지명령 등을 이행한 경우에는 환경부령으로 정하는 바에 따라 그 이행결과를 지체 없이 특별시장·광역시장·특별자치시장·특별자치도지사 또는 시장·군수·구청장에게 보고하여야 한다. 〈개정 2013. 8. 13.〉 ② 특별시장·광역시장·특별자치시장·특별자치도지사 또는 시장·군수·구청장은 제1항에 따른 보고를 받으면 지체 없이 그 명령의 이행 상태나 개선 완료 상태를 확인하여야 한다. 〈개정 2013. 8. 13.〉 **제3장 생활 소음·진동의 관리** 〈개정 2009. 6. 9.〉 제21조(생활소음과 진동의 규제) ① 특별시장·특별자치시장·특별자치도지사 또는 시장·군수·구청장은 주민의 정온한 생활환경을 유지하기 위하여 사업장 및 공사장 등에서 발생하는 소음·진동(산업단지나 그 밖에 환경부령으로 정하는 지역에서 발생하는 소음과 진동은 제외하며, 이하 "생활소음·진동"이라 한다)을 규제하여야 한다. 〈개정 2013. 8. 13.〉 ② 제1항에 따른 생활소음·진동의 규제대상 및 규제기준은 환경부령으로 정한다.		용중지명령 등의 이행 보고는 별지 제9호서식에 따른다. 제20조(생활소음·진동의 규제) ① 법 제21조제1항에서 "환경부령으로 정하는 지역"이란 다음 각 호의 지역을 말한다. 1. 「산업입지 및 개발에 관한 법률」 제2조제8호에 따른 산업단지. 다만, 산업단지 중 「국토의 계획 및 이용에 관한 법률」 제36조에 따른 주거지역과 상업지역은 제외한다. 2. 「국토의 계획 및 이용에 관한 법률 시행령」 제30조에 따른 전용공업지역 3. 「자유무역지역의 지정 및 운영에 관한 법률」 제4조에 따라 지정된 자유무역지역 4. 생활소음·진동이 발생하는 공장·사업장 또는 공사장의 부지 경계선으로부터 직선거리 300미터 이내에 주택(사람이 살지 아니하는 폐가는 제외한다), 운동·휴양시설 등이 없는 지역 ② 법 제21조제2항에 따른 생활소음·진동의 규제

소음·진동관리법	소음·진동관리법 시행령	소음·진동관리법 시행규칙
		대상은 다음 각 호와 같다. 1. 확성기에 의한 소음(「집회 및 시위에 관한 법률」에 따른 소음과 국가비상훈련 및 공공기관의 대민 안홍보를 목적으로 하는 확성기 사용에 따른 소음의 경우는 제외한다) 2. 배출시설이 설치되지 아니한 공장에서 발생하는 소음·진동 3. 제1항 각 호의 지역 외의 공사장에서 발생하는 소음·진동 4. 공장·공사장을 제외한 사업장에서 발생하는 소음·진동 ③ 법 제21조제2항에 따른 생활소음·진동의 규제기준은 별표 8과 같다.
제21조의2(중간소음기준 등) ① 환경부장관은 국토교통부장관과 공동으로 공동주택에서 발생되는 중간소음(인접한 세대 간 소음을 포함한다. 이하 같다)으로 인한 입주자 및 사용자의 피해를 최소화하고 발생된 피해에 관한 분쟁을 해결하기 위하여 중간소음기준을 정하여야 한다. ② 제1항에 따른 중간소음의 피해 예방 및 분쟁 해결을 위하여 필요한 경우 환경부장관은 대통령령으로 정하는 바에 따라 전문기관으로 하여금 중간소음의 측정, 피해사례의 조사·상담 및 피해조정지원을 실시하도록 할 수 있다. ③ 제1항에 따른 중간소음의 범위와 기준은 환경부와 국토교통부의 공동부령으로 정한다. [본조신설 2013. 8. 13.]	**제3조(중간소음 관리 등)** ① 환경부장관은 법 제21조의2제2항에 따라 다음 각 호의 어느 하나에 해당하는 기관으로 하여금 중간소음의 측정, 피해사례의 조사·상담 및 피해조정지원을 실시하도록 할 수 있다. 1. 「한국환경공단법」에 따른 한국환경공단(이하 "한국환경공단"이라 한다) 2. 환경부장관이 국토교통부장관과 협의하여 중간소음의 피해 예방 및 분쟁 해결에 관한 전문기관으로 인정하는 기관 ② 제1항에 따른 중간소음의 측정, 피해사례의 조사·상담 및 피해조정지원에 관한 절차 및 방법 등 세부적인 사항은 환경부장관이 국토교통부장관과 협의하여 고시한다. [본조신설 2014. 2. 11.]	

소음 · 진동관리법	소음 · 진동관리법 시행령	소음 · 진동관리법 시행규칙
		「공동주택 층간소음의 범위와 기준에 관한 규칙」 **제2조(층간소음의 범위)** 공동주택의 입주자 또는 사용자의 활동으로 인하여 발생하는 소음으로서 다른 입주자 또는 사용자에게 피해를 주는 다음 각 호의 소음으로 한다. 다만, 욕실, 화장실 및 다용도실 등에서 급수·배수로 인하여 발생하는 소음은 제외한다. 1. 직접충격 소음 : 뛰거나 걷는 동작 등으로 인하여 발생하는 소음 2. 공기전달 소음 : 텔레비전, 음향기기 등의 사용으로 인하여 발생하는 소음 「공동주택 층간소음의 범위와 기준에 관한 규칙」 **제3조(층간소음의 기준)** 공동주택의 입주자 및 사용자는 공동주택에서 발생하는 층간소음을 별표에 따른 기준 이하가 되도록 노력하여야 한다.
제22조(특정공사의 사전신고 등) ① 생활소음·진동이 발생하는 공사로서 환경부령으로 정하는 특정공사를 시행하려는 자는 환경부령으로 정하는 바에 따라 관할 특별자치시장·특별자치도지사 또는 시장·군수·구청장에게 신고하여야 한다. 〈개정 2013. 8. 13.〉 ② 제1항에 따라 신고를 한 자가 그 신고한 사항 중 환경부령으로 정하는 중요한 사항을 변경하려면 특별자치시장·특별자치도지사 또는 시장·군수·구청장에게 변경신고를 하여야 한다. 〈개정 2013. 8. 13.〉		**제21조(특정공사의 사전신고 등)** ① 법 제22조제1항에서 "환경부령으로 정하는 특정공사"란 별표 9의 기계·장비를 5일 이상 사용하는 공사로서 다음 각 호의 어느 하나에 해당하는 공사를 말한다. 다만, 별표 9의 기계·장비로서 환경부장관이 저소음·저진동을 발생하는 기계·장비라고 인정하는 기계·장비를 사용하는 공사와 제20조제1항에 따른 지역에서 시행되는 공사는 제외한다. 1. 연면적이 1천제곱미터 이상인 건축물의 건축공사 및 연면적이 3천제곱미터 이상인 건축물의 해체공사

소음·진동관리법	소음·진동관리법 시행령	소음·진동관리법 시행규칙
③ 제1항에 따른 특정공사를 시행하려는 자는 다음 각 호의 사항을 모두 준수하여야 한다. 〈개정 2009. 6. 9.〉 1. 환경부령으로 정하는 기준에 적합한 방음시설을 설치한 후 공사를 시작할 것. 다만, 공사현장의 특성 등으로 방음시설의 설치가 곤란한 경우로서 환경부령으로 정하는 경우에는 그러하지 아니하다. 2. 공사로 발생하는 소음·진동을 줄이기 위한 저감대책을 수립·시행할 것 ④ 제3항제2호에 따른 저감대책을 수립하여야 하는 경우와 저감대책에 관한 사항은 환경부령으로 정한다. 〈개정 2009. 6. 9.〉 ⑤ 삭제 〈2009. 6. 9.〉		2. 구조물의 용적 합계가 1천세제곱미터 이상 또는 면적 합계가 1천제곱미터 이상인 토목건설공사 3. 면적 합계가 1천제곱미터 이상인 토공사(土工事)·정지공사(整地工事) 4. 총연장이 200미터 이상 또는 굴착 토사량의 합계가 200세제곱미터 이상인 굴착공사 5. 영 제2조제2항에 따른 지역에서 시행되는 공사 ② 법 제22조제1항에 따라 특정공사를 시행하려는 발주자(도급에 의하여 공사를 시행하는 경우에는 발주자로부터 최초로 공사를 도급받은 자를 말한다)는 해당 공사 시행 전(건설공사는 착공 전)까지 별지 제10호서식의 특정공사 사전신고서에 다음 각 호의 서류를 첨부하여 특별자치시장·특별자치도지사 또는 시장·군수·구청장에게 제출하여야 한다. 다만, 둘 이상의 특별자치시·특별자치도 또는 시·군·구(자치구를 말한다. 이하 같다)에 걸쳐 있는 건설공사의 경우에는 해당 공사지역의 면적이 가장 많이 포함되는 지역을 관할하는 특별자치시장·특별자치도지사·시장·군수·구청장에게 신고하여야 한다. 〈개정 2014. 1. 6.〉 1. 특정공사의 개요(공사목적과 공사일정표 포함) 2. 공사장 위치도(공사장의 주변 주택 등 피해 대상 표시) 3. 방음·방진시설의 설치명세 및 도면 4. 그 밖의 소음·진동 저감대책 ③ 제2항에 따라 신고를 받은 특별자치시장·특별자치도지사·시장·군수·구청장은 별지 제11호서식의 특정공사 사전신고증명서를 신고인에게 내주어야 한다. 이 경우 둘 이상의 특별자치시 또는 특별자치시

소음·진동관리법	소음·진동관리법 시행령	소음·진동관리법 시행규칙
		시·군·구에 걸쳐있는 건설공사의 경우에는 다른 공사지역을 관할하는 특별자치시장·시장·군수·구청장에게 그 신고내용을 알려야 한다. 〈개정 2014. 1. 6.〉 ④ 법 제22조제2항에서 "환경부령으로 정하는 중요한 사항"이란 다음 각 호와 같다. 〈신설 2009. 1. 14.〉 1. 특정공사 사전신고 대상기계·장비의 30퍼센트 이상의 증가 2. 특정공사 기간의 연장 3. 방음·방진시설의 설치명세 변경 4. 소음·진동 저감대책의 변경 5. 공사 규모의 10퍼센트 이상 확대 ⑤ 법 제22조제2항에 따라 변경신고를 하려는 자는 별지 제12호 서식의 특정공사 변경신고서에 다음 각 호의 서류를 첨부하여 특별자치시장·특별자치도지사 또는 시장·군수·구청장에게 제출하여야 한다. 다만, 제4항제2호에 해당하는 경우에는 이를 변경한 날부터 7일 이내에 제출하여야 한다. 〈개정 2014. 1. 6.〉 1. 변경 내용을 증명하는 서류 2. 특정공사 사전신고증명서 3. 그 밖의 변경에 따른 소음·진동 저감대책 ⑥ 법 제22조제3항제1호 본문에 따른 공사장 방음시설의 설치기준은 별표 10과 같다. 〈개정 2010. 6. 30.〉 ⑦ 법 제22조제3항제1호 단서에 따른 방음시설의 설치가 곤란한 경우는 다음 각 호의 어느 하나와 같다. 〈개정 2010. 6. 30.〉

소음·진동관리법	소음·진동관리법 시행령	소음·진동관리법 시행규칙
		1. 공사지역이 협소하여 방음벽시설을 사전에 설치하기 곤란한 경우 2. 도로공사 등 공사구역이 광범위한 선형공사에 해당하는 경우 3. 공사지역이 암반으로 되어 있어 방음벽시설의 설치에 따른 소음 피해가 우려되는 경우 4. 건축물의 해체 등으로 방음벽시설을 사전에 설치하기 곤란한 경우 5. 천재지변·재해 또는 사고로 긴급히 처리할 필요가 있는 복구공사의 경우 ⑧ 법 제22조제4항에 따른 저감대책은 다음 각 호와 같다. 〈개정 2010. 6. 30.〉 1. 소음이 적게 발생하는 공법과 건설기계의 사용 2. 이동식 방음시설이나 부분 방음시설의 사용 3. 소음발생 행위의 분산과 건설기계 사용의 최소화를 통한 소음 저감 4. 휴일 작업중지와 작업시간의 조정
제22조의2(공사장 소음측정기기의 설치 권고) 특별자치시장·특별자치도지사 또는 시장·군수·구청장은 공사장에서 발생하는 소음을 적정하게 관리하기 위하여 필요한 경우에는 공사를 시행하는 자에게 소음측정기기를 설치하도록 권고할 수 있다. 〈개정 2013. 8. 13.〉 [본조신설 2009. 6. 9.]		
제23조(생활소음·진동의 규제기준을 초과한 지에 대한 조치명령 등) ① 특별자치시장·특별자치도지사·특별자치도지사		제22조(저소음 건설기계의 범위 등) 법 제23조제1항에서 "환경부령으로 정하는 소음이 적게 발생하는

소음 · 진동관리법	소음 · 진동관리법 시행령	소음 · 진동관리법 시행규칙
사 또는 시장·군수·구청장은 생활소음·진동이 제21조제2항에 따른 규제기준을 초과하면 소음·진동을 발생시키는 자에게 작업시간의 조정, 소음·진동 발생 행위의 분산·중지, 방음·방진시설의 설치, 환경부령으로 정하는 소음이 적게 발생하는 건설기계의 사용 등 필요한 조치를 명할 수 있다. 〈개정 2013. 8. 13.〉 ② 사업자는 제1항에 따른 조치명령 등을 이행한 경우에는 환경부령으로 정하는 바에 따라 그 이행결과를 지체 없이 특별자치시장·특별자치도지사 또는 시장·군수·구청장에게 보고하여야 한다. 〈개정 2013. 8. 13.〉 ③ 특별자치시장·특별자치도지사 또는 시장·군수·구청장은 제2항에 따른 보고를 받으면 지체 없이 그 명령의 이행 상태나 개선 완료 상태를 확인하여야 한다. 〈개정 2013. 8. 13.〉 ④ 특별자치시장·특별자치도지사 또는 시장·군수·구청장은 제1항에 따른 조치명령을 받은 자가 이를 이행하지 아니하거나 이행하였더라도 제21조제2항에 따른 규제기준을 초과한 경우에는 해당 규제대상의 사용금지, 해당 공사의 중지 또는 폐쇄를 명할 수 있다. 〈개정 2013. 8. 13.〉 제24조(이동소음의 규제) ① 특별자치시장·특별자치도지사 또는 시장·군수·구청장은 이동소음의 원인을 일으키는 기계·기구(이하 "이동소음원"이라 한다)로 인한 소음을 규제할 필요가 있는 지역을 이동소음 규제지역으로 지정하여 이동		건설기계"란 다음 각 호의 어느 하나와 같다. 〈개정 2011. 10. 28.〉 1. 「환경기술 및 환경산업 지원법」 제17조에 따라 환경표지의 인증을 받은 건설기계 2. 법(「법률 제7293호에 의하여 개정되기 전의 것을 말한다) 제49조의2에 따른 소음도표지를 부착한 건설기계 제22조의2(생활소음 · 진동규제 조치명령 등의 이행보고) 법 제23조제2항에 따른 조치명령 등의 이행보고는 별지 제12호의2서식에 따른다. [본조신설 2010. 6. 30.] 제23조(이동소음의 규제) ① 법 제24조제2항에 따른 이동소음원(移動騷音源)의 종류는 다음 각 호와 같다. 1. 이동하며 영업이나 홍보를 하기 위하여 사용하는 확성기 2. 행락객이 사용하는 음향기계 및 기구

소음·진동관리법	소음·진동관리법 시행령	소음·진동관리법 시행규칙
소음원의 사용을 금지하거나 사용 시간 등을 제한할 수 있다. 〈개정 2013. 8. 13.〉 ② 제1항에 따른 이동소음원의 종류, 규제방법 및 규제에 필요한 사항은 환경부령으로 정한다. ③ 특별시장·광역시장·특별자치시장 또는 시장·군수·구청장은 제1항에 따른 이동소음 규제지역을 지정하면 그 지정 사실을 고시하고, 표지판 설치 등 필요한 조치를 하여야 한다. 이를 변경할 때에도 또한 같다. 〈개정 2013. 8. 13.〉 제25조(특수의 사용으로 인한 소음·진동의 방지) 특별시장·광역시장·특별자치시장 또는 시장·군수·구청장은 특수의 사용으로 인한 소음·진동을 방지할 필요가 있다고 인정하면 지방경찰청장에게 「총포·도검·화약류 등 단속법」에 따라 특수의 사용 시 준하는 자에게 그 사용의 규제에 필요한 조치를 하여줄 것을 요청할 수 있다. 이 경우 지방경찰청장은 특별한 사유가 없으면 그 요청에 따라야 한다. 〈개정 2013. 8. 13.〉 제4장 교통 소음·진동의 관리 〈개정 2009.6.9.〉 제26조(교통소음·진동의 관리기준) 교통기관에서 발생하는 소음·진동의 관리기준(이하 "교통소음·진동 관리기준"이라 한다)은 환경부령으로 정한다. 이 경우 환경부장관은 미리 관계 중앙행정기관의 장과 교통소음·진동 관리기준 및 시행시기 등 필요한 사항을 협의하여야 한다. 〈개정 2009. 6. 9.〉		3. 소음방지장치가 비정상이거나 음향장치를 부착하여 운행하는 이륜자동차 4. 그 밖에 환경부장관이 고요하고 편안한 생활환경을 조성하기 위하여 필요하다고 인정하여 지정·고시하는 기계 및 기구 ② 특별시장·광역시장·특별자치도지사 또는 시장·군수·구청장은 고요하고 편안한 상태가 필요한 주요 시설, 주거 형태, 지역 여건 등을 고려하여 이동소음원의 사용금지 지역·대상·시간 등을 정하여 규제할 수 있다. 〈개정 2014. 1. 6.〉 제25조(교통소음·진동의 관리기준) 법 제26조에 따른 교통소음·진동의 관리기준은 별표 12와 같다. 〈개정 2010. 6. 30.〉 [제목개정 2010. 6. 30.] [제27조에서 이동, 종전 제25조는 제27조로 이동 〈2010. 6. 30.〉]

소음·진동관리법	소음·진동관리법 시행령	소음·진동관리법 시행규칙
[제27조에서 이동, 종전 제26조는 제27조로 이동 〈2009. 6. 9.〉] **제27조(교통소음·진동 관리지역의 지정)** ① 특별시장·광역시장·특별자치시장·특별자치도지사 또는 시장·군수(광역시의 군수는 제외한다. 이하 이 조에서 같다)는 교통기관에서 발생하는 소음·진동이 교통소음·진동 관리기준을 초과하거나 초과할 우려가 있는 경우에는 해당 지역을 교통소음·진동 관리지역(이하 "교통 관리지역"이라 한다)으로 지정할 수 있다. 〈개정 2013. 8. 13.〉 ② 환경부장관은 교통소음·진동 관리가 필요하다고 인정하는 지역을 교통소음·진동 관리지역으로 지정하여 줄 것을 특별시장·광역시장·특별자치시장·특별자치도지사 또는 시장·군수에게 요청할 수 있다. 이 경우 특별시장·광역시장·특별자치도지사 또는 시장·군수는 특별한 사유가 없으면 그 요청에 따라야 한다. 〈개정 2013. 8. 13.〉 ③ 교통소음·진동 관리지역의 범위는 환경부령으로 정한다. 〈개정 2009. 6. 9.〉 ④ 특별시장·광역시장·특별자치시장·특별자치도지사 또는 시장·군수는 교통소음·진동 관리지역을 지정한 경우에는 그 지정 사실을 고시하고 표지판 설치 등 필요한 조치를 하여야 한다. 이를 변경한 경우에도 포함한다. 〈개정 2013. 8. 13.〉 ⑤ 특별시장·광역시장·특별자치시장·특별자치도지사 또는 시장·군수는 교통기관에서 발생하는		**제26조(교통소음·진동 관리지역의 범위)** ① 법 제27조제3항에 따른 교통소음·진동 관리지역의 범위는 별표 11과 같다. 〈개정 2010. 6. 30.〉 ② 특별시장·광역시장·특별자치시장·특별자치도지사 또는 시장·군수(광역시의 군수는 제외한다. 이하 제26조에서 같다)는 제1항에 따른 교통소음·진동 관리지역을 지정할 때에는 고요하고 편안한 상태가 필요한 주요 시설, 주거 형태, 교통량, 도로 여건, 소음·진동 관리의 필요성 등을 고려하여 제25조에 따른 교통소음·진동의 관리기준을 초과하거나 초과할 우려가 있는 지역을 우선하여 관리지역으로 지정하여야 한다. 〈개정 2010. 6. 30.〉 [전문개정 2014. 1. 6.]

소음·진동관리법	소음·진동관리법 시행령	소음·진동관리법 시행규칙
소음·진동이 교통소음·진동 관리기준을 초과하지 아니하거나 초과할 우려가 없다고 인정되면 교통소음·진동 관리지역의 지정을 해제할 수 있다. 〈개정 2013. 8. 13.〉 [제26조에서 이동, 종전 제27조는 제26조로 이동 〈2009. 6. 9.〉]		
제28조(자동차 운행의 규제) 특별시장·광역시장·특별자치시장·특별자치도지사 또는 시장·군수·구청장은 교통소음·진동 관리지역을 통행하는 자동차를 운행하는 자(이하 "자동차운행자"라 한다)에게 「도로교통법」에 따른 속도의 제한·우회 등 필요한 조치를 하여야 줄 것을 지방경찰청장에게 요청할 수 있다. 이 경우 지방경찰청장은 특별한 사유가 없으면 지체 없이 그 요청에 따라야 한다. 〈개정 2013. 8. 13.〉		
제29조(방음·방진시설의 설치 등) ① 특별시장·광역시장·특별자치시장·특별자치도지사 또는 시장·군수·구청장은 교통소음·진동 관리지역에서 자동차 전용도로, 고속도로 및 철도로부터 발생하는 소음·진동이 교통소음·진동 관리기준을 초과하여 주민의 조용하고 평온한 생활환경이 침해된다고 인정하면 스스로 방음·방진시설을 설치하거나 해당 시설관리기관의 장에게 방음·방진시설의 설치 등 필요한 조치를 할 것을 요청할 수 있다. 이 경우 해당 시설관리기관의 장은 특별한 사유가 없으면 그 요청에 따라야 한다. 〈개정 2013. 8. 13.〉		제28조(방음·방진시설의 설치) 법 제29조제2항에서 "환경부령으로 정하는 시설"이란 다음 각 호의 시설을 말한다. 1. 「의료법」제3조제3항에 따른 종합병원 2. 「도서관법」제2조제4호에 따른 공공도서관 3. 「초·중등교육법」제2조 또는 「고등교육법」제2조에 따른 학교 4. 「주택법」제2조제3호에 따른 공동주택

소음·진동관리법	소음·진동관리법 시행령	소음·진동관리법 시행규칙
② 「도로법」 제2조제1호에 따른 도로(자동차 전용도로와 고속도로는 제외한다) 중 하교·공동주택, 그 밖에 환경부령으로 정하는 시설의 주변 도로로부터 발생하는 소음·진동에 대하여는 제1항을 준용한다. 〈개정 2014. 1. 14.〉		
제30조(제작차 소음허용기준) 자동차를 제작(수입을 포함한다. 이하 같다)하려는 자(이하 "자동차제작자"라 한다)는 제작되는 자동차(이하 "제작차"라 한다)에서 나오는 소음이 대통령령으로 정하는 제작차 소음허용기준에 적합하도록 제작하여야 한다.	제4조(제작차 소음허용기준) 법 제30조에 따른 제작차 소음허용기준은 다음 각 호의 자동차의 소음 중 다음 각 호의 자동차의 소음 중, 소음 종류별로 소음배출 특성을 고려하여 정하되, 소음 종류별 허용기준치는 관계 중앙행정기관의 장의 의견을 들어 환경부령으로 정한다. 1. 가속주행소음 2. 배기소음 3. 경적소음	제29조(제작차 소음허용기준) 법 제30조와 영 제4조에 따른 제작차 소음의 종류별 제작차 소음허용기준은 별표 13과 같다.
제31조(제작차에 대한 인증) ① 자동차제작자가 자동차를 제작하려면 미리 제작차의 소음이 제30조에 따른 제작차 소음허용기준에 적합하다는 환경부장관의 인증을 받아야 한다. 다만, 환경부장관은 군용·소방용 등 공용의 목적 또는 연구·전시목적 등으로 사용하려는 자동차 또는 외국에서 반입하는 자동차로서 대통령령으로 정하는 자동차는 인증을 면제하거나 생략할 수 있다. ② 자동차제작자는 제1항에 따라 인증받은 자동차의 인증내용 중 환경부령으로 정하는 중요 사항을 변경하려면 변경인증을 받아야 한다. 〈개정 2009. 6. 9.〉 ③ 제1항 및 제2항에 따른 인증의 신청, 인증의 시험	제5조(인증의 면제·생략 자동차) ① 법 제31조제1항 단서에 따라 인증을 면제할 수 있는 자동차는 다음 각 호와 같다. 〈개정 2013. 3. 23.〉 1. 군용·소방용 및 경찰 업무용 등 국가의 특수한 공무용으로 사용하기 위한 자동차 2. 주한 외국공관, 외교관, 그 밖에 이에 준하는 대우를 받는 자가 공무용으로 사용하기 위하여 반입하는 자동차로서 외교부장관의 확인을 받은 자동차 3. 주한 외국군대의 구성원이 공무용으로 사용하기 위하여 반입하는 자동차 4. 수출용 자동차나 박람회, 그 밖에 이에 준하는 행사에 참가하는 자가 전시를 목적으로 사용하는 자동차	

소음 · 진동관리법	소음 · 진동관리법 시행령	소음 · 진동관리법 시행규칙
방법과 절차, 인증의 방법 및 인증의 면제와 생략에 필요한 사항은 환경부령으로 정한다. 〈개정 2009. 6. 9.〉	5. 여행자 등이 다시 반출할 것을 조건으로 일시 반입하는 자동차 6. 자동차제작자 · 연구기관 등이 자동차의 개발이나 전시 등을 목적으로 사용하는 자동차 7. 외국인 또는 외국에서 1년 이상 거주한 내국인이 주거를 이전하기 위하여 이주물품으로 반입하는 1대의 자동차 ② 법 제31조제1항 단서에 따라 인증을 생략할 수 있는 자동차는 다음 각 호와 같다. 〈개정 2019. 7. 9.〉 1. 국가대표 선수용이나 훈련용으로 사용하기 위하여 반입하는 자동차로서 문화체육관광부장관의 확인을 받은 자동차 2. 외국에서 국내의 공공기관이나 비영리단체에 무상으로 기증하여 반입하는 자동차 3. 외교관, 주한 외국군인 또는 그 가족이 사용하기 위하여 반입하는 자동차 4. 법 제31조제1항에 따라 인증을 받지 아니한 자가 인증을 받은 자동차와 동일한 차종의 원동기 및 차대(車臺)를 구입하여 제작하는 자동차 5. 항공기 지상조업용(地上操業用)으로 반입하는 자동차 6. 국제협약 등에 따라 인증을 생략할 수 있는 자동차 7. 다음 각 목의 요건에 해당되는 자동차로서 환경부장관이 정하여 고시하는 자동차 　가. 제철소 · 조선소 등 한정된 장소에서 운행되는 자동차 　나. 제설용 · 방송용 등 특수한 용도로 사용되는	

소음·진동관리법	소음·진동관리법 시행령	소음·진동관리법 시행규칙
	자동차 다. 「관세법」 제226조에 따라 공매(公賣)되는 자동차 8. 그 밖에 군용·소방용 등 공공의 목적 또는 연구·전시 목적 등으로 사용하는 자동차 또는 외국에서 반입하는 자동차로서 환경부장관이 인증을 생략할 필요가 있다고 인정하여 고시하는 자동차	제30조(인증의 신청) ① 법 제31조제1항에 따라 인증을 받으려는 자는 별지 제13호서식의 인증신청서에 다음 각 호의 서류를 첨부하여 환경부장관(외국에서 인증하는 자동차의 경우에는 국립환경과학원장을 말한다. 이하 제2항에서 같다)에게 제출하여야 한다. 다만, 외국의 제작자가 아닌 자로부터 자동차를 수입하는 자가 이미 인증을 받은 자동차와 같은 종류의 자동차를 수입하는 경우에는 다음 각 호의 서류를 첨부하지 아니할 수 있다. 1. 자동차의 제원명세(諸元明細)에 관한 서류 2. 자동차소음 저감에 관한 서류 3. 그 밖에 인증에 필요하여 환경부장관이 정하는 서류 ② 법 제31조제1항 단서에 따라 인증생략신청을 받으려는 자는 별지 제13호서식의 인증생략신청서에 다음 각 호의 서류를 첨부하여 한국환경공단에 제출하여야 한다. 〈개정 2010. 6. 30.〉 1. 자동차의 제원명세에 관한 서류(영 제5조제2항제1호부터 제3호까지의 자동차 외의 자동차의 경우만 첨부한다) 2. 인증의 생략 대상 자동차임을 확인할 수 있는 관계 서류

소음·진동관리법	소음·진동관리법 시행령	소음·진동관리법 시행규칙
		③ 법 제31조제1항에 따라 인증을 받으려는 자가 구비하여야 할 서류와 작성방법과 그 밖에 필요한 사항은 환경부장관이 정하여 고시한다. **제31조(인증의 방법 등)** ① 환경부장관이나 국립환경과학원장은 법 제31조제1항에 따른 인증을 할 때에 다음 각 호의 사항을 검토하여야 한다. 이 경우 구체적인 인증방법은 환경부장관이 정하여 고시한다. 1. 소음 관련 부품의 구성·성능 등에 관한 기술적 타당성 2. 제작차 소음허용기준 적합 여부에 관한 인증시험의 결과 3. 인증 대상 자동차의 소음이 환경에 미치는 영향 ② 제1항제2호에 따른 인증시험은 다음 각 호의 시험으로 한다. 1. 자동차의 가속주행소음 시험 2. 자동차의 배기소음 및 경적소음 시험 ③ 제2항에 따른 인증시험은 자동차를 제작하는 자(수입의 경우 수입자와 외국의 자동차제작자를 포함한다. 이하 같다)가 자체 인력과 장비를 갖추어 환경부장관이 고시하는 인증시험의 방법 및 절차에 따라 실시한다. 다만, 환경부장관이 고시하는 경우에는 한국환경공단이나 환경부장관이 지정하는 한국기관(이하 이 조 및 제32조에서 "시험기관"이라 한다)이 인증시험을 직접 실시하거나 시험기관의 참여하에 자동차제작자가 직접 실시한다. <개정 2010. 6. 30.> ④ 제3항에 따라 인증시험을 실시한 자동차제작자 등은 지체 없이 그 시험의 결과를 환경부장관(외국...

소음·진동관리법	소음·진동관리법 시행령	소음·진동관리법 시행규칙
		에서 반입하는 자동차의 경우에는 국립환경과학원장을 말한다)에게 보고하여야 한다.
		제33조(인증서의 교부) ① 환경부장관이나 국립환경과학원장은 법 제31조제1항에 따라 인증을 받은 자동차제작자에게는 별지 제14조서식의 자동차소음인증서를 발급하여야 한다. 다만, 외국의 제작자가 아닌 자로부터 자동차를 수입하여 인증을 받은 자에게는 별지 제15조서식의 개별자동차소음 인증서를 발급하여야 한다. ② 한국환경공단은 법 제31조제1항 단서에 따라 인증대행을 받은 자에게는 별지 제16조서식의 자동차소음 인증대행서를 발급하여야 한다. 〈개정 2010. 6. 30.〉
		제34조(인증의 변경신청) ① 법 제31조제2항에서 "환경부령으로 정하는 중요한 사항"이란 다음 각 호의 어느 하나를 말한다. 〈신설 2010. 6. 30.〉 1. 자제동력계 시험자동차량에서 동력전달장치의 변속비, 감속비 및 자축수 2. 소음기의 용량, 재질 및 내부구조 3. 최고출력 또는 최고출력 시 회전수 4. 환경부장관이 고시하는 소음 관련 부품의 교체 ② 법 제31조제2항에 따라 인증받은 내용을 변경하려는 자는 별지 제17조서식의 변경인증신청서에 다음 각 호의 서류 중 관계 서류를 첨부하여 국립환경과학원장에게 제출하여야 한다. 〈개정 2010. 6. 30.〉 1. 동일 차종임을 입증할 수 있는 서류

소음·진동관리법	소음·진동관리법 시행령	소음·진동관리법 시행규칙
		2. 자동차 제원명세서 3. 변경된 인증 내용에 대한 설명서 4. 인증 내용·변경 전후의 소음 변화에 대한 검토서 ③ 제2항의 규정에 불구하고 제1항의 각 호의 항목을 변경하였어도 소음이 증가하지 않는 경우에는 해당 변경 사항을 국립환경과학원장에게 통보하여야 한다. 이 경우 법 제31조제2항에 따른 변경인증을 받은 것으로 본다. <개정 2010. 6. 30.>
제31조의2(인증시험대행기관의 지정) ① 환경부장관은 제31조에 따른 인증에 필요한 시험(이하 "인증시험"이라 한다)을 효율적으로 수행하기 위하여 필요한 경우에는 전문기관을 지정하여 인증시험에 관한 업무를 수행하게 할 수 있다. ② 제1항에 따른 전문기관(이하 "인증시험대행기관"이라 한다) 및 그 업무에 종사하는 자는 다음 각 호의 어느 하나에 해당하는 행위를 하여서는 아니 된다. 1. 다른 사람에게 자신의 명의로 인증시험을 하게 하는 행위 2. 거짓이나 그 밖의 부정한 방법으로 인증시험을 하는 행위 3. 그 밖에 인증시험과 관련하여 환경부령으로 정하는 준수사항을 위반하는 행위 ③ 인증시험대행기관의 지정기준, 지정절차 등에 필요한 사항은 환경부령으로 정한다. [본조신설 2009. 6. 9.]		제34조의2(인증시험대행기관의 지정) ① 법 제31조의2제1항에 따른 인증시험(이하 "인증시험"이라 한다)업무를 수행하는 기관(이하 "인증시험대행기관"이라 한다)으로 지정받으려는 자는 별표 13의2에 따른 인증시험대행기관의 검사장비 및 기술인력 기준을 갖추어 별지 제17호의2서식의 인증시험대행기관 지정신청서에 다음 각 호의 서류를 첨부하여 환경부장관에게 제출하여야 한다. 1. 인증시험 검사시설의 평면도 및 구조 개요 2. 인증시험 검사장비 명세 3. 정관(법인인 경우만 해당한다) 4. 인증시험업무에 관한 내부 규정 5. 인증시험업무 대행에 관한 사업계획서 및 해당 연도의 수지예산서 ② 환경부장관은 인증시험대행기관을 지정하는 경우에는 인증시험업무를 수행할 수 있는 검사 능력 등을 고려하여야 한다. ③ 환경부장관은 제2항에 따라 지정을 하는 경우에는 별지 제17호의3서식의 소음 인증시험대행기관

소음·진동관리법	소음·진동관리법 시행령	소음·진동관리법 시행규칙
		지정서를 발급하여야 한다. [본조신설 2010. 6. 30.]
제31조의3(인증시험대행기관의 지정 취소) 환경부장관은 인증시험대행기관이 다음 각 호의 어느 하나에 해당하는 경우에는 그 지정을 취소하거나 6개월 이내의 기간을 정하여 업무의 전부나 일부의 정지를 명할 수 있다. 다만, 제1호에 해당하는 경우에는 그 지정을 취소하여야 한다. 1. 거짓이나 그 밖의 부정한 방법으로 지정을 받은 경우 2. 제31조제3항에 따른 인증의 시험방법과 절차를 위반하여 인증시험을 한 경우 3. 제31조의2제2항 각 호의 어느 하나에 해당하는 금 지행위를 한 경우 4. 제31조의2제3항에 따른 지정기준을 충족하지 못한 경우 [본조신설 2009. 6. 9.]		
제31조의4(과징금 처분) ① 환경부장관은 제31조의3 제2호부터 제4호까지의 규정에 따라 인증시험대행기관에 업무정지처분을 하는 경우로서 그 업무정지처분이 해당 업무의 이용자 등에게 심한 불편을 주거나 그 밖에 공익에 현저한 지장을 줄 우려가 있다고 인정하는 경우에는 그 업무정지처분을 갈음하여 5천만원 이하의 과징금을 부과·징수할 수 있다. ② 제1항에 따른 과징금을 부과하는 위반행위의 종류·정도 등에 따른 과징금의 금액과 그 밖에 필요한	**제5조의2(과징금의 부과기준)** 법 제31조의4제2항에 따라 부과하는 과징금의 금액은 법 제49조의 행정처분의 기준에 따른 업무정지일수에 1일당 부과금액인 20만원을 곱하여 산정한다. 이 경우 업무정지 1개월은 30일을 기준으로 한다. [본조신설 2014. 2. 11.]	

소음·진동관리법	소음·진동관리법 시행령	소음·진동관리법 시행규칙
사항은 대통령령으로 정한다. ③ 환경부장관은 제1항에 따라 과징금을 내야 하는 자가 납부기한까지 과징금을 내지 아니하면 국세 체납처분의 예에 따라 징수한다. ④ 제3항에 따라 징수한 과징금은 「환경정책기본법」 제45조에 따른 환경개선특별회계의 세입으로 한다. [본조신설 2013. 8. 13.] 제32조(인증의 양도·양수 등) ① 제31조제1항 또는 제2항에 따른 인증 또는 변경인증을 받은 자동차제작자가 그 사업을 양도하거나 사망한 경우 또는 법인이 합병한 경우에는 제10조제3항을 준용한다. ② 제1항에 따른 권리·의무를 승계한 자는 환경부령으로 정하는 바에 따라 환경부장관에게 신고하여야 한다. 제33조(제작차의 소음검사 등) ① 환경부장관은 제31조에 따른 인증을 받아 제작한 자동차의 소음이 제30조에 따른 제작차소음허용기준에 적합한지를 확인하기 위하여 대통령령으로 정하는 바에 따라 검사를 실시하여야 한다. ② 환경부장관은 자동차제작자가 환경부령으로 정하는 인력 및 장비를 갖춘 경우 환경부장관이 정하는 검사방법 및 절차에 따라 제1항에 따른 검사를 생략하는 방법으로 정하는 바에 따라 제1항에 따른 검사를 생략할 수 있다. ③ 환경부장관은 제1항에 따른 검사를 할 때에 특히 필요하면 환경부령으로 정하는 바에 따라 자동차제	제6조(제작차 소음허용기준 검사의 종류 등) ① 환경부장관은 법 제33조제1항에 따라 다음 각 호의 구분에 따른 검사를 실시하여야 한다. 1. 수시검사 제작 중에 있는 자동차의 제작차소음허용기준 적합 여부를 수시로 확인하기 위하여 실시하는 검사 2. 정기검사 제작 중에 있는 자동차의 제작차소음허용기준 적합 여부를 확인하기 위하여 자동차의 종류별로 제작차수를 고려하여 일정 기간마다 실시하는 검사 ② 제1항에 따른 검사 결과에 이의가 있는 환경	제35조(자동차제작자의 권리·의무승계신고) 법 제32조제2항에 따라 권리·의무의 승계신고를 하려는 자는 신고사유가 발생한 날부터 30일 이내에 별지 제18호서식의 권리·의무 승계신고서에 그 승계 사실을 증명하는 서류를 첨부하여 환경부장관(외국에서 반입하는 자동차의 경우에는 국립환경과학원장)에게 제출하여야 한다. 제37조(검사의 신청 등) 영 제6조제2항에 따라 검사를 신청하려는 자는 별지 제19호서식의 재검사신청서에 다음 각 호의 서류를 첨부하여 한국환경공단에 제출하여야 한다. 〈개정 2010. 6. 30.〉 1. 재검사신청의 사유서 2. 제작차 소음허용기준 초과 원인의 기술적 조사 내용에 관한 서류 3. 개선계획 및 사후관리 대책에 관한 서류

소음·진동관리법	소음·진동관리법 시행령	소음·진동관리법 시행규칙
작자의 설비를 이용하거나 따로 지정하는 장소에서 검사할 수 있다. ④ 제1항에 따른 검사에 드는 비용은 자동차제작자의 부담으로 한다.	부령으로 정하는 바에 따라 제검사를 신청할 수 있다. 제7조(제작차 소음허용기준 검사의 생략) 환경부장관은 자동차제작자가 법 제33조제2항에 따른 검사를 실시한 경우에는 제6조제1항제2호에 따른 정기검사를 생략한다.	제36조(자동차제작자 검사의 인력·장비 등) ① 자동차제작자가 법 제33조제2항에 따른 검사 또는 제31조제2항에 따른 인증시험을 실시하는 경우에 갖추어야 할 인력 및 장비는 별표 14와 같다. ② 자동차제작자가 제1항에 따른 인력 및 장비를 갖추어 검사 또는 인증시험을 실시하는 경우에는 인력 및 장비보유 현황과 검사 결과 등을 환경부장관이 정하는 바에 따라 보고하여야 한다. 제38조(자동차제작자의 설비 이용 등) ① 법 제33조제3항에 따라 자동차제작자의 설비를 이용하여 검사할 수 있는 경우는 다음 각 호와 같다. 1. 국가 검사장비가 설치되지 아니하여 검사를 할 수 없는 경우 2. 검사 업무를 능률적으로 수행하기 위하여 제작자의 설비를 이용할 필요가 있는 경우 ② 법 제33조제3항에 따라 지정하는 장소에서 검사할 수 있는 경우는 다음 각 호와 같다. 1. 제1항에 따라 자동차제작자의 설비를 이용하여 검사할 수 없는 경우 2. 검사 업무 수행상 부득이한 사유로 도로 등에서 주행시험을 할 필요가 있는 경우

소음 · 진동관리법	소음 · 진동관리법 시행령	소음 · 진동관리법 시행규칙
제34조(인증의 취소) ① 환경부장관은 다음 각 호의 어느 하나에 해당하면 인증을 취소하여야 한다. 1. 속임수나 그 밖의 부정한 방법으로 인증을 받은 경우 2. 제작차에 중대한 결함이 발생되어 개선을 하여도 제작차 소음허용기준을 유지할 수 없을 경우 ② 환경부장관은 제33조제1항에 따른 검사 결과 제작차가 소음허용기준에 부적합하면 그 제작자동차의 개선 또는 판매를 명하여야 한다. 이 경우 판매중지 명령을 위반하면 그 제작자동차의 인증을 취소하여야 한다.		
제35조(운행차 소음허용기준) 자동차의 소유자는 그 자동차에서 배출되는 소음이 대통령령으로 정하는 운행차 소음허용기준에 적합하게 운행하거나 운행하게 하여야 하며, 소음기(消音器)나 소음덮개를 떼어 버리거나 경음기(警音器)를 추가로 붙여서는 아니 된다.	**제8조(운행차 소음허용기준)** 법 제35조에 따른 운행차 소음허용기준은 다음 각 호의 자동차의 소음 종류별로 소음배출 특성을 고려하여 정하되, 소음 종류별 허용기준치는 관계 중앙행정기관의 장의 의견을 들어 환경부령으로 정한다. 1. 배기소음 2. 경적소음	**제40조(운행차 소음허용기준)** 법 제35조와 영 제8조에 따른 운행차 소음허용기준은 별표 13과 같다.
제36조(운행차의 수시점검) ① 특별시장 · 광역시장 · 특별자치시장 · 특별자치도지사 또는 시장 · 군수 · 구청장은 다음 각 호의 사항을 확인하기 위하여 도로 또는 주차장 등에서 운행차를 점검할 수 있다. 다만, 「도로교통법」 제2조제22호에 따른 긴급자동차 등 환경부령으로 정하는 자동차는 제외한다. 〈개정 2013. 8. 13.〉 1. 운행차의 소음이 제35조에 따른 운행차 소음허용기준에 적합한지 여부		**제41조(운행차의 수시점검방법 등)** ① 법 제36조제1항에 따라 특별시장 · 광역시장 · 특별자치시장 · 특별자치도지사 또는 시장 · 군수 · 구청장은 점검 대상 자동차를 선정한 후 소음기 그에 관련되는 부품 등을 점검하여야 한다. 〈개정 2014. 1. 6.〉 ② 제1항에 따른 점검의 기준 · 소음 측정방법과 그 밖에 필요한 사항은 환경부장관이 정하여 고시한다.

소음·진동관리법	소음·진동관리법 시행령	소음·진동관리법 시행규칙
2. 소음기나 소음덮개를 떼어 버렸는지 여부 3. 경음기를 추가로 붙였는지 여부 ② 자동차 운행자는 제1항에 따른 점검에 협조하여야 하며, 이에 따르지 아니하거나 지장을 주는 행위를 하여서는 아니 된다. ③ 제1항에 따른 점검방법 등에 필요한 사항은 환경부령으로 정한다. 제37조(운행차의 정기검사) ① 자동차의 소유자는 「자동차관리법」 제43조제1항제2호와 「건설기계관리법」 제13조제1항제2호에 따른 정기검사 및 「대기환경보전법」 제62조제2항에 따라 이륜자동차정기검사를 받을 때에 다음 각 호의 사항에 대하여 검사를 받아야 한다. <개정 2013. 7. 16.> 1. 해당 자동차에서 나오는 소음이 운행차 소음허용기준에 적합한지 여부 2. 소음기나 소음덮개를 떼어 버렸는지 여부 3. 경음기를 추가로 붙였는지 여부 ② 제1항에 따른 검사의 방법·대상항목 및 검사기		제42조(운행차 수시점검의 면제) 법 제36조제1항 각 호의 부분 단서에서 "도로교통법 제2조제22호에 따른 긴급자동차 등 환경부령으로 정하는 자동차"란 다음 각 호의 자동차를 말한다. <개정 2014. 2. 14.> 1. 환경부장관이 정하는 소음 저감장치 등을 그 유효기간 내에 교체하거나 설치한 후 법 제41조제1항에 따른 운행차의 개선 결과 확인 업무를 행하는 자로부터 별지 제20호서식의 정비·점검 확인서를 발급받은 자동차 2. 자동차제작자가 소음방지를 위하여 설치한 엔진소음차단시설 등이 임의로 변경되지 아니하거나 떼어지지 아니한 자동차 3. 「도로교통법」 제2조제22호 및 같은 법 시행령 제2조에 따른 긴급자동차 4. 군용 및 경호업무용 등 국가의 특수한 공용목적으로 사용되는 자동차 제44조(운행차의 정기검사방법 등) ① 법 제37조제2항에 따른 정기검사의 방법·기준 및 대상항목은 별표 15와 같다. ② 법 제44조제1항, 「건설기계관리법」 제14조제3항 및 「대기환경보전법」 제62조의2제1항에 따른 검사 대기자 또는 「자동차관리법」 제45조제1항 및 「대기환경보전법」 제62조의3제1항에 따른 지정정비사업자 중 별표 16에 따른 시설·장비 및 기술능력을 갖춘 자(이하 "운행차정기검사대행자"라 한다)로 한다. <개정 2014. 2. 14.>

소음·진동관리법	소음·진동관리법 시행령	소음·진동관리법 시행규칙
관의 시설·장비 등에 필요한 사항은 환경부령으로 정한다. ③ 환경부장관은 제2항에 따라 환경부령을 정하려면 국토교통부장관과 협의하여야 한다. 다만, 「대기환경보전법」 제62조제2항에 따른 이륜자동차 검사에 관한 사항을 정하는 경우에는 그러하지 아니하다. 〈개정 2013. 7. 16.〉 ④ 환경부장관은 제1항에 따른 검사의 결과에 관한 자료를 국토교통부장관에게 요청할 수 있다. 〈개정 2013. 3. 23.〉 **제38조(운행차의 개선명령)** ① 특별시장·광역시장·특별자치시장·특별자치도지사 또는 시장·군수·구청장은 운행차에 대하여 제36조에 따른 점검 결과 다음 각 호의 어느 하나에 해당하는 경우에는 환경부령으로 정하는 바에 따라 자동차 소유자에게 개선을 명할 수 있다. 〈개정 2013. 8. 13.〉 1. 운행차의 소음이 운행차 소음허용기준을 초과한 경우 2. 소음기나 소음덮개를 떼어 버린 경우 3. 경음기를 추가로 붙인 경우 ② 제1항에 따른 개선명령을 하려는 경우 10일 이내의 범위에서 개선에 필요한 기간에 그 자동차의 사용정지를 함께 명할 수 있다. ③ 제1항에 따른 개선명령을 받은 자는 제41조에 따라 특별시장·광역시장·특별자치시장·특별자치도지사 또는 시장·군수·구청장에 등록한 자료부터 환경부령으로 정하는 바에 따라 개선 결과를 확인받은 후 특별시장·		**제46조(운행차의 개선명령)** ① 법 제38조제1항에 따른 개선명령은 별지 제21호서식에 따른다. ② 법 제38조제3항에 따라 개선명령을 받은 자가 개선 결과를 보고하려면 확인검사대행자로부터 개선 결과를 확인하는 별지 제20호서식의 정비·점검 확인서를 발급받아 제1항에 따른 개선명령서를 첨부하여 개선명령일부터 10일 이내에 특별시장·광역시장·특별자치시장·특별자치도지사 또는 시장·군수·구청장에게 제출하여야 한다. 〈개정 2014. 1. 6.〉

소음·진동관리법	소음·진동관리법 시행령	소음·진동관리법 시행규칙
광역시장·특별자치시장·특별자치도지사 또는 시장·군수·구청장등에게 보고하여야 한다. 〈개정 2013. 8. 13.〉 **제5장 항공기 소음의 관리** 〈개정 2009. 6. 9.〉 **제39조(항공기 소음의 관리)** ① 환경부장관은 항공기 소음이 대통령령으로 정하는 항공기 소음의 한도를 초과하여 공항 주변의 생활환경이 매우 손상된다고 인정하면 관계 기관의 장에게 방음시설의 설치나 그 밖에 항공기 소음의 방지에 필요한 조치를 요청할 수 있다. ② 제1항에 따라 필요한 조치를 요청할 수 있는 공항은 대통령령으로 정한다. ③ 제1항에 따른 조치는 항공기 소음 관리에 관한 이 법 밖에 법률이 있으면 그 법률로 정하는 바에 따른다. 〈개정 2009. 6. 9.〉 **제6장 방음시설의 설치 기준 등** **제40조(방음시설의 성능과 설치 기준 등)** ① 소음을 방지하기 위하여 방음벽·방음림(防音林)·방음둑 등의 방음시설을 설치하는 자는 충분한 소리의 차단 효과를 얻을 수 있도록 설계·시공하여야 한다. ② 제1항에 따른 방음시설의 성능·설치기준 및 성능가 등 사후관리에 필요한 사항(이하 "설치기준 등"이라 한다)은 환경부장관이 정하여 고시할 수 있다. 다만, 다른 법률이 방음시설의 설치기준등을 달리 정하고 있으면 그 설치기준 등에 따른다. 〈개정	**제9조(항공기 소음의 한도 등)** ① 법 제39조제1항에 따른 항공기 소음의 한도는 공항 인근 지역은 항공기소음영향도(WECPNL) 90으로 하고, 그 밖의 지역은 75로 한다. ② 제1항에 따른 공항 인근 지역과 그 밖의 지역의 구분은 환경부령으로 정한다. ③ 법 제39조제2항에 따른 공항은 「공항소음 방지 및 소음대책지역 지원에 관한 법률」 제2조제4호에 따른 공항으로 한다. 〈개정 2010. 9. 17.〉	**제49조(공항주변의 지역 구분)** 영 제9조제2항에 따른 공항 인근지역과 그 밖의 지역의 구분은 다음 각 호와 같다. 〈개정 2017. 9. 8.〉 1. 공항 인근 지역 : 「공항소음 방지 및 소음대책지역 지원에 관한 법률」 제5조제1항에 따른 제1종 구역 및 제2종 구역 2. 그 밖의 지역 : 「공항소음 방지 및 소음대책지역 지원에 관한 법률」 제5조제1항에 따른 제3종 구역

소음·진동관리법	소음·진동관리법 시행령	소음·진동관리법 시행규칙
2009. 6. 9.〉		
제7장 확인검사대행자		
제41조(확인검사대행자의 등록) ① 제38조제3항에 따른 운행차의 개선 결과 확인검사업무를 행하려는 자는 환경부령으로 정하는 기술능력 및 장비 등을 갖추어 특별시장·광역시장·특별자치시장·특별자치도지사 또는 시장·군수·구청장에게 등록하여야 한다. 등록한 사항 중 환경부령으로 정하는 중요 사항을 변경하려는 때에도 또한 같다. 〈개정 2013. 8. 13.〉 ② 제1항에 따라 등록한 자(이하 "확인검사대행자"라 한다)의 준수사항·검사수수료, 그 밖에 필요한 사항은 환경부령으로 정한다.		제50조(확인검사대행자의 등록기준) 법 제41조제1항에 따라 확인검사대행자의 등록을 하려는 자는 별표 16에 따른 시설·장비 및 기술능력을 갖추어야 한다. 〈개정 2014. 2. 14.〉 제53조(확인검사대행자의 등록 사항의 변경) ① 법 제41조제1항 후단에서 "환경부령으로 정하는 중요사항"이란 다음 각 호의 사항을 말한다. 1. 확인검사대행자의 양도·상속 또는 합병 2. 사업장 소재지 3. 상호 또는 대표자 ② 법 제41조제1항에 따라 변경등록을 하려는 자는 별지 제24호서식의 확인검사대행자 변경등록 신청서에 다음 각 호의 서류를 첨부하여 특별시장·광역시장·특별자치시장·특별자치도지사 또는 시장·군수·구청장에게 제출하여야 한다. 〈개정 2014. 1. 6.〉 1. 변경 내용을 증명하는 서류 2. 확인검사대행자 등록증 제54조(확인검사대행자의 준수 사항) 법 제41조제2항에 따른 확인검사대행자의 준수 사항은 별표 18과 같다.
제42조(결격 사유) 다음 각 호의 어느 하나에 해당하는 자는 확인검사대행자의 등록을 할 수 없다. 〈개정 2017. 1. 17.〉		

소음·진동관리법	소음·진동관리법 시행령	소음·진동관리법 시행규칙
1. 피성년후견인 또는 피한정후견인 2. 파산선고를 받고 복권(復權)되지 아니한 자 3. 제43조에 따라 확인검사대행자의 등록이 취소된 후 2년이 지나지 아니한 자 4. 이 법이나 「대기환경보전법」, 「물환경보전법」을 위반하여 징역의 실형을 선고받고 그 형의 집행이 종료되거나 집행을 받지 아니하기로 확정된 후 2년이 지나지 아니한 자 5. 임원 중 제1호부터 제4호까지의 규정중 어느 하나에 해당하는 자가 있는 법인 **제43조(등록취소 등)** 특별자치시장·특별자치도지사 또는 시장·군수·구청장은 확인검사대행자가 다음 각 호의 어느 하나에 해당하면 그 등록을 취소하거나 6개월 이내의 기간을 정하여 업무정지를 명할 수 있다. 다만, 제1호나 제2호에 해당하면 그 등록을 취소하여야 한다. 〈개정 2013. 8. 13.〉 1. 제42조 각 호의 어느 하나에 해당하는 경우. 다만, 법인의 임원 중 제42조제5호에 해당하는 자가 있으나 6개월 이내에 그 임원을 개임(改任)하면 그러하지 아니하다. 2. 속임수나 그 밖에 부정한 방법으로 등록한 경우 3. 다른 사람에게 등록증을 빌려준 경우 4. 1년에 2회 이상 업무정지처분을 받은 경우 5. 고의 또는 중대한 과실로 확인검사대행업무를 부실하게 한 경우 6. 등록 후 2년 이내에 업무를 시작하지 아니하거나 계속하여 2년 이상 업무실적이 없는 경우		

소음·진동관리법	소음·진동관리법 시행령	소음·진동관리법 시행규칙
7. 제41조제1항에 따른 등록기준에 미달하게 된 경우 8. 제41조제2항에 따른 사항을 지키지 아니한 경우 **제8장 보칙** **제44조(소음도 검사 등)** ① 소음발생건설기계를 제작 또는 수입하려는 자(이하 "소음발생건설기계제작자 등"이라 한다)는 해당 소음발생건설기계를 판매·사용하기 전에 환경부장관이 실시하는 소음도(騷音度) 검사를 받아야 한다. 다만, 환경부장관은 「환경기술 및 환경산업 지원법」 제17조에 따라 환경표지의 인증을 받은 건설기계 등 환경부령으로 정하는 소음발생건설기계에 대하여는 소음도 검사를 면제할 수 있다. 〈개정 2011. 4. 28.〉 ② 소음발생건설기계에서 발생하는 소음의 관리기준(이하 "소음발생건설기계소음 관리기준"이라 한다)은 환경부령으로 정한다. 이 경우 환경부장관은 미리 관계 중앙행정기관의 장과 협의하여야 한다. 〈신설 2013. 8. 13.〉 ③ 환경부장관은 제1항에 따라 소음도를 검사한 결과 소음발생건설기계소음 관리기준을 초과한 소음발생건설기계제작자 등에게 소음을 저감하는 장치의 부착 등 환경부령으로 정하는 필요한 조치를 명할 수 있다. 〈신설 2013. 8. 13.〉 ④ 제3항에 따른 조치명령을 받은 소음발생건설기계제작자 등은 해당 조치명령을 이행한 경우에는 그 이행 결과를 지체 없이 환경부장관에게 보고하여야 한다. 〈신설 2013. 8. 13.〉	**제9조의2(소음도 검사의 면제 대상)** 법 제44조제1항 단서에서 "「환경기술 및 환경산업 지원법」 제17조에 따른 환경표지의 인증을 받은 건설기계 등 환경부령으로 정하는 소음발생건설기계"란 다음 각 호의 건설기계를 말한다. 〈개정 2011. 10. 28.〉 1. 「환경기술 및 환경산업 지원법」 제17조에 따른 환경표지의 인증을 받은 저소음건설기계 2. 환경부장관이 제1호와 동등한 수준 이상이라고 고시한 외국의 저소음 관련 인증을 받은 저소음건설기계 [본조신설 2010. 6. 28.]	**제57조의2(소음발생건설기계소음 관리기준 등)** ① 법 제44조제2항 전단에 따른 소음발생건설기계 소음 관리기준은 별표 18의2와 같다. ② 법 제44조제3항에서 "소음을 저감하는 장치의 부착 등 환경부령으로 정하는 필요한 조치"란 소음저감장치의 부착을 말한다. ③ 법 제44조제3항에 따른 조치명령은 별지 제32호의2서식에 따르고, 같은 조 제4항에 따른 이행결과 보고는 별지 제32호의3서식에 따른다. ④ 법 제44조제6항에 따른 소음발생건설기계의 제작·수입 또는 판매·사용 금지명령은 별지 제32호의4서식에 따른다.

소음·진동관리법	소음·진동관리법 시행령	소음·진동관리법 시행규칙
⑤ 환경부장관은 제4항에 따른 보고를 받으면 지체 없이 소음도 검사의 재실시 등을 통하여 그 명령이 이행 상태나 개선 완료 상태를 확인하여야 한다. 〈신설 2013. 8. 13.〉 ⑥ 환경부장관은 제3항에 따른 조치명령을 받은 소음발생건설기계제작자등이 이를 이행하지 아니하거나 이행하였더라도 소음발생건설기계의 소음 관리기준을 초과한 경우에는 해당 소음발생건설기계의 제작·수입 또는 판매·사용의 금지를 명할 수 있다. 〈신설 2013. 8. 13.〉 ⑦ 제1항 및 제5항에 따른 소음도 검사를 받은 소음발생건설기계제작자등은 해당 소음발생건설기계에서 발생하는 소음의 정도를 표시하는 표지(이하에서 "소음도표지"라 한다)를 알아보기 쉬운 곳에 붙여야 한다. 〈개정 2013. 8. 13.〉 ⑧ 제1항 및 제5항에 따른 소음도 검사를 받으려는 자는 검사수수료를 내야 한다. 〈개정 2013. 8. 13.〉 ⑨ 제1항, 제5항, 제7항 및 제8항에 따른 소음도 검사 방법, 이행결과 보고의 방법, 소음도표지 및 검사수수료에 필요한 사항은 환경부령으로 정한다. 〈개정 2013. 8. 13.〉		[본조신설 2014. 2. 14.] 제58조(소음도 검사방법) ① 법 제44조제9항에 따른 소음도 검사방법은 다음 각 호와 같다. 〈개정 2014. 2. 14.〉 1. 소음도의 측정 환경 : 측정하는 장소는 소음도 검사기관의 장이 지정하는 장소로 하고, 측정 대상기계에 따라 측정 장소 지표면의 종류를 달리하여야 하는 등 정확한 소음측정이 보장되는 환경일 것 2. 소음도의 측정 조건 : 소음측정이 풍속과 기후의 영향을 받지 아니하여야 하고, 측정 대상 기계가 가동 상태일 것 3. 소음도의 측정기기 등 : 소음도 측정기기는 「산업표준화법」 제12조제1항에 따른 한국산업표준(KS)을 지킨 것을 사용할 것 4. 측정자료의 분석 · 평가 : 배경소음 · 환경 보정치(補正値) 등을 고려하여 측정 자료를 분석 · 평가하고, 데이터 오류 등으로 2대 이상을 측정하는 경우에는 소음도가 가장 높은 기계의 측정 자료를 기준으로 분석 · 평가할 것 5. 기재별 가동조건 : 기계의 엔진 자체 소음을 측정하는 모든 소음을 측정하여야 할 것 ② 법 제44조의2제2항에 따른 소음도 검사방법은 다음 각 호와 같다. 〈신설 2014. 1. 6.〉 1. 소음도의 측정 환경 : 측정 장소는 배경소음이 20데시벨 이하인 무향실 · 반무향실 또는 전향실 중 소음도 검사기관의 장이 지정하는 장소로 할 것 2. 소음도의 측정 조건 : 소음측정이 풍속과 기후의

소음·진동관리법	소음·진동관리법 시행령	소음·진동관리법 시행규칙
		영향을 받지 아니하여야 하고, 측정 대상 기계의 작동을 최대로 할 것 3. 소음도의 측정기기 등 : 소음도의 측정기기는 「산업표준화법」 제12조제1항에 따른 한국산업표준(KS)을 지킨 것을 사용할 것 4. 측정자료의 분석·평가 : 배경소음·환경 보정치(補正値) 등을 고려하여 측정 자료를 분석·평가하고, 데이터 오류 등으로 2대 이상을 측정하는 경우에는 소음도가 가장 높은 기계의 측정 자료를 기준으로 분석·평가할 것 ③ 법 제45조의3제3항에 따른 소음도 검사방법은 다음 각 호와 같다. <신설 2014. 1. 6.> 1. 소음도의 측정 환경 : 측정 장소는 배경소음이 45데시벨 이하인 곳 중 소음도 검사기관의 장이 지정하는 장소로 할 것 2. 소음도의 측정 조건 : 소음측정이 소음측과 기후의 영향을 받지 아니하여야 하고, 측정 대상 기계의 음량을 최대로 할 것 3. 소음도의 측정기기 등 : 소음도의 측정기기는 「산업표준화법」 제12조제1항에 따른 한국산업표준(KS)을 지킨 것을 사용할 것 4. 측정자료의 분석·평가 : 배경소음·환경 보정치(補正値) 등을 고려하여 측정 자료를 분석·평가하고, 데이터 오류 등으로 2대 이상을 측정하는 경우에는 소음도가 가장 높은 기계의 측정 자료를 기준으로 분석·평가할 것 ④ 제1항부터 제3항까지에 따른 소음도 검사는 범

소음·진동관리법	소음·진동관리법 시행령	소음·진동관리법 시행규칙
		제45조제1항에 따라 지정된 소음도 검사기관에서 실시하여야 한다. 다만, 소음도 검사를 받아야 하는 건설기계 등을 소음도 검사기관으로 옮기기 곤란한 경우에는 소음도 검사기관 관계자의 참여하에 제작 또는 수입하는 자가 정하는 장소에서 실시할 수 있다. 〈신설 2014. 1. 6.〉 ⑤ 제1항부터 제4항까지에 따른 소음도 검사방법의 세부적인 사항은 환경부장관이 정하여 고시한다. 〈개정 2014. 1. 6.〉 [시행일 : 2015. 1. 1.] 제58조제2항·제4항(법 제44조의2제2항에 관련된 부분에 해당한다)·제3항(법 제44조의2제2항에 관련된 부분만 해당한다)
제44조의2(가전제품 저소음표시 등) ① 환경부장관은 소비자에게 가전제품의 저소음에 대한 정보를 제공하고 저소음 가전제품의 생산·보급을 촉진하기 위하여 환경부령으로 정하는 바에 따라 저소음표시를 부착할 수 있도록 하는 가전제품 저소음표시제를 실시할 수 있다. ② 가전제품을 제조하거나 수입하는 자 중 제1항에 따른 저소음표시를 부착하려는 자는 환경부장관이 실시하는 소음도 검사를 받아 저소음기준에 적합한 경우에는 저소음표시를 가전제품에 부착할 수 있다. ③ 제2항에 따른 소음도 검사를 받으려는 자는 검사 수수료를 내야 한다. ④ 제2항 및 제3항에 따른 소음도 검사방법, 저소음 기준 및 검사수수료에 관하여 필요한 사항은 환경부령으로 정한다.		제60조의2(저소음표시 가전제품의 종류 및 저소음기준) ① 법 제44조의2제1항에 따른 저소음표시를 부착할 수 있는 가전제품은 다음 각 호의 제품을 말한다. 1. 진공청소기(정격출력 500와트 이상의 이동형 또는 수직형 전기 진공청소기를 말한다) 2. 세탁기(세탁·용량이 5킬로그램 이상의 가정용 세탁기에 한정하며, 탈수 전용 또는 업소용 제품은 제외한다) ② 법 제44조의2제2항제4항에 따른 저소음기준은 별표 19와 같다. [본조신설 2014. 1. 6.]

소음·진동관리법	소음·진동관리법 시행령	소음·진동관리법 시행규칙
[본조신설 2013. 3. 22.] **제45조(소음도 검사기관의 지정 및 취소 등)** ① 환경부장관은 제44조제1항, 제44조의2제2항 및 제45조의3제3항에 따른 소음도 검사에 필요한 시설 및 기술능력 등을 갖춘 기관을 소음도 검사기관으로 지정하여 소음도 검사를 대행(代行)하게 할 수 있다. 〈개정 2013. 3. 22.〉 ② 소음도 검사기관의 시설 및 기술능력 등 지정기준에 필요한 사항은 대통령령으로 정한다. ③ 소음도 검사기관은 소음도 검사를 하면 그 결과를 환경부장관에게 통보하여야 한다. ④ 소음도 검사기관은 검사방법 및 시설·시험장비의 관리 등 환경부령으로 정하는 사항을 지켜야 한다. ⑤ 환경부장관은 소음도 검사기관이 다음 각 호의 어느 하나에 해당하면 그 지정을 취소하거나 6개월 이내의 기간을 정하여 소음도 검사업무의 전부나 일부의 정지를 명할 수 있다. 다만, 제1호에 해당하면 그 지정을 취소하여야 한다. 1. 거짓이나 그 밖의 부정한 방법으로 지정을 받은 경우 2. 제2항에 따른 지정기준에 미달하게 된 경우 3. 제4항에 따른 사항을 지키지 아니한 경우 4. 고의 또는 중대한 과실로 소음도 검사 업무를 부실하게 한 경우 [시행일 : 2014. 1. 1.] 제45조제1항(제45조의3에 관련된 부분만 해당한다) [시행일 : 2015. 1. 1.] 제45조제1항(제44조의2에 관련된 부분만 해당한다)	**제10조(소음도 검사기관의 지정기준)** 법 제45조제1항에 따라 소음도 검사기관으로 지정받으려는 기관은 다음 각 호의 요건을 모두 갖추어야 한다. 〈개정 2013. 3. 18.〉 1. 별표 1에 따른 기술인력과 시설·장비를 갖출 것 2. 다음 각 목의 어느 하나에 해당하는 기관일 것 　가. 소음·진동과 관련된 분야에서 「국가표준기본법」 제23조 및 같은 법 시행령 제16조제2항에 따라 시험·검사기관으로 인정받은 기관 　나. 「건설기계관리법」 제38조의3제2항 및 같은 법 시행령 제18조의3제2항부터 제4호까지 본문에 따라 국토해양부장관으로부터 건설기계의 검사소로 지정받은 기관 또는 환경부장관으로부터 건설기계의 확인검사소 업무를 위탁받은 기관	**제56조(소음도 검사의 신청)** ① 법 제44조제1항에 따른 소음도 검사를 받으려는 자는 별지 제25호서식의 소음도 검사신청서에 다음 각 호의 서류를 첨부하여 법 제45조제1항에 따른 소음도 검사기관의 장(이하 "소음도 검사기관의 장"이라 한다)에게 제출하여야 한다. 〈개정 2014. 1. 6.〉 1. 해당 소음방지설비계의 제원명세에 관한 서류 2. 소음 저감에 관한 서류 ② 법 제44조제1항 단서에 따라 소음도 검사를 면제받으려는 자는 별지 제25호서식의 소음도 검사면제신청서에 다음 각 호의 서류를 첨부하여 소음도 검사기관의 장에게 제출하여야 한다. 〈개정 2014. 1. 6.〉

소음·진동관리법	소음·진동관리법 시행령	소음·진동관리법 시행규칙
련된 부분만 해당한다)		1. 해당 소음발생건설설기계의 제원명세에 관한 서류 2. 영 제9조의2에 따른 소음도 검사면제 대상임을 확인할 수 있는 서류 사본 ③ 법 제44조의2제2항에 따른 소음도 검사를 받으려는 자는 별지 제27조의2서식의 저소음표지 가전제품 소음도 검사신청서에 다음 각 호의 서류를 첨부하여 소음도 검사기관의 장에게 제출하여야 한다. 〈신설 2014. 1. 6.〉 1. 해당 가전제품의 제원명세에 관한 서류 2. 소음 저감에 관한 서류 ④ 법 제45조의3제3항에 따른 소음도 검사를 받으려는 자는 별지 제30조서식의 휴대용음향기기 소음도 검사신청서에 다음 각 호의 서류를 첨부하여 소음도 검사기관의 장에게 제출하여야 한다. 〈신설 2014. 1. 6.〉 1. 해당 휴대용음향기기의 제원명세에 관한 서류 2. 휴대용음향기기와 함께 제공되는 이어폰의 제원명세에 관한 서류 [전문개정 2010. 6. 30.] 제58조(소음도 검사방법) ① 법 제44조제9항에 따른 소음도 검사방법은 다음 각 호와 같다. 〈개정 2014. 2. 14.〉 1. 소음도의 측정환경 : 측정장소는 소음도 검사기관의 장이 지정하는 장소로 하고, 측정 대상기계에 따라 측정장소 지표면의 종류를 달리하여야 하는 등 정확한 소음측정이 보장되는 환경일 것 2. 소음도의 측정 조건 : 소음측정이 풍속과 기후의

소음·진동관리법	소음·진동관리법 시행령	소음·진동관리법 시행규칙
		영향을 받지 아니하여야 하고, 측정 대상 기계가 가동상태일 것 3. 소음도의 측정기기 등 : 소음도의 측정기기는 「산업표준화법」 제12조제1항에 따른 한국산업표준(KS)을 지킨 것을 사용할 것 4. 측정자료의 분석·평가 : 배경소음·환경 보정치(補正値) 등을 고려하여 측정 자료를 분석·평가하고, 데이터 오류 등으로 2대 이상을 측정하는 경우에는 소음도가 가장 높은 기계의 측정 자료를 기준으로 분석·평가할 것 5. 기계별 가동조건 : 기계의 엔진 자체 소음 및 작업으로 인하여 발생하는 모든 소음을 측정하여야 할 것 ② 법 제44조의2제2항에 따른 소음도 검사방법은 다음 각 호와 같다. 〈신설 2014. 1. 6.〉 1. 소음도의 측정 환경 : 측정 장소는 배경소음이 20데시벨 이하인 무향실 또는 반무향실 중 소음도 검사기관의 장이 지정하는 장소로 할 것 2. 소음도의 측정 조건 : 소음측정이 풍속과 기주의 영향을 받지 아니하여야 하고, 측정 대상 기계의 작동을 최대로 할 것 3. 소음도의 측정기기 등 : 소음도의 측정기기는 「산업표준화법」 제12조제1항에 따른 한국산업표준(KS)을 지킨 것을 사용할 것 4. 측정자료의 분석·평가 : 배경소음·환경 보정치(補正値) 등을 고려하여 측정 자료를 분석·평가하고, 데이터 오류 등으로 2대 이상을 측정하는 경우에는 소음도가 가장 높은 기계의 측정 자료를

소음·진동관리법	소음·진동관리법 시행령	소음·진동관리법 시행규칙
		기준으로 분석·평가할 것 ③ 법 제45조의3제3항에 따른 소음도 검사방법은 다음 각 호와 같다. 〈신설 2014. 1. 6.〉 1. 소음도의 측정 환경 : 측정 장소는 배경소음이 45데시벨 이하인 곳 중 소음도 검사기관의 장이 지정하는 장소로 할 것 2. 소음도의 측정 조건 : 소음측정이 풍속과 기후의 영향을 받지 아니하여야 하고, 측정 대상 기계의 음향을 최대로 할 것 3. 소음도의 측정기기 등 : 소음도의 측정기기는 「산업표준화법」 제12조제1항에 따른 한국산업표준(KS)을 지킨 것을 사용할 것 4. 측정자료의 분석·평가 : 배경소음·환경 보정지(補正値) 등을 고려하여 측정 자료를 분석·평가하고, 데이터 오류 등으로 2대 이상을 측정하는 경우에는 소음도가 가장 높은 기계의 측정 자료를 기준으로 분석·평가할 것 ④ 제1항부터 제3항까지에 따른 소음도 검사는 법 제45조의3제1항에 따라 지정된 소음도 검사기관에서 실시하여야 한다. 다만, 소음도 검사를 받아야 하는 건설기계 등을 소음도 검사기관으로 옮기기 곤란한 경우에는 소음도 검사기관 관계자의 참여하에 제작 또는 수입하는 자가 정하는 장소에서 실시할 수 있다. 〈신설 2014. 1. 6.〉 ⑤ 제1항부터 제4항까지에 따른 소음도 검사방법의 세부적인 사항은 환경부장관이 정하여 고시한다. 〈개정 2014. 1. 6.〉

소음·진동관리법	소음·진동관리법 시행령	소음·진동관리법 시행규칙
		[시행일 : 2015. 1. 1.] 제58조제2항·제4항(법 제44조의2제2항에 관련된 부분만 해당한다)·제5항(법 제44조의2제2항에 관련된 부분만 해당한다)
		제63조(소음도 검사기관의 준수 사항) 법 제45조제4항에서 "환경부령으로 정하는 사항"이란 별표 20과 같다.
제45조의2(철도차량에 대한 소음기준 권고) 환경부장관은 철도 주변 지역 주민의 피해를 예방하기 위하여 필요한 경우에는 철도차량에 대한 소음기준을 정하여 철도차량을 제작하거나 수입하는 자에게 이에 적합한 철도차량을 제작하거나 수입할 것을 권고할 수 있다. [본조신설 2009. 6. 9.]		
제45조의3(휴대용음향기기의 최대음량기준) ① 환경부장관은 휴대용음향기기 사용으로 인한 사용자의 소음성난청(騷音性難聽) 등 소음피해를 방지하기 위하여 환경부령으로 휴대용음향기기에 대한 최대음량기준을 정하여야 한다. ② 휴대용음향기기를 제조·수입하려는 자는 제1항의 기준에 적합한 휴대용음향기기를 제조하거나 수입하여야 한다. ③ 휴대용음향기기를 제조하거나 수입하려는 자는 해당 제품을 판매하기 전에 환경부장관이 실시하는 소음도 검사를 받아야 한다. ④ 제3항에 따른 소음도 검사를 받으려는 자는 검사수수료를 내야 한다.		제58조(소음도 검사방법) ① 법 제44조제9항에 따른 소음도 검사방법은 다음 각 호와 같다. 〈개정 2014. 2. 14.〉 1. 소음도의 측정환경 : 측정 장소는 소음도 검사기관의 장이 지정하는 장소로 하고, 측정 대상기계에 따라 측정 장소 지표면의 종류를 달리하여야 하는 등 정확한 소음측정이 보장되는 환경일 것 2. 소음도의 측정 조건 : 소음측정이 풍속과 기구의 영향을 받지 아니하여야 하고, 측정 대상 기계가 가동 상태일 것 3. 소음도의 측정기기 등 : 소음도의 측정기기는 「산업표준화법」 제12조제1항에 따른 한국산업표준(KS)을 지킨 것을 사용할 것

소음·진동관리법

⑤ 제3항 및 제4항에 따른 소음도 검사방법 및 검사수수료에 관하여 필요한 사항은 환경부령으로 정한다.
[본조신설 2013. 3. 22.]

소음·진동관리법 시행령

소음·진동관리법 시행규칙

4. 측정자료의 분석·평가 : 배경소음·환경 보정치(補正値) 등을 고려하여 측정 자료를 분석·평가하고, 데이터 오류 등으로 2대 이상을 측정하는 경우에는 소음도가 가장 높은 기계의 측정 자료를 기준으로 분석·평가할 것
5. 기계별 가동조건 : 기계의 엔진 자체 소음 및 작업으로 인하여 발생하는 모든 소음을 측정하여야 할 것

② 법 제44조의2제2항에 따른 소음도 검사방법은 다음 각 호와 같다. 〈신설 2014. 1. 6.〉
1. 소음도의 측정 환경 : 측정 장소는 배경소음이 20 데시벨 이하인 무향실·반무향실 또는 전용실 중 소음도 검사기관의 장이 지정하는 장소로 할 것
2. 소음도의 측정 조건 : 소음측정이 풍속과 기후의 영향을 받지 아니하여야 하고, 측정 대상 기계의 작동을 최대로 할 것
3. 소음도의 측정기기 등 : 소음도의 측정기기는 「산업표준화법」 제12조제1항에 따른 한국산업표준(KS)을 지킨 것을 사용할 것
4. 측정자료의 분석·평가 : 배경소음·환경 보정치(補正値) 등을 고려하여 측정 자료를 분석·평가하고, 데이터 오류 등으로 2대 이상을 측정하는 경우에는 소음도가 가장 높은 기계의 측정 자료를 기준으로 분석·평가할 것

③ 법 제45조의3제3항에 따른 소음도 검사방법은 다음 각 호와 같다. 〈신설 2014. 1. 6.〉
1. 소음도의 측정 환경 : 측정 장소는 배경소음이 45 데시벨 이하인 곳 중 소음도 검사기관의 장이 지정하는 장소로 할 것

소음·진동관리법	소음·진동관리법 시행령	소음·진동관리법 시행규칙
		2. 소음도의 측정 조건 : 소음측정이 풍속과 기후의 영향을 받지 아니하여야 하고, 측정 대상 기계의 음량을 최대로 할 것 3. 소음도의 측정기기 등 : 소음도의 측정기기는 「산업표준화법」 제12조제1항에 따른 한국산업표준(KS)을 지킨 것을 사용할 것 4. 측정자료의 분석·평가 : 배경소음·환경 보정치(補正値) 등을 고려하여 측정자료를 분석·평가하고, 베어링 오류 등으로 2대 이상을 측정하는 경우에는 소음도가 가장 높은 기계의 측정 자료를 기준으로 분석·평가할 것 ④ 제1항부터 제3항까지에 따른 소음도 검사는 법 제45조제1항에 따라 지정된 소음도 검사기관에서 실시하여야 한다. 다만, 소음도 검사를 받아야 하는 건설기계 등을 소음도 검사기관으로 옮기기 곤란한 경우에는 소음도 검사기관 관계자의 참여하에 제작 또는 수입하는 자가 정하는 장소에서 실시할 수 있다. 〈신설 2014. 1. 6.〉 ⑤ 제1항부터 제4항까지에 따른 소음도 검사방법의 세부적인 사항은 환경부장관이 정하여 고시한다. 〈개정 2014. 1. 6.〉 [시행일 : 2015. 1. 1.] 제58조제2항·제4항(법 제44조의2제2항에 관련된 부분에 해당한다)·제5항(법 제44조의2제2항에 관련된 부분만 해당한다) **제60조(소음도 검사수수료)** ① 법 제44조제9항, 법 제44조의2제4항 및 법 제45조의3제5항에 따른 소음도 검사수수료는 환경부장관이 정하여 고시하는 수수

소음·진동관리법	소음·진동관리법 시행령	소음·진동관리법 시행규칙
		표시항기준에 따라 소음도 검사기관의 장이 인건비 외 장비의 사용비용·재료비 등 검사에 소요되는 비용을 고려하여 정한다. 〈개정 2014. 2. 14.〉 ② 소음도 검사기관의 장은 제1항에 따라 검사수수료를 정하려는 경우에는 미리 소음도 검사기관의 인터넷 홈페이지에 20일(긴급한 사유가 있는 경우에는 10일)간 그 내용을 게시하고 이해관계인의 의견을 들어야 한다. ③ 소음도 검사기관의 장은 제1항에 따라 수수료를 결정하였을 때에는 그 내용과 산정내역을 소음도 검사기관의 인터넷 홈페이지를 통하여 공개하여야 한다. [전문개정 2011. 3. 31.] [시행일 : 2015. 1. 1.] 제60조제1항(법 제44조의2제2항에 관련된 부분만 해당한다) 제63조의3(휴대용음향기기의 최대음량기준) 법 제45조의3제1항에 따른 휴대용음향기기의 최대음량기준은 100데시벨로 한다. [본조신설 2014. 1. 6.] 제64조(환경기술인의 교육) ① 법 제46조에 따라 한경기술인은 3년마다 한 차례 이상 다음 각 호의 어느 하나에 해당하는 교육기관(이하 "교육기관"이라 한다)에서 실시하는 교육을 받아야 한다. 1. 환경부장관이 교육을 실시할 능력이 있다고 인정하여 지정하는 기관 2. 「환경정책기본법」 제38조에 따른 환경보전협회 ② 제1항에 따른 교육기간은 5일 이내로 한다. 다만,
제46조(환경기술인 등의 교육) ① 제19조에 따라 한경기술인을 두어야 하는 자는 환경부령으로 정하는 바에 따라 환경기술인에게 환경부장관 또는 시·도지사가 실시하는 교육을 받게 하여야 한다. 〈개정 2009. 6. 9.〉 ② 환경부장관 또는 시·도지사는 환경부령으로 정하는 바에 따라 제3항의 환경기술인의 교육에 드는 경비를 교육 대상자를 고용한 자로부터 징수할 수 있다.		

소음·진동관리법	소음·진동관리법 시행령	소음·진동관리법 시행규칙
제47조(보고와 검사 등) ① 환경부장관, 특별자치시장·특별자치도지사 또는 시장·군수·구청장은 환경부령으로 정하는 경우에는 다음의 자에게 보고를 명하거나 자료를 제출하게 할 수 있으며, 관계 공무원이 해당 시설 또는 사업장 등에 출입해서 배출허용기준과 제21조제2항에 따른 규제기준의 준수를 확인하기 위하여 소음과 진동 검사를 하게 하거나 시설 또는 장비 등을 검사하게 할 수 있다. 〈개정 2013. 8. 13.〉 1. 사업자 2. 생활소음·진동의 규제대상인 자 3. 제25조에 따라 폭약을 사용하는 자 4. 자동차제작자 5. 확인검사대행자 6. 소음발생건설기계제작자등 7. 제45조제1항에 따른 소음도 검사기관 8. 제54조제2항에 따라 환경부장관의 업무를 위탁 받은 자 ② 환경부장관, 특별자치시장·특별자치도지사·특별자치도지사 또는 시장·군수·구청장은 제1항에 따른 소음·진동		정보통신매체를 이용하여 원격 교육을 실시하는 경우에는 환경부장관이 인정하는 기간으로 한다. 제70조(교육 경비) 교육기관은 교육을 실시하는 데에 드는 실비(實費)를 환경부장관이 정하여 고시하는 금액의 범위에서 해당 교육을 받는 환경관리인을 고용한 자로부터 징수할 수 있다. 제71조(보고 및 검사 등) ① 법 제47조제1항 각 호의 부분에서 "환경부령으로 정하는 경우"란 다음 각 호의 어느 하나에 해당하는 경우를 말한다. 〈개정 2014. 2. 14.〉 1. 법 제15조·제16조·제17조·제18조·제23조 또는 제25조에 따른 조치명령 등의 이행 여부를 확인하려는 경우 2. 법 제31조에 따른 제작차의 인증이나 법 제33조에 따른 제작차의 소음검사를 위하여 필요한 경우 3. 법 제41조제3항에 따른 소음도 검사 사항의 준수 여부를 확인하려는 경우 4. 법 제44조제3항에 따른 소음도 표지와 관련하여 확인이 필요한 경우 5. 법 제45조제4항에 따른 소음도 검사기관의 준수 사항과 관련하여 확인이 필요한 경우 6. 법 제54조제2항에 따라 환경부장관의 업무를 위탁받은 관계 전문기관의 해당 업무에 관한 계획 및 실적 등의 보고와 관련하여 필요한 경우 7. 소음·진동의 적정한 관리를 위한 시·도지사 등의 지도·점검 계획에 의하는 경우

소음·진동관리법	소음·진동관리법 시행령	소음·진동관리법 시행규칙
검사를 환경부령으로 정하는 검사기관에 대행하게 할 수 있다. 〈개정 2013. 8. 13.〉 ③ 제1항에 따라 출입·검사를 행하는 공무원은 그 권한을 표시하는 증표를 지니고 이를 관계인에게 내보여야 한다.		8. 다른 기관으로부터 정당한 요청이 있거나 민원이 제기된 경우 ② 환경부장관, 특별자치시장·특별자치도지사·시장·군수·구청장, 유역환경청장, 지방환경청장 또는 국립환경과학원장은 법 제47조제1항과 영 제12조에 따라 사업자 등에 대한 출입·검사를 할 때 출입·검사의 대상 시설이나 사업장 등의 다음 각 호에 따른 출입·검사의 대상 시설이나 사업장 등과 통일한 경우에는 이들을 통합하여 출입·검사 실시 하여야 한다. 다만, 민원, 환경오염 사고, 광역 감시 활동 또는 기술인력·장비운영상 통합검사가 곤란하다고 인정되는 경우에는 그러하지 아니하다. 〈개정 2018. 1. 17.〉 1. 「대기환경보전법」 제82조 2. 「물환경보전법」 제68조 3. 「가축분뇨의 관리 및 이용에 관한 법」 제41조 4. 「폐기물관리법」 제39조제1항 5. 「화학물질관리법」 제49조제1항
		제72조(소음·진동 검사기관) 법 제47조제2항에 따른 검사기관은 제14조제2항에 따른 검사기관으로 한다.
제48조(관계 기관의 협조) 환경부장관은 이 법의 목적을 달성하기 위하여 필요하다고 인정하면 다음 각 호에 해당하는 조치를 관계 기관의 장에게 요청할 수 있다. 이 경우 관계 기관의 장은 특별한 사유가 없으면 그 요청에 따라야 한다. 1. 도시재개발사업의 변경	**제11조(관계 기관의 협조)** 법 제48조제4호에서 "대통령령으로 정하는 사항"이란 다음 각 호의 사항을 말한다. 〈개정 2017. 1. 26.〉 1. 도로의 구조개선 및 정비 2. 교통신호체계의 개선 등 교통소음을 줄이기 위하여 필요한 사항	

소음·진동관리법	소음·진동관리법 시행령	소음·진동관리법 시행규칙
	3. 「전기용품 및 생활용품 안전관리법」 등 관련 법령에 따른 형식승인 및 품질인증과 관련된 소음·진동기준의 조정 4. 법 제4조의2제1항에 따른 소음지도의 작성에 필요한 자료의 제출	
2. 주택단지의 조성의 변경 3. 도로·철도·공항 주변의 공동주택 건축허가의 제한 4. 그 밖에 대통령령으로 정하는 사항 제49조(행정처분의 기준) 이 법이나 이 법에 따른 명령을 위반한 행위에 대한 행정처분의 기준은 환경부령으로 정한다. 제50조(행정처분 효과의 승계) 제10조(제32조에 따라 준용되는 경우를 포함한다)에 따른 사업의 승계가 있으면 종전의 사업자에 대한 행정처분의 효과는 그 처분 기간이 끝나는 날까지 새로운 사업자에게 승계되며, 행정처분의 절차가 진행 중이면 새로운 사업자에게 그 절차를 속행할 수 있다. 다만, 새로운 사업자(상속에 의한 승계는 제외한다)가 그 사업을 승계할 시에 그 처분 또는 위반 사실을 알지 못하였음을 증명하면 그러하지 아니하다. 제51조(청문) 환경부장관, 특별자치시장·특별자치도지사 또는 시장·군수·구청장은 다음 각 호의 어느 하나에 해당하는 처분을 하려면 청문을 실시하여야 한다. 〈개정 2013. 8. 13.〉 1. 제17조에 따른 배출시설의 허가취소 또는 폐쇄명령 2. 제23조제4항에 따른 해당 공사의 폐쇄명령 2의2. 제31조의3에 따른 인증시험대행기관의 지정 취소 및 업무의 전부 또는 일부의 정지 3. 제34조에 따른 인증의 취소		제73조(행정처분기준) 법 제49조에 따른 행정처분기준은 별표 21과 같다. [전문개정 2009. 1. 14.]

소음·진동관리법	소음·진동관리법 시행령	소음·진동관리법 시행규칙
4. 제43조에 따른 등록취소 및 업무의 전부 또는 일부의 정지 4의2. 제44조제6항에 따른 제작·수입 또는 판매·사용 금지명령 5. 제45조제5항에 따른 소음도 검사기관의 지정취소 및 업무의 전부 또는 일부의 정지		
제52조(연차 보고서의 제출) ① 시·도지사는 매년 주요 소음·진동 관리시책의 추진 상황에 관한 보고서를 환경부장관에게 제출하여야 한다. ② 제1항에 따른 보고서의 작성 및 제출에 필요한 사항은 환경부령으로 정한다.		제74조(연차보고서의 제출) ① 법 제52조에 따른 연차보고서에 포함될 내용은 다음 각 호와 같다. 1. 소음·진동 발생원(發生源) 및 소음·진동 현황 2. 소음·진동 저감대책 추진실적 및 추진계획 3. 소요 재원의 확보계획 ② 제1항에 따른 연차 보고서의 보고기한은 다음 연도 1월 31일까지로 하고, 보고 서식은 환경부장관이 정한다.
제53조(수수료) ① 제8조제1항에 따른 배출시설의 설치 신고를 하거나 허가를 받으려는 자는 해당 특별자치시·특별자치도 또는 시·군·구의 조례로 정하는 바에 따라 수수료를 내야 한다. 〈개정 2013. 8. 13.〉 ② 제31조에 따른 제작차의 인증·변경인증 또는 인증 생략을 신청하려는 자는 환경부령으로 정하는 수수료를 내야 한다. 〈신설 2009. 6. 9.〉		제75조(수수료) 법 제53조제2항에 따른 수수료는 다음 각 호와 같다. 1. 법 제31조제1항 본문에 따른 인증 　가. 자동차 제작자 : 300,000원 　나. 이륜자동차 제작자 : 100,000원 　다. 개별자동차 수입자 : 10,000원 2. 법 제31조제1항 단서에 따른 인증생략 : 5,000원 3. 법 제31조제2항에 따른 변경인증 　가. 자동차 제작자 : 30,000원 　나. 이륜자동차 제작자 : 10,000원 [전문개정 2010. 6. 30.]
제54조(권한의 위임·위탁) ① 이 법에 따른 환경부장관의 권한은 대통령령으로 정하는 바에 따라 그	제12조(권한의 위임) ① 환경부장관은 법 제54조제1항에 따라 수입되는 자동차에 대한 다음 각 호의 권	

소음·진동관리법	소음·진동관리법 시행령	소음·진동관리법 시행규칙
일부를 시·도지사, 국립환경과학원장 또는 지방환경관서의 장에게 위임할 수 있다. ② 환경부장관은 이 법에 따른 업무의 일부를 대통령령으로 정하는 바에 따라 관계 전문기관에 위탁할 수 있다.	한, 법 제31조제2항에 따른 권한 중 국내에서 제작되는 자동차에 대한 변경인증에 관한 권한, 법 제33조제1항 및 제2항에 따른 제작차의 소음검사 및 소음검사의 생략에 관한 권한, 법 제44조제1항에 따른 소음도 검사에 관한 권한을 국립환경과학원장에게 위임한다. 〈개정 2014. 2. 11.〉 1. 법 제31조제1항 및 제2항에 따른 제작차에 대한 인증, 변경인증 2. 법 제32조제2항에 따른 권리·의무 승계신고의 수리(受理) 3. 삭제 〈2010. 6. 28.〉 4. 법 제34조제1항 및 제2항에 따른 인증의 취소 5. 법 제47조제1항제4호에 따른 자동차제작자에 대한 보고명령 등 및 검사 6. 법 제51조제3호에 따른 청문 7. 법 제60조제2항·제9호 및 제10호에 따른 과태료의 부과·징수 ② 법 제54조제1항에 따라 환경부장관은 다음의 권한을 유역환경청장이나 지방환경청장에게 위임한다. 〈개정 2009. 1. 6.〉 1. 삭제 〈2009. 2. 13.〉 2. 법 제47조제1항에 따른 보고명령, 자료제출명령 및 검사. 다만, 법 제47조제1항제4호의 경우는 제외한다. 3. 제2조제4항제4호에 따른 배출시설의 설치신고 또는 설치허가 대상 제외지역의 승인 **제14조(업무의 위탁 등)** ① 환경부장관은 법 제54조	

소음 · 진동관리법	소음 · 진동관리법 시행령	소음 · 진동관리법 시행규칙
	제2항에 따라 다음 각 호의 업무를 한국환경공단에 위탁한다. 〈개정 2014. 2. 11.〉 1. 법 제3조제1항에 따른 소음 · 진동의 측정망 설치 및 상시 측정 2. 법 제31조제1항 단서에 따른 인증의 생략 3. 삭제 〈2014. 2. 11.〉 ② 법 제54조제2항에 따라 환경부장관은 법 제46조에 따른 환경기술인의 교육업무를 「환경정책기본법」 제59조에 따른 환경보전협회의 장에게 위탁한다. 〈개정 2012. 7. 20.〉 ③ 한국환경공단의 이사장과 환경보전협회의 장은 제1항이나 제2항에 따라 위탁받은 업무를 처리한 경우에는 환경부령으로 정하는 바에 따라 그 내용을 환경부장관 또는 시 · 도지사에게 보고하여야 한다. 〈신설 2010. 6. 28.〉 [제목개정 2010. 6. 28.]	
제55조(벌칙 적용에서의 공무원 의제) 제45조제1항에 따른 소음도 검사기관의 소음도 검사업무에 종사하는 자는 「형법」 제129조부터 제132조까지의 규정을 적용할 때에는 공무원으로 본다.		
제9장 벌칙		
제56조(벌칙) 다음 각 호의 어느 하나에 해당하는 자는 3년 이하의 징역 또는 3천만원 이하의 벌금에 처한다. 〈개정 2014. 3. 18.〉 1. 제17조에 따른 폐쇄명령을 위반한 자 2. 제30조를 위반하여 제작차 소음허용기준에 맞지		

소음·진동관리법	소음·진동관리법 시행령	소음·진동관리법 시행규칙
아니하게 자동차를 제작한 자 3. 제31조제1항에 따라 인증 받지 아니하고 자동차를 제작한 자 4. 제44조제1항에 따른 소음도 검사를 받지 아니하거나 거짓으로 소음도 검사를 받은 자 제57조(벌칙) 다음 각 호의 어느 하나에 해당하는 자는 1년 이하의 징역 또는 1천만원 이하의 벌금에 처한다. 〈개정 2013. 8. 13.〉 1. 제8조제1항에 따른 허가를 받지 아니하고 배출시설을 설치하거나 그 배출시설을 이용해 조업한 자 2. 거짓이나 그 밖의 부정한 방법으로 제8조제1항에 따른 허가를 받은 자 3. 제16조 또는 제17조에 따른 조업정지명령 등을 위반한 자 4. 제23조제4항에 따른 사용금지, 공사중지 또는 폐쇄명령을 위반한 자 5. 제31조제2항에 따른 변경인증을 받지 아니하고 자동차를 제작한 자 5의2. 제31조의2제2항제1호 또는 제2호에 따른 금지행위를 한 자 5의3. 제44조제6항에 따른 제작·수입 또는 판매·사용 금지명령을 위반한 자 6. 제44조제7항에 따른 소음도표지를 붙이지 아니하거나 거짓의 소음도표지를 붙인 자 제58조(벌칙) 다음 각 호의 어느 하나에 해당하는 자는 6개월 이하의 징역 또는 500만원 이하의 벌금에		

소음·진동관리법	소음·진동관리법 시행령	소음·진동관리법 시행규칙
처한다. 〈개정 2009. 6. 9.〉 1. 제8조제1항에 따른 신고를 하지 아니하거나 거짓이나 부정한 방법으로 신고를 하고 배출시설을 설치하거나 그 배출시설을 이용해 조업한 자 2. 삭제 〈2009. 6. 9.〉 3. 삭제 〈2009. 6. 9.〉 4. 제23조제1항에 따른 작업시간 조정 등의 명령을 위반한 자 5. 제36조제2항을 위반하여 점검에 따르지 아니하거나 지장을 주는 행위를 한 자 6. 제38조제1항에 따른 개선명령 또는 사용정지명령을 위반한 자		
제59조(양벌규정) 법인의 대표자나 법인 또는 개인의 대리인, 사용인, 그 밖의 종업원이 그 법인 또는 개인의 업무에 관하여 제56조부터 제58조까지의 어느 하나에 해당하는 위반행위를 하면 그 행위자를 벌하는 외에 그 법인 또는 개인에게도 해당 조문의 벌금형을 과(科)한다. 다만, 법인 또는 개인이 그 위반행위를 방지하기 위하여 해당 업무에 관하여 상당한 주의와 감독을 게을리하지 아니한 경우에는 그러하지 아니하다. [전문개정 2009. 6. 9.] [제60조에서 이동, 종전 제59조는 제60조로 이동 〈2009. 6. 9.〉] 제60조(과태료) ① 다음 각 호의 어느 하나에 해당하는 자에게는 300만원 이하의 과태료를 부과한다.		제15조(과태료 부과기준) 법 제60조제1항 및 제2항에 따른 과태료의 부과기준은 별표 2와 같다. 〈개정

소음 · 진동관리법	소음 · 진동관리법 시행령	소음 · 진동관리법 시행규칙
〈개정 2013. 3. 22.〉 1. 제19조제1항을 위반하여 환경기술인을 임명하지 아니한 자 2. 제19조제4항을 위반하여 환경기술인의 업무를 방해하거나 환경기술인의 요청을 정당한 사유 없이 거부한 자 3. 제44조의2제2항에 따른 기준에 적합하지 아니한 가전제품에 저소음표지를 부착한 자 4. 제45조의3제2항에 따른 기준에 적합하지 아니한 휴대용음향기기를 제조 · 수입하여 판매한 자 ② 다음 각 호의 어느 하나에 해당하는 자에게는 200만원 이하의 과태료를 부과한다. 〈개정 2009. 6. 9.〉 1. 제8조2항에 따른 변경신고를 하지 아니하거나 거짓이나 그 밖의 부정한 방법으로 변경신고를 한 자 2. 제14조를 위반하여 공장에서 배출되는 소음 · 진동을 배출허용기준 이하로 처리하지 아니한 자 2의2. 제21조제2항에 따른 생활소음 · 진동 규제기준을 초과하여 소음 · 진동을 발생한 자 2의3. 제22조제1항 · 제2항에 따른 신고 또는 변경신고를 하지 아니하거나 거짓이나 그 밖의 부정한 방법으로 신고 또는 변경신고를 한 자 2의4. 제22조제3항제1호에 따른 방음시설을 설치하지 아니하거나 기준에 맞지 아니한 방음시설을 설치한 자 3. 제22조제3항제2호에 따른 저감대책을 수립 · 시행하지 아니한 자 4. [제4호는 제2호의2로 이동 〈2009. 6. 9.〉]	2010. 6. 28.〉 [전문개정 2009. 1. 6.]	

소음 · 진동관리법	소음 · 진동관리법 시행령	소음 · 진동관리법 시행규칙
5. 제24조제1항에 따른 이동소음원의 사용금지 또는 제한조치를 위반한 자 6. 제35조를 위반한 자동차의 소유자 7. 제38조제3항에 따라 보고를 하지 아니한 자 8. 제46조를 위반하여 환경기술인 등의 교육을 받게 하지 아니한 자 9. 제47조제1항에 따라 보고를 하지 아니하거나 허위로 보고한 자 또는 자료를 제출하지 아니하거나 허위로 제출한 자 10. 제47조에 따른 관계 공무원의 출입·검사를 거부·방해 또는 기피한 자 ③ 제1항 및 제2항에 따른 과태료는 대통령령으로 정하는 바에 따라 환경부장관, 시·도지사 또는 시장·군수·구청장이 부과·징수한다. 〈개정 2009. 6. 9.〉 ④ 삭제 〈2009. 6. 9.〉 ⑤ 삭제 〈2009. 6. 9.〉 [제59조에서 이동, 종전 제60조는 제59조로 이동 〈2009. 6. 9.〉]		

제3장 물환경보전법

물환경보전법	물환경보전법 시행령	물환경보전법 시행규칙
제1장 총칙	제1장 총칙	제1장 총칙
제1조(목적) 이 법은 수질오염으로 인한 국민건강 및 환경상의 위해(危害)를 예방하고 하천·호소(湖沼) 등 공공수역의 물환경을 적정하게 관리·보전함으로써 국민이 그 혜택을 널리 향유할 수 있도록 함과 동시에 미래의 세대에게 물려줄 수 있도록 함을 목적으로 한다. 〈개정 2017. 1. 17.〉 [전문개정 2013. 7. 30.] 제2조(정의) 이 법에서 사용하는 용어의 뜻은 다음과 같다. 〈개정 2017. 1. 17.〉 1. "물환경"이란 사람의 생활과 생물의 생육에 관계되는 물의 질(이하 "수질"이라 한다) 및 공공수역의 모든 생물과 이들을 둘러싸고 있는 비생물적인 것을 포함한 수생태계(水生態系, 이하 "수생태계"라 한다)를 총칭하여 말한다. 1의2. "점오염원"(點汚染源)이란 폐수배출시설, 하수발생시설, 축사 등으로서 오염물질 배출경로가 명확한 지점으로 수질오염물질을 배출하는 배출원을 말한다. 2. "비점오염원"(非點汚染源)이란 도시, 도로, 농지, 산지, 공사장 등으로서 불특정 장소에서 불특정하게 수질오염물질을 배출하는 배출원을 말한다. 3. "기타수질오염원"이란 점오염원 및 비점오염원으	제1조(목적) 이 영은 「물환경보전법」에서 위임된 사항과 그 시행에 필요한 사항을 규정함을 목적으로 한다. 〈개정 2018. 1. 16.〉	제1조((목적) 이 규칙은 「물환경보전법」 및 같은 법 시행령에서 위임된 사항과 그 시행에 관하여 필요한 사항을 규정함을 목적으로 한다. 〈개정 2018. 1. 17.〉 제2조(기타수질오염원) 「물환경보전법」(이하 "법"이라 한다) 제2조제3호에 따른 기타수질오염원은 별표 1과 같다. 〈개정 2018. 1. 17.〉 [제목개정 2015. 6. 16.] 제3조(수질오염물질) 법 제2조제7호에 따른 수질오염물질은 별표 2와 같다. 제4조(특정수질유해물질) 법 제2조제8호에 따른 특정수질유해물질은 별표 3과 같다. 제5조(공공수역) 법 제2조제9호에서 "환경부령으로 정하는 수로"란 다음 각 호의 수로를 말한다. 〈개정 2014. 7. 17.〉 1. 지하수로 2. 농업용 수로 3. 하수관로

물환경보전법	물환경보전법 시행령	물환경보전법 시행규칙
로 관리되지 아니하는 수질오염물질을 배출하는 시설 또는 장소로서 환경부령으로 정하는 것을 말한다.		4. 은하
4. "폐수"란 물에 액체성 또는 고체성의 수질오염물질이 섞여 있어 그대로는 사용할 수 없는 물을 말한다.		제6조(폐수배출시설) 법 제2조제10호에 따른 폐수배출시설은 폐수를 배출하는 공정단위별 시설로서 별표 4와 같다.
4의2. "폐수관로"란 폐수를 사업장에서 제17호의 공공폐수처리시설로 유입시키기 위하여 제48조제1항에 따라 공공폐수처리시설을 설치·운영하는 자가 설치·관리하는 관로와 그 부속시설을 말한다.		제7조(수질오염방지시설) 법 제2조제12호에 따른 수질오염방지시설은 별표 5와 같다.
5. "강우유출수"(降雨流出水)란 비점오염원의 수질오염물질이 섞여 유출되는 빗물 또는 눈 녹은 물 등을 말한다.		제8조(비점오염저감시설) 법 제2조제13호에 따른 비점오염저감시설은 별표 6과 같다. 〈개정 2014. 1. 29.〉
6. "불투수면"(不透水面)이란 빗물 또는 눈 녹은 물 등이 지하로 스며들 수 없게 하는 아스팔트·콘크리트 등으로 포장된 도로, 주차장, 보도 등을 말한다.		제8조의2(수생태계 구성요소) 법 제2조의2제2에서 "환경부령으로 정하는 물리적·화학적·생물적 요소"란 다음 각 호의 요소를 말한다. 1. 부착돌말 2. 저서성(底棲性) 대형 무척추동물 3. 어류 4. 수변식생(水邊植生) 5. 서식 및 수변환경 [본조신설 2018. 1. 17.] [종전 제8조의2는 제8조의3으로 이동 〈2018. 1. 17.〉]
7. "수질오염물질"이란 수질오염의 요인이 되는 물질로서 환경부령으로 정하는 것을 말한다.		
8. "특정수질유해물질"이란 사람의 건강, 재산이나 동식물의 생육(生育)에 직접 또는 간접으로 위해를 줄 우려가 있는 수질오염물질로서 환경부령으로 정하는 것을 말한다.		제8조의3(물놀이형 수경시설에서 제외되는 시설) 다음 각 호에 모두 해당하는 시설은 법 제2조제19호다목에 따라 물놀이형 수경시설에서 제외한다.
9. "공공수역"이란 하천, 호소, 항만, 연안해역, 그 밖에 공공용으로 사용되는 수역과 이에 접속하여 공공용으로 사용되는 환경부령으로 정하는 수로를 말한다.		1. 해당 시설과 인접하여 사람이 들어갈 수 있는 곳에 다음 각 목의 사항을 모두 포함한 표지판을 설치한 시설 가. 물놀이가 금지됨을 알리는 표시 및 안내문

물환경보전법	물환경보전법 시행령	물환경보전법 시행규칙
10. "폐수배출시설"이란 수질오염물질을 배출하는 시설물, 기계, 기구, 그 밖의 물체로서 환경부령으로 정하는 것을 말한다. 다만, 「해양환경관리법」 제2조제16호 및 제17호에 따른 선박 및 해양시설은 제외한다. 11. "폐수무방류배출시설"이란 폐수배출시설에서 발생하는 폐수를 해당 사업장에서 수질오염방지시설을 이용하여 처리하거나 동일 폐수배출시설에 재이용하는 등 공공수역으로 배출하지 아니하는 폐수배출시설을 말한다. 12. "수질오염방지시설"이란 점오염원, 비점오염원 및 기타수질오염원으로부터 배출되는 수질오염물질을 제거하거나 감소하게 하는 시설로서 환경부령으로 정하는 것을 말한다. 13. "비점오염저감시설"이란 수질오염방지시설 중 비점오염원으로부터 배출되는 수질오염물질을 제거하거나 감소하게 하는 시설로서 환경부령으로 정하는 것을 말한다. 14. "호소"란 다음 각 목의 어느 하나에 해당하는 지역으로서 만수위(滿水位)[댐의 경우에는 계획홍수위(計劃洪水位)를 말한다] 구역 안의 물과 토지를 말한다. 가. 댐·보(湺) 또는 독(「사방사업법」에 따른 사방시설을 제외한다) 등을 쌓아 하천 또는 계곡에 흐르는 물을 가두어 놓은 곳 나. 하천에 흐르는 물이 자연적으로 가두어진 곳 다. 화산활동 등으로 인하여 함몰된 지역에 물이		나. 해당 시설의 관리자명 및 관리자의 연락처 2. 음타리를 설치하거나 해당 시설의 운영시간에 관리인을 두어 일반인의 출입을 통제하는 시설 [본조신설 2017. 1. 19.] [제8조의2에서 이동 〈2018. 1. 17.〉]

물환경보전법	물환경보전법 시행령	물환경보전법 시행규칙
가두어진 곳 15. "수면관리자"란 다른 법령에 따라 호소를 관리하는 자를 말한다. 이 경우 동일한 호소를 관리하는 자가 둘 이상인 경우에는 「하천법」에 따른 하천관리청 외의 자가 수면관리자가 된다. 15의2. "수생태계 건강성"이란 수생태계를 구성하고 있는 요소 중 환경부령으로 정하는 물리적·화학적·생물적 요소들이 훼손되지 아니하고 각각 온전한 기능을 발휘할 수 있는 상태를 말한다. 16. "상수원호소"란 「수도법」 제7조에 따라 지정된 상수원보호구역(이하 "상수원보호구역"이라 한다) 및 「환경정책기본법」 제38조에 따라 지정된 수질보전을 위한 특별대책지역(이하 "특별대책지역"이라 한다) 밖에 있는 호소 중 호소의 내부 또는 외부에 「수도법」 제3조제17호에 따른 취수시설(이하 "취수시설"이라 한다)을 설치하여 그 호소의 물을 먹는 물로 사용하는 호소로서 환경부장관이 정하여 고시한 것을 말한다. 17. "공공폐수처리시설"이란 공공폐수처리구역의 폐수를 처리하여 공공수역에 배출하기 위한 처리시설과 이를 보완하는 시설을 말한다. 18. "공공폐수처리구역"이란 폐수를 공공폐수처리시설에 유입하여 처리할 수 있는 지역으로서 제49조제3항에 따라 환경부장관이 지정한 구역을 말한다. 19. "물놀이형 수경(水景)시설"이란 수돗물, 지하수		

물환경보전법	물환경보전법 시행령	물환경보전법 시행규칙
등을 인위적으로 저장 및 순환하여 이용하는 분수, 연못, 폭포, 실개천 등의 인공시설물 중 일반인에게 개방되어 이용자의 신체와 직접 접촉하여 물놀이를 하도록 설치하는 시설을 말한다. 다만, 다음 각 목의 시설은 제외한다. 가. 「관광진흥법」 제5조제2항 또는 제4항에 따라 유원시설업의 허가를 받거나 신고를 한 자가 설치한 물놀이형 유기시설(遊技施設) 또는 유기기구(遊技機具) 나. 「체육시설의 설치·이용에 관한 법률」 제3조에 따른 체육시설 중 수영장 다. 환경부령으로 정하는 바에 따라 물놀이 시설이 아니라는 것을 알리는 표지판과 울타리를 설치하거나 물놀이를 할 수 없도록 관리인을 두는 경우 [전문개정 2013. 7. 30.] 제3조(책무) ① 국가와 지방자치단체는 물환경이 오염이나 훼손을 사전에 억제하고 오염되거나 훼손된 물환경을 적정하게 보전할 수 있는 시책을 마련하여 하천·호소 등 공공수역의 물환경을 적정하게 관리·보전함으로써 모든 국민이 건강하고 쾌적한 환경에서 생활할 수 있도록 하여야 한다. 〈개정 2017. 1. 17.〉 ② 모든 국민은 일상생활이나 사업활동에서 수질오염물질의 발생을 줄이고, 국가 또는 지방자치단체가 추진하는 물환경 보전을 위한 시책에 적극 참여하고 협력하여야 한다. 〈개정 2017. 1. 17.〉		

물환경보전법	물환경보전법 시행령	물환경보전법 시행규칙
[전문개정 2013. 7. 30.] **제4조(수질오염물질의 총량관리)** ① 환경부장관은 다음 각 호의 어느 하나에 해당하는 지역에 대해서는 제22조제2항에 따른 수계영향권별(水系影響圈別)로 배출되는 수질오염물질을 총량으로 관리할 수 있다. 다만, 「금강수계 물관리 및 주민지원 등에 관한 법률」, 「낙동강수계 물관리 및 주민지원 등에 관한 법률」, 「영산강·섬진강수계 물관리 및 주민지원 등에 관한 법률」 및 「한강수계 상수원수질개선 및 주민지원 등에 관한 법률」(이하 "4대강수계법"이라 한다)을 적용받는 지역의 경우에는 4대강수계법에 해당 규정에서 정하는 바에 따르고, 「해양환경관리법」에 따라 오염총량규제가 실시되는 지역의 경우에는 「해양환경관리법」의 해당 규정에서 정하는 바에 따른다. <개정 2017. 1. 17.> 1. 제10조의2제2항 및 제3항에 따라 물환경의 목표 기준 달성 여부를 평가한 결과 그 기준을 달성·유지하지 못한다고 인정되는 수계의 유역에 속하는 지역 2. 수질오염으로 주민의 건강·재산이나 수생태계에 중대한 위해를 가져올 우려가 있다고 인정되는 수계의 유역에 속하는 지역 ② 환경부장관은 제1항에 따라 수질오염물질을 총량으로 관리할 지역을 대통령령으로 정하는 바에 따라 지정하여 고시한다. [전문개정 2013. 7. 30.]	**제2조(오염총량관리지역 지정·고시)** ① 환경부장관은 「물환경보전법」(이하 "법"이라 한다) 제4조제2항에 따라 수질오염물질을 총량으로 관리할 지역(이하 "오염총량관리지역"이라 한다)을 지정하여 고시할 경우에는 다음 각 호의 사항을 포함하여야 한다. <개정 2018. 1. 16.> 1. 수질오염물질을 총량으로 관리할 수계(水系)와 그 수계에 영향을 주는 유역 2. 오염총량관리의 목표가 되는 수질(이하 "오염총량관리목표수질"이라 한다)을 설정하여야 하는 수계 당해목표수질 그 수계구간에 영향을 주는 유역(이하 "총량관리 단위유역"이라 한다) ② 환경부장관은 제1항에 따라 오염총량관리지역을 지정·고시하려면 미리 관계 지방자치단체의 장과 협의하여야 한다.	

물환경보전법	물환경보전법 시행령	물환경보전법 시행규칙
제4조의2(오염총량목표수질의 고시·공고 및 오염총량관리기본방침의 수립) ① 환경부장관은 고시된 지역(이하 "오염총량관리지역"이라 한다)의 수계 이용·생활 및 수질상태 등을 고려하여 대통령령으로 정하는 바에 따라 수계구간별로 오염총량관리의 목표가 되는 수질(이하 "오염총량목표수질"이라 한다)을 정하여 고시하여야 한다. 다만, 환경부장관이 정하는 특별시·광역시·특별자치시·도·특별자치도(이하 "시·도"라 한다) 경계지점의 오염총량목표수질을 달성하기 위하여 관할 특별시장·광역시장·특별자치시장·특별자치도지사·도지사(이하 "시·도지사"라 한다)가 대통령령으로 정하는 바에 따라 고시·공고하는 오염총량목표수질을 공고하는 지역의 경우에는 그러하지 아니하다. ② 환경부장관은 오염총량목표수질을 달성·유지하기 위하여 관계 시·도지사 및 관계와의 협의를 거쳐 대통령령으로 정하는 사항을 포함하는 오염총량관리에 관한 기본방침(이하 "오염총량관리기본방침"이라 한다)을 수립하여 관계 시·도지사에게 통보하여야 한다. [전문개정 2013. 7. 30.]	**제3조(오염총량목표수질의 고시·공고 등)** ① 환경부장관은 법 제4조의2제1항 본문에 따라 수계구간별로 오염총량목표수질을 고시할 경우에는 다음 각 호의 사항을 포함하여야 한다. <개정 2014. 1. 28.> 1. 제2조제1항제1호에 따라 수계 하단지점의 오염총량목표수질 2. 특별시·광역시·특별자치시·도 또는 특별자치도(이하 "시·도"라 한다) 경계지점의 오염총량목표수질 3. 제2조제2호에 따른 수계구간별 오염총량목표수질 ② 환경부장관은 제1항에 따라 오염총량목표수질을 고시하려는 경우에는 그 고시 전에 법 제4조의2제1항에 따라 특별시장·광역시장·특별자치시장·도지사 또는 특별자치도지사(이하 "시·도지사"라 한다)가 관할구역의 수계구간별 오염총량목표수질(이하 "관할구역 오염총량목표수질"이라 한다) 설정 의사를 환경부장관에게 통보한 날과 환경부장관이 승인을 신청할 수 있는 기한을 둘 사이에게 통보하여야 한다. <개정 2014. 1. 28.> ③ 시·도지사는 법 제4조의2제2항을 공고하는 경우에는 관할구역의 오염총량목표수질을 공고하려는 경우에는 제2항에 따른 통보를 받기한 내에 관할구역의 오염총량목표수질 설정 의사를 환경부장관에게 통보한 후, 다음 각 호의 사항을 고려하여 제1항제1호 및 제2조의 오염총량목표수질을 달성·유지할 수 있는 관할구역의 오염총량목표수질을 정하여 제2항에 따른 승인	**제9조(오염총량목표수질의 승인신청)** 특별시장·광역시장·특별자치시장·도지사·특별자치도지사(이하 "시·도지사"라 한다)가 「물환경보전법 시행령」(이하 "영"이라 한다) 제3조제3항에 따라 관할구역의 수계구간별 오염총량목표수질의 승인을 받으려는 경우에는 수계구간별 오염총량목표수질에 관한 보조자료를 첨부하여 환경부장관에게 제출하여야 한다. <개정 2018. 1. 17.> **제10조(총량관리 단위유역 수질 측정방법)** 영 제3조제7항에 따른 총량관리 단위유역 하단지점의 수질 측정방법은 별표 7과 같다.

물환경보전법	물환경보전법 시행령	물환경보전법 시행규칙
	신청기한 내에 환경부령으로 정하는 바에 따라 환경부장관에게 승인을 신청하여야 한다. 1. 총량관리 단위유역별 용수(用水) 이용 현황 및 유량(流量) 2. 총량관리 단위유역의 자연 지리적 오염원 현황과 전망 3. 총량관리 단위유역의 오염원별 수질오염물질 발생량 및 배출량 4. 수질과 오염원과의 관계 ④ 환경부장관은 제3항에 따라 시·도지사가 승인을 신청한 관할구역 오염총량목표수질이 제1항제1호 및 제2호에 따른 오염총량목표수질을 달성·유지할 수 있는 경우에만 승인하여야 한다. ⑤ 시·도지사는 제4항에 따라 환경부장관의 승인을 받은 경우에는 지체 없이 승인을 받은 관할구역 오염총량목표수질을 공고하여야 한다. ⑥ 다음 각 호의 경우에는 환경부장관이 해당 구역의 수계구간별 오염총량목표수질을 고시한다. 1. 시·도지사가 제2항에 따른 기한 내에 관할구역 오염총량목표수질 설정의사를 알리지 아니하거나 승인을 신청하지 아니한 경우 2. 제5항에 따라 승인을 받은 관할지역 오염총량목표수질을 공고하지 아니한 경우 ⑦ 환경부장관은 오염총량목표수질의 달성 또는 유지 여부를 확인하기 위하여 환경부령으로 정하는 바에 따라 총량관리 단위유역 하단지점의 수질을 측정하여야 한다.	

물환경보전법	물환경보전법 시행령	물환경보전법 시행규칙
	제4조(오염총량관리기본방침) 법 제4조의2제2항에 따른 오염총량관리기본방침(이하 "기본방침"이라 한다)에는 다음 각 호의 사항이 포함되어야 한다. 1. 오염총량관리의 목표 2. 오염총량관리의 대상 수질오염물질 종류 3. 오염원의 조사 및 오염부하량 산정방법 4. 법 제4조의3에 따른 오염총량관리기본계획의 주체, 내용, 방법 및 시한 5. 법 제4조의4에 따른 오염총량관리시행계획의 내용 및 방법	**제11조(오염총량관리기본계획 승인신청 및 승인기준)** ① 시·도지사는 법 제4조의3제1항에 따라 오염총량관리기본계획(이하 "오염총량관리기본계획"이라 한다)의 승인을 받으려는 경우에는 오염총량관리기본계획안에 다음 각 호의 서류를 첨부하여 환경부장관에게 제출하여야 한다. 1. 유역환경의 조사·분석 자료 2. 오염원의 자연증감에 관한 분석 자료 3. 지역개발에 관한 과거와 장래의 계획에 관한 자료 4. 오염부하량의 산정에 사용한 자료 5. 오염부하량의 저감계획을 수립하는 데에 사용한 자료
제4조의3(오염총량관리기본계획의 수립 등) ① 오염총량관리지역을 관할하는 시·도지사는 오염총량관리기본방침에 따라 다음 각 호의 사항을 포함하는 기본계획(이하 "오염총량관리기본계획"이라 한다)을 수립하여 환경부령으로 정하는 바에 따라 환경부장관의 승인을 받아야 한다. 오염총량관리기본계획 중 대통령령으로 정하는 중요한 사항을 변경하는 경우에도 또한 같다. 1. 해당 지역 개발계획의 내용 2. 지방자치단체별·수계구간별 오염부하량(汚染負荷量)의 할당 3. 관할 지역에서 배출되는 오염부하량의 총량 및 저감계획 4. 해당 지역 개발계획으로 인하여 추가로 배출되는 오염부하량 및 그 저감계획 ② 오염총량관리기본계획의 승인기준은 환경부령으로 정한다.	**제5조(오염총량관리기본계획 변경승인 대상)** 법 제4조의3제1항 각 호 외의 부분 후단에서 "대통령령으로 정하는 중요한 사항"이란 법 제4조의3제1항제2호 및 제4조의 사항을 말한다.	

물환경보전법	물환경보전법 시행령	물환경보전법 시행규칙
[전문개정 2013. 7. 30.] 제4조의4(오염총량관리시행계획의 수립·시행 등) ① 오염총량관리지역 중 오염총량목표수질이 환경부령으로 정하는 바에 따라 달성·유지되지 아니하는 지역을 관할하는 특별시장·광역시장·특별자치시장·특별자치도지사·시장·군수(광역시의 군수는 제외한다. 이하 이 조에서 같다)는 오염총량관리기본계획에 따라 시행계획(이하 "오염총량관리시행계획"이라 한다)을 수립하여 대통령령으로	제5조(오염총량관리시행계획 승인 등) ① 특별시장·광역시장·특별자치시장·특별자치도지사·시장·군수(광역시의 군수는 제외한다. 이하 이 조에서 같다. 이하 이 조에서 "시·도지사"라 한다) 법 제4조의4제1항에 따라 다음 각 호의 사항이 포함된 오염총량관리시행계획(이하 "오염총량관리시행계획"이라 한다)을 수립하여 법 제4조의4제2항에 따라 "오염총량관리시행계획의 승인"을 받아야 한다. 〈개정 2014. 1. 28.〉 1. 오염총량관리시행계획 대상 유역의 현황 2. 오염원 현황 및 예측	② 법 제4조의3제2항에 따른 오염총량관리기본계획의 승인기준은 다음 각 호와 같다. 1. 오염부하량이 적정하게 산정되어 있을 것 2. 오염부하량의 저감계획이 오염총량목표수질을 달성할 수 있을 것 3. 영 제4조제4호에 따라 오염총량관리기본계획을 수립하여야 하는 연도를 기준으로 10년 단위로 수립되어 있을 것 ③ 제1항에 따라 오염총량관리기본계획의 승인을 신청받은 환경부장관은 신청을 받은 날부터 7일 이내에 국립환경과학원장에게 검토를 요청하여야 한다. ④ 제3항에 따라 검토요청을 받은 국립환경과학원장은 검토를 요청받은 날부터 60일 이내에 그 의견을 통보하여야 한다. 다만, 제3항에 따라 자료의 제출을 요구하거나 그 밖에 특별한 사정이 있는 경우에는 60일의 범위에서 그 기간을 연장할 수 있다. ⑤ 국립환경과학원장은 오염총량관리기본계획을 검토하기 위하여 필요한 경우에는 시·도지사, 시장·군수에게 관련 자료를 제출하도록 요구할 수 있다. 제11조(오염총량관리기본계획 승인신청 및 승인기준) ① 시·도지사는 법 제4조의3제3항에 따라 오염총량관리기본계획(이하 "오염총량관리기본계획"이라 한다)의 승인을 받으려는 경우에는 오염총량관리기본계획안에 다음 각 호의 서류를 첨부하여 환경부장관에게 제출하여야 한다. 1. 유역환경의 조사·분석 자료 2. 오염원의 자연증감에 관한 분석 자료

물환경보전법	물환경보전법 시행령	물환경보전법 시행규칙
정하는 바에 따라 환경부장관 또는 시·도지사의 승인을 받은 후 이를 시행하여야 한다. 오염총량관리시행계획 중 대통령령으로 정하는 중요한 사항을 변경하는 경우에도 또한 같다. ② 제1항에 따라 오염총량관리시행계획을 시행하는 특별시장·광역시장·특별자치시장·특별자치도지사·시장·군수(이하 "오염총량관리시행 지방자치단체장"이라 한다)는 환경부령으로 정하는 바에 따라 오염총량관리시행계획에 대한 전년도의 이행사항을 평가하는 보고서를 작성하여 지방환경관서의 장에게 제출하여야 한다. 이 경우 시장·군수는 관할 도지사를 거쳐 제출하여야 한다. ③ 지방환경관서의 장은 제2항에 따라 받은 보고서를 검토한 후 오염총량관리시행계획의 원활한 이행을 위하여 필요하다고 인정되는 경우에는 오염총량관리시행 지방자치단체장에게 필요한 조치나 대책을 수립·시행하도록 요구할 수 있다. 이 경우 그 오염총량관리시행 지방자치단체장은 특별한 사유가 없으면 이에 따라야 한다. [전문개정 2013. 7. 30.]	3. 연차별 지역 개발계획으로 인하여 추가로 배출되는 오염부하량 및 해당 개발계획의 세부 내용 4. 연차별 오염부하량 삭감 목표 및 구체적 삭감 방안 5. 법 제4조의5에 따른 오염부하량 할당 시설별 삭감량 및 그 이행 시기 6. 수질예측 산정자료 및 이행 모니터링 계획 ② 시장·군수(광역시의 군수는 제외한다. 이하 이 조 및 제12조에서 같다)는 제1항 각 호의 사항이 포함된 오염총량관리시행계획을 수립하여 도지사의 승인을 받아야 한다. 〈개정 2012. 1. 17.〉 1. 삭제 〈2012. 1. 17.〉 2. 삭제 〈2012. 1. 17.〉 ③ 도지사가 제2항에 따라 계획을 승인한 때에는 미리 환경부장관과 협의하여야 한다. 〈신설 2012. 1. 17.〉 ④ 제1항부터 제3항까지의 규정에 따른 승인절차와 기준 등에 관하여 필요한 사항은 환경부령으로 정한다. 〈개정 2012. 1. 17.〉 제7조(오염총량관리시행계획 변경승인 대상) 법 제4조의4제1항 후단에서 "대통령령이 정하는 중요한 사항을 변경하는 경우"란 다음 각 호를 말한다. 1. 제6조제1항제3호에 따른 연차별 오염부하량의	3. 지역개발에 관한 과거와 장래의 계획에 관한 자료 4. 오염부하량의 산정에 사용한 자료 5. 오염부하량의 저감계획을 수립하는 데에 사용한 자료 ② 법 제4조의3제2항에 따른 오염총량관리기본계획의 승인기준은 다음 각 호와 같다. 1. 오염부하량이 적정하게 산정되어 있을 것 2. 오염부하량의 저감계획이 오염총량목표수질을 달성할 수 있을 것 3. 법 제4조제3항에 따라 연도별로 수립하여야 하는 오염총량관리기본계획을 수립하여야 하는 연도를 기준으로 10년 단위로 수립되어 있을 것 ③ 제1항에 따라 오염총량관리기본계획을 승인받은 환경부장관은 승인을 받은 날부터 7일 이내에 국립환경과학원장에게 검토를 요청하여야 한다. ④ 제3항에 따라 검토를 요청받은 국립환경과학원장은 검토를 요청받은 날부터 60일 이내에 그 의견을 통보하여야 한다. 다만, 제5항에 따라 자료의 제출을 요구하거나 그 밖에 특별한 사정이 있는 경우에는 60일의 범위에서 그 기간을 연장할 수 있다. ⑤ 국립환경과학원장은 오염총량관리기본계획을 검토하기 위하여 필요한 경우에는 시·도지사, 시장·군수에게 관련 자료를 제출하도록 요구할 수 있다.

물환경보전법	물환경보전법 시행령	물환경보전법 시행규칙
	증가 2. 제6조제1항제4호에 따른 연차별 오염부하량 삭감 목표의 감소 3. 제6조제1항제5호에 따른 오염부하량 할당 시설별 삭감량 및 이행 시기의 변경	제12조(오염총량관리시행계획의 수립지역) ① 환경부장관은 제11조에 따라 오염총량관리기본계획의 승인을 한 후 다음 각 호의 어느 하나에 해당하는 지역이 있는 경우에는 지체 없이 법 제6조의4에 따른 오염총량관리시행계획(이하 "오염총량관리시행계획"이라 한다)을 수립하여야 하는 특별시장·광역시장·특별자치시장·특별자치도지사 또는 시장·군수(이하 "오염총량관리시행 지방자치단체장"이라 한다)에게 오염총량관리시행계획을 수립하여 승인을 받을 것을 알려야 한다. 〈개정 2017. 1. 19.〉 1. 오염총량관리기본계획 승인 당시 별표 7에 따라 측정한 수질이 영 제2조제1항제2호에 따른 총량관리 단위유역(이하 "총량관리단위유역"이라 한다) 의 오염총량목표수질보다 나쁜 지역 2. 오염총량관리기본계획 승인 이후 별표 7에 따라 측정한 수질이 2년간 연속 총량관리단위유역의 오염총량목표수질보다 나쁜 지역 ② 제1항에 따라 통보받은 오염총량관리시행 지방자치단체장이 둘 이상인 경우에는 각각 해당 지역에 대한 오염총량관리시행계획을 수립하여야 한다. 제14조(오염총량관리시행계획의 이행평가가) ① 오염

물환경보전법	물환경보전법 시행령	물환경보전법 시행규칙
제4조의5(시설별 오염부하량의 할당 등) ① 환경부장관은 오염총량목표수질을 달성·유지하기 위하여 필요하다고 인정되는 경우에는 다음 각 호의 어느 하나의 기준을 적용받는 시설 중 대통령령으로 정하는 시설에 대하여 환경부령으로 정하는 바에 따라 최종방류구별·단위기간별로 오염부하량을 할당하거나 배출량을 지정할 수 있다. 이 경우 환경부장관은 관할 오염총량관리시행 지방자치단체장과 미리 협의하여야 한다. 1. 제12조제3항에 따른 방류수 수질기준 2. 제32조에 따른 배출허용기준 3. 「하수도법」 제7조에 따른 방류수수질기준 4. 「가축분뇨의 관리 및 이용에 관한 법률」 제13조에 따른 방류수수질기준 ② 오염총량관리시행 지방자치단체장은 오염총량	**제8조(오염부하량 할당시설 등)** 법 제4조의5제1항 각 호 외의 부분 전단에서 "대통령령이 정하는 시설"이란 다음 각 호의 시설을 말한다. 〈개정 2017. 1. 17.〉 1. 공공폐수처리시설 2. 「하수도법」 제2조제9호에 따른 공공하수처리시설(이하 "공공하수처리시설"이라 한다) 및 같은 법 제2조제10호에 따른 분뇨처리시설 3. 「가축분뇨의 관리 및 이용에 관한 법률」 제2조제9호에 따른 공공처리시설 **제9조(오염부하량 또는 배출량 측정기기)** ① 법 제4조의5제4항에 따라 오염부하량을 할당받거나 배출량을 지정받은 시설을 설치·운영하는 자(이하 "오염할당사업자등"이라 한다)는 다음 각 호의 측정기기를 부착하여야 한다.	총량관리시행 지방자치단체장은 법 제4조의4제2항에 따라 오염총량관리시행계획에 대한 진년도의 이행사항을 환경부장관이 고시하는 바에 따라 평가하고, 그 보고서를 매년 5월 31일까지 유역환경청장이나 지방환경청장에게 제출하여야 한다. 〈개정 2012. 1. 19.〉 ② 오염총량관리시행 지방자치단체장은 제1항에 따른 이행평가보고서의 검토자에 관하여는 제11조제3항부터 제5항까지의 규정을 준용한다. 이 경우 "오염총량관리기본계획"은 "오염총량관리시행계획"으로, "환경부장관"은 이행평가보고서의 유역환경청장이나 지방환경청장으로 본다.

물환경보전법	물환경보전법 시행령	물환경보전법 시행규칙
목표수질을 달성·유지하기 위하여 필요하다고 인정되는 경우에는 제1항의 각 호의 어느 하나의 기준을 적용받는 시설로서 제1항에 따른 대통령령으로 정하는 시설을 제외한 시설 중 환경부령으로 정하는 시설에 대하여 환경부령으로 정하는 바에 따라 최종 방류구별·단위기간별로 오염부하량을 할당하거나 배출총량을 지정할 수 있다. ③ 환경부장관 또는 오염총량관리시행 지방자치단체장은 제1항 또는 제2항에 따라 오염부하량을 할당하거나 배출총량을 지정하는 경우에는 미리 이해관계자의 의견을 들어야 하고, 이해관계자가 그 내용을 알 수 있도록 필요한 조치를 하여야 한다. ④ 제1항 또는 제2항에 따라 오염부하량을 할당받거나 배출총량을 지정받은 시설을 설치·운영하는 자(이하 "오염할당사업자등"이라 한다)는 대통령령으로 정하는 바에 따라 오염부하량 및 배출량을 측정할 수 있는 기기를 부착·가동하고 그 측정 결과를 사실대로 기록하여 보존하여야 한다. 다만, 제38조의3에 따른 측정기기부착사업자등의 경우에는 그러하지 아니하다. [전문개정 2013. 7. 30.]	1. 법 제4조의5제1항 또는 제2항에 따라 할당된 수질오염물질을 자동으로 측정할 수 있는 기기 2. 배출유량을 자동으로 측정할 수 있는 적산유량계 3. 제37조에 따른 수질원격감시체계 관제센터에 측정결과를 자동으로 전송할 수 있는 기기 ② 오염할당사업자등은 법 제4조의5제1항 및 제2항에 따른 오염부하량 또는 배출량의 순수기간 90일 전까지 제1항에 따른 측정기기를 부착하여 수질오염물질의 배출량 등을 측정하고 그 측정결과를 2년간 보존하여야 한다. ③ 제1항에 따른 측정기기의 종류 및 부착방법과 제2항에 따른 측정결과의 기록방법 및 보존방법 등은 환경부장관이 정하여 고시한다.	제16조(지방자치단체의 오염부하량 할당 또는 배출량 지정의 대상·방법 등) ① 법 제4조의5제2항에 따라 오염총량관리시행 지방자치단체장은 오염총량목표수질을 달성·유지하기 위하여 필요하다고 인정하면 다음 각 호의 어느 하나에 해당하는 시설에 대하여 오염부하량을 할당하거나 배출총량을 지정할 수 있다. 1. 오수 또는 폐수를 1일 200세제곱미터 이상으로 배출하거나 방류하는 시설로서 오염총량관리시행계획에서 정하는 시설 2. 제1호에 해당하지 아니하는 시설 중 오염총량목표수질을 달성하기 위하여 오염부하량의 할당이나 배출량의 지정이 필요하다고 인정되는 시설로서 오염총량관리시행계획에서 정하는 시설 ② 제1항에 따른 오염부하량 할당이나 배출량 지정

물환경보전법	물환경보전법 시행령	물환경보전법 시행규칙
제44조의6(초과배출자에 대한 조치명령 등) ① 환경부장관 또는 오염총량관리시행 지방자치단체장은 제4조의5제1항 또는 제2항에 따라 할당된 오염부하량 또는 지정된 배출량(이하 "할당오염부하량등"이라 한다)을 초과하여 배출하는 자에게 수질오염방지시설의 개선 등 필요한 조치를 명할 수 있다. ② 제1항에 따라 조치명령을 받은 자는 환경부령으로 정하는 바에 따라 개선계획서를 환경부장관 또는 오염총량관리시행 지방자치단체장에게 제출한 후 제1항에 따른 조치명령을 이행하여야 한다. ③ 제2항에 따른 조치명령 이행이 보고 및 확인에 관하여는 제45조를 준용한다. 이 경우 "제38조의4제2항, 제39조, 제40조, 제42조 또는 제44조에 따른 개선명령·조업정지명령·사용중지명령 또는 폐쇄명령"은 "제44조의6제1항에 따른 조치명령"으로, "환경부장관"은 "환경부장관 또는 오염총량관리시행 지방자치단체장"으로 본다. ④ 환경부장관 또는 오염총량관리시행 지방자치단체장은 제1항에 따른 조치명령을 받은 자가 그 명령을 이행하지 아니하거나 이행기간 내에 이행을 하였으나 제44조에 따른 조치명령을 계속 초과하는 경우에는 그 시설의 전부 또는 일부에 대하여 6개월 이내의 기간을 정하여 조업정지를 명하거나 시설의 폐쇄를 명할 수 있다. 다만, 수질오염방지시설을 개		**제17조(조치명령 등)** ① 유역환경청장이나 지방환경청장 또는 오염총량관리시행 지방자치단체장이 법 제44조의6제1항에 따라 조치명령을 하려는 경우에는 오염부하량과 배출량을 초과한 정도, 조치 명령의 내용, 명령이행 시 고려하여야 할 사항, 이행기간 등을 적은 서면으로 하여야 한다. ② 제1항에 따른 조치명령의 이행기간은 시설이 개선 또는 설치기간 등을 고려하여 1년의 범위에서 정하여야 한다. ③ 제1항에 따라 조치명령을 받은 자는 명령을 받은 날부터 60일 이내에 개선계획서를 작성하여 유역환경청장이나 지방환경청장 또는 오염총량관리시행 지방자치단체장에게 제출하고 그 개선계획서에 따라 명령을 이행하되, 천재지변이나 그 밖에 부득이하다고 인정되는 사유로 제2항에 따른 조치명령의 이행기간 이내에 이행할 수 없는 경우에는 그 기간이 끝나기 전에 유역환경청장이나 지방환경청장 또는 오염총량관리시행 지방자치단체에게 6개월의 범위에서 이행기간의 연장을 신청할 수 있다. 〈개정 2017. 1. 19.〉 ④ 법 제44조의6제1항에 따른 조치명령, 같은 조 제4항에 따른 조업정지 또는 폐쇄명령을 받은 자는 그 명령을 이행한 때에는 지체 없이 별지 제3호서식의 이행보고서를 유역환경청장이나 지방환경청장 또는

에 관하여는 제15조를 준용한다. 이 경우 "유역환경청장이나 지방환경청장"은 "오염총량관리시행 지방자치단체장"으로 본다.

물환경보전법	물환경보전법 시행령	물환경보전법 시행규칙
선하는 등의 조치를 하더라도 해당오염부하량등 이하로 내려갈 가능성이 없다고 인정되는 경우로서 환경부령으로 정하는 경우에는 시설의 폐쇄를 명하여야 한다. ⑤ 제4항에 따른 조업정지를 갈음하는 과징금 처분에 관하여는 제43조를 준용한다. 이 경우 "환경부장관"은 "환경부장관 또는 오염총량관리시행 지방자치단체장"으로, "사업자"는 "오염총량당사업자등"으로, "제42조"는 "제4조의6(제4항"으로, "국세 체납처분의 예"로 본다. [전문개정 2013. 7. 30.]		는 오염총량관리시행 지방자치단체장에게 제출하여야 한다. ⑤ 유역환경청장이나 지방자치단체장은 제4항에 따른 오염총량관리시행 지방자치단체장은 제4항에 따른 보고서를 받으면 관계 공무원에게 지체 없이 명령의 이행상태 또는 조치완료 상태를 확인하게 하고, 필요하다고 인정하면 시료를 채취하여 다음 각 호의 검사기관에 수질검사를 의뢰하여야 한다. 〈개정 2012. 1. 19.〉 1. 국립환경과학원 및 그 소속기관 2. 광역시·도의 보건환경연구원 3. 「한국환경공단법」에 따른 한국환경공단(이하 "한국환경공단"이라 한다) 및 그 소속 사업소 4. 그 밖에 환경부장관이 인정하는 검사기관 **제18조(오염물질당사업자등에 대한 과징금 부과기준 등)** ① 법 제4조의6(제5항에 따른 과징금의 부과기준은 다음 각 호와 같다. 1. 과징금은 제105조에 따른 행정처분 기준에 따른 조업정지일수에 1일당 부과금액과 사업장 규모별 부과계수를 각각 곱하여 산정할 것 2. 제1호에 따른 1일당 부과금액은 300만원으로 하고, 사업장(오수를 배출하는 시설을 포함한다. 이하 이 조에서 같다) 규모별 부과계수는 영 별표 13에 따른 제1종사업장은 2.0, 제2종사업장은 1.5, 제3종사업장은 1.0, 제4종사업장은 0.7, 제5종사업장은 0.4로 할 것. 다만, 영 제8조 각 호의 시설에 대한 부과계수는 2.0으로 한다.

물환경보전법	물환경보전법 시행령	물환경보전법 시행규칙
제4조의7(오염총량초과과징금) ① 환경부장관 또는 오염총량관리시행 지방자치단체장은 할당오염부하량등을 초과하여 배출한 자로부터 과징금(이하 "오염총량초과과징금"이라 한다)을 부과·징수한다. 〈개정 2017. 1. 17.〉 ② 오염총량초과과징금은 초과배출이익(오염물질을 초과하여 처출하지 아니하게 되오염물질의 처리비용을 말한다)에 초과율별 부과계수, 지역별 부과계수 및 위반횟수별 부과계수를 각각 곱하여 산정한다. 〈개정 2017. 1. 17.〉 ③ 제2항에 따른 부과계수와 오염총량초과과징금의 산정 등에 필요한 사항은 대통령령으로 정한다. 〈신설 2017. 1. 17.〉 ④ 제1항에 따라 오염총량초과과징금을 부과하는 경우 제41조에 따른 배출부과금 또는 「환경범죄 등의 단속 및 가중처벌에 관한 법률」 제12조에 따른 과징금(수질 부분에 부과된 과징금만 해당한다)이 부과된 경우에는 그에 해당하는 금액을 감액한다. 〈개정 2017. 1. 17.〉 ⑤ 오염총량초과과징금의 납부·징수 등에 관하여	**제10조(오염총량초과과징금 산정의 방법과 기준)** ① 법 제4조의7제1항에 따른 오염총량초과과징금(이하 "오염총량초과과징금"이라 한다)의 구체적인 산정방법과 기준은 별표 1과 같다. 〈개정 2018. 1. 16.〉 ② 제1항에 따른 위반횟수는 최근 2년간 법 제4조의6제1항 및 제4항에 따른 조치명령, 조업정지명령 또는 폐쇄명령을 받은 횟수로 하며, 사업장별로 산정한다. [제목개정 2018. 1. 16.]	② 법 제4조의6제4항에 따른 조업정지명령을 위반하여 별표 22제2호가목8)나)에 따라 조업정지처분을 받은 경우에는 법 제4조의6제5항에도 조업정지를 붙구하고 조업정지를 명하여야 한다. ③ 법 제4조의6제5항에 따른 과징금의 납부기한은 과징금납부통지서의 발급일부터 30일로 하고, 과징금의 납부통지는 별지 제4호서식에 따른다.

물환경보전법	물환경보전법 시행령	물환경보전법 시행규칙
는 제41조제4항부터 제8항까지의 규정을 준용한다. 이 경우 "환경부장관"은 "환경부장관 또는 오염총량 관리시행 지방자치단체장"으로, "배출부과금"은 "오 염총량초과과징금"으로 본다. 〈개정 2017. 1. 17.〉 [전문개정 2013. 7. 30.] [제목개정 2017. 1. 17.]		
제4조의8(오염총량관리지역 지방자치단체에 대한 지원 및 불이행에 대한 제재 등) ① 국가는 오염총량 관리시행계획을 수립·시행하는 지방자치단체에 오염총량관리에 필요한 비용의 일부를 지원할 수 있다. ② 관계 행정기관의 장은 제4조의3제1항제3호에 따 라 지방자치단체별·수계구간별로 할당된 오염부 하량을 초과하거나 특별한 사유 없이 오염총량관리 기본계획 또는 오염총량관리시행계획을 수립·시 행하지 아니하는 지방자치단체의 관할구역에서는 다음 각 호의 사항에 대해서는 승인·허가 등을 하여 서는 아니 된다. 1. 「도시개발법」 제2조제1항제2호에 따른 도시개 발사업의 시행 2. 「산업입지 및 개발에 관한 법률」 제2조제8호에 따 른 산업단지의 개발 3. 「관광진흥법」 제2조제6호 및 제7호에 따른 관광 지 및 관광단지의 개발 4. 대통령령으로 정하는 규모 이상의 건축물 등 시설 물의 설치 ③ 환경부장관 또는 관계 중앙행정기관의 장은 관계 행정기관의 장이 제2항을 위반하거나 오염총량관	제15조(오염총량관리기본계획 등을 수립·시행하지 아니한 지방자치단체에 대한 제재) 법 제4조의8제2 항제4호에서 "대통령령으로 정하는 규모 이상의 건 축물 등 시설물"이란 다음 각 호의 어느 하나에 해당 하는 시설물의 사업계획 면적이 「환경영향평가법」 시행령 별표 4에 따른 최소 지역별 사업계획 면적 이상인 시설물을 말한다. 〈개정 2014. 1. 28.〉 1. 별표 13의 사업장의 규모별 구분에 따른 제1종부 터 제3종까지의 사업장 2. 「수도권정비계획법」 시행령 제3조 각 호의 시설물	

물환경보전법	물환경보전법 시행령	물환경보전법 시행규칙
리시행 지방자치단체장이 제4조의4제3항에 따른 요구를 특별한 사유 없이 이행하지 아니하는 경우에는 재정적 지원의 중단이나 삭감, 그 밖에 필요한 조치를 할 수 있다. [전문개정 2013. 7. 30.]		제20조(오염총량관리 조사·연구반) ① 법 제4조의9 제2항에 따른 오염총량관리 조사·연구반(이하 "조사·연구반"이라 한다)은 국립환경과학원에 둔다. ② 조사·연구반의 반원은 국립환경과학원장이 주관하는 국립환경과학원 소속의 공무원과 물환경 관련 전문가로 구성한다. 〈개정 2018. 1. 17.〉 ③ 조사·연구반은 다음 각 호의 업무를 수행한다. 1. 법 제4조의2제1항에 따른 오염총량관리기본방침에 대한 검토·연구 2. 법 제4조의2제2항에 따른 오염총량관리기본정책에 대한 검토·연구 3. 오염총량관리기본계획에 대한 검토 4. 오염총량관리시행계획에 대한 검토 5. 법 제4조의4제2항에 따른 오염총량관리시행계획에 대한 이행사항 평가 보고서 검토 6. 오염총량목표수질 설정을 위하여 필요한 수계특성에 대한 조사·연구 7. 오염총량관리제도의 시행과 관련한 제도 및 기술적 사항에 대한 검토·연구 8. 제1호부터 제7호까지의 업무를 수행하기 위한 정보체계의 구축 및 운영
제4조의9(오염총량관리를 위한 기관 간 협조 및 조사·연구반의 운영 등) ① 환경부장관은 오염총량관리의 시행에 필요한 자료를 효율적으로 활용하기 위한 정보체계를 구축하기 위하여 관계 중앙행정기관, 지방자치단체, 「공공기관의 운영에 관한 법률」 제4조에 따른 공공기관 등 관계 기관의 장에게 필요한 자료를 제출하도록 요청할 수 있다. 이 경우 관계 기관의 장은 특별한 사유가 없으면 이에 따라야 한다. ② 환경부장관은 오염총량관리 대상 오염물질 및 수계구간별 오염총량목표수질의 조정, 오염총량관리의 시행 등에 관한 검토·조사 및 연구를 위하여 환경부령으로 정하는 바에 따라 관계 전문가 등으로 조사·연구반을 구성·운영할 수 있다. [전문개정 2013. 7. 30.]		

물환경보전법	물환경보전법 시행령	물환경보전법 시행규칙
제5조(물환경종합정보망의 구축·운영 등) ① 환경부장관은 제9조에 따른 수질의 상시측정(常時測定) 결과, 제9조의3에 따른 수생태계 현황 조사 및 수생태계 건강성 평가 결과, 제23조에 따른 오염원 조사 결과, 폐수배출시설에서 발생하는 폐수의 오염도 및 배출량, 그 밖에 환경부령으로 정하는 정보에 국민이 쉽게 접근할 수 있도록 국가물환경종합정보망을 구축·운영하여야 한다. 〈개정 2017. 1. 17.〉 ② 환경부장관은 관계 행정기관 및 「공공기관의 운영에 관한 법률」 제4조에 따른 공공기관 등에 대하여 제1항에 따른 전산망의 구축·운영에 필요한 자료의 제공을 요청할 수 있다. 이 경우 요청을 받은 기관의 장은 특별한 사유가 없으면 그 요청에 따라야 한다. ③ 시·도지사는 관할구역의 물환경 정보에 대하여 지역 물환경종합정보망을 구축·운영할 수 있다. 이 경우 시·도지사는 환경부장관과 협의하여 지역 물환경종합정보망을 국가물환경종합정보망과 연계할 수 있다. 〈신설 2017. 1. 17.〉 [전문개정 2013. 7. 30.] [제목개정 2017. 1. 17.] **제6조(민간의 물환경 보전활동에 대한 지원)** ① 국가와 지방자치단체는 지역주민이나 민간단체의 자발적인 물환경 보전활동이나 그 오염 또는 훼손 감시 활동 등을 지원할 수 있다. 〈개정 2017. 1. 17.〉 ② 지방자치단체는 제1항에 따른 민간단체의 설립 또는 운영에 필요한 비용의 전부 또는 일부를 지원		**제21조(제공하는 정보의 종류)** 법 제5조제1항에서 "환경부령으로 정하는 정보"란 다음 각 호의 정보를 말한다. 1. 하천관리청이 하천관리를 위하여 조사한 물환경에 관한 정보 2. 수면관리자가 수면관리 차원에서 조사한 물환경에 관한 정보 [전문개정 2018. 1. 17.]

물환경보전법	물환경보전법 시행령	물환경보전법 시행규칙

할 수 있다. 이 경우 지원 기준 및 대상 등 지원에 필요한 사항은 조례로 정한다. 〈신설 2016. 1. 27.〉
[전문개정 2013. 7. 30.]
[제목개정 2017. 1. 17.]

제6조의2(물환경 연구·조사 활동에 대한 지원) 국가 또는 지방자치단체는 기업, 대학, 민간단체, 정부출연연구기관 및 국공립연구기관 등에서 실시하는 물환경에 대한 연구·조사 활동을 지원할 수 있다. 〈개정 2017. 1. 17.〉
[전문개정 2013. 7. 30.]
[제목개정 2017. 1. 17.]

제7조(친환경상품에 대한 지원) 정부는 물을 절약하거나 세제 등의 합성화합물 사용을 줄이거나 그 밖에 수질오염물질의 발생을 저감하여 하천·호소 등의 수질오염을 예방할 수 있는 제품의 생산자·판매자 또는 소비자에게 보조금 등을 지원하거나 기술개발 및 관련 산업을 진흥하기 위한 시책을 마련할 수 있다.
[전문개정 2013. 7. 30.]

제8조(다른 법률과의 관계) ① 물환경 보전에 관하여 다른 법률로 정한 경우를 제외하고는 이 법에서 정하는 바에 따른다.
② 물환경 보전에 관하여 다른 법률을 제정하거나 개정하는 경우에는 이 법에 부합되도록 하여야 한다.
[본조신설 2017. 1. 17.]

제2장 공공수역의 물환경 보전 〈개정 2017. 1. 17.〉

물환경보전법	물환경보전법 시행령	물환경보전법 시행규칙
제1절 총칙 〈개정 2013. 7. 30.〉		
제9조(수질의 상시측정 등) ① 환경부장관은 하천·호소, 그 밖에 환경부령으로 정하는 공공수역(이하 "하천·호소 등"이라 한다)의 전국적인 수질 현황을 파악하기 위하여 측정망(測定網)을 설치하여 수질오염도(水質汚染度)를 상시측정하여야 하며, 수질오염물질의 지정 및 수질의 관리 등을 위한 조사를 전국적으로 하여야 한다. 〈개정 2016. 12. 27.〉 ② 삭제 〈2017. 1. 17.〉 ③ 시·도지사, 「지방자치법」 제175조에 따른 인구 50만 이상 대도시(이하 "대도시"라 한다)의 장 또는 수면관리자는 관할구역의 수질 현황을 파악하기 위하여 측정망을 설치하여 수질오염도를 상시측정하거나, 수질의 관리를 위한 조사를 할 수 있다. 이 경우 그 상시측정 또는 조사 결과를 환경부장관에게 보고하여야 한다. 〈개정 2017. 1. 17.〉 ④ 제1항 및 제3항에 따른 상시측정, 조사 및 보고에 필요한 사항은 환경부령으로 정한다. 〈개정 2017. 1. 17.〉 [전문개정 2013. 7. 30.] [제목개정 2016. 12. 27.]		**제5조(공공수역)** 법 제2조제9호에서 "환경부령으로 정하는 수로"란 다음 각 호의 수로를 말한다. 〈개정 2014. 7. 17.〉 1. 지하수로 2. 농업용 수로 3. 하수관로 4. 운하 **제22조(국립환경과학원장이 설치·운영하는 측정망의 종류 등)** 국립환경과학원장이 법 제9조제1항에 따라 설치할 수 있는 측정망은 다음 각 호와 같다. 〈개정 2018. 1. 17.〉 1. 비점오염원에서 배출되는 비점오염물질 측정망 2. 법 제4조제1항에 따른 수질오염물질의 총량관리를 위한 측정망 3. 영 제8조 각 호의 시설 등 대규모 오염원의 하류지점 측정망 4. 법 제21조에 따른 수질오염경보를 위한 측정망 5. 법 제22조제2항에 따른 대권역·중권역을 관리하기 위한 측정망 6. 공공수역 유해물질 측정망 7. 퇴적물 측정망 8. 생물 측정망 9. 그 밖에 국립환경과학원장이 필요하다고 인정하여 설치·운영하는 측정망 [제목개정 2018. 1. 17.]

물환경보전법	물환경보전법 시행령	물환경보전법 시행규칙
		제23조(시·도지사 등이 설치·운영하는 측정망의 종류 등) ① 시·도지사, 「지방자치법」 제175조에 따른 인구 50만 이상 대도시(이하 "대도시"라 한다)의 장 또는 수면관리자가 법 제9조제3항 전단에 따라 설치할 수 있는 측정망은 다음 각 호와 같다. 〈개정 2018. 1. 17.〉 1. 법 제22조제2항에 따른 소권역을 관리하기 위한 측정망 2. 도심하천 측정망 3. 그 밖에 유역환경청장이나 지방환경청장과 협의하여 설치·운영하는 측정망 ② 시·도지사, 대도시의 장 또는 수면관리자는 법 제9조제3항 전단에 따라 수질오염도를 상시측정하거나 수질의 관리 등을 위한 조사를 한 경우에는 그 결과를 다음 각 호의 구분에 따른 기간까지 환경부장관에게 보고하여야 한다. 〈개정 2018. 1. 17.〉 1. 수질오염도 : 측정일이 속하는 달의 다음 달 10일 이내 2. 수생태계 현황 : 조사 종료일부터 3개월 이내 ③ 제1항 및 제2항에서 규정한 사항 외에 상시측정, 조사의 대상 및 방법 등에 관하여 필요한 사항은 환경부장관이 정한다. 〈신설 2018. 1. 17.〉 [제목개정 2018. 1. 17.]
제9조의2(측정망 설치계획의 결정·고시 등) ① 환경부장관은 제9조제1항에 따라 측정망을 설치하려는 경우에는 측정망 설치계획을 결정하여 고시하여야 한다. 이를 변경하려는 경우에도 같다.		제24조(측정망 설치계획의 내용·고시 등) ① 법 제9조의2제1항에 따른 전단, 같은 조 제2항 전단 및 같은 조 제4항 전단에 따른 측정망 설치계획(이하 "측정망 설치계획"이라 한다)에 포함되어야 하는 내용은 다음 각

물환경보전법	물환경보전법 시행령	물환경보전법 시행규칙
②시·도지사, 대도시의 장은 제2조제3항 전단에 따라 측정망을 설치하려는 경우에는 측정망 설치계획을 수립하여 환경부장관의 승인을 받아야 한다. 이를 변경하려는 경우에도 같다. ③시·도지사 또는 대도시의 장은 제2항에 따라 측정망 설치계획을 승인 또는 변경승인을 받은 경우에는 측정망 설치계획을 결정하여 고시하여야 한다. ④수면관리자는 제2조제3항 전단에 따라 측정망을 설치하려는 경우에는 측정망 설치계획을 수립하여 환경부장관의 승인을 받아야 한다. 이를 변경하려는 경우에도 같다. ⑤환경부장관은 제4항에 따라 수면관리자가 수립한 측정망 설치계획을 승인하거나 변경승인하는 경우에는 그 측정망 설치계획을 고시하여야 한다. ⑥환경부장관, 시·도지사 또는 대도시의 장이 제1항 또는 제3항에 따라 측정망 설치계획을 결정·고시한 경우에는 다음 각 호의 허가를 받은 것으로 본다. 1.「하천법」제30조에 따른 하천공사 등의 허가 및 같은 법 제33조에 따른 하천의 점용허가 및 같은 법 제50조에 따른 하천수의 사용허가 2.「도로법」제61조에 따른 도로의 점용 허가 3.「공유수면 관리 및 매립에 관한 법률」제8조에 따른 공유수면의 점용·사용허가 ⑦환경부장관, 시·도지사 또는 대도시의 장은 측정망 설치계획에 제6항 각 호의 어느 하나에 해당하는 측정망 설치 허가사항이 포함되어 있는 경우에는 측정망 설치계획을 결정하기 전에 해당 허가 관계 기관의 장과 미리		효와 같다. 〈개정 2018. 1. 17.〉 1. 측정망 설치시기 2. 측정망 배치도 3. 측정망을 설치할 토지 또는 건축물의 위치 및 면적 4. 측정망 운영기관 5. 측정자료의 확인방법 ②환경부장관, 시·도지사 또는 대도시의 장은 측정망 제9조의2제1항·제3항 또는 제5항에 따라 측정망 설치계획을 결정하거나 승인한 경우(변경하거나 변경승인한 경우를 포함한다)에는 측정망 설치를 시작하는 날의 90일 전까지 그 측정망 설치계획을 고시하여야 한다. 〈개정 2018. 1. 17.〉 ③삭제 〈2018. 1. 17.〉 [제목개정 2018. 1. 17.]

물환경보전법	물환경보전법 시행령	물환경보전법 시행규칙
협의하여야 한다. ⑧ 제1항·제2항 및 제4항에 따른 측정망 설치계획에 포함되어야 하는 내용과 측정망 설치계획의 고시에 필요한 사항은 환경부령으로 정한다. [본조신설 2017. 1. 17.] [종전 제9조의2는 제9조의3으로 이동 〈2017. 1. 17.〉]		
제9조의3(수생태계 현황 조사 및 건강성 평가) ① 환경부장관은 수생태계 보전을 위한 계획 수립, 개발사업으로 인한 수생태계의 변화 예측 등을 위하여 수생태계의 현황을 전국적으로 조사하여야 한다. ② 시·도지사 또는 대도시의 장은 수생태계 실태 파악 등을 위하여 필요한 경우 관할구역의 수생태계 현황을 조사할 수 있다. 이 경우 시·도지사 또는 대도시의 장은 조사 결과를 환경부장관에게 보고하여야 한다. ③ 환경부장관은 제1항 및 제2항에 따른 조사 결과를 바탕으로 수생태계 건강성을 평가하고, 그 결과를 공개하여야 한다. ④ 제1항 및 제2항에 따른 수생태계 현황 조사·보고와 제3항에 따른 수생태계 건강성 평가·공개에 관하여 필요한 사항은 환경부령으로 정한다. [본조신설 2016. 12. 27.] [제9조의2에서 이동 〈2017. 1. 17.〉]		제24조의2(수생태계 현황 조사) ① 법 제9조의3제1항·제2항에 따른 수생태계 현황 조사의 방법은 현지조사를 원칙으로 하며, 통계자료나 문헌 등을 통한 간접조사를 병행할 수 있다. 〈개정 2018. 1. 17.〉 ② 시·도지사 또는 대도시의 장은 법 제9조의3제2항 전단에 따라 수생태계 현황을 조사한 경우에는 조사 종료일부터 3개월 이내에 해당 수생태계에 서식하는 생물종 및 개체수 등이 포함된 조사 결과를 환경부장관에게 보고하여야 한다. 〈개정 2018. 1. 17.〉 [본조신설 2017. 6. 26.] 제24조의3(수생태계 건강성 평가) ① 국립환경과학원장은 법 제9조의3제3항에 따라 제8조의2 각 호의 항목을 대상으로 수생태계 건강성을 평가하여야 한다. 이 경우 생물종의 다양성 및 물리적 환경 등을 종합적으로 고려하여 평가하여야 한다. 〈개정 2018. 1. 17.〉 1. 삭제 〈2018. 1. 17.〉 2. 삭제 〈2018. 1. 17.〉 3. 삭제 〈2018. 1. 17.〉

물환경보전법	물환경보전법 시행령	물환경보전법 시행규칙
제9조의4(수생태계 현황 조사계획의 수립·고시) ① 환경부장관은 제9조의3제1항에 따라 수생태계의 현황을 조사하려는 경우에는 수생태계 현황 조사계획을 수립하여 고시하여야 한다. 이를 변경하려는 경우에도 같다. ② 시·도지사 또는 대도시의 장은 제9조의3제2항에 따라 수생태계의 현황을 조사하려는 경우에는 수생태계 현황 조사계획을 수립하여 환경부장관의 승인을 받아야 한다. 이를 변경하려는 경우에도 같다. ③ 환경부장관은 제2항에 따라 수생태계 현황 조사계획을 승인하거나 변경승인한 경우에는 이를 고시하여야 한다. ④ 환경부장관, 시·도지사 또는 대도시의 장은 「하천법」 제2조제2호의 하천구역의 수생태계 현황을 조사하기 위한 계획을 수립하려는 경우에는 국토교통부장관과 협의하여야 한다.		4. 삭제 〈2018. 1. 17.〉 5. 삭제 〈2018. 1. 17.〉 ② 제1항에 따른 수생태계 건강성의 평가 방법에 관한 세부 사항은 국립환경과학원장이 정하여 고시한다. 〈개정 2018. 1. 17.〉 ③ 국립환경과학원장은 제1항에 따라 수생태계 건강성을 평가한 경우에는 법 제5조제1항에 따른 국가 물환경종합정보망(이하 "국가 물환경종합정보망"이라 한다)에 그 결과를 공개하여야 한다. 〈개정 2018. 1. 17.〉 [본조신설 2017. 6. 26.] 제24조의4(수생태계 현황 조사계획의 수립·고시 등) ① 법 제9조의4제1항 전단 및 같은 조 제2항에 따른 수생태계 현황 조사계획(이하 "수생태계 현황 조사계획"이라 한다)에 포함되어야 하는 내용은 다음 각 호와 같다. 1. 조사 시기 2. 조사 지점 3. 조사 항목 ② 환경부장관은 법 제9조의4제1항 또는 제2항에 따라 수생태계 현황 조사계획을 수립하거나 승인한 경우(변경하거나 변경승인한 경우를 포함한다)에는 수생태계 현황 조사를 실시하는 날의 90일 전까지 수생태계 현황 조사계획을 고시하여야 한다. [본조신설 2018. 1. 17.]

물환경보전법	물환경보전법 시행령	물환경보전법 시행규칙
⑤ 제1항 및 제2항에 따른 수생태계 현황 조사계획에 포함되어야 하는 내용과 제1항 및 제3항에 따른 수생태계 현황 조사계획의 고시에 필요한 사항은 환경부령으로 정한다. [본조신설 2017. 1. 17.]		
제10조(타인의 토지에의 출입 등) ① 환경부장관, 시·도지사, 대도시의 장 또는 수면관리자는 제9조에 따른 수질의 상시측정, 측정망 설치 등 또는 제9조의3에 따른 수생태계 현황 조사를 위하여 필요한 경우에는 소속 공무원 또는 조사자로 하여금 타인의 토지에 출입하게 할 수 있으며, 특히 필요한 경우에는 그 토지이나 나무, 흙, 돌 또는 그 밖의 장애물을 변경하거나 제거하게 할 수 있다. 이 경우 토지의 소유자 또는 점유자는 정당한 사유 없이 이를 방해하거나 거부할 수 없다. ② 제1항에 따라 타인의 토지에 출입하는 경우에는 출입하려는 날의 3일 전까지 해당 토지의 소유자 또는 점유자에게 통지하여야 하며, 장애물을 변경·제거하려는 경우에는 토지의 소유자 또는 점유자의 동의를 받아야 한다. ③ 토지의 소유자 또는 점유자의 부재나 주소불명 등으로 제2항에 따른 통지를 하거나 동의를 받을 수 없는 경우에는 관할 특별자치시장·특별자치도지사·시·장·군수·구청장(자치구의 구청장을 말한다. 이하 같다)에게 그 사실을 통지하여야 한다. 다만, 행정청이 아닌 수면관리자는 관할 특별자치시장·특별자치도지사·시·장·군수·구청장의 허가를 받아야 한다.		제24조(측정망 설치계획의 내용·고시 등) ① 법 제9조의2제1항에 따른 전단, 같은 조 제2항 전단 및 같은 조 제4항 전단에 따른 측정망 설치계획(이하 "측정망 설치계획"이라 한다)에 포함되어야 하는 내용은 다음 각 호와 같다. <개정 2018. 1. 17.> 1. 측정망 설치시기 2. 측정망 배치도 3. 측정망을 설치할 토지 또는 건축물의 위치 및 면적 4. 측정망 운영기관 5. 측정자료의 확인방법 ② 환경부장관, 시·도지사 또는 대도시의 장은 법 제9조의2제1항·제3항 또는 제5항에 따라 측정망 설치계획을 결정하거나 승인한 경우(변경하거나 변경 승인한 경우를 포함한다)에는 측정망 설치를 시작하는 날의 90일 전까지 그 측정망 설치계획을 고시하여야 한다. <개정 2018. 1. 17.> ③ 삭제 <2018. 1. 17.> [제목개정 2018. 1. 17.] 제24조의5(타인 토지에의 출입 등) 법 제10조제1항에 따라 타인의 토지에 출입하려는 사람은 별지 제8호의2서식에 따른 증표를 지니고 이를 관계인에게 내보여야 한다.

물환경보전법	물환경보전법 시행령	물환경보전법 시행규칙
④ 해 뜨기 전 또는 해진 후에는 해당 토지의 소유자 또는 점유자의 승낙 없이 택지 또는 담으로 둘러싸인 타인의 토지에 출입할 수 없다. ⑤ 제1항에 따라 타인의 토지에 출입하려는 사람은 환경부령으로 정하는 바에 따라 그 권한을 표시하는 증표를 지니고 이를 관계인에게 내보여야 한다. [전문개정 2017. 1. 17.] **제10조의2(물환경목표기준 결정 및 평가)** ① 환경부장관은 하천·호소등의 이용목적, 물환경 현황 및 수생태계 건강성, 오염원의 현황 및 전망 등을 고려하여 제22조에 따른 수계영향권별 및 제28조제1항에 따른 측정 대상이 되는 호소별 물환경 목표기준(이하 "물환경목표기준"이라 한다)을 결정하여 고시하여야 한다. 〈개정 2017. 1. 17.〉 ② 환경부장관은 다음 각 호에 해당하는 사항을 평가하여 그 결과를 공개하여야 한다. 〈개정 2017. 1. 17.〉 1. 물환경목표기준의 달성 여부 2. 하천·호소등의 수질오염으로 사람이나 생태계에 피해가 우려되는 경우에 그 위해성에 대한 평가 ③ 제2항 및 제3항에 따른 물환경목표기준의 결정·고시, 물환경목표기준 달성 여부의 평가 및 평가 결과의 공개 등에 필요한 방법과 절차 등은 환경부령으로 정한다. 〈개정 2013. 7. 30.〉 [전문개정 2017. 1. 17.] [제목개정 2017. 1. 17.]		보여야 한다. [본조신설 2018. 1. 17.] **제25조(물환경 목표기준의 결정·평가·공개 등)** ① 환경부장관은 법 제10조의2제1항에 따라 물환경목표기준을 결정·고시하려는 경우에는 미리 관계 시·도지사의 의견을 들어야 한다. 〈개정 2018. 1. 17.〉 ② 환경부장관은 법 제10조의2제2항에 따라 다음 각 호의 결과를 토대로 하여 매년 3월 31일까지 전년도의 목표기준 달성 여부 등을 평가하여야 한다. 〈개정 2018. 1. 17.〉 1. 법 제9조에 따른 수질오염도 상시측정 및 수질 조사 결과 2. 법 제9조의3에 따른 수생태계 현황 조사 결과 ③ 환경부장관은 제2항에 따른 목표기준 등을 평가한 경우에는 그 결과를 관보에 신고, 국가 물환경종합정보망에 게시하여야 한다. 〈개정 2018. 1. 17.〉 ④ 제1항부터 제3항까지의 규정 외에 목표기준의 달성 여부 등에 대한 평가방법과 평가절차에 관하여 필요한 사항은 환경부장관이 정하여 고시한다. [제목개정 2018. 1. 17.]

물환경보전법	물환경보전법 시행령	물환경보전법 시행규칙
제10조의3 삭제 〈2016. 1. 27.〉		
제11조 삭제 〈2017. 1. 17.〉		
제12조(공공시설의 설치·관리 등) ① 환경부장관은 공공수역의 수질오염을 방지하기 위하여 특히 필요하다고 인정할 때에는 시·도지사, 시장·군수·구청장으로 하여금 관할구역의 하수관로, 공공폐수처리시설, 「하수도법」 제2조제9호에 따른 공공하수처리시설(이하 "공공하수처리시설"이라 한다) 또는 「폐기물관리법」 제2조제8호의 폐기물처리시설(이하 "폐기물처리시설"이라 한다) 등의 설치·정비 등을 하게 할 수 있다. 〈개정 2017. 1. 17.〉 ② 환경부장관은 공공폐수처리시설에서 배출되는 물의 수질이 제3항의 방류수 수질기준을 초과하는 경우에는 해당 시설을 설치·운영하는 자에게 그 시설의 개선 등 필요한 조치를 하게 할 수 있다. 〈개정 2016. 1. 27.〉 ③ 공공폐수처리시설에서 배출되는 물의 수질기준(이하 "방류수 수질기준"이라 한다)은 관계 중앙행정기관의 장과의 협의를 거쳐 환경부령으로 정하고, 공공하수처리시설 또는 폐기물처리시설에서 배출되는 물의 수질기준은 「하수도법」 또는 「폐기물관리법」에 따른다. 〈개정 2016. 1. 27.〉 [전문개정 2013. 7. 30.]		제26조(공공폐수처리시설의 방류수 수질기준) 법 제12조제3항에 따른 공공폐수처리시설에서 배출되는 물의 수질기준(이하 "공공폐수처리시설의 방류수 수질기준"이라 한다)은 별표 10과 같다. 〈개정 2017. 1. 19.〉 [제목개정 2017. 1. 19.]
제13조(국토계획에의 반영) 시·도지사, 시장 또는 군수는 「국토기본법」에 따라 도종합계획 또는 시·군종합계획을 작성할 때에는 대통령령으로 정하는	제21조(국토계획에의 반영사항) 법 제13조에 따라 시·도지사 또는 시장·군수가 도종합계획 또는 시·군종합계획을 작성할 경우에는 다음 각 호의 시설에 대한	

물환경보전법	물환경보전법 시행령	물환경보전법 시행규칙
바에 따라 공공수역의 수질오염을 방지하기 위하여 제22조제1항에 따른 관리대책 및 공공하수처리시설, 「하수도법」제2조제10호의 분뇨처리시설(이하 "분뇨처리시설"이라 한다) 등의 설치계획을 해당 종합계획에 반영하여야 한다. [전문개정 2013. 7. 30.]	설치계획을 반영하여야 한다. 〈개정 2017. 1. 17.〉 1. 공공폐수처리시설 2. 공공하수처리시설 3. 「하수도법」제2조제10호에 따른 분뇨처리시설 4. 「가축분뇨의 관리 및 이용에 관한 법률」제2조제9호에 따른 공공처리시설	
제14조(도시ㆍ군기본계획에의 반영) 특별시장ㆍ광역시장ㆍ특별자치시장ㆍ특별자치도지사ㆍ시장 또는 군수는 「국토의 계획 및 이용에 관한 법률」제18조에 따라 도시ㆍ군기본계획을 수립할 때에는 제13조에 따른 도종합계획, 「지역균형개발 및 지방중소기업 육성에 관한 법률」제3조에 따른 광역개발사업계획에 포함된 공공하수처리시설ㆍ분뇨처리시설 등의 설치계획을 종합하여 해당 도시ㆍ군기본계획에 반영하여야 한다. [전문개정 2013. 7. 30.]		
제15조(배출 등의 금지) ① 누구든지 정당한 사유 없이 다음 각 호의 어느 하나에 해당하는 행위를 하여서는 아니 된다. 〈개정 2014. 3. 24.〉 1. 공공수역에 특정수질유해물질, 「폐기물관리법」에 따른 지정폐기물, 「석유 및 석유대체연료 사업법」에 따른 석유제품ㆍ가짜석유제품ㆍ석유대체연료 및 원유(석유가스는 제외한다. 이하 "유류"라 한다), 「화학물질관리법」에 따른 유독물질(이하 "유독물"이라 한다), 「농약관리법」에 따른 농약(이하 "농약"이라 한다)을 누출ㆍ유출하거나		제26조의2(토사 유출 등의 기준) ① 법 제15조제1항 제4호에서 "환경부령으로 정하는 기준"이란 다음 각 호의 어느 하나에 해당하는 토사량을 말한다. 이 경우 토사는 우수에서 행해지는 「건설산업기본법」제 2조제4호에 따른 건설공사로 인한 토사로서 누수장우량이 20밀리미터 미만인 경우에 유출되거나 버려지는 토사로 한다. 1. 1천입방그램 이상의 토사량(「하수도법」제2조제 4호에 따른 공공하수도의 하수관로, 폭 5미터 이하의 배수로 또는 폭 5미터 이하의 소하천에 유출

물환경보전법	물환경보전법 시행령	물환경보전법 시행규칙
버리는 행위 2. 공공수역에 분뇨, 가축분뇨, 동물의 사체, 폐기물(「폐기물관리법」에 따른 지정폐기물은 제외한다) 또는 오니(汚泥)를 버리는 행위 3. 하천·호소에서 자동차를 세차하는 행위 4. 공공수역에 환경부령으로 정하는 기준 이상의 토사(土砂)를 유출하거나 버리는 행위 ② 제1항제1호·제3호 또는 제4호의 행위로 인하여 공공수역이 오염되거나 오염될 우려가 있는 경우에는 그 행위자, 행위자가 소속된 법인 및 그 행위자의 사업주(이하 "행위자등"이라 한다)는 해당 물질을 제거하는 등 환경부령으로 정하는 바에 따라 오염을 방지·제거하기 위한 조치(이하 "방제조치"라 한다)를 하여야 한다. ③ 시·도지사는 제2항에 따라 행위자등이 방제조치를 하지 아니하는 경우에는 그 행위자등에게 방제조치의 이행을 명할 수 있다. ④ 시·도지사는 다음 각 호의 어느 하나의 경우에는 해당 방제조치의 대집행(代執行)을 하거나 시장·군수·구청장으로 하여금 대집행을 하도록 할 수 있다. 1. 방제조치만으로는 수질오염의 방지 또는 제거가 곤란하다고 인정되는 경우 2. 제3항에 따른 방제조치 명령을 받은 자가 그 명령을 이행하지 아니하는 경우 3. 제3항에 따른 방제조치 명령을 받은 자가 이행한 방제조치만으로는 수질오염의 방지 또는 제거가		하거나 버리는 경우에 한한다) 2. 토사 유실 중의 부유물질 농도에서 토사 유입 전의 부유물질 농도값을 뺀 값이 리터당 100밀리그램 이상이 되게 하는 토사량(하천·호소에 유출하거나 버리는 경우에 한한다) ② 제1항에 따른 누적강우량 및 토사유량의 구체적인 산정방법 등에 관한 사항은 환경부장관이 정하여 고시한다. [본조신설 2015. 6. 16.] [종전 제26조의2는 제26조의3으로 이동 〈2015. 6. 16.〉] **제26조의3(방제조치의 대집행에 따른 비용부담 범위 등)** ① 한국환경공단은 법 제15조제5항부터 제7항까지에 따라 방제조치의 비용부담 지원을 마쳤을 때에는 별표 10의2의 비용부담 범위 내에서 그 지원에는 비용을 산정하여 시장·군수·구청장에게 통보하여야 한다. ② 시장·군수·구청장은 제1항에 따른 지원비용을 지급하는 경우에는 비용산정 내역을 확인한 후 이를 지급하여야 한다. [본조신설 2014. 1. 29.] [제26조의2에서 이동, 종전 제26조의3은 제26조의4로 이동 〈2015. 6. 16.〉]

물환경보전법	물환경보전법 시행령	물환경보전법 시행규칙
곤란하다고 인정되는 경우 4. 긴급한 방제조치가 필요한 경우로서 행위자등이 신속히 방제조치를 할 수 없는 경우 ⑤ 시장·군수·구청장은 제4항에 따른 대집행을 하는 경우에는 「한국환경공단법」에 따른 한국환경공단(이하 "한국환경공단"이라 한다)에 지원을 요청할 수 있다. ⑥ 한국환경공단이 제5항의 요청에 따라 지원을 하려는 경우에는 그 지원 내용을 미리 시장·군수·구청장과 협의하여야 한다. ⑦ 시장·군수·구청장은 한국환경공단이 제5항의 요청에 따른 지원을 마쳤을 때에는 환경부령으로 정하는 바에 따라 그 지원에 든 비용을 지급하여야 한다. ⑧ 제4항에 따른 대집행에 관하여는 「행정대집행법」에서 정하는 바에 따른다. 이 경우 제3항에 따른 시·도지사의 명령은 시장·군수·구청장의 명령(시·도지사가 대집행하는 경우는 제외한다)으로 본다. [전문개정 2013. 7. 30.] **제16조(수질오염사고의 신고)** 유류·유독물·농약 또는 특정수질유해물질을 운송 또는 보관 중인 자가 해당 물질로 인하여 수질을 오염시킨 때에는 지체 없이 지방환경관서, 시·도 또는 시·군·구(자치구를 말한다) 등 관계 행정기관에 신고하여야 한다. [전문개정 2013. 7. 30.] **제16조의2(방사성물질 등의 유입 여부 조사)** ① 환경부장관은 하천·호소 등에 대하여 「원자력안전법」		**제26조의4(방사능 조사 방법 등)** ① 환경부장관은 법 제16조의2제1항에 따른 방사성물질 및 방사성폐기

물환경보전법	물환경보전법 시행령	물환경보전법 시행규칙
제2조제5조 및 제18호에 따른 방사성물질 및 방사성폐기물의 유입 여부를 조사하여야 한다. ② 환경부장관은 제1항에 따른 조사에 필요하면 행정기관, 지방자치단체, 그 밖의 관계 기관의 장에게 협조를 요청할 수 있다. 이 경우 요청을 받은 정당한 사유가 없으면 이에 따라야 한다. ③ 제1항에 따른 조사 절차·방법 등에 필요한 사항은 환경부령으로 정한다. [본조신설 2013. 3. 22.]		물의 유입 여부를 조사하려는 경우 다음 각 호의 방법 등에 따라야 한다. 1. 조사할 하천·호소 등의 선정은 다음 각 목의 사항을 고려할 것 가. 국민건강 및 생태계에 미치는 영향의 크기 나. 수질변화 경향 파악의 용이성 다. 수질오염 가능성 2. 방사성물질 및 방사성폐기물 중 인체에 미치는 영향이 중대한 물질을 조사 항목으로 선정할 것 3. 방사성물질 및 방사성폐기물의 유입 여부 조사는 하천·호소 등의 선정, 조사 대상 방사성물질 및 방사성폐기물, 조사 주기 및 그 밖에 방사성물질 및 방사성폐기물의 유입 여부 조사와 관련하여 세부적인 사항은 환경부장관이 정하여 고시한다. ② 방사성물질 등의 유입 여부를 조사하여야 하는 하천·호소 등의 선정, 조사 대상 방사성물질 및 방사성폐기물을 정하여 정기적으로 조사하되 긴급한 필요가 있는 경우에는 수시로 조사할 것 [본조신설 2013. 12. 31.] [제26조의3에서 이동 〈2015. 6. 16.〉]
제16조의3(수질오염방제센터의 운영) ① 환경부장관은 공공수역의 수질오염사고에 신속하고 효과적으로 대응하기 위하여 수질오염방제센터(이하 "방제센터"라 한다)를 운영하여야 한다. 이 경우 환경부장관은 대통령령으로 정하는 바에 따라 한국환경공단에 방제센터의 운영을 대행하게 할 수 있다. ② 방제센터는 다음 각 호의 사업을 수행한다. 1. 공공수역의 수질오염사고 감시	제21조의2(수질오염방제센터 사업운영계획서의 제출 등) ① 「한국환경공단법」에 따른 한국환경공단은 법 제16조의3제1항에 따라 수질오염방제센터(이하 "방제센터"라 한다)의 운영을 대행하게 되는 경우에는 다음 연도 방제센터 사업운영계획서를 매년 12월 15일까지 환경부장관에게 제출하고 그 승인을 받아야 한다. ② 제1항에 따른 방제센터 사업운영계획서에는 다	

물환경보전법	물환경보전법 시행령	물환경보전법 시행규칙
2. 제15조제6항에 따른 방제조치의 지원 3. 수질오염사고에 대비한 장비, 자재, 약품 등의 비치 및 보관을 위한 시설의 설치·운영 4. 수질오염 방제기술 관련 교육·훈련, 연구개발 및 홍보 5. 그 밖에 수질오염사고 발생 시 수질오염물질의 수거·처리 ③ 환경부장관은 예산의 범위에서 대행에 필요한 예산을 지원할 수 있다. [본조신설 2013. 7. 30.] 제16조의4(수질오염방제정보시스템의 구축·운영) 방제센터는 전국 하천·호소의 수질 정보를 실시간으로 수집·분석·관리하고 수질오염사고 발생 시 신속히 관계 행정기관에 알릴 수 있는 수질오염방제정보시스템을 구축·운영할 수 있다. 〈개정 2017. 1. 17.〉 [본조신설 2013. 7. 30.] 제17조(상수원의 수질보전을 위한 통행제한) ① 전복(顚覆), 추락 등의 사고 시 발생 시 상수원을 오염시킬 우려가 있는 물질을 수송하는 자동차를 운행하는 자는 그 다음 각 호의 어느 하나에 해당하는 지역 또는 그 지역에 인접한 지역 중에서 제4항에 따라 환경부령으로 정하는 도로·구간을 통행할 수 없다. 1. 상수원보호구역 2. 특별대책지역	음 각 호의 사항이 포함되어야 한다. 1. 법 제16조의3제2항 각 호의 사업 수행에 관한 사항 2. 법 제16조의3제2항 각 호의 사업 수행에 필요한 예산에 관한 사항 3. 법 제16조의4에 따른 수질오염방제정보시스템의 구축·운영에 관한 사항 ③ 「한국환경공단법」에 따른 한국환경공단은 방제센터의 운영을 대행하는 경우 해당 연도의 방제센터 운영결과보고서를 다음 연도 1월 31일까지 환경부장관에게 제출하여야 한다. [본조신설 2014. 1. 28.]	제27조(상수원의 수질보전을 위한 통행제한 지역 및 도로·구간) ① 법 제17조제1항제4호에서 "환경부령으로 정하는 지역"이란 다음 각 호의 지역을 말한다. 〈개정 2014. 1. 29.〉 1. 상수원 호소 2. 영 제31조제1항제5호에 따른 상수원보호구역으로 지정되지 아니한 지역 중 상수원 취수시설이 있는 지역

물환경보전법	물환경보전법 시행령	물환경보전법 시행규칙
3. 「한강수계 상수원수질개선 및 주민지원 등에 관한 법률」 제4조, 「낙동강수계 물관리 및 주민지원 등에 관한 법률」 제4조, 「금강수계 물관리 및 주민지원 등에 관한 법률」 제4조 및 「영산강·섬진강수계 물관리 및 주민지원 등에 관한 법률」 제4조에 따라 각각 지정·고시된 수변구역 4. 상수원에 중대한 오염을 일으킬 수 있어 환경부령으로 정하는 지역 ② 제1항 각 호 외의 부분에서 "상수원을 오염시킬 우려가 있는 물질"은 다음 각 호의 어느 하나에 해당하는 물질로 한다. 1. 특정수질유해물질 2. 「폐기물관리법」 제2조제4호에 따른 지정폐기물 (액체상태의 폐기물과 환경부령 및 폐기물 기타로 한정한다) 3. 유류 4. 유독물 5. 「농약관리법」 제2조제1호 및 제3호에 따른 농약 및 원제(原劑) 6. 「원자력안전법」 제2조제5호 및 제18호에 따른 방사성물질 및 방사성폐기물 7. 그 밖에 대통령령으로 정하는 물질 ③ 경찰청장은 제1항에 따라 자동차의 통행제한을 위하여 필요하다고 인정할 때에는 다음 각 호에 해당하는 조치를 하여야 한다. 1. 자동차 통행제한 표지판의 설치 2. 통행제한 위반 자동차의 단속		② 법 제17조제4항에 따른 통행할 수 없는 도로·구간(이하 "통행제한 도로·구간"이라 한다)은 별표 11과 같다. ③ 법 제17조제4항에 따라 다음 각 호의 어느 하나에 해당하는 자동차는 법 제17조제2항 각 호의 어느 하나에 해당하는 도로·구간을 통행할 수 있다. 〈개정 2015. 6. 16.〉 1. 군용자동차 2. 통행제한 도로·구간의 인접지역 주민이 그 지역에서 사용하기 위한 농어업을 운반하는 자동차 3. 통행제한 도로·구간의 진입 지점을 관할하는 시장·군수·구청장(자치구의 구청장을 말한다. 이하 같다)으로부터 발급받은 별지 제0호서식의 통행증을 그 앞쪽 유리에 붙인 자동차 ④ 제3항제3호에 따른 통행증을 발급받으려는 자는 별지 제10호서식의 통행증발급신청서를 해당 시장·군수·구청장에게 제출하여야 한다.

물환경보전법	물환경보전법 시행령	물환경보전법 시행규칙
④ 제1항에 따른 통행할 수 없는 도로·구간 및 자동차 등 필요한 사항은 환경부장관이 경찰청장과 협의하여 환경부령으로 정한다. [전문개정 2013. 7. 30.] 제18조(공공수역의 점용 및 매립 등에 따른 수질오염 방지) ① 공공수역에 대한 점용 또는 매립을 허가하거나 인가하려는 행정기관은 공공수역의 수질오염을 방지하기 위하여 필요한 조건을 붙일 수 있다. ② 제1항에 따른 조건의 내용, 수질오염 방지방법 등에 관하여 필요한 사항은 대통령령으로 정한다. [전문개정 2013. 7. 30.] 제19조(특정 농작물의 경작 권고 등) ① 시·도지사 또는 대도시의 장은 공공수역의 물환경의 보전을 위하여 필요하다고 인정하는 경우에는 하천·호소 구역에서 농작물을 경작하는 사람에게 경작대상 농작물의 종류 및 경작방식의 변경과 휴경(休耕) 등을 권고할 수 있다. <개정 2017. 1. 17.> ② 시·도지사 또는 대도시의 장은 제1항에 따른 권고에 따라 농작물을 경작하거나 휴경함으로 인하여 경작자가 입은 손실에 대해서는 대통령령으로 정하는 바에 따라 보상할 수 있다. <개정 2017. 1. 17.> [전문개정 2013. 7. 30.] 제19조의2(물환경 보전조치 권고) ① 환경부장관은 제9조 또는 제9조의3에 따른 측정·조사 결과 방지할 경우 하천·호소 등의 물환경에 중대한 위해를 끼	제22조(공공수역의 수질오염방지 조건의 내용) 법 제18조제1항에 따라 공공수역의 수질오염방지를 위하여 붙이는 조건에는 다음 각 호의 내용이 포함되어야 한다. 1. 폐기물은 「폐기물관리법」 제13조에 따라 처리할 것 2. 공공수역을 폐기물로 매립하려는 경우에는 「폐기물관리법」 제13조에 따른 폐기물처리의 기준 및 방법에 적합하도록 처리한 후 매립할 것 제23조(특정 농작물의 경작 권고 등에 따른 손실보상) 시·도지사 또는 「지방자치법」 제175조에 따른 인구 50만 이상 대도시(이하 "대도시"라 한다)의 장은 법 제19조제2항에 따라 경작자가 입은 손실을 보상하는 경우에는 농지면적, 농작물의 종류 및 단위면적당 소득 등을 고려하여 환경부장관이 정하여 고시하는 기준에 따라 보상 금액을 산정하여야 한다. <개정 2018. 1. 16.> [제목개정 2015. 5. 26.]	제27조의2(관계 전문기관) 법 제19조의2제3항에서 "환경부령으로 정하는 관계 전문기관"이란 다음 각 호의 기관을 말한다. <개정 2018. 1. 17.>

물환경보전법	물환경보전법 시행령	물환경보전법 시행규칙
질 우려가 있다고 판단될 때에는 공공수역을 관리하는 자(수면관리자, 「하천법」 제8조에 따른 하천관리청 및 「소하천정비법」 제2조에 따른 소하천관리청 및 특별자치시장·특별자치도지사·시장·군수·구청장을 말하며, 이하 "공공수역관리자"라 한다)에게 물환경 보전을 위하여 필요한 조치를 할 것을 권고할 수 있다. 〈개정 2017. 1. 17.〉 ② 환경부장관은 제1항에 따른 권고를 이행하는 데 드는 비용의 일부를 예산의 범위에서 지원할 수 있다. ③ 환경부장관은 제1항에 따른 권고를 이행하기 위하여 필요하다고 인정하는 경우에는 조치를 권고받은 자로 하여금 환경부령으로 정하는 관계 전문기관에 자문하게 할 수 있다. [전문개정 2013. 7. 30.] [제목개정 2017. 1. 17.] 제19조의3(수변생태구역의 매수·조성) ① 환경부장관은 물환경의 보전을 위하여 필요하다고 인정할 때에는 하천·호소등의 수변습지 및 수변토지(이하 "수변생태구역"이라 한다)를 매수하거나 생태적으로 조성·관리할 수 있다. 〈개정 2017. 1. 17.〉 ②시·도지사 또는 대도시의 장은 관할구역의 상수원을 보호하기 위하여 필요한 경우로서 대통령령으로 정하는 경우에는 제1항의 기준에 따라 수변생태구역을 매수하거나 환경부령으로 정하는 바에 따라 생태적으로 조성·관리할 수 있다. 〈개정 2017. 1. 17.〉	제25조(수변생태구역 매수 등의 기준 등) ① 환경부장관은 법 제19조의3제1항에 따라 다음 각 호 모두에 해당하는 수변습지 및 수변토지(이하 "수변생태구역"이라 한다)를 매수하거나 생태적으로 조성·관리할 수 있다. 〈개정 2018. 6. 12.〉 1. 하천·호소(湖沼), 그 밖에 환경부령으로 정하는 공공수역(이하 "하천·호소등"이라 한다)의 경계부터 1킬로미터 이내의 지역일 것. 다만, 「산림보호법」 제7조에 따른 산림보호구역과 「산림자원의 조성 및 관리에 관한 법률」 제47조에 따른 시험림은 매수 또는 조성·관리대상에서 제외하고, 같은 법 제2조제1호에 따른 산림은 제2조제1호에 따른 산림은 조성·관리대상에서 제외한다.	1. 국립환경과학원 2. 한국환경공단 3. 하천·호소 등의 물환경 보전과 관련하여 전문성이 있다고 환경부장관이 인정하는 기관 [본조신설 2014. 1. 29.] 제5조(공공수역) 법 제2조제9호에서 "환경부령으로 정하는 수로"란 다음 각 호의 수로를 말한다. 〈개정 2014. 7. 17.〉 1. 지하수로 2. 농업용 수로 3. 하수관로 4. 운하

물환경보전법	물환경보전법 시행령	물환경보전법 시행규칙
③「하천법」제2조제2호에 따른 하천구역에 해당하는 토지는 제1항 또는 제2항에 따른 매수대상 토지에서 제외한다. ④ 환경부장관은 제1항에 따른 매수 또는 조성이 대상이 되는 토지를 선정할 때에는 미리 관계 중앙행정기관의 장 및 관할 지방자치단체의 장과 협의하여야 한다. ⑤ 제1항 및 제2항에 따라 토지를 매수하는 경우 매수대상 토지의 선정기준, 매수가격의 산정 및 매수의 방법·절차 등에 관한 사항은 대통령령으로 정한다. [전문개정 2013. 7. 30.]	2. 다음 각 목의 어느 하나에 해당하는 경우로서 수변생태구역을 매수하거나 생태적으로 조성·관리할 필요가 있을 것 　가. 상수원을 보호하기 위하여 수변의 토지를 생태적으로 관리할 필요가 있는 경우 　나. 보호가치가 있는 수생물(水生物) 등을 보전하거나 복원하기 위하여 해당 하천·호소등 수변을 체계적으로 관리할 필요가 있는 경우 　다. 비점오염물질(非點汚染物質) 등을 관리하기 위하여 반드시 수변의 토지를 관리할 필요가 있는 경우 ② 시·도지사 또는 대도시의 장은 다음 각 호의 어느 하나에 해당하는 경우에는 법 제19조의3제2항에 따라 수변생태구역을 매수하거나 생태적으로 조성·관리할 수 있다. 〈개정 2018. 1. 16.〉 1. 법 제19조의2에 따라 물환경 보전조치를 이행하거나 위하여 해당 공공수역 주변의 토지를 매수하거나 조성·관리할 필요가 있다고 환경부장관이 인정한 경우 2. 법 제56조에 따라 수립된 시행계획 중 비점오염저감시설의 설치·운영 등으로 수질오염물질의 저감계획을 이행하기 위하여 필요한 경우	
	제26조(매수가격의 산정과 매수의 방법·절차 등) ① 법 제19조의3제1항 및 제2항에 따라 환경부장관이나 시·도지사 또는 대도시의 장이 매수하려는 수변생태구역에 있는 토지 또는 그 토지에 정착된 시설(이하 "토지등"이라 한다)의 소유자는 환경부령	**제28조(수변생태구역 매수신청)** ① 영 제26조에 따라 토지등의 매수신청을 하려는 자는 별지 제11호서식의 신청서에 다음 각 호의 서류를 첨부하여 환경부장관, 시·도지사 또는 대도시의 장에게 제출하여야 한다. 〈개정 2018. 1. 17.〉

물환경보전법	물환경보전법 시행령	물환경보전법 시행규칙
	으로 정하는 바에 따라 환경부장관이나 시·도지사 또는 대도시의 장에게 매수를 신청할 수 있다. 〈개정 2018. 1. 16.〉 ② 환경부장관이나 시·도지사 또는 대도시의 장은 제1항에 따라 매수신청을 받으면 환경부장관이나 시·도지사 또는 대도시의 장이 고시 또는 공고하는 매수의 우선순위에 따라 매수 여부를 결정하고, 결정한 토지를 매수하기로 결정한 경우에는 결정한 내용과 제3항에 따라 산정한 매수가격을 해당 토지등의 소유자에게 알려야 한다. 〈개정 2018. 1. 16.〉 ③ 제2항에 따른 토지등의 매수가격은 「부동산 가격공시에 관한 법률」에 따른 공시지가를 기준으로 그 토지의 위치, 형상, 환경 및 이용 상황 등을 고려하여 평가한 금액으로 하되, 「감정평가 및 감정평가사에 관한 법률」 제2조제4호에 따른 감정평가업자 2명 이상이 평가한 금액을 산술평균한 금액으로 한다. 〈개정 2016. 8. 31.〉	1. 삭제 〈2012. 1. 19.〉 2. 삭제 〈2012. 1. 19.〉 3. 임목등록부 또는 임목등기부(해당하는 경우에 한한다) 4. 오수·폐수발생량을 증명하는 서류 5. 대리인의 경우 그 권한을 증명하는 서류 ② 제1항에 따라 신청서를 받은 담당 공무원은 「전자정부법」 제36조제1항에 따른 행정정보의 공동이용을 통하여 다음 각 호의 행정정보를 확인하여야 한다. 다만, 제1호의 경우 신청인이 확인에 동의하지 아니하는 경우에는 해당 서류를 제출하도록 하여야 한다. 〈개정 2018. 1. 17.〉 1. 토지소유자의 주민등록표 초본 2. 토지등기부 등본, 건축물등기부 등본 3. 토지대장, 임야대장, 건축물대장(건축물 현황도를 포함한다) 4. 토지이용계획 확인서 5. 지적도
제19조의4(배출시설 등에 대한 기후변화 취약성 조사 및 권고) ① 환경부장관은 폐수배출시설, 비점오염 저감시설, 공공폐수처리시설을 대상으로 기후변화에 대한 시설의 취약성 등을 조사하고, 조사 결과에 대한 시설에 대해서는 시설 개선 등을 권고할 수 있다. 〈개정 2016. 1. 27.〉 ② 제1항에 따른 조사에 필요한 구체적인 조사 항목·방법 및 절차 등은 환경부령으로 정한다. ③ 환경부장관은 제1항에 따른 권고를 이행하는 폐수		제28조의2(기후변화 취약성 조사) ① 법 제19조의4제1항에 따라 환경부장관은 폐수배출시설, 비점오염 저감시설 및 공공폐수처리시설을 대상으로 10년마다 기후변화에 대한 시설의 취약성 등의 조사(이하 "취약성등 조사"라 한다)를 실시하여야 한다. 〈개정 2017. 1. 19.〉 ② 취약성등 조사의 조사항목은 폐수배출 및 홍수를 포함한다), 가뭄, 폭염, 폭설 및 해수면 상승 등의 기후 변화 현상에 대한 다음 각 호의 항목으로 한다.

물환경보전법	물환경보전법 시행령	물환경보전법 시행규칙
배출시설, 비점오염저감시설, 공공폐수처리시설에 대하여 예산의 범위에서 필요한 비용 또는 경비의 일부를 지원할 수 있다. 〈개정 2016. 1. 27.〉 [본조신설 2013. 7. 30.]		1. 기후노출 정도 : 해당 시설이 위치한 지역의 과거 기후변화 경향 및 미래에 예측되는 기후변화 정도 2. 기후변화 민감도 : 기후 관련 자극에 의하여 해당 시설이 해롭거나 이로운 영향을 직·간접적으로 받는 정도 3. 기후변화 적응능력 : 해당 시설이 기후변화에 맞게 스스로 조절하거나 우려되는 피해를 감소시키는 등 기후변화에 대처하는 능력 ③ 환경부장관은 취약성등 조사를 관련 전문기관에 의뢰하여 조사하게 할 수 있다. ④ 환경부장관은 취약성등 조사와 관련하여 사업자에게 관련 자료의 제출을 요청할 수 있다. ⑤ 환경부장관은 취약성등 조사를 실시한 후 그 결과에 대한 평가서를 작성하고 이를 해당 사업자에게 통보하여야 한다. ⑥ 제1항부터 제5항까지에서 규정한 사항 외에 취약성등 조사의 조사항목·방법 및 절차에 필요한 세부적인 사항은 환경부장관이 정하여 고시한다. [본조신설 2014. 1. 29.]
제20조(낚시행위의 제한) ① 특별자치시장·특별자치도지사·시장·군수·구청장은 하천(「하천법」 제3조제3항 및 제3항에 따른 국가하천 및 지방하천은 제외한다)·호소의 이용목적 및 수질상황 등을 고려하여 대통령령으로 정하는 바에 따라 낚시금지구역 또는 낚시제한구역을 지정할 수 있다. 이 경우 수면관리자와 협의하여야 한다. ② 제1항에 따른 낚시제한구역에서 낚시행위를 하	제27조(낚시금지구역 또는 낚시제한구역의 지정 등) ① 시장·군수·구청장(자치구의 구청장을 말한다. 이하 같다)은 낚시금지구역 또는 낚시제한구역을 지정하려는 경우에는 다음 각 호의 사항을 고려하여야 한다. 1. 용수의 목적 2. 오염원 현황 3. 수질오염도	제29조(낚시금지·제한구역의 안내판 규격 및 내용) 영 제27조제3항에 따른 낚시금지구역 또는 낚시제한구역의 안내판의 규격 및 내용은 별표 12와 같다.

물환경보전법	물환경보전법 시행령	물환경보전법 시행규칙
라는 사람은 낚시의 방법, 시기 등 환경부령으로 정하는 사항을 준수하여야 한다. 이 경우 환경부령을 정할 때에는 해양수산부장관과 협의하여야 한다. ③특별자치시장·특별자치도지사·시장·군수·구청장은 제1항에 따른 낚시제한구역 및 그 주변지역의 오염 방지를 위한 쓰레기 수거 등의 비용에 충당하기 위하여 낚시제한구역에서 낚시행위를 하려는 사람으로부터 조례로 정하는 바에 따라 수수료를 징수할 수 있다. [전문개정 2013. 7. 30.]	4. 낚시터 인근에서의 쓰레기 발생 현황 및 처리 여건 5. 연도별 낚시 인구의 현황 6. 서식 어류의 종류 및 양 등 수중생태계의 현황 ②시장·군수·구청장은 법 제20조제1항에 따라 낚시금지구역 또는 낚시제한구역을 지정한 때에는 지체 없이 다음 각 호의 사항을 해당 지방자치단체의 공보에 공고한 후, 일반인이 열람할 수 있도록 도면 등을 갖추어 두고 공고한 내용을 알리는 안내판을 낚시금지구역이나 낚시제한구역에 설치하여야 한다. 1. 낚시금지구역 또는 낚시제한구역의 명칭 및 위치 2. 법 제20조제2항에 따른 낚시의 방법·시기 등 제한사항(낚시제한구역에만 공고한다) 3. 법 제82조제2항제1호 또는 같은 조 제3항제2호에 따른 낚시금지 또는 낚시제한을 위반한 자에 대한 과태료 4. 법 제20조제3항에 따른 쓰레기 수거 등의 비용의 충당하기 위한 수수료의 부과 금액, 납부방법 및 납부장소 5. 낚시제한구역에서 발생하는 쓰레기 등의 처리방법 6. 그 밖에 낚시의 금지 또는 제한에 관하여 필요한 사항 ③제2항에 따른 안내판의 규격 및 내용은 환경부령으로 정한다.	**제30조(낚시제한구역에서의 제한사항)** 법 제20조제2항 전단에서 "환경부령으로 정하는 사항"이란 다음 각 호의 사항을 말한다. 〈개정 2014. 1. 29.〉

물환경보전법	물환경보전법 시행령	물환경보전법 시행규칙
		1. 낚시방법에 관한 다음 각 목의 행위 가. 낚시바늘에 끼워서 사용하지 아니하고 물고기를 유인하기 위하여 떡밥·어분 등을 던지는 행위 나. 어선을 이용한 낚시행위 등 「낚시 관리 및 육성법」에 따른 낚시어선업을 영위하는 행위(「내수면어업 시행령」 제14조제1항제1호에 따른 외줄낚시는 제외한다) 다. 1명당 4대 이상의 낚시대를 사용하는 행위 라. 1개의 낚시대에 5개 이상의 낚시바늘을 떡밥과 뭉쳐서 미끼로 던지는 행위 마. 쓰레기를 버리거나 취사행위를 하거나 화장실이 아닌 곳에서 대·소변을 보는 등 수질오염을 일으킬 우려가 있는 행위 바. 고기를 잡기 위하여 폭발물·배터리·어망 등을 이용하는 행위(「내수면어업법」 제6조·제9조 또는 제11조에 따라 면허 또는 허가를 받거나 신고를 하고 어망을 사용하는 경우는 제외한다) 2. 「수산자원보호령」에 따른 포획금지행위 3. 낚시로 인한 수질오염을 예방하기 위하여 그 밖에 시·군·자치구의 조례로 정하는 행위
제21조(수질오염 경보제) ① 환경부장관 또는 시·도지사는 수질오염으로 하천·호소의 물이 이용에 중대한 피해를 가져올 우려가 있거나 주민의 건강·재산이나 동식물의 생육에 중대한 위해를 가져올 우려가 있다고 인정될 때에는 해당 하천·호소에 대하여	**제28조(수질오염경보)** ① 법 제21조제5항에 따른 수질오염경보의 종류는 다음 각 호와 같다. 1. 조류경보(藻類警報) 2. 수질오염감시경보 ② 수질오염경보의 종류별 발령 대상, 발령 주체 및	

물환경보전법	물환경보전법 시행령	물환경보전법 시행규칙
수질오염 경보를 발령할 수 있다. 〈개정 2013. 7. 30.〉 ② 삭제 〈2007. 5. 17.〉 ③ 삭제 〈2007. 5. 17.〉 ④ 환경부장관은 수질오염 경보에 따른 조치 등에 필요한 사업비를 예산의 범위에서 지원할 수 있다. 〈개정 2013. 7. 30.〉 ⑤ 수질오염 경보의 종류와 경보종류별 발령대상, 발령주체, 대상 항목, 발령기준, 경보단계, 경보단계별 조치사항 등에 관하여 필요한 사항은 대통령령으로 정한다. 〈개정 2017. 1. 17.〉 [제목개정 2013. 7. 30.]	대상 항목은 별표 2와 같다. 〈개정 2018. 1. 16.〉 ③ 수질오염 경보의 종류별 경보단계 및 그 단계별 발령·해제기준은 별표 3과 같다. ④ 수질오염 경보의 종류별·경보단계·정보단계별 조치사항은 별표 4와 같다.	
제21조의2(오염된 공공수역에서의 행위제한) ① 환경장관은 하천·호소등이 오염되어 수산물의 채취·포획이나 물놀이, 그 밖에 대통령령으로 정하는 행위를 할 경우 사람의 건강이나 생활에 미치는 피해가 크다고 인정할 때에는 해당 하천·호소등에서 그 행위를 금지·제한하거나 자제하도록 안내하는 등 환경부령으로 정하는 조치를 할 것을 시·도지사에게 권고할 수 있다. 〈개정 2017. 12. 12.〉 ② 제1항에 따라 권고를 받은 시·도지사는 특별한 사유가 없으면 권고에 따른 조치를 하여야 한다. ③ 환경부장관은 제2항에 따른 시·도지사의 조치가 미흡하여 사람의 생명·신체에 위험이 발생할 수 있는 경우에는 관계 행정기관과 협의하여 필요한 조치를 할 수 있다. 〈신설 2017. 12. 12.〉 ④ 제1항에 따른 권고를 할 수 있는 오염된 하천·호소등의 선정기준, 제3항에 따른 조치기준 및 그 밖에	제29조(오염된 공공수역에서의 행위제한) ① 법 제21조의2제1항에서 "대통령령으로 정하는 행위"란 다음 각 호의 어느 하나에 해당하는 행위를 말한다. 〈개정 2018. 6. 12.〉 1. 해당 하천·호소등의 물을 마시거나 취사용으로 사용하는 행위 2. 해당 하천·호소등의 어패류 등 수생물을 잡아 먹는 행위 3. 해당 하천·호소등의 물을 농업용으로 대는 행위 ② 법 제21조의2제2항에 따라 행위제한을 권고할 수 있는 하천·호소등의 선정기준은 다음 각 호와 같다. 〈개정 2018. 6. 12.〉 1. 법 제22조제2항에 따라 환경부장관이 고시한 수계영향권별 목표수질을 초과하여 용수의 목적에 지장을 우려가 있는 경우 2. 제1호 외에 별표 5의 기준을 초과하여 사람의 건	

물환경보전법	물환경보전법 시행령	물환경보전법 시행규칙
필요한 사항은 대통령령으로 정한다. 〈개정 2017. 12. 12.〉 [전문개정 2013. 7. 30.]	강이나 생활에 미치는 영향이 큰 경우 ③ 환경부장관은 법 제21조의2제2항에 따라 시·도지사가 조치를 하였음에도 불구하고 제2항에 따른 기준을 초과하는 경우에는 법 제21조의2제3항에 따른 조치를 할 수 있다. 〈신설 2018. 6. 12.〉 [제목개정 2018. 6. 12.]	제30조의2(오염된 공공수역에서의 행위제한) 유역환경청장 또는 지방환경청장은 법 제21조의2제1항에 따라 해당 하천·호소 등에서 제한되는 행위 및 제한 기간에 대하여 현수막을 설치하거나 관할세구역 구의 이·면·동 게시판 또는 일간신문에 공고하는 등의 방법으로 알리도록 시·도지사에게 권고할 수 있다. [본조신설 2017. 1. 19.] [종전 제30조의2는 제30조의3으로 이동 〈2017. 1. 19.〉]
제21조의3(상수원의 수질개선을 위한 특별조치) ① 환경부장관은 상수원의 수질오염이 다음 각 호의 어느 하나에 해당하는 경우에는 수질오염을 방생시키는 오염원에 대하여 오염물질의 배출금지 등 특별조치를 명할 수 있다. 1. 상수원의 수질오염으로 먹는 물 수질관리기준(「수도법」 제26조에 따른 수질기준을 말한다)이 충족이 어려울 것으로 예상되는 경우 2. 제1호의 수질관리기준에 정하고 있지 아니한 오염물질로 인하여 주민의 건강에 중대한 위해를 가져올 우려가 있다고 인정되는 경우	제29조의2(상수원의 수질개선을 위한 특별조치의 절차 및 내용 등) ① 환경부장관은 법 제21조의3제1항에 따라 특별조치(이하 이 조에서 "특별조치"라 한다)를 명할 필요가 있다고 인정하면 시·도지사, 유역환경청장 또는 지방환경청장(이하 "시·도지사 등"이라 한다)에게 해당 상수원의 오염현황, 향후 예상되는 오염 증가추세 및 대응계획 등에 관한 자료를 제출하게 할 수 있다. ② 특별조치에 포함되어야 하는 내용은 다음 각 호와 같다. 1. 특별조치의 대상 수질오염물질	

물환경보전법	물환경보전법 시행령	물환경보전법 시행규칙
②제1항에 따른 특별조치의 절차, 내용 및 기준 등에 필요한 사항은 대통령령으로 정한다. ③환경부장관은 제1항에 따른 특별조치를 이행하는 데 비용의 일부를 예산의 범위에서 지원할 수 있다. [본조신설 2010. 3. 22.]	2. 제1호에 따른 수질오염물질에 대한 배출금지 또는 배출제한 등 특별조치의 방법 3. 특별조치를 명하기 전에 배출된 수질오염물질의 방제조치에 관한 사항 4. 특별조치 명령의 이행 관리에 관한 사항 ③시·도지사등은 관할 구역에서 법 제21조의3제1항 각 호의 어느 하나에 해당하는 수질오염이 우려되는 경우에는 환경부장관에게 특별조치를 명할 것을 요청할 수 있다. 이 경우 시·도지사등은 해당 수질의 오염현황, 향후 예상되는 오염 증가추세 및 대응계획 등에 관한 자료를 함께 제출하여야 한다. ④환경부장관은 특별조치를 명한 경우에는 지체 없이 그 내용을 관보에 게재하거나 인터넷 홈페이지 등을 통하여 알려야 한다. ⑤환경부장관은 특별조치로 인하여 발생하는 사업자 등의 피해가 최소화되도록 노력하여야 한다. [본조신설 2010. 6. 22.]	
제21조의4(완충저류시설의 설치·관리) ① 「국토의 계획 및 이용에 관한 법률」 제36조제1항에 따른 공업지역 중 환경부령으로 정하는 지역 또는 「산업입지 및 개발에 관한 법률」 제2조제8호에 따른 산업단지 중 환경부령으로 정하는 단지의 소재지를 관할하는 특별시장·광역시장·특별자치시장·특별자치도지사·시장·군수(광역시의 군수는 제외한다)는 그 공업지역 또는 산업단지에서 배출되는 오수·폐수 등을 일차적으로 담아둘 수 있는 완충저류시설(緩衝貯留施設)을 설치·운영하여야 한다.		제30조의3(완충저류시설의 설치대상) 법 제21조의4 제1항에서 "환경부령으로 정하는 지역"과 "환경부령으로 정하는 단지"란 다음 각 호의 공업지역("국토의 계획 및 이용에 관한 법률」 제36조제1항에 따른 공업지역을 말한다. 이하 같다) 또는 산업단지(「산업입지 및 개발에 관한 법률」 제2조제8호에 따른 산업단지를 말한다. 이하 같다)를 말한다. 1. 면적이 150만제곱미터 이상인 공업지역 또는 산업단지 2. 특정수질유해물질이 포함된 폐수를 1일 200톤 이

물환경보전법	물환경보전법 시행령	물환경보전법 시행규칙
② 제1항에 따라 완충저류시설을 설치·운영하여야 하는 지방자치단체의 장은 추진일정 및 설치장소 등 환경부령으로 정하는 사항을 포함한 완충저류시설 설치·운영계획을 수립하여 환경부장관과 협의하여야 한다. 환경부령으로 정하는 중요 사항을 변경하려는 경우에도 또한 같다. ③ 환경부장관은 예산의 범위에서 완충저류시설의 설치·운영에 필요한 비용의 전부 또는 일부를 지원할 수 있다. ④ 완충저류시설의 용량 산정 기준 등 완충저류시설의 설치기준 및 운영에 관하여 필요한 사항은 환경부령으로 정한다. [본조신설 2014. 3. 24.]		상 배출하는 공업지역 또는 산업단지 3. 폐수배출량이 1일 5천톤 이상인 경우로서 다음 각 목의 어느 하나에 해당하는 지역에 위치한 공업지역 또는 산업단지 가. 영 제32조 각 호의 어느 하나에 해당하는 배출시설이 설치제한된 지역 나. 한강·낙동강·금강·영산강·섬진강·탐진강 본류(本流)의 경계(「하천법」제2조제2호의 하천구역의 경계를 말한다)로부터 1킬로미터 이내에 해당하는 지역 다. 한강·낙동강·금강·영산강·섬진강·탐진강 본류에 직접 유입되는 지류(支流)(「하천법」제7조제1항에 따른 국가하천 또는 지방하천에 한정한다)의 경계(「하천법」제2조제2호의 하천구역의 경계를 말한다)로부터 500미터 이내에 해당하는 지역 4. 「화학물질관리법」제2조제7호의 유해화학물질 집의 연간 제조·보관·저장·사용량이 1천톤 이상이거나 면적 1제곱미터당 2킬로그램 이상인 공업지역 또는 산업단지 [본조신설 2014. 12. 31.] [제30조의2에서 이동, 종전 제30조의3은 제30조의4로 이동 〈2017. 1. 19.〉] **제30조의4(완충저류시설의 설치·운영계획 등)** ① 법 제21조의4제2항 전단에서 "환경부령으로 정하는 사항"이란 다음 각 호와 같다. 1. 완충저류시설의 추진일정 및 설치장소

물환경보전법	물환경보전법 시행령	물환경보전법 시행규칙
		2. 완충저류시설의 설치·운영 방법 및 지류수의 연계처리 방안
		3. 공업지역 또는 산업단지 입주업체에서 사용하는 특정수질유해물질의 배출량
		4. 공업지역 또는 산업단지 입주업체에서 발생하는 오수·폐수의 배출량
		5. 공업지역 또는 산업단지 입주업체에서 제조·보관·저장·사용하는 유해화학물질의 양
		6. 완충저류시설 설치·운영비용의 부담(추정 소요 사업비, 연차별 투자계획, 재원조달과 비용분담 방안, 운영관리 방안 등을 포함한다)에 관한 사항
		7. 사고오염수 및 초기우수 처리기능 등을 고려한 완충저류시설의 저류용량과 이에 대한 산정근거 자료
		8. 수질오염사고 발생 가능성, 부지 및 입지여건, 기술적 조건, 경제성 등 평가자료
		9. 공업지역 또는 산업단지 내 유수지, 비점오염저감시설 등의 활용방안
		② 법 제21조의4제2항 후단에서 "환경부령으로 정하는 중요 사항"이란 다음 각 호의 사항을 말한다.
		1. 완충저류시설의 주진입정 및 설치장소
		2. 완충저류시설의 시설용량 또는 설치비용의 100분의 25 이상의 증가
		3. 완충저류시설의 설치·운영 방법 및 지류수의 연계처리 방안
		③ 환경부장관은 법 제21조의4제2항에 따라 완충저류시설의 설치·운영계획에 대하여 협의하는 경우에는 미리 한국환경공단에 기술적 사항을 검토하게 하

물환경보전법	물환경보전법 시행령	물환경보전법 시행규칙
		할 수 있다. [본조신설 2014. 12. 31.] [제30조의3에서 이동, 종전 제30조의4는 제30조의5로 이동 〈2017. 1. 19.〉]
		제30조의5(완충저류시설의 설치·운영기준) 법 제21조의4제4항에 따른 완충저류시설의 설치·운영 기준은 별표 12의2[[2]]와 같다. [본조신설 2014. 12. 31.] [제30조의4에서 이동 〈2017. 1. 19.〉]
제21조의5(조류에 의한 피해 예방) ① 환경부장관은 조류(藻類)의 발생 등으로 인하여 하천·호소등의 물환경에 중대한 영향을 미친다고 인정하는 경우에는 제21조의3에 따라 수질오염을 발생시키는 오염원에 대하여 특별조치를 명할 수 있으며, 조류의 발생 등으로 인한 피해를 예방하기 위한 조치를 공공수역관리자 또는 관계 중앙행정기관의 장에게 요청하거나 하천·호소등을 수원(水源)으로 하는 취수시설 또는 정수시설의 관리자에게 명할 수 있다. 〈개정 2017. 1. 17.〉 ② 제1항에 따라 요청 또는 명령을 받은 자는 특별한 사유가 없으면 이에 따라야 한다. ③ 제1항에 따른 조치의 내용 등 조치에 필요한 사항은 대통령령으로 정한다. ④ 환경부장관은 예산의 범위에서 제1항에 따른 조치에 필요한 비용의 일부를 지원할 수 있다. [본조신설 2016. 1. 27.]	**제29조의3(조류에 의한 피해 예방 조치)** 환경부장관은 법 제21조의5제1항에 따라 조류(藻類)의 발생 등으로 인한 피해를 예방하기 위하여 다음 각 호의 조치를 요청하거나 명할 수 있다. 1. 댐, 보 또는 저수지 등의 방류조치 2. 조류제거시설의 설치, 조류제거물질의 살포 등 조류제거를 위한 조치 3. 취수장·정수장의 조류 유입의 차단조치 또는 정수처리의 강화조치 4. 방류수의 수질 개선을 위한 처리 강화 등 조류의 발생을 예방하기 위한 조치 [본조신설 2017. 1. 17.] [종전 제29조의3은 제29조의4로 이동 〈2017. 1. 17.〉]	

물환경보전법	물환경보전법 시행령	물환경보전법 시행규칙

물환경보전법

제2절 국가 및 수계영향권별 물환경 보전 〈개정 2017. 1. 17.〉

제22조(국가 및 수계영향권별 물환경 관리) ① 환경부장관 또는 지방자치단체의 장은 제23조의2 및 제24조부터 제26조까지의 규정에 따른 수계영향권별 물환경관리 및 제23조의2 및 제26조까지의 규정에 따른 수계영향권별 물환경관리에 따라 다물환경 현황 및 수생태계 건강성을 파악하고 적절한 관리대책을 마련하여야 한다. 〈개정 2017. 1. 17.〉

② 환경부장관은 면적ㆍ지형 등 하천유역의 특성을 고려하여 환경부령으로 정하는 기준에 따라 제1항에 따른 수계영향권을 대권역, 중권역, 소권역으로 구분하여 고시하여야 한다.

[전문개정 2013. 7. 30.]
[제목개정 2017. 1. 17.]

제22조의2(수생태계 연속성 조사 등) ① 환경부장관은 공공수역의 상류와 하류 간 또는 공공수역과 수변지역 간에 물, 토양 등 물질의 순환이 원활하고 생물의 이동이 자연스러운 상태(이하 이 조에서 "수생태계 연속성"이라 한다)의 단절ㆍ훼손 여부 등을 파악하기 위하여 수생태계 연속성 조사를 실시할 수 있다.

② 환경부장관은 수생태계 연속성 조사 결과 수생태계 연속성이 단절되거나 훼손되었을 경우에는 관계

물환경보전법 시행규칙

제31조(수계영향권 구분기준) 법 제22조제2항에 따른 "환경부령으로 정하는 기준"이란 다음 각 호의 기준을 말한다. 〈개정 2014. 1. 29.〉

1. 대권역은 한강, 낙동강, 금강, 영산강ㆍ섬진강을 기준으로 수계영향권별 관리의 효율성을 고려하여 구분한다.

2. 중권역은 규모가 큰 자연하천이 공공수역으로 합류하는 지점의 상류 집수구역을 기준으로 환경자료의 수집 및 관리, 유역의 수질오염물질 총량관리, 이수(利水) 및 치수의 측면을 고려하여 구분한다.

3. 소권역은 개별 하천의 오염에 영향을 미칠 수 있는 상류 집수구역을 기준으로 환경자료의 수집 및 수질관리 측면을 고려하여 리ㆍ동 등 행정구역의 경계에 따라 구분한다.

제31조의2(수생태계 연속성 조사 방법 등) ① 국립환경과학원장은 법 제22조의2제1항에 따라 수생태계 연속성 조사(이하 "수생태계 연속성 조사"라 한다)를 실시할 때에는 다음 각 호의 사항을 고려하여야 한다.

1. 댐, 보(洑), 저수지 등이 공공수역의 상류와 하류 간 수생태계 연속성에 미치는 영향

2. 하도(河道), 하안(河岸), 홍수터(홍수 때 저수로를 넘쳐 흐르는 부분을 말한다. 이하 같다) 및 제

물환경보전법	물환경보전법 시행령	물환경보전법 시행규칙
중앙행정기관의 장과 협의하여 수생태계 연속성의 확보에 필요한 조치를 하여야 한다. 이 경우 관계 기관의 장 또는 관련 시설의 관리자 등에게 수생태계 연속성의 확보를 위한 협조를 요청할 수 있다. ③ 수생태계 연속성 조사의 방법·절차, 수생태계 연속성 단절·훼손의 기준, 수생태계 연속성 확보의 우선순위 결정 절차, 수생태계 연속성의 확보에 필요한 조치 및 협조 요청 등에 관한 사항은 환경부령으로 정한다. [본조신설 2017. 1. 17.]		방 등이 공공수역과 수변지역 간 수생태계 연속성에 미치는 영향 ② 수생태계 연속성 조사 방법은 현지조사를 원칙으로 하되, 필요한 경우에는 통계자료나 문헌 등을 통한 간접조사를 병행할 수 있다. ③ 제1항 및 제2항에서 규정한 사항 외에 수생태계 연속성 조사의 방법 및 절차에 관하여 필요한 사항은 국립환경과학원장이 정한다. [본조신설 2018. 1. 17.] **제31조의3(수생태계 연속성 단절·훼손의 기준)** ① 법 제22조의2제2항 전단에 따라 수생태계 연속성의 단절 또는 훼손 여부를 판단하는 기준은 다음 각 호와 같다. 1. 수생태계 연속성 단절 　가. 댐, 보, 저수지 등의 인공 구조물로 인하여 물의 순환 또는 생물의 이동이 불가능한 경우 　나. 하도, 하안, 홍수터 및 제방과 그 주변에서 물의 순환 또는 생물의 이동이 불가능한 경우 2. 수생태계 연속성 훼손 　가. 댐, 보 및 저수지 등의 인공 구조물로 인하여 물의 순환 또는 생물의 이동이 제한되는 경우 　나. 하도, 하안, 홍수터 및 제방과 그 주변에서 물의 순환 또는 생물의 이동이 제한되는 경우 ② 제1항 각 호에 따른 수생태계 연속성 단절·훼손의 세부적인 기준은 국립환경과학원장이 정한다. [본조신설 2018. 1. 17.]

물환경보전법	물환경보전법 시행령	물환경보전법 시행규칙
		제31조의4(수생태계 연속성 확보에 필요한 조치 등) ① 환경부장관은 법 제22조의2제2항 전단에 따라 단절 또는 훼손된 수생태계의 연속성을 확보하려는 경우에는 다음 각 호의 사항을 고려하여 수생태계 연속성 확보의 우선 순위를 결정하여야 한다. 1. 법정 보호종 또는 하유성(回遊性) 어종의 존재여부 2. 하천 상·하류의 수생태계 건강성 3. 하천의 수질 및 건천화(乾川化) 여부 ② 환경부장관은 법 제22조의2제2항 및 이 조제1항에 따라 수생태계 연속성의 확보를 위하여 다음 각 호의 조치를 하거나 하천 관계 기관의 장 또는 관련 시설의 관리자 등에게 해당 조치를 관한 협조를 요청할 수 있다. 1. 댐, 보 및 저수지의 개선 또는 철거 2. 어도(魚道)의 설치 또는 개선 3. 하도의 복원, 중수로의 복원·관리, 제방 개선, 저류지 설치 4. 그 밖에 수생태계 연속성의 확보를 위하여 환경부장관이 필요하다고 인정하는 조치 [본조신설 2018. 1. 17.]
제22조의3(환경생태유량의 확보) ① 환경부장관은 수생태계 건강성 유지를 위하여 필요한 최소한의 유량(이하 이 조에서 "환경생태유량"이라 한다)의 확보를 위하여 하천의 대표지점에 대한 환경생태유량을 국토교통부장관과 공동으로 정하여 고시할 수 있다. ② 국토교통부장관은 「하천법」 제51조제1항에 따라 하천유지유량을 정하는 경우 환경생태유량을 고려하여야 한다.	제29조의4(환경생태유량의 산정 등) ① 환경부장관은 법 제22조의3제1항 및 제3항에 따라 수생태계 건강성 유지를 위하여 필요한 최소한의 유량(이하 "환경생태유량"이라 한다)을 산정하기 위하여 하천, 「소하천정비법」 제2조제1호에 따른 소하천, 그 밖의 건천화(乾川化)되 지류(支流) 또는 지천(支川)의 대표지점(이하 "대표지점"이라 한다)을 정할 때에는 다음 각 호의 사항을 고려하여야 한다.	

물환경보전법	물환경보전법 시행령	물환경보전법 시행규칙
③ 환경부장관은 「소하천정비법」 제2조제1호의 소하천(이하 이 조에서 "소하천"이라 한다), 그 밖의 건천화(乾川化)된 지류(支流)의 대표 지점에 대한 환경생태유량을 정하여 고시할 수 있다. ④ 환경부장관은 하천 또는 소하천 등의 유량이 현저히 낮아지는 경우에는 관계 기관의 장 등에게 환경생태유량의 확보를 위한 협조를 요청할 수 있다. ⑤ 환경생태유량의 산정에 필요한 사항은 대통령령으로 정한다. [본조신설 2017. 1. 17.]	1. 법 제6조의3제1항에 따른 수생태계 현황 조사를 정기적으로 할 수 있는 지점 2. 대표이용 선정이 가능한 지점 3. 건천 또는 건천화로 인하여 수생태계 건강성이 현저히 훼손된 지점 4. 그 밖에 환경부장관이 수생태계 건강성 유지를 위하여 환경생태유량의 확보가 필요하다고 인정하는 지점 ② 환경부장관은 제1항에 따라 정한 대표지점에 대한 환경생태유량을 산정할 때에는 다음 각 호의 사항을 검토하여야 한다. 1. 하천 현황 조사항목 및 조사주기 2. 대표이용 선정기준 및 방법 3. 그 밖에 환경부장관이 환경생태유량의 산정에 필요하다고 인정하여 고시하는 사항 ③ 환경부장관은 제2항에 따라 환경생태유량을 산정할 때에는 미리 관계 행정기관의 장과 협의하여야 한다. [전문개정 2018. 1. 16.]	
제23조(오염원 조사) 환경부장관은 환경부령으로 정하는 바에 따라 수계영향권별로 오염원의 종류, 수질오염물질 발생량 등을 정기적으로 조사하여야 한다. [전문개정 2013. 7. 30.]		제32조(오염원 등의 조사방법) ① 법 제23조에 따라 시·도지사는 매년 관할구역의 오염원의 종류, 수질오염물질 발생량 등을 조사하여야 한다. ② 그 밖에 오염원 등에 대한 조사내용·방법 및 절차 등에 관하여 필요한 사항은 환경부장관이 정한다.
제23조의2(국가 물환경관리기본계획의 수립) ① 환경부장관은 공공수역의 물환경을 관리·보전하기	제29조의5(국가 물환경관리기본계획의 수립절차 등) ① 환경부장관은 법 제23조의2제1항 또는 제3항에	

물환경보전법	물환경보전법 시행령	물환경보전법 시행규칙
위하여 대통령령으로 정하는 바에 따라 국가 물환경관리기본계획을 10년마다 수립하여야 한다. ② 제1항에 따른 국가 물환경관리기본계획(이하 "국가 물환경관리기본계획"이라 한다)에는 다음 각 호의 사항이 포함되어야 한다. 1. 물환경의 변화 추이 및 물환경목표기준 2. 전국적인 물환경 오염원의 변화 및 장기 전망 3. 물환경 관리·보전에 관한 정책방향 4. 「저탄소 녹색성장 기본법」 제2조제12호의 기후변화에 대한 물환경 관리대책 5. 그 밖에 환경부령으로 정하는 사항 ③ 환경부장관은 국가 물환경관리기본계획이 수립된 날부터 5년이 지나거나 국가 물환경관리기본계획의 변경이 필요하다고 인정하는 경우에는 그 타당성을 검토하여 국가 물환경관리기본계획을 변경할 수 있다. ④ 환경부장관은 국가 물환경관리기본계획을 수립하거나 변경하려는 경우에는 관계 중앙행정기관의 장과 협의하여야 한다. ⑤ 환경부장관은 국가 물환경관리기본계획을 수립되거나 변경되는 경우에는 이를 관계 중앙행정기관의 장에게 알려야 한다. [본조신설 2017. 1. 17.]	따른 국가 물환경관리기본계획의 수립 또는 변경을 위하여 필요한 경우에는 관계 중앙행정기관의 장 또는 시·도지사에게 자료의 제출을 요청할 수 있다. 이 경우 자료 제출을 요청받은 관계 중앙행정기관의 장 또는 시·도지사는 특별한 사유가 없는 한 이에 협조하여야 한다. ② 환경부장관은 법 제23조의2제1항 또는 제3항에 따라 국가 물환경관리기본계획을 수립하거나 변경하려는 경우에는 관계 중앙행정기관의 장과 협의를 거친 후 「환경정책기본법」 제58조제1항에 따른 중앙환경정책위원회의 심의를 거쳐야 한다. ③ 관계 중앙행정기관의 장은 법 제23조의2제5항에 따라 환경부장관으로부터 국가 물환경관리기본계획의 수립 또는 변경 내용을 통보받은 경우에는 통보받은 국가 물환경관리기본계획의 이행을 위하여 노력하여야 한다. [본조신설 2018. 1. 16.] [종전 제29조의5는 제29조의6으로 이동 〈2018. 1. 16.〉]	
		제32조의2(국가 물환경관리기본계획의 포함 사항) 법 제23조의2제2항제5호에서 "환경부령으로 정하는 사항"이란 다음 각 호의 사항을 말한다. 1. 직전에 수립한 법 제23조의2제1항에 따른 국가 물환경관리기본계획의 추진실적 및 평가 2. 물환경 관리 관련 경제·사회·기술 변화 및 전망 3. 국가 물환경 관리 연구 및 기술개발계획 4. 물환경 관리·보전을 위한 투자계획

물환경보전법	물환경보전법 시행령	물환경보전법 시행규칙
제24조(대권역 물환경관리계획의 수립) ① 유역환경청장은 국가 물환경관리기본계획에 따라 제22조제2항에 따른 대권역별로 대권역 물환경관리계획(이하 "대권역계획"이라 한다)을 10년마다 수립하여야 한다. 〈개정 2017. 1. 17.〉 ② 대권역계획에는 다음 각 호의 사항이 포함되어야 한다. 〈개정 2017. 1. 17.〉 1. 물환경의 변화 추이 및 물환경목표기준 2. 상수원 및 물 이용현황 3. 점오염원, 비점오염원 및 기타수질오염원의 분포현황 4. 점오염원, 비점오염원 및 기타수질오염원에서 배출되는 수질오염물질의 양 5. 수질오염 예방 및 저감 대책 6. 물환경 보전조치의 추진방향 7. 「저탄소 녹색성장 기본법」 제2조제12호에 따른 기후변화에 대한 적응대책 8. 그 밖에 환경부령으로 정하는 사항 ③ 유역환경청장은 대권역계획을 수립할 때에는 관계 시·도지사 및 4대강수계법에 따른 관계 수계관리위원회와 협의하여야 한다. 대권역계획을 변경할 때에도 또한 같다. 〈개정 2017. 1. 17.〉 ④ 유역환경청장은 대권역계획을 수립하였을 때에는 관계 시·도지사에게 통보하여야 한다. 〈개정 2017. 1. 17.〉 ⑤ 유역환경청장은 대권역계획이 수립된 날부터 5		[본조신설 2018. 1. 17.] **제32조의3(대권역 물환경관리계획의 포함 사항)** 법 제24조제2항제8호에서 "환경부령으로 정하는 사항"이란 다음 각 호의 사항을 말한다. 1. 직전에 수립한 법 제24조제1항에 따른 대권역 물환경관리계획의 추진실적 및 평가 2. 중점관리가 필요한 관할 중권역 현황 [본조신설 2018. 1. 17.]

물환경보전법	물환경보전법 시행령	물환경보전법 시행규칙
년이 지나거나 대권역계획의 변경이 필요하다고 인정할 때에는 그 타당성을 검토하여 변경할 수 있다. 〈개정 2017. 1. 17.〉 [전문개정 2013. 7. 30.] [제목개정 2017. 1. 17.]		
제25조(중권역 물환경관리계획의 수립) ① 지방환경관서의 장은 다음 각 호의 어느 하나에 해당하는 경우에는 대권역계획에 따라 제22조제2항에 따른 중권역별로 중권역 물환경관리계획(이하 "중권역계획"이라 한다)을 수립하여야 한다. 〈개정 2017. 1. 17.〉 1. 관할 중권역이 물환경목표기준에 미달하는 경우 2. 4대강수계법에 따른 관계 수계관리위원회에서 중권역의 물환경 관리·보전을 위하여 중권역계획의 수립을 요구하는 경우 3. 그 밖에 환경부령으로 정하는 경우 ② 지방환경관서의 장은 관할 중권역의 물환경목표 기준 달성에 인접한 상류지역의 중권역이 영향을 미치는 경우에는 해당 중권역을 관할하는 지방환경관서의 장과 협의를 거쳐 관할 중권역 및 인접한 상류지역의 중권역을 대상으로 하는 중권역계획을 수립할 수 있다. 〈신설 2017. 1. 17.〉 ③ 지방환경관서의 장은 중권역계획을 수립하려는 경우에는 관계 시·도지사와 협의하여야 한다. 중권역계획을 변경하려는 경우에도 또한 같다. 〈개정 2017. 1. 17.〉 ④ 지방환경관서의 장은 중권역계획을 수립하였을 때에는 관계 시·도지사에게 통보하여야 한다. 〈개		**제32조의4(중권역 물환경관리계획의 수립)** 법 제25조제1항제3호에서 "환경부령으로 정하는 경우"이란 다음 각 호의 경우를 말한다. 1. 관할 중권역이 물환경 목표기준에 미달할 것으로 우려되는 경우 2. 그 밖에 물환경 및 물이용의 목적이 변화하여 중권역계획의 수립이 필요하다고 유역환경청장 또는 지방환경청장이 인정하는 경우 [본조신설 2018. 1. 17.]

물환경보전법	물환경보전법 시행령	물환경보전법 시행규칙
정 2017. 1. 17.〉 [전문개정 2013. 7. 30.] [제목개정 2017. 1. 17.]		
제26조(소권역 물환경관리계획의 수립) ① 특별자치 시장·특별자치도지사·시장·군수·구청장은 대권역계획 및 중권역계획에 따라 제22조제2항에 따른 소권역별로 소권역 물환경관리계획(이하 "소 권역계획"이라 한다)을 수립할 수 있으며, 해당 소권 역이 포함된 중권역에 대한 중권역계획이 수립되지 아니한 경우에는 관할 지방환경관서의 장과 협의하 여 소권역계획을 수립할 수 있다. ② 시장·군수·구청장은 제1항에 따라 소권역계 획을 수립한 경우에는 시·도지사의 승인을 받아야 한다. 이 경우 시·도지사는 소권역계획의 승인에 관하여 관할 지방환경관서의 장과 협의하여야 한 다. [전문개정 2017. 1. 17.]		
제27조(환경부장관 또는 시·도지사의 소권역계획 수립) ① 환경부장관 또는 시·도지사는 제26조에 도 불구하고 다음 각 호의 구분에 따라 관계 특별자 치시장·특별자치도지사·시장·군수·구청장의 의견을 들어 소권역계획을 수립할 수 있다. 1. 소권역계획 수립 대상지역이 같은 시·도의 관할 구역 내의 둘 이상의 시·군·구에 걸쳐있는 경 우: 환경부장관 또는 시·도지사가 수립 2. 소권역계획 수립 대상지역이 둘 이상의 시·도에		

물환경보전법	물환경보전법 시행령	물환경보전법 시행규칙
걸쳐있는 경우 : 환경부장관 또는 둘 이상의 시·도지사가 공동으로 협의하여 수립 3. 그 밖에 환경부장관 또는 시·도지사가 소권역계획이 필요하다고 인정하는 경우 : 환경부장관 또는 시·도지사가 수립 ② 시·도지사는 제3항에 따라 소권역계획을 수립하려는 경우에는 환경부장관과 협의하여야 한다. ③ 시·도지사 및 시장·군수·구청장은 환경부장관 또는 시·도지사가 수립한 소권역계획을 성실히 이행하여야 한다. [전문개정 2017. 1. 17.] **제27조의2(수생태계 복원계획의 수립 등)** ① 환경부장관, 시·도지사 또는 시장·군수·구청장은 제9조 또는 제9조의3에 따른 측정·조사 결과 수질 개선이 필요한 지역 또는 수생태계 훼손 정도가 상당하여 수생태계의 복원이 필요한 지역을 대상으로 수생태계 복원계획(이하 "복원계획"이라 한다)을 수립하여 시행할 수 있다. 〈개정 2017. 1. 17.〉 ② 환경부장관은 제1항의 지역 가운데 복원계획의 수립이 반드시 필요하다고 인정하는 경우에는 시·도지사 또는 시장·군수·구청장에게 복원계획을 수립하여 시행하도록 명할 수 있다. ③ 환경부장관은 복원계획을 수립하거나 변경하려는 경우에는 관계 중앙행정기관의 장 및 관할 지방자치단체의 장과 협의하여야 한다. ④ 시·도지사, 시장·군수·구청장은 해당 관할구역의 복원계획을 수립하려는 경우에는 대통령령으	**제29조의6(수생태계 복원계획의 내용 등)** ① 법 제27조의2제1항에 따른 수생태계 복원계획(이하 "복원계획"이라 한다)에는 다음 각 호의 사항이 포함되어야 한다. 1. 복원계획의 목표 및 주진 방향 2. 수질 현황 또는 수생태계의 훼손 현황 3. 수생태계 복원에 영향을 미치는 관련 계획과의 연계성 4. 수생태계 복원사업(이하 이 조에서 "복원사업"이라 한다)의 사업별 우선순위 및 연도별 추진계획 5. 복원사업의 소요비용 및 재원조달계획 ② 법 제27조의2제5항에 따른 시행계획에는 다음 각 호의 사항이 포함되어야 한다. 1. 복원사업의 대상 지역 및 해당 복원사업을 통한 수질·수생태계의 복원 목표 2. 수생태계 복원에 영향을 미치는 관련 사업과의 연계성	

물환경보전법	물환경보전법 시행령	물환경보전법 시행규칙
로 정하는 바에 따라 환경부장관의 승인을 받아야 한다. 대통령령으로 정하는 중요 사항을 변경하려는 경우에도 포함한다. ⑤ 시·도지사, 시장·군수·구청장은 복원계획을 원활하게 추진하기 위하여 필요하다고 인정하는 경우에는 환경부장관과 협의하여 복원계획에 대한 시행계획을 수립·변경할 수 있다. ⑥ 복원계획의 내용 및 수립 절차 등에 필요한 사항은 대통령령으로 정한다. [본조신설 2016. 1. 27.]	3. 복원사업 대상 지역의 오염원 분포 및 수질·수생태계 현황에 관한 사항 4. 복원사업의 기본설계 및 실시설계에 관한 사항 5. 복원사업의 분야별·연차별 사업비 및 그 산출근거 6. 복원사업에 대한 모니터링 및 사후관리에 관한 사항 7. 복원사업으로 인한 수질·수생태계의 개선 효과 [본조신설 2017. 1. 17.] [제29조의5에서 이동, 종전 제29조의6은 제29조의7로 이동 <2018. 1. 16.>] 제29조의7(복원계획의 승인 등) ① 시·도지사 또는 시장·군수·구청장은 법 제27조의2제4항 전단에 따라 복원계획에 대한 승인을 받으려는 경우에는 해당 복원계획의 시행 전년도 4월 30일까지 복원계획안을 작성하여 환경부장관에게 제출하여야 한다. ② 법 제27조의2제4항에서 "대통령령으로 정하는 중요 사항"이란 제29조의6제1항제4호 또는 제5호의 사항을 말한다. <개정 2018. 1. 16.> ③ 시·도지사 또는 시장·군수·구청장은 법 제27조의2제4항 후단에 따라 복원계획에 대한 변경승인을 받으려는 경우에도 반영된 복원계획안을 작성하여 환경부장관에게 제출하여야 한다. ④ 환경부장관은 제1항 및 제3항에 따른 복원계획안 또는 법 제27조의2제5항에 따른 시행계획을 검토하기 위하여 필요한 경우에는 시·도지사 또는 시장·군수·구청장에게 필요한 자료를 제출하도록 요청할 수 있다. ⑤ 환경부장관은 제1항 및 제3항에 따른 복원계획안	

물환경보전법	물환경보전법 시행령	물환경보전법 시행규칙
	또는 법 제27조의2제5항에 따라 시행계획을 검토하기 위하여 필요한 경우에는 「한국환경공단법」에 따른 한국환경공단에 기술적 사항을 검토하게 할 수 있다. [본조신설 2017. 1. 17.] [제29조의6에서 이동 〈2018. 1. 16.〉]	
제3절 호소의 물환경 보전 〈개정 2017. 1. 17.〉		
제28조(정기적 조사·측정 및 분석) ① 환경부장관 및 시·도지사는 호소의 물환경 보전을 위하여 대통령령으로 정하는 호소와 그 호소에 유입되는 물의 이용상황, 물환경 현황 및 수생태계 건강성, 수질오염원의 분포상황 및 수질오염물질의 발생량 등을 대통령령으로 정하는 바에 따라 정기적으로 조사·측정 및 분석하여야 한다. 〈개정 2017. 1. 17.〉 ② 환경부장관 및 시·도지사는 제1항에 따른 조사·측정 및 분석 결과에 따라 물환경 현황 및 수생태계 건강성에 대한 수계별 지도를 제작하고, 변화추이 등을 보여주는 결과를 작성하여 그 지도 및 결과를 국민에게 공개하여야 한다. 〈개정 2017. 1. 17.〉 [전부개정 2013. 7. 30.] [제목개정 2017. 1. 17.]	제30조(호소수 이용 생활 등의 조사·측정 및 분석 등) ① 환경부장관은 법 제28조에 따라 다음 각 호의 어느 하나에 해당하는 호소로서 물환경을 보전할 필요가 있는 호소를 지정·고시하고, 그 호소의 물환경을 정기적으로 조사·측정 및 분석하여야 한다. 〈개정 2018. 1. 16.〉 1. 1일 30만 톤 이상의 원수(原水)를 취수하는 호소 2. 동식물의 서식지·도래지이거나 생물다양성이 풍부하여 특별히 보전할 필요가 있다고 인정되는 호소 3. 수질오염이 심하여 특별한 관리가 필요하다고 인정되는 호소 ② 시·도지사는 제1항에 따라 환경부장관이 지정·고시하는 호소 외의 호소로서 만수위(滿水位)일 때의 면적이 50만 제곱미터 이상인 호소의 물환경 등을 정기적으로 조사·측정 및 분석하여야 한다. 〈개정 2018. 1. 16.〉 ③ 제1항과 제2항에 따라 조사·측정 및 분석하여야 하는 내용은 다음 각 호와 같다. 〈개정 2018. 1. 16.〉 1. 호소의 생성·조성 연도, 유역면적, 저수량 등 호	

물환경보전법	물환경보전법 시행령	물환경보전법 시행규칙
	소를 관리하는 데에 필요한 기초자료 2. 호소수의 이용 목적, 취수장의 위치, 취수량 등 호소수의 이용 상황 3. 수질오염도, 오염원의 분포 현황, 수질오염물질의 발생·처리 및 유입 현황 4. 호소의 생물다양성 및 생태계 등 수생태계 현황 ④ 환경부장관이나 시·도지사는 제3항제1호 및 제2호의 사항에 대해서는 3년마다 조사·측정 및 분석하고, 같은 항 제3호의 사항에 대하여는 5년마다 조사·측정 및 분석하되, 필요한 경우에는 매년 조사·측정 및 분석할 수 있다. 이 경우 시·도지사는 조사·측정 및 분석의 결과를 다음 해 2월 말까지 환경부장관에게 보고하여야 한다. 〈개정 2018. 1. 16.〉 [제목개정 2018. 1. 16.]	
제29조 삭제 〈2016. 1. 27.〉		
제30조(양식어업 면허의 제한) 관계 행정기관의 장은 상수원호소에 대해서는 「내수면어업법」 제6조제1항에 따른 양식어업 중 가두리식 양식어장을 설치하는 양식어업에 대한 면허를 하여서는 아니 된다. [전문개정 2013. 7. 30.]		
제31조(호소 안의 쓰레기 수거·처리) ① 수면관리자는 호소 안의 쓰레기를 수거하고, 해당 호소를 관할하는 특별자치시장·특별자치도지사·시장·군수·구청장은 수거된 쓰레기를 운반·처리하여야 한다. ② 수면관리자 및 특별자치시장·특별자치도지사·		제33조(호소 안의 쓰레기 운반·처리에 관한 조정절차) ① 수면관리자 및 시장·군수·구청장은 법 제31조제3항 각 단에 따라 조정을 신청하는 경우에는 호소 안의 쓰레기 운반·처리의 주체 및 그 소요 비용의 분담에 관하여 조정이 필요한 사항과 그에 대한 것

물환경보전법	물환경보전법 시행령	물환경보전법 시행규칙
시장·군수·구청장은 제1항에 따른 쓰레기의 운반·처리 주체 및 쓰레기의 운반·처리에 드는 비용을 부담하기 위한 협약을 체결하여야 한다. ③ 수면관리자 및 특별자치시장·특별자치도지사·시장·군수·구청장은 제2항에 따른 협약이 체결되지 아니하는 경우에는 환경부장관에게 조정을 신청할 수 있다. 이 경우 환경부장관의 조정이 있으면 제2항에 따른 협약이 체결된 것으로 본다. ④ 제3항에 따른 조정의 신청절차에 관하여 필요한 사항은 환경부령으로 정한다. [전문개정 2013. 7. 30.] 제31조의2(중점관리저수지의 지정 등) ① 환경부장관은 관계 중앙행정기관의 장과 협의를 거쳐 다음 각 호의 어느 하나에 해당하는 저수지를 중점관리저수지로 지정하고, 저수지관리자와 그 저수지의 소재지를 관할하는 시·도지사로 하여금 해당 저수지로 하여금 해당 저수지가 생활환경 및 수생태계 보전에 미치는 영향, 그 저수지의 수질오염 정도 등을 고려하여 집중관리하게 할 수 있다. 1. 총저수용량이 1천만세제곱미터 이상인 저수지 2. 오염 정도가 대통령령으로 정하는 기준을 초과하는 저수지 3. 그 밖에 환경부장관이 상수원 등 해당 수계의 수질보전을 위하여 필요하다고 인정하는 경우 ② 환경부장관은 제1항에 따른 중점관리저수지의 지정사유가 없어진 경우에는 그 지정을 해제할 수 있다. ③ 제1항 및 제2항에 따른 중점관리저수지의 지정 및	제30조의2(중점관리저수지의 지정기준) 법 제31조의2제1항제2호에서 "대통령령으로 정하는 기준"이란 다음 각 호의 구분에 따른 기준을 말한다. 1. 농업용 저수지 : 「환경정책기본법 시행령」 별표 1 제3호나목(2)에 따른 호소의 생활환경 기준 중 약간 나쁨(IV) 등급 2. 그 밖의 저수지 : 「환경정책기본법 시행령」 별표 1 제3호나목(2)에 따른 호소의 생활환경 기준 중 보통(III) 등급 [본조신설 2012. 7. 5.]	토의견을 환경부장관에게 제출하여야 한다. ② 제1항에 따라 조정신청을 받은 환경부장관은 신청을 받은 날부터 30일 이내에 조정안을 마련하고, 관계 수면관리자 및 시장·군수·구청장의 의견을 들어 조정안을 결정하여야 한다. 제33조의2(중점관리저수지의 지정 및 해제) ① 환경부장관은 법 제31조의2제1항에 따라 중점관리저수지를 지정하려는 경우에는 다음 각 호의 사항이 포함된 지정계획을 수립하여 관계 중앙행정기관의 장과 협의하여야 한다.

물환경보전법	물환경보전법 시행령	물환경보전법 시행규칙
지정해제에 필요한 사항은 환경부령으로 정한다. [본조신설 2012. 2. 1.]		1. 대상수역의 위치, 시설관리자, 저수용량, 오염도 2. 중점관리저수지 지정의 목적 및 필요성 3. 그 밖에 중점관리저수지의 지정에 필요하다고 판단되는 사항 ② 환경부장관은 중점관리저수지를 지정한 경우에는 중점관리저수지의 관리자와 그 저수지의 소재지를 관할하는 시·도지사에게 그 사실을 통보하여야 한다. ③ 법 제31조의2제1항제2호에 따라 중점관리저수지 지료 지정된 경우에는 오염 정도가 영 제30조의2에 따른 기준 이하로 2년 이상 계속하여 유지되는 경우에 한하여 그 지정을 해제할 수 있다. [본조신설 2012. 8. 2.]
제31조의3(중점관리저수지의 수질 개선 등) ① 환경부장관은 중점관리저수지의 관리자와 그 저수지의 소재지를 관할하는 시·도지사로 하여금 중점관리저수지의 수질 오염 방지 및 수질 개선에 관한 대책을 세우고 이를 추진하게 하여야 한다. ② 중점관리저수지의 소재지를 관할하는 시·도지사는 중점관리저수지에 대한 수질 오염 방지활동을 실시하고 수질 개선 계획의 추진결과에 대한 보고서를 작성하여 매년 환경부장관에게 제출하여야 한다. ③ 환경부장관은 예산의 범위에서 중점관리저수지의 관리와 수질 개선에 드는 비용의 전부 또는 일부를 지원할 수 있다. [본조신설 2012. 2. 1.]		

물환경보전법	물환경보전법 시행령	물환경보전법 시행규칙

제3장 점오염원의 관리

제1절 산업폐수의 배출규제

제32조(배출허용기준) ① 폐수배출시설(이하 "배출시설"이라 한다)에서 배출되는 수질오염물질의 배출허용기준은 환경부령으로 정한다.

② 환경부장관은 제1항에 따른 환경부령을 정할 때에는 관계 중앙행정기관의 장과 협의하여야 한다.

③ 시ㆍ도(해당 관할구역 중 대도시는 제외한다. 이하 이 조에서 같다) 또는 대도시는 「환경정책기본법」 제12조제3항에 따른 지역환경기준을 유지하기가 곤란하다고 인정할 때에는 조례로 제1항의 배출허용기준보다 엄격한 배출허용기준을 정할 수 있다. 다만, 제74조제1항에 따라 제33조ㆍ제37조ㆍ제39조 및 제41조부터 제43조까지의 규정에 따른 환경부장관의 권한이 시ㆍ도지사 또는 대도시의 장에게 위임된 경우로 한정한다. 〈개정 2017. 1. 17.〉

④ 시ㆍ도지사 또는 대도시의 장은 제3항에 따른 배출허용기준이 설정ㆍ변경된 경우에는 지체 없이 환경부장관에게 보고하고 이해관계자가 알 수 있도록 필요한 조치를 하여야 한다. 〈개정 2017. 1. 17.〉

⑤ 환경부장관은 특별대책지역의 수질오염을 방지하기 위하여 필요하다고 인정할 때에는 해당 지역에 설치된 배출시설에 대하여 제1항의 기준보다 엄격한 배출허용기준을 정할 수 있고, 해당 지역에 새로 설치되는 배출시설에 대하여 특별배출허용기준을 정할 수 있다. | | 제34조(배출허용기준) 법 제32조제1항에 따른 수질오염물질의 배출허용기준은 별표 13과 같다.

제35조(배출허용기준을 적용하지 아니하는 폐수배출시설) 법 제32조제7항제2호에 따른 "환경부령으로 정하는 배출시설"이란 영 제33조제2호 및 제3호에 따라 수질오염방지시설가 면제되는 폐수배출시설을 말한다. 〈개정 2014. 1. 29.〉 |

물환경보전법	물환경보전법 시행령	물환경보전법 시행규칙
⑥ 제3항에 따른 배출허용기준이 적용되는 시·도 또는 대도시 안에 해당 기준이 적용되지 아니하는 지역이 있는 경우에는 그 지역에 설치되었거나 설치되는 배출시설에 대해서도 제3항에 따른 배출허용기준을 적용한다. ⑦ 다음 각 호의 어느 하나에 해당하는 배출시설에 대해서는 제1항부터 제6항까지의 규정을 적용하지 아니한다. 1. 제33조제1항 단서 및 같은 조 제2항에 따라 설치되는 폐수무방류배출시설 2. 환경부령으로 정하는 배출시설 중 폐수를 전량(全量) 재이용하거나 전량 위탁처리하여 공공수역으로 폐수를 방류하지 아니하는 배출시설 ⑧ 환경부장관은 공공폐수처리시설 또는 공공하수처리시설에 배출시설을 통하여 폐수를 전량 유입하는 공공폐수처리시설 또는 그 공공폐수처리시설 또는 공공하수처리시설에서 적정하게 처리할 수 있는 항목에 한정하여 제1항에도 불구하고 따로 배출허용기준을 정하여 고시할 수 있다. 〈개정 2016. 1. 27.〉 [전문개정 2013. 7. 30.] 제33조(배출시설의 설치 허가 및 신고) ① 배출시설을 설치하려는 자는 대통령령으로 정하는 바에 따라 환경부장관의 허가를 받거나 환경부장관에게 신고하여야 한다. 다만, 제9항에 따라 폐수무방류배출시설을 설치하려는 자는 환경부장관의 허가를 받아야 한다. ② 제1항에 따라 허가를 받은 자가 허가받은 사항 중	제31조(설치허가 및 신고 대상 폐수배출시설의 범위 등) ① 법 제33조제1항 본문에 따라 설치허가를 받아야 하는 폐수배출시설(이하 "배출시설"이라 한다)은 다음 각 호와 같다. 〈개정 2014. 11. 24.〉 1. 특정수질유해물질이 환경부령으로 정하는 기준 이상으로 배출되는 배출시설 2. 「환경정책기본법」 제38조에 따른 특별대책지역	제35조의2(특정수질유해물질 폐수배출시설 적용기준) 영 제31조제1항제1호에서 "환경부령으로 정하는 기준"이란 별표 13의2에 따른 기준을 말한다. [본조신설 2014. 11. 24.]

물환경보전법	물환경보전법 시행령	물환경보전법 시행규칙
대통령령으로 정하는 중요한 사항을 변경하려는 경우에는 변경허가를 받아야 한다. 다만, 그 밖의 사항을 변경하는 경우에는 변경신고를 하여야 한다. ③ 제1항에 따라 신고를 한 자가 신고한 사항 중 환경부령으로 정하는 사항을 변경하려는 경우 또는 환경부령으로 정하는 사항을 변경한 경우에는 환경부령으로 정하는 바에 따라 변경신고를 하여야 한다. ④ 환경부장관은 제1항부터 제3항까지의 규정에 따른 신고 또는 변경신고를 받은 날부터 환경부령으로 정하는 기간 내에 신고수리 여부를 신고인에게 통지하여야 한다. ⑤ 환경부장관이 제4항에서 정한 기간 내에 신고수리 여부 또는 민원 처리 관련 법령에 따른 처리기간의 연장을 신고인에게 통지하지 아니하면 그 기간(민원 처리 관련 법령에 따라 처리기간이 연장 또는 재연장된 경우에는 해당 처리기간을 말한다)이 끝난 날의 다음 날에 신고를 수리한 것으로 본다. ⑥ 제1항부터 제3항까지의 규정에 따라 신고·변경허가를 받거나 하거나 신고·변경신고를 하려는 자가 제35조제1항 단서에 해당하는 경우와 같은 조 제4항에 따른 공동방지시설을 설치 또는 변경하려는 경우에는 환경부령으로 정하는 서류를 제출하여야 한다. ⑦ 환경부장관은 상수원보호구역의 상류지역, 특별대책지역 및 그 상류지역, 취수시설이 있는 지역 및 그 상류지역의 배출시설로부터 배출되는 수질오염	(이하 "특별대책지역"이라 한다)에 설치하는 배출시설 3. 법 제33조제6항에 따라 환경부장관이 고시하는 배출시설 설치제한지역에 설치하는 배출시설 4. 「수도법」 제7조에 따른 상수원보호구역(이하 "상수원보호구역"이라 한다)에 설치하거나 그 경계구역으로부터 상류로 유하거리(流下距離) 10킬로미터 이내에 설치하는 배출시설 5. 상수원보호구역이 지정되지 아니한 지역 중 상수원 취수시설이 있는 경우에는 취수시설로부터 상류로 유하거리 15킬로미터 이내에 설치하는 배출시설 6. 법 제33조제1항 본문에 따른 설치신고를 한 배출시설로서 폐수·원료·부원료·제조공법 등이 변경되어 특정수질유해물질이 제1호에 따른 기준 이상으로 새로 배출되는 배출시설 ② 법 제33조제1항 본문에 따라 배출시설의 설치신고를 하여야 하는 경우는 다음 각 호와 같다. 〈개정 2017. 1. 17.〉 1. 제1항에 따른 설치허가 대상 배출시설 외의 배출시설을 설치하는 경우 2. 제1항 각 호에 해당하는 배출시설 중 폐수를 전량 위탁처리하는 경우로서 이부터는 폐수를 처리하는 시설이 제1항제2호부터 제5호까지의 규정에서 정하는 지역 또는 구역 밖에 있는 경우 3. 제1항제2호부터 제5호까지에 해당하는 배출시설 중 특정수질유해물질이 제1항제1호에 따른 기준	

물환경보전법	물환경보전법 시행령	물환경보전법 시행규칙
물질로 인하여 환경기준을 유지하기 곤란하거나 주민의 건강·재산이나 동식물의 생육에 중대한 위해를 가져올 우려가 있다고 인정되는 경우에는 관할 시·도지사의 의견을 듣고 관계 중앙행정기관의 장과 협의하여 배출시설의 설치(변경을 포함한다)를 제한할 수 있다. ⑧ 제7항에 따라 배출시설의 설치를 제한할 수 있는 지역의 범위는 대통령령으로 정하고, 환경부장관은 지역별 제한대상 시설을 고시하여야 한다. ⑨ 제7항 및 제8항에도 불구하고 환경부령으로 정하는 특정수질유해물질을 배출하는 배출시설의 경우 배출시설의 설치제한지역에서 폐수무방류배출시설로 하여 이를 설치할 수 있다. ⑩ 제1항에 따라 배출시설을 설치하거나 폐수무방류배출시설을 설치할 수 있는 지역 및 시설은 환경부장관이 정하여 고시한다. ⑪ 제1항 및 제2항에 따른 허가 또는 변경허가의 기준은 다음 각 호와 같다. 1. 배출시설에서 배출되는 오염물질을 제32조에 따른 배출허용기준 이하로 처리할 수 있을 것 2. 다른 법령에 따른 배출시설의 설치제한에 관한 규제에 위반되지 아니할 것 3. 폐수무방류배출시설을 설치하는 경우에는 폐수가 공공수역으로 유출·누출되지 아니하도록 대통령령으로 정하는 시설 전부를 대통령령으로 정하는 기준에 따라 설치할 것 [전문개정 2013. 7. 30.]	이상으로 배출되지 아니하는 배출시설로서 배출되는 폐수를 전량 공공폐수처리시설 또는 공공하수처리시설에 유입시키는 경우 ③ 배출시설의 설치허가를 받은 자가 별 제33조제2항 본문에 따라 배출시설의 변경허가를 받아야 하는 경우는 다음 각 호와 같다. 〈개정 2014. 11. 24.〉 1. 폐수배출량이 허가 당시보다 100분의 50(특정수질유해물질이 제1항제1호에 따른 기준 이상으로 배출되는 배출시설의 경우에는 100분의 30) 이상 또는 1일 700세제곱미터 이상 증가하는 경우 2. 법 제32조에 따른 배출허용기준(이하 "배출허용기준"이라 한다)을 초과하는 새로운 수질오염물질이 발생되어 배출시설 또는 별 제35조제1항에 따른 수질오염방지시설(이하 "방지시설"이라 한다)의 개선이 필요한 경우 3. 법 제33조제1항 단서에 따라 허가를 받은 폐수무방류배출시설로서 제78항제2호에 따른 고체상태의 폐기물로 처리하는 방법에 대한 변경이 필요한 경우 ④ 제3항에도 불구하고 다음 각 호의 모두에 해당하는 경우에는 변경신고로 제3항에 따른 변경허가를 갈음할 수 있다. 〈개정 2017. 1. 17.〉 1. 별 제35조제4항에 따른 공동방지시설(이하 "공동방지시설"이라 한다)의 대표자 또는 공공폐수처리시설의 운영자와 폐수의 처리 및 그 비용 부담에 관한 협의를 한 경우 2. 폐수처리능력 또는 처리용량을 초과하지 아니하	

물환경보전법	물환경보전법 시행령	물환경보전법 시행규칙
	는 범위에서 배출시설을 변경한 경우 ⑤ 법 제33조제1항 또는 제2항에 따라 배출시설의 설치허가·변경허가를 받거나 설치신고를 하려는 자는 배출시설 설치허가·변경허가신청서 또는 배출시설 설치신고서에 다음 각 호의 서류를 첨부하여 환경부장관에게 제출(「전자정부법」 제2조제10호에 따른 정보통신망에 의한 제출을 포함한다)하여야 한다. 〈개정 2010. 5. 4.〉 1. 배출시설의 위치도 및 폐수배출공정흐름도 2. 원료(용수를 포함한다)의 사용·명세 및 제품의 생산량과 발생되는 수질오염물질의 내역서 3. 방지시설의 설치명세서와 그 도면. 다만, 설치신고를 하는 경우에는 도면을 배치도로 갈음할 수 있다. 4. 배출시설 설치허가증(변경허가를 받는 경우에만 제출한다) ⑥ 환경부장관은 배출시설 설치허가를 한 경우 또는 배출시설설치신고를 수리한 경우에는 배출시설 설치허가증 또는 배출시설 설치신고증명서를 신청인에게 발급하여야 한다. 다만, 배출시설의 설치변경을 허가한 경우에는 이미 발급한 허가증에 변경허가사항을 적는다. ⑦ 법 제33조제9항·제3호에서 "대통령령이 정하는 시설"이란 다음 각 호와 같고, "대통령령이 정하는 기준"이란 별표 6과 같다. 1. 폐수무방류배출시설에서 발생되는 폐수가 다른	

물환경보전법	물환경보전법 시행령	물환경보전법 시행규칙
	배출시설에서 발생되는 폐수와 섞이지 아니하도록 하는 분리·집수시설(集水施設) 2. 폐수 중 수질오염물질을 고체상태의 폐기물로 처리하는 방지시설 3. 시설의 고장, 사고 등으로 폐수가 유출·누출되거나 빗물 등에 의하여 폐수가 공공수역으로 배출되지 아니하도록 하는 차단·저류(貯留)시설 **제32조(배출시설 설치제한 지역)** 법 제33조제6항에 따라 배출시설의 설치를 제한할 수 있는 지역의 범위는 다음 각 호와 같다. <개정 2017. 1. 17.> 1. 취수시설이 있는 지역 2. 「환경정책기본법」 제38조에 따라 수질보전을 위해 지정·고시한 특별대책지역 3. 「수도법」 제7조의2제1항에 따라 공장의 설립이 제한되는 지역(제31조제1항제1호에 따른 배출시설의 경우만 해당한다) 4. 제1호부터 제3호까지에 해당하는 지역의 상류지역 중 배출시설이 상수원의 수질에 미치는 영향 등을 고려하여 환경부장관이 고시하는 지역(제31조제1항제1호에 따른 배출시설의 경우만 해당한다)	**제38조(폐수배출시설의 변경신고 등)** ① 법 제33조제2항 단서 및 같은 조 제3항에서 "환경부령으로 정하는 사항을 변경하려는 경우"란 다음 각 호와 같다. <개정 2014. 1. 29.> 1. 폐수배출량이 신고 당시보다 100분의 50이상 증

물환경보전법	물환경보전법 시행령	물환경보전법 시행규칙
		가하는 경우(법 제33조제2항에 따라 변경허가를 받아야 하는 경우는 제외한다) 2. 폐수배출량이 증가하거나 감소하여 영 별표 13의 사업장 종류가 변경되는 경우 3. 폐수배출시설에서 새로운 수질오염물질이 배출되는 경우(법 제33조제2항에 따라 변경허가를 받아야 하는 경우는 제외한다) 4. 폐수배출시설에 설치된 수질오염방지시설의 폐수처리방법 및 처리공정을 변경하는 경우 5. 법 제35조제1항 단서에 따라 수질오염방지시설을 설치하지 아니한 폐수배출시설에 수질오염방지시설을 새로 설치하는 경우 6. 폐수배출시설 또는 수질오염방지시설의 일부를 폐쇄하는 경우 7. 영 제31조제4항에 따라 변경신고를 갈음할 수 있는 사항을 변경하는 경우 ② 법 제33조제2항 단서 및 같은 조 제3항에서 "환경부령으로 정하는 사항을 변경한 경우"란 다음 각 호와 같다. 〈개정 2014. 1. 29.〉 1. 사업장의 대표자나 명칭이 변경되는 경우 2. 사업장의 소재지가 변경되는 경우(허가권청, 신고관청 및 폐수배출시설이 같고, 입지를 제한하는 규정을 위반하지 아니하는 경우에만 해당한다) 3. 폐수배출시설이나 수질오염방지시설을 임대하는 경우 4. 영 제33조제2호에 해당하는 경우로서 폐수를 위탁하는 자를 변경하는 경우

물환경보전법	물환경보전법 시행령	물환경보전법 시행규칙
		4의2. 폐수배출시설 또는 수질오염방지시설의 전부를 폐쇄하는 경우 5. 제1항 각 호 및 제1호부터 제5호까지의 규정 외에 허가증 또는 신고증명서에 적힌 허가사항이나 신고사항을 변경하는 경우(영 별표 13에 따른 사업장종류를 변경하지 아니하는 범위에서 폐수배출량을 변경하는 경우 및 폐수배출공정도를 변경하는 경우는 제외한다) ③ 제1항 및 제2항에 따라 변경신고를 하려는 자는 별지 제13호서식의 폐수배출시설 변경신고서와 폐수배출시설 설치허가증 또는 설치신고증명서와 변경내용을 증명하는 서류를 첨부하여 시·도지사에게 제출하여야 한다. 다만, 제2항제1호에 해당하는 경우에는 변경한 날부터 2개월 이내에, 제3항제2조, 제3조, 제4조, 제4조의2 및 제5조에 해당하는 경우에는 변경한 날부터 30일 이내에 이를 제출하여야 한다.〈개정 2016. 5. 20.〉 ④ 제3항에 따른 변경신고를 받은 시·도지사는 폐수배출시설 설치허가증 또는 폐수배출시설 설치신고증명서의 뒤쪽에 변경신고사항을 적는다. 제39조(폐수무방류배출시설의 설치가 가능한 특정수질유해물질) 법 제33조제7항에서 "환경부령으로 정하는 특정수질유해물질"이란 다음 각 호의 물질을 말한다.〈개정 2014. 1. 29.〉 1. 구리 및 그 화합물 2. 디클로로메탄 3. 1, 1-디클로로에틸렌

물환경보전법	물환경보전법 시행령	물환경보전법 시행규칙
		제45조(공동방지시설의 설치·변경 등) ① 사업자 또는 법 제35조제5항에 따른 공동방지시설은 영 기업 대표자(이하 "공동방지시설의 대표자"라 한다)는 법 제35조제4항에 따른 공동방지시설(이하 "공동방지시설"이라 한다)을 설치하려는 경우에는 법 제33조제4항에 따라 다음 각 호의 서류를 시·도지사에게 제출하여야 한다. 다만, 시·도지사는 폐수배출시설 설치허가(변경허가를 포함한다)를 받거나 폐수배출시설 설치신고(변경신고를 포함한다)를 한 사업자에게는 제2호와 제3호의 서류를 제출하지 아니하게 할 수 있다. 1. 공동방지시설의 설치명세서와 그 도면 및 위치도(축척 2만 5천분의 1의 지형도를 말한다) 2. 사업장별 폐수배출시설의 설치명세서 및 수질오염물질 등의 배출량예측서 3. 사업장별 원료사용량·제품생산량에 관한 서류, 공정도 및 폐수배출관로 4. 사업장에서 공동방지시설에 이르는 배수관거설치도면 및 명세서 5. 사업장에서 사용하는 모든 용수의 사용량과 폐수배출량을 각각 확인할 수 있는 적산유량계 등의 측정기기의 설치계획 및 그 부착 부위를 확인할 수 있는 도면(영 제35조에 따른 측정기기 부착 대상 사업장만 제출한다) 6. 사업장별 폐수배출량 및 수질오염물질 농도를 측정할 수 없을 때의 배출부과금·과태료·과징금 및 벌금 등에 대한 분담명세를 포함한 공동방지시설

물환경보전법		

물환경보전법	물환경보전법 시행령	물환경보전법 시행규칙
		설의 운영에 관한 규약 ② 공동방지시설을 설치한 사업자는 공동방지시설의 대표자에게 공동방지시설의 설치 및 운영과 관련한 행위를 대행하게 할 수 있다. 다만, 공동방지시설의 운영관리와 관련된 배출부과금의 납부는 사업자별로 부담비율을 미리 정하여 분담한다. ③ 사업자 또는 공동방지시설의 대표자는 다음 각 호의 어느 하나에 해당하는 사항을 변경하려는 경우에는 법 제33조제4항에 따라 변경내용을 증명하는 서류를 첨부하여 제출하여야 한다. 1. 공동방지시설의 폐수처리능력 2. 공동방지시설의 수질오염물질처리방법 3. 공동방지시설로 폐수를 유입하는 사업장 전체의 폐수배출량 또는 그 사업장의 수 4. 공동방지시설의 운영에 관한 규약
제33조의2(다른 법률에 따른 변경신고의 의제) ① 제33조제2항 단서 및 같은 조 제3항에 따라 변경신고를 한 경우에는 그 배출시설에 관련된 다음 각 호의 변경신고를 한 것으로 본다. 다만, 변경신고의 사항이 사업장의 명칭 또는 대표자가 변경되는 경우로 한정한다. 1. 「토양환경보전법」 제12조제1항 후단에 따른 특정토양오염관리대상시설의 변경신고 2. 「대기환경보전법」 제44조제2항에 따른 배출시설의 변경신고 ② 제1항에 따른 변경신고의 의제를 받으려는 자는 변경신고의 신청을 하는 때에 해당 법률이 정하		

물환경보전법	물환경보전법 시행령	물환경보전법 시행규칙
는 관련 서류를 함께 제출하여야 한다. ③ 제1항에 따라 변경신고를 접수하는 행정기관의 장은 변경신고를 처리한 때에는 지체 없이 제1항 각 호의 변경신고 소관 행정기관의 장에게 그 내용을 통보하여야 한다. ④ 제1항에 따라 변경신고를 한 것으로 보는 경우에 는 관계 법률에 따라 부과되는 수수료를 면제한다. [본조신설 2015. 12. 1.]		제37조(폐수무방류배출시설 설치허가신청 시의 제 출서류 등) ① 법 제33조제1항 단서에 따라 폐수무방 류배출시설의 설치허가를 받으려는 자는 별지 제12 호서식의 폐수무방류배출시설 설치허가신청서에 다음의 서류를 첨부하여 시ㆍ도지사에게 제출하여야 한다. 1. 영 제31조제5항제1호부터 제3호까지의 서류 2. 영 제31조제7항 각 호의 시설설치계획서 및 그 도면 3. 영 별표 6에 따른 세부설치기준 이행계획서 및 그 도면 ② 법 제33조제2항 본문 및 영 제31조제3항에 따라 폐수무방류배출시설의 설치 또는 변경허가를 받으려는 자는 법 제34조제1항에 따라 별지 제13호서식의 폐수무 류배출시설 설치허가신청서에 폐수무방류배출시설가 증과 변경허가내용을 증명하는 서류를 첨부하여 시ㆍ도 지사에게 제출하여야 한다.
제34조(폐수무방류배출시설의 설치허가) ① 제33조 제1항 단서 및 같은 조 제2항에 따라 폐수무방류배 출시설의 설치허가 또는 변경허가를 받으려는 자는 폐수무방류배출시설 설치계획서 등 환경부령으로 정하는 서류를 환경부장관에게 제출하여야 한다. ② 환경부장관은 제1항에 따른 허가신청을 받았을 때에는 폐수무방류배출시설 및 폐수를 배출하지 아 니하고 처리할 수 있는 수질오염방지시설 등의 적정 여부에 대하여 환경부령으로 정하는 관계 전문기관 의 의견을 들어야 한다. [전문개정 2013. 7. 30.]		제40조(관계전문기관) 법 제34조제2항에서 "환경부 령으로 정하는 관계전문기관"이란 한국환경공단을 말한다. 〈개정 2014. 1. 29.〉

물환경보전법	물환경보전법 시행령	물환경보전법 시행규칙
제35조(방지시설의 설치ㆍ설치면제 및 면제자 준수사항 등) ① 제33조제1항부터 제3항까지의 규정에 따라 허가ㆍ변경허가를 받은 자 또는 신고ㆍ변경신고를 한 자(이하 "사업자"라 한다)가 해당 배출시설을 설치하거나 변경할 때에는 그 배출시설로부터 배출되는 수질오염물질이 제32조에 따른 배출허용기준 이하로 배출되게 하기 위한 수질오염방지시설(폐수무방류배출시설의 경우에는 수질오염방지시설을 말한다. 이하 같다)을 설치하여야 한다. 다만, 대통령령으로 정하는 기준에 해당하는 배출시설(폐수무방류배출시설은 제외한다)의 경우에는 그러하지 아니하다. ② 제1항 단서에 따라 수질오염방지시설(이하 "방지시설"이라 한다)을 설치하지 아니하고 배출시설을 설치ㆍ운용하는 자는 폐수의 처리, 보관방법 등 배출시설의 관리에 관하여 환경부령으로 정하는 사항(이하 이 조에서 "준수사항"이라 한다)을 지켜야 한다. ③ 환경부장관은 제1항 단서에 따라 방지시설을 설치하지 아니하고 배출시설을 설치ㆍ운영하는 자가 준수사항을 위반하였을 때에는 제33조제1항부터 제3항까지의 규정에 따른 허가ㆍ변경허가를 취소하거나 배출시설의 폐쇄, 배출시설의 전부ㆍ일부에 대한 개선 또는 6개월 이내의 조업정지를 명할 수 있다. ④ 사업자는 배출시설(폐수무방류배출시설은 제외한다)로부터 배출되는 수질오염물질의 공동처리를 위한 공동방지시설(이하 "공동방지시설"이라 한다)을 설치할 수 있다. 이 경우 각 사업자는 사업장별로	제33조(방지시설설치의 면제기준) 법 제35조제1항 단서에서 "대통령령이 정하는 기준에 해당하는 배출시설(폐수무방류배출시설을 제외한다)의 경우"란 다음 각 호의 어느 하나에 해당하는 경우를 말한다. 1. 배출시설의 기능 및 공정상 수질오염물질이 항상 배출허용기준 이하로 배출되는 경우 2. 법 제62조에 따라 폐수처리업의 등록을 한 자 또는 환경부장관이 인정하여 고시하는 관계 전문기관에 환경부령으로 정하는 폐수를 전량 위탁처리하는 경우 3. 폐수를 전량 재이용하는 등 방지시설을 설치하지 아니하고도 수질오염물질을 적정하게 처리할 수 있는 경우로서 환경부령으로 정하는 경우	제41조(위탁처리대상 폐수) 영 제33조제2호에서 "환경부령으로 정하는 폐수"란 다음 각 호의 폐수를 말한다. <개정 2012. 1. 19.> 1. 1일 50세제곱미터 미만(법 제33조제8항 및 제9항에 따라 폐수배출시설의 설치를 제한할 수 있는 지역에서는 20세제곱미터 미만)으로 배출되는 폐수. 다만, 「산업집적활성화 및 공장설립에 관한 법률」 제2조제6호에 따른 아파트형공장에서 고정된 관을 이용하여 이송처리하는 경우에는 폐수량의 제한을 받지 아니하고 위탁처리할 수 있다. 2. 사업장에 있는 폐수배출시설에서 배출되는 폐수 중 다른 폐수와 그 성상(性狀)이 달라 수집ㆍ운방지시설에 유입될 경우 적정한 처리가 어려운 폐수로서 1일 50세제곱미터 미만(법 제33조제8항 및 제9항에 따라 폐수배출시설의 설치를 제한할 수 있는 지역에서는 20세제곱미터 미만)으로 배출되는 폐수 3. 「해양환경관리법」 제23조제1항과 같은 법 시행규칙 별표 6에 따른 폐수로서 같은 법 시행규칙 제14조에 따라 지정된 폐기물배출해역에 배출할 수 있는 폐수 4. 수질오염방지시설의 개선이나 보수 등과 관련하여 배출되는 폐수로서 시ㆍ도지사와 사전 협의된 기간에만 배출되는 폐수 5. 그 밖에 환경부장관이 위탁처리 대상으로 하는 것이 적합하다고 인정하는 폐수 제42조(수질오염방지시설 설치 외의 방법을 이용한

물환경보전법	물환경보전법 시행령	물환경보전법 시행규칙
해당 수질오염물질에 대한 방지시설을 설치한 것으로 본다. ⑤ 사업자는 공동방지시설을 설치·운영할 때에는 해당 시설의 운영기구를 설치하고 대표자를 두어야 한다. ⑥ 그 밖에 공동방지시설의 설치·운영에 필요한 사항은 환경부령으로 정한다. [전문개정 2013. 7. 30.]		수질오염물질의 처리) 영 제33조제3호에서 "환경부령으로 정하는 경우"란 다음 각 호의 어느 하나에 해당하는 경우를 말한다. 〈개정 2012. 1. 19.〉 1. 폐수를 제62조제1항에서 순환하여 재이용하는 시설로서 폐수 등이 수질오염물질을 차단된 공정 밖으로 배출하지 아니하고도 적정한 처리가 가능하다고 인정되는 경우. 다만, 시설이나 공정의 특성에 따라 더 이상의 재이용이 불가능한 폐수가 부득이하게 공정 밖으로 배출되는 경우에는 법 제62조에 따라 폐수처리업의 등록을 한 자 또는 환경부장관이 정하여 고시하는 관계전문기관(이하 "폐수처리업자등"이라 한다)에 위탁처리하여야 한다. 2. 「해양환경관리법」 제70조에 따른 폐기물해양배출업의 등록을 하고 같은 법 시행규칙 제14조에 따라 배출해역을 지정받은 해역에 배출하는 경우 또는 폐기물해양배출업의 등록을 하고 배출해역을 지정받은 자에게 제41조제3호에 따른 폐수를 위탁처리하는 경우 3. 폐수배출시설에서 발생되는 수질오염물질의 성상이 「폐기물관리법」 제2조제4호에 따른 지정폐기물에 해당되어 「폐기물관리법」 제29조에 따라 지정폐기물처리시설을 설치·운영하는 자 등에게 위탁처리하는 경우 4. 폐수의 성상 및 폐수에 함유된 물질의 특성상 폐수를 제품 또는 제품의 원료로 사용하거나 다른 폐수의 처리 또는 연구의 목적 등으로 사용하는 경우

물환경보전법	물환경보전법 시행령	물환경보전법 시행규칙
		제43조(수질오염방지시설의 설치가 면제되는 경우의 제출서류) 법 제35조제1항 단서에 따라 수질오염방지시설의 설치가 면제되는 경우에는 법 제33조제4항에 따라 다음 각 호의 구분에 따른 서류를 제출하여야 한다. 〈개정 2012. 1. 19.〉 1. 영 제33조제1호에 해당되는 경우 　가. 해당 폐수시설의 기능 및 공정의 특성과 사용되는 원료·부원료의 특성에 관한 설명 자료 　나. 폐수배출시설에서 배출되는 수질오염물질이 항상 배출허용기준 이하로 배출되거나 사실을 증명하는 객관적인 문헌이나 그 밖의 시험분석자료 2. 영 제33조제2호에 해당되는 경우 　가. 위탁처리할 폐수의 종류·양 및 수질오염물질별 농도에 대한 예측서 　나. 위탁처리할 폐수의 성상별 저장시설의 설치계획 및 그 도면 　다. 폐수처리업자등과 체결한 위탁처리계약서 3. 영 제33조제3호 및 제42조에 해당되는 경우 　가. 제42조제1호에 해당되는 경우 : 해당 폐수배출시설에 사용되는 물과 약제물질의 양, 그 재이용에 관한 서류 및 재이용 공정도. 다만, 폐수를 재이용한 후 배출하는 경우에는 배출수를 제외한다. 양 및 처리방법에 관한 서류와 폐수처리업자등과 체결한 위탁계약서를 추가로 제출한다.

물환경보전법	물환경보전법 시행령	물환경보전법 시행규칙
		나. 제42조제2호에 해당하는 경우: 「해양환경관리법」 제70조와 같은 법 시행규칙 제14조에 따른 폐기물해양배출업등록증 · 폐기물배출해역지정서 또는 폐기물해양배출업의 등록을 하고 폐기물배출해역을 지정받은 자와 체결한 위탁처리계약서 다. 제42조제3호에 해당하는 경우: 「폐기물관리법」 제25조제3항에 따라 폐기물처리업허가를 받은 자와 체결한 위탁처리계약서 라. 제42조제4호에 해당하는 경우: 제품, 제품의 원료, 다른 폐수의 처리 또는 연구의 목적 등으로 사용하는 경우에는 그 사용용도 · 사용처 및 해당 폐수배출시설에서 배출되는 수질오염물질의 농도 · 양 등에 관한 서류 마. 가목부터 라목까지의 경우: 그 밖에 처리방법을 증명할 수 있는 객관적인 자료
		제44조(수질오염방지시설의 설치가 면제되는 자의 준수사항) 법 제35조제1항 단서에 따라 수질오염방지시설의 설치가 면제되는 자가 별 제35조제2항에 따라 준수하여야 할 사항은 별표 14와 같다.
		제45조(공동방지시설의 설치 · 변경 등) ① 사업자 또는 법 제35조제5항에 따른 공동방지시설운영기구의 대표자(이하 "공동방지시설의 대표자"라 한다)는 법 제35조제4항에 따른 공동방지시설(이하 "공동방지시설"이라 한다)을 설치하려는 경우에는 법 제33조제4항에 따라 다음 각 호의 서류를 시 · 도지사 ·

물환경보전법	물환경보전법 시행령	물환경보전법 시행규칙
		에게 제출하여야 한다. 다만, 시·도지사는 폐수배출시설 설치허가(변경허가를 포함한다)를 받거나 폐수배출시설 설치신고(변경신고를 포함한다)를 한 사업자에게는 제2호와 제3호의 서류를 제출하지 아니하게 할 수 있다.
		1. 공동방지시설의 설치명세서와 그 도면 및 위치도 (축척 2만 5천분의 1의 지형도를 말한다)
		2. 사업장별 폐수배출시설의 설치명세서 및 수질오염물질 등의 배출량예측서
		3. 사업장별 원료사용량·제품생산량에 관한 서류, 공정도 및 폐수배출관리도
		4. 사업장에서 공동방지시설에 이르는 배수관거설치도면 및 명세서
		5. 사업장에서 사용하는 모든 용수의 사용량과 폐수배출량을 각각 확인할 수 있는 작산유량계 등 측정기기의 설치계획 및 그 부착 부위를 확인할 수 있는 도면(영 제35조에 따른 측정기기부착 대상 사업장만 제출한다)
		6. 사업장별 폐수배출량 및 수질오염물질 농도를 측정할 수 없을 때의 배출부과금·과태료·과징금 및 벌금 등에 대한 분담방법을 포함한 공동방지시설의 운영에 관한 규약
		② 공동방지시설을 설치한 사업자는 공동방지시설의 대표자에게 공동방지시설의 설치 및 운영과 관련한 행위를 대행하게 할 수 있다. 다만, 공동방지시설의 운영관리와 관련되어 배출부과금의 납부는 사업자별로 부담비율을 미리 정하여 분담한다.

물환경보전법	물환경보전법 시행령	물환경보전법 시행규칙
		③ 사업자 또는 공동방지시설의 대표자는 다음 각 호의 어느 하나에 해당하는 사항을 변경하려는 경우에는 법 제33조제4항에 따라 변경내용을 증명하는 서류를 시·도지사에게 제출하여야 한다. 1. 공동방지시설의 폐수처리능력 2. 공동방지시설의 수질오염물질처리방법 3. 공동방지시설을 유지하는 사업장 전체의 폐수배출총량 또는 그 사업장의 수 4. 공동방지시설의 운영에 관한 규약
제36조(권리·의무의 승계) ① 다음 각 호의 어느 하나에 해당하는 자는 종전 사업자의 허가·변경허가·신고 또는 변경신고에 따른 종전 사업자의 권리·의무를 승계한다. 1. 사업자가 사망한 경우 그 상속인 2. 사업자가 그 배출시설 및 방지시설을 양도한 경우 그 양수인 3. 법인인 사업자가 다른 법인과 합병한 경우 합병 후 존속하는 법인이나 합병으로 설립되는 법인 ② 다음 각 호의 어느 하나에 해당하는 절차에 따라 사업자의 배출시설 및 방지시설을 인수한 자는 허가·변경허가 또는 신고·변경신고에 따른 종전 사업자의 권리·의무를 승계한다. 〈개정 2016. 12. 27.〉 1. 「민사집행법」에 따른 경매 2. 「채무자 회생 및 파산에 관한 법률」에 따른 환가(換價) 3. 「국세징수법」, 「관세법」 또는 「지방세징수법」에 따른 압류재산의 매각		

물환경보전법	물환경보전법 시행령	물환경보전법 시행규칙
4. 그 밖에 제1호부터 제3호까지의 규정 중 어느 하나에 준하는 절차 ③ 배출시설 및 방지시설을 임대차하는 경우 임차인은 제38조, 제38조의2부터 제38조의5까지, 제39조부터 제41조까지, 제42조(허가취소의 경우는 제외한다), 제43조, 제46조, 제47조 및 제68조제1항제1호를 적용할 때에는 사업자로 본다. [전문개정 2013. 7. 30.] 제37조(배출시설 등의 가동시작 신고) ① 사업자는 배출시설 또는 방지시설의 설치를 완료하거나 배출시설의 변경(변경신고를 하고 변경을 하는 경우에는 대통령령으로 정하는 변경의 경우로 한정한다)을 완료하여 그 배출시설 및 방지시설을 가동하려면 환경부령으로 정하는 바에 따라 미리 환경부장관에게 가동시작 신고를 하여야 한다. 신고한 가동시작일을 변경할 때에는 환경부령으로 정하는 바에 따라 변경신고를 하여야 한다. ② 제1항에 따른 가동시작 신고를 한 사업자는 환경부령으로 정하는 기간 이내에 배출시설(폐수무방류배출시설은 제외한다)에서 배출되는 수질오염물질이 제32조에 따른 배출허용기준 이하로 처리될 수 있도록 방지시설을 운영하여야 한다. 이 경우 환경부령으로 정하는 기간에는 제39조부터 제41조까지의 규정을 적용하지 아니한다. ③ 환경부장관은 제2항에 따른 기간이 지난 날부터 환경부령으로 정하는 기간 이내에 배출시설 및 방지시설의 가동상태를 점검하고 수질오염물질을 채취	제34조(변경신고에 따른 가동시작 신고의 대상) 법 제37조제1항 전단에서 "대통령령이 정하는 변경의 경우"란 다음 각 호의 어느 하나에 해당하는 경우를 말한다. 1. 폐수배출량이 신고 당시보다 100분의 50 이상 증가하는 경우 2. 배출시설에서 배출허용기준을 초과하는 새로운 수질오염물질이 발생되어 배출시설 또는 방지시설의 개선이 필요한 경우 3. 배출시설에 설치된 방지시설의 폐수처리방법을 변경하는 경우 4. 법 제35조제1항 각 단서에 따라 방지시설을 설치하지 아니한 배출시설에 방지시설을 설치하는 경우 [제목개정 2014. 1. 28.]	제46조(가동시작의 신고) ① 사업자가 법 제37조제1항 전단에 따라 가동시작의 신고를 하려는 경우에는 별지 제16호서식의 가동시작신고서에 폐수배출시설

물환경보전법	물환경보전법 시행령	물환경보전법 시행규칙
한 후 환경부령으로 정하는 검사기관으로 하여금 오염도검사를 하게 하여야 한다. ④ 환경부장관은 제1항에 따라 가동시작 신고를 한 폐수무방류배출시설에 대하여 신고일부터 10일 이내에 제33조제11항에 따른 허가 또는 변경허가의 기준에 맞는지를 조사하여야 한다. [전문개정 2013. 7. 30.]		설치하거나 또는 설치신고증명서 원본을 첨부하여 시·도지사에게 제출하여야 하며, 법 제37조제1항 후단에 따라 신고된 가동시작을 변경하려는 경우에는 별지 제17호서식의 가동시작일 변경신고서를 제출하여야 한다. 다만, 영 제33조제2호 또는 제42조제2호·제3호에 따라 폐수를 전량 위탁처리하는 사업자는 가동시작신고를 하지 아니할 수 있다. 〈개정 2018. 1. 17.〉 [제목개정 2014. 1. 29.] 제47조(시운전 기간 등) ① 법 제37조제2항 전단에서 "환경부령으로 정하는 기간"이란 다음 각 호의 구분에 따른 기간을 말한다. 〈개정 2014. 1. 29.〉 1. 폐수처리방법이 생물화학적 처리방법인 경우 : 가동시작일부터 50일. 다만, 가동시작일이 11월 1일부터 다음 연도 1월 31일까지에 해당하는 경우에는 가동시작일부터 70일로 한다. 2. 폐수처리방법이 물리적 또는 화학적 처리방법인 경우 : 가동시작일부터 30일 ② 법 제37조제1항에 따른 가동시작신고(가동시작일의 변경신고를 포함한다)를 받은 시·도지사는 제1항에 따른 기간이 지난 날부터 15일 이내에 폐수배출시설 및 수질오염방지시설의 가동상태를 점검하고, 수집오염물질을 채취한 후 다음 각 호의 어느 하나에 해당하는 검사기관에 오염도검사를 하도록 하여 배출허용기준의 준수 여부를 확인하도록 하여야 한다. 다만, 영 제33조제2호 또는 제3호에 해당되는 경우 또는 폐수전량재활용시설에 대하여는 오염

물환경보전법	물환경보전법 시행령	물환경보전법 시행규칙
		도검사 절차를 생략할 수 있다. 〈개정 2014. 1. 29.〉 1. 국립환경과학원 및 그 소속기관 2. 특별시·광역시 및 도의 보건환경연구원 3. 유역환경청 및 지방환경청 4. 한국표준과학연구단 및 그 소속 사업소 5. 「국가표준기본법」제23조에 따라 인정된 수질 분야의 검사기관 중 환경부장관이 정하여 고시하는 수질검사기관 6. 그 밖에 환경부장관이 정하여 고시하는 수질검사기관 ③ 제2항에 따른 오염도검사의 결과를 통보받은 시·도지사는 그 검사 결과가 배출허용기준을 초과하는 경우에는 법 제39조에 따른 개선명령을 하여야 한다.
제38조(배출시설 및 방지시설의 운영) ① 사업자(제33조제1항 단서 또는 같은 조 제2항에 따라 폐수무방류배출시설의 설치허가 또는 변경허가를 받은 사업자는 제외한다) 또는 방지시설을 운영하는 자(제35조제5항에 따른 공동방지시설 운영기구의 대표자를 포함한다. 이하 같다)는 다음 각 호의 어느 하나에 해당하는 행위를 하여서는 아니 된다. 1. 배출시설에서 배출되는 수질오염물질을 방지시설에 유입하지 아니하고 배출하거나 방지시설에 유입하지 아니하고 배출할 수 있는 시설을 설치하는 행위 2. 방지시설에 유입되는 수질오염물질을 최종 방류구를 거치지 아니하고 배출하거나 최종 방류구를		제48조(수질오염물질 희석처리의 인정 등) ① 시·도지사가 법 제38조제1항제3호 단서에 따라 희석하여야만 수질오염물질의 처리가 가능하다고 인정할 수 있는 경우는 다음 각 호의 어느 하나에 해당하여 수질오염물질이 희석하여야만 수질오염물질의 처리가 가능한 경우를 말한다. 1. 폐수의 염분이나 유기물의 농도가 높아 원래의 상태로는 생물화학적 처리가 어려운 경우 2. 폭발의 위험 등이 있어 원래의 상태로는 화학적 처리가 어려운 경우 ② 제1항에 따른 희석처리의 인정을 받으려는 자가 영 제31조제5항에 따른 신청서 또는 신고서를 제출할 때에는 이를 증명하는 다음 각 호의 자료를 첨부

물환경보전법	물환경보전법 시행령	물환경보전법 시행규칙
가지지 아니하고 배출할 수 있는 시설을 설치하는 행위 3. 배출시설에서 배출되는 수질오염물질에 공정(工程) 중 배출되지 아니하는 물 또는 공정 중 배출되는 오염되지 아니한 물을 섞어 처리하거나 제32조에 따른 배출허용기준을 초과하는 수질오염물질이 방지시설의 최종 방류구를 통과하기 전에 오염도를 낮추기 위하여 물을 섞어 배출하는 행위. 다만, 환경부장관이 환경부령으로 정하는 바에 따라 희석하여야만 수질오염물질을 처리할 수 있다고 인정하는 경우와 그 밖에 환경부령으로 정하는 경우는 제외한다. 4. 그 밖에 배출시설 및 방지시설을 정당한 사유 없이 정상적으로 가동하지 아니하여 제32조에 따른 배출허용기준을 초과한 수질오염물질을 배출하는 행위 ② 제33조제1항 단서 또는 같은 조 제2항에 따라 폐수무방류배출시설의 설치허가 또는 변경허가를 받은 사업자는 다음 각 호의 어느 하나에 해당하는 행위를 하여서는 아니 된다. 1. 폐수무방류배출시설에서 배출되는 폐수를 사업장 밖으로 반출하거나 공공수역으로 배출하거나 배출할 수 있는 시설을 설치하는 행위 2. 폐수무방류배출시설에서 배출되는 폐수를 오수 또는 다른 배출시설에서 배출되는 폐수와 혼합하여 처리하거나 처리할 수 있는 시설을 설치하는 행위		하여 시·도지사에게 제출하여야 한다. 1. 처리하려는 폐수의 농도 및 특성 2. 희석처리의 불가피성 3. 희석배율 및 희석수량 ③ 시·도지사는 제2항에 따른 자료를 검토한 결과 희석처리가 타당한 것으로 인정되는 경우에는 폐수배출시설 설치신고증명서 뒤쪽에 희석대상 폐수배출시설, 발생량, 희석배율 및 희석수량 등을 적어야 한다. 제49조(폐수배출시설 및 수질오염방지시설의 운영·기록 보존) ① 법 제38조제3항에 따라 사업자 또는 수질오염방지시설을 운영하는 자(공동방지시설의 대표자를 포함한다. 이하 같다)는 폐수배출시설 및 수질오염방지시설의 가동시간, 폐수배출량, 약품투입량, 시설관리 및 운영자, 그 밖에 시설운영에 관한 중요사항을 운영일지(이하 "운영일지"라 한다)에 매일 기록하고, 최종 기록일부터 1년간 보존하여야 한다. 다만, 폐수무방류배출시설의 경우에는 운영일지를 3년간 보존하여야 한다. ② 운영일지는 별지 제18호서식에 따른다. 다만, 다음 각 호의 어느 하나에 해당하는 경우에는 그 해당 호의 서식에 따른다. 1. 폐수무방류배출시설을 설치한 사업자 : 별지 제19호서식 2. 영 제33조제2호 및 제3호에 따라 폐수를 처리하는 사업자 : 별지 제20호서식 3. 법 제62조에 따른 폐수처리업의 등록을 한 사업자 :

물환경보전법	물환경보전법 시행령	물환경보전법 시행규칙
3. 폐수무방류배출시설에서 배출되는 폐수를 재이용하는 경우 동일한 폐수무방류배출시설에서 재이용하지 아니하고 다른 배출시설에서 재이용하거나 화장실 용수, 조경용수 또는 소방용수 등으로 사용하는 행위 ③ 사업자 또는 방지시설을 운영하는 자는 조업을 할 때에는 환경부령으로 정하는 바에 따라 그 배출시설 및 방지시설의 운영에 관한 상황을 사실대로 기록하여 보존하여야 한다. [전문개정 2013. 7. 30.]		별지 제21호서식 ③ 사업자 또는 수질오염방지시설을 운영하는 자는 운영일지를 테이프, 디스켓 등 전산방법으로 기록하여 보존할 수 있다.
제38조의2(측정기기의 부착 등) ① 다음 각 호의 어느 하나에 해당하는 자는 배출되는 수질오염물질이 제32조에 따른 배출허용기준, 제12조제3항 또는 「하수도법」에 따른 방류수 수질기준에 맞는지를 확인하기 위하여 적산전력계, 수질자동측정기기 등 대통령령으로 정하는 기기(이하 "측정기기"라 한다)를 부착하여야 한다. 〈개정 2016. 1. 27.〉 1. 대통령령으로 정하는 폐수배출량 이상의 사업장을 운영하는 사업자. 다만, 제33조제1항 단서 또는 같은 조 제2항에 따른 폐수무방류배출시설의 설치허가 또는 변경허가를 받은 사업자는 제외한다. 2. 대통령령으로 정하는 처리용량 이상의 방지시설(공동방지시설을 포함한다)을 운영하는 자 3. 대통령령으로 정하는 처리용량 이상의 공공폐수처리시설 또는 공공하수처리시설을 운영하는 자 ② 제1항에 따라 부착하여야 하는 측정기기의 부착방법 및 부착시기와 그 밖에 측정기기의 부	제35조(측정기기 부착의 대상·방법·시기 등) ① 법 제38조의2제1항에 따라 측정기기를 부착하여야 하는 사업장·방지시설(공동방지시설을 포함한다)·공공폐수처리시설·공공하수처리시설(이하 "측정기기부착사업자등"이라 한다)의 폐수배출량 또는 처리용량과 부착하여야 하는 측정기기의 종류는 별표 7과 같다. 〈개정 2017. 1. 17.〉 ② 법 제38조의2제1항에 따라 측정기기를 부착하여야 하는 자(이하 "측정기기부착사업자등"이라 한다)는 다음 각 호의 구분에 따른 기한 내에 별표 8에 따른 방법으로 해당 측정기기를 부착하여야 한다. 〈개정 2017. 1. 17.〉 1. 공공폐수처리시설 설치·운영하는 자: 법 제48조제1항에 따른 공공폐수처리시설이 설치 완료된 후. 다만, 처리용량이 증가하여 측정기기부착사업자등이 된 경우에는 다음 연도 9월 말까지 측정기기를 부착하여야 한다.	

물환경보전법	물환경보전법 시행령	물환경보전법 시행규칙
요한 사항은 대통령령으로 정한다. ③ 제1항에 따라 측정기기를 부착한 자(이하 "측정기기부착사업자등"이라 한다)는 제38조의6에 따라 등록을 한 자(이하 "측정기기 관리대행업자"라 한다)에게 측정기기의 관리업무를 대행하게 할 수 있다. 〈신설 2016. 1. 27.〉 [전문개정 2013. 7. 30.]	2. 공공하수처리시설을 운영하는 자 : 「하수도법」 제15조에 따른 공공하수도의 사용 공고 전. 다만, 처리용량이 증가하여 측정기기[부착사업장등이 된 경우에는 공공하수도의 사용공고를 한 날부터 9개월 이내에 측정기기를 부착하여야 한다. 3. 제1호 및 제2호에 해당하지 아니하는 자 : 작산전 연계 및 작산유량계는 법 제37조에 따른 가동시작 신고 전, 수질자동측정기기 및 부대시설은 법 제37조에 따른 가동시작 신고를 한 후 2개월 이내. 다만, 폐수배출량이 증가하여 측정기기부착사업장등이 된 경우에는 법 제33조제2항 및 제3항에 따른 변경허가 또는 변경신고일부터 9개월 이내에 수질자동측정기기 및 부대시설을 부착하여야 한다. ③ 측정기기부착사업자등은 제2항에 따라 측정기기를 부착한 때에는 지체 없이 그 사실을 시·도지사등에게 알려야 한다. 이 경우 시·도지사등은 부착된 측정기기가 「환경분야 시험·검사 등에 관한 법률」 제6조에 따른 환경오염공정시험기준에 따라 적합하게 설치되어 있는지를 확인하여야 한다. 〈개정 2010. 6. 22.〉 ④ 시·도지사등은 제3항에 따라 측정기기가 적합하게 설치되었는지를 확인한 날부터 6개월이 지난 후에 그 측정기기에서 제37조에 따른 수질원격감시체계 관제센터에 자동으로 전송되는 자료(이하 "자동측정자료"라 한다)를 다음 각 호의 어느 하나에 해당하는 행정자료로 활용할 수 있다. 다만, 측정기기	

물환경보전법	물환경보전법 시행령	물환경보전법 시행규칙

물환경보전법 시행령

이 고의 조작, 고장, 천동·전자파 등의 돌발현상, 전산망의 이상(異常) 등으로 자동측정자료에 이상이 있는 경우에는 이를 대체하는 자료(이하 "대체자동측정자료"라 한다)를 만들어 활용할 수 있다. 〈개정 2018. 1. 16.〉

1. 다음 각 목에 따른 오염총량조과과징금의 산정자료
   가. 제10조에 따른 오염총량초과과징금
   나. 「금강수계 물관리 및 주민지원 등에 관한 법률」 제13조에 따른 오염총량초과과징금
   다. 「낙동강수계 물관리 및 주민지원 등에 관한 법률」 제13조에 따른 오염총량초과과징금
   라. 「영산강·섬진강수계 물관리 및 주민지원 등에 관한 법률」 제13조에 따른 오염총량초과과징금
   마. 「한강수계 상수원수질개선 및 주민지원 등에 관한 법률」 제8조의5에 따른 오염총량초과과징금

2. 법 제12조제3항에 따른 공공폐수처리시설의 방류수 수질기준 초과 여부의 확인자료

3. 법 제32조에 따른 배출허용기준 초과 여부의 확인자료

4. 법 제41조에 따른 배출부과금의 산정자료

5. 「하수도법」 제7조에 따른 공공하수처리시설의 방류수 수질기준 초과 여부의 확인자료

⑤ 제3항에 따른 확인설치와 확인방법, 제4항에 따른 행정자료의 구체적인 활용방법, 비정상적인 자동측정자료의 종류·선정방법·처리방법, 대체자

물환경보전법	물환경보전법 시행령	물환경보전법 시행규칙

등 측정자료의 생성방법 등에 관하여는 환경부장관이 정하여 고시한다.

제38조의3(측정기기부착사업자등의 금지행위 및 운영·관리기준) ① 측정기기부착사업자등은 측정기기를 운영하는 경우 다음 각 호의 어느 하나에 해당하는 행위를 하여서는 아니 된다. 〈개정 2016. 1. 27.〉
1. 고의로 측정기기를 작동하지 아니하게 하거나 정상적인 측정이 이루어지지 아니하도록 하는 행위
2. 부식, 마모, 고장 또는 훼손으로 정상적인 작동을 하지 아니하는 측정기기를 정당한 사유 없이 방치하는 행위
3. 측정 결과를 누락시키거나 거짓으로 측정 결과를 작성하는 행위

② 측정기기부착사업자등 및 측정기기 관리대행업자는 해당 측정기기로 측정한 결과의 신뢰도와 정확도를 지속적으로 유지할 수 있도록 환경부령으로 정하는 측정기기의 운영·관리기준을 지켜야 한다. 〈개정 2016. 1. 27.〉
[전문개정 2013. 7. 30.]

제38조의4(측정기기부착사업자등에 대한 조치명령 및 조업정지명령) ① 환경부장관은 법 제38조의3제2항에 따른 운영·관리기준을 준수하지 아니하는 측정

제50조(측정기기의 운영·관리기준) 법 제38조의3제2항에 따른 측정기기등의 운영·관리기준은 다음 각 호와 같다. 〈개정 2017. 1. 19.〉
1. 측정기기의 측정·분석·평가 등의 방법은 「환경분야 시험·검사 등에 관한 법률」 제6조에 따른 환경오염공정시험기준에 부합되도록 유지할 것
2. 「환경분야 시험·검사 등에 관한 법률」 제9조에 따른 형식승인이나 법 제9조의2에 따른 예비형식승인을 받은 측정기기를 포함한다)를 부착하고, 같은 법 제11조에 따른 정도검사를 받을 것
3. 측정기기에 의하여 측정된 자동측정자료를 오염도검사의 자료로 활용할 수 있도록 법 제37조에 따른 수질원격감시체계 관제센터에 상시 전송할 것
4. 측정기기의 도입 및 교체 시마다 측정기기의 현황을 법 제37조에 따른 수질원격감시체계 관제센터에 전송할 것
5. 측정기기의 점검 및 교정 시마다 점검·관리사항을 별지 제21호의3서식에 작성하여 3년 동안 보관하거나 법 제37조에 따른 수질원격감시체계 관제센터에 전송할 것

제36조(측정기기와 관련하여 조치명령을 받은 자의 개선기간 등) ① 환경부장관은 법 제38조의4제1항에 따른 조치명령을 하는 경우에는 6개월의 범위에서

물환경보전법	물환경보전법 시행령	물환경보전법 시행규칙
기기부착사업자등에게 대통령령으로 정하는 바에 따라 기간을 정하여 측정기기가 기준에 맞게 운영·관리되도록 필요한 조치를 할 것을 명할 수 있다. ② 환경부장관은 제1항에 따른 조치명령을 이행하지 아니하는 자에게 6개월 이내의 기간을 정하여 해당 배출시설 등의 전부 또는 일부에 대한 조업정지를 명할 수 있다. [전문개정 2013. 7. 30.]	서 개선기간을 정하여야 한다. ② 환경부장관은 법 제38조의4제4항에 따른 조치명령을 받은 자가 천재지변이나 그 밖의 부득이한 사유로 개선기간 이내에 조치를 끝낼 수 없는 경우에는 조치명령을 받은 자의 신청을 받아 6개월의 범위에서 개선기간을 연장할 수 있다. **제40조(조치명령 또는 개선명령 받지 아니한 사업자의 개선)** ① 법 제38조의4 또는 법 제39조에 따른 조치명령을 받지 아니한 자 또는 법 제39조에 따른 개선명령을 받지 아니한 사업자는 다음 각 호의 어느 하나에 해당하는 사유로 측정기기를 정상적으로 운영하기 어렵거나 배출허용기준을 초과할 우려가 있다고 인정하는 측정기기·배출시설 또는 방지시설(이하 이 조에서 "배출시설등"이라 한다)을 개선하려는 경우에는 개선계획서에 개선사유, 개선기간, 개선내용, 개선기간 중의 수질오염물질 예상배출량 및 배출농도 등을 적어 환경부장관에게 제출하고 그 배출시설등을 개선할 수 있다. 다만, 측정기기의 교정, 청소 등을 환경부령으로 정하는 경미한 사항으로 인하여 일시적으로 측정자료에 이상이 발생하는 경우에는 환경부령으로 정하는 바에 따라 전자정보처리프로그램을 이용하여 환경부장관에게 개선사유서를 제출하고 그 배출시설등을 개선할 수 있다. 〈개정 2012. 1. 17.〉 1. 법 제68조제1항에 따라 관계 공무원의 수질오염물질을 채취한 이후 다음 각 목에 해당하는 응급 조치를 한 경우로서 배출시설등의 개선이 필요한	**제51조(개선명령 등)** ① 시·도지사, 유역환경청장 또는 지방환경청장(이하 "시·도지사등"이라 한다)은 법 제38조의4제1항에 따른 조치명령을 하는 경우에는 그 명령이 위반의 내용, 조치기간, 조치사항, 조치 시 고려하여야 할 사항 등에 관한 내용을 적은 서면으로 하여야 한다. ② 시·도지사는 법 제39조에 따른 개선명령을 하는 경우에는 그 명령에 배출허용기준을 초과한 정도, 배출허용기준을 초과한 시설 및 개선 시 고려하여야 할 사항 등에 관한 내용을 적은 서면으로 하여야 한다. ③ 시·도지사는 배출허용기준을 초과한 경우에 납부터 소급하여 그 초과허용수를 포함하여 2년 이내에 3회 이상 배출허용기준을 초과한 경우에는 "환경기술 및 환경산업 지원법" 제12조에 따른 환경기술지원을 받게 하고 그 결과를 제출하게 할 수 있다. 〈개정 2011. 10. 28.〉 ④ 영 제40조제3항에서 "환경부령으로 정하는 검사기관"이란 제47조제2항 각 호의 검사기관을 말한다. **제52조의2(조치명령 또는 개선명령을 받지 아니한 사업자등의 개선사유서의 제출 등)** ① 영 제40조제1항

물환경보전법	물환경보전법 시행령	물환경보전법 시행규칙
	경우 가. 개선·변경 또는 보수를 위하여 배출시설등의 가동을 전부 중지하거나 천재지변, 화재, 돌발적인 사고 및 그 밖의 불가항력적인 사유로 배출시설등의 가동이 전부 중지된 경우 수질오염물질이 배출되지 아니하도록 하는 조치 나. 방지시설에서 처리하는 폐수를 제33조제2호에 따른 위탁처리방법으로 처리하여 수질오염물질의 배출을 감소시키는 조치 2. 제1호 외의 경우로서 다음 각 목의 어느 하나에 해당하는 경우 가. 배출시설등의 개선·변경 또는 보수가 필요한 경우 나. 배출시설등의 주요 기계장치 등의 돌발적인 사고, 단전·단수·천재지변·화재 및 그 밖의 불가항력적인 사유로 배출시설등이 적정하게 운영될 수 없는 경우 다. 수질오염물질을 생물화학적 방법으로 처리하는 경우로서 기후변동이나 이상물질의 유입 등으로 배출시설등이 적정하게 운영될 수 없는 경우 ② 제1항 본문에 따른 개선계획서를 제출한 자가 개선기간에 배출시설등의 개선을 마친 경우에는 환경부장관에게 개선완료보고서를 제출하고 가동을 개시할 수 있다. 다만, 천재지변이나 그 밖의 부득이한 사유로 개선기간 이내에 개선조치를 마칠 수 없는 경우로 그 기간이 끝나기 전에 환경부장관에게 개선	단서에서 "환경부령으로 정하는 경미한 사항"이란 별표 14의2와 같다. ② 영 제40조제1항 단서에 따라 개선사유서를 제출하려는 사업자등은 별지 제23조의2서식에 따른 개선사유서에 영 별표 14의2에 따른 경미한 개선사유를 증명할 수 있는 서류 1부를 첨부하여 한국환경공단 이사장에게 제출하여야 한다. 〈개정 2018. 1. 17.〉 ③ 한국환경공단은 제2항에 따라 제출된 개선사유서 검토의 개선계획서를 제출하여야 하거나, 제출 자료를 보완하여야 할 필요가 있다고 판단될 경우에는 3일 내에 그 결과를 당사자에게 통보하여야 한다. [본조신설 2012. 1. 19.]

물환경보전법	물환경보전법 시행령	물환경보전법 시행규칙
제38조의5(측정기기부착사업자등에 대한 지원 및 보고·검사의 면제 등) ① 환경부장관은 측정 자료를 관리·분석하기 위하여 측정기기부착사업자등이 부착한 측정기기와 연결하여 그 측정 결과를 전산처리할 수 있는 전산망을 운영할 수 있다. ② 환경부장관은 측정기기부착사업자등의 측정기기를 정상적으로 설치·유지·관리할 수 있도록 기술지원 등을 할 수 있다. 이 경우 환경부장관은 제74조제2항에 따라 권한을 위탁받은 관계 전문기관의 직원으로 하여금 측정기기부착사업자등의 해당 시설 또는 사업장 등에 출입하여 측정기기를 점검·관리하기 위하여 필요한 수질오염물질을 채취하거나 관계 서류·시설·장비 등을 검사하게 할 수 있다. ③ 제2항 후단에 따라 출입·검사를 하려는 관계 전문기관의 직원은 그 권한을 나타내는 증표를 지니고 이를 관계인에게 보여주어야 한다. ④ 환경부장관은 측정기기부착사업자등에 대해서는 측정하는 항목에 관하여 대통령령으로 정하는 측정되는 항목에 관하여 대통령령으로 정하는 바에 따라 제68조에 따른 보고 또는 검	기간의 연장을 신청할 수 있다. 〈개정 2012. 1. 17.〉 ③ 환경부장관은 제1항 본문에 따른 개선계획서를 제출한 자 및 제2항에 따른 개선완료보고서를 제출한 자에 대하여는 지체 없이 개선 내용, 개선결과 및 수질오염물질 배출량 등을 관계 공무원으로 하여금 확인하게 하고, 시료를 채취하여 환경부령으로 정하는 검사기관에 오염도검사를 의뢰하게 할 수 있다. 〈개정 2012. 1. 17.〉 제38조(측정기기부착사업장등의 보고·검사의 면제) 환경부장관은 제35조제4항에 따라 자동측정자료를 행정자료로 활용할 수 있는 경우에는 법 제38조의5제4항에 따라 다음 각 호의 사항을 확인하기 위한 보고 또는 검사를 면제할 수 있다. 〈개정 2017. 1. 17.〉 1. 법 제12조제3항에 따른 공공폐수처리시설의 방류수 수질기준 초과 여부 2. 법 제32조에 따른 배출허용기준 초과 여부	

물환경보전법	물환경보전법 시행령	물환경보전법 시행규칙

물환경보전법

사를 면제할 수 있다.

[전문개정 2013. 7. 30.]

[제목개정 2017. 1. 17.]

제38조의6(측정기기 관리대행업의 등록 등) ① 측정기기의 관리업무를 대행하려는 자는 대통령령으로 정하는 시설·장비 및 기술인력 등의 요건을 갖추어 환경부장관에게 등록하여야 한다. 등록한 사항 중 대통령령으로 정하는 중요 사항을 변경하려는 경우에도 또한 같다.

② 환경부장관은 측정기기 관리대행업을 등록하였을 때에는 환경부령으로 정하는 바에 따라 등록증을 발급하여야 한다.

③ 제1항에 따른 등록의 절차 등 등록에 필요한 사항은 환경부령으로 정한다.

[본조신설 2016. 1. 27.]

제38조의2(측정기기 관리대행업의 등록기준 등)
① 법 제38조의6제1항 전단에 따라 측정기기의 관리업무를 대행하려는 자가 갖추어야 하는 시설·장비 및 기술인력의 기준은 별표 8의2와 같다.

② 법 제38조의6제1항 후단에서 "대통령령으로 정하는 중요 사항"이란 다음 각 호의 사항을 말한다.

1. 상호·명칭 또는 대표자의 성명
2. 사무실 또는 실험실 소재지
3. 별표 8의2 기준에 따라 등록된 기술인력의 현황

[본조신설 2017. 1. 17.]

제52조의3(측정기기 관리대행업 등록의 신청) ① 법 제38조의6제1항 전단에 따라 측정기기 관리대행업을 등록하려는 자는 별지 제23조의3서식의 측정기기 관리대행업 등록 신청서(전자문서로 된 신청서를 포함한다)에 다음 각 호의 서류를 첨부하여 사무실 소재지를 관할하는 유역환경청장 또는 지방환경청장에게 제출하여야 한다.

1. 측정기기 관리대행업 사업계획서 1부
2. 영 별표 8의2의 기준에 따른 시설·장비 및 기술인력의 보유현황과 이를 증명할 수 있는 서류 1부

② 제1항에 따른 신청서를 제출받은 담당 공무원은 「전자정부법」 제36조제1항에 따른 행정정보의 공동이용을 통하여 기술인력의 국가기술자격증과 신

물환경보전법	물환경보전법 시행령	물환경보전법 시행규칙
		청인이 법인인 경우에는 법인 등기사항 증명서를, 개인인 경우에는 사업자등록증을 확인하여야 한다. 다만, 신청인이 사업자등록증 또는 국가기술자격증의 확인에 동의하지 아니하는 경우에는 그 사본을 첨부하도록 하여야 한다. ③ 유역환경청장 또는 지방환경청장은 법 제38조의6제1항 전단에 따라 측정기기 관리대행업자의 등록을 하면 같은 조 제2항에 따라 별지 제23조의4서식의 측정기기 관리대행업 등록증을 발급하여야 한다. ④ 제3항에 따라 측정기기 관리대행업의 등록을 한 자(이하 "측정기기 관리대행업자"라 한다)는 법 제38조의6제1항 후단에 따라 영 제38조의2제2항 각 호의 어느 하나에 해당하는 사항을 변경하려는 경우에는 별지 제23조의5서식의 측정기기 관리대행업 변경등록 신청서에 측정기기 관리대행업 등록증과 변경내용을 증명할 수 있는 서류 1부를 첨부하여 사무실 소재지(사무실 소재지를 변경하는 경우에는 변경 후의 사무실 소재지를 말한다)를 관할하는 유역환경청장 또는 지방환경청장에게 제출하여야 한다. ⑤ 유역환경청장 또는 지방환경청장은 법 제38조의6제1항 후단에 따라 측정기기 관리대행업자를 변경등록한 경우에는 제4항에 따라 제출받은 측정기기 관리대행업 등록증 뒤쪽에 변경 내용을 적은 후 신청인에게 돌려주어야 한다. [본조신설 2017. 1. 19.]	
제38조의7(결격사유) 다음 각 호의 어느 하나에 해당하는 자는 측정기기 관리대행업의 등록을 할 수 없다.		

물환경보전법	물환경보전법 시행령	물환경보전법 시행규칙
1. 피성년후견인 또는 피한정후견인 2. 파산선고를 받고 복권되지 아니한 자 3. 이 법을 위반하여 징역 이상의 실형을 선고받고 그 집행이 끝나거나(집행이 끝난 것으로 보는 경우를 포함한다) 집행을 받지 아니하기로 확정된 날부터 2년이 지나지 아니한 자 4. 제38조의9에 따라 등록이 취소(이 조 제1호 또는 제2호에 해당하여 등록이 취소된 경우는 제외한다)된 후 2년이 지나지 아니한 자 5. 임원 중 제1호부터 제4호까지의 어느 하나에 해당하는 사람이 있는 법인 [본조신설 2016. 1. 27.] **제38조의8(측정기기 관리대행업자의 준수사항 등)** ① 측정기기 관리대행업자는 다음 각 호의 어느 하나에 해당하는 행위를 하여서는 아니 된다. 1. 등록증을 다른 자에게 대여하거나 대여받은 측정기기의 관리업무를 다른 자에게 대행하도록 하는 행위 2. 등록된 기술인력이 아닌 사람에게 측정기기의 관리업무를 하게 하는 행위 3. 그 밖에 측정기기의 관리대행업무에 관하여 환경부령으로 정하는 준수사항을 위반하는 행위 ② 측정기기 관리대행업자는 기술인력으로 종사하는 사람이 환경부령으로 정하는 교육기관에서 실시하는 교육을 받도록 하여야 한다. ③ 제2항에 따른 교육의 내용 등 교육에 필요한 사항은 환경부령으로 정한다.		**제52조의4(측정기기 관리대행업자의 준수사항)** 법 제38조의8제1항제3호에서 "환경부령으로 정하는 준수사항"이란 다음 각 호의 사항을 말한다. 1. 관리업무를 대행하는 측정기기의 가동 상태를 상시 점검할 것 2. 별지 제23호의6서식의 측정기기 관리대행업 실적보고서에 측정기기 관리대행 제어수 등 대행실적을 증명할 수 있는 서류 1부를 첨부하여 매년 1월 31일까지 사무실 소재지를 관할하는 유역환경청장 또는 지방환경청장에게 제출하고, 제출한 서류의 사본을 제출한 날부터 3년간 보관할 것 3. 등록된 기술인력이 법 제38조의8제2항에 따라 교육을 받게 할 것 4. 등록의 취소, 업무정지 등 측정기기 관리업무의 대행을 지속하기 어려운 사유가 발생한 경우에는

물환경보전법	물환경보전법 시행령	물환경보전법 시행규칙
[본조신설 2016. 1. 27.]		측정기기 관리업무의 대행을 맡긴 자에게 즉시 통보할 것 [본조신설 2017. 1. 19.] 제93조(기술인력 등의 교육기간·대상자 등) ① 법 제38조의6제1항에 따른 기술인력, 법 제47조에 따른 환경기술인 또는 법 제62조에 따른 폐수처리업에 종사하는 기술요원(이하 "기술인력등"이라 한다)을 고용한 자는 다음 각 호의 구분에 따른 교육을 받게 하여야 한다. 〈개정 2017. 1. 19.〉 1. 최초교육: 기술인력등이 최초로 업무에 종사한 날부터 1년 이내에 실시하는 교육 2. 보수교육: 제1호에 따른 최초 교육 후 3년마다 실시하는 교육 ② 제1항에 따른 교육은 다음 각 호의 구분에 따른 교육기관에서 실시한다. 다만, 환경부장관 또는 시·도지사는 필요하다고 인정하면 다음 각 호의 교육기관 외의 교육기관에서 기술인력등에 관한 교육을 실시하도록 할 수 있다. 〈개정 2017. 1. 19.〉 1. 측정기기 관리대행업에 등록된 기술인력 및 폐수처리업에 종사하는 기술요원: 국립환경인력개발원 2. 환경기술인: 「환경정책기본법」 제38조제1항에 따른 환경보전협회 [제목개정 2017. 1. 19.] 제94조(교육과정의 종류 및 기간) ① 기술인력등이 법 제38조의8제2항·제67조제1항 및 제93조제1항에 따라 이수하여야 하는 교육과정은 다음 각 호의

물환경보전법	물환경보전법 시행령	물환경보전법 시행규칙
		구분에 따른다. 〈개정 2017. 1. 19.〉 1. 측정기기 관리대행업에 등록된 기술인력 : 측정기기 관리대행 기술인력과정 2. 환경기술인 : 환경기술인과정 3. 폐수처리업에 종사하는 기술요원 : 폐수처리리기술요원과정 ② 제1항의 교육과정의 교육기간은 4일 이내로 한다. 다만, 정보통신매체를 이용하여 원격교육을 실시하는 경우에는 환경부장관이 인정하는 기간으로 한다. 〈개정 2017. 1. 19.〉 제95조(교육계획) ① 제93조에 따른 교육기관(이하 "교육기관"이라 한다)의 장은 다음 해의 교육계획을 제94조제1항 각 호의 교육과정별로 매년 11월 30일까지 환경부장관에게 제출하여 승인을 받아야 한다. ② 제1항에 따른 교육계획에는 다음 각 호의 사항이 포함되어야 한다. 1. 교육의 기본방향 2. 교육수요의 조사결과 및 장기추계 3. 교육과정의 설치계획 4. 교육과정별 교육의 목표·과목·기간 및 인원 5. 교육대상자 선발기준 및 선발계획 6. 교재편찬계획 7. 교육성적의 평가방법 8. 그 밖에 교육을 위하여 필요한 사항 제96조(교육대상자의 선발 및 등록) ① 환경부장관은 제95조제1항에 따른 교육계획을 매년 1월 31일까지

물환경보전법	물환경보전법 시행령	물환경보전법 시행규칙
		시·도지사에게 통보하여야 한다. ② 시·도지사는 제94조제1항 각 호의 교육과정별로 관할구역의 교육대상자를 선발하여 그 명단을 교육과정개시 15일 전까지 교육기관의 장에게 통보하여야 한다. ③ 시·도지사는 제2항에 따라 교육대상자를 선발한 경우에는 해당 교육대상자를 고용한 자에게 지체 없이 그 뜻을 통지하여야 한다. ④ 교육대상자로 선발된 자는 교육개시 전까지 해당 교육기관에 등록을 하여야 한다. **제97조(교육결과의 제출)** 교육기관의 장은 법 제38조의8제2항 및 제67조제1항에 따라 교육을 실시하였을 때에는 해당 연도의 교육실적을 다음 해 1월 15일까지 환경부장관에게 제출하여야 한다. 〈개정 2017. 1. 19.〉 **제98조(교육실시 현황 등의 보고·지도 등)** 환경부장관은 필요하다고 인정하면 교육기관의 장에게 교육 실시 현황 등을 보고하게 하거나 관련 자료를 제출하도록 할 수 있으며, 소속 공무원에게 교육기관의 교육 상황, 교육시설 및 그 밖에 교육에 관계되는 사항에 대하여 지도를 하게 할 수 있다. **제99조(자료제출협조)** 법 제38조의8제2항 및 제67조제1항에 따른 교육을 효과적으로 수행하기 위하여 기술인력등을 고용하고 있는 환경부장관 또는 시·도지사가 다음 각 호의 자료 제출을 요청하는 경우에는 이에 협조하여야 한다. 〈개정 2017. 1. 19.〉

물환경보전법	물환경보전법 시행령	물환경보전법 시행규칙
제38조의9(등록의 취소 등) ① 환경부장관은 측정기기 관리대행업자가 다음 각 호의 어느 하나에 해당하는 경우에는 등록을 취소하거나 6개월 이내의 기간을 정하여 업무의 전부 또는 일부의 정지를 명할 수 있다. 다만, 제1호 또는 제3호까지에 해당하는 경우에는 등록을 취소하여야 한다. 1. 거짓이나 그 밖의 부정한 방법으로 등록을 한 경우 2. 업무정지 기간 중에 측정기기 관리대행업무를 한 경우 3. 제38조의7에 따른 결격사유에 해당하는 경우. 다만, 제38조의7제5호에 따른 결격사유에 해당하는 법인으로서 그 사유가 발생한 날부터 2개월 이내에 그 사유가 해소된 경우에는 그러하지 아니하다. 4. 고의 또는 중대한 과실로 측정기기의 관리대행업무를 부실하게 한 경우 5. 제38조의6제1항 전단에 따른 등록요건을 충족하지 못하게 된 경우 6. 제38조의6제1항 후단에 따른 변경등록을 하지 아니한 경우		1. 소속 기술인력등의 명단 2. 교육이수자 현황 3. 그 밖에 교육에 필요한 자료 **제100조(교육경비)** 법 제38조의8제3항 및 제67조제1항에 따라 교육대상자를 고용하는 자로부터 징수하는 교육경비는 교육내용과 교육기간 등을 고려하여 환경부장관이 정하여 고시한다. <개정 2017. 1. 19.> **제52조의5(측정기기 관리대행업자의 행정처분의 기준 등)** ① 법 제38조의9제1항에 따른 행정처분의 기준은 별표 14의3과 같다. ② 측정기기 관리대행업 등록의 취소처분을 받으려는 자는 별지 제23조의3서식의 측정기기 관리대행업 등록말소 신청서에 측정기기 관리대행업 등록증을 첨부하여 사무실 소재지를 관할하는 유역환경청장 또는 지방환경청장에게 제출하여야 한다. ③ 유역환경청장 또는 지방환경청장은 법 제38조의9제1항에 따라 등록을 취소하거나 제2항에 따라 등록을 말소한 경우에는 다음 각 호의 사항을 관보나 유역환경청 또는 지방환경청 인터넷 홈페이지에 공고하여야 한다. 1. 측정기기 관리대행업자의 상호, 대표자 성명 및 소재지 2. 등록번호 및 등록 연월일 3. 등록취소·말소 연월일 및 그 사유 [본조신설 2017. 1. 19.]

물환경보전법	물환경보전법 시행령	물환경보전법 시행규칙
7. 제38조의8제1항에 따른 준수사항을 위반한 경우 ② 제1항에 따른 행정처분의 세부 기준 및 그 밖에 필요한 사항은 환경부령으로 정한다. [본조신설 2016. 1. 27.]		
제38조의10(관리대행능력의 평가 및 공시) ① 환경부장관은 측정기기부착사업자등이 측정기기 관리대행업자를 적정하게 선정할 수 있도록 하기 위하여 측정기기 관리대행업자의 신청이 있는 경우 측정기기 관리대행업자의 관리대행 실적 및 행정처분 등에 따라 관리대행능력을 평가하여 공시하여야 한다. ② 제1항에 따른 평가를 받으려는 측정기기 관리대행업자는 환경부령으로 정하는 바에 따라 전년도 측정기기 관리대행 실적, 기술인력·장비 보유현황, 기술인력의 교육 이수현황 및 그 밖에 환경부령으로 정하는 사항을 환경부장관에게 제출하여야 한다. ③ 제1항 및 제2항에 따른 측정기기 관리대행능력의 평가방법, 제출자료, 공시 절차 등 평가 및 공시에 필요한 사항은 환경부령으로 정한다. [본조신설 2016. 1. 27.]		**제52조의6(관리대행능력의 평가방법 등)** ① 측정기기 관리대행업자는 법 제38조의10제1항에 따라 측정기기 관리대행능력의 평가를 받으려는 경우에는 별지 제23조의7서식의 측정기기 관리대행능력 평가 신청서에 다음 각 호의 서류를 첨부하여 사무실 소재지를 관할하는 유역환경청장 또는 지방환경청장에게 제출하여야 한다. 1. 전년도 측정기기 관리대행 실적에 관한 서류 1부 2. 시설·장비 기술인력의 보유현황과 이를 증명할 수 있는 서류 1부 3. 기술인력의 교육이수 현황에 관한 서류 1부 4. 측정기기 관리대행업 관련 행정처분의 현황에 관한 서류 1부 ② 유역환경청장 또는 지방환경청장은 제1항에 따라 신청서를 제출받은 날부터 30일 이내에 평가결과를 신청인에게 통보하여야 한다. ③ 신청인은 제2항에 따른 평가결과에 대하여 이의가 있는 경우에는 평가결과를 통보받은 날부터 10일 이내에 이의를 제기할 수 있다. 이 경우 유역환경청장 또는 지방환경청장은 이의제기를 받은 날부터 20일 이내에 그 검토 결과를 신청인에게 통보하여야 한다. ④ 유역환경청장 또는 지방환경청장은 제2항에 따

물환경보전법	물환경보전법 시행령	물환경보전법 시행규칙
제39조(배출허용기준을 초과한 사업자에 대한 개선명령) 환경부장관은 제37조제1항에 따른 신고를 한 후 조업 중인 배출시설(폐수무방류배출시설은 제외한다)에서 배출되는 수질오염물질의 정도가 제32조에 따른 배출허용기준을 초과한다고 인정할 때에는 대통령령으로 정하는 바에 따라 기간을 정하여 사업자(제35조제5항에 따른 공동방지시설 운영기구의 대표자를 포함한다)에게 그 수질오염물질의 정도가 배출허용기준 이하로 내려가도록 필요한 조치를 할 것(이하 "개선명령"이라 한다)을 명할 수 있다. [전문개정 2013. 7. 30.]	**제39조(개선기간 등)** ① 환경부장관은 법 제39조에 따라 개선명령을 할 때에는 개선에 필요한 조치 또는 배출시설의 설치기간 등을 고려하여 1년의 범위에서 개선기간을 정하여야 한다. ② 법 제39조에 따라 개선명령을 받은 자는 천재지변이나 그 밖의 부득이한 사유로 개선기간에 개선명령의 이행을 마칠 수 없는 경우에는 그 기간이 끝나기 전에 환경부장관에게 6개월의 범위에서 개선기간의 연장을 신청할 수 있다. **제40조(조치명령 또는 개선명령을 받지 아니한 사업자의 개선)** ① 법 제38조의4제1항에 따른 조치명령을 받지 아니한 자 또는 법 제39조에 따른 개선명령을 받지 아니한 사업자는 다음 각 호의 어느 하나에 해당하는 사유로 측정기기를 정상적으로 운영하기 어렵거나 배출허용기준을 초과할 우려가 있다고 인정하는 경우에는 측정기기·배출시설 또는 방지시설(이하 이	른 평가결과를 확정한 경우에는 유역환경청장 또는 지방환경청 인터넷 홈페이지에 공지하여야 한다. ⑤ 유역환경청장 또는 지방환경청장은 제2항에 따라 평가를 하거나 제3항 후단에 따라 의견을 검토하는 경우에는 한국환경공단에 기술적 사항을 검토하게 할 수 있다. ⑥ 제1항부터 제5항까지에서 규정한 사항 외에 관리대행능력의 평가 및 공시에 필요한 사항은 환경부장관이 정하여 고시한다. [본조신설 2017. 1. 19.] **제51조(개선명령 등)** ① 시·도지사, 유역환경청장 또는 지방환경청장(이하 "시·도지사등"이라 한다)은 법 제38조의4제1항에 따른 조치명령을 하는 경우에는 그 명령에 위반의 내용, 조치기간, 조치사항, 조치 시 고려하여야 할 사항 등에 관한 내용을 적은 서면으로 하여야 한다. ② 시·도지사는 법 제39조에 따른 개선명령을 하는

물환경보전법	물환경보전법 시행령	물환경보전법 시행규칙
	조에서 "배출시설등"이라 한다)을 개선하려는 경우에는 개선계획서에 개선사유, 개선기간, 개선내용, 개선기간 중의 수질오염물질 예상배출량 및 배출농도 등을 적어 환경부장관에게 제출하고 그 배출시설등을 개선할 수 있다. 다만, 측정기기의 교정, 청소 등을 환경부령으로 정하는 경미한 사항으로 인하여 일시적으로 측정값이 이상이 발생하는 경우에는 환경부령으로 정하는 바에 따라 전자정보처리프로그램을 이용하여 환경부장관에게 개선사유서를 제출하고 그 배출시설등을 개선할 수 있다. <개정 2012. 1. 17.> 1. 법 제68조제1항에 따라 관계 공무원이 수질오염물질을 제한한 이후 다음 각 목에 해당하는 응급조치를 한 경우로서 배출시설등의 개선이 필요한 경우 가. 개선·변경 또는 보수를 위하여 배출시설등의 가동을 전부 중지하거나 천재지변, 화재, 돌발적인 사고 및 그 밖의 불가항력적인 사유로 배출시설등의 가동이 전부 중지된 경우 수질오염물질이 배출되지 아니하도록 하는 조치 나. 방지시설에서 처리하는 폐수를 제33조제2호에 따른 위탁처리방법으로 처리하여 수질오염물질의 배출을 감소시키는 조치 2. 제1호 외의 경우로서 다음 각 목의 어느 하나에 해당하는 경우 가. 배출시설등의 개선·변경 또는 보수가 필요한 경우	경우에는 그 명령에 배출허용기준을 초과한 정도, 배출허용기준을 초과한 시설 및 개선 시 고려하여야 할 사항 등에 관한 내용을 적은 서면으로 하여야 한다. ③ 시·도지사는 배출허용기준을 초과한 경우부터 2년 이내에 3회 이상 배출허용기준을 초과한 경우에는 「환경기술 및 환경산업 지원법」 제12조에 따른 환경기술인을 반게 하고 그 결과를 제출하게 할 수 있다. <개정 2011. 10. 28.> ④ 영 제40조제3항에서 "환경부령으로 정하는 검사기관"이란 제47조제2항 각 호의 검사기관을 말한다. 제52조의2(조치명령 또는 개선명령을 받지 아니한 사업자 등의 개선사유의 제출 등) ① 영 제40조제1항 단서에서 "환경부령으로 정하는 경미한 사항"이란 별표 14의2와 같다. ② 영 제40조제1항 단서에 따라 개선사유를 제출하려는 사업자등은 별지 제23호의2서식에 따른 개선사유를 증명할 수 있는 서류 1부를 첨부하여 한국환경공단 이사장에게 제출하여야 한다. <개정 2018. 1. 17.> ③ 한국환경공단은 제2항에 따라 제출된 개선사유서 검토결과 개선계획서를 제출하여야 하거나, 제출할 필요가 있다고 판단될 경우에는 3일 내에 그 결과를 당사자에게 통보하여야 한다. [본조신설 2012. 1. 19.]

물환경보전법	물환경보전법 시행령	물환경보전법 시행규칙
	나. 배출시설등이 주요 기계장치 등의 돌발적인 사고, 단전ㆍ단수, 천재지변ㆍ화재 및 그 밖의 불가항력적인 사유로 배출시설등이 적정하게 운영될 수 없는 경우 다. 수질오염물질을 생물화학적 방법으로 처리하는 경우로서 기후변동이나 이상물질의 유입 등으로 배출시설등이 적정하게 운영될 수 없는 경우 ② 제1항 본문에 따른 개선계획서를 제출한 자가 개선기간에 배출시설등의 개선을 마친 경우에는 환경부장관에게 개선완료보고서를 제출하고고 그 밖의 부득이한 사유로 개선기간 이내에 개선조치를 마칠 수 없는 경우에는 그 기간이 끝나기 전에 환경부장관에게 개선기간의 연장을 신청할 수 있다. 〈개정 2012. 1. 17.〉 ③ 환경부장관은 제1항 본문에 따른 개선계획서를 제출한 자 및 제2항에 따른 개선완료보고서를 제출한 자에 대하여는 지체 없이 개선 내용, 개선결과 및 수질오염물질 배출량 등을 관계 공무원으로 하여금 확인하게 하고, 시료를 채취하여 환경부령으로 정하는 검사기관에 오염도검사를 의뢰하게 할 수 있다. 〈개정 2012. 1. 17.〉	
제40조(조업정지명령) 환경부장관은 제39조에 따라 개선명령을 받은 자가 개선명령을 이행하지 아니하거나 기간 이내에 이행은 하였으나 검사 결과가 제32조에 따른 배출허용기준을 계속 초과할 때에는 해당 배출시설의 전부 또는 일부에 대한 조업정지를		

물환경보전법	물환경보전법 시행령	물환경보전법 시행규칙
명할 수 있다. [전문개정 2013. 7. 30.] **제41조(배출부과금)** ① 환경부장관은 수질오염 및 수생태계 훼손을 방지하거나 감소시키기 위하여 수질오염물질을 배출하는 사업자(공공폐수처리시설, 공공하수처리시설 중 환경부령으로 정하는 시설을 운영하는 자를 포함한다) 또는 제33조제1항부터 제3항까지의 규정에 따른 허가·변경허가를 받지 아니하거나 신고·변경신고를 하지 아니하고 배출시설을 설치하거나 변경한 자에게 배출부과금을 부과·징수한다. 이 경우 배출부과금은 다음 각 호와 같이 구분하여 부과하되, 그 산정방법과 산정기준 등에 관하여 필요한 사항은 대통령령으로 정한다. 〈개정 2016. 1. 27.〉 1. 기본배출부과금 가. 배출시설(폐수무방류배출시설은 제외한다)에서 배출되는 폐수 중 수질오염물질이 제32조에 따른 배출허용기준 이하로 배출되나 방류수 수질기준을 초과하는 경우 나. 공공폐수처리시설 또는 공공하수처리시설에서 배출되는 폐수 중 수질오염물질이 방류수 수질기준을 초과하는 경우 2. 초과배출부과금 가. 수질오염물질이 제32조에 따른 배출허용기준을 초과하여 배출되는 경우 나. 수질오염물질이 공공수역에 배출되는 경우(폐수무방류배출시설로 한정한다)	**제41조(기본배출부과금 산정의 기준 및 방법)** ① 법 제41조제1항제1호가목 및 나목에 따른 기본배출부과금(이하 "기본배출부과금"이라 한다)은 수질오염물질 배출량과 배출농도를 기준으로 다음의 계산식에 따라 산출한 금액으로 한다. 기준 이내 배출량 × 수질오염물질 1킬로그램당 부과금액 × 연도별 부과금산정지수 × 사업장별 부과계수 × 지역별 부과계수 × 방류수수질기준초과율별 부과계수 ② 제1항에 따른 기준 이내 배출량은 다음 각 호의 구분에 따른 배출량으로 한다. 〈개정 2017. 1. 17.〉 1. 법 제41조제1항제1호가목의 경우 : 배출허용기준 이내에서 방류수 수질기준을 초과한 배출량 2. 법 제41조제1항제1호나목의 경우 : 법 제12조제3항에 따른 공공폐수처리시설의 방류수 수질기준을 초과한 배출량 ③ 기본배출부과금의 산정에 필요한 수질오염물질 1킬로그램당 부과금액에 관하여는 제45조제5항을 준용하고, 연도별 부과금산정지수에 관하여는 제49조제1항을 준용하며, 사업장별 부과계수는 별표 9, 지역별 부과계수는 별표 10, 방류수수질기준초과율별 부과계수는 별표 11과 같다. ④ 공동방지시설의 기본배출부과금은 사업장별로 제1항부터 제3항까지의 규정에 따라 산정한 금	

물환경보전법	물환경보전법 시행령	물환경보전법 시행규칙
② 제1항에 따라 배출부과금을 부과할 때에는 다음 각 호의 사항을 고려하여야 한다. 1. 제32조에 따른 배출허용기준 초과 여부 2. 배출되는 수질오염물질의 종류 3. 수질오염물질의 배출기간 4. 수질오염물질의 배출량 5. 제46조에 따른 자가측정 여부 6. 그 밖에 수질환경의 오염 또는 개선과 관련되는 사항으로서 환경부령으로 정하는 사항 ③ 제1항의 배출부과금은 방류수 수질기준 이하로 배출하는 사업자(폐수무방류배출시설을 운영하는 사업자는 제외한다. 이하 이 항에서 같다)에 대해서는 부과하지 아니하며, 대통령령으로 정하는 양이 하의 수질오염물질을 배출하는 사업자 및 다른 법률에 따라 수질오염물질의 처리비용을 부담한 사업자에 대해서는 배출부과금을 감면할 수 있다. 이 경우 다른 법률에 따라 처리비용을 부담한 사업자에 대한 배출부과금의 감면은 그 부담한 처리비용의 금액 이내로 한정한다. ④ 환경부장관은 제1항에 따라 배출부과금을 내야 할 자가 정하여진 기한까지 내지 아니하면 가산금을 징수한다. ⑤ 제4항에 따른 가산금에 대하여서는 「국세징수법」 제21조를 준용한다. ⑥ 제1항에 따른 배출부과금과 제4항에 따른 가산금은 「환경정책기본법」에 따른 환경개선특별회계의 세입으로 한다.	액을 더한 금액으로 한다. ⑤ 법 제38조의2제2항에 따라 자동측정자료를 전송하는 측정기기부착사업장등의 경우에는 제1항에 따른 수질오염물질 배출량과 배출농도를 다음 각 호의 구분에 따른 자료로 산정한다. 〈개정 2010. 2. 18.〉 1. 자동측정자료가 정상적으로 측정·전송된 경우 : 「환경분야 시험·검사 등에 관한 법률」 제6조에 따른 환경오염공정시험기준에 따라 산정된 3시간 자료(이하 "3시간 평균치"라 한다) 2. 자동측정자료가 정상적으로 측정·전송되지 아니한 경우 가. 법 제38조의4에 따른 조치명령 기간 중이거나 법 제40조에 따른 개선계획서(측정기기의 개선계획서만 해당한다)에 명시된 개선기간 중인 경우 : 자동측정자료가 정상적으로 측정·전송된 최근 3개월 간의 3시간 평균치를 산술평균한 값. 다만, 정상적인 자동측정자료가 3개월 미만 부분에 없는 경우에는 활용할 수 있는 기간의 3시간 평균치를 산술평균한 값으로 산정한다. 나. 법 제39조에 따른 개선명령 기간 중이거나 제40조에 따른 개선계획서(배출시설 또는 방지시설의 개선계획서만 해당한다)에 명시된 개선기간 중인 경우 : 개선명령 기간 또는 개선기간 중에 자동측정자료가 정상적으로 측정·전송된 최근 3개월간의 3시간 평균치를	

물환경보전법	물환경보전법 시행령	물환경보전법 시행규칙
⑦ 환경부장관은 제74조에 따라 시·도지사에게 그 관할구역의 배출부과금 또는 가산금의 징수에 관한 권한을 위임한 경우에는 징수된 배출부과금과 가산금 중 일부를 대통령령으로 정하는 바에 따라 징수 비용으로 지급할 수 있다. ⑧ 환경부장관 또는 시·도지사는 제7항에 따른 시·도지사는 배출부과금이나 가산금을 내야 할 자가 정하여진 기한까지 내지 아니하면 국세 또는 지방세 체납처분의 예에 따라 징수한다. [전문개정 2013. 7. 30.]	산출평균한 값. 다만, 정상적인 자동측정자료가 없는 경우에는 개선명령에 명시된 수질오염물질의 배출량 및 배출농도나 제40조제1항에 따른 개선계획서 제출 시에 제40조제3항에 따라 제출하여 검사한 수질오염물질의 배출량 및 배출농도로 산정한다. 제45조(초과배출부과금의 산정기준 및 산정방법) ① 법 제41조제1항제2호에 따른 초과배출부과금(이하 "초과배출부과금"이라 한다)은 수질오염물질 배출량 및 배출농도를 기준으로 다음 계산식에 따라 산출한 금액에 제3항 각 호의 구분에 따른 금액을 더한 금액으로 한다. 다만, 법 제41조제1항제2호가목에 따른 초과배출부과금을 부과하는 경우로서 배출허용기준을 경미하게 초과하여 법 제39조에 따른 개선명령을 받지 아니한 경우 또는 제40조제1항에 따른 개선계획서를 제출하고 개선하는 사업자에게 부과하는 경우에는 배출허용기준초과율별 부과계수와 위반횟수별 부과계수를 적용하지 아니하고, 제3항제2호의 금액을 더하지 아니한다. <개정 2010. 2. 18.> 기준초과배출량 × 수질오염물질 1킬로그램당 부과금액 × 연도별 부과금산정지수 × 지역별 부과계수 × 배출허용기준초과율별 부과계수(법 제41조제1항제2호나목의 경우에는 유출계수·누출계수) × 배출허용기준 위반횟수별 부과계수 ② 제40조제1항제1호에 따라 개선계획서를 제출하고 개선한 사업자에 대하여 제1항에 따른 산정기준	

물환경보전법	물환경보전법 시행령	물환경보전법 시행규칙
	을 작용함에 있어서는 법 제39조에 따른 개선명령을 받은 것으로 본다. ③ 초과배출부과금을 산출하기 위하여 제1항의 산식에 따라 산출한 금액에 더하는 금액은 다음 각 호와 같다. 1. 법 제41조제1항제2호가목에 따른 초과배출부과금은 별표 13에 따른 제1종사업장은 400만원, 제2종사업장은 300만원, 제3종사업장은 200만원, 제4종사업장은 100만원, 제5종사업장은 50만원으로 한다. 2. 법 제41조제1항제2호나목에 따른 초과배출부과금은 500만원으로 한다. ④ 제1항의 산식에 따른 기준초과배출량은 다음 각 호의 구분에 따른 배출량으로 한다. 1. 법 제41조제1항제2호가목의 경우 : 배출허용기준을 초과한 양 2. 법 제41조제1항제2호나목의 경우 : 수질오염물질을 배출한 양 ⑤ 제1항과 제4항에 따른 초과배출부과금을 산정에 필요한 수질오염물질 1킬로그램당 부과금액, 배출허용기준초과율별 부과계수, 유출·누출계수 및 지역별 부과계수는 별표 14와 같다. ⑥ 공동방지시설에 대한 초과배출부과금은 사업장별로 제1항부터 제5항까지의 규정에 따라 산정하여 더한 금액으로 한다. ⑦ 측정기기부착사업장등에 대한 초과배출부과금 산정을 위한 수질오염물질 배출량과 배출농도에 관	

물환경보전법	물환경보전법 시행령	물환경보전법 시행규칙
	하여는 제41조제5항을 준용한다. 제52조(배출부과금의 감면 등) ① 법 제41조제3항 전단에서 "대통령령으로 정하는 양 이하의 수질오염물질을 배출하는 사업자"란 다음 각 호와 같다. 〈개정 2017. 1. 17.〉 1. 별표 13에 따른 제5종사업장의 사업자 2. 공공폐수처리시설에 폐수를 유입하는 사업자 3. 공공하수처리시설에 폐수를 유입하는 사업자 4. 해당 부과기간의 시작일 전에 6개월 이상 방류수수질기준을 초과하는 수질오염물질을 배출하지 아니한 사업자 5. 최종방류구에 방류하기 전에 배출시설에서 배출하는 폐수를 재이용하는 사업자 ② 법 제41조제3항에 따라 감면의 대상이 되는 기본배출부과금으로 하고, 그 감면의 범위는 다음 각 호와 같다. 1. 제1항제1호부터 제3호까지의 어느 하나에 해당되는 사업자 : 기본배출부과금 면제 2. 제1항제4호에 해당하는 사업자 : 방류수수질기준을 초과하지 아니하고 수질오염물질을 배출한 기간별로 다음 각 목의 구분에 따른 감면율을 적용하여 해당 부과기간에 부과되는 기본배출부과금을 감경 가. 6개월 이상 1년 내 : 100분의 20 나. 1년 이상 2년 내 : 100분의 30 다. 2년 이상 3년 내 : 100분의 40 라. 3년 이상 : 100분의 50 3. 제1항제5호에 해당되는 사업자 : 다음 각 목의 구	제7조(기본부과금의 감면절차) ① 영 제52조제2항제3호에 해당하는 사업자가 배출부과금의 감면을 받으려는 경우에는 같은 조 제3항 본문에 따라 확정배출량에 관한 자료를 제출할 시 · 도지사등에게 제출하여야 한다. 이 경우 폐수의 발생 · 처리 · 재이용의 공정도 및 재이용되는 물의 양, 폐수의 재이용률 등 폐수배출시설에서 발생된 폐수를 재이용한 사실을 증명하는 자료를 첨부하여야 한다. ② 제1항에 따른 자료를 받은 시 · 도지사등은 사실여부를 확인하고 기본부과금의 감면 여부를 통보하여야 한다.

물환경보전법	물환경보전법 시행령	물환경보전법 시행규칙
	분에 따른 매수 재이용률별 감면율을 적용하여 해당 부과기간에 부과되는 기본배출부과금을 감경 가. 재이용률이 10퍼센트 이상 30퍼센트 미만인 경우 : 100분의 20 나. 재이용률이 30퍼센트 이상 60퍼센트 미만인 경우 : 100분의 50 다. 재이용률이 60퍼센트 이상 90퍼센트 미만인 경우 : 100분의 80 라. 재이용률이 90퍼센트 이상인 경우 : 100분의 90 ③ 법 제41조제3항에 따라 기본배출부과금의 감면을 받으려는 사업자는 환경부령으로 정하는 바에 따라 부과기간이 끝나는 달의 다음 달 말일까지 자신이 감면대상임을 증명할 수 있는 자료를 제출하여야 한다. 다만, 제2항제1호 또는 제2호에 해당하는 사업자의 경우에는 그 자료를 제출하지 아니할 수 있다. **제57조(징수비용의 지급)** ① 환경부장관은 제81조제1항제10호에 따라 배출부과금 및 가산금의 징수에 관한 업무를 시·도지사에게 위임하여 처리하는 경우에는 다음 각 호의 구분에 따른 금액을 그 시·도지사에게 징수비용으로 지급하여야 한다. 〈개정 2017. 1. 17.〉 1. 시·도지사가 법 제41조에 따라 부과하였거나 제54조에 따라 조정하여 부과한 배출부과금 및 가산금 중 실제로 징수한 금액(이하 이 조에서 "징수비용"이라 한다)이 60퍼센트 미만인 경우 : 징수한 부과금 및 가산금의 100분의 10	

물환경보전법	물환경보전법 시행령	물환경보전법 시행규칙
	2. 징수비율이 60퍼센트 이상 80퍼센트 미만인 경우 : 징수한 부과금 및 가산금의 100분의 15 3. 징수비율이 80퍼센트 이상인 경우 : 징수한 부과금 및 가산금의 100분의 20 ② 환경부장관은 제1항에 따른 징수비용을 지급하려면 「환경개선특별회계법」에 따른 환경개선특별회계에 납입된 배출부과금 및 가산금 중에서 징수비용을 매월 정산하여 다음 달 말까지 시·도지사에게 지급하여야 한다.	제53조(기본배출부과금 부과대상 공공하수처리시설) 법 제41조제1항제3호 외의 부분 전단에서 "공공하수처리시설 중 환경부령으로 정하는 시설"이란 영 별표 13에 따른 제1종부터 제4종까지의 사업장의 폐수를 유입하여 처리하는 공공하수처리시설을 말한다. 〈개정 2014. 1. 29.〉
		제56조(배출부과금의 부과시의 고려사항) 법 제41조제2항제6호에서 "그 밖에 수질환경의 오염 또는 개선과 관련되는 사항으로서 환경부령으로 정하는 사항"이란 다음 각 호의 사항을 말한다. 〈개정 2017. 1. 19.〉 1. 공공폐수처리시설의 방류수 수질기준의 초과 여부에 관한 사항 2. 배출수역의 환경기준 및 오염도에 관한 사항
제42조(허가의 취소 등) ① 환경부장관은 사업자 또는 방지시설을 운영하는 자가 다음 각 호의 어느 하나에 해당하는 경우에는 배출시설의 설치허가나 또는		

물환경보전법	물환경보전법 시행령	물환경보전법 시행규칙
변경허가를 취소하거나 배출시설의 폐쇄 또는 6개월 이내의 조업정지를 명할 수 있다. 다만, 제2호에 해당하는 경우에는 배출시설의 설치허가 또는 변경허가를 취소하거나 그 폐쇄를 명하여야 한다. 1. 제32조제1항에 따른 배출허용기준을 초과한 경우 2. 거짓이나 그 밖의 부정한 방법으로 제33조제1항부터 제3항까지의 규정에 따른 허가·변경허가를 받았거나 신고·변경신고를 한 경우 3. 제33조제1항에 따른 허가를 받거나 신고를 한 후 특별한 사유 없이 5년 이내에 배출시설 또는 방지시설을 설치하지 아니하거나 배출시설의 멸실 또는 폐업이 확인된 경우 4. 제33조제1항 단서에 따라 폐수무방류배출시설을 설치한 자가 방지시설을 설치하지 아니하고 배출시설을 가동한 경우 5. 제33조제2항에 따른 변경허가를 받지 아니한 경우 6. 제33조제8항에 따른 배출시설 설치제한지역에 제33조제1항부터 제3항까지의 규정에 따른 배출시설 설치허가(변경허가를 포함한다)를 받지 아니하거나 신고를 하지 아니하고 배출시설을 설치 또는 가동한 경우 7. 제35조제1항 본문에 따른 방지시설을 설치하지 아니하고 배출시설을 설치·가동하거나 변경한 경우 8. 제35조제1항 단서에 따라 방지시설의 설치가 면제되는 자가 제32조에 따른 배출허용기준을 초과하여 오염물질을 배출한 경우		

물환경보전법	물환경보전법 시행령	물환경보전법 시행규칙
9. 제37조제1항에 따른 가동시작 신고 또는 변경신고를 하지 아니하고 조업한 경우 10. 제38조제1항·각 호의 어느 하나 또는 같은 조 제2항·각 호의 어느 하나에 해당하는 행위를 한 경우 11. 제38조의2제1항에 따른 측정기기를 부착하지 아니한 경우 12. 제38조의3제1항·각 호의 어느 하나에 해당하는 행위를 한 경우 13. 제38조의4제2항·제40조 또는 이 조에 따른 조업정지명령을 이행하지 아니한 경우 14. 제39조에 따른 개선명령을 이행하지 아니한 경우 15. 배출시설을 설치·운영하던 사업자가 폐업하기 위하여 해당 시설을 철거한 경우 ② 환경부장관은 사업자 또는 방지시설을 운영하는 자가 다음 각 호의 어느 하나에 해당하는 경우에는 6개월 이내의 조업정지를 명할 수 있다. 1. 제33조제2항 또는 제3항에 따른 변경신고를 하지 아니한 경우 2. 제38조제3항에 따른 배출시설 및 방지시설의 운영에 관한 관리기록을 거짓으로 기록하거나 보존하지 아니한 경우 3. 제47조에 따른 환경기술인을 임명하지 아니하거나 자격기준에 못 미치는 환경기술인을 임명하거나 나 환경기술인이 상근하지 아니하는 경우 [전문개정 2013. 7. 30.]		
제43조(과징금 처분) ① 환경부장관은 다음 각 호의 어느 하나에 해당하는 배출시설(폐수무방류배출시	제46조의2(과징금의 부과기준) ① 법 제43조제1항에 따른 과징금의 부과기준은 별표 14의2와 같다.	제61조(과징금의 납부통지) 영 제46조의2제2항에 따른 과징금의 납부통지서는 별지 제4호서식에 따른다.

물환경보전법	물환경보전법 시행령	물환경보전법 시행규칙
설은 제외한다)을 설치·운영하는 사업자에 대하여 제42조에 따라 조업정지를 명하여야 하는 경우로서 그 조업정지가 주민의 생활, 대외적인 신용, 고용, 물가 등 국민경제 또는 그 밖의 공익에 현저한 지장을 줄 우려가 있다고 인정되는 경우에는 조업정지처분을 갈음하여 3억원 이하의 과징금을 부과할 수 있다. 1. 「의료법」에 따른 의료기관의 배출시설 2. 발전소의 발전설비 3. 「초·중등교육법」 및 「고등교육법」에 따른 학교의 배출시설 4. 제조업의 배출시설 5. 그 밖에 대통령령으로 정하는 배출시설 ② 환경부장관은 다음 각 호의 어느 하나에 해당하는 위반행위에 대해서는 제1항에도 불구하고 조업정지를 명하여야 한다. 〈개정 2016. 1. 27.〉 1. 제35조에 따라 방지시설(공동방지시설을 포함한다)을 설치하여야 하는 자가 방지시설을 설치하지 아니하고 배출시설을 가동한 경우 2. 제38조제1항 각 호의 어느 하나에 해당하는 행위를 한 경우로서 30일 이상의 조업정지처분 대상이 되는 경우 3. 제38조의3제1항 각 호의 어느 하나에 해당하는 행위를 한 경우로서 5일 이상의 조업정지처분 대상이 되는 경우 4. 제39조에 따른 개선명령을 이행하지 아니한 경우 ③ 환경부장관은 사업자가 제1항에 따른 과징금을 납부기한까지 내지 아니하면 국세 체납처분의 예에	② 법 제43조제3항에 따른 과징금의 납부기한은 과징금부과통지서의 발급일부터 30일로 하고, 과징금의 납부통지는 환경부령으로 정하는 바에 따른다. [본조신설 2014. 1. 28.] 제58조(과징금 부과처분의 대상이 되는 배출시설) 법 제43조제1항제5호에서 "대통령령이 정하는 배출시설"이란 다음 각 호의 어느 하나에 해당하는 시설을 말한다. 1. 「방위사업법」 제3조제9호에 따른 방위산업체의 배출시설 2. 조업을 중지할 경우 배출시설에 투입된 원료·부원료·용수 또는 제품(반제품을 포함한다) 등이 화학반응을 일으키는 등의 사유로 폭발 또는 화재 등의 사고가 발생할 수 있다고 환경부장관이 인정하는 배출시설 3. 「수도법」 제3조제17호에 따른 수도시설 4. 「석유 및 석유대체연료 사업법」 제15조제1항에 따른 석유비축시설과 같은 법 제2조에 따라 설치된 석유비축시설 5. 「도시가스사업법」 제2조제5호에 따른 가스공급시설 중 액화천연가스의 인수기지)	[전문개정 2014. 1. 29.]

물환경보전법	물환경보전법 시행령	물환경보전법 시행규칙
따라 징수한다. ④ 제1항에 따라 징수한 과징금은 「환경정책기본법」에 따른 환경개선특별회계의 세입으로 한다. ⑤ 제74조에 따라 과징금의 부과·징수에 관한 환경부장관의 권한을 시·도지사에게 위임한 경우에 그 징수비용의 지급에 관하여는 제41조제7항 및 제8항을 준용한다. ⑥ 제1항에 따른 과징금을 부과하는 위반행위의 종류와 위반 정도 등에 따른 과징금의 금액과 그 밖에 필요한 사항은 대통령령으로 정한다. [전문개정 2013. 7. 30.] **제44조(위법시설에 대한 폐쇄명령 등)** 환경부장관은 제33조제1항부터 제3항까지의 규정에 따른 허가를 받지 아니하거나 신고를 하지 아니하고 배출시설을 설치하거나 사용하는 자에 대하여 해당 배출시설의 사용중지를 명하여야 한다. 다만, 해당 배출시설을 개선하거나 방지시설을 설치·개선하더라도 그 배출시설에서 배출되는 수질오염물질의 정도가 제32조에 따른 배출허용기준 이하로 내려갈 가능성이 없다고 인정되는 경우(폐수무방류배출시설의 경우에는 그 배출시설에서 나오는 폐수가 공공수역으로 배출될 가능성이 있다고 인정되는 경우를 말한다) 또는 그 설치장소가 다른 법률에 따라 해당 배출시설의 설치가 금지된 장소인 경우에는 그 배출시설의 폐쇄를 명하여야 한다. [전문개정 2013. 7. 30.]		

물환경보전법	물환경보전법 시행령	물환경보전법 시행규칙
제45조(명령의 이행보고 및 확인) ① 제38조의4제2항, 제39조, 제40조, 제42조 또는 제44조에 따른 개선명령·조업정지명령·사용중지명령 또는 폐쇄명령을 받은 자가 그 명령을 이행하였을 때에는 지체 없이 이를 환경부장관에게 보고하여야 한다. ② 환경부장관은 제1항에 따른 보고를 받았을 때에는 관계 공무원으로 하여금 지체 없이 그 명령의 이행상태 또는 개선완료상태를 확인하게 하고, 폐수오염도검사가 필요하다고 인정되는 경우에는 시료(試料)를 채취하여 환경부령으로 정하는 검사기관에 오염도검사를 지시하거나 의뢰하여야 한다. [전문개정 2013. 7. 30.]		제62조(개선명령 등의 이행보고 및 확인) ① 법 제45조제1항에 따른 개선명령·조업정지명령·사용중지명령 또는 폐쇄명령의 이행보고서는 별지 제29호서식에 따른다. ② 법 제45조제2항에서 "환경부령으로 정하는 검사기관"이란 제47조제2항 각 호의 검사기관을 말한다. 〈개정 2014. 1. 29.〉
제46조(수질오염물질의 측정) 사업자는 그가 운영하는 배출시설 및 방지시설을 적정하게 운영하기 위하여 배출되는 수질오염물질을 스스로 측정하거나 「환경분야 시험·검사 등에 관한 법률」 제16조에 따른 측정대행업자로 하여금 측정하게 할 수 있다. 〈개정 2011. 4. 28.〉		
제46조의2(특정수질유해물질 배출량조사 및 조사결과의 검증) ① 제33조제1항에 따라 배출시설의 설치허가(변경허가를 포함한다)를 받은 자 중 환경부령으로 정하는 자는 매년 사업장에서 배출되는 특정수질유해물질의 종류, 취급량·배출량 등을 조사(이하 "특정수질유해물질 배출량조사"라 한다)하여 그 결과를 환경부장관에게 제출하여야 한다. 다만, 「화학물질관리법」 제11조제2항에 따라 화학물질 배출		제63조(특정수질유해물질 배출량조사 및 조사결과의 검증) ① 법 제46조의2제1항 본문에서 "환경부령으로 정하는 자"란 영 별표 13 제1호부터 제3호까지의 어느 하나에 해당하는 사업장에서 별표 13의2에 따른 기준 이상으로 특정수질유해물질을 배출하는 폐수배출시설의 설치허가(변경허가를 포함한다)를 받은 자를 말한다. ② 환경부장관은 법 제46조의2제1항 본문에 따른 특

물환경보전법	물환경보전법 시행령	물환경보전법 시행규칙
광조사에 필요한 자료를 제출한 경우는 제외한다. ② 환경부장관은 특정수질유해물질 배출량조사 결과의 신뢰성을 확보하기 위하여 환경부령으로 정하는 바에 따라 그 결과를 검증하여야 한다. 이 경우 환경부장관은 그 결과의 검증에 필요한 자료의 제출을 명할 수 있다. ③ 특정수질유해물질 배출량조사의 내용, 방법, 조사시기 및 결과 제출시기 등은 환경부령으로 정한다. [본조신설 2017. 1. 17.]		정수질유해물질 배출량조사(이하 "특정수질유해물질 배출량조사"라 한다)를 위하여 매년 3월 31일까지 다음 각 호의 사항이 포함된 조사계획을 수립하여야 한다. 1. 조사대상 및 대상물질에 관한 사항 2. 조사시기·절차·방법 및 추진체계에 관한 사항 3. 조사표 작성 및 제출에 관한 사항 4. 조사결과 처리 및 공개에 관한 사항 ③ 환경부장관은 제2항에 따라 조사계획을 수립한 경우에는 환경부 인터넷 홈페이지에 그 계획을 게시하여야 한다. ④ 법 제46조의2제1항 본문에 따라 특정수질유해물질 배출량조사를 하여야 하는 자는 제2항에 따른 조사계획에 따라 조사를 실시한 후 그 결과를 법 제46조의2제2항에 따른 전산망(이하 "전산망"이라 한다)을 이용하여 매년 5월 31일까지 유역환경청장 또는 지방환경청장에게 제출하여야 한다. [본조신설 2018. 1. 17.] 제63조의2(특정수질유해물질 배출량조사 결과의 검증) ① 유역환경청장 또는 지방환경청장은 제63조제4항에 따라 특정수질유해물질 배출량조사 결과를 제출받은 경우에는 국립환경과학원장에게 그 조사 결과의 검증을 요청하여야 한다. ② 국립환경과학원장은 제1항에 따라 요청받은 특정수질유해물질 배출량조사 결과의 검증을 위하여 필요한 경우에는 현장조사를 실시하거나 관계 전문가의 의견을 들을 수 있다.

물환경보전법	물환경보전법 시행령	물환경보전법 시행규칙
		③ 제1항 및 제2항에서 규정한 사항 외에 특정수질유해물질 배출량조사의 절차·검증에 필요한 사항은 국립환경과학원장이 정하여 고시한다. [본조신설 2018. 1. 17.]
제46조의3(특정수질유해물질 배출량조사 결과의 공개) 가) ① 환경부장관은 특정수질유해물질에 대한 검증을 마친 경우에는 특정수질유해물질 배출량조사 결과를 사업장별로 공개하여야 한다. 다만, 다음 각 호의 어느 하나에 해당하는 경우는 제외한다. 1. 공개할 경우 국가안전보장·질서유지 또는 공공복리에 현저한 지장을 초래할 것으로 인정되는 경우 2. 검증 결과 신뢰성이 낮아 그 이용에 혼란이 초래될 것으로 인정되는 경우 3. 「부정경쟁방지 및 영업비밀보호에 관한 법률」 제2조제2호의 영업비밀에 해당하는 경우. 다만, 다음 각 목에 열거한 정보는 제외한다. 가. 사업활동에 의하여 발생하는 위해(危害)로부터 사람의 생명·신체 또는 건강을 보호하기 위하여 공개할 필요가 있는 정보 나. 위법·부당한 사업활동으로부터 국민의 재산 또는 생활을 보호하기 위하여 공개할 필요가 있는 정보 ② 환경부장관은 특정수질유해물질 배출량조사와 그 검증과 관련된 정보 및 통계를 관리하고 공개하기 위하여 전산망을 구축·운영할 수 있다. ③ 특정수질유해물질 배출량조사 결과의 공개 및 전		제63조의3(특정수질유해물질 배출량조사 결과의 공개) 가) ① 환경부장관은 법 제46조의3제1항에 따라 특정수질유해물질 배출량조사 결과를 공개하려는 경우에는 별지 제30조서식에 따른 공개계획을 제63조제4항에 따라 조사 결과를 제출한 자에게 서면 또는 전산망을 이용하여 통보하여야 한다. ② 제1항에 따라 통보받은 공개계획에 이의가 있는 자는 그 통보를 받은 날부터 15일 이내에 별지 제30조의2서식에 따른 소명서를 환경부장관에게 제출하여야 한다. ③ 환경부장관은 제2항에 따른 소명서를 받은 날부터 30일 이내에 공개 여부 및 공개 범위를 결정하여 별지 제30조의3서식에 따른 처리결과 통보서를 지체 없이 제출자에게 통보하여야 한다. ④ 환경부장관은 제1항에 따라 공개계획을 통보한 날 또는 제3항에 따른 처리결과를 통보한 날부터 30일 이내에 특정수질유해물질 배출량조사 결과를 전산망에 게시하여야 한다. [본조신설 2018. 1. 17.] 제63조의4(특정수질유해물질 배출량조사 전산망의 구축·운영) ① 환경부장관은 전산망의 효율적인 구축·운영 및 법 제46조의3제2항에 따른 정보 및

물환경보전법	물환경보전법 시행령	물환경보전법 시행규칙
산망의 구축·운영에 필요한 사항은 환경부령으로 정한다. [본조신설 2017. 1. 17.]		통제의 공동활용을 위하여 다음 각 호의 기관과 협의체를 구성·운영할 수 있다. 1. 한국환경공단 2. 「한국환경산업기술원법」에 따른 한국환경산업기술원 3. 그밖의 관의 운영에 관한 별물에 따른 공공기관 ② 제1항에 따른 협의체에 참여하는 기관은 정보 및 통제가 전산망을 통하여 체계적이고 종합적으로 수집·분석·관리 및 활용될 수 있도록 보유한 정보 및 통제를 공유하고 협력하여야 한다. [본조신설 2018. 1. 17.]
제46조의4(지별적 협의의 체결) ① 환경부장관 또는 지방자치단체의 장은 특정수질유해물질의 배출을 저감노력을 촉진하기 위하여 배출시설을 설치·운영하는 자 또는 이들로 구성된 단체와 협약을 체결할 수 있다. ② 환경부장관 또는 지방자치단체의 장은 제1항에 따라 협약을 체결한 자에게 그 협약의 자발적 이행에 필요한 지원을 할 수 있다. [본조신설 2017. 1. 17.]		
제47조(환경기술인) ① 사업자는 배출시설과 방지시설의 정상적인 운영·관리를 위하여 대통령령으로 정하는 바에 따라 환경기술인을 임명하여야 한다. ② 환경기술인은 배출시설과 방지시설에 종사하는 사람이 이 법 또는 이 법에 따른 명령을 위반하지 아니하도록 지도·감독하고, 배출시설 및 방지시설이	**제59조(환경기술인의 임명 및 자격기준 등)** ① 법 제47조제1항에 따라 사업자가 환경기술인을 임명하여야 하는 경우에는 다음 각 호의 구분에 따라 임명하여야 한다. 〈개정 2014. 1. 28.〉 1. 최조로 배출시설을 설치한 경우 : 가동시작신고 동시	

물환경보전법	물환경보전법 시행령	물환경보전법 시행규칙
정상적으로 운영되도록 관리하여야 한다. ③ 사업자는 제2항에 따른 환경기술인의 관리사항을 감독하여야 한다. ④ 사업자 및 배출시설과 방지시설에 종사하는 사람은 배출시설과 방지시설의 정상적인 운영·관리를 위한 환경기술인의 업무를 방해하여서는 아니 되며, 그로부터 업무 수행에 필요한 요청을 받았을 때에는 정당한 사유가 없으면 이에 따라야 한다. ⑤ 제1항에 따라 환경기술인을 두어야 할 사업장의 범위와 환경기술인의 자격기준은 대통령령으로 정한다. [전문개정 2013. 7. 30.] 제2절 공공폐수처리시설 〈개정 2016. 1. 27.〉 제48조(공공폐수처리시설의 설치) ① 국가·지방자치단체 및 한국환경공단은 수질오염이 악화되어 환경기준을 유지하기 곤란하거나 물환경 보전에 필요하다고 인정되는 지역의 각 사업장에서 배출되는 수질오염물질을 공동으로 처리하여 배출하기 위하여 공공폐수처리시설을 설치·운영할 수 있으며, 국가와 지방자치단체는 다음 각 호의 어느 하나에 해당하는 자에게 공공폐수처리시설을 설치하거나 운영하게 할 수 있다. 이 경우 사업자 또는 그 밖에 수질오염의 원인을 직접 야기한 자(이하 "원인자"라 한다)는 공공폐수처리시설의 설치·운영에 필요한 비용의 전부 또는 일부를 부담하여야 한다. 〈개정 2017. 1. 17.〉	2. 환경기술인을 바꾸어 임명하는 경우 : 그 사유가 발생한 날부터 5일 이내 ② 법 제47조제5항에 따라 사업장별로 두어야 하는 환경기술인의 자격기준은 별표 17과 같다. [제목개정 2014. 1. 28.] 제60조(공공폐수처리시설 설치·운영사업의 협의사항 등) ① 국가나 지방자치단체는 법 제48조제1항에 따라 법 제48조제1항 각 호의 어느 하나에 해당하는 자에게 공공폐수처리시설을 설치·운영하게 하려는 경우에는 그 시설을 설치·운영할 자와 다음 각 호의 사항을 협의하여야 한다. 〈개정 2017. 1. 17.〉 1. 공공폐수처리시설의 설치·운영사업(이하 "공공폐수처리시설사업"이라 한다)의 규모 2. 사업비의 조달 및 관리 방법 3. 사업의 시행기간 및 시행방법 4. 설치·운영에 따른 지급방법 5. 그 밖에 환경부령으로 정하는 사항 ② 법 제48조제1항제4호에서 "대통령령으로 정하	

물환경보전법	물환경보전법 시행령	물환경보전법 시행규칙
1. 한국환경공단 2. 「산업입지 및 개발에 관한 법률」 제16조제1항(제5호와 제6호는 제외한다)에 따른 산업단지개발사업의 시행자 3. 「사회기반시설에 대한 민간투자법」 제2조제7호에 따른 사업시행자 4. 제1호부터 제3호까지의 자에 준하는 공공폐수처리시설의 설치·운영 능력을 가진 자로서 대통령령으로 정하는 자 ② 제1항에 따른 공공폐수처리시설의 종류는 대통령령으로 정한다. 〈개정 2016. 1. 27.〉 [전문개정 2013. 7. 30.] [제목개정 2016. 1. 27.]	는 자"란 다음 각 호의 어느 하나에 해당하는 자를 말한다. 이 경우 공공폐수처리시설사업의 범위는 공공폐수처리시설의 운영사업에만 해당한다. 〈개정 2017. 1. 17.〉 1. 「한국농어촌공사 및 농지관리기금법」에 따른 한국농어촌공사 2. 「한국수자원공사법」에 따른 한국수자원공사 3. 「지방공기업법」에 따른 지방공사 또는 지방공단 4. 「산업집적활성화 및 공장설립에 관한 법률」 제31조에 따라 설립된 산업단지관리공단 또는 입주기업체협의회(단일사업장의 업무 등으로 입주기업체협의회가 설립요건에 미달하는 경우에는 그 입주기업체를 말한다) 5. 「환경기술 및 환경산업 지원법」 제15조에 따라 환경전문공사업의 등록을 한 자 5의2. 「중소기업협동조합법」에 따른 중소기업협동조합(「산업입지 및 개발에 관한 법률」 제2조제8호에 따른 공공폐수처리시설을 설치하는 경우로서 해당 산업단지에 입주하는 중소기업의 경우로서 해당 산업단지에 가입한 중소기업의 90퍼센트 이상이 가입한 경우만 해당한다) 6. 그 밖에 다른 법률에 따라 공공폐수처리시설을 운영할 수 있는 자 [제목개정 2017. 1. 17.] 제61조(공공폐수처리시설의 종류) 법 제48조제2항에 따른 공공폐수처리시설의 종류는 다음 각 호와 같다. 〈개정 2017. 1. 17.〉	

물환경보전법	물환경보전법 시행령	물환경보전법 시행규칙
제48조의2(공공폐수처리시설 설치 부담금의 부과·징수) ① 제48조에 따라 공공폐수처리시설을 설치·운영하는 자(이하 "시행자"라 한다)는 그 시설의 설치에 드는 비용의 전부 또는 일부에 충당하기 위하여 원인자로부터 공공폐수처리시설의 설치 부담금(이하 "공공폐수처리시설 설치 부담금"이라 한다)을 부과·징수할 수 있다. 〈개정 2016. 1. 27.〉 ② 공공폐수처리시설 설치 부담금의 총액은 시행자가 해당 시설의 설치와 관련하여 지출하는 금액을 초과하여서는 아니 된다. 〈개정 2016. 1. 27.〉 ③ 원인자에게 부과되는 공공폐수처리시설 설치 부담금은 각 원인자의 사업의 종류·규모 및 오염물질의 배출 정도 등을 기준으로 하여 정한다. 〈개정 2016. 1. 27.〉	1. 산업단지 공공폐수처리시설: 「산업입지 및 개발에 관한 법률」 제6조·제7조·제7조의2에 따라 지정된 산업단지 또는 「국토의 계획 및 이용에 관한 법률」 제36조제1항에 따른 녹지지역에 설치된 공공지역에 설치되는 공공폐수처리시설 2. 농공단지 공공폐수처리시설: 「산업입지 및 개발에 관한 법률」 제8조에 따라 지정된 농공단지에 설치되는 공공폐수처리시설 3. 제1호 및 제2호 외의 공공폐수처리시설: 환경부장관이 하천 및 호소의 수질을 보전하기 위하여 공공폐수처리가 필요하다고 인정하여 지정·고시하는 지역에 설치되는 공공폐수처리시설 [제목개정 2017. 1. 17.] **제62조(공공폐수처리시설사업에 드는 비용의 산정)** ① 법 제48조의2제1항에 따른 공공폐수처리시설의 설치에 드는 비용은 그 설치에 필요한 다음 각 호의 비용의 범위에서 정한다. 〈개정 2017. 1. 17.〉 1. 계획비 및 조사비 2. 본 공사비 및 부대공사비 3. 용지비(보상비를 포함한다) 4. 조사비 및 유지관리비 5. 장비 구입비 및 설치비 6. 사무관리비, 지급이자, 그 밖의 부대비용 ② 제1항에 따른 공공폐수처리시설의 설치에 드는 비용은 토지, 건물, 그 밖의 물건 등을 처분하여 얻는 수입금을 제외하고 산정한다. 〈개정 2017. 1. 17.〉 ③ 법 제48조의2제1항에 따른 공공폐수처리시설의	

물환경보전법	물환경보전법 시행령	물환경보전법 시행규칙

④ 국가와 지방자치단체는 이 법에 따른 중소기업자의 비용부담으로 인하여 중소기업자의 생산활동과 투자의욕이 위축되지 아니하도록 세제상 또는 금융상 필요한 지원 조치를 할 수 있다.

⑤ 제1항부터 제3항까지의 규정에 따른 공공폐수처리시설 설치 부담금의 산정방법, 부과·징수의 방법 및 절차, 그 밖에 필요한 사항은 대통령령으로 정한다. 〈개정 2016. 1. 27.〉

[전문개정 2013. 7. 30.]
[제목개정 2016. 1. 27.]

운영에 드는 비용으로 그 운영에 필요한 다음 각 호의 비용의 범위에서 정한다. 〈신설 2017. 1. 17.〉
1. 인건비
2. 전력 사용료
3. 폐수처리 등에 필요한 약품 구입비
4. 슬러지(정수과정에서 발생하는 침전물 등을 말한다) 처리비
5. 시설개선충당금
6. 사무관리비, 지급이자 및 그 밖의 부대비용
[제목개정 2017. 1. 17.]

제63조(원인자의 공공폐수처리시설 설치 부담금 및 사용료의 종액) ① 법 제48조제1항 후단에 따른 원인자(이하 "원인자"라 한다)에게 부과하는 법 제48조의2제1항에 따른 공공폐수처리시설의 설치 부담금(이하 "공공폐수처리시설 설치 부담금"이라 한다) 및 법 제48조의3제1항에 따른 공공폐수처리시설의 사용료(이하 "공공폐수처리시설 사용료"라 한다)는 다음 각 호의 사항을 고려하여 정한다. 〈개정 2017. 1. 17.〉
1. 원인자의 해당 공공폐수처리시설사업과 관계되는 오염의 정도
2. 오염의 원인이 되는 물질이 축적된 기간
3. 수질오염물질의 원인이 되는 양
4. 공공폐수처리시설사업에 관계되는 시설물을 원인자 외의 자가 이용하는 비용

② 제1항에 따라 원인자에게 부과하는 비용은 전체 공공폐수처리시설사업에 드는 비용에서 「보조금

물환경보전법	물환경보전법 시행령	물환경보전법 시행규칙
	관리에 관한 법률」에 따른 보조금 및 그 밖에 다른 법률에 따른 보조금을 뺀 금액으로 한다. 〈개정 2017. 1. 17.〉 ③ 제1항과 제2항에 따른 전체 공공폐수처리시설설치에 드는 비용의 일부만을 원인자에게 부과하는 경우에는 법 제48조에 따라 공공폐수처리시설을 설치·운영하는 자(이하 "시행자"라 한다)가 부족재원을 충당할 방안을 마련하여야 한다. 〈개정 2017. 1. 17.〉 [제목개정 2017. 1. 17.] **제64조(원인자별 공공폐수처리시설 부담금 및 사용료 결정기준)** 법 제48조의2제1항 및 제48조의3제1항에 따라 각 원인자에게 부과하는 공공폐수처리시설 설치 부담금 및 공공폐수처리시설 사용료는 해당 공공폐수처리시설사업으로 인한 수질오염에 대한 다음 각 호의 사항을 고려하여 전체 원인자에게 부과하여야 할 공공폐수처리시설 설치 부담금의 총액 및 공공폐수처리시설 사용료의 총액을 각각 배분한 금액으로 한다. 〈개정 2017. 1. 17.〉 1. 수질오염의 원인이 되는 시설의 종류 및 규모 2. 배출되는 수질오염물질의 양과 질 3. 수질오염물질 처리비용 4. 자본금, 종업원 수, 연간 제품생산량 및 매출액 등을 고려한 사업 규모 [제목개정 2017. 1. 17.] **제65조(공공폐수처리시설 설치 부담금 및 사용료의 부과·징수절차 등)** 시행자가 공공폐수처리시설 설	

물환경보전법	물환경보전법 시행령	물환경보전법 시행규칙

물환경보전법

제48조의3(공공폐수처리시설의 사용료의 부과·징수) ① 시행자는 공공폐수처리시설의 운영에 드는 비용의 전부 또는 일부를 충당하기 위하여 원인자로부터 공공폐수처리시설의 사용료(이하 "공공폐수처리시설 사용료"라 한다)를 부과·징수할 수 있다.
② 원인자에게 부과되는 공공폐수처리시설 사용료는 각 원인자의 사업의 종류·규모 및 오염물질의 배출정도 등을 기준으로 하여 정한다.
③ 제1항에 따라 징수한 공공폐수처리시설 사용료는 공공폐수처리시설에 관한 용도 외에는 사용할 수 없다.
④ 제1항 및 제2항에 따른 공공폐수처리시설 사용료의 산정 방법, 부과·징수의 방법과 절차 및 그 밖에 필요한 사항은 대통령령으로 정한다.
[본조신설 2016. 1. 27.]

물환경보전법 시행령

지 부담금 및 공공폐수처리시설 사용료를 부과·징수하는 경우에는 부과 대상자에게 설치 부담금 및 사용료의 금액, 납부기간, 납부장소, 그 밖에 필요한 사항을 서면으로 알려야 한다. 〈개정 2017. 1. 17.〉
[제목개정 2017. 1. 17.]

제62조(공공폐수처리시설사업에 드는 비용의 산정) ① 법 제48조의2제1항에 따른 공공폐수처리시설의 설치에 드는 비용은 그 설치에 필요한 다음 각 호의 비용의 범위에서 정한다. 〈개정 2017. 1. 17.〉
1. 계획비 및 조사비
2. 본 공사비 및 부대공사비
3. 용지비(보상비를 포함한다)
4. 조사비 및 유지관리비
5. 장비 구입비 및 설치비
6. 사무관리비, 지급이자, 그 밖의 부대비용
② 제1항에 따른 공공폐수처리시설의 설치에 드는 비용은 토지, 건물, 그 밖의 물건 등을 처분하여 얻는 수입금을 제외하고 산정한다. 〈개정 2017. 1. 17.〉
③ 법 제48조의3제1항에 따른 공공폐수처리시설의 운영에 드는 비용은 그 운영에 필요한 다음 각 호의 비용의 범위에서 정한다. 〈신설 2017. 1. 17.〉
1. 인건비
2. 전력 사용료
3. 폐수처리 등에 필요한 약품 구입비
4. 슬러지(정수과정에서 발생하는 침전물 등을 말한다) 처리비
5. 시설개선충당금

물환경보전법 시행규칙

물환경보전법	물환경보전법 시행령	물환경보전법 시행규칙

물환경보전법 시행령

6. 사무관리비, 지급이자 및 그 밖의 부대비용

[제목개정 2017. 1. 17.]

제63조(원인자의 공공폐수처리시설 설치 부담금 및 사용료의 징수) ① 법 제48조제1항 후단에 따른 원인자(이하 "원인자"라 한다)에게 부과하는 법 제48조의2제1항에 따른 공공폐수처리시설의 설치 부담금(이하 "공공폐수처리시설 설치 부담금"이라 한다) 및 법 제48조의3제1항에 따른 공공폐수처리시설의 사용료(이하 "공공폐수처리시설 사용료"라 한다)는 다음 각 호의 사항을 고려하여 정한다. 〈개정 2017. 1. 17.〉

1. 원인자의 해당 공공폐수처리시설사업과 관계되는 오염의 정도

2. 오염이 원인이 되는 물질이 축적된 기간

3. 수질오염물질이 원인이 되는 양

4. 공공폐수처리시설사업에 관계되는 시설물을 원인자 외의 자가 이용하는 비용

② 제1항에 따라 원인자에게 부과하는 비용은 전체 공공폐수처리시설사업에 드는 비용에서 「보조금 관리에 관한 법률」에 따른 보조금 및 그 밖에 다른 법률에 따른 보조금을 뺀 금액으로 한다. 〈개정 2017. 1. 17.〉

③ 제1항과 제2항에 따른 전체 공공폐수처리시설설치 비용 드는 비용의 일부만을 원인자에게 부과하는 경우에는 법 제48조에 따라 공공폐수처리시설을 설치·운영하는 자(이하 "시행자"라 한다)가 부과계획을 충당할 방안을 마련하여야 한다. 〈개정 2017. 1.

물환경보전법	물환경보전법 시행령	물환경보전법 시행규칙
	17.〉 [제목개정 2017. 1. 17.]	
	제64조(원인자별 공공폐수처리시설 설치 부담금 및 사용료 결정기준) 법 제48조의2제1항 및 제48조의3제1항에 따라 각 원인자에게 부과하는 공공폐수처리시설 설치 부담금 및 공공폐수처리시설 사용료는 해당 공공폐수처리시설사업으로 인한 수질오염에 대한 다음 각 호의 사항을 고려하여 전체 원인자에게 부과하여야 할 공공폐수처리시설 설치 부담금의 총액 및 공공폐수처리시설 사용료의 총액을 각각 배분한 금액으로 한다. 〈개정 2017. 1. 17.〉 1. 수질오염의 원인이 되는 시설의 종류 및 규모 2. 배출되는 수질오염물질의 양과 질 3. 수질오염물질 처리비용 4. 자본금, 종업원 수, 연간 제품생산량 및 매출액 등을 고려한 사업 규모 [제목개정 2017. 1. 17.] **제65조(공공폐수처리시설 설치 부담금 및 사용료의 부과·징수절차 등)** 시행자가 공공폐수처리시설 설치 부담금 및 공공폐수처리시설 사용료를 부과·징수하려는 경우에는 부과 대상자에게 설치 부담금 및 사용료의 금액, 납부기간, 납부장소, 그 밖에 필요한 사항을 서면으로 알려야 한다. 〈개정 2017. 1. 17.〉 [제목개정 2017. 1. 17.] **제66조(공공폐수처리시설 기본계획 승인 등)** ① 시행자(환경부장관은 제외한다. 이하 이 조에서 같다)는	**제65조(공공폐수처리시설 기본계획의 승인)** ① 법 제48조에 따라 공공폐수처리시설을 설치·운영하는
제49조(공공폐수처리시설 기본계획) ① 환경부장관은 제48조제1항에 따라 공공폐수처리시설을 설치		

물환경보전법	물환경보전법 시행령	물환경보전법 시행규칙
(변경을 포함한다)할 때에는 기본계획을 수립하여야 한다. 〈개정 2016. 1. 27.〉 ② 시행자(환경부장관은 제외한다)가 제48조제1항에 따라 공공폐수처리시설을 설치(변경을 포함한다)하려는 경우에는 대통령령으로 정하는 바에 따라 환경부장관의 승인을 받아야 한다. 〈개정 2017. 1. 17.〉 ③ 환경부장관은 제1항 및 제2항에 따라 공공폐수처리시설 기본계획을 수립하거나 승인(변경승인을 포함한다. 이하 이 조에서 같다)하였을 때에는 공공폐수처리구역을 지정하고 그 지정 내용을 공공폐수처리시설 기본계획의 수립 또는 승인 내용을 고시하여야 하며, 그 사업예정지역을 관할하는 특별자치시장·특별자치도지사·시장·군수·구청장에게 공공폐수처리시설 기본계획서 사본을 송부하여야 한다. 〈개정 2016. 1. 27.〉 ④ 제3항에 따라 공공폐수처리시설 기본계획서 사본을 송부받은 특별자치시장·특별자치도지사·시장·군수·구청장은 지체 없이 이를 이해관계인이 열람할 수 있게 하여야 한다. 〈개정 2016. 1. 27.〉 ⑤ 제2항에 따라 기본계획의 승인을 받은 후 공공폐수처리시설을 설치하려는 자는 환경부령으로 정하는 바에 따라 그 기본설계 및 실시설계에 승인의 내용을 반영하여야 한다. 〈개정 2016. 1. 27.〉 [전문개정 2013. 7. 30.] [제목개정 2016. 1. 27.]	법 제49조제2항에 따라 공공폐수처리시설을 설치하거나 변경하려는 경우에는 다음 각 호의 사항이 포함된 기본계획을 수립하여 환경부장관으로 정하는 바에 따라 환경부장관의 승인을 받아야 한다. 〈개정 2017. 1. 17.〉 1. 공공폐수처리시설에서 처리하려는 대상 지역에 관한 사항 2. 오염원분포 및 폐수배출량과 그 예측에 관한 사항 3. 공공폐수처리시설의 폐수처리계통도, 처리능력 및 처리방법에 관한 사항 4. 공공폐수처리시설에서 처리된 폐수가 방류수역의 수질에 미치는 영향에 관한 평가 5. 공공폐수처리시설의 설치·운영자에 관한 사항 6. 공공폐수처리시설 설치 부담금 및 공공폐수처리시설 사용료의 비용부담에 관한 사항 7. 제62조에 따른 총사업비, 분야별 사업비 및 그 산출근거 8. 연차별 투자계획 및 자금조달계획 9. 토지 등의 수용·사용에 관한 사항 10. 그 밖에 공공폐수처리시설의 설치·운영에 필요한 사항 ② 시행자는 다음 각 호의 어느 하나에 해당하는 경우에는 법 제49조제2항에 따라 환경부장관에게 공공폐수처리시설 기본계획의 변경승인을 받아야 한다. 〈신설 2017. 1. 17.〉 1. 지정된 공공폐수처리구역 내에서 공공폐수처리시설의 위치를 변경하려는 경우	자(이하 "시행자"라 한다)는 법 제49조제2항에 따라 공공폐수처리시설 기본계획의 승인 또는 변경승인을 받으려면 별지 제31호서식의 공공폐수처리시설 기본계획 승인신청서 또는 변경승인 신청서에 공공폐수처리시설 기본계획서 원본 1부 및 사본 4부를 첨부하여 유역환경청장 또는 지방환경청장에게 제출하여야 한다. ② 유역환경청장 또는 지방환경청장은 제1항에 따른 승인 또는 변경승인 신청을 받으면 그 신청을 받은 날부터 60일 이내에 처리하여야 한다. ③ 유역환경청장 또는 지방환경청장은 제2항에 따라 공공폐수처리시설 기본계획의 승인 또는 변경승인을 할 때 미리 한국환경공단에 기술적 사항을 검토하게 할 수 있다. ④ 제3항에 따른 검토기준과 검토절차 등에 관하여 필요한 사항은 환경부장관이 정한다. ⑤ 영 제66조제1항제7호에 따른 총사업비, 분야별 사업비 및 그 산출근거는 공공폐수처리시설의 설치비와 관리비로 구분하여 정하여야 한다. [전문개정 2018. 1. 17.]

물환경보전법	물환경보전법 시행령	물환경보전법 시행규칙
제49조의2(비용부담계획) ① 환경부장관이 제49조제1항에 따라 기본계획을 수립하였을 때에는 대통령령으로 정하는 바에 따라 해당 사업에 드는 비용부담에 관한 계획(이하 "비용부담계획"이라 한다)을 수립하고 원인자에게 통지하여야 한다. ② 시행자(환경부장관은 제외한다)가 제49조제2항에 따라 공공폐수처리시설 기본계획의 승인을 받아 을 때에는 대통령령으로 정하는 바에 따라 비용부담계획을 수립하여 환경부장관의 승인을 받아야 한	2. 공공폐수처리시설의 처리용량을 100분의 20 이상 변경하려는 경우 [제목개정 2017. 1. 17.] 제67조(비용부담계획의 수립 및 승인신청) ① 환경부장관이 법 제49조의2제1항에 따라 비용부담계획을 수립하려는 경우에는 다음 각 호의 사항을 포함하여야 한다. 〈개정 2017. 1. 17.〉 1. 공공폐수처리시설사업에 필요한 총사업비 2. 사업비부담자 및 그 배분기준 3. 원인자의 범위 및 선정기준 4. 원인자의 부담총액 및 그 산출기준 5. 원인자별 비용부담기준	제69조(공공폐수처리시설 기본계획 승인내용의 반영) ① 시행자는 법 제49조제5항에 따라 공공폐수처리시설 기본계획의 승인내용을 실시설계에 반영하려는 경우에는 미리 환경부장관에게 검토를 요청하여야 한다. 〈개정 2017. 1. 19.〉 ② 제1항에 따라 검토를 요청받은 환경부장관은 요청을 받은 날부터 60일 이내에 의견을 통보하여야 한다. ③ 환경부장관은 제2항에 따라 검토를 하는 경우에는 한국환경공단에 기술적 사항을 검토하게 할 수 있다. 〈개정 2012. 1. 19.〉 ④ 제3항에 따른 검토기준 및 절차 등에 관하여 필요한 사항은 환경부장관이 정한다. [제목개정 2017. 1. 19.] 제70조(비용부담계획의 승인) 법 제49조의2제2항에 따라 비용부담계획의 승인 또는 변경승인을 받으려는 시행자는 별지 제32호서식의 공공폐수처리시설 비용부담계획 승인신청서 또는 변경승인 신청서에 다음 각 호의 서류를 첨부하여 유역환경청장 또는 지방환경청장에게 제출하여야 한다. 1. 비용부담계획서 2부 2. 원인자별 비용부담 세부 내용에 관한 서류 1부 3. 원인자 등 이해관계인과의 협의결과에 관한 서류

물환경보전법	물환경보전법 시행령	물환경보전법 시행규칙
다. 이를 변경하려는 경우에도 또한 같다. 〈개정 2016. 1. 27.〉 ③ 환경부장관은 제2항에 따라 비용부담계획을 승인하거나 변경승인할 때에는 해당 사업의 시행기간을 정하여야 한다. ④ 시행자(환경부장관은 제외한다)는 제2항에 따라 비용부담계획의 승인 또는 변경승인을 받았을 때에는 이를 원인자에게 통지하여야 한다. [전문개정 2013. 7. 30.]	6. 공공폐수처리시설 부담금의 부과 및 징수의 방법과 시기 7. 그 밖에 비용부담에 관하여 필요한 사항 ② 시행자(환경부장관은 제외한다. 이하 이 조에서 같다)가 제66조제1항에 따라 기본계획을 수립한 경우에는 법 제49조의2제2항에 따라 제3항과 후의 시행이 포함된 비용부담계획을 수립하여 환경부장관으로 포함된 바에 따라 환경부장관의 승인을 받아야 한다. 〈개정 2017. 1. 17.〉 ③ 시행자는 다음 각 호의 어느 하나에 해당하는 경우에는 법 제49조의2제2항 후단에 따라 환경부장관에게 비용부담계획의 변경승인을 받아야 한다. 〈신설 2017. 1. 17.〉 1. 총사업비를 100분의 25 이상 변경하려는 경우 2. 공공폐수처리시설 설치 부담금 또는 공공폐수처리 시설사용료를 100분의 25 이상 변경하려는 경우	1부 [전문개정 2018. 1. 17.]
제49조의3(권리·의무의 승계) 공공폐수처리시설 설치 부담금의 징수대상이 되는 공장 또는 사업장 등을 양수한 자는 당사자 간에 특별한 약정이 없으면 양수 전에 이 법에 따라 양도자에게 발생한 공공폐수처리시설 설치 부담금에 관한 권리·의무를 승계한다. 〈개정 2016. 1. 27.〉 [전문개정 2013. 7. 30.]		
제49조의4(수용 및 사용) ① 시행자는 공공폐수처리 시설 설치에 필요한 토지·건물 또는 그 토지에 정착된 물건이나 토지·건물 또는 물건에 관한 소유권 외		

물환경보전법	물환경보전법 시행령	물환경보전법 시행규칙
의 권리를 수용하거나 사용할 수 있다. 〈개정 2016. 1. 27.〉 ② 제1항에 따른 수용 또는 사용에 관하여는 이 법에 특별한 규정이 있는 경우를 제외하고는 「공익사업을 위한 토지 등의 취득 및 보상에 관한 법률」을 적용한다. ③ 제2항에 따라 「공익사업을 위한 토지 등의 취득 및 보상에 관한 법률」을 적용하는 경우에 이 법 제49조에 따른 공공폐수처리시설 기본계획의 승인 또는 변경승인은 「공익사업을 위한 토지 등의 취득 및 보상에 관한 법률」 제20조제1항에 따른 사업인정으로 보며, 재결신청(裁決申請)은 같은 법 제23조제1항 및 제28조제1항에도 불구하고 이 법 제49조의2에 따른 비용부담계획의 승인 또는 변경승인 시에 정한 사업의 시행기간 이내에 하여야 한다. 〈개정 2016. 1. 27.〉 [전문개정 2013. 7. 30.] **제49조의5(공공폐수처리시설 설치 부담금 및 사용료의 납입)** 공공폐수처리시설 설치 부담금(시행자가 국가인 경우에만 해당한다) 또는 공공폐수처리시설 사용료(시행자가 국가인 경우에만 해당한다)는 「환경정책기본법」에 따른 환경개선특별회계의 세입으로 한다. 다만, 국가가 공공폐수처리시설 운영사업을 제48조제1항에 따라 위탁하여 실시하는 경우에는 그러하지 아니하며, 징수한 공공폐수처리시설 사용료를 수탁자에게 지급하여야 한다. 〈개정 2016. 1. 27.〉 [전문개정 2013. 7. 30.]		

물환경보전법	물환경보전법 시행령	물환경보전법 시행규칙
[제목개정 2016. 1. 27.]		
제49조의6(강제징수) ① 시행자는 공공폐수처리시설 설치 부담금 또는 공공폐수처리시설 사용료를 내야 할 자가 납부기한까지 내지 아니하는 경우에는 10일 이상의 기간을 정하여 독촉하여야 한다. 이 경우 제납된 공공폐수처리시설 설치 부담금 또는 공공폐수처리시설 사용료에 대해서는 100분의 3에 해당하는 가산금을 부과하여야 한다. 〈개정 2016. 1. 27.〉 ② 제1항에 따라 독촉을 받은 자가 그 기한까지 공공폐수처리시설 설치 부담금 또는 공공폐수처리시설 사용료를 내지 아니하면 국세 또는 지방세 체납처분의 예에 따라 징수할 수 있다. 이 경우 제48조제1항 각 호의 자(이하 "한국환경공단등"이라 한다)가 시행자인 경우에는 미리 환경부장관의 승인을 받아야 한다. 〈개정 2016. 1. 27.〉 ③ 한국환경공단등은 대통령령으로 정하는 바에 따라 특별자치시장·특별자치도지사·시장·군수·구청장에게 공공폐수처리시설 설치 부담금 또는 공공폐수처리시설 사용료의 징수업무를 위탁할 수 있으며, 이를 위탁받은 특별자치시장·특별자치도지사·시장·군수·구청장은 지방세 체납처분의 예에 따라 징수하여야 한다. 이 경우 한국환경공단등은 징수된 금액 중 일부를 대통령령으로 정하는 바에 따라 징수수수료로 지급하여야 한다. 〈개정 2013. 7. 30.〉 [전문개정 2013. 7. 30.]	**제69조(공공폐수처리시설 설치 부담금 및 사용료의 징수 위탁)** ① 법 제48조제1항 각 호의 자는 법 제49조의6제3항에 따라 시장·군수 또는 구청장에게 공공폐수처리시설 설치 부담금 및 공공폐수처리시설 사용료의 징수업무를 위탁하려는 경우에는 납부자의 성명, 주소, 부과금액, 부과사유, 납부기한, 그 밖에 필요한 사항을 적은 징수위탁서를 보내야 한다. 〈개정 2017. 1. 17.〉 ② 제1항에 따라 징수를 위탁받은 시장·군수 또는 구청장은 징수한 부담금의 100분의 5에 상당하는 금액을 징수비용으로 남기고, 그 나머지 금액을 지체 없이 위탁한 자에게 납입하여야 한다. [제목개정 2017. 1. 17.]	

물환경보전법	물환경보전법 시행령	물환경보전법 시행규칙
제49조의7(보고 등) 시행자는 제49조 및 제49조의2에 따른 기본계획 및 비용부담계획을 수립하기 위하여 필요하다고 인정될 때에는 공공폐수처리구역의 원인자에 대하여 필요한 보고 또는 자료 제출을 요구할 수 있다. 이 경우 원인자는 특별한 사유가 없으면 이에 따라야 한다. 〈개정 2016. 1. 27.〉 [전문개정 2013. 7. 30.]		
제50조(공공폐수처리시설의 운영·관리 등) ① 공공폐수처리시설을 운영하는 자는 다음 각 호·사고 또는 처리공법상 필요한 경우 등 환경부령으로 정하는 정당한 사유가 없이 다음 각 호의 어느 하나에 해당하는 행위를 하여서는 아니 된다. 〈개정 2017. 1. 17.〉 1. 제51조제2항에 따른 폐수관로로 유입될 수없오염물질을 공공폐수처리시설에 유입하지 아니하고 배출하거나 공공폐수처리시설에 유입시키지 아니하고 배출할 수 있는 시설을 설치하는 행위 2. 공공폐수처리시설에 유입된 수질오염물질을 최종 방류구를 거치지 아니하고 배출하거나 최종 방류구를 거치지 아니하고 배출할 수 있는 시설을 설치하는 행위 3. 공공폐수처리시설에 유입된 수질오염물질에 오염되지 아니한 물을 섞어 처리하거나 방류수 수질기준을 초과하는 수질오염물질이 공공폐수처리시설의 최종 방류구를 통과하기 전에 오염도를 낮추기 위하여 물을 섞어 배출하는 행위 ② 공공폐수처리시설을 운영하는 자는 환경부령으로 정하는 유지·관리기준에 따라 그 시설을 적정하	**제70조(공공폐수처리시설의 개선 등 명령의 이행조치기간)** ① 환경부장관은 법 제50조제4항에 따라 시설의 개선 등 필요한 조치를 할 것을 명령하는 경우에는 개선 등에 필요한 기간을 고려하여 1년의 범위에서 조치기간을 정하여야 한다. 〈개정 2017. 1. 17.〉 ② 법 제50조제4항에 따라 조치명령을 받은 자는 천재지변이나 그 밖의 부득이한 사유로 제1항에 따른 기간에 그 조치를 마칠 수 없으면 그 기간이 끝나기 전에 환경부장관에게 1년의 범위에서 개선기간 연장을 신청할 수 있다. 〈개정 2017. 1. 17.〉 [제목개정 2017. 1. 17.]	**제70조의2(공공폐수처리시설의 운영·관리의 예외)** 공공폐수처리시설을 운영하는 자는 법 제50조제1항 각 호 외의 부분에 따라 천재·지변, 화재 또는 사고 등 불가항력적인 사유가 발생한 경우에는 폐수를 공공폐수처리시설을 거치지 아니하고 법 제21조의4제1항에 따른 인증저류시설에 저장할 수 있으며, 공공폐수처리시설의 증설, 개축 또는 보수 등을 위하여 관할 유역환경청장 또는 지방환경청장과 미리 협의

물환경보전법	물환경보전법 시행령	물환경보전법 시행규칙
게 운영하여야 한다. 〈개정 2016. 1. 27.〉 ③ 환경부장관은 공공폐수처리시설의 운영·관리에 관한 평가를 정기적으로 실시할 수 있으며, 평가지표·방법 등 평가에 필요한 사항은 환경부장관이 정하여 고시한다. 〈신설 2016. 1. 27.〉 ④ 환경부장관은 공공폐수처리시설이 제2항에 따른 기준에 맞게 운영·관리되고 있다고 인정할 때에는 대통령령으로 정하는 바에 따라 기간을 정하여 해당 시설을 운영하는 자에게 그 시설의 개선 등 필요한 조치를 명할 것을 명할 수 있다. 〈개정 2016. 1. 27.〉 ⑤ 환경부장관은 제3항에 따른 공공폐수처리시설의 운영·관리에 관한 평가 결과 우수한 시행자에게 예산의 범위에서 포상금을 지급할 수 있으며, 포상금의 지급기준·절차 등 포상금의 지급에 필요한 사항은 환경부령으로 정한다. 〈신설 2016. 1. 27.〉 [전문개정 2013. 7. 30.] [제목개정 2016. 1. 27.]		한 경우에는 공공폐수처리시설에 유입시키지 아니하고 배출할 수 있는 시설을 설치할 수 있다. [본조신설 2017. 1. 19.] 제71조(공공폐수처리시설의 유지·관리기준) 법 제50조제2항에 따른 공공폐수처리시설의 유지·관리기준은 별표 15와 같다. 〈개정 2017. 1. 19.〉 [제목개정 2017. 1. 19.] 제71조의2(공공폐수처리시설 운영 등에 대한 포상금의 지급) ① 유역환경청장 또는 지방환경청장은 법 제50조제5항에 따라 다음 각 호의 사항을 고려하여 5천만원의 범위에서 시행자에게 포상금을 지급할 수 있다. 1. 폐수 유입률 및 공공폐수처리의 효율 제고 등 공공폐수처리시설의 운영실적 2. 법 제48조제1항 후단에 따른 원인자를 관리하는 전산시스템 구축 등 공공폐수처리시설의 관리실적 3. 방류수 수질기준 초과 횟수 및 안전사고의 발생 횟수 ② 유역환경청장 또는 지방환경청장은 법 제50조제3항에 따라 공공폐수처리시설의 운영·관리에 관한 평가를 완료한 후 60일 이내에 포상금의 지급 여부를 결정하여 포상금 지급대상자에게 통보하여야 한다. ③ 제1항 및 제2항에 따른 포상금의 세부 금액, 지급 시기 및 절차 등에 관하여 필요한 사항은 환경부장관이 정하여 고시한다.

물환경보전법	물환경보전법 시행령	물환경보전법 시행규칙
제50조의2(기술진단 등) ① 시행자는 공공폐수처리시설의 관리상태를 점검하기 위하여 5년마다 해당 공공폐수처리시설에 대하여 기술진단을 하고, 그 결과를 환경부장관에게 통보하여야 한다. ② 시행자는 한국환경공단 또는 「하수도법」 제20조의2에 따른 기술진단전문기관(이하 "기술진단전문기관"이라 한다)으로 하여금 제1항에 따른 기술진단을 대행하게 할 수 있다. 다만, 해당 공공폐수처리시설을 위탁하여 운영하고 있는 경우에는 기술진단을 대행하게 할 수 없다. ③ 시행자는 제1항에 따른 기술진단의 결과 관리상태가 적정하지 아니한 때에는 개선계획을 수립 및 시행 등 필요한 조치를 하여야 한다. ④ 기술진단전문기관이 공공폐수처리시설에 대하여 기술진단을 실시하는 경우 「하수도법」 제20조의2 및 제20조의4를 준용한다. ⑤ 제1항에 따른 기술진단의 대상 및 내용 등에 필요한 사항은 환경부령으로 정한다. [본조신설 2016. 1. 27.]		[본조신설 2017. 1. 19.] **제71조의3(기술진단의 대상 및 내용 등)** ① 시행자가 해당 공공폐수처리시설에 대하여 법 제50조의2제1항에 따른 기술진단(이하 이 조에서 "기술진단"이라 한다)을 실시하는 경우에는 다음 각 호의 내용을 포함하여야 한다. 1. 공공폐수처리시설에 유입되는 수질오염물질의 특성 조사 2. 공정별 처리효율 분석 3. 시설 및 운영 현황 점검과 그에 따른 문제점 및 개선방안 4. 시설의 유지 및 관리 방안 ② 시행자는 기술진단을 실시한 결과 관리상태가 적정하지 아니한 경우에는 기술진단 결과를 통보받은 날부터 30일 이내에 법 제50조의2제3항에 따라 개선계획을 수립하고, 기술진단 결과를 첨부하여 관할 유역환경청장 또는 지방환경청장에게 보고하여야 한다. ③ 법 제50조의2제2항 본문에 따라 기술진단을 대행하는 자가 기술진단을 대행하는 데 드는 비용으로 인건비, 여비 및 시험·분석비 등으로 하되, 기술진단 대상의 범위·종류·규모 등을 고려하여 환경부장관이 정하여 고시한다. [본조신설 2017. 1. 19.]
제51조(배수설비 등의 설치 및 관리 등) ① 시행자는 사업장의 폐수를 공공폐수처리시설로 유입시키기	**제71조(공공폐수처리시설에 폐수를 유입하여야 하는 지의 범위)** 법 제51조제2항에서 "대통령령으로	

물환경보전법	물환경보전법 시행령	물환경보전법 시행규칙
위하여 폐수관로를 설치·관리하여야 한다. ② 공공폐수처리구역에서 배출시설을 설치하려는 자 및 폐수를 배출하려는 자 중 대통령령으로 정하는 자는 해당 사업장에서 배출되는 폐수를 폐수관로로 유입시켜야 하며, 이에 필요한 배수관거 등 배수설비를 설치·관리하여야 한다. ③ 제1항 및 제2항에 따라 설치하여야 하는 폐수관로 및 배수설비의 설치방법, 구조기준 등은 환경부령으로 정한다. 다만, 다른 법령에서 이에 관하여 규정한 경우에는 그 규정에 따른다. ④ 한국환경공단등은 유입되는 폐수의 관리 등을 위하여 필요한 경우 환경부장관 또는 시·도지사에게 공공폐수처리시설에 폐수를 유입하는 자에 대하여 제68조제1항에 따른 검사를 실시할 것을 요청할 수 있다. [전문개정 2017. 1. 17.] 제3절 생활하수 및 가축분뇨의 관리 〈개정 2013. 7. 30.〉 제52조(생활하수 및 가축분뇨의 관리) 생활하수 및 가축분뇨의 관리는 「하수도법」 및 「가축분뇨의 관리 및 이용에 관한 법률」에 따른다. [전문개정 2013. 7. 30.] 제4장 비점오염원의 관리 제53조(비점오염원의 설치신고·준수사항·개선명령 등) ① 다음 각 호의 어느 하나에 해당하는 자는 환경부령으로 정하는 바에 따라 환경부장관에게 신	정하는 자"란 그 공공폐수처리시설에서 처리하는 수질오염물질을 배출하기 이하여 방류수수질기준을 초과하여 폐수를 배출하려는 자를 말한다. 〈개정 2018. 1. 16.〉 [제목개정 2017. 1. 17.] 제72조(비점오염원의 신고 대상 사업 및 시설) ① 법 제53조제1항제1호에 따른 도시의 개발사업 및 산업 단지의 조성사업은 「환경영향평가법」 시행령 별표	제72조(폐수관로 및 배수설비의 설치방법 등) 법 제51조제3항에 따른 폐수관로 및 배수설비의 설치방법·구조·기준 등은 별표 16과 같다. 〈개정 2018. 1. 17.〉 [제목개정 2018. 1. 17.]

물환경보전법	물환경보전법 시행령	물환경보전법 시행규칙
고하여야 한다. 신고한 사항 중 대통령령으로 정하는 사항을 변경하려는 경우에도 포함한다. 1. 대통령령으로 정하는 규모 이상의 도시의 개발, 산업단지의 조성, 그 밖에 비점오염원에 의한 오염을 유발하는 사업으로서 대통령령으로 정하는 사업을 하려는 자 2. 대통령령으로 정하는 규모 이상의 사업장에 제철시설, 섬유염색시설, 그 밖에 대통령령으로 정하는 폐수배출시설을 설치하는 자 3. 사업이 재개(再開)되거나 사업장이 증설되는 등 대통령령으로 정하는 경우가 발생하여 제1호 또는 제2호에 해당되는 자 ② 제1항에 따른 신고 또는 변경신고를 할 때에는 비점오염저감시설 설치계획을 포함하는 비점오염저감계획서 등 환경부령으로 정하는 서류를 제출하여야 한다. ③ 환경부장관은 제1항에 따른 신고 또는 변경신고를 받은 날부터 20일 이내에 신고수리 여부를 신고인에게 통지하여야 한다. ④ 환경부장관이 제3항에서 정한 기간 내에 신고수리 여부 또는 민원 처리 관련 법령에 따른 처리기간의 연장을 신고인에게 통지하지 아니하면 그 기간(민원 처리 관련 법령에 따라 처리기간이 연장 또는 재연장된 경우에는 해당 처리기간을 말한다)이 끝난 날의 다음 날에 신고를 수리한 것으로 본다. ⑤ 제1항에 따라 신고 또는 변경신고를 한 자(이하 "비점오염원설치신고사업자"라 한다)는 환경부령	3의 제1호 및 제2호에 해당하는 사업으로 한다. 〈개정 2012. 7. 20.〉 ② 법 제53조제1항제1호에서 "대통령령으로 정하는 사업"이란 「환경영향평가법」 시행령 별표 3의 제3호부터 제17호까지에 해당하는 사업을 말한다. 다만, 「환경영향평가법」 시행령 별표 3의 제4호 또는 제10호에 해당하는 사업 중 「공유수면 관리 및 매립에 관한 법률」 제2조제1호조에 따른 바다에서만 시행하는 사업은 제외한다. 〈개정 2015. 5. 26.〉 ③ 법 제53조제1항제2호에서 "대통령령으로 정하는 규모 이상의 사업장"이란 부지면적이 1만 제곱미터 이상인 사업장을 말한다. ④ 법 제53조제1항제2호에서 "대통령령으로 정하는 폐수배출시설"이란 「통계법」 제22조에 따른 표준산업분류 중 다음 각 호의 어느 하나의 업종에 해당하는 사업장에 설치하는 폐수배출시설을 말한다. 1. 목재 및 나무제품 제조업 2. 펄프·종이 및 종이제품 제조업 3. 코크스·석유정제품 및 해연료 제조업 4. 화합물 및 화학제품 제조업 5. 고무 및 플라스틱제품 제조업 6. 비금속광물제품 제조업 7. 제1차 금속산업 8. 식탄, 원유 및 우라늄 광업 9. 금속 광업 10. 비금속광물 광업(연료용은 제외한다) 11. 음·식료품 제조업	

물환경보전법	물환경보전법 시행령	물환경보전법 시행규칙
으로 정하는 시점까지 환경부령으로 정하는 기준에 따라 비점오염저감시설을 설치하여야 한다. 다만, 다음 각 호의 어느 하나에 해당하는 경우 비점오염저감시설을 설치하지 아니할 수 있다. 〈개정 2014. 3. 24.〉 1. 제1항·제2조 또는 제3조에 따른 사업장의 강우유출수의 오염도가 항상 제32조에 따른 배출허용기준 이하인 경우로서 대통령령으로 정하는 바에 따라 환경부장관이 인정하는 경우 2. 제21조의4에 따른 완충저류시설에 유입하여 강우유출수를 처리하는 경우 3. 하나의 부지에 제3항 각 호에 해당하는 자가 둘 이상인 경우로서 환경부령으로 정하는 바에 따라 비점오염원을 적정하게 관리할 수 있다고 환경부장관이 인정하는 경우 ⑥ 비점오염원설치신고사업자가 사업을 하거나 시설을 설치·운영할 때에는 다음 각 호의 사항을 지켜야 한다. 1. 비점오염저감계획서의 내용을 이행할 것 2. 비점오염저감시설을 제5항에 따른 설치기준에 맞게 유지하는 등 환경부령으로 정하는 바에 따라 관리·운영할 것 3. 그 밖에 비점오염원을 적정하게 관리하기 위하여 환경부령으로 정하는 사항 ⑦ 환경부장관은 제6항에 따른 준수사항을 지키지 아니한 자에 대해서는 대통령령으로 정하는 바에 따라 기간을 정하여 비점오염저감계획의 이행 또는 비	12. 전기업, 가스업 및 증기업 13. 도매업 및 상품 중개업 14. 하수처리업, 폐기물처리업 및 청소 관련 서비스업 ⑤ 법 제53조제1항제3조에서 "대통령령이 정하는 경우"란 다음 각 호와 같다. 〈개정 2012. 7. 20.〉 1. 「환경영향평가법」시행령 제54조에 해당되어 같은 법 제32조에 따른 평가서의 재작성·재협의의 대상이 되는 경우 2. 법 제33조제2항 및 제3항에 따라 변경허가를 받거나 변경신고를 하는 사업장으로서 부지면적이 100분의 30 이상 증가하는 경우 제73조(비점오염원의 변경신고) 법 제53조제1항 각 호의 어느 부분 후단에 따라 변경신고를 하여야 하는 경우는 다음 각 호의 경우를 말한다. 〈개정 2017. 1. 17.〉 1. 상호·대표자·사업명 또는 업종의 변경 2. 총 사업면적·개발면적 또는 사업장 부지면적이 처음 신고면적의 100분의 15 이상 증가하는 경우 3. 비점오염저감시설의 종류, 위치, 용량이 변경되는 경우. 다만, 시설의 용량이 처음 신고한 용량의 100분의 15 미만 변경되는 경우는 제외한다. 4. 비점오염원 또는 비점오염저감시설의 전부 또는 일부를 폐쇄하는 경우. 다만, 법 제53조제1항제1호에 따른 사업의 경우 공사 중에 발생하는 비점오염물질을 처리하기 위한 비점오염저감시설을 공사 완료에 따라 전부 또는 일부 폐쇄하는 경우는 제외한다.	

물환경보전법	물환경보전법 시행령	물환경보전법 시행규칙
점오염저감시설의 설치·개선을 명할 수 있다. ⑧ 환경부장관은 제2항에 따른 비점오염저감계획을 검토하거나 제5항·제6호 또는 제3호에 따라 비점오염저감시설을 설치하지 아니하여도 되는 시설장을 인정하는 경우에는 그 작성상에 관하여 환경부령으로 정하는 관계 전문기관의 의견을 들을 수 있다. ⑨ 비점오염원설치신고사업자의 권리·의무의 승계에 관하여는 제36조를 준용한다. 이 경우 "사업자"는 "비점오염원설치신고사업자"로, "배출시설 및 방지시설"은 "비점오염원 또는 비점오염저감시설"로, "허가·변경허가·신고 또는 변경신고"는 "신고 또는 변경신고"로, "임대차"는 "임대차 또는 운영권 양도"로, "임차인"은 "임차인 또는 변경된 운영관리수계"로, "제38조, 제38조의2부터 제38조의5까지, 제39조부터 제41조까지, 제42조(허가취소의 경우는 제외한다), 제43조, 제46조, 제47조 및 제68조제1항제3호"는 "제6항·제7항 및 제68조제1항제3호"로 본다. ⑩ 제2항에 따른 비점오염저감계획서의 작성방법 등에 관하여 필요한 사항은 환경부령으로 정한다. [전문개정 2013. 7. 30.]	제74조(비점오염저감시설을 설치하지 아니할 수 있는 사업자) 법 제53조제3항제1호에 따라 비점오염원설치신고사업자는 환경부장관이 다음 각 호의 사항을 고려하여 강우유출수의 오염도를 향상 해당 사항을 배출허용하기준을 초과하지 아니한다고 인정하는 경우에는 비점오염저감시설을 설치하지 아니할 수 있다. 1. 사업장의 입지 2. 사업장 내의 토지 이용·관리 상황 3. 비점오염원의 발생·유출흐름 등 제75조(이행 또는 설치·개선 명령의 기간) ① 환경부장관은 법 제53조제5항에 따라 비점오염저감계획의 이행 또는 비점오염저감시설의 설치·개선을 명령(이하 이 조에서 "이행명령등"이라 한다)할 경우에는 비점오염저감계획의 이행 또는 비점오염저감시설의 설치·개선에 필요한 기간을 고려하여 다음 각 호의 이행 또는 설치·개선 기간의 범위에서 그 이행 또는 설치·개선 기간을 정하여야 한다. 1. 비점오염저감계획 이행(시설 설치·개선의 경우는 제외한다)의 경우 : 2개월 2. 시설 설치의 경우 : 1년 3. 시설 개선의 경우 : 6개월 ② 이행명령등을 받은 자는 천재지변이나 그 밖의 부득이한 사유로 제1항에 따른 기간에 명령받은 조치를 마칠 수 없는 경우에는 그 기간이 끝나기 전에 환경부장관에게 6개월의 범위에서 기간의 연장을 신청할 수 있다. ③ 이행명령등을 받은 자가 그 이행조치를 마친 경	

물환경보전법	물환경보전법 시행령	물환경보전법 시행규칙
	우에는 그 이행 결과를 지체 없이 환경부장관에게 보고하여야 한다. ④ 환경부장관은 제3항에 따른 보고를 받은 경우에는 관계 공무원에게 이행명령등의 이행조치 결과를 확인하게 하여야 한다.	제73조(비점오염원 설치신고의 절차) ① 법 제53조제1항 각 호에 따른 사업을 하려는 자는 다음 각 호의 구분에 따른 기한까지 환경부장관에게 신고하여야 한다. 〈개정 2017. 1. 19.〉 1. 법 제53조제1항제1호 또는 영 제72조제5항제1호에 따른 환경영향평가 대상 사업자: 「환경영향평가법」 제30조제3항에 따라 승인을 받거나 사업계획을 확정한 날부터 60일 이내 2. 법 제53조제1항제2호 또는 영 제72조제5항제2호에 따른 폐수배출시설 설치 사업자: 폐수배출시설 설치허가 또는 변경허가를 받거나 신고 또는 변경신고를 한 날부터 30일 이내 ② 법 제53조제1항 각 호 외의 부분 본문에 따라 비점오염원의 설치신고를 하려는 자는 별지 제33호서식의 비점오염원 설치신고서에 다음 각 호의 서류를 첨부하여 유역환경청장이나 지방환경청장에게 제출하여야 한다. 다만, 비점오염원의 설치신고 대상 사업 또는 시설이 둘 이상의 유역환경청 또는 지방환경청의 관할구역에 걸쳐 있는 경우에는 지방 또는 길이 등이 많이 포함되는 지역을 관할하는 유역환경청장이나 지방환경청장에게 신고를 하여야 하고, 신고를 받은 유역환경청장이나 지방환경청장

물환경보전법	물환경보전법 시행령	물환경보전법 시행규칙
		은 다른 지역을 관할하는 유역환경청장이나 지방환경청장에게 신고내용을 알려야 한다. 〈개정 2014. 12. 31.〉 1. 법 제53조제1항 각 호에 따른 사업 또는 사업장(이하 "개발사업등"이라 한다)에서 발생하는 주요 비점오염원 및 비점오염물질에 관한 자료 2. 개발사업등의 평면도 및 비점오염물질의 발생·유출 흐름도 3. 개발사업등으로 인하여 불투수층이 발생하는 경우 유출수를 최소화하여 자연 상태의 물순환 회복에 기여할 수 있는 기법(이하 "저영향개발기법"이라 한다) 등을 고려한 비점오염저감계획서 4. 비점오염저감시설 설치·운영·관리계획 및 비점오염저감시설의 설치명세서 및 비점오염저감시설을 설치(법 제53조제3항 단서에 따라 비점오염저감시설을 설치하지 아니하는 경우는 제외한다) ③ 제1항에 따라 신고를 받은 유역환경청장이나 지방환경청장은 별지 제34호서식의 비점오염원 설치신고증명서를 신청인에게 발급하여야 한다. ④ 사업자는 법 제53조제1항 각 호 외의 부분 후단에 따라 대상 사업 또는 시설과 관련한 변경사항에 대하여 관계 법령에 따른 승인·인가·허가·면허 또는 결정 등(이하 이 항에서 "변경승인등"이라 한다)을 받아야 하는 경우에는 변경승인등이 발생한 경우(변경승인등이 필요 없는 경우에는 변경사실이 발생한 날부터 15일 이내에 별지 제35호서식의 비점오염원 설치변경신고서에 비점오염원 설치신고증명서

물환경보전법	물환경보전법 시행령	물환경보전법 시행규칙
		및 변경내용을 증명하는 서류를 첨부하여 유역환경청장이나 지방환경청장에게 제출하여야 한다. 다만, 변경사항이 영 제73조제1호에 해당하는 경우에는 30일 이내에 제출하여야 한다. 〈개정 2015. 6. 16.〉 ⑤ 유역환경청장이나 지방환경청장은 제4항에 따른 변경신고를 수리한 경우에는 비점오염원 설치신고증명서의 뒤쪽에 그 변경내용을 적은 후 설치신고증명서를 비점오염원 변경신고자에게 주어야 한다. 〈신설 2015. 6. 16.〉 **제74조(비점오염저감계획서의 작성방법)** ① 법 제53조제2항에 따른 비점오염저감계획서에는 다음 각 호의 사항이 포함되어야 한다. 〈개정 2014. 12. 31.〉 1. 비점오염원 관련 현황 2. 저영향개발기법(제73조제1호에 해당하는 사업자의 경우에는 「환경영향평가법」 제27조부터 제29조까지의 규정에 따라 협의되 저영향개발기법을 말한다. 이하 제3조에서 같다) 등을 포함한 비점오염 저감방안 3. 저영향개발기법 등을을 적용한 비점오염저감시설 설치계획 4. 비점오염저감시설 유지관리 및 모니터링 방안 ② 제1항에 따른 비점오염저감계획서의 세부적인 작성방법은 환경부장관이 정하여 고시한다. **제75조(비점오염저감시설의 설치시점 등)** ① 법 제53조제3항 각 호 외의 부분 본문에서 "환경부령으로 정

물환경보전법	물환경보전법 시행령	물환경보전법 시행규칙
		하는 시설"이란 다음 각 호의 구분에 따른 시점을 말한다. 〈개정 2015. 6. 16.〉 1. 법 제53조제1항제1호에 따른 사업 　가. 공사 중에 발생하는 비점오염물질을 처리하기 위한 비점오염저감시설 : 공사개시 전 　나. 공사완료 후에 발생하는 비점오염물질을 처리하기 위한 비점오염저감시설 : 공사 준공 시. 다만, 다른 공사가 완료된 사업부지에 비점오염저감시설을 설치하여야 하는 경우에는 비점오염저감시설을 설치하고 변경신고가 수리된 날부터 1년 이내로 한다. 2. 법 제53조제1항제2호에 따른 시설 : 법 제37조에 따른 배출시설 등의 가동시작 신고시작 전. 다만, 「산업직활성화 및 공장설립에 관한 법률」제2조제1호에 따른 공장이 설립된 부지에 비점오염저감시설을 설치하여야 하는 경우에는 비점오염원의 설치신고 또는 변경신고가 수리된 날부터 1년 이내로 한다. 3. 법 제53조제1항제3호에 따른 사업 및 시설 　가. 법 제53조제1항제1호에 해당되는 사업 : 제1호에 따른 시점 　나. 법 제53조제1항제2호에 해당되는 시설 : 제2호에 따른 시점 ② 법 제53조제3항제3호에 따라 비점오염저감시설을 설치하지 아니하려는 자는 해당 부지에서 비점오염저감시설을 설치 · 운영하는 비점오염원설치신고사업자와 비점오염저감시설의 운영비용, 과태료

물환경보전법	물환경보전법 시행령	물환경보전법 시행규칙
		및 벌금 등에 대한 분담명세 등에 관한 비점오염저감시설 운영 구야들 마련하고 이를 환경부장관에게 제출하여야 한다. 〈신설 2014. 1. 29.〉 제76조(비점오염저감시설의 설치 및 관리·운영기준) ① 법 제53조제3항에 따른 비점오염저감시설의 설치기준은 별표 17과 같다. ② 법 제53조제4항제2호에 따른 비점오염저감시설의 관리·운영기준은 별표 18과 같다. ③ 법 제53조제4항제3호에서 "환경부령으로 정하는 사항"이란 다음 각 호와 같다. 〈개정 2014. 1. 29.〉 1. 비점오염저감시설의 관리자를 정하여 강우(降雨) 전후에 시설을 점검하도록 할 것 2. 제1호에 따른 점검결과를 별지 제36호서식의 관리·운영대장에 기록하여 2년간 비지할 것 제78조(비점오염 관련 관계 전문기관) 법 제53조제6항에서 "환경부령으로 정하는 관계 전문기관"이란 다음 각 호와 같다. 〈개정 2014. 1. 29.〉 1. 한국환경공단 2. 「정부출연연구기관 등의 설립·운영 및 육성에 관한 법률」에 따라 설립된 한국환경정책·평가연구원
제53조의2(상수원의 수질보전을 위한 비점오염저감시설 설치) ① 국가 또는 지방자치단체는 비점오염저감시설을 설치하지 아니한 「도로법」 제2조제1호에 따른 도로 중 대통령령으로 정하는 도로가 다음 각 호의 어느 하나에 해당하는 지역인 경우에는 비	제75조의2(비점오염저감시설을 설치하여야 하는 도로) 법 제53조의2제1항제4호 외의 부분에서 "대통령령으로 정하는 도로"란 다음 각 호의 도로를 말한다. 〈개정 2014. 7. 14.〉 1. 「도로법」 제10조제1호에 따른 고속국도	

물환경보전법	물환경보전법 시행령	물환경보전법 시행규칙
점오염저감시설을 설치하여야 한다. 1. 상수원보호구역 2. 상수원보호구역으로 고시되지 아니한 지역의 경우에는 취수시설의 상류·하류 일정 지역으로서 환경부령으로 정하는 거리 내의 지역 3. 특별대책지역 4. 「한강수계 상수원수질개선 및 주민지원 등에 관한 법률」제4조, 「낙동강수계 물관리 및 주민지원 등에 관한 법률」제4조, 「금강수계 물관리 및 주민지원 등에 관한 법률」제4조 및 「영산강·섬진강수계 물관리 및 주민지원 등에 관한 법률」제4조에 따라 각각 지정·고시된 수변구역 5. 상수원에 중대한 오염을 일으킬 수 있어 환경부령으로 정하는 지역 ② 국가는 제1항에 따라 비점오염저감시설 설치하는 지방자치단체에 그 비용의 일부를 지원할 수 있다. [본조신설 2013. 3. 22.]	2. 「도로법」제10조제2호부터 제7호까지의 도로 중 상수원의 수질보전을 위하여 비점오염을 저감할 필요가 있어 환경부장관이 관계 행정기관의 장과 협의하여 비점오염저감시설의 설치 구간을 정하여 고시하는 도로 [본조신설 2013. 12. 30.]	제78조의2(비점오염저감시설을 설치하여야 하는 취수시설의 상류·하류 지역) 법 제53조의2제1항제2호에서 "환경부령으로 정하는 거리"란 취수시설로부터 상류로 유하거리 15킬로미터 및 하류로 유하거리 1킬로미터를 말한다. [본조신설 2013. 12. 31.]
제53조의3(비점오염저감시설의 성능검사) ① 비점오염저감시설을 제조하거나 수입하는 자는 제53조제5항 본문에 따라 비점오염저감시설을 설치하려는 자에게 그 제조 또는 수입한 비점오염저감시설을 공급하기 전에 환경부장관으로부터 성능검사를 받아야 한다. 성능검사를 받은 비점오염저감시설의 성능에 관하여 환경부령으로 정하는 사항을 변경하려면 다시 성능검사를 받아야 한다. ② 제1항에 따른 성능검사 판정의 유효기간은 판정		

물환경보전법	물환경보전법 시행령	물환경보전법 시행규칙
을 받은 날부터 5년으로 한다. ③ 환경부장관은 제1항에 따라 성능검사를 한 경우에는 환경부령으로 정하는 바에 따라 성능검사 판정서를 발급하여야 한다. ④ 비점오염저감시설을 제조하거나 수입하는 자는 비점오염저감시설을 공급하는 경우 제3항에 따른 성능검사 판정서를 함께 제공하는 등 비점오염저감시설을 설치하려는 자가 성능검사 판정 결과를 확인할 수 있게 하여야 한다. ⑤ 제1항에 따른 성능검사의 항목, 기준, 방법 및 절차 등에 필요한 사항은 환경부령으로 정한다. **제53조의4(성능검사 판정의 취소)** 환경부장관은 제53조의3제1항에 따라 성능검사를 받은 비점오염저감시설이 다음 각 호의 어느 하나에 해당하면 성능검사 판정을 취소하여야 한다. 1. 거짓이나 그 밖의 부정한 방법으로 성능검사를 받은 경우 2. 성능검사를 받은 비점오염저감시설과 제조·수입되는 비점오염저감시설이 다른 경우 **제53조의5(비점오염원 관리 종합대책의 수립)** ① 환경부장관은 비점오염원의 종합적인 관리를 위하여 비점오염원 관리 종합대책(이하 "종합대책"이라 한다)을 관계 중앙행정기관의 장 및 시·도지사와 협의하여 대통령령으로 정하는 바에 따라 5년마다 수립하여야 한다. ② 종합대책에는 다음 각 호의 사항이 포함되어야	**제75조의3(비점오염원 관리 종합대책의 수립 등)** ① 환경부장관은 법 제53조의3제1항에 따라 비점오염원 관리 종합대책(이하 "종합대책"이라 한다)을 수립하려는 경우에는 미리 종합대책 작성지침을 정하여 관계 중앙행정기관의 장 및 시·도지사에게 통보하여야 한다. ② 관계 중앙행정기관의 장 및 시·도지사는 제1항	

물환경보전법	물환경보전법 시행령	물환경보전법 시행규칙
한다. 1. 비점오염원의 현황과 전망 2. 비점오염물질의 발생 현황과 전망 3. 비점오염원 관리의 기본 목표와 정책 방향 4. 다음 각 목에 대한 중장기 달성한 목표 　가. 시·도별, 소권역별 불투수면적(전체 면적 대비 불투수면의 비율을 말한다) 　나. 시·도별, 소권역별 물순환율(강우량 대비 빗물이 침투, 저류 및 증발산되는 비율을 말한다) 5. 비점오염물질 저감을 위한 세부 추진대책 6. 그 밖에 비점오염원의 관리를 위하여 대통령령으로 정하는 사항 ③ 환경부장관은 종합대책을 수립한 경우에는 이를 관계 중앙행정기관의 장 및 시·도지사에게 통보하여야 한다. ④ 환경부장관은 관계 중앙행정기관의 장 또는 시·도지사에게 종합대책 중 소관별 이행사항의 점검에 필요한 자료의 제출을 요청할 수 있다. 이 경우 자료 제출을 요청받은 관계 중앙행정기관의 장 및 시·도지사는 특별한 사유가 없으면 이에 따라야 한다. ⑤ 환경부장관은 제4항에 따라 점검한 결과를 종합하여 대통령령으로 정하는 바에 따라 매년 평가하고, 그 결과를 비점오염원 관리 정책의 수립 및 집행에 반영하여야 한다. ⑥ 환경부장관은 제5항에 따른 평가를 효율적으로 하기 위하여 필요한 조사·분석 등을 전문기관에 의	에 따라 종합대책 작성지침을 통보받은 날부터 60일 이내에 소권역별 비점오염원 관리 대책을 작성하여 환경부장관에게 제출하여야 한다. ③ 법 제53조의3제2항에서 "대통령령으로 정하는 사항"이란 다음 각 호의 사항을 말한다. 1. 비점오염의 관리를 위한 연구·조사 및 전문인력의 양성 방안 2. 종합대책의 이행에 필요한 비용 및 재원의 조달 방안 ④ 환경부장관은 법 제53조의3제4항 및 제5항에 따라 종합대책 중 소관별 이행사항의 점검 및 평가를 하려는 경우에는 소관별 이행사항의 점검 및 평가계획을 평가 대상연도의 11월 1일까지 관계 중앙행정기관의 장에게 통보하여야 한다. ⑤ 제4항에 따라 통보를 받은 관계 중앙행정기관의 장 및 시·도지사는 평가 대상연도의 소관별 비점오염원 관리 실적을 다음 연도 1월 31일까지 환경부장관에게 제출하여야 한다. ⑥ 환경부장관은 법 제53조의3제5항에 따라 평가한 결과를 관계 중앙행정기관의 장 및 시·도지사에게 통보하고, 필요한 경우에는 소관별 비점오염원 관리 대책의 이행을 보완·강화하도록 요청할 수 있다. [본조신설 2017. 1. 17.]	

물환경보전법	물환경보전법 시행령	물환경보전법 시행규칙
피할 수 있다. ⑦ 제2항~제4호에 따른 부유수면적물 및 물순환용의 구체적인 산정방법은 환경부령으로 정한다. [본조신설 2016. 1. 27.] 제54조(관리지역의 지정 등) ① 환경부장관은 비점오염에서 유출되는 강우유출수로 인하여 하천·호소 등의 이용목적, 주민의 건강·재산이나 자연생태계에 중대한 위해가 발생하거나 발생할 우려가 있는 지역에 대해서는 관할 시·도지사와 협의하여 비점오염원관리지역(이하 "관리지역"이라 한다)으로 지정할 수 있다. ② 시·도지사는 관할구역 중 비점오염원의 관리가 필요하다고 인정되는 지역에 대해서는 환경부장관에게 관리지역으로의 지정을 요청할 수 있다. ③ 환경부장관은 관리지역의 지정사유가 없어졌거나 목적을 달성할 수 없는 등 지정의 해제가 필요하다고 인정되는 경우에는 관리지역의 전부 또는 일부에 대하여 그 지정을 해제할 수 있다. ④ 관리지역의 지정기준·지정절차와 그 밖에 필요한 사항은 대통령령으로 정한다. ⑤ 환경부장관은 관리지역을 지정하거나 해제할 때에는 그 지역의 위치, 면적, 지정 연월일, 지정목적, 해제 연월일, 해제 사유, 그 밖에 환경부령으로 정하는 사항을 고시하여야 한다. [전문개정 2013. 7. 30.]	제76조(관리지역의 지정기준·지정절차) ① 법 제54조제1항 및 제4항에 따른 관리지역의 지정기준은 다음 각 호와 같다. <개정 2018. 1. 16.> 1. 「환경정책기본법 시행령」 제2조에 따른 하천 및 호소수의 물환경에 관한 환경기준 또는 법 제10조의2제1항에 따른 수계영향권별, 호소별 물환경 목표기준에 미달하는 유역으로 유달부하량(流達負荷量) 중 비점오염 기여율이 50퍼센트 이상인 지역 2. 비점오염물질에 의하여 자연생태계에 중대한 위해가 초래되거나 초래될 것으로 예상되는 지역 3. 인구 100만 명 이상인 도시로서 비점오염관리가 필요한 지역 4. 「산업입지 및 개발에 관한 법률」에 따른 국가산업단지, 일반산업단지로 지정된 지역으로 비점오염원 관리가 필요한 지역 5. 지질이나 지층 구조가 특이하여 특별한 관리가 필요하다고 인정되는 지역 6. 그 밖에 환경부령으로 정하는 지역 ② 환경부장관이 법 제54조제1항에 따라 관리지역을 지정하려는 경우에는 다음 각 호의 내용을 포함하는 지정계획을 마련하여 해당 시·도지사와 협의한 후 법 제54조제5항에 따라 관리지역을 고시한다.	

물환경보전법	물환경보전법 시행령	물환경보전법 시행규칙
	1. 관리지역의 지정이 필요한 사유 2. 해당 지역에서의 비점오염원이 수질오염에 미치는 영향 3. 관리지역의 지정이 필요한 구체적인 지정 범위 4. 그 밖에 환경부령으로 정하는 관리지역의 지정에 필요한 사항 ③ 시·도지사가 법 제54조제2항에 따라 관리지역으로의 지정을 요청하는 경우에는 제2항 각 호의 내용을 포함하는 지정요청서를 작성하여 환경부장관에게 제출하여야 한다. 이 경우 환경부장관은 관리지역으로의 지정을 요청받은 지역이 제1항 각 호의 어느 하나에 해당한다고 인정하는 경우에는 해당 지역을 법 제54조제5항에 따라 관리지역으로 고시한다.	
		제79조(비점오염원관리지역의 해제고시에 포함되어야 할 사항) 법 제54조제5항에서 "그 밖에 환경부령으로 정하는 사항"이란 법 제54조제1항에 따른 비점오염원관리지역(이하 "관리지역"이라 한다)의 해제 요인관리지역(이하 "관리지역"이라 한다)의 해제 이후 관할 시·도지사가 추진하여야 하는 적정한 관리방안을 말한다. 〈개정 2014. 1. 29.〉
제55조(관리대책의 수립) ① 환경부장관은 관리지역을 지정·고시하였을 때에는 다음 각 호의 사항을 포함하는 비점오염원관리대책(이하 "관리대책"이라 한다)을 관계 중앙행정기관의 장 및 시·도지사와 협의하여 수립하여야 한다. 1. 관리목표		제80조(비점오염원관리대책에 포함되어야 할 사항) 법 제55조제1항제5호에서 "환경부령으로 정하는 사항"이란 다음 각 호와 같다. 1. 법 제55조제1항제3호에 따른 관리목표의 달성기간 2. 해당 관리지역 내의 비점오염물질의 유입되는 수계의 일반 현황

물환경보전법	물환경보전법 시행령	물환경보전법 시행규칙
2. 관리대상 수질오염물질의 종류 및 발생량 3. 관리대상 수질오염물질의 발생 예방 및 저감 방안 4. 그 밖에 관리지역을 적정하게 관리하기 위하여 환경부령으로 정하는 사항 ② 환경부장관은 관리대책을 수립하였을 때에는 시·도지사에게 이를 통보하여야 한다. ③ 환경부장관은 관리대책을 수립하기 위하여 관계 중앙행정기관의 장, 시·도지사 및 관계 기관·단체의 장에게 관리대책의 수립에 필요한 자료의 제출을 요청할 수 있다. [전문개정 2013. 7. 30.] 제56조(시행계획의 수립) ① 시·도지사는 환경부장관으로부터 제55조제2항에 따라 관리대책을 통보받았을 때에는 다음 각 호의 사항이 포함된 관리대책의 시행을 위한 계획(이하 "시행계획"이라 한다)을 수립하여 환경부령으로 정하는 바에 따라 환경부장관의 승인을 받아 시행하여야 한다. 시행계획의 승인을 받아 시행하는 바에 따라 변경을 변경하려는 경우에도 환경부령으로 정하는 사항을 변경하려는 경우에도 또한 같다. 1. 관리지역의 개발현황 및 개발계획 2. 관리지역의 대상수질오염물질의 발생현황 및 지역개발계획으로 예상되는 발생량 변화 3. 환경친화적 개발 등의 대상수질오염물질 발생 예방 4. 방지시설의 설치·운영 및 불투수면의 축소 등 대상수질오염물질 저감계획 5. 그 밖에 관리대책을 시행하기 위하여 환경부령으로 정하는 사항		3. 관리·중앙행정기관의 장, 시, 시·도지사, 관계 기관·단체의 장 및 해당 관리지역 주민이 관리지역의 비점오염물질을 줄이기 위하여 추진하거나 협조하여야 하는 사항 제81조(관리대책의 시행을 위한 계획의 절차 등) ① 시·도지사는 법 제56조제1항에 따라 관리대책의 시행을 위한 계획(이하 "관리대책시행계획"이라 한다)을 수립하려는 경우에는 해당 관리지역 주민 및 관계 기관·단체의 의견을 수렴하여야 한다. ② 시·도지사는 제1항에 따른 관리대책시행계획을 시행하려는 경우에는 법 제55조제1항에 따른 비점오염원관리대책(이하 "관리대책"이라 한다)을 통보받은 날부터 2년 이내에 환경부장관에게 관리대책시행계획에 대한 승인을 요청하여야 한다. ③ 시·도지사가 법 제56조제1항 각 호 외의 부분 후단에 따라 환경부장관의 변경승인을 받아 시행하여야 하는 경우는 다음 각 호와 같다. 1. 관리지역의 개발계획 면적이 100분의 10 이상 증가하는 경우 2. 제82조제4호의 연차별 투자계획 중 비점오염방

물환경보전법	물환경보전법 시행령	물환경보전법 시행규칙
②시·도지사는 환경부령으로 정하는 바에 따라 전년도 시행계획의 이행사항을 평가한 보고서를 작성하여 매년 3월 31일까지 환경부장관에게 제출하여야 한다. ③환경부장관은 제2항에 따라 제출된 평가보고서를 검토한 후 관리대책 및 시행계획의 원활한 이행을 위하여 필요하다고 인정되는 경우에는 관계 시·도지사에게 시행계획의 보완 또는 변경을 요구할 수 있다. 이 경우 관계 시·도지사는 특별한 사유가 없으면 이에 따라야 한다. ④환경부장관은 시·도지사가 제3항에 따른 요구를 이행하지 아니하는 경우에는 재정적 지원의 중단 또는 삭감 등의 조치를 할 수 있다. [전문개정 2013. 7. 30.]		지시설 설치 및 그 밖에 비점오염저감대책사업에 드는 비용의 100분의 15 이상 감소하는 경우 ④제2항 또는 제3항에 따른 관리대책시행계획의 승인 및 변경승인에 필요한 세부적인 기준 및 절차 등은 환경부장관이 정하여 고시한다. 제82조(관리대책시행계획에 포함되어야 할 사항) 법 제56조제1항제5호에서 "환경부령으로 정하는 사항"은 다음 각 호의 사항을 말한다. 〈개정 2014. 1. 29.〉 1. 해당 관리지역에서 비점오염물질이 유입되는 수계의 오염원 분포 현황 및 특성의 분석에 관한 사항 2. 관할 시·도지사, 관계 시·군·구청장 및 해당 관리지역의 관리 기관·단체가 각각 추진하여야 할 비점오염저감사업 또는 활동 등에 관한 사항 3. 해당 관리지역 주민이 참여할 수 있는 자발적인 비점오염저감 활동에 관한 사항 4. 연차별 투자계획 및 재원조달 방안에 관한 사항 제83조(이행사항 평가보고서의 내용 등) ①시·도지사는 법 제56조제2항에 따라 이행사항 평가보고서를 작성하려는 경우에는 다음 각 호의 내용을 포함하여 작성하여야 한다. 1. 관리지역의 전년도 개발 현황 2. 관리지역의 전년도 비점오염물질의 발생 현황 3. 비점오염저감사업 또는 활동의 전년도 추진 실적 4. 그 밖에 환경부장관이 정하여 고시하는 사항 ②제1항에 따른 이행사항 평가보고서의 작성에 필

물환경보전법	물환경보전법 시행령	물환경보전법 시행규칙
		요한 이행사항·평가기준, 평가지표와 그 밖에 필요한 사항은 환경부장관이 정하여 고시한다.
제57조(예산 등의 지원) 환경부장관은 시행계획의 수립·시행에 필요한 경비의 전부 또는 일부를 예산의 범위에서 지원할 수 있다. [전문개정 2013. 7. 30.]		
제57조의2(기술개발·연구) 환경부장관은 비점오염원의 관리 및 저감에 필요한 기술을 개발·보급하기 위하여 환경부령으로 정하는 전문연구기관에 연구·개발을 추진하게 하고, 재정적 지원을 할 수 있다. [본조신설 2013. 7. 30.]		**제84조의2(전문연구기관)** 법 제57조의2에서 "환경부령으로 정하는 전문연구기관"이란 다음 각 호의 기관을 말한다. 1. 국립환경과학원 2. 한국환경공단 3. 비점오염원의 관리 및 저감에 필요한 기술을 개발·보급하기 위한 전문연구기관으로서 환경부장관이 인정하는 기관 [본조신설 2014. 1. 29.]
제58조(농약잔류허용기준) ① 환경부장관은 수질 또는 토양의 오염을 방지하기 위하여 필요하다고 인정할 때에는 수질 또는 토양의 농약잔류허용기준을 정할 수 있다. ② 환경부장관은 수질 또는 토양 중에 농약잔류량이 제1항에 따른 기준을 초과하거나 초과할 우려가 있다고 인정할 때에는 농약의 수거·변경 또는 그 제품의 수거·폐기 등 필요한 조치를 명할 수 있다. 이 경우 관계 행정기관의 장은 특별한 사유가 없으면 이에 따라야 한다. [전문개정 2013. 7. 30.]		

물환경보전법	물환경보전법 시행령	물환경보전법 시행규칙
제59조(고랭지 경작지에 대한 경작방법 권고) ① 특별자치시장·특별자치도지사·시장·군수·구청장은 공공수역의 물환경 보전을 위하여 환경부령으로 정하는 해발고도 이상에 위치한 농경지 중 환경부령으로 정하는 경사도 이상의 농경지를 경작하는 사람에게 경작방식의 변경, 농약·비료의 사용량 저감, 휴경 등을 권고할 수 있다. <개정 2017. 1. 17.> ② 특별자치시장·특별자치도지사·시장·군수·구청장은 제1항에 따른 권고에 따라 농작물을 경작하거나 휴경함으로 인하여 경작자가 입은 손실에 대해서는 대통령령으로 정하는 바에 따라 보상할 수 있다. [전문개정 2013. 7. 30.]	**제77조(휴경 등에 따른 손실보상)** ① 도지사는 법 제59조제2항에 따라 고랭지 고랭지 경작지의 경작자의 손실을 보상하는 경우에는 농지면적, 농작물의 종류, 단위면적당 소득 등을 고려하여 환경부장관이 정하여 고시하는 기준에 따라 보상금액을 산정하여야 한다.	**제85조(휴경 등 권고대상 농경지의 해발고도 및 경사도)** 법 제59조제1항에서 "환경부령으로 정하는 해발고도"란 해발 400미터를 말하고 "환경부령으로 정하는 경사도"란 경사도 15퍼센트를 말한다. <개정 2014. 1. 29.>
제5장 기타수질오염원의 관리 <개정 2013. 7. 30.>		
제60조(기타수질오염원의 설치신고 등) ① 기타수질오염원을 설치하거나 관리하려는 자는 환경부령으로 정하는 바에 따라 환경부장관에게 신고하여야 한다. 신고한 사항을 변경하는 경우에도 또한 같다. ② 환경부장관은 제1항 전단에 따른 신고를 받은 날부터 5일 이내, 같은 항 후단에 따른 변경신고를 받은 날부터 4일 이내에 신고수리 여부를 신고인에게 통지하여야 한다. ③ 환경부장관이 제2항에서 정한 기간 내에 신고수리 여부 또는 민원 처리 관련 법령에 따른 처리기간의 연장을 신고인에게 통지하지 아니하면 그 기간(민원 처리 관련 법령에 따라 처리기간이 연장 또는 재연장된 경우에는 해당 처리기간을 말한다)이 끝		**제86조(기타수질오염원의 설치·관리 신고 등)** ① 법 제60조제1항 전단에 따라 기타수질오염원을 설치하거나 관리하려는 자는 시설을 설치하거나 관리하기 15일 전까지 별지 제37호서식의 기타수질오염원 설치·관리신고서에 다음 각 호의 서류를 첨부하여 시·도지사에게 제출하여야 한다. <개정 2015. 6. 16.> 1. 기타수질오염원의 명세서 및 그 도면 2. 원료·사료·약품·농약 등 수질오염의 원인이 되는 물질의 사용량, 용수사용량 및 수질오염물질 배출예측서 3. 제87조에 따른 시설의 설치 또는 조치 계획서 ② 제1항에 따라 신고를 받은 시·도지사는 신고인에게 별지 제38호서식의 기타수질오염원 신고증명

물환경보전법	물환경보전법 시행령	물환경보전법 시행규칙
난 날의 다음 날에 신고를 수리한 것으로 본다. ④ 기타수질오염원을 설치·관리하는 자는 환경부령으로 정하는 바에 따라 수질오염물질의 배출을 방지·억제하기 위한 시설을 설치하는 등 필요한 조치를 하여야 한다. ⑤ 환경부장관은 제4항에 따른 수질오염물질의 배출을 억제하기 위한 시설이나 조치가 적합하지 아니하다고 인정할 때에는 환경부령으로 정하는 바에 따라 기간을 정하여 개선명령을 할 수 있다. ⑥ 환경부장관은 제1항에 따른 신고를 한 자가 제5항에 따른 개선명령을 이행하지 아니한 때에는 조업을 정지시키거나 해당 기타수질오염원의 폐쇄를 명할 수 있다. ⑦ 기타수질오염원에 관하여는 제36조 및 제44조를 준용한다. [전문개정 2013. 7. 30.]		서를 발급하고, 별지 제39호서식의 기타수질오염원 관리카드를 작성·비치하여 관리하여야 한다. <개정 2015. 6. 16.> ③ 법 제60조제1항 후단에 따라 신고한 사항(기타수질오염원 신고증명서에 적힌 신고사항만 해당한다)을 변경하려는 자는 그 변경 전에 별지 제40호서식의 기타수질오염원 설치·관리 변경신고서에 기타수질오염원 신고증명서와 변경내용을 증명하는 서류를 첨부하여 시·도지사에게 제출하여야 한다. 다만, 제1호에 해당하는 경우에는 그 사유가 발생한 날부터 60일까지, 제2호에 해당하는 경우에는 그 사유가 발생한 날부터 30일까지 제출할 수 있다. <개정 2017. 1. 19.> 1. 사업장의 명칭 또는 대표자가 변경되는 경우 2. 사업장의 소재지가 변경되는 경우(제출 관청과 기타수질오염원이 같고, 입지제한 관련 규정에 위반되지 아니하는 경우만 해당한다) ④ 제3항에 따라 변경신고를 받은 시·도지사는 기타수질오염원 신고증명서의 뒤쪽에 변경신고사항을 적은 후 신청인에게 돌려주어야 한다. <개정 2017. 1. 19.> [제목개정 2015. 6. 16.] **제87조(기타수질오염원 설치·관리자의 시설 설치 등 필요한 조치)** 법 제60조제2항에 따라 기타수질오염원을 설치·관리하는 자가 수질오염물질의 배출을 방지하거나 억제하기 위하여 설치하여야 하는 시설과 그 밖에 필요한 조치는 별표 19와 같다. <개정

물환경보전법	물환경보전법 시행령	물환경보전법 시행규칙
		2015. 6. 16.〉 [제목개정 2015. 6. 16.] 제88조(기타수질오염원 설치·관리자에 대한 개선명령) ① 시·도지사는 법 제60조제3항에 따른 명령을 하는 경우에는 1년의 범위에서 이행기간을 정하여야 한다. ② 제1항에 따른 개선명령을 받은 기타수질오염원 설치·관리자는 시·도지사에게 개선계획서를 제출하여야 한다. 〈개정 2015. 6. 16.〉 ③ 시·도지사는 제2항에 따른 개선계획서에 명시된 개선기간이 끝나면 그 이행 여부를 조사·확인하여야 한다. [제목개정 2015. 6. 16.]
제61조(골프장의 농약 사용 제한) ① 골프장을 설치·관리하는 자는 골프장의 잔디 및 수목 등에 「농약관리법」 제2조에 따른 농약 중 맹독성 또는 고독성(高毒性)이 있는 것으로서 대통령령으로 정하는 농약(이하 "맹·고독성 농약"이라 한다)을 사용하여서는 아니 된다. 다만, 수목의 해충·전염병 등의 방제를 위하여 관할 행정기관의 장이 불가피하다고 인정하는 경우에는 그러하지 아니하다. ② 환경부장관은 환경부령으로 정하는 바에 따라 골프장의 맹·고독성 농약의 사용 여부를 확인하여야 한다. [전문개정 2013. 7. 30.]	제78조(골프장에서 사용이 제한되는 농약) 법 제61조 제1항 본문에서 "대통령령으로 정하는 농약"이란 「농약관리법」 제2조에 따른 농약 중 농약등의 독성 및 잔류성 정도로서 대통령령 시행령 제20조제4항에 따라 맹독성 및 고독성으로 분류된 농약을 말한다. 〈개정 2017. 1. 17.〉	제89조(골프장의 맹독성·고독성 농약 사용여부의 확인) ① 시·도지사는 법 제61조제2항에 따라 골프장의 맹독성·고독성 농약의 사용 여부를 확인하기 위하여 반기마다 골프장별로 농약사용량을 조사하고 농약잔류량을 검사하여야 한다. ② 제1항에 따른 농약사용량 조사 및 농약잔류량 검사 등에 관하여 필요한 사항은 환경부장관이 정하여 고시한다. 〈개정 2017. 1. 19.〉

물환경보전법	물환경보전법 시행령	물환경보전법 시행규칙
제61조의2(물놀이형 수경시설의 신고 및 관리) ① 물놀이형 수경시설로서 다음 각 호의 시설을 설치·운영하려는 환경부령으로 정하는 시설을 설치·운영하려는 자는 환경부령으로 정하는 바에 따라 환경부장관 또는 시·도지사에게 신고하여야 한다. 한 경부령으로 정하는 중요 사항을 변경하려는 경우에도 또 보한 같다. 1. 국가·지방자치단체, 그 밖에 대통령령으로 정하는 공공기관(이하 "공공기관"이라 한다)이 설치·운영하는 물놀이형 수경시설(민간사업자 등에게 위탁하여 운영하는 시설도 포함한다) 2. 공공기관 이외의 자가 설치·운영하는 것으로서 다음 각 목의 어느 하나에 해당하는 시설에 설치하는 물놀이형 수경시설 　가. 「공공보건의료에 관한 법률」 제3조제4호에 따른 공공보건의료 수행기관 　나. 「관광진흥법」 제2조제6호 및 제7호에 따른 관광지 및 관광단지 　다. 「도시공원 및 녹지 등에 관한 법률」 제2조제3호에 따른 도시공원 　라. 「체육시설의 설치·이용에 관한 법률」 제2조제1호에 따른 체육시설 　마. 「어린이놀이시설 안전관리법」 제2조제2호에 따른 어린이놀이시설 　마. 「어린이놀이시설 안전관리법」 제2조제2호에 따른 어린이놀이시설 　바. 「주택법」 제2조제3호에 따른 공동주택 　사. 「유통산업발전법」 제2조제3호에 따른 대규모	**제78조의2(물놀이형 수경시설의 신고 대상 공공기 관)** 법 제61조의2제1항제1호에서 "대통령령으로 정하는 공공기관"이란 「공공기관의 운영에 관한 법률」 제4조에 따른 공공기관을 말한다. [본조신설 2017. 1. 17.]	**제89조의2(물놀이형 수경시설의 설치·운영 신고 등)** ① 법 제61조의2제1항 전단에 따라 물놀이형 수경시설을 설치·운영하려는 자는 해당 시설을 설치·운영하기 15일 전까지 별지 제40호의2서식의 물놀이형 수경시설 설치·운영 신고서에 다음 각 호의 서류를 첨부하여 국가 및 시·도지사가 설치·운영하는 경우에는 유역환경청장 또는 지방환경청장에게, 그 외의 자가 설치·운영하는 경우에는 시·도지사에게 제출하여야 한다. 1. 물놀이형 수경시설의 설치명세서 및 그 도면 각 1부 2. 수질기준 및 관리기준의 준수를 위한 시설의 조치계획서 1부 3. 수질의 검사주기 및 검사기관이 포함된 수질 검사 계획서 1부 ② 유역환경청장·지방환경청장 또는 시·도지사는 제1항에 따른 신고를 수리한 경우에는 별지 제40호의3서식의 물놀이형 수경시설 신고증을 발급하여야 한다. ③ 법 제61조의2제1항 후단에 따라 다음 각 호의 어느 하나에 해당하는 사항을 변경하려는 자는 별지 제40호의4서식의 물놀이형 수경시설 변경신고서에 물놀이형 수경시설 신고증과 변경내용을 증명할 수

물환경보전법	물환경보전법 시행령	물환경보전법 시행규칙
점표 아. 그 밖에 환경부령으로 정하는 시설 ② 환경부장관 또는 시·도지사는 제1항 각 호 외의 부분 전단에 따른 신고를 받은 날부터 10일 이내, 같은 항 각 호 외의 부분 후단에 따른 변경신고를 받은 날부터 5일 이내에 신고수리 여부를 신고인에게 통지하여야 한다. ③ 환경부장관 또는 시·도지사가 제2항에서 정한 기간 내에 신고수리 여부 또는 민원 처리 관련 법령에 따른 처리기간의 연장을 신고인에게 통지하지 아니하면 그 기간(민원 처리 관련 법령에 따라 처리기간이 연장 또는 재연장된 경우에는 해당 처리기간을 말한다)이 끝난 날의 다음 날에 신고를 수리한 것으로 본다. ④ 제1항에 따라 물놀이형 수경시설을 운영하는 자는 환경부령으로 정하는 수질 기준 및 관리기준을 지켜야 하며, 환경부령으로 정하는 바에 따라 정기적으로 수질 검사를 받아야 한다. [본조신설 2016. 1. 27.] **제6장 폐수처리업** **제62조(폐수처리업의 등록)** ① 폐수의 수탁처리를 위한 영업(이하 "폐수처리업"이라 한다)을 하려는 자는 환경부령으로 정하는 바에 따라 기술능력·시설 및 장비를 갖추어 환경부장관에게 등록하여야 한다. 등록한 사항 중 환경부령으로 정하는 중요 사항을 변경하는 경우에도 또한 같다.		있는 서류 1부를 첨부하여 유역환경청장·지방환경청장 또는 시·도지사에게 제출하여야 한다. 1. 시설의 명칭 또는 대표자 2. 시설의 소재지 3. 시설의 유형 또는 종류 4. 연중 운영기간 5. 바닥면적 또는 용수의 종류 6. 저류조 용량 또는 청소 주기 7. 여과기 설치 여부 또는 소독방법 ④ 유역환경청장·지방환경청장 또는 시·도지사는 제3항에 따른 변경신고를 수리한 경우에는 물놀이형 수경시설 신고증의 뒤쪽에 변경내용을 기재하여 신고인에게 돌려주어야 한다. [본조신설 2017. 1. 19.] **제89조의3(물놀이형 수경시설의 수질·관리 기준)** 법 제61조의2제2항에 따른 물놀이형 수경시설의 수질 기준 및 관리 기준은 별표 19의2와 같다. [본조신설 2017. 1. 19.] **제90조(폐수처리업의 등록기준 등)** ① 법 제62조제1항 전단에 따라 폐수처리업의 등록을 하려는 자가 갖추어야 할 폐수처리업의 등록기준이 되는 기술능력·시설 및 장비에 관한 기준은 별표 20과 같다. ② 폐수처리업의 등록을 하려는 자는 별지 제41호서식의 폐수처리업 등록신청서에 다음 각 호의 서류를 첨부하여

물환경보전법	물환경보전법 시행령	물환경보전법 시행규칙
② 폐수처리업의 업종 구분과 영업 내용은 다음 각 호와 같다. <신설 2017. 1. 17.> 1. 폐수수탁처리업 : 폐수처리시설을 갖추고 수탁받은 폐수를 재생·이용 외의 방법으로 처리하는 영업 2. 폐수재이용업 : 수탁받은 폐수를 제품의 원료·재료 등으로 재생·이용하는 영업 ③ 제1항에 따라 폐수처리업의 등록을 한 자(이하 "폐수처리업자"라 한다)는 다음 각 호의 사항을 준수하여야 한다. <개정 2017. 1. 17.> 1. 폐수의 처리능력과 처리가능성을 고려하여 수탁할 것 2. 제1항에 따른 기술능력·시설 및 장비 등을 항상 유지·점검하여 폐수처리업의 적정 운영에 지장이 없도록 할 것 3. 환경부령으로 정하는 처리능력이나 용량 미만의 시설을 설치하거나 운영하지 아니할 것 4. 수탁받은 폐수를 다른 폐수처리업자에게 위탁하여 처리하지 아니할 것. 다만, 사고 등으로 정상처리가 불가능하여 환경부령으로 정하는 기간 동안 폐수가 방치되는 경우는 제외한다. 5. 그 밖에 폐수의 적정한 처리를 위하여 환경부령으로 정하는 사항 [전문개정 2013. 7. 30.]		소재지를 관할하는 시·도지사에게 제출(「정보통신망 이용촉진 및 정보보호 등에 관한 법률」 제2조제1항제10호에 따른 정보통신망을 이용한 제출을 포함한다)하여야 한다. 다만, 시·도지사는 폐수처리업의 등록 및 폐수배출시설의 설치에 관한 허가기관이나 신고기관이 같은 경우에는 제2호부터 제4호까지의 서류를 제출하지 아니하게 할 수 있다. <개정 2014. 1. 29.> 1. 사업계획서 2. 폐수배출시설 및 수질오염방지시설의 설치명세서 및 그 도면 3. 공정도 및 폐수배출계통도 4. 폐수처리방법별 저장시설 설치명세서(폐수재이용업의 경우에는 폐수성상별 저장시설 설치명세서) 및 그 도면 5. 공업용수 및 폐수처리방법별로 유입조와 최종배출구 등에 폐수처리과정별 적산유량계와 수질자동측정기기가 설치된 도면(폐수재이용업의 경우에는 폐수 성상별로 유입조와 최종배출구 등에 부착하여야 할 적산유량계의 설치 부위를 표시한 도면) 6. 폐수의 수거 및 운반방법을 적은 서류 7. 기술능력 보유 현황 및 그 자격을 증명하는 기술자격증(국가기술자격이 아닌 경우로 한정한다)사본 ③ 제1항에 따른 신청서를 받은 담당 공무원은 「전자정부법」 제36조제1항에 따른 행정정보의 공동이

물환경보전법	물환경보전법 시행령	물환경보전법 시행규칙
		용을 통하여 기술능력 보유 자격을 증명할 수 있는 국가기술자격증과 증명이 있는 경우에는 법인 등기사항증명서를, 개인인 경우에는 사업자등록증을 확인하여야 한다. 다만, 국가기술자격증과 사업자등록증의 경우 신청인이 확인에 동의하지 아니하는 경우에는 그 사본을 첨부하도록 하여야 한다. <개정 2012. 1. 19.> ④ 시·도지사는 제2항에 따른 등록신청서가 제출된 경우에는 기술능력·시설 및 장비의 보유현황 등 등록신청서의 내용을 확인한 후 폐수처리업의 등록을 하려는 자가 폐수처리업의 등록 기준을 모두 갖춘 경우에는 별지 제42호서식의 폐수처리업 등록증을 발급하여야 한다. <개정 2014. 1. 29.> ⑤ 시·도지사는 제4항에 따라 폐수처리업 등록증을 발급한 경우에는 그 사실을 홈페이지에 공고하고 환경부장관에게 통보하여야 한다. 법 제64조에 따라 등록취소 또는 영업정지처분을 한 경우에도 또한 같다. <개정 2014. 1. 29.> ⑥ 법 제62조제1항 후단에서 "환경부령으로 정하는 중요 사항"이란 다음 각 호의 사항을 말한다. <개정 2014. 1. 29.> 1. 사업장의 소재지 2. 사업장의 대표자 3. 영업소의 명칭 또는 상호 4. 폐수의 처리용량 및 처리방법 5. 제1항에 따른 기술능력·시설 및 장비

물환경보전법	물환경보전법 시행령	물환경보전법 시행규칙
		⑦ 제2항에 따라 폐수처리업의 등록을 한 자(이하 "폐수처리업자"라 한다)가 제6항제1호 또는 제3호부터 제5호까지에 해당하는 사항을 변경한 경우에는 변경한 날부터 30일 이내에, 제6항제2호에 해당하는 사항을 변경한 경우에는 변경한 날부터 60일 이내에 별지 제43호서식의 변경등록신청서에 등록증과 변경내용을 증명하는 서류를 첨부하여 시·도지사에게 제출하여야 한다. 〈개정 2017. 1. 19.〉 ⑧ 제7항에 따른 변경등록 절차에 관하여는 제3항을 준용한다. ⑨ 「해양환경관리법」 제70조에 따라 폐기물해양배출업의 등록을 한 경우에는 법 제62조제1항에 따른 폐수처리업 중 영 제79조에 따른 폐수수탁처리업의 등록을 한 것으로 보며, 처리대상폐수의 지정 및 처리방법 등은 「해양환경관리법」에 따른다. 〈개정 2012. 1. 19.〉
		제91조(폐수처리업자의 준수사항 등) ① 법 제62조제2항제4호 단서에서 "환경부령으로 정하는 기간"이란 10일 이상의 기간을 말한다. 〈신설 2014. 1. 29.〉 ② 법 제62조제5항제3호에 따른 폐수처리업자의 준수사항은 별표 21과 같다. 〈개정 2014. 1. 29.〉 ③ 폐수처리업자가 수탁처리할 수 있는 폐수는 다음 각 호와 같다. 〈개정 2014. 1. 29.〉 1. 제41조 각 호에 해당하는 폐수 2. 제42조제1호 또는 제4호에 따라 수집운반방지시설을 설치하지 아니한 폐수배출시설에서 부득이하게 배출하여야 하는 폐수

물환경보전법	물환경보전법 시행령	물환경보전법 시행규칙
		3. 폐수배출시설 외의 보일러, 그 밖의 생산관련시설이나 「해양환경관리법」 제3조제5항에 따른 선박 또는 해양시설에서 발생되는 폐수(「폐기물관리법」 제2조제4호에 따른 지정폐기물에 해당되는 것은 제외한다) 4. 그 밖에 환경부장관이 위탁처리 대상으로 하는 것이 적합하다고 인정하는 폐수
제63조(결격사유) 다음 각 호의 어느 하나에 해당하는 자는 폐수처리업의 등록을 할 수 없다. 〈개정 2017. 1. 17.〉 1. 피성년후견인 또는 피한정후견인 2. 파산선고를 받고 복권되지 아니한 자 3. 제64조에 따라 폐수처리업의 등록이 취소(제63조제1호·제2호 또는 제64조제1항제3호에 해당하여 등록이 취소된 경우는 제외한다)된 후 2년이 지나지 아니한 자 4. 이 법 또는 「대기환경보전법」, 「소음·진동관리법」을 위반하여 징역의 실형을 선고받고 그 형의 집행이 끝나거나 집행을 받지 아니하기로 확정된 후 2년이 지나지 아니한 사람 5. 임원 중에 제1호부터 제4호까지의 어느 하나에 해당하는 사람이 있는 법인 [전문개정 2013. 7. 30.] **제64조(등록의 취소 등)** ① 환경부장관은 폐수처리업자가 다음 각 호의 어느 하나에 해당하는 경우에는 그 등록을 취소하여야 한다.		

물환경보전법	물환경보전법 시행령	물환경보전법 시행규칙
1. 제63조 각 호의 어느 하나에 해당하는 경우. 다만, 법인의 임원 중 제63조제5호에 해당하는 사람이 있는 경우 6개월 이내에 그 임원을 바꾸어 임명한 경우는 제외한다. 2. 거짓이나 그 밖의 부정한 방법으로 등록한 경우 3. 등록 후 2년 이내에 영업을 시작하지 아니하거나 계속하여 2년 이상 영업 실적이 없는 경우 4. 「해양환경관리법」에 따른 배출해역 지정기간이 끝나거나 폐기물해양배출업의 등록이 취소되어 제62조제1항 전단에 따른 기술능력·시설 및 장비 기준을 유지할 수 없는 경우 ② 환경부장관은 폐수처리업자가 다음 각 호의 어느 하나에 해당하는 경우에는 그 등록을 취소하거나 6개월 이내의 기간을 정하여 영업정지를 명할 수 있다. 1. 다른 사람에게 등록증을 대여한 경우 2. 1년에 2회 이상 영업정지처분을 받은 경우 3. 고의 또는 중대한 과실로 폐수처리영업을 부실하게 한 경우 4. 영업정지처분 기간에 영업행위를 한 경우 ③ 환경부장관은 폐수처리업자가 다음 각 호의 어느 하나에 해당하는 경우에는 6개월 이내의 기간을 정하여 영업정지를 명할 수 있다. 〈개정 2017. 1. 17.〉 1. 제62조제1항 후단에 따라 변경등록을 하지 아니한 경우 2. 제62조제3항에 따른 준수사항을 이행하지 아니한 경우 3. 제66조의2제2항을 위반하여 수탁처리폐수의 인		

물환경보전법	물환경보전법 시행령	물환경보전법 시행규칙

계·인수에 관한 내용을 전자인계·인수관리시스템에 입력하지 아니하거나 거짓으로 입력한 경우
[전문개정 2013. 7. 30.]

제65조(권리·의무의 승계) ① 다음 각 호의 어느 하나에 해당하는 자는 이 법에 따른 종전 폐수처리업자의 권리·의무를 승계한다. 이 경우 제63조제1호부터 제4호까지의 어느 하나에 해당하는 양수인·상속인 또는 법인은 3개월 이내에 그 사업을 다른 사람 또는 법인에게 양도할 수 있다.
1. 사업자가 사망한 경우 그 상속인
2. 사업자가 그 사업을 양도한 경우 그 양수인
3. 법인인 사업자가 다른 법인과 합병한 경우 합병 후 존속하는 법인이나 합병으로 설립되는 법인
② 다음 각 호의 어느 하나에 해당하는 절차에 따라 폐수처리업의 영업시설을 인수한 자는 이 법에 따른 종전 폐수처리업자의 권리·의무를 승계한다. 다만, 인수한 자가 제63조 각 호의 어느 하나에 해당하는 경우에는 그러하지 아니하다. 〈개정 2016. 12. 27.〉
1. 「민사집행법」에 따른 경매
2. 「채무자 회생 및 파산에 관한 법률」에 따른 환가
3. 「국세징수법」, 「관세법」 또는 「지방세징수법」에 따른 압류재산의 매각
4. 그 밖에 제1호부터 제3호까지의 규정 중 어느 하나에 준하는 절차
[전문개정 2013. 7. 30.]

물환경보전법	물환경보전법 시행령	물환경보전법 시행규칙
제66조(과징금 처분) ① 환경부장관은 제62조제1항에 따라 폐수처리업의 등록을 한 자에 대하여 제64조에 따라 영업정지를 명하여야 하는 경우로서 그 영업정지가 주민의 생활이나 그 밖의 공익에 현저한 지장을 줄 우려가 있다고 인정되는 경우에는 영업정지처분을 갈음하여 2억원 이하의 과징금을 부과할 수 있다. 다만, 제64조제2항에 따른 제3호까지, 같은 조 제3항제1호 또는 제2호(제62조제3항제4조의 준수사항을 이행하지 아니한 경우만 해당한다)에 해당하는 경우에는 그러하지 아니하다. 〈개정 2017. 1. 17.〉 ② 제1항에 따른 과징금의 부과·징수 등에 관하여는 제43조제3항부터 제6항까지의 규정을 준용한다. ③ 제1항에 따른 과징금을 부과하는 위반행위의 종류와 위반 정도 등에 따른 과징금의 금액과 그 밖에 필요한 사항은 대통령령으로 정한다. [전문개정 2013. 7. 30.] **제7장 보칙** 〈개정 2013. 7. 30.〉 **제66조의2(수탁처리폐수의 전산 처리)** ① 환경부장관은 폐수처리업자가 위탁을 받아 처리하는 폐수(이하 "수탁처리폐수"라 한다)의 인계·인수에 관한 내용 등을 전자적으로 관리하기 위한 시스템(이하 "전자인계·인수관리시스템"이라 한다)을 구축·운영하여야 한다. ② 수탁처리폐수를 위탁하는 사업자(이하 이 조에서 "폐수위탁사업자"라 한다)와 폐수처리업자는 해	**제79조의2(과징금의 부과기준 등)** ① 법 제66조제1항에 따른 과징금의 부과기준은 별표 17의2와 같다. ② 법 제66조제1항에 따른 과징금의 납부기한은 과징금납부통지서의 발급일부터 30일로 하고, 과징금의 납부통지는 환경부령으로 정하는 바에 따른다. [본조신설 2014. 1. 28.]	**제92조(과징금의 납부통지)** 영 제79조의2제2항에 따른 과징금의 납부통지서는 별지 제4호서식에 따른다. [전문개정 2014. 1. 29.]

물환경보전법	물환경보전법 시행령	물환경보전법 시행규칙
당 폐수의 인계·인수에 관한 내용 등 대통령령으로 정하는 사항을 환경부령으로 정하는 바에 따라 전자인계·인수관리시스템에 입력하여야 한다. ③ 환경부장관은 전자인계·인수관리시스템에 입력된 수탁처리폐수의 인계·인수에 관한 내용을 입력된 날부터 3년간 보존하여야 한다. ④ 환경부장관은 폐수위탁사업자, 폐수처리업자, 관계 시·도지사 또는 시장·군수·구청장이 전자인계·인수관리시스템에 입력된 자료를 검색·확인하거나 출력할 수 있도록 하여야 한다. ⑤ 환경부장관은 전자인계·인수관리시스템을 이용하는 자료부터 그 이용에 따른 비용의 전부 또는 일부를 징수할 수 있다. 이 경우 구체적인 비용의 징수기준은 환경부장관이 정하여 고시한다. ⑥ 제1항부터 제5항까지에서 규정한 사항 외에 전자인계·인수관리시스템의 구축·운영 및 이용 등에 관한 세부사항은 환경부장관이 정하여 고시한다. 제67조(환경기술인 등의 교육) ① 폐수처리업에 종사하는 기술요원 또는 환경기술인은 고용하는 환경부령으로 정하는 바에 따라 그 해당자에게 환경부장관, 시·도지사 또는 대도시의 장이 실시하는 교육을 받게 하여야 한다. 〈개정 2017. 1. 17.〉 ② 환경부장관, 시·도지사 또는 대도시의 장은 환경부령으로 정하는 바에 따라 제1항에 따른 교육에 드는 경비를 교육대상자를 고용한 자로부터 징수할 수 있다. 〈개정 2017. 1. 17.〉 [전문개정 2013. 7. 30.]		제93조(기술인력 등의 교육기간·대상자 등) ① 법 제38조의6제1항에 따른 기술인력, 법 제47조에 따른 환경기술인 또는 법 제62조에 따른 폐수처리업에 종사하는 기술요원(이하 "기술인력등"이라 한다)을 고용한 자는 다음 각 호의 구분에 따른 교육을 받게 하여야 한다. 〈개정 2017. 1. 19.〉 1. 최초교육 : 기술인력등이 최초로 업무에 종사한 날부터 1년 이내에 실시하는 교육 2. 보수교육 : 제1호에 따른 최초 교육 후 3년마다 실시하는 교육

물환경보전법	물환경보전법 시행령	물환경보전법 시행규칙
		② 제1항에 따른 교육은 다음 각 호의 구분에 따른 교육기관에서 실시한다. 다만, 환경부장관 또는 시·도지사는 필요하다고 인정하면 다음 각 호의 교육기관 외의 교육기관에서 기술인력등에 관한 교육을 실시하도록 할 수 있다. 〈개정 2017. 1. 19.〉 1. 측정기기 관리대행업에 등록된 기술인력 및 폐수처리업에 종사하는 기술요원 : 국립환경인력개발원 2. 환경기술인 : 「환경정책기본법」 제38조제1항에 따른 환경보전협회 [제목개정 2017. 1. 19.]
		제94조(교육과정의 종류 및 기간) ① 기술인력등이 법 제38조의8제2항 · 제67조제1항 및 제93조제1항에 따라 이수하여야 하는 교육과정은 다음 각 호의 구분에 따른다. 〈개정 2017. 1. 19.〉 1. 측정기기 관리대행업에 등록된 기술인력 : 측정기기 관리대행 기술인력과정 2. 환경기술인 : 환경기술인과정 3. 폐수처리업에 종사하는 기술요원 : 폐수처리기술요원과정 ② 제1항에 따른 교육과정의 교육기간은 4일 이내로 한다. 다만, 정보통신매체를 이용하여 원격교육을 실시하는 경우에는 환경부장관이 인정하는 기간으로 한다. 〈개정 2017. 1. 19.〉
		제99조(자료제출협조) 법 제38조의8제2항 및 제67조제1항에 따른 교육을 효과적으로 수행하기 위하여 제1항에 따른

물환경보전법	물환경보전법 시행령	물환경보전법 시행규칙
		기술인력등을 고용하는 자는 환경부장관 또는 시·도지사가 다음 각 호의 자료 제출을 요청하는 경우에는 이에 협조하여야 한다. 〈개정 2017. 1. 19.〉 1. 소속 기술인력등의 명단 2. 교육이수자 현황 3. 그 밖에 교육에 필요한 자료
		제100조(교육경비) 법 제38조의8제2항 및 제67조제1항에 따라 교육대상자를 고용하는 자로부터 징수하는 교육경비는 교육내용과 교육기간 등을 고려하여 환경부장관이 정하여 고시한다. 〈개정 2017. 1. 19.〉
제68조(보고 및 검사 등) ① 환경부장관 또는 시·도지사는 환경부령으로 정하는 경우에는 다음 각 호의 자에게 필요한 보고를 명하거나 자료를 제출하게 할 수 있으며, 관계 공무원으로 하여금 해당 시설 또는 사업장 등에 출입하여 방류수 수질기준, 제32조에 따른 배출허용기준, 제33조에 따른 허가 또는 변경허가 기준의 준수 여부, 측정기기의 정상운영, 특정수질유해물질 배출량조사의 검증, 제53조제6항에 따른 준수사항, 제61조의2제4항에 따른 수질 기준 및 관리 기준의 준수 여부 또는 제66조의2제2항에 따른 전자인계·인수관리시스템의 입력 여부를 확인하기 위하여 수질오염물질을 채취하거나 관계 서류·시설·장비 등을 검사하게 할 수 있다. 〈개정 2017. 1. 17.〉 1. 사업자 2. 공공폐수처리시설(공공하수처리시설 중 환경부		제101조(보고 및 검사 등의 사유와 통합검사 등) ① 법 제68조제1항 각 호 외의 부분에서 "환경부령으로 정하는 경우"란 다음 각 호의 어느 하나에 해당하는 경우를 말한다. 〈개정 2017. 1. 19.〉 1. 폐수배출시설·수질오염방지시설·공공폐수처리시설·기타수질오염원 또는 물놀이형 수경시설의 적정한 가동 여부 또는 수질오염물질의 처리 실태를 확인하기 위하여 지도·점검하는 경우 2. 수질오염물질의 배출로 수질오염사고 또는 환경오염피해가 발생하거나 발생할 우려가 있는 경우 3. 다른 기관의 정당한 요청이 있거나 민원이 제기된 경우 4. 법에 따른 허가·신고 또는 등록 등의 업무수행을 위하여 필요한 경우 5. 개선명령을 받지 아니한 사업자가 제출한 개선완료보고서 또는 개선완료보고서를 확인하기 위하여 필

물환경보전법	물환경보전법 시행령	물환경보전법 시행규칙
령으로 정하는 시설을 포함한다)을 설치·운영하는 자 2의2. 측정기기 관리대행업자 3. 제53조제1항에 해당하는 자 4. 제60조에 따른 기타수질오염원의 설치·관리 신고를 한 자 4의2. 제61조의2제1항에 따라 물놀이형 수경시설을 설치·운영하는 자 5. 제62조제1항에 따른 폐수처리업자 6. 제74조제2항에 따라 환경부장관 또는 시·도지사의 업무를 위탁받은 자 ② 환경부장관은 제1항에 따라 배출허용기준, 방류수수질기준의 준수 여부, 폐수무방류배출시설에서의 수질오염물질의 배출 여부 또는 수질오염물질의 배출 기준의 초과 여부를 확인하기 위하여 수질오염물질을 제거하는 경우에는 환경부령으로 정하는 오염도검사기관에 오염도검사를 의뢰하여야 한다. 다만, 검사기관에서 배출허용기준, 방류수 수질기준 또는 물놀이형 수경시설의 수질 기준의 초과 여부를 판정할 수 있는 수질오염물질로서 환경부령으로 정하는 경우에는 그러하지 아니하다. 〈개정 2016. 1. 27.〉 ③ 제1항에 따른 출입·검사를 하는 공무원은 그 권한을 표시하는 증표를 지니고 이를 관계인에게 보여주어야 한다. [전문개정 2013. 7. 30.]		요한 경우 6. 배출부과금의 부과 또는 오염원 및 수질오염물질 배출량을 조사하기 위하여 필요한 경우 7. 수질오염방지시설, 공공폐수처리시설, 기타수질오염원 또는 물놀이형 수경시설이 적정하게 시공되었는지 확인하기 위하여 필요한 경우 8. 수질오염방지시설 설계·시공이 적정성 또는 수탁폐수의 수탁량·처리량·재고량 등 수탁처리 실태를 확인하기 위하여 필요한 경우 8의2. 측정기기의 운영상황 확인 및 운영관리기준의 준수사항을 확인하기 위하여 필요한 경우 9. 법에 따른 명령 또는 준수사항의 이행을 확인하기 위하여 필요한 경우 10. 환경부장관이 위탁한 업무에 대한 제외 및 실적을 확인하기 위하여 필요한 경우 ② 법 제68조제1항의 각 호의 자(이하 이 조에서 "사업자 등"이라 한다)가 보고하거나 자료를 제출하려는 때에는 데이프, 디스켓 등을 이용한 전산적인 방법으로 보고하거나 자료를 제출할 수 있다. ③ 법 제68조제1항에 따라 출입하거나 검사량을 실시한 는 공무원은 출입·검사의 목적, 인적사항, 검사 절차 등을 적은 서면을 사업자등에게 발급하여야 한다. ④ 환경부장관 또는 시·도지사등은 법 제68조제1항에 따라 사업자 등에 대한 출입이나 검사를 하려 는 경우에는 출입·검사의 대상 시설 또는 사업장 등이 다음 각 호에 따른 출입·검사의 대상 시설·사업장 등과 동일한 경우에는 통합하여 출입·검사를

물환경보전법	물환경보전법 시행령	물환경보전법 시행규칙
		실시하여야 한다. 다만, 민간, 민원·환경오염사고·광역 감시활동 또는 기술인력·장비운영상 통합검사가 곤란하다고 인정되는 경우에는 그러하지 아니하다. 〈개정 2017. 1. 19.〉 1. 「대기환경보전법」 제82조제1항 2. 「소음·진동관리법」 제51조제1항 3. 「하수도법」 제69조제1항 및 제2항 4. 「가축분뇨의 관리 및 이용에 관한 법률」 제41조제1항 또는 제2항 5. 「폐기물관리법」 제43조제1항 6. 「화학물질관리법」 제49조제1항 7. 「화학물질의 등록 및 평가 등에 관한 법률」 제43조제1항 8. 「환경오염시설의 통합관리에 관한 법률」 제30조제1항 제102조(보고 및 검사 등의 대상시설) 법 제68조제1항제2호에서 "환경부령으로 정하는 시설"이란 제53조에 해당하는 공공하수처리시설을 말한다. 〈개정 2017. 1. 19.〉 [제목개정 2017. 1. 19.] 제103조(오염도검사기관) 법 제68조제2항 본문에서 "환경부령으로 정하는 검사기관"이란 제47조제2항 각 호에 따른 검사기관을 말한다. 〈개정 2014. 1. 29.〉 제104조(현장에서 배출하거나 조리 여부를 판정할 수 있는 수질오염물질) 법 제68조제2항 단서에 따라 검사기관에 오염도검사를 의뢰하지 아니하고

물환경보전법	물환경보전법 시행령	물환경보전법 시행규칙
		현장에서 배출허용기준, 방류수 수질기준 또는 물놀이형 수경시설의 수질 기준의 초과 여부를 판정할 수 있는 수질오염물질의 종류는 다음 각 호와 같다. 〈개정 2017. 1. 19.〉 1. 수소이온농도 2. 영 별표 7에 따른 수질자동측정기기(법 제68조제1항 각 호의 부분에 따라 측정기기의 정상 운영 여부를 확인한 결과 정상으로 운영되지 아니하는 경우는 제외한다)로 측정 가능한 수질오염물질 [제목개정 2017. 1. 19.]
제68조의2(신고포상금) ① 환경부장관은 제38조의3제1항등을 위반하여 금지행위를 하거나 같은 조 제2항을 위반하여 운영·관리기준을 지키지 아니한 자를 관계 행정기관 또는 수사기관에 신고한 자에게 예산의 범위에서 신고포상금을 지급할 수 있다. ② 제1항에 따른 신고포상금 지급의 기준·방법과 절차, 구체적인 지급액 등에 관한 사항은 대통령령으로 정한다. [본조신설 2016. 1. 27.]	제79조의3(신고포상금 지급의 기준 등) ① 법 제68조의2제1항에 따라 신고를 받거나 제1항에 따라 신고를 받은 관계 행정기관 또는 수사기관은 그 사건의 개요를 환경부장관에게 통지하여야 한다. ② 법 제68조의2제1항에 따라 신고를 받은 환경부장관은 그 신고내용에 해당된 통지를 받은 환경부장관은 제1항 및 제38조의3제1항의 위반행위에 해당된 신고다고 인정하는 경우에는 300만원의 범위에서 신고포상금을 지급할 수 있다. ③ 제2항에 따른 신고포상금의 세부 금액, 지급시기 및 지급절차 등에 관하여 필요한 사항은 환경부장관이 정하여 고시한다. [본조신설 2017. 1. 17.]	
제69조(국고 보조) 국가는 지방자치단체의 물환경 보전을 위한 사업에 드는 경비를 예산의 범위에서 보조할 수 있다. 〈개정 2017. 1. 17.〉		

물환경보전법	물환경보전법 시행령	물환경보전법 시행규칙
[전문개정 2013. 7. 30.]		
제70조(관계 기관의 협조) 환경부장관은 이 법의 목적을 달성하기 위하여 필요하다고 인정할 때에는 다음 각 호에 해당하는 조치를 관계 기관의 장에게 요청할 수 있다. 이 경우 관계 기관의 장은 특별한 사유가 없으면 이에 따라야 한다. 〈개정 2016. 1. 27.〉 1. 해충구제방법의 개선 2. 농약·비료의 사용규제 3. 농업용수의 사용규제 4. 녹지지역 및 풍치지구(風致地區)의 지정 5. 공공폐수처리시설 또는 공공하수처리시설의 설치 6. 공공수역의 준설(浚渫) 7. 하천점용허가의 취소, 하천공사의 시행중지·변경 또는 그 인공구조물 등의 이전이나 제거 8. 공유수면의 점용 및 사용 허가의 취소, 공유수면 사용의 정지·제한 또는 시설 등의 개축·철거 9. 송수관, 유료장치시설, 농약보관시설 등 수질오염사고를 일으킬 우려가 있는 시설에 대한 수질오염 방지조치 및 시설현황에 관한 자료의 제출 10. 그 밖에 대통령령으로 정하는 사항 [전문개정 2013. 7. 30.]	**제80조(관계 기관의 협조 사항)** 법 제70조제10호에서 "대통령령이 정하는 사항"이란 다음 각 호와 같다. 1. 도시개발제한구역의 지정 2. 관광시설이나 산업시설 등의 설치로 훼손된 토지의 원상복구 3. 수질오염 사고가 발생하거나 수질이 악화되어 수돗물의 취수가 불가능하여 먼저 취수의 방류가 필요한 경우의 방류량 조절	
제71조(행정처분의 기준) 이 법 또는 이 법에 따른 명령을 위반한 행위에 대한 행정처분의 기준은 환경부령으로 정한다. [전문개정 2013. 7. 30.]		**제105조(행정처분 기준)** ① 법 제71조에 따른 행정처분 기준은 별표 22와 같다. ② 시·도지사등은 다음 각 호의 어느 하나에 해당하는 경우에는 별표 22에 따른 조업정지 또는 영업정지 기간의 2분의 1의 범위에서 행정처분 기간을

물환경보전법	물환경보전법 시행령	물환경보전법 시행규칙
		줄일 수 있다. 1. 위반의 정도가 경미하고 이로 인한 주변지역에 환경오염이 발생하지 아니하였거나 미미하여 사람의 건강에 영향을 미치지 아니한 경우 2. 고의성이 없이 불가피하게 위반행위를 한 경우로서 신속히 적절한 사후조치를 취한 경우 3. 위반행위에 대하여 행정처분을 하는 것이 지역주민의 건강과 생활환경에 심각한 피해를 줄 우려가 있는 경우 4. 공익을 위하여 특별히 행정처분 기간을 줄일 필요가 있는 경우
제72조(청문) 환경부장관은 다음 각 호의 어느 하나에 해당하는 처분을 하려면 청문을 하여야 한다. 〈개정 2016. 1. 27.〉 1. 제35조제3항·제42조 또는 제44조에 따른 허가의 취소 또는 배출시설의 폐쇄명령 1의2. 제38조의9에 따른 등록의 취소 1의3. 제53조의4에 따른 성능검사 판정의 취소 2. 제60조제6항에 따른 기타수질오염원의 폐쇄명령 3. 제64조에 따른 등록의 취소 [전문개정 2013. 7. 30.]		
제73조(수수료) 다음 각 호의 어느 하나에 해당하는 허가, 검사 등을 받거나 신고 등을 하려는 자는 환경부령으로 정하는 바에 따라 수수료를 내야 한다. 1. 제33조제1항부터 제3항까지의 규정에 따른 배출시설의 허가·변경허가 및 신고·변경신고		제106조(수수료) ① 법 제73조에 따른 수수료는 다음 각 호와 같다. 〈개정 2012. 7. 5.〉 1. 법 제33조제1항에 따른 폐수배출시설 설치허가·설치신고 : 1만원(정보통신망을 이용하여 전자화폐·전자결제 등의 방법으로 수수료를 내

물환경보전법	물환경보전법 시행령	물환경보전법 시행규칙
2. 제53조에 따른 신고·변경신고 2의2. 제53조의3제1항에 따른 성능검사 3. 제60조제1항에 따른 기타수질오염원의 설치신고 또는 변경신고 4. 제62조제1항에 따른 폐수처리업의 등록 또는 변경등록 [전문개정 2013. 7. 30.] **제74조(위임 및 위탁)** ① 이 법에 따른 환경부장관의 권한은 대통령령으로 정하는 바에 따라 그 일부를 시·도지사, 대도시의 장, 시장·군수·구청장, 환경부 소속 환경연구기관의 장 또는 지방환경관서의 장에게 위임할 수 있다. <개정 2017. 1. 17.> ② 제1항에 따라 권한을 위임받은 시·도지사는 그 권한의 일부를 환경부장관의 승인을 받아 시장·군수·구청장에게 재위임할 수 있다. <신설 2017. 1. 17.> ③ 환경부장관 또는 시·도지사는 이 법에 따른 업무의 일부를 대통령령으로 정하는 바에 따라 관계 전문기관에 위탁할 수 있다. <개정 2017. 1. 17.> [전문개정 2013. 7. 30.]	**제81조(권한의 위임)** ① 환경부장관은 법 제74조제1항에 따라 다음 각 호의 권한을 시·도지사에게 위임한다. <개정 2017. 1. 17.> 1. 법 제19조의4제1항에 따른 폐수배출시설에 대한 기후변화 취약성 조사 및 권고 1의2. 법 제23조에 따른 수계영향권별 오염원 조사 2. 법 제33조제1항에 따른 폐수배출시설의 설치허가·신고수리 및 폐수무방류배출시설의 설치허가, 같은 조 제2항 및 제3항에 따른 폐수배출시설의 변경허가·변경신고수리 및 폐수무방류배출시설의 변경허가 3. 법 제35조제3항에 따른 허가·변경허가의 취소, 폐쇄명령, 개선명령 및 조업정지명령	때에는 9천원) 2. 법 제33조제2항 전단에 따른 폐수배출시설 변경허가 가 : 5천원(정보통신망을 이용하여 전자화폐·전자결제 등의 방법으로 수수료를 낼 때에는 4천원) 3. 법 제62조제1항 전단에 따른 폐수처리업의 등록 : 전자결제 등의 방법으로 수수료를 낼 때에는 9천원) 1만원(정보통신망을 이용하여 전자화폐·전자결제 등의 방법으로 수수료를 낼 때에는 9천원) 4. 법 제62조제1항 후단에 따른 폐수처리업의 변경등록 : 5천원(정보통신망을 이용하여 전자화폐·전자결제 등의 방법으로 수수료를 낼 때에는 4천원) ② 제1항에 따른 수수료는 납부하여야 한다. 다만, 시·도지사는 정보통신망을 이용하여 전자화폐·전자결제 등의 방법으로 납부하게 할 수 있다.

물환경보전법	물환경보전법 시행령	물환경보전법 시행규칙
	4. 법 제37조제1항에 따른 배출시설 · 방지시설의 가동시작신고의 수리, 같은 조 제3항에 따른 점검 및 오염도검사의 의뢰 및 같은 조 제4항에 따른 폐수무방류배출시설에 대한 조사	
	5. 법 제38조제1항제3호 단서에 따른 수질오염물질의 희석처리에 관한 인정	
	6. 법 제38조의4제1항에 따른 조치명령(공공폐수처리시설과 공공하수처리시설을 설치 · 운영하는 자에 대한 조치명령은 제외한다)	
	7. 법 제38조의4제2항에 따른 조업정지명령(공공폐수처리시설과 공공하수처리시설을 설치 · 운영하는 자에 대한 조업정지명령은 제외한다)	
	8. 법 제39조에 따른 개선명령	
	9. 법 제40조에 따른 배출시설에 대한 조업정지명령	
	10. 법 제41조에 따른 배출부과금(공공폐수처리시설과 공공하수처리시설에 대한 배출부과금은 제외한다)의 부과 및 징수	
	11. 법 제42조에 따른 허가의 취소, 폐쇄명령 또는 조업정지명령	
	12. 법 제43조에 따른 과징금의 부과 · 징수	
	13. 법 제44조(법 제60조제5항에 따라 준용되는 경우를 포함한다)에 따른 위반시설에 대한 사용중지명령 또는 폐쇄명령	
	14. 법 제45조에 따른 명령이행의 보고 수리, 확인 및 오염도검사의 지시 · 의뢰	
	15. 삭제 〈2014. 1. 28.〉	
	16. 법 제60조제1항에 따른 기타 수질오염원의 설치	

물환경보전법	물환경보전법 시행령	물환경보전법 시행규칙
	신고 및 변경신고의 수리 17. 법 제60조제3항에 따른 개선명령 18. 법 제60조제4항에 따른 조업정지명령 또는 폐쇄명령 19. 법 제61조제2항에 따른 농약 사용의 확인 20. 법 제62조제1항에 따른 폐수처리업의 등록 및 변경등록 21. 법 제64조에 따른 폐수처리업의 등록취소 및 영업정지 22. 법 제66조에 따른 과징금의 부과·징수 23. 법 제68조제1항제1호·제4호 및 제5호의 자에 대한 보고명령, 자료 제출 요구, 출입, 채취, 검사 24. 법 제68조제2항에 따른 오염도검사 의뢰 25. 법 제72조 각 호의 권한 중 위임된 권한에 관련된 청문 26. 법 제82조에 따른 과태료(법 제82조제1항제5호, 같은 조 제2항제4호의2, 제5호, 제7호 및 제8호에 따른 과태료는 제외하고, 같은 조 제2항제3호 및 제4호에 따른 과태료는 법 제38조의2제1항제1호 또는 제2호에 해당하는 자에게 부과하는 경우로 한정하며, 법 제82조제3항제6호에 따른 과태료는 법 제68조제1항제1호, 제4호 및 제5호에 해당하는 자와 같은 항 제6호 중 시·도지사의 업무를 위탁받은 자에게 부과하는 경우로 한정한다)의 부과·징수 27. 제39조제2항에 따른 개선기간 연장신청의 수리	

물환경보전법	물환경보전법 시행령	물환경보전법 시행규칙
	28. 제40조에 따른 개선계획서 및 개선완료보고서의 접수 · 확인 및 오염도검사의 의뢰, 개선기간 연장신청의 수리(공공폐수처리시설 및 공공하수처리시설을 개선하는 경우는 제외한다) 29. 제44조제1항에 따른 기준이내배출량의 산정에 관한 자료의 제출 요청 및 접수 30. 제50조에 따른 기준이내배출량의 조정 31. 제51조에 따른 자료제출 요청 및 오염도검사 32. 제58조제2호에 따른 배출시설의 인정 ② 환경부장관은 법 제74조제1항에 따라 다음 각 호의 권한을 유역환경청장이나 지방환경청장에게 위임한다. 〈개정 2018. 1. 16.〉 1. 법 제4조의4제1항에 따른 오염총량관리시행계획의 승인 · 변경승인 및 제6조제3항에 따른 총량계획에 대한 협의 2. 법 제4조의5제1항에 따른 오염부하량 할당 또는 배출량 지정 3. 법 제4조의6제1항에 따른 조치명령 4. 법 제4조의6제4항에 따른 조업정지명령 및 시설의 폐쇄명령 5. 법 제4조의6제5항에 따른 과징금 처분 6. 법 제4조의7제1항에 따른 오염총량초과과징금의 부과 · 징수 7. 법 제9조제1항에 따른 측정망 설치 및 수질오염도의 상시 측정 8. 법 제12조제2항에 따른 조치 요청 8의2. 법 제19조의4제1항에 따른 비점오염저감시설	

물환경보전법	물환경보전법 시행령	물환경보전법 시행규칙
	및 공공폐수처리시설에 대한 기후변화 취약성 조사 및 권고 9. 법 제21조에 따른 수질오염경보의 발령 및 해제 9의2. 법 제21조의4제2항에 따른 완충저류시설 설치·운영계획의 협의 및 변경협의 9의3. 법 제21조의5제1항에 따른 특별조치의 명령, 피해 예방을 위한 조치요청 또는 조치명령 10. 법 제26조제3항에 따른 소권여계회에 대한 협의 11. 법 제27조제1항에 따른 소권여계획의 수립 11의2. 법 제27조의2제1항에 따른 보원계회의 수립·시행, 같은 조 제4항에 따른 보원계회의 승인(변경승인을 포함한다) 및 같은 조 제5항에 따른 보원계회에 대한 시행계회의 협의(변경협의를 포함한다) 12. 법 제28조제1항에 따른 조사·측정 13. 삭제 〈2017. 1. 17.〉 13의2. 법 제31조제3항에 따른 비용부담협약에 관한 조정 14. 법 제32조제5항에 따른 특별대책지역의 배출시설에 대한 배출허용기준 및 새로 설치되는 배출시설에 대한 특별배출허용기준의 설정 14의2. 법 제32조제8항에 따른 배출허용기준 지정·고시 15. 삭제 〈2015. 5. 26.〉 16. 법 제38조의4제1항에 따른 조치명령 중 공공폐수처리시설과 공공하수처리시설의 설치·운영자에 대한 조치명령	

물환경보전법	물환경보전법 시행령	물환경보전법 시행규칙
	16의2. 법 제38조의6제1항에 따른 측정기기 관리대행업의 등록 및 변경 등록	
	16의3. 법 제38조의9제1항에 따른 측정기기 관리대행업의 등록취소 및 업무정지	
	16의4. 법 제38조의10제1항에 따른 측정기기 관리대행업자의 관리대행능력 평가·공시 및 같은 조 제2항에 따른 측정기기 관리대행 실적 등 자료의 접수	
	17. 법 제41조에 따른 공공폐수처리시설 및 공공하수처리시설에 대한 배출부과금의 부과·징수	
	17의2. 법 제46조의2에 따른 특정수질유해물질 배출량조사 결과의 접수	
	18. 법 제49조제2항 및 제3항에 따른 공공폐수처리시설 기본계획의 승인(변경승인을 포함한다) 및 공동처리구역의 지정·고시	
	19. 법 제49조의2제2항 및 제3항에 따른 비용부담계획의 승인 및 변경승인(국가가 시행자인 경우는 제외한다)	
	19의2. 법 제50조제3항에 따른 공공폐수처리시설의 운영·관리에 관한 평가 및 같은 조 제5항에 따른 포상금 지급	
	20. 법 제50조제4항에 따른 시설의 개선 등 조치명령과 제70조제2항에 따른 개선기간 연장신청의 수리	
	20의2. 법 제50조의2제1항에 따른 공공폐수처리시설에 대한 기술진단 결과의 접수	
	21. 법 제53조제1항에 따른 비점오염원 설치신고 및 변경신고의 수리와 제74조에 따른 배출허용기	

물환경보전법	물환경보전법 시행령	물환경보전법 시행규칙
	준 초과 여부의 인정 22. 법 제53조제5항에 따른 비점오염저감계획의 이행 또는 비점오염저감시설의 설치·개선 명령, 제75조제2항에 따른 이행명령 등 연장신청이 수리, 같은 조 제3항 및 제4항에 따른 이행보고의 수리 및 이행상태의 확인 22의2. 법 제56조제2항·제3항에 따른 평가보고서의 접수, 검토 및 시행계획의 보완 또는 변경 요구 22의3. 법 제61조의2제1항에 따른 물놀이형 수경시설의 신고(변경신고를 포함한다) 수리, 같은 조 제2항에 따른 수질 기준 및 관리기준의 준수 여부의 확인 23. 법 제68조제1항제2호, 제2호의2, 제3호 및 제4호의2의 자에 대한 보고명령, 자료제출 요구, 출입, 채취, 검사 24. 법 제72조 각 호의 권한 중 위임된 권한에 관련된 청문 25. 법 제82조제1항제3호의4, 제3호의5, 제5호, 같은 조 제2항제3호, 제4호, 제4호의2, 제5호, 제7호, 제8호 및 같은 조 제3항·제6호에 따른 과태료(법 제82조제2항제3호 및 제4호의 과태료는 법 제38조의2제1항제3호에 해당하는 자에게 부과하는 경우로 한정하고, 법 제82조제3항제6호에 따른 과태료는 법 제68조제1항제2호, 제2호의2, 제3호 및 제4호의2에 해당하는 자에게 부과하는 경우로 한정한다) 26. 제40조에 따른 개선계획서 및 개선완료보고서	

물환경보전법	물환경보전법 시행령	물환경보전법 시행규칙
제84조(업무의 위탁) ① 환경부장관 또는 시·도지사는 법 제74조제3항에 따라 법 제67조에 따른 환경기술인의 교육 및 소요경비 징수 업무를 「환경정책기본법」 제59조에 따른 환경보전협회의 장에게 위탁한다. 〈개정 2018. 1. 16.〉 ② 환경부장관 또는 시·도지사는 법 제74조제3항에 따라 다음 각 호의 업무를 「한국환경공단법」에 따른 한국환경공단의 이사장에게 위탁한다. 〈개정 2018. 1. 16.〉 1. 법 제9조에 따른 측정망 중 자동측정망의 설치 및 상시측정 업무 2. 법 제38조의5에 따른 전산망의 운영 및 사업자에	의 접수·확인 및 오염도검사의 의뢰, 개선기간 연장신청의 수리(공공폐수처리시설 및 공공하수처리시설을 개선하는 경우로 한정한다) ③ 환경부장관은 법 제74조제1항에 따라 다음 각 호의 권한을 국립환경과학원장에게 위임한다. 〈개정 2018. 1. 16.〉 1. 법 제9조제1항에 따른 측정망 설치 및 수질오염도의 상시측정 2. 법 제9조의3제1항에 따른 수생태계 현황 조사 3. 법 제9조의3제3항에 따른 수생태계 건강성 평가 및 결과의 공개 4. 법 제22조의2제1항에 따른 수생태계 연속성 조사 5. 법 제22조의3제1항 및 제3항에 따른 환경생태유량의 산정 6. 법 제46조의2제2항에 따른 배출량조사 결과의 검증	

물환경보전법	물환경보전법 시행령	물환경보전법 시행규칙
	대한 기술지원에 관한 업무 3. 법 제48조제1항에 따라 국가가 설치한 공공폐수처리시설 관리에 관한 업무 4. 제35조제3항에 따른 측정기기 적합 여부의 확인에 관한 업무 5. 제40조제1항 단서에 따른 개선사유서의 접수에 관한 업무 ③ 환경보전협회의 장과 한국환경공단의 이사장은 제1항이나 제2항에 따라 위탁받은 업무를 처리한 경우에는 환경부령으로 정하는 바에 따라 그 내용을 환경부장관 또는 시·도지사에게 보고하여야 한다. 〈개정 2009. 12. 24.〉	
제74조의2(벌칙 적용에서 공무원 의제) 제74조제2항에 따라 위탁받은 업무에 종사하는 사람은 「형법」 제129조부터 제132조까지의 규정을 적용할 때에는 공무원으로 본다. [본조신설 2016. 1. 27.]		
제8장 벌칙 〈개정 2013. 7. 30.〉		
제75조(벌칙) 다음 각 호의 어느 하나에 해당하는 자는 7년 이하의 징역 또는 7천만원 이하의 벌금에 처한다. 〈개정 2014. 3. 24.〉 1. 제33조제1항 또는 제2항에 따른 허가 또는 변경허가를 받지 아니하거나 거짓으로 허가 또는 변경허가를 받아 배출시설을 설치 또는 변경하거나 그 배출시설을 이용하여 조업한 자 2. 제33조제7항 및 제8항에 따라 배출시설의 설치를		

물환경보전법	물환경보전법 시행령	물환경보전법 시행규칙
제한하는 지역에서 제한되는 배출시설을 설치하거나 그 시설을 이용할 조업한 자 3. 제38조제2항 각 호의 어느 하나에 해당하는 행위를 한 자 [전문개정 2013. 7. 30.]		
제76조(벌칙) 다음 각 호의 어느 하나에 해당하는 자는 5년 이하의 징역 또는 5천만원 이하의 벌금에 처한다. 〈개정 2014. 3. 24.〉 1. 제4조의6제4항에 따른 조업정지·폐쇄 명령을 이행하지 아니한 자 2. 제33조제1항에 따른 신고를 하지 아니하거나 거짓으로 신고를 하고 배출시설을 설치하거나 그 배출시설을 이용하여 조업한 자 3. 제38조제1항 각 호의 어느 하나에 해당하는 행위를 한 자 4. 제38조의2제1항에 따라 측정기기의 부착 조치를 하지 아니한 자(적산전력계 또는 적산유량계를 부착하지 아니한 자는 제외한다) 5. 제38조의3제1항제1호 또는 제3호에 해당하는 행위를 한 자 6. 제40조에 따른 조업정지명령을 위반한 자 7. 제42조에 따른 조업정지 또는 폐쇄 명령을 위반한 자 8. 제44조에 따른 사용중지명령 또는 폐쇄명령을 위반한 자 9. 제50조제1항 각 호의 어느 하나에 해당하는 행위를 한 자 [전문개정 2013. 7. 30.]		

물환경보전법	물환경보전법 시행령	물환경보전법 시행규칙
제77조(벌칙) 제15조제1항제1호를 위반하여 특정수질유해물질 등을 누출·유출하거나 버린 자는 3년 이하의 징역 또는 3천만원 이하의 벌금에 처한다. 〈개정 2014. 3. 24.〉 [전문개정 2013. 7. 30.]		
제78조(벌칙) 다음 각 호의 어느 하나에 해당하는 자는 1년 이하의 징역 또는 1천만원 이하의 벌금에 처한다. 〈개정 2016. 1. 27.〉 1. 제12조제2항에 따른 시설의 개선 등의 조치명령을 위반한 자 2. 업무상 과실 또는 중대한 과실로 제15조제1항제1호를 위반하여 특정수질유해물질 등을 누출·유출한 자 3. 제15조제1항제2호를 위반하여 분뇨·가축분뇨 등을 버린 자 4. 삭제 〈2016. 1. 27.〉 5. 제15조제3항에 따른 방제조치의 이행명령을 위반한 자 6. 제17조제1항에 따른 통행제한을 위반한 자 7. 제21조의3제1항에 따른 특별조치명령을 위반한 자 8. 제37조제1항에 따른 가동시작 신고를 하지 아니하고 조업한 자 9. 제37조제4항에 따른 조사를 거부·방해 또는 기피한 자 10. 제38조의4제2항에 따른 조업정지명령을 이행하지 아니한 자 10의2. 제38조의6제1항을 위반하여 측정기기 관리		

물환경보전법	물환경보전법 시행령	물환경보전법 시행규칙
대행업의 등록 또는 변경등록을 하지 아니하고 측정기기 관리업무를 대행한 자 11. 제50조제4항에 따른 시설의 개선 등의 조치명령을 위반한 자 12. 제53조제5항 각 호 외의 부분 본문에 따른 비점오염저감시설을 설치하지 아니한 자 13. 제53조제7항에 따른 비점오염저감계획의 이행 명령 또는 비점오염저감시설의 설치·개선 명령을 위반한 자 13의2. 제53조의3제1항에 따른 성능검사를 받지 아니한 비점오염저감시설을 공급한 자 13의3. 제53조의4에 따라 성능검사 판정의 취소처분을 받은 자 또는 성능검사 판정이 취소된 비점오염저감시설을 공급한 자 14. 제60조제1항에 따른 신고를 하지 아니하고 기타수질오염원을 설치 또는 관리한 자 15. 제60조제6항 또는 제7항에 따른 조업정지·폐쇄 명령을 위반한 자 16. 제62조제1항에 따른 등록 또는 변경등록을 하지 아니하고 폐수처리업을 한 자 17. 제68조제1항에 따른 관계 공무원의 출입·검사를 거부·방해 또는 기피한 폐수무방류배출시설을 설치·운영하는 사업자 [전문개정 2013. 7. 30.] 제79조(벌칙) 다음 각 호의 어느 하나에 해당하는 자는 500만원 이하의 벌금에 처한다. 〈개정 2017. 1. 17.〉 1. 제38조의4제1항에 따른 조치명령을 이행하지 아		

물환경보전법	물환경보전법 시행령	물환경보전법 시행규칙
니한 자 2. 제62조제3항제1호 또는 제2호에 따른 준수사항을 지키지 아니한 배수처리업자 3. 제68조제1항에 따른 관계 공무원의 출입·검사를 거부·방해 또는 기피한 자(폐수무방류배출시설을 설치·운영하는 사업자는 제외한다) [전문개정 2013. 7. 30.] 제80조(벌칙) 다음 각 호의 어느 하나에 해당하는 자는 100만원 이하의 벌금에 처한다. 1. 제38조의2제1항에 따라 측정전에 또는 측정유량계를 부착하지 아니한 자 2. 제47조제4항을 위반하여 환경기술인의 업무를 방해하거나 환경기술인의 요청을 정당한 사유없이 거부한 자 [전문개정 2013. 7. 30.] 제81조(양벌규정) 법인의 대표자나 법인 또는 개인의 대리인, 사용인, 그 밖의 종업원이 그 법인 또는 개인의 업무에 관하여 제75조부터 제80조까지의 어느 하나에 해당하는 위반행위를 하면 그 행위자를 벌하는 외에 그 법인 또는 개인에게도 해당 조문의 벌금형을 과(科)한다. 다만, 법인 또는 개인이 그 위반행위를 방지하기 위하여 해당 업무에 관하여 상당한 주의와 감독을 게을리하지 아니한 경우에는 그러하지 아니하다. [전문개정 2013. 7. 30.] 제82조(과태료) ① 다음 각 호의 어느 하나에 해당하		
제85조(과태료의 부과기준) 법 제82조에 따른 과태료		

물환경보전법	물환경보전법 시행령	물환경보전법 시행규칙
는 자에게는 1천만원 이하의 과태료를 부과한다. 〈개정 2017. 1. 17.〉 1. 제4조의5제4항에 따른 측정기기를 부착하지 아니하거나 측정기기를 가동하지 아니한 자 2. 제4조의5제4항에 따른 측정 결과를 기록·보존하지 아니하거나 거짓으로 기록·보존한 자 2의2. 제15조제1항제4호를 위반하여 환경부령으로 정하는 기준 이상의 토사를 유출하거나 버리는 행위를 한 자 3. 제35조제2항에 따른 준수사항을 지키지 아니한 자 3의2. 제38조의3제1항제2호에 해당하는 행위를 한 자 3의3. 제38조의3제3항을 위반하여 운영·관리기준을 준수하지 아니한 자 3의4. 제46조의2제1항에 따른 조사결과를 제출하지 아니하거나 거짓으로 제출한 자 3의5. 제46조의2제2항에 따른 자료 제출 명령을 이행하지 아니한 자 4. 제47조제1항을 위반하여 환경기술인을 임명하지 아니한 자 5. 제53조제1항에 따른 신고를 하지 아니한 자 6. 제61조를 위반하여 공표장의 잔디 및 수목 등에 맹·고독성 농약을 사용한 자 7. 제62조제3항제4호 또는 제5호에 따른 준수사항을 지키지 아니한 폐수처리업자 ② 다음 각 호의 어느 하나에 해당하는 자에게는 300만원 이하의 과태료를 부과한다. 〈개정 2017. 1. 17.〉	이 부과기준은 별표 18과 같다. [전문개정 2010. 2. 18.]	제26조의2(토사 유출 등의 기준) ① 법 제15조제1항제4호에서 "환경부령으로 정하는 기준"이란 다음 각 호의 어느 하나에 해당하는 토사량을 말한다. 이 경우 토사는 육상에서 행해지는 「건설산업기본법」 제2조제4호에 따른 건설공사로 인한 토사로서 누적강우량이 20밀리미터 미만일 경우에 유출되거나 버려지는 토사로 한다. 1. 1천킬로그램 이상의 토사량(「하수도법」 제2조제4호에 따른 공공하수도의 하수관로, 폭 5미터 이하의 배수로 또는 폭 5미터 이하의 소하천에 유출하거나 버리는 경우에 한한다) 2. 토사 유입 후의 부유물질 농도에서 토사 유입 전의 부유물질 농도를 뺀 값이 리터당 100밀리그램 이상이 되게 하는 토사량(하천·호소에 유출하거나 버리는 경우에 한한다) ② 제1항에 따른 누적강우량 및 토사량의 구체적인 산정방법 등에 관한 사항은 환경부장관이 정하여 고시한다. [본조신설 2015. 6. 16.] [종전 제26조의2는 제26조의3으로 이동 〈2015. 6. 16.〉]

물환경보전법	물환경보전법 시행령	물환경보전법 시행규칙
1. 제10조제1항 후단을 위반한 자 1의2. 제20조제1항에 따른 낚시금지구역에서 낚시행위를 한 사람 2. 제38조제3항을 위반하여 배출시설 등의 운영상황에 관한 기록을 보존하지 아니하거나 거짓으로 기록한 자 3. 삭제 〈2017. 1. 17.〉 4. 삭제 〈2017. 1. 17.〉 4의2. 제50조의2제1항을 위반하여 기술진단을 실시하지 아니한 자 5. 제53조제1항 후단에 따른 변경신고를 하지 아니한 자 6. 제60조제4항을 위반하여 시설의 설치, 그 밖에 필요한 조치를 하지 아니한 자 7. 제61조의2제1항을 위반하여 물놀이형 수경시설의 설치신고 또는 변경신고를 하지 아니하고 시설을 운영한 자 8. 제61조의2제4항에 따른 물놀이형 수경시설의 수질 기준 또는 관리 기준을 위반하거나 수질 검사를 받지 아니한 자 ③ 다음 각 호의 어느 하나에 해당하는 자에게는 100만원 이하의 과태료를 부과한다. 1. 제15조제1항제3호를 위반한 자 2. 제20조제2항에 따른 제한사항을 위반하여 낚시제한구역에서 낚시행위를 한 사람 3. 제33조제2항 단서 또는 같은 조 제3항에 따른 변경신고를 하지 아니한 자 4. 제60조제5항 후단에 따른 변경신고를 하지 아니한 자		

물환경보전법	물환경보전법 시행령	물환경보전법 시행규칙
4의2. 제66조의2제2항에 따른 입력을 하지 아니하거나 거짓으로 입력한 자 5. 제67조를 위반하여 환경기술인 등의 교육을 받게 하지 아니한 자 6. 제68조제1항에 따른 보고를 하지 아니하거나 거짓으로 보고한 자 또는 자료를 제출하지 아니하거나 거짓으로 제출한 자 ④ 제1항부터 제3항까지의 규정에 따른 과태료는 대통령령으로 정하는 바에 따라 환경부장관, 시·도지사 또는 시장·군수·구청장이 부과·징수한다. [전문개정 2013. 7. 30.]		

제4장 악취방지법

악취방지법	악취방지법 시행령	악취방지법 시행규칙
제1장 총칙 〈개정 2010. 2. 4.〉	제1장 총칙	제1장 총칙
제1조(목적) 이 법은 사업활동 등으로 인하여 발생하는 악취를 방지함으로써 국민의 건강하고 쾌적한 환경에서 생활할 수 있게 함을 목적으로 한다.	제1조(목적) 이 영은 「악취방지법」에서 위임된 사항과 그 시행에 필요한 사항을 규정함을 목적으로 한다.	제1조(목적) 이 규칙은 「악취방지법」 및 같은 법 시행령에서 위임된 사항과 그 시행에 필요한 사항을 규정함을 목적으로 한다.
제2조(정의) 이 법에서 사용하는 용어의 뜻은 다음과 같다. 〈개정 2013. 7. 16.〉 1. "악취"란 황화수소, 메르캅탄류, 아민류, 그 밖에 자극성이 있는 물질이 사람의 후각을 자극하여 불쾌감과 혐오감을 주는 냄새를 말한다. 2. "지정악취물질"이란 악취의 원인이 되는 물질로서 환경부령으로 정하는 것을 말한다. 3. "악취배출시설"이란 악취를 유발하는 시설, 기계, 기구, 그 밖의 것으로서 환경부장관이 관계 중앙행정기관의 장과 협의하여 환경부령으로 정하는 것을 말한다. 4. "복합악취"란 두 가지 이상의 악취물질이 함께 작용하여 사람의 후각을 자극하여 불쾌감과 혐오감을 주는 냄새를 말한다. 5. "신고대상시설"이란 다음 각 목의 어느 하나에 해당하는 시설을 말한다. 가. 제8조제1항 또는 제5항에 따라 신고하여야 하는 악취배출시설 나. 제8조의2제2항에 따라 신고하여야 하는 악취		제2조(지정악취물질) 「악취방지법」(이하 "법"이라 한다) 제2조제2호에 따른 지정악취물질은 별표 1과 같다. [전문개정 2011. 2. 1.] 제3조(악취배출시설) 법 제2조제3호에 따른 악취배출시설은 별표 2와 같다. [전문개정 2011. 2. 1.]

악취방지법	악취방지법 시행령	악취방지법 시행규칙
배출시설 [전문개정 2010. 2. 4.] **제3조(국가ㆍ지방자치단체 및 국민의 책무)** ① 국가는 악취방지에 관한 종합시책을 수립ㆍ시행하고, 지방자치단체가 시행하는 악취방지시책에 대한 재정적ㆍ기술적 지원을 하며, 악취가 생활환경 및 사람의 건강 등에 미치는 영향에 관한 조사ㆍ연구, 악취방지에 관한 기술개발 및 보급 등을 위하여 노력하여야 한다. ② 지방자치단체는 관할구역의 자연적ㆍ사회적 특성을 고려하여 악취방지시책을 수립ㆍ시행하여야 하며, 악취방지를 위하여 노력하는 주민에게 재정적ㆍ기술적 지원을 하고 필요한 정보를 제공하여야 한다. ③ 모든 국민은 사업활동을 하거나 음식물의 조리, 동물의 사육, 식물의 재배 등 일상생활을 하면서 다른 사람의 생활에 피해를 주지 아니하도록 악취방지를 위하여 노력하여야 하며, 국가 및 지방자치단체가 시행하는 악취방지시책에 적극 협조하여야 한다. ④ 환경부장관은 제1항에 따라 악취방지에 관한 종합시책을 10년마다 수립ㆍ시행하여야 한다. [전문개정 2010. 2. 4.] **제4조(악취실태조사)** ① 특별시장ㆍ광역시장ㆍ특별자치시장ㆍ도지사(그 관할구역 중 인구 50만 이상의 시는 제외한다. 이하 같다)ㆍ특별자치도지사(이하 "시ㆍ도지사"라 한다) 또는 인구 50만 이상인 시		**제4조(악취실태조사)** ① 특별시장ㆍ광역시장ㆍ특별자치시장ㆍ도지사(그 관할구역 중 인구 50만 이상의 시는 제외한다. 이하 같다)ㆍ특별자치도지사(이하 "시ㆍ도지사"라 한다) 또는 인구 50만 이상의 시

악취방지법	악취방지법 시행령	악취방지법 시행규칙
의 장(이하 "대도시의 장"이라 한다)은 환경부령으로 정하는 바에 따라 제6조에 따른 악취관리지역의 대기 중 지정악취물질의 농도와 악취의 정도 등 악취발생 실태를 주기적으로 조사하고 그 결과를 환경부장관에게 보고하여야 한다. 〈개정 2012. 2. 1.〉 ② 시·도지사 또는 대도시의 장은 관할구역에서 악취로 인하여 발생한 민원 및 그 조치 결과 등을 환경부령으로 정하는 바에 따라 매년 환경부장관에게 보고하여야 한다. ③ 환경부장관, 시·도지사 또는 대도시의 장은 악취로 인하여 주민의 건강과 생활환경에 피해가 우려되는 경우에는 제6조에 따른 악취관리지역 외의 지역에서 제3항에 따른 악취발생 실태를 조사할 수 있다. [전문개정 2010. 2. 4.]		의 장(이하 "대도시의 장"이라 한다)은 법 제4조제1항에 따라 악취발생 실태를 조사하기 위하여 조사기관, 조사주기, 조사지점, 조사항목, 조사방법 등을 포함한 계획(이하 "악취실태조사계획"이라 한다)을 수립하여야 한다. 〈개정 2012. 10. 18.〉 ② 제1항에 따른 조사지점은 악취관리지역 및 악취관리지역의 인근 지역 중 그 지역의 악취를 대표할 수 있는 지점으로 하며, 조사항목은 해당 지역에서 발생하는 지정악취물질을 포함하여야 한다. 〈개정 2019. 6. 13.〉 ③ 시·도지사 또는 대도시의 장은 악취실태조사계획에 따라 실시한 악취실태조사 결과를 다음 해 1월 15일까지 환경부장관에게 보고하여야 한다. ④ 제1항부터 제3항까지에서 규정한 사항 외에 악취실태조사계획의 수립 및 악취실태조사의 실시에 필요한 사항은 환경부장관이 정하여 고시한다. 〈신설 2019. 6. 13.〉 [전문개정 2011. 2. 1.]
		제5조(악취민원 및 조치 결과 보고) 시·도지사 또는 대도시의 장은 법 제4조제2항에 따라 악취로 인하여 발생한 민원 및 그 조치 결과를 별지 제1호서식에 따라 다음 해 1월 31일까지 환경부장관에게 보고하여야 한다. [전문개정 2011. 2. 1.]
제5조 삭제 〈2006. 10. 4.〉		
제2장 사업장 악취에 대한 규제 〈개정 2010. 2. 4.〉		

악취방지법	악취방지법 시행령	악취방지법 시행규칙
제6조(악취관리지역의 지정) ① 시·도지사 또는 대도시의 장은 다음 각 호의 어느 하나에 해당하는 지역을 악취관리지역으로 지정하여야 한다. 〈개정 2018. 6. 12.〉 1. 악취와 관련된 민원이 1년 이상 지속되고, 악취배출시설을 운영하는 사업장이 둘 이상 인접(隣接)하여 모여 있는 지역으로서 악취가 제7조에 따른 배출허용기준을 초과하는 지역 2. 다음 각 목의 어느 하나에 해당하는 지역으로서 악취와 관련된 민원이 집단적으로 발생하는 지역 가. 「산업입지 및 개발에 관한 법률」 제6조·제7조·제7조의2 및 제8조에 따른 국가산업단지·일반산업단지·도시첨단산업단지 및 농공단지 나. 「국토의 계획 및 이용에 관한 법률」 제36조에 따른 공업지역 중 환경부령으로 정하는 지역 ② 시·도지사 또는 대도시의 장은 제1항에 따른 악취관리지역의 지정 사유가 해소되었을 때에는 악취관리지역의 지정을 해제할 수 있다. ③ 환경부장관은 시·도지사 또는 대도시의 장이 제1항 각 호의 어느 하나에 해당하는 지역을 악취관리지역으로 지정하지 아니하는 경우에는 시·도지사 또는 대도시의 장에게 해당 지역을 악취관리지역으로 지정할 것을 요구할 수 있다. 이 경우 시·도지사 또는 대도시의 장은 특별한 지체 없이 해당 지역을 악취관리지역으로 지정하여야 한다. 〈개정 2018. 6. 12.〉		**제5조의2(악취관리지역의 지정기준)** 법 제6조제1항제2호나목에서 "환경부령으로 정하는 지역"이란 다음 각 호의 지역을 말한다. 〈개정 2017. 5. 17.〉 1. 「국토의 계획 및 이용에 관한 법률 시행령」 제30조제3호가목에 따른 전용공업지역 2. 「국토의 계획 및 이용에 관한 법률 시행령」 제30조제3호나목에 따른 일반공업지역(「자유무역지역의 지정 및 운영에 관한 법률」 제4조에 따른 자유무역지역으로 한정한다) [전문개정 2011. 2. 1.] **제6조(이해관계인의 의견 수렴)** ① 시·도지사 또는 대도시의 장은 법 제6조제4항에 따라 악취관리지역의 지정(해제 또는 변경을 포함한다. 이하 이 조에서 같다)에 대하여 이해관계인의 의견을 들으려면 다음 각 호의 사항을 일간신문에 2회 이상 공고하고, 해당 특별시·광역시·특별자치시·특별자치도·도(그 관할구역·특별자치도(이하 "시·도"라 한다) 또는 인구 50만 이상 시(이하 "대도시"라 한다)의 인터넷 홈페이지에 게시하여야 하며, 공고한 날부터 14일 이상 일반인이 그 내용을 열람할 수 있도록 하여야 한다. 〈개정 2012. 10. 18.〉 1. 지정 목적 2. 지정대상 지역의 위치 및 면적 3. 지정대상 지역 및 그 인근 지역의 악취 현황 4. 지정대상 지역의 악취배출시설 관리계획 5. 열람 장소

악취방지법	악취방지법 시행령	악취방지법 시행규칙
④ 시·도지사 또는 대도시의 장은 악취관리지역을 지정·해제 또는 변경하려는 때에는 환경부령으로 정하는 바에 따라 이해관계인의 의견을 들어야 한다. ⑤ 시·도지사 또는 대도시의 장은 악취관리지역을 지정·해제 또는 변경하였을 때에는 이를 고시하고 그 내용을 환경부장관에게 보고하여야 한다. ⑥ 시장(대도시의 장은 제외한다. 이하 같다)·군수·구청장(자치구의 구청장을 말한다. 이하 같다)은 주민의 생활환경을 보전하기 위하여 필요하다고 인정하는 경우에는 지역을 정하여 시·도지사에게 악취관리지역으로 지정하여 줄 것을 요청할 수 있다. ⑦ 환경부장관은 시·도지사가 제6항에 따라 시장·군수·구청장이 요청한 지역을 악취관리지역으로 지정하지 아니하는 경우에는 제4조제3항에 따른 악취발생실태 조사의 결과를 고려하여 시·도지사에게 해당 지역을 악취관리지역으로 지정할 것을 권고할 수 있다. 이 경우 권고를 받은 시·도지사는 특별한 사유가 없으면 이에 따라야 한다. 〈신설 2018. 6. 12.〉 ⑧ 악취관리지역의 지정기준 등에 관하여 필요한 사항은 환경부령으로 정한다. 〈개정 2018. 6. 12.〉 [전문개정 2010. 2. 4.] 제7조(배출허용기준) ① 악취배출시설에서 배출되는 악취의 배출허용기준은 환경부령이 관계 중앙행정기관의 장과 협의하여 환경부령으로 정한다. 〈개정 2018. 6. 12.〉 ② 특별시·광역시·특별자치시·도(그 관할구역의	「악취방지법 시행령」 제1조의2(엄격한 배출허용기준의 적용) ① 「악취방지법」(이하 "법"이라 한다) 제7조제2항에서 "대통령령으로 정하는 시설"이란 다음 각 호의 시설을 말한다. 1. 법 제6조제1항에 따라 악취관리지역으로 지정된	② 악취관리지역 지정에 이견이 있는 자는 제1항에 따른 열람기간에 시·도지사 또는 대도시의 장에게 그 의견을 서면이나 전자문서로 제출하여야 한다. ③ 시·도지사 또는 대도시의 장은 제2항에 따라 제출된 의견의 타당성을 검토하여 그 결과를 해당 의견을 제출한 자에게 통보하여야 한다. [전문개정 2011. 2. 1.]

악취방지법	악취방지법 시행령	악취방지법 시행규칙
중 인구 50만 이상의 시는 제외한다. 이하 같다) · 특별자치도(이하 "시 · 도"라 한다) 또는 인구 50만 이상의 시(이하 "대도시"라 한다)는 제1항에 따른 배출허용기준으로는 주민의 생활환경을 보전하기 어렵다고 인정하는 경우에는 악취배출시설 중 대통령령으로 정하는 시설에 대하여 환경부령으로 정하는 바에서 제1항에 따른 배출허용기준보다 엄격한 조례로 제1항에 따른 배출허용기준을 정할 수 있다. 〈개정 2018. 6. 12.〉 ③시 · 도 또는 대도시는 제2항에 따라 엄격한 배출허용기준을 정할 때에는 환경부령으로 정하는 바에 따라 이해관계인의 의견을 들어야 한다. ④시 · 도지사 또는 대도시의 장은 제2항에 따라 배출허용기준을 정하거나 변경하였을 때에는 지체 없이 환경부장관에게 보고하여야 한다. ⑤시장 · 군수 · 구청장은 주민의 생활환경을 보전하기 위하여 필요하다고 인정하는 경우에는 그 관할 구역에 있는 악취배출시설에 대하여 시 · 도에 제2항에 따른 엄격한 배출허용기준을 정하여 줄 것을 요청할 수 있다. 〈개정 2018. 6. 12.〉 [전문개정 2010. 2. 4.]	지역(이하 "악취관리지역"이라 한다)에 있는 시설 2. 악취관리지역 외의 지역에 있는 다음 각 목의 시설 가. 「학교보건법」 제2조제2호에 따른 학교의 부지경계선으로부터 1킬로미터 이내에 있는 시설 나. 법 제8조의2제3항에 따른 악취방지에 필요한 조치기간이 지난 시설로서 악취와 관련된 민원이 1년 이상 지속되고 복합악취나 지정악취 물질이 법 제7조제1항에 따른 배출허용기준을 초과하는 시설 ②특별시 · 광역시 · 도(그 관할구역 중 인구 50만 이상의 시는 제외한다) · 특별자치시 · 특별자치도 또는 인구 50만 이상의 시가 법 제7조제2항에 따라 조례로 엄격한 배출허용기준을 정하는 경우에는 이를 준수하는 데 필요한 준비기간을 고려하여 조례로 정하는 바에 따라 1년의 범위에서 그 기준을 적용하지 아니할 수 있다. 〈개정 2012. 10. 9.〉 [본조신설 2011. 1. 26.]	제8조(배출허용기준) ① 법 제7조제1항에 따른 악취의 배출허용기준과 법 제7조제2항에 따른 악취의 엄격한 배출허용기준의 설정 범위는 별표 3과 같다. ②시 · 도지사 또는 대도시의 장은 법 제7조제3항에 따라 엄격한 배출허용기준에 대한 이해관계인의 의견을 들으려면 다음 각 호의 사항을 일간신문에 2회 이상 공고하고, 해당 시 · 도 또는 대도시의 인터넷 홈페이지에 게시하여야 하며, 공고한 날부터 14일 이상 일반인이 그 내용을 열람할 수 있도록 하여야

악취방지법	악취방지법 시행령	악취방지법 시행규칙
		한다. 1. 엄격한 배출허용기준 설정 목적 2. 엄격한 배출허용기준 적용대상 시설 및 그 인근 지역의 악취 현황 3. 엄격한 배출허용기준 4. 열람 장소 ③ 엄격한 배출허용기준에 대한 이해관계인의 이견 제출 및 검토 결과의 통보에 관하여는 제6조제2항 및 제3항을 준용한다. [전문개정 2011. 2. 1.]
제8조(악취관리지역의 악취배출시설 설치신고 등) ① 악취관리지역에 악취배출시설을 설치하려는 자는 환경부령으로 정하는 바에 따라 시ㆍ도지사 또는 대도시의 장에게 신고하여야 한다. 신고한 사항 중 환경부령으로 정하는 사항을 변경하려는 경우에도 또한 같다. ② 제1항에 따라 신고 또는 변경신고를 하는 자는 해당 악취배출시설에서 배출되는 악취가 제7조에 따른 배출허용기준 이하로 배출될 수 있도록 악취방지시설의 설치 등 악취를 방지할 수 있는 계획(이하 "악취방지계획"이라 한다)을 수립하여 신고 또는 변경신고할 때 함께 제출하여야 한다. 다만, 환경부령으로 정하는 바에 따라 악취가 항상 제7조에 따른 배출허용기준 이하로 배출됨을 증명하는 자료를 제출하는 경우에는 그러하지 아니하다. ③ 제2항 단서에 따라 악취방지계획을 제출하지 아니하고 악취배출시설을 설치ㆍ운영하는 자가 규정	제2조(조치기간의 연장 사유) 법 제8조제5항 단서 및 법 제8조의2제3항 단서에서 "그 조치에 특수한 기술이 필요한 경우 등 대통령령으로 정하는 사유"란 다음 각 호의 어느 하나에 해당하는 경우를 말한다. <개정 2011. 10. 28.> 1. 국내에서 확보할 수 없는 특수한 악취방지기술의 도입에 장기간이 걸려 조치기간 연장이 불가피한 경우 2. 「환경기술 및 환경산업 지원법」 제2조에 따른 신기술인증이나 기술검증을 받은 악취방지기술로 모두 교체하는 경우 3. 24시간 연속 가동하는 사업장으로서 공정의 특성상 가동이 중단되면 제품 생산에 막대한 지장을 줄 우려가 있는 경우 4. 천재지변, 화재 또는 그 밖의 불가항력적인 사유로 악취방지시설을 설치할 수 없는 경우 [전문개정 2011. 1. 26.]	

악취방지법	악취방지법 시행령	악취방지법 시행규칙
(工程)·원료 등의 변경으로 제7조에 따른 배출허용기준을 초과할 우려가 있는 경우에는 악취방지계획을 수립하여 제출하여야 한다. ④ 제2항 본문 및 제3항에 따라 악취방지계획을 제출하는 자는 악취방지계획에 따라 해당 악취배출시설의 가동 전에 악취방지에 필요한 조치를 하여야 한다. ⑤ 악취관리지역을 지정·고시할 당시 해당 지역에서 악취배출시설을 운영하고 있는 자는 그 고시된 날부터 6개월 이내에 제1항에 따른 신고와 함께 악취방지계획이나 제2항 단서에 따른 자료를 제출하고, 그 고시된 날부터 1년 이내에 악취방지계획에 따라 악취방지에 필요한 조치를 하여야 한다. 다만, 그 조치에 특수한 기술이 필요한 경우 등 대통령령으로 정하는 사유에 해당하는 경우에는 시·도지사 또는 대도시의 장의 승인을 받아 6개월의 범위에서 조치 기간을 연장할 수 있다. [전문개정 2010. 2. 4.]		제9조(악취배출시설의 설치·운영 신고) ① 법 제8조제1항 전단, 제8조제5항 본문 또는 제8조의2제2항 전단에 따라 악취배출시설의 설치신고 또는 운영신고를 하려는 자는 별지 제2호서식의 악취배출시설 설치·운영신고서(전자문서로 된 신고서를 포함한다)에 다음 각 호의 서류(전자문서를 포함한다)를 첨부하여 특별자치시장, 특별자치도지사, 대도시의 시장 또는 시장(특별자치시장, 대도시의 장은 제외한다. 이하 같다)·군수·구청장(자치구의 구청장을 말한다. 이하 같다)에게 제출하여야 한다. (개정 2016. 12. 30.) 1. 사업장 배치도 1부 2. 악취배출시설의 설치명세서 및 공정도(工程圖) 1부 3. 악취물질의 종류, 농도 및 발생량을 예측한 명세서 1부 4. 악취방지계획서 1부 5. 악취방지시설의 연간 유지·관리계획서 1부 ② 제1항에도 불구하고 악취배출시설에 대하여 「대기환경보전법」제23조에 따른 대기오염물질배출시설 설치허가·신청 또는 신고를 하거나 같은 법 제44조에 따른 휘발성유기화합물 배출시설 설치신고를 한 경우에는 그 허가신청서 또는 신고서의 제출로 제1항에 따른 신고서 제출을 갈음할 수 있다. 이 경우 허가신청서 또는 신고서를 받은 시·도지사는 허가를 하거나 신고를 수리하였을 때에는 관할 대도시의 장 또는 시장·군수·구청장에게 이를 통보하여야 한다.

악취방지법	악취방지법 시행령	악취방지법 시행규칙
		③ 특별자치시장, 특별자치도지사, 대도시의 장 또는 시장·군수·구청장은 제1항에 따른 신고를 수리하거나 제2항에 따른 통보를 받았을 때에는 별지 제3호서식의 악취배출시설 설치·운영신고확인증을 발급하여야 한다. 〈개정 2014. 4. 11.〉 [전문개정 2011. 2. 1.] **제10조(악취배출시설의 변경신고)** ① 법 제8조제1항 후단이나 제8조의2제2항 후단에 따라 악취배출시설의 변경신고를 하여야 하는 경우는 다음 각 호와 같다. 〈개정 2019. 6. 13.〉 1. 악취배출시설의 악취방지계획서 또는 악취방지시설을 변경하는 경우(제5조에 해당하여 변경하는 경우는 제외한다) 2. 악취배출시설을 폐쇄하거나, 별표 2 제2호에 따른 시설 규모의 기준에서 정하는 규정을 추가하거나 폐쇄하는 경우 3. 사업장의 명칭 또는 대표자를 변경하는 경우 4. 악취배출시설 또는 악취방지시설을 임대하는 경우 5. 악취배출시설에서 사용하는 원료를 변경하는 경우 ② 제1항에 따라 변경신고를 하려는 자는 변경 전에 별지 제4호서식의 악취배출시설 변경신고서(전자문서로 된 신고서를 포함한다)에 다음 각 호의 서류(전자문서를 포함한다)를 첨부하여 특별자치시장, 특별자치도지사, 대도시의 장 또는 시장·군수·구청장에게 제출하여야 한다. 다만, 악취배출시설을 폐쇄하거나 사업장의 명칭 또는 대표자를 변경하는 경우에는 제1호부터 제3호까지의 서류는 제출하지

악취방지법	악취방지법 시행령	악취방지법 시행규칙
		아니한다. 〈개정 2016. 12. 30.〉 1. 악취배출시설 또는 악취방지시설의 변경명세서 1부 2. 악취물질의 종류, 농도 및 발생량을 예측한 명세서 1부 3. 악취방지계획서 1부 4. 악취방지시설 설치·운영신고 확인증 ③ 특별자치시장, 특별자치도지사, 대도시의 장 또는 시장·군수·구청장은 제2항에 따른 변경신고를 수리하였을 때에는 악취배출시설 설치·운영신고 확인증에 변경사항을 적은 후 이를 신고인에게 발급하여야 한다. 〈개정 2014. 4. 11.〉 [전문개정 2011. 2. 1.] 제11조(악취방지계획) ① 법 제8조제2항·제5항 또는 제8조의2제3항에 따른 악취방지계획에 포함하여야 하는 사항은 별표 4와 같다. ② 법 제8조제2항 단서에서 "환경부령으로 정하는 바에 따라 악취가 항상 배출되는 제7조에 따른 배출허용기준 이하로 배출됨을 증명하는 자료"란 다음 각 호의 자료를 말한다. 1. 악취배출시설의 기능·공정·사용원료(부원료를 포함한다)의 특성에 관한 설명자료 2. 악취배출시설에서 배출되는 악취가 항상 배출허용기준 이하로 배출된다는 것을 증명하는 법 제18조에 따른 악취검사기관의 시험분석자료 3. 제2호의 시험자료를 보완할 수 있는 객관적인 문헌이나 자료

악취방지법	악취방지법 시행령	악취방지법 시행규칙
		[전문개정 2011. 2. 1.]
제8조의2(악취관리지역 외의 지역에서의 악취배출시설 신고 등) ① 시·도지사 또는 대도시의 장은 악취관리지역 외의 지역에 설치된 악취배출시설과 관련하여 악취와 관련된 민원이 1년 이상 지속되고 복합악취나 지정악취물질이 3회 이상 제7조에 따른 배출허용기준을 초과하는 경우에는 해당 악취배출시설을 신고대상시설로 지정·고시할 수 있다. ② 제1항에 따라 지정·고시된 악취배출시설을 운영하는 자는 그 지정·고시된 날부터 6개월 이내에 환경부령으로 정하는 바에 따라 시·도지사 또는 대도시의 장에게 신고하여야 한다. 신고한 사항 중 환경부령으로 정하는 사항을 변경하려는 경우에도 또한 같다. ③ 제2항에 따라 신고하거나 변경신고하려는 자는 악취방지계획을 수립하여 신고할 때 함께 제출하여야 하며, 제1항에 따라 지정·고시된 날부터 1년 이내에 악취방지계획에 따라 악취방지에 필요한 조치를 하여야 한다. 다만, 그 조치에 특수한 기술이 필요한 경우 등 대통령령으로 정하는 사유에 해당하는 경우에는 시·도지사 또는 대도시의 장의 승인을 받아 6개월의 범위에서 조치기간을 연장할 수 있다. ④ 시장·군수·구청장은 주민의 생활환경을 보전하기 위하여 필요한 경우에는 시·도지사에게 제1항에 따른 지정·고시를 하여 줄 것을 요청할 수 있다. [본조신설 2010. 2. 4.]	제2조(조치기간의 연장 사유) 법 제8조의2제3항 단서 및 제8조의2제3항 단서에서 "그 조치에 특수한 기술이 필요한 경우 등 대통령령으로 정하는 사유"란 다음 각 호의 어느 하나에 해당하는 경우를 말한다. <개정 2011. 10. 28.> 1. 국내에서 확보할 수 없는 특수한 악취방지기술의 도입에 장기간의 준비 조치기간 연장이 불가피한 경우 2. 「환경기술 및 환경산업 지원법」 제7조에 따른 신기술인증이나 기술검증을 받은 악취방지기술로 모두 교체하는 경우 3. 24시간 연속 가동되는 사업장으로서 공정의 특성상 가동이 중단되면 제품 생산에 막대한 지장을 줄 우려가 있는 경우 4. 천재지변, 화재 또는 그 밖의 불가항력적인 사유로 악취방지시설을 설치할 수 없는 경우 [전문개정 2011. 1. 26.]	제9조(악취배출시설의 설치·운영 신고) ① 법 제8조 제1항·전단, 제8조의2제2항 본문 또는 제8조의2제2항·전단에 따라 악취배출시설의 설치신고 또는 운영신고를 하려는 자는 별지 제2호서식의 악취배출시설 설치·운영신고서(전자문서로 된 신고서를 포함한다)에 다음 각 호의 서류(전자문서를 포함한다)를 첨부하여 특별자치시장, 특별자치도지사, 대도시의 장 또는 시장·군수(특별시장·광역시장, 대도시의 장은 제외

악취방지법	악취방지법 시행령	악취방지법 시행규칙
		한다. 이하 같다)·군수·구청장(자치구의 구청장을 말한다. 이하 같다)에게 제출하여야 한다. 〈개정 2016. 12. 30.〉 1. 사업장 배치도 1부 2. 악취배출시설의 설치명세서 및 공정도(工程圖) 1부 3. 악취물질의 종류, 농도 및 발생량을 예측한 명세서 1부 4. 악취방지계획서 1부 5. 악취방지시설의 연간 유지·관리계획서 1부 ② 제1항에도 불구하고 제23조에 따른 대기오염물질배출시설 설치 허가신청 또는 신고를 하거나 같은 법 제44조에 따른 휘발성유기화합물배출시설 설치신고를 한 경우에는 그 허가신청서 또는 신고서의 제출로 제1항에 따른 신고서 제출을 갈음할 수 있다. 이 경우 허가신청서 또는 신고서를 받은 시·도지사는 허가를 하거나 신고를 수리하였을 때에는 관할 대도시의 장 또는 시장·군수·구청장에게 이를 통보하여야 한다. ③ 특별자치시장, 특별자치도지사, 대도시의 장 또는 시장·군수·구청장은 제1항에 따른 신고를 수리하거나 제2항에 따른 통보를 받았을 때에는 별지 제3호서식의 악취배출시설 설치·운영신고확인증을 발급하여야 한다. 〈개정 2014. 4. 11.〉 [전문개정 2011. 2. 1.] **제10조(악취배출시설의 변경신고)** ① 법 제8조제1항 후단이나 제8조의2제2항 후단에 따라 악취배출시

악취방지법	악취방지법 시행령	악취방지법 시행규칙
		설의 변경신고를 하여야 하는 경우는 다음 각 호와 같다. 〈개정 2019. 6. 13.〉 1. 악취배출시설의 악취방지계획서 또는 악취방지시설을 변경하는 경우(제5호에 해당하여 변경하는 경우는 제외한다) 2. 악취배출시설을 폐쇄하거나, 별표 2 제2호에 따른 시설 규모의 기준에서 정하는 공정을 추가하거나 폐쇄하는 경우 3. 사업장의 명칭 또는 대표자를 변경하는 경우 4. 악취배출시설 또는 악취방지시설을 임대하는 경우 5. 악취배출시설에서 사용하는 원료를 변경하는 경우 ② 제1항에 따라 변경신고를 하려는 자는 변경 전에 별지 제4호서식의 악취배출시설 변경신고서(전자문서로 된 신고서를 포함한다)에 다음 각 호의 서류(전자문서를 포함한다)를 첨부하여 특별자치시장, 특별자치도지사, 대도시의 장 또는 시장·군수·구청장에게 제출하여야 한다. 다만, 악취배출시설을 폐쇄하거나 사업장의 명칭 또는 대표자를 변경하는 경우에는 제1호부터 제3호까지의 서류를 제출하지 아니한다. 〈개정 2016. 12. 30.〉 1. 악취배출시설 또는 악취방지시설의 변경명세서 1부 2. 악취물질의 종류, 농도 및 발생량을 예측한 명세서 1부 3. 악취방지계획서 1부 4. 악취배출시설 설치·운영신고 확인증 ③ 특별자치시장, 특별자치도지사, 대도시의 장 포

악취방지법	악취방지법 시행령	악취방지법 시행규칙
제8조의3(악취방지시설의 공동 설치 등) ① 국가, 지방자치단체 및 「한국환경공단법」에 따른 한국환경공단(이하 "한국환경공단"이라 한다)은 악취관리지역 또는 제8조의2제1항에 따라 신고대상시설로 지정·고시된 악취배출시설이 설치된 지역의 각 사업장에서 배출되는 악취를 공동으로 처리하기 위하여 악취공공처리시설을 설치·운영할 수 있다. 이 경우 국가, 지방자치단체 및 한국환경공단은 해당 사업장의 운영자에게 악취공공처리시설의 운영에 필요한 비용의 전부 또는 일부를 부담하게 할 수 있다. 〈신설 2012. 2. 1.〉 ② 국가와 지방자치단체는 한국환경공단으로 하여금 제1항에 따른 악취공공처리시설을 설치하거나 운영하게 할 수 있다. 〈신설 2012. 2. 1.〉 ③ 신고대상시설을 운영하는 자(이하 "신고대상시설 운영자"라 한다)는 환경부령으로 정하는 바에 따라 신고대상시설로부터 나오는 악취를 처리하기 위한 악취방지시설을 공동으로 설치·운영할 수 있다. 〈개정 2012. 2. 1.〉 ④ 신고대상시설 운영자가 제3항에 따라 악취방지시설을 공동으로 설치·운영하려는 경우에는 그 시설을 운영하는 운영기구를 설치하고 대표자를 두어야 한다.		는 시장·군수·구청장은 제2항에 따른 변경신고를 수리하였을 때에는 악취배출시설 설치·운영신고 확인증에 변경사항을 적은 후 이를 신고인에게 발급하여야 한다. 〈개정 2014. 4. 11.〉 [전문개정 2011. 2. 1.] **제11조의2(악취공공처리시설의 설치·운영)** ① 국가, 지방자치단체 및 「한국환경공단법」에 따른 한국환경공단(이하 "한국환경공단"이라 한다)은 법 제8조의3제1항에 따라 악취공공처리시설을 설치·운영하려는 경우 그 시설을 관할 특별자치시장, 특별자치도지사, 대도시의 장 또는 시장·군수·구청장에게 악취공공처리시설의 장(특별자치시장, 특별자치도지사, 대도시의 장 또는 시장·군수·구청장이 악취공공처리시설을 설치·운영하려는 경우는 제외한다)하여야 한다. ② 제1항에 따른 통보를 받은 지방자치단체의 장은 그 통보받은 한 기관의 장에게 다음 각 호의 서류의 제출을 요청할 수 있다. 1. 악취공공처리시설의 위치도(축척 2만5천분의 1의 지형도를 말한다) 2. 악취공공처리시설의 도면 및 다음 각 목의 사항을 모두 포함하는 악취공공처리시설의 설치명세서 가. 악취공공처리시설의 종류 및 규모 나. 악취공공처리시설의 악취물질 처리능력 다. 악취공공처리시설의 악취물질 처리방법 3. 사업장별 악취배출시설의 설치명세서 및 악취의 배출량 예측서 4. 사업장별 원료사용량과 제품생산량 및 공정도

악취방지법	악취방지법 시행령	악취방지법 시행규칙
〈개정 2012. 2. 1.〉 ⑤ 제1항에 따른 악취공공처리시설 및 제3항에 따라 공동으로 설치·운영하는 악취방지시설의 용기준은 제7조에 따르며, 그 설치·운영에 필요한 사항은 환경부령으로 정한다. 〈개정 2012. 2. 1.〉 [본조신설 2010. 2. 4.] [시행일 : 2013. 2. 2.] 제8조의3제1항·제2항 및 제5항의 개정규정 중 악취공공처리시설에 관한 부분		5. 개별 사업장에서 악취공공처리시설에 이르는 연결관의 설치도면 및 설치명세서 6. 악취공공처리시설의 운영에 관한 규약 ③ 국가, 지방자치단체 및 한국환경공단은 악취공공처리시설의 설치·운영 내용 중 다음 각 호의 어느 하나에 해당하는 사항을 변경하려는 경우에는 변경 내용을 관할 특별시장·광역시장, 특별자치시장, 특별자치도지사, 대도시의 장 또는 시장·군수·구청장(특별시장·광역시장, 특별자치시장·특별자치도지사, 대도시의 장 또는 시장·군수·구청장이 악취공공처리시설의 설치·운영 내용을 변경하려는 경우는 제외한다)에게 통보하여야 한다. 이 경우 통보를 받은 지방자치단체의 장은 통보를 한 기관의 장에게 변경 내용을 증명하는 서류의 제출을 요청할 수 있다. 1. 악취공공처리시설의 위치 2. 악취공공처리시설의 종류 또는 규모 3. 악취공공처리시설의 악취물질 처리능력 및 처리방법 4. 각 사업장에서 악취공공처리시설에 이르는 연결관 5. 악취공공처리시설의 운영에 관한 규약 [본조신설 2014. 4. 11.] [종전 제11조의2는 제11조의3으로 이동 〈2014. 4. 11.〉]
		제11조의3(공동 방지시설의 설치·운영) ① 법 제8조의3제3항에 따른 공동 악취방지시설(이하 "공동 방지시설"이라 한다)을 설치·운영하려는 경우에는 같은 조 제2항에 따른 공동 악취방지시설 운영기구

악취방지법	악취방지법 시행령	악취방지법 시행규칙
		(이하 "공동 방지시설 운영기구"라 한다)의 대표자가 다음 각 호의 서류를 특별자치시장, 특별자치도지사, 대도시의 장 또는 시장·군수·구청장에게 제출하여야 한다. 〈개정 2014. 4. 11.〉 1. 공동 방지시설의 위치도(축척 2만5천분의 1의 지형도를 말한다) 2. 공동 방지시설의 도면 및 다음 각 목의 사항을 모두 포함하는 공동 방지시설의 설치명세서 　가. 공동 방지시설의 종류 및 규모 　나. 공동 방지시설의 악취물질 처리능력 　다. 공동 방지시설의 악취물질 처리방법 3. 사업장별 악취배출시설의 설치명세서 및 악취의 배출량 예측서 4. 사업장별 원료사용량과 제품생산량 및 공정도 5. 사업장에서 공동 방지시설 이르는 연결관의 설치도면 및 명세서 6. 다음 각 목의 사항을 모두 포함하는 공동 방지시설의 운영에 관한 규약 　가. 악취배출농도 및 배출량 등에 따른 사업장별 공동 방지시설의 설치비용·운영경비·제출 당금 등의 분담에 관한 사항 　나. 배출허용기준 초과 등에 따른 사업장별 과태료·과징금·벌금의 분담에 관한 사항 7. 공동 방지시설 설치를 위한 제원마련 계획서 ② 공동 방지시설 운영기구의 대표자는 공동 방지시설의 설치 내용 중 다음 각 호의 어느 하나의 사항을 변경하려는 경우에는 변경 내용을 증명하는 서류를

약취방지법	약취방지법 시행령	약취방지법 시행규칙
		특별자치시장, 특별자치도지사, 대도시의 장 또는 시장·군수·구청장에게 제출하여야 한다. 〈개정 2014. 4. 11.〉 1. 공동 방지시설의 위치 2. 공동 방지시설의 종류 또는 규모 3. 공동 방지시설의 악취물질 처리능력 및 처리방법 4. 각 사업장에서 공동 방지시설에 이르는 연결관 5. 공동 방지시설의 운영에 관한 규약 6. 공동 방지시설 설치에 소요되는 비용 ③ 신고대상시설을 운영하는 자는 공동 방지시설은 영가구의 대표자에게 별과 「악취방지법 시행령」(이하 "영"이라 한다) 및 이 규칙에 따른 행위를 대행하게 할 수 있다. [본조신설 2011. 2. 1.] [제11조의2에서 이동 〈2014. 4. 11.〉]
제9조(권리·의무의 승계) ① 신고대상시설을 상속, 양도, 합병을 통하여 승계하는 자는 종전 신고대상시설 운영자의 권리·의무를 승계한다. ② 다음 각 호의 어느 하나에 해당하는 절차에 따라 신고대상시설을 인수한 자는 해당 신고대상시설의 신고 및 변경신고에 따르는 종전 신고대상시설 운영자의 권리·의무를 승계한다. 1. 「민사집행법」에 따른 경매 2. 「채무자 회생 및 파산에 관한 법률」에 따른 환가 3. 「국세징수법」, 「관세법」 또는 「지방세법」에 따른 압류재산의 매각 4. 그 밖에 제1호부터 제3호까지의 어느 하나에 준하		

약취방지법	약취방지법 시행령	약취방지법 시행규칙
는 절차 [전문개정 2010. 2. 4.] 제10조(개선명령) 시·도지사 또는 대도시의 장은 신고대상시설에서 배출되는 악취가 제7조에 따른 배출허용기준을 초과하는 경우에는 대통령령으로 정하는 바에 따라 기간을 정하여 신고대상시설 운영자에게 그 악취가 배출허용기준 이하로 내려가도록 필요한 조치를 할 것을 명할 수 있다. [전문개정 2010. 2. 4.]	제3조(개선명령의 조치기간) ① 특별시장·광역시장·도지사(그 관할구역 중 인구 50만 이상의 시는 제외한다. 이하 같다)·특별자치시장·특별자치도지사(이하 "시·도지사"라 한다) 또는 인구 50만 이상의 시의 장(이하 "대도시의 장"이라 한다)은 법 제10조에 따른 개선명령을 할 때에는 악취의 제거 또는 악취 등의 조치에 걸리는 기간을 고려하여 1년의 범위에서 조치기간을 정할 수 있다. 〈개정 2012. 10. 9.〉 ② 시·도지사 또는 대도시의 장은 법 제10조에 따른 개선명령을 받은 신고대상시설 운영자가 천재지변이나 그 밖의 부득이한 사유로 제1항에 따른 조치기간에 조치를 끝낼 수 없는 경우에는 그 신고대상시설 운영자의 신청을 받아 6개월의 범위에서 조치기간을 연장할 수 있다. 이 경우 연장신청은 제1항의 조치기간이 끝나기 전에 하여야 한다. [전문개정 2011. 1. 26.] 제4조(신고대상시설 운영자의 자진 개선) ① 신고대상시설 운영자는 다음 각 호의 어느 하나에 해당하는 경우로서 배출허용기준을 초과하여 악취를 배출하게 될 때에는 법 제17조에 따른 해당 신고대상시설에 대한 검사 전에 악취배출시설 또는 악취방지시설의 개선사유, 개선기간, 개선내용, 개선기간 중의 오염물질 예상배출량·배출농도 및 악취자검관리계획, 개선 이후 운영관리계획 등을 적은 개선계획	

악취방지법	악취방지법 시행령	악취방지법 시행규칙
	서울시·도지사 또는 대도시의 장에게 지진하여 제출하고 악취배출시설 또는 악취방지시설을 개선할 수 있다. 1. 악취배출시설 또는 악취방지시설의 개선·변경·점검 또는 보수를 위하여 부득이한 경우 2. 주요 기계장치 등의 돌발적 사고로 인하여 악취배출시설 또는 악취방지시설을 적절하게 운영할 수 없는 경우 3. 단전(斷電)·단수(斷水)로 악취배출시설 또는 악취방지시설을 적절하게 운영할 수 없는 경우 4. 천재지변, 화재 또는 그 밖의 불가항력적인 사유로 악취배출시설 또는 악취방지시설을 적절하게 운영할 수 없는 경우 ② 시·도지사 또는 대도시의 장은 제1항에 따라 신고대상시설 운영자가 개선계획서를 제출한 경우에는 개선기간 동안 법 제10조에 따른 개선명령을 하지 아니할 수 있다. [전문개정 2011. 1. 26.]	제19조(행정처분기준) 법 제11조·제13조·제16조의6 또는 제19조에 따른 행정처분기준은 별표 9와 같다. <개정 2019. 6. 13.> [전문개정 2011. 2. 1.]
제11조(조업정지명령) ① 시·도지사 또는 대도시의 장은 제10조에 따른 명령(이하 "개선명령"이라 한다)을 받은 자가 이를 이행하지 아니하거나, 이행은 하였으나 최근 2년 이내에 제7조에 따른 배출허용기준을 반복하여 초과하는 경우에는 해당 신고대상시설의 전부 또는 일부에 대하여 조업정지를 명할 수 있다. <개정 2014. 3. 24.> ② 제1항에 따른 조업정지명령의 기준, 범위 등에 관하여 필요한 사항은 환경부령으로 정한다. <개정		

악취방지법	악취방지법 시행령	악취방지법 시행규칙
2014. 3. 24.〉 [전문개정 2010. 2. 4.] [제목개정 2014. 3. 24.] **제12조(과징금처분)** ① 시·도지사 또는 대도시의 장은 신고대상시설로서 다음 각 호의 어느 하나에 해당하는 시설을 운영하는 자에게 제11조에 따라 조업정지를 명하여야 하는 경우로서 그 조업정지가 주민의 생활에 심한 불편을 주거나 공익을 해칠 우려가 있다고 인정되는 경우에는 조업정지처분을 대신하여 1억원 이하의 과징금을 부과할 수 있다. 〈개정 2017. 1. 17.〉 1. 「산업집적활성화 및 공장설립에 관한 법률」 제2조제1호에 따른 공장 2. 「하수도법」 제2조제9호 또는 제10호에 따른 공공하수처리시설 또는 분뇨처리시설 3. 「가축분뇨의 관리 및 이용에 관한 법률」 제2조제9호에 따른 공공처리시설 4. 「물환경보전법」 제2조제17호에 따른 공공폐수처리시설 5. 「폐기물관리법」 제2조제8호에 따른 폐기물처리시설 중 지방자치단체가 설치하거나 운영하는 시설 6. 그 밖에 대통령령으로 정하는 악취배출시설 ② 제1항에 따라 과징금을 부과하는 위반행위의 종류 및 위반 정도 등에 따른 과징금의 금액 등에 관하여 필요한 사항은 환경부령으로 정한다. ③ 시·도지사 또는 대도시의 장은 제1항에 따른 시설을 운영하는 자가 제1항에 따른 과징금을 납부기	**제5조(과징금 처분대상 악취배출시설)** 법 제12조제1항제6호에서 "대통령령으로 정하는 악취배출시설"이란 다음 각 호의 시설을 말한다. 1. 축산시설 2. 유기·무기화합물 제조시설. 다만, 해당 시설의 사용을 중지할 경우 해당 시설 안에 투입된 원료·부원료(副原料)·용수(用水) 또는 제품[반제품(半製品)을 포함한다] 등이 화학반응 등을 일으켜 폭발 또는 화재 등의 사고가 발생할 우려가 있는 시설로 한정한다. [전문개정 2011. 1. 26.]	**제12조(과징금의 금액 등)** ① 법 제12조제1항에 따른 과징금은 별표 9의 행정처분기준에 따른 조업정지 일수(과징금 부과처분일부터 계산한다)에 1일당 부과금액 100만원을 곱하여 계산하되, 1억원을 초과하는 경우에는 1억원으로 한다. 〈개정 2014. 9. 22.〉 ② 법 제12조제1항에 따른 과징금의 납부기한은 과징금 납부통지서 발급일부터 30일로 한다. [전문개정 2011. 2. 1.]

약취방지법	약취방지법 시행령	약취방지법 시행규칙
한가지 내지 아니하면 「지방세외수입금의 징수 등에 관한 법률」에 따라 징수한다. 〈개정 2013. 8. 6.〉 [전문개정 2010. 2. 4.]		
제13조(위반시설에 대한 폐쇄명령 등) ① 시·도지사 또는 대도시의 장은 신고를 하지 아니하고 신고대상시설을 설치하거나 운영하는 자에게 해당 신고대상시설의 사용중지를 명하여야 한다. 다만, 다른 법률에서 그 설치 장소에 해당 신고대상시설을 설치할 수 없도록 금지하고 있는 경우에는 그 신고대상시설의 폐쇄를 명하여야 한다. ② 제1항에 따른 사용중지명령 또는 폐쇄명령에 관하여 그 밖에 필요한 사항은 환경부령으로 정한다. [전문개정 2010. 2. 4.]		제19조(행정처분기준) 법 제11조·제13조·제16조의6 또는 제19조에 따른 행정처분기준은 별표 9과 같다. 〈개정 2019. 6. 13.〉 [전문개정 2011. 2. 1.]
제14조(개선 권고 등) ① 특별자치시장, 특별자치도지사, 대도시의 장 또는 시장·군수·구청장은 신고대상시설 외의 약취배출시설에서 배출되는 약취가 제7조제1항에 따른 배출허용기준을 초과하는 경우에는 해당 약취배출시설을 운영하는 자에게 그 약취가 제7조제1항에 따른 배출허용기준 이하로 내려가도록 필요한 조치를 할 것을 권고할 수 있다. 〈개정 2013. 7. 16.〉 ② 특별자치시장, 특별자치도지사, 대도시의 장 또는 시장·군수·구청장은 제1항에 따라 권고를 받은 자가 자가 권고사항을 이행하지 아니하는 경우에는 약취를 저감(低減)하기 위하여 필요한 조치를 명할 수 있다. 〈개정 2013. 7. 16.〉		

악취방지법	악취방지법 시행령	악취방지법 시행규칙
[전문개정 2010. 2. 4.] [제목개정 2013. 7. 16.]		
제3장 생활악취의 방지		
제15조 삭제 〈2010. 2. 4.〉		
제16조(공공수역의 악취방지) 국가와 지방자치단체는 하수관로·하천·호소(湖沼)·항만 등 공공수역에서 악취가 발생하여 주변 지역 주민에게 피해를 주지 아니하도록 적절하게 관리하여야 한다. 〈개정 2013. 7. 16.〉 [전문개정 2010. 2. 4.]		
제16조의2(기술진단 등) ① 시·도지사, 대도시의 장 및 시장·군수·구청장은 악취로 인한 주민의 건강상 위해(危害)를 예방하고 생활환경을 보전하기 위하여 해당 지방자치단체의 장이 설치·운영하는 다음 각 호의 악취배출시설에 대하여 5년마다 기술진단을 실시하여야 한다. 다만, 다른 법률에 따라 악취에 관한 기술진단을 실시한 경우에는 이 항에 따른 기술진단을 실시한 것으로 본다. 〈개정 2017. 1. 17.〉 1. 「하수도법」 제2조제9호 및 제10호에 따른 공공하수처리시설 및 분뇨처리시설 2. 「가축분뇨의 관리 및 이용에 관한 법률」 제2조제9호에 따른 공공처리시설 3. 「물환경보전법」 제2조제17호에 따른 공공폐수처리시설 4. 「폐기물관리법」 제2조제8호에 따른 폐기물처리		**제13조의2(기술진단)** ① 법 제16조의2제1항에 따른 기술진단(이하 "기술진단"이라 한다)의 내용·방법은 별표 5와 같다. ② 법 제16조의2제3항에 따른 기술진단 대상시설의 범위는 별표 6과 같다. ③ 시·도지사, 대도시의 장 또는 시장·군수·구청장은 법 제16조의2제2항에 따라 같은 조 제1항에 따른 기술진단 결과를 받은 날부터 30일 이내에 개선계획을 수립하여 다음 각 호의 구분에 따라 통지해야 한다. 이 경우 개선계획을 통지받은 자는 해당 개선계획에 대하여 한국환경공단에 기술적 지원을 요청할 수 있다. 〈개정 2019. 6. 13.〉 1. 시·도지사 또는 대도시의 장이 수립한 경우 : 유역환경청장 또는 지방환경청장 2. 시장·군수·구청장이 수립한 경우 : 시·도지

약취방지법	약취방지법 시행령	약취방지법 시행규칙
시설 중 음식물류 폐기물을 처리(재활용을 포함한다)하는 시설 5. 그 밖에 시·도지사, 대도시의 장 및 시장·군수·구청장이 해당 지방자치단체의 장이 설치·운영하는 시설 중 악취발생으로 인한 피해가 우려되어 기술진단을 실시할 필요가 있다고 인정하는 시설 ② 제1항에 따라 기술진단을 실시한 시·도지사, 대도시의 장 및 시장·군수·구청장은 제1항에 따른 기술진단 결과 악취저감 등의 조치가 필요하다고 인정되는 경우에는 개선계획을 수립하여 시행하여야 한다. ③ 제1항에 따른 기술진단의 내용·방법, 기술진단 대상시설의 범위 등은 환경부령으로 정한다. 〈개정 2018. 6. 12.〉 ④ 시·도지사, 대도시의 장 및 시장·군수·구청장은 국립환경과학원 또는 제16조의3제1항에 따른 등록을 한 자로 하여금 제1항에 따른 기술진단 업무를 대행하게 할 수 있다. 〈신설 2018. 6. 12.〉 [본조신설 2010. 2. 4.]		사 또는 대도시의 장 ④ 기술진단에 드는 비용은 기술진단 대상시설의 종류·규모 등을 고려하여 환경부장관이 정하여 고시한다. [본조신설 2011. 2. 1.]
제16조의3(기술진단전문기관의 등록) ① 제16조의2제1항에 따른 기술진단 업무를 대행하려는 자는 대통령령으로 정하는 시설·장비 및 기술인력 등의 요건을 갖추어 환경부장관에게 등록하여야 한다. ② 제1항에 따라 등록을 한 자(이하 "기술진단전문기관"이라 한다)는 제1항에 따라 등록한 사항 중 환경부령으로 정하는 중요한 사항을 변경하려는 경우	**제7조의2(기술진단전문기관의 등록요건 등)** ① 법 제16조의3제1항에서 "대통령령으로 정하는 시설·장비 및 기술인력 등의 요건"이란 별표 1에 따른 등록 요건을 말한다. ② 법 제16조의4제5호에서 "기술진단 실적의 보고 등 대통령령으로 정하는 사항"이란 다음 각 호의 사항을 말한다.	

약취방지법	약취방지법 시행령	약취방지법 시행규칙
에는 환경부장관에게 변경등록을 하여야 한다. ③ 제1항 및 제2항에 따른 등록·변경등록의 절차 등 그 밖에 필요한 사항은 환경부령으로 정한다. [본조신설 2018. 6. 12.] [종전 제16조의3은 제16조의7로 이동 〈2018. 6. 12.〉]	1. 전년도 기술진단 실적을 환경부장관에게 매년 1월 31일까지 보고할 것 2. 기술진단 결과에 대한 보고서(이하 이 조에서 "기술진단 결과보고서"라 한다)와 그 작성의 기초가 되는 자료를 거짓으로 또는 부실하게 작성하지 않을 것 3. 다른 기술진단 결과보고서의 주요 내용을 복제하여 기술진단 결과보고서를 작성하지 않을 것 4. 기술진단을 위한 시험·분석업무를 실시하는 경우 「환경분야 시험·검사 등에 관한 법률」 제6조제1항·제4호에 따른 분야 환경오염공정시험기준을 준수할 것 5. 기술진단 업무에 사용되는 측정기기가 「환경분야 시험·검사 등에 관한 법률」 제9조제1항 본문에 따른 형식승인 대상 측정기기인 경우에는 형식승인을 받은 측정기를 사용하고, 같은 법 제11조제1항에 따라 정도검사(精度檢査)를 받을 것 6. 환경부장관이 기술진단의 대상시설의 종류·규모 등을 고려하여 고시하는 기술진단 비용에 관한 기준을 준수할 것 7. 법 제16조의3제2항에 따른 기술진단전문기관(이하 "기술진단전문기관"이라 한다)이 「하수도법」 제74조제3항에 따라 지방자치단체의 공공하수도에 관한 공사 업무(관리 업무를 포함한다)를 위탁받은 관계전문기관 또는 그 계열회사(「독점규제 및 공정거래에 관한 법률」 제2조제3호에 따른 계열회사를 말한다)에 해당하는 경우에는	

악취방지법	악취방지법 시행령	악취방지법 시행규칙
	그 위탁기간 동안 해당 지방자치단체의 공공하수도에 대한 기술진단 업무를 대행하지 않을 것 [본조신설 2019. 6. 11.]	**제13조의3(기술진단전문기관의 등록신청)** ① 법 제16조의3제1항에 따라 기술진단전문기관으로 등록하려는 자는 별지 제4호의4서식의 기술진단전문기관 등록신청서에 영 별표 1에 따른 등록요건을 갖추었음을 증명하는 서류를 첨부하여 사무실 소재지를 관할하는 유역환경청장 또는 지방환경청장에게 제출해야 한다. ② 제1항에 따라 신청을 받은 담당 공무원은 「전자정부법」 제36조제1항에 따른 행정정보의 공동이용을 통하여 법인 등기사항증명서(법인인 경우에만 해당한다) 또는 사업자등록증명을 확인해야 한다. 다만, 신청인이 사업자등록증명의 확인에 동의하지 않는 경우에는 해당 서류를 첨부하도록 해야 한다. ③ 유역환경청장 또는 지방환경청장은 신청인이 영 별표 1의 등록요건을 갖춘 경우에는 신청인에게 별지 제4호의5서식의 기술진단전문기관 등록증을 발급해야 한다. [본조신설 2019. 6. 13.]
		제13조의4(기술진단전문기관의 변경등록) ① 법 제16조의3제2항에서 "환경부령으로 정하는 중요한 사항"이란 다음 각 호의 사항을 말한다. 1. 명칭 2. 대표자

악취방지법	악취방지법 시행령	악취방지법 시행규칙
		3. 사무실 또는 실험실 소재지 4. 기술인력 5. 영 별표 1 제1호나목2)에 따라 지정악취물질 등 실험실이 갖춰야 하는 장비·실험기기(악취농축장비는 제외한다) ② 법 제16조의3제1항에 따라 등록을 한 자(이하 "기술진단전문기관"이라 한다)가 같은 조 제2항에 따라 변경등록을 하는 경우에는 변경사유가 발생한 날부터 30일 이내에 별지 제4호의4서식의 기술진단전문기관 등록증과 변경내용을 증명하는 서류를 첨부하여 사무실 소재지(사무실 소재지를 변경하려는 경우에는 변경되는 사무실 소재지를 말한다)를 관할하는 유역환경청장 또는 지방환경청장에게 제출해야 한다. ③ 제2항에 따라 변경등록 신청을 받은 유역환경청장 또는 지방환경청장은 기술진단전문기관 등록증 뒤쪽에 변경사항을 적어 신청인에게 돌려주어야 한다. [본조신설 2019. 6. 13.]
제16조의4(기술진단전문기관 등의 준수사항) 한국환경공단 및 기술진단전문기관은 제16조의2제1항에 따른 기술진단 업무를 대행하는 경우에는 다음 각 호의 사항을 준수하여야 한다. 1. 제16조의2제3항에 따른 기술진단의 내용·방법에 따라 기술진단 업무를 수행하고, 그 진단결과를 5년간 보존할 것 2. 등록된 기술인력이 기술진단 업무를 수행할 것 3. 기술진단을 실시한 후 30일 이내에 기술진단 결과	**제7조의2(기술진단전문기관의 등록요건 등)** ① 법 제16조의3제1항에서 "대통령령으로 정하는 시설·장비 및 기술인력 등의 요건"이란 별표 1에 따른 등록요건을 말한다. ② 법 제16조의4제5호에서 "기술진단 실적의 보고 등 대통령령으로 정하는 사항"이란 다음 각 호의 사항을 말한다. 1. 전년도 기술진단 실적을 환경부장관에게 매년 1월 31일까지 보고할 것	

악취방지법	악취방지법 시행령	악취방지법 시행규칙
를 해당 지방자치단체의 장에게 통보할 것 4. 기술진단 대상의 악취개선을 위한 시설개선, 최적관리방안 및 적정한 개선비용을 제시할 것 5. 그 밖에 기술진단 실적의 보고 등 대통령령으로 정하는 사항을 준수할 것 [본조신설 2018. 6. 12.]	2. 기술진단 결과에 대한 보고서(이하 이 조에서 "기술진단 결과보고서"라 한다)와 그 작성의 기초가 되는 자료를 거짓으로 또는 부실하게 작성하지 않을 것 3. 다른 기술진단 결과보고서의 주요 내용을 복제하여 기술진단 결과보고서를 작성하지 않을 것 4. 기술진단을 위한 시험 · 분석이나 시험 · 검사 등에 관한 업무를 실시하는 경우 「환경분야 시험 · 검사 등에 관한 법률」 제6조제1항제4호에 따른 분야 환경오염공정시험기준을 준수할 것 5. 기술진단 업무에 사용되는 측정기기가 「환경분야 시험 · 검사 등에 관한 법률」 제9조제1항 본문에 따른 형식승인 대상 측정기기인 경우에는 형식승인을 받은 측정기기를 사용하고, 같은 법 제11조제1항에 따라 정도검사(精度檢査)를 받을 것 6. 환경부장관이 기술진단 대상시설의 종류 · 규모 등을 고려하여 고시하는 기술진단 비용에 관한 기준을 준수할 것 7. 법 제16조의3제2항에 따른 기술진단전문기관(이하 "기술진단전문기관"이라 한다)이 「하수도법」 제74조제3항에 따라 지방자치단체의 공공하수도에 관한 공사 업무(관리 업무를 포함한다)를 위탁받은 관계전문기관 또는 그 계열회사(독점규제 및 공정거래에 관한 법률 제2조제3호에 따른 계열회사를 말한다)에 해당하는 경우에는 그 위탁기간 동안 해당 지방자치단체의 공공하수도에 대한 기술진단 업무를 대행하지 않을 것	

악취방지법	악취방지법 시행령	악취방지법 시행규칙
	[본조신설 2019. 6. 11.]	
제16조의5(기술진단전문기관 등록의 결격사유) 다음 각 호의 어느 하나에 해당하는 자는 기술진단전문기관으로 등록할 수 없다. 1. 피성년후견인 또는 피한정후견인 2. 파산선고를 받고 복권되지 아니한 자 3. 이 법을 위반하여 징역 이상의 실형을 선고받고 그 집행이 끝나거나(집행이 끝난 것으로 보는 경우를 포함한다) 집행이 면제된 날부터 2년이 지나지 아니한 자 4. 제16조의6에 따라 등록이 취소(이 조 제1호 또는 제2호에 해당하여 등록이 취소된 경우는 제외한다)된 후 2년이 지나지 아니한 자 5. 임원 중에 제1호부터 제4호까지의 어느 하나에 해당하는 사람이 있는 법인 [본조신설 2018. 6. 12.]		
제16조의6(기술진단전문기관의 등록취소 등) ① 환경부장관은 기술진단전문기관이 다음 각 호의 어느 하나에 해당하는 경우에는 등록을 취소하거나 6개월 이내의 기간을 정하여 그 업무의 전부 또는 일부의 정지를 명할 수 있다. 다만, 제1호 또는 제6호에 해당하는 경우에는 그 등록을 취소하여야 한다. 1. 거짓이나 그 밖의 부정한 방법으로 제16조의3제1항에 따라 등록을 한 경우 2. 제16조의3제1항에 따라 등록을 한 후 1년 이내에 업무를 개시하지 아니하거나 정당한 사유 없이 계		**제19조(행정처분기준)** 법 제11조·제13조·제16조의6 또는 제19조에 따른 행정처분기준은 별표 9과 같다. 〈개정 2019. 6. 13.〉 [전문개정 2011. 2. 1.]

악취방지법	악취방지법 시행령	악취방지법 시행규칙
속하여 1년 이상 휴업한 경우 3. 제16조의3제1항에 따른 등록요건을 갖추지 못하게 된 경우 4. 제16조의3제2항을 위반하여 변경등록을 하지 아니하거나 거짓 또는 부정한 방법으로 변경등록을 한 경우 5. 제16조의4에 따른 준수사항을 지키지 아니한 경우 6. 제16조의5제1호부터 제3호와 제5호의 어느 하나에 해당하게 된 경우. 다만, 법인의 임원 중에 제16조의5제3호에 해당하는 사람이 있는 경우 6개월 이내에 그 임원을 바꾸어 임명하는 경우는 제외한다. 7. 업무정지 기간 중에 새로운 기술진단 제약을 체결하거나 기술진단 업무를 한 경우 ② 제1항에 따른 행정처분의 세부 기준은 환경부령으로 정한다. [본조신설 2018. 6. 12.] **제16조의7(생활악취 관리)** ① 시·도지사 및 대도시의 장은 해당 지방자치단체의 조례로 정하는 바에 따라 악취배출시설 외의 시설 등으로부터 발생하는 악취(이하 "생활악취"라 한다)를 줄이기 위하여 생활악취 발생의 원인이 된다고 인정되는 시설 등에 대하여 악취검사, 기술진단 실시 및 악취방지시설의 설치 등 생활악취 방지를 위한 대책을 수립·시행할 수 있다. ② 시·도지사 및 대도시의 장은 조례로 정하는 바에 따라 생활악취 개선을 위한 규제를 할 수 있다. [본조신설 2015. 12. 1.]		

약취방지법	약취방지법 시행령	약취방지법 시행규칙
[제16조의3에서 이동 〈2018. 6. 12.〉] **제4장 검사 등** **제17조(보고ㆍ검사 등)** ① 환경부장관, 시ㆍ도지사 또는 대도지사의 장은 제7조에 따른 배출허용기준 준수 여부의 확인, 제16조의2에 따른 기술진단 실시 또는 제16조의7에 따른 생활악취에 대한 악취검사를 위하여 필요한 경우에는 환경부령으로 정하는 바에 따라 악취배출시설의 운영자 또는 생활악취 발생의 원인이 된다고 인정되는 시설의 운영자에게 필요한 보고를 명하거나 자료를 제출하게 할 수 있으며, 관계 공무원에게 해당 사업장 등에 출입하여 악취검사를 위한 시료(試料)를 채취하거나 하거나 관계 서류ㆍ시설ㆍ장비 등을 검사하게 할 수 있다. 〈개정 2018. 6. 12.〉 ② 환경부장관, 시ㆍ도지사 또는 대도지사의 장은 제1항에 따라 시료를 채취하였을 때에는 제18조에 따른 악취검사기관에 악취검사를 의뢰하여야 한다. ③ 환경부장관, 시ㆍ도지사 또는 대도지사의 장은 관계 공무원이 함께하는 자리에서 제18조에 따른 악취검사기관의 소속 직원에게 제1항에 따른 시료의 채취를 하게 할 수 있다. ④ 환경부장관, 시ㆍ도지사 또는 대도지사의 장은 제1항에 따라 악취검사를 위한 시료를 채취하려 하는 경우에는 토지 또는 시설 등의 소유자ㆍ점유자 또는 관리인의 동의를 받아 원격제어가 가능한 시료자동제어장치를 이용하여 시료를 채취하게 할 수 있다. 〈신설 2018. 6. 12.〉 [전문개정 2010. 2. 4.]		**제14조(보고ㆍ자료제출 명령 등)** ① 법 제17조제1항에 따라 보고ㆍ자료제출 명령, 시료 채취 및 검사는 다음 각 호의 경우에 할 수 있다. 〈개정 2019. 6. 13.〉 1. 법에 따른 지정ㆍ신고 등의 업무를 수행하기 위하여 불가피한 경우 2. 법 제4조에 따라 악취실태조사를 하는 경우 3. 법 제7조에 따른 배출허용기준의 준수 여부를 확인하려는 경우 3의2. 법 제16조의2제2항에 따른 개선계획의 수립ㆍ시행 여부를 확인하려는 경우 4. 악취의 배출로 환경오염 피해가 발생하거나 민원이 발생할 우려가 있는 경우 5. 다른 기관의 정당한 요청이 있거나 민원이 제기된 경우 ② 법 제17조제4항에 따른 시료자동제어장치(이하 이 조에서 "시료자동제어장치"라 한다)는 시료채취부, 제어부(制御部) 및 통신부 등으로 구성된 것을 말하며, 악취가 가장 높을 것으로 판단되는 부지경계선 및 배출구에 설치해야 한다. 이 경우 시료채취부의 시료주머니는 시료채취를 하기 전에 내부 공기가 대기 중의 공기로 1회 이상 교체되도록 것이어야 한다. 〈신설 2019. 6. 13.〉 ③ 제2항에서 규정한 사항 외에 시료자동제어장치의 규격, 설치 및 채취에 관한 세부사항은 「환경분야 시험ㆍ검사 등에 관한 법률」 제6조제1항제4호의 악취 분야 환경오염공정시험기준에 따른다. 〈신설

악취방지법	악취방지법 시행령	악취방지법 시행규칙
⑤ 제4항에 따른 시료자동채취장치의 규격, 설치, 채취장소 및 채취방법 등에 관한 사항은 환경부령으로 정한다. 〈신설 2018. 6. 12.〉 ⑥ 제1항에 따라 출입·검사를 하는 공무원은 그 권한이나 자격을 표시하는 증표를 지니고 이를 관계인에게 보여주어야 한다. 〈개정 2018. 6. 12.〉 제18조(악취검사기관) ① 제17조에 따라 채취된 시료의 악취검사를 하는 악취검사기관은 다음 각 호의 자 중에서 환경부장관이 지정하는 자료 한다. 1. 국공립연구기관 2. 「고등교육법」 제2조에 따른 학교 3. 특별법에 따라 설립된 법인 4. 환경부장관의 설립허가를 받은 환경 관련 비영리 법인 5. 「국가표준기본법」 제23조에 따라 인정된 화학 분야의 시험·검사기관 ② 제1항에 따라 악취검사기관으로 지정받으려는 자는 환경부령으로 정하는 검사시설·장비 및 기술인력 등을 갖추어야 한다. ③ 제1항에 따라 악취검사기관으로 지정받은 자가 그 지정받은 사항을 변경하려면 환경부장관에게 보고하여야 한다. ④ 환경부장관은 제1항에 따라 악취검사기관을 지정하였을 경우에는 지정서를 발급하고, 이를 공고하여야 한다. ⑤ 제1항에 따른 악취검사기관의 지정절차, 악취검사기관의 준수사항, 검사수수료 등에 관하여 필요		2019. 6. 13.〉 [전문개정 2011. 2. 1.] [제목개정 2019. 6. 13.] 제15조(악취검사기관의 지정신청 등) ① 법 제18조제1항에 따라 악취검사기관으로 지정받으려는 자는 별표 7에 따른 검사시설·장비 및 기술인력을 갖추고, 별지 제5호서식의 악취검사기관 지정신청서(전자문서로 된 신청서를 포함한다)에 다음 각 호의 서류(전자문서를 포함한다)를 첨부하여 국립환경과학원장에게 제출하여야 한다. 〈개정 2016. 12. 30.〉 1. 검사시설·장비의 보유 현황 및 이를 증명하는 서류 1부 2. 기술인력 보유 현황 및 이를 증명하는 서류 1부 ② 제1항에 따른 신청서를 받은 국립환경과학원장은 「전자정부법」 제36조제1항에 따른 행정정보의 공동이용을 통하여 법인 등기사항증명서(법인인 경우만 해당한다)를 확인하여야 한다. ③ 국립환경과학원장은 제1항에 따라 악취검사기관의 지정신청을 받은 경우 신청 내용이 별표 7의 기준에 적합할 때에는 별지 제6호서식의 악취검사기관 지정서를 발급하여야 한다. [전문개정 2011. 2. 1.] 제16조(악취검사기관의 지정사항 변경보고) 악취검

악취방지법	악취방지법 시행령	악취방지법 시행규칙
한 사항은 환경부령으로 정한다. [전문개정 2010. 2. 4.]		사기관으로 지정받은 자가 법 제18조제3항에 따라 지정받은 사항 중 다음 각 호의 사항을 변경하려는 경우에는 별지 제7호서식의 악취검사기관 지정사항 변경보고서(전자문서로 된 보고서를 포함한다)에 그 변경 내용을 증명하는 서류 1부와 악취검사기관 지정서를 첨부하여 국립환경과학원장에게 제출하여야 한다. 〈개정 2016. 12. 30.〉 1. 상호 2. 사업장 소재지 3. 실험실 소재지 [전문개정 2011. 2. 1.] 제17조(악취검사기관의 준수사항) 법 제18조제5항에 따른 악취검사기관의 준수사항은 별표 8과 같다. [전문개정 2011. 2. 1.] 제18조(검사수수료) ① 법 제18조제5항에 따른 검사수수료는 국립환경과학원장이 검사장비의 사용비용, 재료비 등을 고려하여 이를 정하여 고시한다. ② 국립환경과학원장은 검사수수료를 결정하려는 경우에는 미리 국립환경과학원의 인터넷 홈페이지에 20일(긴급한 사유가 있는 경우에는 10일)간 그 내용을 게시하여 이해관계인의 의견을 들어야 한다. ③ 국립환경과학원장은 검사수수료의 요율 또는 금액을 결정하였을 때에는 그 결정된 내용과 산정명세를 국립환경과학원의 인터넷 홈페이지를 통하여 공개하여야 한다. [전문개정 2011. 2. 1.]

악취방지법	악취방지법 시행령	악취방지법 시행규칙
제19조(지정취소 등) ① 환경부장관 또는 제18조제1항에 따라 악취검사기관으로 지정받은 자가 다음 각 호의 어느 하나에 해당하는 경우에는 악취검사기관의 지정을 취소하거나 6개월 이내의 기간을 정하여 업무의 정지를 명할 수 있다. 다만, 제1호에 해당하는 경우에는 지정을 취소하여야 한다. 1. 거짓이나 그 밖의 부정한 방법으로 지정을 받은 경우 2. 제18조제2항에 따른 지정기준에 미치지 못하게 된 경우 3. 고의 또는 중대한 과실로 검사 결과를 거짓으로 작성한 경우 ② 제1항에 따른 지정취소 또는 업무정지명령에 관한 세부 기준은 환경부령으로 정한다. [전문개정 2010. 2. 4.] **제5장 보칙** 〈개정 2010. 2. 4.〉 **제20조(관계 기관의 협조)** 환경부장관, 시·도지사 또는 대도시의 장은 이 법의 목적을 달성하기 위하여 필요하다고 인정하는 경우에는 악취를 발생시키는 사업장의 사업활동 및 악취방지기술 등 악취방지를 위하여 필요한 사항에 관한 자료 또는 정보의 제공, 의견의 제출이나 그 밖에 대통령령으로 정하는 사항에 관하여 관계 기관의 장에게 협조를 요청할 수 있다. 이 경우 요청을 받은 관계 기관의 장은 특별한 사유가 없으면 협조하여야 한다. [전문개정 2010. 2. 4.]	「악취방지법 시행령」 **제8조(관계 기관의 협조)** 법 제20조 전단에서 "대통령령으로 정하는 사항"이란 다음 각 호의 사항을 말한다. 〈개정 2014. 7. 16.〉 1. 법 제4조에 따른 악취발생 실태조사를 원활하게 수행하기 위하여 필요한 자료의 제출 2. 하수관로·하천·호소(湖沼)·항만 등 공공수역의 악취방지대책 수립을 위하여 필요한 자료의 제출 [전문개정 2011. 1. 26.]	**제19조(행정처분기준)** 법 제11조·제13조·제16조의 6 또는 제19조에 따른 행정처분기준은 별표 9과 같다. 〈개정 2019. 6. 13.〉 [전문개정 2011. 2. 1.]

악취방지법	악취방지법 시행령	악취방지법 시행규칙

제21조(악취저감기술 지원) ① 환경부장관은 악취를 배출하는 사업자에게 악취저감에 대하여 악취저감에 필요한 기술을 지원할 수 있다.

② 제1항에 따른 기술 지원의 대상, 절차 등 필요한 사항은 대통령령으로 정한다.

[본조신설 2012. 2. 1.]

제8조의2(악취저감기술 지원의 대상 및 절차) ① 환경부장관은 법 제21조제1항에 따라 다음 각 호의 어느 하나에 해당하는 사업장 중 환경부장관이 악취저감에 필요한 기술 지원의 대상(이하 "악취저감기술 지원"이라 한다)이 필요하다고 인정하는 사업장에 대하여 악취저감기술 지원을 할 수 있다. 다만, 「환경친화적 산업구조로의 전환촉진에 관한 법률」제7조에 따라 청정생산지원센터로부터 악취를 저감하기 위하여 악취저감기술 지원을 받는 사업장은 제외한다. 〈개정 2016. 12. 30.〉

1. 「중소기업기본법」 제2조제1항에 따른 중소기업인 사업장중 다음 각 목의 어느 하나에 해당하는 사업장
   가. 악취배출시설을 설치한 사업장
   나. 지방자치단체의 장이 악취저감기술 지원을 요청한 사업장

2. 삭제 〈2016. 12. 30.〉

3. 그 밖에 환경부장관이 악취관리를 위하여 특별한 조치가 필요하다고 인정하는 사업장

② 악취저감기술 지원을 받으려는 자는 환경부령으로 정하는 바에 따라 환경부장관에게 신청하여야 한다. 이 경우 해당 사업장을 관할하는 지방자치단체의 장은 악취저감기술 지원에 필요한 의견을 환경부장관에게 제출할 수 있다.

③ 제2항에 따라 신청을 받은 환경부장관은 대상 사업장의 특성을 고려하여 악취저감기술 지원 계획을 확정하고, 이를 악취저감기술 지원 개시 7일 전까지

제19조의2(악취저감기술 지원 절차 등) ① 영 제8조의2제2항에 따라 악취 저감에 필요한 기술 지원(이하 "악취저감기술 지원"이라 한다)을 받으려는 자는 별지 제8호서식의 악취저감기술 지원 신청서(전자문서로 된 신청서를 포함한다)에 다음 각 호의 서류 (전자문서를 포함한다)을 첨부하여 한국환경공단 이사장에게 제출하여야 한다. 〈개정 2014. 4. 11.〉

1. 악취배출시설의 공정도
2. 악취물질 처리계통도
3. 「중소기업기본법」 제2조제1항에 해당됨을 증명하는 자료(영 제8조의2제1항제1호에 해당되는 경우로 한정한다)

② 영 제8조의2제3항에 따른 악취저감기술 지원 계획에는 악취저감기술 지원 일시, 악취저감기술 지원 인력 및 준비 사항과 그 밖에 악취저감기술 지원에 필요한 사항이 포함되어야 한다.

③ 한국환경공단 이사장은 법 제21조제1항에 따른 악취저감기술 지원을 하였을 때에는 악취저감기술 지원을 신청한 사항에 대한 분석, 개선방안 등을 악취저감기술 지원을 신청한 자에게 통보하여야 한다.

[본조신설 2012. 10. 18.]

약취방지법	약취방지법 시행령	약취방지법 시행규칙
	신청인에게 통보하여야 한다. 이 경우 약취저감기술 지원 계획을 확정하기 위하여 필요한 경우에는 「환경기술 및 환경산업 지원법」 제10조에 따른 녹색환경지원센터, 해당 사업장을 관할하는 지방자치단체의 장 또는 약취저감과 관련된 전문기관의 의견을 들을 수 있다. ④ 약취저감기술 지원을 신청하거나 약취저감기술 지원을 받은 자가 해당 시설, 생산공정 및 생산제품 등과 관련된 정보의 보호를 환경부장관 또는 지방자치단체의 장에게 요청한 경우에는 요청을 받은 환경부장관 또는 지방자치단체의 장은 정보가 공개되거나 누설되지 아니하도록 하여야 한다. ⑤ 제1항부터 제4항까지에서 규정한 사항 외에 약취저감기술 지원에 필요한 세부적인 사항은 환경부령으로 정한다. [본조신설 2012. 10. 9.]	
제22조(청문) 환경부장관, 시·도지사 또는 대도시의 장은 다음 각 호의 어느 하나에 해당하는 처분을 하려면 청문을 하여야 한다. 〈개정 2018. 6. 12.〉 1. 제11조에 따른 신고대상시설의 조업정지명령 2. 제13조에 따른 신고대상시설의 사용중지명령 또는 폐쇄명령 2의2. 제16조의6에 따른 기술진단전문기관의 등록취소 3. 제19조에 따른 약취검사기관에 대한 지정취소 [전문개정 2010. 2. 4.]		

악취방지법	악취방지법 시행령	악취방지법 시행규칙
제23조(수수료) 제8조제1항 또는 제3조의 2제2항에 따른 악취배출시설의 설치 신고를 하려는 자는 환경부령으로 정하는 바에 따라 수수료를 내야 한다. [전문개정 2010. 2. 4.]		**제20조(수수료)** 법 제23조에 따른 수수료는 다음 각호와 같다. 이 경우 관할 지방자치단체의 수입증지 또는 정보통신망을 이용한 전자화폐·전자결제 등의 방법으로 수수료를 낼 수 있다. 〈개정 2012. 10. 18.〉 1. 법 제8조제1항 설치 및 제5항 분원에 따른 악취배출시설의 설치 및 변경신고 : 1만원(전자문서로 된 신고서를 제출하여 정보통신망을 이용한 전자화폐·전자결제 등의 방법으로 수수료를 낼 때에는 9천원) 2. 법 제8조의2제2항 전단에 따른 악취배출시설의 운영신고 : 1만원(전자문서로 된 신고서를 제출하여 정보통신망을 이용한 전자화폐·전자결제 등의 방법으로 수수료를 낼 때에는 9천원) [전문개정 2011. 2. 1.]
제24조(권한·업무의 위임과 위탁) ① 이 법에 따른 환경부장관의 권한은 대통령령으로 정하는 바에 따라 그 일부를 시·도지사 또는 소속 국립환경연구기관의 장에게 위임할 수 있다. 〈개정 2016. 1. 27.〉 ② 이 법에 따른 시·도지사의 권한은 대통령령으로 정하는 바에 따라 그 일부를 시장·군수·구청장에게 위임할 수 있다. ③ 이 법에 따른 환경부장관의 업무는 대통령령으로 정하는 바에 따라 그 일부를 관계 전문기관에 위탁할 수 있다. 〈신설 2012. 2. 1.〉 [전문개정 2010. 2. 4.] [제목개정 2012. 2. 1.]	**제9조(권한·업무의 위임과 위탁)** ① 환경부장관은 법 제24조제1항에 따라 다음 각 호의 권한을 유역환경청장 또는 지방환경청장에게 위임한다. 〈개정 2019. 6. 11.〉 1. 법 제16조의3제1항에 따른 등록 및 같은 조 제2항에 따른 변경등록 2. 법 제16조의6제1항에 따른 등록취소 또는 업무정지 명령 3. 법 제17조에 따른 보고·자료제출 명령 및 검사(유역환경청장 또는 지방환경청장에게 위임된 권한에 관한 사항만 해당한다) 4. 법 제22조제2호의2에 따른 청문 5. 법 제30조제1항제2호부터 제4호까지의 규정에 따른 과태료의 부과·징수	

악취방지법	악취방지법 시행령	악취방지법 시행규칙
	6. 제7조의2제2항제1호에 따른 전내도 기술진단실적 보고의 접수 ② 환경부장관은 법 제24조제1항에 따라 다음 각 호의 권한을 국립환경과학원장에게 위임한다. 〈개정 2016. 6. 28.〉 1. 법 제18조제1항·제3항 및 제4항에 따른 악취검사기관의 지정, 지정사항 변경보고의 접수 및 지정서의 발급·공고에 관한 사항 2. 법 제19조에 따른 지정취소 및 업무정지 3. 법 제22조제3호에 따른 청문 ③ 시·도지사는 법 제24조제2항에 따라 다음 각 호의 권한을 시장·군수·구청장에게 위임한다. 〈개정 2019. 6. 11.〉 1. 법 제8조제1항에 따른 악취배출시설의 설치신고·변경신고의 수리 2. 법 제8조제5항 단서 및 제8조의2제3항 단서에 따른 조치기간의 연장승인 3. 법 제8조의2제1항에 따른 신고대상시설의 지정·고시 4. 법 제8조의2제2항에 따른 악취배출시설의 운영·변경신고의 수리 5. 법 제10조에 따른 개선명령 6. 법 제11조에 따른 조업정지명령 7. 법 제12조에 따른 과징금의 부과·징수 8. 법 제13조에 따른 사용중지명령 및 폐쇄명령 9. 법 제16조의7제1항에 따른 생활악취 방지를 위한 대책의 수립·시행	

약취방지법	약취방지법 시행령	약취방지법 시행규칙
	10. 법 제17조에 따른 보고·자료제출 명령 및 검사(시장·군수·구청장에게 위임된 권한에 관한 사항만 해당한다) 11. 법 제22조제1호 및 제2호에 따른 청문 12. 법 제30조제1항제1호 및 같은 조 제2항에 따른 과태료의 부과·징수 13. 제4조에 따른 개선계획서의 접수 ④ 환경부장관은 법 제24조제3항에 따라 다음 각 호의 업무를 「한국환경공단법」에 따른 한국환경공단에 위탁한다. 〈개정 2019. 6. 11.〉 1. 법 제4조제3항에 따른 약취발생 실태 조사 업무 2. 법 제21조에 따른 약취저감기술 지원 업무 [전문개정 2011. 1. 26.] [제목개정 2012. 10. 9.]	
제25조(벌칙 적용 시의 공무원 의제) 제18조제1항에 따라 약취검사업무에 종사하는 약취검사기관의 임직원은 「형법」 제129조부터 제132조까지의 규정을 적용할 때에는 공무원으로 본다. [전문개정 2010. 2. 4.]		
제6장 벌칙 〈개정 2010. 2. 4.〉		
제26조(벌칙) 다음 각 호의 어느 하나에 해당하는 자는 3년 이하의 징역 또는 3천만원 이하의 벌금에 처한다. 〈개정 2014. 3. 24.〉 1. 제11조에 따른 신고대상시설의 조업정지명령을 위반한 자 2. 제13조에 따른 신고대상시설의 사용중지명령 또는		

약취방지법	약취방지법 시행령	약취방지법 시행규칙
는 폐쇄명령을 위반한 자 [전문개정 2010. 2. 4.] **제27조(벌칙)** 다음 각 호의 어느 하나에 해당하는 자는 1년 이하의 징역 또는 1천만원 이하의 벌금에 처한다. 1. 제8조제1항·전단, 같은 조 제5항 또는 제8조의2제2항·전단에 따른 신고를 하지 아니하거나 거짓으로 신고를 하고 신고대상시설을 설치 또는 운영한 자 2. 제16조의3제1항에 따라 기술진단전문기관의 등록을 하지 아니하고 기술진단 업무를 대행한 자 3. 거짓이나 그 밖의 부정한 방법으로 제16조의3제1항에 따른 기술진단전문기관의 등록을 한 자 [전문개정 2018. 6. 12.] **제28조(벌칙)** 다음 각 호의 어느 하나에 해당하는 자는 300만원 이하의 벌금에 처한다. 〈개정 2014. 3. 24.〉 1. 제10조에 따른 개선명령을 이행하지 아니한 자 2. 제17조제1항에 따른 관계 공무원의 출입·제출 및 검사를 거부 또는 방해하거나 기피한 자 3. 제8조제4항을 위반하여 약취방지계획에 따라 약취방지에 필요한 조치를 하지 아니하고 약취배출시설을 가동한 자 4. 제8조제5항 및 제8조의2제3항에 따른 기간 이내에 약취방지계획에 따라 약취방지에 필요한 조치를 하지 아니한 자 [전문개정 2010. 2. 4.] **제29조(양벌규정)** 법인의 대표자나 법인 또는 개인의 대리인, 사용인, 그 밖의 종업원이 그 법인 또는 개인의		

악취방지법	악취방지법 시행령	악취방지법 시행규칙

이 업무에 관하여 제26조부터 제28조까지의 어느 하나에 해당하는 위반행위를 하면 그 행위자를 벌하는 외에 그 법인 또는 개인에게도 해당 조문의 벌금형을 과(科)한다. 다만, 법인 또는 개인이 그 위반행위를 방지하기 위하여 해당 업무에 관하여 상당한 주의와 감독을 게을리하지 아니한 경우에는 그러하지 아니하다.

[전문개정 2010. 2. 4.]

제30조(과태료) ① 다음 각 호의 어느 하나에 해당하는 자에게는 200만원 이하의 과태료를 부과한다. 〈개정 2018. 6. 12.〉

1. 제14조제2항에 따른 조치명령을 이행하지 아니한 자
2. 제16조의2에 따른 기술진단을 실시하지 아니한 자
3. 제16조의3제2항에 따른 변경등록을 하지 아니하고 중요한 사항을 변경한 자
4. 제16조의4에 따른 준수사항을 지키지 아니한 자

② 다음 각 호의 어느 하나에 해당하는 자에게는 100만원 이하의 과태료를 부과한다.

1. 제8조제1항 후단 및 제8조의2제2항 후단에 따른 변경신고를 하지 아니하거나 거짓으로 변경신고를 한 자
2. 제16조제2항에 따른 보고를 하지 아니하거나 거짓으로 보고한 자 또는 자료를 제출하지 아니하거나 거짓 거짓으로 제출한 자

③ 제1항 및 제2항에 따른 과태료는 대통령령으로 정하는 바에 따라 환경부장관, 시·도지사, 대도시의 장 또는 시장·군수·구청장이 부과·징수한다.

[전문개정 2010. 2. 4.]

제10조(과태료의 부과기준) ① 법 제30조제1항 및 제2항에 따른 과태료의 부과기준은 별표 2와 같다. 〈개정 2019. 6. 11.〉

② 법 제30조제1항 및 제2항에 따른 과태료의 부과권자는 다음 각 호의 구분에 따른다. 〈개정 2019. 6. 11.〉

1. 법 제30조제1항제1호의 경우 : 특별자치시장, 특별자치도지사, 대도시의 장 또는 시장·군수·구청장
2. 법 제30조제1항제2호부터 제4호까지의 규정의 경우 : 환경부장관
3. 법 제30조제2항제1호의 경우 : 시·도지사 또는 대도시의 장
4. 법 제30조제2항제2호의 경우 : 환경부장관, 시·도지사 또는 대도시의 장

[전문개정 2011. 1. 26.]

제5장 잔류성유기오염물질 관리법

잔류성유기오염물질 관리법	잔류성유기오염물질 관리법 시행령	잔류성유기오염물질 관리법 시행규칙
제1장 총칙	제1장 총칙	제1장 총칙
제1조(목적) 이 법은 「잔류성유기오염물질에 관한 스톡홀름협약」의 시행을 위하여 동 협약에서 규정하는 다이옥신 등 잔류성유기오염물질의 관리에 필요한 사항을 구정함으로써 잔류성유기오염물질의 위해로부터 국민의 건강과 환경을 보호하고 국제협력을 증진함을 목적으로 한다.	제1조(목적) 이 영은 「잔류성유기오염물질 관리법」에서 위임된 사항과 그 시행에 필요한 사항을 규정함을 목적으로 한다.	제1조(목적) 이 규칙은 「잔류성유기오염물질 관리법」 및 같은 법 시행령에서 위임된 사항과 그 시행에 필요한 사항을 목적으로 한다.
제2조(정의) 이 법에서 사용하는 용어의 정의는 다음과 같다. 1. "잔류성유기오염물질"이라 함은 독성·잔류성·생물농축성 및 장거리이동성 등의 특성을 지니고 있어 사람과 생태계를 위태롭게 하는 물질로서 다이옥신 등 「잔류성유기오염물질에 관한 스톡홀름협약」(이하 "스톡홀름협약"이라 한다)에서 정하는 것을 말하며, 그 구체적인 물질은 대통령령으로 정한다. 2. "배출시설"이라 함은 잔류성유기오염물질을 배출하는 시설물·기계·기구 기타 그 밖의 물체로서 환경부령이 정하는 것을 말한다. 3. "잔류성유기오염물질함유폐기물"이라 함은 「폐기물관리법」 제2조제3호의 사업장폐기물 중 한 기물로서 잔류성유기오염물질 함유량이 환경부령이 정하는 잔류성유기오염물질 함유기준을 초과하는 잔류성유기오염물질에 오염된 물질	제2조(잔류성유기오염물질의 종류) 「잔류성유기오염물질 관리법」(이하 "법"이라 한다) 제2조제1호에 따른 잔류성유기오염물질은 별표 1과 같다. 제3조(잔류성유기오염물질함유폐기물의 종류) 법 제2조제3호에 따른 잔류성유기오염물질함유폐기물은 별표 2와 같다.	제2조(배출시설의 범위) 「잔류성유기오염물질 관리법」(이하 "법"이라 한다) 제2조제2호에 따른 배출시설은 별표 1과 같다. 제3조(잔류성유기오염물질 함유량 기준) 법 제2조제3호에서 "환경부령이 정하는 잔류성유기오염물질 함유량 기준"이란 별표 2와 같다.

잔류성오염물질 관리법	잔류성오염물질 관리법 시행령	잔류성오염물질 관리법 시행규칙
폐기·연소제·오니(汚泥)·폐유·폐산·폐알칼리 등으로서 사람의 생활이나 사업활동에 필요하지 아니하게 된 물질 중 대통령령이 정하는 폐기물을 말한다. **제3조(적용범위)** 해양「해양수산발전 기본법」제3조의 규정에 따른 해양을 말한다)에서의 잔류성오염물질의 관리에 관하여는 이 법을 적용하지 아니한다. **제4조(다른 법률과의 관계)** ① 잔류성오염물질의 관리에 관하여는 「화학물질관리법」, 「농약관리법」 그 밖의 다른 법률에 특별한 규정이 있는 경우를 제외하고는 이 법이 정하는 바에 따른다. 〈개정 2013. 6. 4.〉 ② 잔류성오염물질함유폐기물의 관리에 관하여 이 법에 규정되지 아니한 사항에 대하여는 「폐기물관리법」이 정하는 바에 따른다. **제5조(잔류성오염물질관리기본계획)** ① 환경부장관은 5년마다 잔류성오염물질관리기본계획(이하 "기본계획"이라 한다)을 관계 중앙행정기관의 장 및 특별시장·광역시장·도지사 또는 특별자치도지사(이하 "시·도지사"라 한다)와 협의를 거쳐 「환경정책기본법」 제58조제1항에 따른 중앙환경정책위원회의 심의를 거쳐 수립하여야 한다. 기본계획 중 대통령령으로 정하는 사항을 변경하는 경우에도 포함되어야 한다. 〈개정 2018. 10. 16.〉 ② 기본계획에는 다음 각 호의 사항이 포함되어야	**제4조(잔류성오염물질관리기본계획의 수립)** ① 환경부장관은 법 제5조제1항에 따른 잔류성유기오염물질관리기본계획(이하 "기본계획"이라 한다)을 수립하거나 변경하기 위하여 관계 중앙행정기관의 장에게 소관 분야의 기본계획안을 제출하도록 요구할 수 있다. 이 경우 요청을 받은 관계 중앙행정기관의 장은 특별한 사유가 없으면 이에 따라야 한다. ② 환경부장관은 제1항에 따라 제출받은 각 소관분야의 기본계획안을 종합하고 조정하여 법 관계 중앙행정기관	

잔류성유기오염물질 관리법	잔류성유기오염물질 관리법 시행령	잔류성유기오염물질 관리법 시행규칙
한다. 1. 잔류성유기오염물질 관리의 기본목표와 추진방향 2. 잔류성유기오염물질의 관리에 관한 주요 추진계획 3. 잔류성유기오염물질의 관리 현황과 향후 전망 4. 잔류성유기오염물질의 관리에 관한 다음 사업의 재원 조달방안 5. 잔류성유기오염물질의 관리에 관한 국제기구 및 국내외 기관과의 협력계획 6. 그 밖에 잔류성유기오염물질의 관리를 위하여 필요한 사항 ③ 그 밖에 기본계획의 수립에 관하여 필요한 사항은 대통령령으로 정한다. **제6조(잔류성유기오염물질시행계획)** ① 환경부장관 및 관계 중앙행정기관의 장은 매년 기본계획을 시행하기 위한 세부계획(이하 "시행계획"이라 한다)을 수립·시행하여야 한다. 이 경우 관계 중앙행정기관의 장은 그 시행계획과 추진실적을 환경부장관에게 제출하여야 한다. ② 시행계획의 수립·시행 및 시행계획과 추진실적의 제출 등에 관하여 필요한 사항은 대통령령으로 정한다. **제7조** 삭제 〈2010. 2. 4.〉	이 장과 특별시장·광역시장·도지사 또는 특별자치도지사(이하 "시·도지사"라 한다)에게 알려야 한다. ③ 환경부장관은 기본계획을 수립하거나 변경하기 위하여 관련 기관에 필요한 자료를 제출하도록 요청할 수 있다. **제5조(기본계획의 변경)** 법 제5조제3항 후단에서 "대통령령으로 정하는 사항을 변경하는 경우"란 다음 각 호의 어느 하나에 해당하는 경우를 말한다. 〈개정 2019. 4. 9.〉 1. 잔류성유기오염물질 관리의 추진방향을 변경하는 경우(주요 추진사업의 우선순위를 변경하는 경우만 해당한다) 2. 잔류성유기오염물질의 관리에 관한 주요 추진계획을 변경하는 경우 3. 잔류성유기오염물질의 관리에 관한 주요 투자계획을 변경하는 경우 **제16조(환경기준)** 법 제10조제2항에 따른 환경기준은 별표 3과 같다.	

잔류성유기오염물질 관리법	잔류성유기오염물질 관리법 시행령	잔류성유기오염물질 관리법 시행규칙
제8조 삭제 〈2010. 2. 4.〉		
제9조(일일허용노출량의 설정) ① 정부는 인간이 평생에 걸쳐 계속적으로 호흡·피부접촉 또는 섭취 등을 통하여 잔류성유기오염물질에 노출되어도 건강에 영향을 미칠 우려가 없는 기준으로서의 일일허용노출량을 설정할 수 있다. ② 제1항의 규정에 따른 잔류성유기오염물질의 종류별 일일허용노출량은 대통령령으로 정한다.	제15조(일일허용노출량) 법 제9조제2항에 따른 다이옥신(퓨란을 포함한 것을 말한다. 이하 같다)의 일일허용노출량은 킬로그램당 4피코그램 티이큐(pg-TEQ)로 한다. 〈개정 2019. 4. 9.〉	
제10조(환경기준의 설정) ① 정부는 국민의 건강을 보호하고 쾌적한 환경을 조성하기 위하여 잔류성유기오염물질에 대한 환경기준을 설정하여야 하며, 환경여건의 변화에 따라 그 적정성이 유지되도록 하여야 한다. ② 제1항의 규정에 따른 환경기준은 대통령령으로 정한다.	제16조(환경기준) 법 제10조제2항에 따른 환경기준은 별표 3과 같다.	
제11조(측정망의 설치·운영) ① 환경부장관은 전국의 대기·물·토양·하천퇴적물·생물의 잔류성유기오염물질 오염실태를 파악하기 위하여 잔류성유기오염물질 측정망(이하 "측정망"이라 한다)을 설치하고 오염도를 측정하여야 한다. ② 시·도지사 및 시장·군수·구청장(자치구의 구청장을 말한다. 이하 같다)은 관할 구역 안의 잔류성유기오염물질 오염실태를 파악하기 위하여 측정망을 설치하고 오염도를 측정할 수 있다. ③ 환경부장관은 제1항의 규정에 따른 측정망이 위치·구역·측정항목·측정시기 및 측정횟수 등을		

잔류성유기오염물질 관리법	잔류성유기오염물질 관리법 시행령	잔류성유기오염물질 관리법 시행규칙
구체적으로 밝힌 측정망 설치계획을 수립하여 고시하여야 한다. ④ 제3항의 규정은 제2항에 따라 시·도지사 또는 시장·군수·구청장이 측정망을 설치하는 경우에 관하여 이를 준용한다. ⑤ 환경부장관은 제2항의 규정에 따라 시·도지사 또는 시장·군수·구청장이 측정망을 설치·운영하는 경우에는 예산의 범위 안에서 재정적·기술적 지원을 할 수 있다.		
제12조(토지 등의 사용) ① 환경부장관, 시·도지사 또는 시장·군수·구청장은 측정망 설치 또는 오염실태 조사를 위하여 필요한 구역의 토지·건축물 또는 그 토지에 붙어 있는 물건을 사용할 수 있다. ② 제1항의 규정에 따른 사용의 절차 또는 손실보상 등에 관하여는 「공익사업을 위한 토지 등의 취득 및 보상에 관한 법률」을 준용한다.		
제2장 잔류성유기오염물질의 제조·수출입·사용 금지 또는 제한		
제13조(잔류성유기오염물질의 제조·수출입·사용의 금지와 제한) ① 누구든지 취급금지 잔류성유기오염물질[스톡홀름협약 부속서 A에 규정된 잔류성유기오염물질을 말하며, 「화학물질관리법」 제2조제4호 및 제5호에 따른 제한물질·금지물질과 「농약관리법」에 따른 농약을 제외한다. 이하 같은]을 제조·수출입 또는 사용하여서는 아니 된다. 다만, 취급금지 잔류성유기오염물질 중 스톡홀름협	제17조(제한내용) 법 제13조제3항에 따른 취급제한 잔류성유기오염물질(이하 "취급제한 잔류성유기오염물질"이라 한다)을 제조·수출입 또는 사용하려는 자는 「잔류성유기오염물질에 관한 스톡홀름협약」(이하 "스톡홀름협약"이라 한다) 부속서 B(B)에 규정된 용도로만 제조·사용하여야 한다. 다만, 시험용·연구용·검사용 시약을 해당 목적으로 사용하려는 경우에는 그러하지 아니하다. 〈개정	

잔류성유기오염물질 관리법	잔류성유기오염물질 관리법 시행령	잔류성유기오염물질 관리법 시행규칙

잔류성유기오염물질 관리법	잔류성유기오염물질 관리법 시행령 (2012. 7. 31.)	잔류성유기오염물질 관리법 시행규칙
약 부속서 에이(A)에서 특정한 용도로 제조 또는 사용이 허용된 물질(이하 "취급금지 특정면제 잔류성유기오염물질"이라 한다)은 그 용도로 제조, 수출입 또는 사용할 수 있다. 〈개정 2013. 6. 4.〉 ② 제1항 단서에 따라 취급금지 특정면제 잔류성유기오염물질을 제조, 수출입 또는 사용하려는 자는 용기나 포장에 안전관리를 위한 표시를 하는 등 대통령령으로 정하는 관리기준을 지켜야 한다. 〈신설 2012. 2. 1.〉 ③ 취급제한 잔류성유기오염물질(스톡홀름협약 부속서 비(B)에 규정된 잔류성유기오염물질을 말하며, 「화학물질관리법」 제2조제4호 및 제5조에 따른 제한물질·금지물질과 「농약관리법」에 따른 농약을 제외한다. 이하 같다)을 제조·수출입 또는 사용하려는 자는 스톡홀름협약 부속서 비(B)에 규정된 취급제한 잔류성유기오염물질의 용도나 포장에 안전관리를 위한 표시를 하거나 포장하는 등 대통령령으로 정하는 제한내용과 관리기준을 지켜야 한다. 〈개정 2013. 6. 4.〉 ④ 제1항 단서에 따라 취급금지 특정면제 잔류성유기오염물질을 수출하려는 자 및 제3항에 따라 취급제한 잔류성유기오염물질을 수출하려는 자는 「특정 유해 화학물질 및 농약의 국제교역 시 사전통보 승인 절차에 관한 로테르담 협약」 부속서 5(V)에 따라 매년 수출통보서에 수출 국 및 취급금지 특정면제 잔류성유기오염물질 또는 취급제한 잔류성유기오염물질의 주요 용도, 수입국이 정하는 잔류성유기오염물질의 함유 내용 등 환경부령이 정하는	제18조(관리기준) ① 법 제13조제1항 단서에 따른 취급금지 특정면제 잔류성유기오염물질(이하 "취급금지 특정면제 잔류성유기오염물질"이라 한다) 또는 취급제한 잔류성유기오염물질의 제조·수출입 또는 사용하려는 자는 다음 각 호의 관리기준을 지켜야 한다. 1. 취급금지 특정면제 잔류성유기오염물질을 제조 또는 수입할 때에는 용기나 포장에 해당 물질에 관한 표시를 할 것 2. 취급금지 특정면제 잔류성유기오염물질 또는 취급제한 잔류성유기오염물질을 보관·저장 또는 진열하는 장소에 해당 물질에 관한 표시를 할 것 3. 취급금지 특정면제 잔류성유기오염물질 또는 취급제한 잔류성유기오염물질의 유출 등으로 인한 사고를 예방하기 위하여 해당 물질을 보관·저장 또는 진열하는 장소에 방류벽이나 방지턱 등을 설치할 것 4. 사고가 발생한 경우 응급조치를 할 수 있도록 방제장비, 방제약품 및 자재를 사업장에 갖추어 둘 것 5. 취급금지 특정면제 잔류성유기오염물질 또는 취급제한 잔류성유기오염물질을 다른 물질과 분리하여 보관할 것 6. 그 밖에 취급금지 특정면제 잔류성유기오염물질 또는 취급제한 잔류성유기오염물질의 안전관리를 위하여 환경부령으로 정하는 사항을 지킬 것	제5조(관리기준) 「잔류성유기오염물질 관리법 시행령」(이하 "영"이라 한다) 제18조제6호에서 "환경부령으로 정하는 사항"이란 다음 각 호의 사항을 말한다. 〈개정 2012. 8. 2.〉 1. 법 제13조제1항에 따른 취급금지 특정면제 잔류성유기오염물질(이하 "취급금지 특정면제 잔류성유기오염물질"이라 한다) 또는 법 제13조제3항에 따른 취급제한 잔류성유기오염물질(이하 "취급제한 잔류성유기오염물질"이라 한다)의 제조·수입·사용·판매 등 관리에 관한 사항을 별지 제1호서식의 관리대장에 정확하게 기록할 것 2. 잔류성유기오염물질을 제1회 1천킬로그램 이상을 운반하는 경우에는 다음 각 목의 사항이 포함된 운반계획을 작성하고, 운반자 또는 운송자에게 이를 지니도록 할 것 가. 운반물질 및 운반량 나. 운행 예정 노선 다. 그 밖에 잔류성유기오염물질의 운반에 관한 사항

잔류성유기오염물질 관리법	잔류성유기오염물질 관리법 시행령	잔류성유기오염물질 관리법 시행규칙
사항을 적은 서류를 첨부하여 환경부장관의 승인을 얻어야 한다. 환경부령이 정하는 중요한 사항을 변경하는 경우에도 또한 같다. 〈개정 2012. 2. 1.〉	② 제1항·제1호 및 제2호에 따른 취급금지 특정면제 잔류성유기오염물질 또는 취급제한 잔류성유기오염물질의 표시 방법은 별표 4와 같다. [전문개정 2012. 7. 31.]	제6조(취급금지 특정면제 잔류성유기오염물질 또는 취급제한 잔류성유기오염물질 수출의 승인) ① 법 제13조제4항에 따라 취급금지 특정면제 잔류성유기오염물질 또는 취급제한 잔류성유기오염물질을 수출하려는 자는 매년 수입국별로 해당 물질을 최초로 수출하기 전에 별지 제2호서식의 수출승인 신청서에 다음 각 호의 서류를 첨부하여 유역환경청장 또는 지방환경청장(이하 "지방환경관서의 장"이라 한다)에게 제출하여야 한다. 〈개정 2012. 8. 2.〉 1. 수출자 책임보증서 2. 수출통보서 3. 「산업안전보건법」 제41조제1항에 따른 물질안전보건자료 ② 제1항에 따른 신청을 받은 지방환경관서의 장은 제1항제2호에 따른 수출통보서를 수입국에 송부하여야 한다. ③ 지방환경관서의 장은 수입국에서 통보한 물질에 대한 수입을 허용한 경우에는 별지 제2호의2서식의 수입승인서를 신청인에게 발급하여야 하며, 수입을 허용하지 아니한 경우에는 수입 불허가에 대한 내용을 신청인에게 서면으로 알려야 한다. 〈개정 2012. 8. 2.〉 ④ 법 제13조제4항 후단에서 "환경부령이 정하는 중

잔류성유기오염물질 관리법	잔류성유기오염물질 관리법 시행령	잔류성유기오염물질 관리법 시행규칙
		요한 사항을 변경하는 경우"란 다음 각 호와 같다. 〈개정 2012. 8. 2.〉 1. 사업장의 소재지·명칭 또는 대표자를 변경한 경우 2. 물질의 종류나 함량을 변경한 경우 3. 수출예정 물량을 100분의 50 이상 증감하는 경우 ⑤ 법 제13조제4항 후단에 따라 변경승인을 받으려는 자는 별지 제3호서식의 수출승인 변경신청서에 다음 각 호의 서류를 첨부하여 지방환경관서의 장에게 제출하여야 한다. 〈개정 2012. 8. 2.〉 1. 변경사항을 증명할 수 있는 서류 2. 제3항에 따른 수출승인서 원본 [제목개정 2012. 8. 2.]
제3장 잔류성유기오염물질 배출규제 제14조(배출허용기준) ① 배출시설에서 배기가스 및 폐수 등으로 배출되는 잔류성유기오염물질의 배출허용기준은 환경부령으로 정한다. 〈개정 2012. 2. 1.〉 ② 환경부장관은 제1항의 규정에 따른 환경부령을 제·개정하려는 때에는 관계 중앙행정기관의 장과 미리 협의하여야 한다. ③ 배출시설을 운영하는 자(이하 "배출사업자"라 한다)는 제1항에 따른 배출허용기준(제15조제2호에 따라 설치되는 배출시설 중 「물환경보전법」 제33조제1항 단서 및 같은 조 제2항에 따라 설치되는 폐수무방류배출시설을 운영하는 자의 경우 폐수로 배출되는 배출허용기준은 제외한다)을 지켜야 한다. 〈개정 2017. 1. 17.〉		제7조(배출허용기준) 법 제14조제1항에 따른 잔류성유기오염물질의 배출허용기준은 별표 3과 같다.

전류성유기오염물질 관리법	전류성유기오염물질 관리법 시행령	전류성유기오염물질 관리법 시행규칙
④ 환경부장관은 제1항에 따른 배출허용기준을 정할 때에는 제10조의 구성에 따른 환경기준을 유지하거나 달성할 수 있는지, 전류성유기오염물질을 줄이는 저감기술이 경제성과 적용 가능성이 있는지 등을 고려하여야 한다.		
제15조(배출시설의 설치기준) 다음 각 호의 어느 하나에 해당하는 허가나 승인을 받거나 신고를 하려는 자는 해당 법률이 정하는 시설기준 외에 제14조에 따른 배출허용기준(이하 "배출허용기준"이라 한다)을 충족할 수 있도록 시설을 갖추어야 한다. 〈개정 2017. 1. 17.〉 1. 「대기환경보전법」 제23조제1항부터 제3항까지의 규정에 따른 허가・신고 또는 변경허가・변경신고 2. 「물환경보전법」 제33조제1항부터 제3항까지의 규정에 따른 허가・신고 또는 변경허가・변경신고 3. 「폐기물관리법」 제25조제3항 또는 제11항에 따른 폐기물처리업의 허가 또는 변경허가・변경신고 4. 「폐기물관리법」 제29조제2항 또는 제3항의 규정에 따른 승인・신고 또는 변경승인・변경신고		
제16조(개선명령・사용중지명령 및 폐쇄명령) ① 환경부장관은 배출시설에서 배출되는 전류성유기오염물질이 정도가 배출허용기준을 초과하는 경우에는 6개월의 범위에서 환경부령으로 정하는 바에 따라 해당 배출시설의 전부나 일부의 사용중지를 명할 수 있다. 다만, 배출허용기준을 위반 정도가 경미한		제8조(개선계획서의 제출 등) ① 법 제16조제1항 단서에서 "배출허용기준의 위반 정도가 경미한 배출시설 등 환경부령으로 정하는 배출시설"이란 별표 3의 2각 호의 어느 하나에 해당하는 시설을 말한다. 〈신설 2018. 12. 13.〉 ② 법 제16조제1항 단서에 따른 개선명령을 받은 배

잔류성유기오염물질 관리법	잔류성유기오염물질 관리법 시행령	잔류성유기오염물질 관리법 시행규칙
배출시설 등 환경부령으로 정하는 배출시설에 대해서는 개선에 필요한 조치 및 시설 설치기간 등을 고려하여 배출하여 그 잔류성유기오염물질의 배출농도가 배출허용기준 이하로 내려가는 데 필요한 조치를 취할 것을 명(이하 "개선명령"이라 한다)할 수 있다. 〈개정 2018. 6. 12.〉 ② 환경부장관은 제1항의 규정에 따른 사용중지 명령을 받은 자가 이를 이행하지 아니하거나 배출시설 구조나 방지시설의 노후화 등으로 인하여 배출허용기준의 준수가 불가능하다고 판단하는 경우에는 그 배출시설의 폐쇄를 명령할 수 있다. 〈개정 2018. 6. 12.〉		출사업자는 그 명령을 받은 날부터 15일 이내에 별지 제3호의2서식의 개선계획서를 작성하여 지방환경관서의 장에게 제출하여야 한다. 다만, 지방환경관서의 장은 배출시설의 종류 및 규모 등을 고려하여 제출기간의 연장이 필요하다고 인정하는 경우에는 배출사업자의 신청에 따라 그 기간을 연장할 수 있다. 〈개정 2018. 12. 13.〉 ③ 법 제16조제1항에 따라 개선명령을 받은 배출사업자는 천재지변이나 그 밖에 부득이한 사유로 개선기간 이내에 명령받은 조치를 끝낼 수 없는 경우에는 그 개선기간이 끝나기 전에 지방환경관서의 장에게 개선기간의 연장을 신청할 수 있다. 이 경우 지방환경관서의 장은 개선기간을 합한 기간이 최초의 개선기간을 초과하지 아니하는 범위에서 개선기간을 연장할 수 있다. 〈개정 2018. 12. 13.〉 ④ 제2항에 따라 개선계획서를 제출한 배출사업자가 개선을 완료한 경우에는 지방환경관서의 장에게 별지 제3호의3서식의 개선완료 보고서(전자문서로 된 보고서를 포함한다)를 제출하여야 한다. 〈개정 2018. 12. 13.〉
		제11조(배출사업자의 행정처분기준) 법 제16조 및 법 제19조제4항에 따른 행정처분기준은 별표 4와 같다. 〈개정 2012. 8. 2.〉
		제11조의2(행정처분의 공표) 지방환경관서의 장은 법 제16조제3항에 따라 공표하려는 경우에는 인터

전류성유기오염물질 관리법	전류성유기오염물질 관리법 시행령	전류성유기오염물질 관리법 시행규칙
		빛 홈페이지에 게시하거나 관보에 게재하는 등의 방법으로 할 수 있다. [본조신설 2019. 4. 17.]
제17조(과징금처분) ① 환경부장관은 배출사업자에게 제16조제1항에 따라 사용·사용중지를 하여야 하는 경우로서 그 시설의 사용을 중지시키면 주민의 생활, 대외적 신용, 고용, 물가 등 국민경제와 그 밖의 공익에 현저한 지장을 줄 우려가 있다고 인정되는 경우에는 사용중지명령에 갈음하여 3억원 이하의 과징금을 부과할 수 있다. 〈개정 2018. 6. 12.〉 ② 배출시설의 종류·규모 등에 따른 과징금 액수의 기준 그 밖에 필요한 사항은 대통령령으로 정한다. ③ 환경부장관은 배출사업자가 제1항에 규정에 따른 과징금을 납부기한까지 이에 따라 납부하지 아니한 경우에는 국세체납처분의 예에 따라 징수한다. 다만, 과징금의 부과·징수에 관한 환경부장관의 권한을 시·도지사에게 위임한 경우에는 지방세체납처분의 예에 따라 징수한다. ④ 제1항의 규정에 따라 징수한 과징금은 「환경정책기본법」에 따른 환경개선특별회계의 세입으로 한다. 〈개정 2011. 7. 21.〉 ⑤ 환경부장관은 과징금의 부과·징수에 관한 환경부장관의 권한을 시·도지사에게 위임한 경우 그 징수된 과징금 중 일부를 대통령령이 정하는 바에 따라 징수비용으로 교부할 수 있다.	제19조(과징금의 부과기준) ① 법 제17조제1항에 따른 과징금은 법 제16조제1항 본문에 따른 사용중지 업무의 과징금액과 사업장 규모별 부과계수를 곱하여 산정한다. 〈개정 2019. 4. 9.〉 ② 1일당 부과금액은 500만원으로 하고, 사업장 규모 부과계수는 사업장 규모별로 0.5 이상 2.0 이하의 범위에서 환경부령으로 정한다. 제20조(징수비용의 지급) ① 환경부장관은 법 제17조 제5항에 따라 과징금의 부과·징수에 관한 업무를 제3항에 위임하여 처리하는 경우에는 시·도지사에게 과징금을 징수한 과징금의 100분의 10에 상당하는 금액을 시·도지사에게 징수비용으로 지급하여야 한다. ② 환경부장관은 「환경개선특별회계법」에 따른 환경개선특별회계로 납입될 과징금 중 제1항에 따른 징수비용을 매월 정산하여 다음 달 말일까지 시·도지사에게 지급하여야 한다.	제13조(과징금의 부과계수) 영 제19조제2항에 따른 부과계수를 곱하여 산정한다. ② 1일당 부과계수는 별표 5와 같다.
제18조(배출원과 배출량 조사) ① 환경부장관은 기본		제13조의2(배출원과 배출량 조사) 법 제18조제3항에

잔류성유기오염물질 관리법	잔류성유기오염물질 관리법 시행령	잔류성유기오염물질 관리법 시행규칙
계획을 종합적으로 수립·시행하기 위하여 전국의 잔류성유기오염물질 배출원과 배출량을 조사할 수 있다. ② 환경부장관은 제1항의 규정에 따른 잔류성유기오염물질의 배출원과 배출량 조사를 위하여 관계 기관의 장에게 필요한 자료의 제출이나 지원을 요청할 수 있다. 이 경우 요청을 받은 관계 기관의 장은 특별한 사유가 없으면 이에 응하여야 한다. ③ 제1항에 따른 잔류성유기오염물질의 배출원과 배출량 조사의 방법, 절차, 배출량 산정방법 등에 관한 사항은 환경부령으로 정한다. 〈신설 2012. 2. 1.〉 [제목개정 2012. 2. 1.] 제19조(잔류성유기오염물질의 측정과 주변지역 영향조사 등) ① 배출시설에서는 해당 배출시설에서 배출되는 잔류성유기오염물질을 「환경분야 시험·검사 등에 관한 법률」 제6조제1항제10호에 따른 환경오염공정시험기준에 따라 스스로 측정하거나 환경부령으로 정하는 측정기관으로 하여금 측정하게 하고, 측정결과를 기록하여 환경부령으로 정하는 기간동안 보존하여야 한다. 이 경우 측정대상이 되는 잔류성유기오염물질의 범위, 측정방법, 측정주기 등에 관한 사항은 환경부령으로 정한다. 〈개정 2012. 2. 1.〉 ② 주변지역에 현저한 환경오염의 영향을 미치는 배출시설로서 대통령령이 정하는 규모 이상의 배출시설을 운영하는 잔류성유기오염물질은 그 배출시설의 운영으로 주변지역에 미치는 영향을 3년마다 단독으로 또는	제21조(주변지역 영향조사 대상 시설) ① 법 제19조제2항 전단에서 "대통령령이 정하는 규모 이상의 배출시설"이란 다음 각 호의 시설을 말한다. 〈개정 2019. 7. 2.〉 1. 하루 최대 생산능력이 5천 톤 이상인 철강 소결로(燒結爐) 2. 하루 최대 생산능력이 3천 톤 이상인 철강 전기로 3. 하루 최대 생산능력이 1만 2천 톤 이상인 시멘트 소성로 4. 하루 최대 생산능력이 50톤 이상인 동(銅) 압연(壓延)·압출(壓出) 및 연신(引拔을 가능케 늘리는 공정) 시설 ② 제1항에 따른 하루 최대 생산능력을 산정할 때에 같은 사업장에 여러 개의 배출시설이 있는 경우에는 각 시설의 하루 최대 생산능력을 모두 더한다.	따른 잔류성유기오염물질의 배출원과 배출량 조사의 방법, 절차, 배출량 산정방법 등은 별표 5의2와 같다. [본조신설 2012. 8. 2.]

잔류성유기오염물질 관리법	잔류성유기오염물질 관리법 시행령	잔류성유기오염물질 관리법 시행규칙
는 공동으로 조사하거나 환경부령으로 정하는 측정기관으로 하여금 조사하게 하고 그 결과를 환경부장관에게 제출하여야 한다. 이 경우 조사의 방법·범위·절차 보고 등에 관하여 필요한 사항은 환경부령으로 정한다. 〈개정 2012. 2. 1.〉 ③ 환경부장관은 배출사업자가 제1항의 규정에 따른 측정의무를 이행하지 아니하거나 제2항의 규정에 따른 영향조사를 하지 아니하는 경우에는 환경부령이 정하는 바에 따라 기간을 정하여 잔류성유기오염물질의 측정 또는 영향조사를 명령할 수 있다. ④ 환경부장관은 제3항의 규정에 따른 명령을 이행하지 아니하는 배출사업자에 대하여 배출시설의 사용중지나 폐쇄를 명령할 수 있다. ⑤ 제3항에 따른 측정결과는 「전자문서 및 전자거래 기본법」 제2조제1호에 따른 전자문서로 기록·보존할 수 있다. 〈개정 2018. 10. 16.〉 [시행일 : 2012. 2. 1.] 제19조제2항의 개정규정 중 측정기관으로 하여금 조사하게 하는 부분		제14조(잔류성유기오염물질의 측정) ① 법 제19조제1항 전단 및 법 제19조제2항 전단에서 "환경부령으로 정하는 측정기관"이란 다음 각 호의 기관을 말한다. 〈개정 2012. 8. 2.〉 1. 「한국환경공단법」에 따른 한국환경공단 2. 삭제 〈2009. 11. 30.〉 3. 「보건환경연구원법」에 따른 보건환경연구원 중 잔류성유기오염물질측정기관으로 국립환경과학원장이 고시하는 보건환경연구원 4. 그 밖에 국립환경과학원장이 정하여 고시하는 기관 ② 배출사업자는 법 제19조제1항 전단에 따라 해당 배출시설에서 배출되는 잔류성유기오염물질의 측정결과를 측정한 날부터 5년간 보존하여야 한다. ③ 법 제19조제1항 후단에 따른 잔류성유기오염물질의 범위, 측정방법, 측정주기 등은 별표 6과 같다. 〈개정 2012. 8. 2.〉 ④ 배출사업자가 제1항에 따른 측정기관에 잔류성유기오염물질의 측정을 신청하려면 별지 제4호서식의 잔류성유기오염물질 측정신청서를 측정기관에 제출하여야 한다. ⑤ 제1항부터 제4호에 따라 국립환경과학원장이 측정기관을 선정하는 경우에는 측정기관의 인정절차, 평가방법 및 사후관리에 관한 사항 등을 미리 고시하여야 한다. 〈신설 2009. 11. 30.〉 제15조(주변지역 영향조사 방법·범위 등) ① 법 제19조제2항에 따른 주변지역 영향조사의 방법·범위 등은 별표 7과 같다.

잔류성유기오염물질 관리법	잔류성유기오염물질 관리법 시행령	잔류성유기오염물질 관리법 시행규칙
		② 배출사업자는 제1항에 따라 주변지역을 조사한 경우에는 조사가 끝난 날부터 30일 이내에 조사결과를 별지 제5호서식에 따라 작성하여 지방환경관서의 장에게 제출하여야 한다. 〈개정 2012. 8. 2.〉
		제16조(잔류성유기오염물질의 측정 또는 주변지역 영향조사의 명령기간) ① 지방환경관서의 장은 법 제19조제3항에 따라 잔류성유기오염물질의 측정 또는 주변지역에 대한 조사를 명하려는 경우에는 다음 각 호의 구분에 따른 기간의 범위에서 기간을 정하여 측정이나 조사를 명하여야 한다. 〈개정 2012. 8. 2.〉 1. 잔류성유기오염물질 측정 : 1개월 2. 주변지역에 대한 영향조사 : 6개월 ② 배출사업자가 천재지변이나 그 밖의 부득이한 사유로 제1항에 따른 기간 내에 측정이나 조사를 끝내지 못한 경우에는 그 기간이 끝나기 전에 지방환경관서의 장에게 기간의 연장을 신청할 수 있다. 〈개정 2012. 8. 2.〉 ③ 제2항에 따른 신청을 받은 지방환경관서의 장은 기간의 연장이 필요하다고 인정하면 다음 각 호의 구분에 따른 기간의 범위에서 측정기간이나 조사기간을 연장할 수 있다. 〈개정 2012. 8. 2.〉 1. 잔류성유기오염물질 측정 : 1개월 2. 주변지역에 대한 영향조사 : 3개월
제20조(사고발생에 따른 응급조치 · 신고 및 재발방지조치 등) ① 배출사업자는 배출시설의 고장, 파손,		제17조(사고처리기준) 법 제20조제1항에 따른 사고 처리기준은 다음 각 호와 같다.

잔류성유기오염물질 관리법	잔류성유기오염물질 관리법 시행령	잔류성유기오염물질 관리법 시행규칙
그 밖의 사고가 발생하여 잔류성유기오염물질이 대기 중으로, 또는 「물환경보전법」 제2조제9호에 따른 공공수역으로 배출된 경우에는 환경부령으로 정하는 사고처리기준에 따라 지체 없이 필요한 응급조치를 취하고 배출된 잔류성유기오염물질을 신속하고 안전하게 수거하거나 처리하여야 한다. 〈개정 2017. 1. 17.〉 ② 배출사업자는 제1항의 규정에 따른 사고가 발생한 경우에는 지체 없이 사고 상황을 환경부장관에게 신고하여야 한다. ③ 환경부장관은 사고가 발생한 배출시설의 배출사업자에게 사고의 확대나 재발을 방지하기 위하여 필요한 조치를 취하도록 명령할 수 있다.		1. 잔류성유기오염물질의 확산을 방지하기 위하여 제해구역의 설정, 조업중지, 방제작업 등의 조치를 할 것 2. 사고발생 원인, 오염 정도 및 확산 범위를 확인하기 위하여 시료를 채취하여 분석할 것 3. 인근 지역주민에게 사고발생 상황을 알리고 대피하도록 할 것
제4장 잔류성유기오염물질함유폐기물의 처리 제21조(잔류성유기오염물질함유폐기물의 분류·관리 등) 잔류성유기오염물질함유폐기물은 「폐기물관리법」 제2조제4호의 규정에 따른 지정폐기물로 본다.		
제22조(잔류성유기오염물질함유폐기물의 처리기준 등) 잔류성유기오염물질함유폐기물의 수집·운반·보관 또는 처리하려는 자는 환경부령이 정하는 기준과 방법에 따라야 한다.		제18조(잔류성유기오염물질함유폐기물의 처리기준 등) 법 제22조에 따른 잔류성유기오염물질 함유폐기물의 수집·운반·보관 또는 처리에 관한 기준 및 방법은 별표 8과 같다.
제23조(재활용의 제한) ① 잔류성유기오염물질함유폐기물을 재활용하려는 자는 친환경적으로 재활용하기 위하여 환경부령이 정하는 종류와 용도로만 친		제19조(재활용의 종류 및 용도) ① 법 제23조제1항에서 "환경부령이 정하는 종류와 용도"란 다음 각 호의 구분에 따른 재활용 종류와 용도를 말한다. 〈개정

잔류성유기오염물질 관리법	잔류성유기오염물질 관리법 시행령	잔류성유기오염물질 관리법 시행규칙
류성유기오염물질함유폐기물을 재활용하여야 한다. ② 제1항의 규정에 따라 잔류성유기오염물질함유 폐기물을 재활용하려는 자는 환경부령이 정하는 보관시설과 재활용시설을 갖추어 시·도지사에게 신고하여야 한다. 신고한 사항 중 환경부령이 정하는 중요한 사항을 변경하는 경우에도 또한 같다. 〈개정 2012. 2. 1.〉 ③ 시·도지사는 제1항의 규정에 따른 종류와 용도외로 잔류성유기오염물질함유폐기물을 재활용하는 자에게 해당 시설의 사용중지나 폐쇄를 명령할 수 있다. 〈개정 2012. 2. 1.〉		2012. 8. 2.〉 1. 영 별표 1 제1호부터 제8호까지, 제10호부터 제21호까지에 해당하는 물질:「폐기물관리법 시행규칙」제67조에 따라 신고한 재활용의 종류와 용도 2. 영 별표 1 제9호에 따른 물질 가. 재활용의 종류 : 1리터당 2밀리그램 미만 함유한 절연유를 포함한 전력기기] 나. 재활용·용도 : 다음의 구분에 따른 용도 1) 폐절연유 : 정제연료유. 다만, 재활용하려는 자가「폐기물관리법 시행규칙」제18조의2제3항에 따른 폐기물 분석 전문기관의 분석을 받은 결과 변압기 수리과정에서 배출된 절연유에서 폴리클로리네이티드비페닐이 검출되지 아니한 것으로 지방환경관서의 장이 확인한 경우에는 수리된 변압기의 절연유로 사용할 수 있다. 2) 사용을 마친 유압식 전력기기의 내부 부재 중 금속류 : 변압기 등 전기변환장치 외의 용도 ② 법 제23조제2항에서 "환경부령이 정하는 보관시설과 재활용시설"이란 별표 9에 따른 시설을 말한다. ③ 법 제23조제2항 후단에서 "환경부령이 정하는 중요한 사항"이란 다음 각 호의 사항을 말한다. 1. 재활용 대상 폐기물 2. 재활용의 용도 및 방법 3. 재활용사업장 소재지 4. 상호

잔류성유기오염물질 관리법	잔류성유기오염물질 관리법 시행령	잔류성유기오염물질 관리법 시행규칙
		5. 재활용시설의 용량이나 재활용 대상 폐기물의 수집예상량(50퍼센트 이상 변경하는 경우만 해당한다)
		④ 법 제23조제2항에 따라 잔류성유기오염물질 함유폐기물을 재활용하려는 자 또는 재활용을 신고를 한후 제3항 각 호의 사항을 변경하려는 자는 별지 제6호서식의 신고서를 시·도지사에게 제출하여야 한다.
		⑤ 제4항에 따른 신고서를 받은 시·도지사는 별지 제7호서식의 잔류성유기오염물질 함유폐기물 재활용 신고증명서를 신청인에게 내주어야 한다.
		제20조(행정처분기준) 법 제23조제3항에 따른 행정처분기준은 별표 4와 같다. 이 경우 사용중지명령이 철회에 관하여는 제12조를 준용한다. 〈개정 2015. 2. 2.〉
제5장 잔류성유기오염물질 함유기기 등의 관리		
제24조(오염기기등의 목록 작성) 환경부장관은 인체에 대한 위해를 예방하기 위하여 대통령령으로 정하는 기준 이상의 잔류성유기오염물질을 함유하는 기기·설비·제품(이하 "오염기기등"이라 한다)의 목록을 작성할 수 있다. [전문개정 2012. 2. 1.]	**제22조(오염기기등)** 법 제24조에서 "대통령령으로 정하는 기준 이상의 잔류성유기오염물질"이란 1리터당 50밀리그램 이상의 폴리클로리네이티드비페닐을 말한다. 〈개정 2012. 7. 31.〉	
제24조의2(관리대상기기등의 신고 등) 변압기 등 대통령령으로 정하는 기기·설비·제품(이하 "관리대상기기등"이라 한다)의 소유자는 제조사, 제조 연월일, 절연유 교체 여부 등 환경부령으로 정하는 사	**제23조(관리 대상 기기 등)** 법 제24조의2에서 "변압기 등 대통령령으로 정하는 기기·설비·제품"이란 다음 각 호의 어느 하나에 제조되어 절연유에 폴리클로리네이티드비페닐을 함	

잔류성유기오염물질 관리법	잔류성유기오염물질 관리법 시행령	잔류성유기오염물질 관리법 시행규칙
항을 시·도지사에게 신고하여야 한다. 신고한 사항 중 절연유 교체 등 환경부령으로 정하는 중요한 사항을 변경한 경우에도 또한 같다. [본조신설 2012. 2. 1.]	유량이 리터당 0.05밀리그램 미만인 것을 제외한다. 〈개정 2012. 7. 31.〉 1. 변압기유입식(油入式) 기기만 해당한다 2. 콘덴서(유입식 기기만 해당한다 3. 재기용변압변류기(유입식 기기만 해당한다) 4. 그 밖에 전기절연유를 절연매체로 사용하는 전력장비	제21조(관리대상기기등에 관한 신고) ① 법 제24조의2 제1항에서 "환경부령으로 정하는 사항"이란 다음 각 호의 사항을 말한다. 〈개정 2012. 8. 2.〉 1. 법 제24조의2에 따른 관리대상기기등(이하 "관리대상기기등"이라 한다)의 제조사 및 제조연월일 2. 관리대상기기등의 용량 및 총중량 3. 절연유량 및 절연유 교체 여부 4. 폴리클로리네이티드비페닐 농도(변압기만 해당한다) 5. 사업장의 대표자, 명칭 및 소재지 ② 관리대상기기등의 소유자는 관리대상기기등을 설치한 날부터 30일 이내에 별지 제8호서식의 신고서에 신고함을 증명하는 서류를 첨부하여 시·도지사에게 제출(「전자정부법」 제2조제10호에 따른 정보통신망에 의한 제출을 포함한다)하여야 한다. 이 경우 담당 공무원은 「전자정부법」 제36조제1항에 따른 행정정보의 공동이용을 통하여 신고인이 법인인 경우에는 법인 등기사항증명서를 확인하여야 하고, 신고인이 개인인 경우에는 사업자등록증을 확인하되, 신고인이 확인에 동의하지 아니하는

전류성유기오염물질 관리법	전류성유기오염물질 관리법 시행령	전류성유기오염물질 관리법 시행규칙
		경우에는 사업장기록부 등 중 사본을 첨부하게 하여야 한다. 〈개정 2012. 8. 2.〉 ③ 법 제24조의2 후단에서 "환경부령으로 정하는 중요한 사항"이란 다음 각 호의 사항을 말한다. 〈개정 2012. 8. 2.〉 1. 절연유(폴리클로리네이티드비페닐을 리터당 2밀리그램 이상 함유한 절연유만 해당한다) 교체 2. 관리대상기기등의 매매 및 폐기 3. 관리대상기기등의 재설치(수리하여 재설치하는 경우만 해당한다) 4. 사업장의 대표자, 명칭 및 소재지 ④ 법 제24조의2 후단에 따라 변경신고를 하려는 자는 변경사유가 발생한 날부터 30일 이내에 별지 제8호서식의 신고서에 제5항에 따라 발급받은 신고증명서와 변경된 사항을 증명하는 서류를 첨부하여 시·도지사에게 제출하여야 한다. 〈개정 2012. 8. 2.〉 ⑤ 제2항 및 제4항에 따른 신고서를 받은 시·도지사는 별지 제9호서식의 관리대상기기등의 신고증명서(변경신고의 경우에는 신고증명서 뒷면에 변경신고의 내용을 적은 것을 말한다)를 신고인에게 내주어야 한다. 〈개정 2009. 11. 30.〉
제24조의3(관리대상기기등의 수출입 제한) 누구든지 전류성유기오염물질이 절연유에 대통령령으로 정하는 기준 이상인 절연유를 함유한 관리대상기기등을 수출하거나 수입하여서는 아니 된다. [본조신설 2012. 2. 1.]	제23조의2(수출입이 제한되는 전류성유기오염물질의 함유 농도) 법 제24조의3에서 "전류성유기오염물질이 대통령령으로 정하는 기준 이상인 절연유"란 절연유의 폴리클로리네이티드비페닐 함유량이 리터당 2밀리그램 이상인 것을 말한다. [본조신설 2012. 7. 31.]	

진류성유기오염물질 관리법	진류성유기오염물질 관리법 시행령	진류성유기오염물질 관리법 시행규칙
제25조(오염기기등의 안전관리) ① 오염기기등의 소유자는 다음 각 호의 안전관리상의 조치를 취하여야 한다. 1. 안전관리상 주의사항의 표시 2. 오염 여부에 대한 식별장치의 부착 ② 제1항의 규정에 따른 안전관리상의 조치에 관하여 필요한 세부사항은 환경부령으로 정한다. ③ 시·도지사는 오염기기등의 소유자가 제1항 및 제2항의 규정에 따른 안전관리상 조치를 취하지 아니하는 경우에는 환경부령이 정하는 바에 따라 기간을 정하여 그 소유자에게 안전관리상 필요한 조치를 취할 것을 명령할 수 있다. 〈개정 2012. 2. 1.〉		제22조(오염기기등의 안전관리) ① 법 제24조에 따른 오염기기등(이하 "오염기기등"이라 한다)의 소유자는 법 제25조제1항에 따라 설치하려는 오염기기등 및 보관장소에 별표 11에 따른 안전관리상 표지를 부착하여야 한다. 〈개정 2012. 8. 2.〉 ② 시·도지사는 오염기기등의 소유자가 제1항에 따른 안전관리상 주의사항 표지를 기기에 부착하지 아니한 경우에는 15일의 범위에서 안전관리기간을 정하여 오염기기등의 소유자에게 안전관리상 주의사항 표지의 부착을 명하여야 한다.
제26조(오염기기등의 처리기한) 사용을 마친 오염기기등의 소유자는 그 기기를 환경부령이 정하는 기한 내에 제22조의 규정에 따른 기준과 방법에 따라 적정하게 처리하여야 한다.		제22조의2(오염기기등의 처리기한) 법 제26조에서 "환경부령이 정하는 기한"이란 「폐기물관리법 시행규칙」 별표 5 제4호나목6에 따른 배출자의 보관기간으로 45일을 말하며, 같은 표 제6호나목7)에 따라 시·도지사의 승인을 받아 1년 단위로 그 기한을 연장할 수 있다. [본조신설 2012. 8. 2.]
제6장 보칙 제27조(시설 설치 등의 지원) 환경부장관은 진류성유기오염물질의 적정한 관리를 위하여 다음 각 호의 어느 하나에 해당하는 시설을 설치·운영하거나, 진류성유기오염물질로 인한 환경오염을 줄이기 위한 기술의 개발·보급 등에 필요한 지원을 할 수 있다. 1. 배출시설로부터 배출되는 진류성유기오염물질		

잔류성유기오염물질 관리법	잔류성유기오염물질 관리법 시행령	잔류성유기오염물질 관리법 시행규칙
을 없애거나 줄이는 시설 2. 잔류성유기오염물질함유폐기물을 수집·운반·보관 또는 처리하는 시설 **제28조(국제협력)** 정부는 스톡홀름협약 관련 국제기구 및 관련 국가와의 국제적인 협력을 통하여 잔류성유기오염물질 관련 정보와 기술을 교환하고 인력교류·공동조사·연구개발 등에 상호 협력하며, 잔류성유기오염물질이 진강이나 환경에 미치는 위해를 예방하고 줄이기 위한 국제적 노력에 적극적으로 참여하여야 한다. **제29조(보고와 검사 등)** ① 환경부장관 또는 시·도지사는 다음 각 호의 자에게 환경부령으로 정하는 사항에 관한 보고나 자료제출을 명령할 수 있으며 관계 공무원으로 하여금 그 시설이나 사업장에 출입하여 제18조에 따라 잔류성유기오염물질의 배출량과 배출량을 조사하거나 배출허용기준, 제22조에 따른 잔류성유기오염물질함유폐기물의 처리기준 또는 제26조에 따른 오염기기 등의 처리기준의 준수여부 등을 확인하기 위하여 관계 서류, 시설 또는 장비 등을 검사하게 할 수 있다. 〈개정 2012. 2. 1.〉 1. 배출사업자 2. 제23조의 규정에 따라 잔류성유기오염물질함유폐기물을 재활용하는 자 3. 제24조에 따른 오염기기등의 소유자 4. 제24조의2에 따른 관리대상기기등의 소유자		**제23조(보고 및 검사 등)** ① 법 제29조제1항 각 호 외의 부분에서 "환경부령으로 정하는 사항"이란 다음 각 호의 사항을 말한다. 〈개정 2012. 8. 2.〉 1. 법 제14조제1항에 따른 배출허용기준의 준수 여부 2. 법 제16조에 따른 개선명령 등의 이행 여부 3. 법 제19조제1항 및 제3항에 따른 잔류성유기오염물질 측정과 및 잔류성유기오염물질 측정 등의 이행 여부 4. 법 제22조에 따른 잔류성유기오염물질함유폐기물의 처리기준 등의 준수 여부 5. 법 제23조제1항에 따른 재활용 제한의 이행 여부 6. 법 제25조제1항에 따른 주의사항 표시 여부 ② 법 제29조제1항에 따라 시·도지사 또는 지방환경관서의 장에게 제1항 각 호의 사항에 대한 보고를 하거나 자료를 제출하려는 때에는, 디스켓 등을 이용한 전산적인 방법으로 보고하거나 자료를 제

잔류성유기오염물질 관리법	잔류성유기오염물질 관리법 시행령	잔류성유기오염물질 관리법 시행규칙
② 제1항의 규정에 따라 보고 또는 자료제출을 명령하거나 시료채취 또는 검사(이하 "검사 등"이라 한다)를 하는 경우에는 검사 등 개시 7일 전까지 검사 등의 일시·이유 및 내용 등에 대한 계획을 대상자에게 미리 알려야 한다. 다만, 긴급히 하여야 할 필요가 있거나 사전에 알리면 증거인멸 등으로 인하여 검사 등의 목적을 달성할 수 없다고 인정되는 경우에는 그러하지 아니하다. ③ 제1항의 규정에 따라 출입·검사를 하는 공무원은 그 권한을 표시하는 증표를 지니고 이를 관계인에게 내보여야 한다. 제29조의2(연차보고서의 제출) ① 시·도지사는 매년 잔류성유기오염물질 관리 현황에 관한 보고서를 환경부장관에게 제출하여야 한다. ② 제1항에 따른 보고서의 작성방법 및 제출시기 등에 관하여 필요한 사항은 환경부령으로 정한다. [본조신설 2012. 2. 1.]		출함 수 있다. 〈개정 2012. 8. 2.〉 ③ 법 제29조제3항에 따른 출입·검사를 하는 공무원의 권한을 표시하는 증표는 별지 제10호서식과 같다. ④ 시·도지사 또는 지방환경관서의 장은 법 제29조제1항에 따라 시료·검사물 등의 출입·검사를 할 때 출입·검사의 대상시설 또는 사업장 등이 다음 각 호의 어느 하나에 해당하는 규정에 따른 출입·검사 대상시설 또는 사업장 등과 같은 종류의 출입·검사를 위한 경우에는 통합하여 출입·검사를 실시하여야 한다. 다만, 민원, 환경오염사고, 광역감시활동 또는 인력운영상 통합하여 출입·검사하는 것이 곤란한 경우에는 그러하지 아니하다. 〈개정 2018. 1. 17.〉 1. 「대기환경보전법」 제82조제1항 2. 「물환경보전법」 제68조제1항 3. 「폐기물관리법」 제39조제1항 4. 「화학물질관리법」 제49조제1항 ⑤ 법 제29조제1항에 따라 배출부과금의 부과기준 및 잔류성유기오염물질 함유폐기물 처리기준 준수 여부를 확인하기 위하여 잔류성유기오염물질을 채취한 때에는 제10조에 따른 검사기관에 분석을 의뢰하여야 한다. 제23조의2(연차보고서의 작성방법 등) ① 시·도지사는 법 제29조의2에 따라 다음 각 호의 사항을 포함한 해당연도 연차보고서를 다음 연도 1월 말까지 환경부장관에게 제출하여야 한다. 1. 법 제23조제2항 및 제3항에 따른 잔류성유기오염물질 보관시설과 재활용시설의 신고 사항, 해당 시설의 사용중지나 폐쇄명령 사항

잔류성유기오염물질 관리법	잔류성유기오염물질 관리법 시행령	잔류성유기오염물질 관리법 시행규칙
		2. 법 제24조의2에 따른 관리대상기기등에 관한 신고사항 3. 제1호 및 제2호의 사항에 대한 주요 관리계획 4. 그 밖에 잔류성유기오염물질 관리를 위하여 필요한 사항 ② 제1항의 보고에 관한 서식은 환경부장관이 정한다. [본조신설 2012. 8. 2.] [종전 제23조의2는 제23조의3으로 이동 〈2012. 8. 2.〉]
제30조(청문) 환경부장관 또는 시·도지사는 제16조 제2항·제19조제4항 또는 제23조제3항의 규정에 따른 폐쇄명령을 하려는 때에는 청문을 실시하여야 한다. 〈개정 2018. 6. 12.〉		
제31조(권한의 위임·위탁) ① 이 법에 따른 환경부장관의 권한은 대통령령이 정하는 바에 따라 그 일부를 시·도지사, 국립환경과학원의 장 또는 지방환경관서의 장에게 위임할 수 있다. ② 환경부장관은 다음 각 호의 업무를 대통령령으로 정하는 바에 따라 「한국환경공단법」에 따른 한국환경공단 등 관계 전문기관에 위탁할 수 있다. 〈개정 2012. 2. 1.〉 1. 제11조에 따른 측정망 설치·운영에 관한 업무 2. 제18조제1항에 따른 잔류성유기오염물질 배출원인 배출량 조사에 관한 업무 3. 제27조제2호에 따른 잔류성유기오염물질(함유폐기물의 수집·운반·보관·처리 시설의 설치 및	제24조(권한의 위임) 환경부장관은 법 제31조제1항에 따라 다음 각 호의 권한을 유역환경청장 또는 지방환경청장(이하 "지방환경청장"이라 한다)에게 위임한다. 〈개정 2019. 4. 9.〉 1. 법 제13조제4항에 따른 취급금지 특정면제 잔류성유기오염물질 또는 취급제한 잔류성유기오염물질의 수출의 승인 2. 법 제16조 및 제30조에 따른 개선명령, 사용중지 명령, 폐쇄명령 및 그 폐쇄명령에 관한 청문 2의2. 법 제16조제3항에 따른 행정처분의 공표 3. 법 제17조에 따른 과징금의 부과·징수 4. 법 제19조제2항에 따른 주변지역 영향조사 결과의 접수	

잔류성유기오염물질 관리법	잔류성유기오염물질 관리법 시행령	잔류성유기오염물질 관리법 시행규칙
운영에 관한 업무 4. 제29조제1항에 따른 출입, 시료 채취 및 검사에 관한 업무(제2조제1호에 따른 조사를 하는 데 필요한 경우만 해당한다)	5. 법 제19조제3항에 따른 잔류성유기오염물질의 측정 또는 영향조사 명령 6. 법 제19조제4항 및 제30조에 따른 배출시설에 대한 배출시설의 사용중지명령, 폐쇄명령 및 그 폐쇄명령에 관한 청문 7. 법 제20조제2항에 따른 신고의 수리 8. 법 제20조제3항에 따른 조치 명령 9. 법 제29조제1항에 따른 보고명령, 자료제출명령, 시료채취 및 검사 10. 위임된 사항에 관한 법 제37조에 따른 과태료의 부과·징수 [전문개정 2012. 7. 31.] 제26조(위탁) 법 제31조제2항 각 호의 사업은 「한국환경공단법」에 따른 한국환경공단에 위탁한다. [전문개정 2009. 8. 25.]	
제31조의2(벌칙 적용에서의 공무원 의제) 제31조제2항에 따라 위탁받은 업무를 하는 관계 전문기관의 임직원은 「형법」 제129조부터 제132조까지의 규정에 따른 벌칙을 적용할 때에는 공무원으로 본다. [본조신설 2012. 2. 1.]		
제7장 벌칙 제32조(벌칙) 제16조제2항·제19조제4항 또는 제23조제3항의 규정에 따른 폐쇄명령을 이행하지 아니한 자는 5년 이하의 징역 또는 5천만원 이하의 벌금에 처한다. 〈개정 2018. 6. 12.〉		

잔류성유기오염물질 관리법	잔류성유기오염물질 관리법 시행령	잔류성유기오염물질 관리법 시행규칙
제33조(벌칙) 다음 각 호의 어느 하나에 해당하는 자는 3년 이하의 징역 또는 3천만원 이하의 벌금에 처한다. 〈개정 2018. 6. 12.〉 1. 제13조제1항 본문을 위반하여 취급금지 잔류성유기오염물질을 제조·수출입 또는 사용한 자 2. 제16조제1항의 규정에 따른 개선명령을 이행하지 아니하거나 사용중지명령을 이행하지 아니한 자 3. 제19조제4항의 규정에 따른 사용중지명령을 이행하지 아니한 자 4. 제23조제1항의 규정을 위반하여 환경부령이 정하는 종류 및 용도 외로 잔류성유기오염물질을 폐기물을 재활용한 자 5. 제23조제3항의 규정에 따른 사용중지명령을 이행하지 아니한 자 5의2. 제24조의3을 위반하여 관리대상기기를 수출하거나 수입한 자 6. 제26조의 규정을 위반하여 오염기기를 기한 내에 적정하게 처리하지 아니한 자		**제19조(재활용의 종류 및 용도)** ① 법 제23조제1항에서 "환경부령이 정하는 종류와 용도"란 다음 각 호의 구분에 따른 재활용 종류와 용도를 말한다. 〈개정 2012. 8. 2.〉 1. 영 별표 1 제1호부터 제8호까지, 제10호부터 제21호가지에 해당하는 물질: 「폐기물관리법 시행규칙」 제67조에 따라 신고한 재활용의 종류와 용도 2. 영 별표 1 제9호에 따른 물질 가. 재활용의 종류: 1리터당 2밀리그램 미만을 함유한 절연유를 포함한 전력기기 나. 재활용 용도: 다음의 구분에 따른 용도 1) 폐절연유: 정제연료유. 다만, 재활용하려는 자가 「폐기물관리법 시행규칙」 제18조의2제3항에 따른 폐기물 분석 전문기관의 분석을 받은 결과 변압기 수리과정에서 배출된 절연유에서 폴리클로리네이티드비페닐이 검출되지 아니한 것으로 지방환경관서의 장이 확인한 경우에는 수리된 변압기의 절연유로 사용할 수 있다. 2) 사용을 마친 유입식 전력기기의 내부 부재 중 금속류: 변압기 등 전기변환장치 외의 용도 ② 법 제23조제2항에서 "환경부령이 정하는 보관는 실과 재활용시설"이란 별표 9에 따른 시설을 말한다. ③ 법 제23조제2항 후단에서 "환경부령이 정하는 중요한 사항"이란 다음 각 호의 사항을 말한다. 1. 재활용 대상 폐기물

잔류성유기오염물질 관리법	잔류성유기오염물질 관리법 시행령	잔류성유기오염물질 관리법 시행규칙
		2. 재활용의 용도 및 방법 3. 재활용사업장 소재지 4. 상호 5. 재활용시설의 용량이나 재활용 대상 폐기물의 수집예기물을 재활용 대상 폐기물의 수집예량(50퍼센트 이상 변경하는 경우만 해당한다) ④ 법 제23조제2항에 따라 잔류성유기오염물질 함유폐기물을 재활용하려는 자 또는 재활용신고를 한 후 제3항 각 호의 사항을 변경하려는 자는 별지 제6호서식의 신고서를 시·도지사에게 제출하여야 한다. ⑤ 제4항에 따른 신고서를 받은 시·도지사는 별지 제7호서식의 잔류성유기오염물질 함유폐기물 재활용신고증명서를 신청인에게 내주어야 한다.
제34조(벌칙) 다음 각 호의 어느 하나에 해당하는 자는 2년 이하의 징역 또는 2천만원 이하의 벌금에 처한다. 〈개정 2014. 3. 18.〉 1. 제13조제2항을 위반하여 취급금지 특정면제 잔류성유기오염물질의 제조, 수출입 또는 사용에 관한 관리기준을 지키지 아니한 자 1의2. 제13조제3항을 위반하여 취급제한 잔류성유기오염물질의 제조·수출입 또는 사용에 관한 제한내용 또는 관리기준을 지키지 아니한 자 2. 제13조제4항을 위반하여 승인 또는 변경승인을 받지 아니하거나 거짓으로 승인 또는 변경승인을 받아 수출한 자 3. 제14조제3항의 규정을 위반하여 배출허용기준을 지키지 아니한 자		

전류성유기오염물질 관리법	전류성유기오염물질 관리법 시행령	전류성유기오염물질 관리법 시행규칙
4. 제19조제3항의 규정에 따른 전류성유기오염물질의 측정명령이나 주변지역의 영향조사명령을 이행하지 아니한 자 5. 제20조제3항의 규정에 따른 조치명령을 이행하지 아니한 자 6. 제22조의 규정을 위반하여 전류성유기오염물질 함유폐기물을 수집·운반·보관 또는 처리하여 주변환경을 오염시킨 자 제35조(벌칙) 제25조제3항의 규정에 따른 조치명령을 이행하지 아니한 자는 100만원 이하의 벌금에 처한다. 제36조(양벌규정) 법인의 대표자나 법인 또는 개인의 대리인, 사용인, 그 밖의 종업원이 그 법인 또는 개인의 업무에 관하여 제32조부터 제35조까지의 어느 하나에 해당하는 위반행위를 하면 그 행위자를 벌하는 외에 그 법인 또는 개인에게도 해당 조문의 벌금형을 과(科)한다. 다만, 법인 또는 개인이 그 위반행위를 방지하기 위하여 해당 업무에 관하여 상당한 주의와 감독을 게을리하지 아니한 경우에는 그러하지 아니하다. [전문개정 2012. 2. 1.] 제37조(과태료) ① 다음 각 호의 어느 하나에 해당하는 자에게는 1천만원 이하의 과태료를 부과한다. 〈개정 2012. 2. 1.〉 1. 제19조제1항 또는 제2항의 규정을 위반하여 전류성유기오염물질을 측정하지 아니하거나 그 기록		제27조(과태료의 부과기준) 법 제37조제1항부터 제3항까지에 따른 과태료의 부과기준은 별표 5와 같다. 〈개정 2012. 7. 31.〉 본조신설 2011. 4. 5.]

잔류성유기오염물질 관리법	잔류성유기오염물질 관리법 시행령	잔류성유기오염물질 관리법 시행규칙
을 보존하지 아니하거나 거짓으로 기록·보존한 자 또는 주변지역에 미치는 영향을 조사하지 아니하거나 그 결과를 제출하지 아니한 자 2. 제20조제1항 또는 제2항의 규정을 위반하여 응급조치를 강구하지 아니하거나 배출된 잔류성유기오염물질을 신속하고 안전하게 수거 또는 처리하지 아니하거나 사고신고를 하지 아니한 자 3. 제22조의 규정을 위반하여 잔류성유기오염물질함유폐기물을 수집·운반·보관하거나 처리한 자(제34조제6호에 해당하는 자는 제외한다) ② 다음 각 호의 어느 하나에 해당하는 자에게는 3백만원 이하의 과태료를 부과한다. 〈개정 2012. 2. 1.〉 1. 제23조제2항의 규정을 위반하여 보관시설과 재활용시설에 대한 신고나 변경신고를 하지 아니한 자 2. 제24조의2를 위반하여 관리대상기기등의 신고나 변경신고를 하지 아니한 자 또는 거짓으로 신고나 변경신고를 한 자 ③ 제29조의 규정에 따른 보고·자료제출을 하지 아니하거나 거짓으로 보고·자료제출을 한 자 또는 관계공무원의 출입·시료채취·검사를 거부·방해하거나 기피한 자는 1백만원 이하의 과태료에 처한다. ④ 제1항부터 제3항까지의 규정에 따른 과태료는 대통령령으로 정하는 바에 따라 환경부장관 또는 시·도지사가 부과·징수한다. 〈개정 2012. 2. 1.〉 ⑤ 삭제 〈2012. 2. 1.〉 ⑥ 삭제 〈2012. 2. 1.〉 ⑦ 삭제 〈2012. 2. 1.〉		

제6장 토양환경보전법

토양환경보전법	토양환경보전법 시행령	토양환경보전법 시행규칙
제1장 총칙 〈개정 2011. 4. 5.〉	제1장 총칙	제1장 총칙
제1조(목적) 이 법은 토양오염으로 인한 국민건강 및 환경상의 위해(危害)를 예방하고, 오염된 토양을 정화하는 등 토양을 적정하게 관리·보전함으로써 토양생태계를 보전하고, 자원으로서의 토양가치를 높이며, 모든 국민이 건강하고 쾌적한 삶을 누릴 수 있게 함을 목적으로 한다. [전문개정 2011. 4. 5.]	제1조(목적) 이 영은 「토양환경보전법」에서 위임된 사항과 그 시행에 관하여 필요한 사항을 규정함을 목적으로 한다. 〈개정 2005. 6. 30.〉	제1조((목적)) 이 규정은 「토양환경보전법」 및 동법 시행령에서 위임된 사항과 그 시행에 관하여 필요한 사항을 규정함을 목적으로 한다. 〈개정 2005. 6. 30.〉
제2조(정의) 이 법에서 사용하는 용어의 뜻은 다음과 같다. 〈개정 2014. 3. 24.〉 1. "토양오염"이란 사업활동이나 그 밖의 사람의 활동에 의하여 토양이 오염되는 것으로서 건강에 의하여 토양이 오염되는 것으로서 사람의 건강·재산이나 환경에 피해를 주는 상태를 말한다. 2. "토양오염물질"이란 토양오염의 원인이 되는 물질로서 환경부령으로 정하는 것을 말한다. 3. "토양오염관리대상시설"이란 토양오염물질의 생산·운반·저장·취급·가공 또는 처리 등으로 토양을 오염시킬 우려가 있는 시설·장치·건물·구축물(構築物) 및 그 밖에 환경부령으로 정하는 것을 말한다. 4. "특정토양오염관리대상시설"이란 토양을 현저히 오염시킬 우려가 있는 토양오염관리대상시설로서 환경부령으로 정하는 것을 말한다.		제1조의2(토양오염물질) 「토양환경보전법」(이하 "법"이라 한다) 제2조제2호의 규정에 의한 토양오염물질은 별표 1과 같다. 〈개정 2005. 6. 30.〉 [본조신설 2001. 12. 31.] 제1조의3(특정토양오염관리대상시설) 법 제2조제4호의 규정에 의한 특정토양오염관리대상시설은 별표 2와 같다. [본조신설 2001. 12. 31.] [제목개정 2005. 6. 30.] 제1조의4(토양정밀조사) 법 제2조제6호의 규정에 의한 토양정밀조사는 토양오염이 발생한 장소와 그 구변지역의 토지이용용도, 오염물질의 종류·특성 및 오염물질의 확산가능성을 감안하여 가장 적합한 방법에 의하여 조사하여야 하며, 구체적인 토양정밀

토양환경보전법	토양환경보전법 시행령	토양환경보전법 시행규칙
5. "토양정화"란 생물학적 또는 물리적·화학적 처리 등의 방법으로 토양 중의 오염물질을 감소·제거하거나 토양 중의 오염물질에 의한 위해를 완화하는 것을 말한다. 6. "토양정밀조사"란 제4조의2에 따른 우려기준을 넘거나 넘을 가능성이 크다고 판단되는 지역에 대하여 오염물질의 종류, 오염의 정도 및 범위 등을 환경부령으로 정하는 바에 따라 조사하는 것을 말한다. 7. "토양정화업"이란 토양정화를 수행하는 업(業)을 말한다. [전문개정 2011. 4. 5.]		밀조사의 방법은 환경부장관이 정하여 고시한다. 〈개정 2011. 10. 6.〉 [전문개정 2005. 6. 30.] [제4조에서 이동, 종전 제1조의4는 제1조의5로 이동 〈2005. 6. 30.〉]
제3조(적용 제외) ① 이 법은 방사성물질에 의한 토양오염 및 그 방지에 관하여는 적용하지 아니한다. ② 오염된 농지를 「농지법」 제21조에 따른 토양의 개량사업으로 정화하는 경우에는 제15조의3 및 제15조의6을 적용하지 아니한다. [전문개정 2011. 4. 5.]		
제4조(토양보전기본계획의 수립 등) ① 환경부장관은 토양보전을 위하여 10년마다 토양보전에 관한 기본계획(이하 "기본계획"이라 한다)을 수립·시행하여야 한다. ② 환경부장관은 기본계획을 수립할 때에는 관계 중앙행정기관의 장과 협의하여야 한다. ③ 기본계획에는 다음 각 호의 사항이 포함되어야 한다.	제4조(기본계획 및 지역계획의 수립방법등) ① 환경부장관은 「토양환경보전법」(이하 "법"이라 한다) 제4조제1항에 따른 토양보전기본계획(이하 "기본계획"이라 한다)의 수립을 위하여 필요하다고 인정하는 경우에는 관계중앙행정기관의 장과 특별시장·광역시장·특별자치시장·도지사 또는 특별자치도지사(이하 "시·도지사"라 한다) 및 관계기관·단체의 장에게 기본계획의 수립에 필요한 자료	

토양환경보전법	토양환경보전법 시행령	토양환경보전법 시행규칙
1. 토양보전에 관한 시책방향 2. 토양오염의 현황, 진행상황 및 장래예측 3. 토양오염의 방지에 관한 사항 4. 토양정화 및 정화된 토양의 이용에 관한 사항 5. 토양정화와 관련된 기술의 개발 및 관련 산업의 육성에 관한 사항 6. 토양정화를 위한 기술인력의 교육 및 양성에 관한 사항 7. 그 밖에 토양보전에 필요한 사항 ④ 특별시장·광역시장·특별자치시장·도지사·특별자치도지사(이하 "시·도지사"라 한다)는 기본계획에 따라 관할구역의 지역 토양보전계획(이하 "지역계획"이라 한다)을 수립하여 환경부장관의 승인을 받아 시행하여야 한다. 지역계획을 변경할 때에도 또한 같다. 〈개정 2017. 11. 28.〉 ⑤ 기본계획 및 지역계획의 수립방법, 수립절차와 그 밖에 필요한 사항은 대통령령으로 정한다. [전문개정 2011. 4. 5.] 제4조의2(토양오염의 우려기준) 사람의 건강·재산이나 동물·식물의 생육에 지장을 줄 우려가 있는 토양오염의 기준(이하 "우려기준"이라 한다)은 환경부령으로 정한다. [전문개정 2011. 4. 5.] 제4조의3(정보시스템 구축·운영) ① 환경부장관은 다음 각 호의 정보에 국민이 쉽게 접근할 수 있도록 정보시스템을 구축·운영하여야 한다. 〈개정 2017.	의 제출을 요청할 수 있다. 〈개정 2018. 11. 20.〉 ② 환경부장관은 기본계획이 수립되거나 법 제4조제4항의 구성에 의하여 지역토양보전계획(이하 "지역계획"이라 한다)을 승인한 때에는 지체없이 관계 행정기관의 장에게 통보하여야 하며, 통보를 받은 관계행정기관의 장은 특별한 사유가 있는 경우를 제외하고는 기본계획 및 지역계획의 시행을 위하여 필요한 조치를 하여야 한다.	제1조의5(토양오염우려기준) 법 제4조의2의 구정에 의한 토양오염우려기준은 별표 3과 같다. [본조신설 2001. 12. 31.] [제1조의4에서 이동 〈2005. 6. 30.〉]

토양환경보전법	토양환경보전법 시행령	토양환경보전법 시행규칙
11. 28.〉 1. 제4조의4에 따른 토양오염관리대상시설 등 조사 결과 1의2. 제4조의5에 따른 토양오염 이력정보 2. 제5조에 따른 상시측정, 토양오염실태조사, 토양 정밀조사 결과 3. 제23조의2에 따른 토양관련전문기관 지정현황 4. 제23조의7에 따른 토양정화업 등록현황 5. 제26조의3에 따른 특정토양오염관리대상시설 설치현황 등 6. 그 밖에 환경부령으로 정하는 정보 ② 제1항에 따른 정보시스템의 구축·운영 등에 필요한 사항은 환경부장관이 정한다. [본조신설 2015. 12. 1.] **제4조의4(토양오염관리대상시설 등 조사)** ① 환경부장관은 제4조에 따른 기본계획과 지역계획, 제6조의2에 따른 표토 침식 방지 및 부원내책, 제18조에 따른 토양보전대책지역에 관한 계획을 합리적으로 수립 또는 승인하거나 제5조에 따른 토양오염도 측정을 효율적으로 수행하기 위하여 토양오염관리대상시설의 분포현황 및 제5조제4항에 따른 토양정밀조사, 제10조의4제1항에 따른 토양정밀조사, 오염토양 정화 또는 오염토양개선사업의 실시현황을 정기적으로 조사(이하 이 조에서 "토양오염관리대상시설 등 조사"라 한다)하여야 한다. ② 환경부장관은 제1항에 따른 토양오염관리대상시설 등 조사를 위하여 관계 기관의 장에게 필요한		**제1조의6(토양오염관리대상시설 등 조사)** ① 환경부장관은 법 제4조의4제1항에 따른 토양오염관리대상시설 등 조사(이하 "토양오염관리대상시설 등 조사"라 한다)를 실시하기 위하여 매년 조사대상범위, 방법, 기준 등이 포함된 토양오염관리대상시설 등 조사계획을 수립하여야 한다. 〈개정 2018. 11. 27.〉 ② 토양오염관리대상시설 등 조사는 자료조사, 현장조사 또는 이견청취의 방법으로 실시할 수 있다. ③ 토양오염관리대상시설 등 조사에는 다음 각 호의 사항이 포함되어야 한다. 1. 대상시설의 상호, 소재지 2. 대상시설의 설치연도, 면적, 시설용량, 취급물질 등 현황

토양환경보전법	토양환경보전법 시행령	토양환경보전법 시행규칙
자료의 제출을 요청할 수 있다. 이 경우 요청을 받은 관계 기관의 장은 특별한 사유가 없으면 그 요청에 따라야 한다. ③ 제1항에 따른 토양오염관리대상시설 등 조사의 방법, 대상, 절차 등에 필요한 사항은 환경부령으로 정한다. [본조신설 2015. 12. 1.]		3. 대상시설이 최근 5년간 토양오염검사, 토양정밀조사 또는 오염토양의 정화 등에 관한 자료 4. 그 밖에 토양오염관리대상시설 등 조사를 위하여 환경부장관이 필요하다고 인정하는 사항 ④ 「한국환경공단법」에 따른 한국환경공단(이하 "한국환경공단"이라 한다)은 제1항에 따른 조사계획에 따라 토양오염관리대상시설 등 조사를 실시하여야 한다. 〈개정 2018. 11. 27.〉 ⑤ 한국환경공단은 토양오염관리대상시설 등 조사를 실시한 경우에는 그 결과를 법 제4조의3에 따른 정보시스템으로 관리할 수 있도록 국립환경과학원장에게 제출하여야 한다. 〈신설 2018. 11. 27.〉 ⑥ 제1항부터 제5항까지에서 규정한 사항 외에 토양오염관리대상시설 등 조사를 효율적으로 하기 위하여 필요한 사항은 환경부장관이 정하여 고시한다. 〈개정 2018. 11. 27.〉 [본조신설 2016. 4. 28.]
제4조의5(토양오염 이력정보의 작성·관리) 환경부장관은 토양오염이 발생하였거나 제5조에 따른 상시측정, 토양오염실태조사, 토양정밀조사를 실시한 토지에 대하여 토지의 용도, 토양오염관리대상시설의 설치현황, 오염 정도, 정화 조치 여부 등 토양오염 이력정보를 작성하여 관리하여야 한다. [본조신설 2017. 11. 28.]		
제5조(토양오염도 측정 등) ① 환경부장관은 전국적인 토양오염 실태를 파악하기 위하여 측정망(測定		제2조(토양오염도 측정망의 설치) 환경부장관은 법 제5조제1항에 따라 측정망을 설치하는 때에는 전국

토양환경보전법	토양환경보전법 시행령	토양환경보전법 시행규칙
網을 설치하고, 토양오염도(土壤汚染度)를 상시측정(常時測定)하여야 한다. ②시·도지사 또는 시장·군수·구청장(자치구의 구청장을 말한다. 이하 같다)은 관할구역 중 토양오염이 우려되는 해당 지역에 대하여 토양오염실태를 조사(이하 "토양오염실태조사"라 한다)하여야 한다. 이 경우 시장·군수·구청장은 환경부령으로 정하는 바에 따라 토양오염실태조사의 결과를 시·도지사에게 보고하여야 하며, 시·도지사는 환경부령으로 정하는 바에 따라 그가 실시한 토양오염실태조사의 결과와 시장·군수·구청장이 보고한 토양오염실태조사의 결과를 환경부장관에게 보고하여야 한다. ③제1항에 따른 측정망의 설치기준과 토양오염실태조사의 대상지역 선정기준, 조사 방법 및 절차와 그 밖에 필요한 사항은 환경부령으로 정한다. ④환경부장관, 시·도지사 또는 시장·군수·구청장은 토양보전을 위하여 필요하다고 인정하면 다음 각 호의 어느 하나에 해당하는 지역에 대하여 토양오염실태조사를 할 수 있다. 1. 제1항에 따른 상시측정(이하 "상시측정"이라 한다)의 결과 우려기준을 넘는 지역 2. 토양오염실태조사의 결과 우려기준을 넘는 지역 3. 다음 각 목의 어느 하나에 해당하는 지역으로서 환경부장관, 시·도지사 또는 시장·군수·구청장이 우려기준을 넘을 가능성이 크다고 인정하는 지역		토지를 일정단위로 구획하여 설치하되 전·답, 임야, 공원 등 토지의 용도를 고려하여 측정지점의 수를 조정할 수 있다. 〈개정 2009. 6. 25.〉 [전문개정 2001. 12. 31.] 제3조(토양오염실태조사) ①특별시장·광역시장·특별자치시장·도지사·특별자치도지사(이하 "시·도지사"라 한다) 또는 시장·군수·구청장(이하 "시·도지사 또는 시장·군수·구청장"이라 한다)은 법 제5조제2항에 따라 토양오염실태조사를 할 때에는 공장·산업지역, 폐금속광산, 폐기물매립지역, 사격장 및 폐금속사용지역 주변 등 토양오염이 우려되는 장소를 선정하여 조사하여야 한다. 〈개정 2018. 11. 27.〉 ②시장·군수·구청장은 법 제5조제2항의 규정에 의하여 별지 제3호서식의 토양오염실태조사결과보고서를 매년 12월 31일까지 시·도지사에게 제출하여야 하며, 시·도지사는 그가 실시한 토양오염실태조사의 결과 및 시장·군수·구청장이 보고한 토양오염실태조사결과를 취합하여 별지 제3호서식의 토양오염실태조사결과보고서를 다음 연도 1월 31일까지 환경부장관에게 제출하여야 한다. 〈개정 2005. 6. 30.〉 ③토양오염실태조사의 방법·절차 등에 관하여 필요한 세부사항은 환경부장관이 정한다. [전문개정 2001. 12. 31.] 제4조(토양정밀조사 지역) 법 제5조제4항제3호마목에 예따른 지역은 다음 각 호와 같다. 〈개정 2013. 5. 31.〉

토양환경보전법	토양환경보전법 시행령	토양환경보전법 시행규칙
가. 토양오염사고가 발생한 지역 나. 「산업입지 및 개발에 관한 법률」 제2조제5호에 따른 산업단지(농공단지는 제외한다) 다. 「광산피해의 방지 및 복구에 관한 법률」 제2조제4호에 따른 폐광산(廢鑛山)의 주변지역 라. 「폐기물관리법」 제2조제8호에 따른 폐기물처리시설 중 매립시설과 그 주변지역 마. 그 밖에 환경부령으로 정하는 지역 ⑤상시측정, 토양오염실태조사 및 제4항에 따른 토양정밀조사의 결과는 공개하여야 한다. [전문개정 2011. 4. 5.]		1. 「국방·군사시설 사업에 관한 법률」 제2조에 따른 국방·군사시설과 그 주변지역 2. 「철도산업발전기본법」 제3조제2호에 따른 철도시설과 그 주변지역 3. 다음 각 목의 시설과 그 주변지역 가. 「석유 및 석유대체연료 사업법」 제2조제7호의 석유정제업자의 석유 정제시설 및 저장시설 나. 「석유 및 석유대체연료 사업법」 제2조제8호의 석유수출입업자의 석유 저장시설 다. 「석유 및 석유대체연료 사업법」 제2조제9호의 석유판매업자의 석유 저장시설 및 판매시설 라. 「석유 및 석유대체연료 사업법」 제2조제14호의 석유대체연료 제조·수출입업자의 석유대체연료 제조시설 및 저장시설 마. 「석유 및 석유대체연료 사업법」 제2조제15호의 석유대체연료 판매업자의 석유대체연료 저장시설 및 판매시설 4. 자연적 원인에 의한 토양오염물질이 검출되는 지역 5. 자연재해 등으로 토양환경이 변화되어 토양정밀조사가 필요하다는 토양환경 전문가의 의견이 있는 지역 [본조신설 2011. 10. 6.]
제6조(측정망설치계획의 결정·고시) 환경부장관은 제5조제1항에 따른 측정망의 위치·구역 등을 구체적으로 밝힌 측정망설치계획을 결정하여 고시하고, 누구든지 그 도면을 열람할 수 있게 하여야 한다. 측정망설치계획을 변경하였을 때에도 또한 같다.		

토양환경보전법	토양환경보전법 시행령	토양환경보전법 시행규칙
[전문개정 2011. 4. 5.] **제6조의2(표토의 침식 현황 조사)** ① 환경부장관은 표토(表土)의 침식(浸蝕)으로 인한 토양환경의 실태를 파악하기 위하여 다음 각 호의 어느 하나에 해당하는 지역에 대하여 표토의 침식 현황 및 정도에 대한 조사를 할 수 있다. 1. 「수도법」 제7조에 따라 지정·공고된 상수원보호구역 2. 「한강수계 상수원수질개선 및 주민지원 등에 관한 법률」제4조, 「낙동강수계 물관리 및 주민지원 등에 관한 법률」제4조, 「금강수계 물관리 및 주민지원 등에 관한 법률」제4조 및 「영산강·섬진강수계 물관리 및 주민지원 등에 관한 법률」제4조에 따라 각각 지정·고시된 수변구역 ② 환경부장관은 제1항에 따른 조사 결과 표토의 침식 정도가 환경부령으로 정하는 기준을 초과하는 경우에는 이에 대한 대책을 수립하여 시행하여야 한다. ③ 제1항에 따른 조사의 절차와 방법 등에 관하여 필요한 사항은 환경부령으로 정한다. [본조신설 2011. 4. 5.] **제6조의3(국유재산 등에 대한 토양정화)** ① 환경부장관은 다음 각 호의 어느 하나에 해당하는 경우에는 토양오염의 확산을 방지하기 위하여 토양정밀조사를 한 후 토양정화를 할 수 있다. 이 경우 이미 토양정밀조사가 실시되었을 경우에는 토양정밀조사를 생략할 수 있다. 〈개정 2017. 11. 28.〉		**제5조의2(표토의 침식 현황 조사)** ① 환경부장관은 법 제6조의2에 따른 표토의 침식현황 및 정도에 대한 조사를 하는 경우에는 모니터링, 자료조사 및 침식 산정 등의 방법으로 실시해야 한다. ② 제1항에 따른 조사에는 다음 각 호의 사항을 포함해야 한다. 1. 위치, 표고, 지형(경사도, 경사장) 2. 토지 이용 현황 3. 토성(土性), 용적밀도, 유기물함량, 토양 구조, 투수등급 4. 강수특성 5. 식생 및 작물재배 현황 6. 표토유실방지 및 복원대책 등 관리현황 7. 토양 침식량 ③ 그 밖에 제1항에 따른 조사에 필요한 세부사항은 환경부장관이 정하여 고시한다. [본조신설 2011. 10. 6.] **제5조의3(지방자치단체의 정화비용 부담)** 법 제6조의3제2항 후단에 따라 환경부장관이 지방자치단체에게 부담하게 할 수 있는 비용은 토양정화에 드는 비용 총액의 100분의 50 이내로 한다. [본조신설 2011. 10. 6.] **제5조의4(토양정화계획의 수립)** ① 환경부장관은 법

토양환경보전법	토양환경보전법 시행령	토양환경보전법 시행규칙
1. 「국유재산법」 제2조제1호에 따른 국유재산으로 인하여 우려기준을 넘는 토양오염이 발생하여 토양정화가 필요한 경우로서 국가가 제10조의4제1항에 따른 정화책임자(淨化責任者. 이하 "정화책임자"라 한다)인 경우 2. 제15조제3항 단서에 따라 토양정화를 하는 경우 또는 토양정화가 필요하다고 특별시·도지사 또는 시장·군수·구청장이 요청하는 경우 3. 제19조제3항에 따라 오염토양 개선사업을 하는 경우로서 긴급한 토양정화가 필요하다고 특별자치시장·특별자치도지사·시장·군수·구청장이 요청하는 경우 ② 환경부장관은 제1항에 따라 토양정화를 하려는 경우 같은 항 제2호의 경우에는 그 중앙관서의 장과, 같은 항 제2호 및 제3호의 경우에는 시·도지사 또는 시장·군수·구청장 및 정화책임자와 토양정화의 시기, 면적 및 비용 등에 관하여 미리 협의하여야 한다. 이 경우 제1항제2호 및 제3호에 따른 토양정화 등에 소요되는 비용은 환경부령으로 정하는 범위에서 토양정화를 요청한 지방자치단체에게 부담하게 할 수 있다. 〈개정 2014. 3. 24.〉 ③ 환경부장관은 제1항에 따라 토양정화를 하려는 경우에는 환경부령으로 정하는 바에 따라 다음 각 호의 사항이 포함된 토양정화계획을 수립하고 이를 고시하여야 한다. 1. 토양정화의 시기 및 기간 2. 토양정화 대상 토지의 소재지		제6조의3제3항에 따른 토양정화계획을 수립하는 경우에는 같은 조 제1항이 토양정밀조사 결과 확인된 토양오염의 정도를 반영하여 토양정화 우선순위를 정해야 한다. ② 법 제6조의3제3항제4호에서 "환경부령으로 정하는 사항"이란 다음 각 호와 같다. 1. 시설개선 및 오염확산 방지 등 응급조치 계획 2. 정화 후 부지 활용계획 [본조신설 2011. 10. 6.]

토양환경보전법	토양환경보전법 시행령	토양환경보전법 시행규칙
3. 토양정화 대상 토지 소유자의 성명 및 주소 4. 그 밖에 환경부령으로 정하는 사항 ④ 제1항·제2호 및 제3호에 해당하는 경우 토양정밀조사 또는 토양정화에 소요된 비용은 해당 정화책임자에게 구상(求償)할 수 있다. 〈개정 2014. 3. 24.〉 [본조신설 2011. 4. 5.]		
제7조(토지 등의 수용 및 사용) ① 환경부장관, 시·도지사 또는 시장·군수·구청장은 다음 각 호의 어느 하나에 해당하는 측량, 조사, 설치 및 토양정화를 위하여 필요한 경우에는 해당 지역 또는 구역의 토지·건축물이나 그 토지에 정착된 물건을 수용(제2호 및 제4호에만 적용한다) 또는 사용할 수 있다. 1. 상시측정, 토양오염실태조사, 토양정밀조사 2. 제5조제1항에 따른 측량망 설치 3. 제6조의2에 따른 표토의 침식 현황 및 정도에 대한 조사 4. 제6조의3에 따른 국유재산 등에 대한 토양정화 ② 제6조의3제3항에 따라 환경부장관이 토양정화계획을 고시한 때에는 「공익사업을 위한 토지 등의 취득 및 보상에 관한 법률」 제20조제1항 및 제22조에 따른 사업인정 및 사업인정의 고시가 있은 것으로 보며, 재결신청은 같은 법 제23조제1항 및 제28조제1항에도 불구하고 토양정화계획에서 정하는 토양정화 기간 내에 할 수 있다. ③ 제1항에 따른 수용 또는 사용의 절차와 손실보상 등에 관하여는 이 법에 특별한 규정이 있는 경우를 제외하고는 「공익사업을 위한 토지 등의 취득 및 보		

토양환경보전법	토양환경보전법 시행령	토양환경보전법 시행규칙

상에 관한 별표에서 정하는 바에 따른다.
[전문개정 2011. 4. 5.]

제8조(타인 토지에의 출입 등) ① 환경부장관, 시·도지사, 시장·군수·구청장 또는 제23조의2에 따른 토양관련전문기관(이하 "토양관련전문기관"이라 한다)은 상시측정, 토양오염실태조사, 토양정밀조사, 제6조의2제1항에 따른 표토의 침식 현황 및 정도에 대한 조사와 제15조의5제1항에 따른 위해성평가를 위하여 필요하면 소속 공무원 또는 토지에 출입하여 그 토지에 있는 나무·흙·돌이나 그 밖의 장애물을 변경 또는 제거하게 할 수 있다. 이 경우 토양관련전문기관의 장은 특별자치시장·특별자치도지사·시장·군수·구청장의 허가를 받아야 한다. 〈개정 2017. 11. 28.〉

② 제1항에 따라 장애물을 변경 또는 제거하려는 경우에는 장애물의 소유자·점유자 또는 관리인의 동의를 받아야 한다. 다만, 장애물의 소유자·점유자 또는 관리인이 현장에 없거나 주소 또는 거소(居所)를 알 수 없어 그 동의를 받을 수 없는 경우에는 관할 특별자치시장·특별자치도지사·시장·군수·구청장의 동의를 받아 장애물을 변경하거나 제거할 수 있다. 〈개정 2017. 11. 28.〉

③ 제1항에 따라 타인의 토지에 출입하거나 그 토지 위의 장애물을 변경 또는 제거하려는 경우에는 출입할 날 또는 장애물을 변경·제거할 날의 3일 전까지 그 토지 또는 장애물의 소유자·점유자 또는 관리인에게 이를 알려야 한다. 다만, 그 토지 또는 장애물의

토양환경보전법	토양환경보전법 시행령	토양환경보전법 시행규칙
소유자·점유자 또는 관리인의 주소 및 거소를 알 수 없는 경우에는 통지를 아니할 수 있다. ④ 해 뜨기 전이나 진 후에는 해당 토지 점유자의 승낙 없이는 택지 또는 담장이나 울로 둘러싸인 타인의 토지에 출입할 수 없다. ⑤ 토지의 점유자는 정당한 사유 없이 제1항에 따른 관계 공무원 및 토양관련전문기관 직원의 행위를 방해하거나 거절하지 못한다. ⑥ 제1항에 따라 타인의 토지에 출입하려는 공무원 및 토양관련전문기관의 직원은 그 권한을 나타내는 증표를 지니고 이를 관계인에게 보여주어야 한다. [전문개정 2011. 4. 5.] 제15조(손실보상) ① 국가·지방자치단체 또는 토양관련전문기관은 제8조에 따른 행위로 인하여 타인에게 손실을 입혔을 때에는 대통령령으로 정하는 바에 따라 그 손실을 보상하여야 한다. ② 제1항에 따라 보상을 받으려는 자는 환경부장관, 시·도지사, 시장·군수·구청장 또는 토양관련전문기관에 청구하여야 한다. ③ 환경부장관, 시·도지사, 시장·군수·구청장 또는 토양관련전문기관이 제2항에 따라 청구를 받았을 때에는 그 손실을 입은 자와 협의하여 보상금액 등을 결정하고 청구인에게 이를 알려야 한다. ④ 제3항에 따른 협의가 성립되지 아니하거나 협의를 할 수 없는 경우 환경부장관, 시·도지사, 시장·군수·구청장은 토양관련전문기관의 장 또는 손실을 입	제5조(손실보상) ① 법 제15조제1항의 규정에 의한 손실보상은 토지·건물·임목·토석 기타 공작물의 거래가격·임대료·수익성등을 고려한 가격으로 하여야 한다. ② 법 제15조제2항의 규정에 의하여 손실보상을 청구하고자 하는 자는 다음 각 호의 사항을 기재한 손실보상청구서에 손실에 관한 증빙서류를 첨부하여 환경부장관, 시·도지사, 시장·군수·구청장(자치구의 구청장을 말한다. 이하 같다) 또는 법 제23조의2제2항의 규정에 의한 토양관련전문기관(이하 "토양관련전문기관"이라 한다)의 장에게 제출하여야 한다.〈개정 2015. 12. 30.〉 1. 청구인의 성명·생년월일 및 주소 2. 손실을 입은 일시 및 장소 3. 손실의 내용	

토양환경보전법	토양환경보전법 시행령	토양환경보전법 시행규칙
은 자는 대통령령으로 정하는 바에 따라 관할 토지수용위원회에 재결(裁決)을 신청할 수 있다. ⑤ 제4항에 따른 재결을 받아들이지 아니하는 자는 재결서의 정본(正本)을 송달받은 날부터 1개월 이내에 중앙토지수용위원회에 이의(異議)를 신청할 수 있다. [전문개정 2011. 4. 5.]	4. 손실액과 그 내역 및 산출방법 ③ 환경부장관, 시·도지사, 시장·군수·구청장 또는 토양관련전문기관의 장은 제2항의 규정에 의한 손실보상청구를 받은 때에는 지체 없이 다음 각 호의 사항을 청구인에게 통지하여야 한다. 〈개정 2005. 6. 30.〉 1. 협의기간 및 방법 2. 보상의 시기·방법 및 절차 ④ 법 제9조제4항의 규정에 의하여 토지수용위원회에 재결을 신청하고자 하는 자는 다음 각 호의 사항을 기재한 재결신청서를 관할토지수용위원회에 제출하여야 한다. 1. 재결신청인과 상대방의 성명 및 주소 2. 사업의 종류 3. 손실발생의 사실 4. 재결청이 결정한 손실보상액과 손실보상신청인이 요구한 손실액의 내역 5. 협의의 경위 ⑤ 삭제 〈2001. 12. 19.〉	
제10조 삭제 〈2006. 10. 4.〉		
제10조의2(토양환경평가) ① 다음 각 호의 어느 하나에 해당하는 시설이 설치되어 있거나 설치되어 있었던 부지, 그 밖에 토양오염의 우려가 있는 토지를 양도·양수(「민사집행법」에 따른 경매, 「채무자 회생 및 파산에 관한 법률」에 따른 환가(換價), 「국세징수법」·「관세법」 또는 「지방세징수법」에 따른 압류	제5조의2(토양환경평가) ① 법 제10조의2에 따른 토양환경평가는 다음 각 호의 구분에 따라 기초조사, 개황조사, 정밀조사의 순서로 실시하되, 기초조사 또는 개황조사만으로 대상 부지가 오염되지 아니하였다는 것을 알 수 있을 때에는 다음 순서의 조사를 생략하고 토양환경평가를 종료할 수 있다. 〈개정	

토양환경보전법	토양환경보전법 시행령	토양환경보전법 시행규칙
재산의 매각, 그 밖에 이에 준하는 절차에 따라 인수하는 경우를 포함한다. 이하 같다) 또는 임대·임차하는 경우에 양도인·양수인·임대인 또는 임차인은 해당 부지와 그 주변지역, 그 밖에 토양오염의 우려가 있는 토지에 대하여 토양환경평가기관으로부터 토양오염에 관한 평가(이하 "토양환경평가"라 한다)를 받을 수 있다. 〈개정 2016. 12. 27.〉 1. 토양오염관리대상시설 2. 「산업집적활성화 및 공장설립에 관한 법률」 제2조제1호에 따른 공장 3. 「국방·군사시설 사업에 관한 법률」 제2조제1항에 따른 국방·군사시설 ② 제1항 각 호의 어느 하나에 해당하는 시설이 설치되어 있거나 설치되어 있었던 부지, 그 밖에 토양오염의 우려가 있는 토지를 양수한 자가 양수 당시 갑은 항에 따라 토양환경평가를 받고 그 부지 또는 토지의 오염 정도가 우려기준 이하인 것을 확인한 경우에는 토양오염 사실에 대하여 선의이며 과실이 없는 것으로 추정한다. 〈개정 2014. 3. 24.〉 ③ 토양환경평가는 다음 각 호에 따라 실시하여야 하며, 토양환경평가의 실시에 따른 구체적인 사항과 그 밖에 필요한 사항은 대통령령으로 정한다. 1. 토양환경평가 항목 : 제2조제2호에 따른 토양오염물질과 토양환경평가를 위하여 필요하여 대통령령으로 정하는 오염물질 2. 토양환경평가 절차 : 기초조사와 개황조사, 정밀조사로 구분하여 실시	2013. 5. 31.〉 1. 기초조사 : 자료조사, 현장조사 등을 통한 토양오염 개연성 여부 조사 2. 개황조사 : 시료의 채취 및 분석을 통한 토양오염 여부 조사 3. 정밀조사 : 시료의 채취 및 분석을 통한 토양오염의 정도와 범위 조사 ② 토양환경평가의 절차 및 방법의 구체적인 사항은 환경부장관이 정하여 고시한다. [본조신설 2011. 9. 30.] [종전 제3조의2는 제3조의3으로 이동 〈2011. 9. 30.〉]	

토양환경보전법	토양환경보전법 시행령	토양환경보전법 시행규칙
3. 토양환경정밀조사 방법 : 제1호에 따른 오염물질이 오염도 등의 조사·분석 및 평가, 대상 부지의 이용 현황, 토양오염관리대상시설에 해당하는지 여부 [전문개정 2011. 4. 5.] **제10조의3(토양오염의 피해에 대한 무과실책임 등)** ① 토양오염으로 인하여 피해가 발생한 경우 그 오염을 발생시킨 자는 그 피해를 배상하고 오염된 토양을 정화하는 등의 조치를 하여야 한다. 다만, 토양오염이 천재지변이나 전쟁, 그 밖의 불가항력으로 인하여 발생하였을 때에는 그러하지 아니하다. 〈개정 2014. 3. 24.〉 ② 토양오염을 발생시킨 자가 둘 이상인 경우에 어느 자에 의하여 제1항의 피해가 발생한 것인지를 알 수 없을 때에는 각자가 연대하여 배상하고 오염된 토양을 정화하는 등의 조치를 하여야 한다. 〈개정 2014. 3. 24.〉 [전문개정 2011. 4. 5.] [제목개정 2014. 3. 24.] **제10조의4(오염토양의 정화책임 등)** ① 다음 각 호의 어느 하나에 해당하는 자는 정화책임자로서 제11조제3항, 제14조제1항, 제15조제1항·제3항 또는 제19조제1항에 따라 토양정밀조사, 오염토양의 정화 또는 오염토양 개선사업의 실시(이하 "토양정화등"이라 한다)를 하여야 한다. 〈개정 2017. 11. 28.〉 1. 토양오염물질의 누출·유출·투기(投棄)·방치 또는 그 밖의 행위로 토양오염을 발생시킨 자		**제5조의3(둘 이상의 정화책임자에 대한 토양정화등의 명령 등)** ① 법 제10조의4제3항에 따라 시·도지사 또는 시장·군수·구청장은 법 제10조의4제1항에 따른 정화책임자(이하 "정화책임자"라 한다)가 둘 이상인 경우에는 다음 각 호의 순서에 따라 법 제11조제3항, 제14조제1항, 제15조제1항·제3항 또는 제19조제1항에 따른 토양정밀조사, 오염토양의 정화 또는 오염토양 개선사업의 실시(이하 "토양정

토양환경보전법	토양환경보전법 시행령	토양환경보전법 시행규칙
2. 토양오염의 발생 당시 토양오염의 원인이 된 토양오염관리대상시설의 소유자·점유자 또는 운영자 3. 합병·상속이나 그 밖의 사유로 제2호 및 제2호에 해당되는 자의 권리·의무를 포괄적으로 승계한 자 4. 토양오염이 발생한 토지를 소유하고 있거나 현재 소유 또는 점유하고 있는 자 ② 제1항에도 불구하고 다음 각 호의 어느 하나에 해당하는 경우에는 같은 항 제4호에 따른 정화책임자로 보지 아니한다. 다만, 1996년 1월 6일 이후에 제1항제3호에 해당하는 자에게 자신이 소유 또는 점유 중인 토지의 사용을 허용한 경우에는 그러하지 아니하다. 1. 1996년 1월 5일 이전에 양도 또는 그 밖의 사유로 해당 토지를 소유하지 아니하게 된 경우 2. 해당 토지를 1996년 1월 5일 이전에 양수한 경우 3. 토양오염이 발생한 토지를 양수할 당시 토양오염 사실에 대하여 선의이며 과실이 없는 경우 4. 해당 토지를 소유 또는 점유하고 있는 중에 토양오염이 발생한 경우로서 자신이 해당 토양오염 발생에 대하여 귀책사유가 없는 경우 ③ 시·도지사 또는 시장·군수·구청장은 제11조제3항, 제14조제1항, 제15조제1항·제3항·제3항 또는 제19조제1항에 따라 토양정화등을 명할 수 있는 정화책임자가 둘 이상인 경우에는 대통령령으로 정하는 바에 따라 해당 토양오염에 대한 각 정화책임자의 귀책정도, 신속하고 원활한 토양정화의 가능성 등을 고려하여 토양정화등을 명하여야 하며, 필요한	화등"이라 한다)을 명하여야 한다. 1. 법 제10조의4제1항제3호의 정화책임자와 그 정화책임자의 권리·의무를 포괄적으로 승계한 자 2. 법 제10조의4제1항제2호의 정화책임자 중 토양오염관리대상시설의 점유자 또는 운영자와 그 점유자 또는 운영자의 권리·의무를 포괄적으로 승계한 자 3. 법 제10조의4제1항제2호의 정화책임자 중 토양오염관리대상시설의 소유자와 그 소유자의 권리·의무를 포괄적으로 승계한 자 4. 법 제10조의4제1항제4호의 정화책임자 중 토양오염이 발생한 토지를 현재 소유 또는 점유하고 있는 자 5. 법 제10조의4제1항제4호의 정화책임자 중 토양오염이 발생한 토지를 소유하였던 자 ② 시·도지사 또는 시장·군수·구청장은 제1항에도 불구하고 다음 각 호의 어느 하나에 해당하는 경우 제1항 각 호의 순서 중 후순위의 정화책임자 중 어느 하나에게 선순위의 정화책임자에 앞서 토양정화등을 명할 수 있다. 1. 선순위의 정화책임자를 주소불명 등으로 확인할 수 없는 경우 2. 선순위의 정화책임자가 주순위의 정화책임자에 비하여 해당 토양오염에 대한 규제사유가 매우 적은 것으로 판단되는 경우 3. 선순위의 정화책임자가 부담하여야 하는 정화비용이 본인 소유의 재산가액을 현저히 초과하여 토	

토양환경보전법	토양환경보전법 시행령	토양환경보전법 시행규칙
경우에는 제10조의9에 따른 토양정화자문위원회에 자문할 수 있다. ④ 제11조제3항, 제14조제1항, 제15조제1항·제3항 또는 제19조제1항에 따라 토양정화등의 명령을 받은 경우에는 다른 정화책임자의 비용으로 토양정화등을 한 경우에는 다른 정화책임자의 부담부분에 관하여 구상권을 행사할 수 있다. ⑤ 국가 및 지방자치단체는 다음 각 호의 어느 하나에 해당하는 경우에는 제11조제3항, 제14조제1항, 제15조제1항·제3항 또는 제19조제1항에 따라 토양정화등을 하는 데 드는 비용(제4항에 따라 구상권 행사를 통하여 상환받을 수 있는 비용 및 토양정화등으로 인한 해당 토지 가액의 상승분에 상당하는 금액은 제외한다. 이하 같다)의 전부 또는 일부를 대통령령으로 정하는 바에 따라 지원할 수 있다. <개정 2017. 11. 28.> 1. 제1항제1호·제2호 또는 제3호의 정화책임자가 토양정화등을 하는 데 드는 비용이 자신의 부담 부분을 현저히 초과하거나 해당 토양오염관리대상시설의 소유·점유 또는 운영을 통하여 얻었거나 향후 얻을 수 있을 것으로 기대되는 이익을 현저히 초과하는 경우 2. 2001년 12월 31일 이전에 해당 토지를 양수하였거나 양도 또는 그 밖의 사유로 소유하지 아니하게 된 자가 제1항제4호의 정화책임자로서 토양정화등을 하는 데 드는 비용이 해당 토지의 가액을 초과하는 경우	양정화등을 실시하는 것이 불가능하다고 판단되는 경우 4. 선순위의 정화책임자가 토양정화등을 실시하는 것에 대하여 후순위의 정화책임자가 이의를 제기하거나 협조하지 아니하는 경우 5. 선순위의 정화책임자를 확인하기 위하여 필요한 조사 또는 그 밖의 조치에 후순위의 정화책임자가 협조하지 아니하는 경우 ③ 시·도지사 또는 시장·군수·구청장은 제1항 또는 제2항에 따라 토양정화등을 명할 하나의 정화책임자를 정하기 곤란한 경우에는 법 제10조의9에 따른 토양정화자문위원회(이하 "위원회"라 한다)의 정화책임자 선정 및 각 정화책임자의 부담 부분 등에 대한 자문을 거쳐 둘 이상의 정화책임자에게 공동으로 토양정화등을 명할 수 있다. ④ 시·도지사 또는 시장·군수·구청장은 법 제10조의4제3항에 따라 위원회에 자문하는 경우 자문에 필요한 자료를 위원회에 제출하여야 한다. [본조신설 2015. 3. 24.] [종전 제5조의3은 제5조의8로 이동 <2015. 3. 24.>] 제5조의4(토양정화등의 비용 지원) ① 환경부장관은 법 제10조의4제5항에 따라 토양정화등을 하는 데 드는 비용을 지원하려는 경우 해당 토양정화등을 명한 시·도지사 또는 시장·군수·구청장의 지원 요청을 받은 후 비용 지원 여부, 규모 및 방법 등을 정하고, 이를 해당 시·도지사 또는 시장·군수·구청장에게 알려야 한다. <개정 2018. 11. 20.>	

토양환경보전법	토양환경보전법 시행령	토양환경보전법 시행규칙
3. 2002년 1월 1일 이후에 해당 토지를 양수한 자가 제1항제4조의 정화책임자로서 토양정화등을 하는 데 드는 비용이 해당 토지의 가액 및 토지의 소유 또는 점유를 통하여 향후 얻을 수 있을 것으로 기대되는 이익을 현저히 초과하는 경우 4. 그 밖에 토양정화등의 비용 지원이 필요한 경우로서 대통령령으로 정하는 경우 ⑥ 토양오염이 발생한 토지를 소유 또는 점유하고 있는 자로서 정화책임자가 아닌 자는 해당 토양오염에 대한 정화책임자가 제11조제3항, 제14조제1항, 제15조제1항·제3항 또는 제19조제1항에 따라 토양정화등의 명령을 받아 토양정화등을 하려는 경우에는 정당한 사유가 없으면 이에 협조하여야 한다. 〈신설 2017. 11. 28.〉 ⑦ 정화책임자는 제6항에 따른 협조로 인하여 발생한 손실을 소유 또는 점유하고 있는 자에게 발생한 손실을 보상하여야 한다. 〈신설 2017. 11. 28.〉 [전문개정 2014. 3. 24.] [2014. 3. 24. 법률 제12522호에 의하여 2012. 8. 23. 헌법재판소에서 헌법불합치된 이 조를 전문개정함.]	② 시·도지사 또는 시장·군수·구청장은 법 제10조의4제5항에 따라 토양정화등을 하는 데 드는 비용을 지원하려는 경우에는 환경부장관에게 비용 지원 대상 여부 및 규모 등에 관한 검토를 요청할 수 있다. 〈신설 2018. 11. 20.〉 ③ 환경부장관은 「한국환경공단법」에 따른 한국환경공단(이하 "한국환경공단"이라 한다)에 제1항 및 제2항에 따른 비용의 지원과 관련된 기술적 사항에 대한 검토를 요청할 수 있다. 〈신설 2018. 11. 20.〉 ④ 제1항부터 제3항까지에서 규정한 사항 외에 비용 지원 절차 등 지원에 필요한 세부사항은 환경부장관이 정하여 고시한다. 〈개정 2018. 11. 20.〉 ⑤ 법 제10조의4제5항에서 "대통령령으로 정하는 경우"란 다음 각 호의 어느 하나에 해당하는 경우를 말한다. 〈개정 2018. 11. 20.〉 1. 2001년 12월 31일 이전에 해당 토지를 양수하고 2002년 1월 1일 이후에 해당 토지를 양도 또는 그 밖의 사유로 소유하지 아니하게 된 자가 법 제10조의4제1항제4호의 정화책임자로서 토양정화등을 하는 데 드는 비용이 해당 토지의 가액 또는 토지의 소유 또는 점유를 통하여 얻은 이익을 현저히 초과하는 경우 2. 2002년 1월 1일 이후에 해당 토지를 양수하고 그 이후에 해당 토지를 양도 또는 그 밖의 사유로 소유하지 아니하게 되거나 자가 법 제10조의4제1항제4호의 정화책임자로서 토양정화등을 하는 데 드는 비용이 해당 토지의 가액 및 토지의 소유 또는 점유를 통하여 얻은 이익을 현저히 초과하는 경우	

토양환경보전법	토양환경보전법 시행령	토양환경보전법 시행규칙
	[본조신설 2015. 3. 24.]	
제10조의5(토양정화 공제조합의 설립) ① 특정토양 오염관리대상시설의 설치자·운영자 및 제23조의7 제1항에 따라 토양정화업의 등록을 한 자(이하 "토양정화업자"라 한다)는 제11조제3항에 따른 오염토양의 정화를 보증하고 토양정화에 드는 채원을 확보하기 위하여 환경부장관의 허가를 받아 토양정화 공제조합(이하 "조합"이라 한다)을 설립할 수 있다. ② 조합은 법인으로 한다. ③ 조합은 주된 사무소의 소재지에서 설립등기를 함으로써 성립한다. [본조신설 2011. 4. 5.]		
제10조의6(조합의 사업) 조합은 다음 각 호의 사업을 수행한다. 1. 조합원의 토양정화를 위한 공제사업 2. 토양오염의 방지 및 토양정화를 위하여 필요한 기술의 조사·개발 및 보급에 관한 사업 [본조신설 2011. 4. 5.]		
제10조의7(분담금) ① 조합의 조합원은 제10조의6에 따른 사업을 하는 데에 필요한 분담금을 조합에 내야 한다. ② 제1항에 따른 분담금의 산정기준 및 납부절차와 그 밖에 필요한 사항은 조합의 정관으로 정하는 바에 따른다. [본조신설 2011. 4. 5.]		

토양환경보전법	토양환경보전법 시행령	토양환경보전법 시행규칙
제10조의8(「민법」의 준용) 조합에 관하여 이 법에서 규정한 것 외에는 「민법」 중 사단법인에 관한 규정을 준용한다. [본조신설 2011. 4. 5.] 제10조의9(토양정화자문위원회) ① 제10조의4제3항에 따른 시·도지사 또는 시장·군수·구청장의 자문에 응하기 위하여 환경부에 토양정화자문위원회(이하 "위원회"라 한다)를 둔다. ② 위원회는 위원장을 포함하여 5명 이상 9명 이내의 위원으로 구성한다. ③ 위원회의 구성·운영 등에 필요한 사항은 대통령령으로 정한다. [본조신설 2014. 3. 24.]	제5조의5(위원회의 구성·운영) ① 위원회의 위원장은 위원 중에서 환경부장관이 임명 또는 위촉하고, 위원은 토양환경 관련 분야의 학식과 경험이 풍부한 사람으로서 다음 각 호의 어느 하나에 해당하는 사람을 환경부장관이 성별을 고려하여 임명 또는 위촉한다. <개정 2018. 11. 20.> 1. 토양환경 관련 업무에 10년 이상 종사한 사람 2. 「고등교육법」 제2조에 따른 학교에서 조교수 이상으로 재직하고 있거나 재직하였던 사람 3. 변호사로 5년 이상 실무에 종사한 사람 4. 관계 공무원 5. 시민사회단체로부터 추천을 받은 사람 ② 위원회의 사무를 처리하기 위하여 위원회에 간사 1명을 두며, 간사는 환경부 소속 공무원 중에서 환경부장관이 임명한다. ③ 위원회 위촉 위원의 임기는 2년으로 한다. ④ 위원장은 위원회를 대표하며 위원회의 업무를 총괄한다. ⑤ 위원회의 회의는 위원장을 포함한 재적위원 과반수의 출석으로 개의(開議)하고, 출석위원 과반수의 찬성으로 의결한다. ⑥ 위원회는 자문사항을 전문적으로 연구·검토하기 위하여 분야별로 전문위원회를 둘 수 있으며, 필	

토양환경보전법	토양환경보전법 시행령	토양환경보전법 시행규칙
	요한 경우 한국환경공단에 자문과 관련된 기술적 사항에 대한 검토를 요청할 수 있다. ⑦ 제1항부터 제6항까지에서 규정한 사항 외에 위원회의 구성·운영 등에 필요한 사항은 위원회의 의결을 거쳐 위원장이 정한다. [본조신설 2015. 3. 24.]	
제10조의10(토양환경센터의 설치·운영 등) ① 환경부장관은 토양보전과 관련된 다음 각 호의 업무를 효율적으로 추진하기 위하여 토양환경센터를 설치·운영할 수 있다. 〈개정 2017. 11. 28.〉 1. 토양환경산업과 관련된 연구 및 기술의 개발·활용에 관한 사항 2. 토양보전과 관련된 기술의 보급, 실용화 촉진 및 해외시장 진출 지원 3. 토양환경산업과 관련된 정보의 수집·활용·교육·홍보 및 국제협력에 관한 사항 4. 토양환경산업 활성화에 관한 사항 5. 제1호부터 제4호까지의 업무와 관련하여 국가, 지방자치단체, 「공공기관의 운영에 관한 법률」 제4조에 따른 공공기관으로부터 위탁받은 업무 ② 환경부장관은 제1항에 따른 업무를 수행에 필요한 비용의 전부 또는 일부를 지원할 수 있다. ③ 환경부장관은 토양환경센터의 운영 업무를 「한국환경산업기술원법」에 따른 한국환경산업기술원에 위탁할 수 있다. 〈개정 2015. 12. 1.〉 ④ 토양환경센터의 운영 및 감독 등에 관하여 필요한 사항은 대통령령으로 정한다.	제5조의6(토양환경센터의 운영 등) ① 법 제10조의10에 따른 토양환경센터(이하 "토양환경센터"라 한다)의 장은 법 제10조의10제1항 각 호의 사업 수행에 관한 사항 및 그에 필요한 예산에 관한 다음 연도의 토양환경센터 사업운영계획서를 매년 12월 15일까지 환경부장관에게 제출하여야 한다. ② 토양환경센터의 장은 해당 연도의 토양환경센터 사업운영보고서를 다음 연도의 1월 31일까지 환경부장관에게 제출하여야 한다. ③ 제1항 및 제2항에서 규정한 사항 외에 토양환경센터의 운영 및 감독에 필요한 사항은 환경부장관이 정한다. [본조신설 2015. 3. 24.] 제5조의7(토양환경센터의 운영 위탁) 환경부장관은 법 제10조의10제3항에 따라 다음 각 호의 업무를 「한국환경산업기술원법」에 따른 한국환경산업기술원에 위탁한다. 〈개정 2018. 11. 20.〉 1. 법 제10조의10제1항제1호에 따른 토양환경센터의 토양환경산업과 관련된 연구 및 기술의 개발·활용	

토양환경보전법	토양환경보전법 시행령	토양환경보전법 시행규칙
[본조신설 2014. 3. 24.]	2. 법 제10조의10제1항제2호에 따른 토양환경센터의 토양보전과 관련된 기술의 보급, 실용화 촉진 및 해외시장 진출 지원 3. 법 제10조의10제1항제3호에 따른 토양환경센터의 토양환경산업과 관련된 정보의 수집·활용·교육·홍보 및 국제협력 4. 법 제10조의10제1항제4호에 따른 토양환경산업 활성화 [본조신설 2015. 3. 24.]	
제2장 토양오염의 규제 〈개정 2011. 4. 5.〉 **제11조(토양오염의 신고 등)** ① 다음 각 호의 어느 하나에 해당하는 경우에는 지체 없이 관할 특별자치시장·특별자치도지사·시장·군수·구청장에게 신고하여야 한다. 〈개정 2017. 11. 28.〉 1. 토양오염물질을 생산·운반·저장·취급·가공 또는 처리하는 자가 그 과정에서 토양오염물질을 누출·유출한 경우 2. 토양오염관리대상시설을 소유·점유 또는 운영하는 자가 그 소유·점유 또는 운영 중인 토양오염관리대상시설이 설치되어 있는 부지 또는 그 주변지역의 토양이 오염된 사실을 발견한 경우 3. 토지의 소유자 또는 점유자가 그 소유 또는 점유 중인 토지가 오염된 사실을 발견한 경우 ② 특별자치시장·특별자치도지사·시장·군수·구청장은 제1항에 따른 신고를 받거나, 토양오염물질이 누출·유출된 사실을 발견하거나 그 밖에 토양	**제5조의8(정밀조사명령 등)** ① 특별자치시장·특별자치도지사·시장·군수·구청장은 법 제11조제3항에 따라 정화책임자에게 토양정밀조사를 실시할 것을 명하는 때에는 토양오염지역의 범위 등을 감안하여 6개월의 범위 안에서 그 이행기간을 정하여야 한다. 다만, 조사지역의 규모 등으로 인하여 부득이하게 이행기간 내에 조사를 실시하기 어려운 사유가 있는 자에 대해서는 6개월의 범위 안에서 그 이행기간을 1회로 한정하여 그 이행기간을 연장할 수 있다. 〈개정 2018. 11. 20.〉 ② 특별자치시장·특별자치도지사·시장·군수·구청장은 법 제11조제3항에 따라 정화책임자에게 오염토양의 정화를 명하는 때에는 법 제4조의2의 구성에 의한 토양오염우려기준을 넘는 토양을 말한다. 이하 같다)의 정화조치를 명하는 때에는 오염토양의 규모 등을 감안하여 2년의 범위 안에서 그 이행기간을 정하여야 한다. 다만, 정화공사의 규모, 정화공법 등으로 인하여	

토양환경보전법	토양환경보전법 시행령	토양환경보전법 시행규칙
오염이 발생한 시설을 알게 된 경우에는 소속 공무원으로 하여금 해당 토지에 출입하여 오염 원인과 오염도에 관한 조사를 하게 할 수 있다. 〈개정 2017. 11. 28.〉 ③ 제2항의 조사를 한 결과 오염도가 우려기준을 넘는 토양(이하 "오염토양"이라 한다)에 대하여는 대통령령으로 정하는 바에 따라 기간을 정하여 정화책임자에게 토양관련전문기관에 의한 토양정밀조사의 실시, 오염토양의 정화 조치를 할 것을 명할 수 있다. 〈개정 2014. 3. 24.〉 ④ 토양관련전문기관은 제3항에 따라 토양정밀조사를 하였을 때에는 조사 결과를 관할 특별자치시장·특별자치도지사·시장·군수·구청장에게 지체 없이 통보하여야 한다. 〈개정 2017. 11. 28.〉 ⑤ 제2항에 따라 타인의 토지에 출입하는 공무원은 그 권한을 나타내는 증표를 지니고 이를 관계인에게 보여주어야 한다. ⑥ 특별자치시장·특별자치도지사·시장·군수·구청장은 제3항에 따라 소속 공무원으로 하여금 해당 토지에 출입하여 오염 원인과 오염도에 관한 조사를 하게 한 경우에는 그 사실을 지방환경관서의 장에게 지체 없이 알려야 한다. 〈개정 2017. 11. 28.〉 [전문개정 2011. 4. 5.] 제11조의2 [제13조로 이동 〈2004. 12. 31.〉] 제12조(특정토양오염관리대상시설의 신고 등) ①특	부득이하게 이행기간 내에 정화조치명령을 이행하기 어려운 사유가 있는 자에 대해서는 매회 1년의 범위에서 2회까지 그 이행기간을 연장할 수 있다. 〈개정 2018. 11. 20.〉 [본조신설 2005. 6. 30.] [제5조의3에서 이동 〈2015. 3. 24.〉] 제6조(특정토양오염관리대상시설의 신고 등) ① 법	제10조(특정토양오염관리대상시설의 신고증) 특별

토양환경보전법	토양환경보전법 시행령	토양환경보전법 시행규칙
정토양오염관리대상시설을 설치하려는 자는 대통령령으로 정하는 바에 따라 그 시설의 내용과 제3항에 따른 토양오염방지시설의 설치계획을 관할 특별자치시장·특별자치도지사·시장·군수·구청장에게 신고하여야 한다. 신고한 사항 중 환경부령으로 정하는 내용을 변경(특정토양오염관리대상시설의 폐쇄를 포함한다)할 때에도 또한 같다. 〈개정 2017. 11. 28.〉 ② 「위험물안전관리법」 및 「화학물질관리법」과 그 밖에 환경부령으로 정하는 법령에 따라 특정토양오염관리대상시설의 설치에 관한 허가를 받거나 등록을 한 경우에는 제1항에 따른 신고를 한 것으로 본다. 이 경우 허가 또는 등록기관의 장은 환경부령으로 정하는 토양오염방지시설에 관한 서류를 첨부하여 그 시설을 그 특정토양오염관리대상시설이 설치된 지역을 관할하는 특별자치시장·특별자치도지사·시·시장·군수·구청장에게 통보하여야 한다. 〈개정 2017. 11. 28.〉 ③ 특정토양오염관리대상시설의 설치자(그 시설을 운영하는 자를 포함한다. 이하 같다)는 대통령령으로 정하는 바에 따라 토양오염을 방지하기 위한 시설(이하 "토양오염방지시설"이라 한다)을 설치하고 적정하게 유지·관리하여야 한다. [전문개정 2011. 4. 5.]	제12조제1항에 따라 특정토양오염관리대상시설의 설치신고를 하거나 그 변경신고서에 다음 각 호의 서류를 첨부하여 특별자치시장·특별자치도지사·시장·군수·구청장에게 제출하여야 한다. 다만, 「국방·군사시설 사업에 관한 법률」 제2조제1호나목에 따른 군용 유류저장시설의 경우에는 환경부령으로 정하는 바에 따라 일부 서류의 제출을 면제하거나 기재사항의 일부를 생략하게 할 수 있다. 〈개정 2018. 11. 20.〉 1. 특정토양오염관리대상시설의 위치·구조 및 설비에 관한 도면 2. 「위험물안전관리법」 제6조에 따른 위험물 제조소·저장소·취급소의 설치허가서 및 저장시설별 구조 설비 명세표 3. 그 밖에 토양오염을 방지하기 위하여 특별자치시장·특별자치도지사·시장·군수·구청장이 필요하다고 인정하는 사항에 관한 서류 ② 법 제12조제1항 후단에 따라 특정토양오염관리대상시설의 변경(폐쇄를 포함한다)신고를 하려는 자는 특정토양오염관리대상시설설치변경(폐쇄)신고서에 변경내역서를 첨부하여 특별자치시장·특별자치도지사·시장·군수·구청장에게 제출하여야 한다. 〈개정 2018. 11. 20.〉 [전문개정 2001. 12. 19.] [제목개정 2005. 6. 30.] 제7조(특정토양오염관리대상시설의 토양오염방지시설 설치 등) ① 특정토양오염관리대상시설의 설	자치시장·특별자치도지사·시장·군수·구청장은 영 제6조제1항에 따라 신고를 받은 경우에는 별지 제6호서식의 특정토양오염관리대상시설 신고증을 신고인에게 발급하여야 하며, 영 제6조제2항에 따라 제출을 받은 경우에는 특정토양오염관리대상시설 신고증의 뒷면에 변경사항을 적어 신고인에게 발급하여야 한다. [전문개정 2018. 11. 27.] 제8조(특정토양오염관리대상시설의 설치신고서) 영 제6조제1항의 규정에 의한 특정토양오염관리대상시설설치신고서(전자문서로 된 신고서를 포함한다)는 별지 제4호서식에 의한다. [제목개정 2001. 12. 31., 2005. 6. 30.] 제9조(특정토양오염관리대상시설의 설치변경 등 신고서) 영 제6조제2항의 규정에 의한 특정토양오염관리대상시설설치변경(폐쇄)신고서(전자문서로 된 신고서를 포함한다)는 별지 제5호서식에 의한다. [제목개정 2001. 12. 31., 2005. 6. 30.]	

토양환경보전법	토양환경보전법 시행령	토양환경보전법 시행규칙
	자(그 시설을 운영하는 자를 포함한다. 이하 같다)는 법 제12조제3항의 규정에 의하여 특정토양오염 관리대상시설별로 다음 각 호에 해당하는 토양오염 방지시설을 설치하고 적정하게 유지·관리하여야 한다. 〈개정 2011. 9. 30.〉 1. 특정토양오염관리대상시설의 부식·산화방지를 위한 처리를 하거나 위하여 특정토양오염물질이 누출되지 아니하도록 하기 위하여 누출방지성능을 가진 재질을 사용하거나 이중벽탱크 등 누출방지시설을 설치하고 적정하게 유지·관리할 것 2. 특정토양오염관리대상시설 중 지하에 매설되는 저장시설의 경우에는 토양오염물질이 누출되는 것을 감지하거나 누출여부를 확인할 수 있는 측정기기등의 시설을 설치하고 적정하게 유지·관리할 것 3. 특정토양오염관리대상시설로부터 토양오염물질이 누출될 경우에 대비하여 오염확산방지 또는 독성저감등의 조치에 필요한 시설을 설치하고 적정하게 유지·관리할 것 ② 제1항에 따른 토양오염방지시설의 설치·유지·관리기준 및 그 밖에 필요한 사항은 환경부장관이 관계중앙행정기관의 장과의 협의를 거쳐 이를 고시한다. 〈개정 2013. 5. 31.〉 [제목개정 2001. 12. 19., 2005. 6. 30.]	제8조의2(특정토양오염관리대상시설의 변경신고) 다음 각 호의 어느 하나에 해당하는 경우에는 그 사유가 발생한 날부터 30일 이내에 별 제12조제1항 후단

토양환경보전법	토양환경보전법 시행령	토양환경보전법 시행규칙
		에 따라 특정토양오염관리대상시설의 변경신고를 하여야 한다. 〈개정 2016. 4. 28.〉 1. 사업장의 명칭 또는 대표자가 변경되는 경우 2. 특정토양오염관리대상시설의 사용을 종료하거나 폐쇄하는 경우 3. 특정토양오염관리대상시설을 교체하거나 토양오염방지시설을 변경하는 경우 4. 특정토양오염관리대상시설에 저장하는 오염물질을 변경하는 경우 5. 특정토양오염관리대상시설의 저장용량을 신고용량 대비 30퍼센트 이상 증설(신고용량 대비 30퍼센트 미만의 증설이 누적되어 신고용량의 30퍼센트 이상이 되는 경우를 포함한다)하는 경우 [본조신설 2005. 6. 30.] **제10조의2(다른 법령에 의한 허가 또는 등록의 통보)** ① 법 제12조제2항 전단에서 "환경부령으로 정하는 법령"이란 「송유관안전관리법」을 말한다. 〈개정 2015. 3. 24.〉 ② 법 제12조제2항 전단에 따라 특정토양오염관리대상시설의 설치신고가 의제되는 허가 또는 등록을 행하는 행정기관의 장이 같은 항 후단에 따라 그 허가 또는 등록의 사실을 관할 특별자치시장·특별자치도지사·시장·군수·구청장에게 통보할 때에는 그 통보문서에 다음 각 호의 서류를 첨부하여야 한다. 〈개정 2018. 11. 27.〉 1. 「위험물안전관리법」 제6조의 규정에 의한 제조소 등의 설치허가의 경우에는 동법 시행규칙 제6조

토양환경보전법	토양환경보전법 시행령	토양환경보전법 시행규칙
		및 제7조의 규정에 의한 설치허가신청서(변경허가신청서) 및 구조설비명세표 사본 1부 2. 「화학물질관리법」 제28조에 따른 유해화학물질 영업허가의 경우에는 다음 각 목의 서류 　가. 「화학물질관리법 시행규칙」 제27조제1항에 따른 신청서 및 유해화학물질을 취급하는 시설·장비 등의 내역서 사본 1부 　나. 「화학물질관리법 시행규칙」 제29조제1항에 따른 변경사항을 증명할 수 있는 서류 사본 1부 3. 「송유관안전관리법」 제3조의 규정에 의한 공사계획의 인가의 경우에는 같은 법 시행규칙 제3조제1항제1호에 따른 송유공용시설의 위치도(관정, 긴급차단밸브 위치 기재) 사본 1부 [본조신설 2001. 12. 31.]
제12조의2(다른 법률에 따른 변경신고의 의제) ① 제12조제1항 후단에 따라 변경신고를 한 경우에는 그 특정토양오염관리대상시설에 관련되는 다음 각 호의 변경신고를 한 것으로 본다. 다만, 변경신고의 사항이 사업의 명칭 또는 대표자가 변경되는 경우로 한정한다. 〈개정 2017. 1. 17.〉 1. 「물환경보전법」 제33조제2항 단서 및 같은 조 제3항에 따른 배출시설의 변경신고 2. 「대기환경보전법」 제44조제2항에 따른 배출시설의 변경신고 ② 제1항에 따른 변경신고의 의제를 받고자 하는 자는 변경신고의 신청을 하는 때에 해당 법률이 정하는 관련 서류를 함께 제출하여야 한다.		

토양환경보전법	토양환경보전법 시행령	토양환경보전법 시행규칙
③ 제1항에 따라 변경신고를 접수하는 행정기관의 장은 변경신고를 처리한 때에는 지체 없이 제1항 각 호의 변경신고 소관 행정기관의 장에게 그 내용을 통보하여야 한다. ④ 제1항에 따라 변경신고를 한 것으로 보는 경우에는 관계 법률에 따라 부과되는 수수료를 면제한다. [본조신설 2015. 12. 1.] 제13조(토양오염검사) ① 특정토양오염관리대상시설이 설치되어 있는 대통령령으로 정하는 부지와 그 주변지역에 대하여 토양오염검사(이하 "토양오염검사"라 한다)를 받아야 한다. 다만, 토양시료(土壤試料)의 채취가 불가능하거나 토양오염검사가 필요하지 아니한 경우로서 대통령령으로 정하는 요건에 해당하는 경우에는 특별자치시장·특별자치도지사·시장·군수·구청장의 승인을 받은 경우에는 토양오염검사를 받지 아니한다. 〈개정 2017. 11. 28.〉 ② 제1항 단서에 따른 대통령령으로 정하며, 승인을 신청하고자 하는 토양관련전문기관의 지정하며, 승인을 신청하고자 하는 토양관련전문기관의 의견을 첨부하여야 한다. 다만, 여러 개의 같은 종류의 저장시설 중 일부 시설을 폐쇄하는 경우 등 대통령으로 정하는 경우에는 토양관련전문기관의 의견을 첨부하지 아니할 수 있다. ③ 토양오염검사는 토양오염도검사와 누출검사로 구분하여 한다. 다만, 누출검사는 저장시설 또는 배관이 땅속에 묻혀 있거나 땅에 붙어 있어 누출 여부를 눈으로 확인할 수 없는 시설로서 환경부령으로	제8조(특정토양오염관리대상시설의 토양오염검사) ① 특정토양오염관리대상시설의 설치자는 다음 각 호의 구분에 따라 법 제13조제1항에 따른 토양오염검사를 받아야 한다. 다만, 제13조제1항에 따른 토양오염도검사와 제2호에 따른 누출검사를 받아야 하는 연도가 같을 경우에는 토양오염도검사를 받으면 다음 연도에 받아야 하는 누출검사를 다음 연도에 받을 수 있다. 〈개정 2011. 9. 30.〉 1. 매년 1회 환경부령으로 정하는 때에 토양관련전문기관으로부터 토양오염도검사를 받을 것. 다만, 제6조에 따른 토양오염방지시설을 설치하고 적정하게 유지·관리하고 있는 경우에는 환경부령으로 정하는 기준에 따라 검사주기를 5년의 범위에서 조정할 수 있다. 2. 법 제13조제3항 단서에 해당하는 특정토양오염관리대상시설(「위험물안전관리법 시행령」제17조에 따른 정기검사 대상시설을 제외한다. 이하 "누출검사의 대상시설"이라 한다)을 설치한 후 10년이 경과하였을 때에는 6개월 이내에 토양관련전문기관으로부터 누출검사를 받아야 하며, 그 후에는 환경부령으로 정하는 바에 따라 누출검사	제13조(누출검사 등) ① 영 제8조제2항제4호에서 "환경부령으로 정하는 기준"이란 별표 3의 토양오염우려기준 중 3지역에 적용되는 기준을 말한다. 〈개정 2009. 6. 25.〉 ② 제1항의 규정에 의한 누출검사는 토양오염도검사 시설과정 통보받은 날부터 30일 이내에 받아야 한다. [전문개정 2001. 12. 31.] 제12조(토양오염도검사 주기 등) ① 특정토양오염관리대상시설의 설치자는 영 제8조제1항제1호 본문에 따라 다음 각 호의 구분에 따른 날부터 6개월 이내에 토양오염도검사를 받아야 한다. 〈개정 2014. 12. 24.〉 1. 별표 2 제1호의 규정에 의한 석유류의 제조 및 저장시설인 경우에는 「위험물안전관리법」제9조의 규정에 의한 시설설치에 따른 완공검사를 받아야 적합하다고 인정받은 날 2. 별표 2 제2호에 따른 유해화학물질의 제조 및 저장시설인 경우에는 「화학물질관리법」제28조에 따른 유해화학물질 영업의 허가를 받은 날 3. 별표 2 제4호의 규정에 의하여 이하에 환경부장관이 고시

토양환경보전법	토양환경보전법 시행령	토양환경보전법 시행규칙

토양환경보전법

정하는 바에 따라 특별자치시장·특별자치도지사·시장·군수·구청장이 인정하는 경우에만 실시한다. <개정 2017. 11. 28.>

④ 토양관련전문기관은 토양오염검사를 실시하였을 때에는 특정토양오염관리대상시설의 설치자, 관할 특별자치시장·특별자치도지사·시장·군수·구청장 및 관할 소방서장에게 검사 결과를 통보(소방서장에 대한 통보는 「위험물안전관리법」에 따라 허가를 받은 시설 중 누출검사 결과 오염물질의 누출이 확인된 시설인 경우로 한정한다)하여야 하며, 특정토양오염관리대상시설의 설치자는 환경부령으로 정하는 바에 따라 통보받은 검사 결과를 보존하여야 한다. 이 경우 특정토양오염관리대상시설의 설치자는 통보받은 검사 결과를 「전자문서 및 전자거래 기본법」 제2조제1호에 따른 전자문서로 보존할 수 있다. <개정 2017. 11. 28.>

⑤ 토양오염검사를 위한 시료채취의 방법과 그 밖에 필요한 사항은 환경부령으로 정한다.

⑥ 관할 특별자치시장·특별자치도지사·시장·군수·구청장은 제4항에 따라 토양관련전문기관으로부터 통보받은 토양오염검사 결과를 토대로 정밀조사가 필요하다고 인정되는 경우에는 환경부령으로 정하는 토양관련전문기관에 정밀조사를 의뢰할 수 있다. <개정 2011. 4. 5.>
[전문개정 2017. 11. 28.]

토양환경보전법 시행령

를 받을 것

② 특정토양오염관리대상시설의 설치자는 제8조제1항에 따른 토양오염검사 외에 토양관련전문기관에 따른 다음 각 호에 따른 토양오염검사를 받아야 한다. 다만, 제18조제1호에 따른 토양오염도검사를 받은 후 3개월 이내에 제3조부터 제3조까지의 어느 하나에 해당하는 사유가 발생하는 경우에는 그러하지 아니하다. <개정 2016. 6. 30.>

1. 특정토양오염관리대상시설의 설치자가 그 시설이 사용을 종료하거나 이를 폐쇄할 경우에는 사용종료일 또는 폐쇄일 전부터 사용종료일 또는 폐쇄일 전일까지의 기간 동안에 토양오염도검사를 받을 것

2. 특정토양오염관리대상시설의 양도·임대 등으로 인하여 그 시설의 운영자가 달라지는 경우에는 변경일 전부터 변경일 전일까지의 기간 동안에 토양오염도검사를 받을 것

3. 특정토양오염관리대상시설이 설치되어 그 시설을 교체하거나 그 시설에 저장하는 토양오염물질의 종류를 변경할 경우에는 교체일 또는 변경일 전부터 교체일 또는 변경일 전일까지의 기간 안에 토양오염도검사를 받을 것

4. 누출검사대상시설의 경우 다음 각 목의 어느 하나에 해당하는 토양오염도검사 절차 환경부령으로 확인 정하는 기준 이상으로 토양이 오염된 것으로 확인되었을 때에는 지체 없이 누출검사를 받을 것
가. 제18항·제1호 또는 제2호에 따른 토양오염도검사

토양환경보전법 시행규칙

하는 시설의 경우에는 법 제12조제1항의 규정에 의한 신고를 한 날

② 영 제8조제1항제2호 단서에 따라 토양오염방지시설을 설치하는 경우의 토양오염도검사주기와 같은 항 제2조에 따른 누출검사대상시설을 설치한 경우의 누출검사주기는 별표 4와 같다. <개정 2009. 6. 25.>
[전문개정 2001. 12. 31.]
[제목개정 2008. 7. 30.]

제11조(검사신청 절차 등) ① 영 제8조제1항 또는 제2항의 규정에 의한 토양오염검사를 받고자 하는 자는 별지 제7호서식의 토양오염검사신청서(전자문서로 된 신청서를 포함한다)에 특정토양오염관리대상시설의 도면을 첨부하여 법 제23조의2에 따른 토양관련전문기관(이하 "토양관련전문기관"이라 한다)에 제출하여야 한다. <개정 2015. 3. 24.>

② 토양관련전문기관은 제1항의 규정에 의한 토양오염검사신청서를 받은 때에는 다음 각 호에 의한 검사 및 분석을 하여야 한다.
1. 검사신청서를 받은 날부터 7일 이내에 시료채취 또는 누출검사
2. 특별한 사유가 없는 한 시료채취일부터 14일 이내에 이·화학적 분석
[전문개정 2001. 12. 31.]

제14조(검사항목) 영 제8조제1항제5항의 규정에 의한 특정토양오염관리대상시설별 토양오염검사항목은 별표 5와 같다. <개정 2006. 3. 7.>

토양환경보전법	토양환경보전법 시행령	토양환경보전법 시행규칙
	나. 제3호 중 특정토양오염관리대상시설에 저장하는 토양오염물질의 종류 변경에 따른 토양오염도검사 5. 특정토양오염관리대상시설에서 토양오염물질이 누출될 사실을 알게 되었을 때에는 지체 없이 토양오염검사 및 누출검사(누출검사대상시설만 해당한다)를 받을 것 ③ 제2항제1호부터 제3호까지 또는 제5호에 따른 토양오염도검사를 받은 경우에는 제1항제1호에 따른 다음 회의 토양오염도검사를 받은 것으로 보며, 제2항제4호 또는 제5호에 따라 누출검사를 받은 경우에는 그 검사를 받은 날을 기준으로 제1항제2호에 따른 누출검사를 받아야 한다. ④ 제2항제1호부터 제3호까지의 어느 하나에 해당하는 경우라 하더라도 해당 검사기간 내에 같은 항 제5호에 따른 검사를 받았을 경우에는 별도의 토양오염검사를 받지 아니한다. ⑤ 토양오염검사의 항목에 관하여 필요한 사항은 환경부령으로 정한다. [전문개정 2009. 6. 16.] 제8조의2(토양오염검사의 면제 등) ① 특별자치시장·특별자치도지사·시장·군수·구청장이 법 제13조제1항 단서에 따라 특정토양오염관리대상시설에 대한 토양오염검사면제의 승인을 할 수 있는 경우는 다음 각 호와 같다. 〈개정 2018. 11. 20.〉 1. 특정토양오염관리대상시설 중 「송유관 안전관리법」제2조제2호에 따른 송유관으로서 유류의 유	[전문개정 2001. 12. 31.]

토양환경보전법	토양환경보전법 시행령	토양환경보전법 시행규칙
	출여부를 확인할 수 있는 장치가 설치된 경우(토양오염도검사로 한정한다) 또는 같은 법 제8조에 따른 안전검사를 받는 경우(누출검사로 한정한다) 2. 토양시추를 함수 없는 지반 또는 건물지하 등에 설치되어 토양시료의 채취가 불가능하다고 토양오염조사기관이 인정하는 경우 3. 저장시설에 1년 이상 토양오염물질을 저장하지 아니한 경우 등 토양관련전문기관이 토양오염검사가 필요하지 아니하다고 인정하는 경우 4. 동종의 토양오염물질을 저장하는 다수의 시설 중 일부시설의 사용을 종료하거나 폐쇄하는 경우(제8조제2항제1호에 따른 토양오염도검사로 한정한다) 4의2. 건설·설치·유지·관리기준에 맞게 토양오염방지시설을 설치한 날부터 15년 이내인 경우(제8조제1항에 따른 정기토양오염검사로 한정한다) 5. 제8조제5항에 따른 검사항목이 없는 종류의 토양오염물질로 저장물질을 변경하려는 경우(제8조제2항제3호에 따른 토양오염도검사로 한정한다) 6. 그 밖에 토양정화명령을 받고 정화중인 경우 등 특별자치시장·특별자치도지사·시장·군수·구청장이 토양오염검사가 필요하지 아니하다고 인정하는 경우 ② 제1항제1호·제4호·제5호 및 제6호의 경우에는 법 제13조제2항 단서에 따라 토양오염검사면제 승인 신청 시 토양관련전문기관의 의견을 첨부하지 아니할 수 있다. 〈개정 2018. 11. 20.〉	

토양환경보전법	토양환경보전법 시행령	토양환경보전법 시행규칙
	③ 제1항제1호에 따른 특정토양오염관리대상시설이 둘 이상의 특별자치시장·시장·군수·구청장의 관할구역에 걸쳐있는 경우에는 주된 시설이 설치된 지역을 관할하는 특별자치시장·시장·군수·구청장이 토양오염검사면제의 승인을 한다. 〈개정 2018. 11. 20.〉 ④ 특별자치시장·특별자치도지사·시장·군수·구청장은 토양오염검사를 면제받은 특정토양오염관리대상시설의 면제사유가 소멸된 때에는 지체없이 그 면제승인을 철회하여야 한다. 〈개정 2005. 6. 30.〉 [본조신설 2005. 6. 30.] [종전 제8조의2는 제8조의3으로 이동 〈개정 2005. 6. 30.〉]	제15조(토양오염검사 면제승인신청) 법 제13조제1항 단서에 따른 토양오염검사의 면제승인을 신청하려는 자는 별지 제7조의2서식의 토양오염검사면제승인신청서(전자문서로 된 신청서를 포함한다)에 영 제8조의2제1항에 따른 면제요건에 해당하는 것을 증명할 수 있는 서류를 첨부하여 특별자치시장·특별자치도지사·시장·군수·구청장에게 제출하여야 한다. 〈개정 2018. 11. 27.〉 [전문개정 2005. 6. 30.]
		제15조의2(누출검사 대상시설) ① 법 제13조제3항 단서에 따라 누출검사대상시설로 인정받으려는 자는 별지 제4호서식의 특정토양오염관리대상시설 설치

토양환경보전법	토양환경보전법 시행령	토양환경보전법 시행규칙
		신고서 또는 별지 제5호서식의 특정토양오염관리대상시설 설치변경신고서를 특별자치시장·특별자치도지사·시장·군수·구청장에게 제출하여야 한다. 〈개정 2018. 11. 27.〉 ② 제1항에 따라 신청을 받은 특별자치시장·특별자치도지사·시장·군수·구청장은 해당시설이 누출검사대상시설인지 여부를 판단하여 신청자에게 통보해야 한다. 〈개정 2018. 11. 27.〉 [본조신설 2011. 10. 6.] 제16조(검사결과의 통보 등) 토양관련전문기관은 토양오염검사를 실시한 때에는 법 제13조제4항에 따라 검사 종료 후 7일 이내에 별지 제8호서식에 따라 특정토양오염관리대상시설의 설치자, 관할 특별자치시장·특별자치도지사·시장·군수·구청장 및 관할 소방서장(「위험물안전관리법」에 따라 허가를 받은 시설 중 누출검사 결과 오염물질의 누출이 확인된 경우로 한정한다)에게 그 검사결과를 통보하여야 하며, 검사결과를 통보받은 특정토양오염관리대상시설의 설치자는 검사결과를 5년간 보존하여야 한다. 〈개정 2018. 11. 27.〉 [전문개정 2001. 12. 31.] 제17조(시료채취방법 등) 법 제13조제5항의 규정에 의한 토양오염검사를 위한 시료채취는 별표 6의 방법에 의한다. 〈개정 2005. 6. 30.〉 [전문개정 2001. 12. 31.] 제17조의2(정밀한 검사를 위한 토양관련전문기관)

토양환경보전법	토양환경보전법 시행령	토양환경보전법 시행규칙
제14조(특정토양오염관리대상시설의 설치자에 대한 명령) ① 특별자치시장·특별자치도지사·시장·군수·구청장은 특정토양오염관리대상시설의 설치자가 다음 각 호의 어느 하나에 해당하면 대통령령으로 정하는 바에 따라 기간을 정하여 토양오염방지시설의 설치 또는 개선이나 그 시설의 부지 및 주변지역에 대하여 토양관련전문기관에 의한 토양정밀조사 또는 오염토양의 정화 조치를 명할 수 있다. 〈개정 2017. 11. 28.〉 1. 토양오염방지시설을 설치하지 아니하거나 그 기준에 맞지 아니한 경우 2. 제13조제3항에 따른 토양오염도검사 결과 우려기준을 넘는 경우 3. 제13조제3항에 따른 누출검사 결과 오염물질이 누출된 경우 ② 토양관련전문기관은 제1항에 따라 토양정밀조사를 하였을 때에는 조사 결과를 지체 없이 관할 특별자치시장·특별자치도지사·시장·군수·구청장에게 통보하여야 한다. 〈개정 2017. 11. 28.〉	제8조의3(시정명령 등) ① 특별자치시장·특별자치도지사·시장·군수·구청장은 법 제14조제1항에 따라 특정토양오염관리대상시설의 설치자에게 토양오염방지시설의 설치 또는 개선이나 토양오염물질의 누출·유출·유입·투입 또는 투기의 금지 조치를 명하는 때에는 제8조에 따른 토양오염검사의 결과와 특정토양오염관리대상시설의 종류·규모 등을 감안하여 6개월의 범위에서 그 이행기간을 정하여야 한다. 다만, 조사지역의 규모 등으로 인하여 부득이하게 이행기간 내에 명령을 이행하기 어려운 사유가 있는 자에 대해서는 6개월의 범위에서 1회에 한정하여 그 이행기간을 연장할 수 있다. 〈개정 2018. 11. 20.〉 ② 특별자치시장·특별자치도지사·시장·군수·구청장은 법 제14조제1항에 따라 특정토양오염관리대상시설의 설치자에게 오염토양의 정화조치를 명하는 경우에는 2년의 범위에서 그 이행기간을 정하여야 한다. 다만, 공사의 규모·공법 등으로 인하여 부득이하게 이행기간 내에 정화조치를 이행하기 어려운 사유가 있는 자에 대해서는 매회 1년의 범위에서 2회까지 그 이행기간을 연장할 수 있다. 〈개정	법 제13조제6항에서 "환경부령으로 정하는 토양관련전문기관"이란 다음 각 호의 기관을 말한다. 〈개정 2018. 11. 27.〉 1. 유역환경청 또는 지방환경청 2. 시·도(특별시·광역시·특별자치시·특별자치도·도를 말한다. 이하 같다) 보건환경연구원 [본조신설 2005. 6. 30.]

토양환경보전법	토양환경보전법 시행령	토양환경보전법 시행규칙
③ 특별자치시장・특별자치도지사・시장・군수・구청장은 특정토양오염관리대상시설의 설치자가 제1항에 따른 명령을 이행하지 아니하거나 그 명령을 이행하였더라도 토사의 부지 및 그 주변지역의 토양오염의 정도가 제15조의3제1항에 따른 정화기준 이내로 내려가지 아니한 경우에는 그 특정토양오염관리대상시설의 사용중지를 명할 수 있다. 〈개정 2017. 11. 28.〉 [전문개정 2011. 4. 5.]	2018. 11. 20.〉 [전문개정 2009. 6. 16.]	
제15조(토양오염방지 조치명령 등) ① 시・도지사 또는 시장・군수・구청장은 제5조제4항제1호 또는 제2호에 해당하는 지역의 정화책임자에 대하여 대통령령으로 정하는 바에 따라 기간을 정하여 토양관련전문기관으로부터 토양정밀조사를 받도록 명할 수 있다. 〈개정 2014. 3. 24.〉 ② 토양관련전문기관은 제1항에 따라 토양정밀조사를 한 때에는 정화책임자 및 관할 시・도지사 또는 시장・군수・구청장에게 조사 결과를 지체 없이 통보하여야 한다. 〈개정 2014. 3. 24.〉 ③ 시・도지사 또는 시장・군수・구청장은 상시측정, 토양오염실태조사 또는 토양정밀조사의 결과 우려기준을 넘는 경우에는 대통령령으로 정하여 다음 각 호의 어느 하나에 해당하는 조치를 하도록 정화책임자에게 명할 수 있다. 다만, 정화책임자를 알 수 없거나 정화책임자에 의한 토양정화가 곤란하다고 인정하는 경우에는 시・도지사 또는 시장・군수・구청장이 오염토양	**제9조(토양정밀 조사명령)** 시・도지사 또는 시장・군수・구청장은 법 제15조제1항에 따라 정화책임자에게 토양정밀조사를 받을 것을 명할 때에는 토양오염지역의 범위 등을 감안하여 6개월의 범위에서 그 이행기간을 정하여야 한다. 다만, 조사지역의 규모 등으로 정화책임자가 이행기간 이내에 조사를 이행하기 어려운 사유가 있는 자에 대해서는 6개월의 범위에서 1회에 한정하여 그 이행기간을 연장할 수 있다. [전문개정 2018. 11. 20.] **제9조의2(조치명령 등)** ① 시・도지사 또는 시장・군수・구청장은 법 제15조제3항에 따라 정화책임자에게 토양오염방지를 위한 조치의 명령(이하 "조치명령"이라 한다)을 할 때에는 토양오염물질 및 시설의 종류・규모 등을 감안하여 2년의 범위에서 그 이행기간을 정하여야 한다. 〈개정 2018. 11. 20.〉 ② 시・도지사 또는 시장・군수・구청장은 공사의	

토양환경보전법	토양환경보전법 시행령	토양환경보전법 시행규칙
의 정화를 실시할 수 있다. 〈개정 2014. 3. 24.〉 1. 토양오염관리대상시설의 개선 또는 이전 2. 해당 토양오염물질의 사용제한 또는 사용중지 3. 오염토양의 정화 ④ 삭제 〈2004. 12. 31.〉 ⑤ 삭제 〈2004. 12. 31.〉 ⑥ 환경부장관은 제5조에 따른 토양오염도 측정결과나 제11조에 따른 토양오염실태조사의 결과 우려기준을 넘는 경우에는 관할 시·도지사 또는 시장·군수·구청장에게 제3항에 따른 조치명령을 할 것을 요청할 수 있다. 〈개정 2011. 4. 5.〉 ⑦ 시·도지사 또는 시장·군수·구청장은 제6항에 따른 환경부장관의 요청을 받았을 때에는 제3항에 따른 조치명령을 하여야 하며, 그 조치명령의 내용 및 결과를 환경부령으로 정하는 바에 따라 환경부장관에게 보고하여야 한다. 〈개정 2011. 4. 5.〉 [전문개정 2001. 3. 28.] [제목개정 2011. 4. 5.] 제15조의2(명령의 이행완료 보고) ① 제11조제3항, 제14조제1항·제3항 또는 제15조제3항에 따라 조치명령 또는 중지명령을 받은 자가 그 명령을 이행하였을 때에는 환경부령으로 정하는 바에 따라 지체 없이 이를 시·도지사 또는 시장·군수·구청장에게 보고하여야 한다. 이 경우 시·도지사 또는 시장·군수·구청장은 환경부령으로 정하는 바에 따라 명령 이행 상태를 확인하여야 한다. 〈개정 2014. 3. 24.〉 ② 특별자치시장·특별자치도지사·시장·군수·	의 정화를 등으로 인하여 부득이하게 제1항의 이행기간 내에 조치명령을 이행하기 어려운 사유가 있는 자에 대해서는 매회 1년의 범위에서 2회까지 그 이행기간을 연장할 수 있다. 〈개정 2018. 11. 20.〉 [본조신설 2001. 12. 19.]	제17조의3(지방자치단체의 장의 조치결과 보고) 시·도지사 또는 시장·군수·구청장은 법 제15조제7항의 규정에 의하여 환경부장관이 요청한 사항을 조치한 때에는 지체없이 조치명령의 내용 및 이행기간 등을 환경부장관에게 보고하여야 하며, 정화책임자가 조치명령의 이행을 완료한 때에도 이행완료 내역을 환경부장관에게 보고하여야 한다. 〈개정 2015. 3. 24.〉 [본조신설 2005. 6. 30.] 제18조(조치명령 등에 따른 이행보고) ① 법 제15조의2에 따른 조치명령 또는 중지명령의 이행보고는 별지 제2호서식의 이행보고서(전자문서로 된 보고서를 포함한다)에 다음 각 호의 구분에 따른 서류를 첨부하여야 한다. 〈개정 2013. 5. 31.〉 1. 정밀조사의 경우 가. 부지 및 주변지역 오염범위 조사명세서 나. 각 개선지점별 토양오염도검사결과 2. 시설의 설치·개선·이전 또는 정화조치 명령의 경우

토양환경보전법	토양환경보전법 시행령	토양환경보전법 시행규칙
구청장은 제11조제3항에 따라 조치명령을 받은 자가 제1항에 따라 이행완료 보고를 하였을 때는 해당 이행완료보고서를 지방환경관서의 장에게 환경부령으로 정하는 바에 따라 통보하여야 한다. 〈개정 2017. 11. 28.〉 [전문개정 2011. 4. 5.]		가. 시설개선·오염토양정화 등 개선명세서 또는 토양정화검증보고서. 이 경우 토양정화검증보고서에는 정화방법의 적정성 검토 내용, 정화방법 정화과정, 토양오염도 변화추이, 환경관리 사항, 토양정화일지, 오염토양의 반출 내역, 정화토양의 재사용 내역을 포함하여야 한다. 나. 제1호나목의 서류. 다만, 부지 밖에서 처리하는 경우에는 각 개선지점별 토양오염도검사 실시 후 이전된 토양처리내용·증명자료(이전 장소, 이전물량 및 처리내용(처리자, 연수증, 사진 등))를 제출한다. 다. 토양정화검증서(토양정화검증대상사업인 경우만 해당한다) ② 시·도지사 또는 시장·군수·구청장은 제1항의 이행보고를 받은 때에는 관계공무원으로 하여금 서류 및 현장조사를 통하여 지체없이 그 명령의 이행상태를 확인하게 하여야 한다. 〈개정 2005. 6. 30.〉 [전문개정 2001. 12. 31.] [제목개정 2005. 6. 30.]
제15조의3(오염토양의 정화) ① 오염토양은 대통령령으로 정하는 정화기준 및 정화방법에 따라 정화하여야 한다. ② 오염토양은 토양정화업자(제23조의7 제3항에 따른 단서에 따라 오염토양을 반출하여 정화하는 경우에는 제23조의7 제3항에 따라 반입하여 정화하는 시설을 등록한 토	제10조(오염토양의 정화기준 및 정화방법) ① 법 제15조의3제1항의 규정에 의한 오염토양의 정화기준은 별제4조의2의 규정에 의한 토양오염우려기준으로 한다. 〈신설 2005. 6. 30.〉 ② 법 제15조의3제1항의 규정에 의한 오염토양의 정화방법은 다음 각 호와 같다. 〈개정 2011. 9. 30.〉	

토양환경보전법	토양환경보전법 시행령	토양환경보전법 시행규칙
양정화업자를 말한다)에게 위탁하여 정화하여야 한다. 다만, 유기용제류(有機溶劑類)에 의한 오염물질 등 대통령령으로 정하는 종류와 규모에 해당하는 오염토양은 정화책임자가 직접 정화할 수 있다. 〈개정 2014. 3. 24.〉 ③ 오염토양을 정화할 때에는 오염이 발생한 해당 부지에서 정화하여야 한다. 다만, 부지의 협소 등 환경부령으로 정하는 불가피한 사유로 그 부지에서 오염토양의 정화가 곤란한 경우에는 토양정화업자가 보유한 시설(제23조의7제1항에 따라 오염토양을 반입하여 정화하기 위하여 등록한 시설을 말한다)로 환경부령으로 정하는 바에 따라 오염토양을 반출하여 정화할 수 있다. ④ 제3항에 따라 오염토양을 반출하여 정화하려는 자는 환경부령으로 정하는 바에 따라 오염토양반출정화계획서를 관할 특별자치시장·특별자치도지사·시장·군수·구청장에게 제출하여 적정통보를 받아야 한다. 제5항에 따라 적정통보를 받은 오염토양반출정화계획 중 환경부령으로 정하는 중요 사항을 변경하려는 때에도 또한 같다. 〈개정 2017. 11. 28.〉 ⑤ 특별자치시장·특별자치도지사·시장·군수·구청장은 제4항에 따라 제출된 오염토양반출정화계획서를 다음 각 호의 사항에 관하여 검토한 후 그 적정 여부를 오염토양반출정화계획서를 제출한 자에게 통보하여야 한다. 〈개정 2017. 11. 28.〉 1. 제3항 단서에 따라 반출하여 정화할 수 있는 오염	1. 미생물이나 식물을 이용한 오염물질의 분해·흡수 등 생물학적 처리 2. 오염물질의 차단·분리추출·세척처리 등 물리·화학적 처리 3. 오염물질의 소각·분해 등 열적 처리 ③ 제2항 각 호의 구성에 의한 정화방법의 세부적인 사항은 환경부장관이 정하여 고시한다. 〈개정 2005. 6. 30.〉 [전문개정 2001. 12. 19.] [제목개정 2005. 6. 30.] 제11조(정화책임자에 의한 직접 정화) 다음 각 호의 어느 하나에 해당하는 오염토양에 대하여는 법 제15조의3제3항 단서에 따라 토양정화업자가 법 제23조의7제1항에 따라 토양정화업의 등록을 한 자(이하 "토양정화업자"라 한다)에게 위탁하지 아니하고 직접 정화할 수 있다. 〈개정 2015. 3. 24.〉 1. "국방·군사시설 사업에 관한 법률"에 의한 국방·군사시설이나 오염토양 또는 군사활동으로 인한 오염토양으로서 50세제곱미터 미만인 것 2. 유기용제 또는 유류에 의한 오염토양으로서 그 양이 5세제곱미터 미만인 것 [본조신설 2005. 6. 30.] [제목개정 2015. 3. 24.]	제19조(반출정화대상) 다음 각 호의 어느 하나에 해당하는 경우에는 법 제15조의3제3항 단서에 따라 오염토양(토양오염도가 제1조의5에 따른 토양오염우

토양환경보전법	토양환경보전법 시행령	토양환경보전법 시행규칙
토양에 해당하는지 여부 2. 오염토양의 반출 ⑥제5항에 따라 적정통보를 받은 자는 오염토양을 반출·운반·정화 또는 사용(정화된 토양을 최초로 사용하는 것을 말한다. 이하 같다)할 때마다 토양인수인계서를 제9항에 따른 오염토양 정보시스템에 입력하여야 한다. 〈개정 2017. 11. 28.〉 ⑦오염토양을 정화하는 자는 다음 각 호의 행위를 하여서는 아니 된다. 〈신설 2012. 6. 1.〉 1. 오염토양에 다른 토양을 섞어서 오염농도를 낮추는 행위 2. 제3항 단서에 따라 오염토양을 반출하여 정화하는 경우 제23조의7제1항에 따라 등록한 시설이 아닌 곳으로 오염토양을 보관하는 행위 ⑧제6항에 따른 토양인수인계서의 작성방법, 작성시기 및 토양인계시기 등 필요한 사항은 환경부령으로 정한다. 〈개정 2017. 11. 28.〉 ⑨환경부장관은 오염토양의 반출·운반·정화 또는 사용 과정을 전산처리할 수 있는 오염토양 정보시스템을 설치·운영하여야 한다. 〈개정 2017. 11. 28.〉 [전문개정 2011. 4. 5.]		관리기준을 넘는 토양을 말한다. 이하 같다)을 반출하여 정화할 수 있다. 〈개정 2018. 11. 27.〉 1. 「국토의 계획 및 이용에 관한 법률」에 의한 도시지역인의 건설공사 현장 등 환경부장관이 정하여 고시하는 경우 2. 토양오염물질 운송차량의 전복 등 긴급한 사고로 인한 오염으로서 즉시 처리하여야 하는 경우 3. 오염토양의 양이 5세제곱미터 미만으로서 현장에서 정화하는 때에는 정화효율이 현저하게 저하되는 경우 4. 영 제5조의8제2항, 제8조의3제2항 또는 제9조의2제1항에 따라 오염토양의 정화 조치명령을 받은 자가 오염토양 정화공사를 시행하였으나 오염물질의 종류, 오염정도 및 기술수준 한계 등으로 최초 조치명령기간 내에 이를 완료하지 못한 경우로서 법 제15조의6제1항 본문에 따른 토양오염조사기관의 정화과정 검증결과 반출하여 정화함이 필요가 있다고 인정한 경우. 다만, 법 제15조의6제1항 단서에 따라 정화과정에 대한 검증을 생략할 수 있는 경우에는 최초 조치명령기간 내에 본문에 따른 이유로 이를 이행하지 못하여 별도의 검증절차를 앞이 반출하여 정화할 수 있다. 5. 토양오염이 발생한 부지가 같은 시·군·구 내에 흩어져 있는 경우로서 오염부지의 소유자 또는 정화책임자가 갑고 각각의 오염부지에 토양정화시설을 모두 설치하기 곤란하여 토양정화업자가 오염부지 중 어느 한 곳에 설치한 시설을 이용하여

토양환경보전법	토양환경보전법 시행령	토양환경보전법 시행규칙
		한가지에 정화하는 경우(정화 대상 오염토양 전부를 하나의 토양정화업자에게 위탁한 경우에 해당한다)
		6. 오염토양을 연구목적으로 이용하려는 경우로서 국립환경과학원장의 이전을 득어 환경부장관이 승인한 경우
		[전문개정 2005. 6. 30.]
		제19조의2(오염토양의 반출절차 및 방법 등) ① 법 제15조의3제3항 단서에 따라 오염토양을 반출하여 정화하려는 자는 별지 제9호의2서식의 오염토양반출 정화(변경)계획서(전자문서로 된 계획서를 포함한다)에 다음 각 호의 서류를 첨부하여 관할 특별자치시장·특별자치도지사·시장·군수·구청장에게 미리 제출하여야 한다. 〈개정 2018. 11. 27.〉
		1. 운반위탁계약서 사본(운반을 위탁하는 경우만 해당한다)
		2. 정화사업계약서 사본
		3. 정화검증계약서 사본
		② 특별자치시장·특별자치도지사·시장·군수·구청장은 오염토양반출정화(변경)계획서를 검토하여 반출정화의 계획이 적정한 경우에는 10일 이내에 적정통보를 하여야 하며, 제19조의 규정에 의한 반출정화대상에 해당하지 아니하는 등 반출정화계획의 내용이 적정하지 아니한 경우에는 10일 이내에 오염토양반출정화(변경)계획서를 반려하거나 보완을 요구하여야 한다. 〈개정 2018. 11. 27.〉
		③ 특별자치시장·특별자치도지사·시장·군수·

토양환경보전법

토양환경보전법	토양환경보전법 시행령	토양환경보전법 시행규칙
		구청장은 제2항에 따라 적정하다고 통보한 때에는 반출정화계획의 내용을 반입지를 관할하는 시·도지사 및 시장·군수·구청장에게 통보하여야 한다. 〈개정 2018. 11. 27.〉 ④ 법 제15조의3제4항 후단에서 "환경부령으로 정하는 중요 사항"이란 다음 각 호를 말한다. 〈개정 2013. 5. 31.〉 1. 반출 오염토양의 양 또는 오염범위(20퍼센트 이상 증감하는 경우만 해당한다) 2. 반출 오염토양의 오염정도(20퍼센트 이상 증감하는 경우만 해당한다) 또는 토양오염물질 종류 3. 정화방법, 정화소요기간, 토양정화업자 또는 검증할 토양관련전문기관 ⑤ 법 제15조의3제4항 후단에 따라 오염토양반출정화계획 중 제4항 각 호의 어느 하나에 해당하는 사항을 변경하려는 자는 별지 제9호의2서식의 오염토양 반출정화(변경)계획서에 변경내용과 관련된 서류를 첨부하여 관할 특별자치시장·특별자치도지사·시·시장·군수·구청장에게 제출하여야 한다. 이 경우 제2항 및 제3항을 준용한다. 〈개정 2018. 11. 27.〉 ⑥ 법 제15조의3제6항에 따른 토양인수인계서의 임력방법 및 임력 시기는 별표 6의2와 같다. 〈개정 2018. 11. 27.〉 ⑦ 제1항부터 제6항까지에서 정한 사항 외에 오염토양의 반출 또는 정화에 필요한 사항은 환경부장관이 정하여 고시한다. 〈개정 2018. 11. 27.〉

토양환경보전법	토양환경보전법 시행령	토양환경보전법 시행규칙
		[본조신설 2005. 6. 30.]
제15조의4(오염토양의 투기 금지 등) 누구든지 다음 각 호의 어느 하나에 해당하는 행위를 하여서는 아니 된다. 1. 오염토양을 버리거나 매립하는 행위 2. 보관, 운반 및 정화 등의 과정에서 오염토양을 누출·유출하는 행위 3. 정화가 완료된 토양을 그 토양에 적용된 것보다 엄격한 우려기준이 적용되는 지역의 토양에 사용하는 행위 [전문개정 2011. 4. 5.]		
제15조의5(위해성평가) ① 환경부장관, 시·도지사, 시장·군수·구청장 또는 정화책임자는 제23조의2제2항제1호에 따라 지정을 받은 위해성평가기관으로 하여금 오염물질의 종류 및 오염도, 주변 환경, 장래의 토지이용계획과 그 밖에 필요한 사항을 고려하여 해당 부지의 토양오염물질이 인체와 환경에 미치는 위해의 정도를 평가(이하 "위해성평가"라 한다)하게 한 후 그 결과를 토양정화의 범위, 시기 및 수준 등에 반영할 수 있다. 〈개정 2014. 3. 24.〉 ② 위해성평가는 다음 각 호의 어느 하나(정화책임자의 경우에는 제4호 및 제5호만 해당한다)에 해당하는 경우에 실시할 수 있다. 〈개정 2014. 3. 24.〉 1. 제6조의3에 따라 토양정화를 하려는 경우 2. 제15조제3항 각 호 외의 부분 단서에 따라 오염토양을 정화하려는 경우	**제11조의2(위해성평가의 대상 등)** ① 법 제15조의5제2항제4호에서 "대통령령으로 정하는 방법"이란 다음 각 호의 어느 하나에 해당하는 방법을 말한다. 1. 해당 오염물질의 농도가 주변지역의 토양부석설과와 비슷함을 증명할 것 2. 해당 오염물질이 대상 부지의 기반암으로부터 기인하였음을 증명할 것 3. 그 밖에 과학적인 방법으로 해당 오염물질이 자연적인 원인으로 발생하였음을 증명할 것 ② 시·도지사, 시장·군수·구청장 또는 정화책임자는 법 제15조의5제2항제4호에 따른 위해성평가를 실시하려는 경우에는 토양관련전문기관이 작성한 제1항 각 호의 사항에 대한 보고서를 환경부장관에게 제출하여야 한다. 〈개정 2015. 3. 24.〉 ③ 환경부장관은 제2항에 따라 제출한 보고서를 확

토양환경보전법	토양환경보전법 시행령	토양환경보전법 시행규칙
3. 제19조제3항에 따라 오염토양 개선사업을 하려는 경우 4. 자연적인 원인으로 인한 토양오염이라고 대통령령으로 정하는 방법에 따라 입증된 부지의 오염토양을 정화하려는 경우(제15조의3제3항 단서에 따라 오염토양을 반출하여 정화하는 경우는 제외한다) 5. 그 밖에 위해성평가를 할 필요가 있는 경우로서 대통령령으로 정하는 경우 ③ 시·도지사, 시장·군수·구청장 및 정화책임자가 위해성평가의 결과를 토양정화의 시기, 범위 및 수준 등에 반영하려는 경우에는 환경부장관에게 미리 검증을 받아야 한다. 〈개정 2014. 3. 24.〉 ④ 위해성평가의 항목·방법 및 그 밖에 필요한 사항과 위해성평가 결과의 검증 절차와 방법 등으로 환경부령으로 정한다. [전문개정 2011. 4. 5.]	인하고 지연적 요인에 의한 토양오염 여부 등 그 결과를 시·도지사, 시장·군수·구청장 또는 정화책임자에게 통보하여야 한다. 〈개정 2015. 3. 24.〉 ④ 법 제15조의5제2항제5조에서 "대통령령으로 정하는 경우"란 도로, 철도, 건축물 등 시설물 아래의 오염토양(국가, 지방자치단체 또는 「공공기관의 운영에 관한 법률」제4조에 따른 공공기관이 정화책임이 있는 경우로 한정한다)을 정화하려는 경우로서 한 경부장관이 환경부령으로 정하는 바에 따라 위해성 평가가 필요하다고 인정하는 경우를 말한다. 〈신설 2018. 11. 20.〉 ⑤ 제4항에 따른 시설물의 범위 및 인정기준에 관한 사항은 환경부장관이 정하여 고시한다. 〈신설 2018. 11. 20.〉 [본조신설 2011. 9. 30.] [제목개정 2018. 11. 20.] [종전 제11조의2는 제11조의3으로 이동 〈2011. 9. 30.〉]	제19조의3(위해성평가의 항목 및 방법) ① 법 제15조의5제1항에 따른 위해성평가(이하 "위해성평가"라 한다) 대상 오염물질은 다음 각 호와 같다. 〈개정 2018. 11. 27.〉 1. 유류 : 벤젠, 톨루엔, 에틸벤젠, 크실렌, 석유계총 탄화수소 2. 중금속류 : 카드뮴, 구리, 비소, 수은, 납, 6가크 롬, 아연, 니켈 2의2. 불소

토양환경보전법	토양환경보전법 시행령	토양환경보전법 시행규칙
		3. 그 밖에 환경부장관이 인체와 환경에 위해를 줄 우려가 있다고 인정하여 고시하는 물질 ② 영 제11조의2제4항에 따라 환경부장관의 인정을 받으려는 자는 별지 제9호의2서식의 위해성평가가 대상 인정 신청서(전자문서로 된 신청서를 포함한다)에 다음 각 호의 서류(전자문서를 포함한다)를 첨부하여 환경부장관에게 제출하여야 한다. 이 경우 신청을 받은 담당 공무원은 「전자정부법」 제36조제1항에 따른 행정정보의 공동이용을 통하여 해당 부지의 소유권에 관한 토지등기사항증명서 및 건물등기사항증명서를 확인하여야 한다. 〈신설 2018. 11. 27.〉 1. 오염부지의 현황 및 오염이력에 관한 사항 2. 토지이용현황 및 장래의 토지이용 계획 3. 시설물의 위치도 및 평면도 4. 토양정밀조사 결과 5. 그 밖에 영 제11조의2제4항에 따른 위해성평가가 대상에 해당한다는 것을 증명할 수 있는 서류 ③ 환경부장관은 제2항에 따라 신청을 받은 날부터 90일 이내에 인정 여부를 결정하고, 그 결과를 신청인 및 관할 시·도지사 또는 시장·군수·구청장에게 통보하여야 한다. 다만, 기술적 검토가 필요한 경우 등 부득이한 사유가 있는 경우에는 60일의 범위에서 한 차례에 한정하여 그 기간을 연장할 수 있다. 〈신설 2018. 11. 27.〉 ④ 환경부장관은 제3항에 따른 인정 여부를 결정하려는 경우에는 미리 관할 시·도지사 또는 시장·군

토양환경보전법	토양환경보전법 시행령	토양환경보전법 시행규칙
		수·구청장 및 제19조의4제4항에 따른 위해성평가 검증위원회의 의견을 들어야 한다. 〈신설 2018. 11. 27.〉 ⑤ 위해성평가를 하려는 자는 위해성평가 대상지역의 특성을 고려하여 다음 각 호의 사항을 포함한 위해성평가 계획서를 작성해야 한다. 이 경우 시·도지사, 시장·군수·구청장 또는 정화책임자는 위해성평가 계획서를 환경부장관에게 제출하여 검토를 받아야 한다. 〈개정 2018. 11. 27.〉 1. 제1항에 따른 오염물질 중 위해성평가를 실시할 오염물질 2. 현장조사 방법 3. 오염물질의 노출경로 4. 독성평가 자료 ⑥ 환경부장관, 시·도지사, 시장·군수·구청장 또는 정화책임자는 위해성평가기관으로 하여금 제5항에 따른 위해성평가 계획서에 따라 다음 각 호의 항목에 대하여 위해성평가를 하고 위해성평가서를 작성하게 해야 한다. 〈개정 2018. 11. 27.〉 1. 오염범위 및 노출농도 2. 노출평가 및 독성평가 결과 3. 위해의 정도 및 정화시기, 정화범위, 정화수준 ⑦ 정화책임자는 제6항에 따른 위해성평가서를 환경부장관 또는 관할 특별자치시장·특별자치도지사·시장·군수·구청장에게 제출해야 한다. 〈개정 2018. 11. 27.〉 ⑧ 환경부장관, 시·도지사 또는 시장·군수·구청

토양환경보전법	토양환경보전법 시행령	토양환경보전법 시행규칙
		장은 제6항 및 제7항에 따른 위해성평가서에 대한 다음 각 호의 사항을 해당 기관의 인터넷홈페이지 등에 20일 이상 공고하고 위해성평가대상 오염토양으로 영향을 받게 되는 지역 또는 위해성평가대상지역이 포함된 해당 특별자치시 · 특별자치도 · 시 · 군 · 구의 주민이 위해성평가서를 공람할 수 있도록 해야 한다. 〈개정 2018. 11. 27.〉 1. 위해성평가서의 요약본 2. 위해성평가서의 공람기간 및 공람장소 3. 위해성평가서에 대한 의견의 제출시기 및 방법 ⑨ 위해성평가대상 오염토양으로 영향을 받게 되는 지역 또는 위해성평가대상지역이 포함된 해당 특별자치시 · 특별자치도 · 시 · 군 · 구의 주민은 위해성평가서에 대한 의견을 관할 특별자치시장 · 특별자치도지사 · 시장 · 군수 · 구청장에게 제출할 수 있다. 〈개정 2018. 11. 27.〉 [본조신설 2011. 10. 6.] [종전 제19조의3은 제19조의6으로 이동 〈2011. 10. 6.〉]
		제19조의4(위해성평가의 검증절차) ① 시 · 도지사, 시장 · 군수 · 구청장 또는 정화책임자는 법 제15조의3제3항에 따라 위해성평가의 결과를 토양정화의 시기, 범위 및 수준 등에 반영하려는 경우에는 제19조의3제6항에 따른 위해성평가서 및 같은 조 제9항에 따른 지역주민의 의견을 환경부장관에게 제출하여 검증을 받아야 한다. 〈개정 2018. 11. 27.〉 ② 환경부장관은 제1항에 따라 위해성평가서를 검

토양환경보전법	토양환경보전법 시행령	토양환경보전법 시행규칙

토양환경보전법 시행규칙

증하는 경우에는 다음 각 호의 사항에 대하여 검토해야 한다.

1. 위해성평가 실시 오염물질의 적정여부
2. 위해성평가 과정
3. 위해의 정도 및 정화시기, 정화범위, 정화수준의 적정여부

③ 환경부장관은 제1항에 따라 위해성평가서를 검증하는 경우에는 그 기술적 사항을 검토하기 위하여 국립환경과학원 또는 한국환경공단의 의견을 들을 수 있다. 〈개정 2018. 11. 27.〉

④ 환경부장관은 제1항에 따른 위해성평가서의 검증 및 제19조의3제4항에 따른 제시를 위하여 다음 각 호의 사람으로 구성된 위해성평가 검증위원회를 구성·운영할 수 있다. 〈개정 2018. 11. 27.〉

1. 국립환경과학원 및 한국환경공단의 토양환경 담당자
2. 위해성평가 관련 전문가
3. 토양환경에 관한 전문적인 학식과 경험을 가진 자로서 토양관련전문기관 또는 토양정화업자로부터 추천을 받은 사람
4. 토양환경에 관한 전문적인 학식과 경험을 가진 자로서 시민사회단체에서 추천을 받은 사람
5. 위해성평가 대상 지역 또는 위해성평가 대상 오염토양으로 영향을 받게 되는 지역 주민

⑤ 시·도지사, 시장·군수·구청장 또는 정화책임자는 특별한 사유가 없는 한 제1항에 따른 검증 결과를 위해성평가서에 반영해야 한다. 〈개정 2015. 3.

토양환경보전법	토양환경보전법 시행령	토양환경보전법 시행규칙
		24.〉 [본조신설 2011. 10. 6.] [종전 제19조의4는 제19조의7로 이동 〈2011. 10. 6.〉]
제15조의6(토양정화의 검증) ① 정화책임자는 오염토양을 정화하기 위하여 토양정화업자에게 토양정화를 위탁하는 경우에는 제23조의2제2항제2호에 따라 지정을 받은 토양오염조사기관으로 하여금 정화과정 및 정화완료에 대한 검증을 하게 하여야 한다. 다만, 토양정밀조사를 한 결과 오염토양의 규모가 작거나 오염의 농도가 낮은 경우 등 오염토양의 대통령령으로 정하는 규모 및 종류에 해당하는 경우에는 정화과정에 대한 검증을 생략할 수 있다. 〈개정 2014. 3. 24.〉	제11조의3(정화과정 검증의 생략) 법 제15조의6제1항 단서의 규정에 의하여 오염토양의 양이 1,000세제곱미터 미만(중금속에 의한 오염토양은 토양오염도가 별 제16조의 규정에 의한 토양오염대책기준(이하 "대책기준"이라 한다)을 초과하는 것으로서 500세제곱미터 이상인 것을 제외한다)인 경우에는 정화과정에 대한 검증을 생략할 수 있다. [본조신설 2005. 6. 30.] [제11조의2에서 이동 〈2011. 9. 30.〉]	제19조의5(위해성평가 대상지역의 관리 등) ① 환경부장관, 시·도지사, 시장·군수·구청장 또는 정화책임자는 법 제15조의5제3항에 따라 위해성평가의 결과를 토양정화의 시기에 반영하려는 경우 위해성평가의 최초검증 후 위해성평가전문기관으로 하여금 위해성평가 대상지역에 대한 오염토양 모니터링을 실시하도록 해야 한다. 이 경우 시·도지사, 시장·군수·구청장 또는 정화책임자는 모니터링 결과를 환경부장관에게 제출하여 위해성평가에 따른 정화시기를 제검증 받아야 한다. 〈개정 2018. 11. 27.〉 ② 그 밖에 위해성평가에 관한 세부사항은 환경부장관이 정하여 고시한다. [본조신설 2011. 10. 6.] 제19조의6(오염토양정화계획의 제출 등) ① 법 제15

토양환경보전법	토양환경보전법 시행령	토양환경보전법 시행규칙
② 정화책임자는 제1항 본문에 따라 토양오염조사기관으로 하여금 오염토양의 정화과정 및 정화완료에 대한 검증을 하게 할 때에는 환경부령으로 정하는 내용 및 절차에 따라 오염토양정화계획을 작성하여 정화공사 시작 7일 전까지 또는 정화계획 변경 사유가 발생한 날부터 7일 이내에 관할 특별자치시장·특별자치도지사·시장·군수·구청장에게 제출하여야 한다. 제출한 계획 중 환경부령으로 정하는 사항을 변경할 때에도 또한 같다. 〈개정 2017. 11. 28.〉 ③ 토양관련전문기관은 제1항에 따른 검증을 할 때 정화책임자로부터 검증수수료를 받을 수 있다. 이 경우 검증수수료의 산정기준에 관하여는 환경부령으로 정한다. 〈개정 2014. 3. 24.〉 ④ 제1항에 따른 검증의 절차·내용 및 방법과 그 밖에 검증에 필요한 사항은 환경부령으로 정한다. ⑤ 토양정화업자가 제1항에 따라 정화과정 및 정화완료에 대한 검증을 받는 경우 토양관련전문기관에 의한 검증이 완료되지 아니한 상태에서 오염토양을 반출하여서는 아니 된다. [전문개정 2011. 4. 5.]		조의6제2항에 따라 오염토양정화계획 또는 오염토양정화변경계획을 제출하려는 자는 별지 제9조의4서식의 오염토양정화(변경)계획서(전자문서로 된 계획서를 포함한다)에 다음 각 호의 서류를 첨부하여 정화공사 시작 7일 전까지 또는 정화계획 변경 사유가 발생한 날부터 7일 이내에 관할 특별자치시장·특별자치도지사·시장·군수·구청장에게 제출하여야 한다. 다만, 오염토양을 반출하여 정화하려는 자가 법 제15조의3제4항에 따라 오염토양반출정화(변경)계획서를 작성통보를 받은 경우에는 오염토양정화(변경)계획서를 제출한 것으로 본다. 〈개정 2018. 11. 27.〉 1. 오염토양정화공사계획서 2. 정화시설 설치·운영계획서 3. 정화시설임대차 사본 4. 정화검증계약서 사본 ② 법 제15조의6제2항 후단에서 "환경부령으로 정하는 사항"이란 다음 각 호의 사항을 말한다. 〈개정 2015. 3. 24.〉 1. 오염토양의 양 또는 오염범위(20퍼센트 이상 증감하는 경우만 해당한다) 2. 토양오염물질의 오염정도(20퍼센트 이상 증감하는 경우만 해당한다) 또는 토양오염물질 종류 3. 정화방법, 정화소요기간, 토양정화업자 또는 검증할 토양관련전문기관 4. 정화시설 설치·운영계획의 변경 ③ 제2항 각 호의 어느 하나에 해당하는 사항을 변경

토양환경보전법	토양환경보전법 시행령	토양환경보전법 시행규칙
제15조의7(토양관리단지의 지정 등) ① 환경부장관은 제15조의3제3항 단서에 따라 오염토양을 반출하여 정화하거나 정화된 토양을 재활용하기 위하여, 토양정화에 필요한 시설을 일정 지역에 집중시켜 효율적으로 토양정화를 할 필요가 있다고 인정하는 경우에는 「국유재산법」에 따른 국유재산 중 환경부장관이 중앙관서의 장인 토지를 토양관리단지로 지정할 수 있다. ② 환경부장관은 제1항에 따라 토양관리단지를 지	제11조의4(토양관리단지 조성계획의 수립) 환경부장관은 법 제15조의7제2항에 따라 토양관리단지 조성계획을 수립할 때에는 다음 각 호의 사항을 포함하여야 한다. 1. 조성목적, 필요성, 조성 및 운영 기간 2. 위치·면적 등 조성 대상 부지의 현황 3. 조성 대상 부지의 확보 방안 4. 조성을 위한 사업비 확보 및 재원조달 방법 5. 교통시설 등 주요 기반시설 설치 및 운영 계획	하라는 자는 별지 제9호의4서식의 오염토양정화(변경)계획서(전자문서로 된 계획서를 포함한다)에 변경내용과 관련된 서류를 첨부하여 관할 특별자치시장·특별자치도지사·시장·군수·구청장에게 제출하여야 한다. <개정 2018. 11. 27.> [전문개정 2008. 7. 30.] [제19조의3에서 이동 <2011. 10. 6.>] 제19조의7(검증의 절차·방법 등) ① 법 제15조의6제1항의 규정에 의한 정화과정 및 정화완료에 대한 검증은 정화작업에서 정화완료까지 토양정화의 단계별로 오염토양이 적정하게 정화되도록 하여야 하며, 검증의 절차·내용 및 방법에 관한 구체적인 사항은 환경부장관이 정하여 고시한다. ② 법 제15조의6제3항 후단에 따른 검증수수료의 산정기준은 별표 6의3와 같다. <개정 2013. 5. 31.> [본조신설 2005. 6. 30.] [제19조의4에서 이동 <2011. 10. 6.>]

토양환경보전법	토양환경보전법 시행령	토양환경보전법 시행규칙
정하려는 경우에는 대통령령으로 정하는 바에 따라 토양관리단지 조성계획을 수립하여 관할 시·도지사의 의견을 듣고, 관계 중앙행정기관의 장과 협의하여야 한다. 토양관리단지 조성계획 중 대통령령으로 정하는 중요한 사항을 변경하려는 경우에도 또한 같다. ③ 환경부장관은 제1항에 따른 토양관리단지에서 토양정화업을 하려는 자에게 「국유재산법」에도 불구하고 토양관리단지의 토지 일부를 수의계약으로 사용·수익하게 하거나 대부 또는 매각할 수 있다. ④ 환경부장관은 제1항에 따른 토양관리단지를 원활하게 운영하기 위하여 도로 등 기반시설의 설치 등에 필요한 지원을 할 수 있다. [본조신설 2011. 4. 5.] **제15조의8(전류성오염물질 등에 의한 토양오염)** ① 토양오염이 발생한 해당 부지 또는 그 주변지역(국가가 정화책임이 있는 부지 또는 그 주변지역으로 한정한다. 이하 이 조에서 같다)이 우려기준을 넘는 토양오염물질 외에 「전류성유기오염물질 관리법」 제2조제1호에 따른 전류성유기오염물질(토양오염물질로서 이 법 제15조의3제1항에 따른 정화기준이 정하여진 물질은 제외하며, 이하 "전류성오염물질"이라 한다)로도 오염된 경우에는 이 법 또는 다른 법령에 따른 정화책임이 있는 중앙행정기관의 장(이하 이 조에서 "토양오염 정화자"라 한다)은 다음 각 호의 사항이 포함된 정화계획을 작성하여 해당 지역주민의 의견을 들어	6. 환경보전계획 7. 오염토양 정화처리 용량 8. 정화된 토양의 재활용 및 보급에 관한 사항 [본조신설 2011. 9. 30.] **제11조의5(토양관리단지 조성계획의 변경)** 법 제15조의7제2항 후단에서 "대통령령으로 정하는 중요한 사항을 변경하려는 경우"란 다음 각 호의 어느 하나에 해당하는 경우를 말한다. 1. 조성 대상 부지면적의 20퍼센트를 초과하여 변경하려는 경우 2. 오염토양 정화처리 용량의 20퍼센트를 초과하여 변경하려는 경우 [본조신설 2011. 9. 30.]	

토양환경보전법	토양환경보전법 시행령	토양환경보전법 시행규칙

토양환경보전법

아 한다.

1. 잔류성오염물질을 포함한 오염토양의 정화시기 및 정화기간

2. 잔류성오염물질을 포함한 오염토양의 정화목표치 및 정화방법

3. 그 밖에 잔류성오염물질을 포함한 오염토양의 정화에 관한 사항

② 토양오염정화자는 제1항에 따른 지역주민이 이 견을 반영한 정화계획안에 대하여 환경부장관과의 협의를 거쳐 정화계획을 수립하여야 한다. 이 경우 협의 요청을 받은 환경부장관은 제15조의3제1항 및 제3항에도 불구하고 정화방법 등을 달리 정하도록 할 수 있다.

③ 토양오염정화자는 제2항에 따라 수립된 정화계 획에 따라 오염된 토양을 정화하는 경우에는 토양정 화업자(오염된 토양을 반출하여 정화하는 경우에는 제23조의7제1항에 따라 반입하여 정화하는 시설을 등록한 토양정화업자를 말한다)에게 위탁하여 정화 하여야 하며, 제23조의2제1항제2호에 따라 지정을 받은 토양오염조사기관으로 하여금 정화과정 및 정 화완료에 대한 검증을 하게 하여야 한다.

④ 제3항에 따른 검증에 관한 구체적인 절차, 내용 및 방법 등은 제15조의6제2항부터 제5항까지의 규 정을 준용한다. 이 경우 "정화책임자"는 "토양오염 정화자"로 본다.

[본조신설 2018. 6. 12.]

제3장 토양보전대책지역의 지정 및 관리 〈개정 2011.

토양환경보전법	토양환경보전법 시행령	토양환경보전법 시행규칙
4. 5.〉 **제16조(토양오염대책기준)** 우려기준을 초과하여 사람의 건강 및 재산과 동물·식물의 생육에 지장을 주어서 토양오염에 대한 대책이 필요한 토양오염의 기준(이하 "대책기준"이라 한다)은 환경부령으로 정한다. [전문개정 2011. 4. 5.]		**제20조(토양오염대책기준)** 법 제16조의 규정에 의한 토양오염대책기준은 별표 7과 같다. 〈개정 2001. 12. 31.〉 [제21조에서 이동, 종전 제20조는 삭제 〈2001. 12. 31.〉]
제17조(토양보전대책지역의 지정) ① 환경부장관은 대책기준을 넘는 지역이나 제2항에 따라 특별자치시장·특별자치도지사·시장·군수·구청장이 요청하는 지역에 대하여는 관계 중앙행정기관의 장 및 관할 시·도지사와 협의하여 토양보전대책지역(이하 "대책지역"이라 한다)으로 지정할 수 있다. 다만, 대통령령으로 정하는 경우에 해당하는 지역에 대하여서는 대책지역으로 지정하여야 한다. 〈개정 2017. 11. 28.〉 ② 특별자치시장·특별자치도지사·시장·군수·구청장은 관할구역 중 특히 토양보전이 필요하다고 인정하는 지역에 대하여는 그 지역의 토양오염의 정도가 대책기준을 초과하지 아니하더라도 관할 시·도지사와 협의하여 그 지역을 대책지역으로 지정하여 줄 것을 환경부장관에게 요청할 수 있다. 〈개정 2017. 11. 28.〉 ③ 제1항에 따른 대책지역의 지정절차와 그 밖에 필요한 사항은 대통령령으로 정한다. ④ 환경부장관은 제1항에 따라 대책지역으로 지정할 때에는 그 지역의 위치, 면적, 지정 연월일, 지정 목	**제12조(토양보전대책지역의 지정)** ① 법 제17조제1항에서 "대통령령이 정하는 경우에 해당하는 지역"이라 함은 다음 각 호와 같다. 〈신설 2005. 6. 30.〉 1. 재배작물중 오염물질함량이 「식품위생법」제7조의 규정에 의한 중금속잔류허용기준(이하 "중금속잔류허용기준"이라 한다)을 초과한 면적이 1만제곱미터 이상인 농경지 2. 중금속·유류 등 토양오염물질에 의하여 토양·지하수 등이 복합적으로 오염되어 사람의 건강에 피해를 주거나 환경상의 위해가 있어 특별한 대책이 필요한 지역 ② 특별자치시장·특별자치도지사·시장·군수·구청장은 법 제17조제2항에 따라 환경부장관에게 토양보전대책지역의 지정을 요청하는 때에는 토양보전대책지역 지정신청서를 환경부장관에게 제출하여야 한다. 〈개정 2018. 11. 20.〉 ③ 법 제17조제3항에 따른 토양보전대책지역의 지정기준은 다음 각 호와 같다. 〈개정 2018. 11. 20.〉 1. 농경지의 경우에는 지표면으로부터 30센티미터	

토양환경보전법	토양환경보전법 시행령	토양환경보전법 시행규칙
적과 그 밖에 환경부령으로 정하는 사항을 고시하여야 한다. 고시된 사항을 변경하였을 때에도 또한 같다. [전문개정 2011. 4. 5.]	가까지의 토양오염도가 대책기준을 초과하거나 특별자치시장·특별자치도지사·시장·군수·구청장이 재배작물중 오염물질함량이 중금속등류 허용기준을 초과하여 대책지역지정을 요청한 지역일 것 2. 농경지외의 지역의 경우에는 지표면으로부터 지하수(대수층)면 상부 토양중이의 토양오염도가 대책기준을 초과한 지역 또는 특별자치시장·특별자치도지사·시장·군수·구청장이 대책지역 지정을 요청한 지역으로서 인체에 대한 피해가 우려되고 그 면적이 1만제곱미터 이상인 지역일 것 ④ 환경부장관은 법 제17조제4항에 따라 대책지역을 지정·고시한 때에는 그 내용과 관계서류를 해당 특별자치시장·특별자치도지사·시장·군수·구청장에게 보내야 한다. 이 경우 특별자치시장·특별자치도지사·시장·군수·구청장은 그 내용을 일반인에게 열람하도록 하고, 해당 대책지역 내의 일반인이 보기 쉬운 곳에 지정내용을 알리는 표지판을 설치하여야 한다. 〈개정 2018. 11. 20.〉 [전문개정 2001. 12. 19.]	제22조(대책지역의 지정·고시사항) 법 제17조제4항의 규정에 의하여 환경부장관이 대책지역을 지정할 때에 고시에 포함되어야 할 사항은 다음 각 호와 같다. 1. 대책지역의 지정기한을 정할 경우에는 그 기한 2. 기타 환경부장관이 필요하다고 인정하여 정하는 사항

토양환경보전법	토양환경보전법 시행령	토양환경보전법 시행규칙
제18조(대책계획의 수립·시행) ① 특별자치시장·특별자치도지사·시장·군수·구청장(해당 대책지역이 둘 이상의 특별자치시·시·군·구(자치구를 말한다. 이하 같다)에 걸쳐 있는 경우에는 대통령령으로 정하는 특별자치시장·시장·군수·구청장을 말한다)는 대책지역에 대하여는 토양보전대책에 관한 계획(이하 "대책계획"이라 한다)을 수립하여 관할 시·도지사와의 협의를 거친 후 환경부장관의 승인을 받아 시행하여야 한다. 〈개정 2017. 11. 28.〉 ② 대책계획에는 다음 각 호의 사항이 포함되어야 한다. 1. 오염토양 개선사업 2. 토지 등의 이용 방안 3. 주민건강 피해조사 및 대책 4. 피해주민에 대한 지원 대책 5. 그 밖에 해당 대책계획을 수립·시행하기 위하여 필요하다고 인정하여 환경부령으로 정하는 사항 ③ 특별자치시장·특별자치도지사·시장·군수·구청장은 제2항제4호에 따른 피해주민에 대한 지원 대책에 소요되는 비용의 일부를 그 정화책임자에게 부담하게 할 수 있다. 〈개정 2017. 11. 28.〉 ④ 제2항제3호에 따른 오염토양 개선사업의 종류·기준과 그 밖에 필요한 사항은 대통령령으로 정한다. ⑤ 제2항제3호에 따른 주민건강 피해조사의 실시 등에 대책 등에 관한 구체적인 사항은	**제12조의2(대책계획의 수립)** 법 제18조제1항에 따른 대책지역이 둘 이상의 특별자치시·시·군·구에 걸치는 경우에는 해당 대책지역의 면적이 넓은 지역의 관할 특별자치시장·시장·군수·구청장이 대책계획을 수립하여야 한다. 이 경우 대책계획을 수립하는 특별자치시장·시장·군수·구청장은 다른 대책지역을 관할하는 특별자치시장·시장·군수·구청장과 협의하여야 한다. 〈개정 2018. 11. 20.〉 [본조신설 2005. 6. 30.] **제13조(오염토양개선사업의 종류)** 법 제18조제4항에 따른 오염토양개선사업의 종류는 다음 각 호와 같다. 〈개정 2018. 11. 20.〉 1. 객토 및 토양개량제의 사용 등 농토배양사업 2. 오염된 수로의 준설사업 3. 오염토양의 위생적 매립·정화사업 4. 오염물질의 흡수력이 강한 식물식재사업 5. 그 밖에 특별자치시장·특별자치도지사·시장·군수·구청장이 필요하다고 인정하는 사업 **제13조의2(주민건강피해조사 등)** 법 제18조제5항에 따른 주민건강피해조사 및 대책의 내용에 포함하여야 하는 사항은 다음 각 호와 같다. 〈개정 2013. 5. 31.〉 1. 건강피해조사의 대상 및 방법 2. 건강피해조사 기관 3. 건강피해의 판정 및 대책	[제23조에서 이동, 종전 제22조는 제21조로 이동 〈2001. 12. 31.〉]

토양환경보전법	토양환경보전법 시행령	토양환경보전법 시행규칙
대통령령으로 정한다. ⑥ 환경부장관은 제1항에 따른 대책계획을 승인하려할 때에는 관계 중앙행정기관의 장과 협의하여야 하며, 대책계획을 승인하였을 때에는 이를 관계 중앙행정기관의 장에게 통보하고 필요한 조치를 하여 줄 것을 요청할 수 있다. 이 경우 관계 중앙행정기관의 장은 특별한 사유가 없으면 이에 따라야 한다. [전문개정 2011. 4. 5.] 제18조의2(대책계획 시행 결과의 보고) 특별자치시장·특별자치도지사·시장·군수·구청장은 대책계획의 시행 결과를 환경부장관에게 보고하여야 한다. 〈개정 2017. 11. 28.〉 [전문개정 2011. 4. 5.] 제19조(오염토양 개선사업) ① 특별자치시장·특별자치도지사·시장·군수·구청장은 제18조제2항제1호에 따른 오염토양 개선사업의 전부 또는 일부의 실시를 그 정화책임자에게 명할 수 있다. 이 경우 특별자치시장·특별자치도지사·시장·군수·구청장은 토양보전을 위하여 필요하다고 인정하면 대통령령으로 정하는 토양관련전문기관으로 하여금 오염토양 개선사업을 지도·감독하게 할 수 있다. 〈개정 2017. 11. 28.〉	4. 그 밖에 건강피해조사 및 대책에 필요한 사항 [본조신설 2005. 6. 30.] 제14조(대책지역의 관할조정) ① 법 제19조제4항에 따른 대책지역의 오염토양개선사업은 관할지역별로 실시하되, 지역별로 구분하여 실시하기가 곤란한 경우에는 오염면적이 넓은 지역의 관할 특별자치시장·특별자치도지사·시장·군수·구청장이 오염토양개선사업을 실시하여야 한다. 〈개정 2018. 11. 20.〉 ② 제1항에 따른 사업실시주체가 아닌 관계 특별자치시장·특별자치도지사·시장·군수·구청장은 해당 오염토양개선사업의 실시에 적극 협조하여야 한다. 〈개정	제24조(대책계획의 수립등) 법 제18조제2항제5호에 따라 대책계획에 포함되어야 할 사항은 다음 각 호와 같다. 〈개정 2018. 11. 27.〉 1. 오염토양개선사업의 종류 및 방법 2. 단위사업별 주체 및 사업기간 3. 총소요비용 및 조달방안 4. 오염토양개선사업의 기대효과 5. 기타 환경부장관이 필요하다고 인정하는 사항 [제25조에서 이동, 종전 제24조는 제23조로 이동 〈2001. 12. 31.〉]

토양환경보전법	토양환경보전법 시행령	토양환경보전법 시행규칙
②제1항에 따라 정화책임자가 오염토양 개선사업을 하려는 경우에는 환경부령으로 정하는 바에 따라 오염토양 개선사업계획을 작성하여 특별자치시장·특별자치도지사·시장·군수·구청장의 승인을 받아야 한다. 승인받은 사항 중 환경부령으로 정하는 중요사항을 변경하려는 경우에도 또한 같다. 〈개정 2017. 11. 28.〉 ③제1항의 경우에 그 정화책임자가 존재하지 아니하거나 정화책임자에 의한 오염토양 개선사업의 실시가 곤란하다고 인정할 때에는 특별자치시장·특별자치도지사·시장·군수·구청장이 그 오염토양 개선사업을 할 수 있다. 〈개정 2017. 11. 28.〉 ④제3항의 경우에 해당 대책지역이 둘 이상의 특별자치시·시·군·구에 걸쳐 있을 경우에는 대통령령으로 정하는 특별자치시장·특별자치도지사·시장·군수·구청장이 해당 오염토양 개선사업을 하여야 한다. 〈개정 2017. 11. 28.〉 ⑤제3항 또는 제4항에 따라 특별자치시장·특별자치도지사·시장·군수·구청장이 오염토양 개선사업을 하는 경우로서 기술 부족, 사업비 과다 등의 사유로 그 실시가 곤란한 경우에는 특별자치시장·특별자치도지사·시장·군수·구청장의 요청에 따라 환경부장관 또는 시·도지사는 그 사업에 대한 기술적·재정적 지원을 할 수 있다. 〈개정 2017. 11. 28.〉 [전문개정 2011. 4. 5.]	2018. 11. 20.〉	제25조(오염토양개선사업의 지도·감독기관) 법 제19조제1항 후단에서 "환경부령으로 정하는 토양관련전문기관"이란 시·도 보건환경연구원을 말한다. 〈개정 2015. 3. 24.〉 [본조신설 2001. 12. 31.] [제목개정 2005. 6. 30.] [종전 제25조는 제24조로 이동 〈2001. 12. 31.〉] 제26조(개선사업계획의 승인) ①법 제19조제2항 전단에 따라 오염토양개선사업(이하 "개선사업"이라 한다)계획의 승인을 받으려는 정화책임자는 별지 제11호서식의 개선사업계획(변경)승인신청서를 사업시점일 15일 전까지 특별자치시장·특별자치도지사·시장·군수·구청장에게 제출하여야 한다. 〈개정 2018. 11. 27.〉 ②법 제19조제2항 후단에서 "환경부령이 정하는 중요사항"이란 다음 각 호의 사항을 말한다. 1. 개선사업의 방법 및 종류 2. 사업기간 및 사업지역 3. 시설용량 또는 설치면적(100분의 30 이상 증감하는 경우만 해당한다) 4. 분야별 소요사업비(100분의 30 이상 증감하는 경우만 해당한다) ③제2항 각 호의 어느 하나에 해당하는 사항을 변경하려는 자는 별지 제11호서식의 개선사업계획(변경)승인신청서를 관할 특별자치시장·특별자치도지사...

토양환경보전법	토양환경보전법 시행령	토양환경보전법 시행규칙
		지사·시장·군수·구청장에게 제출하여야 한다. <개정 2018. 11. 27.> [전문개정 2008. 7. 30.]
제20조(토지이용 등의 제한) 특별자치시장·특별자치도지사·시장·군수·구청장은 대책지역에서는 그 지정 목적을 해할 우려가 있다고 인정되는 토지의 이용 또는 시설의 설치를 대통령령으로 정하는 바에 따라 제한할 수 있다. <개정 2011. 4. 5.> [전문개정 2011. 4. 5.]	**제15조(토지이용 등의 제한)** 법 제20조에 따라 특별자치시장·특별자치도지사·시장·군수·구청장이 대책지역 안에서 토지의 이용 또는 시설의 설치를 제한하려는 경우에는 그 대상·방법·기간·구역 등을 정하여 고시하여야 한다. 이 경우에는 「국토의 계획 및 이용에 관한 법률」상 용도지역의 지정목적 및 행위제한과의 형평성을 고려하여야 한다. <개정 2018. 11. 20.>	
제21조(행위제한) ① 누구든지 대책지역에서는 「물환경보전법」 제2조제8호에 따른 특정수질유해물질, 「폐기물관리법」 제2조제1호에 따른 폐기물, 「화학물질관리법」 제2조제7호에 따른 유해화학물질, 「하수도법」 제2조제1호·제2호에 따른 오수·분뇨 또는 「가축분뇨의 관리 및 이용에 관한 법률」 제2조제2호에 따른 가축분뇨를 버려서는 아니 된다. 다만, 환경부령으로 정하는 행위는 제외한다. <개정 2017. 1. 17.> ② 누구든지 대책지역에서는 그 지정 목적을 해할 우려가 있다고 인정되는 대통령령으로 정하는 시설을 설치하여서는 아니 된다. <개정 2011. 4. 5.> ③ 특별자치시장·특별자치도지사·시장·군수·구청장은 제2항 및 제3항에 따른 행위 또는 시설의 설치로 인하여 토양이 오염되어있거나 오염될 우려가 있	**제16조(대책지역에서의 시설설치 제한)** 법 제21조제2항에서 "대책지역에서 대통령령으로 정하는 시설"이 란 다음 각 호의 어느 하나에 해당하는 대책지역 지정의 주요인이 된 오염물질을 배출하는 시설, 오염물질이 함유된 원료를 사용하는 시설 또는 오염물질이 함유된 제품을 생산하는 시설을 말한다.	**제27조(대책지역안에서 허용되는 행위)** ① 법 제21조제1항 단서의 규정에 의하여 이하의 행위제한에서 제외되는 행위는 다음 각 호와 같다. 1. 농경지에 퇴비 및 유기농법의 수단으로 분뇨 등을 사용하는 행위 2. 기타 환경부장관이 대책지역의 지정목적을 해할 우려가 없다고 인정하는 행위

토양환경보전법	토양환경보전법 시행령	토양환경보전법 시행규칙
다고 인정하는 경우에는 해당 행위자 또는 시설의 설치자에게 토양오염물질의 제거나 시설의 철거 등을 명할 수 있다. 〈개정 2017. 11. 28.〉 [제목개정 2011. 4. 5.] **제22조(대책지역의 지정해제 등)** ① 환경부장관은 제17조제1항에 따라 지정된 대책지역이 다음 각 호의 어느 하나에 해당하는 경우에는 그 지정을 해제하거나 변경할 수 있다. 1. 대책계획의 수립·시행으로 토양오염의 정도가 제15조의3제1항에 따른 정화기준 이내로 개선된 경우 2. 공익상 불가피한 경우 3. 천재지변이나 그 밖의 사유로 대책지역으로서의 지정 목적을 상실한 경우 ② 제1항에 따른 대책지역의 지정이 해제 또는 변경에 관하여는 제17조제2항 및 제4항을 준용한다. [전문개정 2011. 4. 5.] **제23조** [제10조의3으로 이동 〈2004. 12. 31.〉] **제3장의2 토양관련전문기관 및 토양정화업** 〈개정 2004. 12. 31.〉 **제23조의2(토양관련전문기관의 종류 및 지정 등)** ① 토양관련전문기관은 다음 각 호와 같이 구분한다. 〈개정 2017. 11. 28.〉 1. 토양환경평가기관 : 토양환경평가를 하는 기관		**제17조의2(토양관련전문기관의 지정기준 등)** ① 법 제23조의2제2항에 따른 각 호 외의 부분 전단에 따라 토양관련전문기관으로 지정받으려는 자가 갖추어야 하는 검사시설·장비 및 기술인력은 별표 1과 같다.

토양환경보전법	토양환경보전법 시행령	토양환경보전법 시행규칙
2. 위해성평가기관 : 위해성평가를 하는 기관 3. 토양오염조사기관 : 다음 각 목의 업무를 수행하는 기관 가. 토양정밀조사 나. 제13조제3항에 따른 토양오염도검사 다. 제15조의6제3항에 따른 토양정화의 검증 라. 제19조제1항에 따른 오염토양 개선사업의 지도·감독 마. 그 밖에 이 법 또는 다른 법령에 따라 토양오염의 현황 등을 파악하기 위하여 실시하는 조사 4. 누출검사기관 : 제13조제3항에 따른 누출검사를 하는 기관 ②제1항 각 호의 구분에 따라 토양관련전문기관이 되려는 자는 대통령령으로 정하는 바에 따라 검사시설, 장비 및 기술능력을 갖추어 다음 각 호의 구분에 따른 환경부장관 또는 시·도지사의 지정을 받아야 한다. 지정받은 사항 중 대통령령으로 정하는 사항을 변경할 때에도 또한 같다. <신설 2012. 6. 1.> 1. 제3항제1호에 따른 토양환경평가기관 및 같은 항 제2호에 따른 위해성평가기관 : 환경부장관 2. 제3항제3호에 따른 토양오염조사기관 및 같은 항 제4호에 따른 누출검사기관 : 시·도지사 ③제1항제3호에 따른 토양오염조사기관은 다음 각 호의 어느 하나에 해당하는 기관 중에서 지정한다. 다만, 대통령령으로 정하는 기관은 제1항에 따른 토양오염조사기관으로 지정된 것으로 본다. <개정 2012. 6. 1.>	<개정 2013. 5. 31.> ②법 제23조의2제2항 각 호 외의 부분 후단에 따라 변경지정을 받아야 하는 사항은 다음 각 호와 같다. <개정 2013. 5. 31.> 1. 상호 또는 사업장 소재지의 변경 2. 대표자의 변경 3. 기술인력의 변경 ③제2항 각 호의 사항을 변경하고자 하는 때에는 변경사유가 발생한 날부터 60일 이내에 변경지정을 받아야 한다. <개정 2009. 6. 16.> [본조신설 2005. 6. 30.] [종전 제17조의2는 제17조의3으로 이동 <2005. 6. 30.>] 제17조의3(토양오염조사기관) 법 제23조의2제3항 각 호 외의 부분 단서에서 "대통령령으로 정하는 기관"이란 다음 각 호와 같다. <개정 2018. 11. 20.> 1. 국립환경과학원 2. 시·도 보건환경연구원 3. 유역환경청 또는 지방환경청 4. 한국환경공단 5. 삭제 <2009. 6. 16.> [본조신설 2001. 12. 19.] [제17조의2에서 이동 <2005. 6. 30.>]	제31조(토양관련전문기관의 준수사항 등) ①법 제23조의2제5항에 따른 토양관련전문기관의 준수사항은 별표 10과 같다. <개정 2015. 3. 24.>

토양환경보전법	토양환경보전법 시행령	토양환경보전법 시행규칙
1. 지방환경관서 2. 국공립연구기관 3. 「고등교육법」 제2조제1호부터 제6호까지의 대학 4. 특별법에 따라 설립된 특수법인 5. 환경부장관의 설립허가를 받은 비영리법인 ④ 환경부장관 또는 시·도지사는 토양관련전문기관을 지정하였을 때에는 지정서를 발급하고, 지정 사실을 공고하여야 한다. 〈개정 2012. 6. 1.〉 ⑤ 토양관련전문기관의 준수사항 및 검사수수료와 그 밖에 필요한 사항은 환경부령으로 정한다. ⑥ 제2항제1호에 따라 지정을 받은 토양환경평가기관 및 제3항제1호에 따라 지정을 받은 토양환경평가기관 또는 위해성 평가를 위한 토양시료채취 및 분석을 같은 항 제2호에 따라 지정을 받은 토양오염조사기관으로 하여금 대행하게 할 수 있다. 〈개정 2012. 6. 1.〉 [전문개정 2011. 4. 5.] [제목개정 2012. 6. 1.]		② 법 제23조의2제5항에 따른 토양오염검사수수료는 별표 11과 같다. 〈개정 2015. 3. 24.〉 [본조신설 2001. 12. 31.]
제23조의3(토양관련전문기관의 결격사유) 다음 각 호의 어느 하나에 해당하는 자는 토양관련전문기관으로 지정될 수 없다. 〈개정 2015. 2. 3.〉 1. 피성년후견인 또는 피한정후견인 2. 파산선고를 받고 복권되지 아니한 사람 3. 제23조의6에 따라 지정이 취소된 후 2년이 지나지 아니한 자 4. 이 법을 위반하여 징역 이상의 실형을 선고받고 그 집행이 끝나거나(집행이 끝난 것으로 보는 경우를 포함한다) 면제된 날부터 2년이 지나지 아니		

토양환경보전법	토양환경보전법 시행령	토양환경보전법 시행규칙
한 사람 5. 임원 중에 제1호부터 제4호까지의 어느 하나에 해당하는 사람이 있는 법인 [전문개정 2011. 4. 5.] **제23조의4(토양관련전문기관 지정서 등의 금지)** 토양관련전문기관의 지정을 받은 자는 다른 자에게 자기의 명의를 사용하여 토양관련전문기관의 업무를 하게 하거나 그 지정서를 다른 자에게 빌려 주어서는 아니 된다. [전문개정 2011. 4. 5.] **제23조의5(겸업 금지)** 토양관련전문기관 중 제23조의2제2항·제1호에 따라 위해성평가기관으로 지정된 자 및 같은 항 제2호에 따라 토양오염조사기관으로 지정된 자는 토양정화업을 겸업(兼業)할 수 없다. 〈개정 2012. 6. 1.〉 [전문개정 2011. 4. 5.] **제23조의6(토양관련전문기관의 지정취소 등)** ① 환경부장관 또는 시·도지사는 토양관련전문기관이 다음 각 호의 어느 하나에 해당하는 경우에는 토양관련전문기관의 지정을 취소하여야 한다. 〈개정 2012. 6. 1.〉 1. 속임수나 그 밖의 부정한 방법으로 지정을 받은 경우 2. 제23조의3 각 호의 어느 하나에 해당하게 된 경우. 다만, 법인의 임원 중 제23조의3제5호에 해당하는 사람이 있는 경우에 3개월 이내에 그 임원을 바		

토양환경보전법	토양환경보전법 시행령	토양환경보전법 시행규칙
른 경우는 제외한다. 3. 제23조의5를 위반하여 토양정화업을 겸업한 경우 ② 환경부장관 또는 시·도지사는 토양관련전문기관이 다음 각 호의 어느 하나에 해당하는 경우에는 토양관련전문기관의 지정을 취소하거나 6개월 이내의 기간을 정하여 그 업무의 정지를 명할 수 있다. 〈개정 2012. 6. 1.〉 1. 제23조의2제2항에 따른 지정기준에 미달하게 된 경우 2. 제23조의4를 위반하여 다른 자에게 자기의 명의를 사용하여 토양관련전문기관의 업무를 하게 하거나 지정서를 다른 자에게 빌려준 경우 3. 고의 또는 중대한 과실로 검사 또는 평가 결과를 거짓으로 작성하거나 부실하게 작성한 경우 4. 고의 또는 중대한 과실로 제15조제1항에 따른 토양정밀조사를 부실하게 하여 제15조의6(제15조의6제1항에 따른 단서에 따른 정화와 정비에 대한 검증 대상 규모 미만으로 오염토양의 규모가 축소되게 한 경우 5. 업무정지처분 기간에 토양오염도검사, 누출검사, 토양환경평가 또는 위해성평가와 관련되어 업무를 한 경우 6. 제23조의2제2항의 기술능력 지정요건에 해당하는 기술인력이 아닌 사람이 검사 또는 평가하여 그 결과를 통보한 경우 ③ 환경부장관 또는 시·도지사는 토양관련전문기관이 다음 각 호의 어느 하나에 해당하는 경우에는		

토양환경보전법	토양환경보전법 시행령	토양환경보전법 시행규칙
6개월 이내의 기간을 정하여 그 업무의 정지를 명할 수 있다. 〈개정 2017. 11. 28.〉 1. 제15조의6에 따른 토양정화의 검증을 부실하게 하여 오염토양을 제15조의3제1항에 따른 정화기준 이내로 처리되지 아니하게 한 경우 2. 토양관련전문기관으로 지정(제23조의2제3항 단서에 따라 토양오염조사기관으로 지정받은 것으로 보는 경우는 제외한다)받은 후 2년 이내에 업무를 시작하지 아니하거나 정당한 사유 없이 계속하여 2년 이상 업무 실적이 없는 경우 3. 제11조제4항, 제14조제2항 및 제15조제2항에 따라 정밀조사 결과를 관할 시·도지사 또는 시장·군수·구청장에게 지체 없이 통보하지 아니한 경우 4. 제13조제2항에 따른 토양오염검사 면제 승인과 관련하여 사실과 다른 의견을 제시한 경우 5. 제13조제4항에 따라 토양오염검사 결과를 관할 특별자치시장·특별자치도지사·시장·군수·구청장 및 관할 소방서장에게 통보하지 아니한 경우 6. 제23조의2제5항에 따른 토양관련전문기관의 준수사항을 위반한 경우 7. 제26조의2제2항을 위반하여 보고나 자료 제출을 하지 아니하거나, 보고나 자료 제출을 거짓으로 한 경우 [전문개정 2011. 4. 5.]		
제23조의7(토양정화업의 등록 등) ① 토양정화업을 하려는 자는 대통령령으로 정하는 바에 따라 시설		**제17조의4(토양정화업의 등록요건 등)** ① 법 제23조 의7제1항 전단의 규정에 의하여 토양정화업의 등록

토양환경보전법	토양환경보전법 시행령	토양환경보전법 시행규칙

토양환경보전법

(제15조의3제3항 단서에 따라 오염토양을 반출하여 정화하는 경우에는 이를 반입하여 정화하는 시설을 포함한다), 장비 및 기술인력 등을 갖추어 시·도지사에게 등록하여야 한다. 등록한 사항 중 대통령령으로 정하는 사항을 변경할 때에도 또한 같다. 〈개정 2012. 6. 1.〉

② 시·도지사는 토양정화업을 등록하였을 때에는 환경부령으로 정하는 바에 따라 등록증을 발급하여야 한다. 〈개정 2012. 6. 1.〉

[전문개정 2011. 4. 5.]

토양환경보전법 시행령

을 하고자 하는 자가 갖추어야 하는 시설·장비 및 기술인력은 별표 2와 같다.

② 법 제23조의7제1항 후단의 규정에 의하여 변경등록을 하여야 하는 사항은 다음 각 호와 같다.

1. 상호 또는 사업장 소재지의 변경
2. 대표자의 변경
3. 기술인력의 변경
4. 별표 2 제1호 나목의 구성에 의한 반입정화시설의 변경

③ 제2항제1호 내지 제3호의 사항을 변경하고자 하는 때에는 변경사유가 발생한 날부터 30일 이내에 변경등록을 하여야 하며, 제2항제4호의 사항을 변경하고자 하는 때에는 미리 변경등록을 하여야 한다.

④ 시·도지사는 법 제23조의7제1항에 따른 등록신청이 있을 때에는 다음 각 호의 어느 하나에 해당하는 경우를 제외하고는 등록을 해주어야 한다. 〈개정 2015. 3. 24.〉

1. 법 제23조의5에 따른 영업의 금지대상에 해당하는 경우
2. 법 제23조의8에 따른 결격사유에 해당하는 경우
3. 다른 법령에 따라 시설의 설치·운영이 금지 또는 제한되는 지역에 시설을 설치하고자 하는 경우 (반입정화시설을 설치하는 경우에만 적용한다)
4. 제1항에 따른 시설·장비 및 기술인력을 갖추지 못한 경우
5. 그 밖에 이 법령 또는 다른 법령에 따른 제한에 위반되는 경우

토양환경보전법	토양환경보전법 시행령	토양환경보전법 시행규칙
	[본조신설 2005. 6. 30.]	제31조의2(토양정화업의 등록 신청 등) ① 법 제23조의7제1항에 따라 토양정화업을 등록하려는 자는 별지 제15호서식의 토양정화업등록신청서(전자문서로 된 신청서를 포함한다)에 다음 각 호의 서류(전자문서를 포함한다)를 첨부하여 시·도지사에게 제출하여야 한다. 〈개정 2013. 5. 31.〉 1. 시설·장비 및 기술인력을 증명하는 서류 2. 반입정화시설의 설치 내역서 및 도면(반입정화시설을 설치하는 경우만 해당한다) ② 제1항에 따른 등록 신청 설치에 관하여는 제28조의2항을 준용한다. 〈개정 2018. 11. 27.〉 ③ 법 제23조의7제2항에 따라 시·도지사는 토양정화업을 등록한 자에게 별지 제16호서식의 토양정화업등록증을 교부하여야 한다. 〈개정 2013. 5. 31.〉 ④ 토양정화업의 등록을 한 자가 법 제23조의7제1항에 따라 등록한 사항을 변경하려는 때에는 별지 제15호서식의 토양정화업변경등록신청서(전자문서로 된 신청서를 포함한다)에 그 변경하려는 내용에 관한 서류와 제3항에 따른 토양정화업등록증을 첨부하여 시·도지사에게 제출하여야 한다. 〈개정 2018. 11. 27.〉 [본조신설 2005. 6. 30.]
제23조의8(토양정화업 등록의 결격사유) 제23조의7제1항에 따라 토양정화업을 등록하려는 자에게는 제23조의3을 준용한다. 이 경우 "토양관련전문기		

토양환경보전법	토양환경보전법 시행령	토양환경보전법 시행규칙

판"은 "토양정화업"으로, "지정"은 "등록"으로 각각 본다.
[전문개정 2011. 4. 5.]

제23조의9(토양정화업자의 준수사항) ① 토양정화 업자는 다른 자에게 자기의 성명 또는 상호를 사용 하여 토양정화업을 하게 하거나 등록증을 다른 자에 게 빌려 주어서는 아니 된다.
② 토양정화업자는 토양정화를 위하여 도급받은 공 사(이하 "토양정화공사"라 한다)를 일괄하여 하도 급하거나 토양정화공사 중 토양정화와 직접 관련되 는 공사로서 대통령령으로 정하는 공사를 하도급하 여서는 아니 된다. 다만, 천재지변 등 대통령령으로 정하는 불가피한 사유가 발생하였을 경우에는 그러 하지 아니하다.
③ 제1항 및 제2항에서 규정한 사항 외에 토양정화 업자가 토양정화 업무를 수행할 때 준수하여야 할 사항은 환경부령으로 정한다.
[전문개정 2011. 4. 5.]

제23조의10(토양정화업의 등록취소 등) ① 시·도지 사는 토양정화업자가 다음 각 호의 어느 하나에 해 당하는 경우에는 등록을 취소하여야 한다. 〈개정 2012. 6. 1.〉
1. 속임수나 그 밖의 부정한 방법으로 등록을 한 경우
2. 제23조의8에 따라 준용되는 제23조의3각 호의 어 느 하나에 해당하게 된 경우. 다만, 법인의 임원 중

제17조의5(하도급의 금지) ① 법 제23조의9제2항 본 문에서 "대통령령으로 정하는 공사"란 토양정화시 설의 운영공종을 말한다. 〈개정 2013. 5. 31.〉
② 법 제23조의9제2항 단서에서 "대통령령으로 정 하는 불가피한 사유"란 다음 각 호의 어느 하나에 해 당하는 사유를 말한다. 〈개정 2013. 5. 31.〉
1. 천재지변의 발생으로 긴급한 토양정화가 필요한 경우
2. 「재난 및 안전관리 기본법」 제60조에 따라 특별재 난지역으로 선포되어 긴급한 토양정화가 필요한 경우
[본조신설 2011. 9. 30.]

제31조의4(토양정화업자의 준수사항) 법 제23조의9 제3항의 규정에 의한 토양정화업자의 준수사항은 별표 11의2와 같다.
[본조신설 2005. 6. 30.]

토양환경보전법	토양환경보전법 시행령	토양환경보전법 시행규칙
제23조의3제5조에 해당하는 사람이 있는 경우에 3개월 이내에 그 임원을 바꾼 경우는 제외한다.		
3. 영업정지처분 기간 중에 영업행위를 한 경우		
② 시·도지사는 토양정화업자가 다음 각 호의 어느 하나에 해당하는 경우에는 토양정화업자의 등록을 취소하거나 6개월 이내의 기간을 정하여 그 영업의 정지를 명할 수 있다. 〈개정 2012. 6. 1.〉		
1. 제15조의3제1항에 따른 정화기준 및 정화방법에 따라 정화하지 아니한 경우		
2. 제15조의3제3항을 위반하여 오염이 발생한 해당 부지 및 토양정화업자가 보유한 시설이 아닌 장소로 오염토양을 반출하여 정화한 경우		
3. 제15조의3제7항제1호를 위반하여 오염토양을 다른 토양과 섞어서 오염농도를 낮추는 행위를 한 경우		
4. 제15조의3제7항제2호를 위반하여 토양정화업자가 등록한 시설의 용량을 초과하여 오염토양을 보관한 경우		
5. 제15조의4를 위반하여 수탁받은 오염토양을 버리거나 매립 또는 누출·유출하는 행위를 한 경우		
6. 제15조의6제5항을 위반하여 토양관련전문기관에 의한 검증이 완료되지 아니한 상태에서 오염토양을 반출한 경우		
7. 제23조의7제1항에 따른 등록기준에 미달하게 된 경우		
8. 제23조의9제1항을 위반하여 다른 자에게 자기의 성명 또는 상호를 사용하여 토양정화업을 하게 하		

토양환경보전법	토양환경보전법 시행령	토양환경보전법 시행규칙
가나 등록증을 발급준 경우 9. 제23조의9제2항을 위반하여 도급받은 토양정화 공사를 하도급한 경우 ③ 시·도지사는 토양정화업자가 등록을 한 후 2년 이내에 영업을 시작하지 아니하거나 정당한 사유 없 이 계속하여 2년 이상 영업 실적이 없는 경우에는 6 개월 이내의 기간을 정하여 그 영업의 정지를 명할 수 있다. 〈개정 2012. 6. 1.〉 [전문개정 2011. 4. 5.]		
제23조의11(등록취소 또는 영업정지된 토양정화업 자의 계속공사 등) ① 제23조의10에 따라 등록취소 또는 영업정지처분을 받은 자는 그 처분을 받기 전 에 착공한 토양정화공사에 한정하여 시공할 수 있다. 이 경우 토양정화공사를 계속하는 자는 그 공사를 끝낼 때까 지 이 법에 따른 토양정화업자로 본다. ② 제23조의10에 따라 등록취소 또는 영업정지처분 을 받은 자는 그 처분의 내용을 지체 없이 해당 토양정 화공사의 발주자 및 수급인에게 알려야 한다. ③ 토양정화공사를 토양정화업자에게 발주한 자 또 는 토양정화자로부터 토양정화공사를 도급받은 그 자는 특별한 사유가 있는 경우를 제외하고는 그 토 양정화자로부터 제2항에 따른 통지를 받거나 그 사실을 안 날부터 30일 이내에만 도급계약을 해지할 수 있다. [전문개정 2011. 4. 5.]		
제23조의12(권리·의무의 승계) ① 다음 각 호의 어		제31조의5(지위승계의 신고) 법 제23조의12제3항에

토양환경보전법	토양환경보전법 시행령	토양환경보전법 시행규칙
느 하나에 해당하는 자는 제23조의2에 따른 토양관련전문기관의 지정을 받은 자 또는 제23조의7에 따른 토양정화업의 등록을 한 자의 지정 또는 등록에 따른 권리·의무를 승계한다. 이 경우 상속인이 제23조의3 또는 제23조의8에 따른 결격사유에 해당하는 경우에는 3개월 이내에 토양관련전문기관 또는 토양정화업을 다른 사람에게 양도하여야 한다. 1. 토양관련전문기관의 지정을 받은 자 또는 토양정화업의 등록을 한 자가 사망한 경우 그 상속인 2. 토양관련전문기관의 지정을 받은 자가 토양관련전문기관을 양도하거나 토양정화업의 등록을 한 자가 토양정화업을 양도한 경우 그 양수인 3. 법인인 토양관련전문기관의 지정 또는 토양정화업자의 등록을 한 자가 합병한 경우 합병 후 존속하는 법인 또는 합병으로 설립되는 법인 ② 다음 각 호의 어느 하나에 해당하는 절차에 따라 토양관련전문기관 또는 토양정화업을 인수한 자는 이 법에 따른 종전의 지정 또는 등록에 따른 권리·의무를 승계한다. 〈개정 2016. 12. 27.〉 1. 「민사집행법」에 따른 경매 2. 「채무자 회생 및 파산에 관한 법률」에 따른 환가 3. 「국세징수법」, 「관세법」 또는 「지방세징수법」에 따른 압류재산의 매각 4. 제1호부터 제3호까지의 규정 중 어느 하나에 준하는 절차 ③ 제1항 또는 제3항에 따라 토양관련전문기관 또는 토양정화업자의 지위를 승계한 자는 승계한 날부터		따라 토양관련전문기관 또는 토양정화업자의 지위를 승계한 자는 별지 제17호서식의 토양관련전문기관(토양정화업)승계신고서(전자문서로 된 신고서를 포함한다)에 승계를 증명하는 서류(전자문서를 포함한다)와 토양관련전문기관지정서 또는 토양정화업등록증을 첨부하여 시·도지사, 지방환경관서의 장 또는 국립환경과학원장에게 제출하여야 한다. 다만, 「전자정부법」제36조제1항에 따라 행정정보의 공동이용을 통하여 첨부서류에 대한 정보를 확인할 수 있는 경우에는 그 확인으로 첨부서류에 갈음할 수 있다. 〈개정 2013. 5. 31.〉 [본조신설 2005. 6. 30.]

토양환경보전법	토양환경보전법 시행령	토양환경보전법 시행규칙
1개월 이내에 환경부령으로 정하는 바에 따라 환경부장관 또는 시·도지사에게 신고하여야 한다. 〈개정 2012. 6. 1.〉 [전문개정 2011. 4. 5.] **제23조의13(행정처분효과의 승계)** 제23조의2에 따른 토양관련전문기관의 지정을 받은 자 또는 제23조의7에 따른 토양정화업의 등록을 한 자가 사망한 경우나 토양관련전문기관 또는 토양정화업을 양도한 경우 또는 법인이 합병한 경우에는 종전의 토양관련전문기관 또는 토양정화업자에 대하여 제23조의6 또는 제23조의10 각 호의 사항을 위반한 사유로 한 행정처분의 효과는 그 처분기간이 끝난 날부터 1년간 양수인, 상속인 또는 합병 후 신설되거나 존속하는 법인에 승계되며, 행정처분의 절차가 진행 중일 때에는 양수인, 상속인 또는 합병 후 신설되거나 존속하는 법인에 대하여 그 절차를 계속 진행할 수 있다. 다만, 양수인 또는 합병 후 신설되거나 존속하는 법인이 양수 또는 합병을 할 때 그 처분이나 위반사실을 알지 못하였다는 것을 증명하면 그러하지 아니하다. [전문개정 2011. 4. 5.] **제23조의14(토양관련전문기관 등의 기술인력 교육)** ① 토양관련전문기관 및 토양정화업에 종사하는 기술인력은 환경부령으로 정하는 바에 따라 교육을 받아야 한다. ② 제1항에 따라 교육을 받아야 할 사람을 고용한 자		**제32조(기술인력의 교육)** ① 법 제23조의14제1항에 따라 토양관련전문기관 또는 토양정화업의 기술인력은 다음의 구분에 따라 국립환경인력개발원장이 개설하는 토양환경관리의 교육과정을 이수하여야 한다. 〈개정 2016. 12. 30.〉

토양환경보전법	토양환경보전법 시행령	토양환경보전법 시행규칙
는 해당자에게 그 교육을 받게 하여야 한다. 이 경우 교육에 드는 경비는 고용한 자가 부담하여야 한다. [전문개정 2011. 4. 5.] **제4장 보칙** 〈개정 2011. 4. 5.〉 **제24조(대집행)** 특별자치시장·특별자치도지사·시장·군수·구청장은 제13조제1항에 따라 토양오염검사를 받아야 하는 자나 다음 각 호의 어느 하나에 해당하는 명령을 받은 자가 토양오염검사를 받지 아니하거나 그 명령을 이행하지 아니하는 경우에는 「행정대집행법」에서 정하는 바에 따라 대집행(代執行)을 하고 그 비용을 명령위반자로부터 징수할 수 있다. 〈개정 2017. 11. 28.〉 1. 제11조제3항 및 제14조제1항에 따른 명령 2. 제15조제1항에 따른 토양정밀조사명령 3. 제15조제3항에 따른 명령 4. 제19조제1항에 따른 토양오염개선사업 실시명령 5. 제21조제3항에 따른 토양오염물질의 제거 또는 시설 철거 등의 명령 [전문개정 2011. 4. 5.] **제25조(관계 기관의 협조)** 환경부장관은 이 법이 목		1. 신규교육 : 토양관련전문기관 또는 토양정화업 분야의 기술인력으로 최초로 종사한 날부터 1년 이내에 18시간 2. 보수교육 : 신규교육을 받은 날을 기준으로 5년마다 8시간 ② 제1항에 따른 교육은 집합교육 또는 원격교육으로 한다. 〈신설 2009. 6. 30.〉 [본조신설 2005. 6. 30.] [종전 제32조는 제36조로 이동 〈2005. 6. 30.〉] **제33조(관계 기관의 협조)** 법 제25조제4항에서 "토양

토양환경보전법	토양환경보전법 시행령	토양환경보전법 시행규칙
적을 달성하기 위하여 필요하다고 인정하면 다음 각 호의 조치를 관계 중앙행정기관의 장 또는 시·도지 사에게 요청할 수 있다. 1. 토양오염방지를 위한 객토(客土) 등 농토배양사업 2. 폐광지역의 광물 찌꺼기 등으로 인한 주변 농경지 등의 광산공해방지대책 3. 산업시설 등의 설치로 인하여 훼손된 토양의 복구 4. 그 밖에 토양보전을 위하여 필요한 사항으로서 환경부령으로 정하는 사항 [전문개정 2011. 4. 5.]		보전을 위하여 필요한 사항으로서 환경부령으로 정하는 사항"이란 다음 각 호의 사항을 말한다. 〈개정 2015. 3. 24.〉 1. 각종 개발사업 등으로 인하여 중대한 토양오염이 우려되는 지역에 대한 방지대책 및 오염된 토양의 정화조치 2. 토양오염방지 및 오염토양정화분야 전문인력의 확보대책 3. 군사지역안에서의 토양오염방지대책 및 오염된 토양의 정화조치 4. 토양환경분야 전문기술인력 양성을 위한 교육사업 추진 5. 토양오염사고에 따른 오염토양 정화작업을 위한 부지확보 6. 기타 환경부장관이 필요하다고 인정하여 정하는 사항 [제목개정 2009. 6. 25.] [제28조에서 이동 〈2001. 12. 31.〉]
제26조(국고보조 등) 국가는 예산의 범위에서 지방자치단체가 추진하는 토양보전을 위한 사업에 필요한 비용을 보조하거나 융자할 수 있다. [전문개정 2011. 4. 5.]		
제26조의2(보고 및 검사 등) ① 특별자치시장·특별자치도지사·시장·군수·구청장은 환경부령으로 정하는 바에 따라 특정토양오염관리대상시설이 설치되어 있는 부지에 대하여 검사상 필요한 자료의 제출을 명할 수 있으		제34조(출입검사 등) ① 법 제26조의2제1항에 따라 특별자치시장·특별자치도지사·시장·군수·구청장은 다음 각 호의 어느 하나에 해당하도록 특정토양오염관리상시설 설치지에게 자료의 제출

토양환경보전법	토양환경보전법 시행령	토양환경보전법 시행규칙
마, 소속 공무원으로 하여금 특정토양오염관리대상시설에 출입하여 토양오염방지시설의 설치, 토양오염검사 및 그 결과의 보존 여부 등을 검사하게 할 수 있다. 〈개정 2017. 11. 28.〉 ② 환경부장관 또는 시·도지사는 필요하다고 인정하면 토양관련전문기관 및 토양정화업자에게 대하여 감독상 필요한 보고나 자료 제출을 하게 할 수 있으며, 소속 공무원으로 하여금 토양관련전문기관 및 토양정화업자의 사무실·사업장이나 그 밖에 필요한 장소에 출입하여 서류, 시설, 장비 등을 검사하게 할 수 있다. 〈개정 2012. 6. 1.〉 ③ 시·도지사 또는 시장·군수·구청장은 토양오염이 발생한 토지 또는 토양오염관리대상시설의 소유자·점유자 또는 운영자에게 필요한 자료의 제출을 명하거나 소속 공무원으로 하여금 해당 토지 또는 해당 토양오염관리대상시설에 출입하여 서류·시설·장비 등을 검사하게 할 수 있다. 〈신설 2014. 3. 24.〉 ④ 제1항부터 제3항까지에 따른 검사를 하는 공무원은 그 권한을 나타내는 증표를 지니고 이를 관계인에게 보여주어야 한다. 〈개정 2014. 3. 24.〉 [전문개정 2011. 4. 5.] 제26조의3(특정토양오염관리대상시설 설치현황 등의 보고) ① 시장·군수·구청장은 환경부령으로 정하는 바에 따라 다음 각 호의 전년도 자료를 매년 1월 말까지 시·도지사에게 제출하여야 한다. 1. 특정토양오염관리대상시설 설치 현황		을 명하거나 소속 공무원으로 하여금 출입하여 검사하게 할 수 있다. 〈개정 2018. 11. 27.〉 1. 법 제14조제1항 각 호의 어느 하나에 해당되는 경우 2. 토양오염물질의 누출사고로 인하여 주민의 건강 또는 생태계에 유해한 영향을 미치거나 미칠 우려가 있는 경우 3. 기타 토양오염방지시설 및 토양오염검사의 적정 여부 확인 등을 위하여 시장·군수·구청장이 필요하다고 인정하는 경우 ② 특별자치시장·특별자치도지사·시장·군수·구청장이 제1항에 따른 출입검사를 하는 때에는 그 3일 전까지 출입검사의 일시·이유 및 내용 등에 관한 검사계획을 피검사자에게 통지하여야 한다. 다만, 긴급을 요하거나 사전 통지할 경우 증거의 인멸 등으로 검사의 목적을 달성할 수 없다고 인정하는 때에는 그러하지 아니하다. 〈개정 2018. 11. 27.〉 ③ 특별자치시장·특별자치도지사·시장·군수·구청장은 제1항에 따라 자료를 받거나 출입검사를 한 때에는 그 결과를 별지 제18호서식의 특정토양오염관리대상시설관리현황표에 기재하여야 한다. 〈개정 2018. 11. 27.〉 [본조신설 2001. 12. 31.] 제35조(특정토양오염관리대상시설 설치현황 등의 보고) 법 제26조의3제1항 및 제2항의 규정에 의한 특정토양오염관리대상시설 설치현황 및 행정처분실적의 보고는 각각 별지 제19호서식 및 별지 제20호서식에 의한다.

토양환경보전법	토양환경보전법 시행령	토양환경보전법 시행규칙
2. 제13조제4항에 따라 통보받은 토양오염검사 결과 3. 제14조에 따른 조치명령 및 조사 결과의 내용 ②시·도지사는 제1항에 따라 받은 자료를 종합하여 매년 2월 말까지 환경부장관에게 보고하여야 한다. [전문개정 2011. 4. 5.]		[본조신설 2001. 12. 31.] [제목개정 2005. 6. 30.]
제26조의4(행정처분의 기준) 제23조의6 및 제23조의10에 따른 행정처분의 세부적인 기준은 그 위반행위의 종류와 위반 정도 등을 고려하여 환경부령으로 정한다. [전문개정 2011. 4. 5.]		제36조(행정처분의 기준) ① 법 제26조의4의 규정에 의한 행정처분의 기준은 별표 12와 같다. 〈개정 2005. 6. 30.〉 ② 삭제 〈2009. 6. 25.〉 [본조신설 2001. 12. 31.] [제32조에서 이동 〈2005. 6. 30.〉]
제26조의5(청문) 환경부장관, 시·도지사 또는 시장·군수·구청장은 다음 각 호의 어느 하나에 해당하는 처분을 하려면 청문을 하여야 한다. 〈개정 2012. 6. 1.〉 1. 제21조제3항에 따른 시설의 철거명령 2. 제23조의6에 따른 토양관련전문기관의 지정취소 3. 제23조의10에 따른 토양정화업의 등록취소 [전문개정 2011. 4. 5.]		
제27조(권한의 위임·위탁) ① 이 법에 따른 환경부장관의 권한은 대통령령으로 정하는 바에 따라 그 일부를 소속 기관의 장에게 위임할 수 있다. 〈개정 2012. 6. 1.〉 ② 환경부장관은 이 법에 따른 업무의 일부를 대통령령으로 정하는 바에 따라 「한국환경공단법」에 따른 한국환경공단과 한국환경산업기술원에 위탁할	제18조(권한의 위임·위탁) ① 법 제27조제1항에 따라 환경부장관은 다음의 권한을 유역환경청장 또는 지방환경청장에게 위임한다. 〈개정 2018. 11. 20.〉 1. 법 제5조제1항의 규정에 의한 측정망의 설치 및 상시측정 2. 법 제5조제4항·제2조 및 같은 항 제3호가목에 따른 토양정밀조사	

토양환경보전법	토양환경보전법 시행령	토양환경보전법 시행규칙
수 있다. 〈개정 2014. 3. 24.〉 [전문개정 2011. 4. 5.] [제목개정 2012. 6. 1.]	3. 법 제7조제1항의 규정에 의한 토지등의 수용 또는 사용 4. 법 제23조의2제2항제1호 및 같은 조 제4항에 따른 토양환경평가기관의 지정 및 공고 5. 법 제23조의6에 따른 토양환경평가기관에 대한 행정처분 5의2. 법 제23조의12제3항에 따른 토양환경평가기관의 지위승계 신고의 접수·처리 5의3. 삭제 〈2013. 5. 31.〉 6. 법 제26조의2제2항에 따른 토양환경평가기관에 대한 보고·자료제출 요구 및 검사 7. 법 제26조의5제2호에 따른 토양환경평가기관의 지정취소에 대한 청문 8. 법 제32조에 따른 과태료의 부과·징수(유역환경청장 또는 지방환경청장에게 위임된 권한과 관련된 과태료의 부과·징수만 해당한다) ② 법 제27조제1항에 따라 환경부장관은 다음 각 호의 권한을 국립환경과학원장에게 위임한다. 〈개정 2018. 11. 20.〉 1. 법 제4조의3에 따른 정보시스템의 구축·운영 1의2. 법 제15조의3제9항에 따른 오염토양 정보시스템의 설치·운영 1의3. 법 제23조의2제2항제1호 및 같은 조 제4항에 따른 위해성평가기관의 지정 및 공고 2. 법 제23조의6에 따른 위해성평가기관에 대한 행정처분 3. 법 제23조의12제3항에 따른 위해성평가기관의	

토양환경보전법	토양환경보전법 시행령	토양환경보전법 시행규칙
	지위승계 신고의 접수 및 처리 4. 법 제26조의2제2항에 따른 위해성평가기관에 대한 보고·자료제출 요구 및 검사 5. 법 제26조의5제2호에 따른 위해성평가기관의 지정취소에 대한 청문 6. 법 제32조에 따른 과태료의 부과·징수(국립환경과학원장에게 위임된 권한과 관련된 과태료의 부과·징수만 해당한다) ③ 법 제27조제2항에 따라 환경부장관은 다음 각 호의 업무를 한국환경공단에 위탁할 수 있다. 이 경우 환경부장관은 그 위탁 일시와 업무를 고시하여야 한다. 〈개정 2018. 11. 20.〉 1. 법 제4조의4에 따른 토양오염관리대상시설 등 조사 1의2. 법 제4조의5에 따른 토양오염 우려 이력정보의 작성 및 관리 2. 법 제5조제4항제3호나목부터 마목까지의 규정에 따른 토양정밀조사 3. 법 제6조의2제1항에 따른 표토(表土)의 침식(浸蝕) 현황 및 정도에 대한 조사 4. 법 제6조의3제1항에 따른 토양정밀조사 및 토양정화 5. 법 제7조제1항에 따른 토지 등의 수용 또는 사용에 관련된 업무. 다만, 환경부장관으로부터 위탁받은 업무에 필요한 범위로 한정한다. 6. 법 제15조의7제2항에 따른 토양관리단지 조성계획 수립·변경, 의견청취, 협의 7. 법 제15조의7제3항에 따른 토양관리단지 토지 일	

토양환경보전법	토양환경보전법 시행령	토양환경보전법 시행규칙
	부의 사용·수익, 대부 또는 매각에 관련된 업무 [제목개정 2013. 5. 31.]	
제5장 벌칙 〈개정 2011. 4. 5.〉		
제28조(벌칙) 제19조제1항에 따른 실시명령을 이행하지 아니한 자나 실시명령을 받고 같은 조 제2항에 따른 승인을 받지 아니하고 오염토양 개선사업을 한 자는 5년 이하의 징역 또는 5천만원 이하의 벌금에 처한다. 〈개정 2014. 3. 24.〉 [전문개정 2011. 4. 5.]		
제29조(벌칙) 다음 각 호의 어느 하나에 해당하는 자는 2년 이하의 징역 또는 2천만원 이하의 벌금에 처한다. 〈개정 2014. 3. 24.〉 1. 제11조제3항 또는 제14조제1항에 따른 정화 조치 명령을 이행하지 아니한 자 2. 제14조제3항에 따른 특정토양오염관리대상시설의 사용 중지명령을 이행하지 아니한 자 3. 제15조제3항에 따른 명령을 이행하지 아니한 자 4. 제15조의3제2항을 위반하여 오염토양의 정화를 위탁한 자 5. 제15조의4제1호를 위반하여 오염토양을 버리거나 매립한 자 6. 제21조제3항에 따른 토양오염물질의 제거 또는 시설의 철거 등의 명령을 이행하지 아니한 자 7. 제23조의2제2항에 따른 지정을 받지 아니하고 토양관련전문기관의 업무를 한 자 8. 제23조의7제1항에 따른 등록을 하지 아니하고 토		

토양환경보전법	토양환경보전법 시행령	토양환경보전법 시행규칙
양정화업을 한 자 [전문개정 2011. 4. 5.] **제30조(벌칙)** 다음 각 호의 어느 하나에 해당하는 자는 1년 이하의 징역 또는 1천만원 이하의 벌금에 처한다. 〈개정 2014. 3. 24.〉 1. 고의 또는 중대한 과실로 제10조의2제3항에 따른 항목·방법 및 절차를 위반하여 토양환경평가를 사실과 다르게 한 자 1의2. 제11조제1항을 위반하여 생산·운반·저장·취급·가공 또는 처리하는 과정에서 토양오염물질을 누출·유출한 자성을 신고하지 아니한 자 1의3. 고의 또는 중대한 과실로 제11조제3항, 제14조제1항 또는 제15조의6제1항 단서에 따른 토양정밀조사를 부실하게 하여 제15조의6제1항 단서에 따른 정화과정에 대한 검증 대상의 규모 미만으로 오염 규모가 축소되도록 한 자 2. 제12조제1항·전단에 따른 신고를 하지 아니하고 특정토양오염관리대상시설을 설치하거나 거짓으로 신고한 자 3. 제12조제3항을 위반하여 토양오염방지시설을 설치하지 아니한 자 4. 제14조제1항에 따른 토양오염방지시설의 설치 또는 개선에 관한 명령을 이행하지 아니한 자 5. 제15조의3제1항을 위반하여 오염토양을 정화한 자 6. 제15조의3제3항을 위반하여 토양정화업자가 보유한 시설이 아닌 곳이나 오염이 발생한 해당 부지가 아닌 곳이나 토양정화업자가 보유한 시설이 있는 장소가 아닌 장소로 오염토양을 반출하여		

토양환경보전법	토양환경보전법 시행령	토양환경보전법 시행규칙
정화한 자 7. 제15조의3제7항제1호를 위반하여 오염토양에 다른 토양을 섞어서 오염농도를 낮춘 자 8. 제15조의4제2호를 위반하여 오염토양을 누출 또는 유출시킨 자 8의2. 제15조의4제3호를 위반하여 정화가 완료된 토양을 그 토양에 적용된 것보다 엄격한 우려기준이 적용되는 지역의 토양에 사용한 자 9. 제15조의6제1항을 위반하여 토양관련전문기관에 의한 검증을 하게 하지 아니한 자 10. 고의 또는 중대한 과실로 제15조의6제4항에 따른 검증의 절차·내용 및 방법을 지키지 아니하여 오염토양을 제15조의3제1항에 따른 정화기준 이내로 처리되지 아니하게 한 자 11. 제15조의6제5항을 위반하여 토양관련전문기관에 의한 검증이 완료되지 아니한 상태에서 오염토양을 반출한 자 12. 제21조제2항을 위반하여 대체지역에 시설을 설치한 자 13. 속임수나 그 밖의 부정한 방법으로 토양관련전문기관의 지정을 받거나 토양정화업의 등록을 한 자 14. 제23조의4를 위반하여 다른 자에게 자기의 명의를 사용하여 토양관련전문기관의 업무를 하게 하거나 지정서를 다른 자에게 빌려준 자 15. 제23조의9제1항을 위반하여 다른 자에게 자기의 성명 또는 상호를 사용하여 토양정화업을 하		

토양환경보전법	토양환경보전법 시행령	토양환경보전법 시행규칙
게 하거나 등록증을 다른 자에게 빌려준 자 16. 제23조의9제2항을 위반하여 도급받은 토양정화 공사를 하도급한 자 17. 제26조의2제2항에 따른 공무원의 출입·검사를 거부·방해 또는 기피한 자 [전문개정 2004. 12. 31.]		
제31조(양벌규정) 법인의 대표자나 법인 또는 개인의 대리인, 사용인, 그 밖의 종업원이 그 법인 또는 개인의 업무에 관하여 제28조부터 제30조까지의 어느 하나에 해당하는 위반행위를 하면 그 행위자를 벌하는 외에 그 법인 또는 개인에게도 해당 조문의 벌금형을 과(科)한다. 다만, 법인 또는 개인이 그 위반행위를 방지하기 위하여 해당 업무에 관하여 상당한 주의와 감독을 게을리하지 아니한 경우에는 그러하지 아니하다. [전문개정 2010. 5. 25.]		
제32조(과태료) ① 다음 각 호의 어느 하나에 해당하는 자에게는 300만원 이하의 과태료를 부과한다. 〈개정 2017. 11. 28.〉 1. 제11조제1항을 위반하여 토양이 오염된 사실을 발견하고도 그 사실을 신고하지 아니한 자 2. 제15조의3제6항을 위반하여 토양 인수인계서를 오염토양 정보시스템에 입력하지 아니한 자 3. 제26조의2제1항 또는 제3항에 따른 공무원의 출입·검사를 거부·방해 또는 기피한 자 ② 다음 각 호의 어느 하나에 해당하는 자에게는 200만	**제19조(과태료의 부과기준)** 법 제32조제1항 및 제2항에 따른 과태료의 부과기준은 별표 3과 같다. 〈개정 2011. 9. 30.〉 [전문개정 2009. 6. 16.]	

토양환경보전법	토양환경보전법 시행령	토양환경보전법 시행규칙
원 이하의 과태료를 부과한다. 〈개정 2017. 11. 28.〉 1. 정당한 사유 없이 제8조제5항에 따른 관계 공무원 또는 토양관련전문기관 직원의 행위를 방해 또는 거절한 자 1의2. 제10조의4제6항을 위반하여 정화책임자의 토양정화등에 협조하지 아니한 자 2. 제11조제3항·제14조제1항 또는 제15조제1항에 따른 토양정밀조사명령을 이행하지 아니한 자 3. 제11조제4항·제14조제2항 또는 제15조제2항을 위반하여 토양정밀조사결과를 지체 없이 시·도지사 또는 시장·군수·구청장에게 통보하지 아니한 자 4. 제12조제1항 후단을 위반하여 변경(시설의 폐쇄를 포함한다)신고를 하지 아니한 자 5. 제13조제1항 또는 제4항에 따른 검사를 받지 아니하거나 검사결과를 보존하지 아니한 자 5의2. 제13조제4항을 위반하여 토양오염검사 결과를 특별자치시장·특별자치도지사·시장·군수·구청장 및 관할 소방서장에게 통보하지 아니한 자 5의3. 제15조의3제4항을 위반하여 오염토양반출정화계획에 관한 적정통보를 받지 아니하고 오염토양을 반출하여 정화한 자 5의4. 제15조의3제6항에 따른 토양 인수인계서를 거짓으로 임대한 자 또는 임대내용의 일부를 누락하는 등 부실하게 임대한 자 6. 제15조의6제2항에 따른 오염토양정화책임 또는		

토양환경보전법	토양환경보전법 시행령	토양환경보전법 시행규칙
오염토양정화변경계획을 제출하지 아니한 자 7. 제19조제1항에 따른 지도·감독을 거부·방해 또는 기피한 자 8. 제21조제1항을 위반하여 대체지역에서 특정수질 유해물질, 폐기물, 유해화학물질, 오수·분뇨 또 는 가축분뇨를 버린 자 9. 제23조의2제2항 각 호 외의 부분 후단에 따른 변 경지정을 받지 아니한 자 10. 제23조의2제5항 또는 제23조의9제3항에 따른 준수사항을 지키지 아니한 자 11. 제23조의7제1항 후단에 따른 변경등록을 하지 아니한 자 11의2. 제23조의12제3항을 위반하여 신고를 하지 아니한 자 12. 제23조의14제1항 또는 제2항을 위반하여 교육을 받지 아니한 자 또는 교육을 받게 하지 아니한 자 13. 제26조의2제1항 또는 제2항을 위반하여 보고 또 는 자료 제출을 하지 아니하거나 거짓으로 보고 또는 자료 제출을 한 자 ③ 제1항 및 제2항에 따른 과태료는 대통령령으로 정하는 바에 따라 환경부장관, 시·도지사 또는 시 장·군수·구청장이 부과·징수한다. [전문개정 2010. 5. 25.]		

제7장 폐기물관리법

폐기물관리법	폐기물관리법 시행령	폐기물관리법 시행규칙
제1장 총칙	제1장 총칙	제1장 총칙
제1조(목적) 이 법은 폐기물의 발생을 최대한 억제하고 발생한 폐기물을 친환경적으로 처리함으로써 환경보전과 국민생활의 질적 향상에 이바지하는 것을 목적으로 한다. 〈개정 2010. 7. 23.〉	제1조(목적) 이 영은 「폐기물관리법」에서 위임된 사항과 그 시행에 필요한 사항을 규정함을 목적으로 한다.	제1조(목적) 이 규칙은 「폐기물관리법」 및 같은 법 시행령에서 위임된 사항과 그 시행에 필요한 사항을 규정함을 목적으로 한다.
제2조(정의) 이 법에서 사용하는 용어의 뜻은 다음과 같다. 〈개정 2017. 1. 17.〉 1. "폐기물"이란 쓰레기, 연소재(燃燒滓), 오니(汚泥), 폐유(廢油), 폐산(廢酸), 폐알칼리 및 동물의 사체(死體) 등으로서 사람의 생활이나 사업활동에 필요하지 아니하게 된 물질을 말한다. 2. "생활폐기물"이란 사업장폐기물 외의 폐기물을 말한다. 3. "사업장폐기물"이란 「대기환경보전법」, 「물환경보전법」 또는 「소음·진동관리법」에 따라 배출시설을 설치·운영하는 사업장이나 그 밖에 대통령령으로 정하는 사업장에서 발생하는 폐기물을 말한다. 4. "지정폐기물"이란 사업장폐기물 중 폐유·폐산 등 주변 환경을 오염시킬 수 있거나 의료폐기물(醫療廢棄物) 등 인체에 위해(危害)를 줄 수 있는 해로운 물질로서 대통령령으로 정하는 폐기물을 말한다.	제2조(사업장의 범위) 「폐기물관리법」(이하 "법"이라 한다) 제2조제3호에서 "그 밖에 대통령령으로 정하는 사업장"이란 다음 각 호의 어느 하나에 해당하는 사업장을 말한다. 〈개정 2018. 1. 16.〉 1. 「물환경보전법」 제48조제1항에 따라 공공폐수처리시설을 설치·운영하는 사업장 2. 「하수도법」 제2조제9호에 따른 공공하수처리시설을 설치·운영하는 사업장 3. 「하수도법」 제2조제11호에 따른 분뇨처리시설을 설치·운영하는 사업장 4. 「가축분뇨의 관리 및 이용에 관한 법률」 제24조에 따른 공공처리시설 5. 법 제29조제2항에 따른 폐기물처리시설(법 제25조제3항에 따라 폐기물처리업의 허가를 받은 자가 설치하는 시설을 포함한다)을 설치·운영하는 사업장 6. 법 제2조제4호에 따른 지정폐기물을 배출하는 사업장	

폐기물관리법	폐기물관리법 시행령	폐기물관리법 시행규칙
5. "의료폐기물"이란 보건·의료기관, 동물병원, 시험·검사기관 등에서 배출되는 폐기물 중 인체에 감염 등 위해를 줄 우려가 있는 폐기물과 인체 조직 등 적출물(摘出物), 실험 동물의 사체 등 보건·환경보호상 특별한 관리가 필요하다고 인정되는 폐기물로서 대통령령으로 정하는 폐기물을 말한다. 5의2. "의료폐기물 전용용기"란 의료폐기물로 인한 감염 등의 위해 방지를 위하여 의료폐기물을 넣어 수집·운반 또는 보관에 사용하는 용기를 말한다. 5의3. "처리"란 폐기물의 수집, 운반, 보관, 재활용, 처분을 말한다. 6. "처분"이란 폐기물의 소각(燒却)·중화(中和)·파쇄(破碎)·고형화(固形化) 등의 중간처분과 매립하거나 해역(海域)으로 배출하는 등의 최종처분을 말한다. 7. "재활용"이란 다음 각 목의 어느 하나에 해당하는 활동을 말한다. 가. 폐기물을 재사용·재생이용하거나 재사용·재생이용할 수 있는 상태로 만드는 활동 나. 폐기물로부터 「에너지법」 제2조제1호에 따른 에너지를 회수하거나 회수할 수 있는 상태로 만들거나 폐기물을 연료로 사용하는 활동으로서 환경부령으로 정하는 활동 8. "폐기물처리시설"이란 폐기물의 중간처분시설, 최종처분시설 및 재활용시설로서 대통령령으로 정하는 시설을 말한다.	7. 폐기물을 1일 평균 300킬로그램 이상 배출하는 사업장 8. 「건설산업기본법」 제2조제4호에 따른 건설공사로 폐기물을 5톤(공사를 착공할 때부터 마칠 때까지 발생되는 폐기물의 양을 말한다)이상 배출하는 사업장 9. 일련의 공사(제8호에 따른 건설공사는 제외한다) 또는 작업으로 폐기물을 5톤(공사를 착공하거나 작업을 시작할 때부터 마칠 때까지 발생하는 폐기물의 양을 말한다) 이상 배출하는 사업장 제3조(지정폐기물의 종류) 법 제2조제4호에 따른 지정폐기물은 별표 1과 같다. 제4조(의료폐기물의 종류) 법 제2조제5호에 따른 의료폐기물은 별표 2와 같다. 〈개정 2007. 12. 28.〉 [제목개정 2007. 12. 28.] 제5조(폐기물처리시설) 법 제2조제8호에 따른 폐기물처리시설은 별표 3과 같다. 제6조(폐기물 감량화시설) 법 제2조제9호에서 "대통령령으로 정하는 시설"이란 별표 4의 시설을 말한다.	제3조(에너지 회수기준 등) ① 「폐기물관리법」(이하 "법"이라 한다) 제2조제7호나목에서 "환경부령으로 정하는 활동"이란 다음 각 호의 어느 하나에 해당하는 활동을 말한다. 〈개정 2018. 5. 17.〉 1. 가연성 고형폐기물로부터 다음 각 목에 따른 기준에 맞게 에너지를 회수하는 활동

폐기물관리법	폐기물관리법 시행령	폐기물관리법 시행규칙
정하는 시설을 말한다. 9. "폐기물감량화시설"이란 생산 공정에서 발생하는 폐기물의 양을 줄이고, 사업장 내 재활용을 통하여 폐기물 배출을 최소화하는 시설로서 대통령령으로 정하는 시설을 말한다.		가. 다른 물질과 혼합하지 아니하고 해당 폐기물의 저위발열량이 킬로그램당 3천 킬로칼로리 이상일 것 나. 에너지의 회수효율(회수에너지 총량을 투입에너지 총량으로 나눈 비율을 말한다)이 75퍼센트 이상일 것 다. 회수열을 모두 열원(熱源), 전기 등의 형태로 스스로 이용하거나 다른 사람에게 공급할 것 라. 환경부장관이 정하여 고시하는 경우에는 폐기물의 30퍼센트 이상을 원료나 재료로 재활용하고 그 나머지 중에서 에너지의 회수에 이용할 것 2. 폐기물을 에너지를 회수할 수 있는 상태로 만드는 활동으로서 다음 각 목의 어느 하나에 해당하는 활동 가. 가연성 고형폐기물을 「자원의 절약과 재활용 촉진에 관한 법률 시행규칙」 별표 7에서 정한 기준에 적합한 고형연료제품으로 만드는 활동 나. 폐기물을 혐기성 소화, 정제, 유화 등의 방법으로 에너지를 회수할 수 있는 상태로 만드는 활동 3. 다음 각 목의 어느 하나에 해당하는 폐기물(지정폐기물은 제외한다)을 시멘트 소성로 및 환경부장관이 정하여 고시하는 시설에서 연료로 사용하는 활동 가. 폐타이어 나. 폐섬유 다. 폐목재

폐기물관리법	폐기물관리법 시행령	폐기물관리법 시행규칙
		다. 폐합성수지 마. 폐합성고무 바. 분진(중유회, 코크스 분진만 해당한다) 사. 그 밖에 환경부장관이 정하여 고시하는 폐기물 4. 삭제 〈2011. 9. 27.〉 ② 제1항제3호에 따른 에너지회수기준의 측정방법 등은 환경부장관이 정하여 고시한다. 〈개정 2011. 9. 27.〉 ③ 제1항제1호에 따른 에너지회수기준을 측정하는 기관은 다음 각 호와 같다. 〈개정 2011. 9. 27.〉 1. 「한국환경공단법」에 따른 한국환경공단(이하 "한국환경공단"이라 한다) 2. 「과학기술분야 정부출연연구기관 등의 설립·운영 및 육성에 관한 법률」에 따라 설립된 한국기계연구원(이하 "한국기계연구원"이라 한다) 및 한국에너지기술연구원 3. 「산업기술혁신 촉진법」 제41조에 따른 한국산업기술시험원(이하 "한국산업기술시험원"이라 한다) 4. 「국가표준기본법」 제23조에 따라 인정받은 시험·검사기관 중 환경부장관이 지정하는 기관 [제목개정 2011. 9. 27.]
제2조의2(폐기물의 세부분류) 폐기물의 종류 및 재활용 유형에 관한 세부분류는 폐기물의 발생원, 구성성분 및 유해성 등을 고려하여 환경부령으로 정한다. [본조신설 2015. 7. 20.]		**제4조의2(폐기물의 종류 및 재활용 유형)** ① 법 제2조의2에 따른 폐기물의 종류별 세부분류는 별표 4와 같다. ② 법 제2조의2에 따른 폐기물의 재활용 유형별 세부분류는 별표 4의2와 같다. ③ 폐기물의 종류별 재활용 가능 유형은 별표 4의3

폐기물관리법	폐기물관리법 시행령	폐기물관리법 시행규칙
제3조(적용 범위) ① 이 법은 다음 각 호의 어느 하나에 해당하는 물질에 대하여는 적용하지 아니한다. 〈개정 2017. 1. 17.〉 1. 「원자력안전법」에 따른 방사성물질과 이로 인하여 오염된 물질 2. 용기에 들어 있지 아니한 기체상태의 물질 3. 「물환경보전법」에 따른 수질 오염 방지시설에 유입되거나 공공 수역(水域)으로 배출되는 폐수 4. 「가축분뇨의 관리 및 이용에 관한 법률」에 따른 가축분뇨 5. 「하수도법」에 따른 하수·분뇨 6. 「가축전염병예방법」 제22조제2항, 제23조, 제33조 및 제44조가 적용되는 가축의 사체, 오염물건, 수입 금지 물건 및 검역 불합격품 7. 「수산생물질병 관리법」 제17조제2항, 제18조, 제25조제1항 각 호 및 제34조제1항이 적용되는 수산동물의 사체, 오염된 시설 또는 물건, 수입금지 물건 및 검역 불합격품 8. 「군수품관리법」 제13조의2에 따라 폐기되는 탄약 9. 「동물보호법」 제32조제1항에 따른 동물장묘업의 등록을 한 자가 설치·운영하는 동물장묘시설에서 처리되는 동물의 사체 ② 이 법에 따른 폐기물의 해역 배출은 「해양환경관리법」으로 정하는 바에 따른다.		과 같다. [본조신설 2016. 7. 21.]

폐기물관리법	폐기물관리법 시행령	폐기물관리법 시행규칙
제3조의2(폐기물 관리의 기본원칙) ① 사업자는 제품의 생산방식 등을 개선하여 폐기물의 발생을 최대한 억제하고, 발생한 폐기물을 스스로 재활용함으로써 폐기물의 배출을 최소화하여야 한다. ② 누구든지 폐기물을 배출하는 경우에는 주변 환경이나 주민의 건강에 위해를 끼치지 아니하도록 사전에 적정한 조치를 하여야 한다. ③ 폐기물은 그 처리과정에서 양과 유해성(有害性)을 줄이도록 하는 등 환경보전과 국민건강보호에 적합하게 처리되어야 한다. ④ 폐기물로 인하여 환경오염을 일으킨 자는 오염된 환경을 복원할 책임을 지며, 오염으로 인한 피해의 구제에 드는 비용을 부담하여야 한다. ⑤ 국내에서 발생한 폐기물은 가능하면 국내에서 처리되어야 하고, 폐기물의 수입은 되도록 억제되어야 한다. ⑥ 폐기물은 소각, 매립 등의 처분을 하기보다는 우선적으로 재활용함으로써 자연생태계의 향상에 이바지하도록 하여야 한다. [본조신설 2010. 7. 23.]		
제4조(국가와 지방자치단체의 책무) ① 특별자치시장, 특별자치도지사, 시장·군수·구청장(자치구의 구청장을 말한다. 이하 같다)은 관할 구역의 폐기물의 배출 및 처리상황을 파악하여 폐기물이 적정하게 처리될 수 있도록 폐기물처리시설을 설치·운영하여야 하며, 폐기물의 처리방법의 개선 및 관계인의 자질 향상으로 폐기물 처리사업을 능률적으로 수		

폐기물관리법	폐기물관리법 시행령	폐기물관리법 시행규칙
행하는 한편, 주민과 사업자의 청소 의식 함양과 폐기물 발생 억제를 위하여 노력하여야 한다. 〈개정 2013. 7. 16.〉 ② 특별시장·광역시장·도지사는 시장·군수·구청장이 제1항에 따른 재무를 충실하게 하도록 기술적·재정적 지원을 하고, 그 관할 구역의 폐기물 처리사업에 대한 조정을 하여야 한다. 〈개정 2007. 8. 3.〉 ③ 국가는 지정폐기물의 배출 및 처리 상황을 파악하고 지정폐기물이 적정하게 처리되도록 필요한 조치를 마련하여야 한다. ④ 국가는 폐기물 처리에 대한 기술을 연구·개발·지원하고, 특별시장·광역시장·특별자치시장·도지사·특별자치도지사(이하 "시·도지사"라 한다) 및 시장·군수·구청장이 제1항과 제2항에 따른 재무를 충실하게 하도록 필요한 기술적·재정적 지원을 하며, 특별시·광역시·특별자치시·도·특별자치도(이하 "시·도"라 한다) 간의 폐기물 처리사업에 대한 조정을 하여야 한다. 〈개정 2013. 7. 16.〉 제5조(폐기물의 광역 관리) ① 환경부장관, 시·도지사 또는 시장·군수·구청장은 둘 이상의 시·도 또는 시·군·구에서 발생하는 폐기물을 광역적으로 처리할 필요가 있다고 인정되면 광역 폐기물처리시설(지정폐기물 공공 처리시설을 포함한다)을 단독 또는 공동으로 설치·운영할 수 있다. ② 환경부장관, 시·도지사 또는 시장·군수·구청장은 제1항에 따른 광역 폐기물처리시설의 설치 또는		제5조(광역 폐기물처리시설의 설치·운영의 위탁) 법 제5조제2항에서 "환경부령으로 정하는 자"란 다음 각 호의 자를 말한다. 〈개정 2016. 7. 21.〉 1. 한국환경공단 1의2. 「수도권매립지관리공사의 설립 및 운영 등에 관한 법률」에 따른 수도권매립지관리공사(이하 "수도권매립지관리공사"라 한다) 2. 「지방자치법」에 따른 지방자치단체조합으로서

폐기물관리법	폐기물관리법 시행령	폐기물관리법 시행규칙
는 운영을 환경부령으로 정하는 자에게 위탁할 수 있다.		폐기물의 광역처리를 위하여 설립된 조합 3. 해당 광역 폐기물처리시설을 사용한 자(그 시설의 운영을 위탁하는 경우에만 해당한다) 4. 별표 4의4의 기준에 맞는 자
제5조(폐기물처리시설 반입수수료) ① 제4조제1항 또는 제5조제1항에 따라 폐기물처리시설을 설치·운영하는 기관은 그 폐기물처리시설에 반입되는 폐기물의 처리를 위하여 필요한 비용(이하 "반입수수료"라 한다)을 폐기물을 반입하는 자로부터 징수할 수 있다. ② 제1항의 경우에 둘 이상의 지방자치단체가 공동으로 설치·운영하는 폐기물처리시설의 경우 해당 지방자치단체 간에 협의하여 수수료를 결정하여야 한다. ③ 반입수수료의 금액은 징수기관이 국가이면 환경부령으로, 지방자치단체이면 조례로 정한다.		제6조(폐기물처리시설 반입수수료 등) 징수기관이 국가인 경우 법 제6조제3항에 따른 폐기물처리시설 반입수수료는 다음 각 호의 경비를 고려하여 환경부장관이 결정·고시한다. 1. 폐기물처리시설의 설치와 운영비를 고려하여 폐기물의 종류별로 산정한 폐기물의 처리에 드는 적정 경비 2. 폐기물처리시설 설치·운영자가 폐기물을 직접 수집·운반하는 경우에는 그 수집·운반에 드는 경비 3. 그 밖에 폐기물처리시설의 주변지역 주민에게 지원한 최소한의 지원에 드는 경비
제7조(국민의 책무) ① 모든 국민은 자연환경과 생활환경을 청결히 유지하고, 폐기물의 감량화(減量化)와 자원화를 위하여 노력하여야 한다. ② 토지나 건물의 소유자·점유자 또는 관리자는 그 가소유·점유 또는 관리하고 있는 토지나 건물의 청결을 유지하도록 노력하여야 하며, 특별자치시장, 특별자치도지사, 시장·군수·구청장이 정하는 계획에 따라 대청소를 하여야 한다. 〈개정 2013. 7. 16.〉		
제8조(폐기물의 투기 금지 등) ① 누구든지 특별자치시장, 특별자치도지사, 시장·군수·구청장이나 공		

폐기물관리법	폐기물관리법 시행령	폐기물관리법 시행규칙
원·도로 등 시설의 관리자가 폐기물의 수집을 위하여 마련한 장소나 설비 외의 장소에 폐기물을 버려서는 아니 된다. 〈개정 2013. 7. 16.〉 ② 누구든지 이 법에 따라 허가 또는 승인을 받거나 신고한 폐기물처리시설이 아닌 곳에서 폐기물을 매립하거나 소각하여서는 아니 된다. 다만, 제14조제1항 단서에 따라 해당 지역에서 해당 특별자치시, 특별자치도, 시·군·구의 조례로 정하는 바에 따라 소각하는 경우에는 그러하지 아니하다. 〈개정 2013. 7. 16.〉 ③ 특별자치시장, 특별자치도지사, 시장·군수·구청장은 토지나 건물의 소유자·점유자 또는 관리자가 제7조제2항에 따라 청결을 유지하지 아니하면 해당 지방자치단체의 조례에 따라 필요한 조치를 명할 수 있다. 〈개정 2013. 7. 16.〉		
제9조 삭제 〈2017. 11. 28.〉		
제10조 삭제 〈2017. 11. 28.〉		
제11조 삭제 〈2017. 11. 28.〉		
제12조 삭제 〈2015. 1. 20.〉		
제2장 폐기물의 배출과 처리		
제13조(폐기물의 처리 기준 등) ① 누구든지 폐기물을 처리하려는 자는 대통령령으로 정하는 기준과 방법을 따라야 한다. 다만, 제13조의2에 따른 폐기물의 재활용 원칙 및 준수사항에 따라 재활용을 하기 쉬운 상태로 만든 폐기물(이하 "중간가공 폐기물"이라 한다)에 대하여는 완화된 처리기준과 방법을 대	제7조(폐기물의 처리기준 등) ① 법 제13조제1항 본문에 따른 폐기물의 처리 기준 및 방법은 다음 각 호와 같다. 〈개정 2017. 10. 17.〉 1. 폐기물의 종류와 성질·상태별로 재활용 가능성 여부, 가연성이나 불연성 여부 등에 따라 구분하여 수집·운반·보관할 것. 다만, 의료폐기물이	제14조(폐기물 처리 등의 구체적인 기준·방법) 영 제7조제2항에 따른 폐기물의 처리에 관한 구체적인 기준과 방법은 별표 5와 같다. 〈개정 2011. 9. 27.〉 제13조(예외적 매립시설에서의 폐기물 처분) ① 영 제7조제1항제9호 단서에 따라 시설이 전부를 갖추지

폐기물관리법	폐기물관리법 시행령	폐기물관리법 시행규칙
통령령으로 따로 정할 수 있다. 〈개정 2015. 7. 20.〉 ② 의료폐기물은 제25조의2제6항에 따라 검사를 받아 적합한 의료폐기물 전용용기(이하 "전용용기"라 한다)만을 사용하여 처리하여야 한다. 〈개정 2017. 4. 18.〉	아닌 폐기물로서 다음 각 목의 어느 하나에 해당하는 경우에는 그러하지 아니하다. 가. 처리기준과 방법이 같은 폐기물로서 같은 폐기물 처분시설 또는 재활용시설이나 장소에서 처리하는 경우 나. 폐기물의 발생 당시 두 종류 이상의 폐기물이 혼합되어 발생된 경우 다. 특별자치시, 특별자치도 또는 시(특별시와 광역시는 제외한다. 이하 같다)·군·구(자치구를 말한다. 이하 같다)의 분리수집 계획 또는 특별시·광역시·특별자치시·특별자치도·시·군·구의 조례에 따라 그 구분을 다르게 정하는 경우 2. 수집·운반·보관의 과정에서 폐기물이 흩날리거나 누출되지 아니하도록 하고, 침출수(沈出水)가 유출되지 아니하도록 하며, 침출수가 생기는 경우에는 환경부령으로 정하는 바에 따라 처리할 것 3. 해당 폐기물을 적정하게 처분, 재활용 또는 보관할 수 있는 장소 외의 장소로 운반하지 아니할 것. 다만, 다음 각 목의 어느 하나에 해당하는 자가 적재능력이 작은 차량으로 폐기물을 수집하여 적재능력이 큰 차량으로 옮겨 싣기 위하여 환경부령으로 정하는 장소로 운반하는 경우에는 그러하지 아니하다. 가. 법 제25조제5항제1호에 해당하는 폐기물 수집·운반업의 허가를 받은 자 나. 법 제46조제1항제3호에 해당하는 폐기물처리	아니한 매립시설에서 폐기물을 처분할 수 있는 경우 각 호의 폐기물을 처분하는 경우로 한다. 〈개정 2018. 5. 17.〉 1. 지정폐기물이 아닌 다음 각 목의 폐기물 가. 연소 잔재물 중 연탄재 및 석탄재 나. 폐유리 다. 수산물 가공 과정에서 발생하는 폐패각 라. 토사석광업 및 석제품제조업의 문제·세척·세척가공공정에서 발생하는 무기성오니류 중 석재·폐석재수처리오니, 폐석분토사 또는 폐석재 2. 건설폐기물(영 제2조제8호에 따른 사업장에서 배출되는 사업장폐기물로서 지정폐기물과 성질·상태가 다른 폐기물을 말한다. 이하 같다) 중 건설폐재류(「건설폐기물의 재활용촉진에 관한 법률 시행령」 별표 1 제1호부터 제5호까지 및 제16호의 건설폐기물을 말한다. 이하 같다). 다만, 건설폐토석은 용출시험 결과 별표 1의 유해물질 함유 기준 이내이고 유기이물질 등이 일반토양에 준하는 경우만 해당한다. ② 영 제7조제1항제9호 단서에 따라 시설의 일부를 갖추지 아니한 매립시설에서 폐기물을 처분할 수 있는 경우는 주로 가스·소각시설 또는 임료화처리시설을 갖추지 아니한 매립시설에서 무기성폐기물인 폐석고·폐석회·연소재·분진·폐주물사·폐사(廢砂) 등의 사업장일반폐기물(사업장폐기물로서 지정폐기물과 건설폐기물을 제외한 폐기물만 해당

폐기물관리법	폐기물관리법 시행령	폐기물관리법 시행규칙
	신고를 한 자 중 환경부령으로 정하는 자 4. 재활용 또는 중간처분 과정에서 발생하는 폐기물과 법 제13조제1항 단서에 따른 중간가공 폐기물(이하 "중간가공 폐기물"이라 한다)은 새로 폐기물이 발생한 것으로 보아, 법 제17조제2항에 따른 신고 또는 같은 조 제5항에 따른 확인을 받고, 해당 폐기물의 처리방법별로 적정하게 처리할 것 5. 폐기물을 폐기물 처분시설 또는 재활용시설에서 처리할 것. 다만, 생활폐기물 배출자가 법 제15조제1항에 따라 처리하는 경우 및 폐기물을 환경부령으로 정하는 바에 따라 생활환경 보전상 지장이 없는 방법으로 적정하게 처리하는 경우에는 그러하지 아니하다. 6. 폐기물을 처분 또는 재활용하는 자가 폐기물을 보관하는 경우에는 그 폐기물 처분시설 또는 재활용시설과 같은 사업장에 있는 보관시설에 보관할 것. 다만, 법 제25조제5항제3호부터 제7호까지의 규정 중 어느 하나에 해당하는 폐기물 재활용업의 허가를 받은 자(이하 "폐기물을 재활용하는 자"라 한다)가 사업장 폐기물을 재활용하는 경우로서 환경부령으로 정하는 경우에는 그러하지 아니하다. 7. 법 제46조제1항에 따라 폐기물처리 신고를 한 자(이하 "폐기물처리 신고자"라 한다)와 법 제5조제1항에 따른 광역 폐기물처리시설 설치·운영자(제5조제2항에 따라 설치·운영을 위탁받은 자를 포함한다)는 환경부령으로 정하는 기간 이내에 폐기물을 처리할 것. 다만, 화재, 화재, 중대한 사	한다. 이하 같다)을 매립하는 경우로 한다. 〈개정 2018. 5. 17.〉 [제목개정 2011. 9. 27.] **제12조(폐기물처리 신고자와 광역 폐기물처리시설 설치·운영자의 폐기물처리기간)** 영 제7조제1항제8호에서 "환경부령으로 정하는 기간"이란 30일을 말한다. 다만, 폐기물처리 신고자가 고철을 재활용하는 경우에는 60일을 말한다. 〈개정 2011. 9. 27.〉 1. 삭제 〈2011. 9. 27.〉 2. 삭제 〈2011. 9. 27.〉 [전문개정 2008. 8. 4.] [제목개정 2011. 9. 27.] **제11조(폐기물처리사업장 외의 장소에서의 폐기물 보관시설 기준)** ① 영 제7조제1항제6호 단서에서 "환경부령으로 정하는 경우"란 다음 각 호의 경우를 말한다. 〈개정 2013. 7. 19.〉 1. 법 제25조제5항제3호부터 제7호까지의 규정 중 어느 하나에 해당하는 폐기물 재활용업의 허가를 받은 자(이하 "폐기물 재활용업자"라 한다)가 시·도지사로부터 승인받은 임시보관시설에 폐기물 전처리 설비로부터 발생한 임시보관시설에 폐기자·폐기물 전처리를 보관하는 경우. 이 경우 시·도지사는 임시보관시설을 승인할 때에 다음 각 목의 기준을 따라야 한다. 가. 전주의 철거공사현장과 그 재전주 재활용시설

폐기물관리법	폐기물관리법 시행령	폐기물관리법 시행규칙
	ㄹ. 노동쟁의, 방지 폐기물의 반입·보관 등 그 처리기간 이내에 처리하지 못할 부득이한 사유가 있는 경우로서 특별시장·광역시장·특별자치시장·도지사 및 특별자치도지사(이하 "시·도지사"라 한다) 또는 유역환경청장·지방환경청장의 승인을 받은 때에는 그러하지 아니하다. 8. 두 종류 이상의 폐기물이 혼합되어 있어 분리가 어려우면 다음 각 목의 방법으로 처리할 것 가. 폐산(廢酸)이나 폐알카리와 다른 폐기물이 혼합된 경우에는 중화처리한 후 적정하게 처리할 것 나. 일반소각대상 폐기물과 고온소각대상 폐기물이 혼합된 경우에는 고온소각할 것 9. 폐기물을 매립하는 경우에는 침출수와 가스의 유출로 인한 주변환경의 오염을 방지하기 위하여 차수시설(遮水施設), 집수시설, 침출수 유량조정조(流量調整槽), 침출수 처리시설을 갖추고, 가스 소각시설이나 발전·연료화 처리시설을 갖출 것. 다만, 침출수나 가스가 발생하지 아니하거나 침출수나 가스의 발생으로 인한 주변 환경오염의 우려가 없다고 인정되는 경우로서 환경부령으로 정하는 경우에는 위 시설의 전부 또는 일부를 갖추지 아니한 매립시설에서 이를 처분할 수 있다. 10. 분진·소각재·오니류(汚泥類) 중 지정폐기물이 아닌 고체상태의 폐기물로서 수소이온 농도지수가 12.5 이상이거나 2.0 이하인 것을 매립지	이 있는 사업장의 거리가 50킬로미터 이상일 것 나. 임시보관시설에서의 폐기물 보관 허용량은 50톤(12월부터 다음 해 2월까지 보관하는 경우에는 100톤) 미만일 것 다. 폐합성수지제 커버류는 별도로 보관할 것 2. 폐기물 재활용업자가 시·도지사로부터 승인받은 임시보관시설에 태반을 보관하는 경우. 이 경우 시·도지사는 임시보관시설을 승인할 때에 다음 각 목의 기준을 따라야 한다. 가. 폐기물 재활용업자는 「약사법」 제31조에 따른 의약품제조업 허가를 받은 자일 것 나. 태반의 배출장소와 그 태반 재활용시설이 있는 사업장의 거리가 100킬로미터 이상일 것 다. 임시보관시설에서의 태반 보관 허용량은 5톤 미만일 것 다. 임시보관시설에서의 태반 보관 기간은 태반이 임시보관시설에 도착한 날부터 5일 이내일 것 ② 제1항 각 호의 승인을 받으려는 자는 별지 제3호서식의 폐기물 재활용업자의 임시보관시설 설치승인신청서에 다음 각 호의 서류를 첨부하여 임시보관시설 설치예정지를 관할하는 시·도지사에게 제출하여야 하며, 시·도지사는 별지 임시보관시설 설치승인증을 신청인에게 내주어야 한다. 〈개정 2013. 7. 19.〉 1. 폐기물의 수집·운반 계획서 2. 임시보관시설의 규모를 확인할 수 있는 서류

폐기물관리법	폐기물관리법 시행령	폐기물관리법 시행규칙
	분하는 경우에는 관리형 매립시설의 침출수 처리시설과 침출수 처리시설의 성능에 지장을 초래하지 아니하도록 중화·침전 등의 방법으로 중간처분한 후 매립할 것 11. 재활용이 가능한 폐기물은 재활용하도록 할 것 12. 폐산·폐알카리, 금속성 분진 또는 폐유독물질 등으로서 화재, 폭발 또는 유독가스 발생 등의 우려가 있다고 환경부장관이 정하여 고시하는 폐기물은 제1호 각 목 외의 부분 단서 및 같은 호 가목에도 불구하고 그 처리 과정에서 다른 폐기물과 혼합되거나 수분과 접촉되지 아니하도록 할 것. 다만, 중화 등의 방법으로 중간처분하여 화재, 폭발 또는 유독가스 등의 발생 우려가 없는 경우에는 그러하지 아니하다. 13. 지정폐기물을 연간 100톤 이상 배출하는 법 제17조제1항에 따른 사업장폐기물배출자 및 법 제25조제3항에 따른 폐기물처리업의 허가를 받은 자(이하 "폐기물처리업자"라 하며, 폐기물처리업 자 중 법 제25조제5항제1호에 해당하는 폐기물 수집·운반업의 허가를 받은 자의 경우 제3호 각 목 외의 부분 단서에 따라 환경부령으로 정하는 장소로 폐기물을 운반하는 자에 한정한다)는 지정폐기물을 처리하는 과정에서 다음 각 목의 기준을 준수할 것 가. 지정폐기물을 배출 또는 처리하는 과정에서 폐기물의 유출, 화재, 폭발 또는 유독가스 발생 등의 사고 발생을 예방하는 데 필요한 안	3. 임시보관시설에 보관할 수 있는 폐기물의 양과 그 산출근거를 확인할 수 있는 서류 4. 폐기물의 보관과 관련하여 예상되는 환경오염에 대한 대책 5. 해당 토지나 건축물 등에 대한 적법한 사용권이 있음을 확인할 수 있는 서류 ③ 제2항에 따라 승인받으려는 자는 다음 각 호의 사유로 승인받은 사항을 변경하려면 미리 별지 제3호서식의 폐기물 재활용 임시보관시설 설치와 변경승인신청서에 임시보관시설 설치승인서와 변경내용을 증명하는 서류를 첨부하여야 하며, 시·도지사는 임시보관시설 설치 변경승인을 하였을 때에는 별지 제4호서식의 폐기물 재활용임시보관시설 설치승인서에 변경사항을 적어 신청인에게 내주어야 한다. 〈개정 2011. 9. 27.〉 1. 폐기물보관시설 소재지의 변경(제2항에 따라 승인을 받은 행정기관의 관할구역 안에서의 소재지 변경만 해당한다) 2. 승인받은 보관량의 변경 ④ 제2항이나 제3항에 따라 폐기물보관시설 설치 또는 변경설치를 승인한 시·도지사는 승인하거나 변경승인한 내용을 즉시 해당 폐기물 재활용업체를 관할하는 허가기관에 알려야 한다. 〈개정 2011. 9. 27.〉 제10조(폐기물처리시설 외의 장소에서의 폐기물 처리) ① 영 제7조제1항제3호 단서에서 "환경부령으로 정하는 바에 따라 폐기물을 생활환경 보전상 지장이 없는 방법으로 적정하게 처리하는 경우"란 다음 각

폐기물관리법	폐기물관리법 시행령	폐기물관리법 시행규칙
	전 시설·장치 등을 갖출 것 나. 폐기물의 유출, 화재, 폭발 또는 유독가스 발생 등의 사고 발생에 대비하여 방제 약품·장비 등과 사고대응 매뉴얼을 비치하고 근무자가 사용방법과 대응 요령을 숙지하도록 할 것 ② 제1항에 따른 폐기물의 처리에 관한 구체적인 기준과 방법은 환경부령으로 정한다. 〈개정 2011. 9. 7.〉 ③ 법 제13조의2 제1항 단서에 따라 중간가공 폐기물에 적용되는 완화된 처리 기준과 방법은 다음 각 호와 같다. 〈신설 2011. 9. 7.〉 1. 중간가공 폐기물을 운반하는 경우에는 폐기물수집·운반증을 붙이거나 가지고 있지 아니할 수 있다. 2. 중간가공 폐기물을 보관하는 경우에는 그 보관기간을 연장할 수 있다. ④ 제3항에 따른 완화된 기준과 방법에 관한 구체적인 사항은 환경부령으로 정한다. 〈신설 2011. 9. 7.〉	호의 경우를 말한다. 〈개정 2018. 3. 30.〉 1. 폐산·폐알칼리 등 수분함량이 85퍼센트를 초과하거나 고형물함량이 15퍼센트 미만인 액체상태(이하 "액상"이라 한다)의 폐기물을 「물환경보전법」제2조제12호에 따른 수질오염방지시설에 직접 유입하여 처리하는 경우로서 그 배출시설의 설치허가권자 또는 신고수리권자가 그 처리를 인정하는 경우 1의2. 법 제17조에 따른 사업장폐기물배출자(이하 "사업장폐기물배출자"라 한다)가 다음 각 목의 어느 하나에 해당하는 방법으로 스스로 재활용하는 경우 가. 동·식물성 잔재물, 유기성 오니, 음식물류 폐기물, 왕겨, 쌀겨 또는 초목류를 자신의 농경지 퇴비나 자신의 가축 먹이로 사용 나. 지정폐기물을 제외한 폐지·고철·폐포장재(「자원의 절약과 재활용촉진에 관한 법률」제2조에 따른 재활용가능자원을 말한다)·폐목재·금속캔 및 합성수지 재질의 포장재 중용 기류만 해당한다)를 선별·압축·절단·감용(減容)·절단 2. 법 제46조에 따라 폐기물처리 신고를 한 자(이하 "폐기물처리 신고자"라 한다)가 폐기물처리시설에 해당하지 않는 시설을 이용하여 그 신고내용에 따라 재활용하는 경우 3. 폐기물을 압축·파쇄·분쇄·절단·용융 또는 소멸화의 방법으로 처분하는 경우로서 영 별표 3 제1

폐기물관리법	폐기물관리법 시행령	폐기물관리법 시행규칙

폐기물관리법 시행규칙 열:

호나무1)부터 4까지 및 라목1)에 따른 규모 미만의 시설에서 처분하는 경우

4. 폐기물을 사료화·퇴비화 또는 부숙(腐熟)의 방법으로 재활용하는 경우로서 영 별표 3 제3호가목1)부터 4까지 및 같은 호 다목1)에 따른 규모 미만의 시설에서 재활용하는 경우. 다만, 음식물류 폐기물의 경우에는 해당 시설의 재활용과정을 거쳐 배출수와 함께 배출되는 고형물의 무게가 유입되는 고형물 무게의 100분의 20 미만인 경우로 한정한다.

5. 호소·하천 또는 연안관리기권의 장이 장마나 홍수로 해당 관리지역으로 떠내려온 초목류를 거두어 건조시킨 후 관할 특별자치시장·특별자치도지사, 시장·군수·구청장(자치구의 구청장을 말한다. 이하 같다)에게 통보하고 특별자치시장, 특별자치도지사, 시장·군수·구청장이 인정하는 시설에서 처분하는 경우

6. 다음 각 목의 수목류를 연료용(노천에서 태우는 것은 제외한다)으로 사용하는 경우
가. 폐침목·기름·방부제 등이 묻지 아니한 목재
나. 산지개간 또는 건설공사 등으로 발생한 나무뿌리·줄기·가지
다. 장마나 홍수, 산사태 등으로 산지에서 쓸려 내려온 나무뿌리·줄기·가지
라. 연료 또는 목재 산업의 원료로 사용하기 위하여 산지에서 반출되었으나 해당 목적으로 사용되지 않고 배출되는 나무뿌리·줄기·가지

폐기물관리법	폐기물관리법 시행령	폐기물관리법 시행규칙
		7. 폐기물을 제3조제1항제1호에 따른 에너지 회수기준에 맞고, 배출 후 남아 있는 물질 중 태울 수 있는 부분의 중량 비율(이하 "강열감량"이라 한다)이 1퍼센트 이하가 되도록 재활용하는 경우 8. 다음 각 목의 폐기물 외의 폐기물을 담았던 금속 성 용기(폐드럼 등을 말한다)을 전기로에서 고온 용융하여 재활용하는 경우 가. 할로겐족 폐유기용제 나. 폴리클로리네이티드비페닐 함유 폐기물 9. 다음 각 목의 구분에 따라 「검정안수 물사무규칙」 또는 그 밖의 다른 법령에 따른 압수물 또는 물수물이 폐기물을 위탁받아 직접 처리(소각 및 매립은 제외한다)하거나 다른 자에게 처리를 대행(직접 운영하는 폐기물처리시설에서 처리함 수 없는 경우만 해당한다)하게 하는 경우 가. 「석유 및 석유대체연료 사업법」 제25조의2에 따른 한국석유관리원 : 「석유 및 석유대체연료 사업법」 제2조제10호에 따른 가짜석유제품 나. 한국환경공단 : 그 밖의 압수물 또는 물수물 10. 제조작업으로 발생한 조문분(草本類)를 제조한 곳에서 주변지역의 환경오염 없이 풋거름으로 재활용하거나 잔조를 덮어 잔조의 발생을 억제하기 위한 용도로 재활용하는 경우 10의2. 폐기물을 다음 각 목에서 정하는 재활용 용도 또는 방법으로 재활용하는 경우 가. 별표 4의2제1호에 따라 폐기물을 원형 그대로 또는 단순 수리·수선하여 재사용하는 경우

폐기물관리법	폐기물관리법 시행령	폐기물관리법 시행규칙
		나. 다른 사업장의 폐주물사를 별표 4의2 제2호가 목5)에 따라 금속용융로에 첨가제·부원료 등으로 투입하거나 같은 표 제2호나목2)에 따라 재생주물사로 다시 사용하는 경우
		다. 별표 4의2 제4호에 따라 폐기물을 재활용하기 위하여 별 제13조제1항에 따른 중간가공 폐기물(이하 "중간가공 폐기물"이라 한다)로 만드는 경우
		라. 별표 4의2 제4호에 따라 폐기물을 토양과 혼합·중화하여 토양 또는 공유수면 등에 접촉시켜 성토재·복토재 등으로 재활용하는 경우
		마. 폐산 또는 폐양칼리를 별표 5의3 제2호나목2) 마)(3)에 따른 시설에서 수처리제로 재활용하는 경우
		바. 법 제13조의3제3항에 따라 재활용환경성평가에 따른 재활용의 승인을 받은 자가 승인되 재에 따른 용도 또는 승인된 장소에서 폐기물을 재활용하는 경우
		사. 그 밖에 환경부장관이 폐기물 재활용시설 외의 장소에서의 폐기물 재활용·용도 또는 방법으로 인정하여 고시하는 경우
		11. 그 밖에 환경부장관이 정하여 고시하는 방법에 따라 처리하는 경우
		제9조(폐기물 수집·운반업자 등의 운반기준) ① 영 제7조제1항제3조 단서에서 "환경부령으로 정하는 장소로 운반하는 경우"란 적재능력이 작은 차량으로 폐기물을 수집하여 적재능력이 큰 차량으로 옮겨 신

폐기물관리법	폐기물관리법 시행령	폐기물관리법 시행규칙
		가. 위하여 특별시장·광역시장·특별자치시장·도지사 및 특별자치도지사(이하 "시·도지사"라 한다) 또는 유역환경청장·지방환경청장(이하 "지방환경관서의 장"이라 한다)으로부터 승인받은 장소(이하 "임시보관장소"라 한다)로 운반하는 경우를 말한다. 〈개정 2017. 12. 27.〉
		② 영 제7조제1항제3호나목에서 "환경부령으로 정하는 자"란 다음 각 호의 자를 말한다. 〈개정 2018. 5. 17.〉
		1. 제66조제6항제2호에 따른 폐타이어를 수집·운반하는 자
		2. 제66조제6항제3호에 따른 폐가전제품을 분리·해체하지 아니하고 그대로 수집·운반하는 자
		3. 제66조제6항제5호에 따른 폐식용유를 수집·운반하는 자
		4. 그 밖에 폐기물의 원활한 처리를 위하여 환경부장관이 임시보관장소가 필요하다고 인정하여 고시하는 자
		③ 시·도지사 또는 지방환경관서의 장이 제1항에 따른 임시보관장소를 승인하는 경우에는 다음 각 호의 기준에 맞도록 하여야 한다. 〈개정 2017. 12. 27.〉
		1. 법 제25조제3항제1호에 해당하는 폐기물 수집·운반업의 허가를 받은 자(이하 "폐기물 수집·운반업자"라 한다) 또는 제2항 각 호의 자(이하 이 조에서 "폐기물 수집·운반업자 등"이라 한다)당 특별시·광역시·특별자치시·도 및 특별자치도(이하 "시·도"라 한다) 별로 1개소로 제한할 것

폐기물관리법	폐기물관리법 시행령	폐기물관리법 시행규칙
		2. 임시보관장소에서 보관할 수 있는 허용량 및 기간은 다음 각 목의 범위로 할 것 가. 폐기물 수집·운반업자 : 제31조제1항제1호에 따른 양 및 기간 이내일 것 나. 제2항 각 호의 자 　1) 허용량 : 중량이 30톤 이하이고 용적이 300세제곱미터 이하일 것 　2) 기간 : 5일 이내일 것 ④ 제1항에 따른 승인을 받으려는 자는 별지 제1호서식의 폐기물 수집·운반업자 등의 임시보관장소 설치승인신청서에 다음 각 호의 서류를 첨부하여 임시보관장소 설치예정지를 관할하는 시·도지사 또는 지방환경관서의 장에게 제출하여야 하며, 시·도지사 또는 지방환경관서의 장은 임시보관장소의 설치를 승인하였을 때에는 별지 제2호서식의 폐기물 수집·운반업자 등의 임시보관장소 설치승인서를 신청인에게 내주어야 한다. 〈개정 2012. 9. 24.〉 1. 폐기물의 수집·운반 계획서 2. 보관장소의 규모를 확인할 수 있는 서류 3. 보관장소에 보관할 수 있는 폐기물의 양과 그 산출근거를 확인할 수 있는 서류 4. 폐기물의 보관과 관련하여 예상되는 환경오염에 대한 대책 5. 해당 토지나 건축물 등에 대한 적법한 사용권이 있음을 확인할 수 있는 서류 ⑤ 제4항에 따라 승인받은 자는 다음 각 호의 사유로 승인받은 사항을 변경하려면 별지 제1호서식

폐기물관리법	폐기물관리법 시행령	폐기물관리법 시행규칙
		의 폐기물 수집·운반업자 등이 임시보관장소 변경 승인신청서에 설치승인서와 변경내용을 증명하는 서류를 첨부하여 승인받은 시·도지사 또는 지방환경관서의 장에게 제출하여야 하며, 시·도지사 또는 지방환경관서의 장은 임시보관장소의 변경승인을 하면 별지 제2호서식의 폐기물 수집·운반업자 등의 임시보관장소 설치승인서에 변경사항을 적어 신청인에게 내주어야 한다. 〈개정 2012. 9. 24.〉 1. 임시보관장소 소재지의 변경(제4항에 따라 승인받은 행정기관의 관할구역 안에서의 소재지 변경만 해당한다) 2. 보관대상 폐기물 종류의 변경 3. 승인받은 허용량의 변경 ⑥ 제4항이나 제5항에 따라 임시보관장소를 승인하거나 변경승인한 시·도지사 또는 지방환경관서의 장은 승인하거나 변경승인한 내용을 즉시 해당 수집·운반업의 허가기관이나 폐기물처리 신고기관에 알려야 한다. 〈개정 2012. 9. 24.〉 [제목개정 2012. 9. 24.]
		제8조(폐기물의 보관 등에서 발생하는 침출수의 처리기준) 영 제7조제1항제2호에 따라 침출수를 처리하려 할 때에는 별표 11 제3호다목에 따른 침출수 배출허용기준 이하로 처리하여야 한다. 〈개정 2011. 9. 27.〉
제13조의2(폐기물의 재활용 원칙 및 준수사항) ① 누구든지 다음 각 호를 위반하지 아니하는 경우에는 폐기물을 재활용할 수 있다.	**제7조의2(폐기물의 재활용 준수사항)** 법 제13조의2 제1항제4호에 따른 폐기물의 재활용 준수사항은 별표 4의2와 같다.	

폐기물관리법	폐기물관리법 시행령	폐기물관리법 시행규칙
1. 비산먼지, 악취가 발생하거나 휘발성유기화합물, 대기오염물질 등이 배출되어 생활환경에 위해를 미치지 아니할 것 2. 침출수(浸出水)나 중금속 등 유해물질이 유출되어 토양, 수생태계 또는 지하수를 오염시키지 아니할 것 3. 소음 또는 진동이 발생하여 사람에게 피해를 주지 아니할 것 4. 중금속 등 유해물질을 제거하거나 안정화하여 재활용제품이나 원료로 사용하는 과정에서 사람이나 환경에 위해를 미치지 아니하도록 하는 등 대통령령으로 정하는 사항을 준수할 것 5. 그 밖에 환경부령으로 정하는 재활용의 기준을 준수할 것 ② 제1항에도 불구하고 다음 각 호의 어느 하나에 해당하는 폐기물은 재활용을 금지하거나 제한한다. 1. 폐석면 2. 폴리클로리네이티드비페닐(PCBs)을 환경부령으로 정하는 농도 이상 함유하는 폐기물 3. 의료폐기물(태반은 제외한다) 4. 폐유독물 등 인체나 환경에 미치는 위해가 매우 높을 것으로 우려되는 폐기물 중 대통령령으로 정하는 폐기물 ③ 제1항 및 제2항 각 호의 재활용 원칙을 지키기 위하여 필요한 오염 예방 및 저감방법의 종류와 정도, 폐기물의 취급기준과 방법 등의 재활용 준수사항은 환경부령으로 정한다.	[본조신설 2016. 7. 19.] 제7조의3(재활용이 금지 또는 제한되는 폐기물) 법 제13조의2제2항제4호에서 "대통령령으로 정하는 폐기물"이란 별표 4의3에 따른 폐기물을 말한다. [본조신설 2016. 7. 19.]	제14조의3(폐기물의 재활용 기준 및 준수사항 등) ① 법 제13조의2제1항제5호에서 "환경부령으로 정하는 재활용의 기준"이란 별표 5의3에 따른 폐기물의 재활용 기준을 말한다. ② 법 제13조의2제2항에 따라 재활용이 금지되거나 제한되는 폐기물은 다음 각 호의 구분에 따른다. 1. 재활용이 금지되는 폐기물 가. 법 제13조의2제2항제1호·제2호 또는 제3호에 해당하는 폐기물 나. 영 별표 4의3 제1호가목 또는 나목에 해당하는 폐기물 다. 영 별표 4의3 제2호·제3호 또는 제4호에 해당하는 폐기물 라. 영 별표 4의3 제6호에 해당하는 폐기물 중 환경부장관이 재활용을 금지하는 것으로 고시하는 폐기물 2. 재활용이 제한되는 폐기물 가. 영 별표 4의3 제5호다목에 해당하는 폐기물(제한된 용도의 제품이나 원료로 재활용하는 경우만 해당한다) 나. 영 별표 4의3 제5호에 해당하는 폐기물

폐기물관리법	폐기물관리법 시행령	폐기물관리법 시행규칙
[전문개정 2015. 7. 20.] 제13조의3(폐기물의 재활용 시 환경성평가) ① 제13조의2제1항에도 불구하고 다음 각 호에 해당하는 자는 제13조의4제1항에 따른 재활용환경성평가기관으로부터 해당 폐기물의 인체나 환경에 미치는 영향을 조사·예측하여 해로운 영향을 피하거나 제거하는 방안 및 재활용기술의 적합성에 대한 평가(이하 "재활용환경성평가"라 한다)를 받아야 한다. 폐기물의 종류, 재활용 유형 등 환경부령으로 정하는 중요사항을 변경하는 경우에도 또한 같다. 1. 환경부령으로 정하는 규모 이상의 폐기물 또는 폐	제7조의4(재활용환경성평가에 따른 재활용의 승인 요건) 법 제13조의3제4항에서 "대통령령으로 정하는 승인 요건"이란 다음 각 호의 요건을 말한다. 1. 폐기물의 재활용 및 재활용 제품이 사용이 사람의 건강이나 환경에 유해하지 아니하고 안전하며, 해당 재활용 제품이 유용할 것 2. 재활용하려는 용도·방법 및 재활용기술이 적합할 것 3. 해당 폐기물을 재활용하여 토양·지하수·지표수 등에 접촉시키려는 경우 접촉 대상과의 재활용 수 등에 따른 사후관리 계획이 적절할 것	다. 영 별표 4의3 제6호에 해당하는 폐기물 중 환경부장관이 재활용을 제한하는 것으로 고시하는 폐기물 ③ 법 제13조의2제2항에서 "환경부령으로 정하는 농도"란 영 별표 1 제8호 각 목에 따라 지정폐기물에 해당하는 폴리클로리네이티드비페닐의 농도를 말한다. ④ 제2항에도 불구하고 제37조의2제2항에 따라 폐기물 재활용시설 설치·운영제외시설 시, 도지사나 지방환경관서의 장에게 제출하여 확인을 받은 자는 법 제13조의2제2항 각 호의 폐기물을 시험·연구 목적으로 재활용할 수 있다. 〈신설 2018. 3. 30.〉 ⑤ 법 제13조의2제3항에 따라 폐기물을 재활용하는 자의 준수사항은 별표 5의4와 같다. 〈개정 2018. 3. 30.〉 [전문개정 2016. 7. 21.]

폐기물관리법	폐기물관리법 시행령	폐기물관리법 시행규칙
기름을 토양 등과 혼합하여 만든 물질을 토양·지하수·지표수 등에 접촉시켜 복토제·성토제·도로기층제 등 환경부령으로 정하는 용도 또는 방법으로 재활용하려는 자(둘 이상이 공동으로 재활용하려는 경우를 포함한다) 2. 제13조의2에 따라 폐기물 재활용의 원칙 및 준수사항을 정하지 아니한 폐기물을 재활용하려는 자 ② 제1항에도 불구하고 「비료관리법」 제4조에 따라 공정규격이 설정된 비료를 제조하거나 환경부령으로 정하는 방법으로 폐기물을 재활용하려는 자는 재활용환경성평가를 받지 아니하고 해당 폐기물을 재활용할 수 있다. ③ 제1항에 따라 재활용환경성평가를 받은 자는 그 결과를 환경부장관에게 제출하고, 그 폐기물을 재활용할 수 있는지에 대한 승인을 받아야 한다. ④ 환경부장관은 제3항에 따라 제출받은 재활용환경성평가 결과를 고려하여 대통령령으로 정하는 승인요건을 갖추었는지를 검토한 후 제3항에 따른 승인을 할 수 있다. ⑤ 환경부장관은 제4항에 따라 승인을 하는 경우 국민 건강 또는 환경에 미치는 위해 등을 줄이기 위하여 승인의 유효기간, 폐기물의 양 등 환경부령으로 정하는 조건을 붙일 수 있다. ⑥ 환경부장관은 제3항에 따른 승인을 받은 자가 다음 각 호의 어느 하나에 해당하는 경우에는 그 승인을 취소하여야 한다. 이 경우 승인이 취소되면 지체 없이 해당 폐기물의 재활용을 중단하여야 한다.	4. 법 제13조의3제1항에 따른 재활용환경성평가(이하 "재활용환경성평가"라 한다)의 절차 및 방법을 준수하였을 것 [본조신설 2016. 7. 19.]	제14조의4(재활용환경성평가의 절차 및 방법) ① 법 제13조의3제1항에 따라 재활용환경성평가(이하 "재활용환경성평가"라 한다)를 받으려는 자(둘 이상이 공동으로 재활용하려는 경우에는 대표자를 말한다)는 별지 제4호의2서식의 재활용환경성평가 신청서에 다음 각 호의 서류 등을 첨부하여 법 제13조의4제1항에 따른 재활용환경성평가기관(이하 "재활용환경성평가기관"이라 한다)의 장에게 제출하여야 한다. 1. 다음 각 목의 사항이 포함된 폐기물의 재활용 계획서 가. 폐기물의 구체적인 재활용 유형 나. 재활용 공정도 및 재활용 공정별 물질수지(物質收支) 분석 자료 다. 재활용에 따른 주변 지역의 오염 예방·저감 계획(재활용 과정에서 주변 지역의 오염이 우려되는 경우에 해당한다) 라. 재활용과 관련된 국내의 연구 실적 또는 유사 사례(해당 자료가 있는 경우만 해당한다) 2. 재활용 대상 폐기물, 재활용 공정 및 재활용 제품에 대한 환경 유해성 분석 자료 3. 재활용 제품의 생산 등 재활용 공정의 적정성을 확인할 수 있는 시설(생산 시설이 확보되지

폐기물관리법	폐기물관리법 시행령	폐기물관리법 시행규칙
1. 제3항에 따라 승인받은 사항과 다르게 폐기물을 재활용한 경우 2. 제3항에 따라 재활용하는 재활용환경성평가 결과를 거짓이나 그 밖의 부정한 방법으로 제출한 경우 3. 제5항에 따른 승인 조건을 위반한 경우 ⑦ 제1항부터 제6항까지에서 규정한 사항 외에 재활용환경성평가의 절차ㆍ방법 및 승인 등에 관하여 필요한 사항은 환경부령으로 정한다. [본조신설 2015. 7. 20.] [종전 제13조의5는 제13조의6으로 이동 〈2015. 7. 20.〉]		아니한 경우에는 연구ㆍ실험시설 등의 대체시설을 말한다) 현황 4. 재활용 대상부지에 대한 지형ㆍ지질 등의 현장자료[기물 등을 토양ㆍ지하수ㆍ지표수 등에 접촉시키는 방법으로 재활용(이하 "매체접촉형 재활용"이라 한다)하려는 경우만 해당한다] 5. 재활용 대상 부지 및 주변 지역에 대한 환경변화 모니터링 대상ㆍ항목ㆍ방법ㆍ주기 및 기간 등이 포함된 사후관리 계획(매체접촉형 재활용의 경우만 해당한다) 6. 재활용 제품 등이 시제품(제출이 가능한 경우만 해당한다) ② 재활용환경성평가기관은 제1항에 따라 재활용환경성평가를 의뢰받은 경우에는 법 제13조의4제3항에 따른 재활용환경성평가서(이하 "재활용환경성평가서"라 한다)를 작성하여 신청인에게 발급하여야 한다. ③ 제2항에 따라 재활용환경성평가를 받은 자는 제4항 중의 어느 하나에 해당하는 경우에는 별지 제4호의2서식의 재활용환경성평가 변경신청서에 다음 각 호의 서류를 첨부하여 재활용환경성평가기관의 장에게 제출하여야 한다. 1. 재활용환경성평가서 원본 2. 제14조의6제4항에 따른 재활용환경성평가에 따른 재활용환경성평가에 따라 재활용환경성평가의 제3항제3항에 따라 재활용환경성평가에 따른 재활용의 승인을 받은 경우만 해당한다)

폐기물관리법	폐기물관리법 시행령	폐기물관리법 시행규칙
		3. 변경사항이 반영된 제1항 각 호에 따른 서류(서류의 내용이 변경되는 경우에만 해당한다)
		④ 법 제13조의3제1항 각 호 외의 부분 주단에서 "환경부령으로 정하는 중요사항을 변경하는 경우"란 다음 각 호의 어느 하나에 해당하는 경우를 말한다. 다만, 제2호 및 제4호는 매체접촉형 재활용의 경우에만 해당한다.
		1. 재활용 대상 폐기물의 세부종류를 변경하는 경우(재활용환경성평가를 받은 재활용 유형을 변경하지 아니하는 경우에만 해당한다)
		2. 재활용 대상 폐기물의 양 또는 재활용 대상 부지의 면적을 변경하는 경우로서 다음 각 목의 어느 하나에 해당하는 경우
		가. 재활용 대상 폐기물의 양을 재활용환경성평가를 받은 재활용 대상 폐기물의 양보다 100분의 30 이상 증가(변경되는 누계를 포함한다)시키려는 경우
		나. 재활용 대상 부지의 계획면적을 재활용환경성평가를 받은 면적의 100분의 30 이상 증가(변경되는 누계를 포함한다)시키려는 경우
		다. 재활용 대상 폐기물·폐기물 혼합물의 양 또는 재활용 대상 부지 면적의 규모를 제14조의5에 따른 재활용 대상 규모 이상만큼 증가(변경되는 누계를 포함한다)시키려는 경우
		제1항 각 호에 따른 규모 이상만큼 증가되는 누계를 포함한다)시키려는 경우
		3. 재활용 유형을 변경(별표 4의2에 따른 재활용 유형 중 같은 목에 해당하는 세부유형으로의 변경을 말한다)하는 경우

폐기물관리법	폐기물관리법 시행령	폐기물관리법 시행규칙
	제14조의5(재활용환경성평가의 대상) ① 법 제13조의3제1항제1호에서 "환경부령으로 정하는 규모"란 다음 각 호의 어느 하나를 말한다. 1. 폐기물의 경우(토양 등과 혼합하지 아니하는 경우만 해당한다) : 12만톤 2. 폐기물을 토양 등과 혼합하여 만든 물질의 경우 : 12만톤 3. 재활용 대상 부지 면적의 경우 : 3만제곱미터 ② 법 제13조의3제1항제1호에서 "환경부령으로 정하는 용도 또는 방법"이란 별표 4의2 제3조 또는 제4	4. 사후관리 계획 중 환경변화 모니터링의 주기·항목·방법 또는 기간을 변경하는 경우 5. 재활용환경성평가서를 발급받은 날부터 1년 이내에 법 제13조의3제3항에 따라 재활용환경성평가에 따른 재활용의 승인을 신청하지 아니한 경우 ⑤ 재활용환경성평가기관의 장은 별지 제4호의3서식에 따른 재활용환경성평가 실적 보고서를 매 반기가 끝난 후 30일 이내에 국립환경과학원장에게 제출하여야 한다. ⑥ 법 제13조의3제7항에 따른 재활용환경성평가의 방법은 별표 5의5와 같다. ⑦ 제1항부터 제6항까지에서 규정한 사항 외에 재활용환경성평가의 절차·방법에 관하여 필요한 세부 사항은 환경부장관이 정하여 고시한다. [본조신설 2016. 7. 21.] [종전 제14조의4는 제14조의13으로 이동 〈2016. 7. 21.〉]

폐기물관리법	폐기물관리법 시행령	폐기물관리법 시행규칙
		호의 재활용 유형에 따른 용도 또는 방법을 말한다. ③ 법 제13조의3제2항에서 "환경부령으로 정하는 방법"이란 다음 각 호의 어느 하나를 말한다. 〈개정 2016. 12. 30.〉 1. 별표 4의2 제3호가목 또는 같은 호 나목1)의 재활용 유형에 따른 방법 2. 별표 4의2 제4호나목의 재활용 유형에 따라 폐기물매립시설(영 제7조제1항제9호 단서에 따른 시설이 전부 또는 일부를 갖추지 아니한 폐기물매립시설은 제외한다)의 복토재로 사용하는 방법 3. 다음 각 목의 어느 하나에 해당하는 물질을 별표 4의2 제4호가목 또는 나목의 재활용 유형에 따라 성토재 등으로 사용하거나, 같은 표 제4호다목의 재활용 유형에 따라 폐기물매립시설의 복토재로 사용하는 방법 　가. 「산업표준화법」 제12조에 따른 한국산업표준에 따라 적합하게 제조된 골재 　나. 「환경기술 및 환경산업 지원법」 제17조에 따른 환경표지의 인증을 받은 골재 　다. 「자원의 절약과 재활용촉진에 관한 법률」 제33조에 따른 재활용제품의 품목별 구격 및 품질기준에 적합하게 제조된 것으로서 「산업기술혁신 촉진법 시행령」 제17조제1항제3호에 따른 인증을 받은 골재 [본조신설 2016. 7. 21.] **제14조의6(재활용환경성평가에 따른 재활용의 승인절차)** ① 법 제13조의3제3항에 따라 재활용환경성

폐기물관리법	폐기물관리법 시행령	폐기물관리법 시행규칙
		평가에 따른 재활용의 승인을 받으려고 하는 자는 재활용환경성평가서를 발급받은 날부터 1년 이내에 별지 제4조의4서식의 재활용환경성평가에 따른 재활용승인신청서에 재활용환경성평가서를 첨부하여 국립환경과학원장에게 제출하여야 한다. ② 국립환경과학원장은 제1항에 따른 신청인이 별 제13조의3제4항 및 제7조의4에 따른 승인 요건을 갖추었는지를 확인하기 위하여 관계 행정기관의 장에게 협조를 요청할 수 있다. ③ 국립환경과학원장은 제1항에 따른 승인에 관하여 환경에 대한 학식과 경험이 풍부한 사람으로 구성된 자문위원회의 의견을 들을 수 있다. ④ 국립환경과학원장은 재활용환경성평가에 따른 재활용을 승인하는 경우에는 별지 제4조의5서식에 따른 재활용환경성평가에 따른 재활용승인서를 작성하여 신청인에게 발급하여야 하며, 승인 내용을 국립환경과학원의 인터넷 홈페이지에 게시하여야 한다. ⑤ 제1항부터 제4항까지에서 규정한 사항 외에 재활용환경성평가에 따른 승인의 절차 등에 관하여 필요한 세부 사항은 국립환경과학원장이 정한다. [본조신설 2016. 7. 21.]

제14조의7(재활용환경성평가에 따른 재활용의 승인 통보) 제14조의6(제4항에 따라 재활용환경성평가에 따른 재활용 승인서를 발급받은 자는 해당 재활용을 하기 전에 관할 시·도지사, 시장·군수·구청장 또는 지방환경관서의 장에게 승인 내용을 통보하여야 한다. |

폐기물관리법	폐기물관리법 시행령	폐기물관리법 시행규칙
		한다. [본조신설 2016. 7. 21.] 제14조의8(재활용환경성평가에 따른 재활용의 승인 조건) 법 제13조의3제5항에서 "환경부령으로 정하는 조건"이란 다음 각 호의 조건을 말한다. 1. 매체접촉형 재활용의 조건 　가. 승인의 유효기간(최대 5년까지로 한다) 　나. 재활용 대상 폐기물의 종류 및 양 　다. 재활용 대상 부지 및 면적 　라. 재활용 대상 폐기물의 전(前)처리 기준 및 방법 　마. 재활용 유형 　바. 주변 지역의 환경오염을 방지하기 위한 시설 또는 장치 등의 설치 · 운영 　사. 환경변화 모니터링의 주기 · 항목 · 방법 맞 기간 등 사후관리에 관한 사항 　아. 그 밖에 국립환경과학원장이 재활용에 따른 환경 위해를 방지를 위하여 필요하다고 인정하는 조건 2. 매체접촉형 재활용 외의 재활용(이하 "비매체접촉형 재활용"이라 한다)의 조건 　가. 재활용 대상 폐기물의 종류 　나. 재활용 대상 폐기물의 전(前)처리 기준 및 방법 　다. 재활용 유형 　라. 재활용 공정 · 시설의 설치 및 운영 기준 　마. 주변 지역의 환경오염을 방지하기 위한 시설 또는 장치 등의 설치 · 운영 　바. 그 밖에 국립환경과학원장이 재활용에 따른

폐기물관리법	폐기물관리법 시행령	폐기물관리법 시행규칙

제13조의4(재활용환경성평가기관의 지정 등) ① 환경부장관은 전문적·기술적·기술적인 재활용환경성평가를 위하여 다음 각 호의 어느 하나에 해당하는 기관 또는 단체 중에서 재활용환경성평가기관을 지정하고, 그 기관에 지정서를 발급하여야 한다.

1. 국공립 연구기관
2. 「한국환경공단법」에 따른 한국환경공단
3. 그 밖에 대통령령으로 정하는 기관 또는 단체

② 재활용환경성평가기관으로 지정받으려는 자는 환경부령으로 정하는 기술인력 및 시설·장비 등의 요건을 갖추어 환경부장관에게 신청하여야 한다. 환경부령으로 정하는 중요사항을 변경하려는 경우에도 또한 같다.

③ 재활용환경성평가기관은 재활용환경성평가를 의뢰받은 경우 다음 각 호의 사항을 포함하여 환경부령으로 정하는 기준과 방법에 따라 재활용환경성평가서를 작성하여야 한다.

1. 대상지역 현황
2. 폐기물 또는 폐기물을 참가하여 만든 물질의 침출·시료상·지하수·지표수·지초수 등에 미치는 영향 등의 예측·평가
3. 환경위해성의 예방·제거 방안
4. 환경변화 모니터링 계획
5. 제13조의2에 따른 폐기물 재활용의 원칙 및 준수

제7조의5(재활용환경성평가기관의 지정) 법 제13조의4제1항제3호에서 "대통령령으로 정하는 기관 또는 단체"란 다음 각 호의 기관 또는 단체를 말한다.

1. 법 제17조의2제1항제4호에 따라 지정된 폐기물분석전문기관(일반 분야로 지정된 경우만 해당한다)
2. 「토양환경보전법」제23조의2제2항에 따라 지정된 토양관련전문기관(토양환경평가기관, 위해성평가기관 또는 토양오염조사기관으로 지정된 경우만 해당한다)
3. 그 밖에 재활용환경성평가에 관한 업무를 수행할 수 있는 인력·물적 자원을 갖추고 있다고 환경부장관이 인정하여 고시하는 기관 또는 단체

[본조신설 2016. 7. 19.]

제14조의9(재활용환경성평가기관으로의 지정) ① 재활용환경성평가기관으로 지정을 받으려는 기관 또는 단체는 별 제13조의4제2항에 따라 별지 제4호서식의 재활용환경성평가기관 지정 신청서에 다음 각 호의 서류(전자문서를 포함한다)를 첨부하여 국립환경과학원장에게 제출하여야 한다.

1. 기술인력의 보유 현황과 이를 증명하는 서류 1부
2. 시설 및 장비의 보유 현황과 이를 증명하는 서류(일부를 임차하는 경우에는 임차계약서를 포함함

환경 위해의 방지를 위하여 필요하다고 인정하는 조건

[본조신설 2016. 7. 21.]

폐기물관리법	폐기물관리법 시행령	폐기물관리법 시행규칙
사항이 마련되지 아니한 폐기물의 재활용환경성평가를 위하여 환경부령으로 정하는 사항 ④ 재활용환경성평가기관은 다른 자에게 자기의 명의나 상호를 사용하여 재활용환경성평가를 하게 하거나 재활용환경성평가기관 지정서를 빌려주어서는 아니 된다. ⑤ 환경부장관은 재활용환경성평가기관의 운영이 적절한지에 대하여 정기적으로 점검하여야 한다. ⑥ 환경부장관은 재활용환경성평가기관이 다음 각 호의 어느 하나에 해당하면 그 지정을 취소하거나 6개월 이내의 기간을 정하여 업무의 정지를 명할 수 있다. 다만, 제1호 및 제2호에 해당하는 경우에는 그 지정을 취소하여야 한다. 1. 거짓이나 그 밖의 부정한 방법으로 지정 또는 변경지정을 받은 경우 2. 업무정지기간 중 재활용환경성평가 업무를 실시한 경우 3. 제2항 전단에 따른 지정요건을 갖추지 못하게 된 경우 4. 제2항 후단을 위반하여 변경지정을 받지 아니하고 중요 사항을 변경한 경우 5. 거짓이나 그 밖의 부정한 방법으로 제3항에 따른 재활용환경성평가서를 작성한 경우 6. 제4항을 위반하여 다른 자에게 자기의 명의나 상호를 사용하여 재활용환경성평가를 하게 하거나 재활용환경성평가기관 지정서를 빌려준 경우 ⑦ 제1항부터 제6항까지에서 규정한 사항 외에 재활		하며, 시험·분석업무의 일부를 대행하게 하는 경우에는 시험·분석업무 대행계약서를 포함한다) 1부 3. 다음 각 목의 내용이 포함된 재활용환경성평가 업무수행계획서 1부 가. 업무수행 절차·방법 등 운영 관리 계획 나. 시설 및 장비의 유지·관리 계획 및 정도 관리 계획 4. 법 제13조의4제1항 각 호에 해당하는 기관임을 증명하는 서류 ② 제1항에 따른 신청서를 제출받은 담당 공무원은 「전자정부법」 제36조제1항에 따른 행정정보의 공동이용을 통하여 법인 등기사항증명서·사업자등록증 및 국가기술자격증을 확인하여야 한다. 다만, 신청인이 사업자등록증 또는 국가기술자격증의 확인에 동의하지 아니하는 경우에는 그 사본을 첨부하도록 하여야 한다. ③ 국립환경과학원장은 법 제13조의4제1항에 따라 재활용환경성평가기관을 지정한 경우에는 별지 제4조의7서식의 재활용환경성평가기관 지정서를 발급하고, 재활용환경성평가기관의 명칭 및 소재지 등의 지정 내용(제14조의10제2항에 따라 변경지정한 경우에는 변경지정 사항을 포함한다)을 관보 또는 국립환경과학원의 인터넷 홈페이지에 공고하여야 한다. ④ 법 제13조의4제1항에 따라 재활용환경성평가기관으로 지정을 받으려는 기관 또는 단체가 갖추어야 하는 기술인력 및 시설·장비 등의 기준은 별표 5의6과 같다.

폐기물관리법	폐기물관리법 시행령	폐기물관리법 시행규칙
용환경성평가기관의 지정 기준·절차 및 정기점검 등에 관하여 필요한 사항은 환경부령으로 정한다. ⑧ 제1항에 따른 재활용환경성평가기관의 지정 절차사유에 관하여는 제26조제1호부터 제4호가지 및 제6호를 준용한다. 이 경우 "폐기물처리업"은 "재활용환경성평가기관"으로, "허가"는 "지정"으로 본다. [본조신설 2015. 7. 20.]		[본조신설 2016. 7. 21.] 제14조의10(재활용환경성평가기관의 변경지정) ① 재활용환경성평가기관의 장은 다음 각 호의 어느 하나에 해당하는 경우에는 변경사유가 발생한 날부터 15일 이내에 별지 제4호의6서식의 재활용환경성평가기관 변경지정 신청서에 지정서 원본과 변경내용을 증명할 수 있는 서류를 첨부하여 국립환경과학원장에게 제출하여야 한다. 1. 재활용환경성평가기관의 명칭의 변경 2. 사무실 또는 실험실 소재지의 변경 3. 대표자, 기술인력 또는 장비의 변경 4. 시험·분석업무 대행계약의 변경 ② 국립환경과학원장은 제1항에 따라 재활용환경성평가기관을 변경지정한 경우에는 변경지정한 내용을 재활용환경성평가기관 지정서에 기재하여 다시 주어야 한다. [본조신설 2016. 7. 21.] 제14조의11(재활용환경성평가서의 작성 등) ① 법 제13조의4제3항 각 호 외의 부분에서 "환경부령으로 정하는 기준과 방법"이란 다음 각 호의 사항을 말한다. 1. 제14조의4에 따른 재활용환경성평가의 절차에 따라 평가계획을 수립할 것 2. 폐기물의 재활용으로 인하여 사람의 건강이나 환경에 위해가 우려될 경우 이를 저감하거나 제거할 수 있는 방안을 제시할 것

폐기물관리법 시행규칙	폐기물관리법 시행령	폐기물관리법
3. 폐기물의 종류와 오염물질의 양, 주변 환경 등을 고려하여 폐기물의 재활용에 따른 환경변화를 충분히 확인할 수 있도록 환경변화 모니터링의 대상항목·방법·주기 및 기간 등을 정할 것 ② 법 제13조의4제3항제5호에서 "환경부령으로 정하는 사항"이란 다음 각 호의 사항을 말한다. 1. 재활용 대상 폐기물 및 재활용 제품에 대한 유해물질 함량 조사·평가 및 기준 설정 2. 재활용 제품의 환경 유해성 예방·저감 방안 3. 재활용 과정에서 주변 환경에 미치는 영향의 예측·평가 및 오염 방지 방안 4. 법 제13조의4제3항제1호부터 제4호까지의 사항 (매체접촉형 재활용의 경우만 해당한다) ③ 제1항 및 제2항에서 규정한 사항 외에 재활용환경성평가서의 작성기준 및 방법 등에 관하여 필요한 세부사항은 환경부장관이 정하여 고시한다. [본조신설 2016. 7. 21.] **제14조의12(재활용환경성평가기관의 점검)** ① 국립환경과학원장은 법 제13조의4제5항에 따라 재활용환경성평가기관의 지정요건 충족 여부 및 재활용환경성평가 능력을 확인하기 위하여 재활용환경성평가기관에 대하여 매년 1회 이상의 정기점검을 실시하여야 한다. ② 제1항에도 불구하고 국립환경과학원장이 재활용환경성평가기관의 적정성 등의 확인을 위하여 필요하다고 인정하는 경우에는 수시점검을 실시할 수 있다. ③ 국립환경과학원장은 제1항 및 제2항에 따라 점검		

폐기물관리법	폐기물관리법 시행령	폐기물관리법 시행규칙
		을 실시하는 경우에는 다음 각 호의 사항을 확인하여야 한다. 1. 기술인력 및 시설·장비 기준의 준수 여부 2. 시험·분석 및 현장 조사의 적절성 여부 3. 재활용환경성평가 기준의 준수 여부 4. 재활용환경성평가서 작성 기준 및 방법의 준수 여부 5. 그 밖에 국립환경과학원장이 재활용환경성평가 기관의 점검을 위하여 필요하다고 인정하는 사항 [본조신설 2016. 7. 21.]
제13조의5(재활용 제품 또는 물질에 관한 유해성기준) ① 환경부장관은 폐기물을 재활용하여 만든 제품 또는 물질이 사람의 건강이나 환경에 위해를 줄 수 있다고 판단되는 경우에는 관계 중앙행정기관의 장과 협의하여 그 재활용 제품 또는 물질에 대한 유해성기준(이하 "유해성기준"이라 한다)을 정하여 고시하여야 한다. ② 누구든지 유해성기준에 적합하지 아니하게 폐기물을 재활용한 제품 또는 물질을 제조하거나 유통하여서는 아니 된다. ③ 환경부장관은 폐기물을 재활용한 제품 또는 물질이 유해성기준을 준수하는지를 확인하기 위하여 시험·분석을 하거나 그 제품 또는 물질의 제조 또는 유통 실태를 조사할 수 있다. ④ 제3항에 따른 시험·분석 및 실태 조사에 필요한 사항은 환경부령으로 정한다. ⑤ 환경부장관은 제3항에 따른 시험·분석 또는 실태 조사 결과 유해성기준을 위반한 제품 또는 물질을		제14조의13(유해성 검사기관 등) ① 지방환경관서의 장은 법 제13조의5제1항에 따라 유해성 기준 준수여부의 검사를 위하여 제63조에 따른 기관에 시험·분석을 하게 할 수 있다. 〈개정 2016. 7. 21.〉 ② 지방환경관서의 장은 법 제13조의5제3항에 따른 실태조사를 할 때에는 조사기간, 조사대상 제품 또는 물질, 조사방법 등이 포함된 조사계획을 수립하고, 유통량이나 폐기물 사용량이 많은 제품 등 유해성 우려가 높은 제품 또는 물질을 우선 조사하여야 한다. 〈개정 2016. 7. 21.〉 ③ 지방환경관서의 장이 법 제13조의5제3항에 따른 조사명령을 할 때에는 다음 각 호의 사항을 명시하여야 한다. 〈개정 2016. 7. 21.〉 1. 대상 제품 또는 물질명 2. 대상 제품 또는 물질의 제조자 명칭 3. 조사명령의 내용 4. 조사명령의 사유 5. 조사기간·방법

폐기물관리법	폐기물관리법 시행령	폐기물관리법 시행규칙
제조 또는 유통과정에서 그에 대하여 해당 제품 또는 물질의 회수, 폐기 등 필요한 조치를 명할 수 있다. ⑥ 환경부장관은 제1항에 따라 유해성 기준이 고시된 제품 또는 물질 중에서 재활용하는 폐기물의 관리가 필요하다고 인정되는 제품 또는 물질에 대하여는 관할 지방자치단체의 장 및 해당 제품 또는 물질을 제조하는 자 등과 협의하여 제품에 함유된 별도 용도 및 사용량, 폐기물 중의 중금속 함유량 등의 정보를 공개하게 할 수 있다. [본조신설 2010. 7. 23.] [제13조의3에서 이동 〈2015. 7. 20.〉]		6. 그 밖에 조치에 필요한 사항 ④ 제3항에 따른 명령을 받은 자는 5일 이내에 조치 명령 이행계획을 수립하여 지방환경관서의 장에게 제출하여야 한다. [본조신설 2011. 9. 27.] [제14조의4에서 이동 〈2016. 7. 21.〉]
제14조(생활폐기물의 처리 등) ① 특별자치시장, 특별자치도지사, 시장·군수·구청장은 관할 구역에서 배출되는 생활폐기물을 처리하여야 한다. 다만, 환경부령으로 정하는 바에 따라 특별자치시장, 특별자치도지사, 시장·군수·구청장이 지정하는 지역은 제외한다. 〈개정 2013. 7. 16.〉 ② 특별자치시장, 특별자치도지사, 시장·군수·구청장은 해당 지방자치단체의 조례로 정하는 바에 따라 대통령령으로 정하는 자에게 제1항에 따른 처리를 대행하게 할 수 있다. 〈개정 2013. 7. 16.〉 ③ 제1항 본문 및 제2항에도 불구하고 제46조제1항에 따라 폐기물처리 신고를 한 자(이하 "폐기물처리 신고자"라 한다)는 생활폐기물 중 폐지, 고철, 폐식용유(가정에서 배출되는 폐식용유를 유출·우려가 없는 전용 탱크·용기로 수집·운반하는 경우만 해당한다) 등 환경부령으로 정하는 폐기물을 수집·운반 또는 재활용할 수	제8조(생활폐기물의 처리대행자) 법 제14조제2항에서 "대통령령으로 정하는 자"란 다음 각 호의 어느 하나에 해당하는 자를 말한다. 다만, 제4호는 농업활동으로 발생하는 폐플라스틱 필름·시트류를 재활용하거나 폐농약용기 등 폐농약포장재를 재활용 또는 소각하는 경우에만 해당한다. 〈개정 2018. 3. 27.〉 1. 폐기물처리업자 2. 사체 〈2011. 9. 7.〉 3. 폐기물처리 신고자 4. 「한국환경공단법」에 따른 한국환경공단(이하 "한국환경공단"이라 한다) 5. 「전기·전자제품 및 자동차의 자원순환에 관한 법률」제15조 전단에 따른 전기·전자제품 재활용의무생산자 또는 같은 법 제16조의4제1항에 따른 전기·전자제품 판매업자(전기·전자제품 판매업자 또는 전자제품 판매업자·전자제품 판매업자·전자제품 판매업자	

폐기물관리법	폐기물관리법 시행령	폐기물관리법 시행규칙
집·운반 또는 재활용할 수 있다. 〈개정 2013. 7. 16.〉 ④ 제3항에 따라 생활폐기물을 수집·운반하는 자는 수집한 생활폐기물 중 환경부령으로 정하는 폐기물을 다음 각 호의 자에게 운반할 수 있다. 〈신설 2013. 7. 16.〉 1. "자원의 절약과 재활용촉진에 관한 법률" 제16조제1항에 따른 제품·포장재의 제조업자 또는 수입업자 중 제조·수입하거나 판매한 제품·포장재로 인하여 발생한 폐기물을 직접 회수하여 재활용하는 자(재활용을 위탁받은 자 중 환경부령으로 정하는 자를 포함한다) 2. 제25조제5항제5호 또는 제7호에 해당하는 폐기물 재활용업의 허가를 받은 자 3. 폐기물처리 신고자 4. 그 밖에 환경부령으로 정하는 자 ⑤ 특별자치시장, 특별자치도지사, 시장·군수·구청장은 제1항에 따라 생활폐기물을 처리할 때에 배출되는 생활폐기물의 종류, 양 등에 따라 수수료를 징수할 수 있다. 이 경우 수수료는 해당 지방자치단체의 조례로 정하는 바에 따라 폐기물 종량제(從量制) 봉투 또는 폐기물임을 표시하는 표지 등(이하 "종량제봉투등"으로 한다)을 판매하는 방법으로 징수하되, 음식물류 폐기물의 경우에는 배출량에 따라 산출한 금액으로 부과하는 방법으로 징수할 수 있다. 〈개정 2013. 7. 16.〉 ⑥ 특별자치시장, 특별자치도지사, 시장·군수·	로부터 회수·재활용을 위탁받은 자를 포함한다) 중 전기·전자제품을 재활용하기 위하여 스스로 회수하는 체계를 갖춘 자 6. 삭제 〈2011. 9. 7.〉 7. "자원의 절약과 재활용촉진에 관한 법률" 제13조의2에 따른 대행폐기물을 수집·운반하는 자(같은 법 제2조제13조에 따른 대행폐기물을 수집·재활용하는 것만 해당한다) 8. "자원의 절약과 재활용촉진에 관한 법률" 제16조에 따른 재활용의무생산자 중 제품·포장재를 스스로 회수하여 재활용하는 체계를 갖춘 자(재활용을 위한 의무생산자로부터 재활용을 위탁받은 자를 포함한다) 9. "건설폐기물 재활용촉진에 관한 법률" 제21조에 따라 건설폐기물 처리업의 허가를 받은 자공사·작업 등으로 인하여 5톤 미만으로 발생되는 생활폐기물을 같은 법 시행령 제9조제3항에 따른 기준과 방법에 따라 재활용하기 위하여 수집·운반하거나 재활용하는 경우만 해당한다)	제15조(생활폐기물 관리 제외지역의 지정) ① 특별자치시장, 특별자치도지사, 시장·군수·구청장은 법 제14조제1항 단서에 따라 생활폐기물을 처리하여야 하는 구역에서 제외할 수 있는 지역(이하 "생활폐기물관리 제외지역"이라 한다)을 지정하는 경우에는 다음 각 호의 어느 하나에 해당하는 지역을 대상으로 하여야 한다. 〈개정 2014. 1. 17.〉 1. 가구 수가 50호 미만인 지역

폐기물관리법	폐기물관리법 시행령	폐기물관리법 시행규칙
구청장이 제5항에 따라 음식물류 폐기물에 대하여 수수료를 부과·징수하려는 경우에는 제45조제2항에 따른 전자정보처리프로그램을 이용할 수 있다. 이 경우 수수료 산정에 필요한 내용을 환경부령으로 정하는 바에 따라 제45조제2항에 따른 전자정보처리프로그램에 입력하여야 한다. 〈신설 2013. 7. 16.〉 ⑦ 특별자치시장, 특별자치도지사, 시장·군수·구청장은 조례로 정하는 바에 따라 종량제 봉투등의 제작·유통·판매를 대행하게 할 수 있다. 〈개정 2013. 7. 16.〉 ⑧ 특별자치시장, 특별자치도지사, 시장·군수·구청장은 제2항에 따라 생활폐기물 수집·운반을 대행하게 할 경우에는 다음 각 호의 사항을 준수하여야 한다. 〈개정 2015. 1. 20.〉 1. 환경부령으로 정하는 기준에 따라 원가를 계산하여야 하며, 최초의 원가계산은 「지방자치단체를 당사자로 하는 계약에 관한 법률 시행규칙」제9조에서 규정하는 원가계산용역기관에 원가계산을 의뢰하여야 한다. 2. 생활폐기물 수집·운반 대행계약에 대한 대행실적 평가기준(주민만족도와 환경미화원의 근로조건을 포함한다)을 해당 지방자치단체의 조례로 정하고, 평가기준에 따라 매년 1회 이상 평가를 실시하여야 한다. 이 경우 대행실적 평가는 해당 지방자치단체가 민간전문가 등으로 평가단을 구성하여 실시하여야 한다.		2. 산간·오지·섬지역 등으로서 차량의 출입 등이 어려워 생활폐기물을 수집·운반하는 것이 사실상 불가능한 지역 ② 특별자치시장, 특별자치도지사, 시장·군수·구청장은 제4항에 따라 생활폐기물관리제외지역으로 지정된 지역 중 일정한 기간에만 다수인이 모이는 해수욕장·국립공원 등 관광지나 그 밖에 이에 준하는 지역에 대하여는 이용객의 수가 많은 기간에 한정하여 그 지정의 전부 또는 일부를 해제할 수 있다. 〈개정 2014. 1. 17.〉 제15조의2(폐기물처리 신고자의 생활폐기물 수집·운반·재활용) ① 법 제14조제3항에서 "폐지, 고철, 폐식용유(생활폐기물에 해당하는 폐식용유를 유출 우려가 없는 전용 탱크·용기로 수집·운반하는 경우만 해당한다) 등 환경부령으로 정하는 폐기물"이란 다음 각 호의 폐기물(지정폐기물은 제외한다)을 말한다. 〈개정 2018. 5. 17.〉 1. 제66조제3항 각 호의 폐기물 2. 폐가전제품(냉장고 및 에어컨디셔너는 수집·운반하는 경우만 해당한다) 3. 폐식용유(생활폐기물에 해당하는 폐식용유를 유출 우려가 없는 전용 탱크·용기로 수집·운반하는 경우만 해당한다) 4. 폐섬유(봉제공장에서 봉제 가공 후 발생하는 폐섬유) 5. 농업용 폐플라스틱필름·시트류와 폐농약용기 등 폐농약 포장재(농어촌활동 과정에서 발생되는 폐농약 포장재)

폐기물관리법	폐기물관리법 시행령	폐기물관리법 시행규칙
3. 제2조에 따라 대행실적을 평가한 경우 그 결과를 해당 지방자치단체 인터넷 홈페이지에 평가일부터 6개월 이상 공개하여야 하며, 평가결과 해당 지방자치단체의 조례로 정하는 기준에 미달되는 경우에는 환경부령으로 정하는 바에 따라 영업정지, 대행계약 해지 등의 조치를 하여야 한다. 4. 생활폐기물 수집·운반 대행계약을 체결한 경우 그 계약내용을 계약일부터 6개월 이상 해당 지방자치단체 인터넷 홈페이지에 공개하여야 한다. 5. 제4조에 따라 대행계약이 만료된 경우에는 계약 만료 후 6개월 이내에 대행비용 지출내역을 6개월 이상 해당 지방자치단체 인터넷 홈페이지에 공개하여야 한다. 6. 생활폐기물 수집·운반 대행자(법인의 대표자를 포함한다)가 생활폐기물 수집·운반 대행계약과 관련하여 다음 각 목에 해당하는 형을 선고받은 경우에는 지체 없이 대행계약을 해지하여야 한다. 가. 「형법」 제133조에 해당하는 죄를 범하여 벌금 이상의 형을 선고받은 경우 나. 「형법」 제347조, 제347조의2, 제356조 또는 제357조(제347조 및 제356조의 경우 「특정경제범죄 가중처벌 등에 관한 법률」 제3조에 따라 가중처벌되는 경우를 포함한다)에 해당하는 죄를 범하여 벌금 이상의 형을 선고받은 경우(벌금형의 경우에는 300만원 이상에 한정한다.) 7. 생활폐기물 수집·운반 대행자가 생활폐기물 수집·운반 대행계약과 관련하여 제6조 각 목에		것만 해당한다) 6. 폐의류 7. 동·식물성 잔재물 ② 법 제14조제4항 각 호 외의 부분에서 "환경부령으로 정하는 폐기물"이란 제1항 각 호의 폐기물(폐기전제품의 경우 냉장고 및 에어컨디셔너를 포함한다)을 말한다. ③ 법 제14조제4항제4호에서 "환경부령으로 정하는 자"란 다음 각 호의 자를 말한다. 1. 법 제4조 또는 제5조에 따른 폐기물처리시설 중 재활용시설을 설치·운영하는 자 2. 「전기·전자제품 및 자동차의 자원순환에 관한 법률」 제15조에 따른 전기·전자제품 재활용의무생산자 3. 그 밖에 폐기물을 적정하게 재활용할 수 있다고 환경부장관이 인정하여 고시하는 자 [본조신설 2014. 1. 17.] [종전 제15조의2는 제15조의4로 이동 〈2014. 1. 17.〉] 제15조의3(음식물류 폐기물에 대한 수수료의 산정) ① 법 제14조제6항 후단에 따라 전자정보처리프로그램에 입력하여야 하는 내용은 다음 각 호와 같다. 1. 음식물류 폐기물 배출자의 식별 정보 2. 음식물류 폐기물 수수료의 산정기준 단가 3. 음식물류 폐기물 수수료의 부과대상기간 중 음식물류 폐기물 배출량 ② 제1항제1호 및 제2호의 내용은 수수료 산정일 10일 전까지, 같은 항 제3호의 내용은 수수료 산정일 3

폐기물관리법	폐기물관리법 시행령	폐기물관리법 시행규칙
해당하는 행정 신고받은 후 3년이 지나지 아니한 자는 계약대상에서 제외하여야 한다. ⑨ 환경부장관은 생활폐기물 수집·운반 업무의 대행과 관련하여 필요하다고 인정하는 경우에는 해당 특별자치시장, 특별자치도지사, 시장·군수·구청장에 대하여 필요한 자료 제출을 요구하거나 시정조치 요구를 할 수 있으며, 생활폐기물 수집·운반에 관한 기준의 준수 여부 등을 점검·확인할 수 있다. 이 경우 환경부장관의 자료 제출 및 시정조치 요구를 받은 해당 특별자치시장, 특별자치도지사, 시장·군수·구청장은 특별한 사정이 없으면 이에 따라야 한다. <개정 2014. 1. 21.>		일 전까지 우선 모든 무선 통신수단을 이용하여 전자적 방식으로 입력하여야 한다. ③ 제1항 및 제2항에 따른 음식물류 폐기물에 대한 수수료의 산정에 필요한 내용의 입력 방법 및 절차 등에 관한 세부 사항은 환경부장관이 정하여 고시한다. [본조신설 2014. 1. 17.] [종전 제15조의3은 제15조의5로 이동 <2014. 1. 17.>] 제15조의4(원가계산 기준) ① 법 제14조제8항제3호에 따른 생활폐기물 수집·운반 대행계약을 위한 원가계산(이하 "대행용역 원가계산"이라 한다)에는 다음 각 호의 사항을 포함시켜야 하고, 구체적인 산정 방법 등 필요한 사항은 환경부장관이 정하여 고시한다. <개정 2014. 1. 17.> 1. 노무비 2. 경비 3. 일반관리비 4. 이윤 5. 그 밖에 필요한 사항 ② 대행용역 원가계산을 하는 때에는 별지 제4호의8 서식에 따라 원가계산서를 작성하고 산출근거를 명시한 기초계산서를 첨부하여야 한다. 다만, 원가계산 결과와 다르게 용역비용을 계상하여야 하는 특별한 사유가 있는 경우에는 그 산출내역, 원가계산 내역의 대비표 및 사유를 기초계산서에 명시하여야 한다. <개정 2016. 7. 21.> [본조신설 2011. 9. 27.] [제15조의2에서 이동 <2014. 1. 17.>]

폐기물관리법	폐기물관리법 시행령	폐기물관리법 시행규칙
		제15조의5(대행계약의 해지) 특별자치시장, 특별자치도지사, 시장·군수·구청장은 생활폐기물 수집·운반 대행자가 법 제14조제8항제3호에 따른 영업정지를 2회 이상 받은 경우 대행계약을 해지할 수 있다. 〈개정 2014. 1. 17.〉 [본조신설 2011. 9. 27.] [제15조의3에서 이동 〈2014. 1. 17.〉]
제14조의2(생활폐기물 수집·운반 대행자에 대한 과징금 처분) ① 특별자치시장, 특별자치도지사, 시장·군수·구청장은 제14조제8항제3호에 따라 생활폐기물 수집·운반 대행자에게 그 영업의 정지로 인하여 생활폐기물이 처리되지 아니하고 쌓여 지역주민의 건강에 위해가 발생하거나 발생할 우려가 있으면 대통령령으로 정하는 바에 따라 그 영업의 정지를 갈음하여 1억원 이하의 과징금을 부과할 수 있다. ② 제1항에 따른 과징금을 내지 아니하면 지방세 체납처분의 예에 따라서 징수한다. ③ 제1항 및 제2항에 따라 과징금으로 징수한 금액은 특별자치시·특별자치도·시·군·구의 수입으로 하되, 광역 폐기물처리시설의 확충 등 대통령령으로 정하는 용도로 사용하여야 한다. [본조신설 2013. 7. 16.]	제8조의2(과징금의 부과) ① 법 제14조의2제1항에 따른 위반행위에 대한 과징금의 금액은 별표 4의4와 같다. 〈개정 2016. 7. 19.〉 ② 특별자치시장, 특별자치도지사, 시장·군수·구청장은 사업장의 사업규모, 사업지역의 특수성, 위반행위의 정도 및 횟수 등을 고려하여 제1항에 따른 과징금 금액의 2분의 1의 범위에서 가중하거나 감경할 수 있다. 다만, 가중하는 경우에는 과징금 총액이 1억원을 초과할 수 없다. 〈개정 2014. 1. 14.〉 ③ 제1항에 따른 과징금의 부과와 납부 절차에 관하여는 제11조의2를 준용한다. 이 경우 "환경부장관"은 어느 "특별자치시장, 특별자치도지사, 시장·군수·구청장"으로 본다. 〈개정 2014. 1. 14.〉 [본조신설 2011. 9. 7.] 제8조의3(과징금의 사용용도) 법 제14조의2제3항에서 "대통령령으로 정하는 용도"란 다음 각 호의 용도를 말한다. 1. 법 제5조제1항에 따른 광역 폐기물처리시설(지정	

폐기물관리법	폐기물관리법 시행령	폐기물관리법 시행규칙
제14조의3(음식물류 폐기물 발생 억제 계획의 수립 등) ① 특별자치시장, 특별자치도지사, 시장·군수·구청장은 관할 구역의 음식물류 폐기물(농수산물·수산물·축산물 폐기물을 포함한다. 이하 같다)의 발생을 최대한 줄이고 발생한 음식물류 폐기물을 적정하게 처리하기 위하여 다음 각 호의 사항을 포함하는 음식물류 폐기물 발생 억제 계획을 수립·시행하고, 매년 그 추진성과를 평가하여야 한다. 1. 음식물류 폐기물의 발생 및 처리 현황 2. 음식물류 폐기물의 향후 발생 예상량 및 적정 처리 계획 3. 음식물류 폐기물의 발생 억제 목표 및 목표 달성 방안 4. 음식물류 폐기물 처리시설의 설치 현황 및 향후 설치 계획 5. 음식물류 폐기물의 발생 억제 및 적정 처리를 위한 기술적·재정적 지원 방안(재원의 확보계획을 포함한다) ② 제1항에 따른 계획의 수립주기, 평가방법 등 필요	폐기물 공공 처리시설은 제외한다)의 확충 2. 법 제15조제2항에 따른 보관장소 외의 장소에 배출된 생활폐기물의 처리 3. 생활폐기물의 수집·운반에 필요한 시설·장비의 확충 4. 생활폐기물 배출자 및 수집·운반자에 대한 지도·점검에 필요한 시설·장비의 구입 및 운영 [본조신설 2014. 1. 14.]	**제16조(음식물류 폐기물 발생 억제 계획의 수립주기 및 평가방법 등)** ① 법 제14조의3제3항에 따른 음식물류 폐기물 발생 억제 계획의 수립주기는 5년으로 하되, 그 계획에는 연도별 세부 추진계획을 포함하여야 한다. ② 특별자치시장, 특별자치도지사, 시장·군수·구청장은 제1항에 따른 연도별 세부 추진계획의 성과를 다음 연도 3월 31일까지 평가하여야 한다. ③ 특별자치시장, 특별자치도지사, 시장·군수·구청장은 제2항에 따른 평가 결과를 반영하여 제1항에 따른 연도별 세부 추진계획을 조정하여야 한다. ④ 특별자치시장, 특별자치도지사, 시장·군수·구청장은 제2항에 따른 평가를 공정하고 효율적으로 추진하기 위하여 다음 각 호의 위원 12명으로 구성된 평가위원회를 설치·운영하여야 한다. (개정 2017. 12. 27.) 1. 해당 특별자치시, 특별자치도, 시·군·구(자치구를 말한다. 이하 같다) 소속 공무원 중에서 지명한 위원 4명

폐기물관리법	폐기물관리법 시행령	폐기물관리법 시행규칙
한 사항은 환경부령으로 정한다. [본조신설 2013. 7. 16.] **제14조의4(생활계 유해폐기물 처리계획의 수립 등)** ① 특별자치시장, 특별자치도지사, 시장·군수·구청장은 관할 구역의 생활폐기물 중 질병 유발 및 신체 손상 등 인간의 건강과 주변환경에 피해를 유발할 수 있는 폐기물(이하 "생활계 유해폐기물"이라 한다)을 안전하고 적정하게 처리하기 위하여 다음 각 호의 사항을 포함하는 생활계 유해폐기물 처리계획을 수립·시행하고, 매년 그 추진성과를 평가하여야 한다. 1. 생활계 유해폐기물의 발생 및 처리 현황 2. 생활계 유해폐기물 수거시설의 설치 현황 및 향후 설치 계획 3. 생활계 유해폐기물의 적정 처리를 위한 기술적·재정적 지원 방안(제19조의4에 따른 협약체결을 포함한다) ② 생활계 유해폐기물의 종류, 제1항에 따른 처리계획 수립의 주기·절차 및 추진성과의 평가방법 등은 환경부령으로 정한다. [본조신설 2017. 11. 28.]		2. 해당 특별자치시, 특별자치도, 시·군·구 의회 가 추천한 주민대표 중에서 위촉한 위원 4명 3. 환경 분야 전문가 중에서 위촉한 위원 4명 ⑤ 제1항부터 제4항까지의 규정에 따른 음식물류 폐기물 발생 억제 계획의 수립주기 및 평가방법 등에 관한 세부 사항은 환경부장관이 정하여 고시한다. [전문개정 2014. 1. 17.] **제16조의2(생활계 유해폐기물 처리계획의 수립 등)** ① 법 제14조의4제1항에 따른 생활계 유해폐기물(이하 "생활계 유해폐기물"이라 한다)의 종류는 다음과 호와 같다. 1. 폐농약 2. 폐의약품 3. 수은이 함유된 폐기물 4. 그 밖에 환경부장관이 생활계 유해폐기물 중 질병 유발 및 신체 손상 등 인간의 건강과 주변 환경에 피해를 유발할 수 있다고 인정하여 고시하는 폐기물 ② 특별자치시장, 특별자치도지사, 시장·군수·구청장은 법 제14조의4제1항에 따라 5년 주기로 생활계 유해폐기물 처리계획을 수립하여야 한다. 이 경우 생활계 유해폐기물 처리계획에는 연도별 세부 추진계획이 포함되어야 한다. ③ 특별자치시장, 특별자치도지사, 시장·군수·구청장은 법 제14조의4제1항에 따라 생활계 유해폐기물 처리계획 중 연도별 세부 생활계 유해폐기물 처리계획을 다음 연도 3월 31일까지 평가하여야 한다. ④ 특별자치시장, 특별자치도지사, 시장·군수·

폐기물관리법	폐기물관리법 시행령	폐기물관리법 시행규칙
		구청장은 제3항에 따른 추진실적과의 평가 결과를 반영하여 생활계 유해폐기물 처리계획을 조정하여야 한다. ⑤ 특별자치시장, 특별자치도지사, 시장·군수·구청장은 생활계 유해폐기물을 처리하거나 제4항에 따라 조정한 경우에는 그 처리계획을 제2항에 따라 수립하거나 제4항에 따라 조정한 경우에는 환경부장관에게 통보하여야 한다. ⑥ 제1항부터 제5항까지에서 구정한 사항 외에 생활계 유해폐기물 처리계획의 수립 및 평가방법 등에 관하여 필요한 사항은 환경부장관이 정하여 고시한다. [본조신설 2018. 5. 28.] [종전 제16조의2는 제16조의3으로 이동 〈2018. 5. 28.〉]
제14조의5(생활폐기물 수집·운반 관련 안전기준 등) ① 환경부장관은 안전사고 예방을 위하여 수집·운반차량과 안전장비의 기준 및 작업안전수칙 등 생활폐기물을 수집·운반하는 자가 준수하여야 할 안전기준(이하 이 조에서 "안전기준"이라 한다)을 마련하고 매년 안전점검 및 실태조사를 실시하여야 한다. ② 생활폐기물을 수집·운반하는 자는 안전기준을 준수하여야 한다. ③ 안전기준, 적용 대상 등 필요한 사항은 환경부령으로 정한다. [본조신설 2019. 4. 16.]		
제15조(생활폐기물의 처리 협조 등) ① 생활폐기물이 배출되는 토지나 건물의 소유자·점유자 또		

폐기물관리법	폐기물관리법 시행령	폐기물관리법 시행규칙
는 관리자(이하 "생활폐기물배출자"라 한다)는 관할 특별자치시, 특별자치도, 시·군·구의 조례로 정하는 바에 따라 생활환경 보전상 지장이 없는 방법으로 그 폐기물을 스스로 처리하거나 양을 줄여서 배출하여야 한다. 〈개정 2013. 7. 16.〉 ② 생활폐기물배출자는 특별자치시, 특별자치도, 시·군·구의 조례로 정하는 바에 따라 제1항에 따라 스스로 처리할 수 없는 생활폐기물을 종류별, 성질·상태별로 분리하여 보관하여야 한다. 〈개정 2013. 7. 16.〉 ③ 삭제 〈2013. 7. 16.〉 ④ 특별자치시장, 특별자치도지사, 시장·군수·구청장은 제1항에 따라 음식물류 폐기물의 양을 줄여서 배출하기 위한 시설을 설치하려는 생활폐기물배출자에게 시설의 설치에 필요한 비용의 전부 또는 일부를 지원할 수 있으며, 지원 시설의 종류 및 설치·관리 기준, 지원의 범위 등에 관한 구체적인 사항은 조례로 정할 수 있다. 〈신설 2017. 11. 28.〉 [제목개정 2013. 7. 16.] 제15조의2(음식물류 폐기물 배출자의 의무 등) ① 음식물류 폐기물을 다량으로 배출하는 자로서 대통령령으로 정하는 자는 음식물류 폐기물의 발생 억제 및 적정 처리를 위하여 관할 특별자치시, 특별자치도, 시·군·구의 조례로 정하는 사항을 준수하여야 한다. ② 제1항에 따른 음식물류 폐기물 배출자는 음식물류 폐기물의 발생 억제 및 처리 제획을 환경부령으	제8조의4(음식물류 폐기물 배출자의 범위) 법 제15조의2제1항에서 "대통령령으로 정하는 자"란 다음 각 호의 어느 하나에 해당하는 자를 말한다. 다만, 다음 각 호의 어느 하나에 해당하는 자가 법 제17조제2항에 따른 사업장폐기물배출자인 경우에는 제외한다. 〈개정 2016. 6. 30.〉 1. 「식품위생법」 제2조제12호에 따른 집단급식소(「사회복지사업법」 제2조제4호에 따른 사회복	

폐기물관리법	폐기물관리법 시행령	폐기물관리법 시행규칙
로 정하는 바에 따라 특별자치시장, 특별자치도지사, 시장·군수·구청장에게 신고하여야 한다. 신고한 사항 중 환경부령으로 정하는 사항을 변경할 때에도 또한 같다. ③ 제1항에 따른 음식물류 폐기물 배출자는 제14조제1항 또는 제18조제1항에도 불구하고 발생하는 음식물류 폐기물을 스스로 수집·운반 또는 재활용하거나 다음 각 호의 어느 하나에 해당하는 자에게 위탁하여 수집·운반 또는 재활용하여야 한다. 1. 제4조나 제5조에 따른 폐기물처리시설을 설치·운영하는 자 2. 제25조제5항제1호에 따른 폐기물 수집·운반업의 허가를 받은 자 3. 제25조제5항제6호부터 제7호까지의 규정 중 어느 하나에 해당하는 폐기물 재활용업의 허가를 받은 자 4. 폐기물처리 신고자(음식물류 폐기물을 재활용하기 위하여 신고하여 자로 한정한다) ④ 제1항에 따른 음식물류 폐기물 배출자는 각각의 사업장에서 발생하는 음식물류 폐기물을 환경부령으로 정하는 바에 따라 공동으로 수집·운반 또는 재활용할 수 있고, 폐기물처리시설을 공동으로 설치·운영할 수 있다. 이 경우 공동 운영기구를 설치하고 그 대표자 1명을 선정하여야 한다. [본조신설 2013. 7. 16.]	지시설의 집단급식소는 제외한다) 중 1일 평균 총급식인원이 100명 이상('유아교육법'에 따른 유치원에 설치된 집단급식소는 1일 평균 총급식인원이 200명 이상)인 집단급식소를 운영하는 자. 이 경우 1일 평균 총급식인원의 구체적인 산출방법 등은 환경부장관이 정하여 고시한다. 2. 「식품위생법」 제36조제1항제3호에 따른 식품접객업 중 사업장 규모가 200제곱미터 이상인 휴게음식점영업 또는 일반음식점영업을 하는 자. 다만, 음식물류 폐기물의 발생량, 폐기물 재활용시설의 용량 등을 고려하여 특별자치시, 특별자치도 또는 시·군·구의 조례로 다음 각 목의 사업장 규모를 제외 대상 업종을 정하는 경우에는 그 조례에 따른다. 가. 사업장 규모(200제곱미터 이상으로 한정한다) 나. 휴게음식점영업 중 일부 제외 대상 업종 3. 「유통산업발전법」 제2조제3호에 따른 대규모점포를 개설한 자 4. 「농수산물 유통 및 가격안정에 관한 법률」 제2조제2호에 따른 농수산물도매시장, 제5호 또는 제2호에 따른 농수산물도매시장·농수산물공판장 또는 농수산물종합유통센터를 개설·운영하는 자 5. 「관광진흥법」 제3조제1항제2호에 따른 관광숙박업을 경영하는 자 6. 그 밖에 음식물류 폐기물을 스스로 감량하거나 재활용하도록 할 필요가 있어 특별자치시, 특별자치도 또는 시·군·구의 조례로 정하는 자	

폐기물관리법	폐기물관리법 시행령	폐기물관리법 시행규칙
	[본조신설 2014. 1. 14.]	**제16조의3(음식물류 폐기물 발생 억제 및 처리 계획의 신고)** ① 다음 각 호의 어느 하나에 해당하는 자는 법 제15조의2제2항에 따라 다음 각 호와 같이 음식물류 폐기물이 발생하면 제15조의2제4항에 따라 음식물류 폐기물을 공동처리(이하 "음식물류 폐기물 공동처리"라 한다)하는 경우에는 그 운영기구 대표자의 사업장 소재지를 관할하는 특별자치시장, 특별자치도지사, 시장·군수·구청장에게 신고하여야 한다. 〈개정 2016. 7. 21.〉 1. 영 제8조의4 각 호의 어느 하나에 해당하는 자 : 사업 개시일부터 1개월 이내에 별지 제4호의9서식에 따른 신고 2. 음식물류 폐기물 공동처리 운영기구의 대표자 : 사업 개시일부터 7일 이내에 별지 제4호의10서식에 따른 신고 ② 제1항에 따라 신고하여야 하는 자가 별 제15조의2제3항에 따라 위탁하여 수집·운반 또는 재활용하는 경우에는 그 위탁처리계약서 사본을 신고서에 첨부하여야 한다. ③ 특별자치시장, 특별자치도지사, 시장·군수·구청장은 제1항에 따른 신고를 받으면 별지 제4호의11서식 또는 별지 제4호의12서식의 음식물류 폐기물 발생 억제 및 처리 계획 신고증명서를 신고인에게 내주어야 한다. 〈개정 2016. 7. 21.〉 ④ 제1항에 따라 신고를 한 자는 다음 각 호의 어느 하나에 해당하는 사유가 발생하면 그 사유가 발생한

폐기물관리법	폐기물관리법 시행령	폐기물관리법 시행규칙

폐기물관리법 시행규칙

날부터 1개월 이내에 별지 제4호의9서식 또는 별지 제4호의10서식의 변경신고서에 변경사유를 증명하는 서류와 제3항에 따른 신고증명서를 첨부하여 특별자치시장, 특별자치도지사, 시장·군수·구청장에게 제출하여야 한다. 〈개정 2016. 7. 21.〉

1. 상호 또는 사업장 소재지가 변경된 경우
2. 음식물류 폐기물 발생 억제방법이나 음식물류 폐기물 처리자 또는 처리방법이 변경된 경우
3. 음식물류 폐기물 공동처리 운영기구의 대표자 또는 대상사업장 수가 변경된 경우(음식물류 폐기물 공동처리의 경우만 해당한다)

[본조신설 2014. 1. 17.]

[제16조의2에서 이동, 종전 제16조의3은 제16조의4로 이동 〈2018. 5. 28.〉]

제16조의4(음식물류 폐기물의 공동처리 등) ① 음식물류 폐기물 공동처리 운영기구는 같은 특별자치시, 특별자치도, 시·군·구 내에 있는 둘 이상의 음식물류 폐기물 배출자가 설치할 수 있다.

② 제1항에 따른 운영기구의 대표자는 공동처리대상 사업장에 대한 다음 각 호의 업무를 대행할 수 있다.

1. 법 제15조의2제2항에 따른 음식물류 폐기물 발생 억제 및 처리 계획의 신고·변경신고
2. 제60조제1항제1호의2에 따른 음식물류 폐기물 발생 억제 및 처리 실적의 보고

[본조신설 2014. 1. 17.]

[제16조의3에서 이동, 종전 제16조의4는 제16조의5로 이동 〈2018. 5. 28.〉]

폐기물관리법	폐기물관리법 시행령	폐기물관리법 시행규칙
제16조(협약의 체결) ① 시·도지사나 시장·군수·구청장은 폐기물의 발생 억제 및 처리를 위하여 관할 구역에서 폐기물을 배출하는 자 또는 이들로 구성된 단체와 협약을 체결할 수 있다. ② 제1항에 따른 협약의 목표, 이행 방법 및 절차 등에 필요한 사항은 해당 지방자치단체의 조례로 정한다. ③ 시·도지사 시장·군수·구청장은 제1항에 따라 해당 지방자치단체와 협약을 체결한 자에게 그 협약의 이행에 필요한 지원을 할 수 있다. **제17조(사업장폐기물배출자의 의무 등)** ① 사업장폐기물을 배출하는 사업자(이하 "사업장폐기물배출자"라 한다)는 다음 각 호의 사항을 지켜야 한다. 〈개정 2015. 7. 20.〉 1. 사업장에서 발생하는 폐기물 중 환경부령으로 정하는 유해물질의 함유량에 따라 지정폐기물로 분류되는 폐기물에 대해서는 환경부령으로 정하는 바에 따라 제17조의2제1항에 따른 폐기물분석전문기관에 의뢰하여 지정폐기물에 해당되는지를 미리 확인하여야 한다. 1의2. 사업장에서 발생하는 모든 폐기물을 제13조에 따른 폐기물의 처리 기준과 방법 및 제13조의2에 따른 폐기물의 재활용 원칙 및 준수사항에 적합하게 처리하여야 한다. 2. 생산 공정(工程)에서는 폐기물감량화시설의 설치, 기술개발 및 재활용 등의 방법으로 사업장폐기물의 발생을 최대한 억제하여야 한다. 3. 제18조제1항에 따라 폐기물의 처리를 위탁하려	**제9조(폐기물의 감량지침 준수의무 대상사업자)** 법 제17조제7항에 따른 사업장폐기물의 발생 억제를 위한 지침을 지켜야 할 사업장폐기물배출자의 업종과 규모는 별표 5와 같다. 〈개정 2017. 10. 17.〉	**제16조의5(사업장폐기물배출자의 확인 등)** ① 법 제17조제1항제1호에서 "환경부령으로 정하는 유해물질"이란 별표 1에 따른 유해물질, 기름 성분, 석면 또는 폴리클로리네이티드비페닐을 말한다. ② 사업장폐기물배출자는 법 제17조제1항제1호에 따라 사업장에서 발생하는 폐기물이 지정폐기물로 분류될 수 있는 경우로서 다음 각 호의 어느 하나에 해당하면 사업장에서 발생하는 폐기물이 지정폐기물에 해당되는지를 미리 확인하여야 한다. 1. 법 제17조제2항에 따라 사업장폐기물배출자 신고 또는 변경신고를 하는 경우 2. 사용 원료, 생산 또는 배출 공정 등의 변경으로 폐기물의 종류 또는 성상이 변경되는 경우

폐기물관리법	폐기물관리법 시행령	폐기물관리법 시행규칙
면 사업장폐기물배출자는 수탁자가 제13조에 따른 폐기물의 처리 기준과 방법 또는 제13조의2에 따른 폐기물의 처리 재활용 원칙 및 준수사항에 맞게 폐기물을 처리할 능력이 있는지를 환경부령으로 정하는 바에 따라 확인한 후 위탁하여야 한다. 다만, 제4조나 제5조에 따른 폐기물처리시설을 설치·운영하는 자에게 위탁하는 경우에는 그러하지 아니하다. ② 환경부령으로 정하는 사업장폐기물배출자는 사업장폐기물의 종류와 발생량 등을 환경부령으로 정하는 바에 따라 특별자치시장, 특별자치도지사, 시장·군수·구청장에게 신고하여야 한다. 신고한 사항 중 환경부령으로 정하는 사항을 변경할 때에도 또한 같다. <개정 2013. 7. 16.> ③ 특별자치시장, 특별자치도지사, 시장·군수·구청장은 제2항에 따른 신고 또는 변경신고를 받은 날부터 20일 이내에 신고수리 여부를 신고인에게 통지하여야 한다. <신설 2017. 4. 18.> ④ 특별자치시장, 특별자치도지사, 시장·군수·구청장이 제3항에서 정한 기간 내에 신고수리 여부나 민원 처리 관련 법령에 따른 처리기간의 연장을 신고인에게 통지하지 아니하면 그 기간이 끝난 날의 다음 날에 신고를 수리한 것으로 본다. <신설 2017. 4. 18.> ⑤ 환경부령으로 정하는 지정폐기물을 배출하는 사업자는 그 지정폐기물을 제18조제1항에 따라 처리하기 전에 다음 각 호의 서류를 환경부장관에게 제		3. 처리 대상 폐기물의 종류 또는 성상이 변경되는 경우 [본조신설 2016. 1. 21.] [제16조의4에서 이동 <2018. 5. 28.>] 제17조(사업장폐기물배출자의 확인 등) ① 법 제17조제1항제3호에 따라 다음 각 호에 해당하는 사업장폐기물배출자는 폐기물처리업 허가증 또는 폐기물처리 신고 증명서 사본, 법 제40조제1항에 따른 방지여 기물 처리이행보증을 확인할 수 있는 서류 사본(그 밖의 사업장폐기물을 배출하는 폐기물처리업 허가증 이나 폐기물처리 신고 증명서 사본이 포함된 별지 제5호서식의 수탁처리능력 확인서를 수탁자로부터 제출받아야 한다. <개정 2015. 7. 29.> 1. 영 제2조제8호 및 제9호에 따른 사업장의 폐기물을 월 10톤 이상 배출하는 자 2. 지정폐기물이 아닌 다음 각 목의 사업장폐기물을 배출하는 자 가. 오니(월 평균 2톤 이상 배출되는 경우에만 해당한다) 나. 광재, 분진(粉塵), 폐사(폐주물사 및 샌드블라스트폐사를 말한다. 이하 같다), 도자기조각(폐내화물 및 재벌구이 전에 유약을 바른 도자기조각을 말한다. 이하 같다), 소각재, 안정화 또는 고형화처리물, 폐촉매, 폐흡착제 또는 폐흡수제(각각 월 평균 1톤 이상 배출되는 경우에 해당한다) 3. 다음 각 목의 지정폐기물을 배출하는 자

폐기물관리법	폐기물관리법 시행령	폐기물관리법 시행규칙
출하여 확인을 받아야 한다. 다만, 「자동차관리법」제2조제8호에 따른 자동차정비업을 하는 자 등 환경부령으로 정하는 자가 지정폐기물을 공동으로 수집ㆍ운반하는 경우에는 그 대표자가 환경부장관에게 제출하여 확인을 받아야 한다. 〈개정 2017. 4. 18.〉 1. 다음 각 목의 사항을 적은 폐기물처리계획서 가. 상호, 사업장 소재지 및 업종 나. 폐기물의 종류, 배출량 및 배출주기 다. 폐기물의 운반 및 처리 계획 라. 폐기물의 공동 처리에 관한 계획(공동 처리하는 경우만 해당한다) 마. 그 밖에 환경부령으로 정하는 사항 2. 제17조의2제1항에 따른 폐기물분석전문기관이 작성한 폐기물분석결과서 3. 지정폐기물의 처리를 위탁하는 경우에는 수탁처리자의 수탁확인서 ⑥ 제5항에 따른 확인을 받은 자는 다음 각 호의 어느 하나에 해당하는 경우에는 그와 관련된 서류를 환경부장관에게 제출하여 변경확인을 받아야 한다. 〈개정 2017. 4. 18.〉 1. 상호를 변경하려는 경우 2. 사업장 소재지를 변경하려는 경우 3. 지정폐기물의 월평균 배출량(확인이 또는 변경확인을 받은 후 1년간의 배출량을 기준으로 산정한다)이 100분의 10 이상으로서 환경부령으로 정하는 비율 이상 증가하는 경우		가. 오니(월 평균 1톤 이상 배출되는 경우에만 해당한다) 나. 폐농약, 광재, 분진, 폐주물사, 폐사, 폐내화물, 도자기조각, 소각재, 안정화 또는 고형화처리물, 폐촉매, 폐흡착제, 폐흡수제, 폐기공용제 또는 폐유(각각 월 평균 130킬로그램 또는 합계 월 평균 200킬로그램 이상 배출되는 경우에만 해당한다) 다. 폐함성고분자화합물, 폐산, 폐알칼리, 폐페인트, 폐래커 또는 폐석면(각각 월 평균 200킬로그램 또는 합계 월 평균 400킬로그램 이상 배출되는 경우에만 해당한다) 라. 폴리클로리네이티드비페닐 함유폐기물 마. 폐유독물질 바. 「의료법」 제3조제2항제3호마목의 종합병원에서 배출되는 의료폐기물 사. 영 별표 1 제11호에 따라 고시된 지정폐기물(환경부장관이 정하여 고시하는 양 이상으로 배출되는 경우에만 해당한다) 4. 제21조제1항제7호 및 제7호의2에 해당하는 자(지정폐기물을 배출하는 경우에만 해당한다) ② 사업장폐기물배출자는 수탁처리능력 확인서류 등 제1항에 따라 제출받은 자료를 검토하에 수탁자가 해당 폐기물을 처리할 능력이 있는지를 확인한 후 주계약을 체결하여야 한다. 〈개정 2011. 9. 27.〉 ③ 제1항 각 호의 사업장폐기물을 배출하는 자는 제18조에 따른 사업장폐기물배출자 신고를 하거나 나 제

폐기물관리법	폐기물관리법 시행령	폐기물관리법 시행규칙
4. 새로 배출되거나 추가로 배출되는 지정폐기물의 양(추가로 배출되는 경우는 종전에 배출되던 양을 더하여 산정한다)이 제3항에 따른 지정폐기물 처리계획 확인을 받아야 하는 경우에 해당하는 경우 5. 지정폐기물의 종류별 처리방법이나 처리자를 변경하는 경우 6. 공동 처리하는 사업장의 수 또는 공동 처리하는 폐기물의 종류를 변경하는 경우(공동 처리하는 경우만 해당한다) ⑦ 대통령령으로 정하는 업종 및 규모 이상의 사업장폐기물배출자는 제1항제2호에 따른 사업장폐기물의 발생 억제를 위하여 환경부장관과 관계 중앙행정기관의 장이 환경부령으로 정하는 기본 방침과 절차에 따라 통합하여 고시하는 지침을 지켜야 한다. 〈개정 2017. 4. 18.〉 ⑧ 사업장폐기물배출자가 그 사업을 양도하거나 사망한 경우 또는 법인이 합병한 경우에는 그 양수인ㆍ상속인 또는 합병 후 존속하는 법인이나 합병에 의하여 설립되는 법인은 그 사업장폐기물과 관련한 권리와 의무를 승계한다. 〈개정 2017. 4. 18.〉 ⑨ 「민사집행법」에 따른 경매, 「채무자 회생 및 파산에 관한 법률」에 따른 환가(換價)나 「국세징수법」ㆍ「관세법」 또는 「지방세징수법」에 따른 압류재산의 매각, 그 밖에 이에 준하는 절차에 따라 사업장폐기물배출자의 사업장 전부 또는 일부를 인수한 자는 그 사업장폐기물과 관련한 권리와 의무를 승계한다. 〈개정 2017. 4. 18.〉		18조의2에 따른 폐기물처리계획 확인을 받으려면 수탁자가 발급한 수탁처리능력 확인서나 사업장폐기물배출자신고서나 폐기물처리계획서에 첨부하여 관한 특별자치시장, 특별자치도지사, 시장ㆍ군수ㆍ구청장 또는 지방환경관서의 장에게 제출하여야 하며, 신고사항이나 확인받은 사항을 변경하는 경우에도 포함한다. 다만, 상호 또는 사업장 소재지의 변경이나 법 제18조제5항에 따라 사업장폐기물을 공동처리하는 경우 그 운영기구의 대표자(이하 "사업장폐기물 공동처리 대표자"라 한다)하는 경우나 그 운영기구의 대표자의 변경을 사유로 하거나 변경 확인을 받으려는 경우에는 그러하지 아니하다. 〈개정 2014. 1. 17.〉 ④ 제3항에 따른 신고 또는 신청을 받은 특별자치시장, 특별자치도지사, 시장ㆍ군수ㆍ구청장 또는 지방환경관서의 장은 「전자정부법」 제36조제1항에 따른 행정정보의 공동이용을 통하여 사업자등록증 또는 폐기물처리 신고증명서를 확인하여야 한다. 다만, 해당 서류를 확인함에 동의하지 아니하는 경우에는 해당 서류의 사본을 첨부하도록 하여야 한다. 〈개정 2014. 1. 17.〉 제18조(사업장폐기물배출자의 신고) ① 법 제17조제2항에서 "환경부령으로 정하는 사업장폐기물배출자"란 지정폐기물 외의 사업장폐기물배출자로서 법 제13조제1항 단서에 따른 중간가공 폐기물(이하 "중간가공 폐기물"이라 한다) 중 생활폐기물로 만든 중간가공 폐기물과 관련한 권리와 의무를 승계한다.기물 외의 중간가공 폐기물, 폐지 및 고철(비철금속

폐기물관리법	폐기물관리법 시행령	폐기물관리법 시행규칙
		을 포함한다. 이하 같다)은 제외한다. 이하 이 조에 서 같다)을 배출하는 자로서 다음 각 호의 어느 하나 에 해당하는 자를 말한다. 〈개정 2018. 1. 17.〉 1. 「대기환경보전법」·「물환경보전법」 또는 「소음·진동관리법」에 따른 배출시설(이하 "배출 시설"이라 한다)을 설치·운영하는 자로서 폐기 물을 1일 평균 100킬로그램 이상 배출하는 자 2. 영 제2조제1호부터 제5호까지의 시설을 설치· 운영하는 자로서 폐기물을 1일 평균 100킬로그램 이상 배출하는 자 3. 폐기물을 1일 평균 300킬로그램 이상 배출하는 자 4. 영 제2조제8호의 건설공사 및 영 제2조제9호의 일 련의 공사 또는 작업 등으로 인하여 폐기물을 5톤 이상 배출하는 자(공사의 경우에는 발주자로부터 최초로 공사의 전부를 도급받은 자를 포함한다) 5. 사업장폐기물 공동처리 운영기구의 대표자(제21 조제1항제7호 및 제8호에 해당하는 자는 제외한다) ② 제1항 각 호의 어느 하나에 해당하는 자는 별 제17 조제2항에 따라 다음 각 호와 같이 사업장폐기물의 발생지(사업장폐기물 공동처리의 경우에는 그 운영 기구 대표자의 사업장 소재지)를 관할하는 특별자 치시장·특별자치도지사, 시장·군수·구청장에게 신고하여야 한다. 이 경우 제16조의5제2항에 따라 지정폐기물 여부를 미리 확인하여야 하는 자는 법 제17조의2제1항에 따른 폐기물분석전문기관(이하 "폐기물분석전문기관"이라 한다)이 작성한 폐기물 분석결과서를 신고서에 첨부하여야 한다. 〈개정

폐기물관리법	폐기물관리법 시행령	폐기물관리법 시행규칙
		2018. 5. 28.〉 1. 제1항제1호부터 제3호까지의 규정에 해당하는 자의 경우 : 사업 개시일 또는 폐기물이 발생한 날부터 1개월 이내에 별지 제6호서식에 따른 신고 2. 제1항제4호에 해당하는 자의 경우 : 폐기물의 배출 예정일(공사의 경우에는 착공일을 말한다)까지 별지 제7호서식에 따른 신고 3. 제1항제5호에 해당하는 자의 경우 : 사업 개시일부터 7일 이내에 별지 제8호서식에 따른 신고 ③ 특별자치시장, 특별자치도지사, 시장·군수·구청장은 제2항에 따른 신고를 받으면 별지 제9호서식 또는 별지 제10호서식의 사업장폐기물배출자 신고증명서를 신고인에게 내주어야 한다. 〈개정 2014. 1. 17.〉 ④ 제2항에 따라 신고를 한 자는 다음 각 호의 어느 하나에 해당하는 사유가 발생하면 그 사유가 발생한 날부터 1개월 이내에(제1항제4호에 해당하는 자는 처리하기 전까지, 제7호 및 제8호에 해당하는 경우에는 10일 이내에) 별지 제8호서식, 별지 제7호서식 또는 별지 제8호서식의 변경신고서에 변경내용을 확인할 수 있는 서류, 사업장폐기물배출자 신고증명서 및 폐기물분석전문기관이 작성한 폐기물분석결과서(제16조의5제2항에 따라 지정폐기물 여부를 미리 확인하여야 하는 자만 해당한다)를 첨부하여 특별자치시장, 특별자치도지사, 시장·군수·구청장에게 제출하여야 한다. 〈개정 2018. 5. 28.〉 1. 신고한 사업장폐기물의 월 평균 배출량(전년도 1

폐기물관리법	폐기물관리법 시행령	폐기물관리법 시행규칙

폐기물관리법 시행규칙

년간 배출량을 기준으로 산정한다)이 100분의 50 이상 증가한 경우. 다만, 제1항제4호의 경우에는 총배출량이 100분의 50 이상 증가한 경우만 해당한다.

2. 신고 당시에는 배출되지 아니한 사업장폐기물이 1일 평균 300킬로그램(제1항제1호 및 제2호의 경우에는 100킬로그램) 이상 추가로 배출되는 경우(제1항제4호의 경우는 제외한다)

3. 상호 또는 사업장의 소재지를 변경한 경우

4. 사업장폐기물의 종류별 처리계획을 변경한 경우(폐기물의 처리방법이 같은 경우로서 처리장소만을 변경한 경우는 제외한다)

5. 사업장폐기물 공동처리 운영기구의 대표자, 대상 사업장의 수 또는 대상폐기물의 종류가 변경된 경우(사업장폐기물 공동처리의 경우만 해당한다)

6. 폐기물이 발생되는 공사기간이 3개월 이상 연장되는 경우(제1항제4호의 경우만 해당한다)

7. 「자원순환기본법」 제9조제1항에 따라 사업장폐기물이 순환자원으로 인정받은 경우

8. 「자원순환기본법」 제10조제1항에 따라 사업장폐기물에 대한 순환자원의 인정이 취소된 경우

9. 「자원순환기본법」 제21조제1항 및 제23조제1항에 따라 매립한 폐기물을 재활용하기 위하여 파내는 경우

제18조의2(지정폐기물 처리계획의 확인) ① 법 제17조제5항 각 호 외의 부분 본문에서 "환경부령으로 정하는 지정폐기물을 배출하는 사업자"란 다음 각 호의 어느 하나에 해당하는 사업자(생활폐기물로 만

폐기물관리법	폐기물관리법 시행령	폐기물관리법 시행규칙
		는 중간가공 폐기물 외의 중간가공 폐기물을 배출하는 사업자는 제외한다. 이하 이 조에서 같다)를 말한다. 〈개정 2017. 10. 19.〉
		1. 오니를 월 평균 500킬로그램 이상 배출하는 사업자
		2. 폐농약, 광재, 분진, 폐주물사, 폐사, 폐내화물, 도자기조각, 소각재, 안정화 또는 고형화처리물, 폐촉매, 폐흡착제, 폐흡수제, 폐유기용제 또는 폐유를 각각 월 평균 50킬로그램 또는 합계 월 평균 130킬로그램 이상 배출하는 사업자
		3. 폐합성고분자화합물, 폐산, 폐알칼리, 폐페인트, 폐래커 또는 폐유를 각각 월 평균 100킬로그램 또는 합계 월 평균 200킬로그램 이상 배출하는 사업자
		3의2. 폐석면을 월 평균 20킬로그램 이상 배출하는 사업자. 이 경우 축사 등 환경부장관이 정하여 고시하는 시설물을 운영하는 사업자가 5톤 미만의 슬레이트 지붕 철거·제거 작업을 전부 도급한 경우에는 수급인(하수급인은 제외한다)이 사업장을 감음하여 지정폐기물 처리계획의 확인을 받을 수 있다.
		4. 폴리클로리네이티드비페닐 함유폐기물을 배출하는 사업자
		5. 폐유독물질을 배출하는 사업자
		6. 의료폐기물을 배출하는 사업자
		7. 영 별표 1 제11호에 따라 고시된 지정폐기물을 환경부장관이 정하여 고시하는 양 이상으로 배출하는 사업자
		② 법 제17조제5항 각 호 외의 부분 단서에서 "환경

폐기물관리법	폐기물관리법 시행령	폐기물관리법 시행규칙
		부령으로 정하는 자"란 제21조제1항 각 호(제7호는 제외한다)의 자를 말한다. 〈개정 2017. 10. 19.〉 ③ 법 제17조제5항제1호마목에서 "그 밖에 환경부령으로 정하는 사항"이란 다음 각 호의 사항을 말한다. 〈개정 2017. 10. 19.〉 1. 주 원료명 및 사용량 2. 주 생산품명 및 생산량 3. 제조공정 ④ 법 제17조제5항제1호에 따른 폐기물처리계획서는 별지 제12호서식에 따르고, 같은 항 제2호에 따른 폐기물 분석결과서는 별지 제13호서식에 따르며, 같은 항 제3호에 따른 수탁확인서는 별지 제5호서식에 따른다. 〈개정 2017. 10. 19.〉 ⑤ 법 제17조제5항에 따른 확인을 받으려는 자는 사업장이나 또는 폐기물이 발생한 날부터 1개월 이내에 폐기물의 발생지(사업장폐기물 공동처리의 경우에는 그 운영기구 대표자의 사업장 소재지를 말한다. 이하 이 조에서 같다)를 관할하는 시·도지사 또는 지방환경관서의 장에게 제출하여야 한다. 〈개정 2017. 10. 19.〉 ⑥ 제5항에 따른 확인신청을 받은 시·도지사 또는 지방환경관서의 장은 처리계획의 적정 여부를 검토한 후 신청을 받은 날부터 5일 이내에 별지 제14호서식의 폐기물 처리계획 확인증명서를 신청인에게 내주어야 한다. 다만, 법 제17조제5항의 적용대상이 되는 폐기물이 추가되는 등의 사유로 5일 이내에 그 처리계획이 적정한지 확인하기 곤란하면 환경부장

폐기물관리법	폐기물관리법 시행령	폐기물관리법 시행규칙
		판이 정하여 고시하는 기준에 따라 그 처리계획의 적정성을 확인하여 폐기물 처리계획 확인증명서를 내줄 수 있는 시기를 조정할 수 있다. 〈개정 2017. 10. 19.〉 ⑦ 제6항에 따라 확인을 받은 자는 법 제17조제6항 각 호의 어느 하나에 해당하는 경우 그 사유가 발생한 날부터 30일 이내에(30일 전에 해당 폐기물을 처리하는 경우에는 폐기물을 처리하기 전까지) 별지 제12호서식의 폐기물 처리계획서에 변경하려는 사항을 적어 폐기물의 발생지를 관할하는 시ㆍ도지사 또는 지방환경관서의 장에게 제출하여야 한다. 〈개정 2018. 5. 17.〉 1. 삭제 〈2018. 5. 17.〉 2. 삭제 〈2018. 5. 17.〉 3. 삭제 〈2018. 5. 17.〉 4. 삭제 〈2018. 5. 17.〉 5. 삭제 〈2018. 5. 17.〉 ⑧ 법 제17조제6항제3호에서 "환경부령으로 정하는 비율"이란 100분의 30을 말한다. 〈개정 2017. 10. 19.〉 [본조신설 2008. 8. 4.] **제19조(폐기물 발생 억제를 위한 기본 방침 및 절차)** 법 제17조제7항에서 "환경부령으로 정하는 기본 방침과 절차"란 다음과 같다. 〈개정 2017. 10. 19.〉 1. 사업장폐기물배출자는 기술개발ㆍ공정개선ㆍ재이용 등의 방법으로 폐기물의 발생을 억제하기 위한 자체계획을 수립ㆍ시행할 것

폐기물관리법	폐기물관리법 시행령	폐기물관리법 시행규칙
제17조의2(폐기물분석전문기관의 지정) ① 환경부장관은 폐기물에 관한 시험·분석 업무를 전문적으로 수행하기 위하여 다음 각 호의 기관을 폐기물 시험·분석 전문기관(이하 "폐기물분석전문기관"이라 한다)으로 지정할 수 있다. 1. 「한국환경공단법」에 따른 한국환경공단(이하 "한국환경공단"이라 한다) 2. 「수도권매립지관리공사의 설립 및 운영 등에 관한 법률」에 따른 수도권매립지관리공사 3. 「보건환경연구원법」에 따른 보건환경연구원 4. 그 밖에 환경부장관이 폐기물의 시험·분석 능력이 있다고 인정하는 기관 ② 제1항에 따른 기관이 폐기물분석전문기관으로 지정을 받으려는 경우에는 대통령령으로 정하는 시설, 장비 및 기술능력을 갖추어 환경부장관에게 지정을 신청하여야 한다.	**제10조(폐기물분석전문기관의 지정)** 법 제17조의2제2항에 따라 폐기물분석전문기관으로 지정받으려는 기관은 별표 5의2에 따른 시설, 장비 및 기술능력을 갖추어 환경부령으로 정하는 바에 따라 지정을 신청하여야 한다. [본조신설 2016. 1. 19.]	2. 제1호에 따른 자체계획의 내용에는 자체적으로 설정한 폐기물 발생억제 목표율 및 효율적인 달성방법 등을 포함할 것 3. 사업장폐기물배출자는 제1호에 따른 자체계획의 추진실적을 정기적으로 평가하고 그 결과를 기록·유지할 것 4. 사업장폐기물배출자는 같은 종류의 제품을 제조하는 사업자간의 상호 정보교환 및 기술제공 등을 통하여 폐기물 발생을 억제하기 위한 공동 노력에 적극 참여하며, 재활용이 가능한 폐기물을 분리·회수하는 체계를 마련하기 위하여 노력할 것 **제19조의2(폐기물분석전문기관의 지정)** ① 법 제17조의2제1항에 따라 폐기물분석전문기관으로 지정을 받으려는 기관은 별지 제14조의2서식의 폐기물분석전문기관 지정신청서에 다음 각 호의 서류(전자문서를 포함한다)를 첨부하여 국립환경과학원장에게 제출하여야 한다. 1. 기술능력의 보유 현황과 이를 증명하는 서류 2. 시설 및 장비의 보유 현황과 이를 증명하는 서류(일부를 임차하는 경우 임차계약서를 포함한다) 3. 다음 각 목의 내용이 포함된 폐기물 시험·분석 업무수행계획서 가. 업무수행 절차·방법 등 운영 관리 계획 나. 시설 및 장비의 유지·관리 계획 ② 제1항에 따른 지정신청서를 제출받은 담당 공무원은 「전자정부법」 제36조제1항에 따른 행정정보의 공동이용을 통하여 법인 등기사항증명서 또는 사

폐기물관리법	폐기물관리법 시행령	폐기물관리법 시행규칙
③ 제1항·제4호에 따라 폐기물분석전문기관으로 지정받은 기관은 지정받은 사항 중 환경부령으로 정하는 중요요소를 변경하려는 경우에는 환경부장관으로부터 변경지정을 받아야 한다. ④ 환경부장관은 제1항 각 호의 기관을 폐기물분석전문기관으로 지정하거나 변경지정하였을 때에는 해당 기관에 지정서를 발급하고, 그 내용을 관보나 인터넷 홈페이지 등에 게재하는 방법으로 공고하여야 한다. ⑤ 제1항·제4호에 따른 폐기물분석전문기관의 결격사유에 관하여는 제26조를 준용한다. 이 경우 "폐기물처리업"은 "폐기물분석전문기관"으로, "허가"는 "지정"으로, "제27조(제1항제3호 및 제2항제20호는 제외한다)"는 "제17조의5(제1항제3호 및 제2항제6호는 제외한다)"로 본다. [본조신설 2015. 1. 20.]		업자등록과 국가기술자격증 등을 확인하여야 한다. 다만, 신청인이 사업자등록증 또는 국가기술자격증의 확인에 동의하지 아니하는 경우에는 그 사본을 첨부하도록 하여야 한다. ③ 국립환경과학원장은 제1항에 따라 지정신청서를 제출한 기관에 대하여 법 제17조의4제4항에 따라 폐기물 시험·분석 능력을 평가할 수 있다. ④ 국립환경과학원장은 법 제17조의2제1항에 따라 폐기물분석전문기관을 지정한 경우에는 별지 제14호의3서식의 폐기물분석전문기관 지정서를 발급하여야 한다. ⑤ 폐기물분석전문기관은 제4항에 따라 발급받은 지정서를 잃어버리거나 지정서가 못 쓰게 되면 국립환경과학원장에게 재발급을 신청할 수 있다. [본조신설 2016. 1. 21.] 제19조의3[폐기물분석전문기관의 변경지정] ① 법 제17조의2제3항에서 "환경부령으로 정하는 중요한 사항"이란 다음 각 호의 어느 하나를 말한다. 1. 사무실 또는 실험실 소재지 2. 기관명 3. 대표자 4. 기기실, 실험실 또는 연구실 면적 5. 주요 장비(기체크로마토그래프, 기체크로마토그래프 질량분석계, 원자흡광광도계, 유도결합플라즈마원자발광분광계, X선 회절분석기, 투과전자현미경 또는 주사전자현미경만 해당한다) 6. 기술능력

폐기물관리법	폐기물관리법 시행령	폐기물관리법 시행규칙
		② 폐기물분석전문기관은 제1항 각 호의 어느 하나의 사항을 변경하려는 경우에는 별지 제14호의2서식의 폐기물분석전문기관 변경지정신청서에 지정서 원본과 변경내용을 확인할 수 있는 서류를 첨부하여 국립환경과학원장에게 제출하여야 한다. [본조신설 2016. 1. 21.]
제17조의3(폐기물분석전문기관의 준수사항) ① 폐기물분석전문기관은 다른 자에게 자기의 성명이나 상호를 사용하여 폐기물의 시험·분석 업무를 하게 하거나 그 지정서를 다른 자에게 빌려 주어서는 아니 된다. ② 폐기물분석전문기관은 「환경분야 시험·검사 등에 관한 법률」 제6조에 따른 폐기물 분야에 대한 환경오염공정시험기준을 준수하여야 한다. ③ 폐기물분석전문기관은 제1항 및 제2항의 준수사항 외에 시험·분석 결과의 기록·보존 등 환경부령으로 정하는 준수사항을 지켜야 한다. [본조신설 2015. 1. 20.]		**제19조의4(폐기물분석전문기관의 준수사항)** 법 제17조의3제3항에 따른 폐기물분석전문기관의 준수사항은 별표 5의7과 같다. 〈개정 2016. 7. 21.〉 [본조신설 2016. 1. 21.]
제17조의4(폐기물분석전문기관에 대한 평가) ① 환경부장관은 폐기물분석전문기관의 폐기물 시험·분석 능력을 평가할 수 있다. ② 제1항에 따른 평가의 항목, 기준 및 방법 등은 환경부령으로 정한다. [본조신설 2015. 1. 20.]		**제19조의5(폐기물분석전문기관에 대한 평가의 실시)** ① 국립환경과학원장은 법 제17조의4제1항에 따른 폐기물분석전문기관의 폐기물 시험·분석 능력 평가(이하 "폐기물분석전문기관의 평가"라 한다)를 실시하려는 경우에는 평가 예정일 15일 전까지 해당 폐기물분석전문기관에 평가 일정 등을 서면으로 알려야 하며, 평가를 마친 경우에는 지체 없이 그 결과를 해당 폐기물분석전문기관에 알려야 한다.

폐기물관리법	폐기물관리법 시행령	폐기물관리법 시행규칙
제17조의5(폐기물분석전문기관 지정의 취소 등) ① 환경부장관은 폐기물분석전문기관이 다음 각 호의 어느 하나에 해당하면 그 지정을 취소하여야 한다. 1. 거짓이나 그 밖의 부정한 방법으로 지정을 받은 경우 2. 제17조의2제5항에 따라 준용되는 제26조 각 호의 결격사유 중 어느 하나에 해당되는 경우. 다만, 법인의 임원 중에 제26조제6호에 해당되는 자가 있는 경우 결격사유가 발생한 날부터 2개월 이내에 그 임원을 바꾸어 임명하면 그러하지 아니하다. 3. 업무정지기간 중 시험·분석 업무를 한 경우 ② 환경부장관은 폐기물분석전문기관이 다음 각 호의 어느 하나에 해당하면 그 지정을 취소하거나 6개월 이내의 기간을 정하여 업무의 전부 또는 일부의 정지를 명령할 수 있다. 1. 제17조의2제2항에 따른 시설, 장비 및 기술능력 기준에 미달된 경우 2. 제17조의2제3항에 따른 변경지정을 받지 아니하고 지정사항을 변경한 경우 3. 제17조의3에 따른 준수사항을 위반한 경우 4. 제17조의4에 따른 평가 결과가 환경부령으로 정하는 기준에 미달된 경우 5. 고의나 중대한 과실로 사실과 다른 내용의 폐기물		② 법 제17조의4제2항에 따른 폐기물분석전문기관의 평가항목·기준 및 방법은 별표 5의8과 같다. 〈개정 2016. 7. 21.〉 [본조신설 2016. 1. 21.]

폐기물관리법	폐기물관리법 시행령	폐기물관리법 시행규칙
보석설과서를 발급한 경우 6. 지정을 받은 후 1년 이내에 업무를 시작하지 아니하거나 정당한 사유 없이 계속하여 1년 이상 휴업한 경우 ③ 환경부장관은 제1항 및 제2항에 따라 지정을 취소하거나 업무정지를 명령한 경우에는 그 내용을 관보나 인터넷 홈페이지 등에 게시하는 방법으로 공고하여야 한다. [본조신설 2015. 1. 20.] **제18조(사업장폐기물의 처리)** ① 사업장폐기물을 배출하는 그의 사업장에서 발생하는 폐기물을 스스로 처리하거나 제25조제3항에 따른 폐기물처리업의 허가를 받은 자, 폐기물처리 신고자, 제4조나 제5조에 따른 폐기물처리시설을 설치·운영하는 자, 「건설폐기물의 재활용촉진에 관한 법률」 제21조에 따라 건설폐기물 처리업의 허가를 받은 자 또는 「해양환경관리법」 제70조제1항제1호에 따라 폐기물 해양배출업의 등록을 한 자에게 위탁하여 처리하여야 한다. 〈개정 2010. 7. 23.〉 ② 삭제 〈2015. 7. 20.〉 ③ 환경부령으로 정하는 사업장폐기물을 배출, 수집·운반, 재활용 또는 처분하는 자는 그 폐기물을 배출, 수집·운반, 재활용 또는 처분할 때마다 폐기물의 인계·인수에 관한 내용을 환경부령으로 정하는 바에 따라 제45조제2항에 따른 전자정보처리프로그램에 입력하여야 한다. 다만, 의료폐기물은 환경부령으로 정하는 바에 따라 무선주파수인식방법		**제20조(사업장폐기물의 인계·인수)** ① 법 제18조제3항 본문에서 "환경부령으로 정하는 사업장폐기물"이란 다음 각 호의 폐기물을 말한다. 다만, 폐지, 고철, 그 밖에 환경부장관이 정하여 고시하는 폐기물은 제외한다. 〈개정 2015. 3. 3.〉 1. 제18조제1항 각 호의 사업장폐기물(생활폐기물로 만든 중간가공 폐기물 외의 중간가공 폐기물을 포함하되, 별표 5 제3호가목2)에 따라 처리되는 사업장생활계 폐기물은 제외한다) 2. 제18조의2제1항 각 호의 지정폐기물(생활폐기물로 만든 중간가공 폐기물 외의 중간가공 폐기물을 포함한다) 3. 제21조제1항 각 호의 자가 공동으로 처리하는 지정폐기물(생활폐기물로 만든 중간가공 폐기물 외의 중간가공 폐기물을 포함한다) 4. 삭제 〈2011. 9. 27.〉 5. 삭제 〈2011. 1. 21.〉 ② 법 제18조제3항에 따른 폐기물 인계·인수 내용

폐기물관리법	폐기물관리법 시행령	폐기물관리법 시행규칙
을 이용하여 그 내용을 제45조제2항에 따른 전자정보처리프로그램에 입력하여야 한다. 〈개정 2010. 7. 23.〉 ④ 환경부장관은 제3항에 따라 입력된 폐기물 인계·인수 내용을 해당 폐기물을 배출하는 자, 수집·운반하는 자, 재활용하는 자 또는 처분하는 자가 확인·출력할 수 있도록 하여야 하며, 그 폐기물을 배출하는 자, 수집·운반하는 자, 재활용하는 자 또는 처분하는 자를 관할하는 시장·군수·구청장 또는 시·도지사가 그 폐기물의 배출, 수집·운반, 재활용 및 처분 과정을 검색·확인할 수 있도록 하여야 한다. 〈개정 2010. 7. 23.〉 ⑤ 환경부령으로 정하는 둘 이상의 사업장폐기물배출자는 각각의 사업장에서 발생하는 폐기물을 환경부령으로 정하는 바에 따라 공동으로 수집, 운반, 재활용 또는 처분할 수 있다. 이 경우 사업장폐기물배출자는 공동 운영기구를 설치하고 그 중 1명을 공동 운영기구의 대표자로 선정하여야 하며, 폐기물처리시설을 공동으로 설치·운영할 수 있다. 〈개정 2010. 7. 23.〉 ⑥ 삭제 〈2007. 8. 3.〉		이 영의 방법과 절차는 별표 6과 같다. [전문개정 2008. 8. 4.] 제21조(사업장폐기물의 공동처리 등) ① 법 제18조제5항 전단에서 "환경부령으로 정하는 둘 이상의 사업장폐기물배출자"란 다음 각 호의 자를 말한다. 〈개정 2013. 5. 31.〉 1. 「자동차관리법」제2조제8호에 따른 자동차정비업을 하는 자와 같은 법 시행규칙 제132조 각 호의 작업을 업으로 하는 자 2. 「건설기계관리법」제2조제1항제4호에 따른 건설기계정비업을 하는 자 3. 「여객자동차 운수사업법」제2조제3항에 따른 여객자동차운송사업을 하는 자 4. 「화물자동차 운수사업법」제2조제3항에 따른 화물자동차운송사업을 하는 자 5. 「공중위생관리법」제2조제1항제6호에 따른 세탁업을 하는 자 6. 「인체조직안전 및 관리 등에 관한 법률」제2조제3호의 인체시설을 경영하는 자 7. 같은 법인의 사업자 및 「독점규제 및 공정거래에 관한 법률」제2조제2호에 따른 동일한 기업집단의 사업자 7의2. 같은 산업단지 등 사업장 밀집지역의 사업장을 운영하는 자 8. 의료폐기물을 배출하는 자(「의료법」제3조제2항 제3호마목의 종합병원은 제외한다) 9. 사업장폐기물이 소량으로 발생하여 공동으로 수

폐기물관리법	폐기물관리법 시행령	폐기물관리법 시행규칙
제18조의2(유해성 정보자료의 작성·제공 의무) ① 사업장폐기물을 배출하려는 자는 환경부령으로 정하는 사업장폐기물을 배출하는 경우에는 환경부령으로 정하는 바에 따라 스스로 또는 환경부령으로 정하는 전문기관에 의뢰하여 다음 각 호의 사항을 포함한 유해성 정보자료(이하 "유해성 정보자료"라 한다)를 작성하여야 한다. 1. 사업장폐기물의 종류 2. 사업장폐기물의 물리·화학적 성질 및 취급 시 주의사항 3. 사업장폐기물로 인하여 화재 등의 사고 발생 시 방제 등 조치방법 4. 그 밖에 환경부령으로 정하는 사항		점·운반하는 것이 효율적이라고 시·도지사, 시장·군수·구청장 또는 지방환경관서의 장이 인정하는 사업장을 운영하는 자 ② 사업장폐기물 공동처리 운영기구의 대표자는 대상사업장(제1항제7호 및 제3조의2에 따른 사업장은 제외한다)에 대한 다음 각 호의 업무를 대행할 수 있다. 〈개정 2017. 10. 19.〉 1. 법 제17조제2항에 따른 사업장폐기물배출자의 신고·변경신고 2. 법 제17조제5항에 따른 서류의 제출 3. 법 제18조제3항에 따른 폐기물 인계·인수 내용의 입력 4. 제60조제1항제2호에 따른 사업장폐기물의 배출 및 처리 실적 보고 **제22조(유해성 정보자료의 작성·제공 대상 폐기물의 종류)** 법 제18조의2제1항 각 호 외의 부분에서 "환경부령으로 정하는 사업장폐기물"이란 다음 각 호의 폐기물을 말한다. 1. 지정폐기물(의료폐기물은 제외한다) 2. 영 제7조제1항제12호에 따라 환경부장관이 정하여 고시하는 폐기물 [본조신설 2018. 3. 30.] **제23조(유해성 정보자료의 작성 등)** ① 제22조 각 호의 어느 하나에 해당하는 폐기물을 배출하는 사업장폐기물배출자는 법 제18조의2제1항 각 호 외의 부분에 따른 유해성 정보자료(이하 "유해성 정보자료"라 한다

폐기물관리법	폐기물관리법 시행령	폐기물관리법 시행규칙
② 사업장폐기물배출자는 제1항에 따라 유해성 정보자료를 작성한 후 생산공정이나 사용 원료의 변경 등 환경부령으로 정하는 중요사항이 변경될 경우에는 환경부령으로 정하는 바에 따라 그 변경내용을 반영하여 스스로 또는 환경부령으로 정하는 기관에 의뢰하여 유해성 정보자료를 다시 작성하여야 한다. ③ 사업장폐기물배출자는 해당 사업장폐기물을 제18조제1항에 따라 위탁하여 처리하는 경우에는 수탁자에게 제1항 및 제3항에 따라 작성한 유해성 정보자료를 제공하여야 한다. ④ 사업장폐기물배출자와 수탁자는 제1항, 제2항 및 제3항에 따라 작성하거나 제공받은 유해성 정보자료를 사업장폐기물의 수집·운반차량 및 처리시설에 각각 게시하거나 비치하여야 한다. [본조신설 2017. 4. 18.]		한다)를 스스로 또는 다음 각 호의 어느 하나에 해당하는 기관(이하 "전문기관"이라 한다)에 의뢰하여 별표 4에 따른 폐기물의 종류별 세부분류별로 별지 제14호의4서식에 따라 작성하여야 한다. 다만, 해당 폐기물의 별표 4에 따른 종류별 세부분류가 다른 폐기물과 혼합된 상태로 배출되는 경우에는 전문기관에 의뢰하여 작성하여야 한다. 1. 한국환경공단 2. 재활용환경성평가기관 ② 사업장폐기물배출자는 제1항에 따라 유해성 정보자료의 작성을 전문기관에 의뢰하는 경우에는 별지 제14호의5서식의 유해성 정보자료 작성 의뢰서에 제14조의2에 따른 「산업안전보건법」 제41조제1항 각 호 외의 부분 전단에 따른 물질안전보건자료(이하 "물질안전보건자료"라 한다)를 첨부하여 해당 전문기관에 제출하여야 한다. ③ 제2항에 따라 유해성 정보자료 작성을 의뢰받은 전문기관은 의뢰인에게 유해성 정보자료의 작성을 위하여 필요한 자료를 요청할 수 있으며, 이러한 의뢰받은 날부터 30일 이내에 유해성 정보자료를 별지 제14호의4서식에 따라 작성하여 의뢰인에게 통지하여야 한다. ④ 법 제18조의2제1항제4호에서 "그 밖에 환경부령으로 정하는 사항"이란 다음 각 호의 사항을 말한다. 1. 사업장폐기물의 연간 발생량 2. 사업장폐기물의 포장 방식 3. 영 별표 4의2 제1호 각 목에 따른 유해특성

폐기물관리법	폐기물관리법 시행령	폐기물관리법 시행규칙
		4. 사업장폐기물의 성분 정보 [본조신설 2018. 3. 30.] **제24조(유해성 정보자료의 변경 등)** ① 법 제18조의2 제2항에서 "환경부령으로 정하는 중요사항이 변경 된 경우"란 생산공정이나 사용 원료의 변경 등으로 폐기물의 종류 또는 성상이 변경된 경우를 말한다. ② 법 제18조의2제2항에 따라 유해성 정보자료를 다 시 작성하여야 하는 사업장폐기물배출자는 제23조 제1항에 따라 유해성 정보자료를 작성하여야 한다. 이 경우 유해성 정보자료의 작성을 전문기관에 의뢰 할 때에는 별지 제14호의5서식의 유해성 정보자료 작성 의뢰서에 다음 각 호의 자료를 첨부하여 해당 전문기관에 제출하여야 한다. 1. 유해성 정보자료 원본 2. 변경내용 및 사유 3. 사용 원료의 물질안전보건자료(사용 원료가 변경 되는 경우만 해당한다) ③ 제2항 후단에 따라 유해성 정보자료 작성을 의뢰 받은 전문기관은 의뢰인에게 유해성 정보자료의 작 성을 위하여 필요한 자료를 요청할 수 있으며, 의뢰 받은 날부터 30일 이내에 유해성 정보자료를 별지 제14호의4서식에 따라 작성하여 의뢰인에게 통지 하여야 한다. [본조신설 2018. 3. 30.] **제26조(영업정지 등에 따른 폐기물처리 불가 통보)** ① 법 제19조제2항에서 "환경부령으로 정하는 사업

제19조(사업장폐기물처리자의 의무) ① 제18조제3
항에 따른 사업장폐기물을 운반하는 자는 그 폐기물

폐기물관리법	폐기물관리법 시행령	폐기물관리법 시행규칙
을 운반하는 중에 제4조제2항에 따른 전자정보처리프로그램에 입력된 폐기물 인계·인수 내용을 확인할 수 있도록 인계번호를 숙지하여야 하며, 관계 행정기관이나 그 소속 공무원이 요구하는 때에는 이를 알려주어야 한다. 〈개정 2010. 7. 23.〉 ② 폐기물을 수탁하여 처리하는 자는 영업정지·휴업·폐업 시 폐기물처리시설의 사용정지 등의 사유로 환경부령으로 정하는 사업장폐기물을 처리할 수 없는 경우에는 환경부령으로 정하는 바에 따라 지체 없이 그 사실을 사업장폐기물의 처리를 위탁한 배출자에게 통보하여야 한다. [전문개정 2007. 8. 3.]		장폐기물"이란 제20조제1항제4호의 폐기물을 말한다. ② 법 제19조제2항에 따른 통보는 별지 제15호서식에 따른다. [전문개정 2008. 8. 4.] [제25조에서 이동 〈2018. 3. 30.〉]
제20조 삭제 〈2007. 8. 3.〉		
제21조 삭제 〈2007. 8. 3.〉		
제22조 삭제 〈2007. 8. 3.〉		
제23조 삭제 〈2007. 8. 3.〉		
제24조 삭제 〈2015. 7. 20.〉		
제24조의2 삭제 〈2017. 4. 18.〉		
제24조의3 삭제 〈2017. 4. 18.〉		
제3장 삭제 〈2007.8.3〉		
제4장 폐기물처리업 등		
제25조(폐기물처리업) ① 폐기물의 수집·운반, 재활용 또는 처분을 업(이하 "폐기물처리업"이라 한		제28조(폐기물처리업의 허가) ① 법 제25조제1항에 따라 폐기물처리업을 하려는 자는 별지 제17호서식

폐기물관리법	폐기물관리법 시행령	폐기물관리법 시행규칙
다)으로 하려는 자(음식물류 폐기물을 제외한 생활폐기물을 재활용하려는 자와 폐기물처리 신고자는 제외한다)는 환경부령으로 정하는 바에 따라 지정폐기물을 대상으로 하는 경우에는 폐기물처리사업계획서를 환경부장관에게 제출하고, 그 밖의 폐기물을 대상으로 하는 경우에는 시·도지사에게 제출하여야 한다. 환경부령으로 정하는 중요사항을 변경하려는 때에도 또한 같다. 〈개정 2010. 7. 23.〉 ② 환경부장관이나 시·도지사는 제1항에 따라 제출된 폐기물 처리사업계획서를 다음 각 호의 사항에 관하여 검토한 후 그 적합 여부를 폐기물처리사업계획서를 제출한 자에게 통보하여야 한다. 〈개정 2015. 1. 20.〉 1. 폐기물처리업 허가를 받으려는 자(법인인 경우에는 임원을 포함한다)가 제26조에 따른 결격사유에 해당하는지 여부 2. 폐기물처리시설의 입지 등이 다른 법률에 저촉되는지 여부 3. 폐기물처리사업계획상의 시설·장비와 기술능력이 제3항에 따른 허가기준에 맞는지 여부 4. 폐기물처리시설의 설치·운영으로 「수도법」 제7조에 따른 상수원보호구역의 수질이 악화되거나 「환경정책기본법」 제12조에 따른 환경기준의 유지가 곤란하게 되는 등 사람의 건강이나 주변 환경에 영향을 미치는지 여부 ③ 제2항에 따라 적합통보를 받은 자는 그 통보를 받은 날부터 2년(제5항·제1호에 따른 폐기물 수집·운		의 폐기물처리 사업계획서에 다음 각 호의 구분에 따른 서류를 첨부하여 폐기물 중간·최종·종합재활용시설 및 최종처분시설(이하 "폐기물 처분시설"이라 한다) 또는 재활용시설 설치예정지(지정폐기물 수집·운반업의 경우에는 주사무소 소재지, 지정폐기물 외 폐기물 수집·운반업의 경우에는 연락장소 또는 사무실 소재지)를 관할하는 시·도지사 또는 지방환경관서의 장에게 제출하여야 한다. 〈개정 2018. 5. 17.〉 1. 폐기물 수집·운반업 : 수집·운반대상 폐기물의 수집·운반계획서(시설 설치, 장비 및 기술능력의 확보계획을 포함한다) 2. 폐기물 중간처분업, 폐기물 최종처분업 및 폐기물 종합처분업 가. 처분대상 폐기물의 처분계획서(시설 설치, 장비 및 기술능력의 확보계획을 포함한다) 나. 배출시설의 설치허가 신청 또는 신고 시의 첨부서류(배출시설에 해당하는 폐기물 처분시설을 설치하는 경우만 제출하며, 가목의 서류와 중복되면 그에 해당하는 서류는 제출하지 아니할 수 있다) 다. 환경부장관이 정하여 고시하는 사항을 포함하는 환경성조사서(소각시설과 매립시설로 한정하며, 「환경영향평가법」에 따른 전략환경영향평가 대상사업, 환경영향평가 대상사업 또는 소규모 환경영향평가 대상사업인 경우에는 전략환경영향평가서, 환경영향평가서, 환경영향평가서 또는 소규모 환경영향평가서로 대체할 수 있다)

폐기물관리법	폐기물관리법 시행령	폐기물관리법 시행규칙

폐기물관리법

반입의 경우에는 6개월, 폐기물처리시설 중 소각시설과 매립시설의 설치가 필요한 경우에는 3년) 이내에 환경부령으로 정하는 기준에 따른 시설 · 장비 및 기술능력을 갖추어 업종, 영업대상 폐기물 및 처리분야별로 지정폐기물을 대상으로 하는 경우에는 환경부장관이, 그 밖의 폐기물을 대상으로 하는 경우에는 시 · 도지사의 허가를 받아야 한다. 이 경우 환경부장관 또는 시 · 도지사는 제2항에 따라 적합통보를 받은 자가 그 적합통보를 받은 사업계획에 따라 시설 · 장비 및 기술능력 등의 요건을 갖추어 허가신청을 한 때에는 지체 없이 허가하여야 한다. 〈개정 2010. 7. 23.〉

④ 환경부장관 또는 시 · 도지사는 천재지변이나 그 밖의 부득이한 사유로 제3항의 기간 내에 허가신청을 하지 못한 자에 대하여는 신청에 따라 6개월(제5항제1호에 따른 폐기물 수집 · 운반업의 경우에는 총 연장기간 6개월, 같은 항 제3호에 따른 폐기물 최종처분업과 같은 항 제4호에 따른 폐기물 종합처분업의 경우에는 총 연장기간 2년)의 범위에서 허가신청기간을 연장할 수 있다. 〈개정 2010. 7. 23.〉

⑤ 폐기물처리업의 업종 구분과 영업 내용은 다음과 같다. 〈개정 2015. 7. 20.〉
1. 폐기물 수집 · 운반업 : 폐기물을 수집하여 재활용 또는 처분 장소로 운반하거나 폐기물을 수출하기 위하여 수집 · 운반하는 영업
2. 폐기물 중간처분업 : 폐기물 중간처분시설을 갖

폐기물관리법 시행규칙

3. 폐기물 중간재활용업, 폐기물 최종재활용업 및 폐기물 종합재활용업
가. 재활용대상 폐기물의 재활용유형(시설 설치, 장비 및 기술능력의 확보계획을 포함한다)
나. 배출시설의 설치허가 · 신고 또는 신고 대상 부서류(배출시설에 해당하는 경우만 제출하며, 가목이 서류와 폐기물 재활용시설을 설치하는 경우에는 서류를 제출하며, 가목이 서류와 중복되면 그에 해당하는 서류는 제출하지 아니할 수 있다)
다. 환경부장관이 정하여 고시하는 사항을 포함하는 환경성조사서(폐기물을 연료로 사용하는 시멘트 소성로와 소각열회수시설로 한정하되, 「환경영향평가법」에 따른 전략환경영향평가 대상사업, 환경영향평가 대상사업인 경우에는 소규모 환경영향평가 대상사업 또는 전략환경영향평가서, 환경영향평가서나 소규모 환경영향평가서로 대체할 수 있다)
② 1개의 폐기물 처분시설 또는 재활용시설에 대하여 2개 이상의 사업자로 나누어 법 제25조에 따른 폐기물처리허가를 신청하거나, 법 제29조에 따른 폐기물 처분시설 또는 재활용시설 설치 승인 또는 신고를 하여서는 아니 된다. 〈개정 2011. 9. 27.〉
③ 법 제25조제1항 후단에서 "환경부령으로 정하는 중요 사항"이란 다음 각 호의 구분에 따른 사항을 말한다. 〈개정 2018. 1. 17.〉
1. 폐기물 수집 · 운반업
가. 대표자 또는 상호

폐기물관리법	폐기물관리법 시행령	폐기물관리법 시행규칙
주고 폐기물을 소각 처분, 기계적 처분, 화학적 처분, 생물학적 처분, 그 밖에 환경부장관이 폐기물을 안전하게 중간처분할 수 있다고 인정하여 고시하는 방법으로 중간처분하는 영업 3. 폐기물 최종처분업 : 폐기물 최종처분시설을 갖추고 폐기물을 매립 등(해역 배출은 제외한다)의 방법으로 최종처분하는 영업 4. 폐기물 종합처분업 : 폐기물 중간처분시설 및 최종처분시설을 갖추고 폐기물의 중간처분과 최종처분을 함께 하는 영업 5. 폐기물 중간재활용업 : 폐기물 재활용시설을 갖추고 중간가공 폐기물을 만드는 영업 6. 폐기물 최종재활용업 : 폐기물 재활용시설을 갖추고 제13조의2에 따른 폐기물의 중간가공 폐기물을 제13조의2에 따른 폐기물의 재활용 원칙 및 준수사항에 따라 재활용하는 영업 7. 폐기물 종합재활용업 : 폐기물 재활용시설을 갖추고 중간재활용업과 최종재활용업을 함께 하는 영업 ⑥ 제5항의 제2호부터 제8호까지의 규정에 해당하는 폐기물처리업의 허가를 받은 자는 같은 항 제1호에 따른 폐기물 수집·운반업의 허가를 받지 아니하고 그 처리 대상 폐기물을 스스로 수집·운반할 수 있다. 〈개정 2010. 7. 23.〉 ⑦ 환경부장관 또는 시·도지사는 제3항에 따라 허가를 할 때에는 주민생활의 편익, 주변 환경보호 및 폐기물처리업의 효율적 관리 등을 위하여 필요한 조		나. 연락장소 또는 사무실 소재지(지정폐기물 소재지·운반업의 경우에는 주차장 소재지를 포함한다) 다. 영업구역(생활폐기물의 수집·운반업만 해당한다) 라. 수집·운반 폐기물의 종류 마. 운반차량의 수 또는 종류 2. 폐기물 중간처분업, 폐기물 최종처분업 및 폐기물 종합처분업 가. 대표자 또는 상호 나. 폐기물 처분시설 설치 예정지 다. 폐기물 처분시설의 수(증가하는 경우에만 해당한다) 라. 폐기물 처분시설의 구조 및 규모(별표 9 제1호 나목2)가)(1)·(2), 나)(1)·(2)·(3), 다)(1)·(2)·(3), 라)(1)·(2)에 따른 기준을 변경하는 경우, 자 수시설·집중수처리시설을 변경하는 경우 및 「대기환경보전법」 또는 「물환경보전법」에 따른 배출시설의 변경허가 또는 변경신고 사유에 해당하는 경우로 한정한다) 마. 폐기물 처분시설의 처분용량(처분용량의 변경으로 다른 법령에 따른 인·허가를 받아야 하는 경우와 처분용량이 100분의 30 이상 증감하는 경우만 해당한다) 바. 허용보관량 사. 매립시설의 제방의 규모(증가하는 경우에만 해당한다)

폐기물관리법	폐기물관리법 시행령	폐기물관리법 시행규칙
건을 붙일 수 있다. 다만, 영업 구역을 제한하는 조건은 생활폐기물의 수집·운반업에 대하여 붙일 수 있으며, 이 경우 시·도지사는 시·군·구 단위 미만으로 제한하여서는 아니 된다. 〈개정 2010. 7. 23.〉 ⑧ 제3항에 따른 폐기물처리업의 허가를 받은 자(이하 "폐기물처리업자"라 한다)는 다른 사람에게 자기의 성명이나 상호를 사용하여 폐기물을 처리하게 하거나 그 허가증을 다른 사람에게 빌려주어서는 아니 된다. 〈개정 2010. 7. 23.〉 ⑨ 폐기물처리업자는 다음 각 호의 준수사항을 지켜야 한다. 〈개정 2015. 1. 20.〉 1. 환경부령으로 정하는 바에 따라 폐기물을 허가받은 사업장 내 보관시설이나 승인받은 임시보관시설 등 적정한 장소에 보관할 것 2. 환경부령으로 정하는 양 또는 기간을 초과하여 폐기물을 보관하지 말 것 3. 자신의 처리시설에서 처리가 어렵거나 처리능력을 초과하는 경우에는 폐기물의 처리를 위탁받지 말 것 4. 그 밖에 폐기물 처리 계약 시 계약서 작성·보관 등 환경부령으로 정하는 준수사항을 지킬 것 ⑩ 의료폐기물의 수집·운반 또는 처분을 업(業)으로 하려는 자는 다른 폐기물과 분리하여 별도로 수집·운반 또는 처분하는 시설·장비 및 사업장을 설치·운영하여야 한다. 〈개정 2010. 7. 23.〉 ⑪ 제3항에 따라 허가를 받은 자가 환경부령으로 정하는 중요사항을 변경하려면 변경허가를 받아야 하		3. 폐기물 중간재활용업, 폐기물 최종재활용업 및 폐기물 종합재활용업 가. 대표자 또는 상호 나. 폐기물 재활용시설의 설치 예정지 다. 폐기물 재활용시설의 허가증 수(증가하는 경우만 해당한다) 라. 폐기물 재활용시설의 구조 및 규모(별표 9 제3호마목13)·14) 또는 사목11)·12)에 따른 기준을 변경하는 경우, 「대기환경보전법」 또는 「물환경보전법」에 따른 배출시설의 변경허가 또는 변경신고 사유에 해당하는 경우로 한정한다) 마. 폐기물 재활용시설의 재활용용량(재활용용량의 변경으로 다른 법령에 따른 인·허가를 받아야 하는 경우와 재활용용량이 100분의 30 이상 증가하는 경우로 한정한다) 바. 허용보관량 ④ 법 제25조제3항에 따라 허가를 받고자 하는 자는 별지 제18호서식의 허가신청서에 다음 각 호의 구분에 따른 서류를 첨부하여 시·도지사나 지방환경관서의 장에게 제출하여야 한다. 〈개정 2016. 7. 21.〉 1. 폐기물 수집·운반업 가. 시설 및 장비명세서 나. 수집·운반 대상 폐기물의 수집·운반계획서 다. 기술능력의 보유 현황 및 그 자격을 증명하는 서류 2. 폐기물 중간처분업, 폐기물 최종처분업 및 폐기물 종합처분업

폐기물관리법	폐기물관리법 시행령	폐기물관리법 시행규칙
고, 그 밖의 사항 중 환경부령으로 정하는 사항을 변경하려면 변경신고를 하여야 한다. <개정 2015. 7. 20.> ⑫환경부장관 또는 시·도지사는 제11항에 따른 변경신고를 받은 날부터 20일 이내에 변경신고수리 여부를 신고인에게 통지하여야 한다. <신설 2017. 4. 18.> ⑬환경부장관 또는 시·도지사가 제12항에서 정한 기간 내에 변경신고수리 여부나 민원 처리 관련 법령에 따른 처리기간의 연장을 신고인에게 통지하지 아니하면 그 기간이 끝난 날의 다음 날에 변경신고를 수리한 것으로 본다. <신설 2017. 4. 18.> ⑭지정폐기물과 지정폐기물 외의 폐기물을 동일한 폐기물처리시설에서 처리하려는 자가 지정폐기물과 관련하여 다음 각 호의 어느 하나에 해당하면 지정폐기물 외의 폐기물과 관련하여 각각 그에 해당하는 시·도지사의 허가·통보 또는 변경허가를 받거나 시·도지사에게 변경 신고를 한 것으로 본다. <개정 2017. 4. 18.> 1. 제2항에 따라 환경부장관으로부터 폐기물 처리 사업계획서의 적합 통보를 받은 경우 2. 제3항에 따라 환경부장관으로부터 폐기물처리업의 허가를 받은 경우 3. 제11항에 따라 환경부장관으로부터 폐기물처리업의 변경허가를 받거나 환경부장관에게 변경신고를 한 경우 ⑮지정폐기물 외의 폐기물과 관련하여 제14항에 따		고, 그 밖의 사항 중 환경부령으로 정하는 사항을 변경하려면 변경신고를 하여야 한다. <개정 2015. 7. 20.> 가. 시설 및 장비명세서 나. 처분시설 설치명세서 및 그 도면과 처분공정도 다. 처분대상 폐기물의 처분공정도 라. 가능능력의 보유 현황 및 그 자격을 증명하는 서류 마. 보관시설의 용량 및 그 산출근거를 확인할 수 있는 서류 바. 폐기물매립시설 사후관리계획서 사. 배출시설의 설치허가 신청 또는 신고 시의 첨부서류(법 제25조제1항 및 제2항에 따른 절차를 거치지 아니한 자로서 배출시설에 해당하는 폐기물 처분시설을 설치하는 경우만 제출하며, 나목의 서류와 중복되면 그에 해당하는 서류는 제출하지 아니할 수 있다) 아. 환경부장관이 정하여 고시하는 사항을 포함하는 환경성조사서(법 제25조제1항 및 제2항에 따른 절차를 거치지 아니한 자의 소각시설과 매립시설로 한정하되, 「환경영향평가법」에 따른 전략환경영향평가 대상사업, 환경영향평가 대상사업 또는 소규모 환경영향평가 대상사업이 아닌 경우에는 전략환경영향평가서, 환경영향평가서나 소규모 환경영향평가서로 대체할 수 있다) 3. 폐기물 중간재활용업, 폐기물 최종재활용업 및 폐기물 종합재활용업 가. 시설 및 장비명세서 나. 재활용시설 설치명세서 및 그 도면과 재활용 공정도

폐기물관리법	폐기물관리법 시행령	폐기물관리법 시행규칙
는 시·도지사의 적합 통보·허가·변경허가·변경신고의 의제(擬制)를 받으려는 자는 환경부장관에게 폐기물 처리 사업계획서의 제출, 폐기물처리업의 허가신청, 변경허가 신청 또는 변경신고를 할 때에 환경부령으로 정하는 관련 서류를 함께 제출하여야 한다. 〈개정 2017. 4. 18.〉 ⑯ 환경부장관은 제15항에 따라 관련 서류를 제출받으면 관할 시·도지사의 의견을 들어야 하며, 적합 통보·허가·변경허가를 하거나 변경신고를 받으면 관할 시·도지사에게 그 내용을 알려야 한다. 〈개정 2017. 4. 18.〉 ⑰ 폐기물처리업을 하려는 자 중 다음 각 호의 어느 하나에 해당하는 자는 제1항 및 제2항에 따른 절차를 거치지 아니하고 제3항에 따른 허가를 신청할 수 있다. 〈개정 2017. 4. 18.〉 1. 「산업입지 및 개발에 관한 법률」 제2조제8호에 따른 산업단지에서 폐기물처리업을 하려는 자 2. 「자원의 절약과 재활용촉진에 관한 법률」 제34조에 따른 재활용단지에서 폐기물처리업을 하려는 자 3. 제3항제2호부터 제7호까지의 규정에 따른 폐기물 재활용업을 하려는 자		다. 재활용대상 폐기물의 재활용공정도(음식물류 폐기물을 재활용하는 경우에는 물질·수지도를 포함하며, 별표 4의2 제4호에 따른 재활용 유형 또는 재활용환경성평가를 통한 매체접촉형 재활용의 방법으로 재활용을 하려는 경우에는 성토재·보조기층재 등으로 직접이용하는 공사의 발주자 또는 토지소유자 등 해당 토지의 권리자의 동의서를 포함한다) 라. 기술능력의 보유 현황 및 그 자격을 증명하는 서류 마. 보관시설이 용량 및 그 산출근거를 확인할 수 있는 서류 바. 배출시설이 설치되가 신청 또는 신고 시의 첨부서류(법 제25조제1항 및 제2항에 따른 절차를 거치지 아니한 자로서 배출시설에 설치 해당하는 폐기물 재활용시설을 설치하는 경우만 제출하며, 나목이 서류와 중복되면 그에 해당하는 서류는 제출하지 아니할 수 있다) 사. 환경부장관이 정하여 고시하는 사항을 포함하는 환경성조사서(법 제25조제1항 및 제2항에 따른 절차를 거치지 아니한 자이 폐기물을 연료로 사용하는 시멘트 소성로이나 소각열회수 시설로 한정하되, 「환경영향평가법」에 따른 전략환경영향평가 대상사업, 환경영향평가 대상사업이 전략환경영향평가, 환경영향평가 대상이거나 소규모 환경영향평가 대상인 경우에는 전략환경영향평가서, 환경영향평가서나 소규모 환경영향평가서로 대체할 수 있다)

폐기물관리법	폐기물관리법 시행령	폐기물관리법 시행규칙
		4. 삭제 〈2011. 9. 27.〉
		5. 삭제 〈2011. 9. 27.〉
		6. 삭제 〈2011. 9. 27.〉
		⑤시·도지사나 지방환경관서의 장은 법 제25조제1항 및 제2항에 따른 설치를 거지지 아니한 자에 대하여 제4항에 따른 허가를 하려는 경우에는 법 제25조제2항 각 호의 사항을 검토하여야 한다. 〈신설 2011. 9. 27.〉
		⑥법 제25조제3항에 따른 폐기물처리업을 하려는 자가 갖추어야 할 시설·장비·기술능력의 기준은 별표 7과 같다. 〈개정 2011. 9. 27.〉
		⑦시·도지사나 지방환경관서의 장은 폐기물처리업의 허가를 하였을 때에는 별지 제19호서식 또는 별지 제20호서식의 허가증을 신청인에게 내주어야 한다. 〈개정 2011. 9. 27.〉
		제29조(폐기물처리업의 변경허가) ① 법 제25조제11항에 따라 폐기물처리업의 변경허가를 받아야 할 중요사항은 다음 각 호와 같다. 〈개정 2018. 12. 31.〉
		1. 폐기물 수집·운반업
		가. 수집·운반대상 폐기물의 변경
		나. 영업구역의 변경
		다. 주차장 소재지의 변경(지정폐기물을 대상으로 하는 수집·운반업만 해당한다)
		다. 운반차량(임시차량은 제외한다)의 증차
		2. 폐기물 중간처분업, 폐기물 최종처분업 및 폐기물 종합처분업
		가. 처분대상 폐기물의 변경

폐기물관리법	폐기물관리법 시행령	폐기물관리법 시행규칙
		나. 폐기물 처분시설 소재지의 변경 다. 운반차량(임시차량은 제외한다)의 증차 라. 폐기물 처분시설의 신설 마. 폐기물 처분시설의 증설, 개·보수 또는 그 밖의 방법으로 허가 또는 변경허가를 받은 처분용량의 100분의 30 이상의 변경(허가 또는 변경허가를 받은 후 변경되는 누계를 말한다) 바. 주요 설비의 변경. 다만, 다음 1)부터 4)까지의 경우만 해당한다. 　1) 폐기물 처분시설의 구조 변경으로 인하여 별표 9 제1호나목2)가)의 (1)·(2), 나)의 (1)·(2), (3), 라)의 (1)·(2)의 기준이 변경되는 경우 　2) 차수시설·집수·침출수 처리시설이 변경되는 경우 　3) 별표 9 제2호나목2)바)에 따른 가스처리시설 또는 가스활용시설이 설치되거나 변경되는 경우 　4) 배출시설의 변경허가 또는 변경신고의 대상이 되는 경우 사. 매립시설 제방의 증·개축 아. 허용보관량의 변경 3. 폐기물 중간재활용업, 폐기물 최종재활용업 및 폐기물 종합재활용업 가. 재활용대상 폐기물의 변경(제33조제1항제6호에 해당하는 경우는 제외한다) 나. 폐기물 재활용 유형의 변경(제33조제1항제7

폐기물관리법	폐기물관리법 시행령	폐기물관리법 시행규칙
		호에 해당하는 경우는 제외한다)
		다. 폐기물 재활용시설 소재지의 변경
		라. 운반차량(임시차량은 제외한다)의 증차
		마. 폐기물 재활용시설의 신설
		바. 폐기물 재활용시설의 증설, 개·보수 또는 그 밖의 방법으로 허가 또는 변경허가를 받은 재활용·용량의 100분의 30 이상(금속을 회수하는 최종재활용업 또는 종합재활용업의 경우에는 100분의 50 이상)의 변경(허가 또는 변경허가를 받은 후 변경되는 누계를 말한다)
		사. 주요 설비의 변경. 다만, 다음 1) 및 2)의 경우만 해당한다.
		1) 폐기물 재활용시설의 구조 변경으로 인하여 별표 9 제3호마목13)·14) 또는 사목11)·12)에 따른 기준이 변경되는 경우
		2) 배출시설의 변경허가 또는 변경신고의 대상이 되는 경우
		아. 허용보관량의 변경
		4. 삭제 〈2011. 9. 27.〉
		5. 삭제 〈2011. 9. 27.〉
		6. 삭제 〈2011. 9. 27.〉
		7. 삭제 〈2011. 9. 27.〉
		8. 삭제 〈2011. 9. 27.〉
		9. 삭제 〈2011. 9. 27.〉
		② 제1항에 따른 변경허가를 받으려는 자는 미리 별지 제18호서식의 변경허가신청서에 다음 각 호의 서류를 첨부하여 시·도지사나 지방환경관서의 장에

폐기물관리법	폐기물관리법 시행령	폐기물관리법 시행규칙
		게 제출하여야 한다. 〈개정 2016. 7. 21.〉 1. 허가증 원본 2. 변경내용을 확인할 수 있는 서류 3. 배출시설의 설치허가 신청 또는 신고 시의 첨부서류(배출시설에 해당하는 폐기물처리시설을 신설하는 경우에만 제출한다) 4. 배출시설의 변경허가 신청 또는 변경신고 시의 첨부서류(처리용량이나 주요 설비의 변경으로 배출시설의 변경허가 또는 변경신고를 받아야 할 경우에만 제출한다) 5. 환경부장관이 정하여 고시하는 사항을 포함하는 환경성조사서(소각시설, 매립시설, 소각열회수시설 또는 폐기물을 연료로 사용하는 시멘트 소성로의 소재지가 변경될 경우로 한정하되, 「환경영향평가법」에 따른 전략환경영향평가 대상사업, 환경영향평가 대상사업 또는 소규모 환경영향평가 대상사업인 경우에는 전략환경영향평가서, 환경영향평가서나 소규모 환경영향평가서로 대체할 수 있다) 6. 폐기물을 성토재ㆍ보조기층재 등으로 직접 이용하는 공사의 발주자 또는 토지소유자 등 해당 토지의 관리자의 동의서(별표 4의2 제4호에 따른 재활용 유형 또는 재활용환경성평가를 통한 매체접촉형 재활용의 방법으로 재활용하는 경우에만 해당한다) 7. 그 밖에 시ㆍ도지사 또는 지방환경관서의 장이 제3항에 따른 검토에 필요하다고 인정하는 서류

폐기물관리법	폐기물관리법 시행령	폐기물관리법 시행규칙
		③시·도지사나 지방환경관서의 장은 제1항제1호다목, 제2호나목 및 제3호나목에 대하여 변경하가를 하려는 경우에는 다음 각 호의 사항을 검토하여야 한다. 〈신설 2011. 9. 27.〉 1. 법 제25조제2항제2호 및 제4호 2. 법 제33조제2항에 따른 경매, 환가, 압류재산의 매각 및 그 밖에 이에 준하는 절차의 진행여부
		제30조의2(폐기물처리업자의 폐기물 보관장소) 폐기물처리업자는 법 제25조제9항제1호에 따라 다음 각 호의 장소에 폐기물을 보관하여야 한다. 1. 제9조제4항에 따라 승인을 받거나 같은 조 제5항에 따라 변경승인을 받은 임시보관장소 2. 제11조제2항에 따라 승인을 받거나 같은 조 제3항에 따라 변경승인을 받은 임시보관시설 3. 제28조제4항에 따라 허가를 받거나 제29조제1항에 따라 변경허가를 받은 폐기물 보관시설 [본조신설 2016. 1. 21.]
		제31조(폐기물처리업자의 폐기물 보관량 및 처리기한) ① 법 제25조제9항제2호에서 "환경부령으로 정하는 양 또는 기간"이란 다음 각 호와 같다. 〈개정 2018. 12. 31.〉 1. 폐기물 수집·운반업자가 임시보관장소에 폐기물을 보관하는 경우 　가. 의료폐기물 : 냉장 보관할 수 있는 섭씨 4도 이하의 전용보관시설에서 보관하는 경우 5일 이내, 그 밖의 보관시설에서 보관하는 경우에는

폐기물관리법	폐기물관리법 시행령	폐기물관리법 시행규칙
		2일 이내. 다만, 영 별표 2 제1호의 격리의료폐기물(이하 "격리의료폐기물"이라 한다)의 경우에는 보관시설과 무관하게 2일 이내로 한다. 나. 의료폐기물 외의 폐기물 : 중량 450톤 이하이고 용적이 300세제곱미터 이하, 5일 이내 2. 폐기물재활용업자가 제11조제2항 및 제3항에 따른 임시보관시설에 폐기물(폐전주로 한정한다)을 보관하는 경우 가. 3월부터 11월까지 : 중량 50톤 미만 나. 12월부터 다음 해 2월까지 : 중량 100톤 미만 3. 폐기물재활용업자가 다음 각 목의 폐기물을 재활용하기 위하여 보관하는 경우 : 1일 재활용량의 60일분 보관량 이하, 60일 이내. 다만, 폐기물 재활용업자가 폐목재, 폐축매 또는 함성수지재질의 폐김발장(「수산업ㆍ어촌 발전 기본법」제3조제7호에 따른 수산물 중 김의 건조를 위하여 사용하는 발장을 말한다. 이하 같다)을 재활용하기 위하여 보관하는 경우에는 1일 재활용량의 180일분 보관량 이하, 180일 이내로 한다. 가. 폐석고(도자기 제조시설에서 발생하는 것으로 한정한다), 폐고무, 광재(鑛滓), 폐내화물, 폐도자기조각, 폐합성수지(「자원의 절약과 재활용촉진에 관한 법률 시행령」제18조제1호, 제3호 및 제8호부터 제10호까지의 규정에 해당하는 폐합성수지는 제외한다), 폐금속류, 폐지, 폐목재, 폐유리, 폐콘크리트전주, 폐석재, 폐피미든, 폐축매 또는 함성수지재질의 폐

폐기물관리법	폐기물관리법 시행령	폐기물관리법 시행규칙
		김발장 나. 토기·자기·내화물·시멘트·콘크리트·석재품의 제조 및 가공시설, 건설공사장의 세륜(洗輪)시설, 수도사업용 정수시설, 비금속광물분쇄시설(굴착시설을 포함한다) 또는 토사세척시설에서 발생되는 무기성 오니(汚泥) 4. 폐기물 재활용업자, 폐기물 중간처분업자 및 폐기물 종합처분업자가 폐기물을 보관(의료폐기물 또는 제2조 및 제3조에 따라 폐기물을 보관하는 경우는 제외한다)하는 경우 : 1일 처리용량의 30일분 보관량 이하, 30일 이내(매립시설이 일정 구역을 구획하여 폐석면을 매립하기 위한 경우에는 6개월 이내) 5. 폐기물 재활용업자가 의료폐기물(태반으로 한정한다)을 보관하는 경우 가. 제11조제1항제2호에 따라 폐기물 임시보관시설에 보관하는 경우 : 중량 5톤 미만, 5일 이내 나. 그 밖의 경우 : 1일 재활용량의 7일분 보관량 이하, 7일 이내 6. 폐기물 중간처분업자가 의료폐기물을 보관하는 경우 : 1일 처분용량의 5일분 보관량 이하, 5일 이내. 다만, 처리의료폐기물 및 별표 2 제2호가목의 조직물류폐기물의 경우에는 2일분 보관량 이하, 2일 이내로 한다. 7. 환경부장관은 제1호 및 제6호에도 불구하고 「감염병의 예방 및 관리에 관한 법률」 제2조제1호에 따른 감염병의 확산으로 인하여 「재난 및 안전관

폐기물관리법	폐기물관리법 시행령	폐기물관리법 시행규칙

폐기물관리법 시행규칙

리 기본법 제38조제1항에 따른 재난·예보·경보가 발령되는 경우 또는 감염병의 확산 방지를 위하여 필요하다고 인정하는 경우에는 의료폐기물의 처리기한을 따로 정할 수 있다.

② 폐기물처리업자는 제1항 및 제28조제4항에 따라 하거나 승인을 받은 보관량 및 보관기간을 초과하여 폐기물을 보관할 수 없다. 다만, 화재 등 중대한 사고, 방치폐기물의 반입·보관 등으로 그 기간 이상 보관하여야 할 부득이한 사유가 있는 경우로서 시·도지사나 지방환경관서의 장의 승인을 받았을 때에는 그러하지 아니하다.

제32조(폐기물처리업자의 준수사항) 법 제25조제9항 제4호에서 "환경부령으로 정하는 준수사항"이란 별표 8과 같다. 〈개정 2016. 1. 21.〉

제33조(폐기물처리업의 변경신고) ① 법 제25조제11 항에 따라 폐기물처리업의 변경신고를 하여야 할 사항은 다음 각 호와 같다. 〈개정 2018. 5. 17.〉
1. 상호의 변경
2. 대표자의 변경(법 제33조에 따라 권리·의무를 승계하는 경우는 제외한다)
3. 연락장소나 사무실 소재지의 변경
4. 임시차량의 증차 또는 운반차량의 감차
5. 재활용 대상 부지의 변경(별표 4의2 제4호에 따른 재활용 유형으로 재활용하는 경우만 해당한다)
6. 재활용 대상 폐기물의 변경(별표 4의2에 따른 재활용 유형의 세부 유형을 변경하지 않고 재활용하는

폐기물관리법	폐기물관리법 시행령	폐기물관리법 시행규칙
		폐기물을 추가하는 경우만 해당한다) 7. 폐기물 재활용 유형의 변경(재활용 시설 또는 장소가 변경되지 않는 경우만 해당한다) 8. 별표 7에 따른 기술능력의 변경 ② 변경신고를 하려는 자는 제1항제1호·제2호 및 제8호의 경우에는 그 사유가 발생한 날부터 30일 이내에, 제1항제3호부터 제7호까지의 경우에는 변경 전에 별지 제21호서식의 폐기물처리업 변경신고서에 각각 허가증과 변경내용을 확인할 수 있는 서류(운반차량을 감차하는 경우는 제외한다)를 첨부하여 시·도지사나 지방환경관서의 장에게 제출하여야 한다. 〈개정 2018. 12. 31.〉 제34조(지정폐기물 외의 폐기물처리업 허가 등의 의제) 법 제25조제15항에서 "환경부령으로 정하는 관련 서류"란 다음 각 호의 서류를 말한다. 다만, 지정폐기물처리업의 허가·변경허가 신청 또는 변경신고 시 제출하여야 하는 서류와 중복되면 제외할 수 있다. 〈개정 2017. 10. 19.〉 1. 폐기물처리 사업계획서의 제출 시 : 지정폐기물 외의 폐기물에 대한 제28조제1항 각 호의 서류 2. 폐기물처리업의 허가신청 시 : 지정폐기물 외의 폐기물에 대한 제28조제4항 각 호의 서류 3. 폐기물처리업의 변경허가 신청 시 : 지정폐기물 외의 폐기물에 대한 제29조제2항 각 호의 서류 4. 폐기물처리업의 변경신고 시 : 지정폐기물 외의 폐기물에 대한 제33조제2항의 서류

폐기물관리법	폐기물관리법 시행령	폐기물관리법 시행규칙
제25조의2(전용용기 제조업) ① 전용용기를 업(이하 "전용용기 제조업"이라 한다)으로 하려는 자는 환경부령으로 정하는 기준에 따른 시설·장비 등의 요건을 갖추어 환경부장관에게 등록하여야 하며, 등록한 사항 중 환경부령으로 정하는 중요한 사항을 변경하려는 경우에는 변경등록을 하여야 하고, 그 밖의 사항 중 환경부령으로 정하는 사항을 변경하려면 변경신고를 하여야 한다. ② 환경부장관은 제1항에 따른 변경신고를 받은 날부터 20일 이내에 변경신고수리 여부를 신고인에게 통지하여야 한다. 〈신설 2017. 4. 18.〉 ③ 환경부장관이 제2항에서 정한 기간 내에 변경신고수리 여부나 민원 처리 관련 법령에 따른 처리기간의 연장을 신고인에게 통지하지 아니하면 그 기간이 끝난 날의 다음 날에 변경신고를 수리한 것으로 본다. 〈신설 2017. 4. 18.〉 ④ 제1항에 따른 등록·변경등록 또는 변경신고의 절차 등에 관하여 필요한 사항은 환경부령으로 정한다. 〈개정 2017. 4. 18.〉 ⑤ 제1항에 따라 등록을 한 자(이하 "전용용기 제조업자"라 한다)가 제조할 수 있는 전용용기의 구조·규격·품질 및 표시에 관한 기준 등에 관하여 필요한 사항은 환경부령으로 정한다. 〈개정 2017. 4. 18.〉 ⑥ 전용용기 제조업자는 제조하는 전용용기의 구조·규격·품질 및 표시가 제5항에 따른 기준에 적합한지 여부에 대하여 환경부령으로 정하는 검사기관, 검사방법 및		**제34조의2(전용용기 제조업의 요건)** 법 제25조의2제1항에 따라 의료폐기물 전용용기(이하 "전용용기"라 한다)의 제조를 업으로 하려는 자가 갖추어야 하는 시설·장비 등의 요건은 별표 8의2와 같다. [본조신설 2016. 1. 21.] **제34조의3(전용용기 제조업의 등록)** ① 법 제25조의2제1항에 따라 전용용기의 제조를 업으로 하려는 자는 별지 제21호의2서식의 전용용기 제조업 등록신청서에 다음 각 호의 서류(전자문서를 포함한다)를 첨부하여 제조시설이 위치한 소재지를 관할하는 지방환경관서의 장에게 제출하여야 한다. 1. 시설 및 장비의 명세서(인쇄설비를 임차하거나 인쇄작업을 위탁하는 경우 임차계약서 또는 위탁계약서를 포함한다) 2. 제조하려는 전용용기의 종류별 구조도와 원료 및 재질 설명서 ② 제1항에 따른 등록신청서를 제출받은 담당 공무원은 「전자정부법」 제36조제1항에 따른 행정정보의 공동이용을 통하여 법인 등기사항증명서 또는 사업자등록증을 확인하여야 한다. 다만, 신청인이 사업자등록증의 확인에 동의하지 아니하는 경우에는 그 사본을 첨부하도록 하여야 한다. ③ 지방환경관서의 장은 법 제25조의2제1항에 따라 전용용기 제조업을 등록한 경우에는 별지 제21호의3서식의 전용용기 제조업자 등록증을 신청자에게 발급하여야 한다. [본조신설 2016. 1. 21.]

폐기물관리법	폐기물관리법 시행령	폐기물관리법 시행규칙
절차 등에 관하여 필요한 사항은 환경부령으로 정한다. 〈개정 2017. 4. 18.〉 ⑦ 전용용기 제조업자는 다른 사람에게 자기의 성명이나 상호를 사용하여 전용용기를 제조하게 하거나 그 등록증을 빌려주어서는 아니 된다. 〈개정 2017. 4. 18.〉 ⑧ 전용용기 제조업자는 제5항에 따른 기준에 적합한 전용용기를 제조하는 등 환경부령으로 정하는 준수사항을 지켜야 한다. 〈개정 2017. 4. 18.〉 [본조신설 2015. 1. 20.]		제34조의4(전용용기 제조업의 제조업 등록·신고) ① 법 제25조의2제1항에서 "환경부령으로 정하는 중요한 사항"이란 다음 각 호와 같다. 1. 제조시설의 소재지 2. 시설 또는 장비(인체시설의 임차 또는 인체작업의 위탁계약을 포함한다) 3. 전용용기의 구조 또는 규격 ② 제1항 각 호의 사항을 변경하려는 전용용기 제조업자는 별지 제21호의2서식의 전용용기 제조업 변경등록신청서에 등록증 원본과 그 변경내용을 증명할 수 있는 서류를 첨부하여 지방환경관서의 장에게 제출하여야 한다. ③ 법 제25조의2제1항에서 "환경부령으로 정하는 사항"이란 다음 각 호와 같다. 1. 상호 2. 대표자 3. 사무실 또는 보관창고의 소재지 ④ 제3항 각 호의 사항을 변경하려는 전용용기 제조업자는 별지 제21호의2서식의 전용용기 제조업 변경신고신청서에 등록증 원본과 그 변경내용을 증명할 수 있는 서류를 첨부하여 지방환경관서의 장에게 제출하여야 한다. [본조신설 2016. 1. 21.] 제34조의5(전용용기의 구조·규격 등) 법 제25조의2제5항에 따른 전용용기의 구조·규격·품질 및 표시 등에 관한 기준은 별표 8의3과 같다. 〈개정 2017. 10. 19.〉

폐기물관리법	폐기물관리법 시행령	폐기물관리법 시행규칙

폐기물관리법 시행규칙

[본조신설 2016. 1. 21.]

제34조의6(전용용기의 검사절차 등) ① 법 제25조의2 제6항·전단에 따라 전용용기 제조업자는 다음 각 호에 해당하는 경우 별지 제21호의4서식의 전용용기 검사신청서에 제2항 각 호의 서류를 첨부하여 제34 조의7에 따른 전용용기 검사기관(이하 "전용용기 검사기관"이라 한다)에 제출하고 전용용기를 판매하기 전에 전용용기에 대한 검사를 받아야 한다. 〈개정 2017. 10. 19.〉

1. 전용용기 제조업의 등록 또는 변경등록(제34조의 4제1항에 따른 변경사항만 해당한다)을 한 후 최초로 전용용기를 제조하는 경우

2. 전용용기 검사기관의 검사 결과 합격한 것으로 검사결과서를 통보받은 날부터 3개월이 지난 후에 조용기를 제조하는 경우

3. 제조일부터 3개월이 지난 전용용기(합성수지류 상자형의 경우 12개월이 지난 전용용기)를 판매하려는 경우

② 제1항에 따라 전용용기 검사신청서에 첨부하여야 하는 서류는 다음 각 호와 같다.

1. 전용용기 제조업 등록증 사본

2. 전용용기의 구조도

3. 전용용기의 원료·제조공을 증명할 수 있는 서류

③ 제1항에 따른 검사신청서를 제출받은 전용용기 검사기관은 검사신청서를 검토한 후 신청인에게 검사일 정 및 검사에 필요한 사항 등을 미리 알려야 한다.

④ 전용용기 검사기관은 검사신청일부터 14일 이내

폐기물관리법	폐기물관리법 시행령	폐기물관리법 시행규칙
		에 전용용기의 검사를 실시한 후 별지 제21호의5서식의 전용용기 검사결과서를 신청인에게 통지하여야 한다. 이 경우 전용용기 검사기관은 검사자료와 검사결과서를 3년간 보관하여야 한다. ⑤ 전용용기 검사기관의 장은 제1항부터 제4항까지의 업무를 효율적으로 수행하기 위하여 전산정보처리시스템을 이용하여 업무를 처리할 수 있다. [본조신설 2016. 1. 21.] **제34조의7(전용용기 검사기관)** 법 제25조의2제6항 후단에 따른 전용용기의 검사기관은 다음 각 호의 기관으로 한다. 〈개정 2017. 10. 19.〉 1. 한국환경공단 2. 한국화학융합시험연구원 3. 한국건설생활환경시험연구원 4. 그 밖에 환경부장관이 전용용기에 대한 검사능력이 있다고 인정하여 고시하는 기관 [본조신설 2016. 1. 21.] **제34조의8(전용용기 검사방법)** 법 제25조의2제6항 후단에 따른 전용용기의 검사방법은 별표 8의4와 같다. 〈개정 2017. 10. 19.〉 [본조신설 2016. 1. 21.] **제34조의9(전용용기 제조업자의 준수사항)** 법 제25조의2제8항에 따른 전용용기 제조업자의 준수사항은 별표 8의5와 같다. 〈개정 2017. 10. 19.〉 [본조신설 2016. 1. 21.]

폐기물관리법	폐기물관리법 시행령	폐기물관리법 시행규칙
제26조(결격 사유) 다음 각 호의 어느 하나에 해당하는 자는 폐기물처리업의 허가를 받거나 전용용기 제조업의 등록을 할 수 없다. 〈개정 2015. 1. 20.〉 1. 미성년자, 피성년후견인 또는 피한정후견인 2. 파산선고를 받고 복권되지 아니한 자 3. 이 법을 위반하여 징역 이상의 형을 선고받고 그 형의 집행이 끝나거나 집행을 받지 아니하기로 확정된 후 2년이 지나지 아니한 자 4. 이 법을 위반하여 징역 이상의 형의 집행유예를 선고받고 그 집행유예 기간이 지나지 아니한 자 5. 제27조(제1항제2호 및 제2항제20호는 제외한다)에 따라 폐기물처리업의 허가가 취소되거나 제27조의2(제1항제2호 및 제2항제2호는 제외한다)에 따라 전용용기 제조업의 등록이 취소된 자로서 그 허가 또는 등록이 취소된 날부터 2년이 지나지 아니한 자 6. 임원 중에 제1호부터 제4호까지 규정의 어느 하나에 해당하는 자가 있는 법인		
제27조(허가의 취소 등) ① 환경부장관이나 시·도지사는 폐기물처리업자가 다음 각 호의 어느 하나에 해당하면 그 허가를 취소하여야 한다. 〈개정 2015. 1. 20.〉 1. 속임수나 그 밖의 부정한 방법으로 허가를 받은 경우 2. 제26조 각 호의 결격사유 중 어느 하나에 해당되는 경우. 다만, 다음 각 목의 어느 하나에 해당하는 경우 그 구분에 따른 조치를 한 경우를 제외한다.		

폐기물관리법	폐기물관리법 시행령	폐기물관리법 시행규칙
가. 법인의 임원 중 제26조제6호에 해당하는 자가 있는 경우 : 결격사유가 발생한 날부터 2개월 이내에 그 임원을 바꾸어 임명 나. 제33조제1항에 따라 권리·의무를 승계한 상속인이 제26조 각 호의 어느 하나에 해당하는 경우 : 상속이 시작된 날부터 6개월 이내에 그 권리·의무를 다른 자에게 양도 3. 제40조제1항 본문에 따른 조치를 하지 아니한 경우 4. 제40조제8항에 따른 계약 갱신 명령을 이행하지 아니한 경우 5. 영업정지기간 중 영업 행위를 한 경우 ② 환경부장관이나 시·도지사는 폐기물처리업자가 다음 각 호의 어느 하나에 해당하면 그 허가를 취소하거나 6개월 이내의 기간을 정하여 영업의 전부 또는 일부의 정지를 명령할 수 있다. 〈개정 2019. 4. 16.〉 1. 제8조제1항 또는 제2항을 위반하여 사업장폐기물을 버리거나 매립 또는 소각한 경우 2. 제13조 또는 제13조의2를 위반하여 폐기물을 처리한 경우 2의2. 제13조의5제5항에 따른 조치명령을 이행하지 아니한 경우 2의3. 제14조의5제2항을 위반하여 안전기준을 준수하지 아니한 경우 3. 제18조제3항을 위반하여 폐기물의 인계·인수에 관한 내용을 전자정보처리프로그램에 입력하지 아니한 경우		

폐기물관리법	폐기물관리법 시행령	폐기물관리법 시행규칙
3의2. 제18조의2제4항을 위반하여 유해성 정보자료를 제시하지 아니하거나 비치하지 아니한 경우 4. 제19조제1항을 위반하여 운반 중에 서류 등을 지니지 아니하거나 관계 행정기관이나 그 소속 공무원이 요구하여도 인계번호를 알려주지 아니한 경우 5. 제25조제5항에 따른 업종 구분과 영업 내용의 범위를 벗어나는 영업을 한 경우 6. 제25조제7항에 따른 조건을 위반한 경우 7. 제25조제8항을 위반하여 다른 사람에게 자기의 성명이나 상호를 사용하여 폐기물을 처리하게 하거나 그 허가증을 다른 사람에게 빌려 준 경우 8. 제25조제9항을 위반하여 폐기물을 보관하거나 준수사항을 위반한 경우 9. 제25조제10항을 위반하여 별도로 수집·운반·처분하는 시설·장비 및 사업장을 설치·운영하지 아니한 경우 10. 제25조제11항에 따른 변경허가를 받거나 변경신고를 하지 아니하고 허가사항이나 신고사항을 변경한 경우 11. 제30조제1항·제2항을 위반하여 검사를 받지 아니하거나 같은 조 제3항을 위반하여 적합판정을 받지 아니한 폐기물처리시설을 사용한 경우 12. 제31조제1항에 따른 관리기준에 맞지 아니하게 폐기물처리시설을 운영한 경우 13. 제31조제4항에 따른 개선명령이나 사용중지명령을 이행하지 아니한 경우 14. 제31조제5항에 따른 폐쇄명령을 이행하지 아니		

폐기물관리법	폐기물관리법 시행령	폐기물관리법 시행규칙
한 경우 15. 제31조제7항에 따른 측정명령이나 조사명령을 이행하지 아니한 경우 16. 제33조제3항에 따른 권리·의무의 승계신고를 하지 아니한 경우 17. 제36조제1항을 위반하여 장부를 기록·보존하지 아니한 경우 18. 제39조의3, 제40조제2항·제3항 또는 제48조에 따른 명령을 이행하지 아니한 경우 19. 제52조제1항에 따라 사후관리이행보증금을 사전에 적립하지 아니한 경우 20. 허가를 받은 후 1년 이내에 영업을 시작하지 아니하거나 정당한 사유 없이 계속하여 1년 이상 휴업한 경우 [전문개정 2007. 8. 3.] **제27조의2(전용용기 제조업 등록의 취소 등)** ① 환경부장관은 전용용기 제조업자가 다음 각 호의 어느 하나에 해당하면 그 등록을 취소하여야 한다. 1. 거짓이나 그 밖의 부정한 방법으로 등록을 한 경우 2. 제26조 각 호의 결격사유 중 어느 하나에 해당되는 경우. 다만, 법인의 임원 중에 제26조제6호에 해당되는 자가 있는 경우 2개월 이내에 그 임원을 바꾸어 임명하면 그러하지 아니하다. 3. 제2항에 따른 영업정지 기간 중에 영업을 한 경우 ② 환경부장관은 전용용기 제조업자가 다음 각 호의 어느 하나에 해당하는 경우에는 그 등록을 취소하거나 6개월 이내의 기간을 정하여 그 영업의 전부 또는		

폐기물관리법	폐기물관리법 시행령	폐기물관리법 시행규칙
일부의 정지를 명할 수 있다. 〈개정 2017. 4. 18.〉 1. 제25조의2제1항을 위반하여 변경등록 또는 변경신고를 하지 아니하고 등록사항을 변경하거나 부정한 방법으로 변경등록 또는 변경신고를 한 경우 2. 등록을 한 후 1년 이내에 영업을 개시하지 아니하거나 그 실적이 없는 경우(휴업 신고를 한 경우는 제외한다) 3. 제25조의2제1항에 따라 등록한 시설·장비가 아닌 다른 자의 시설·장비로 전용용기를 제조한 경우 4. 제25조의2제1항에 따라 등록한 전용용기 외의 전용용기를 제조한 경우 5. 제25조의2제1항에 따른 등록기준에 미달하게 된 경우 6. 제25조의2제5항에 따른 구조·규격·품질 및 표시기준에 적합하지 아니하게 전용용기를 제조하여 유통시키거나 제25조의2제6항에 따른 검사를 받지 아니한 경우 7. 제25조의2제7항을 위반하여 다른 사람에게 자기의 성명이나 상호를 사용하여 영업하게 하거나 등록증을 빌려 준 경우 8. 제25조의2제8항을 위반하여 준수사항을 이행하지 아니한 경우 9. 제39조에 따른 관계 서류·시설 및 장비 등의 검사를 거부·방해 또는 기피한 경우 [본조신설 2015. 1. 20.]		
제28조(폐기물처리업자에 대한 과징금 처분) ① 환경부장관이나 시·도지사는 제27조에 따라 폐기물처리		**제11조(과징금을 부과할 위반행위별 과징금의 금액 등)** ① 법 제28조제2항에 따른 위반행위의 종류와 정

폐기물관리법	폐기물관리법 시행령	폐기물관리법 시행규칙
리업자에게 영업의 정지를 명령하려는 때 그 영업의 정지가 다음 각 호의 어느 하나에 해당한다고 인정되면 대통령령으로 정하는 바에 따라 그 영업의 정지를 갈음하여 1억원 이하의 과징금을 부과할 수 있다. 〈개정 2010. 7. 23.〉 1. 해당 영업의 정지로 인하여 그 영업의 이용자가 폐기물을 위탁처리하지 못하여 폐기물이 사업장 안에 적체(積滯)됨으로써 이용자의 사업활동에 막대한 지장을 줄 우려가 있는 경우 2. 해당 폐기물처리업자가 보관 중인 폐기물이나 그 영업의 이용자가 보관 중인 폐기물의 적체에 따른 환경오염으로 인하여 인근지역 주민의 건강에 위해가 발생되거나 발생될 우려가 있는 경우 3. 천재지변이나 그 밖의 부득이한 사유로 해당 영업을 계속하도록 할 필요가 있다고 인정되는 경우 ② 제1항에 따라 과징금을 부과하는 위반행위의 종류와 정도에 따른 과징금의 금액, 그 밖에 필요한 사항은 대통령령으로 정한다. 〈개정 2013. 8. 6.〉 ③ 제1항에 따른 과징금을 내지 아니하면 환경부장관은 국세 체납처분의 예에 따라, 시·도지사는 「지방세외수입금의 징수 등에 관한 법률」에 따라 각각 징수한다. ④ 제1항 및 제3항에 따라 과징금으로 징수한 금액은 징수 주체가 사용하되, 광역 폐기물처리시설의 확충 등 대통령령으로 정하는 용도로 사용하여야 한다. [제목개정 2010. 7. 23.]	도에 따른 과징금의 금액은 별표 6과 같다. ② 환경부장관이나 시·도지사는 사업장의 사업규모, 사업지역의 특수성, 위반행위의 정도 및 횟수 등을 고려하여 제1항에 따른 과징금 금액의 2분의 1 범위에서 가중하거나 감경할 수 있다. 다만, 가중하는 경우에는 과징금 총액이 1억원을 초과할 수 없다. 제11조의2(과징금의 부과 및 납부) ① 환경부장관이나 시·도지사는 법 제28조에 따라 과징금을 부과하려는 때에는 그 위반행위의 종별과 해당 과징금의 금액을 구체적으로 밝혀 이를 납부할 것을 서면으로 통지하여야 한다. ② 제1항에 따라 통지를 받은 자는 통지를 받은 날부터 20일 이내에 과징금을 부과권자가 정하는 수납기관에 납부하여야 한다. ③ 제2항에 따라 과징금의 납부를 받은 수납기관은 그 납부자에게 영수증을 발급하고, 지체 없이 그 사실을 환경부장관이나 시·도지사에게 알려야 한다. ④ 과징금은 분할하여 납부할 수 없다. [본조신설 2008. 7. 29.] 제12조(과징금의 사용용도) 법 제28조제4항에 따라 과징금으로 징수한 금액의 사용용도는 다음 각 호와 같다. 〈개정 2011. 9. 7.〉 1. 법 제5조제1항에 따른 광역 폐기물처리시설(지정 폐기물 공공 처리시설을 포함한다)의 확충 1의2. 「자원의 절약과 재활용촉진에 관한 법률」 제34조의4에 따른 공공 재활용기반시설의 확충	

폐기물관리법	폐기물관리법 시행령	폐기물관리법 시행규칙
제29조(폐기물처리시설의 설치) ① 폐기물처리시설은 환경부령으로 정하는 기준에 맞게 설치하되, 환경부령으로 정하는 규모 미만의 폐기물 소각 시설을 설치·운영하여서는 아니 된다. ② 제25조제3항에 따른 폐기물처리업의 허가를 받았거나 받으려는 자 외의 자가 폐기물처리시설을 설치하려면 환경부장관의 승인을 받아야 한다. 다만, 제1호의 폐기물처리시설을 설치하는 경우는 제외하며, 제2호의 폐기물처리시설을 설치하려면 환경부장관에게 신고하여야 한다. 1. 학교·연구기관 등 환경부령으로 정하는 자가 환경부령으로 정하는 바에 따라 시험·연구목적으로 설치·운영하는 폐기물처리시설 2. 환경부령으로 정하는 규모의 폐기물처리시설 ③ 제2항의 경우에 승인을 받았거나 신고한 중요 사항을 변경하려면 각각 변경승인을 받거나 변경신고를 하여야 한다. ④ 폐기물처리시설을 설치하는 자는 그 설치공사를 끝낸 후 그 시설의 사용을 시작하려면 다음 각 호의 구분에 따라 해당 행정기관의 장에게 신고하여야 한다.	2. 법 제13조 또는 제13조의2를 위반하여 처리한 폐기물 중 그 폐기물을 처리한 자나 그 폐기물의 처리를 위탁한 자를 확인할 수 없는 폐기물로 인하여 예상되는 환경상 위해(危害)를 제거하기 위한 처리 3. 폐기물처리업자나 폐기물처리시설의 지도·점검에 필요한 시설·장비의 구입 및 운영	제35조(폐기물처리시설의 설치기준) ① 법 제29조제1항에 따른 폐기물처리시설의 설치기준은 별표 9와 같다. ② 환경부장관은 폐기물처리시설의 적절한 설치·시공을 위하여 필요하면 제1항에 따른 설치기준에 관한 지도기준을 설정·고시할 수 있다. 제36조(설치가 금지되는 폐기물 소각 시설) 법 제29조제1항에서 "환경부령으로 정하는 규모 미만의 폐기물 소각 시설"이란 시간당 처리능력이 25킬로그램 미만인 폐기물 소각 시설을 말한다. 제37조(폐기물처리시설 설치승인·신고의 제외 대상 등) ① 법 제29조제2항제1호에서 "환경부령으로 정하는 자"란 다음 각 호의 자를 말한다. 〈개정 2013. 12. 31.〉 1. 「환경기술 및 환경산업 지원법」 제5조제1항에 따른 기관 2. 「고등교육법」 제2조에 따른 대학·산업대학·전문대학·기술대학 및 그 부설연구기관 3. 국·공립연구기관

폐기물관리법

1. 폐기물처리업자가 설치한 폐기물처리시설의 경우 : 제25조제3항에 따른 허가관청
2. 제1호 외의 폐기물처리시설의 경우 : 제29조제2항에 따른 승인권청 또는 신고관청
⑤ 환경부장관 또는 해당 행정기관의 장은 제2항, 제3항에 따른 제4항에 따른 신고ㆍ변경신고를 받은 날부터 20일 이내에 신고ㆍ변경신고수리 여부를 신고인에게 통지하여야 한다. 〈신설 2017. 4. 18.〉
⑥ 환경부장관 또는 해당 행정기관의 장이 제5항에서 정한 기간 내에 신고ㆍ변경신고수리 여부나 민원 처리 관련 법령에 따른 처리기간의 연장을 신고인에게 통지하지 아니하면 그 기간이 끝난 날의 다음 날에 신고ㆍ변경신고를 수리한 것으로 본다. 〈신설 2017. 4. 18.〉

폐기물관리법 시행령

폐기물관리법 시행규칙

4. 「기초연구진흥 및 기술개발지원에 관한 법률」 제14조제1항제2호에 따른 기업부설연구소 및 기업의 연구개발전담부서
5. 「산업기술연구조합 육성법」에 따른 신기술연구조합구조함
6. 「환경친화적 산업구조로의 전환촉진에 관한 법률」 제6조제2항에 따른 기관 및 단체
7. 그 밖에 환경부장관이 정하여 고시하는 자
② 법 제29조제3항에 따라 폐기물처리시설을 설치ㆍ운영하려는 자는 별지 제22호서식의 폐기물 처분시설 또는 재활용시설 설치ㆍ운영계획를 시ㆍ도지사나 지방환경관서의 장에게 제출하여야 하며, 이를 제출받은 시ㆍ도지사나 지방환경관서의 장은 고시설을 설치ㆍ운영하려는 자가 제1항 각 호의 어느 하나에 해당하는 자인지 여부, 적절한 환경시설을 설치하였는지 여부 및 시험ㆍ연구 목적을 확인하고 그 확인결과와 환경시설의 경우 보완할 사항이 있으면 그 보완할 사항을 포함한다)을 신청인에게 알려야 한다. 〈개정 2011. 10. 28.〉

제38조(설치신고대상 폐기물처리시설) 법 제29조제2항제2호에서 "환경부령으로 정하는 규모의 폐기물 처리시설"이란 다음 각 호의 시설을 말한다. 〈개정 2012. 9. 24.〉

1. 일반소각시설로서 1일 처분능력이 100톤(지정폐기물의 경우에는 10톤) 미만인 시설
2. 고온소각시설ㆍ열분해시설ㆍ고온용융시설 또는 열처리조합시설로서 시간당 처분능력이 100

폐기물관리법	폐기물관리법 시행령	폐기물관리법 시행규칙
		킬로그램 미만인 시설
		3. 기계적 처분시설 또는 재활용시설 중 증발·농축·정제 또는 유수분리시설로서 시간당 처분능력 또는 재활용능력이 125킬로그램 미만인 시설
		4. 기계적 처분시설 또는 재활용시설 중 압축·파쇄·분쇄·절단·용융·용해·연료화·소성(시멘트 소성로는 제외한다) 또는 탄화시설로서 1일 처분능력 또는 재활용능력이 100톤 미만인 시설
		5. 기계적 처분시설 또는 재활용시설 중 탈수·건조시설, 멸균분쇄시설 및 화학적 처분시설 또는 재활용시설
		6. 생물학적 처분시설 또는 재활용시설로서 1일 처분능력 또는 재활용능력이 100톤 미만인 시설
		7. 소각열회수시설로서 1일 재활용능력이 100톤 미만인 시설
		제39조(폐기물처리시설의 설치 승인 등) ① 법 제29조제2항에 따라 폐기물처리시설을 설치하려는 자는 별지 제23호서식의 폐기물 처분시설 또는 재활용시설 설치승인신청서에 다음 각 호의 서류를 첨부하여 그 시설의 소재지를 관할하는 시·도지사나 지방환경관서의 장에게 제출하여야 한다. 〈개정 2012. 9. 24.〉 1. 처분 또는 재활용 대상 폐기물 배출업체의 제조공정도 및 폐기물 배출명세서(사업장폐기물배출자가 설치하는 경우만 제출한다) 2. 폐기물의 종류, 성질·상태 및 예상 배출량명세서(사

폐기물관리법	폐기물관리법 시행령	폐기물관리법 시행규칙
		영업(폐기물배출자가 설치하는 경우만 제출한다)
		3. 처분 또는 재활용 대상 폐기물의 처분 또는 재활용 방법(재활용시설의 경우에는 재활용 용도 또는 방법을 포함한다)
		4. 폐기물 처분시설 또는 재활용시설의 설치 및 장비확보 계획서
		5. 폐기물 처분시설 또는 재활용시설의 설계도서(음식물류 폐기물을 처분 또는 재활용하는 시설인 경우에는 물질수지도를 포함한다)
		6. 처분 또는 재활용 후에 발생하는 폐기물의 처분 또는 재활용계획서
		7. 공동폐기물 처분시설 또는 재활용시설의 설치·운영에 드는 비용부담 등에 관한 규약(법 제18조 제5항에 따라 폐기물처리시설을 공동으로 설치·운영하는 경우만 제출한다)
		8. 폐기물 매립시설의 사후관리계획서
		9. 환경부장관이 고시하는 사항을 포함한 시설설치의 환경성조사서[면적이 1만 제곱미터 이상이거나 매립용적이 3만 세제곱미터 이상인 매립시설, 1일 처분능력이 100톤 이상(지정폐기물의 경우에는 10톤 이상)인 소각시설, 1일 재활용능력이 100톤 이상인 소각열회수시설이나 폐기물을 연료로 사용하는 시멘트 소성로의 경우만 제출한다. 다만, 「환경영향평가법」에 따른 전략환경영향평가 대상사업, 환경영향평가 대상사업 또는 소규모 환경영향평가 대상사업의 경우에는 전략환경영향평가서, 환경영향평가서나 소규모 환경

폐기물관리법	폐기물관리법 시행령	폐기물관리법 시행규칙
		영향평가서로 대체할 수 있다. 10. 배출시설의 설치허가 신청 또는 신고 시의 첨부서류(배출시설에 해당하는 폐기물 처분시설 또는 재활용시설을 설치하는 경우만 제출하며 제1호부터 제8호까지의 서류와 중복되면 그 서류는 제출하지 아니할 수 있다) ② 시·도지사나 지방환경관서의 장은 제1항에 따른 폐기물 처분시설 또는 재활용시설 설치승인 신청이 다음 각 호의 기준 및 방법에 적합하면 별지 제24호서식의 폐기물 처분시설 또는 재활용시설 설치승인서를 신청인에게 내주어야 한다. 〈개정 2011. 9. 27.〉 1. 제14조에 따른 폐기물처리에 관한 구체적인 기준 및 방법 2. 제35조제1항에 따른 폐기물처리시설의 설치기준 ③ 법 제29조제3항에 따라 변경승인을 받아야 할 중요사항은 다음 각 호와 같다. 〈개정 2016. 4. 28.〉 1. 상호의 변경(사업장폐기물배출자가 설치하는 경우만 해당한다) 2. 처분 또는 재활용 대상 폐기물의 변경 3. 처분시설 또는 재활용시설 소재지의 변경 4. 승인 또는 변경승인을 받은 처분 또는 재활용 용량의 합계 또는 누계의 100분의 30 이상의 증가 5. 매립시설 제방의 증·개축 6. 주요설비의 변경. 다만, 다음 각 목의 경우만 해당한다. 가. 폐기물 처분시설의 구조변경으로 별표 9 제1호

폐기물관리법	폐기물관리법 시행령	폐기물관리법 시행규칙
		나목2)가의 (1)·(2), 나의 (1)·(2), 다의 (2)·(3), 라의 (1)·(2)의 기준이 변경되는 경우 나. 폐기물 재활용시설의 구조 변경으로 별표 9 제3조마목13)·14) 또는 사목11)·12)의 기준이 변경되는 경우 다. 저수시설·침출수 처리시설이 변경되는 경우 라. 별표 9 제2호 나목2)바)에 따른 가스 처리시설 또는 가스 활용시설이 설치되거나 변경되는 경우 마. 별표 9 제2호나목2)차)에 따라 침출수매립시설환경화성비를 설치하거나 변경하는 경우 바. 매출시설의 변경허가 또는 변경신고 대상이 되는 경우 ④ 제3항에 따라 변경승인을 받으려는 자는 제3항제2호부터 제6호까지의 규정에 해당하는 변경 전에, 제3항제1호에 해당하면 승인사유가 발생한 날부터 30일 이내에 각각 별지 제23조서식의 폐기물 처분시설 또는 재활용시설 설치변경승인신청서에 다음 각 호의 서류를 첨부하여 시·도지사나 지방환경관서의 장에게 제출하여야 한다. 〈개정 2011. 9. 27.〉 1. 폐기물 처분시설 또는 재활용시설 설치승인서 2. 변경내용을 확인할 수 있는 서류(제3항제1호의 경우만 제출한다) 3. 폐기물 처분시설 또는 재활용시설의 설치변경계획서(제3항제4호부터 제6호까지의 경우만 제출한다) 4. 매출시설의 변경허가 신청 또는 변경신고의 첨부

폐기물관리법	폐기물관리법 시행령	폐기물관리법 시행규칙
		서류(처분 또는 재활용 용량이나 주요 설비의 변경 등으로 배출시설의 변경허가 또는 변경신고 대상에 해당되는 경우만 제출한다) 5. 환경성조사서(처분 또는 재활용 용량의 증가로 제1항제9호에 해당되는 경우만 제출한다) **제40조(폐기물처리시설의 설치신고 등)** ① 법 제29조제2항 단서에 따라 폐기물처리시설의 설치신고를 하려는 자는 별지 제25호서식의 폐기물 처분시설 또는 재활용시설 설치신고서에 다음 각 호의 서류를 첨부하여 시·도지사나 지방환경관서의 장에게 제출하여야 한다. 〈개정 2012. 9. 24.〉 1. 폐기물 처분시설 또는 재활용시설의 설치 및 장비확보 계획서 2. 환경부장관이 고시하는 사항을 포함한 시설설치의 환경성조사서(1일 소각용량이 50톤 이상인 소각시설 또는 소각열회수시설의 경우만 제출한다) 3. 배출시설의 설치허가 신청 또는 신고 시의 첨부서류(배출시설에 해당하는 폐기물 처분시설 또는 재활용시설의 경우만 제출한다) 4. 공동폐기물 처분시설 또는 재활용시설의 설치·운영에 드는 비용부담 등에 관한 규약(법 제18조제5항에 따라 폐기물처리시설을 공동으로 설치·운영하는 경우만 제출한다) ② 시·도지사나 지방환경관서의 장은 제1항에 따른 신고서를 받으면 별지 제26호서식의 신고증명서를 신고인에게 내주어야 한다. ③ 법 제29조제3항에 따라 변경신고를 하려는 중

폐기물관리법	폐기물관리법 시행령	폐기물관리법 시행규칙
		요사항은 다음 각 호와 같다. 〈개정 2012. 9. 24.〉 1. 상호의 변경(사업장폐기물배출자가 설치하는 경우만 해당한다) 2. 처분시설 또는 재활용시설 소재지의 변경 3. 처분 또는 재활용 대상 폐기물의 변경 4. 신고 또는 변경신고를 한 처분 또는 재활용·용량의 합계 또는 누계의 100분의 30 이상의 증가 5. 주요 설비의 변경. 다만, 폐기물 처분시설의 구조 변경으로 별표 9 제1호나목2가 9의 (1)·(2), 나의 (1)·(2), 다의 (2)·(3), 라의 (1)·(2)의 기준이 변경되는 경우, 폐기물 재활용시설의 구조변경으로 별표 9 제3호마목13) ·14) 또는 사목11)·12)의 기준이 변경되는 경우 및 배출시설의 변경허가 또는 변경신고 대상에 되는 경우만 해당한다. ④ 제3항에 따른 변경신고를 하려는 자는 제3항제2호부터 제5호까지의 규정에 해당하면 변경 전에, 제3항제1호에 해당하면 신고사유가 발생한 날부터 30일 이내에 각각 별지 제25호서식의 폐기물 처분시설 또는 재활용시설 설치변경신고서에 다음 각 호의 서류를 첨부하여 시·도지사나 지방환경관서의 장에게 제출하여야 한다. 〈개정 2011. 9. 27.〉 1. 폐기물 처분시설 또는 재활용시설 설치신고증명서 2. 변경내용을 확인할 수 있는 서류(제3항제1호의 경우만 제출한다) 3. 폐기물 처분시설 또는 재활용시설의 설치변경계획서(제3항제4호 및 제5호의 경우만 제출한다)

폐기물관리법	폐기물관리법 시행령	폐기물관리법 시행규칙
제30조(폐기물처리시설의 검사) ① 환경부령으로 정하는 폐기물처리시설의 설치를 마친 자는 환경부령으로 정하는 검사기관으로부터 검사를 받아야 한다. 제29조제3항에 따라 변경승인을 받거나 변경신고를 한 경우로서 환경부령으로 정하는 경우에도 또한 같다. ② 제1항에 따른 폐기물처리시설을 설치·운영하는 자는 환경부령으로 정하는 기간마다 제1항에 따른 검사기관으로부터 정기검사를 받아야 한다. 이 경우 검사기간 내에 「환경기술 및 환경산업 지원법」 제13조에 따라 검토등을 받은 시설에 대한 기술진단을 받으면 정기 검사를 받은 것으로 본다(「환경기술 및 환경산업 지원법」 제13조제3항에 따른 요청을 이행하지 아니한 경우는 제외한다). 〈개정 2012. 6. 1.〉 ③ 제1항 또는 제2항에 따른 검사에서 적합 판정을 받지 아니한 폐기물처리시설은 사용할 수 없다. 다만, 검사를 위하여 그 시설을 사용하는 경우에는 그러하지 아니하다. ④ 제1항 및 제2항에 따른 검사의 절차·기준 및 검사기관의 관리기준, 그 밖에 필요한 사항은 환경부령으로 정한다.		4. 배출시설의 변경허가 신청 또는 변경신고의 첨부서류(처분 또는 재활용 용량이나 주요 설비의 변경 등으로 배출시설의 변경허가 또는 변경신고 대상에 해당되는 경우만 제출한다) **제41조(폐기물처리시설의 사용신고 및 검사)** ① 법 제29조제4항에 따라 폐기물처리시설의 설치자(제29조제1항제2호가목, 나무 및 다목부터 바목까지와 같은 항 제3호가목부터 다목까지 및 마목부터 사목까지의 시설의 경우 폐기물처리업의 변경허가를 받은 자를 포함한다)는 해당 시설의 사용개시일 10일 전까지 별지 제27호서식이나 별지 제28호서식의 사용개시신고서에 다음 각 호의 서류를 첨부하여 시·도지사나 지방환경관서의 장에게 제출하여야 한다. 다만, 「대기환경보전법」 제2조제12호에 따른 대기오염방지시설만을 증설하거나 교체하였을 때에는 제2조의 서류를 첨부하지 아니할 수 있다. 〈개정 2018. 3. 30.〉 1. 해당 시설의 유지관리계획서 2. 다음 각 목의 어느 하나에 해당하는 시설(법 제29조제2항제1호에 따른 시설은 제외한다)의 경우에는 제3항에 따른 검사기관에서 발행한 그 시설의 검사결과서 가. 소각시설 나. 매립시설 다. 멸균분쇄시설(영 별표 3 제1호나목9)에 해당하는 시설로서 의료폐기물을 대상으로 하는 시설을 포함한다. 이하 이 조에서 같다)

폐기물관리법	폐기물관리법 시행령	폐기물관리법 시행규칙
		라. 음식물류 폐기물을 처리하는 시설로서 1일 처리능력 100킬로그램 이상인 시설(이하 "음식물류 폐기물 처리시설"이라 한다) 마. 시멘트 소성로(폐기물을 연료로 사용하는 경우로 한정한다) 바. 소각열회수시설 ② 법 제30조제1항 전단에서 "환경부령으로 정하는 폐기물처리시설"이란 법 제29조제2항제1호에 따른 시설을 제외한 다음 각 호의 시설을 말한다. 〈개정 2012. 9. 24.〉 1. 소각시설 2. 매립시설 3. 멸균분쇄시설 4. 음식물류 폐기물처리시설(음식물류 폐기물에 대한 중간처리 후 새로 발생한 폐기물을 처리하는 시설을 포함한다. 이하 이 조에서 같다) 5. 시멘트 소성로(폐기물을 연료로 사용하는 경우로 한정한다) 6. 소각열회수시설 ③ 법 제30조제1항 전단에서 "환경부령으로 정하는 검사기관"이란 다음 각 호의 기관을 말한다. 〈개정 2016. 1. 21.〉 1. 소각시설의 검사기관 : 다음 각 목의 기관 가. 한국환경공단 나. 한국기계연구원 다. 한국산업기술시험원 라. 대학, 정부출연기관, 그 밖에 소각시설을 검사

폐기물관리법	폐기물관리법 시행령	폐기물관리법 시행규칙
		할 수 있다고 인정하여 환경부장관이 고시하는 기관 2. 매립시설의 검사기관 : 다음 각 목의 기관 　가. 한국환경공단 　나. 「정부출연연구기관 등의 설립·운영 및 육성에 관한 법률」에 따라 설립된 한국건설기술연구원 　다. 「한국농어촌공사 및 농지관리기금법」에 따른 한국농어촌공사 　라. 수도권매립지관리공사 3. 멸균분쇄시설의 검사기관 : 다음 각 목의 기관 　가. 한국환경공단 　나. 「보건환경연구원법」 제2조에 따른 보건환경연구원(이하 "보건환경연구원"이라 한다) 　다. 한국산업기술시험원 4. 음식물류 폐기물 처리시설의 검사기관 : 다음 각 목의 기관 　가. 한국환경공단 　나. 한국산업기술시험원 　다. 그 밖에 환경부장관이 정하여 고시하는 기관 5. 시멘트 소성로의 검사기관 : 제1호 각 목의 기관 6. 소각열회수시설의 검사기관 : 다음 각 목의 기관 　가. 제3조제3항 각 호의 기관(에너지회수기준의 검사) 　나. 제1호 각 목의 기관(에너지회수기준 외의 검사) ④ 법 제30조제1항 후단에서 "환경부령으로 정하는 경우"란 다음 각 호의 경우를 말한다. 1. 제39조제1항 및 제2호 및 제4호 부터 제6호까지 규정

폐기물관리법	폐기물관리법 시행령	폐기물관리법 시행규칙
		중 어느 하나에 해당하여 변경승인을 받은 경우
		2. 제40조제3항부터 제5호까지의 규정 중 어느 하나에 해당하여 변경신고를 한 경우
		⑤ 법 제30조제2항에서 "환경부령으로 정하는 기간"이란 다음 각 호의 기준일 전후 각각 30일 이내의 기간을 말한다. 다만, 불연성폐기물 매립시설은 제3호의 기간을 말한다. 〈개정 2018. 3. 30.〉
		1. 소각시설, 소각열회수시설 : 최초 정기검사는 사용개시일부터 3년이 되는 날(「대기환경보전법」 제32조에 따른 측정기기를 설치하고 같은 법 시행령 제19조에 따른 굴뚝원격감시체계관제센터와 연결하여 정상적으로 운영되는 경우에는 사용개시일부터 5년이 되는 날), 2회 이후의 정기검사는 최초 정기검사일(제8항에 따라 검사결과를 받급받은 날을 말한다. 이하 같다)부터 3년이 되는 날
		2. 매립시설 : 최초 정기검사는 사용개시일부터 1년이 되는 날, 2회 이후의 정기검사는 최종 정기검사일부터 3년이 되는 날
		3. 멸균분쇄시설 : 최초 정기검사는 사용개시일부터 3개월, 2회 이후의 정기검사는 최종 정기검사일부터 3개월
		4. 음식물류 폐기물 처리시설 : 최초 정기검사는 사용개시일부터 1년이 되는 날, 2회 이후의 정기검사는 최종 정기검사일부터 1년이 되는 날. 다만, 영 별표 3 제3조다목1가 단서에 따른 시설이나 다음 각 목에 해당하는 경우에는 다음 각 목의 구분에 따른 날로 한다.

폐기물관리법	폐기물관리법 시행령	폐기물관리법 시행규칙
		가. 2015년 6월 30일 이전에 설치된 시설로서 2017년 7월 1일 이후 처음 정기검사를 받는 경우 : 해당 정기검사가 최초 정기검사이면 사용개시일부터 3년이 되는 날, 2회 이후의 정기검사이면 최종 정기검사일부터 3년이 되는 날. 다만, 그 사용개시일 또는 최종 정기검사일부터 3년이 되는 날이 2018년 4월 1일부터 2019년 6월 30일까지에 해당하는 경우에는 2019년 7월 1일로 한다. 나. 2018년 3월 31일 이전에 설치된 시설로서 2019년 7월 1일 이후 처음 정기검사를 받는 경우(가목 단서에 해당하는 경우는 제외한다) : 해당 정기검사가 최초 정기검사이면 사용개시일(대통령령 제26297호 폐기물관리법 시행령 일부개정령 부칙 제2조에 해당하는 시설의 경우 사용신고일)부터 2년이 되는 날, 2회 이후의 정기검사이면 최종 정기검사일부터 2년이 되는 날 5. 시멘트 소성로 : 최초 정기검사는 사용개시일부터 3년이 되는 날(「대기환경보전법」 제32조에 따른 측정기기를 설치하고 같은 법 시행령 제19조제1항에 따른 굴뚝 원격감시체계 관제센터와 연결하여 정상적으로 운영되는 경우에는 사용개시일부터 5년이 되는 날), 2회 이후의 정기검사는 최종 정기검사일부터 3년이 되는 날 ⑥ 법 제30조에 따른 검사를 위한 검사기준은 별표 10과 같다.

폐기물관리법	폐기물관리법 시행령	폐기물관리법 시행규칙
		⑦ 법 제30조에 따른 검사를 받으려는 자는 검사를 받으려는 날 15일 전까지 별지 제29호서식이나 별지 제30호서식의 검사신청서에 다음 각 호의 서류를 첨부하여 제3항에 따른 검사기관(이하 이 조에서 "검사기관"이라 한다)에 제출하여야 한다. 〈개정 2013. 5. 31.〉 1. 소각시설, 소각열회수시설이나 멸균분쇄시설의 경우 가. 설계도면 나. 폐기물조성비 내용 다. 운전 및 유지관리계획서 2. 매립시설의 경우 가. 설계도서 및 구조계산서 사본 나. 시방서 및 재료시험성적서 사본 다. 설치 및 장비확보 명세서 라. 환경부장관이 고시하는 사항을 포함한 시설설치의 환경성조사서(면적이 1만 제곱미터 이상이거나 매립용적이 3만 세제곱미터 이상인 매립시설의 경우만 제출한다. 다만, 「환경영향평가법」에 따른 전략환경영향평가 대상사업, 환경영향평가 대상사업 또는 소규모 환경영향평가 대상사업의 경우에는 전략환경영향평가서, 환경영향평가서나 소규모 환경영향평가서로 대체할 수 있다. 마. 종전에 받은 정기검사 결과서 사본(종전에 검사를 받은 경우에 한정한다) 3. 음식물류 폐기물 처리시설의 경우

폐기물관리법	폐기물관리법 시행령	폐기물관리법 시행규칙
제31조(폐기물처리시설의 관리) ① 폐기물처리시설을 설치·운영하는 자는 환경부령으로 정하는 관리기준에 따라 그 시설을 유지·관리하여야 한다. ② 대통령령으로 정하는 폐기물처리시설을 설치·운영하는 자는 그 처리시설에서 배출되는 오염물질을 측정하거나 환경부령으로 정하는 측정기관으로 하여금 측정하게 하고, 그 결과를 환경부장관에게 제출하여야 한다.	제13조(오염물질 측정대상 폐기물처리시설) 법 제31조제2항에서 "대통령령으로 정하는 폐기물처리시설"이란 폐기물매립시설을 말한다. [전문개정 2008. 7. 29.] 제14조(주변지역 영향 조사대상 폐기물처리시설) 법 제31조제3항에서 "대통령령으로 정하는 폐기물처리시설"이란 폐기물처리업자가 설치·운영하는 다음	가. 설계도면 나. 운전 및 유지관리계획서(물질수지도를 포함한다) 다. 재활용제품의 사용 또는 공급계획서(재활용의 경우만 제출한다) 4. 시멘트 소성로의 경우 가. 설계도면 나. 폐기물 성질·상태, 양, 조성비 내용 다. 운전 및 유지관리계획서 ⑧ 검사기관은 법 제30조제1항 및 제2항에 따른 검사를 마치면 지체 없이 별지 제31호서식이나 별지 제32호서식의 검사결과서를 검사를 신청한 자에게 내주어야 한다. ⑨ 멸균분쇄시설의 검사는 아포균 검사로 하고, 그 밖의 세부검사방법은 환경부장관이 정하여 고시한다. ⑩ 검사기관의 장은 분기별 검사성적을 별지 제33호서식 또는 별지 제34호서식에 따라 매 분기 다음 달 20일까지 환경부장관에게 보고하고, 검사결과서 부본이나 그 밖에 검사와 관련된 서류를 5년간 보존하여야 한다.

폐기물관리법	폐기물관리법 시행령	폐기물관리법 시행규칙
③ 대통령령으로 정하는 폐기물처리시설을 설치·운영하는 자는 그 폐기물처리시설의 설치·운영이 주변 지역에 미치는 영향을 3년마다 조사하고, 그 결과를 환경부장관에게 제출하여야 한다. ④ 환경부장관은 폐기물처리시설의 설치 또는 유지·관리가 제29조제1항에 따른 설치기준 또는 이 조 제1항에 따른 관리기준에 맞지 아니하거나 제30조제1항 또는 제2항에 따른 검사 결과 부적합 판정을 받은 경우에는 그 시설을 설치·운영하는 자에게 환경부령으로 정하는 바에 따라 기간을 정하여 그 시설의 개선을 명하거나 그 시설의 사용중지(제30조제1항 또는 제2항에 따른 검사 결과 부적합 판정을 받은 경우에는 제외한다)를 명할 수 있다. 〈개정 2010. 7. 23.〉 ⑤ 환경부장관은 제4항에 따른 개선명령과 사용중지 명령을 받은 자가 이를 이행하지 아니하거나 그 이행이 불가능하다고 판단되면 해당 시설의 폐쇄를 명할 수 있다. 〈개정 2007. 8. 3.〉 ⑥ 환경부장관은 폐기물을 매립하는 시설을 설치한 자가 제3항에 따른 폐쇄명령을 받고도 그 기간에 그 시설의 폐쇄를 하지 아니하면 대통령령으로 정하는 자에게 폐쇄와 최종복토(最終覆土) 등 폐쇄절차를 대행하게 하고 제52조제1항에 따라 폐기물을 매립하는 시설을 설치한 자가 예치한 사후관리이행보증금 사전적립금을 그 비용으로 사용할 수 있다. 이 경우 그 비용이 사후관리이행보증금 사전적립금을 초과하면 그 초과 금액을 그 명령을 받은 자로부터 징수할 수 있다.	을 각 호의 시설을 말한다. 〈개정 2012. 9. 24.〉 1. 1일 처분능력이 50톤 이상인 사업장폐기물 소각시설(같은 사업장에 여러 개의 소각시설이 있는 경우에는 각 소각시설의 1일 처분능력의 합계가 50톤 이상인 경우를 말한다) 2. 매립면적 1만 제곱미터 이상의 사업장 지정폐기물 매립시설 3. 매립면적 15만 제곱미터 이상의 사업장 일반폐기물 매립시설 4. 시멘트 소성로(폐기물을 연료로 사용하는 경우로 한정한다) 5. 1일 재활용능력이 50톤 이상인 사업장폐기물 소각열회수시설(같은 사업장에 여러 개의 소각열회수시설이 있는 경우에는 각 소각열회수시설의 1일 재활용능력의 합계가 50톤 이상인 경우를 말한다) 제14조의2(폐기물처리시설의 폐쇄절차 대행자) 법 제31조제6항 전단에서 "대통령령으로 정하는 자"란 다음 각 호의 어느 하나에 해당하는 자를 말한다. 1. 한국환경공단 2. 환경부장관이 최종복토(最終覆土) 등 폐쇄절차를 대행할 능력이 있다고 인정하여 고시하는 자 [본조신설 2016. 1. 19.]	제42조(폐기물처리시설의 관리기준) ① 법 제31조제1항에 따른 폐기물처리시설의 관리기준은 별표 11과 같다.

폐기물관리법	폐기물관리법 시행령	폐기물관리법 시행규칙
있다. 〈신설 2015. 1. 20.〉 ⑦ 환경부장관은 폐기물처리시설을 설치·운영하는 자가 제2항에 따른 오염물질의 측정의무를 이행하지 아니하거나 제3항에 따라 주변지역에 미치는 영향을 조사하지 아니하면 환경부령으로 정하는 바에 따라 기간을 정하여 오염물질의 측정 또는 주변지역에 미치는 영향의 조사를 명령할 수 있다. 〈개정 2015. 1. 20.〉 ⑧ 제2항에 따라 측정하여야 하는 오염물질, 측정주기, 측정결과의 보고, 그 밖에 필요한 사항은 환경부령으로 정한다. 〈개정 2015. 1. 20.〉 ⑨ 제3항에 따른 조사의 방법·범위·절차 보고, 그 밖에 필요한 사항은 환경부령으로 정한다. 〈개정 2015. 1. 20.〉 ⑩ 환경부장관은 「공공기관의 정보공개에 관한 법률」로 정하는 바에 따라 제2항에 따른 측정결과와 제3항에 따른 조사 결과를 공개하여야 한다. 〈개정 2015. 1. 20.〉		② 환경부장관은 폐기물처리시설의 효율적인 관리를 위하여 필요하면 제1항의 관리기준 외에 관리지도기준을 결정·고시할 수 있다. 제43조(오염물질의 측정) ① 법 제31조제2항에서 "환경부령으로 정하는 측정기관"이란 다음 각 호의 기관을 말한다. 〈개정 2016. 1. 21.〉 1. 보건환경연구원 2. 한국환경공단 3. 삭제 〈2010. 1. 15.〉 4. 「환경분야 시험·검사 등에 관한 법률」 제16조제1항에 따라 수질오염물질 측정대행업의 등록을 한 자 5. 수도권매립지관리공사 6. 폐기물분석전문기관 ② 폐기물처리시설을 설치·운영하는 자는 법 제31조제2항에 따른 오염물질의 측정 결과를 매분기가 끝나는 날이 속하는 달의 다음 달 10일까지 시·도지사나 지방환경관서의 장에게 보고하고, 사후관리가 끝날 때까지 보존하여야 한다. 〈개정 2008. 8. 4.〉 1. 삭제 〈2008. 8. 4.〉 2. 삭제 〈2008. 8. 4.〉 ③ 법 제31조제2항에 따른 측정대상 오염물질의 종류 및 측정주기는 별표 12와 같다. ④ 삭제 〈2016. 1. 21.〉 제44조(폐기물처리시설의 개선기간 등) ① 법 제31조제4항에 따라 시·도지사나 지방환경관서의 장이

폐기물관리법	폐기물관리법 시행령	폐기물관리법 시행규칙
		폐기물처리시설의 개선 또는 사용중지를 명할 때에는 개선등에 필요한 조치의 내용, 시설의 종류 등을 고려하여 개선명령의 경우에는 1년의 범위에서, 사용중지명령의 경우에는 6개월의 범위에서 각각 그 기간을 정하여야 한다. ② 시·도지사나 지방환경관서의 장은 천재지변이나 그 밖의 부득이한 사유로 제1항의 개선기간 내에 그 조치를 끝내지 못한 자에 대하여는 6개월의 범위에서 그 기간을 연장할 수 있다. ③ 폐기물처리시설의 설치자 또는 관리자는 제1항의 사용중지기간 내에 그 명령의 원인이 된 사유가 없어졌을 때에는 시·도지사나 지방환경관서의 장에게 보고하여야 한다. ④ 시·도지사나 지방환경관서의 장은 제3항에 따른 보고를 받으면 지체 없이 그 사실을 조사·확인하고, 그 사유가 없어졌다고 인정되면 그 명령을 철회하여야 한다. **제45조(오염물질의 측정명령이나 주변지역 영향조사명령의 이행기간)** ① 법 제31조제7항에 따라 시·도지사나 지방환경관서의 장이 오염물질의 측정을 명하려면 1개월의 범위에서 기간을 정하여 명하여야 한다. 〈개정 2016. 1. 21.〉 ② 법 제31조제7항에 따라 시·도지사나 지방환경관서의 장이 주변지역에 대한 영향조사를 명하려면 6개월의 범위에서 기간을 정하여 명하여야 한다. 〈개정 2016. 1. 21.〉 ③ 시·도지사나 지방환경관서의 장은 폐기물처리

폐기물관리법	폐기물관리법 시행령	폐기물관리법 시행규칙
		시설의 설치·운영자가 천재지변이나 그 밖의 부득이한 사유로 제1항이나 제2항의 기간 내에 측정이나 조사를 끝내지 못하면 각각 1개월 또는 3개월의 범위에서 그 기간을 연장할 수 있다. **제46조(주변지역 영향조사의 기준)** 법 제31조제9항에 따른 폐기물처리시설 설치·운영자의 주변지역 영향조사의 방법·범위·절과보고 등에 대한 구체적인 기준은 별표 13과 같다. 〈개정 2016. 1. 21.〉 **제46조의2(허가·신고 등의 의제 대상 폐기물처리시설)** 법 제32조제2항에서 "환경부령으로 정하는 폐기물처리시설"이란 영 별표 3 제3호의 재활용시설 중 다음 각 호의 어느 하나에 해당하는 시설을 말한다. 1. 퇴비화 시설(지렁이분변토 생산시설 및 생석회 처리시설은 제외한다) 2. 혐기성 분해시설 3. 그 밖에 환경부장관이 정하여 고시하는 시설 [본조신설 2013. 5. 31.]
제32조(다른 법령에 따른 허가·신고 등의 의제) ① 폐기물처리시설을 설치하려는 자가 제29조제2항에 따른 승인을 받거나 신고를 한 경우, 같은 항 제1호에 따른 폐기물처리시설을 설치하는 경우 및 제25조제3항에 따른 폐기물처리업의 허가를 받은 경우에는 그 폐기물처리시설과 관련한 다음 각 호의 허가를 받거나 신고를 한 것으로 본다. 〈개정 2017. 1. 17.〉 1. 「대기환경보전법」 제23조제1항 및 제2항에 따른 배출시설의 설치허가 또는 신고 2. 「물환경보전법」 제33조제1항 및 제2항에 따른 배출시설의 설치허가 또는 신고 3. 「소음·진동관리법」 제8조제1항 및 제2항에 따른 배출시설의 설치허가 또는 신고 ② 음식물류 폐기물과 가축분뇨를 함께 처리하기 위한 환경부령으로 정하는 폐기물처리시설을 설치하려는 자가 제25조제3항에 따른 폐기물처리업의 허가를 받은 경우 및 제29조제2항에 따른 승인을 받거나		

폐기물관리법	폐기물관리법 시행령	폐기물관리법 시행규칙
나 신고를 한 경우, 같은 항 제3호에 따른 폐기물처리시설을 설치하는 경우에는 그 폐기물처리시설과 관련한 다음 각 호의 승인 또는 허가를 받은 것으로 본다. 〈신설 2012. 6. 1.〉 1. 「가축분뇨의 관리 및 이용에 관한 법률」 제24조제3항에 따른 공공처리시설 설치승인 2. 「가축분뇨의 관리 및 이용에 관한 법률」 제28조에 따른 가축분뇨처리업 허가 ③ 폐기물처리시설을 설치하는 자가 제29조제4항에 따른 신고를 하면 다음 각 호의 신고를 한 것으로 본다. 〈개정 2017. 1. 17.〉 1. 「대기환경보전법」 제30조에 따른 배출시설의 가동개시 신고 2. 「물환경보전법」 제37조에 따른 배출시설의 가동개시 신고 3. 삭제 〈2009. 6. 9.〉 ④ 환경부장관이나 시·도지사는 제1항부터 제3항까지의 규정 각 호의 어느 하나에 해당하는 사항이 포함되어 있는 폐기물처리시설의 설치승인을 하거나 신고를 받거나 폐기물처리업의 허가를 하려면 관계 행정기관의 장과 협의하여야 한다. 〈개정 2012. 6. 1.〉 ⑤ 환경부장관은 제1항부터 제3항까지의 규정에 따라 의제되는 허가나 신고 또는 승인의 처리기준을 정하여 고시하여야 한다. 〈개정 2012. 6. 1.〉 [제목개정 2010. 7. 23.] **제33조(권리·의무의 승계 등)** ① 폐기물처리업자, 제29조에 따른 폐기물처리시설의 설치승인을 받거		**제47조(권리·의무의 승계신고)** 법 제33조제1항 및 제2항에 따라 권리·의무를 승계한 자(사용이 끝나

폐기물관리법	폐기물관리법 시행령	폐기물관리법 시행규칙
나 신고를 한 자, 폐기물처리 신고자 또는 전용용기 제조업자가 폐기물처리업, 폐기물처리시설, 제46조제1항에 따른 시설 또는 전용용기 제조업을 양도하거나 사망한 경우 또는 법인이 합병한 경우에는 그 양수인이나 상속인 또는 합병 후 존속하는 법인이나 합병으로 설립되는 법인은 허가·승인·등록 또는 신고에 따른 권리·의무를 승계한다. 〈개정 2015. 1. 20.〉 ② 「민사집행법」에 따른 경매, 「채무자 회생 및 파산에 관한 법률」에 따른 환가(換價)나 「국세징수법」·「관세법」 또는 「지방세징수법」에 따른 압류재산의 매각, 그 밖에 이에 준하는 절차에 따라 폐기물처리업자, 제29조에 따른 폐기물처리시설의 설치승인을 받은 자, 폐기물처리 신고자, 폐기물처리시설 또는 전용용기 제조업자로부터 폐기물처리시설 등을 인수한 자는 허가·승인·등록 또는 신고에 따른 권리·의무를 승계한다. 이 경우 종전의 폐기물처리업자, 폐기물처리시설 설치자에 대한 허가, 승인, 폐기물처리 신고자의 신고 또는 전용용기 제조업자에 대한 등록은 그 효력을 잃는다. 〈개정 2016. 12. 27.〉 ③ 제1항 또는 제2항에 따라 권리·의무를 승계한 자는 환경부령으로 정하는 바에 따라 환경부장관 또는 시·도지사에게 신고하여야 한다. 〈개정 2010. 7. 23.〉 ④ 환경부장관 또는 시·도지사는 제3항에 따른 신고가 있는 경우 신고 사항의 적정 여부를 확인하여야 한다. 〈신설 2013. 7. 16.〉		가나 폐쇄된 매립시설의 권리·의무를 승계한다는 승계신고 사유가 발생한 날부터 30일 이내에 별지 제35호서식의 권리·의무 승계신고서에 다음 각 호의 서류를 첨부하여 시·도지사나 지방환경관서의 장에게 제출하여야 한다. 〈개정 2016. 1. 21.〉 1. 폐기물처리업 허가증, 폐기물처리 신고증명서, 폐기물 처분시설·재활용시설 설치승인서·신고증명서 또는 전용용기 제조업 등록증 중 2. 법 제40조제1항에 따른 조치결과(폐기물처리업 허가 또는 폐기물처리 신고에 대한 권리·의무를 승계하는 경우만 해당한다) 3. 그 밖에 변경내용을 확인할 수 있는 서류

폐기물관리법	폐기물관리법 시행령	폐기물관리법 시행규칙
⑤ 환경부장관 또는 시·도지사는 제3항에 따른 신고를 받은 날부터 20일 이내에 신고수리 여부를 신고인에게 통지하여야 한다. 〈신설 2017. 4. 18.〉 ⑥ 환경부장관 또는 시·도지사가 제5항에서 정한 기간 내에 신고수리 여부나 민원 처리 관련 법령에 따른 처리기간의 연장을 신고인에게 통지하지 아니하면 그 기간이 끝난 날의 다음 날에 신고를 수리한 것으로 본다. 〈신설 2017. 4. 18.〉 ⑦ 환경부장관 또는 시·도지사는 제4항에 따른 적정 여부 확인을 위하여 범죄경력·가족관계 증명 관련 전산망 또는 자료를 이용하려는 경우에는 관계 기관의 장에게 협조를 요청할 수 있으며, 관계 기관의 장은 정당한 사유가 없으면 이에 응하여야 한다. 〈개정 2017. 4. 18.〉 **제5장 폐기물처리업자 등에 대한 지도와 감독 등** 제34조(기술관리인) ① 대통령령으로 정하는 폐기물 처리시설을 설치·운영하는 자는 그 시설의 유지·관리에 관한 기술업무를 담당하게 하기 위하여 기술관리인을 임명(기술관리인의 자격을 갖추어 스스로 기술관리하는 경우를 포함한다)하거나 기술관리 능력이 있다고 대통령령으로 정하는 자와 기술관리 대행계약을 체결하여야 한다. ② 제1항에 따른 기술관리인의 자격·기술관리 대행계약에 필요한 사항은 환경부령으로 정한다.	제15조(기술관리인을 두어야 할 폐기물처리시설) 법 제34조제1항에서 "대통령령으로 정하는 폐기물처리시설"이란 다음 각 호의 시설을 말한다. 다만, 폐기물처리업자가 운영하는 폐기물처리시설은 제외한다. 〈개정 2012. 9. 24.〉 1. 매립시설의 경우 가. 지정폐기물을 매립하는 시설로서 면적이 3천300제곱미터 이상인 시설. 다만, 별표 3의 제2호 화학종처분시설 중 가목의 1차단형 매립시설에서는 면적이 330제곱미터 이상이거나 매립용적이 1천 세제곱미터 이상인 시설로 한다.	

폐기물관리법	폐기물관리법 시행령	폐기물관리법 시행규칙
	나. 지정폐기물 외의 폐기물을 매립하는 시설로서 면적이 1만 제곱미터 이상이거나 매립용적이 3만 세제곱미터 이상인 시설 2. 소각시설로서 시간당 처분능력이 600킬로그램(의료폐기물을 대상으로 하는 소각시설의 경우에는 200킬로그램) 이상인 시설 3. 압축·파쇄·분쇄 또는 절단시설로서 1일 처분능력 또는 재활용능력이 100톤 이상인 시설 4. 사료화·퇴비화 또는 연료화시설로서 1일 재활용능력이 5톤 이상인 시설 5. 멸균분쇄시설로서 시간당 처분능력이 100킬로그램 이상인 시설 6. 시멘트 소성로 7. 용해로(폐기물에서 비철금속을 추출하는 경우로 한정한다)로서 시간당 재활용능력이 600킬로그램 이상인 시설 8. 소각열회수시설로서 시간당 재활용능력이 600킬로그램 이상인 시설 **제16조(기술관리대행자)** 법 제34조제1항에 따라 폐기물처리시설의 유지·관리에 관한 기술관리를 대행할 수 있는 자는 다음 각 호의 자로 한다. 〈개정 2016. 1. 19.〉 1. 한국환경공단 2. 「엔지니어링산업 진흥법」 제21조에 따라 신고한 엔지니어링사업자 3. 「기술사법」 제6조에 따른 기술사사무소(법 제34조제2항에 따른 자격을 가진 기술사가 개설한 사	

폐기물관리법	폐기물관리법 시행령	폐기물관리법 시행규칙
	무료로 한정한다. 4. 그 밖에 환경부장관이 기술관리를 대행할 능력이 있다고 인정하여 고시하는 자	제48조(기술관리인의 자격기준) 법 제34조제2항에 따른 기술관리인의 자격기준은 별표 14와 같다. 제49조(기술관리대행계약) ① 법 제34조제2항에 따른 기술관리 대행계약에는 다음 각 호의 사항이 포함되어야 한다. 1. 영 제15조에 따른 해당 처리시설 점검항목 2. 기술관리의 횟수 또는 방법 ② 제1항제1호에 따른 점검항목은 별표 15와 같다.
제35조(폐기물 처리 담당자 등에 대한 교육) ① 다음 각 호의 어느 하나에 해당하는 폐기물 처리 담당자는 환경부령으로 정하는 교육기관이 실시하는 교육을 받아야 한다. <개정 2015. 7. 20.> 1. 다음 각 목의 어느 하나에 해당하는 폐기물 처리 담당자 가. 폐기물처리업에 종사하는 기술요원 나. 폐기물처리시설의 기술관리인 다. 그 밖에 대통령령으로 정하는 사람 2. 폐기물분석전문기관의 기술요원 3. 제13조의4에 따라 지정된 재활용환경성평가기관의 기술인력 ② 제1항에 따라 교육을 받아야 할 자를 고용한 자는 그 해당자에게 그 교육을 받게 하여야 한다. ③ 제1항에 따라 교육을 받는 자를 고용한 자는 같은	제17조(교육대상자) 법 제35조제1항제1호다목에서 "그 밖에 대통령령으로 정하는 사람"이란 다음 각 호의 사람을 말한다. <개정 2017. 10. 17.> 1. 법 제2조에 따른 폐기물처리시설(법 제34조제1항에 따라 기술관리인을 임명한 폐기물처리시설은 제외한다)의 설치·운영자나 그가 고용한 기술담당자 2. 법 제17조제2항에 따른 사업장폐기물배출자 신고를 한 자나 그가 고용한 기술담당자 3. 법 제17조제5항에 따른 확인을 받아야 하는 지정폐기물을 배출하는 사업자나 그가 고용한 기술담당자 4. 제2호와 제3호에 따른 자 외의 사업장폐기물을 배출하는 사업자나 그가 고용한 기술담당자로서 환경부령으로 정하는 자	제50조(폐기물 처리 담당자 등에 대한 교육) ① 법 제35조제1항에 따라 폐기물 처리 담당자 등은 3년마다 교육을 받아야 한다. 다만, 다음 각 호에 해당하는 자는 해당 호에서 정하는 바에 따라 교육을 받아야 한다. <개정 2017. 10. 19.> 1. 제2항제2호가목, 라목 및 마목에 해당하는 자(제18조제1항제4호에 해당하는 자는 제외한다) : 다음 각 목의 어느 하나에 해당하면 교육을 받아야 한다. 이 경우 가목부터 다목까지의 규정 중 어느 하나에 해당하는 경우에는 해당 사유가 발생한 날부터 1년 6개월 이내에 교육을 받아야 한다. 가. 법 제17조제2항에 따른 사업장폐기물배출자의 신고(변경신고는 제외한다)를 한 경우 나. 법 제17조제5항에 따른 서류를 제출한 경우(최초로 제출한 경우에만 교육을 받는다)

폐기물관리법	폐기물관리법 시행령	폐기물관리법 시행규칙
항의 규정에 따른 교육에 드는 경비를 부담하여야 한다.	5. 법 제25조제3항에 따른 폐기물수집·운반업의 허가를 받은 자나 그가 고용한 기술담당자 6. 폐기물처리 신고자나 그가 고용한 기술담당자	다. 법 제25조제3항에 따른 폐기물처리업 허가(변경허가는 제외한다)를 받은 경우 라. 법 제46조제1항에 따라 폐기물 수집·운반 신고(법 제46조제2항에 따른 변경신고는 제외한다)를 한 경우 마. 법의 규정을 위반한 경우 2. 제6조에 따른 음식물류 폐기물 배출자 또는 그가 고용한 기술담당자 : 다음 각 목의 어느 하나에 해당하면 교육을 받아야 한다. 이 경우 각 목에 해당하는 경우에는 해당 사유가 발생한 날부터 1년 6개월 이내에 교육을 받아야 한다. 가. 음식물류 폐기물 처리시설을 설치한 경우 나. 법의 규정을 위반한 경우 3. 별표 7 제5호가목1)나)(2)에 따라 임명된 기술요원 : 1년마다 교육을 받아야 한다. ② 제1항에 따른 교육을 하는 기관(이하 "교육기관"이라 한다) 및 그 교육기관에서 교육을 받아야 할 자는 다음 각 호와 같다. 〈개정 2017. 10. 19.〉 1. 국립환경인력개발원, 한국환경공단 또는 법 제58조의2제1항에 따른 한국폐기물협회 가. 폐기물처분시설 또는 재활용시설의 기술관리인이나 폐기물 처분시설 또는 재활용시설의 설치자로서 스스로 기술관리를 하는 자 나. 법 제2조제8호에 따른 폐기물처리시설(법 제29조에 따라 설치 승인을 받은 폐기물처리시설만 해당하며, 영 제15조 각 호에 해당하는 폐기물처리시설은 제외한다)의 설치·운영자

폐기물관리법	폐기물관리법 시행령	폐기물관리법 시행규칙
		또는 그가 고용한 기술담당자 2. 「환경정책기본법」에 따른 환경보전협회 또는 법 제58조의2제1항에 따른 한국폐기물협회 가. 법 제17조제2항에 따른 사업장폐기물배출자 신고를 한 자 및 법 제17조제5항에 따른 서류를 제출한 자 또는 그가 고용한 기술담당자(다 만, 제3호가목·나목에 해당하는 자와 제3호 에서 정하는 자는 제외한다) 나. 폐기물처리업자(폐기물 수집·운반업자는 제 외한다)가 고용한 기술요원 다. 폐기물처리시설(법 제29조에 따라 설치신고 를 한 폐기물처리시설만 해당하며, 영 제15조 각 호에 해당하는 폐기물처리시설은 제외한 다)의 설치·운영자 또는 그가 고용한 기술담 당자 라. 폐기물 수집·운반업자 또는 그가 고용한 기 술담당자 마. 폐기물처리 신고자 또는 그가 고용한 기술담당자 2의2. 「환경기술 및 환경산업 지원법」 제5조의3에 따른 한국환경산업기술원 : 재활용환경성평가 기관의 기술인력 2의3. 국립환경인력개발원, 한국환경공단 : 폐기물 분석전문기관의 기술요원 3. 그 밖에 환경부장관이 지정하는 기관 : 제1호와 제2호에 따른 교육대상자 중 환경부장관이 정하 는 자 ③ 제1항에도 불구하고 2009년 7월 1일부터 2012년

폐기물관리법	폐기물관리법 시행령	폐기물관리법 시행규칙
제36조(장부 등의 기록과 보존) ① 다음 각 호의 어느 하나에 해당하는 자는 환경부령으로 정하는 바에 따라 장부를 갖추어 두고 폐기물의 발생·배출·처리상황 등(제1호의2에 해당하는 자의 경우에는 폐기물의 발생·배출상황·재활용상황·처리실적 등을, 제4호의2에 해당하는 자의 경우에는 전용용기의 생산·판매량·포장된 제품의 생산·판매량 등을, 제6호에 해당하는 자의 경우에는 제품과 용기 등의 생산·수입·판매량과 회수·처리량 등을 말한다)을 기록하고, 마지막으로 기록한 날부터 3년간(제1호의 경우에는 2년간) 보존하여야 한다. 다만, 제45조제2항에 따른 전자정보처리프로그램을 이용하는 경우에는 그러하지 아니하다. 〈개정 2017. 4. 18.〉 1. 제15조의2제2항에 따라 음식물류 폐기물의 발생 억제 및 처리 계획을 신고하여야 하는 자 1의2. 제17조제2항에 따른 신고를 하여야 하는 자 1의3. 제17조제5항에 따라 확인을 받아야 하는 자 2. 제18조제5항에 따라 사업장폐기물을 공동으로 수집, 운반, 재활용 또는 처분하는 공동 운영기구의 대표자 3. 삭제 〈2017. 4. 18.〉 4. 폐기물처리업자		6월 30일까지의 기간 중 교육을 받아야 하는 사람(제1항 단서에 해당하는 사람은 제외한다)으로서 그 교육을 받아야 하는 기한이 마지막 날이 이전 3년 이내에 교육을 받은 사람은 해당 교육을 받은 것으로 본다. 〈신설 2009. 6. 30.〉 **제58조(폐기물처리상황 등의 기록)** ① 법 제36조제1항에 따라 폐기물처리업자 등이 기록·보존하여야 할 장부는 다음 각 호와 같다. 〈개정 2017. 10. 19.〉 1. 법 제15조의2제2항에 따른 음식물류 폐기물 발생 억제 및 처리 계획을 한 자(음식물류 폐기물 공동처리 운영기구에 가입한 자를 포함한다) : 별지 제35호의2서식의 음식물류 폐기물 관리대장 1의2. 법 제17조제2항에 따른 사업장폐기물배출자 신고를 한 자 및 법 제17조제5항에 따른 확인을 받은 자(사업장폐기물 공동처리 운영기구에 가입한 자와 중간가공 폐기물을 배출하는 자를 포함한다) : 별지 제36호서식의 사업장폐기물 관리대장 1의3. 제1호 및 제36조의2의 자 중 자기가 배출한 폐기물을 법 제13조의2에 따른 폐기물의 재활용 원칙 및 준수사항에 따라 자체 재활용하는 자 : 별지 제36호의2서식의 폐기물 자가 재활용 관리대장 1의4. 음식물류 폐기물 공동처리 운영기구의 대표자 : 별지 제36호의3서식의 공동처리 음식물류 폐기물 관리대장 2. 사업장폐기물 공동처리 운영기구의 대표자 : 별지 제37호서식의 공동처리 사업장폐기물 관리대장

폐기물관리법	폐기물관리법 시행령	폐기물관리법 시행규칙
4의2. 전용용기 제조업자 5. 폐기물처리시설을 설치·운영하는 자 6. 폐기물처리 신고자 7. 제47조제2항에 따른 제조업자나 수입업자 ② 삭제 〈2007. 8. 3.〉 ③ 제25조제5항제6호·제7호에 따른 영업을 하는 자 또는 제46조제1항제1호에 해당하는 자는 재활용 제품 또는 물질을 공급받에 공급할 때마다 공급량, 공급처 등에 관한 내용을 환경부령으로 정하는 바에 따라 제45조제2항에 따른 전자정보처리프로그램에 입력하여야 한다. 〈신설 2017. 11. 28.〉		2의2. 삭제 〈2017. 10. 19.〉 3. 폐기물처리업자 가. 폐기물 수집·운반업자의 경우 : 별지 제38호서식의 폐기물 수집·운반 관리대장 나. 폐기물 중간재활용업자의 경우 : 별지 제39호서식의 폐기물 중간재활용 및 별지 제40호서식의 폐기물 중간처분시설 운영·관리대장 다. 폐기물 재활용업자의 경우 : 별지 제45호서식의 폐기물 수탁재활용 관리대장 라. 폐기물 최종처분업자의 경우 : 별지 제42호서식의 폐기물 최종처분시설 운영·관리대장 및 별지 제45호서식의 폐기물 최종처분시설의 폐기물 최종처분 관리대장 마. 폐기물 종합처분업자의 경우 : 별지 제40호서식의 폐기물 중간처분시설 운영·관리대장, 별지 제43호서식의 폐기물 최종처분시설 운영·관리대장 및 별지 제44호서식의 폐기물 최종처분 관리대장 3의2. 전용용기 제조업자의 경우 : 별지 제41호서식의 전용용기 생산·판매 및 품질검사 관리대장 4. 폐기물 처분시설 또는 재활용시설의 설치·관리자(국가, 시·도지사 또는 시장·군수·구청장이 설치·운영하는 경우를 포함한다) 가. 폐기물 중간처분시설 설치·관리자의 경우 : 별지 제40호서식의 폐기물 중간처분시설 운영·관리대장 나. 폐기물 최종처분시설 설치·관리자의 경우 : 별지 제43호서식의 폐기물 최종처분시설 운영·관리대장

폐기물관리법	폐기물관리법 시행령	폐기물관리법 시행규칙
		영·관리대장 다. 폐기물 재활용시설 설치·관리자의 경우 : 별지 제44조의2서식의 폐기물 재활용시설 운영·관리대장 5. 폐기물처리 신고자의 경우 : 별지 제45조서식의 폐기물 수탁 재활용 관리대장 6. 폐기물을 회수·처리하여야 하는 제품의 제조업자 또는 수입업자의 경우 가. 별지 제46조서식의 제품제조·수입 관리대장 나. 별지 제47조서식의 폐기물 회수·처리 관리대장 ②제1항에 따라 기록·보존하여야 하는 장부는 전자기록매체에 기록·보존할 수 있다. 〈개정 2016. 12. 30.〉 ③ 법 제36조제3항에 따라 전자정보처리프로그램에 입력을 하여야 하는 자는 재활용 제품 또는 물질을 공급한 날부터 2일 이내에 다음 각 호의 내용을 전자정보처리프로그램에 입력하여야 한다. 다만, 폐기물을 자신의 농경지 또는 자신의 가축의 먹이로 재활용하는 등 별도의 공급처에 공급하지 아니하고 스스로 재활용하는 자는 제외한다. 〈신설 2018. 5. 28.〉 1. 재활용대상 폐기물의 종류 및 양 2. 재활용 제품 또는 물질의 공급량 3. 재활용 제품 또는 물질의 공급처 4. 재활용 제품 또는 물질의 공급일자 ④제3항에 따른 전자정보처리프로그램의 입력 방법 및 절차에 관하여는 별표 6 제1호 및 제2호 및 제4호를

폐기물관리법	폐기물관리법 시행령	폐기물관리법 시행규칙
		준용한다. 이 경우 "폐기물의 인계·인수"는 "재활용 제품·물질의 공급"으로 본다. 〈신설 2018. 5. 28.〉
제37조(휴업과 폐업 등의 신고) ① 폐기물처리업자, 폐기물처리 신고자, 폐기물분석전문기관 또는 전용용기 제조업자는 그 영업을 휴업·폐업 또는 재개업한 경우에는 환경부령으로 정하는 바에 따라 그 사실을 허가, 신고, 지정 또는 등록관청에 신고하여야 한다. 재활용환경성평가기관도 또한 같다. 〈개정 2015. 7. 20.〉 ② 환경부장관 또는 시·도지사는 제1항에 따른 신고를 받은 날부터 20일 이내에 신고수리 여부를 신고인에게 통지하여야 한다. 〈신설 2017. 4. 18.〉 ③ 환경부장관 또는 시·도지사가 제2항에서 정한 기간 내에 신고수리 여부나 민원 처리 관련 법령에 따른 처리기간의 연장을 신고인에게 통지하지 아니하면 그 기간이 끝난 날의 다음 날에 신고를 수리한 것으로 본다. 〈신설 2017. 4. 18.〉 ④ 제1항에 따라 휴업 또는 폐업의 신고를 하려는 자(폐기물처리업자와 폐기물처리 신고자로 한정한다)는 환경부령으로 정하는 바에 따라 보관하는 폐기물을 전부 처리하여야 한다. 〈개정 2017. 4. 18.〉		**제59조(휴업·폐업 등의 신고)** ① 법 제37조제1항에 따라 폐기물처리업자나 폐기물처리 신고자가 휴업·폐업 또는 재개업을 한 경우에는 휴업·폐업 또는 재개업을 한 날부터 20일 이내에 별지 제48호서식의 신고서에 다음 각 호의 서류를 첨부하여 시·도지사나 지방환경관서의 장에게 제출하여야 한다. 〈개정 2016. 1. 21.〉 1. 휴업·폐업의 경우 　가. 허가증 또는 신고증명서 원본 　나. 보관 폐기물 처리완료 결과 2. 재개업의 경우 　가. 폐기물 저분시설 또는 시설이나 제66조제1항에 따른 시설의 점검결과서 　나. 기술능력의 보유현황 및 그 기술을 확인할 수 있는 서류(폐기물처리업자만 해당한다) ② 법 제37조제1항에 따라 재활용환경성평가기관 또는 폐기물분석전문기관이 휴업 또는 폐업 또는 재개업을 한 경우에는 휴업 또는 폐업을 한 날부터 20일 이내에 별지 제48호의2서식의 신고서에 다음 각 호의 서류를 첨부하여 국립환경과학원장에게 제출하여야 한다. 〈개정 2016. 7. 21.〉 1. 휴업·폐업의 경우 : 지정서 원본 2. 재개업의 경우 　가. 시험·분석 장비의 점검결과서

폐기물관리법	폐기물관리법 시행령	폐기물관리법 시행규칙
제38조(보고서 제출) ① 다음 각 호의 어느 하나에 해당하는 자는 환경부령으로 정하는 바에 따라 매년 폐기물의 발생·처리에 관한 보고서를 다음 연도 2월 말일까지 해당 허가·승인·신고기관 또는 확인기관의 장에게 제출하여야 한다. 〈개정 2017. 4. 18.〉 1. 제4조나 제5조에 따른 폐기물처리시설을 설치·운영하는 자 1의2. 제15조의2제2항에 따라 음식물류 폐기물이 발생 억제 및 처리 계획을 신고한 자		나. 기술능력의 보유현황 및 그 자격을 확인할 수 있는 서류 ③ 법 제37조제1항에 따라 전용용기 제조업자가 휴업·폐업 또는 재개업을 한 경우에는 휴업·폐업 또는 재개업을 한 날부터 20일 이내에 별지 제48호의3서식의 신고서에 다음 각 호의 서류를 첨부하여 지방환경관서의 장에게 제출하여야 한다. 〈신설 2016. 1. 21.〉 1. 휴업·폐업의 경우 : 등록증 원본 2. 재개업의 경우 : 전용용기 제조시설 및 장비의 점검결과서 **제59조의2(휴업·폐업의 신고 전 보관 폐기물의 처리)** 법 제37조제1항에 따라 휴업 또는 폐업의 신고를 하려는 자는 보관하고 있는 폐기물의 처리계획을 수립하여 처리하고 그 결과를 시·도지사 또는 지방환경관서의 장의 확인·점검을 받아야 한다. [본조신설 2011. 9. 27.] **제60조(보고서의 제출)** ① 폐기물처리시설의 설치·운영자 등은 법 제38조제1항에 따라 다음 각 호의 구분에 따른 보고서를 다음 연도 2월 말일까지 해당 허가·승인·신고·확인기관의 장에게 제출하여야 한다. 〈개정 2017. 10. 19.〉 1. 법 제4조 및 제5조에 따른 폐기물처리시설의 설치·운영자 : 별지 제51호서식의 폐기물 증간처리 실적보고서, 별지 제52호서식의 폐기물 재활용 실적보고서 또는 별지 제53호서식의 폐기물

폐기물관리법	폐기물관리법 시행령	폐기물관리법 시행규칙
2. 제17조제2항에 따라 사업장폐기물배출자 신고를 한 자 3. 제17조제5항에 따라 확인을 받은 자 3의2. 삭제 <2017. 4. 18.> 4. 폐기물처리업자 5. 폐기물처리 신고자 ② 제25조의2제1항에 따라 전용용기 제조업 등록을 한 자는 환경부령으로 정하는 바에 따라 전용용기 생산 및 출고, 품질검사에 관한 보고서를 다음 연도 2월 말일까지 등록기관의 장에게 제출하여야 한다. <신설 2015. 1. 20.> ③ 환경부장관, 시·도지사 또는 시장·군수·구청장은 제1항 또는 제2항에 따라 보고서를 제출하여야 하는 자가 기한 내에 제출하지 아니하면 기간을 정하여 제출을 명할 수 있다. <개정 2015. 1. 20.> ④ 제1항 또는 제2항에 따라 보고서를 제출하여야 하는 자는 사업장폐기물의 처리를 위탁한 자에게 제1항 또는 제2항에 따른 보고서 작성에 필요한 자료를 매년 1월 15일까지 서면으로 요구할 수 있으며, 그 요구를 받은 자는 그 자료를 1월 31일까지 서면으로 제출하여야 한다. <개정 2015. 1. 20.> ⑤ 폐기물분석전문기관은 환경부령으로 정하는 바에 따라 매년 폐기물의 시험·분석에 관한 보고서를 다음 연도 2월 말일까지 환경부장관에게 제출하여야 한다. <신설 2015. 1. 20.>		최종처분 실적보고서(폐석면을 매립하는 자의 경우에는 별지 제54호서식의 폐석면 구역매립 실적보고서를 포함한다) 1의2. 법 제15조의2제2항에 따른 음식물류 폐기물 발생 억제 및 처리 계획 신고를 한 자 : 별지 제48호의4서식의 음식물류 폐기물 발생 억제 및 처리 실적보고서 2. 법 제17조제2항에 따라 사업장폐기물배출자 신고를 한 자(제18조제1항제4호에 따른 사업장폐기물배출자는 제외하되, 중간가공 폐기물을 배출하는 자를 포함한다) 및 법 제17조제5항에 따라 확인을 받은 자(중간가공 폐기물을 배출하는 자를 포함한다) : 별지 제49호서식의 폐기물배출 및 처리 실적보고서 2의2. 삭제 <2017. 10. 19.> 3. 폐기물처리업자 가. 폐기물 수집·운반업자 : 별지 제50호서식의 폐기물 수집·운반 실적보고서 나. 폐기물 중간처분업자 : 별지 제51호서식의 폐기물 중간처분 실적보고서 다. 폐기물 최종처분업자 : 별지 제53호서식의 폐기물 최종처분 실적보고서(폐석면을 매립하는 자의 경우에는 별지 제54호서식의 폐석면 구역매립 실적보고서를 포함한다) 라. 폐기물 종합처분업자 : 가목부터 다목까지의 실적보고서 마. 폐기물 재활용업자 : 별지 제52호서식의 폐기

폐기물관리법	폐기물관리법 시행령	폐기물관리법 시행규칙
		용 재활용 실적보고서 4. 폐기물처리 신고자 : 별지 제52호서식의 폐기물 재활용 실적보고서 ② 제18조제1항제4호에 따른 사업장폐기물배출자는 폐기물 배출이 끝난 날부터 15일 이내에 특별자치시장, 특별자치도지사, 시장·군수·구청장에게 폐기물 처리 실적을 보고하여야 한다. 다만, 배출기간이 2개 연도 이상에 걸치는 경우에는 다음 각 호의 구분에 따른 보고기간 내에 보고하여야 한다. 〈개정 2014. 1. 17.〉 1. 매 연도의 폐기물 처리 실적은 다음 연도 2월 말까지 2. 배출이 끝나는 연도의 폐기물 처리 실적은 폐기물 배출이 끝난 날부터 15일 이내 ③ 전용용기 제조업자는 법 제38조제2항에 따라 별지 제54조의2서식의 전용용기 생산 및 출고, 품질검사 보고서를 다음 연도 2월 말일까지 지방환경관서의 장에게 제출하여야 한다. 〈신설 2016. 1. 21.〉 ④ 폐기물분석전문기관의 장은 법 제38조제5항에 따라 별지 제54조의3서식의 폐기물 검사의 시험·분석 보고서를 다음 연도 2월 말일까지 국립환경과학원장에게 제출하여야 한다. 〈신설 2016. 1. 21.〉 ⑤ 삭제 〈2017. 10. 19.〉 **제61조(보고 및 검사 등)** ① 법 제39조제1항에 따라 출입·검사를 하는 공무원은 환경부장관이 정하는 서식에 따라 출입·검사의 목적, 인적사항, 검사 결과 등을 적은 서면을 관계인에게 내주어야 한다. ② 환경부장관, 시·도지사, 시장·군수·구청장
제39조(보고·검사 등) ① 환경부장관, 시·도지사 또는 시장·군수·구청장은 이 법의 시행에 필요한 범위에서 환경부령으로 정하는 바에 따라 관계인에게 보고하게 하거나 자료를 제출하게 할 수 있으며, 관계 공무원에게 사무소나 사업장, 「관세법」 제154		

폐기물관리법	폐기물관리법 시행령	폐기물관리법 시행규칙
조에 따른 보세구역 등에 출입하여 관계 서류나 시설 또는 장비 등을 검사하게 할 수 있다. 〈개정 2010. 7. 23.〉 ② 제1항에 따라 출입·검사를 하는 공무원은 그 권한을 표시하는 증표를 지니고 이를 관계인에게 내보여야 한다. ③ 제1항에 따른 검사를 하려는 경우에는 검사 7일 전까지 검사일시, 검사목적 및 검사내용 등을 포함한 검사계획을 검사대상 사업자에게 통지하여야 한다. 다만, 긴급히 검사할 필요가 있거나 사전에 알리면 검사목적을 달성할 수 없다고 인정하는 경우에는 그러하지 아니하다. 〈신설 2010. 7. 23.〉		또는 지방환경관서의 장은 법 제39조제1항에 따라 관계인에 대한 출입·검사를 할 때에 검사의 대상 사무소 또는 사업장 등이 다음 각 호에 따른 출입·검사 대상 사무소 또는 사업장 등과 같은 연출입·검사를 통합하여 실시하여야 한다. 다만, 민원, 환경오염사고, 광역감시활동 등 기술인력·장비 운영상 통합검사가 곤란하다고 인정되는 경우에는 그러하지 아니하다. 〈개정 2018. 1. 17.〉 1. 「대기환경보전법」 제82조제1항 2. 「소음·진동관리법」 제47조제1항 3. 「물환경보전법」 제46조의2제1항 또는 제68조제1항 4. 「하수도법」 제69조제1항 또는 제2항 5. 「화학물질관리법」 제49조제1항 6. 삭제 〈2018. 1. 17.〉 7. 삭제 〈2018. 1. 17.〉 8. 삭제 〈2018. 1. 17.〉 9. 삭제 〈2018. 1. 17.〉 **제63조(시험·분석기관)** 시·도지사, 시장·군수·구청장 또는 지방환경관서의 장은 법 제39조제1항에 따라 관계 공무원이 사업장등에 출입하여 검사할 때에 배출되는 폐기물이나 재활용한 제품의 성분, 유해물질 함유 여부 또는 전용용기가 적정 여부의 검사를 위한 시험분석이 필요하면 다음 각 호의 시험분석기관으로 하여금 시험분석하게 할 수 있다. 〈개정 2016. 1. 21.〉 1. 국립환경과학원

폐기물관리법	폐기물관리법 시행령	폐기물관리법 시행규칙
		2. 보건환경연구원 3. 유역환경청 또는 지방환경청 4. 한국환경공단 5. 「석유 및 석유대체연료 사업법」 제25조제1항에 본문에 따른 각 목의 기관 　가. 한국석유관리원 　나. 산업통상자원부장관이 지정하는 기관 6. 「비료관리법 시행규칙」 제3조제2항에 따른 시험연구기관 7. 수도권매립지관리공사 8. 전용용기 검사기관(전용용기에 대한 시험분석으로 한정한다) 9. 그 밖에 환경부장관이 재활용제품을 시험분석할수 있다고 인정하여 고시하는 시험분석기관
제39조의2(배출자에 대한 폐기물 처리명령) ① 환경부장관 또는 시·도지사는 사업장폐기물배출자가 제13조에 따른 폐기물의 처리 기준과 방법으로 정한보관기간을 초과하여 폐기물을 보관하는 경우에는 사업장폐기물배출자에게 기간을 정하여 폐기물의 처리를 명할 수 있다. ② 환경부장관 또는 시·도지사는 제1항에 따라 사업장폐기물배출자에게 처리명령을 하였음에도 불구하고 처리되지 아니한 폐기물이 있으면 제17조제8항 또는 제9항에 따라 권리와 의무를 승계한 자에게 기간을 정하여 폐기물의 처리를 명할 수 있다. 〈개정 2017. 4. 18.〉 [본조신설 2010. 7. 23.]		

폐기물관리법	폐기물관리법 시행령	폐기물관리법 시행규칙
제39조의3[폐기물처리업자 등에 대한 폐기물 처리명령] 환경부장관 또는 시·도지사는 폐기물처리업자에 대하여 제27조에 따른 허가취소 또는 영업정지를 명하거나, 폐기물처리 신고자에 대하여 제46조제1항에 따른 폐쇄명령 또는 처리금지명령을 하려는 경우에는 폐기물처리업자 또는 폐기물처리 신고자에게 기간을 정하여 보관하는 폐기물의 처리를 명하여야 한다. [본조신설 2010. 7. 23.] 제40조[폐기물처리업자 등의 방치폐기물 처리] ① 사업장폐기물을 대상으로 하는 폐기물처리업자와 폐기물처리 신고자는 폐기물의 방치를 방지하기 위하여 제25조제3항에 따른 허가를 받거나 제46조제1항에 따른 신고를 한 후 영업 시작 전까지 다음 각 호의 어느 하나에 해당하는 조치를 취하여야 한다. 다만, 폐기물처리 신고자 중 폐기물 방지 가능성 등을 고려하여 환경부령으로 정하는 자는 그러하지 아니하다. 〈개정 2013. 7. 16.〉 1. 제43조에 따른 폐기물 처리 공제조합에 분담금 납부 2. 폐기물의 처리를 보증하는 보험 가입 3. 삭제 〈2007. 8. 3.〉 ② 환경부장관 또는 시·도지사는 제1항에 따른 폐기물처리업자나 폐기물처리 신고자가 대통령령으로 정하는 기간을 초과하여 휴업을 하거나 폐업 등으로 조업을 중단(제27조에 따른 허가취소·영업정지 또는 제46조제7항에 따른 폐쇄명령·처리금지명령에 따른 조업 중단은 제외한다)하거나 기간을 정	제20조[폐기물의 처리명령 대상이 되는 조업중단 기간] ① 법 제40조제2항에서 "대통령령으로 정하는 기간"이란 다음 각 호의 기간을 말한다. 〈개정 2007. 12. 28.〉 1. 동물성 잔재물(殘滓物)과 의료폐기물 중 조직물류폐기물 등 부패나 변질의 우려가 있는 폐기물의 경우: 15일 2. 폐기물의 방치로 생활환경 보전상 중대한 위해가 발생하거나 발생할 우려가 있는 경우: 폐기물의 처리를 명할 수 있는 권한을 가진 자가 3일 이상 1개월 이내에서 정하는 기간 3. 제1호와 제2호 외의 경우: 1개월 ② 환경부장관이나 시·도지사는 폐기물처리업자나 폐기물처리 신고자가 주민의 민원, 노사관계 등 불가피한 사유로 조업을 중단한 경우에는 폐기물처리업자나 폐기물처리 신고자의 신청에 따라 제1항에 따른 기간 내에서 한 차례만 법 제40조제2항에 따른 폐기물의 처리명령을 연기할 수 있다. 〈개정 2011. 9. 7.〉	

폐기물관리법	폐기물관리법 시행령	폐기물관리법 시행규칙
하여 그 폐기물처리업자나 폐기물처리 신고자에게 그가 보관하고 있는 폐기물의 처리를 명할 수 있다. 〈개정 2010. 7. 23.〉 ③ 환경부장관 또는 시·도지사는 제2항 또는 제39조의3에 따라 폐기물처리업자나 폐기물처리 신고자에게 처리명령을 하였음에도 불구하고 처리되지 아니한 폐기물이 있으면 제33조제1항 또는 제2항에 따라 권리·의무를 승계한 자에게 제1항의 폐기물의 처리를 명할 수 있다. 〈개정 2013. 7. 16.〉 ④ 환경부장관 또는 시·도지사는 제2항 또는 제3항에 따른 명령을 받은 자가 그 명령을 이행하지 아니하면 그가 보관하고 있는 폐기물(이하 "방치폐기물"이라 한다)의 처리에 관하여 다음 각 호의 조치를 할 수 있다. 다만, 제1항에 해당하는 자가 명령을 이행하지 아니한 경우에는 그러하지 아니하다. 〈개정 2013. 7. 16.〉 1. 제1항·제2호에 따른 부담금을 낸 경우 : 제41조에 따른 폐기물 처리 공제조합에 대한 방치폐기물(放置廢棄物)의 처리 명령 2. 제2항·제2호에 따른 보험에 가입한 경우 : 방지폐기물의 처리와 보험사업자에게서 보험금 수령 3. 삭제 〈2007. 8. 3.〉 ⑤ 제1항·제2호에 따른 보험의 가입 기간, 가입시기, 보험금액의 산출기준, 그 밖에 필요한 사항은 대통령령으로 정한다. 〈개정 2010. 7. 23.〉 ⑥ 삭제 〈2007. 8. 3.〉 ⑦ 제1항·제2호에 따른 조치를 한 자가 다음 각 호의	**제21조(처리이행보증금보증금액의 산출기준)** ① 법 제40조제5항에 따른 처리이행보증보험의 보증기준은 다음과 같다. 〈개정 2011. 9. 7.〉 1. 폐기물처리업자 : 폐기물의 종류별 처리단가에 법 제25조제9항에 따른 양(이하 "허용보관량"이라 한다)을 곱한 금액의 1.5배(허용보관량을 초과한 초과보관량의 경우에는 폐기물의 종류별 처리단가에 초과보관량을 곱한 금액의 3배) 2. 폐기물처리 신고자 : 폐기물의 종류별 처리단가에 법 제46조제1항에 따른 시설 중 보관시설에서 보관가능한 양(이하 "보관량"이라 한다)을 곱한 금액의 1.5배 ② 제1항에 따른 폐기물의 종류별 처리단가는 폐기물의 성질과 상태, 처리방법 등을 고려하여 환경부장관이 정하여 고시한다. [제목개정 2008. 7. 29.] **제22조(처리이행보증보험의 갱신)** ① 법 제40조제5항에 따른 처리이행보증보험의 가입 기간이 끝나면 종료일 30일 이전까지 보험계약을 갱신하여야 한다. ② 법 제40조제7항·제2호에 따른 처리이행보증보험의 보험금액에 변동되어야 하는 경우에는 그 변동사유가 발생한 날부터 15일 이내에 보험계약을 갱신하여야 한다. 〈개정 2008. 7. 29.〉 ③ 법 제40조제9항에 따라 처리이행보증보험에 가입하거나 보험계약을 갱신한 자는 가입이나 갱신한 날부터 15일 이내에 보험증서 원본을 환경부장관이	폐기물관리법 시행규칙

폐기물관리법	폐기물관리법 시행령	폐기물관리법 시행규칙

폐기물관리법

어느 하나에 해당하면 대통령령으로 정하는 바에 따라 같은 항 제2조에 따른 보험(이하 "처리이행보증보험"이라 한다)의 계약을 갱신하여야 한다. 〈개정 2010. 7. 23.〉

1. 처리이행보증보험의 가입 기간이 끝나는 경우

2. 제25조제3항에 따라 허가를 받은 처리 대상 폐기물의 종류, 허용보관량 또는 처리 단가가 변경되거나 같은 조 제9항에 따른 양을 초과하여 폐기물을 보관하는 등의 사유로 처리이행보증보험의 보험금이 변동되어야 하는 경우

⑧ 환경부장관이나 시·도지사는 제7항에 따라 처리이행보증보험의 계약갱신을 하여야 하는 자가 이를 이행하지 아니하면 처리이행보증보험의 계약갱신을 명령할 수 있다. 〈개정 2007. 8. 3.〉

⑨ 처리이행보증보험에 가입하거나 제7항 또는 제8항에 따라 처리이행보증보험의 계약을 갱신한 자는 대통령령으로 정하는 바에 따라 그 사실을 증명하는 보험증서 원본을 환경부장관 또는 시·도지사에게 제출하여야 한다.

⑩ 제1항 각 호의 어느 하나에 해당하는 다른 조치를 같은 항 각 호의 어느 하나에 해당하는 조치를 위한 후 지체 없이 환경부장관 또는 시·도지사에게 그 사실을 알려야 한다.

⑪ 환경부장관 또는 시·도지사가 제4항제3호에 따라 폐기물 처리 공제조합에 방치폐기물의 처리를 명하는 경우에는 처리량과 처리기간에 대하여 대통령령으로 정하여야 한다. 〈개정 2010. 7. 23.〉

⑫ 제41조에 따른 폐기물 처리 공제조합은 제1항에 따른

폐기물관리법 시행령

나 시·도지사에게 제출하여야 한다.

④ 삭제 〈2008. 7. 29.〉

[제목개정 2008. 7. 29.]

제23조(방치폐기물의 처리량과 처리기간) ① 법 제40조제11항에 따라 폐기물처리 공제조합에 처리를 명할 수 있는 방치폐기물의 처리량은 다음 각 호와 같다. 〈개정 2011. 9. 7.〉

1. 폐기물처리업자가 방치한 폐기물의 경우: 그 폐기물처리업자의 폐기물 허용보관량의 1.5배 이내

2. 폐기물처리 신고자가 방치한 폐기물의 경우: 그 폐기물처리 신고자의 폐기물 보관량의 1.5배 이내

② 환경부장관이나 시·도지사는 폐기물처리 공제조합에 방치폐기물의 처리를 명하려면 주변환경의 오염 우려 정도와 방치폐기물의 처리량 등을 고려하여 2개월의 범위에서 그 처리기간을 정하여야 한다. 다만, 부득이한 사유로 처리기간 내에 방치폐기물을 처리하기 곤란하다고 환경부장관이나 시·도지사가 인정하면 1개월의 범위에서 한 차례만 그 기간을 연장할 수 있다.

폐기물관리법 시행규칙

제63조의2(방치폐기물 처리 보증 조치의 면제 대상) 법 제40조제1항 단서에서 "환경부령으로 정하는 자"란 제66조제3항 각 호의 폐기물(지정폐기물은 제외한다)을 같은 조 제4항의 방법으로 재활용하는 자를 말한다.

[본조신설 2014. 1. 17.]

[종전 제63조의2는 제63조의3으로 이동 〈2014. 1. 17.〉]

폐기물관리법	폐기물관리법 시행령	폐기물관리법 시행규칙
호에 따라 폐기물처리업자 또는 폐기물처리 신고자로부터 넘겨받은 분담금을 초과하여 폐기물을 처리한 경우에는 초과비용에 대하여 폐기물처리업자, 폐기물처리 신고자 또는 제33조제1항 또는 제2항에 따른 권리·의무를 승계한 자에게 구상권을 행사할 수 있다. 〈신설 2010. 7. 23.〉		
제41조(폐기물 처리 공제조합의 설립) ① 폐기물 처리업자에게 필요한 각종 보증과 방지폐기물 처리이행을 보증하기 위하여 폐기물처리업자와 폐기물처리 신고자는 폐기물 처리 공제조합(이하 "조합"이라 한다)을 설립할 수 있다. 〈개정 2017. 11. 28.〉 ② 조합은 법인으로 한다. ③ 조합은 주된 사무소의 소재지에서 설립등기를 함으로써 성립한다.		
제42조(조합의 사업) 조합은 다음 각 호의 업무를 수행할 수 있다. 다만, 생활폐기물을 처리 대상으로 하는 폐기물처리업자와 폐기물처리 신고자가 설립하는 조합은 제2호의 업무만 수행할 수 있다. 〈개정 2017. 11. 28.〉 1. 조합원의 방지폐기물을 처리하기 위한 공제사업 2. 조합원의 폐기물 처리사업에 필요한 임참보증·계약이행보증·선급금보증 업무 [전문개정 2013. 7. 16.]		
제43조(분담금) ① 조합의 조합원은 제42조에 따른 공제사업을 하는 데에 필요한 분담금을 조합에 내야 한다.		

폐기물관리법	폐기물관리법 시행령	폐기물관리법 시행규칙
② 제1항에 따른 분담금의 산정기준ㆍ납부절차, 그 밖에 필요한 사항은 조합의 정관으로 정하는 바에 따른다. ③ 조합원은 제40조제2항에 따른 명령을 이행하지 아니하여 방지폐기물이 발생한 경우에는 제40조제1항에 따라 납부한 분담금은 반환받을 수 없다. 다만, 환경부장관 또는 시ㆍ도지사가 제40조제4항제1호에 따른 처리명령을 하기 이전에 방지폐기물을 처리한 경우에는 그러하지 아니하다. 〈개정 2012. 6. 1.〉 **제44조(「민법」의 준용)** 조합에 관하여 이 법에서 규정한 것 외에는 「민법」 중 사단법인에 관한 규정을 준용한다. **제6장 보칙** **제45조(폐기물 인계ㆍ인수 내용 등의 전산 처리)** ① 환경부장관은 다음 각 호의 내용과 기록(이하 "전산기록"이라 한다)을 관리할 수 있는 전산처리기구(이하 "전산처리기구"라 한다)를 설치ㆍ운영하여야 한다. 〈개정 2017. 4. 18.〉 1. 제14조제6항에 따라 입력된 음식물류 폐기물 수수료 산정에 필요한 내용 2. 제18조제3항에 따라 입력된 폐기물 인계ㆍ인수 내용 3. 제3항에 따라 입력된 기록 ② 환경부장관은 전자정보를 효율적으로 처리하기 위하여 전자정보처리프로그램(이하 "전자정보처리프로그램"이라 한다)을 구축ㆍ운영하여야 한다.		
		제23조의2(전자정보처리프로그램을 이용한 업무) 법 제45조제3항에서 "환경부령으로 정하는 업무"란 다음 각 호의 업무를 말한다. 〈개정 2017. 10. 17.〉 1. 법 제17조제2항ㆍ제5항 및 제6항에 따른 신고ㆍ확인 서류 및 변경 신고ㆍ확인 서류의 제출 2. 삭제 〈2017. 10. 17.〉 3. 법 제25조제1항ㆍ제3항 및 제11항에 따른 폐기물 처리사업계획서, 허가ㆍ변경허가 및 변경신고서 류의 제출 4. 법 제29조제2항부터 제4항까지의 규정에 따른 폐기물처리시설 승인ㆍ신고 서류 및 변경 승인ㆍ신고 서류의 제출 5. 법 제36조에 따른 폐기물의 발생ㆍ배출ㆍ처리상

폐기물관리법	폐기물관리법 시행령	폐기물관리법 시행규칙
이 경우 그 전산처리에 필요한 비용의 일부 또는 전부를 전자정보처리프로그램을 이용하는 자로부터 징수할 수 있다. 〈개정 2010. 7. 23.〉 ③ 사업장폐기물배출자 등이 전자정보처리프로그램을 이용하여 보고 등 법령 또는 명령으로 정하는 업무에 관한 내용을 환경부령으로 정하는 바에 따라 입력한 경우에는 해당 업무를 이행한 것으로 본다. 〈개정 2007. 8. 3.〉 ④ 환경부장관은 전산기록이 입력된 날부터 3년간 전산기록을 보존하여야 한다. 〈개정 2010. 7. 23.〉 ⑤ 환경부장관, 시·도지사 또는 지방환경관서의 장은 업무에 관한 전산기록을 전송한 자는 전산처리기구의 장을 상대로 그 전산기록과 관련된 자료를 제공할 것을 서면으로 요구할 수 있으며, 전산처리기구의 장은 요구받은 자료를 환경부령으로 정하는 기간 이내에 제공하여야 한다. 〈개정 2007. 8. 3.〉 [제목개정 2007. 8. 3.] 제46조(폐기물처리 신고) ① 다음 각 호의 어느 하나에 해당하는 자는 환경부령으로 정하는 기준에 따른 시설·장비를 갖추어 시·도지사에게 신고하여야 한다. 〈개정 2010. 7. 23.〉 1. 동·식물성 잔재물 등의 폐기물을 자신의 농경지	항 등의 기록 6. 법 제38조제1항에 따른 보고서의 제출 7. 법 제55조제2항에 따른 폐기물 처리시설 및 폐기물처리시설의 설치·운영 실태 등의 조사·평가에 필요한 서류의 제출 [본조신설 2008. 7. 29.]	제63조의3(전자정보처리프로그램에의 입력방법 등) ① 법 제45조제3항에 따라 전자정보처리프로그램을 이용하여 보고 등을 하려는 사업장폐기물배출자 등은 전자정보처리프로그램에서 제공하는 양식에 따라 빈칸 채우기 방식으로 보고서 등의 내용을 입력하여야 한다. 이 경우 정부서류는 전자이미지로 변환한 후 입력하여야 한다. ② 제1항에 따른 입력방법의 세부내용은 환경부장관이 정하여 고시한다. [본조신설 2008. 8. 4.] [제63조의2에서 이동 〈2014. 1. 17.〉] 제64조(전산자료의 제공) 법 제45조제5항에 따라 자료의 제공을 요구받은 한국환경공단은 특별한 사유가 없으면 요구받은 날부터 10일 이내에 서면으로 해당 자료를 제공하여야 한다. 〈개정 2011. 9. 27.〉 제66조(폐기물처리 신고대상) ① 법 제46조제1항에 따라 폐기물처리 신고를 하려는 자가 갖추어야 하는 시설·장비기준은 별표 17과 같다. ② 법 제46조제1항제1호에서 "환경부령으로 정하는 자"란 다른 자의 폐기물을 재활용하는 자로서 자신의 농경지 별

폐기물관리법	폐기물관리법 시행령	폐기물관리법 시행규칙
예 퇴비로 사용하는 등의 방법으로 재활용하는 자로서 환경부령으로 정하는 자 2. 폐지, 고철 등 환경부령으로 정하는 폐기물을 수집 · 운반하거나 환경부령으로 정하는 방법으로 재활용하는 자로서 사업장 규모 등이 환경부령으로 정하는 기준에 해당하는 자 3. 폐타이어, 폐가전제품 등 환경부령으로 정하는 폐기물을 수집 · 운반하는 자 ② 폐기물처리 신고자가 환경부령으로 정하는 사항을 변경하려면 시 · 도지사에게 신고하여야 한다. 〈신설 2017. 4. 18.〉 ③ 시 · 도지사는 제1항 또는 제2항에 따른 신고 · 변경신고를 받은 날부터 20일 이내에 신고 · 변경신고 수리 여부를 신고인에게 통지하여야 한다. 〈개정 2017. 4. 18.〉 ④ 시 · 도지사가 제3항에서 정한 기간 내에 신고 · 변경신고수리 여부나 민원 처리 관련 법령에 따른 처리기간의 연장을 신고인에게 통지하지 아니하면 그 기간이 끝난 날의 다음 날에 신고 · 변경신고를 수리한 것으로 본다. 〈신설 2017. 4. 18.〉 ⑤ 제1항제1호 또는 제2호에 따른 폐기물처리 신고자는 제25조제3항에 따른 폐기물 수집 · 운반업의 허가를 받지 아니하고 그 재활용 대상 폐기물을 스스로 수집 · 운반할 수 있다. 〈개정 2013. 7. 16.〉 ⑥ 폐기물처리 신고자는 신고한 폐기물처리 방법에 따라 폐기물을 처리하는 등 환경부령으로 정하는 준		표 16과 같다. 〈개정 2012. 7. 3.〉 1. 삭제 〈2012. 7. 3.〉 2. 삭제 〈2012. 7. 3.〉 ③ 법 제46조제1항제2호에서 "환경부령으로 정하는 폐기물"이란 다음 각 호의 폐기물로서 다음 각 호의 폐기물(지정폐기물은 제외한다)을 말한다. 〈개정 2018. 5. 17.〉 1. 폐지 2. 고철 3. 폐포장재(「자원의 절약과 재활용촉진에 관한 법률 시행령」 제18조에 따른 재활용의무 대상인 종이팩, 유리병, 금속캔, 합성수지 재질의 포장재 및 1회용 봉투 · 쇼핑백만 해당한다) 4. 폐전선(폐유를 함유한 경우는 제외한다. 이하 이 조에서 같다) ④ 법 제46조제1항제2호에서 "환경부령으로 정하는 방법"이란 선별 · 압축 · 감용(減容) · 절단 또는 탈피(脫皮, 폐전선만 해당한다)하는 방법을 말한다. 〈개정 2018. 5. 17.〉 ⑤ 법 제46조제1항제2호에서 "환경부령으로 정하는 폐기물에 해당하는 자"란 제3항 각 호의 폐기물을 수집 · 운반하거나 제4항의 방법으로 재활용하는 자로서 사업장 규모가 다음 각 호의 어느 하나에 해당하는 자를 말한다. 1. 특별시 · 광역시 지역으로서 사업장 규모가 1,000㎡ 이상인 자 2. 시 · 군 지역(광역시의 군 지역을 포함한다)으로서 사업장 규모가 2,000㎡ 이상인 자 ⑥ 법 제46조제1항제3호에서 "환경부령으로 정하

폐기물관리법	폐기물관리법 시행령	폐기물관리법 시행규칙
수사항을 지켜야 한다. 〈개정 2010. 7. 23.〉 ⑦ 시·도지사는 폐기물처리 신고자가 다음 각 호의 어느 하나에 해당하면 그 시설의 폐쇄를 명령하거나 6개월 이내의 기간을 정하여 폐기물의 반입금지 등 폐기물처리의 금지(이하 "처리금지"라 한다)를 명령할 수 있다. 〈개정 2015. 7. 20.〉 1. 제6항에 따른 준수사항을 지키지 아니한 경우 2. 제13조에 따른 폐기물의 처리 기준과 방법 또는 제13조의2에 따른 폐기물의 재활용 원칙 및 준수사항을 지키지 아니한 경우 3. 제40조제1항 본문에 따른 조치를 하지 아니한 경우 ⑧ 제7항에 따라 시설의 폐쇄명령을 받은 자는 그 처분을 받은 날부터 1년간 다시 제1항에 따른 폐기물 처리 신고를 할 수 없다. 〈개정 2010. 7. 23.〉 [제목개정 2010. 7. 23.]		는 폐기물"이란 다음 각의 폐기물로서 다음 각 호의 폐기물을 말한다. 〈개정 2018. 5. 17.〉 1. 폐축전지 및 폐변압기(손상되지 아니한 상태로서 폐황산이나 폐절연유가 유출되지 아니하는 경우만 해당한다) 2. 폐타이어 3. 폐가전제품 4. 폐드럼(내용물이 제거되어 유출될 우려가 없는 경우만 해당한다) 5. 폐식용유(생활폐기물에 해당하는 폐식용유를 유출될 우려가 없는 전용의 탱크·용기로 수집·운반하는 경우만 해당한다) 6. 폐섬유(폐공장에서 배출되는 가공 후 생활폐기물로 배출되는 조각만 해당한다) 7. 농업용 폐플라스틱필름·시트류와 폐농약용기 등 폐농어 포장재(농약통·과정에서 생활폐기 물로 배출되는 것만 해당한다) 8. 폐의류(생활폐기물로 배출되는 것만 해당한다) 9. 동·식물성 잔재물(생활폐기물로 배출되는 것만 해당한다) [전문개정 2011. 9. 27.] 제67조(폐기물처리 신고) ① 법 제46조제1항에 따라 폐기물처리 신고를 하려는 자는 폐기물처리 개시 15일 전까지 다음 각 호의 구분에 따른 서류를 첨부하여 그 시설이 있는 시·도지사에게 제출하여야 한다. 〈개정 2016. 7. 21.〉 1. 폐기물 수집·운반 신고의 경우 : 별지 제56호서

폐기물관리법	폐기물관리법 시행령	폐기물관리법 시행규칙
		서의 신고서에 다음 각 목의 서류를 첨부. 다만, 제66조제6항 각 호의 폐기물 수집 · 운반 신고의 경우에는 나목의 서류만 첨부한다. 가. 폐기물처리 신고 대상임을 확인할 수 있는 서류 나. 폐기물 수집 · 운반 계획서 2. 폐기물 재활용 신고의 경우 : 별지 제56호의2서식의 신고서에 다음 각 목의 서류를 첨부 가. 폐기물처리 신고 대상임을 확인할 수 있는 서류 나. 폐기물 수집 · 운반 계획서(폐기물을 스스로 수집 · 운반하는 경우만 해당한다) 다. 폐기물 재활용 유형에 따른 재활용의 용도 또는 방법 설명서 라. 재활용시설 설치명세서 마. 보관시설 또는 보관용기 설치명세서(용량 및 그 산출근거를 확인할 수 있는 서류를 포함한다) 바. 재활용 과정에서 발생하는 폐기물의 처리계획서 사. 폐기물 성토재 · 보조기층재 등으로 직접 이용하는 공사의 발주자 또는 토지소유자 등 해당 토지의 관리자의 동의서(별표 4의2 제4호에 따른 재활용 유형 또는 재활용환경성평가를 통한 매체접촉형 재활용의 방법으로 재활용하는 경우만 해당한다) ② 제1항에 따라 신고를 받은 시 · 도지사는 적합한 경우 별지 제57호서식 또는 별지 제57호의2서식의 신고증명서를 신고인에게 내주어야 한다. 〈개정 2014. 1. 17.〉 ③ 폐기물처리 신고자는 다음 각 호의 구분에 따른

폐기물관리법	폐기물관리법 시행령	폐기물관리법 시행규칙
		사항을 변경하려는 경우에는 변경 전에 별지 제56조서식 또는 별지 제56조의2서식의 변경신고서에 신고증명서를 첨부하여 시·도지사에게 제출하여야 한다. 〈개정 2014. 1. 17.〉 1. 폐기물 수집·운반 변경신고의 경우 　가. 상호 또는 사업장 소재지 　나. 수집·운반 대상 폐기물의 종류 　다. 폐기물 수집·운반 차량의 수 2. 폐기물 재활용 변경신고의 경우 　가. 상호 또는 사업장 소재지 　나. 재활용 대상 폐기물의 종류 　다. 재활용의 용도 또는 방법 　라. 재활용시설의 종류 　마. 재활용시설의 용량[폐기물처리 신고 후 변경되는 용량의 누계가 100분의 30 이상(다만, 재활용시설 용량의 변경신고가 있는 경우에는 그 후 변경되는 용량의 누계가 100분의 30 이상)인 경우에만 해당한다] 　바. 제1항제2호마목에 따른 보관시설 또는 보관 용기의 용량 　사. 폐기물 수집·운반 차량의 수 [제목개정 2011. 9. 27.] **제67조의2[폐기물처리 신고자의 준수사항]** 법 제46조제6항에서 "환경부령으로 정하는 준수사항"이란 별표 17의2의 사항을 말한다. [본조신설 2008. 8. 4.] [제목개정 2011. 9. 27.]

폐기물관리법	폐기물관리법 시행령	폐기물관리법 시행규칙
제46조의2(폐기물처리 신고자에 대한 과징금 처분) ① 시·도지사는 폐기물처리 신고자가 제46조제7항 각 호의 어느 하나에 해당하여 처리금지를 명령하여야 하는 경우 그 처리금지가 다음 각 호의 어느 하나에 해당한다고 인정되면 대통령령으로 정하는 바에 따라 그 처리금지를 갈음하여 2천만원 이하의 과징금을 부과할 수 있다. <개정 2010. 7. 23.> 1. 해당 처리금지로 인하여 그 폐기물처리의 이용자가 폐기물을 위탁처리하지 못하여 폐기물이 사업장 안에 적체됨으로써 이용자의 사업활동에 막대한 지장을 줄 우려가 있는 경우 2. 해당 폐기물처리 신고자가 보관 중인 폐기물 또는 그 폐기물처리의 이용자가 보관 중인 폐기물의 적체에 따른 환경오염으로 인하여 인근지역 주민의 건강에 위해가 발생되거나 발생될 우려가 있는 경우 3. 천재지변이나 그 밖의 부득이한 사유로 해당 폐기물을 계속하도록 할 필요가 있다고 인정되는 경우 ② 제1항에 따라 과징금을 부과하는 위반행위의 종류와 정도에 따른 과징금의 금액, 그 밖에 필요한 사항은 대통령령으로 정한다. ③ 제1항에 따른 과징금을 내지 아니하면 「지방세외수입금의 징수 등에 관한 법률」에 따라 징수한다. <개정 2013. 8. 6.> ④ 제1항과 제3항에 따라 과징금으로 징수한 금액은 시·도의 수입으로 하되, 광역폐기물처리시설의 확충 등 대통령령으로 정하는 용도로 사용하여야 한다.	**제23조의3(과징금을 부과할 위반행위별 과징금의 금액 등)** ① 법 제46조의2제2항에 따른 폐기물처리 신고자의 위반행위의 종류와 정도에 따른 과징금의 금액은 별표 7과 같다. <개정 2011. 9. 7.> ② 시·도지사는 사업장의 사업규모, 사업지역의 특수성, 위반행위의 정도 및 횟수 등을 고려하여 제1항에 따른 과징금의 금액의 2분의 1의 범위에서 이를 가중하거나 감경할 수 있다. 다만, 가중하는 경우에도 과징금의 총액은 2천만원을 초과할 수 없다. <개정 2011. 9. 7.> ③ 법 제46조의2제1항에 따른 과징금의 부과·납부 절차에 대하여는 제11조의2를 준용한다. [본조신설 2008. 7. 29.] **제23조의4(과징금의 사용용도)** 법 제46조의2제4항에서 "대통령령으로 정하는 용도"란 다음 각 호와 같다. <개정 2011. 9. 7.> 1. 광역폐기물 처리시설의 확충 2. 「자원의 절약과 재활용촉진에 관한 법률」 제34조의4에 따른 공공 재활용기반시설의 확충 3. 법 제46조에 따른 폐기물처리 신고자가 적법하게 재활용하지 아니한 폐기물의 처리 4. 폐기물처리 신고자의 지도·점검에 필요한 시설·장비의 구입 및 운영 [본조신설 2008. 7. 29.]	

폐기물관리법	폐기물관리법 시행령	폐기물관리법 시행규칙
[본조신설 2007. 8. 3.] [제목개정 2010. 7. 23.]		
제47조(폐기물의 회수 조치) ① 사업자는 제품이 제조·가공·수입 또는 판매 등을 할 때에 그 제조·가공·수입 또는 판매 등에 사용되는 재료·용기·제품 등이 폐기물이 되는 경우 그 회수와 처리가 쉽도록 하여야 한다. ② 사업자는 제1항에 따른 재료·용기·제품 등이 「대기환경보전법」 제2조, 「물환경보전법」 제2조 및 「화학물질관리법」 제2조에 따른 대기오염물질, 수질오염물질, 유독물질 중 환경부령으로 정하는 물질을 함유하고 있거나 다량으로 제조·가공·수입 또는 판매되어 폐기물이 되는 경우 환경부장관이 고시하는 폐기물의 회수 및 처리방법에 따라 회수·처리하여야 한다. 이 경우 환경부장관이 이를 고시하려면 미리 관계 중앙행정기관의 장과 협의하여야 한다. 〈개정 2017. 1. 17.〉 ③ 환경부장관은 사업자가 제2항에 따라 고시된 회수·처리방법에 따라 회수·처리하지 아니하면 기간을 정하여 그 회수와 처리에 필요한 조치를 할 것을 권고할 수 있다. ④ 환경부장관은 제3항에 따라 권고를 받은 자가 권고사항을 이행하지 아니하면 해당 폐기물의 회수와 적정한 처리 등에 필요한 조치를 명할 수 있다. **제48조(폐기물 처리에 대한 조치명령)** 환경부장관, 시·도지사 또는 시장·군수·구청장은 폐기물이 제13조에 따른 폐기물의 처리 기준과 방법 또는 제		**제68조(해당 물질 함유제품의 폐기물의 회수 등의 조치대상이 되는 수질오염물질 등)** 법 제47조제2항에서 "환경부령으로 정하는 물질"이란 별표 18의 물질을 말한다.

폐기물관리법	폐기물관리법 시행령	폐기물관리법 시행규칙
13조의2에 따른 폐기물의 재활용 원칙 및 준수사항에 맞지 아니하게 처리되거나 제8조제1항 또는 제2항을 위반하여 버려지거나 매립되면 다음 각 호의 어느 하나에 해당하는 자에게 기간을 정하여 폐기물의 처리방법 변경, 폐기물의 처리 또는 반입 정지 등 필요한 조치를 명할 수 있다. 〈개정 2015. 7. 20.〉 1. 폐기물을 처리한 자 2. 제17조제1항·제3호에 따른 확인을 하지 아니하고 위탁한 자 3. 폐기물을 직접 처리하거나 다른 사람에게 자기 소유의 토지 사용을 허용한 경우 폐기물이 버려지거나 매립된 토지의 소유자 [전문개정 2010. 7. 23.]		
제48조의2(의견제출) 환경부장관, 시·도지사 또는 시장·군수·구청장은 제39조의2, 제39조의3, 제40조제2항 또는 제48조에 따른 명령을 하려면 미리 그 명령을 받을 자에게 그 이유를 알려 의견을 제출할 기회를 주어야 한다. 다만, 상수원 보호 등 환경 보전상 긴급히 하여야 하는 경우에는 그러하지 아니하다. [본조신설 2010. 7. 23.]		
제49조(대집행) 환경부장관, 시·도지사 또는 시장·군수·구청장은 제39조의2, 제39조의3, 제40조제2항·제3항 또는 제48조에 따른 명령을 받은 자가 그 명령을 이행하지 아니하면 「행정대집행법」에 따라 대집행을 하고 그 비용을 징수할 수 있다.		

폐기물관리법	폐기물관리법 시행령	폐기물관리법 시행규칙
〈개정 2010. 7. 23.〉 **제50조(폐기물처리시설의 사후관리 등)** ① 제29조제2항에 따른 설치승인을 받거나 설치신고를 한 후 폐기물처리시설을 설치한 자(제25조에 따라 폐기물처리업의 허가를 받아 폐기물처리시설을 설치한 자를 포함한다)는 그가 설치한 폐기물처리시설의 사용을 끝내거나 폐쇄하려면 환경부령으로 정하는 바에 따라 폐기물처리시설의 사용종료 또는 폐쇄 신고를 환경부장관에게 하여야 한다. 이 경우 폐기물을 매립하는 시설을 사용종료하거나 폐쇄하려면 제30조제1항에 따른 검사기관으로부터 환경부령으로 정하는 검사에서 적합 판정을 받아야 한다. 〈개정 2013. 7. 16.〉 ② 환경부장관은 제1항 전단에 따른 신고를 받은 경우 환경부령으로 정하는 기간 내에 신고수리 여부를 신고인에게 통지하여야 한다. 〈신설 2017. 4. 18.〉 ③ 환경부장관이 제2항에서 정한 기간 내에 신고수리 여부나 민원 처리 관련 법령에 정한 처리기간의 연장을 신고인에게 통지하지 아니하면 그 기간이 끝난 날의 다음 날에 신고를 수리한 것으로 본다. 〈신설 2017. 4. 18.〉 ④ 환경부장관은 제1항에 따른 검사 절차와 부합한 판정을 받은 경우에는 그 시설을 설치·운영하는 자에게 환경부령으로 정하는 바에 따라 기간을 정하여 그 시설의 개선을 명할 수 있다. 〈개정 2017. 4. 18.〉 ⑤ 다음 각 호의 어느 하나에 해당하는 자는 그 시설로 인한 주민의 건강·재산 또는 주변환경의 피해를 방지하기 위하여 환경부령으로 정하는 바에 따라 침출수 처리시설을 설치·가동하는 등의 사후관리를	**제24조(사후관리 대상)** 법 제50조제5항제2호에서 "대통령령으로 정하는 폐기물을 매립하는 시설"이란 각각 별표 3 제2호의 최종 처분시설 중 규모 매립시설을 말한다. 다만, 연탄재, 석탄재 등을 매립하는 시설로서 환경부장관이 법 제50조제5항에 따른 조치를 하지 아니하여도 되다고 인정하는 시설은 제외한다. 〈개정 2018. 3. 27.〉 **제25조(사후관리 대행자)** 법 제50조제8항에 따라 폐기물매립시설의 사후관리 업무를 대행할 수 있는 자는 다음 각 호의 자로 한다. 〈개정 2017. 10. 17.〉 1. 한국환경공단 2. 그 밖에 환경부장관이 사후관리를 대행할 능력이 있다고 인정하여 고시하는 자	**제69조(폐기물처리시설의 사용종료 및 사후관리 등)** ① 법 제50조제1항에 따라 폐기물처리시설의 사용을 끝내거나 폐쇄하려는 자(법 제31조제6항에 따라 사용정지를 대행하는 자를 포함한다)는 그 시설의 폐쇄절차를 대행하는 자(매립면적을 구획하여 단계적으로 매립하는 시설은 구획별 사용종료일) 또는 폐쇄예정일 1개월(매립시설의 경우는 3개월) 이전에 별지 제58호서식의 사용종료·폐쇄 신고서에 다음 각 호의 서류(매립시설인 경우만 해당한다)를 첨부하여 시·도지사나 지방환경관서의 장에게 제출하여야 한다. 〈개정 2016. 1. 21.〉

폐기물관리법	폐기물관리법 시행령	폐기물관리법 시행규칙
하여야 한다. 〈개정 2017. 4. 18.〉 1. 제1항에 따라 신고를 한 자 중 대통령령으로 정하는 폐기물을 매립하는 시설을 사용종료하거나 폐쇄한 자 2. 대통령령으로 정하는 폐기물을 매립하는 시설을 사용하면서 제31조제5항에 따라 폐쇄명령을 받은 자 ⑥ 제5항에 따라 사후관리를 하여야 하는 자는 직접 한 사후관리가 이루어지고 있는지에 관하여 제30조제1항에 따른 검사기관으로부터 환경부령으로 정하는 정기검사를 받아야 한다. 이 경우 「환경기술 및 환경산업 지원법」 제13조에 따른 기술진단을 받으면 정기검사를 받은 것으로 본다(「환경기술 및 환경산업 지원법」 제13조제3항에 따른 요청을 이행하지 아니한 경우는 제외한다). 〈개정 2017. 4. 18.〉 ⑦ 환경부장관은 제5항에 따라 사후관리를 하여야 하는 자가 이를 제대로 하지 아니하거나 제6항에 따른 정기검사 결과 부적합 판정을 받은 경우에는 환경부령으로 정하는 바에 따라 기간을 정하여 시정을 명할 수 있다. 〈개정 2017. 4. 18.〉 ⑧ 환경부장관은 제7항에 따른 명령을 받고도 그 기간에 시정하지 아니하면 대통령령으로 정하는 자에게 대행하게 하고 제3조 및 제52조에 따라 낸 사후관리이행보증금·이행보증보험금 또는 사후관리이행보증금의 사전적립금(이하 "사후관리이행보증금등"이라 한다)을 그 비용으로 사용할 수 있다. 이 경우 그 비용이 사후관리이행보증금등을 초과하		1. 다음 각 목의 사항을 포함한 폐기물매립시설 사후관리계획서 가. 폐기물매립시설 설치·사용 내용 나. 사후관리 추진일정 다. 빗물배제계획 라. 침출수 관리계획(차단형 매립시설은 제외한다) 마. 지하수 수질조사계획 바. 발생가스 관리계획(유기성폐기물을 매립하는 시설만 해당한다) 사. 구조물과 지반 등의 안정도유지계획 2. 제69조의2제3항에 따라 검사기관에 제출한 사용종료·폐쇄 신고서 사본 ② 제1항에 따른 신고(매립시설의 사용종료·폐쇄 일부에 대한 신고만 해당한다)를 한 자는 매립시설의 사용종료일 또는 폐쇄예정일까지 제69조의2제5항에 따라 검침 시·도지사나 지방환경관서의 장에게 제출하여야 한다. 〈신설 2013. 5. 31.〉 ③ 시·도지사나 지방환경관서의 장은 법 제50조제4항에 따라 6개월 이내의 기간 동안 폐기물처리시설의 개선을 명할 수 있다. 이 경우 개선명령을 받은 자가 천재지변 또는 그 밖의 부득이한 사유로 개선명령을 이행하지 못하면 3개월 이내에서 한차례 개선기간을 연장할 수 있다. 〈개정 2017. 10. 19.〉 제69조의2(폐기물 매립시설의 검사) ① 법 제50조제3항 후단에서 "환경부령으로 정하는 검사"란 다음 각 호의 어느 하나에 해당하는 검사를 말한다.

폐기물관리법	폐기물관리법 시행령	폐기물관리법 시행규칙
면 그 초과 금액을 그 명령을 받은 자로부터 징수할 수 있다. 〈개정 2017. 4. 18.〉		1. 사용종료 검사 2. 폐쇄 검사 ② 법 제50조제1항 후단에 따른 사용종료·폐쇄 검사 및 같은 조 제6항 전단에 따른 사후관리 정기검사를 위한 검사기준은 별표 10과 같다. 〈개정 2017. 10. 19.〉 ③ 법 제50조제1항 후단에 따른 사용종료·폐쇄 검사를 받으려는 자는 검사를 받으려는 날 3개월 전까지, 같은 조 제6항 전단에 따른 사후관리 정기검사를 받으려는 자는 검사를 받으려는 날 15일 전까지 별지 제30호서식의 검사신청서에 다음 각 호의 서류를 첨부하여 제41조제3항제2호의 따른 매립시설의 검사기관(이하 이 조에서 "매립시설 검사기관"이라 한다)에 제출하여야 한다. 〈개정 2017. 10. 19.〉 1. 설계도서 및 구조계산서 사본 2. 시방서 및 재료시험성적서 사본 3. 사후관리계획서(사후관리 정기검사의 경우만 제출한다) 4. 종전에 받은 사후관리 정기검사 결과서 사본(종전에 검사를 받은 경우에 한정하며, 사후관리 정기검사의 경우만 제출한다) ④ 법 제50조제6항 전단에서 "환경부령으로 정하는 정기검사"란 다음 각 호의 기준일 전후 각각 30일 이내의 기간마다 받아야 하는 검사를 말한다. 〈개정 2017. 10. 19.〉 1. 최초 정기검사 : 사용종료일 또는 폐쇄일부터 1년이 되는 날

폐기물관리법	폐기물관리법 시행령	폐기물관리법 시행규칙
		2. 2회 이후의 정기검사 : 최종 정기검사일부터 3년이 되는 날
		⑤ 매립시설 검사기관은 법 제50조제1항 후단 및 같은 조 제6항 전단에 따른 검사를 마치면 지체 없이 별지 제32호서식의 검사결과서를 신청인에게 내주어야 한다. 〈개정 2017. 10. 19.〉
		⑥ 매립시설 검사기관의 장은 분기별 검사실적을 별지 제34호서식에 따라 매 분기 다음 달 20일까지 환경부장관에게 보고하고, 검사결과서 부본이나 그 밖에 검사와 관련된 서류를 5년간 보존하여야 한다.
		⑦ 제2항의 검사기준에 따른 세부 검사방법은 환경부장관이 정하여 고시한다.
		[본조신설 2013. 5. 31.]
		제70조(사후관리기준 및 방법) ① 법 제50조제5항에 따른 사후관리기준 및 방법은 별표 19와 같다. 〈개정 2017. 10. 19.〉
		② 법 제50조제5항에 따라 사후관리를 하여야 하는 자가 제1항에 따른 사후관리기준 및 방법에 맞게 사후관리를 함으로써 사후관리기간이 끝나거나 영구적으로 침출수의 유출이 없는 등의 사유로 사후관리를 끝내려면 별지 제59호서식의 사후관리 종료신청서에 다음 각 호의 서류를 첨부하여 시ㆍ도지사나 지방환경관서의 장에게 제출하여야 한다. 〈개정 2017. 10. 19.〉
		1. 매립지반의 안정도, 발생가스와 침출수의 성질ㆍ상태 및 양 등을 조사ㆍ분석한 환경영향조사서
		2. 사후관리가 끝났음을 확인할 수 있는 서류

폐기물관리법	폐기물관리법 시행령	폐기물관리법 시행규칙
제51조(폐기물처리시설의 사후관리이행보증금) ① 환경부장관은 제50조제5항에 따라 사후관리 대상인 폐기물을 매립하는 시설이나 그 사용종료 또는 폐쇄 후 침출수의 누출 등으로 주민의 건강 또는 재산이나 주변환경에 심각한 위해(危害)를 가져올 우려가 있다고 인정되면 대통령령으로 정하는 바에 따라 그 시설을 설치한 자에게 제51조제1항에 따른 사용종료(폐쇄를 포함한다) 및 사후관리(이하 "사후관리등"이라 한다)의 이행을 보증하게 하기 위하여 이에 드는 비용을 환경정책기본법에 따른 특별회계에 예치하게 하거나 사후관리에 드는 비용의 전부나 일부의 예치를 대통령령으로 정하는 바에 따라 보증보험 등으로 갈음하게 할 수 있다. <개정 2017. 4. 18.>	**제26조(사후관리등 비용의 예치)** ① 환경부장관은 법 제51조제1항에 따른 사후관리 대상인 폐기물을 매립하는 시설 중 침출수나 매립가스의 누출 등으로 주민의 건강 또는 재산이나 주변환경에 심각한 위해를 가져올 우려가 있는 시설에 대해서는 환경부령으로 정하는 바에 따라 그 시설을 설치한 자에게 법 제51조제1항에 따른 사용종료(폐쇄를 포함한다) 및 사후관리(이하 "사후관리등"이라 한다)의 이행 보증을 위한 사후관리등에 드는 비용(이하 "사후관리이행보증금"이라 한다)의 예치를 명하여야 한다. <개정 2016. 1. 19.> ② 제1항에 따라 사후관리이행보증금의 예치를 명받은 시설의 납부대상 시설자는 통지를 받은 날부터 1개월 이내에 환경부령으로 정하는 바에 따라 제30조의 사후	③ 시·도지사 또는 지방환경관서의 장은 제2항에 따라 사후관리가 끝나 제35조제3항에 따른 토지의 용도와 용도제한기간 등이 변경된 경우에는 변경된 내용을 폐쇄된 매립시설이 소재한 토지의 소유권 또는 소유권 외의 권리를 가지고 있는 자에게 알려야 한다. <신설 2011. 1. 21.> **제71조(사후관리 시정명령 등)** 법 제50조제7항에 따라 시·도지사나 지방환경관서의 장이 사후관리 시정명령을 하려면 그 시정에 필요한 조치의 난이도 등을 고려하여 6개월의 범위에서 그 이행기간을 정하여야 한다. <개정 2017. 10. 19.> **제72조(사후관리이행보증금의 납부대상 시설에 대한 통지)** 영 제26조제1항에 따른 사후관리이행보증금의 납부대상이 시설에 대한 통지는 별지 제60호서식에 따른다. **제73조(사후관리등 소요비용 명세서의 제출)** 제72조에 따른 통지를 받은 사후관리이행보증금의 납부대상 시설의 설치자는 영 제26조제2항에 따라 별지 제61호서식의 사후관리등 소요비용 명세서에 다음 각 호의 서류를 첨부하여 시·도지사나 지방환경관서의 장에게 제출하여야 한다. 다만, 같은 폐기물매립시설에서 지정폐기물 및 지정폐기물 외의 폐기물을 처리하는 경우에는 그 서류를 지방환경관서의 장에게 제출하여야 한다. <개정 2016. 1. 21.> 1. 연도별 사후관리등에 드는 비용의 세부항목별 산

폐기물관리법	폐기물관리법 시행령	폐기물관리법 시행규칙
1. 사후관리의 이행을 보증하는 보험에 가입한 경우 2. 제52조에 따라 사후관리에 드는 비용을 사전에 적립한 경우 3. 그 밖에 대통령령으로 정하는 경우 ② 제1항에 따라 폐기물을 매립하는 시설을 설치한 자가 예치하여야 할 비용(이하 "사후관리이행보증금"이라 한다)은 대통령령으로 정하는 기준에 따라 산출하되, 그 납부시기·절차, 그 밖에 필요한 사항은 대통령령으로 정한다. ③ 제2항에 따른 사후관리이행보증금을 납부한 자가 제1항에 따라 사후관리이행보증금을 납부한 것으로 본다. ④ 환경부장관은 폐기물을 매립하는 시설을 설치한 자가 매년 이행하여야 할 사후관리 업무의 전부 또는 일부를 이행하면 납부된 사후관리이행보증금 중에서 그 이행의 정도에 따라 대통령령으로 정하는 기준에 이하여 산출된 금액에 해당하는 사후관리이행보증금을 반환하여야 한다. 〈개정 2010. 7. 23.〉	관리이행보증금 산출기준에 따른 사후관리등 소요비용 명세서(이하 "비용명세서"라 한다)를 작성하여 환경부장관에게 제출하여야 한다. 〈개정 2016. 1. 19.〉 ③ 환경부장관은 제2항에 따라 비용명세서를 받으면 그 제출일부터 1개월 이내에 사후관리등에 드는 비용을 결정하고, 해당 시설의 설치자에게 1개월 이상의 납부기간을 정하여 그 비용에 상당하는 금액(제33조에 따른 사후관리이행보증금을 사전에 적립한 경우에는 그 사전적립금에 사전적립기간 중 매년 1년 만기 정기적금 이자율에 상당하는 이자를 가산한 금액을 뺀 금액을 말한다)을 사후관리이행보증금으로 낼 것을 알려야 한다. 〈개정 2016. 1. 19.〉 ④ 삭제 〈2011. 9. 7.〉 ⑤ 삭제 〈2011. 9. 7.〉 [제목개정 2016. 1. 19.] 제27조(사후관리등 비용의 면제 등) ① 법 제51조제1항 단서에 따라 사후관리등에 드는 비용의 예치를 면제할 수 있는 경우는 제3항제1호에 해당하는 경우로 한다. 〈개정 2016. 1. 19.〉 ② 법 제51조제1항 단서나 일부의 예치를 감음하게 할 수 있는 경우는 다음 각 호로 한다. 〈개정 2016. 1. 19.〉 1. 사후관리등의 이행을 보증하는 보험에 가입한 경우 2. 법 제52조에 따라 사후관리등에 드는 비용을 사전적립한 경우 3. 제3항·제2호에 해당되는 경우	출면세서 2. 사전적립금 적립명세서(사후관리등에 드는 비용을 사전적립한 자만 제출한다) [제목개정 2016. 1. 21.]

폐기물관리법	폐기물관리법 시행령	폐기물관리법 시행규칙
	③ 법 제51조제1항제3호에서 "그 밖에 대통령령으로 정하는 경우"란 다음 각 호의 경우를 말한다. 〈개정 2016. 1. 19.〉 1. 국가나 지방자치단체가 폐기물매립시설의 설치자인 경우 2. 사후관리등에 드는 비용의 전부 또는 일부에 상당하는 담보물(폐기물매립시설은 제외한다)을 제공하는 경우 [제목개정 2016. 1. 19.] 제30조(사후관리이행보증금의 산출기준) ① 법 제51조제2항에 따른 사후관리이행보증금은 제1호의 사용종료에 드는 비용과 제2호의 사후관리에 드는 비용을 합산하여 산출한다. 이 경우 매립시설별로 매립한 폐기물의 종류와 양, 매립시설의 형태, 지형적 요인, 침출수의 양과 농도, 침출수 처리방법 등을 고려하여야 한다. 〈개정 2017. 10. 17.〉 1. 사용종료(폐쇄를 포함한다. 이하 같다)에 드는 비용: 다음 각 목의 비용을 합산하여 산출한다. 이 경우 매장 대상 시설은 면적이 3천3백제곱미터 이상인 폐기물을 매립하는 시설로 한다. 가. 법 제50조제3항에 따라 사용종료 검사에 드는 비용 나. 최종복토에 드는 비용 2. 사후관리에 드는 비용: 법 제50조제5항에 따른 사후관리 기간에 드는 다음 각 목의 비용을 합산하여 산출한다. 다만, 별표 3의 제2호 제2호 최종 처리시설 중 가목의 1) 차단형 매립시설의 경우에는 가목의 비용은 제외한다.	

폐기물관리법	폐기물관리법 시행령	폐기물관리법 시행규칙
제52조(사후관리이행보증금의 사전 적립) ① 환경부장관은 대통령령으로 정하는 폐기물을 매립하는 시설을 설치하는 시설을 설치하는 자에게 대통령령으로 정하는 바에 따	가. 침출수 처리시설의 가동과 유지·관리에 드는 비용 나. 매립시설 제방, 매립가스 처리시설, 지하수 검사정(檢査井) 등의 유지·관리에 드는 비용 다. 삭제 〈2011. 1. 21.〉 라. 삭제 〈2011. 1. 21.〉 마. 매립시설 주변의 환경오염조사에 드는 비용 바. 법 제50조제6항에 따른 정기검사에 드는 비용 ② 제1항에 따른 사후관리이행보증금의 세부적인 비용산출 기준과 방법, 그 밖에 필요한 사항은 환경부장관이 정하여 고시한다. **제31조(사후관리이행보증금의 반환기준)** 법 제51조제4항에 따른 사후관리이행보증금의 연도별 반환기준은 다음 각 호와 같다. 〈개정 2016. 1. 19.〉 1. 사후관리등의 업무의 전부를 이행한 경우 해당 연도의 사후관리등에 드는 비용으로 예치한 금액에 「민법」 제379조에 규정된 법정이율에 따른 이자를 더한 금액 2. 사후관리등의 업무의 일부를 이행한 경우 해당 연도의 사후관리등에 드는 비용으로 예치한 금액에 환경부장관이 결정한 사후관리등의 이행률을 곱한 금액에 「민법」 제379조에 규정된 법정이율에 따른 이자를 더한 금액 **제33조(사후관리이행보증금의 사전적립)** ① 법 제52조제1항에 따른 사후관리이행보증금의 사전적립 대상이 되는 폐기물을 매립하는 시설의 면적이 3천	**제76조(사전적립금의 적립계획서의 제출)** 영 제33조제2항에 따라 사후관리이행보증금의 사전적립 대상인 매립시설이 설치되는 별지 제64호서식의 사전

폐기물관리법	폐기물관리법 시행령	폐기물관리법 시행규칙
다 그 시설의 사후관리등에 드는 비용의 전부를 매립하는 폐기물의 양이 제25조제3항·제11항에 따라 허가·변경허가 또는 제25조제2항·제3항에 따라 승인·변경승인을 받은 처분용량의 100분의 50을 초과하기 전에 「환경정책기본법」에 따른 환경개선특별회계에 사전 적립하게 하여야 한다. 다만, 다음 각 호의 어느 하나에 해당하면 사후관리이행보증금 사전적립금의 예치를 감음하게 할 수 있다. 〈개정 2015. 1. 20.〉 1. 사후관리등의 이행을 보증하는 보험에 가입한 경우 2. 사후관리등에 드는 비용의 전부 또는 일부에 상당하는 담보물(폐기물매립시설은 제외한다)을 제공한 경우 ② 환경부장관은 제1항에 따른 시설을 설치한 자가 사전에 적립한 금액이 제51조제1항에 따른 사후관리등에 드는 비용보증금보다 많으면 대통령령으로 정하는 바에 따라 그 차액을 반환하여야 한다. 〈개정 2010. 7. 23.〉	300제곱미터 이상인 시설로 한다. ② 제1항에 따른 매립시설이 설치되는 법 제25조제3항·제11항에 따른 폐기물처리업의 허가·변경허가 또는 제29조제2항·제3항에 따른 폐기물처리시설의 설치승인·변경승인을 받은 그 시설의 사용을 시작한 날부터 1개월 이내에 환경부령으로 정하는 바에 따라 사전적립금 적립계획서를 환경부장관에게 다음 각 호의 사항을 첨부하여 환경부장관으로부터 이행보증금 사전적립금의 예치를 받은 환경부장관 또는 사후관리등에 드는 비용의 산출명세, 적립 기간 및 연도별 적립금액의 적정 여부 등을 확인하여야 한다. 〈개정 2016. 1. 19.〉 1. 제30조에 따른 사후관리이행보증금의 산출기준을 고려하여 산출한 예상 사후관리등에 드는 비용의 산출명세서 2. 연도별 예상매립 폐기물량 및 폐기물을 매립하는 시설의 처분용량을 고려하여 수립한 적립계획서 ③ 환경부장관은 제2항에 따른 사전적립금 적립내역서를 기준으로 해당 매립시설에 실제 매립된 폐기물량을 고려하여 산출한 사전적립금을 납부하도록 통보하여야 한다. 다만, 최초의 납부 통보는 해당 시설을 사용하기 시작한 후 1년이 지난 날부터 1개월 이내에 하여야 한다. 〈개정 2014. 1. 14.〉 ④ 제3항에 따라 납부통보를 받은 자는 통보받은 금액을 매년 환경부장관에게 납부하여야 한다. 〈개정 2011. 9. 7.〉 제34조(사전적립금의 지역반환 등) 환경부장관은 법	적립금 적립계획서에 연도별 예상 사후관리등에 드는 비용 산출명세서 및 적립계획서를 첨부하여 시·도지사나 지방환경관서의 장에게 제출하여야 한다. 〈개정 2016. 1. 21.〉

폐기물관리법	폐기물관리법 시행령	폐기물관리법 시행규칙
	제52조제2항에 따라 사전적립한 금액(사전적립기간 중 매년 1년 만기 정기적금이자에 상당하는 이자를 포함한다)이 제26조에 따른 사후관리이행보증금보다 많으면 그 차액을 해당 시설의 설치자에게 반환하여야 한다. 〈개정 2011. 9. 7.〉	
제53조(사후관리이행보증금의 용도 등) 제51조와 제52조에 따른 사후관리이행보증금과 사전적립금은 다음 각 호의 용도로 사용한다. 〈개정 2015. 1. 20.〉 1. 사후관리이행보증금과 매립 시설의 사후관리를 위한 사전 적립금의 환불 2. 매립 시설의 사후관리 대행 3. 제31조제6항에 따른 최종복토 등 폐쇄절차 대행 4. 그 밖에 대통령령으로 정하는 용도		
제54조(사용종료 또는 폐쇄 후의 토지 이용 제한 등) 환경부장관은 제50조제5항에 따라 사후관리 대상인 폐기물을 매립하는 시설이 사용이 끝나거나 시설이 폐쇄된 후 검출수의 누출, 제방의 유실 등으로 주민의 건강 또는 재산이나 주변환경에 심각한 위해를 가져올 우려가 있다고 인정되면 대통령령으로 정하는 바에 따라 그 시설이 있는 토지의 소유권 또는 소유권 외의 권리를 가지고 있는 자에게 대통령령으로 정하는 기간에 그 토지 이용을 수목(樹木)의 식재(植栽), 조성 또는 「도시공원 및 녹지 등에 관한 법률」 제2조제4조에 따른 공원시설, 「체육시설의 설치·이용에 관한 법률」 제2조제1호에	제35조(토지 이용 제한 등) ① 법 제54조에 따른 토지 이용의 제한기간은 폐기물매립시설의 사용이 종료되거나 그 시설이 폐쇄된 날부터 30년 이내로 한다. 〈개정 2013. 5. 28.〉 ② 사용 종료되거나 폐쇄된 매립시설이 소재한 토지의 소유권 외의 권리를 가지고 있는 자는 그 토지를 이용하려면 토지이용계획서에 환경부령으로 정하는 서류를 첨부하여 환경부장관에게 제출하여야 한다. ③ 환경부장관은 제2항에 따라 토지이용계획서를 받으면 그 토지의 용도와 용도제한기간 등을 결정한 후 환경부령으로 정하는 바에 따라 제2항에 따른 토지	제79조(토지이용계획서의 첨부서류) 영 제35조제2항에서 "환경부령으로 정하는 서류"란 다음 각 호의 서류를 말한다. 1. 이용하려는 토지의 도면 2. 매립폐기물의 종류·양 및 복토상태를 적은 서류 3. 지적도 제80조(토지의 용도제한기간 등의 통보) 영 제35조제3항에 따른 토지의 용도·용도제한기간 등의 통보는 별지 제6호서식에 따른다.

폐기물관리법	폐기물관리법 시행령	폐기물관리법 시행규칙
따른 체육시설, 문화예술진흥법 제2조제1항제3호에 따른 문화시설, 「신에너지 및 재생에너지 개발·이용·보급 촉진법」 제2조제3호에 따른 신·재생에너지설비의 설치에 한정하도록 그 용도를 제한할 수 있다. 〈개정 2017. 4. 18.〉 제55조(폐기물 처리사업의 조정) ① 환경부장관 또는 시·도지사는 제54조제2항 또는 제4항에 따라 지방자치단체 간의 폐기물 처리사업을 조정할 때에 폐기물매립시설 등 폐기물 처리시설을 공동으로 사용할 필요가 있으면 공동으로 사용하게 하고, 그 시설이 설치된 지역의 생활환경 보전과 개선을 위하여 필요한 지원대책을 마련하도록 관련 지방자치단체에 요구할 수 있다. 이 경우 관련 지방자치단체는 특별한 사유가 없으면 그 요구에 따라야 한다. 〈개정 2013. 7. 16.〉 ② 환경부장관은 제1항에 따라 지방자치단체 간의 폐기물 처리사업을 효율적으로 조정하기 위하여 폐기물 처리사업 및 폐기물처리시설의 설치·운영 실태 등을 조사·평가할 수 있다. 〈신설 2013. 7. 16.〉 ③ 제2항에 따른 평가에 대한 방법 및 절차 등의 세부사항은 환경부령으로 정한다. 〈신설 2013. 7. 16.〉	지소유권 또는 소유권 외의 권리를 가지고 있는 자에게 알려야 한다.	제80조의2(폐기물 처리사업 등의 조사·평가 방법 및 절차 등) ① 환경부장관은 법 제55조제2항에 따른 조사·평가가 필요하다고 인정되는 경우에는 해당 지방자치단체에 대하여 다음 각 호의 자료를 제출할 것을 요청할 수 있다. 1. 관할 구역 폐기물 처리사업의 추진 현황 2. 관할 구역 폐기물처리시설의 설치·운영 현황 3. 그 밖에 조사·평가에 필요한 자료 ② 지방자치단체는 정당한 사유가 있는 경우를 제외하고는 제1항에 따른 요청을 받은 날부터 2개월 이내에 해당 자료를 직접 또는 법 제45조제2항에 따른 전자정보처리프로그램을 통하여 환경부장관에게 제출하여야 한다. ③ 환경부장관은 필요한 경우 제2항에 따라 제출받은 자료의 보완을 요청할 수 있고, 자료의 사실 여부를 확인하기 위하여 현장조사 등을 할 수 있다. ④ 환경부장관은 제2항 및 제3항에 따라 제출받은 자료를 기초로 해당 지방자치단체의 지역여건 등을 고려하여 기술성·경제성·환경성 등의 항목에 대하여 법 제55조제2항에 따른 조사·평가를 실시하여야 하고, 그 결과를 해당 지방자치단체에 통보하여야 한다.

폐기물관리법	폐기물관리법 시행령	폐기물관리법 시행규칙
		⑤ 제1항부터 제4항까지의 구성에 따른 조사·평가 방법 및 절차 등에 관한 세부 사항은 환경부장관이 정하여 고시한다. [본조신설 2014. 1. 17.]
제56조(국고 보조 등) ① 국가는 예산의 범위에서 지방자치단체에 폐기물처리시설의 설치에 필요한 비용의 전부 또는 일부를 지원할 수 있다. <개정 2013. 7. 16.> ② 환경부장관은 제1항에 따라 비용을 지원하려는 경우에는 제55조제2항에 따른 평가결과를 고려할 수 있다. <신설 2013. 7. 16.>		
제57조(폐기물처리시설 설치비용의 지원) 국가나 지방자치단체의 장은 필요하다고 인정하면 폐기물처리시설을 설치하려는 자에게 설치에 대한 재정적인 지원을 할 수 있다.		
제58조(폐기물 처리실적의 보고) ① 시·도지사는 환경부령으로 정하는 바에 따라 관할 구역의 전년도 폐기물 처리실적을 3월 31일까지 환경부장관에게 보고하여야 한다. ② 환경부장관은 이 법의 시행에 필요한 범위에서 시·도지사 또는 시장·군수·구청장에게 폐기물 업무에 관련된 지도·단속 등의 실적을 보고하게 할 수 있다.		제81조(시·도지사의 폐기물 처리 실적 보고) 시·도지사 또는 시장·군수·구청장은 법 제38조에 따라 제출된 보고서의 내용과 법 제58조제1항 및 제2항에 따른 생활폐기물 관리현황을 전자정보 처리프로그램에 입력하여야 한다. [전문개정 2008. 8. 4.]
제58조의2(한국폐기물협회) ① 폐기물처리시설 설치·운영자, 폐기물처리업자, 폐기물과 관련된 단	제36조의2(한국폐기물협회의 설립) 법 제58조의2제1항에서 "대통령령으로 정하는 자"란 다음 각 호의 어	

폐기물관리법	폐기물관리법 시행령	폐기물관리법 시행규칙
제 등 대통령령으로 정하는 자는 폐기물에 관한 조사·연구·기술개발·정보교류 등 폐기물분야의 발전을 도모하기 위하여 환경부장관의 허가를 받아 한국폐기물협회(이하 "협회"라 한다)를 설립할 수 있다. 〈개정 2013. 7. 16.〉 ② 협회는 법인으로 한다. ③ 협회는 다음 각 호의 업무를 수행한다. 〈신설 2013. 7. 16.〉 1. 폐기물산업의 발전을 위한 지도 및 조사·연구 2. 폐기물 관련 홍보 및 교육·연수 3. 그 밖에 대통령령으로 정하는 업무 ④ 협회의 조직·운영, 그 밖에 필요한 사항은 그 설립목적을 달성하기 위하여 필요한 범위에서 대통령령으로 정한다. 〈개정 2013. 7. 16.〉 ⑤ 협회에 관하여 이 법에 규정되지 아니한 사항은 「민법」 중 사단법인에 관한 규정을 준용한다. 〈개정 2013. 7. 16.〉 [본조신설 2007. 8. 3.]	느 하나에 해당하는 자를 말한다. 〈개정 2016. 1. 19.〉 1. 법 제4조·제5조 또는 제29조에 따른 폐기물처리시설 설치·운영자 2. 폐기물처리업자 또는 폐기물처리 신고자 3. 「수도권매립지관리공사의 설립 및 운영 등에 관한 법률」에 따른 수도권매립지관리공사 4. 한국환경공단 5. 폐기물과 관련된 협회·학회 또는 조합 등 단체 6. 그 밖에 사업장폐기물을 배출하는 자 등 폐기물 관련 업무에 종사하는 자 [본조신설 2014. 1. 14.] [종전 제36조의2는 제36조의3으로 이동 〈2014. 1. 14.〉] 제36조의3(한국폐기물협회의 업무 등) ① 법 제58조의2제3항제3호에서 "대통령령으로 정하는 업무"란 다음 각 호의 업무를 말한다. 〈개정 2014. 1. 14.〉 1. 폐기물 관련 국제교류 및 협력 2. 폐기물과 관련된 업무로서 국가나 지방자치단체로부터 위탁받은 업무 3. 그 밖에 정관에서 정하는 업무 ② 법 제58조의2에 따른 한국폐기물협회(이하 "협회"라 한다)에 총회, 이사회 및 사무국을 둔다. 〈개정 2014. 1. 14.〉 ③ 협회의 사업에 드는 경비는 회원이 내는 회비와 사업수입금 등으로 충당하며, 국가 또는 지방자치단체는 그 경비의 일부를 예산의 범위에서 지원할 수 있다. 〈신설 2014. 1. 14.〉	

폐기물관리법	폐기물관리법 시행령	폐기물관리법 시행규칙
	[본조신설 2008. 7. 29.] [제36조의2에서 이동, 종전 제36조의3은 제36조의4로 이동 〈2014. 1. 14.〉]	제82조(수수료) ① 법 제59조제1항제1호에 따라 재활용환경성평가를 받으려는 자가 내야하는 수수료는 재활용환경성평가가 실시에 드는 인건비·경비·기술료 및 출장비 등을 고려하여 국립환경과학원장이 정하여 고시한다.
	제36조의4(임원 및 선출방법 등) ① 협회에 임원으로 회장, 부회장, 이사 및 감사를 둔다. ② 회장 및 부회장은 이사회에서 선출하되, 총회의 승인을 받아야 한다. ③ 임원의 임기, 정원 및 선출방법 등에 필요한 사항은 협회의 정관으로 정한다. [본조신설 2008. 7. 29.] [제36조의3에서 이동 〈2014. 1. 14.〉]	② 법 제59조제1항제2호에 따라 유해성 정보자료 작성을 의뢰하려는 자가 내야 하는 수수료는 유해성 정보자료 작성에 드는 인건비·경비·기술료 등을 고려하여 환경부장관이 정하여 고시한다. 〈신설 2018. 3. 30.〉 ③ 법 제59조제1항제3호 및 제3호에 따라 폐기물처리업의 허가를 받으려는 자 또는 전용용기 제조업의 등록을 하려는 자가 내야 하는 수수료는 별표 20과 같다. 〈개정 2018. 3. 30.〉 ④ 제3항에 따른 수수료는 다음 각 호에 따른 방법으
제59조(수수료) ① 다음 각 호의 어느 하나에 해당하는 자는 환경부령으로 정하는 바에 따라 수수료를 내야 한다. 〈개정 2017. 4. 18.〉 1. 제13조의3제1항에 따라 재활용환경성평가를 받으려는 자 1의2. 제18조의2제1항 및 제2항에 따라 유해성 정보자료 작성을 의뢰하려는 자 2. 제25조제3항에 따라 허가를 받으려는 자 3. 제25조의2제1항에 따라 전용용기 제조업의 등록을 하려는 자 4. 제30조제1항 및 제2항에 따른 검사를 받으려는 자 ② 다음 각 호의 기관은 해당 호에서 정하는 자료부터 환경부장관이 정하여 고시하는 바에 따라 수수료를 받을 수 있다. 〈개정 2017. 4. 18.〉 1. 제25조의2제6항에 따른 검사기관: 전용용기에		

폐기물관리법	폐기물관리법 시행령	폐기물관리법 시행규칙
대한 검사를 받으려는 자 2. 폐기물분석전문기관 : 폐기물의 시험・분석을 의뢰하려는 자 [제목개정 2015. 7. 20.]		로 납부하여야 한다. 다만, 지방환경관서의 장, 시・도지사 또는 시장・군수・구청장이 정보통신망을 이용하여 전자화폐・전자결제 등의 방법으로 수료를 낼 수 있도록 한 경우에는 그러한 방법으로 낼 수 있다. 〈개정 2018. 3. 30.〉 1. 허가・등록기관이 지방환경관서의 장인 경우 : 수입인지 2. 허가관청이 시・도지사 또는 시장・군수・구청장인 경우 : 해당 지방자치단체의 수입증지 ⑤ 법 제59조제1항제4호에 따라 폐기물 처분시설 또는 재활용시설의 검사를 받으려는 자가 내야 하는 수수료는 폐기물 처분시설 또는 재활용시설의 시설・규모별로 인건비・경비 및 출장비 등을 고려하여 환경부장관이 정하여 고시한다. 〈개정 2018. 3. 30.〉 ⑥ 법 제59조제2항에 따라 전용용기에 대한 검사를 받으려는 자 또는 폐기물의 시험・분석을 의뢰하려는 자가 내야 하는 수수료는 다음 각 호의 사항을 고려하여 전용용기 검사 수수료는 환경부장관이, 폐기물 시험・분석 수수료는 국립환경과학원장이 각각 정하여 고시한다. 〈개정 2018. 3. 30.〉 1. 전용용기 검사 수수료 : 전용용기 종류별 검사 항목 검사대상 물품에 따른 인건비・경비・기술료 및 출장비 등 2. 폐기물 시험・분석 수수료 : 폐기물 종류별 유해물질 등의 분석 항목과 시료채취에 드는 인건비・경비・기술료 및 출장비 등

폐기물관리법	폐기물관리법 시행령	폐기물관리법 시행규칙
		⑦ 환경부장관 또는 국립환경과학원장은 제8항, 제2항, 제5항 및 제6항에 따라 수수료를 정하려는 경우에는 미리 환경부 또는 국립환경과학원의 인터넷 홈페이지에 20일(긴급한 사유가 있는 경우에는 10일) 간 그 내용을 게시하고 이해관계인의 의견을 들어야 한다. 〈개정 2018. 3. 30.〉 ⑧ 환경부장관 또는 국립환경과학원장은 제1항, 제2항, 제5항 및 제6항에 따라 수수료를 정한 때에는 그 내용과 산정내역을 환경부 또는 국립환경과학원의 인터넷 홈페이지를 통하여 공개하여야 한다. 〈개정 2018. 3. 30.〉 [전문개정 2016. 7. 21.]
제60조(행정처분의 기준) 이 법 또는 이 법에 따른 명령을 위반한 행위에 대한 행정처분의 기준은 환경부령으로 정한다.		제83조(행정처분기준) ① 법 제60조에 따른 행정처분기준은 별표 21과 같다. ② 시·도지사, 지방환경관서의 장 또는 국립환경과학원장은 다음 각 호의 어느 하나에 해당하는 경우에는 별표 21에 따른 영업정지 기간의 2분의 1의 범위에서 그 행정처분을 가볍게 할 수 있다. 〈개정 2016. 1. 21.〉 1. 위반의 정도가 경미하고 그로 인한 주변 환경오염이 없거나 미미하여 사람의 건강에 영향을 미치지 아니한 경우 2. 고의성이 없이 불가피하게 위반행위를 한 경우로서 신속히 적절한 사후조치를 취한 경우 3. 위반행위에 대하여 행정처분을 하는 것이 지역주민의 건강과 생활환경에 심각한 피해를 줄 우려가 있는 경우

폐기물관리법	폐기물관리법 시행령	폐기물관리법 시행규칙
		4. 공익을 위하여 특별히 행정처분을 가볍게 할 필요가 있는 경우
제61조(청문) 환경부장관 또는 시·도지사는 다음 각호의 어느 하나에 해당하는 처분을 하려면 청문을 실시하여야 한다. 〈개정 2015. 7. 20.〉 1. 제13조의3제6항에 따른 승인 취소 2. 제13조의4제6항에 따른 재활용환경성평가기관의 지정 취소 3. 제17조의5에 따른 폐기물분석전문기관 지정의 취소 4. 제27조에 따른 허가의 취소 5. 제27조의2에 따른 등록의 취소 6. 제31조제5항에 따른 폐기물처리시설의 폐쇄명령 7. 제46조제7항에 따른 폐기물처리시설의 폐쇄명령		
제62조(권한이나 업무의 위임과 위탁) ① 이 법에 따른 환경부장관의 권한은 대통령령으로 정하는 바에 따라 그 일부를 시·도지사 또는 소속기관의 장에게 위임할 수 있다. 〈개정 2012. 6. 1.〉 ② 이 법에 따른 환경부장관 또는 지방자치단체의 장의 업무는 대통령령으로 정하는 바에 따라 그 일부를 한국환경공단, 협회 등 관련 전문기관에 위탁할 수 있다. 〈개정 2015. 1. 20.〉 ③ 환경부장관이나 지방자치단체의 장은 이 법에 따라 설치한 폐기물처리시설 등의 효율적인 관리·운영을 위하여 필요하다고 인정하면 환경부령(지방자치단체의 장의 경우에는 해당 지방자치단체의 조	제37조(권한의 위임) ① 법 제62조제1항에 따라 환경부장관은 다음의 사항에 관한 권한을 시·도지사에게 위임한다. 〈개정 2018. 1. 16.〉 1. 법 제14조제9항에 따른 자료제출 요구, 시정조치 권고 및 점검·확인 2. 법 제2조제3호에 따른 「대기환경보전법」, 「물환경보전법」 또는 「소음·진동관리법」에 따른 배출시설을 설치·운영하는 사업장(「산업집적활성화 및 공장설립에 관한 법률」에 따른 공장으로 한정한다) 외에서 배출하는 지정폐기물, 「의료법」 제3조제2항제3호의 종합병원(이하 "종합병원"이라 한다)이 아닌 기관에서 배출하는 의료폐

폐기물관리법	폐기물관리법 시행령	폐기물관리법 시행규칙
폐)으로 정하는 바에 따라 그 관리·운영을 맡을 능력이 있는 자에게 위탁할 수 있다. 〈개정 2010. 7. 23.〉	기목, 법 제17조제5항 가 호 외의 부분 단서에 따라 공동으로 수집·운반하는 지정폐기물을 배출·운반 또는 처리하는 자에 대한 다음 각 목의 권한 가. 법 제17조제5항 및 제6항에 따른 서류의 확인과 변경확인 나. 삭제 〈2008. 7. 29.〉 다. 삭제 〈2008. 7. 29.〉 라. 삭제 〈2008. 7. 29.〉 마. 삭제 〈2008. 7. 29.〉 바. 삭제 〈2008. 7. 29.〉 사. 법 제38조제3항에 따른 보고서의 제출명령 아. 법 제39조에 따른 보고명령 및 검사 자. 법 제48조에 따른 조치명령 차. 법 제49조에 따른 대집행(代執行) 및 비용징수 3. 법 제29조제2항에 따른 폐기물처리시설법 제조제1항에 따른 광역 폐기물처리시설(설치류 둘 이상의 특별시·광역시·특별자치시·도 및 특별자치도의 (이하 "시·도라 한다) 또는 둘 이상의 시·도의 시·군·구가 공동으로 설치하는 시설, 시·도가 설치하는 폐기물처리시설 및 종합병원이 아닌기관에서 배출하는 의료폐기물 외의 지정폐기물을 대상으로 하는 폐기물처리시설은 제외한다)에 관한 다음 각 목의 권한 가. 법 제29조제2항에 따른 설치승인 및 설치신고의 수리 나. 법 제29조제3항에 따른 변경승인 및 변경신고	

폐기물관리법	폐기물관리법 시행령	폐기물관리법 시행규칙
	의 수리 다. 법 제29조제2항제1호에 따른 학교·연구기관 등에서 설치하는 시험·연구목적의 폐기물처리시설에 관한 사항 라. 법 제32조제3항에 따른 관계 행정기관의 장과의 협의 마. 법 제33조제3항에 따른 관리·의무 승계에 관한 신고의 수리 4. 법 제25조제3항에 따른 폐기물처리업자(지정폐기물을 대상으로 하는 폐기물처리업자는 제외한다)가 설치한 폐기물처리시설 및 제3호에 따른 폐기물처리시설에 관한 다음 각 목의 권한 가. 법 제31조제2항에 따른 오염물질 측정결과의 접수 나. 법 제31조제3항에 따른 주변 지역 영향조사 결과의 접수 다. 법 제31조제4항 및 제5항에 따른 폐기물처리시설의 개선명령, 사용중지 명령 및 폐쇄명령 라. 법 제31조제6항에 따른 폐기물을 매립하는 시설의 폐쇄절차를 대행하는 자의 지정 및 그 비용의 징수 마. 법 제31조제7항에 따른 오염물질의 측정 또는 주변 지역 영향조사 명령 바. 법 제31조제10항에 따른 오염물질의 측정 결과 및 주변 지역 영향조사 결과의 공개 사. 법 제50조에 따른 신고의 수리, 개선명령, 시정명령, 대행자의 지정 및 비용징수 아. 법 제51조에 따른 사후관리이행보증금의 예	

폐기물관리법	폐기물관리법 시행령	폐기물관리법 시행규칙
	치. 통보·징수 및 반환 등 자. 법 제52조에 따른 사후관리이행보증금의 사전 적립 통보 및 지에 반환 차. 법 제54조에 따른 토지 이용 제한 가. 제24조 단서에 따른 사후관리제외 대상시설의 인정 타. 제26조제1항에 따른 사후관리이행보증금의 납부대상 시설의 알림 파. 제26조제2항에 따른 비용명세서의 수리 하. 제26조제3항에 따른 사후관리 비용 및 납부기간의 결정, 사후관리이행보증금의 납부 통보 거. 제28조에 따른 사후관리이행보증보험증서의 접수 너. 제29조제1항에 따른 담보물의 접수 더. 제29조제2항에 따른 담보물의 매각, 사후관리 비용의 충당 및 반환 러. 제31조제2호에 따른 사후관리 이행률의 결정 머. 제32조제1항에 따른 사후관리이행보증금 반환청구서의 접수 버. 제32조제2항에 따른 반환금액의 결정 서. 제33조제2항에 따른 사전적립금의 납부 통보 어. 제33조제3항에 따른 사전적립금의 적립계획서의 수리 저. 제33조의2에 따른 담보물의 접수, 매각, 사후관리등에 드는 비용의 충당 및 반환 처. 제35조제2항에 따른 토지이용상태화서의 수리 커. 제35조제3항에 따른 토지용도, 용도제한한 기간 등의 결정 및 알림	

폐기물관리법	폐기물관리법 시행령	폐기물관리법 시행규칙
	5. 법 제61조제4호의 권한 중 위임된 권한에 관한 청문 6. 위임된 권한에 대한 법 제68조에 따른 과태료의 부과·징수 등 ② 법 제62조제1항에 따라 환경부장관은 다음 각 호의 사항에 관한 권한을 유역환경청장이나 지방환경청장에게 위임한다. 〈개정 2017. 10. 17.〉 1. 제1항제2호에 해당하는 자를 제외한 자에 대한 제1항제2호 각 목의 권한 1의2. 제1항제2호에 해당하는 자를 제외한 사업장폐기물을 배출하는 자에 대한 법 제39조의2제2항에 따른 폐기물의 처리명령 1의3. 법 제13조의5제3항에 따른 유해성기준 준수확인 및 같은 조 제5항에 따른 조치명령 1의4. 삭제 〈2013. 5. 28.〉 1의5. 삭제 〈2017. 10. 17.〉 1의6. 삭제 〈2017. 10. 17.〉 2. 지정폐기물을 대상으로 하는 폐기물처리업에 관한 다음 각 목의 권한 가. 법 제25조제1항과 제2항에 따른 폐기물 처리 사업계획서의 접수·검토 및 적합 여부 알림 나. 법 제25조제3항·제4항·제7항·제11항 및 제15항에 따른 허가·변경허가, 변경신고의 수리, 허가기간의 연장, 조건의 부여 및 관련 서류의 접수 다. 법 제27조에 따른 허가의 취소 및 영업의 정지명령 라. 법 제28조에 따른 과징금 처분 마. 법 제32조제3항에 따른 관계 행정기관의 장과	

폐기물관리법	폐기물관리법 시행령	폐기물관리법 시행규칙
	의 협의 바. 법 제33조제3항에 따른 폐기물처리업의 권리 · 의무의 승계에 관한 신고의 수리 사. 법 제39조의3에 따른 폐기물의 처리명령 아. 법 제40조제2항 및 제3항에 따른 폐기물의 처리명령 자. 법 제40조제4항에 따른 조치 차. 법 제40조제8항에 따른 처리이행보증보험의 계약갱신명령 카. 법 제40조제9항에 따른 보험증서 원본의 접수 타. 법 제40조제10항에 따른 통보의 접수 파. 삭제 〈2008. 7. 29.〉 하. 삭제 〈2008. 7. 29.〉 거. 삭제 〈2008. 7. 29.〉 너. 삭제 〈2008. 7. 29.〉 더. 삭제 〈2008. 7. 29.〉 3. 제1항·제3호에 따른 폐기물처리시설 외의 시설에 대한 다음 각 목의 권한 가. 법 제29조제2항에 따른 설치승인 및 설치신고의 수리 나. 법 제29조제3항에 따른 변경승인 및 변경신고의 수리 다. 법 제32조제3항에 따른 관계행정기관의 장과의 협의 라. 법 제33조제3항에 따른 권리 · 의무 승계에 관한 신고의 수리 4. 지정폐기물을 대상으로 하는 폐기물처리업자가	

폐기물관리법	폐기물관리법 시행령	폐기물관리법 시행규칙

	설치한 폐기물처리시설 및 제3호에 따른 폐기물 처리시설에 대한 제1항제4호 각 목의 권한
	
	4의2. 법 제25조의2에 따른 전용용기 제조업에 관한 다음 각 목의 권한
	  가. 법 제25조의2제1항에 따른 등록, 변경등록 및 변경신고의 수리
	  나. 법 제27조의2에 따른 등록의 취소 및 영업의 정지명령
	5. 법 제61조 각 호의 권한 중 위임된 권한에 관한 청문
	6. 위임된 권한에 대한 법 제68조에 따른 과태료의 부과·징수 등
	③ 법 제62조제1항에 따라 환경부장관은 다음 각 호의 사항에 관한 권한을 국립환경과학원장에게 위임한다. 〈개정 2016. 7. 19.〉
	1. 법 제13조의3에 따른 재활용환경성평가기에 따른 재활용의 승인, 승인조건의 부여 및 승인의 취소
	2. 법 제13조의4에 따른 재활용환경성평가기관에 관한 다음 각 목의 권한
	  가. 법 제13조의4제1항 및 제2항에 따른 지정 및 변경지정
	  나. 법 제13조의4제5항에 따른 정기점검
	  다. 법 제13조의4제6항에 따른 지정의 취소 및 업무의 정지명령
	3. 법 제13조의5제1항에 따른 재활용제품 또는 물질에 대한 유해성기준을 정하기 위한 조사 및 시험·분석 등
	4. 법 제17조의2에 따른 폐기물분석전문기관에 관	

폐기물관리법	폐기물관리법 시행령	폐기물관리법 시행규칙
	한 다음 각 목의 권한 가. 법 제17조의2에 따른 지정·변경지정 및 그 내용의 공고 나. 법 제17조의4에 따른 폐기물 시험·분석 능력의 평가 다. 법 제17조의5에 따른 지정의 취소, 업무의 정지명령 및 그 내용의 공고 라. 법 제38조제5항에 따른 보고서의 접수 마. 법 제39조에 따른 보고, 자료제출 요구 및 검사 바. 법 제59조제2항에 따른 폐기물의 시험·분석 수수료의 고시 〈2016. 7. 19.〉 사. 삭제 〈2016. 7. 19.〉 5. 법 제61조 각 호의 권한 중 위임된 권한에 관한 청문 6. 위임된 권한에 대한 법 제68조에 따른 과태료의 부과·징수 등 제37조의2(업무의 위탁) 법 제62조제2항에 따라 환경부장관은 다음 각 호의 업무를 한국환경공단에 위탁한다. 〈개정 2016. 1. 19.〉 1. 삭제 〈2017. 12. 26.〉 2. 법 제18조제4항에 따른 폐기물 인계·인수 내용의 관리 및 제공 업무 3. 법 제45조제1항에 따른 전산처리기구의 설치·운영 업무 4. 법 제45조제2항에 따른 전자정보처리프로그램의 구축·운영 업무 5. 법 제55조제2항에 따른 폐기물 처리사업 및 폐기물처리시설의 설치·운영 실태 등의 조사 업무 및	

폐기물관리법	폐기물관리법 시행령	폐기물관리법 시행규칙
	그 평가를 위한 자료 검토 및 분석 등 업무 [본조신설 2011. 9. 7.]	
제62조의2(벌칙 적용에서의 공무원 의제) 제62조제2항 또는 제3항에 따라 위탁받은 업무를 하는 자 중 공무원이 아닌 자는 「형법」 제129조부터 제132조까지의 규정에 따른 벌칙을 적용하는 경우 공무원으로 본다. [본조신설 2010. 7. 23.] **제62조의3(규제의 재검토)** 환경부장관은 다음 각 호의 사항에 대하여 다음 각 호의 기준일을 기준으로 3년마다(매 3년이 되는 해의 기준일과 같은 날 전까지를 말한다) 그 타당성을 검토하여 개선 등의 조치를 하여야 한다. 1. 제13조의3제3항에 따른 재활용 대상 폐기물의 승인에 관한 사항 : 2016년 7월 1일 2. 제13조의3제6항에 따른 재활용 대상 폐기물의 승인 취소에 관한 사항 : 2016년 7월 1일 [본조신설 2015. 7. 20.] **제7장 벌칙** **제63조(벌칙)** 다음 각 호의 어느 하나에 해당하는 자는 7년 이하의 징역이나 7천만원 이하의 벌금에 처한다. 이 경우 징역형과 벌금형은 병과(併科)할 수 있다. 〈개정 2015. 7. 20.〉 1. 제8조제1항을 위반하여 사업장폐기물을 버린 자 2. 제8조제2항을 위반하여 사업장폐기물을 매립하		

폐기물관리법	폐기물관리법 시행령	폐기물관리법 시행규칙
거나 소각한 자 3. 제13조의3제3항을 위반하여 폐기물의 재활용에 대한 승인을 받지 아니하고 폐기물을 재활용한 자 **제64조(벌칙)** 다음 각 호의 어느 하나에 해당하는 자는 5년 이하의 징역이나 5천만원 이하의 벌금에 처한다. 〈개정 2015. 7. 20.〉 1. 제13조의3제6항에 따라 승인이 취소되었음에도 불구하고 폐기물을 계속 재활용한 자 2. 거짓이나 그 밖의 부정한 방법으로 제13조의4제1항에 따른 재활용환경성평가기관으로 지정 또는 변경지정을 받은 자 3. 제13조의4제4항에 따른 지정을 받지 아니하고 재활용환경성평가를 한 자 4. 제14조제7항에 따라 대행계약을 체결하지 아니하고 종량제 봉투등을 제작·유통한 자 5. 제25조제3항에 따른 허가를 받지 아니하고 폐기물처리업을 한 자 6. 거짓이나 그 밖의 부정한 방법으로 제25조제3항에 따른 폐기물처리업 허가를 받은 자 7. 제25조의2제1항에 따른 등록을 하지 아니하고 전용용기를 제조한 자 8. 거짓이나 그 밖의 부정한 방법으로 제25조의2제1항에 따른 전용용기 제조업 등록을 한 자 9. 제31조제5항에 따른 폐쇄명령을 이행하지 아니한 자 **제65조(벌칙)** 다음 각 호의 어느 하나에 해당하는 자		

폐기물관리법	폐기물관리법 시행령	폐기물관리법 시행규칙
는 3년 이하의 징역이나 3천만원 이하의 벌금에 처한다. 다만, 제1호, 제6호 및 제11호의 경우 징역형과 벌금형은 병과할 수 있다. 〈개정 2017. 4. 18.〉 1. 제13조를 위반하여 폐기물을 매립한 자 2. 제13조의3제3항을 위반하여 거짓이나 그 밖의 부정한 방법으로 재활용환경성평가서를 작성하여 환경부장관에게 제출한 자 3. 제13조의4제2항을 위반하여 변경지정을 받지 아니하고 중요사항을 변경한 자 4. 제13조의4제4항을 위반하여 다른 자에게 자기의 명의나 상호를 사용하여 재활용환경성평가를 하게 하거나 재활용환경성평가기관 지정서를 다른 자에게 빌려준 자 5. 다른 자의 명의나 상호를 사용하여 재활용환경성평가를 하거나 재활용환경성평가기관 지정서를 빌린 자 6. 제15조의2제3항을 위반하여 사업장폐기물 중 음식물류 폐기물을 수집·운반 또는 재활용한 자 7. 거짓이나 그 밖의 부정한 방법으로 폐기물분석전문기관으로 지정을 받거나 변경지정을 받은 자 8. 제17조의2제2항을 위반하여 지정 또는 변경지정을 받지 아니하고 폐기물분석전문기관의 업무를 한 자 9. 제17조의5제2항에 따른 업무정지기간 중 폐기물 시험·분석 업무를 한 폐기물분석전문기관 10. 고의로 사실과 다른 내용의 폐기물분석결과서를 발급한 폐기물분석전문기관		

폐기물관리법	폐기물관리법 시행령	폐기물관리법 시행규칙
11. 제18조제1항을 위반하여 사업장폐기물을 처리한 자		
12. 삭제 〈2017. 4. 18.〉		
13. 삭제 〈2017. 4. 18.〉		
14. 제25조제11항에 따른 변경허가를 받지 아니하고 폐기물처리업의 허가사항을 변경한 자		
15. 제25조의2제6항을 위반하여 검사를 받지 아니한 자		
16. 제27조에 따른 영업정지 기간에 영업을 한 자		
17. 제27조의2제2항에 따른 영업정지 기간에 영업을 한 자		
18. 제29조제2항을 위반하여 승인을 받지 아니하고 폐기물처리시설을 설치한 자		
19. 제30조제1항부터 제3항까지의 규정을 위반하여 검사를 받지 아니하거나 적합 판정을 받지 아니하고 폐기물처리시설을 사용한 자		
20. 제31조제4항에 따른 개선명령을 이행하지 아니하거나 사용중지 명령을 위반한 자		
21. 제39조의2, 제39조의3 또는 제40조제2항·제3항·제4항제1호에 따른 명령을 이행하지 아니한 자		
22. 제47조제4항에 따른 조치명령을 이행하지 아니한 자		
23. 제48조에 따른 조치명령을 이행하지 아니한 자		
24. 제50조제1항·후단을 위반하여 검사를 받지 아니하거나 적합 판정을 받지 아니하고 폐기물을 매립하는 시설이 사용을 끝내거나 시설을 폐쇄한 자		

폐기물관리법	폐기물관리법 시행령	폐기물관리법 시행규칙
25. 제50조제4항에 따른 개선명령을 이행하지 아니한 자		
26. 제50조제6항을 위반하여 정기검사를 받지 아니한 자		
27. 제50조제7항에 따른 시정명령을 이행하지 아니한 자		
제66조(벌칙) 다음 각 호의 어느 하나에 해당하는 자는 2년 이하의 징역이나 2천만원 이하의 벌금에 처한다. 〈개정 2019. 4. 16.〉 1. 제13조 또는 제13조의2를 위반하여 폐기물을 처리하여 주변 환경을 오염시킨 자(제65조제1호의 경우는 제외한다) 1의2. 제13조의3제5항에 따른 승인 조건을 위반하여 폐기물을 재활용한 자 1의3. 제13조의5제5항에 따른 조치명령을 이행하지 아니한 자 2. 제46조제1항을 위반하여 신고를 하지 아니하거나 허위로 신고를 한 자 3. 삭제 〈2007. 8. 3.〉 3의2. 제14조의5제2항을 위반하여 안전기준을 준수하지 아니한 자 4. 제17조제5항에 따른 확인 또는 같은 조 제6항(제1호에 따른 상호의 변경은 제외한다)에 따른 변경확인을 받지 아니하거나 확인 · 변경확인을 받은 내용과 다르게 지정폐기물을 배출 · 운반 또는 처리한 자 4의2. 제17조의3제1항을 위반하여 다른 자에게 자		

폐기물관리법	폐기물관리법 시행령	폐기물관리법 시행규칙
기의 성명이나 상호를 사용하여 폐기물의 시험·분석 업무를 하게 하거나 지정서를 다른 자에게 빌려 준 폐기물분석전문기관 4의3. 중대한 과실로 사실과 다른 내용의 폐기물분석결과서를 발급한 폐기물분석전문기관 5. 삭제 〈2015. 1. 20.〉 6. 제25조제5항에 따른 업종 구분과 영업 내용의 범위를 벗어나는 영업을 한 자 7. 제25조제7항의 조건을 위반한 자 8. 제25조제8항을 위반하여 다른 사람에게 자기의 성명이나 상호를 사용하여 폐기물을 처리하게 하거나 그 허가증을 다른 사람에게 빌려준 자 9. 제25조제9항제1호 또는 제2호를 위반하여 폐기물을 보관한 자 9의2. 제25조의2제1항에 따른 변경등록을 하지 아니하거나 거짓으로 변경등록하고 등록한 사항을 변경한 자 9의3. 제25조의2제7항을 위반하여 다른 사람에게 자기의 성명이나 상호를 사용하여 전용용기를 제조하게 하거나 등록증을 다른 사람에게 빌려 준 자 9의4. 제25조의2제8항을 위반하여 제25조의2제5항에 따른 기준에 적합하지 아니한 전용용기를 유통시킨 자 10. 제29조제1항을 위반하여 설치가 금지되는 폐기물 소각시설을 설치·운영한 자 11. 제29조제2항을 위반하여 신고를 하지 아니하고		

폐기물관리법	폐기물관리법 시행령	폐기물관리법 시행규칙
폐기물처리시설을 설치한 자 12. 제29조제3항에 따른 변경승인을 받지 아니하고 승인받은 사항을 변경한 자 13. 제31조제1항에 따른 관리기준에 적합하지 아니하게 폐기물처리시설을 유지·관리하여 주변 환경을 오염시킨 자 14. 제31조제7항에 따른 측정이나 조사명령을 이행하지 아니한 자 15. 삭제 〈2010. 7. 23.〉 16. 삭제 〈2010. 7. 23.〉 제67조(양벌규정) 법인의 대표자나 법인 또는 개인의 대리인, 사용인, 그 밖의 종업원이 그 법인 또는 개인의 업무에 관하여 제63조부터 제66조까지의 어느 하나에 해당하는 위반행위를 하면 그 행위자를 벌하는 외에 그 법인 또는 개인에게도 해당 조문의 벌금형을 과(科)한다. 다만, 법인 또는 개인이 그 위반행위를 방지하기 위하여 해당 업무에 관하여 상당한 주의와 감독을 게을리하지 아니한 경우에는 그러하지 아니하다. [전문개정 2010. 7. 23.] 제68조(과태료) ① 다음 각 호의 어느 하나에 해당하는 자에게는 1천만원 이하의 과태료를 부과한다. 〈개정 2017. 4. 18.〉 1. 제13조 또는 제13조의2를 위반하여 폐기물을 처리한 자(제65조제1호와 제66조제1호의 경우는 제외한다)	제38조의4(과태료의 부과기준) 법 제68조에 따른 과태료의 부과기준은 별표 8과 같다. [본조신설 2011. 4. 6.] [제38조의3에서 이동 〈2013. 12. 30.〉]	제20조(사업장폐기물의 인계·인수) ① 법 제18조제3항 본문에서 "환경부령으로 정하는 사업장폐기물"

폐기물관리법	폐기물관리법 시행령	폐기물관리법 시행규칙
1의2. 제15조의2제3항을 위반하여 생활폐기물 중 음식물류 폐기물을 수집·운반 또는 재활용한 자 1의3. 제17조제2항을 위반하여 신고를 하지 아니하거나 거짓으로 신고를 한 자 1의4. 제17조의3제2항 및 제3항에 따른 준수사항을 지키지 아니한 자 1의5. 제18조제3항을 위반하여 폐기물 인계·인수에 관한 내용을 입력하지 아니하거나 환경부령으로 정하는 방법에 따라 입력하지 아니한 자 또는 거짓으로 입력한 자 1의6. 제18조의2제2항을 위반하여 유해성 정보자료를 작성하지 아니하거나 거짓 또는 부정한 방법으로 작성한 자(유해성 정보자료의 작성을 의뢰받은 전문기관을 포함한다) 1의7. 제18조의2제3항을 위반하여 같은 조 제1항에 따라 작성한 유해성 정보자료를 수탁자에게 제공하지 아니한 자 2. 삭제 <2015. 1. 20.> 3. 제25조제9항제3호 또는 제4호에 따른 준수 사항을 지키지 아니한 자 3의2. 제25조의2제1항에 따른 변경신고를 하지 아니하거나 거짓으로 변경신고하고 등록한 사항을 변경한 자 3의3. 제25조의2제8항에 따른 준수사항을 지키지 아니한 자(제66조제9호의4의 경우는 제외한다) 4. 제31조제1항부터 제3항까지의 규정을 위반하여 관리기준에 맞지 아니하게 폐기물처리시설을 유		이란 다음 각 호의 폐기물을 말한다. 다만, 폐지, 고철, 그 밖에 환경부장관이 정하여 고시하는 폐기물은 제외한다. <개정 2015. 3. 3.> 1. 제18조제1항 각 호의 사업장폐기물(생활폐기물로 만든 중간가공 폐기물 외의 중간가공 폐기물을 포함하되, 별표 5 제3호기목2)에 따라 처리되는 사업장생활계 폐기물은 제외한다) 2. 제18조의2제1항 각 호의 지정폐기물(생활폐기물로 만든 중간가공 폐기물 외의 중간가공 폐기물을 포함한다) 3. 제21조제1항 각 호의 자가 공동으로 처리하는 지정폐기물(생활폐기물로 만든 중간가공 폐기물 외의 중간가공 폐기물을 포함한다) 4. 삭제 <2011. 9. 27.> 5. 삭제 <2011. 1. 21.> ② 법 제18조제3항에 따른 폐기물 인계·인수 내용의 입력 방법과 절차는 별표 6과 같다. [전문개정 2008. 8. 4.]

폐기물관리법	폐기물관리법 시행령	폐기물관리법 시행규칙
자·관리하거나 오염물질 및 주변지역에 미치는 영향을 측정 또는 조사하지 아니한 자(제66조제14호의 경우는 제외한다) 5. 제34조제1항을 위반하여 기술관리인을 임명하지 아니하고 기술관리 대행계약을 체결하지 아니한 자 6. 제38조제3항에 따른 제출명령을 이행하지 아니한 자(제38조제1항제3호 및 제4조의 자만 해당한다) 6의2. 제40조제1항 각 호의 조치를 하지 아니한 자 7. 삭제 〈2010. 7. 23.〉 8. 제40조제8항에 따른 제약갱신명령을 이행하지 아니한 자 9. 제13조의5제2항을 위반하여 유해성기준에 적합하지 아니하거나 폐기물을 재활용한 제품 또는 물질을 제조하거나 유통한 자 10. 제46조제7항에 따른 처리금지 기간 중 폐기물의 처리를 계속한 자 ② 다음 각 호의 어느 하나에 해당하는 자에게는 300만원 이하의 과태료를 부과한다. 〈개정 2017. 4. 18.〉 1. 제17조제1항제1호에 따른 확인을 하지 아니한 자 1의2. 제17조제1항제3호에 따라 확인을 하지 아니하고 위탁한 자 1의3. 제17조제6항제1호에 따른 상호의 변경확인을 받지 아니한 자 2. 제17조제7항에 따라 고시한 지침이 준수의무를 이행하지 아니한 자 3. 삭제 〈2015. 7. 20.〉 4. 삭제 〈2010. 7. 23.〉		

폐기물관리법	폐기물관리법 시행령	폐기물관리법 시행규칙
5. 제17조제2항, 제25조제11항, 제29조제3항 또는 제46조제2항에 따른 변경신고를 하지 아니하고 신고사항을 변경한 자 6. 제19조제1항을 위반하여 관계 행정기관이나 그 소속 공무원이 요구하여도 인계번호를 알려주지 아니한 자 7. 제19조제2항을 위반하여 통보하지 아니한 자 8. 삭제 〈2007. 8. 3.〉 9. 제37조제1항을 위반하여 신고를 하지 아니하거나 같은 조 제4항을 위반하여 폐기물을 전부 처리하지 아니한 자 9의2. 제38조제1항에 따른 보고서를 기한까지 제출하지 아니하거나 거짓으로 작성하여 제출한 자(제38조제1항·제3호에 따른 자만 해당한다) 9의3. 제38조제3항에 따른 제출명령을 이행하지 아니한 자(제1항·제6호의 경우는 제외한다) 9의4. 제38조제5항에 따른 보고서를 기한까지 제출하지 아니하거나 거짓으로 작성하여 제출한 자 10. 제40조제7항에 따른 처리이행보증보험의 계약을 갱신하지 아니한 자 11. 제46조제6항에 따른 준수사항을 지키지 아니한자 12. 제14조제7항에 따라 대행계약을 체결하지 아니하고 종량제 봉투 등을 판매한 자 12의2. 제18조의2제2항을 위반하여 중요사항이 변경된 후에도 유해성 정보자료를 다시 작성하지 아니하거나 거짓 또는 부정한 방법으로 작성한 자나 유해성 정보자료의 작성을 의뢰받은 전문기		

폐기물관리법	폐기물관리법 시행령	폐기물관리법 시행규칙
관을 포함한다)		
12의3. 제18조의2제3항을 위반하여 같은 조 제2항에 따라 다시 작성한 유해성 정보자료를 수탁자에게 제공하지 아니한 자		
12의4. 제18조의2제4항을 위반하여 유해성 정보자료를 계속하지 아니하거나 비치하지 아니한 자		
③ 다음 각 호의 어느 하나에 해당하는 자에게는 100만원 이하의 과태료를 부과한다. 〈개정 2017. 11. 28.〉		
1. 제8조제1항 또는 제2항을 위반하여 생활폐기물을 버리거나 매립 또는 소각한 자		
2. 제8조제3항에 따른 조치명령을 이행하지 아니한 자		
3. 제15조제1항 또는 제2항을 위반한 자		
4. 제15조의2제1항을 위반하여 조례로 정하는 준수사항을 지키지 아니한 자		
4의2. 제15조의2제2항을 위반하여 음식물류 폐기물의 발생 억제 및 처리 계획을 신고하지 아니한 자		
4의3. 제18조제3항을 위반하여 폐기물의 인계·인수에 관한 내용을 기간 내에 전자정보처리프로그램에 입력하지 아니하거나 부실하게 입력한 자		
5. 제29조제4항에 따른 신고를 하지 아니하고 해당 시설의 사용을 시작한 자		
6. 제35조제1항 또는 제2항을 위반하여 교육을 받지 아니한 자 또는 교육을 받게 하지 아니한 자		
7. 제36조제1항에 따른 장부를 기록 또는 보존하지 아니하거나 거짓으로 기록한 자		
7의2. 제36조제3항을 위반하여 재활용 제품 또는 물질에 관한 내용을 기간 내에 전자정보처리프로		

폐기물관리법	폐기물관리법 시행령	폐기물관리법 시행규칙
그램에 입력하지 아니하거나 거짓으로 또는 부실하게 입력한 자 8. 제38조제1항 또는 제2항에 따른 보고서를 기한까지 제출하지 아니하거나 거짓으로 작성하여 제출한 자(제2항제9호의2의 경우는 제외한다) 9. 제38조제4항에 따른 보고서 작성에 필요한 자료를 기한까지 제출하지 아니하거나 거짓으로 작성하여 제출한 자 10. 제39조제1항에 따른 보고를 하지 아니하거나 거짓 보고를 한 자 11. 제39조제1항에 따른 출입ㆍ검사를 거부ㆍ방해 또는 기피한 자 12. 제40조제9항에 따른 보험증서 원본을 제출하지 아니한 자 13. 제40조제10항에 따른 변경사실을 알리지 아니한 자 14. 제50조제1항에 따른 신고를 하지 아니한 자 ④ 제1항부터 제3항까지의 규정에 따른 과태료는 대통령령으로 정하는 바에 따라 소관별로 환경부장관, 시ㆍ도지사 또는 시장ㆍ군수ㆍ구청장이 부과ㆍ징수한다. 〈개정 2013. 7. 16.〉 ⑤ 삭제 〈2010. 7. 23.〉 ⑥ 삭제 〈2010. 7. 23.〉 ⑦ 삭제 〈2010. 7. 23.〉		

저자소개

■ 김병진(金柄鎭)

〈약력〉
- 전남대학교 법과대학 졸업
- 숭실대학교 노사관계대학원 졸업
- 서울대학교 공기업최고경영자 과정 수료
- 1995년 국무총리실 안전관리자문위원회 전문위원(국무총리 표창 수상 : 안전관리공로)
- 국립부경대학교/서울과학기술대학교/을지대학교 겸임교수 역임
- 기업체/지자체/공단교육원에서 산업안전보건법령 등 다수 강의
- 한국산업안전보건공단 31년 근무(안전경영정책연구실장/전북지도원장/경영기획실장/교육문화국장/경기서부지도원장/대전 · 중부 · 부산지역본부장 등 역임)

〈저술활동 및 방송출연〉
- 산업안전보건법 이론 및 해설(지구문화사)
- 산업안전보건법요론(도서출판 건설도서)
- 산업안전보건법 개론(노문사)
- 산업안전보건법령집(예문사)
- 안전을 넘어 행복으로(예문사)
- 대전방송/KNN/부산MBC/전주MBC/TBN 등 출연

환경오염시설의
통합관리에 관한 법률

발행일 | 2020년 1월 20일 초판 발행

저　자 | 김병진
발행인 | 정용수
발행처 | 예문사

주　소 | 경기도 파주시 직지길 460(출판도시) 도서출판 예문사
T E L | 031) 955 – 0550
F A X | 031) 955 – 0660
등록번호 | 11 – 76호

정가 : 34,000원

ISBN 978–89–274–3351–4 13570

이 도서의 국립중앙도서관 출판예정도서목록(CIP)은 서지정보유통
지원시스템 홈페이지(http://seoji.nl.go.kr)와 국가자료공동목록시
스템(http://www.nl.go.kr/kolisnet)에서 이용하실 수 있습니다.
　　　　　　　　　　　　　(CIP제어번호 : CIP2019045219)